Nr. 18 1956
S. 4895—5174 2. Mai

Chemisches Zentralblatt

Vollständiges Repertorium für alle Zweige der reinen und angewandten Chemie

1830 gegründet. 1897—1945 von der Deutschen Chemischen Gesellschaft fortgeführt.
Im Auftrage der Deutschen Akademie der Wissenschaften zu Berlin, der Chemischen Gesellschaft in der Deutschen Demokratischen Republik, der Akademie der Wissenschaften zu Göttingen und der Gesellschaft Deutscher Chemiker
herausgegeben von Prof. Dr. Maximilian Pflücke

127. Jahrgang

1956

Chefredakteure: Dr. Eugen Klever und Prof. Dr. Maximilian Pflücke

Akademie-Verlag GmbH., Berlin — Verlag Chemie, GmbH., Weinheim/Bergstr.

Inhalt

Ein vollständiger oder gekürzter Abdruck der Referate ist ohne Genehmigung der Redaktion und des Verlages verboten!

Namenregister

Chemisches Zentralblatt

1956 Nr. 18 2. Mai

A. Allgemeine, physikalische und anorganische Chemie.

A_1. Kernphysik und Kernchemie.

W. K. Burton, *Kanonische Invarianz in Lagrangescher Quantenmechanik.* Theoret. Äquivalenzbest. der neuen LAGRANGE-Funktion. (Physic. Rev. [2] **98.** 555—56. 15/4. 1955. Glasgow, Univ., Dep. of Natural Philos.) GERHARD SCHMIDT. 80

Paul H. Pitkanen, *Das Problem der rechteckigen Potentialmulde in der Quantenmechanik.* Vf. gibt ein gegenüber den bisherigen Methoden einfacheres graph. Lösungsverf. an. (Amer. J. Physics **23.** 111—13. Febr. 1955. Columbia, S. C., Univ. of South Carolina, Dep. of Phys.) H. LIEPACK. 80

G. Heber, *Berichtigung zur Arbeit: „Zu Tomonagas Methode der Behandlung mittelstark gekoppelter Felder“.* Formelberichtigung zu der C. **1955.** 6441 referierten Arbeit. (Ann. Physik [6] **16.** 192. 1955. Jena, Univ., Theoret.-Physik. Inst.) GERHARD SCHMIDT. 80

J. C. Taylor, *Singuläre Integralgleichungen in der Quantenfeldtheorie.* Wege zur Behandlung der Renormalisierungskonstante in der kovarianten Theorie der Meson-Nucleon-Streuung. (Nuovo Cimento [10] **1.** 679—87. April 1955. Cambridge, Peterhouse.) GERHARD SCHMIDT. 80

Peter G. Bergmann und **Irwin Goldberg,** *Dirac-Klammer-Transformationen im Phasenraum.* Vff. analysieren die gruppentheoret. Bedeutung der DIRAC-Klammer u. prüfen bes. die auftretenden Doppeldeutungen bei Ggw. von Beschränkungen erster u. zweiter Ordnung. Die Grundlage zur Verwendung der DIRAC-Klammer für die Quantisierung allg. kovarianter Theorien wird aufgestellt. (Physic. Rev. [2] **98.** 531—38. 15/4. 1955. Syracuse, N. Y., Univ., Dep. of Phys.) GERHARD SCHMIDT. 80

Peter G. Bergmann, *Existenz von Diracschen Erzeugungsfunktionen.* (Vgl. vorst. Ref.) Theoret. Ergänzung u. Diskussion zu l. c. (Physic. Rev. [2] **98.** 544—45. 15/4. 1955.) GERHARD SCHMIDT. 80

W. A. Ljubimow, G. P. Jelissejew und **W. K. Kossmatschewski,** *Spektren der π-Mesonen in Seehöhe unter verschieden dicken Bleifiltern.* Mittels eines Massenspektrographen unter Verwendung von Proportionalzählern wurde unter 2, 5, 10 u. 40 cm Pb das Impulsspektr. von Pionen untersucht. Es zeigt ein Maximum bei $1{,}9 \cdot 10^8$ eV/c, dann einen Abfall bis $7 \cdot 10^8$ eV, entsprechend einem Potenzgesetz mit dem Exponenten 3. Zwischen 7 u. $12 \cdot 10^8$ eV wird eine Anomalie gefunden, die auf K-Teilchen mit der M. $880 \pm 80\ m_e$ u. der Ionisation $J_K = 1{,}14 \pm 0{,}04\ J_{min}$ zurückgeführt wird. Es handelt sich um kernakt. Teilchen mit einem Wirkungsquerschnitt für Kernwechselwrkg. von der gleichen Größe wie bei den Pionen. Die Übergangskurve für die Gesamtzahl der Pionen ist angegeben, sie hat ein Maximum bei 10—15 cm Pb. (Доклады Академии Наук СССР [Ber. Akad. Wiss. UdSSR] **102.** 249—51. 11/5. 1955.) M. WIEDEMANN. 85

O. I. Dowshenko und **Ss. I. Nikolski,** *Räumliche Verteilung von geladenen Teilchen bei kleinen Entfernungen von der Achse eines breiten atmosphärischen Schauers.* Auf 3860 m wurde die räumliche Verteilung von geladenen Teilchen im Abstand von 0,5—5 m von der Schauerachse bei Schauern mit mehr als 15 Teilchen/m² (Energieintervall 1 bis $4 \cdot 10^{14}$ eV) untersucht. Auf einem Kreis von 105 cm Radius waren 37 Gruppen mit 12 Hodoskopzählern von 14, 17 oder 22 cm² Fläche verteilt, dazu im Abstand von 5 m 3 Gruppen mit je 24 Hodoskopzählern zu 100 cm² u. im Abstand von 2,2 m eine Gruppe mit 24 Zählern zu 66 cm². Es wurden Mehrfachkoinzidenzen gemessen, die Schauerachse konnte auf 15 cm genau festgelegt werden. Für die Ladungsverteilung wird eine Beziehung aufgestellt. Vff. nehmen an, daß ein Teil der Elektronen–Photonen-Komponente durch sek. kernakt. Teilchen mit $E_0 = 10^{11}$—10^{12} eV erzeugt wurde, u. daß das Energiespektr. dieser Sekundärteilchen im gegebenen Energiebereich nicht von der Energie des prim. Nucleons abhängt. (Доклады Академии Наук СССР [Ber. Akad. Wiss. UdSSR] **102.** 241—44. 11/5. 1955. Physikal. Inst. P. N. Lebedew der Akad. der Wiss. der UdSSR.) M. WIEDEMANN. 85

A. L. Hodson, J. Ballam, W. H. Arnold, D. R. Harris, R. Ronald Rau, George T. Reynolds und **S. B. Treiman,** *Der Nachweis eines geladenen Gegenstücks zum Θ^0-Teil-*

chen mit der Nebelkammer. Auf einer Nebelkammeraufnahme zerfällt ein positives Teilchen im Flug in ein positives Teilchen, dessen M. kleiner ist als die eines K-Mesons. Vom Zerfallspunkt gehen außerdem 4 schwach ionisierende Teilchen aus. Dieses Ereignis wird zwei aufeinanderfolgenden Prozessen zugeschrieben: $\Theta^+ \rightarrow \pi^+ + \pi^0 + Q$ u. $\pi^0 \rightarrow e^+ + e^- + e^+ + e^-$. Diese Deutung wird durch Energie- u. Impulsmessungen gestützt. (Physic. Rev. [2] **96.** 1089—94. 15/11. 1954. Princeton, N. J., Princeton Univ., Palmer Physic. Labor.) M. POLLERMANN. 85

M. W. Friedlander, D. Keefe und **M. G. K. Menon,** *Hyperonereignisse in photographischen Emulsionen.* (Vgl. C. **1956.** 2070.) Diskussion von 6 Hyperonereignissen, die bei Höhenflügen in Plattenstapeln registriert worden sind u. folgende Zerfallsschemata aufweisen: $Y^+ \rightarrow p + \pi^0 + Q$ (115,8 ± 1,0 u. 113,5 ± 1,7 MeV), $Y^\pm \rightarrow n + \pi^\pm + Q$ (115 ± 7 u. 103 ± 10,5 MeV) u. $Y^- \rightarrow \Lambda^0 + \pi^- + Q$ (59 ± 11 MeV). Das sechste Ereignis wird als Kerneinfang eines negativen Hyperons gedeutet. (Nuovo Cimento [10] **1.** 482—91. 1/3. 1955. Bristol, Univ., H. H. Wills Physic. Labor.) H.-J. EICHHOFF. 85

M. W. Friedlander, D. Keefe und **M. G. K. Menon,** *Die Wechselwirkung schneller K-Mesonen.* In zwei Stapeln von 80 Emulsionen zu je 20 × 15 × 0,06 cm³ bzw. von 46 Emulsionen zu 15 × 15 × 0,06 cm³ wurde je ein Fall von Wechselwrkg. schwerer Mesonen mit der M. von ~1000 m_e im Flug beobachtet. Im ersten Fall löst ein relativist., einfach geladenes Teilchen einen Stern aus, dessen 3 Zacken als Hyperon, Pion u. K-Meson identifiziert werden. Das K-Meson wird nach der Bldg. zweier Sterne abgebremst u. zerfällt unter Emission eines μ von 14,45 MeV, es kann also als $\varkappa$-Meson betrachtet werden. Im zweiten Fall wird in dem durch das K-Meson gebildeten Stern ein Proton u. ein K-Meson emittiert, es handelt sich vermutlich um Streuung des K-Mesons durch ein gebundenes Proton, die Wechselwrkg. ist jedoch anscheinend exotherm. (Nuovo Cimento [10] **1.** 694—704. April 1955. Bristol, Univ., H. H. Wills Physical. Labor.) M. WIEDEMANN. 85

A. Husain und **E. Pickup,** *Kernwechselwirkungen von K-Mesonen.* Mit abgestreiften G 5-Emulsionen (600 μ) werden über 16 Std. in 95000 ft Höhe K-Mesonen beobachtet, deren Massen um den aus früheren Verss. (noch nicht veröffentlicht) ermittelten Wert von 925 m_e ± 8% liegen. Das K-Meson, das bei $p\beta$ (Streuung) = 100 MeV beginnt u. in der Emulsion endet, tritt bei einem Stern vom 13 + 1p-Typ auf, die Restreichweite beträgt 16,5 mm; das K-Meson bei $p\beta$ = 140 MeV kommt aus einem Stern vom 4 + 0n-Typ u. endet nicht in der Emulsion. Die beobachteten K-Mesonen besitzen relativ niedrige Energien. (Canad. J. Physics **33.** 260—63. Mai 1955. Ottawa, Can., Nat. Res. Counc., Div. of Phys.) GERHARD SCHMIDT. 85

K. Gottstein, *Ein instabiles schweres Fragment.* Vf. beschreibt ein Ereignis, bei dem eine schwarze Bahn in der Emulsion aus einem Stern vom 27 + 4p-Typ kommt. Die Bahn ist 260 μ lang, das Teilchen kommt in der Emulsion zur Ruhe. Vom Endpunkt der Bahn treten 2 Bahnen auf, die für α-Teilchen typ. sind. Diese α-Bahnen kommen ihrerseits nach 25 bzw. 103 μ zur Ruhe, was Energien von ~12 bzw. 14 MeV entspricht. Unter der Annahme, daß das Fragment ein *Be*-Kern ist, wird das Ereignis wie folgt gedeutet: 1. $^9Be \rightarrow {}^4He + {}^4He + n + Q$ u. 2. $^{9\ \text{oder}\ 10}Be \rightarrow {}^{3\ \text{oder}\ 4}He + {}^{3\ \text{oder}\ 4}He + n + n\ (+n)\ (+n) + Q^*$. Aus dem Energie- u. Impulsgleichgewicht ergibt sich Q zu 195 ± 3 u. Q* zu > 104 MeV. Q ist um ~20 MeV größer als der erwartete Wert, falls das Ereignis als verzögerte Zertrümmerung eines ein Λ (V_1^0)-Teilchen enthaltenden Kerns erklärt wird. Nach dem zweiten Schema lassen sich keine Aussagen über die Bindungsenergie des Λ-Teilchens machen. (Suppl. del Nuovo Cimento Nr. 2 (zu [9] **12**). 309. 1954. Göttingen, MPI für Phys.) GERHARD SCHMIDT. 85

M. Ceccarelli, G. Quareni und **G. T. Zorn,** *Über die Kernwechselwirkung von He-Kernen in der Höhenstrahlung.* ILFORD G5-Emulsionen (0,4 mm) wurden auf 95 000 ft u. 55° N 4 Std. exponiert. Von 7900 Kernzertrümmerungen in 9,5 cm³ Emulsion wurden 1000 Sterne mit mindestens einem grauen (direkte Emission) u. einem schwarzen (Verdampfung) Zacken ausgewählt. 650 Bahnen von mehr als 1 mm Länge u. Korndichten über dem 3 fachen Minimalwert wurden analysiert. Nach der Beziehung zwischen multipler Streuung u. Korndichte wurden 42 Sterne als durch He-Kerne ausgelöst angesehen. Bei ihnen wurde die Häufigkeitsverteilung bzgl. der Zahl der dünnen (Mesonen), der grauen u. der schwarzen Zacken sowie der räumlichen Verteilung der Zacken untersucht, dasselbe wurde bei Protonensternen durchgeführt. Die schwarzen Zacken waren nahezu isotrop verteilt, die grauen bei den He-Sternen u. bes. denen mit weniger als 1 GeV Primärenergie mehr nach vorwärts gerichtet als bei den p-Sternen. Vff. schließen, daß nur ~2 der 4 Nucleonen des He an der Zertrümmerung des Targetkerns u. der Erzeugung von Mesonen beteiligt sind. Weiterhin wurden zwei Abstreifprozesse von He-Kernen beobachtet, bei denen diese nach der Kernwechselwrkg. keine Änderung der Geschwindigkeit u. nur eine geringe Richtungsänderung erlitten hatten. In einem Fall dürften 2 Nucleonen von einem ^{6}He-Kern abgestreift worden sein, im anderen ein Nucleon von einem ^{4}He-Kern. (Nuovo Cimento [10] **1.** 669—78. April 1955. Padova, Univ., Ist. di Fis.; Ist. Naz. di Fis. Nucl.) M. WIEDEMANN. 85

Ludwig Waldmann, *Die Erhaltungsgrößen der klassischen Feldmechanik.* (Vgl. C. **1953.** 9377.) Mathemat. Unters. über Teilchenparameter in allg. Systemen. Die Angleichung der gefundenen Lösungen an die klass. Elementarteilchen werden diskutiert. (Z. Naturforsch. **8a.** 417—28. Juli 1953. Mainz, MPI für Chem.) W. GANS. 90

S. T. Butler und **M. H. Friedman,** *Verteilungsfunktion für ein System wechselwirkender Bose-Einstein-Teilchen.* Vff. leiten für die Verteilungsfunktion eines unvollkommenen BOSE-EINSTEIN-Gases ein 3 N-dimensionales Integral ab, dessen Integrand für jede vorgegebene Wechselwrkg. zwischen den Teilchen bestimmt werden kann. (Physic. Rev. [2] **98.** 287—93. 15/4. 1955. Sydney, Univ., School of Phys.; New York, N. Y., Columbia Univ., Pupin Phys. Labor.) GERHARD SCHMIDT. 90

V. S. Nanda, *Über die Fermi-Theorie der Nucleon–Nucleon-Stöße bei hohen Energien.* Vf. modifiziert die FERMI-Theorie durch eine strengere thermodynam. Behandlung. (Progr. theoret. Physics [Kyoto] **11.** 605—06. Juni 1954. Ohio State Univ., Dep. of Phys. and Astronomy. [Orig.: engl.]) D. GEISSLER. 90

Giuseppe Cocconi, *Nucleon-Kernzusammenstöße bei relativistischen Energien.* Vf. verwendet die FERMI-Theorie der Vielfachmesonenerzeugung für die theoret. Beschreibung energiereicher Zusammenstöße zwischen Nucleonen u. komplexen Kernen. Er findet bei den 54 bisher bekannten Fällen von relativist. Schauern befriedigende Beziehungen zwischen der Gesamtzahl der erzeugten relativist. Teilchen, ihrer Winkelverteilung u. der Anzahl der bei dem Zusammenstoß beteiligten Nucleonen. (Physic. Rev. [2] **93.** 1107—08. 1/3. 1954. Ithaca, N. Y., Cornell Univ.) G. TÖLG. 90

J. Werle, *Über gegenseitige Nucleon–Nucleon-Wechselwirkung durch Mesonenfelder.* Vf. berechnet im Rahmen der klass. Mesonentheorie einen Ausdruck für das Wechselwirkungspotential zweier Nucleonen. Der Übergang zur quantenmechan. Beschreibung gelingt durch Korrespondenzmethoden. (Bull. Acad. polon. Sci., Cl. III. **1.** 95—98. 1953. Warsaw, Univ., Inst. of Theoret. Phys.) D. GEISSLER. 90

Angelo Loinger, *Dirac-Pauli-Teilchen im gleichförmigen Magnetfeld.* Für das Teilchen mit Spin 1/2 u. anomalem magnet. Moment (DIRAC-PAULI-Teilchen) werden unter Verallgemeinerung der Unterss. von JOHNSON u. LIPPMANN (C. **1949.** E. 1162) in synthet. Meth. die Energieniveaus, das gesamte magnet. Moment u. die Eigenfunktionen dargestellt. (Rend. Ist. lombardo Sci. Lettere, Cl. Sci. mat. natur. **83.** 60—64. 1950.) R. K. MÜLLER. 90

Kurt Alder und **Aage Winther,** *Matrixelemente zwischen Zuständen im Coulomb-Feld.* (Vgl. C. **1956. 4327.**) Nach Aufstellung nichtrelativist. Matrixelemente werden Rekursionsformeln für diskret–diskret-, diskret–kontinuierlich- u. kontinuierlich–kontinuierlich-Übergänge angegeben. Die relativist. Matrixelemente werden abgeleitet. (Kgl. danske Vidensk. Selsk., mat.-fysiske Medd. **29.** Nr. 18. 1—18. 1955. Kopenhagen, CERN, Theoret. Stud. Div.; Univ., Inst. for Theoret. Phys.) GERHARD SCHMIDT. 90

M. Bunge, *Ein Bild des Elektrons.* Ohne Ausführung der FOLDY-WOUTHUYSEN-Transformation wird für das DIRAC-Elektron ein mittlerer Stellungsoperator definiert, der als Massenmittelpunktsoperator gedeutet werden kann. Die Ergebnisse zeigen, daß bei Konz. der Elektronenladung in einem Punkt die M. als verschmiert über einen Bereich von der Größenordnung einer COMPTON-Wellenlänge angenommen werden kann. (Nuovo Cimento [10] **1.** 977—85. 1/6. 1955. Buenos Aires, Serv. Técn. Cient.) H. LIEPACK. 90

Hermann Kümmel, *Freie Elektronen in der unitären Quantenelektrodynamik.* Die in der unitären Theorie auftretenden „Operatoren nullter Näherung“ werden diskutiert, es wird eine für diese Theorie anwendbare allg. Meth. zur Berechnung von Streuquerschnitten angegeben. Die Meth. wird zur Berechnung der MØLLER- u. RUTHERFORD-Streuung, des COMPTON-Effekts u. der Bremsstrahlung angewandt. (Z. Physik **134.** 78—94. 1952. Berlin, FU, Inst. für Theoret. Phys.) H. W. LEVI. 90

C. B. O. Mohr, *Positroniumbildung in Gasen und ihre Druckabhängigkeit.* Vf. berechnet die Beiträge der verschied. Prozesse der Positronenvernichtung in H für Drücke bis über 10 at. Der auf Positroniumbldg. entfallende Anteil liegt für Drücke oberhalb 0,5 at zwischen $^1/_3$ u. $^1/_2$. (Proc. physic. Soc., Sect. A **68.** 342—44. April 1955. Melbourne, Univ., Phys. Dep.) H. LIEPACK. 90

L. I. Schiff, *Kerndispersionsbeitrag zur Streuung energiereicher Elektronen.* (Vgl. C. **1956.** 1789.) Vf. red. näherungsweise die Formeln für den Beitrag der virtuellen Zwischenzustände des Kerns zur elast. u. unelast. Streuung schneller Elektronen an Kernen auf eine Form, die in einigen Fällen eine Abschätzung der Größenordnung erlaubt. (Physic. Rev. [2] **98.** 756—60. 1/5. 1955. Stanford, Calif., Univ.) D. Geissler. 90

Akira Morita, *Eine Verallgemeinerung der Streutheorie mit Anwendung auf langsame Elektronen in polaren Kristallen.* Vf. formuliert die allg. Streutheorie in der Weise, daß sich damit auch Elektron–Gitter-Schwingungssysteme mit endlichem Dämpfungsfaktor behandeln lassen. Die Ergebnisse der Anwendung dieser Theorie auf die Bewegung langsamer Elektronen in polaren Kristallen werden diskutiert. (Progr. theoret. Physics [Kyoto] **11.** 609—11. Juni 1954. Tohoku Univ., Fac. of Sci., Phys. Inst. [Orig.: engl.]) D. Geissler. 90

Robert Hofstadter und **Robert W. McAllister,** *Streuung von Elektronen am Proton.* Vff. messen die Winkelverteilung für 100 MeV- zwischen 60 u. 138°, für 188 MeV- zwischen 35 u. 138° u. für 236 MeV-Elektronen zwischen 90 u. 138° im Laborsyst. u. leiten daraus Werte für die Größe des Protons ab. (Physic. Rev. [2] **98.** 217—18. 1/4. 1955. Stanford, Calif., Univ., Dep. of Phys. and High-Energy Phys. Labor.) D. Geissler. 90

John A. McIntyre und **Robert Hofstadter,** *Streuung von 192 MeV-Elektronen an Deuteronen.* (Vgl. vorst. Ref.) Die Elektronen werden an festen CD_2- u. gasförmigen, unter 137 at Druck stehenden D_2-Targets gestreut. Der differentielle Streuquerschnitt zwischen 35 u. 120° im Schwerpunktssyst. wird durch Vgl. der D_2- mit entsprechenden H_2-Messungen bestimmt. Aus den Ergebnissen werden Schlüsse auf die Struktur des Deuterons gezogen. (Physic. Rev. [2] **98.** 158—61. 1/4. 1955.) D. Geissler. 90

John M. Blatt, *Integralgleichungen für Kaskadenschauer.* Für die Verteilungsfunktionen in Kaskadenschauern, bes. in Elektron–Photon-Kaskaden, werden Integralgleichungen eines neuen Typs unter bestimmten Annahmen für die Ablenkung in einem absorbierenden Medium abgeleitet. (Physic. Rev. [2] **96.** 1644—50. 15/12. 1954. Sydney, Univ., School of Phys.) M. Wiedemann. 90

B. A. Chartres und **H. Messel,** *Neue Formulierung einer allgemeinen dreidimensionalen Kaskadentheorie.* (Vgl. C. **1956.** 3750 u. vorst. Ref.) Es wird eine allg. Formulierung einer dreidimensionalen Kaskade ohne die einschränkenden Annahmen von Blatt (l. c.) gegeben. Die Integralgleichungen führen zu einer einfachen Rekursionsformel, die für alle Energien gilt u. auch Compton-Effekt sowie Ionisationsverlust umfaßt. (Physic. Rev. [2] **96.** 1651—54. 15/12. 1954.) M. Wiedemann. 90

R. E. Green und **A. T. Stewart,** *Winkelkorrelationen von Photonen aus der Positronenvernichtung in leichten Metallen.* Vff. bestimmen die Winkelkorrelation der γ-Strahlen aus der Positronenvernichtung in *Li, Be, Na, Mg, Al, K* u. *Ca.* Die Detektoren bilden 2 NaJ(Tl)-Kristalle in Verbindung mit RCA 5819-Photomultiplier. Die Abweichung der beiden Photonen von der Kolinearität stellt ein Maß des Gesamtimpulses des Vernichtung–Elektron–Positron-Paares dar. Falls angenommen wird, daß die Positronen vor der Vernichtung thermalisiert werden u. daß sie nur mit Elektronen eines freien Elektronengases nach Sommerfeld Vernichtung eingehen, können die experimentellen Werte zur Best. der Fermi-Energie dieser Elektronen benutzt werden. Die so bestimmten Fermi-Energien stimmen mit den berechneten Werten überein. (Physic. Rev. [2] **98.** 486—91. 15/4. 1955. Halifax, Nova Scotia, Dalhousie Univ., Phys. Dep.) Gerhard Schmidt. 90

G. L. Griffith, *γ-Strahlung aus der unelastischen Neutronenstreuung.* (Vgl. C. **1955.** 4269.) Mit einem NaJ(Tl)-Scintillationsspektrometer (8% Auflösung bei 1,38 MeV) bestimmt Vf. die Energien der γ-Strahlen, die durch Beschuß verschied. Elemente mit 4,5 MeV-Neutronen aus der Rk. $^{2}H(d,n)^{3}He$ erzeugt worden sind. Die Energien (in MeV) der γ-Strahlen betragen für *B* 0,70, 2,20; *F* 1,34, 6,10; *Al* 0,84, 1,02, 2,27, 3,10; *Fe* 0,85, 1,20, 1,73, 2,05, 2,50, 3,52; *Zr* 0,92, 2,20, 3,23 u. für *Pb* 0,79, 1,36, 2,70. Diese Energiewerte können zur Best. genauer Werte der Kernenergieniveaus solcher Elemente benutzt werden, bei denen das Niveauschema allein durch Beobachtungen des Energiespektr. der gestreuten Neutronen aufgestellt worden ist. (Physic. Rev. [2] **98.** 579—82. 1/5. 1955. East Pittsburgh, Pa., Westinghouse Res. Laborr.) Gerhard Schmidt. 90

William Bernstein und **Robert H. Schuler,** *Energiearme gestreute Strahlung innerhalb einer zylindrischen ^{60}Co-Quelle.* Das für zylindr. ^{60}Co-kCurie-Quellen typ. Spektr. wird mit einem NaJ(Tl)-Scintillationsspektrometer gemessen. Der Detektor wird innerhalb einer Standardquelle angebracht, die bis zu einer für diese Messungen geeigneten Stärke aktiviert wird. Verss., bei denen die Strahlenquelle mit verschied. anderen Substanzen als Luft umgeben ist, zeigen, daß die energiearme Strahlung hauptsächlich durch Streuung innerhalb der Quelle selbst erzeugt worden ist. Die Bedeutung dieser gestreuten Strahlung wird durch einen Vgl. der Zersetzungsrate von Methyljodid zur Fe^{2+}-Oxydation veranschaulicht. (Nucleonics **13.** Nr. 11. 110—12. Nov. 1955. Upton, N. Y., BNL.) GERHARD SCHMIDT. 90

A. Kind und **C. Villi**, *Das optische Modell und die Streuung von Nucleonen an Kernen.* Vff. versuchen mit Hilfe des HARTREE-Modells eine theoret. Deutung des empir. Ergebnisses, daß im opt. Kernmodell das mittlere Kernpotential eine monoton abnehmende Funktion der Energie der einfallenden Neutronen ist. (Nuovo Cimento [10] **1.** 749—51. April 1955. Padova, Univ.; Trieste, Univ., Ist. di Fis.) D. GEISSLER. 90

C. B. O. Mohr, *Die mittlere freie Weglänge langsamer Neutronen in Kernmaterie.* Vf. berechnet den Einfl., den die Absorption therm. Neutronen in der Kernmaterie gemäß dem opt. Kernmodell auf den experimentell in der Variation des Neutron–Kern-Wirkungsquerschnitts sich zeigenden Resonanzeffekt hat. (Proc. physic. Soc., Sect. A **68.** 340—41. April 1955. Melbourne, Univ., Phys. Dep.) D. GEISSLER. 90

Louis Gold, *Über die Diffusion zerfallender Teilchen.* **Für ein Medium, in dem die** Teilchen vorgeschriebene Lebensdauer u. Diffusionsgrad besitzen, wird die Wahrscheinlichkeit der Neutronenabsorption an einer sphär. Oberfläche für eine kugelförmige Strahlenquelle berechnet; daraus wird eine Beziehung abgeleitet für die relativen Absorptionswahrscheinlichkeiten geladener Teilchen in elektr. Feldern, welche die Änderung der Feldrichtung begleiten. Vf. gibt eine asymptot. Lösung für die Absorptionswahrscheinlichkeit, die in erster Näherung auch auf Transistoren anwendbar ist. (J. appl. Physics **26.** 233—35. Febr. 1955. Cambridge, Mass., MIT.) MAX SCHMIDT. 90

C. Sheer und **J. Moore**, *Messung der Streuquerschnitte für energiearme Neutronenresonanzen.* (Vgl. C. **1954.** 5223.) Vff. dehnen die Meth. des dicken Targets zur Messung des Verhältnisses des totalen zum Streuquerschnitt für energiearme Neutronen als eine Funktion der Energie auf halbdicke Targets aus. Eine Gesamtheit von Eichkurven wird entwickelt, mit der die gemessenen Streuwerte in Termen von (σ_s/σ_t) im Bereich von 0—1 dargestellt werden können. Nach dieser Meth. werden die 5,19- u. 16,6 eV-Niveaus von *Ag* untersucht. Die Daten stimmen mit einem BREIT-WIGNER-Verlauf über einen großen Bereich um die Resonanz überein, obgleich geringfügige Abweichungen bei einer Entfernung $> \sim 10\,\Gamma$ von der Resonanz entfernt festgestellt werden. Die Streuungsmessungen liefern 3 unabhängige Verhältnisse zwischen verschied. Gruppen der BREIT-WIGNER-Parameter. Diese Verhältnisse können zusammen mit den Durchlässigkeitsdaten zur Berechnung der Parameter benutzt werden. Die Γ-, σ- u. R-Werte werden für die beiden Niveaus von Ag ermittelt. (Physic. Rev. [2] **98.** 565—78. 1/5. 1955. New York, N. Y., Columbia Univ.) GERHARD SCHMIDT. 90

Harvey B. Willard, Joe K. Bair und **Joe D. Kington**, *Winkelverteilung der elastischen Streuung schneller Neutronen an leichten Kernen.* (Vgl. C. **1955.** 6677.) In Ergänzung zu l. c. liefern Messungen des totalen Wirkungsquerschnittes von ^{9}*Be* (Auflösung 4 keV) Maxima von 7,75 ± 0,20 barn (Γ = 25 keV) u. 5,25 ± 20 barn (Γ = 8 keV) für die 0,62 u. 0,81 MeV-Resonanzen im Einklang mit J = 2 u. J = 3 für die entsprechenden Spinwerte des Compoundzustandes. Die Winkelverteilungen der elast. Streuung zeigen an, daß die 0,62 MeV-Resonanz durch p-Wellen-Neutronen mit s-Wellen-Potentialstreuung oder durch d-Wellen-Neutronen mit Resonanzstreuung (Kanalspin 2) gebildet werden kann. Für ^{10}*B* werden die Komponenten der Phasenverschiebungen der Potentialstreuung numer. angegeben. Die 0,43 MeV-Resonanz in ^{11}B stimmt mit einer J = 2-, l = 1-Zuordnung überein, während die 1,28 MeV-Resonanz am besten durch J = 3, i = 2 wiedergegeben wird. ^{12}*C* hat reine s-Wellen-Streuung bei 0,55 MeV u. 1,00 MeV, **bei** 1,50 MeV tritt ein kleiner p-Wellen-Beitrag auf. Im allg. sind die beobachteten s-Wellen-Phasenverschiebungen größer als die aus einem festen Kugelmodell berechneten, wogegen die p- u. d-Wellen-Phasenverschiebungen kleiner sind. (Physic. Rev. [2] **98.** 669—73. 1/5. 1955. Oak Ridge, Tenn., ORNL.) GERHARD SCHMIDT. 90

John D. Seagrave und **Richard L. Henkel**, *Totaler Wirkungsquerschnitt von Deuterium für Neutronen zwischen 0,2 und 22 MeV.* Vff. bestimmen durch Messung des Durchlässigkeitsvermögens einer 1 m langen D_2-Gaszelle den totalen Wirkungsquerschnitt bei 29 Energien zwischen 0,2 u. 22 MeV u. finden ihn durch $\sigma = 14{,}35\,(E_n + 3{,}6\,\text{MeV})^{-1}$ barn für $1{,}5 < E_n < 22$ MeV darstellbar. (Physic. Rev. [2] **98.** 666—69. 1/5. 1955. Los Alamos, N. Mex., Univ. of California, Los Alamos Sci. Labor.) D. GEISSLER. 90

W. Inthoff, *Reaktionsquerschnitte von Spaltungsneutronen.* Nomogramme zur Erleichterung der Berechnung der Ausbeuten von durch Spaltungsneutronen induzierten (n, p)- u. (n, α)-Rkk. für leichtere Elemente. (Nucleonics **13.** Nr. 11. 67. Nov. 1955. Göteborg, Chalmers Univ. of Technol., Labor. for Nucl. Chem.) GERHARD SCHMIDT. 90

Yasuo Oishi und **Hiroshi Katsumori**, *Bemerkung zur Neutron–Proton-Massendifferenz.* Vff. berechnen in gleicher Weise wie Feynman u. Speisman (C. **1955.** 9719), jedoch unter Benutzung anderer Reihenabbruchverff. die Neutron–Proton-Massendifferenz. Die etwas abweichende Tendenz der Ergebnisse gegenüber Feynman wird diskutiert. (Progr. theoret. Physics [Kyoto] **12.** 109—11. Juli **1954.** Kechi Otemae High School; Osaka Gakugei Univ., Dep. of Phys.) R. Conrad. 90

J. J. Thresher, R. G. P. Voss und **R. Wilson**, *Neutron–Proton-Streuung bei kleinen Winkeln.* Der Streuquerschnitt wird für 105 ± 3 u. 137 ± 5 MeV bei 7 Winkeln zwischen 6 u. 61,5° im Schwerpunktssyst. in einer absol. Skala gemessen, wobei die an fl. H_2 gestreuten Neutronen mit einem großen Flüssigkeitsscintillator nachgewiesen werden. (Proc. Roy. Soc. [London], Ser. A **229.** 492—509. 24/5. 1955. Oxford, Univ., Clarendon Labor.) D. Geissler. 90

Reinhard Oehme, *Mögliche Experimente zur Bestimmung der Übergangsmatrix für p—p-Streuung.* Vf. gibt 11 Relationen an, die es bei gegebenem Streuwinkel u. gegebener Energie gestatten, die Parameter der p—p-Übergangsmatrix aus Einfach-, Zweifach- u. Dreifachstreuverss. zu bestimmen. (Physic. Rev. [2] **98.** 216—17. 1/4. 1955. Chicago, Ill., Univ., Inst. for Nucl. Stud.) D. Geissler. 90

Leslie L. Foldy und **Erik Eriksen**, *Vakuumpolarisation und Proton–Proton-Streuung.* (Vgl. C. **1955.** 8773.) Vff. versuchen, die Ggw. der durch Vakuumpolarisation hervorgerufenen Effekte in den verfügbaren experimentellen Daten über die Proton–Proton-Streuung zu verifizieren. Die Beiträge der Vakuumpolarisation zur Proton–Proton-Streuung sowie die experimentellen Ergebnisse, die bei der Analyse nach der Meth. der kleinsten Quadrate verwendet worden sind, werden für Energiebereiche von 0,01 bis 4,00 bzw. 0,2—4,203 MeV angegeben. (Physic. Rev. [2] **98.** 775—79. 1/5. 1955. Kopenhagen, Inst. for Theoret. Phys.; Cleveland, O., Case Inst. of Technol.; Kopenhagen, Theoret. Stud. Group CERN; Blindern, Oslo, Univ.) Gerhard Schmidt. 90

T. Ypsilantis, C. Wiegand, R. Tripp, E. Segrè und **O. Chamberlain**, *Drehung des Polarisationsvektors und Depolarisation bei p–p-Streuung.* Vff. messen den Depolarisationskoeff. u. den Faktor der Spindrehung in einem Dreifachstreuvers. bei 310 MeV Energie u. 74% Polarisation der auf das 2. Target auffallenden Protonen zwischen 20 u. 90° im Schwerpunktssystem. Die Ergebnisse sind graph. dargestellt. (Physic. Rev. [2] **98.** 840—42. 1/5. 1955. Berkeley, Calif., Univ. of California, Dep. of Phys., Radiat. Labor.) D. Geissler. 90

L. Wolfenstein, *Polarisationseffekte bei der Reaktion $p + p \rightarrow \pi^+ + d$.* Vf. stellt für den Fall, daß die π^+ nur in s- u. p-Wellen auftreten, die auslaufende Amplitude als Matrix dar, die auf die ursprünglichen Spinzustände der Protonen wirkt, u. die durch 5 reelle, aus Polarisations- u. Asymmetriemessungen bestimmbare Parameter charakterisiert wird. (Physic. Rev. [2] **98.** 766—69. 1/5. 1955. Pittsburgh, Pa., Carnegie Inst. of Technol.) D. Geissler. 90

B. J. Malenka, *Deuteron-pickup durch energiereiche polarisierte Protonen.* (Vgl. C. **1954.** 7803.) In Ergänzung der vorgeschlagenen Verss. mit dem Deuteron-pickup aus großen Kernen durch energiereiche polarisierte Protonen stellt Vf. theoret. Betrachtungen über die Folgen des direkten Deuteron-pickup an, wobei er ein einfaches zweidimensionales klass. Modell vom Newns-Typ für die Abstreif-Rk. verwendet. (Physic. Rev. [2] **98.** 843—44. 1/5. 1955. St. Louis, Mo., Washington Univ.) Gerhard Schmidt. 90

David O. Caldwell und **J. Reginald Richardson**, *Elastische Streuung von 20,6 MeV-Protonen an Deuteronen.* Die Protonen des äußeren Bündels eines Synchrocyclotrons werden in D_2-Gas bei 1 at gestreut u. mit einem Dreifachkoinzidenzzählrohrteleskop nachgewiesen. Der differentielle Streuquerschnitt wird bei 22 Winkeln zwischen 12 u. 164° im Schwerpunktssyst. gemessen u. zeigt ein tiefes Minimum bei 130° u. ein flaches bei 18°. (Physic. Rev. [2] **98.** 28—39. 1/4. 1955. Los Angeles, Calif., Univ., Dep. of Phys.) D. Geissler. 90

J. M. Cassels, G. H. Stafford und **T. G. Pickavance**, *Streuung von 146 MeV-Protonen durch Deuteronen.* Der differentielle Streuquerschnitt für den elast. 146 MeV-Proton–Deuteron-Stoß wurde zwischen 60 u. 150° durch Koinzidenzmessungen der Protonen u. Rückstoßdeuteronen gemessen. Die gefundenen Werte wurden am totalen Streuquerschnitt der entsprechenden Proton–Proton-Streuung geeicht. Untergrundeinfl. wurde durch Kontrollmessungen mit H_2O statt D_2O eliminiert. (Nature [London] **168.** 556—57. 29/9. 1951. Harwell, Berks., AERE.) W. Gans. 90

D. R. Sweetman, *Die elastische Streuung von Protonen durch Helium 3.* Der Streuquerschnitt für die elast. p–^{3}He-Streuung wird im Schwerpunktssyst. gemessen, indem ^{3}He-Ionen mit E = 14,9 MeV auf Polythenfolie geschossen u. die auftretenden Sekundärprotonen unter verschied. Winkeln auf Kernphotoplatten registriert werden. Die Winkelverteilung wird mit den Ergebnissen anderer Autoren verglichen. (Philos. Mag. [7] **46.** 358—60. März 1955. Birmingham, Univ., Dep. of Phys.) F. WEIGEL. 90

John H. Williams und **Stanley W. Rasmussen,** *Elastische Streuung von 9,76 MeV-Protonen an Helium.* (Vgl. C. **1956.** 622.) Vff. messen den differentiellen Streuquerschnitt bei 31 Winkeln zwischen 43 u. 174° im Schwerpunktssyst., indem sie Protonen aus einem Linearbeschleuniger nach der Streuung an He mit Kernplatten nachweisen. (Physic. Rev. [2] **98.** 56—57. 1/4. 1955. Minneapolis, Minn., Univ.) D. GEISSLER. 90

M. Sempert, H. Schneider und **M. Martin,** *Elastische Streuung von Protonen an ^{16}O zwischen 3 und 7 MeV.* Vff. messen die elast. gestreuten Protonen an ^{16}O als Funktion der Energie der auftreffenden Protonen unter 9 verschied. Streuwinkeln zwischen 30 u. 150° im Laboratoriumssystem. Die Messungen liefern Daten für die angeregten Zustände des Compoundkerns ^{17}F zwischen 0,536 u. 7,40 MeV. Nach graph. Methoden werden die experimentellen Ergebnisse mittels der Streuungstheorie analysiert. Für die Niveaus bei 4,5, 4,6, 5,15 u. 6,65 MeV werden Spins u. Paritäten von $3/2^-$, $3/2^+$, $1/2^+$ bzw. $1/2^+$ erhalten. Diese 4 Resonanzen haben eine Niveaubreite von mehreren 100 keV. Zwischen Anregungsenergien von 5 u. 7 MeV werden außerdem 8 scharfe Resonanzen mit Niveaubreiten $\Gamma < 25$ keV gefunden. Die experimentellen Ergebnisse werden mit den theoret. Werten verglichen, die aus dem Modell der Einteilchenanregung abgeleitet worden sind. Das Verhältnis $\Gamma_{exp.}/\Gamma_{theoret.}$ zeigt eine schnelle Abnahme bei 5 MeV, was auf zunehmende Wahrscheinlichkeit der Mehrteilchen- oder Rumpfkernanregung bei höheren Energien hinweist. (Helv. physica Acta **27.** 313—36. 31/8. 1954. Zürich, ETH.) GERHARD SCHMIDT. 90

Joseph Seiden und **François Lurçat,** *Die unelastische Streuung der in einem Synchrotron beschleunigten Teilchen.* Vff. berechnen die Teilchenverluste, die bei den Umläufen der beschleunigten Teilchen in der Vakuumkammer durch unelast. Stöße gegen die Moll. des Restgases entstehen. Bei Anwendung der theoret. Betrachtungen auf das Brookhaven-Cosmotron zeigt sich, daß die durch unelast. Streuung hervorgerufenen Protonenverluste sehr schwach sind. (C. R. hebd. Séances Acad. Sci. **240.** 2067—69. 23/5. 1955.) GERHARD SCHMIDT. 90

W. Lakin, *Spinpolarisation des Deuterons.* Vf. definiert die Polarisation für Teilchen mit Spin 1, stellt Auswahlregeln bei einfachen Kern-Rkk. auf, erörtert die Möglichkeit, die Polarisation durch Ablenkung in einem Magnetfeld zu bestimmen, u. errechnet die Polarisation bei der Streuung von Deuteronen an Kernen mit Spin u. Isotopenspin Null. (Physic. Rev. [2] **98.** 139—44. 1/4. 1955. Pittsburgh, Pa., Carnegie Inst. of Technol.) D. GEISSLER. 90

B. W. Downs, *Berechnung der Polarisierbarkeit des Deuterons nach einem Variationsverfahren.* Vf. berechnet die Polarisierbarkeit des Deuterons in einem konstanten elektr. Feld durch Anwendung eines Variationsverf. für zwei verschied. Potentiale u. die Änderung der Wellenfunktion des Deuterons. (Physic. Rev. [2] **98.** 194—96. 1/4. 1955. Stanford, Calif., Univ.) D. GEISSLER. 90

Y. Yamaguchi und **Y. Yamaguchi,** *Photozerfall des Deuterons.* Vff. berechnen den Dipolquerschnitt für die Rk. γ(d, p)n unter der Annahme, daß in ^{3}P-Zuständen keine Kräfte wirken, u. finden, daß sich auch bei relativ großer Wahrscheinlichkeit dafür, das Deuteron im D-Zustand anzutreffen, der isotrope Teil der Winkelverteilung der Protonen zu klein ergibt. (Physic. Rev. [2] **98.** 69—70. 1/4. 1955. Urbana, Ill., Univ., Dep. of Phys.) D. GEISSLER. 90

Herman Feshbach und **S. I. Rubinow,** *Äquivalente Zweikörpermethode für das Triton.* Vff. reduzieren das Problem der Berechnung der ^{3}H-Bindungsenergie für Zentralkräfte näherungsweise auf ein 2-Körperproblem u. wenden die Meth. auf das Exponentialpotential u. ein Potential mit abstoßendem Kern an. (Physic. Rev. [2] **98.** 188—93. 1/4. 1955. Cambridge, Mass., MIT, Dep. of Phys. and Labor. for Nucl. Sci.) D. GEISSLER. 90

A. Galonsky, R. A. Douglas, W. Haeberli, M. T. McEllistrem und **H. T. Richards,** *Differentielle Querschnitte für Deuteron–Helium-Streuung.* (Vgl. C. **1955.** 4989.) Deuteronen von 0,28—4,62 MeV aus einem elektrostat. Generator werden nach elast. Streuung mit 2 Proportionalzählern nachgewiesen. Bei 9 Winkeln zwischen 90 u. 173,6° im Schwerpunktssyst. wird eine Resonanz bei 1,070 MeV von 35 keV Breite gemessen, die dem 2,187 MeV-Niveau von ^6Li entspricht. Da bei der zum 3,58 MeV-Niveau von ^{6}Li gehörigen Deuteronenenergie keine Resonanz auftritt, schließen Vff. auf J = 0^+, T = 1 für diesen Term. (Physic. Rev. [2] **98.** 586—90. 1/5. 1955. Madison, Wis., Univ. of Wisconsin.) D. GEISSLER. 90

A. Galonsky und **M. T. McEllistrem**, *Energieniveaus von ^6Li aus differentiellen Deuteron–Helium-Streuquerschnitten.* (Vgl. vorst. Ref.) Vff. benutzen die experimentellen Ergebnisse (l. c.), um dispersionstheoret. die Niveaus von ^{6}Li zu klassifizieren. (Physic. Rev. [2] **98.** 590—99. 1/5. 1955.) D. Geissler. 90

I. Amdur und **A. L. Harkness**, *Streuung von schnellen neutralen Teilchen.* **2.** Mitt. *Helium–Helium.* (1. vgl. Proc. Amer. Acad. Arts Sci. **76.** [1948.] 101.) Vff. messen mit einer Molekularstrahlapp. den totalen Stoßquerschnitt zwischen 500 u. 2100 eV aus dem Verhältnis der Intensitäten von gestreuten u. nichtgestreuten Strahlen u. berechnen daraus als Mittel von Messungen mit zwei verschied. Detektoren für die potentielle Energie $V(r) = 7{,}55 \cdot 10^{-12}/r^{5,94}$ erg (r in Å), wenn 1,27 Å < r < 1,59 Å. (J. chem. Physics **22.** 664—69. April 1954. Cambridge, Mass., MIT, Dep. of Chem.) D. Geissler. 90

H. L. Reynolds, L. D. Wyly und **A. Zucker**, *Gleichgewichtsladungsverteilung energetischer Stickstoffionen.* (Vgl. C. **1955.** 8077.) Vff. bestimmen die Gleichgewichtsladungsverteilung von N-Ionen in Formvar als eine Funktion der N-Ionenenergie von 6—26 MeV. Das Magnetfeld im Randgebiet des Cyclotrons wird zur Trennung der Ladungsgruppen benutzt, die sich aus dem Durchgang des N-Ionenbündels durch Formvarfolien ausreichender Dicke ergeben, um eine Gleichgewichtsladungsverteilung sicherzustellen. Über den untersuchten Energiebereich ist die Ionenladung prim. zwischen 4, 5, 6 u. 7 Elektronenladungen verteilt. Der %-Satz der vollständig abgestreiften Ionen schwankt von 42% bei 26 MeV auf 6% bei 11 MeV. Das Verhältnis des Elektronenverlustes zum Einfangquerschnitt zwischen N^{7+} u. N^{6+} sowie zwischen N^{6+} u. N^{5+} ist proportional $V^{4,0}$, zwischen N^{5+} u. N^{4+} dagegen proportional $V^{2,9}$. Dieses Verhältnis ist 1 für N^{6+} u. N^{7+} bei angenähert 28,2 MeV u. für N^{5+} u. N^{6+} bei 13,3 MeV. (Physic. Rev. [2] **98.** 474—77. 15/4. 1955. Oak Ridge, Tenn., ORNL.) Gerhard Schmidt. 90

N. N. Kolessnikow, *Analyse von Kernperiodizitäten mit Hilfe von Stabilitätskurven.* Aus der Instabilität gegen β-Umwandlung kann bei geeigneter graph. Darst. geschlossen werden, daß im Schalenaufbau der Atomkerne außer den bekannten mag. Zahlen 2, 8, 20, 28, 50, 82 u. 128 auch die Nucleonenzahlen 14, 34 u. 74, die Protonenzahlen 70 u. 78 sowie die Neutronenzahlen 88, 100 u. 112 von Bedeutung sein müssen; sie lassen sich jedoch nicht alle mit der Auffüllung von Teilschalen erklären. (Доклады Академии Наук СССР [Ber. Akad. Wiss. UdSSR] [N. S.] **97.** 233—36. 11/7. 1954. Moskau, Lomonossow-Univ.) G. Kirschstein. 95

J. P. Elliott und **B. H. Flowers**, *Die Struktur der Kerne mit den Massen 18 und 19.* Vff. berechnen Energieniveaus unter Berücksichtigung der Konfigurationswechselwrkg. zwischen 2 s- u. 1 d-Schalen u. unter der Annahme, daß Zentral- u. Spin–Bahn-Kräfte von gleicher Größenordnung sind. (Proc. Roy. Soc. [London], Ser. A **229.** 536—63. 24/5. 1955. Harwell, Berks., AERE.) D. Geissler. 95

Martin G. Redlich, *Schalentheorie für die Kerne mit der Masse 19.* Vf. berechnet Termdifferenzen u. *ft*-Werte für Kerne mit A = 19 sowie magnet. Moment u. Halbwertszeit von ^{19}F mit Hilfe des Schalenmodells, wobei für den ^{16}O-Kern ein Oscillator-, für die Wechselwrkg. zwischen den äußeren Nucleonen ein Gausssches Potential angenommen wird. (Physic. Rev. [2] **98.** 199—200. 1/4. 1955. Madison, Wis., Univ. of Wisconsin, Dep. of Phys.) D. Geissler. 95

A. H. Wapstra, *Isotopenmassen.* 1. Mitt. *A < 34.* Vf. berechnet die Bindungsenergien u. Massen aller Kerne mit A < 34 aus Reaktionsenergien u. vergleicht sie mit massenspektroskop. Daten. (Physica **21.** 367—84. Mai 1955. Amsterdam, Inst. voor Kernphys. Onderz.) D. Geissler. 95

A. H. Wapstra, *Isotopenmassen.* 2. Mitt. *33 < A < 202.* (1. vgl. vorst. Ref.) Vf. berechnet die Bindungsenergien u. Massen für Kerne mit 33 < A < 202 aus Reaktions- u. Zerfallsenergien u. massenspektroskop. Daten. (Physica **21.** 385—409. Mai 1955.) D. Geissler. 95

J. R. Huizenga, *Isotopenmassen.* 3. Mitt. *A > 201.* (2. vgl. vorst. Ref.) Bindungsenergien u. Massen von Kernen mit A > 201 werden aus massenspektroskop. Daten u. Zerfallsenergien berechnet. (Physica **21.** 410—24. Mai 1955. Amsterdam, Vrije Univ., Natuurk. Labor.) D. Geissler. 95

A. M. Lane, R. G. Thomas und **E. P. Wigner**, *Interpretation der Nucleon–Kern-Wechselwirkung durch Riesenresonanzen.* Vff. untersuchen ein Kernmodell, das zwischen dem Tropfenmodell u. dem Bild von unabhängigen Teilchen steht, um die Darst. der Nucleon–Kern-Wechselwrkg. durch komplexe Potentiale theoret. zu fundieren. (Physic. Rev. [2] **98.** 693—701. 1/5. 1955. Cambridge, Mass., MIT, Dep. of Phys.; Los Alamos, N. Mex., Univ. of California, Los Alamos Sci. Labor.; Princeton, N. J., Princeton Univ., Palmer Physic. Labor.) D. Geissler. 95

M. H. Johnson und **E. Teller,** *Klassische Feldtheorie der Kernkräfte.* Vff. zeigen, daß ein klass. Potential, dessen Quanten neutrale, skalare Mesonen sind, empir. Bindungsenergien u. Sättigungseigg. wiedergeben kann, wenn es von der Geschwindigkeit der Nucleonen abhängt. (Physic. Rev. [2] **98.** 783—87. 1/5. 1955. Livermore, Calif., Univ. of California, Radiat. Labor.) D. GEISSLER. 95

G. Abraham, L. Cohen und **A. S. Roberts,** *Die Bindungsenergien von ^3H und ^4He.* Vff. benutzen Zentral- u. Tensorkräfte von verschied. Reichweite u. YUKAWAscher Radialabhängigkeit, um die Bindungsenergien nach Variationsverff. für verschied., mit den ^{2}H-Daten u. Streuexperimenten vereinbare Potentialparameterwerte zu berechnen. Der Beitrag von Spin–Bahn-Kräften wird abgeschätzt. (Proc. physic. Soc., Sect. A **68.** 265—84. April 1955. Manchester, Univ., Physic. Labor.) D. GEISSLER. 95

L. C. Biedenharn und **C. M. Class,** *Lösbares Problem in der Theorie der Coulomb-Anregung.* Vff. berechnen Anregungsfunktion u. Richtungskorrelationsparameter a_2 für den Fall, daß kein Energieverlust bei der Anregung der Kernniveaus eintritt, u. vergleichen diese Größen mit dem klass. Grenzfall. (Physic. Rev. [2] **98.** 691—93. 1/5. 1955. Houston, Tex., Rice Inst.) D. GEISSLER. 95

F. Ajzenberg und **T. Lauritsen,** *Energieniveaus leichter Kerne.* 5. Mitt. (4. vgl. C. **1955.** 2124.) Vff. stellen die experimentellen Ergebnisse über Lage u. Eigg. der Energieniveaus der Kerne von ^{5}He bis ^{23}Ne zusammen. In Termschemata werden Anregungsenergien, zum Auffinden benutzte Rkk. u. gegebenenfalls Gesamtdrehimpuls, Parität u. Isotopenspin der Niveaus sowie Anregungsfunktionen u. Übergänge angegeben. (Rev. mod. Physics **27.** 77—166. Jan. 1955. Boston, Mass., Univ., Dep. of Phys.; Pasadena, Calif., California Inst. of Technol., Kellogg Radiat. Labor.) D. GEISSLER. 95

H. Preuss, *Ein neuer Atomfunktionenansatz für quantenchemische Rechnungen.* Vf. gibt einen Näherungsansatz für 2 s- u. 2 p-Atomeigenfunktionen, in dem nur Exponentialfunktionen auftreten u. der rechner. Vorteile beim Variationsverf. bietet. (Z. Naturforsch. **10a.** 267—69. April 1955. Göttingen, MPI für Phys.) D. GEISSLER. 95

M. L. Perl, I. I. Rabi und **B. Senitzky,** *Elektrisches Kernquadrupolmoment von ^{23}Na nach der Atomstrahlresonanzmethode.* (Vgl. C. **1955.** 10927.) Vff. entwickeln eine Art der Atomstrahlresonanzmeth., die es gestattet, die Hyperfeinstruktur (HFS) von angeregten Zuständen trotz kurzer Lebensdauer zu messen. Dabei wird der Strahl nach Passieren eines ersten Ablenkmagneten in einem homogenen Magnetfeld zugleich opt. Resonanzstrahlung u. einem hochfrequenten magnet. Wechselfeld ausgesetzt. Bei Resonanz des letzteren Feldes treten meßbare Intensitätsänderungen des Strahls nach dem Durchlaufen eines zweiten Ablenkmagneten auf. Die HFS-Unters. der Terme 3 $^2P_{1/2}$ u. 3 $^2P_{3/2}$ ergibt für das Quadrupolmoment von ^{23}Na $0{,}100 \pm 0{,}011 \cdot 10^{-24}$ cm². (Physic. Rev. [2] **98.** 611—26. 1/5. 1955. New York, N. Y., Columbia Univ.) D. GEISSLER. 95

E. H. Bellamy, *Kernspin von Rubidium 86.* Der Kernspin von ^{86}Rb wurde mit der Atomstrahlmeth. unter Benutzung magnet. Resonanz gemessen. Für den Kernspin J wurde der Wert 2 gefunden. Das magnet. Moment ergab sich zu $-1{,}68 \pm 0{,}01$ Kernmagnetonen. (Nature [London] **168.** 556. 29/9. 1951. Cambridge, Cavendish Labor.) W. GANS. 95

H. C. Brinkman und **B. Peperzak,** *Näherungslösungen der Thomas-Fermi-Gleichung für Moleküle.* 2. Mitt. (1. vgl. C. **1955.** 6.) Die l. c. entwickelte Näherungslösung der THOMAS-FERMI-Gleichung wird auf das *H_2O-Mol.* angewendet. Die elektr. Ladungsdichte wird berechnet u. graph. dargestellt. Vf. zeigt, daß die THOMAS-FERMI-Meth. — aber auch jede andere, die mit kontinuierlichen, der POISSON-Gleichung gehorchenden Elektronenwolken rechnet — ein elektr. Dipolmoment Null geben muß. Trotzdem ist die für das H_2O-Mol. berechnete Ladungsverteilung eine gute Näherungslösung. (Physica **21.** 48—52. Jan. 1955. Delft, Centraal Labor. T. N. O.; Sukabumi, Indonesia, Sekolah Menengah Atas Katolik.) H. NELKOWSKI. 95

U. L. Businaro und **S. Gallone,** *Kollektive Ansichten über den Kernphotoeffekt.* Vff. wenden die Meth. des kollektiven Modells auf den Kernphotoeffekt an u. nehmen in Analogie zu den Betrachtungen von GOLDHABER u. TELLER an, daß die Resonanz durch Anregung kollektiver Art u. daß die Breite ihres Zerfalls durch Anregung eines einzelnen Teilchens hervorgerufen wird. Den Berechnungen liegen vereinfachende Annahmen über die Tiefe des mittleren Kernpotentials zugrunde, wonach dieses Potential dem lokalen Wert der Nucleonendichte proportional gesetzt wird. (Nuovo Cimento [10] **1.** 1285—88. April 1955. Milano, Univ., Ist. di Fis., Labor. CISE.) GERHARD SCHMIDT. 103

Satio Hayakawa und **Ken Kikuchi,** *Deutung der Anregung von γ-Strahlen durch 10 MeV-Neutronen.* Vff. berechnen die γ-Intensität bei Anregung von mittleren u. schweren Kernen durch 10 MeV-Neutronen in Abhängigkeit von der Massenzahl A in befriedigender Übereinstimmung mit dem Experiment, wobei die Bldg. von Compoundkernen angenommen wird. Die annähernde Konstanz der Intensität für schwere Kerne wird durch das Auftreten von (n, 2n)-Rkk. u. das Abnehmen der Wirkungsquerschnitte für (n, γ)- u. (n, γn)-Rkk. mit wachsendem A erklärt. (Progr. theoret. Physics [Kyoto] **11.** 513–18. Juni 1954. Kyoto Univ., Res. Inst. for Fundament. Phys.; Osaka Univ., Dep. of Phys. [Orig.: engl.]) D. GEISSLER. 103

G. Süssmann, *Die Energieverteilung der α-Teilchen bei der Kernverdampfung unter Berücksichtigung der Spaltung.* 1. Mitt. Vf. entwickelt eine quasi-thermodynam. Berechnungsmeth. für die Verdampfung von Kernteilen u. Nucleonen bei Kernplattensternen. Das Auftreten von relativ zu langsamen α-Teilchen wird mit der Annahme einer Aufteilung des Gesamtkerns in kleinere Bestandteile unter Abschnürung erklärt, deren Relativgeschwindigkeit die Verlangsamung hervorruft. (Z. Naturforsch. **8a.** 404–16. Juli 1953. Göttingen, MPI für Phys.) W. GANS. 103

J. S. McIntosh, *Wirkung der Targetdicke bei der Suche nach* ^4H. Vf. berechnet die Abhängigkeit des Doppelverhältnisses R der Ausbeute für die Rkk. ^{3}H(d, p)^{4}H u. ^{7}*Li*(d, p)^{8}Li von der Maximalenergie der Deuteronen für die beiden Fälle, in denen a) $\sigma \sim (E - E_{th})$ u. b) σ = const (E_{th} = Schwellenenergie der Rk.) ist. Für Deuteronenenergien von 3,825 u. 4,1 MeV wird eine graph. Darst. von R gegeben. (Physic. Rev. [2] **83.** 1246. 15/9. 1951. New Haven, Conn., Yale Univ.) W. GANS. 103

A. A. Reut, Ss. M. Korentschenko, W. W. Jurjew und **B. M. Pontecorvo,** *Versuch zum Auffinden des* ^{4}*H-Kerns unter den Spaltprodukten von Kohlenstoff durch Protonen mit der Energie 300 MeV.* Um β-akt. Kerne mit Halbwertszeiten von 2–10 msec u. Energien über 12 MeV nachzuweisen, wurde ein Teleskop aus 3 Proportionalzählern innerhalb der Kammer des Synchrocyclotrons in unmittelbarer Nähe des C-Targets von 5 mm Dicke angebracht. Das Target wurde mit Protonen von 300 oder 430 MeV beschossen. Im Bereich der Halbwertszeiten von 2–4 msec war der Wirkungsquerschnitt $< 10^{-30}$ cm^2 für 4–10 msec $< 10^{-29}$ cm^2. Durch Nachw. der Positronen konnte der Wirkungsquerschnitt der Rk. ^{12}C(p, n)^{12}N zu 10^{-29} cm^2 ermittelt werden. Der β-akt. ^{4}H-Kern, dessen β-Energie ~20 MeV u. dessen Halbwertszeit einige msec betragen sollte, scheint demnach nicht zu existieren. (Доклады Академии Наук СССР [Ber. Akad. Wiss. UdSSR] **102.** 723–25. 1/6. 1955. Inst. für Kernprobleme der Akad. der Wiss. der UdSSR.) M. WIEDEMANN. 103

Leona Stewart, *Neutronenspektrum und absolute Ausbeute einer Plutonium–Beryllium-Quelle.* In Ergänzung der C. **1955.** 7141 referierten Arbeit wird die absol. Neutronenausbeute oberhalb 0,5 MeV mit 1,2 · 10^6 Neutronen pro Sek. angegeben. (Physic. Rev. [2] **98.** 740–43. 1/5. 1955. Los Alamos, N. Mex., Univ. of California, LASL.) H. NELKOWSKI. 103

W. E. Stephens, A. K. Mann, B. J. Patton und **E. J. Winhold,** *Feinstruktur der* (γ, *p*)*-Reaktion in Sauerstoff.* Unter Berücksichtigung der Anregungszustände von ^{15}N berechnen Vff. den Querschnitt für die Photoabsorption, die zum Übergang in den Grundzustand von ^{15}N führt. Die bei 22,4 MeV auftretende Hauptresonanz u. die Nebenmaxima bei 19,6 u. 20,6 MeV entsprechen einer Riesenresonanz. Das Auftreten der 3 Maxima wird im Hinblick auf verschied. Modellvorstellungen über den Anregungsvorgang diskutiert. (Physic. Rev. [2] **98.** 839. 1/5. 1955. Philadelphia, Pa., Univ. of Pennsylvania.) H. NELKOWSKI. 103

C. R. Gossett, G. C. Phillips und **J. T. Eisinger,** *Absolute magnetische Analyse der Reaktion* $^{19}F(p, p')^{19}F$. Messung der Rk. ^{19}F(p, p')^{19}F aus der unelast. Streuung von Protonen an den beiden tiefsten Anregungsstufen von ^{19}F bei Protonenenergien von 2,1–4,5 MeV mit einem ringförmigen magnet. Spektrometer. Die Niveaus werden zu 110,4 ± 0,6 u. 197,8 ± 1,2 keV bestimmt. Bis herauf zu 730 keV liegt kein weiteres Niveau. Multiplettstruktur wird nicht beobachtet. Das Auflösungsvermögen für Dublettaufspaltung beträgt 3 keV. (Physic. Rev. [2] **98.** 724–27. 1/5. 1955. Houston, Tex., Rice Inst.) H. C. WOLF. 103

Bernd Crasemann und **D. L. Manley,** *Radioaktivität von* ^{57}Co. (Vgl. C. **1956.** 1491.) Vff. beschießen auf einer Cu-Sonde elektrolyt. abgeschiedenes Mn mit 100 mA-Std. 32 MeV-α-Teilchen u. trennen das durch ^{55}Mn(α, 2n) gebildete ^{57}Co wie folgt ab: Die Mn-Schicht wird in 8n HCl zusammen mit etwas Co als Träger gelöst u. Ga sowie Fe mit β.β'-Dichlordiäthyläther extrahiert. Die wss. Phase wird zur Trockne gedampft, der Rückstand in W. gelöst, mit HCl angesäuert u. Co mit α-Nitroso-β-naphthol gefällt. Den Nd. wäscht man aus, zerstört die organ. Substanz durch ein Gemisch von HNO_3 + $HClO_4$, fällt abermals mit α-Nitroso-β-naphthol u. zerstört die organ. Substanz wiederum mit HNO_3 + $HClO_4$. Das durch Eindampfen gewonnene Kobaltperchlorat wird in W. gelöst u. auf Tygonfolien (20–30 μg/cm^2) zur Trockne gedampft. Der Zerfall dieses u.

eines durch ^{58}Ni(p, 2p) hergestellten ^{57}Co-Präp. wird in einem Magnetlinsen- u. einem Scintillationsspektrometer gemessen. ^{57}Co zerfällt durch Hüllelektroneneinfang; die obere Grenze für β^+-Zerfall liegt bei $2 \cdot 10^{-5}$ pro Einfangprozeß. Es wird wahrscheinlich gemacht, daß Positronengruppen, die früher dem ^{57}Co zugeschrieben waren, vermutlich zu anderen Co-Isotopen gehören. Beobachtet werden γ-Strahlen von 0,123 u. 0,137 MeV mit der relativen Häufigkeit 93 bzw. 7%, die vermutlich einem M 2- bzw. E 1-Übergang angehören. Ein Zerfallsschema für das Syst. ^{57}Co → ^{57}*Fe* wird vorgeschlagen. (Physic. Rev. [2] **98.** 66—68. 1/4. 1955. Eugene, Ore., Univ. of Oregon, Dep. of Phys.) F. WEIGEL. 103

Je. M. Leikin, R. M. Ossokina und **B. Ss. Ratner,** *Untersuchung der* (γ, *p*)-*Reaktion bei Kupfer.* Der Bremsstrahlungs-γ-Strahl eines Synchrotrons lief durch einen Pb-Kollimator u. fiel dann auf eine unter 45° geneigte Cu-Folie von 18,4 mg/cm². Die γ-Dosis wurde mittels einer integrierenden Ionisationskammer (Monitor) bestimmt. Zum Nachw. der entstehenden Protonen waren Kernemulsionen von 0,15, 0,30 u. 0,40 mm unter 28, 58, 88, 92, 122 u. 152° zum γ-Strahl aufgestellt. Für Energien von 19, 24 u. 30,5 MeV wurden Energie- u. Winkelverteilungen der Protonen ermittelt. Hierzu wurden 20104 Bahnen auf 110,9 cm² ausgemessen. Die Verteilung der schnellen Protonen gehorcht bei E_γ 19 u. 24 MeV $\sin^2 \Theta$, bei E_γ 30,5 MeV $a + b \sin^2 \Theta$. Die Ausbeute an Photoprotonen steigt mit E_γ an. Der Anteil der schnellen Protonen steigt mit E_γ stark an. (Доклады Академии Наук СССР [Ber. Akad. Wiss. UdSSR] **102.** 245—48. 11/5. 1955. Physikal. Lebedew-Inst. der Akad. der Wiss. der UdSSR.) M. WIEDEMANN. 103

Z. Wilhelmi, R. Brunsz und **C. Dąbrowski,** *Einige neue Kernreaktionen, die durch schnelle Neutronen in Zinn hervorgerufen werden.* Vff. messen mit photograph. registrierenden GEIGER-MÜLLER-Zählern den Wirkungsquerschnitt der Rk. ^{118}Sn(n, p)^{118}*In* zu 0,78 mbarn u. den der Rk. ^{116}Sn(n, p)^{116}In zu 0,94 mbarn durch Vgl. mit dem bekannten Wirkungsquerschnitt für ^{56}Fe bei E_n zwischen 10,5 u. 13,5 MeV. (Bull. Acad. polon. Sci., Cl. III **1.** 105—08. 1953. Warsaw, Univ., Inst. for Exp. Phys.) D. GEISSLER. 103

R. A. Ricci und **G. Trivero,** *Revision des β-Spektrums von* ^{214}*Bi*(*RaC*). Zur Prüfung des β-Spektr. von ^{214}Bi werden die β- u. γ-Strahlung einer ^{226}Ra-Probe ($\sim$16 μC), die sich bis zum RaD im Gleichgewicht mit ihren Zerfallsprodd. befindet, mit einem β- u. einem γ-Scintillationszähler untersucht. Durch β-Absorptionsmessungen mit Al-Folien werden die maximale Energie des β-Zerfalls von ^{214}Bi sowie die Koinzidenzen zwischen den ^{214}Bi-β-Strahlen u. der ^{214}*Po*-Strahlung, die den β-Übergängen des ^{214}Bi zu angeregten Zuständen des ^{214}Po entspricht, untersucht. Eine β-Linie von 3,17 MeV entspricht einem Übergang des ^{214}Bi zum Grundzustand des ^{214}Po. Das Verhältnis der beiden Intensitäten der 2,56- u. 3,17 MeV-Komponenten soll $> 1/2$ sein. (Nuovo Cimento [10] **1.** 717—21. April 1955. Torino, Politecn., Ist. di Fis. Speriment.) G. TÖLG. 103

W. I. Goldanski, E. S. Tarumow und **W. Ss. Penkina,** *Spaltung von schweren Kernen durch Neutronen hoher Energie.* Die Wirkungsquerschnitte für die Spaltung der Elemente ^{235}*U*, ^{238}U, *Th, Bi, Pb, Tl, Au, Pt, Re* u. *W* mit Neutronen von 84, 120 u. 380 MeV sind zusammengestellt. Die Spaltprodd. wurden mit der Ionisationskammer nachgewiesen; zur Messung des Neutronenstroms diente die Rk. ^{12}C(n, 2n)^{11}C. Vff. nehmen an, daß der Spaltung eine Emission sek. Neutronen vorausgeht so lange, bis die Bindungsenergie des folgenden Neutrons größer wird als die krit. Spaltungsenergie des restlichen Kerns. Die Beziehung zwischen relativem Wirkungsquerschnitt, Energie des prim. Neutrons u. Zahl der emittierten Neutronen ist graph. wiedergegeben. Die mittlere Zahl der emittierten Neutronen bei schweren Kernen stimmt mit dem bei Pb beim Beschuß durch Höhenstrahlneutronen gefundenen Wert von 8 überein. (Доклады Академии Наук СССР [Ber. Akad. Wiss. UdSSR] **101.** 1027—30. 21/4. 1955. Inst. für chem. Phys. der Akad. der Wiss. der UdSSR.) M. WIEDEMANN. 103

Alexander Thomas, *Kernbatterien: Typen und mögliche Verwendungszwecke.* Übersicht über die verschied. Typen von Kernbatterien seit 1913, die auf direkter Wrkg. des β-Flusses oder auf thermoelektr. oder photoelektr. Grundlage beruhen. Als für diesen Verwendungszweck am besten geeignete Isotope werden ^{85}*Kr* u. ^{90}*Sr* angesehen, jedoch emittieren beide Isotope gesundheitsschädigende γ-Strahlen. Die Kosten pro Wh (Wattstunde) sind im Verhältnis zu anderen Stromquellen außerordentlich hoch, so daß die Anwendung der Kernbatterien vorläufig auf mehr elektrostat. Prozesse beschränkt ist. (Nucleonics **13.** Nr. 11. 129—33. Nov. 1955. Boston, Mass., Tracerlab., Inc.) GERHARD SCHMIDT. 106

Hans Thirring, *Thermonucleare Leistungsreaktoren — Sind sie ausführbar?* Nach einem Bericht über den gegenwärtigen Stand der thermonuclearen Forschung werden die möglichen Fusions-Rkk., der H-Bombenmechanismus, der LiD-Reaktor sowie das Problem der Mikroexplosionen diskutiert. (Nucleonics **13.** Nr. 11. 62—66. Nov. 1955. Wien, Univ., Inst. für Theoret. Phys.) GERHARD SCHMIDT. 110

J. S. Robertson, E. Stickley, V. P. Bond und **L. E. Farr,** *Der vorgeschlagene medizinische Forschungsreaktor von Brookhaven.* Für biol. u. medizin. Zwecke werden Ströme von therm. Neutronen in der Größenordnung von $10^{10}-10^{11}$ n/cm²/sec benötigt. Der hierfür vorgeschlagene Reaktor verwendet Spaltstoffplatten vom swimming-pool-Typ, luftgekühlten Graphit als Moderatorreflektor u. leichtes W. zur Reaktorkernkühlung. Die Leistungsgrenze dieses Reaktors liegt bei 1 MW. (Nucleonics **13.** Nr. 12. 64—68. Dez. 1955. Upton, Long Island, N. Y., BNL, Med. Dep.) GERHARD SCHMIDT. 110

John Macphee, *Kontrollweise eines Dampfkesselreaktors.* Die dynam. Kontrolle eines Dampfkesselreaktors wird durch Änderungen in der Moderatordichte unter verschied. Bedingungen erschwert. Unter Berücksichtigung des Moderatordichtekoeff. der Reaktivität bei einer Arbeitsweise mit konstantem Druck u. mit Turbinenlast wird ein Servomechanismus entwickelt, bei dem eine der Komponenten im Reaktorkreislauf selbst ein abgeschlossenes Kreislaufsyst. darstellt. Die drei grundlegenden Schemata für die Kontrolle eines solchen Reaktors werden angeführt. (Nucleonics **13.** Nr. 12. 42—45. Dez. 1955. Greenwich, Conn., Americ. Mach. and Foundry Co., Gen. Engng. Labors., Nucl. Proj. Sect.) GERHARD SCHMIDT. 110

David G. Chappell, *Gewichtsänderung in zylindrischen Abschirmungen.* Nomograph. Angabe der fraktionellen Gewichtsänderung bei Änderung des inneren Durchmessers ohne Änderung der Dicke der zylindr. Abschirmung. (Nucleonics **13.** Nr. 12. 46. Dez. 1955. Schenectady, N. Y., Gen. Electr. Co., Knolls Atom. Power Labor.) GERHARD SCHMIDT. 112

G. Perona und **A. Persano,** *Modell einer Deuteronenquelle mit Magnetfeld.* (Vgl. C. **1953.** 5974.) Vff. beschreiben eine Anordnung, die eine heiße Kathode u. Raumladung zwischen Plasma u. Elektrode anwendet. Der damit erhaltene kontinuierliche Ionenstrom als Funktion des Anodenstromes u. der Intensität des Magnetfeldes bei verschied. Werten des Anodenstromes u. die Höhe der Stromimpulse in Abhängigkeit vom Magnetfeld werden graph. dargestellt. (Nuovo Cimento [10] **1.** 501—03. 1/3. 1955. Milano, Labor. CISE.) R. K. MÜLLER. 112

Sh. Ss. Takibajew, *Über die Messung der Teilchenmasse und die Bestimmung des Verhältnisses zwischen ihrer Energie und Reichweite in Photoemulsionen.* Vf. behandelt 3 Verff. zur Best. der M. von Elementarteilchen aus 1. der Restreichweite u. der Korndichte, 2. der Korndichte u. dem mittleren Winkel der Mehrfachstreuung u. 3. der Reichweite u. dem mittleren Winkel der Mehrfachstreuung. Vf. gibt die empir. Beziehung zwischen Energie u. Reichweite zu $E = cR^v$ an, wobei für die verwendete Emulsion $c = 0{,}201 \pm 0{,}035$ u. $v = 0{,}612 \pm 0{,}04$ bestimmt wurde. Die durch die Bewegung des Mikroskoptischchens hervorgerufene Untergrund wird abgeschätzt. Massenbestimmungen wurden an Protonen u. Pionen durchgeführt. (Вестник Академии Наук Казахской ССР [Nachr. Akad. Wiss. KasachSSR] **11.** Nr. 9. 101—10. Sept. 1954.) M. WIEDEMANN. 112

John R. Fleming und **J. J. Lord,** *Korndichte und Ionisationsverlust in Kernspuremulsionen.* (Vgl. C. **1955.** 6904.) (Sitzungsbericht.) (Physic. Rev. [2] **96.** 852. 1/11. 1954. Univ. of Washington.) H. LIEPACK. 112

A. N. Davenport und **G. W. W. Stevens,** *Vergleich von Radioaktivitäten mit Hilfe von Röntgenfilmen.* Ergänzende Bemerkungen zu der C. **1955.** 11333 referierten Arbeit bzgl. der Vorteile der autoradiograph. Methode. (Brit. J. appl. Physics **6.** 31—34. Jan. 1955. Wealdstone, Harrow, Middlesex, Kodak Res. Labor.) MAX SCHMIDT. 112

J. Catalá, J. Aguilar und **F. Senent,** *Rechenschema zur Vereinfachung der Berechnungen für die Energie der Neutronen bei (d, n)-Reaktionen.* 2. Mitt. (1. vgl. C. **1954.** 11112.) Es wird eine vereinfachte Meth. zur Berechnung der Energie von Neutronen in photograph. Emulsionen aus Reichweite u. Winkelcharakteristik der Rückstoßprotonen angegeben, die der in l. c. angegebenen graph. Meth., bes. bei Energien <5 MeV, überlegen ist. (An. Real Soc. españ. Física Quím., Ser. A **51.** 141—48. Mai/Juni 1955. Valencia, Inst. de Opt. „Daza de Valdés“.) H. C. WOLF. 112

J. Catalá, F. Senent, J. Aguilar und **R. Font,** *Der Bruchteil der durch Neutronenbeschuß in photographischen Platten erzeugten Rückstoßprotonen, die die Platte wieder verlassen können.* (Vgl. vorst. Ref.) Berechnung der Korrekturen, die an Messungen der Energiespektren von Neutronen mit photograph. Emulsionen deshalb anzubringen sind, weil Rückstoßprotonen erzeugt werden, die die Platte verlassen können. Einfallswinkel des Neutronenbündels 0, 10 u. 15°, Emulsionsdicke 100 μ, Beschränkung auf Ablenkwinkel der Protonen gegenüber der Einfallsrichtung der Neutronen von höchstens 20°, Anwendung auf Neutronen der Rk. $^7Li(d, n)^8Be$. (An. Real Soc. españ. Física Quím., Ser. A **51.** 127—40. Mai/Juni 1955.) H. C. WOLF. 112

J. Catalá, J. Casanova und **M. de la Cuadra,** *Messung von Neutronendosen mittels photographischer Platten.* (Vgl. vorst. Reff.) Messung einer Neutronendosis aus der Rk. $^{14}N(n, p)^{14}C$ mit therm. Neutronen in photograph. Emulsionen mit Hilfe der Protonenbahnen. Es wird gezeigt, daß folgende Bedingungen zum Erreichen reproduzierbarer Ergebnisse erfüllt sein müssen: Überentw. der Platten, Verwendung der Plattensorten ILFORD G 5 oder C 2 mit geringer Schichtdicke, Auswertung hinreichend großer Bereiche. (An. Real Soc. españ. Física Quím., Ser. A **51.** 149—54. Mai/Juni 1955.)
H. C. WOLF. 112

Marcel Laporte, *Über eine neue Untersuchungsmethode radioaktiver Erscheinungen: Kinenucleographie. Anwendung auf die Messung der Halbwertszeit von Radium C.* (Vgl. C. **1955.** 6452.) Mit einer reinen RaC'-Quelle, die auf die Oberfläche einer sich drehenden Scheibe aufgedampft worden ist, wird nach der l. c. angegebenen Meth. aus der Abnahme der Teilchenbahndichte in der Emulsion die Halbwertszeit von RaC' direkt zu $1{,}5 \cdot 10^{-4}$ sec bestimmt. (C. R. hebd. Séances Acad. Sci. **240.** 2069—71. 23/5. 1955.)
GERHARD SCHMIDT. 112

Clarence Skillern, *Meßweise der β-Aktivität von Spaltteilchen mit Filmen.* Vf. beschreibt eine autoradiograph. Meth. mit Röntgen- u. photograph. Filmen zur Messung der β-Aktivität von Spaltteilchen von 50—300 μ Durchmesser. Nach Standardisierung der Proben erfolgt die Exposition, wobei durch Änderung der Expositionszeiten u. durch Verwendung von Teilchen verschied. Aktivitäten verschied. Fleckgrößen auf dem Film (Kodalith) erhalten werden. (Nucleonics **13.** Nr. 12. 54—56. Dez. 1955. Los Alamos, N. Mex., Univ. of California, LASL.) GERHARD SCHMIDT. 112

C. Kellershohn und **P. Pellerin,** *Scintillatorgitter lokalisiert photographisch γ-Strahler.* Vff. beschreiben ein photograph. Verf. unter Verwendung eines Sammelgitters aus Pb u. von NaJ-Intensivierung für bildhafte Radioisotopenverteilungen. Die Anordnung liefert ein Bild ausreichender Schärfe bei kurzer Expositionszeit (4 Min.) mit einer schwachen radioakt. Konz. ($10\,\mu C/cm^3$ ^{131}J) für biol. Untersuchungen. Die Exposition einer Phantomschilddrüse aus Glas mit Hg-sensibilisiertem Film wird wiedergegeben. (Nucleonics **13.** Nr. 12. 34—37. Dez. 1955. Nancy, Fac. de Méd., Labor. de Phys.)
GERHARD SCHMIDT. 112

J. F. Fowler und **M. J. Day,** *Hochdosismessung durch optische Absorption.* Vff. beschreiben ein Syst., bei dem Dosen von 10^6—10^9 rep oder höher gemessen werden können. Als bes. geeignet haben sich die durchsichtigen Plaste Polymethylmetacrylat u. Polystyrol erwiesen. Diese Plaste zeigen im sichtbaren Spektr. keine ausgeprägten Absorptionsbanden, sie besitzen jedoch bei ~ 2800 Å einen UV-Abschneideffekt. Polystyrol zeigt außerdem eine geringe Absorptionsbande bei 3300 Å, das von der Bestrahlung herrührt. Zur Ausmessung der Proben wird ein einfaches Doppelstrahlphotometer zusammen mit einem ILFORD-Filter Nr. 600 (Durchlässigkeit 3900—4500 Å mit Spitze bei 4200 Å) benutzt. Die mit ^{60}Co-γ-Strahlen (1,33 MeV) u. 220 kV-Röntgenstrahlen erhaltenen Ergebnisse schließen jede größere Energieabhängigkeit aus. (Nucleonics **13.** Nr. 12. 52—53. Dez. 1955. Newcastle, Royal Victoria Infirmary, Radiotherapy Dep.)
GERHARD SCHMIDT. 112

D. G. Boyer, *Filmkontrollmarkendosimetrie: Aufstellung einer Standard-Eichkurve.* Ein Vgl. von 834 täglichen Eichkurven von Dichte zu Dosierung wird mit 10 verschied. Streifen von DUPONT 552-Dosimeterfilmpacks durchgeführt. Die Ergebnisse zeigen an, daß eine Standardkurve die Analyse des Films vereinfacht u. zur Personenkontrolle genauere Daten als bisher liefert. Die Filmkontrollmarke verwendet ein Doppelfilmpaket mit einem meßbaren Bereich von 0,05—50 r bei Ra-γ-Emission. (Nucleonics **13.** Nr. 11. 106—09. Nov. 1955. Idaho Falls, Id., Nat. Reactor Test. Stat., Idaho Operat. Off., Health and Safety Div.) GERHARD SCHMIDT. 112

Ford Kalil, *Filmkontrollmarkenmessung kombinierter thermischer Neutronen und γ-Strahlen.* Die Filmkontrollmarke zum Strahlenschutz mit DUPONT 502-Dentalfilm wird zur Messung gemischter Strahlungen von therm. Neutronen, γ- u. β-Strahlen verwendet. Die Best. der Exposition mit therm. Neutronen ist genau, wenn die gleichzeitig vorhandenen γ-Strahlen Energien von 0,15—10 MeV besitzen. Die γ-Best. ist nur bei γ-Energien von 0,3—3 MeV genau. Die β-Exposition kann roh angegeben werden, wenn die vorhandenen γ-Strahlen Energien von 0,15—10 MeV besitzen. (Nucleonics **13.** Nr. 11. 91—96. Nov. 1955. Los Alamos, N. Mex., LASL.) GERHARD SCHMIDT. 112

B. Gregory, A. Lagarrigue, L. Leprince-Ringuet, F. Muller und **C. Peyrou,** *Neue Anlage auf dem Pic du Midi zur Untersuchung der Höhenstrahlen. Messungen an schweren geladenen Mesonen der Höhenstrahlung (Messungen der Masse, mögliche Zerfallsmodi).* Die Anlage besteht aus zwei WILSON-Kammern mit je 200 Litern, von denen die obere mit einem Magnetfeld von 2600 Gauß Impulsmessungen bis zu 10 GeV erlaubt. Die untere enthält 15 Cu-Platten von 1 cm Dicke. Die Anordnung gibt täglich ∼ 80 Ereignisse großer Energie. (J. Physique Radium **15.** 9 S. April 1954. Paris, École Polytechn., Labor.) M. POLLERMANN. 112

P. J. Campion, *Eine Nebelkammeruntersuchung einiger Erscheinungen der Geiger-Entladung.* Die Entladung eines offenen Zählrohrs im GEIGER-Bereich u. im Übergangsbereich wurde in einer impulsgesteuerten Nebelkammer untersucht. Als Kondensat u. Löschgas wurden gesätt. Äthyl- oder Isoamylalkoholdampf in Verbindung mit Ar oder He verwendet. Die beiden Dämpfe ergaben starke Unterschiede im Verh. der Zählrohre entsprechend dem Unterschied in der Löschwirkung. Die Aufnahmen bestätigen die Theorie des GEIGER-Zählrohres. (Proc. physic. Soc., Sect. A **67.** 1095—1102. 1/12. 1954. Oxford, Clarendon Labor.) M. POLLERMANN. 112

Margaret H. Alston, A. V. Crewe und **W. H. Evans,** *Einige praktische Hinweise für den Betrieb von Diffusionsnebelkammern.* Vff. diskutieren die experimentellen Schwierigkeiten beim Betrieb von Diffusionsnebelkammern, bes. Methoden u. Konstruktion der Bodenkühlung. (Rev. sci. Instruments **25.** 547—51. Juni 1954. Liverpool, Univ., Nucl. Phys. Res. Labor.) M. POLLERMANN. 112

C. R. Emigh, *Stereoskopische Reprojektion und Messung des Krümmungsradius von Nebelkammerbahnen.* Die App. besteht aus einem Syst. zur Aufnahme u. Reprojektion u. einer Anordnung zur Krümmungsmessung. Sie gestattet eine rasche Messung von Krümmungsradien zwischen 0,5 u. 100 cm. Die geringste Meßgenauigkeit liegt bei 100 cm Radius (≈ 3%). (Rev. sci. Instruments **25.** 567—69. Juni 1954. Urbana, Ill., Univ. of Illinois, Dep. of Phys.) M. POLLERMANN. 112

A. M. Gaudin und **Horacio E. Bergna,** *Hochfrequenz-Induktionsofen für die Bestimmung von Radiokohlenstoff.* Vff. verwenden Hochfrequenzinduktionsheizung zur Verbrennung ^{14}C-haltiger Verbb. zu CO_2, dessen Aktivität dann gemessen wird. Die gleiche Meth. wird auch zur Verbrennung markierter S-Verbb. zu SO_2 vorgeschlagen. (Analytic. Chem. **27.** 467—68. März 1955. Cambridge, Mass., MIT.) MAX SCHMIDT. 112

M. Reinharz und **G. Vanderhaeghe,** *Anwendung der Capillarröhrenmethode zur Bestimmung von Radiokohlenstoff.* Vff. prüfen die Anwendbarkeit der Capillarröhrenmeth. (MEULEMANS, OCCHIOLINI u. VINCENT, C. **1952.** 4257) zur ^{14}C-Best. in Fll. u. Lösungen. Die absol. Empfindlichkeit der Meth. wurde in der Größenordnung von 10^{-15} Curie/cm Rohrlänge gefunden. Für die Unters. n. Mengen von radioakt. Material bietet das Verf. außer der einfachen Durchführbarkeit keine besonderen Vorteile; es ist aber sehr gut geeignet, wenn nur kleinste Mengen schwach akt. Materials zur Verfügung stehen. (Nuovo Cimento [9] **12.** 243—49. 1/8. 1954. Bruxelles, Univ. Libre, Centre de Phys. Nucl., Sect. Rayons Cosm.) MAX SCHMIDT. 112

A_2. Optisches Verhalten der Materie.

Hector Rojas und **Renée Herman,** *Besonderheiten des Spektrums von ϱ Leonis.* Wiederholte Aufnahmen des Spektr. von ϱ Leonis bestätigen frühere Beobachtungen von kurzzeitigen Veränderungen der Form u. Intensität bestimmter Linien, bes. von *He I* 3965 u. der von gleichem metastabilem Niveau 2^1S ausgehenden Linie He I 5016. Die Linie *Mg* II 4481 unterliegt ähnlichen Schwankungen, aber in umgekehrtem Sinne wie He I 3965. Es scheint, daß die Spektren sehr schnell vom Typ B_1J_b zum Typ B_2J_a wechseln. Die Ursachen für das Verh. werden kurz diskutiert. (C. R. hebd. Séances Acad. Sci. **238.** 2492—94. 28/6. 1954.) J. RUDOLPH. 113

Anne B. Underhill, *Über die Entwicklung der chromosphärischen Linien des Fe I während der Eklipse von 31 Cygni im Jahre 1951.* Vf. untersucht die Entw. der Fe I-Linien $\lambda = 3920, 3922, 3927$ u. 3930 Å im chromosphär. Spektr. von 31 Cygni. Es werden der Intensitätsverlauf des B-Typ-Spektr. angegeben sowie eine Lichtkurve des B-Sterns während des Eintritts hergeleitet. Dabei wird gefunden, daß das Licht des B-Sterns bei $\lambda = 3915—3950$ Å relativ zu jenem des K-Sterns für einige Tage vor dem ersten Kontakt verringert wird. Es tritt eine leichte Verbreiterung der Fe I-Linien auf. (Monthly Notices Roy. astronom. Soc. **114.** 558—68. 1954. Victoria, B. C., Dominion Astrophys. Observ.) D. HAHN. 113

Leo Goldberg, *Infrarotes Sonnenspektrum.* Neuere Ergebnisse über Unterss. des infraroten Sonnenspektr. mit Hilfe von modernen Gitterspektrometern u. Detektoren werden angeführt. Es werden das kontinuierliche Sonnenspektr., das Absorptionslinienspektr. der Sonne sowie das ird. Linienspektr. (Abb.) betrachtet, wobei näher eingegangen wird auf das Vorhandensein von H_2O-Dampf, CO_2, CH_4, N_2O, O_3 u. CO. (Amer. J. Physics **23.** 203—22. April 1955. Pontiac, Mich., Univ., McMath-Hulbert-Observ.) D. HAHN. 113

William A. Baum und **Lawrence Dunkelman**, *Horizontale Schwächung von ultraviolettem Licht durch die untere Atmosphäre.* Best. der horizontalen Schwächung für UV-Licht in Bodennähe im Gebiet von 2300—4600 Å durch ein spektrograph. Verf. mit photograph. Photometrie. Die Beobachtungen wurden in 87 Nächten unter den verschiedensten atmosphär. Bedingungen ausgeführt. Die Resultate werden in Tabellenform als Schwächungskoeffizienten σ (km^{-1}) bei ausgewählten Wellenlängen u. als graph. Darstellungen repräsentativer Spektralkurven für die verschied. atmosphär. Bedingungen wiedergegeben. Für Sichtweiten von 4—40 km u. Wellenlängen von 2400—4000 Å wird eine empir. Formel für σ angegeben. Abgesehen von schwachen O_2-Absorptionsbanden zwischen 2421 u. 2700 Å zeigt σ eine glatte, wenn auch verschied. Abhängigkeit von der Wellenlänge in allen Nächten. Von Luftverunreinigungen konnte nur SO_2 in einigen Fällen spektroskop. identifiziert werden. Die O_3-Konz. konnte aus einigen Spektren bei bes. klarem Wetter zu $3 \cdot 10^{-6}$% abgeschätzt werden. (J. opt. Soc. America **45.** 166—75. März. 1955. Washington, D. C., Naval Res. Labor.) H.-J. EICHHOFF. 113

G. F. Landegren, *Methode zur Bestimmung des Verhältnisses von Planck-Konstante zur Elektronenladung bei Benutzung von Wechselstromverstärkung.* Gefilterte Lichtblitze (120 pro Sek.) der Wellenlängen 5790,9, 5769,8, 5461,0 u. 4358,6 Å einer mit Wechselstrom betriebenen Hg-Dampflampe werden auf eine Photoröhre eingestrahlt. Der pulsierende Photogleichstrom wird nach Durchgang durch einen Verstärker u. einen Kupferoxydgleichrichter mit einem Gleichstrominstrument gemessen. Aus dem Anstieg der Geraden Bremspotential in Abhängigkeit von der Frequenz folgt $h/e = 1{,}27 \cdot 10^{-17}$ erg·sec/elektrostat. Einheiten. (Amer. J. Physics **23.** 87—88. Febr. 1955. Beaumont, Tex., Lamar State Coll. of Technol.) H. LIEPACK. 114

Robert Herman und **Richard F. Wallis**, *Der Einfluß des Zusammenwirkens von Schwingung und Rotation auf die Linienintensität der Schwingungs-Rotations-Banden zweiatomiger Moleküle.* Für die Übergänge 0—1, 0—2 u. 1—2 der P- u. R-Zweige werden Matrixelemente berechnet unter Berücksichtigung des Zusammenwirkens von sowohl Rotation u. Schwingung, als auch der mechan. u. elektr. Abweichungen von der Harmonizität. Für die 0—1 u. 1—2-Übergänge sind die Intensitäten der zugehörigen Absorptionslinien in den P- u. R-Zweigen in erster Näherung darstellbar durch $(1 + 4\gamma\Theta J)J$ bzw. $(1 - 4\gamma\Theta[J + 1])(J + 1)$, wobei J die Rotationsquantenzahl des Ausgangszustands, $\gamma = 2B_e/\omega_e$, $\Theta = M_0/M_1$ ist u. M_0 u. M_1 die ersten beiden Koeffizienten des elektr. Dipolmomentes bei dessen Ausdehnung über die Entfernung r_e hinaus darstellen. Es werden Gleichungen angegeben für die über das gesamte Band integrierte Intensität, sowie für die über jeden Zweig einzeln summierten Linienintensitäten. Bei bestimmten Moll., für die $\Theta \simeq 1$, wie z. B. bei HCl, ist es möglich, durch Anwendung der Theorie auf die Experimente Θ zu bestimmen. Wenn $\Theta \ll 1$, wie beim CO, ist der Effekt im Fundamentalübergang vernachlässigbar. Es wird weiterhin eine halbklass. Deutung des Einfl. der Schwingungs-Rotations-Zusammenwrkg. auf die Linienintensität gegeben. (J. chem. Physics **23.** 637—46. April 1955. Silver Spring, Md., Johns Hopkins Univ., Appl. Phys. Labor.) ROLAND HÜTTENRAUCH. 114

M. L. Ter-Mikajeljan, *Bremsstrahlungsspektrum im Medium.* Vf. untersucht klass. (LANDAU u. POMERANTSCHUK, C. **1955.** 3789) die Wechselwrkg. der emittierten Quanten mit dem Medium u. zeigt für die verschied. Gültigkeitsbereiche den Übergang der abgeleiteten Formeln in die Formeln von BETHE-HEITLER, LANDAU-POMERANTSCHUK u. Verfasser. (Доклады Академии Наук СССР [Ber. Akad. Wiss. UdSSR] [N. S.] **94.** 1033—36. 21/2. 1954. Physikal. Inst. der Akad. der Wiss. der ArmenSSR u. Physikal. Lebedew-Inst. der Akad. der Wiss. der UdSSR.) R. AMBERGER. 116

A. E. Douglas, *Neuere spektroskopische Untersuchungen an einfachen Molekülen.* Vf. gibt eine Zusammenfassung neuerer Arbeiten über die Dissoziationsenergie von O_2, N_2, CO u. CN. Als verläßlichste Werte werden angegeben $D(O_2)$ 41260 ± 15 cm^{-1} u. für N_2 9,756 eV. Für CO u. CN kann aus spektroskop. Arbeiten allein die Dissoziationsenergie nicht sicher angegeben werden. (J. physic. Chem. **59.** 109—10. Febr. 1955. Seattle, Wash., Univ., Dep. of Chem.) G. HEINSOHN. 118

A. E. Grün, *Die Gaydon-Banden des N_2.* Das GAYDONsche Bandensyst. des N_2-Mol. wurde durch 40 kV-Elektronen angeregt, die in den Gasraum eingeschossen wurden. Neue Banden dieses Syst. konnten so gefunden u. vermessen werden (Tabelle). Die Schwingungskonstanten der beiden kombinierenden Zustände des N_2-Mol. ergeben sich zu $\omega_e' = 923\ cm^{-1}$, $\omega_e'' = 766\ cm^{-1}$, $\omega_e'x_e' = 13\ cm^{-1}$ u. $\omega_e''x_e'' = 12\ cm^{-1}$. (Z. Naturforsch. **9a.** 1017—19. Dez. 1954. Hechingen, Max-Planck-Inst., Hochspannungslabor.) D. HAHN. 118

William G. Trawick und **W. H. Eberhardt**, *Elektronenübergänge im Nitrition.* Die Unters. des polarisierten UV-Absorptionsspektr. von $NaNO_3$-Einkristallen bei der Temp.

des fl. N_2 führte zu folgenden Ergebnissen: Die Absorptionsbande mit dem Maximum um 3500 Å ist in der a-Richtung polarisiert u. kann einem Übergang $n_N \rightarrow \pi^*$ zugeschrieben werden. Die 2050 Å-Bande ist in der c-Richtung polarisiert u. entspricht einem Übergang $\pi \rightarrow \pi^*$. Die bei 3000 Å gefundene Bande (sie entspricht der 3100 Å-Bande von NO_3^-, NO_2Cl u. HNO_2) ist ebenfalls in der a-Richtung polarisiert u. deutet auf einen Übergang $\pi_0 \rightarrow \pi^*$. (J. chem. Physics **22.** 1462. Aug. 1954. Atlanta, Ga., Inst. of Technol., School of Chem.) H. U. Woelk. 118

Kazuo Nakamoto, Masahisa Kobayashi und **Ryutaro Tsuchida,** *Einfluß polarer Lösungsmittel auf die Absorptionsspektren von Metallkomplexen.* Vff. haben die Absorptionsspektren typ. Metallkomplexe in alkoh. Lsg., in W. u. in Essigsäurelsgg. gemessen. Die Banden im sichtbaren u. im nahen UV-Gebiet bekommen zunehmend batochromen Charakter, wenn das Lösungsm. in der Reihenfolge A. → W → Essigsäure variiert wird. Die durch diese Variation bewirkte Verschiebung ist bei der ersten Bande größer als bei der zweiten. Die spezif. Bande des Komplexes bekommt durch die Änderung des Lösungsm. zunehmend hypsochromen Charakter. Ein Vgl. dieser Ergebnisse mit denen von McConnell (C. **1953.** 4812) ergibt, daß die erste u. zweite Bande der $\pi - \pi$-Absorption entspricht, die spezif. Bande dagegen der $n - \pi$-Absorption zugeschrieben werden kann. (J. chem. Physics **22.** 957—58. Mai 1954. Osaka, Nakanoshima, Kita, Univ., Fac. of Sci., Dep. of Chem.) H.-U. Woelk. 118

S. Amelinckx, W. Van der Vorst, R. Gevers und **W. Dekeyser,** *Wechselwirkung der Versetzungen und F-Zentren in Natriumchlorideinkristallen.* Vff. verfärben gezüchtete u. natürliche NaCl-Einkristalle durch überschüssiges Na bzw. durch Fällung von überschüssigem $BaCl_2$. Dadurch werden Versetzungslinien im Ionenkristall sichtbar, die bisher nur in AgBr-Einkristallen gezeigt werden konnten. Die Beobachtungen erlauben den Schluß, daß Versetzungslinien nicht nur in Metallen, sondern auch in Ionenkristallen als Fällungszonen auftreten können. (Philos. Mag. [7] **46.** 450—51. April 1955. Gent, Belgium, Rijksuniv., Labor. voor Kristallk.) D. Hahn. 119

G. David Scott, *Optische Konstanten von Material in dünnen Filmen.* Zusammenfassende Behandlung der opt. Konstanten fester Stoffe u. ihrer Messung an kompaktem Material u. dünnen Filmen aus Metallen u. Dielektrika, sowie der opt. Eigg. von derartigen Filmen. Diskussion der Unterschiede der opt. Konstanten zwischen kompaktem Material u. dünnen Filmen, welche im Falle sehr dünner Metallfilme durch die Theorie von Garnett (Philos. Trans. Roy. Soc. London, Ser. A **205.** [1906.] 237) erklärt werden können. (J. opt. Soc. America **45.** 176—79. März. 1955. Toronto, Can., Univ. of Toronto, Dep. of Phys.) H.-J. Eichhoff. 119

M. Parker Givens, *Bemerkung zu den optischen Konstanten von Kupfer.* Hinweis auf die Möglichkeit einer Verfälschung der Werte für die opt. Konstanten von Cu durch Ausbldg. dünner CuO-Schichten beim Aufdampfen von Cu in unzureichendem Vakuum. (J. opt. Soc. America **45.** 229—30. März 1955. Rochester, N. Y., Univ. of Rochester, Inst. of Optics.) H.-J. Eichhoff. 119

Luboš Valenta, *Tensorform piezooptischer und elektrooptischer Gleichungen.* Theoret.-mathemat. Betrachtungen. (Acta crystallogr. [London] **4.** 237—39. Mai 1951. Prague, Charles Univ., Inst. of Phys.) R. Stein. 119

Louis Harris und **Arthur L. Loeb,** *Ausrechnung und Analyse der optischen und elektrischen Konstanten dünner Filme als Funktionen von Reflexions- und Transmissionsdaten durch elektronische Ziffernrechnung.* Mit einer elektron. Rechenmaschine auf Zifferngrundlage wurden die opt. u. elektr. Konstanten dünner Metallfilme auf nicht absorbierenden Unterlagen u. von Al_2O_3-Filmen berechnet u. Näherungsbeziehungen nachgeprüft, welche beim Fehlen derartiger Rechenmaschinen benutzt werden können. Die wesentlichste physikal. Eig., welche das Verh. leitender Filme gegen auffallende Infrarotstrahlung bestimmt, ist die Leitfähigkeit des Films pro Flächeneinheit. Die Änderung mit der Wellenlänge steht in Verbindung mit der endlichen Relaxationszeit der freien Elektronen u. Unvollkommenheiten in den Filmen, welche als Kondensator wirken. Im Sichtbaren werden die Konstanten für verschied. Dicken von Au-Filmen berechnet u. mit älteren Messungen verglichen. (J. opt. Soc. America **45.** 179—88. März 1955. Cambridge, Mass., MIT, Dep. of Chem.) H.-J. Eichhoff. 119

P. H. Miller jr. und **J. R. Johnson,** *Der komplexe Brechungsindex von Halbleiteroberflächen.* Die Reflexion von polarisiertem Licht von Halbleiteroberflächen mit komplexem Brechungsindex wird mathemat. behandelt. Ferner wird eine Meßanordnung angegeben, mit der der Brechungsindex von *Glas* u. *Rutil* bei 4100 u. 5190 Å gemessen wurde. (Physica **20.** 1026—28. Nov. 1954. Philadelphia, Pa., Univ. of Pennsylvania, Randal Morgan Labor. of Phys.) D. Hahn. 119

C. D. Walshaw, *Linienbreiten in der 9,6 μ-Bande von Ozon.* Die Intensitätsmessungen ergeben eine gemischte DOPPLER- u. LORENTZ-Verbreiterung der Rotationslinien. Das Verhältnis α_L/α_D (α_L = LORENTZ-, α_D = DOPPLER-Halbwertsbreite) hat bei 20° u. 760 mm Hg im gesamten Bereich der Bande den Wert 71 ± 4. Mit $\alpha_D = 1{,}10 \cdot 10^{-3}\,cm^{-1}$ folgt für Stöße mit Luftmoll. bei unendlicher Verdünnung $\alpha_L = 0{,}078\,cm^{-1}$. (Proc. physic. Soc., Sect. A **68.** 530—34. 1/6. 1955. Cambridge, Cavendish Labor.) H. LIEPACK. 120

D. E. Bethell und **N. Sheppard,** *Das Infrarotspektrum von Salpetersäuremonohydrat.* Es wurden die Infrarotspektren von HNO_3 u. $HNO_3 \cdot H_2O$ im festen u. fl. Zustand zwischen 550 cm^{-1} u. 4000 cm^{-1} untersucht. Die Spektren von fester u. fl. HNO_3 waren nahezu ident. mit dem von COHN, INGOLD u. POOLE (vgl. C. **1953.** 4971) erhaltenen Spektr. der gasförmigen HNO_3. Das Spektr. von fl. $HNO_3 \cdot H_2O$ war substantiell das gleiche wie das der reinen HNO_3. Eine gegenüber der HNO_3 verstärkte Absorption zwischen den Maxima bei 1435 u. 1685 cm^{-1} deutet wahrscheinlich auf die Ggw. der Absorptionsbande des fl. W. bei 6 μ hin. Das Spektr. des krist. $HNO_3 \cdot H_2O$ ist unterhalb 2000 cm^{-1} deutlich von dem der fl. Form verschieden. Einige der neu auftretenden Absorptionsbanden konnten mit denen des Ions NO_3^- identifiziert werden. Mit RICHARDS u. SMITH (vgl. C. **1952.** 5371) wird angenommen, daß das restliche H-Ion an H_2O unter Bldg. des Hydroxoniumions H_3O^+ gebunden ist. Da H_3O^+ isoelektron. mit NH_3 ist u. nur eine geringe Massendifferenz mit NH_3 besteht, ist anzunehmen, daß ihre Spektren sehr ähnlich sind. Von dieser Annahme ausgehend, konnten einige der auftretenden Banden dem H_3O^+ zugeordnet werden. (J. Chim. physique Physico-Chim. biol. **50.** C 72—C 74. Sept. 1953. Cambridge, Univ., Dep. of Colloid Sci.) C. GOTTFRIED. 120

O. Theimer, *Intensitätsprobleme beim Raman-Effekt 1. Ordnung.* Vf. gibt einen Überblick über die Anwendungsmöglichkeiten der „linearen Polarisierbarkeitstheorie" u. zeigt, daß es günstiger für die Lsg. von Intensitätsproblemen beim RAMAN-Effekt ist, an Stelle der Polarisierbarkeitskomponenten erster Ordnung die Polarisierbarkeitsableitungen zu untersuchen. Es folgen eine vollständige Ableitung der Beziehungen zwischen Molekülsymmetrie u. Polarisierbarkeitsableitungen u. Tabellen mit den Ergebnissen für endliche Punktgruppen. Die Kenntnis dieser Ergebnisse bildet die Voraussetzung für jede systemat. Unters. von Intensitäten der RAMAN-Streuung. (Acta physica austriaca **7.** 216—38. Juli 1953. Graz, TH, Phys. Inst.) L. MEYER. 120

D. Krishnamurti, *Die Ramanspektren von Borax, Kernit und Colemanit.* In den bereits bekannten RAMAN-Spektren von Borax ($Na_2B_4O_7 \cdot 10\,H_2O$) u. Kernit ($Na_2B_4O_7 \cdot 4\,H_2O$) fand Vf. mehrere neue Linien. Er gibt für das Boraxspektr. 7 Linien an, außerdem 4 Banden, die vom Kristallwasser herrühren; im Kernitspektr. fand er 28 Linien u. 6 Wasserbanden. Das RAMAN-Spektr. des Colemanits ($Ca_2B_6O_{11} \cdot 5\,H_2O$) wurde erstmals aufgenommen. Es besteht aus 19 RAMAN-Linien u. 3 Wasserbanden. Die Spektren werden in Hinsicht auf die bekannte Konst. der Verbb. diskutiert. Als Erregerlinie wurde die Quecksilberresonanzlinie bei 2536,5 Å gewählt. (Proc. Indian Acad. Sci., Sect. A **41.** 7—11. Jan. 1955. Bangalore, Raman Res. Inst.) L. MEYER. 120

E. Bright Wilson, *Neuere Anwendungen der Mikrowellenspektroskopie.* Es werden die wichtigsten Anwendungsbereiche beschrieben: Aufklärung der Molekülstruktur, Best. von Dipol- u. magnet. Momenten, elektr. Quadrupoleffekte der Kerne, innere Rotation u. Torsion, zentrifugale Verzerrungen u. Spektren freier Radikale. Gleichzeitig werden die Grenzen in bezug auf Genauigkeit u. Anwendungsmöglichkeiten dargelegt. (Nucleus **32.** 184—86. Mai 1955. Harvard Univ.) ROLAND HÜTTENRAUCH. 121

D. A. Cusano, *Strahlungsgesteuerte Elektrolumineszenz und Lichtverstärkung in Phosphorfilmen.* Wird eine durch Aufdampfen erzeugte *ZnS·Mn, Cl*-Phosphorschicht (10 μ dick) zwischen Metall u. leitender Glaselektrode mit UV oder Röntgenstrahlen schwach erregt, so wird durch ein gleichzeitig angelegtes elektr. Gleichfeld E, jedoch nur bei negativer Metallelektrode, die Emissionsintensität proportional zu E erhöht. Die Verstärkung durch ein Feld von 10^5 V/cm ist bei einer UV-Anregungsenergie J_{ex} von 1 μ W/cm² ca. 80fach u. nimmt mit wachsendem J_{ex} proportional $\sqrt{J_{ex}}$ ab. Am schwach erregten Phosphor werden bei Feldverstärkung 10 sichtbare Quanten pro UV-Quant emittiert. Die Gesamtausbeute der Lichterzeugung ist bei Berücksichtigung der aufgewandten elektr. Verstärkungsenergie nicht hoch; sie beträgt ca. 0,2 Lm/W. Bei Feldänderungen ändert sich die Intensität in msec, während die Zeitkonstanten bei Änderungen der Anregungsintensität bis zu einigen sec betragen können. Das Emissionsspektr. verschiebt sich beim Anlegen hoher Felder (10^5 V/cm) um ca. 100 Å nach kurzen Wellenlängen. (Physic. Rev. [2] **98.** 546—47. 15/4. 1955. Schenectady, N. Y., General Electric Res. Labor.) J. RUDOLPH. 125

Ferd E. Williams, *Theoretische Grundlage für die lichtverstärkenden Phosphore.* Die Beobachtungen CUSANOs (vgl. vorst. Ref.) über die Feldverstärkung der *ZnS·Mn, Cl*-Luminescenz sind im Einklang mit dem Stoßanregungsmechanismus der Elektroluminescenz. Durch den Koaktivator Cl werden Haftstellen 0,3 eV unter dem Leitungsband des ZnS eingeführt, in denen durch die UV-Anregung Valenzelektronen angeregt werden, so daß die besetzten Haftstellen sich wie hochgelegene Donatoren verhalten. Aus dem Verh., daß Elektroluminescenz nur bei negativer Metallelektrode auftritt, wird geschlossen, daß beim ZnS·Mn, Cl zwischen Metall u. Halbleiter eine Grenzschicht existiert, an der Feldstärken von 10^6 V/cm auftreten können, die für die zur Stoßanregung nötige Beschleunigung der Elektronen sorgen. (Physic. Rev. [2] **98.** 547—48. 15/4. 1955. Schenectady, N. Y., General Electric Res. Labor.) J. RUDOLPH. 125

F. A. Schwertz, J. J. Mazenko und **E. R. Michalik**, *Spannungsabhängigkeit der Elektrolumineszenzhelligkeit.* 1. Mitt. *Im Dielektrikum eingebettete Phosphore.* Die Abhängigkeit der Intensität L von der angelegten Spannung U wird für 7 verschied. elektroluminescierende *ZnS*-Phosphore (aktiviert mit *Cu, Al*-Cu, Cu-*Mn* u. Cu-*Pb*), die in eine *Polyvinylchlorid*-Schicht (60 μ) eingebettet waren, gemessen. Für alle Phosphore gilt die Beziehung $L = aU\exp(-b/U^{1/2})$. Die Größe a variiert linear mit der Frequenz f des Wechselfeldes, bei einigen Phosphoren erreicht a um 1000 Hz einen Sättigungswert. Der Parameter b ist unabhängig von f u. liegt zwischen 30 u. 45 ($V^{1/2}$). (Physic. Rev. [2] **98.** 1133—34. 15/5. 1955. Pittsburgh, Pa., Mellon Inst.) J. RUDOLPH. 125

F. A. Schwertz und **R. E. Freund**, *Spannungsabhängigkeit der Elektroluminescenzhelligkeit.* 2. Mitt. *Chemisch aufgebrachte Phosphorfilme.* (1. vgl. vorst. Ref.) Ebenso wie bei Einkristallen u. in Dielektrika eingebetteten ZnS-Phosphoren befolgt die Spannungsabhängigkeit der Intensität auch bei einem aus der Dampfphase hergestellten *ZnS·Mn*-Film die Beziehung $L = aU\exp(-b/U^{1/2})$. Einige dieser Filme zeigten auch bei Gleichspannungen Elektroluminescenz. (Physic. Rev. [2] **98.** 1134. 15/5. 1955.) J. RUDOLPH. 125

Th. B. J. Botden, *Übertragung und Transport von Energie durch Resonanzprozesse in luminescierenden Festkörpern.* Vf. untersucht Übergang u. Transport von Energie in solchen Festkörpern, in denen Löcher u. freie Elektronen nicht durch Anregung, sondern durch Resonanz hervorgerufen werden. In der vorliegenden Arbeit beschäftigt er sich mit Systemen, in denen der Energietransport über das Grundgitter vor sich gehen kann. Untersucht werden mit *Sm* aktivierte *Wolframate* u. *Molybdate* von *Erdalkalimetallen.* Durch UV-Bestrahlung erfolgte Anregung der Absorptionsbande des Grundgitters führt bei Tempp. unter 250° K sowohl zur Wolframat- bzw. Molybdat- als auch zur Sm-Fluorescenz. Die Temperaturabhängigkeit der Quantenausbeute wird diskutiert. Die bei niedrigen Tempp. zur Sm-Fluorescenz führende Anregungsenergie wird hauptsächlich in Wolframat- bzw. Molybdatgruppen in der Nähe von Sm-Ionen absorbiert u. geht dann auf diese über. Bei der Temp., bei der die Wolframat- bzw. Molybdatfluorescenz ausgelöscht wird, steigt die Quantenausbeute der Sm-Fluorescenz mit der Temp., da jetzt auch Energie über größere Entfernungen von Wolframat- oder Molybdatgruppen auf die Sm-Ionen übergeht. Der Mechanismus des Energieüberganges u. des Energietransportes wird diskutiert. Die Fluorescenzlöschung wird auf der Basis der Theorien von MOTT u. SEITZ u. von MÖGLICH u. ROMPE durchgerechnet, wobei nur im ersten Falle Übereinstimmung resultiert (vgl. hierzu C. **1953.** 3194). (Philips Res. Rep. **6.** 425—73. Dez. 1951. Eindhoven.) R. LEVI. 125

A₃. Elektrizität. Magnetismus. Elektrochemie.

Thomas P. Merritt, *MKS-Einheiten in Elektrizität und Magnetismus.* Eine physikal. Meßeinheit soll dann als Grundgröße bezeichnet werden, wenn weitere Standards dieser Einheit nur durch direkten Vgl. mit der Grundeinheit erhalten werden können. Wird eine weitere Größe durch Gleichungen definiert, in denen Einheiten von bereits vorher definierten Größen enthalten sind, so kann diese selbst keine Grundgröße sein, sondern soll durch die anderen Einheiten dargestellt werden. Ausgehend von dem BIOT-SAVARTschen Gesetz u. der Gleichung für die BIOT-SAVARTsche Kraft leitet Vf. für die Stromstärke die Dimension $\text{Newton}^{1/2}$ ab u. bestimmt damit die Dimensionen weiterer elektr. u. magnet. Einheiten. (Amer. J. Physics **23.** 79—81. Febr. 1955. Reading, Pa., Albright Coll.) H. LIEPACK. 130

Fumio Yamasaki und **Masaharu Okano**, *Die die Geiger-Entladung begleitende Emission von sichtbarem Licht.* In GEIGER-MÜLLER-Zählern mit *A.*- u. Br_2-Löschung wurde die die Entladung begleitende Lichtintensität als Funktion der Spannung gemessen. Die Ausbreitungsgeschwindigkeit des Blitzes entlang des Zählers war bei A.-Löschung mit

10^6 cm/sec in Übereinstimmung mit der der Entladung entlang des Drahtes. Bei Br_2-Löschung war sie selbst im Zählbereich bei 21 cm Hg *Ar* u. 2 mm Hg Br_2 in der Größenordnung von 10^8 cm/sec u. zeigte starke Druckabhängigkeit. (J. sci. Res. Inst. [Tokyo] **48.** 13—19. März 1954. [Orig.: engl.]) H. LIEPACK. 131

R. F. Saxe und **T. J. Lewis,** *Messung der statistischen Überschlagsverzögerung in Gasen und Flüssigkeiten.* Es wird eine Anordnung beschrieben, die durch geeignete Funkenlöschung die Änderung der untersuchten Oberfläche während der Messung auf ein Minimum beschränkt sowie die automat. Registrierung einer Folge von Verzögerungen ermöglicht. Die Löschung bewirkt eine sehr schnelle Formierung der Kathodenoberfläche in Luft. Eine Anwendung der Meth. auf kleine Funkenlängen (0,033 cm) in *n-Hexan* ergibt ähnliches Verh. wie in Luft. (Brit. J. appl. Physics **6.** 211—16. Juni 1955. London, Univ., Queen Mary Coll.) H. LIEPACK. 131

Walter Berger, *Zum Durchgang langsamer Elektronen durch Metallfolien.* Ausführliche Darst. der C. **1956.** 1499 referierten Arbeit. (Ann. Physik [6] **15.** 394—405. 1955. Berlin-Charlottenburg, TU, Phys. Inst.) H. LIEPACK. 131

W. L. Welman, *Änderungen des allseitig gerichteten Ionisationsanemometers.* In dem von LOVELOCK u. WASILEWSKA (vgl. J. sci. Instruments **26.** [1949.] 367) konstruierten Ionisationsanemometer bestand die ionisierende Elektrode aus einer mit Po überzogenen Kugel. Wegen der tox. Wrkg. u. der kurzen Halbwertszeit des Po schlägt Vf. vor, die Kugel mit Ra zu umgeben, das zwischen dünnen Au-Folien liegt, die mit einer steifen Ag-Folie bedeckt sind. Auf diese Weise wird alles Rn zurückgehalten, so daß die Ra-Folie nur reichlich β- u. γ-Strahlung sowie heterogene α-Strahlung emittiert. Die Sammelelektrode ist ähnlich der l. c. von LOVELOCK u. WASILEWSKA beschriebenen. (J. sci. Instruments **32.** 119—20. März 1955. London, School of Hyg. and Trop. Med.) C. GOTTFRIED. 131

Dwight A. Hutchison, *Elektroneninduzierte Wasserzersetzung und ihre Beziehung zu massenspektrometrischen C_3^+-Messungen in Graphitdampf.* Vf. untersucht die Dimerisierung von H_2O in Ggw. von H_2 unter dem Einfl. der ionisierenden Elektronen in der Ionenquelle eines Massenspektrometers. Es zeigt sich ein linearer Zusammenhang zwischen der Intensität der M. 18 u. der der M. 36. Diese letztere ist mit Sicherheit als $(H_2O)_2^+$ zu deuten, wie sich aus Parallelverss. mit D_2O ergibt. Die Deutung der M. 36 als C_3^+ in Unterss. von HONIG (C. **1955.** 526) u. CHUPKA u. INGHRAM (C. **1954.** 6887) beim Verdampfen von Graphit wird daher angezweifelt, da die dortigen Versuchsbedingungen für die gleichzeitige Bldg. von $(H_2O)_2$ günstig waren. (J. chem. Physics **22.** 1789—90. Okt. 1954. Lemont, Ill., Argonne Nat. Labor., Chem. Div.) R. CONRAD. 131

W. A. Chupka und **M. G. Inghram,** *Das Dimere von Wasser und seine Beziehung zur massenspektrometrischen Messung von C_3^+ in Kohlenstoffdampf.* Die Vermutung von HUTCHISON (vorst. Ref.), daß die von Vff. beim Verdampfen von Graphit gefundene, als C_3^+ gedeutete M. 36 durch $(H_2O)_2^+$ zu interpretieren sei, wird mit ausführlicher Begründung zurückgewiesen. (J. chem. Physics **23.** 203—04. Jan. 1955. Lemont, Ill., Argonne Nat. Labor. u. Chicago, Ill., Univ. of Chicago.) R. CONRAD. 131

Lewis Friedman, *Massenspektrum von Lithiumjodid.* Das Massenspektr. von LiJ (I)-Dampf, der durch Erhitzen von I-Salz in einem Ofen in der Ionenquelle eines analyt. Massenspektrometers erzeugt war, wurde in Abhängigkeit von der Ofentemp. untersucht. Das tabellar. wiedergegebene Massenspektr. bei 700°K zeigt die Ionen Li^+, J^-, HJ^+, LiJ^+, Li_2J^+, $Li_2J_2^+$ u. $Li_2J_3^+$, von denen nur die 1- u. 2-atomigen durch Elektronenbeschuß entstanden sein können, da Sekundär-Rkk. zwischen Ionen, Atomen oder Moll. aus kinet. Überlegungen auszuschließen sind. Die Sublimationswärmen bei 0°K für I u. Li_2J ergaben sich aus der Temperaturabhängigkeit ihrer Ionen mit Hilfe thermodynam. Daten zu 44,9 $\pm$ 0,7 bzw. 45,5 $\pm$ 2,0 kcal, wobei der letztere Wert gleichzeitig als Sublimationswärme von Li_2J_2 angesehen wird, da Li_2J nur aus Li_2J_2 entstehen kann. Die Dissoziationsenergie von $(LiJ)_2$ in 2 gasförmige Monomere bei 0°K ergibt sich zu 44,4 $\pm$ 2,2 kcal. Mit Hilfe der Sublimationswärme errechnet sich für I eine Gitterenergie von 174 kcal u. eine Dissoziationsenergie von 78,8 kcal. Die für die hauptsächlichsten Ionen gemessenen Appearance-Potentiale sind tabellar. wiedergegeben. Aus den Werten für J^+ u. Li^+ ergibt sich der Wert 88 $\pm$ 3,5 kcal als obere Grenze für die Dissoziationsenergie von I. (J. chem. Physics **23.** 477—82. März 1955. Upton, N. Y., Brookhaven Nat. Labor., Chem. Dep.) R. CONRAD. 131

P. T. Narasimhan, *Temperaturabhängigkeit der Dielektrizitätskonstante von Diamant.* Die Temperaturabhängigkeit der Dielektrizitätskonstante von Diamant wurde im Temperaturgebiet zwischen 50 u. 200° gemessen. Die experimentelle Technik wird eingehend beschrieben. Für $\varepsilon^{-1}d\varepsilon/dT$ wird ein Wert von $+ 1 \cdot 10^{-5}$ erhalten, der ausgezeichnet mit dem auf Grund der MAXWELLschen Gleichung u. der Theorie von KRAMER u. HEISENBERG berechneten übereinstimmt. (Proc. physic. Soc., Sect. B **68.** 315—18. 1/5. 1955. Bangalore, Indian Inst. of Sci., Dep. of Phys.) H. W. LEVI. 132

J. W. Smith, *Atomare Polarisation.* Fortschrittsbericht über Arbeiten der letzten 2—3 Jahrzehnte auf dem Gebiet der atomaren Polarisation. (Sci. Progr. **42.** 640—52. Okt. 1954. London, Bedford Coll.) W. NIEMITZ. 132

André Casadevall, *Die Dichtemessungen in der Bestimmung der Dipolmomente nach der refraktometrischen Methode.* Es wird gezeigt, daß zur Best. der Dipolmomente nach der Meth. der verd. Lsgg. eine einzige Dichtemessung, sei es der unverd., zu lösenden Substanz, sei es bei einer einzigen Lsg., ausreicht. (C. R. hebd. Séances Acad. Sci. **240.** 2147—49. 1/6. 1955.) K. L. WOLF. 132

Jules Duchesne und **André Monfils,** *Schwingungsabsorption piezoelektrischer Kristalle im Radiofrequenzgebiet.* Die verwendete Meßmeth. ähnelt der zur Best. von Kern-Quadrupolmomenten benutzten, mit dem Unterschied, daß sich das Untersuchungsobjekt in einem Kondensator statt in der Spule eines Schwingkreises befindet. Die folgenden Ergebnisse wurden an *l-Chloramphenicol* erhalten. Das Spektr. besteht aus einer Vielzahl von Linien, die auf Gitterschwingungen zurückgeführt werden können. Ihre Breite schwankt zwischen 2 u. 20 kHz bei Temppp. zwischen 77 u. 300° K. Bei den Linien tritt ein Sättigungseffekt auf, der eine Relaxationszeit von 1 Sek. bei 263° K ergibt. Eine reproduzierbare Verschiebung der Linien mit der Temp. läßt sich feststellen. Damit existiert eine direkte Meth. zur Best. der fundamentalen Größen im Aufbau fester Stoffe. (J. chem. Physics **23.** 762. April 1955. Univ. de Liège, Inst. d'Astrophys.) ROLAND HÜTTENRAUCH. 133

Robert C. Vernon, *Ferroelektrizität.* Es wird ein kurzer geschichtlicher Überblick über die Entdeckung der Ferroelektrizität u. eine allg. Beschreibung der Eigg. von ferroelektr. Substanzen ($BaTiO_3$, KH_2PO_4 u. ROCHELLE-Salz), sowie ein Vgl. mit ferromagnet. Effekten gegeben. Abschließend werden die elektr. Eigg. der genannten drei Substanzen in Beziehung zu ihren Kristallstrukturen diskutiert. (Amer. J. Physics **23.** 183—91. April 1955. Williamstown, Mass., Williams Coll.) D. HAHN. 133

F. A. Vick, *Feldelektronenemission.* Übersicht über einige Veröffentlichungen über Feldelektronenemission. Vf. beginnt mit der Theorie der Feldelektronenemission von FOWLER u. NORDHEIM u. der experimentellen Prüfung derselben. Weiter werden behandelt: das Feldelektronenmikroskop nach E. W. MÜLLER u. sein Auflösungsvermögen, die Abb. organ. Moll., die Feldemission von Ni nach GOMER u. die Feldemission von Photoleitern nach APKER u. TAFT u. Stromdichtemessungen von DYKE u. Mitarbeitern. (Sci. Progr. **42.** 59—65. Jan. 1954. North Staffordshire, Univ. Coll., Inst. P.) M. DRECHSLER. 134

R. H. Bube, *Einfangphänomene in festen Körpern.* Vf. gibt einen Überblick über die Natur u. die Eigg. von Haftstellen. In festen Körpern werden sie durch Kristallfehler gebildet, die entweder durch den Einbau von Verunreinigungen oder durch Fehl- oder Störstellen im Kristall selbst zustande kommen. Die Lebensdauer freier Elektronen oder Löcher wird durch ihre Ggw. vergrößert, Rekombinationsprozesse verhindert u. die Beweglichkeit der Ladungsträger beeinflußt. Diese Vorgänge sind bei der Luminescenz (An- u. Abklingung), Photoleitfähigkeit u. allen Halbleitereigg. von großer Bedeutung. (Scientia [Asso] [6] **90** (**49**). 125—29. 1955. Princeton, N. Y., R. C. A., Labors. Div.) D. HAHN. 135

R. E. Burgess, *Elektronische Schwankungen in Halbleitern.* (Vgl. C. **1955.** 11159.) Vf. erörtert die verschied. vorkommenden Typen spontaner Schwankungen u. vergleicht sie mit den entsprechenden Prozessen in einer Vakuumröhre. Bes. eingehend beschäftigt er sich mit dem Modulationsrauschen. (Brit. J. appl. Physics **6.** 185—90. Juni 1955. Vancouver, Univ. of British Columbia, Dep. of Physics.) H. W. LEVI. 135

Paul Rood, *Ein Modell zur Stromleitung in einem Halbleiter vom n-Typ.* Die Elektronen- u. Löcherleitung in einem n-Halbleiter wird an Hand eines Modells gezeigt. (Amer. J. Physics **23.** 106—08. Febr. 1955. Kalamazoo, Mich., Western Michigan Coll.) H. LIEPACK. 135

P. T. Landsberg, R. W. Mackay und **A. D. McRonald,** *Die Parameter von einfachen Überschußhalbleitern.* Zur Erleichterung der Best. der Parameter von Überschußhalbleitern aus experimentellen Daten geben Vff. eine graph. Darst. der grundlegenden mathemat. Beziehungen; die zeitraubenden Berechnungen können dadurch vermieden werden. (Proc. physic. Soc., Sect. A **64.** 476—80. 1/5. 1951. Aberdeen, Univ., Dep. of Natural Philos.) O. FUCHS. 135

G. G. E. Low, *Störungen der Trägerkonzentration in Halbleitern.* Vf. diskutiert die Störungen der Trägerkonz. in halbleitenden Drähten im Hinblick auf die Zus. des Stroms an den Endkontakten. Es gibt vier Störungstypen, der bekannteste ist die Trägerinjektion. Zwei weitere, die Trägerexklusion u. -extraktion, konnten ebenfalls experimentell verifiziert werden, der vierte dagegen, die Akkumulation, wurde nicht beobachtet. Die Probleme werden unter der Voraussetzung durchgerechnet, daß die Störungen viel kleiner sind als die Gleichgewichtskonzentrationen. (Proc. physic. Soc., Sect. B **68.** 310—14. 1/5. 1955. Reading, N. Y., Univ., Dep. of Phys.) H. W. LEVI. 135

J. W. Granville, W. Bardsley und **A. F. Gibson,** *Herstellungsmethoden für Silicium-Punktkontakt-Transistoren.* Es werden Methoden zur Herst. von Si-Punktkontakt-Transistoren beschrieben. Als Bürstenmaterialien für Emitter- u. Kollektorkontakte auf n- u. p-Typ-Si werden ca. 30 verschied. *Cu*-Legierungen verwendet. Die zum Formieren zweckmäßigen Impulsverff. werden mitgeteilt. Unter diesen Bedingungen wurden Si-Transistoren mit bes. günstigen Eigg. gewonnen. (Brit. J. appl. Physics **6.** 206—10. Juni 1955. Great Malvern, Worcs., Radar Res. Establ.) H. W. LEVI. 135

N. J. Harrick, *Versuch zum Nachweis von Löchern hoher Beweglichkeit in Germanium unter Benutzung der Driftbeweglichkeitstechnik.* Trotz eingehender Suche nach einer zweiten Sorte von Löchern in einer n-leitenden Ge-Probe (5 $\Omega \cdot$cm) mit Hilfe einer Driftbeweglichkeitsmeth. verbesserter Empfindlichkeit unter Benutzung von In-Legierungskontakten für Emitter u. Kollektor konnten die von DRESSELHAUS, KIP u. KITTEL (C. **1954.** 8977) erwähnten Löcher mit hoher Beweglichkeit nicht nachgewiesen werden. Ein Schluß auf ihre Nichtexistenz ist damit aber nicht gegeben. (Physic. Rev. [2] **98.** 1131—33. 15/5. 1955. Irvington on Hudson, N. Y., Philips Labor.) J. RUDOLPH. 135

P. T. Landsberg, *Zum heutigen Stand der Theorie der Trockengleichrichter.* In der Diskussion der bisher entwickelten Vorstellungen zur Deutung der Trockengleichrichter werden speziell folgende noch unklare Gesichtspunkte krit. behandelt: Die Beziehung zwischen der Ionenbeweglichkeit u. der Diffusionsgeschwindigkeit wurde auf Grund der klass. Statistik abgeleitet u. gilt daher nicht ohne weiteres für FERMI-DIRAC-Teilchen (vgl. hierzu BILLIG u. LANDSBERG, C. **1951.** II. 1697); die Raumladung der Stromträger wurde gegenüber der Raumladung der geladenen Störstellen von der Theorie vernachlässigt; die Theorien geben nicht die richtige Sperrlinie (schnelleres Ansteigen des Stromes für größere Sperrspannungen als erwartet); auch die Flußlinie wird nicht richtig wiedergegeben (der Strom steigt mit der angelegten Flußspannung langsamer als erwartet an); Unterschiede in dem Zusammenhang zwischen Gleichrichterwrkg. u. Austrittsarbeit des Elektrodenmaterials; der Durchschlagsmechanismus ist noch unklar. In Erweiterung früherer Betrachtungen des Vf. (Proc. Roy. Soc. [London], Sect. A **206.** [1951.] 477) wird die Differentialgleichung für das elektr. Feld in der Randschicht aufgestellt. Auf die besondere Bedeutung der Randschichten mit inhomogener Störstellenverteilung wird hingewiesen (vgl. hierzu auch C. **1954.** 2554). (Z. physik. Chem. **198.** 75—88. Okt. 1951. Aberdeen, Univ., Marischal Coll., Dep. of Nat. Philos.) O. FUCHS. 135

W. Ch. van Geel und **B. C. Bouma,** *Die Entformierung von Elektrolytgleichrichtern und verschiedenen Sperrschichtgleichrichtern.* Es zeigt sich, daß man Systemen, wie sie beispielsweise die Elektrolytgleichrichter vom Al–Al_2O_3-Typ darstellen, durch Entformieren, d. h. Stromdurchgang in entgegengesetzter Richtung wie beim Formieren der Oxydhaut, ihre Gleichrichterwrkg. nehmen kann. Dieser Vorgang ist bei erneuter Formierung reversibel, wobei auch Wechselspannung verwendet werden kann, so daß der Strom in beiden Richtungen läuft. Diese wechselnde Formierung u. Entformierung ist auch bei synthet. Gleichrichtern wie z. B. Zr–ZrO_2–(CuJ + J), bei Harzhautgleichrichtern, das sind Gleichrichter, bei denen eine Harzhaut auf einem Halbleiter u. darauf eine Metallegierung angebracht ist, u. bei gewöhnlichen *Se*-Gleichrichtern möglich. Vff. vermuten, daß in diesen Fällen die Gleichrichtung darauf beruht, daß die Sperrschicht aus einem löcher- u. einem elektronenleitenden Teil besteht. Bei der Entformierung wird durch Elektrolyse bewirkt, daß innerhalb der ganzen Sperrschicht ein einheitlicher Leitungstyp vorliegt, wodurch die Gleichrichtung verschwindet. (Philips Res. Rep. **6.** 401—24. Dez. 1951. Eindhoven.) R. LEVI. 135

Frederick C. Brown, *Temperaturabhängigkeit der Elektronenbeweglichkeit im AgCl.* Ausführliche Mitt. zu der C. **1955.** 3312 referierten Arbeit. Zu ergänzen ist: Die Driftbeweglichkeit μ_D von AgCl beträgt 274 cm²/V·Sek. bei 86° K. Aus $\mu_D = 2{,}54 \cdot 10^5\, T^{-3/2}$ folgt eine Wechselwrkg. der Elektronen mit den akust. Gitterschwingungen. Daneben kann auch eine Streuung der Elektronen an Gitterfehlstellen auftreten. Durch Spannungen können Löcher von 0,1 eV Tiefe (zum Teil auch tiefer) erzeugt werden. Die Energie zur Erzeugung eines Elektronen–Leerstellen-Paares durch β-Strahlen ergibt sich zu 7,5 ± 0,5 eV. Zwischen 85 u. 150° K beträgt die Zahl der Leerstellen höchstens $^1/_{10}$ der der Elektronen. (Physic. Rev. [2] **97.** 355—62. 15/1. 1955.) O. FUCHS. 135

N. P. Grashdankina und **I. G. Fakidow,** *Die Eigenleitfähigkeit von Chromsulfiden.* (Vgl. C. **1955.** 2603.) Der elektr. Widerstand der Cr-Sulfide von CrS (50 At.-% S; I) bis $CrS_{1,17}$ (54%; **II**) wird im Temperaturbereich 25—500° in Abhängigkeit von der Temp. in Erhitzungs- u. Abkühlungskurven dargestellt. Ein weiteres Diagramm gibt für die verschied. Zuss. die Temperaturabhängigkeit des spezif. elektr. Widerstandes. Mit der Änderung der Zus. nimmt die Breite des verbotenen Energiebandes von 0,9 eV bei **I** bis zur vollständigen Überdeckung der Bänder bei **II** ab, das Ferromagnetismus zeigt. Die Temp., bei der die Eigenleitfähigkeit auftritt, ist ebenfalls für die verschied. Zuss. verschieden. Die Ergebnisse werden als Beweis für das auf röntgenograph. Wege festgestellte Vorliegen einer Reihe kontinuierlicher fester Lsgg. Cr–S u. für die bestimmende Bedeutung der Struktur für die elektr. Eigg. gewertet. (Доклады Академии Наук СССР [Ber. Akad. Wiss. UdSSR] **102.** 957—60. 11/6. 1955. Inst. für Metallphysik der Ural-Zweigstelle der Akad. der Wiss. der UdSSR.) R. K. MÜLLER. 135

H. Fröhlich und **H. Pelzer,** *Plasmaschwingungen und Energieverluste von geladenen Teilchen in Festkörpern.* Die aus der Bedingung $\varepsilon(\omega) = 0$ für longitudinale elektr. Schwingungen in Festkörpern folgende komplexe Frequenz ω_1 wird für ein DEBYE-Dielektrikum, für Leitungselektronen u. für Ionenkristalle abgeleitet. Ein Energieverlust geladener Teilchen in diskreten Stufen $\hbar\omega_p$ kann nur erfolgen, wenn $n\varkappa/(n^2 + \varkappa^2)^2$ bei der Frequenz ω_p ein scharfes Maximum hat. Diese Bedingung wird von den Alkalimetallen u. Ag erfüllt. (Proc. physic. Soc., Sect. A **68.** 525—29. 1/6. 1955. Liverpool, Univ., Dep. of Theoret. Phys.) H. LIEPACK. 136

Thomas H. Wallace, *Eine Betrachtung zum Ohmschen Gesetz und seine Anwendung auf Stromkreisuntersuchung.* Vf. untersucht die Anwendung des OHMschen Gesetzes auf einen Teil eines Gleichstromserienkreises, welcher EMK. u. Widerstandselemente enthält. Die benutzten Schaltbilder werden angegeben. Folgende drei Bedingungen werden den Unterss. jeweils zugrunde gelegt: (V = Potentialdifferenz, I = Strom) 1. $V \neq 0$ u. $I = 0$; 2. $V = 0$ u. $I = 0$; 3. $V = 0$ u. $I \neq 0$. (Amer. J. Physics **23.** 201—02. April 1955. Boston, Mass., Northeastern Univ.) D. HAHN. 136

H. A. Müser, *Die physikalische Natur einer Metalloberfläche in der Leitfähigkeitstheorie.* Unter der Voraussetzung, daß die Atome in der Metalloberfläche ein reguläres Kreuzgitter bilden, wird die Reflexion eines aus dem Innern kommenden Elektrons an der Oberfläche als ein Beugungsvorgang theoret. behandelt. Alle freien Elektronen sollen die gleiche FERMI-Energie besitzen. Auf diese Weise wird eine Beziehung zwischen der Wellenlänge des Elektrons u. den Gitterabmessungen erhalten; ferner wird so die Intensitätsverteilung für verschied. Beugungsordnungen berechnet. Aus den Ergebnissen folgt: Die Reflexion der Elektronen wird über einen weiten Bereich des Auffallwinkels unterdrückt; die Hauptintensität wird im allg. durch eine Beugung 1. Ordnung reflektiert; bei sehr kleinem Auffallwinkel (fast streifend auftreffende Elektronen) jedoch erfolgt die Reflexion bes. fast senkrecht zur Oberfläche. (Philos. Mag. [7] **45.** 1237—46. Dez. 1954. Bristol, Univ., H. H. Wills Phys. Labor.) O. FUCHS. 136

T. Federighi, *Einfluß von Chrom- und Manganverunreinigungen auf die elektrischen Eigenschaften des Aluminiums.* Es wurde der Einfl. geringer Mn- u. Cr-Mengen auf die elektr. Eigg. des handelsüblichen Al untersucht. Einem Al mit 0,19% Fe, 0,13—0,14% Si u. 0,004—0,005% Cu wurden 0,0012—0,41% Mn zulegiert. Der spezif. Widerstand ϱ steigt linear mit dem Mn-Geh. an, jedoch ist der Anstieg von ϱ nicht so groß wie bei Reinstaluminium. Er beträgt 0,000024 Ω mm²/m pro 0,001% Mn. Es wird angenommen, daß sich das Mn mit den Verunreinigungen des Al verbindet, so daß der Anteil am fest gelösten Mn im Al sinkt. Bei den chromhaltigen Proben (0,001—0,038% Cr, neben 0,19—0,20% Fe, 0,14 %Si, 0,005—0,006% Cu, 0,003—0,004% Ti u. 0,022% Zn) nimmt ϱ pro 0,001% Cr um 0,000041 Ωmm²/m zu. Diese merkliche Wrkg. des Cr auf ϱ läßt sich mit der des Ti u. V vergleichen. (Alluminio **24.** 129—33. März 1955. Novara, Ist. Sperim. dei Met. Leg., Div. Ric.) H. NÖTH. 136

Gerhart Groetzinger, David Kahn und **Philip Schwed,** *Neues Kriterium für Supraleitfähigkeit in Metallen.* Von den 9 Supraleitern Hg, Al, Ga, In, Sn, Cd, Zn, Tl u. Pb u. von den 12 Nichtsupraleitern Li, Na, K, Rb, Cs, Ag, Cu, Au, Ca, Mg, As u. Sb wurden die mittleren Freiheitsgrade f der freien Elektronen im Metall berechnet. Für die Supraleiter liegt f zwischen 0,15 u. —0,16, während die absol. f-Werte der Nichtsupraleiter wesentlich größer sind (ausgenommen Mg mit f = 0,14). Eine ähnliche Zusammenstellung wird für die Größe $\beta = (n/n_f)f$, wo n/n_f = Zahl der freien Elektronen pro Atom, gegeben (β-Werte von 14 Supraleitern u. 27 Nichtsupraleitern). β von Supraleitern mit n. HALL-Effekt liegt zwischen 0,5 u. —3,4, β von Nichtsupraleitern höher; bei Elementen mit anomalem HALL-Effekt treten z. T. Abweichungen auf. Insgesamt folgt daraus, daß die beiden Größen f u. β ein brauchbareres Kriterium für die Supraleitung darstellen als andere in der Literatur angegebene Größen. (Physic. Rev. [2] **96.** 887–89. 15/11. 1954. Cleveland, O., Lewis Flight Propulsion Labor., Nat. Advis. Comm. for Aeronaut.) O. FUCHS. 136

F. Beck, *Stabilität einer Phasengrenze innerhalb eines Supraleiters.* Befindet sich ein Supraleiter in einem Magnetfeld, das stärker als das krit. ist, so kann in ihm eine Phasengrenze zwischen n. u. supraleitenden Bereichen gegenüber Veränderungen, welche ihre Form period. zu verändern streben, nicht stabil sein. Der durch ein Magnetfeld erzwungene Übergang in den n. Zustand wird im Zusammenhang hiermit diskutiert. (Physic. Rev. [2] **98.** 852–56. 15/5. 1955. Berlin, Fritz-Haber-Inst. der Max-Planck-Ges.) G. KIRSCHSTEIN. 136

Jean A. Sabatka und **P. W. Selwood,** *Thermomagnetische Analyse von katalytisch aktivem Nickel.* Die kürzlich beschriebene Meth. der thermomagnet. Analyse (C. **1955.** 11162) wird von Vff. verbessert. Mit der in der vorliegenden Arbeit angegebenen App. ist die in situ Red. u. Unters. von katalyt. akt. Proben möglich. Anwendung findet die Meth. bei der Unters. von verschied. handelsüblichen Ni-Katalysatoren. Folgende Ergebnisse werden erhalten: 1. Die auf 0°K extrapolierte spezif. Magnetisierung ist unabhängig von der Teilchengröße, so daß das gesamte in einem Katalysator enthaltene Ni bei vollständiger Red. wirksam ist. Andererseits ist aus dem magnet. Verh. ein Rückschluß auf die mehr oder weniger vollständige Red. möglich. 2. Für auf Trägern befindliches Ni besteht im Vgl. zu kompaktem Ni eine beträchtliche Abhängigkeit der Magnetisierung von der Feldstärke. Diese Abhängigkeit verschwindet bei 0°K. 3. Ein mechan. Gemisch aus kleinen Ni-Teilchen u. massivem Ni zeigt die theoret. zu erwartende thermomagnet. Kurve. 4. Die handelsüblichen Ni-Katalysatoren enthalten stets derartig verschied. Teilchengrößen. Die Red. zu metall. Ni ist annähernd vollständig; eine Legierung mit Stoffen, die das effektive magnet. Moment herabsetzen würden, tritt nicht ein. (J. Amer. chem. Soc. **77.** 5799–5802. 20/11. 1955. Evanston, Ill., North Western Univ., Chem. Labor.) W. KRÖNERT. 137

K. M. Poliwanow, *Neuer durch gyromagnetische Erscheinungen bedingter Effekt.* Vf. zeigt in Übereinstimmung mit KALES, CHAIT, SAKIOTIS (J. appl. Physics **24.** [1953.] 816) für einen Wellenleiter, bei dem eine Wand aus einem Ferrit besteht, die Abhängigkeit der Absorption der elektromagnet. Wellen von der Ausbreitungsrichtung. (Доклады Академии Наук СССР [Ber. Akad. Wiss. UdSSR] [N. S.] **95.** 501–03. 21/3. 1954.) R. AMBERGER. 137

David Park, *Magnetische Drehprozeßeffekte in einem polykristallinen Ferrit.* 2. Mitt. (1. vgl. C. **1955.** **10443.**) In Erweiterung früherer Behandlungen magnet. Eigg. gesinterter polykristalliner Ferromagnetika bei Hochfrequenz wird eine rechner. Best. des Gesamtpermeabilitätstensors μ eines polykristallinen Ferrits durchgeführt, wobei eine gewisse gleichförmige Magnetisierung mit einer bis zu einem bestimmten Grade axialsymm. Verteilung angenommen wird. (Physic. Rev. [2] **98.** 438–41. 15/4. 1955. Williamstown, Mass., Williams Coll.) J. RUDOLPH. 137

G. R. Holzman, John H. Anderson und **W. Koth,** *Spin-Gitter-Relaxationszeit von* ^{29}*Si-Kernen in reinem geschmolzenem Quarz.* Beobachtungen ergeben, daß die ^{29}Si-Kerne in einer Probe reinen Quarzglases bei Raumtemp. in einem Feld von 9,2 kGauß exponentiell eine Gleichgewichtsmagnetisierung mit einer extrem großen Relaxationszeit τ von 10 Std. erreichen. Im erdmagnet. Feld wird ein τ-Wert von 1,3 Min. gemessen. Eine spektralanalyt. Unters. an einer ähnlichen Probe ergab 120–530 Teile pro 10^6 für die paramagnet. wirksamen Verunreinigungen. (Physic. Rev. [2] **98.** 542–43. 15/4. 1955. Pittsburgh, Pa., Mellon Inst.) J. RUDOLPH. 137

R. E. Norberg, *Magnetische Kernresonanz von in metallischem Palladium absorbierten Protonen.* (Sitzungsbericht.) Ausführliche Darst. vgl. C. **1953.** 9075. (Physic. Rev. [2] **81.** 305–06. 15/1. 1951. Univ. of Illinois.) GERHARD SCHMIDT. 137

J. L. Walsh, A. G. Berger, J. V. Rogers und **W. D. Knight,** *Direkte Messung der Kernspingitterrelaxationszeit.* (Sitzungsbericht.) (Physic. Rev. [2] **98.** 265. 1/4. 1955. Berkeley, Calif., Univ. of California.) R. STEIN. 137

Irving Johnson und **David G. Rands,** *Die elektrische Leitfähigkeit wässeriger Lösungen von Kaliumhexafluorophosphat und Natriummonofluorophosphat.* Vff. berichten über Messungen der elektr. Leitfähigkeit wss. Lsgg. von KPF_6 (**I**) u. Na_2PO_3F (**II**) bei 25°, aus denen hervorgeht, daß beide Verbb. sich als starke Elektrolyte erweisen u. derart ionisieren, wie ihre Zus. erwarten läßt, d. h. **I** ist ein 1–1-Elektrolyt u. **II** ein 2–1-Elektrolyt. Ihre Äquivalentgrenzleitfähigkeiten wurden für **I** zu 130,4 $\pm$ 0,5 Ω^{-1} u. für **II** zu 113,5 $\pm$ 0,5 Ω^{-1} ermittelt. (Proc. Oklahoma Acad. Sci. **33.** 221–27. 1952. Stillwater, Okla., A. and M. Coll.) W. NIEMITZ. 138

B. S. Harrap und **E. Heymann,** *Die Konstitution von Ionenflüssigkeiten.* 1. Mitt. *Die elektrische Leitfähigkeit und Viscosität der geschmolzenen Salzsysteme* $AgCl + AgBr$,

$PbCl_2$ + $PbBr_2$, AgCl + $PbCl_2$, AgCl + KCl, AgBr + KBr. Die Viscositäten u. Äquivalentleitfähigkeiten wurden als Funktion der Temp. u. der Zus. bestimmt. Keines dieser Systeme zeigt im festen Zustande Verbindungsbildung. Die Abweichung der Isothermen der Äquivalentleitfähigkeit von der Additivität hängt sowohl von der Differenz in der Größe als auch von der in der Ladung der Ionen ab. Die Viscositätsisothermen dieser Systeme sind ähnlich denen von idealen bin., nichtpolaren Flüssigkeitssystemen. (Trans. Faraday Soc. **51.** 259—67. Febr. 1955. Melbourne, Univ., Chem. Dep.)
R. LEVI. 138

B. S. Harrap und **E. Heymann,** *Die Konstitution von Ionenflüssigkeiten.* 2. Mitt. *Die Viscosität der geschmolzenen Salzsysteme $PbCl_2$ + KCl, $CdCl_2$ + NaCl, $CdCl_2$ + KCl, $PbCl_2$ + $CdCl_2$.* (1. vgl. vorst. Ref.) Die Viscositätsisothermen dieser Systeme wurden in einem weiten Temperaturbereich bestimmt. Da von BLOOM u. HEYMANN (Proc. Roy. Soc. [London], Ser. A **188.** [1947.] 392) bei den Leitfähigkeitsisothermen der Systeme $PbCl_2$ + KCl u. $CdCl_2$ + KCl tiefe Minima gefunden wurden, die auf die Ggw. von Komplexionen zurückgeführt wurden, wurden in Analogie zu Systemen mit Mol.-Fll., die im festen Zustand Verbindungsbldg. zeigen, in diesen Systemen entsprechende Maxima der Viscositätsisothermen erwartet. Diese wurden jedoch nicht gefunden. Dieses Verh. wird durch Betrachtung der Isothermen der Molvoll. der Systeme gedeutet. Die Isothermen der elektr. Leitfähigkeit des Syst. $PbCl_2$ + $CdCl_2$ weisen positive Abweichungen von der Additivität auf, was einen Anstieg des Grades des Ionencharakters der Schmelze beim Mischen anzeigt. Es wird angenommen, daß sich im $CdCl_2$ „Autokomplexe" bilden, die beim Mischen dissoziieren. (Trans. Faraday Soc. **51.** 268—76. Febr. 1955.)
R. LEVI. 138

W. I. Malkin und **L. A. Schwarzman,** *Messung der Überführungszahl des Ca^{2+}-Ions in der Schmelze CaO–P_2O_5.* In einer Schlacke mit 27% CaO u. 73% P_2O_5 mit gleichmäßig in der M. verteiltem ^{45}Ca wird nach Stromdurchgang bei 1000° (Kohleelektroden) das Gewicht von Katholyt u. Anolyt getrennt bestimmt u. aus der Aktivität des Anolyten im Vgl. mit der Ausgangsaktivität die Überführungszahl für Ca^{2+} im anod. Raum berechnet, die sich zu 1,04—1,06 ergibt. Daraus wird auf die Einkationleitfähigkeit in der untersuchten Schmelze u. ihre Ähnlichkeit mit den Gläsern geschlossen. (Доклады Академии Наук СССР [Ber. Akad. Wiss. UdSSR] **102.** 961—63. 11/6. 1955. Inst. für Metallkunde u. Metallphysik des Zentr. wiss. Forsch.-Inst. für Eisenmetallurgie.)
R. K. MÜLLER. 138

C. W. Davies und **C. B. Monk,** *Elektrolyte.* Fortschrittsbericht über neuere Arbeiten auf dem Gebiet der Elektrolyte. Behandelt werden im einzelnen: Allg. Theorie, Leitfähigkeits-, Transport- u. Diffusionsphänomene, thermodynam. Eigg., unvollständige Dissoziation in Salzlsgg., Säure–Basen- sowie Redox-Systeme. — 66 Literaturangaben. (Annu. Rep. Progr. Chem. **49.** 28—34. 1952, ausg. 1953.) W. NIEMITZ. 139

A. M. Posner, *Aktivitätsdaten und die Assoziation des Chlorwasserstoffs in konzentrierten Lösungen.* Auf Grund der Abweichungen experimenteller Bestimmungen der Aktivitätskoeffizienten des HCl in konzentrierteren Lsgg. (über 4n) bei 0, 20 u. 50° von den nach der halbempir. Gleichung von HARNED u. OWEN(„The Physical Chemistry of Electrolytic Solutions", 547 [Reinhold 1943]) berechneten Werten schließt Vf. auf eine merkliche Assoziation des HCl in diesen Lsgg., die sich ferner auch, wie gezeigt wird, in guter Übereinstimmung aus thermochem. Daten über die Unterschiede der Bildungswärmen von HCl-Lsgg. im Vgl. zu denen von NaCl u. NaOH ergibt. Aus diesen verschied. Berechnungen ergeben sich für $\Delta H_{ass.HCl}$ Werte von der Größenordnung 2,0 kcal/Mol. Der durch Extrapolation erhaltene Wert von $K_{C=0}$ = 0,056 liegt in der gleichen Größe wie der aus Lichtabsorptionsmessungen für die ähnlich starke HNO_3 ermittelte. (Nature [London] **171.** 519—21. 21/3. 1953. London, King's Coll., Chem. Res. Dep.)
W. NIEMITZ. 139

Henry G. Kuivila, *Korrelation der Aciditätsfunktion, H_0, mit den Aktivitäten von Säure und Wasser.* Es wird eine lineare Korrelation zwischen der Säurefunktion H_0 ($-H_0 = \log a_{H^+} + \log f_B/f_{BH^+}$ mit a_{H^+} = Wasserstoffionenaktivität, f_B u. f_{BH^+} = Aktivitätskoeff. des neutralen Mol. bzw. der Säure) u. dem Verhältnis a_{HX}/a_{H_2O} für drei Säuren angegeben. Für *$HClO_4$* u. *HCl* gilt die Gleichung $H_0 = 0{,}22 + 1{,}05 \log a_{HX}/a_{H_2O}$, u. für *$H_3PO_4$* gilt $H_0 = -0{,}80 + 0{,}89 \log a_{HX}/a_{H_2O}$, während sich für *$H_2SO_4$* keine lineare Abhängigkeit ergibt. Vf. diskutiert die thermodynam. u. kinet. Bedeutung der angegebenen Gleichungen. (J. physic. Chem. **59.** 1028—30. Okt. 1955. Durham, N. H., Univ. of New Hampshire, Dep. of Chem.) I. KARUTZ. 139

George W. Watt, Donald M. Sowards und **William R. McBride,** *Die relative Stärke gewisser Säuren in flüssigem Ammoniak.* Die potentiometr. Titration von *Harnstoff, Thioharnstoff* u. *Guanidinacetat* bzw. *-chlorid* mit KNH_2 in fl. NH_3 ergibt folgende Abstufung für die relative Säurestärke der in diesen Systemen enthaltenen Säuren: *NH_4^+* >

$H_2NC(NH)NH_3^+ > H_2NC(S)NH_2 > H_2NC(O)NH_2 > H_2NC(NH)NH_2 > H_2NC(S)NH^- > H_2NC(O)NH^- > H_2NC(NH)NH^- > NH_2^-$. Die Monokaliumsalze von Guanidin, Harnstoff u. Thioharnstoff sind in fl. NH_3 lösl., während die Dikaliumsalze im wesentlichen unlösl. sind. Die erhaltenen Daten werden bzgl. bekannter Eigg. dieser Verbb. diskutiert. Auf die Möglichkeit, die angegebenen Verbb. u. ihre Salze zur Herst. von Pufferlsgg. in fl. NH_3 zu verwenden, weisen Vff. hin. (J. Amer. chem. Soc. **77**. 5835—37. 20/11. 1955. Austin, Tex., Univ. of Texas, Dep. of Chem.) W. KRÖNERT. 139

Leonard I. Katzin und Elizabeth Gebert, *Das Gleichgewicht Jodid–Jod–Trijodid und das Verhältnis der Ionenaktivitätskoeffizienten.* Zur Klärung gewisser Unstimmigkeiten, die sich bei der spektrophotometr. Unters. des Gleichgewichts $J^-—J_2—J_3^-$ ergeben haben (C. **1955**. 1459), wird eine Best. der Dissoziationskonstanten $K_c = (J_2)(J^-)/(J_3^-)$ durch Messung der Löslichkeit von J_2 als Funktion der KJ- bzw. NaJ-Konz. durchgeführt. Die Aktivität von J_2 wird dadurch konstant gehalten, daß es als Bodenkörper vorliegt; der Aussalzeffekt wird durch Rechnung berücksichtigt. Es läßt sich zeigen, daß das Verhältnis der Aktivitätskoeffizienten von J^- u. J_3^- in der gleichen Lsg. eine Funktion der Zus. der Lsg. ist, u. daß die Unterschiede in verschied. Medien bei höheren Ionenstärken größer werden. Aus der Best. der Dissoziationskonstanten bei 20, 25 u. 30° ergibt sich eine Zunahme von K_c mit steigender Temperatur. Dieses Ergebnis stimmt mit Literaturdaten überein u. widerspricht den spektrophotometr. Verdünnungsmessungen. Für die Rk. $J^- + J_2 = J_3^-$ wird $\Delta H = -3{,}6$ kcal gefunden. Die Entropieänderungen der Rkk. $X^- + J_2 \cdot H_2O = X \cdot J_2^- + H_2O$ ($X = Cl^-$, Br^- bzw. J^-) entsprechen der angegebenen Formulierung. (J. Amer. chem. Soc. **77**. 5814—19. 20/11. 1955. Lemont, Ill., Argonne Nat. Labor., Chem. Div.) W. KRÖNERT. 139

Geneviève Sutra, *Ein Kriterium für das Ausmaß der elektrolytischen Dissoziation in geschmolzenen Salzen.* Die Theorie des Vf., daß die Schmelzentropie eine Funktion der beim Schmelzen gebildeten Teilchen ist u. pro Teilchen $^3/_2$ R beträgt, wird in Verbindung mit kryoskop. Messungen in Kryolith u. Li-Metaborat diskutiert. (J. Chim. physique Physico-Chim. biol. **49**. C 38—C 40. Juni 1952. Sorbonne, Labor. Physique-Enseignem.) R. LEVI. 139

I. M. Issa und **H. Khalifa,** *Die amphoteren Eigenschaften von Molybdäntrioxyd und sein isoelektrischer Punkt.* Vff. untersuchen das amphotere Verh. von MoO_3 durch Löslichkeits-, p_H- u. Leitfähigkeitsmessungen in wss. HCl- (10^{-6} bis 6n) u. Pufferlsgg. (p_H 1—10) bei 25°. Bei p_H 1—2 tritt ein Löslichkeitsminimum von ca. 0,31 g/Liter auf. Bei Ausgangslsgg. mit einem p_H-Wert $<1{,}4$ wird der p_H-Wert der gesätt. Lsg. etwas größer, bei solchen mit einem p_H-Wert $>1{,}4$ wird er wesentlich kleiner, so daß der isoelektr. Punkt bei p_H 1,4 liegt. Damit stimmt überein, daß die Leitfähigkeit der gesätt. Lsg. größer ist als die der Ausgangslsg., wenn der p_H-Wert dieser >2 ist. Aus den von KREBS u. SPEAKMAN (vgl. J. chem. Soc. [London] **1945**. 593) abgeleiteten Beziehungen $\log(L/L_0 - 1) = p_H - pK_s = (pK_w - pK_b) - p_H$ berechnen Vff. die Basen- (K_b) u. Säure- (K_s) Dissoziationskonstanten von MoO_3 (L = Löslichkeit des MoO_3, L_0 = Löslichkeit für $1/[H^+] \rightarrow 0$, K_w = Ionenprod. des W.). $K_s = 9{,}5 \cdot 10^{-3}$, $K_b = 2{,}82 \cdot 10^{-13}$. (J. Indian chem. Soc. **31**. 91—96. Febr. 1954. Giza, Kairo, Univ., Fac. of Sci., Chem. Dep.) R. LACMANN. 139

V. F. Holland und **O. D. Bonner,** *Verhältnis der Aktivitätskoeffizienten von Elektrolytmischungen in wässeriger Lösung bei 25°.* 1. Mitt. *Schwefelsäure und Kupfersulfat.* 2. Mitt. *Perchlorsäure und Kupferperchlorat.* Das Verhältnis der Aktivitätskoeffizienten von Elektrolytmischungen in den Systemen H_2SO_4–$CuSO_4$ u. $HClO_4$–$Cu(ClO_4)_2$ bei 25° wird aus EMK.-Messungen an Zellen der Art: Ag, AgCl, HCl (0,2 m)/Glas/(H_2SO_4 (m_1), $CuSO_4$ (m_2) oder $HClO_4$ (m_1), $Cu(ClO_4)_2$ (m_2)/Cu bestimmt. Das Normalpotential der Cu/Cu^{2+}-Elektrode bei 25° wird zuvor aus $(E^0_{Glas} - E^0_{CuCu^{2+}}) = E + (RT/2F) \ln m^2_{HClO_4}/m_{Cu(ClO_4)_2} + (RT/2F) \ln \gamma^4_{HClO_4}/\gamma^3_{Cu(ClO_4)_2}$ durch Extrapolation auf unendliche Verdünnung in einem Diagramm: rechte Seite der Gleichung/Ionenstärke bei bekanntem E_{Glas} zu $-0{,}3439$ ermittelt. Bei der anschließenden Best. des Verhältnisses der Aktivitätskoeffizienten ergibt sich Übereinstimmung mit der Theorie für die Perchlorate u. eine beträchtliche Abnahme des Verhältnisses bei den Sulfaten mit steigender SO_4^{2-}-Konzentration. (J. Amer. chem. Soc. **77**. 5833—35. 20/11. 1955. Columbia, S. C., Univ. of South Carolina, Chem. Dep.) W. KRÖNERT. 139

Ch. Tschappat und **Edg. Robert,** *Beitrag zur Untersuchung des Goldpotentials.* Vff. berichten über die Best. des Normalpotentials des Syst. $Au/AuCl_4^-$ ($E^0_{0,3}$). Die Zelle besteht aus einer Au-Elektrode, die in eine salzsaure Lsg. von $HAuCl_4$ (I) eintaucht, u. aus einer Kalomelelektrode. Die verwendeten Lsgg. sind 0,005, 0,01, 0,05, 0,1 u. 0,5 mol. an I u. enthalten zur Verhinderung der Hydrolyse stets 0,0215 mol. *HCl*. Es wird nacheinander der Einfl. des Elektrodenmaterials, für das einmal gehämmertes oder bei 600° geglühtes Au, oder zum anderen elektrolyt. vergoldetes Pt genommen wird, untersucht

u. gezeigt, daß die besten Ergebnisse die vergoldete Pt-Elektrode liefert. Sie gibt bis auf 3 mV reproduzierbare Werte in ca. 0,1 mol. Au-Lösungen. Dagegen tritt bei 0,5 mol. Konz. eine weniger gute Stabilität auf. Mittels der HENDERSON-CUMMINGschen Gleichung werden für jede Lsg. die Grenzflächenpotentiale ermittelt. Des weiteren messen Vff. die Redoxpotentiale der Systeme $AuCl_4^-/AuCl_2^-$ ($E^0_{3,1}$) u. $Au/AuCl_2^-$ ($E^0_{0,1}$) durch Titration mit reduzierend wirkenden Lsgg. von *Na_2SnO_3*, *$TiCl_3$* u. *$Na_2S_2O_3$* u. erhalten dabei gute Ergebnisse. Die Stabilität der EMK. ist besser, bes. nach Zugabe von *KCl* zu I. Während mittels Na_2SO_3 u. $TiCl_3$ ohne Schwierigkeit $E^0_{3,1}$ u. $E^0_{0,1}$ bestimmt werden können, reagiert $Na_2S_2O_3$ mit dem Au^{3+} u. ergibt somit keine reproduzierbaren Messungen für $E^0_{0,1}$. Die nach den beiden obigen Methoden erhaltenen Werte für das Normalpotential $E^0_{0,3} = 0{,}9940 \pm 0{,}003$ V bzw. $E^0_{0,3} = 0{,}9942 \pm 0{,}002$ V bei 25° liegen eng zusammen, solange die Au-Konz. 0,1 mol. nicht übersteigt. $E^0_{0,3}$ stimmt gut mit dem von BJERRUM zu 0,994 V bei 20° ermittelten Wert überein. (Helv. chim. Acta **37.** 333—44. 1/2. 1954. Lausanne, Univ., Labor. d'électrochim. de l'École polytechn.) H. SURAWSKI. 140

H. Wever und **W. Seith,** *Neue Ergebnisse bei der Elektrolyse fester metallischer Phasen.* Bei der Elektrolyse der festen β-Phase im Syst. Cu–Al tritt neben der Relativüberführung eine gemeinsame Überführung beider Partner zur Anode auf, die sich auf Grund der bekannten Theorien (SCHWARZ, Z. physik. Chem., Abt. A **164.** [1933.] 223; WAGNER Abt. B **15.** [1932.] 347, Abt. A **164.** [1933.] 231) nicht erklären läßt. Bei der γ-Phase wird dagegen eine gemeinsame Überführung zur Kathode beobachtet. Unter Berücksichtigung, daß die β-Phase ein Elektronen-, die γ-Phase jedoch ein Defektelektronenleiter ist, wird ein Zusammenhang zwischen Leitungsmechanismus u. Überführung hergestellt. Es wird angenommen, daß die Gitterfehlstellen zwei Kräften ausgesetzt sind: Der Feldkraft u. einer Art Mitführungskraft infolge der Impulsübertragung durch das Elektronengas. Beide Kräfte sind entgegengerichtet. Eine quantitative Abschätzung, welche der Kräfte größer ist, ist noch nicht möglich. In den Fällen, wo die Mitführungskraft größer ist, erfolgt bei Elektronenleitern stets eine Überführung der fehlgeordneten Bausteine zur Anode. Bei Defektelektronenleitern erfolgt in jedem Fall eine Überführung zur Kathode, die bei gleicher Beweglichkeit größer als bei Elektronenleitern sein muß, da Feldkraft u. Mitführungskraft gleichgerichtet sind. Mit steigender Stromdichte tritt eine Abnahme der Überführungszahl auf. Diese Erscheinung wird als Sättigungseffekt gedeutet, da die Zahl der Fehlstellen begrenzt ist u. die Wiederherst. des thermodynam. Gleichgewichts zwischen ideal plazierten u. fehlgeordneten Gitterbausteinen eine gewisse Zeit erfordert. (Z. Elektrochem., Ber. Bunsenges. physik. Chem. **59.** 942—46. Dez. 1955. Münster, Univ., Inst. für Phys. Chem.) W. KRÖNERT. 141

A. T. Wagramjan und **Ju. Ss. Zarewa,** *Innere Spannung elektrolytischer Nickelniederschläge und ihre Porosität.* Verss. ergaben, daß bei der Ni-Elektrolyse durch Zusatz von *2.6-* u. *2.7-Naphthalindisulfonsäure* (**I**) die Porosität des Ni-Nd. im Vgl. zum reinen Elektrolyten vermindert, die innere Spannung ebenfalls vermindert wird. Ein Zusatz von *p-Kresol* (**II**) führt zu einer Zunahme beider Werte. Die Kurven innere Spannung–Stromdichte gehen durch ein Maximum. Den besten Nd. erhält man im reinen Elektrolyten u. bei **II**-Zusatz bei einer Stromdichte von 2,0 A/dm², bei Zusatz von **I** bei 1,0 A/dm². Mit zunehmender innerer Spannung nimmt die Porosität des Nd. zu. Bei diesen Verss. wurde folgender Elektrolyt (in g/Liter) angewandt: 166 $NiSO_4 \cdot 7\,H_2O$, 30 H_3BO_3, 50 $Na_2SO_4 \cdot 10\,H_2O$, 20 $MgSO_4 \cdot 7\,H_2O$, 2 NaCl. Bei Überlagerung des Gleichstromes von 2 A/dm² mit einem Wechselstrom von 1—2 A/dm² nimmt die innere Spannung des Ni ab. Porosität u. innere Spannung von dichten elektrolyt. Ndd. werden durch oberflächenakt. Stoffe u. Wechselstrom in gleicher Weise verändert, ein Beweis dafür, daß die Porosität durch die inneren Spannungen verursacht wird. (Доклады Академии Наук СССР [Ber. Akad. Wiss. UdSSR] [N. S.] **98.** 807—09. 11/10. 1954.) O. LEBTAG. 141

Christiane Ferradini, *Adsorptionsisotherme bei der Bildung elektrolytischer Abscheidungen von Protaktinium auf Gold.* Vf. untersucht die Gesetzmäßigkeit der Bldg. elektrolyt. Abscheidungen von *Pa* auf einer *Au*-Elektrode in einem Bereich von $1{,}8 \cdot 10^{-12}$ bis $3{,}2 \cdot 10^{-7}$ mol. unter Verwendung von n *NaF*-Lsgg. mit einem p_H von 5,9. Als Indicator dient *^{233}Pa*. Die krit. Potentiale der Au-Elektrode betragen dem niedrigsten u. höchsten Konzentrationswert entsprechend —1,43 bzw. —1,37 V in bezug auf die gesätt. *Hg_2Cl_2*-Elektrode. Die Differenz von 0,6 stimmt mit dem nach der NERNSTschen Gleichung ermittelten Wert überein. Für jede Zwischenkonz. berechnet Vf. das krit. Potential u. mißt für jedes von ihnen die Verteilung von Pa zwischen der Lsg. u. der Au-Kathode, deren konstant gehaltenes Potential um 0,05 V niedriger als das entsprechende krit. ist. Innerhalb des untersuchten Konzentrationsbereiches schwankt die Kathodenbelegung von $3 \cdot 10^{-5}$ bis 4 monoatomaren Schichten. Die Meßergebnisse werden in einem Diagramm wiedergegeben. Auf der Ordinate ist der Logarithmus der abgeschiedenen u. auf der Abscisse der Logarithmus der in Lsg. gebliebenen Pa-Menge in Gramm aufgetragen. Die Kurve besteht aus zwei geradlinigen Ästen, deren Neigungen 0,9 u. 2,0 betragen. Nach DANON u. HAISSINSKY (C. **1953.** 4330) deutet Vf. das Auftreten der beiden Isothermen dadurch, daß die Abscheidung zuerst an den akt. Zentren der Au-Unterlage (1. Isotherme) stattfindet u. daß dann die adsorbierten Atome selbst auf Grund ihrer gegenseitigen Anziehungskräfte (2. Isotherme) die Rolle der akt. Zentren spielen. (J. Chim. physique Physico-Chim. biol. **50.** 589—90. Okt. 1953. Inst. du Radium.) H. SURAWSKI. 141

K. Schwabe, *Über die Inhibitorwirkung bei Elektrodenprozessen.* Es wurde die Polarisation an reinen u. amalgamierten *Zn*-Elektroden in Abhängigkeit von der Stromdichte, der Zus. des Elektrolyten, vom Lösungsm. u. von Zusätzen an *Dibenzolsulfoxyd* (**I**) untersucht. H^+-Ionen, A. u. **I** zeigten qualitativ gleiche inhibierende Wrkg., die vom anwesenden Anion stark abhängig war u. sowohl anod. als kathod. in der Reihenfolge ClO_4^- — SO_4^{2-} — Cl^- abnahm. Diese Inhibitorwrkg. blieb auch an amalgamierten Zn-Elektroden bestehen. In rein wss. Lsgg. geringer Wasserstoffionenaktivität ($p_H > 4$) verlief der Prozeß der Metallauflsg. u. -abscheidung prakt. ohne jede Hemmung u. war auch von der Art der Anionen weitgehend unabhängig. Vf. kommt zu dem Schluß, daß die Inhibitoren den Einbau in die Doppelschicht behindern. Den Anionen selbst kann keine inhibierende Wrkg. zugeschrieben werden. Vielmehr wird die Mitwrkg. der Anionen bei Elektrodenvorgängen durch die Inhibitoren behindert, u. zwar im vorliegenden Fall vom Cl^- über SO_4^{2-} zum ClO_4^- in zunehmendem Maße. Ob dieser Effekt auf die geringe Polarisierbarkeit der ClO_4^--Ionen zurückzuführen ist oder mit dem Solvatationszustand zusammenhängt, läßt sich vorerst noch nicht entscheiden. — Gleichartige Messungen an *Cd* haben die Ergebnisse am Zn bestätigt, die Polarisationseffekte sind aber im ganzen etwas kleiner. (Z. Elektrochem., Ber. Bunsenges. physik. Chem. **59.** 663—66. 1955. Dresden, TH, Inst. für Elektrochem. u. Phys. Chem.) S. LANZ. 142

J. O'M. Bockris und **L. F. Oldfield,** *Die Oxydations–Reduktionsreaktionen von Wasserstoffperoxyd an inerten Metallelektroden und Quecksilberkathoden.* Das stat. Potential blanker Pt- u. Au-Elektroden wird in 10^{-6} bis 5mol. H_2O_2-Lsgg. im p_H-Bereich 0—13,5 gemessen. Die Potentiale gehorchen der Formel $e = 0{,}84-0{,}059\ p_H$ (mV) bezogen auf die Normalwasserstoffskala bei 25°. Das Potential wird durch die Rk. $OH_{ads} + e = OH^-$ bestimmt u. ist unabhängig von der H_2O_2-Konz. u. vom O_2-Druck. Das Halbstufenpotential für die H_2O_2-Red. an der Hg-Tropfelektrode wurde im p_H-Bereich 1—11,5 zu —0,63, im Bereich 12,5—13,5 zu —0,91 V gefunden. In 1nNaOH wurden zwei Stufen mit den Halbstufenpotentialen —0,69 u. —1,17 V gefunden. Außerdem wurde der Einfl. von H_2O_2 auf das Potential inerter Elektroden in einer Anzahl anorgan. Redoxsysteme untersucht. (Trans. Faraday Soc. **51.** 249—59. Febr. 1955. London, Imp. Coll. of Sci. and Technol., Dep. of Inorg. and Phys. Chem.) R. LEVI. 142

M. S. El-Ansary und **A. M. Azzam,** *Über das Verhalten von Silberanoden in Cyanidbädern.* Auf Grund der bisher stets gefundenen Parallelität zwischen der Löslichkeit von Ag-Anoden in Cyanidbädern u. ihrer Passivitätsneigung werden Passivitätsunterss. an Ag-Anoden mit verschied. Elektrolyten ausgeführt. Ag kann in *KCN*- u. *KAg(CN)*$_2$-Lsgg. durch anod. Behandlung passiviert werden. Mit dem Abfall der Stromstärke bedeckt sich die Elektrodenoberfläche bei Eintritt der Passivität mit einer bräunlichen *Ag*$_2$*O–AgCN*-Schicht. Der Abfall der Stromstärke geht einher mit einem Anstieg des Ag-Potentials. Die passivierende Deckschicht ist in Elektrolyten mit hinreichendem Geh. an freiem KCN löslich. Mit zunehmenden KCN-Konzz. wird die Passivität erschwert, d. h. die Löslichkeit der Ag-Anode erhöht. Die Beziehung zwischen dem Geh. an freiem KCN u. der spezif. Passivierungskonstante wird für verschied. Elektrolyte ermittelt. Um gleiche Passivierungszeiten oder gleiche Ag-Löslichkeit zu erhalten, muß die anod. Stromdichte dem KCN-Geh. proportional sein. Die Passivität wird mit zunehmendem Geh. an $KAg(CN)_2$ erleichtert. Auf die Löslichkeit der Ag-Anode ist K_2CO_3 prakt. ohne Einfluß. (Werkstoffe u. Korrosion **5.** 301—08. Aug./Sept. 1954. Cairo, Cairo- u. Ibrahim-Univ., Inst. für Elektrochem.) W. WESLY. 143

George Dubpernell und **Roberta Dubpernell,** *Eine Theorie der Wasserstoffüberspannung und ihre Beziehung zur elektrolytischen Abscheidung von Metallen.* Es wird vermutet, daß die Wasserstoffüberspannung nicht durch Wasserstoff allein hervorgerufen wird, sondern durch die Abscheidung von geringen Spuren von Alkalimetallen, bes. von Na. Bei geringen Stromdichten ist dies möglich durch die depolarisierende Wrkg. des Metalls der Kathode u. vielleicht auch durch Adsorptionskräfte. Es wird gezeigt, daß die Metalle mit der höchsten kathod. Überspannung am leichtesten Legierungen mit den Alkalimetallen, bes. Na, bilden. — 70 Literaturstellen. (Plating **40.** 53—58. Jan. 151—54. 159. Febr. 1953.) F. MARKHOFF. 143

A_4. Thermodynamik. Thermochemie.

I. L. Peissachow, *Spezifisches Gewicht von Lösungen mehrerer Komponenten.* Unter der Annahme einer näherungsweisen Additivität der spezif. Vol. der Komponenten werden für den Dichtewert der Lsg. nachst. Formeln vorgeschlagen, wenn die Konzz. der Komponenten in g/Liter Lsg. oder in Gew.-% ausgedrückt sind: D. $= 1000 + a_1K_1 + a_2K_2 + a_3K_3 + \cdots$ g/Liter; D. $= 1000/(1 - c_1k_1 - c_2k_2 - c_3K_3 \cdots)$ g/Liter. Es bedeuten: $a_1, a_2, a_3 \cdots, c_1, c_2, c_3 \cdots$ Konzz. der Komponenten (außer W.), $k_1, k_2, k_3 \cdots$ Koeffizienten. Die errechneten k-Werte für die Lsg. mit 7,46% *NaCl* u. 18% *$MgCl_2$* oder 54,2 (g/Liter) *$ZnSO_4$*, 18 *$MnSO_4$* u. 96 *H_2SO_4* zeigen gute Übereinstimmung mit den experimentellen Werten. (Журнал Прикладной Химии [J. angew. Chem.] **28.** 637—39. Juni 1955.) O. LEBTAG. 148

D. Bijl und **H. Pullan,** *Thermische Ausdehnung von einfachen Festkörpern bei niedrigen Temperaturen und das Grüneisensche Gesetz.* Vff. diskutieren die Gültigkeit der GRÜNEISENschen Regel an Hand von Unterss. über die Ausdehnung von *Cu, Al* u. *Fe* im Temperaturintervall zwischen 20° K u. Zimmertemperatur. Unterhalb von 0,3 Θ wird die therm. Ausdehnung größer als die GRÜNEISENsche Regel voraussagt. Vff. geben eine mögliche Erklärung für diese Abweichungen an. (Philos. Mag. [7] **45.** 290—94. März 1954. Oxford, Clarendon Labor.) E. WASSERROTH. 148

D. ter Haar, *Der zweite Virialkoeffizient in der Nähe des absoluten Nullpunktes.* Entgegnung auf die Bemerkung in einer Arbeit gleichen Titels von GREEN (C. **1953.** 7239), wonach die dort gegebene Berechnung des zweiten Virialkoeff. B die erste wirklich strenge Behandlung einer physikal. Größe unterhalb 2° K sei. Nach Ansicht des Vf. lieferte u. a. bereits DE BOER (Diss., Amsterdam, 1940) numer. Werte für die ebenfalls exakten quantenmechan. Ausdrücke für B von UHLENBECK u. BETH (1936, 1937) u. KAHN (1938), gültig für Tempp. von 0—5° K. (Proc. physic. Soc., Sect. A **66.** 847—48. 1/9. 1953. St. Andrews, Univ., Dep. of Natural Philos.) E. U. FRANCK. 149

Louis Goldstein und **James Reekie,** *Räumliche Verteilung von Atomen in flüssigem ^4He.* Die numer. Auswertung von Röntgendiagrammen ergibt eine Verteilungsfunktion, die auf Entfernungen zwischen 10 u. 15 Å brauchbare Werte liefert. Die Unstetigkeit der Ableitung der mittleren potentiellen Energie pro Atom am λ-Punkt ist von solcher Form, daß man daraus auf seine Verknüpfung mit der kinet. Energie (d. h. mit dem Impulsraum) schließen kann. (Physic. Rev. [2] **98.** 857—70. 15/5. 1955. Los Alamos, N. Mex., Los Alamos Sci. Labor.; Ottawa, Dep. of Mines; Phys. Metallurg. Div.) G. KIRSCHSTEIN. 149

E. W. Becker, R. Misenta und **F. Schmeissner,** *Viscosität von gasförmigem ^3He und ^4He zwischen 1.3 und 4,2° K.* Zur Messung der sehr kleinen Viscositäten des gasförmigen ^{3}He u. ^{4}He entwickelten Vff. eine Meßanordnung, die auf der Grundlage der schwingenden Zylinder beruht. Die Schwingungsamplituden wurden aus Kapazitätsänderungen unter Anwendung hochfrequenter Ströme bestimmt. Die im Temperaturintervall von 1,3 bis 4,2° K erhaltenen Viscositätswerte (Genauigkeit besser als $\pm 1\%$ bei Viscositäten von ca. 5 Mikropoise) stimmen gut mit den Berechnungen von DE BOER u. COHEN (C. **1955.** 2842) überein. Bei ^{3}He trat nur bei kleinen Tempp. eine geringe Abweichung zwischen Theorie u. Experiment auf. Der für die He-Isotope vorausgesagte Symmetrieeffekt wird durch die Meßergebnisse bestätigt. Vff. bestimmten weiterhin die Konzentrationsabhängigkeit der Viscosität von gasförmigen ^{3}He–^{4}He-Gemischen bei 4,2 u. 2,6° K. (Physic. Rev. [2] **93.** 244. 1/1. 1954. Marburg/Lahn, Univ., Phys. Inst., u. Herrsching bei München, Inst. für Tieftemperaturphysik.) E. WASSERROTH. 149

Bernard Smith und **Henry A. Boorse,** *Transport des HeII-Films.* 1. Mitt. *Die Rolle der Unterlage.* (Vgl. C. **1954.** 7595. **1955.** 5251.) Ausführliche Darst. der Verss. mit *Al, Ag, Cu, Ni,* Ni–Ag-Legierung, *Stahl, Lucit, Pyrex-* u. *Quarzglas.* Die Unterschiede zwischen den verschied. Materialien sind kleiner als diejenigen, die sich bei mehrmaligen Verss. an demselben Material zeigen. (Physic. Rev. [2] **98.** 328—36. 15/4. 1955. New York, N. Y., Columbia Univ., Pupin Phys. Labor.) G. KIRSCHSTEIN. 149

J. W. Beams, *Wirkung eines Zentrifugalfeldes auf die Transportgeschwindigkeit durch einen Helium-II-Film.* In einem mit 100—140 U/sec rotierenden Gerät wurde beobachtet, daß die Strömung von fl. He als Film von der Peripherie zur Drehachse eine kleinere Stoffmenge befördert, als gleichzeitig durch die Gasphase von innen nach außen strömt. Die Versuchsanordnung wird genau beschrieben. (Physic. Rev. [2] **98.** 1138. 15/5. 1955. Charlottesville, Va., Univ.) G. KIRSCHSTEIN. 149

B. S. Chandrasekhar und **K. Mendelssohn,** *Unterkritisches Fließen im Film aus Helium II.* Die Fließgeschwindigkeit S von fl. He in einem Film von He II wurde für verschied. Heizleistungen W bei 1,40 u. 2,09° K gemessen (vgl. MENDELSSOHN u. Mitarbeiter

C. **1951.** I. 2400). S steigt bei wachsendem W zunächst linear an bis zu einem krit. Wert W_{kr}, von dem ab S unabhängig von W ist. W_{kr} liegt bei 1,40° K tiefer als bei 2,09° K, ferner ist der Übergang zum S-unabhängigen Teil bei 1,40° K weniger scharf. Aus den Verss. folgt, daß bei dem He-Transport im Film keine Entropieänderung auftritt. Eine Deutung der Ergebnisse ist erst nach Vorliegen weiteren experimentellen Materials möglich. (Proc. physic. Soc., Sect. A **64.** 512—13. 1/5. 1951. Oxford, Clarendon Labor.) O. FUCHS. 149

B. N. Jesselsson und **N. G. Beresnjak,** *Oberflächenspannung von Lösungen der Heliumisotope.* (Vgl. C. **1955.** 9262.) An reinem ^4He sowie an Lsgg. mit 1,00, 2,40 u. 4,23% ^3He wurde zwischen 1,35° K u. der λ-Temp. nach dem Unterschied der Menisken in zwei verschieden engen Rohren die Oberflächenspannung σ gemessen. Mit steigender Temp. fällt σ am stärksten bei reinem ^4He; auch mit steigender ^3He-Konz. sinkt σ, bei den tiefsten Tempp. am stärksten. (Доклады Академии Наук СССР [Ber. Akad. Wiss. UdSSR] [N. S.] **98.** 569—71. 1/10. 1954. Phys.-techn. Inst. der Akad. der Wiss. der UkrSSR.) G. KIRSCHSTEIN. 149

J. C. King und **Henry A. Fairbank,** *Zweiter Schall in ^3He–^4He-Gemischen unterhalb von 1° K.* Vff. untersuchten die als zweiter Schall bekannte Wellenbewegung, bei der die Fortpflanzung einer Temperaturänderung durch fl. He einer Wellengleichung gehorcht, in einem Gemisch aus ^3He u. ^4He im Temperaturbereich, der durch Entmagnetisierung eines paramagnet. Salzes erreicht wird. Es wurden Konzz. des ^3He zwischen 0,0017 u. 4,3% benutzt. Die Geschwindigkeit des zweiten Schalls in den Gemischen erreichte einen Maximalwert von ca. 35 m/sec direkt unter 1° K u. einen Wert von ca. 20 m/sec in der Nähe von 0,2° K. Unterhalb 1° K wurde keine Dispersion beobachtet. Die Ergebnisse standen in allg. Übereinstimmung mit theoret. Voraussagen von POMERANCHUK, vorausgesetzt, daß die effektive M. des ^3He-Atoms zwischen 2,0 m_3 bei 0,2° K u. 3,6 m_3 bei 1,8° K variieren kann. (Physic. Rev. [2] **93.** 21—27. 1/1. 1954. New Haven, Conn., Yale Univ., Sloane Phys. Labor.) E. WASSERROTH. 149

G. P. Piterskich, *Das Verdampfen von Flüssigkeit in einer Gasatmosphäre bei hoher Temperatur.* Für den Prozeß der Verdampfung einer Fl. in einem ruhenden heißen Gas werden die Grundgleichungen für die Gasströmung, die Wärmeübertragung vom Gas auf die Fl. u. die Wärmeleitfähigkeit des Gas–Fl.-Gemischs abgeleitet, ferner für die Temp. der Fl. bei stationärer Verdampfung, die Korrektur für die Wärmediffusion, die Verdampfungstemp. bei zusätzlichem Gasstrom, die Geschwindigkeit der stationären Verdampfung u. die Tropfenverdampfung. Die Anwendung der Gleichungen wird an einem prakt. Beispiel erläutert. (Химическая Промышленность [Chem. Ind.] **1955.** Nr. 2. 34—38. März.) R. K. MÜLLER. 150

Wolfgang Ehrenberg und **Heinz Jaffke,** *Über die Anreicherung von schwerem Wasser bei fraktionierter Destillation.* Bei fraktionierter Dest. von Mischungen aus leichtem u. schwerem W. müßte nach theoret. Erwägungen der Trennfaktor 1,65 für D_2O betragen. Erreicht wurde 1,3. Es werden die ausgeführten Verss. der Isotopentrennung beschrieben u. erörtert, durch welche Maßnahmen der Trennfaktor 1,3 erhöht werden kann. (Z. angew. Physik **5.** 375—76. Okt. 1953. Buenos Aires [jetzt München].) H. MIETHING. 150

H. E. Watson, *Die Darstellung von leichtem Wasser durch Destillation: seine Zusammensetzung, und die Dichten und Trennfaktoren seiner Isotope.* Vf. stellte durch Dest. ein W. mit einem Geh. an $H_2{}^{18}O$ von weniger als 8% des n. W. her u. untersuchte den daraus gewonnenen O_2 im Massenspektrographen. Daraus ergibt sich, daß die D. von $H_2{}^{16}O$ bei 25° um 262,4 ± $^2/_{1000000}$ geringer ist als die D. von n. H_2O. Das Verhältnis der D. von $H_2{}^{18}O$ zu n. W. ist 1,1134 ± 0,001, das von $H_2{}^{18}O$ zu $H_2{}^{17}O$ ist 1,0577. Der elektrolyt. Trennfaktor für ^{18}O ist 1,03. Bei 100° ist der Trennfaktor für $H_2{}^{18}O$ von $H_2{}^{16}O$ bei der Dest. 1,0056, für $H_2{}^{17}O$ 1,0028. (J. appl. Chem. **3.** 556—63. Dez. 1953. London, Univ. Coll.) MAX SCHMIDT. 150

B. V. Enüstün, *Statistische Thermodynamik bei binärer Azeotropie.* Unter Verwendung der chem. Potentiale werden die thermodynam. Bedingungen für das Auftreten von Azeotropismus u. die Temperatur- u. Druckabhängigkeit des azeotropen Gleichgewichts abgeleitet. Nach der Beziehung $\Delta G_a^n = x_1 \cdot L_1/T_1 \cdot (T_1 - T_a) + x_2 \cdot L_2/T_2 \cdot (T_2 - T_a)$ mit x_1, x_2 den Molenbrüchen, T_1, T_2 den Siedetempp. der Komponenten u. L_1, L_2 ihren Verdampfungswärmen, sowie T_a der Siedetemp. der azeotropen Mischung, wird für 7 bin. Systeme mit polaren Komponenten ΔG_a^n, das Zusatzglied für die mol. freie Enthalpieänderung nichtidealer Mischungen bei der Bldg. der azeotropen Mischung, aus Literaturdaten errechnet. Der Vgl. mit den Mischungsenthalpien zeigt, daß keine regulären Lsgg. vorliegen. Die Zusatzglieder für die entsprechenden nichtidealen Entropieänderungen werden angegeben. — Für 5 der behandelten Systeme gilt die Beziehung $\Delta \mu_1^n = K x_2^2$ (K eine Konstante, $\Delta \mu_1^n$ der partielle Zusatzterm der freien Enthalpieänderung nichtidealer Mischungen). Da alle theoret. Beschreibungen, die K als reinen Energieterm auffassen nicht zutreffen können, verwendet Vf. eine von GUGGENHEIM (C. **1949.** II. 734) stammende Beziehung für K, die aus einem Energie- u. einem Entropieanteil besteht. Durch ihre Verwendung gelingt es, die Temperaturabhängigkeit der azeotropen Gleichgewichtslage im Syst. *Äthylacetat–A.* befriedigend wiederzugeben. (Commun. Fac. Sci. Univ. Ankara, Ser. B **5.** 1—21. 1954. Ankara, Univ., Dep. of Phys. Chem.) H. SACKMANN. 150

Defoe C. Ginnings und **George T. Furukawa,** *Standards für Wärmekapazitäten zwischen 14 und 1200° K.* Um die Zahl der als Standard zu benutzenden Substanzen zu vergrößern, werden die meisten Messungen für n-Heptan (25—523° K) u. Al_2O_3 (Korund; 14—1173° K) angegeben. Diese Substanzen zusammen mit Benzoesäure (bis 430° K) wurden als Standards empfohlen. Auch Diphenyläther (bis 570° K) u. H_2O (0—100°) werden als weitere Standards empfohlen. Wärmekapazität u. Enthalpie für alle 5 Substanzen werden in ausführlichen Tabellen angeführt. (J. Amer. chem. Soc. **75.** 522—27. 5/2. 1953. Washington, D. C., Nat. Bur. of Stand.) W. KAUFMANN. 151

Norbert W. Luft und **Om P. Kharbanda,** *Thermodynamische Funktionen von Isocyansäure.* Mit Hilfe bekannter Molekülparameter u. Vibrationsfrequenzen haben Vff. die thermodynam. Funktionen S^0, $-(F^0 - H_0^0)/T$, $(H^0 - H_0^0)/T$ u. C_p^0 für HNCO als ideales Gas bei 1 at statist. für den Temperaturbereich von 298,16—1500° K berechnet. (J. chem. Physics **22.** 956—57. Mai 1954. Stockport, Cheadle Heath, Simon-Carves Ltd.) H.-U. WOELK. 155

Ellis R. Lippincott und **Richard D. Nelson,** *Die thermodynamischen Funktionen von Eisen-bis-cyclopentadienyl, Nickel-bis-cyclopentadienyl und Ruthenium-bis-cyclopentadienyl.* Vff. führen spektrophotometr. Unterss. des RAMAN- u. Infrarotspektr. des *Eisen-* (I), *Nickel-* (II) u. *Ruthenium-bis-cyclopentadienyl* (III) durch. Die Ergebnisse dieser Unterss. erlauben die Zuordnung bestimmter Frequenzen zu den Grundschwingungen der Moll. u. die Berechnung des Wärmeinhalts, der Enthalpie, freien Energie u. Entropie. Die thermodynam. Funktionen werden von 300—1500° K tabelliert. Die Werte C_p^0 u. S^0 dieser Verbb. sind beträchtlich kleiner als bei den meisten metallorgan. Verbb. mit dem gleichen Mol.-Gew., was auf ihre hohe Symmetrie u. Stabilität zurückgeführt wird. Die Stabilität nimmt in der Reihenfolge II, I, III zu. Die Bildungswärmen werden berechnet für I u. II bei 0° K zu 57,5 u. 79,6 kcal/Mol. (J. Amer. chem. Soc. **77.** 4990—93. 5/10. 1955. Manhattan, Kans., Kansas State Coll., Dep. of Chem.) K. FRENKLER. 155

L. H. Long, *Die Bildungswärmen einfacher anorganischer Verbindungen.* Eine Abhandlung über Bedeutung u. Anwendung der Bildungswärmen. Es werden die Bildungswärmen der Metalloidverbb. der Elemente sowie zahlreicher intermetall. Verbb. tabellar. angegeben. Ferner werden die Beziehungen der Bildungswärmen zu anderen physikal. Eigg., zu Kristall- u. Bindungsenergien untersucht. (Quart. Rev. [chem. Soc., London] **7.** 134—74. 1953. Exeter, Univ. Coll., Dep. of Chem.) F. CRAMER. 156

Th. Doehaerd, P. Goldfinger und **F. Waelbroeck,** *Der Dampfdruck und die Sublimationswärme von Kohlenstoff.* 3. Mitt. (2. vgl. GOLDFINGER, C. **1949.** E. 511.) Vff. untersuchten die Ausbreitungsgeschwindigkeit des C-Dampfes von einer Graphit-KNUDSON-Zelle zwischen 2400 u. 2700° K nach der früher mitgeteilten Methode. Aus dem beobachteten Gleichgewichtsdruck des C wurde der Kondensations- (bzw. Verdampfungs-) Koeffizient von C auf heißen Graphitoberflächen zu $-3{,}0 \pm 0{,}5$ bestimmt. Die daraus errechnete Sublimationswärme des C beträgt 141,7 kcal. Aus der Vielzahl der durchgeführten Verss. ergibt sich ein maximaler Fehler von ± 4 kcal, der systemat. Fehler kann jedoch bei ± 6 kcal liegen. (Bull. Soc. chim. belges **62.** 498—544. Okt./Dez. 1953. Bruxelles, Univ. libre de Bruxelles, Labor. de Chim. Phys. Molecul.) V. BURBACH. 156

P. Goldfinger und **F. Waelbroeck,** *Der Dampfdruck und die Sublimationswärme von Kohlenstoff.* 4. Mitt. (3. vgl. vorst. Ref.) Vff. geben einen Überblick über mehrere Methoden zur Best. der Sublimationswärme des C u. deren Ergebnisse. Sie stimmen mit den letzten Resultaten der Vff. L = 141,26 kcal gut überein. Es werden die Ergebnisse der Dissoziationsenergien von CO u. CO^+ nach der spektroskop. Meth. u. durch Elektronenzusammenstöße von verschied. Autoren gegenübergestellt. (Bull. Soc. chim. belges **62.** 545—68. Okt./Dez. 1953.) V. BURBACH. 156

J. B. Conway, R. H. Wilson jr. und **A. V. Grosse,** *Die Temperatur der Cyan–Sauerstoff-Flamme.* Direkte Messung der Flammentemp. der Rk. $(CN)_2 + O_2 \rightarrow 2CO + N_2$ ergibt am stöchiometr. Punkt u. bei 1 at die Höchsttemp. $4640 \pm 150°$ K. Die Rk. ist mit 126,68 kcal bei 298° K exotherm. Die berechneten Werte der Flammentemp. ergeben je nach der Dissoziationsenergie des N_2 verschied. Werte. Gute Übereinstimmung ergibt

sich jedoch bei Benutzung des Werts 9,76 eV für die Dissoziationsenergie. (J. Amer. chem. Soc. **75.** 499. 20/1. 1953. Philadelphia, Pa., Temple Univ., Res. Inst.)
W. KAUFMANN. 157

J. H. Knox und **R. G. W. Norrish,** *Phänomene der kalten Flamme bei der Oxydation von Äthan.* Im Temperaturbereich von 350—450° haben Vff. die Oxydation von Äthan (äquimol. Mischung mit O_2) bei 1 at untersucht. Der Ablauf der Rk. u. die Reaktionsgeschwindigkeit wurden durch Messung sowohl des Druck- als auch des Temperaturanstiegs verfolgt. Dabei wurden die Annahmen gemacht, daß die Reaktionswärmen im untersuchten Temperaturbereich konstant bleiben u. die Selbsterwärmung der Mischung als Maß für die Reaktionsgeschwindigkeit gelten kann. Von einem Maximum bei 350° fällt sie stetig ab, durchläuft ein Minimum bei 410° u. steigt dann wieder an. Als Reaktionsprodd. konnten unter 360° Methylalkohol, Aldehyde u. a., oberhalb 400° Crackprodd. identifiziert werden. Kalte Flammen erhielten Vff. in einem größeren Reaktionsgefäß (1000 ml) bei einem Mischungsverhältnis von 4:1 zwischen 300 u. 380° bei Drucken oberhalb 600 mm Hg. In Zeitintervallen von 10—20 Sek. konnten bis zu 3 Druckstöße beobachtet werden. Untersuchungen über das Auftreten kalter Flammen in Äthan–O_2-Mischungen in Abhängigkeit vom Mischungsverhältnis, der Temp. u. dem Druck ergaben, daß sie in Mischungen auftreten, in denen das Verhältnis Äthan:Sauerstoff zwischen 32:1 u. 3:2 liegt. Diese Ergebnisse bestätigen die therm. Theorie u. zeigen, daß sich Äthan bei der Oxydation bei niedrigen Tempp. ähnlich verhält wie die KW-stoffe mit 3 C-Atomen. (Trans. Faraday Soc. **50.** 928—33. Sept. 1954. Cambridge, Mass., Dep. of Phys. Chem.)
H.-U. WOELK. 157

J. H. Andreae und **John Lamb,** *Ultraschallrelaxationsvorgänge in reinen Flüssigkeiten.* Eine Modifikation einer Formel von HERZFELD wird gegeben, welche die beobachteten Relaxationseffekte in Fll. genügend erklärt. Vff. schließen weiter, daß das Verh. von Essigsäure u. Propionsäure gegenüber Ultraschall durch die Erregung von Biegeschwingungen der KW-stoffbindungen gedeutet werden kann. Auch bei Schwefelkohlenstoff sind solche Biegeschwingungen für die Relaxationsprozesse wichtig. Bei Toluol spielen Streckschwingungen der C–H-Bindung für die Relaxationserscheinungen eine Rolle. (Proc. physic. Soc., Sect B **64.** 1021—31. 1/12. 1951. London, Imp. Coll., Electr. Engng. Dep.)
H. FALKENHAGEN. 159

A. N. Hunter, *Ultraschallabsorption in unterkühlten Flüssigkeiten.* Vf. mißt mittels eines Echo–Impuls-Verf. die Ultraschallabsorption in unterkühltem *Menthol, Salol* u. *Diphenyläther* bei einer Frequenz von 68 MHz. Diese Fll. zeigen eine starke Zunahme der Absorption mit abnehmender Temp. in der Nähe des Erstarrungspunktes. Vf. glaubt, daß diese Zunahme auf Schallstreuung an entstehenden Kristallisationskeimen beruht. (Proc. physic. Soc., Sect. B **64.** 1086—87. 1/12. 1951. Leicester, Univ. Coll., Phys. Dep.)
H. FALKENHAGEN. 159

E. A. Neppiras und **B. E. Noltingk,** *Durch Ultraschall hervorgerufene Kavitation: die theoretischen Bedingungen für das Einsetzen der Kavitation.* Vff. untersuchen die Grenzbedingungen, unter denen die Kavitation bei Änderung des hydrostat. Druckes, der Schallwechseldruckamplitude, des Anfangsradius der Gasblase u. der Frequenz gerade noch einsetzt. (Proc. physic. Soc., Sect. B **64.** 1032—38. 1/12. 1951. Redhill, Surrey, Mullard Res. Labor.)
H. FALKENHAGEN. 159

Gordon E. Martin, *Bestimmung der Konstanten des Ersatzschaltbildes piezoelektrischer Resonatoren von mäßig kleinem Q durch Absolut-Scheinleitwertmessungen.* Die Best. der Parameter des Ersatzschaltbildes piezoelektr. Wandler durch Messung der Scheinleitwerte in der Resonanzstelle war bisher auf Resonatoren mit großem Gütefaktor beschränkt. Die hier aufgestellten Gleichungen gestatten jedoch, die Messungen auch auf die Parameterbest. von Resonatoren anzuwenden, deren mechan. Gütefaktor kleiner ist als das Kapazitätsverhältnis. Für den extremen Fall eines $BaTiO_3$-Resonators, der in Luft schwingt, ergibt die alte Meth. einen Fehler von 5%, während bei Anwendung der neuen Gleichungen der Fehler 1% beträgt. Für flüssigkeitsgekoppelte Schallwandler ist das neue Verf. weniger bedeutend. (J. acoust. Soc. America **26.** 413—20. Mai 1954. New London, Conn., U. S. Navy Underwater Sound Labor.) H. FALKENHAGEN. 159

A5. Kolloidchemie. Grenzschichtforschung.

Bruno H. Zimm und **Walter B. Dandliker,** *Theorie der Lichtstreuung und der Brechungsindices von Lösungen großer kolloider Teilchen.* Für die Intensität des durch die Teilchen eines Sols gestreuten Lichtes leiten Vff. die Beziehung $V_{0,v} = (M c n^2/\lambda_0^4 N_0) \cdot [4\pi^2 (dn/dc)^2 + (\lambda_0^2/4)(\tau/c)^2]$ (1) ab (M = Mol.-Gew., c = Konz., n = Brechungsindex der Lsg., λ_0 = Wellenlänge im Vakuum, N_0 = die AVOGADROsche Zahl, τ = die in bezug auf das Gelöste überschüssige Trübung). Für den Brechungsindex erhalten Vf. ausgehend von der Theorie von MIE dn/dc = $3nR(i_1^*)/2\alpha^3 D$ (2) für kugelförmige Teilchen [D = D. der Teilchen, $R(i_1^*)$ ergibt sich aus der Theorie von MIE]. Für kleine Teilchen geht diese Gleichung über in dn/dc = $(3n/2D)(m^2-1)/(m^2+2)$, worin m der relative Brechungsindex ist. Die Größe (τ/c) in Gleichung 1 ist vernachlässigbar, wenn nicht sehr große Teilchen (wie z. B. bei Polystyrollatex) vorliegen. Aus der Anwendung der Gleichung 2 auf S-Hydrosole ergibt sich, daß dn/dc für die grüne Hg-Linie Null wird, wenn der Teilchenradius 2880 Å beträgt. (J. physic. Chem. **58.** 644—48. 18/8. 1954. Schenectady, N. Y., Knolls Gen. Electric. Res. Labor., u. Seattle, Wash., Univ. of Washington, Dep. of Biochem.) H.-U. WOELK. 163

L. Schacht, G. Scheibe und **H. Schuller,** *Die Übertragung monomolekularer Filme auf feste Träger.* Die Meth. von BLODGETT u. LANGMUIR (Physic. Rev. [2] **51.** [1937.] 964; **57.** [1940.] 921) zur Übertragung gespreiteter monomol. Filme von der Wasseroberfläche auf feste Träger wird zur Herst. von Mono- u. Multischichten verwendet. Untersucht werden Filme von *Ba-Stearat* u. *Polyvinyldekalyläther* auf *Glimmer, Glas,* Glas + MgF_2 u. *Cu.* Es besteht eine Abhängigkeit der Filmeigg. von dem zu ihrer Herst. verwendeten Schub. Die Messung des Kontaktwinkels von Wassertropfen, die auf die Filme aufgesetzt wurden, ermöglicht die Unters. der Filmeigenschaften. Die Bldg. von Aufbauschichten aus Hochpolymeren ist durch den langkettigen Aufbau dieser Substanzen sehr erschwert. Bereits bei Schüben von ca. 2—4 dyn/cm tritt teilweises Überschieben einzelner Mol.-Teile ein. Durch das Aufziehen der Schicht verschwindet jedoch die Überfaltung völlig, so daß die Filme in dichter, lückenloser Schicht auf dem Träger sitzen. (Z. Elektrochem., Ber. Bunsenges. physik. Chem. **59.** 863—65. Nov. 1955. München, TH, Physikal.-Chem. Inst.) W. KRÖNERT. 166

Hemlata J. Kazi und **C. M. Desai,** *Grenzflächenspannung von Flüssigkeiten mit H-bindiger Ringstruktur und Komplexbildung. System $LiNO_3$–$Pb(NO_3)_2$–H_2O.* Es wurden Grenzflächenspannungen von verschied. Mischungen $LiNO_3$–$Pb(NO_3)_2$–H_2O gegen *n-Butylacetat* gemessen (vgl. C. **1956.** 4368). Das graph. Bild (Grenzflächenspannung–Konz.) zeigte bei verd. Lsgg. ($^1/_{600}$—$^1/_{1200}$ mol.) 3 Knickpunkte entsprechend: $Pb(NO_3)_2 \cdot LiNO_3$, $Pb(NO_3)_2 \cdot 2LiNO_3$, $Pb(NO_3)_2 \cdot 4LiNO_3$. In stärker konz. Lsgg. ($^1/_{30}$—$^1/_{300}$ mol.) sind nur die beiden ersten Komplexe nachweisbar. (J. Indian chem. Soc. **31.** 633—35. Aug. 1954. Surat, M. T. B. Coll., Chem. Dep.) H. PLUSKAL. 166

Hemlata J. Kazi und **C. M. Desai,** *Grenzflächenspannung von Flüssigkeiten mit H-bindiger Ringstruktur und Autokomplexbildung in wässerigem Cadmiumjodid.* (Vgl. vorst. Ref.) Vff. bestimmten die Grenzflächenspannung einer Reihe von Alkoholen u. Estern gegen verschied. konz. CdJ_2-Lsgg. nach der Tropfenzählmeth. (C. **1954.** 4123). Tensions- u. Konzentrationskurven zeigen 2 Knicke bei Messung gegen *Hexyl-* u. *sek.-Octylalkohol, Äthyl-, n-Propyl-, n-Butyl-* u. *Isoamylacetat,* während *n-Butyl-* u. *Isoamylalkohol, Methylacetat, Methyl-* u. *Äthylsalicylat* u. *Hexan* keine Knicke zeigen. Die Knicke werden auf eine instabile Struktur mit H-Bindungen zurückgeführt, die leicht auf elektr. Doppelschichten reagiert. (J. Indian chem. Soc. **31.** 636—37. Aug. 1954.) H. PLUSKAL. 166

Hemlata J. Kazi und **C. M. Desai,** *Grenzflächenspannung und Komplexbildung. System $HgBr_2$–KBr–H_2O.* (Vgl. vorst. Reff.) Vff. führten Messungen der Grenzflächenspannung von verschied. konz. $HgBr_2$-KBr-Lsgg. gegen n-Butylacetat durch. Die Diagramme (Konz. gegen Grenzflächenspannung) zeigten je nach Konz. der Komponenten 3—7 Knickpunkte entsprechend der Gleichgewichtsfolge $K_4(HgBr_6) \rightleftharpoons \frac{K_4(HgBr_6)}{K_2(HgBr_4)} \rightleftharpoons K_2(HgBr_4) \rightleftharpoons \frac{K_2(HgBr_4)}{K(HgBr_3)} \rightleftharpoons K(HgBr_3) \rightleftharpoons \frac{K_2(HgBr_4)}{2HgBr_2} \rightleftharpoons \frac{K(HgBr_3)}{HgBr_2}$. (J. Indian chem. Soc. **31.** 638—39. Aug. 1954.) H. PLUSKAL. 166

Hemlata J. Kazi und **C. M. Desai,** *Grenzflächenspannung und Komplexbildung. System $HgBr_2$–NH_4Br–H_2O.* (Vgl. vorst. Reff.) Vff. führten Messungen der Grenzflächenspannung von verschied. konz. $HgBr_2$–NH_4Br-Lsgg. gegen *n-Butylacetat* durch. Die Ergebnisse waren ganz analog den im vorst. Ref. für KBr beschriebenen. (J. Indian chem. Soc. **31.** 640. Aug. 1954.) H. PLUSKAL. 166

Inger Brattsten, *Die Systeme mit beweglicher Grenze im Elektrodenraum bei der Elektrophorese.* Die Rkk., die bei der Analyse von *Proteinen* mit der Meth. der wandernden Grenze in den Schenkeln des U-Rohres ablaufen, werden opt. verfolgt. Die sich zwischen *Acetat-, Citrat-, Phosphat-, Veronal-* u. *Borat-*Puffern u. 1 mol. *NaCl* ausbildenden Systeme werden untersucht. Es ergibt sich, daß das Acetatsyst. stabil ist. In den anderen Systemen bilden sich im Kathoden- u. Anodenraum instabile Schichten aus, da das Cl^--Ion in die Pufferphase auf- bzw. das Pufferanion in die Chloridphase absteigt. In der aufsteigenden Grenze findet Verwischung statt, wenn das Chloridion einem langsameren Pufferanion folgt u. wenn das Na-Ion einem Li-Ion folgt. Das Ausmaß u. die Bedeutung dieser Effekte werden hinsichtlich verschied. elektrophoret. Systeme diskutiert. Am geeignetsten scheint ein reversibler Elektrodentyp zu sein, der nur absteigende, stabile Grenzen an einem Pol ergibt, wie die Ag–AgBr-Elektrode in NaBr- oder LiBr-LiBr-Lsgg. unter einer Pufferlsg., die das entsprechende Kation enthält. (Ark. Kemi **4**. Nr. 15. 257–76. 1952. Uppsala, Univ., Inst. of Biochem.) R. LEVI. 168

F. Brom, *Papierionophorese von Fe^{2+}- und Fe^{3+}-Ionen und ihre gleichzeitige Bestimmung.* Mischungen von Fe^{2+}- u. Fe^{3+}-Salzen werden bei Papierionophorese in zwei Bestandteile getrennt. Eine Komponente ist beweglicher u. wird den Fe^{2+}-Ionen zugeschrieben. Die Verss. ergaben vorläufig nicht, ob die zweite Komponente nur aus Fe^{3+}-Ionen besteht. Beide Bestandteile können gleichzeitig bestimmt werden. (Chem. Listy **49**. 938–40. Juni 1955. České Budějovice, Vyšší škola pedagogická. [Orig.: tschech.]) B. HÁJEK/Prag. 168

Bunshichi Takeda, *Absorption, Durchgang und Verdunstung von Feuchtigkeit.* 3. Mitt. *Beziehung zwischen Feuchtigkeitsdurchlässigkeit und Feuchtigkeitsabsorption.* (2. vgl. J. chem. Soc. Japan, pure Chem. Sect. [Nippon Kagaku Zassi] **72**. [1951.] 601.) Für Filme aus organ. Stoffen, wie *Cellophan, Celluloseacetat, Polyvinylalkohol* (I) u. *Polyvinylacetat* wurde unter verschied. Bedingungen u. Wasserdampfdrucken die Feuchtigkeitsdurchlässigkeit u. -absorption gemessen. Erstere nimmt mit dem Wasserdampfdruck zu, bes. bei I. Gleichzeitig nimmt die Feuchtigkeitsabsorption zu. Wahrscheinlich setzt zunehmende Absorption die intermol. Kräfte herab u. erniedrigt den Widerstand gegen die Diffusion der Wassermoleküle. (J. chem. Soc. Japan, pure Chem. Sect. [Nippon Kagaku Zassi] **74**. 126–29. Febr. 1953. Tokyo Univ. [Orig.: japan.]) L. SCHULER. 170

Bunshichi Takeda, *Absorption, Durchgang und Verdunstung von Feuchtigkeit.* 4. Mitt. *Beziehung zwischen Feuchtigkeitsdurchlässigkeitskonstante und Filmdicke.* (3. vgl. vorst. Ref.) Unter der Annahme, daß das HENRYsche Gesetz für die Filmoberfläche nicht anwendbar ist, wird eine Beziehung zwischen der Feuchtigkeitsdurchlässigkeit u. der Filmdicke abgeleitet. Die Parameter der abgeleiteten Formel drücken die für diesen Vorgang kennzeichnenden Eigg. des Films aus. (J. chem. Soc. Japan, pure Chem. Sect. [Nippon Kagaku Zassi] **74**. 207–10. März 1953. [Orig.: japan.]) L. SCHULER. 170

Reginald Mills, *Eine erneute Messung der Selbstdiffusionskoeffizienten des Natriumions in wässerigen Natriumchloridlösungen.* Vf. beschreibt eine neue App. zur Best. der Selbstdiffusionskoeffizienten von Na^+ in wss. NaCl-Lsgg. unter Verwendung von ^{22}Na. Im Gegensatz zu dem Ergebnis einer früheren Arbeit (C. **1956**. 3221) gelingt es jetzt, durch passende Wahl der Strömungsgeschwindigkeit Werte für D_{Na^+} im Konzentrationsbereich 0,02–4 mol. zu erhalten, die mit den nach der Diaphragmameth. ermittelten Koeffizienten gut übereinstimmen. Die in der vorliegenden Arbeit verwendete Meth. der offenen Capillaren wird näher beschrieben u. die berechneten differentiellen Selbstdiffusionskoeffizienten in Abhängigkeit von der Konz. u. der Strömungsgeschwindigkeit über den Capillaren tabelliert. Die Messungen nach der Diaphragmameth. werden erweitert u. bes. im höher konz. Gebiet geprüft. (J. Amer. chem. Soc. **77**. 6116–19. 5/12. 1955. Canberra, Nat. Univ., Res. School of Phys. Sci., Dep. of Radio Chem.) W. KRÖNERT. 171

J. Pawlowski, *Rheologische Vorgänge als ein mechanisch-thermodynamisches Problem.* Bei der Darst. der rheolog. Erscheinungen als Ergebnis der mechan.-thermodynam. Wechselwirkungen geht Vf. von dem 2. Hauptsatz u. dem Prinzip der kleinsten Wrkg. aus u. gelangt zu einer natürlichen Systematik u. einheitlichen Beschreibung wesentlicher rheolog. Vorgänge. Dem aufgestellten doppelten thermodynam. Variationsproblem, welches als eine Verallgemeinerung des HELMHOLTZschen Prinzips aufgefaßt werden kann, entspringen die in der Rheologie bekannten Integralbeziehungen für das Fließen von nicht-NEWTONschen Fll. bei verschied. Strömungsarten. U. a. kann das sogenannte Reibungsgesetz als eine Folge des Variationsproblems dargestellt u. somit auf tieferliegende thermodynam.-mechan. Stoffeigg. der rheolog. Substanz zurückgeführt werden. (Kolloid-Z. **131**. 11–18. April 1953. Farbenfabrik Bayer, Werk Dormagen.) W. HENTSCHEL. 173

W. H. Slabaugh, *Immersionswärmen einiger Tonsysteme in wässerigen Medien.* Vf. bestimmte die Immersionswärmen von Roh-*Bentonit,* zentrifugiertem Rohbentonit, Natriumbentonit u. Calciumbentonit in W., *Butylamin,* Butylaminhydrochlorid- u. *Alkyldimethylbenzylammoniumchloridlsgg.* bei 28°. Es ergab sich eine definierte Differenz zwischen den Reaktionswärmen der Tonsysteme mit einem Amin u. einem Aminhydrochlorid. (J. physic. Chem. **59**. 1022–24. Okt. 1955. Corvallis, Ore., Oregon State Coll., Dep. of Chem.) I. KARUTZ. 176

V. Daneš, *Größenbestimmung der Oberfläche und ihrer Struktur bei porösen Stoffen und bei Katalysatoren durch Messung der physikalischen Adsorption.* 1. Mitt. *Apparatur.*

Adsorption von Stickstoff und Argon an Aluminiumoxyd. Es wird zunächst eine Hochvakuumapp. mit zwei Meßsystemen zur Best. der Gasadsorption mittels der Volumenmeth. beschrieben. An der App. wurde eine Reihe von Verbesserungen eingeführt, welche die Best. der Adsorption im ganzen Bereich der relativen Drucke ermöglicht. Die diesbzgl. Meßmethodik ist ausführlich beschrieben. Mit der App. wurde die Größe der Oberflächen von einigen Typen von Aluminiumoxydkatalysatoren mit Hilfe der Adsorption von N_2 u. Ar bei niedrigen Tempp. bestimmt. Die Oberflächengrößen wurden aus den Adsorptionsisothermen nach den Methoden von BRUNAUER, EMMETT u. TELLER (BET), HARKINS u. JURA (HJ) u. HÜTTIG berechnet. Die Übereinstimmung der Resultate nach den Methoden von BET u. HJ ist befriedigend. Für die beschriebenen Katalysatoren ist jedoch die Meth. von BET am besten geeignet, da bei Adsorbenten mit sehr engen Poren die Formel von HJ nicht mehr anwendbar ist. Die Meth. nach HÜTTIG gibt für die Oberflächengröße wesentlich höhere Werte. Die Oberfläche, welche einem Ar-Mol. entspricht, wurde zu 16,6 $Å^2$ bestimmt. Die Genauigkeit u. Zuverlässigkeit der App. u. Meßmethodik wurde durch die Übereinstimmung der absol. Adsorptionsisothermen für N_2 an verschied. Aluminiumoxyden erwiesen. Bei aktiviertem Al_2O_3, dessen Adsorptionsisotherme eine gut entwickelte Hysteresis aufweist, wurde die Verteilung der Porenweiten bestimmt. (Chem. Listy **49.** 970—84. Juli 1955. Praha, Českoslov. akad. věd, Fys. chem. ústav. [Orig.: tschech.]) L. MATOUŠEK/Prag. 176

Je. W. Wagin und **A. A. Shuchowitzki,** *Theorie der Adsorptionsmethode über die thermische Trennung von Gasgemischen.* Theoret. Betrachtung der Gleichung für die Dynamik der therm. Trennung bei unendlich großer Adsorptionsgeschwindigkeit u. fehlender Längsdiffusion sowie der Gleichung für die asymptot. Verteilung im Falle der therm. Trennung eines Gemisches idealer Gase. Am Beispiel der Trennung von He u. Ne wird gezeigt, daß die aus der Gleichung für T_1 (bestimmt die Grenze zwischen Ne u. He) errechneten Werte eine gute Übereinstimmung mit den experimentellen Werten zeigen. (Доклады Академии Наук СССР [Ber. Akad. Wiss. UdSSR] [N. S.] **94.** 273—76. 11/1. 1954.) O. LEBTAG. 176

W. P. Meleschko und **W. B. Woitowitsch,** *Über die Beziehung zwischen der Ionenverteilung in der filtrierenden Schicht von chromatographischen Säulen und der Form der entstehenden Kurven.* Wenn E die Absorptionskapazität der Kolonne (in Milliäquivalenten), c die Konz. der ausgetauschten Ionen in der Lsg. (Milliäquivalente/ml), S der Kolonnenquerschnitt (cm^2), V die Filtrationsgeschwindigkeit der Lsg. (cm/Min.) u. t die Zeit des Durchganges des mittleren Absorptionszonenquerschnitts durch die elementare Schicht (Min.) ist, ist die Schichtung der Kolonne gegeben durch I = E/c S Vt. Bezeichnet man mit a u. m die Ionenanteile in der Elementarschicht u. im Elementarvol., mit i u. n die Schicht- bzw. Volumennummer, dann ist $a_{i,n} + m_{i,n} = a_{i,n-1} + m_{i-1,n}$ u. im Gleichgewicht $m_{i,n} = \frac{1}{2} \cdot (m_{i-1,n} + m_{i,n-1})$. In einer Tabelle werden für n = 1, 5, 10, 20, 30 u. i = 1, 5, 10, 20, 30, 40, 50, 60 die Werte $m_{i,n}$ u. $a_{i,n}$ zusammengestellt. In der Höhe der Kolonnenschicht verschiebt sich bei konstantem V nur der Querschnitt der arbeitenden Schicht, für den $a_{i,n} = 0{,}500$ ist. Nur bei stark verd. Lsgg. sind die Verteilungskurven spiegelbildliche Darstellungen der Ausbeutekurven. In Kurven wird die Abhängigkeit der $m_{i,n}$-Werte vom Filtratvol. dargestellt. Die Ergebnisse werden mit 0,01n $SrCl_2$-Lsg., die akt. ^{89}Sr enthält, nachgeprüft. Bei E = 13 ergibt sich I = 15 u. t = 10,3. (Доклады Академии Наук СССР [Ber. Akad. Wiss. UdSSR] **102.** 965—68. 11/6. 1955. Woronesh, Univ.)
R. K. MÜLLER. 177

A. M. Gaudin, H. R. Spedden und **M. P. Corriveau,** *Adsorption von Silberionen an Sphalerit.* Sphalerit (Zinkblende) wird flotiert, nachdem seine Oberfläche mit metall. Kationen, bes. mit Cu, aktiviert ist. Dabei soll sich eine einatomare Schicht bilden, in der Zn-Atome gegen Cu-Atome ausgetauscht sind, der Reaktionsmechanismus ist aber nicht bekannt. Vff. untersuchten die Aktivierung mit $AgNO_3$-Lsgg. unter Verwendung von ^{110}Ag als radioakt. Indicator, indem sie verd. Lsgg. (10^{-3}- bis 10^{-6}n) durch eine mit Sphalerit gefüllte Austauschersäule fließen lassen u. die Ag-Konz. im Durchfluß bestimmen. Am Anfang jedes Vers. wird das Ag völlig aus der Lsg. entfernt, später nimmt das Mineral nur noch einen Teil des angebotenen Ag auf. Nach einer Unterbrechung des Zuflusses steigt die Austauschfähigkeit des Minerals beträchtlich. Vff. schließen daraus, daß der Ionenaustausch zunächst nur an der Oberfläche des Minerals stattfindet u. die Austauschfähigkeit später von der Geschwindigkeit abhängt, mit der Ag u. Zn innerhalb des Minerals diffundieren. Dafür sprechen auch die Abhängigkeiten der Ag-Aufnahme von Temp. u. Konz. der Lösung. (Mining Engng. **3.** 780—84. Sept. 1951. Cambridge, Mass., MIT, Richards Mineral Engng. Labor.)
D. BREDTSCHNEIDER. 177

A_6. Strukturforschung.

R. Pepinsky und **B. C. Frazer,** *Modifizierung des General Electric SPG-Goniometers für Neutronenstreumessungen an Einkristallen.* (Vgl. C. **1955.** 6227.) Am SPG-Goniometer wird ein Drehtisch für die Probe mit Schneckentrieb, ein senkrecht dazu stehender Bogen für ein Miniatur-BF_3-Neutronenzählrohr u. ein langsamer laufender Antriebsmotor angebracht. (Rev. sci. Instruments **26.** 402—03. April 1955. University Park, Pa., Pennsylvania State Univ., Dep. of Phys.; Upton, Long Island, N. Y., BNL, Dep. of Phys.) G. HERRMANN. 181

Ray Pepinsky, *Einige Eigenschaften der Einkristallanalyse mit Neutronen.* Die Annahmen von LONSDALE (Nature [London] **164.** [1949.] 205), daß FOURIER-Methoden auf Neutronenbeugung an Kristallen wegen der Natur der Kernformfaktoren nicht anwendbar seien, trifft nicht allg., sondern nur dann zu, wenn sich die meisten Atome in speziellen Lagen befinden. An der (h, k, 0)-Projektion von KH_2PO_4-Einkristallen konnte gezeigt werden, daß die Strukturfaktoren mit wachsendem $\sin \vartheta/\lambda$ hinreichend rasch abfallen, um eine PATTERSON- u. FOURIER-Synth. zu erlauben. Ebenso konnte gezeigt werden, daß auch in ca. 3 mm dicken Kristallen die Extinktion nicht stört, im Gegensatz zur Annahme von BACON u. THEWILS (Proc. Roy. Soc. [London], Ser. A **196.** [1949.] 50). Weiter wird darauf hingewiesen, daß die Phasenbestimmung bei FOURIER-Synthesen mit Neutronen leichter ist als mit Röntgenstrahlen, u. auf die nur bei Neutronen bestehende Möglichkeit, isomorphe Kristalle herzustellen, die Atome ähnlicher Größe u. von ähnlichem Gewicht, aber von sehr unterschiedlichem Streufaktor enthalten. Hierzu werden einige Beispiele gegeben. (Science [Washington] **117.** 1—3. 2/1. 1953. Upton, Long Island, N. Y., Brookhaven Nat. Labor., Dep. of Phys.) H. C. WOLF. 181

Ryozi Uyeda, *Eine Theorie der Bildentstehung im Elektronenmikroskop.* Vereinigung der bestehenden Theorien der Bildentstehung, die teils nur den Streukontrast u. teils nur den Phasenkontrast erfaßten. Bei der Berechnung der Winkelverteilung der am Objekt gestreuten Elektronen wird im Gegensatz zu älteren Arbeiten anderer Autoren auch die Interferenz der von den verschied. Atomen ausgehenden Streuwellen miteinander berücksichtigt, welche die Winkelverteilung der gestreuten Elektronen bes. für kleine Streuwinkel selbst dann erheblich modifiziert, wenn das Objekt amorph ist. Teilt man die Streuwelle in einen kohärenten (Primärwelle u. Interferenz-Kleinwinkelstreuung) u. einen inkohärenten (elast. u. unelast. Streuung am Einzelatom) Anteil auf, so läßt sich die kohärente Streuung als Beugung in einem idealen Objekt mit homogenem Brechungsindex u. homogenem Absorptionskoeff. ansehen. Das wirkliche elektronenmkr. Bild kann als Überlagerung des durch die kohärente u. des durch die inkohärente Streuwelle vermittelten Teilbildes aufgefaßt werden. Diese Auffassung ist zulässig, solange das Auflösungsvermögen des Elektronenmikroskops zur Auflösung von Atomabständen noch nicht ausreicht. (J. physic. Soc. Japan **10.** 256—64. April 1955. Nagoya, Univ., Physikal. Inst. [Orig.: engl.]) F. LENZ. 181

Charles Fert, Bernard Marty und **Robert Saporte,** *Reflexionselektronenmikroskopie: Bestrahlung unter flachem, Beobachtung unter großem Winkel.* Ist bei der Rückstrahlelektronenmikroskopie der Neigungswinkel Θ_2 der Objektoberfläche gegen die Achse der Objektivlinse relativ groß (25°), so erhält man ebenso gut aufgelöste Bilder wie bei den üblichen kleineren Neigungswinkeln. Der Bestrahlungswinkel Θ_1 zwischen der Achse des Elektronenstrahlerzeugers u. der Objektoberfläche wird dagegen kleingehalten (ca. 2°). Der große Beobachtungswinkel Θ_2 soll die Bilddeutung erleichtern. (C. R. hebd. Séances Acad. Sci. **240.** 1975—78. 16/5. 1955. Toulouse, Univ., Fac. des Sci.) F. LENZ. 181

G. F. Bahr, *Größere Schnittflächen für die Elektronenmikroskopie mit Hilfe von Ultraschall.* Mit einem Messer, das in Schnittrichtung Ultraschallschwingungen von 800 kHz ausführte, konnten am Ultramikrotom nach SJÖSTRAND Schnitte für elektronenmkr. Unterss. hergestellt werden, die bei Schnittflächen bis zu 1,5 mm² eine Schnittgüte aufweisen, die ohne Ultraschallanwendung nur bei wesentlich kleineren Schnittflächen erzielbar ist. (Experientia [Basel] **11.** 239. 15/6. 1955. Stockholm, Karolinska Inst., Inst. for Cell Res. and Genetics.) F. LENZ. 181

L. G. Schulz, *Verfahren der Verwendung einer Feinfokusröntgenröhre zur Oberflächenprüfung von Einkristallen.* Verwertung von reflektierten Röntgenstrahlen zur Herst. von Bildern von Einkristalloberflächen. Beschreibung der Vorr. u. Richtlinien für die Versuchsdurchführung. — Beispiele. (J. Metals **6.** Nr. 9. Sect. 2. 1082—83. Sept. 1954. Chicago, Ill., Univ.) H. HOCHSTEIN. 181

H. S. Gutowsky, C. J. Hoffman und **R. E. McClure,** *Magnetische Abschirmung von* ^1H- *und* ^{19}F-*Kernen in Molekülen.* (Sitzungsbericht.) Ausführliche Darst. vgl. C. **1952.** 6019. (Physic. Rev. [2] **81.** 305. 15/1. 1951. Univ. of Illinois.) GERHARD SCHMIDT. 182

B. P. Block und **G. H. McIntyre jr.**, *Die Berechnung von Bildungskonstanten für Systeme mit Liganden an Metallionen.* Vff. geben Gleichungen an zur Lösung der BJERRUMschen Bildungskonstantenfunktionen für allg. Fälle mit n (Zahl der gebundenen Liganden an ein gegebenes Metallion) = 1, 2 u. 3 u. zeigen, daß die Werte für die berechneten Konstanten bei geringerem Rechnungsaufwand gut übereinstimmen mit den nach den bisher üblichen Methoden berechneten. Bes. wirksam ist die Meth., wenn für n ein bestimmter, günstigster Bereich ausgewählt wird. (J. Amer. chem. Soc. **75.** 5667—69. 20/11. 1953. State College, Pa., Pennsylvania State Coll., School of Chem. and Phys.) W. NIEMITZ. 182

H. H. Jaffé, *Über die Stabilität von metallorganischen Verbindungen.* 2. Mitt. (1. vgl. C. **1955.** 9528.) Die Bindungsenergien Kohlenstoff–Metall nehmen mit ansteigendem At.-Gew. innerhalb einer Gruppe des Period. Syst. ab. Für den Vgl. der Bindungsenergien in Verbindungen mit verschied. organ. Radikalen sind mehrere Faktoren zu berücksichtigen. Die durchschnittliche Dissoziationsenergie der Metall–C-Bindung wird durch die Natur des organ. Radikals vermittels folgender Größen beeinflußt: 1. den Zustand der Hybridisierung des C-Atoms, 2. die π-Elektronenresonanzenergien u. 3. die für die Neuordnung des organ. Radikals erforderliche Energie. Vf. diskutiert die Bedeutung dieser Größen u. zeigt, daß alle, mit Ausnahme der unter 3 genannten Energie, eine größere Stabilität ungesätt. metallorgan. Verbb. im Vgl. mit den analogen aliphat. Verbb. bewirken. (J. chem. Physics **22.** 1462—63. Aug. 1954. Chapel Hill, N. C., Univ., School of Public Health, U. S. Public Health Service, Venereal Disease Exp. Labor.) H.-U. WOELK. 182

E. Plumat, *Die Theorie der Abschirmung der Kationen und ihre Bedeutung für Oberflächenerscheinungen.* Ausgehend vom Ionenaufbau der Materie u. der Polarisierbarkeit der Ionen (FAYANS) hat WEYL eine für die Bindungsverhältnisse der Materie grundlegende Theorie entwickelt, wonach das Feld eines Ions Neutralisation im kleinsten Raum anstrebt u. dabei eine Abschirmung der stärksten Ionen durch Elektronen erfolgt. Die Theorie wird ausführlich dargelegt u. an Beispielen ihre Bedeutung für die Oberflächeneigg. u. für Rkk. im festen Zustand dargelegt. (Silicates ind. **19.** 97—107. März 1954. Bruxelles, L'Union des Verreries Mecaniques Belges, Labor. Central.) F. HEINRICH. 182

Hélène Brion, Raymond Daudel und **Simone Odiot**, *Die Anwendung des Begriffs der Wirkungssphäre bei der Untersuchung chemischer Bindungen.* Am Beispiel des Li wird gezeigt, daß es möglich ist, um ein freies Atom im Grundzustand mittels einer Wellenfunktion von der Form einer SLATERschen Determinante eine Wirkungssphäre zu definieren (beim Li-Atom mit R = 1,44 a_0), innerhalb derer die Wahrscheinlichkeit, ein Elektron mit dem Spin +1/2 ($h/2\pi$) anzutreffen, 0,97 ist. Für das Li_2-Mol. wird eine von COULSON u. DUNCANSON [1943] angegebene äquivalente Funktion herangezogen. Mit R = 1,53 a_0 sind um beide Atomkerne Wirkungssphären bestimmt, in denen ein Elektron mit gegebenem Spin mit einer Wahrscheinlichkeit von 0,98 angetroffen wird. Im Raum zwischen diesen beiden Kernsphären, in der Bindungssphäre, befindet sich ein Elektron mit gegebenem Spin mit einer Wahrscheinlichkeit von 0,95. Der Fehler in der Ortsbest. beträgt 3%. Diese quantenmechan. Deutung kommt der von LEWIS entwickelten Anschauung der homöopolaren chem. Bindung am nächsten. (C. R. hebd. Séances Acad. Sci. **239.** 644—46. 6/9. 1954.) K. FRENKLER. 182

Walter H. Bauer, Joseph Fisher, Frederick A. Scott und **Stephen E. Wiberley**, *Röntgenuntersuchungen von Aluminiumseifen.* Es werden Röntgendiagramme (Netzebenenabstände) für zwei Serien von Al-Seifen angegeben. Die erste Reihe besteht aus Al–Di-Seifen (Mol-Verhältnis Fettsäure:Al = 2:1) mit den folgenden unverzweigten Fettsäuren: *Capronsäure, Önanthsäure, Caprylsäure, Pelargonsäure, Caprinsäure, Laurinsäure, Myristinsäure, Palmitinsäure* u. *Stearinsäure.* Die zweite Reihe enthält Seifen, die aus Laurinsäure mit wechselndem Verhältnis Al:Fettsäure hergestellt wurden. In der ersten Reihe fällt vor allem das Vorhandensein von zweiten oder höheren Ordnungen eines großen Netzebenenabstandes auf, der direkt der Anzahl von C-Atomen in der KW-stoffkette proportional ist. Weiterhin erscheint ein diffuses Halo zwischen 4,2 u. 5,2 Å. Offensichtlich liegt die KW-stoffkette ebenso wie in den Fettsäurekristallen gestreckt vor. Bei der zweiten Reihe treten scharfe Beugungsdiagramme dann auf, wenn das Mol-Verhältnis Fettsäure: Al $>$ 2 ist. In diesem Fall enthalten die Diagramme Fettsäurelinien. Die Beugungsbilder von Seifen mit einem geringeren Fettsäuregeh. sind weniger scharf. (J. physic. Chem. **59.** 30—32. Jan. 1955. Troy, N. Y., Rensselaer Polytechnic Inst., Walker Labor.) W. KRÖNERT. 186

W. R. Klokman, A. A. Melnikowa und **N. I. Urjupina**, *Bestimmung des Kristallisationskoeffizienten des Radiums für den Fall seiner Verteilung zwischen der Schmelze und den Kristallen von Bariumchlorid und Bleichlorid.* In 9 Verss. mit dem Syst. $BaCl_2$–LiCl wurde im Temperaturintervall 710—522° der Kristallisationskoeff. (Zahl, die angibt, wieviel reicher oder ärmer die ausgeschiedenen Kristalle an der Mikrokomponente sind als die Restlsg.) von Ra bestimmt. Bei einer 7fachen Veränderung der Menge der festen Phase blieb der Koeff. mit 10,3 konstant. Beim Syst. $PbCl_2$–NaCl ergab sich im Temperaturbereich 490—440° ein Mittelwert von 0,85 (11 Verss.). Bei 2,5facher Erhöhung der Menge der festen Phase blieb der Kristallisationskoeff. konstant. In beiden Systemen findet danach keine Anreicherung der festen Phase mit Ra statt. Wurde die Ra-Konz. (in g Ra je 1 g Schmelze) zwischen $2{,}0 \cdot 10^{-9}$ u. $1{,}9 \cdot 10^{-2}$ variiert, so blieb der Kristallisationskoeff. annähernd konstant (Mittelwert 0,88). Dies beweist, daß das $RaCl_2$ aus der Schmelze als wasserfreies, dem $PbCl_2$ isomorphes Chlorid ausfällt u. sich ebenso verhält wie $BaCl_2$. (Известия Академии Наук СССР, Отделение Химических Наук [Nachr. Akad. Wiss. UdSSR, Abt. chem. Wiss.] **1954.** 953—57. Nov./Dez. Chlopin-Radium-Inst. der Akad. der Wiss. der UdSSR.) O. LEBTAG. 190

Ju. A. Krischtal, *Zur Frage der experimentellen Nachprüfung der Theorien des Kristallwachstums.* Mkr. Beobachtungen des Wachstums der Kristalle von *o-Chlornitrobenzol* ergaben, daß die für diesen Vorgang aufgestellten Formeln von STRANSKI u. KAISCHEW (Успехи Физических Наук [Fortschr. physik. Wiss.] **21.** [1939.] 4. 408) sowie (etwas besser sogar) von VOLMER u. MARDER (Z. physik. Chem., Abt. A **155.** [1931.] 466) die Geschwindigkeit des Wachstums wie auch einige andere in den Formeln vorkommenden Konstanten gut wiedergeben. (Доклады Академии Наук СССР [Ber. Akad. Wiss. UdSSR] [N. S.] **98.** 395—97. 21/9. 1954.) A. v. WILPERT. 190

Adelheid Kofler, *Über periodische Umlagerungen beim Kristallisieren und Schmelzen von Mischkristallen.* Bei der Mikrothermoanalyse erweist sich das Erstarren bzw. Schmelzen vieler Mischkristalle nicht als ein kontinuierlicher, sondern als ein in Stufen aufgeteilter Vorgang. Die period. Umlagerungen bei der Kristallisation werden folgendermaßen erklärt: Die einzelnen Kristallstufen wandeln sich in Ggw. geringster Schmelzmengen auf Grund der in dem fl. Medium zur Auswrkg. kommenden Löslichkeitsdifferenzen ineinander um, so daß die stabilen Stufen auf Kosten der unbeständigeren wachsen. Häufig wird auch Diffusion in der festen Phase beobachtet. In diesem Fall treten statt der Umlagerung an den Korngrenzen u. bereits vorhandenen Schmelzlöchern Leisten u. Säume hervor, die, bei ruckartigem Abschmelzen der Kristalle, zunächst übrigbleiben. Period. Umlagerungen u. Diffusionsvorgänge wirken im allg. beim Konzentrationsausgleich zusammen. Erstere stehen jedoch bei den Fällen von Mischkristallen mit großem Erstarrungsintervall im Vordergrund. (Z. Elektrochem., Ber. Bunsenges. physik. Chem. **59.** 939—41. Dez. 1955. Innsbruck.) W. KRÖNERT. 190

Horst Sackmann, *Isomorphiebeziehungen zwischen Tetrahalogeniden der IV. Gruppe.* 1. Mitt. *Die Erstarrungsgleichgewichte in binären Systemen von CCl_4 mit Tetrachloriden der IV. Gruppe.* Es werden die Zustandsdiagramme der bin. Systeme von *$SiCl_4$*, *$TiCl_4$*, *$SnCl_4$* u. *$PbCl_4$* mit CCl_4 nach der Meth. der therm. Analyse u. unter Heranziehung mkr. Beobachtungen untersucht. Der Vgl. der Erstarrungstypen ergibt beim Syst. CCl_4–$SiCl_4$ begrenzte Löslichkeit auf beiden Seiten, die in der Reihenfolge der Komponenten $SiCl_4$–$TiCl_4$–$SnCl_4$ abnimmt u. beim Syst. CCl_4–$PbCl_4$ nicht mehr zu beobachten ist. Auf Grund der bei CCl_4 bekannten u. bei den übrigen Chloriden als wahrscheinlich anzunehmenden Kristallstrukturen u. unter Heranziehung sonstiger Daten wird das Mischbarkeitsverh. diskutiert. (Z. Elektrochem., Ber. Bunsenges. physik. Chem. **59.** 880—91. Nov. 1955. Halle-Wittenberg, Martin-Luther-Univ., Inst. für Phys. Chem.) W. KRÖNERT. 190

A. Vidmajer, *Übermikroskopische Untersuchungen an sublimiertem Molybdäntrioxyd.* Vf. untersucht die Abhängigkeit der Sublimattracht von MoO_3 von den Sublimationsbedingungen u. den Ausgangsmaterialien. Im allg. entstehen bei der Abscheidung aus der Gasphase neben plättchen- oder stäbchenförmigen Kristallen auch kugelige Anteile. Nach techn. Verff. hergestellte MoO_3-Sublimate enthalten stets beide Formen nebeneinander. Einige bisherige Annahmen über die Ursache des Auftretens der beiden Sublimatformen, die nur für Sonderfälle die Bldg. der kugeligen Anteile erklären können, werden diskutiert. Sowohl plättchenförmige wie kugelige Sublimatanteile werden im Übermikroskop auf ihr Verh. bei elektron. Belastung untersucht. Aus den Verss. ergibt sich, daß die Kugeln als Agglomerate feinster Kriställchen aufzufassen sind. Eine theoret. Deutung der Kinetik des Sublimationsvorganges u. der Teilchenbldg. wird zur Diskussion gestellt. (Kolloid-Z. **130.** 69—83. Febr. 1953. Graz, TH, Forschungsstelle für Elektronenmikroskopie.) W. KRÖNERT. 190

Kenneth F. Stripp und **John G. Kirkwood,** *Gitterschwingungsspektrum von unvollkommenen Kristallen.* Es wurde mit Hilfe der Strömungstheorie der Einfl. von Gitterfehlern auf die n. Schwingungsarten von Kristallen untersucht, u. zwar wurden die

Rechnungen bis zu der zweiten Ordnung durchgeführt. Nach Best. des Einfl. von Gitterleerstellen auf die Schwingungsverteilungsfunktion wurde gefunden, daß durch ihren Einfl. auf die freie Energie der Gitterschwingungen ein Paar Leerstellen in einem Kristall sich gegenseitig anziehen, u. zwar mit einer Kraft, deren Potential sich asymptot. nach $1/R^6$ verringert. (J. chem. Physics **22.** 1579—86. Sept. 1954. New Haven, Conn., Yale Univ., Sterling Chem. Labor.) C. GOTTFRIED. 195

P. L. Walker jr., H. A. McKinstry und **C. C. Wright,** *Röntgenstrahlenuntersuchungen an graphitisiertem Kohlenstoff.* Mit der üblichen röntgenograph. Untersuchungsmeth. wurde die therm. Ausdehnung von künstlichen Proben bestimmt, die folgenden Tempp. u. Atmosphären ausgesetzt wurden: N_2 von —196 bis 1016°, Ar von 27 —1118°, O_2 von 27—474° u. CO_2 von 27—896°. Die Veränderung des Gitterabstandes erfolgt proportional mit der Temp. u. ist von der Atmosphäre unabhängig. Die Grenzwerte des Gitterparameters sind bei —196° 3,339 u. bei 1118° 3,465 Å. Unter Verwendung der experimentell erhaltenen Werte für den Abstand der Gitterebenen errechnet sich die Bindungsenergie des Graphits zu 4,0 kcal je Mol bei 15° u. 3,6 kcal je Mol bei 1118°. (Ind. Engng. Chem. **45.** 1711—15. Aug. 1953. State College, Pa., Pennsylvania State Coll.)
H. SCHÖBERL. 195

Gösta Wranglén, *Die Theorien der homöopolaren Kristalle von Bravais und Kossel-Stranski und ihre Anwendung auf Elemente.* Der Vgl. der Theorien von BRAVAIS u. KOSSEL-STRANSKI zeigt, daß für einfache Strukturen beide Theorien in guter Übereinstimmung sind. Fast vollständige Übereinstimmung besteht für die kub.-flächenzentrierten u. deformierten hexagonal dichtestgepackten Gitter. Auch mit den experimentellen Daten stehen die Theorien im Einklang, wie an Hand des Kristallhabitus u. der Struktur einer Anzahl häufiger Elemente, wie *Cu, Ag, Au, Pb, Pt, Fe, W, V, C, Si, Be, Ti, Mg, Zn, Cd, Se, Te, Sn* bewiesen wird. Die beste Übereinstimmung besteht für Metallstrukturen, obwohl diese nicht als streng homöopolar gelten können. Für kompliziertere Strukturen (*S* u. *J*) treten Abweichungen gegenüber der BRAVAISschen Theorie auf, während die KOSSEL-STRANSKIsche Theorie zu kompliziert wird. In einigen Fällen erhält Vf. mit Hilfe der KOSSEL-STRANSKIschen Theorie andere Ergebnisse als STRASKI u. Mitarbeiter. Der Grad der Übereinstimmung zwischen Theorie u. Experiment hängt wesentlich von den Kristallisationsbedingungen ab. Die besten Ergebnisse werden für Kristallisation aus der Dampfphase erhalten. Größere Abweichungen treten bei der elektrolyt. Abscheidung aus Komplexen oder Schmelzen auf, ohne daß dabei die Überlagerung des elektr. Feldes über die Gitterkräfte eine wesentliche Rolle spielt. (Acta chem. scand. **9.** 661—76. 1955. Stockholm, Royal Inst. of Techn., Div. of Appl. Electrochem.) W. KRÖNERT. 195

Jitsuo Terada, *Rhomboedrische Kristalle von Ba–Ca- und Sr–Ca-Doppelcarbonaten.* Doppelcarbonate von Ba–Ca u. Sr–Ca werden aus ihren wss. Nitratlsgg. mit Na_2CO_3 gefällt u. die erhaltenen kristallinen Ndd. röntgenograph. untersucht. Bei Zimmertemp. gefälltes (Ba, Ca)CO_3 ist im Bereich 20—55 Mol-% $BaCO_3$ als Mischkristall von $BaCO_3$ u. $CaCO_3$ aufzufassen. Das Röntgendiagramm ähnelt stark dem von Calcit. Entsprechende rhomboedr. Mischkristalle (Sr, Ca)CO_3 werden in Proben mit weniger als 40 Mol-% $SrCO_3$ beobachtet. (J. physic. Soc. Japan **7.** 432—34. Juli/Aug. 1952. Tokyo, Shibaura Electric Co., Kawasaki, Kanagawa-ken, Matsuda Res. Labor. [Orig.: engl.])
W. KRÖNERT. 195

Aldo Iandelli, *Über die Arsenide des Urans. 2. Mitt. Die Kristallstruktur von UAs_2 und UP_2.* (1. vgl. C. **1955.** 11172.) UAs_2 (**I**) zeigt bei der Röntgenunters. nach der Pulvermeth. die Gitterparameter a = 3,954 (Å), c = 8,116, c/a = 2,053, UP_2 (**II**) a = 3,800, c = 7,762, c/a = 2,043. Beide Verbb. enthalten 2 Mol in der Elementarzelle u. sind isomorph. Die Lage der Atome ist: 2 U in 0 0 0, ½ ½ z; 4 As (P) in ½ 0 w, 0 ½ w, ½ ½ v, 0 0 u; **I**: z = 0,440, w = 0,720, u = 0,355, v = 0,085; **II**: z = 0,440, w = 0,720, u = 0,356, v = 0,084; Strukturtyp C 38 mit Symmetrie D_{4h}^7. Die 2 U-Atome sind äquivalent mit 9 umgebenden Atomen, jedes As(P)-Atom ist von 8 gleichen Atomen umgeben, davon 4 tetraedr. angeordnet mit gleichen Abständen, 4 in der gleichen Ebene mit kleineren Abständen. In einer Tabelle werden die Gitterkonstanten der U-Arsenide u. -Phosphide zusammengestellt. (Atti Accad. naz. Lincei, Rend., Cl. Sci. fisiche, mat. natur. [8] **13.** 144—51. Sept./Okt. 1952.) R. K. MÜLLER. 195

M. J. Buerger und **Dean W. Robinson,** *Die Kristallstruktur und Verzwilligung von Co_2S_3.* Beim Zusammenschmelzen von 1 (Teil) Co, 6 K_2CO_3 u. 6 S bei 900° erhält man nach dem Auslaugen zwei Kristallfraktionen: Ein schwarzes Pulver der Zus. CoS_2 u. hexagonale Plättchen der angenäherten Zus. Co_2S_3 mit einer D. von 4,85. Der Vgl. der kristallograph. Daten von Co_2S_3 mit Linneit (Co_3S_4) zeigt, daß beide Substanzen kristallograph. ident. sind. Ebenso stimmen die Pulverdiagramme beider Substanzen sowie die Intensitäten von Präzessionsaufnahmen im wesentlichen überein. Co_2S_3 besitzt demnach Spinellstruktur mit einem Unterschuß an Co-Atomen entsprechend Z = 1 $Co_{21^1/_3}S_{32}$. Die Elementarzelle besitzt in der rhomboedr. Aufstellung eine Kantenlänge von 9,44 Å; die Raumgruppe ist $F4_1/d\,\bar{3}2/m$. 32 S-Atome liegen in 32 (e), während $21^1/_3$ Co statist. über die Punktlagen von 8(a) u. 16 (d) verteilt sind. Die Beziehung zwischen Co_2S_3 u. Co_3S_4 ist ähnlich wie zwischen Fe_2O_3 u. Fe_3O_4. Charakterist. für die Co_2S_3-Kristalle ist, daß keine Einkristalle, sondern nur verzwillingte Individuen auftreten. Auf diese Weise ist auch das Auftreten der hexagonalen Plättchen zu verstehen. (Proc. nat. Acad. Sci. USA **41**. 199—203. April 1955. Massachusetts Inst. of Technol., Crystallogr. Labor.) W. KRÖNERT. 195

E. N. Jelissejew, *Über die Zusammensetzung und Kristallstruktur von Pentlandit.* Bei der Analyse von *Pentlandit* (I) werden folgende Werte (%) gefunden: Fe 30,76—31,69, Ni 33,45—35,52, Co 1,09—2,92, S 31,89—32,73; D. 4,500—4,638. Daraus wird auf folgende Formel des **I** geschlossen: $Fe_4^{IV}Ni_4^{IV}$ (Co, Ni, Fe)$_{0-1}^{VI}S_8$. Die Röntgenunters. bestätigt das konstante Verhältnis u. die symm. Lage der Fe- u. Ni-Ionen. Es wird eine schemat. Darst. der Kristallzelle in PAULING-Tetraedern u. im Kugelmodell gegeben, wobei im Zentrum der Kristallstruktur ein Metallion mit 6zähliger Koordination angenommen wird. (Записки Всесоюзного Минералогического Общества [Schr. Allunions mineralog. Ges.] [2] **84**. 53—62. 1955. Kola-Kirow-Zweigstelle der Akad. der Wiss. der UdSSR.) R. K. MÜLLER. 195

J. Kramer, *Untersuchungen an Metalloberflächen mit Exo- und Photoelektronen.* Exoelektronenemission tritt auf, wenn in der Oberfläche selbst durch einen exothermen Prozeß Energie frei wird. Diese Energie kann ausreichend sein, Elektronen zur Emission zu bringen. Solche Elektronenemission wurde z. B. an durch Kathodenzerstäubung erzeugten Metallschichten, bei mechan. Bearbeitung u. plast. Umformung beobachtet. So kann man z. B. erfolgte plast. Umformung durch das Auftreten von Exoelektronen nachweisen. Angezeigt werden diese durch Spitzenzähler. An Hand von Diagrammen wird gezeigt, wie sich mechan. Eingriffe in die Metalloberfläche auf die Exoelektronenemission auswirken. Die Emission klingt mit der Zeit vollständig wieder ab. — 13 Literaturstellen. (Metalloberfläche, Ausg. A **9**. 1—6. Jan. 28—31. Febr. 1955. Braunschweig.) F. MARKHOFF. 196

Earl A. Gulbransen, William R. McMillan und **Kenneth F. Andrew,** *Elektronenoptische Untersuchung der Oxydation von sehr reinem Eisen bei niedrigen Sauerstoffdrucken.* Ausgeglühtes u. elektrolyt. poliertes reines *Fe* wurde bei Tempp. zwischen 650 u. 850° bei O_2-Drücken von 0,1—2 μ Hg oxydiert. Elektronenopt. Unterss. zeigten, daß die Oxydation diskontinuierlich auf der Oberfläche auftritt u. sich kristallograph. mit dem Untergrundgefüge der Eisenkörner orientiert. (J. Metals **6**. Nr. 9 Sect. 2. 1027—35. Sept. 1954.) H. HOCHSTEIN. 196

André Roos, *Atomchemie und Metallurgie.* Übersichtsbericht. Besprochen werden die HUME-ROTHERYsche Regel u. andere Regeln in ihrer Anwendung auf Legierungen, Bindung der Metallatome u. deren Einfl. auf Dehn- u. Schmiedbarkeit, Alterung der Stähle, Art der Bindung in Metallcarbiden u. -boriden. (Chim. et Ind. **70**. 666—71. Okt. 1953.) K. STEINER. 197

Kai-chia Cheng, *Die Kohäsionsenergien von Metallen.* 1. Mitt. *Eine allgemeine Formulierung.* Theoret. Abhandlung. (Science Rec. [Shanghai] **4**. 223—36. Sept. 1951. Academia Sinica, Chekiang Univ. and Inst. of Modern Phys. [Orig.: engl.]) C. GOTTFRIED. 197

Paul A. Beck, *Über die Rekristallisation von Metallen.* Durch Schrifttumsauswertung wird gefolgert, daß die mkr. beobachtete Rekristallisation ein Vorgang ist, der grundsätzlich mit einer Art von Kornwachstum (Vergröberung, diskontinuierliches Kornwachstum oder sek. Rekristallisation) verwandt ist u. in einer im wesentlichen spannungsfreien Grundmasse mit einer strengen Einzelorientierungstextur auftritt. Körner mit einer stark von der Grundmasse abweichenden Orientierung wachsen viel stärker als die Grundmassenkörner. Der Vorgang für eine vollständige Erweichung, für ein Unterkornwachstum, ähnelt jedoch einem kontinuierlichen oder stufenweisen Kornwachstum, bei dem sich die Art der Korngrößenverteilung u. die bevorzugte Orientierung nicht wesentlich ändern. Bei beiden Vorgängen nimmt sowohl die gesamte Grenzschichtfläche als auch die Grenzschichtenergie je Raumeinheit ab. (J. Metals **4**. 979—80. Sept. 1952. Urbana, Ill., Univ. of Illinois.) H. HOCHSTEIN. 197

J. Friedel, *Elektronenstruktur von primären festen Lösungen in Metallen.* Zusammenfassender Bericht. — 117 Literaturzitate. (Advances in Physics **3**. 446—507. Okt. 1954. Paris, École des Mines, Centre de Rech. Metallurg.) C. GOTTFRIED. 197

P. G. Shewmon und **F. N. Rhines,** *Geschwindigkeit der Selbstdiffusion in polylkristallinem Magnesium.* Die Best. des Selbstdiffusionskoeff. von Mg wurde unter Verwendung des radioakt. Isotops ^{28}Mg, das eine Halbwertszeit von 21,3 Std. besitzt, durchgeführt. Hierbei wurde ^{28}Mg aus der Dampfphase auf die Oberfläche von sehr reinem Mg mit 0,004(%) Al, 0,027 Fe, 0,04 Mn, 0,0004 Cu, 0,0002 N, unter 0,01 Ca, 0,0004 Pb, 0,0011 Si, 0,001 Sn u. 0,001 Zn niedergeschlagen. Das Fortschreiten der Diffusion der spurlegenden Atome in das polykristalline Mg wurde durch eingearbeitete Schichtlinien sowie durch Messung der Strahlungsintensitätsänderung als Funktion des Abstandes jeder Schicht von der Oberfläche ermittelt. Aus den erhaltenen Werten wurde eine Berechnungsformel abgeleitet, u. die gefundenen Werte wurden tabellenmäßig zusammengestellt. (J. Metals **6.** Sect. 2. 1021—25. Sept. 1954. Pittsburgh, Pa., Carnegie Inst. of Technol.)

H. HOCHSTEIN. 197

A. A. Hendrickson und **E. S. Machlin,** *Das Selbstdiffusionsvermögen längs einzelner Stufenversetzungslinien in Silber.* Mittels eines neu entwickelten Diffusionsverf. der Oberflächenansammlung wurde das Selbstdiffusionsvermögen von einzelnen Stufenversetzungslinien (BURGERS-Vektor entlang $< 1\,1\,0 >$) in einem gebogenen u. polygonisierten Ag-Einkristall gemessen. Hierbei wurden zwei Faktoren eingeführt, um einen Zahlenwert für das Diffusionsvermögen zu erhalten. Der eine Faktor, die Versetzungsliniendichte, wurde mit einem mkr. Verf. gemessen. Der Wert des anderen Parameters, der effektive Durchmesser einer Versetzungsröhre, wurde abgeschätzt. Auf Grund dieser Parameter mit $7{,}3 \cdot 10^6$ Versetzungen/cm^2 wurde festgestellt, daß das Selbstdiffusionsvermögen entlang Stufenversetzungslinien in der Größenordnung des doppelten mittleren Korngrenzendiffusionsvermögens liegt. Das Diffusionsvermögen der Versetzungsröhren ist ca. $7 \cdot 10^{-7}$ cm^2/sec bei 450°. (J. Metals **6.** Nr. 9. Sect. 2. 1035—37. Sept. 1954. New York, N. Y., Columbia Univ.)

H. HOCHSTEIN. 197

Theo Heumann und **Paul Lohmann,** *Über die Diffusion in der β-Phase des Systems Silber–Zink.* Es werden die gemeinsamen Diffusionskoeffizienten (D) für die β-Phase im Syst. Ag–Zn nach MATANO (Jap. J. Physics **8.** [1933.] 109) sowie die partiellen für *Ag* u. *Zn* aus der Wanderung der Schweißebene u. dem Massefluß bei 400, 470 u. 610° ermittelt. Unter Verwendung von ^{110}Ag wird ferner der Koeff. der Selbstdiffusion (D*) für die gleichen Tempp. bestimmt. Die über zwei heterogene Gebiete ($\alpha + \beta$) u. ($\beta + \gamma$) sich erstreckende Diffusion, der zufolge die β-Phase gebildet wird, ist beim Gesamtablauf der Vorgänge geschwindigkeitsbestimmend. Die ermittelten Phasengrenzkonzz. stimmen mit den Gleichgewichtskonzz. im Zustandsdiagramm überein. D nimmt innerhalb des Homogenitätsbereiches der β-Phase von der Ag-Seite zur Zn-Seite stark zu. Im Bereich der Schweißebene (ca. 50 At.-% Zn) gilt $D = 16{,}4 \cdot 10^{-3} \exp(-16500/RT) \cdot cm^2 \cdot sec^{-1}$. Die Berechnung der partiellen Diffusionskoeffizienten für Ag u. Zn ergibt, daß die Beweglichkeit der Zn-Atome in der β-Phase ca. 3—4mal größer ist als die der Ag-Atome. Es werden Gleichungen abgeleitet, die einen Zusammenhang zwischen den von den c–x-Kurven eingeschlossenen Flächen u. der Wanderung der Schweißebene herstellen. Unter Einführung der verschärfenden Bedingung, daß die Gesamtzahl der Grammatome/cm^3 im ganzen Diffusionsbereich konstant sein soll, ergibt sich die Identität mit den Formeln von DARKEN (Trans. Amer. Inst. Mining. metallurg. Engr. **175.** [1948.] 184). Für den Koeff. der Selbstdiffusion des Ag bei 47,6 At.-% gilt $D^*_{Ag} = 4{,}55 \cdot 10^{-3} \cdot \exp(-17600/RT)$ $cm^2 \cdot sec^{-1}$. Bemerkenswert ist die ungewöhnlich hohe Beweglichkeit, welche in der niedrigen Aktivierungsenergie ihren Ausdruck findet. (Z. Elektrochem., Ber. Bunsenges. physik. Chem. **59.** 849—60. Nov. 1955. Münster, Univ., Inst. für Phys. Chem.)

W. KRÖNERT. 197

R. W. Balluffi und **B. H. Alexander,** *Dimensionsänderungen in Richtung der Normalen zur Diffusionsrichtung.* Vff. untersuchen am Beispiel der Diffusion von Ag in Au, inwieweit Änderungen der geometr. Abmessungen in der Diffusionsrichtung bzw. in der Normalen dazu auftreten. Unter besonderen Vorsichtsmaßnahmen wurde Ag aus der Dampfphase in dünne Au-Plättchen oder -Drähte eindiffundieren gelassen. Es wird gefunden, daß sich hierbei die Abmessungen der Plättchen oder Drähte in allen Richtungen vergrößern (z. B. um 15%), u. es wird eine Erklärung hierfür gegeben unter Zugrundelegung von Entstehung u. Wanderung von Gitterleerstellen u. Zwischengitterplätzen. (J. appl. Physics **23.** 953—56. Sept. 1952. Bayside, N. Y., Sylvania Electric Prod., Inc., Atomic Energy Div.)

H. RUFFLER. 197

Donald E. Thomas und **C. Ernest Birchenall,** *Die Konzentrationsabhängigkeit der Diffusionskoeffizienten in metallischen festen Lösungen.* Die Diffusionskoeffizienten im Syst. *Cu–Pd* u. Cu–*Ni* wurden in ihrer Abhängigkeit von der Temp. u. der Konz. bestimmt. Im Cu–Pd-Syst. besteht eine schwache Konzentrationsabhängigkeit bei sehr niedriger u. bei sehr hoher Konz., bei mittlerer Konz. dagegen eine starke Abhängigkeit. Der Diffusionskoeff. nähert sich bei verd. Pd-Lsgg. dem Wert der Selbstdiffusion von Cu. Im Cu-Ni-Syst. besteht eine starke Konzentrationsabhängigkeit in verhältnismäßig dünnen

Ni-Lösungen. Individuelle Diffusionskoeffizienten konnten für Cu u. Ni unter Verwendung von Markierungen bei Cu–Ni mit 89,9 At.-% Cu festgestellt werden. Der Cu-Koeff. war bei Tempp. von 923—1049° 30% größer als der von Ni. Die Abweichung des Diffusionskoeff. bei einer Lsg. von dem Selbstdiffusionskoeff. des lösenden Metalls ist im allg. größer, je größer die F.-Erniedrigung ist. (J. Metals **4**. 867—73. Aug. 1952. Pittsburgh, Pa., Carnegie Inst. of Technol.) F. Vier. 197

A. Münster und **K. Sagel**, *Über den kritischen Punkt im festen Zustand des Systems Aluminium–Zink*. Vff. geben eine kurze Übersicht über einige neuere theoret. u. experimentelle Ergebnisse zum Problem der krit. Phasen. Anschließend wird über Leitfähigkeitsmessungen in der Umgebung des krit. Punktes im Syst. Al–Zn berichtet. Es ergibt sich in Übereinstimmung mit der Theorie der festen Lsgg. kein Anhaltspunkt dafür, daß die älteren Anschauungen über den krit. Punkt zu modifizieren wären. Es erscheint nicht ausgeschlossen, daß in dieser Hinsicht ein grundsätzlicher Unterschied zwischen festen u. fl. Lsgg. besteht. (Z. Elektrochem., Ber. Bunsenges. physik. Chem. **59**. 946—51. Dez. 1955. Frankfurt/M., Metall-Labor. der Metallgesellschaft AG.) W. Krönert. 197

W. M. Bereshiani, *Über den Mechanismus der künstlichen Alterung von Aluminiumlegierungen*. Untersucht wurden dünne Probeplättchen aus einer *Al–Cu-Legierung* (3,86% Cu) bzw. 2 *Al–Cu–Mg-Legierungen* (3,74% Cu u. 0,82% Mg, bzw. 3,90% Cu u. 1,74% Mg), nach einer Glühbehandlung von 18 Sek. bzw. 10 Min. Dauer im Temperaturbereich 130—300°, im in W. gehärteten u. gealterten Zustand. Die auf Grund von Härtebestimmungen aufgestellten, den Alterungsverlauf kennzeichnenden Härte–Temperatur-Diagramme werden wie folgt gedeutet: Im Temperaturbereich 130—190° Ausscheiden aus der festen Lsg. der prim. Zerfallsprodd., ein mit einem schroffen Härteabfall Hand in Hand gehender Vorgang; beim Erwärmen auf höhere Tempp. (190—300°) Wiederinlösunggehen der metastabilen Phasen u. anschließend erneut Zerfall der übersättigten festen Lsg.; letzterer Vorgang ist mit einer Härtesteigerung bis zum Härtemaximum bei ca. 250° verbunden. Der Faktor Zeit wirkt sich im Sinne einer Verschiebung der Umwandlungen zu tieferen Tempp. aus. Eine Änderung der Periode des Kristallgitters konnte röntgenograph. nicht festgestellt werden. (Доклады Академии Наук СССР [Ber. Akad. Wiss. UdSSR] [N. S.] **98**. 773—75. 11/10. 1954.) V. Ehmcke. 197

T. Yanagihara und **K. Itoh**, *Grundlegende Untersuchung der primären Kristallisation*. 1. Mitt. *Vorläufige Berichte über die Untersuchung der primären Kristallisation der Legierung Sn–Bi*. Messung der Beziehung zwischen Auslaufzeit u. Dauer konstanter Temp. beim Abkühlen einer Schmelze der Legierung Sn–Bi (90% Bi) mit einer Abkühlgeschwindigkeit von 3,5°/Min. von 300° bis zur Meßtemperatur. Fast die gesamte prim. Kristallisation erfolgt nach ca. 10 Min. Tempern; daran schließt sich das Kristallwachstum an; nach ca. 30 Min. ist der Gleichgewichtszustand erreicht. Bei kleinen Kühlgeschwindigkeiten (0,5°/Min.) entspricht offenbar die prim. Kristallisation dem Gleichgewichtszustand. (Nippon Kinzoku Gakkai-Si [J. Japan. Inst. Metals] **16**. 272—74. Mai 1952. [Orig.: japan., Auszug: engl.]) H. C. Wolf. 197

Walter L. Finlay, *Vorschlag von Phasenbezeichnungen für titanreiche Legierungen*. Für die Ti-reichen Legierungen werden neue Bezeichnungen an Hand der zugehörigen Zustandsdiagramme für die einzelnen Phasen vorgeschlagen. (Mod. Metals **8**. Nr. 3. 69—72. April 1952. Midland, Pa., Rem-Cru Titanium, Inc.) W. Wesly. 197

M. Hansen, E. L. Kamen, H. D. Kessler und **D. J. McPherson**, *Die Systeme Titan–Molybdän und Titan–Niob*. Die stark reaktionsfähigen Legierungen Ti–Mo u. Ti–Nb werden hergestellt u. unter Schutzmaßnahmen wärmebehandelt. Auf Grund von mkr. Unterss. u. von Röntgenbeugungsanalysen werden Phasenzustandsschaubilder aufgestellt. β-Ti bildet eine ununterbrochene Reihe fester Lsgg. sowohl mit Mo als auch mit Nb, während diese Metalle in der α-Ti-Modifikation nur wenig lösl. sind. (J. Metals **3**. 881—88. Okt. 1951. **4**. 516. Mai 1952. Chicago, Illinois Inst. of Technology.) H. Hochstein. 197

Sheldon Rideout, W. D. Manly, E. L. Kamen, B. S. Lement und **Paul A. Beck**, *Zwischenphasen in ternären Legierungssystemen von Übergangselementen*. Durchgeführt werden mkr. u. röntgenograph. Unterss. von Schnitten bei 1200° durch die Zustandsschaubilder Cr–Co–Ni, Cr–Co–Fe, Cr–Co–Mo u. Cr–Ni–Mo. Hierbei zeigt sich, daß in den Cr–Co–Ni- u. Cr–Co–Fe-Schaubildern die Cr–Co σ-Phase ausgedehnte, sich tief in die tern. Systeme hineinziehende Gebiete fester Lsgg. bildet. Die Ausdehnung dieser Gebiete legt die Annahme nahe, daß in diesen Systemen Ni bzw. Fe teilweise Co bei der Bldg. der σ-Phase ersetzen können. Bei 800° erstreckt sich das Feld der festen σ-Lsg. von der Cr–Co σ-Phase bis zu der Cr–Fe σ-Phase quer durch das tern. Cr–Co–Fe-Zustandsschaubild, so daß hier Fe u. Co sich vollständig einander ersetzen. Im Cr–Co–Mo-Syst. bildet bei 1200° die Cr–Co σ-Phase ein ausgedehntes Gebiet von tern. festen Lsgg., wobei anzunehmen ist, daß Mo in der Lage ist, Cr bei der Bldg. der σ-Phase teilweise zu ersetzen. Im Cr–Ni–Mo-Syst., in welchem das Auftreten einer bin. σ-Phase unbekannt ist, bilden bei 1200° feste σ-Lsgg. eine tern. Phase, in welcher Cr u. Mo sich teilweise ersetzen können. Im Cr–Co–Mo-Syst. wurde eine neue tern. Phase R in einem kleinen Konzentrationsgebiet zwischen der σ- u. μ-Phase gefunden. Im Cr–Ni–Mo-Syst. lag eine andere neue tern. Phase P zwischen der σ- u. der δ-Phase. Die Röntgenbeugungslinie von R ist von der von P verschieden, u. beide Linien unterscheiden sich von allen bekannten Phasen in Legierungen von Übergangselementen. — 13 Schrifttumsstellen. Diskussion. (J. Metals **3.** 872–76. Okt. 1951. **4.** 522–23. Mai 1952. Oak Ridge, Tenn., National Labor.; Cambridge, Mass., MIT, u. Notre Dame, Ind., Univ.) H. HOCHSTEIN. 197

David S. Bloom und **Nicholas J. Grant,** *Das Chrom–Nickel-Zustandsschaubild.* Im Cr findet etwa bei 1830° eine Umwandlung statt, die versuchsweise als eine Änderung aus dem raumzentrierten kub. in das flächenzentrierte kub. Gefüge gedeutet wird. Der Ni-Zusatz erniedrigt die Umwandlungstemp., bis etwa bei 65% Cr u. 35% Ni eine eutektoide Temp. von ca. 1180° auftritt. In Legierungen, die annähernd die eutektoide Zus. haben u. von Tempp. oberhalb der eutektoiden Temp. abgeschreckt sind, ist die Erzeugung einer raumzentrierten tetragonalen metastabilen Struktur möglich. (J. Metals **3.** 1009 bis 1014. Nov. 1951. **4.** 523–24. Mai 1952. Cambridge, Mass., MIT.) H. HOCHSTEIN. 197

J. E. Reynolds jr. und **M. B. Bever,** *Über die Umkehrung der durch Spannung veranlaßten martensitischen Umwandlung im Kupfer–Zink-System.* Es wird festgestellt, daß Martensit, der in einem metastabilen β-Messing bei Raumtemp. durch Reckspannung verursacht wurde, mit einer beträchtlichen Hysterese mechan. reversibel ist, u. daß elast. Spannungen bei dieser Umkehrung wirksam sind. (J. Metals **4.** 1065–66. Okt. 1952. Cambridge, Mass., MIT.) H. HOCHSTEIN. 197

B. N. Finkelstein und **A. I. Jamschtschikowa,** *Einfluß von Aluminium auf die Größe der zwischenatomaren Bindungen des Silbers.* Theoret. Überlegungen lassen vermuten, daß zwischen der Valenz der Legierungskomponenten u. den zwischenatomaren Bindekräften in Metallegierungen bestimmte Beziehungen bestehen. Von besonderem Interesse war die experimentelle Überprüfung im Syst. Ag–Al, deren Atomvolumina von der gleichen Größenordnung sind, wodurch sich der Einfl. des „geometr. Faktors" auf die zwischenatomaren Bindungen ausschließt. Vff. bestimmten an einer Reihe von Ag–Al-Legierungen die Aktivierungsenergie für Selbstdiffusion des Ag in Abhängigkeit von der Al-Konz. (im Bereich der festen Lsg. der α- bzw. δ-Phasen) bei Tempp. von 490–860°. Die errechneten Werte nehmen mit steigendem Al-Geh. der Legierungen ab. Eine weitere Bestätigung liefern die Ergebnisse der Bestimmungen des Schubmoduls bei Tempp. bis zu 700°, der mit zunehmender Al-Konz. zu niederen Werten abfällt. (Доклады Академии Наук СССР [Ber. Akad. Wiss. UdSSR] [N. S.] **98.** 781–82. 11/10. 1954.) V. EHMCKE. 197

Donald R. Mash und **Lewis D. Hall,** *Unelastisches Verhalten von Drähten aus reinem Gold.* Das unelast. Verh. der Korngrenzen in reinstem Au (99,9998% mit 0,0002 Ag) wurde an Drähten durch Best. der Temperaturabhängigkeit des Moduls der inneren Reibung u. Abscherung bei Torsionsvibration mit Frequenzen der Größenordnung von 1 Hz untersucht. Zum Vgl. wurden Verss. mit Au einer Reinheit von 99,98% vorgenommen. Nach Wärmebehandlung bei Tempp. zwischen 1200 u. 1600° F (635 u. 760° C) zeigten die Kurven der inneren Reibung in Abhängigkeit von der Temp. für polykristallines reinstes Au 2 deutliche Spitzen bei 460° F (235° C) u. bei 760° F (400° C) mit Aktivierungsenergien von 34500 bzw. 58000 cal/mol. Dieser Effekt ist bisher bei keinem Material beschrieben worden. Nach Wärmebehandlung bei anderen Tempp. als den obengenannten tritt nur eine Spitze auf. Handelsüblich reines Au zeigt in allen Fällen nur eine Spitze. Spuren von Verunreinigungen haben einen starken Einfl. auf die Form der Kurve, u. mit ihrer Zunahme gehen die beiden Spitzen allmählich in eine einzige über. (J. Metals **5.** 937–42. Juli 1953. Stanford, Calif., Stanford University.) F. VIER. 200

O. H. Wyatt, *Das Kriechen bei reinen Metallen.* Kriechverss. an Drähten aus Cu, Al u. Cd wurden bei Tempp. von −196° bis +170° durchgeführt. Bei niedrigen Tempp. u. Belastungen ist die Reckung vorwiegend proportional dem Logarithmus der Zeit. Für hohe Tempp. u. Belastungen gilt eine andere Abhängigkeit, im Übergangsgebiet eine Mischung aus beiden. (Proc. physic. Soc., Sect. B **66.** 459–80. 1/6. 1953. Cambridge, Cavendish Labor.) W. DEUTSCH. 200

A. J. Kennedy, *Kriechen von Kupfer unter Druckimpulsen.* Unter Fortsetzung einer früheren (vgl. Proc. Roy. Soc. [London] Ser. A **213.** [1952.] 492) allg. Behandlung des Kriechproblems bei aussetzenden Belastungen u. seiner Anwendung auf Pb berichtet Vf. über gleichlaufende Unterss. an Cu. Der zu untersuchende Cu-Draht wurde vor den Kriechverss. 17 Std. im Ofen angelassen. Es wurde gefunden, daß der Charakter des Kriechens bei 258° u. einer Belastung von 730 $kg \cdot cm^{-2}$ stark von der vorhergegangenen

Anlaßzeit abhing, u. zwar nahm die augenblickliche Ausdehnung zu u. die Kriechgeschwindigkeit zu irgendeiner gewählten Zeit mit Zunahme der Anlaßzeit ab. Der Anteil n des Materials, welches sich während der Periode der Nichtbelastung zu seinen ursprünglichen vorübergehenden Fließeigg. erholte, genügt der Beziehung $1/n = 1 + A(\tau/R)^{1/3}$, wo τ die Zeit der Belastung, R die Erholungszeit auf Werte, welche kleiner als ein krit. Wert R_c, u. A eine Materialkonstante bedeuten. Für Cu wurden unter den gewählten experimentellen Bedingungen genaue kub. Kriechparabeln erhalten, u. zwar mit einer augenblicklichen Spannungserholung bei Nichtbelastung von ca. 0,35 mm, welcher eine vernachlässigbare Kriecherholung folgte. Das Verhältnis der Kriechspannung unter einem regelmäßig aussetzenden Belastungssyst. zu der unter gleicher kontinuierlicher Belastung bei gleicher Versuchsdauer kann durch die Gleichung $\varkappa = [2{,}845\,n\ (1-1/m^{13}) + 1]r^{1/3}$ wiedergegeben werden, wenn die vorübergehende Kriechfunktion eine kub. ist; m ist die Anzahl der Belastungscyclen u. r das Verhältnis $\tau/(\tau + R)$. (Nature [London] **171.** 927—28. 23/5. 1953. London, Royal Inst., Davy Faraday Labor.) C. GOTTFRIED. 200

Ryukiti Robert Hasiguti und **Tadamasa Hirai,** *Innere Reibung von kaltbearbeiteten Kupfer-Einkristallen.* Cu-Einkristalle, 2 Tage bei 800° geglüht, haben eine innere Reibung von $2 \cdot 10^{-5}$ bis $2 \cdot 10^{-4}$. Sie wächst mit wachsendem Grad der Kaltbearbeitung zwischen 0,5 u. 0,2 Schubspannung schnell zu einem Höchstwert an, um dann schnell auf einen konstanten Wert, oberhalb des ursprünglichen, zu sinken. — Diskussion der Meßergebnisse. (J. appl. Physics **22.** 1084—85. Aug. 1951. Tokyo, Japan, Univ. of Tokyo, Dep. of Metallurgy, Fac. of Engng.) M. BLUTH. 200

F. D. Rosi, *Spannungs–Dehnungs-Charakteristik und Gleitlinienbildung in Metallkristallen. Einfluß der Kristallorientierung.* Die plast. Eigg. von gestreckten *Ag-* u. *Cu*-Kristallen von unterschiedlichem Reinheitsgrad wurde in Abhängigkeit von der Kristallorientierung in den Frühstadien des Fließens untersucht. Unterschiede in der Gesamtform des Schubbeanspruchungs-Schubschaubildes u. in den Eigg. der krit. Schubbeanspruchung wurden mit Änderungen in der Gleitlinienentw. erklärt. Das Auftreten von Kalthärtung wird auf Grund der bestehenden Dislokationstheorie besprochen. (J. Metals **6.** Nr. 9. Sect. 2. 1009—20. Sept. 1954. Princeton, N. J., David Sarnoff Research Center.) H. HOCHSTEIN. 200

A. P. Green, *Einige Gesichtspunkte der theoretischen Plastizität.* Übersicht über die Theorie der Plastizität von Metallen, erläutert an einigen prakt. Beispielen. — 14 Literaturangaben. (Metal Treatment Drop Forging **20.** 534—40. Nov. 1953.) W. WESLY. 200

Je. M. Ssawitzki, *Über die Plastizität einiger spröder metallischer Stoffe.* Am Beispiel von *Mn* wird gezeigt, daß das Kristallgitter polymorpher Metalle beim Übergang durch Erwärmen in andere Modifikationen von einer komplizierteren Form in eine einfachere übergeht. So ist α-Mn mit seinen 58 Atomen im Gitter spröde u. brüchig, während γ-Mn (1090—1246°) mit 4 Atomen im Gitter plast. ist. Das Kristallgitter des γ-Mn hat mehr Gleitflächen als das Gitter von α-Mn, daher ist es plastisch. Das gleiche gilt für alle polymorphen Metalle, auch für Legierungen u. Metallverbindungen. (Природа [Natur] **44.** Nr. 7. 60—64. Juli 1955.) J. v. SCHROEDER. 200

H. L. Wain und **F. Henderson,** *Sprödigkeit von Chrom bei Raumtemperatur.* Elektrolyt. gewonnenes Cr, bei 800—900° zu dünnen Bändern geschmiedet, gezogen u. gewalzt, erwies sich im Faltvers. z. T. als ganz spröde. Als Ursache wurden Verunreinigungen der Oberfläche durch die beim Walzen verwendete Umhüllung aus weichem Stahl festgestellt. Nach chem. Ablösung der Oberflächenschicht waren die Bänder bildsam. (Proc. physic. Soc., Sect. B **66.** 515—17. 1/6. 1953. Melbourne, Aeronautical Res. Labor.) W. DEUTSCH. 200

N. N. Dawidenkow, A. N. Stawrogin und **N. A. Petrowa,** *Festigkeitskriterien bei Sprödzerstörung.* Bericht über Festigkeitsverss. mit Proben in Form von dünnwandigen zylindr. Röhrchen aus *Glas, Gips* u. sprödbrüchigem *P-* bzw. *Gi-Stahl* (nichtgenannter Zus.), die durch hydrostat. Druck u. axialen Zug bzw. Druck, in verschied. Verhältnis zueinander, in einen mehraxialen Spannungszustand bis zum Bruch versetzt wurden. Es wird festgestellt, daß das Auftreten von Sprödbruch gesetzmäßig „der ersten Festigkeitshypothese (der größten n. Spannungen), zum Unterschied zur zweiten Hypothese (der größten Längenänderungen)" unterworfen ist. (Доклады Академии Наук СССР [Ber. Akad. Wiss. UdSSR] [N. S.] **99.** 73—75. 1/11. 1954.) V. EHMCKE. 200

A₇. Gleichgewichte. Kinetik.

George W. Watt und **William R. McBride,** *Ammoniakate von Ammoniumhalogeniden.* Unter Verwendung einer Quarzschraubenwaage nach BAIN u. BAHR (J. Amer. chem. Soc. **48.** [1926.] 690) bestimmen Vff. die Druckzusammensetzungsisothermen bei —35° des bin. Syst. vom Typ NH_4X-NH_3, wo X = *F, Cl, Br* u. *J* ist. Die Zus. der Gleichgewichtsphasen ist in einer Tabelle zusammengestellt. Es zeigt sich, daß einige bereits früher erwähnte Ammoniakate bestätigt werden konnten. — Die mögliche Existenz anderer Ammoniakate wird diskutiert. (J. Amer. chem. Soc. **77.** 1317—20. 5/3. 1955. Austin, Tex., Univ. of Texas, Dep. of Chem.) H. SURAWSKI. 223

T. D. O'Brien und **R. C. Toole,** *Rotationsdispersion einiger Metall–Amin-Komplexe.* Es wird die Rotation verschied. Metallaminkomplexe in Abhängigkeit von der Lichtwellenlänge gemessen u. die erhaltenen Ergebnisse graph. dargestellt. Es handelt sich dabei um folgende Verbb.: *Propylendiamin* (pn); l-$pn \cdot 2HCl$; l-$pn \cdot 2\,HNO_3$; l-$pn \cdot HCl$; l-$pn \cdot HNO_3$; $[Ag(l\text{-}pn)_{1,56}]NO_3$; $[Pt(l\text{-}pn)(NH_3)_2]Cl_2$; $[Cd(l\text{-}pn)_{1,57}](NO_3)_2$; $[Zn(l\text{-}pn)_{1,95}]Cl_2$; $[Cd \cdot (l\text{-}pn)_{2-3}](NO_3)_2$; $[Zn(l\text{-}pn)_{2-3}]Cl_2$ u. $[Pt(l\text{-}pn)_3]Br_4$. Hierbei bedeutet: l = linksdrehend. Der Vgl. der gemessenen u. der aus der Literatur entnommenen Rotationsdispersionskurven der verschied. Diamine ergibt für alle einen gemeinsamen Abschnitt auf der Abszisse, der einer opt.-akt. Absorptionsbande bei 1380 Å entspricht. Die akt. pn-Komplexe mit *Zn*, *Cd*, *Ag* u. *Pt* zeigen ein konstantes Dispersionsverhältnis ($\alpha_{4705}/\alpha_{5880}$ = 1,74—1,75), wenn das Verhältnis von Base zu Metallion kleiner als 2 ist. Ist dagegen das Verhältnis größer als 2, so beträgt $\alpha_{4705}/\alpha_{5880}$ = 1,85. Andere Amine zeigen ein ähnliches Verhalten. Vff. gelangen zu der Schlußfolgerung, daß das Dispersionsvermögen von der Beschaffenheit des Zentralatoms u. von der des akt. Diamins unabhängig ist, dagegen aber von der Bildungsfunktion $\bar{n}$ abhängt. Das Dispersionsverhältnis für einen Komplex, dessen opt. Aktivität durch einen opt.-akt. Liganden bedingt wird, unterscheidet sich vollkommen von dem entsprechenden Verhältnis eines gelösten akt. Metallkomplexes. Dies zeigt, daß die Ursache der opt. Aktivität verschied. ist. (J. Amer. chem. Soc. **77.** 1368—71. 5/3. 1955. Minneapolis, Minn., Univ. of Minnesota, School of Chem.) H. SURAWSKI. 223

H. Irving, F. J. C. Rossotti und **R. J. P. Williams,** *Eine allgemeine Behandlung der Lösungsmittelextraktion anorganischer Verbindungen.* 1. Mitt. Durch Kombination des Prinzips der Stufengleichgewichte mit der NERNSTschen Verteilungsisotherme kann eine umfassende Behandlung der Verteilungsgleichgewichte in anorgan. Systemen durchgeführt werden. Eine allg. Gleichung für die Zus. jeder Phase wurde erhalten. Durch partielle Differentation dieser Gleichung nach der Konz. kann der relative Assoziationsgrad zwischen Metallionen u. H^+ bzw. Ligandionen bestimmt werden. Die Anwendungen für die Ermittlung von Verteilungskoeffizienten u. Stabilitätskonstanten für ideale Systeme u. für die Ermittlung der wahrscheinlichen Natur der Bestandteile komplizierterer Systeme werden erläutert. Für nichtideale Systeme wird gezeigt, wie durch Änderung der Mischbarkeit der wss. u. der organ. Phase durch Hinzufügen von Salzen oder Säuren die Verteilungskoeffizienten u. Stabilitätskonstanten verändert werden. Die Retrogradextraktion wird erläutert, u. die Faktoren, die die relative Wirksamkeit von organ. Extraktionsmitteln beeinflussen, werden diskutiert. (J. chem. Soc. [London] **1955.** 1906—19. Juni. Oxford, South Parks Road, Inorg. Chem. Labor.) G. KLAFFKE. 224

D. E. Chalkley und **R. J. P. Williams,** *Die Extraktion von Eisen(III)-chlorid mit nichtwässerigen Lösungsmitteln.* 2. Mitt. (1. vgl. vorst. Ref.) Es wurde die Verteilung von *HCl* u. *HBr* zwischen *W.* u. *Ae.* bzw. *Diisopropyläther* untersucht. In beiden Phasen wurde der Säuregeh. u. in der Ätherphase der Wassergeh. analyt. ermittelt. Ebenso wurde die Verteilung von Fe^{3+} in HCl-Äthersystemen noch einmal untersucht. Bei Hinzufügung von Methanol zu HCl–W. wird die Verteilung von HCl u. Fe^{3+} stark beeinflußt. Mögliche Mechanismen für diese u. ähnliche Extraktionen werden diskutiert. (J. chem. Soc. [London] **1955.** 1920—26. Juni.) G. KLAFFKE. 224

H. Irving und **F. J. C. Rossotti,** *Die Extraktion von Indium bei Tracerkonzentrationen aus Säure–Bromid-Lösungen in Isobutylmethylketon.* 3. Mitt. (2. vgl. vorst. Ref.) Es wurde unter Verwendung von ^{114}In als Leitisotop eine ausführliche Unters. der Verteilungsgleichgewichte im Syst. In^{3+}–HBr–Isobutylmethylketon vorgenommen. Bei Konzz. unter 10^{-5} mol. waren die Verteilungsgleichgewichte unabhängig von der Metallkonzentration. Bei höheren Aciditäten wurde in der organ. Phase vor allem das Auftreten des Acidokomplexes $HInBr_4 \cdot aq$. beobachtet. Daneben traten aber auch $InBr_3$ u., bei Ggw. von Alkalikationen, Salz- oder Ionenpaare vom Typ $A^+InBr_4^-$ auf. Bei hohen Bromidkonzz. wird In^{3+} auch bei niedrigen H^+-Konzz. in der organ. Phase angereichert. Die Größenordnung der Verteilungskoeffizienten u. der Gleichgewichtskonstanten konnte ermittelt werden. (J. chem. Soc. [London] **1955.** 1927—37. Juni.) G. KLAFFKE. 224

H. Irving und **F. J. C. Rossotti,** *Die Extraktion von Indium bei Makrokonzentrationen aus Bromwasserstoffsäure in Isobutylmethylketon und Diäthyläther.* 4. Mitt. (3. vgl. vorst. Ref.) Die Unterss. der Verteilungsgleichgewichte des Syst. $InBr_3$–HBr–Isobutylmethylketon wurden bei höheren Metallkonzz. bis zu 10^{-1} mol. unter Verwendung von ^{114}In durchgeführt. Das Absinken des Verteilungsverhältnisses wird auf die Bldg. dimerer

$InBr_3$-Komplexe zurückgeführt, die, verglichen mit dem Acidokomplex $HInBr_4 \cdot aq.$ nur in geringem Maße extrahiert werden. Bei Verwendung von Ae. steigt das Verteilungsverhältnis mit der Metallkonz., u. der Acidokomplex wird als Dekahydrat extrahiert. (J. chem. Soc. [London] **1955.** 1938—46. Juni.) G. KLAFFKE. 224

H. Irving und **F. J. C. Rossotti,** *Die Extraktion von Indiumhalogeniden mit organischen Lösungsmitteln.* 5. Mitt. (4. vgl. vorst. Ref.) Die Extraktion von In^{3+}-Konzz. aus Lsgg. in HCl, HBr u. HJ wurde mit 10 organ. Lösungsmitteln in Abhängigkeit von der Halogenwasserstoffkonz. unter Verwendung von ^{114}In als Tracer untersucht. Außerdem wurden 15 andere Lösungsm. auf ihre Extraktionseigg. geprüft. Das extrahierte Prod. bestand im wesentlichen aus dem hydratisierten Acidokomplex $HInX_4$ (X = Cl, Br oder J). In jedem Lösungsm. stieg die Löslichkeit vom Chlorid über das Bromid zum Jodid hin an. Für alle drei Stoffe wird eine sinkende Wirksamkeit in der Reihenfolge *Methylpropylketon* > *Isobutylmethylketon* > *Furfurylaldehyd* > *Essigester* > *Ae.* > *Isopentylalkohol* > *Isopentylessigester* > *2.2'-Dichlordiäthyläther* > *Diisopropyläther* beobachtet. Eine Diskussion dieser Erscheinungen wird nach den angegebenen Richtlinien für die Behandlung der Extraktion anorgan. Stoffe (vgl. C. **1956.** 4938) durchgeführt. (J. chem. Soc. [London] **1955.** 1946—66. Juni.) G. KLAFFKE. 224

Max Geloso und **Pierre Deschamps,** *Einführung in die Untersuchung unlöslicher basischer Salze.* 2. Mitt. *Untersuchung der Fällungskurven unlöslicher basischer Salze. Löslichkeitsprodukt der basischen Salze und der Hydroxyde.* (1. vgl. C. **1955.** 3927.) Die bei Fällungskurven bas. Salze beobachteten Unregelmäßigkeiten zeigen wohl das Auftreten einer neuen Phase an, erlauben aber nicht immer Rückschlüsse auf die Konst. des Niederschlags. Die theoret. Behandlung der Fällungskurven, ausgeführt am Beispiel $CuSO_4/Cu(OH)_2/Cu^{2+}(OH^-)_{3/2}(SO_4^{2-})_{1/4}$, führt zur Aufstellung von Gleichungen zur Berechnung der Löslichkeitsprodd. von bas. Salzen u. Hydroxyden, die anders nur sehr schwierig bestimmbar sind. (Analytica chim. Acta [Amsterdam] **7.** 127—40. Aug. 1952. Paris, Fac. des Sciences, Labor. d'enseignement de Chimie.) PH. FRESENIUS. 224

D. W. Morgan und **J. A. Kitchener,** *Lösungen in flüssigem Eisen.* 3. Mitt. *Diffusion von Kobalt und Kohlenstoff.* (2. vgl. C. **1955.** 1922.) Vff. beschreiben Versuchsapp. u. -technik zur Unters. der Diffusion von Co u. C in fl. Fe u. Fe–C-Legierungen (1550—1600°) mit Hilfe radioakt. Isotope (^{60}Co u. ^{14}C). Für die Co-Diffusion in reinem Fe ist eine Aktivierungsenergie von 11 kcal/Mol erforderlich. Für die C-Diffusion in Fe–C-Legierungen werden 10 kcal/Mol ermittelt. Die Diffusionskoeff. betragen $4{,}6 \cdot 10^{-5}$ $cm^2 \cdot sec^{-1}$ u. $6{,}0 \cdot 10^{-5}$ $cm^2 \cdot sec^{-1}$ für Co in reinem fl. Fe bzw. C in fl. Fe–C-Legierungen. Der für Co aus der Beziehung von STOKES-EINSTEIN erhaltene Diffusionskoeff. steht mit dem experimentellen Wert in guter Übereinstimmung. Eine direkte Anwendung dieser Gleichung auf die Diffusion des C ist wegen der Größenunterschiede von Lösungsm. u. Gelöstem nicht möglich. Befriedigende Übereinstimmung zwischen theoret. u. experimentellen Diffusionskoeff. für C in fl. Fe–C-Legierungen erhält Vf. dagegen, wenn die Gleichung von STOKES-EINSTEIN auf eine Gruppe von 6 mit 1 C-Atom koordinierten Fe-Atomen angewendet wird. (Trans. Faraday Soc. **50.** 51—60. Jan. 1954. London, Imperial Coll., Dep. of organ. u. phys. Chem.) H.-U. WOELK. 224

K. Grjotheim, F. Grönvold und **J. Krogh-Moe,** *Die Auflösung von Cadmium in flüssigem Cadmiumchlorid.* Um Aufschluß über die Art der Auflsg. von Cd in geschmolzenem $CdCl_2$ zu erhalten, wird der $CdCl_2$-reiche Teil des Zustandsdiagramms $CdCl_2$–Cd untersucht. Es wird keine Mischkristallbldg. beobachtet, so daß die Schmelzenthalpie von $CdCl_2$ angenähert aus der Gefrierpunktserniedrigung bestimmt werden kann. Mit dem so ermittelten Wert von $\Delta H = 5{,}4 \pm 0{,}3$ kcal/Mol lassen sich verschied. Arten der Auflsg. von Cd in $CdCl_2$ diskutieren. Die beste Übereinstimmung wird erzielt, wenn man eine Auflsg. nach $Cd + Cd^{2+} = Cd_2^{2+}$ annimmt. Andere experimentelle Daten, die diesen Mechanismus stützen, werden diskutiert. Es scheint, daß auch in anderen Systemen die Bldg. von Metall–Metall-Bindungen für die Löslichkeit der Metalle in ihren Chloriden verantwortlich ist. (J. Amer. chem. Soc. **77.** 5824—27. 20/11. 1955. Trondheim, Norwegian Inst. of Technol., Inst. of Theoret. Chem.; Oslo, Univ., Inst. of Silicate Science, Norwegian Inst. of Technol., Inst. of Chem.) W. KRÖNERT. 224

Benjamin C.-Y. Lu und **W. F. Graydon,** *Auflösungsgeschwindigkeit von Kupfer in wässerigen Ammoniumhydroxydlösungen.* Es wird die Auflösungsgeschwindigkeit von polykristallinem metall. Cu in wss. NH_4OH-Lsgg. unter verschied. experimentellen Bedingungen untersucht. Innerhalb weiter Grenzen scheint die Auflösung als autokatalyt. Vorgang zu verlaufen. Der entsprechende Geschwindigkeitsansatz lautet $d[Cu(NH_3)_4^{2+}]/dt = K_1[Cu(NH_3)_4^{2+}]^{1/2}$, ist also von halber Ordnung bzgl. Cu^{2+}. Unterss. der Abhängigkeit der Auflösungsgeschwindigkeit von der Größe der Cu-Oberfläche u. ihrer Rauhigkeit sowie vom Lösungsvol. stehen in guter Übereinstimmung mit einem derartigen Mechanismus. Als geschwindigkeitsbestimmender Vorgang wird die Diffusion von

$Cu(NH_3)_2^+$ durch die Grenzfläche Metall/Lsg. angenommen. Dieser Vorgang ist 1. Ordnung: $-d[Cu(NH_3)_2^+]_G/dt = K_3[Cu(NH_3)_2^+]_G$. Das Gleichgewicht zwischen Cu(I) u. Cu(II) muß sich in der Grenzfläche nach $[Cu(NH_3)_2^+]_G = K_2[Cu(NH_3)_4^{2+}]_G^{1/2}$ einstellen. Aus der Temperaturabhängigkeit der Auflösungsgeschwindigkeit ergibt sich eine Aktivierungsenergie von 2,9 kcal/Mol. Allerdings ist es zweifelhaft, ob es sich um die Aktivierungsenergie des geschwindigkeitsbestimmenden Vorganges handelt, so daß der an sich kleine Wert keine eindeutige Bestätigung des diffusionsbestimmten Mechanismus ist. Eine empir. aufgestellte Gleichung für die Auflösungsgeschwindigkeit, die alle angeführten Variablen enthält, gibt die experimentellen Ergebnisse in einem gewissen Konzentrationsbereich mit einem mittleren Fehler von $\pm 4\%$ wieder. An Stelle von dieser Gleichung wird ein Geschwindigkeitsgesetz 1. Ordnung gefunden, wenn die Lsg. entweder eine hohe O_2-Konz. oder eine sehr geringe Cu^{2+}-Konz. besitzt. (J. Amer. chem. Soc. **77.** 6136—39. 5/12. 1955. Toronto, Univ., Dep. of Chem. Engng.)
W. KRÖNERT. 224

Helmut G. Reik, *Zur Theorie irreversibler Vorgänge.* 2. Mitt. (1. vgl. C. **1954.** 1417.) Durch Anwendung des Zeitaxioms auf chem. Gas-Rkk. erhält Vf. die Zeitgesetze für den Ablauf der Rkk. u. für $t \to \infty$ die Gleichgewichtsbedingung in Form des Massenwirkungsgesetzes. Die theoret. erhaltenen Zeitgesetze werden mit experimentell ermittelten verglichen u. mit anderen Theorien diskutiert. Dabei zeigt sich, daß die Formeln der chem. Reaktionskinetik weniger allg. sind, da sie lediglich die translator. Bewegung der beteiligten Moleküle berücksichtigen. Die Theorie des Vf., deren Formeln aus dem Zeitaxiom unter vollständiger Berücksichtigung aller, auch der inneren Freiheitsgrade, gewonnen sind, ist daher im Gegensatz zur kinet. Theorie auch fähig, Ausdrücke für den ster. Faktor in seiner Abhängigkeit von Molekülkonstanten u. Temp. anzugeben u. neue Gesichtspunkte zu bringen. Der physikal. Inhalt des Zeitaxioms besagt, daß bei chem. Rkk. die Nettoreaktionsgeschwindigkeit von den Übergangswahrscheinlichkeiten für Übergänge von der linken nach der rechten Gleichungsseite u. umgekehrt abhängig ist. Die Übergangswahrscheinlichkeiten bestimmen für $t \to \infty$ das Gleichgewicht u. haben nur für diese Zeit den Charakter von Gleichgewichtskonstanten. (Ann. Physik [6] **11.** 407—19. 1953. Karlsruhe, TH, Inst. für theoret. Physik.) V. BURDACH. 225

Helmut G. Reik, *Zur Theorie irreversibler Vorgänge.* 3. Mitt. (2. vgl. vorst. Ref.) Vf. wendet das Zeitaxiom auf chem. Rkk. in Lsgg. an u. zeigt, daß hieraus die BRÖNSTEDsche Gleichung ohne Zusatzannahmen abgeleitet werden kann, während andere Theorien dieses empir. wohlbestätigte Gesetz nur durch Hinzunahme von Hypothesen oder durch Verzicht auf Konsequenz ableiten können. Es wird eine Ableitung der Formeln über Druck- u. Temperaturabhängigkeit der chem. Reaktionsgeschwindigkeit gegeben. (Ann. Physik [6] **11.** 420—28. 1953.) V. BURDACH. 225

R. H. Betts, E. Collinson, F. S. Dainton und **K. J. Ivin,** *Die Kinetik homogener Reaktionen.* Fortschrittsbericht über neuere Arbeiten auf dem Gebiete der Kinetik homogener Reaktionen. Behandelt werden im einzelnen: allg. Theorie, unimol. u. Gas-Rkk. 1. Ordnung, bimol. Gas-Rkk., atomare u. über freie Radikale verlaufende Rkk., Rkk. in Lsg., Isotopeneffekte, Photochemie, Polymerisation u. Depolymerisation sowie Strahlungschemie. — 465 Literaturangaben. (Annu. Rep. Progr. Chem. **49.** 34—80. 1952, ausg. 1953.) W. NIEMITZ. 225

Yoshio Kawana, *Die Reaktionsfähigkeit von Koks.* 1. Mitt. *Absolute Reaktionsgeschwindigkeiten der Reaktion Kohlendioxyd–Kohlenstoff.* An 8 verschied. Koksarten wurde die absol. Geschwindigkeit der Rk. $CO_2 + C = 2\,CO$ durch Best. der Oberflächen nach der BET-Meth. (Adsorption von NH_3 bei 0°) u. Messung der Reaktionsgeschwindigkeiten bei 850—978° bestimmt. Die Aktivierungsenergien liegen zwischen 91 kcal/Mol (Ölkoks u. Koks III) u. 99 kcal/Mol (Koks I u. Pechkoks). Die Rk. verläuft über ein rasch gebildetes Oberflächenoxyd, dessen Konz. gering ist im Vgl. zur Anzahl der vorhandenen akt. Zentren; die Desorption dieses Oberflächenoxyds ist geschwindigkeitsbestimmend für die Gesamtreaktion. Die Unterschiede in den Aktivierungsenergien dürften auf katalyt. Effekten der verschied. Verunreinigungen in den einzelnen Koksarten beruhen, während die Unterschiede auf Grund der verschied. Kristallstrukturen der reinen Kohlen nur sehr gering sind. (Bull. chem. Soc. Japan **26.** 507—13. Dez. 1953. Saitama-Kawaguchi, Japan, Shigen-Gijutsu-Shikenjo [Resources Research Inst.] [Orig.: engl.])
M. SCHENK. 225

Ss. N. Gans und **Ss. I. Kapturowa,** *Kinetik der Bildung von Salpetersäure in mechanischen Absorbern mit hoher Umdrehungszahl.* 1. Mitt. Es wird die Kinetik der Bldg. von HNO_3 in einem mechan. Absorber beschrieben. Dieser stellt einen Glaszylinder von 1 Liter Vol. dar, der zu 25% mit W. u. verd. HNO_3 gefüllt ist. In ihm läuft eine Welle um, die 4 Scheiben (an jeder Scheibe 10 gebogene Schaufeln) trägt. Die Scheiben tragen Löcher vom Durchmesser 5—6 mm, damit die im Kontaktverf. aus NH_3 gewonnenen nitrosen Gase sowie O_2 hindurchtreten können. Bei hohen Umdrehungszahlen (Umfangsgeschwindigkeit der Scheiben 10—15 m/sec) ergibt sich eine innige Durchmischung der Gase u. der Fl., eine intensive Reibung zwischen Gas, Fl. u. Scheibe u. daher Zerstörung der Gas- u. Flüssigkeitshäutchen. Die in der Arbeit entwickelten Koeffizienten, die die Geschwindigkeit der Umwandlung der Stickoxyde in HNO_3 in Abhängigkeit von der Umdrehungszahl, der Temp., der Konz. der Stickoxyde u. der Konz. der vorgelegten HNO_3 darstellen, können bei der Konstruktion größerer Geräte zugrunde gelegt werden. Die Produktivität dieses Verf. liegt weit über der des Turmverfahrens. (Журнал Прикладной Химии [J. angew. Chem.] **28.** 585—96. Juni 1955.) W. OESTREICH. 225

W. B. Miller, M. B. Neiman, A. W. Ssawitzki und **W. F. Mironow,** *Untersuchung des Ionenisotopenaustausches zwischen α-Jodalkyltrialkylsilanen und Jodionen.* (Vgl. C. **1953.** 1310. **1954.** 5705, 9266, 9965.) Der Isotopenaustausch der α-Jodalkyltrialkylsilane R_3SiCH_2J (**I**: R = CH_3; **II**: R = C_2H_5) u. $(C_2H_5)_3SiCHJCH_3$ (**III**) mit NaJ wird in 90%ig. A. unter Verwendung von ^{131}J untersucht. Bei **II** ergibt sich für 0,01—0,5 mol. NaJ-Konzz. für K = K′t (K′ = Geschwindigkeitskonstante, t = Zeit) lineare Abhängigkeit von t, entsprechend einem Ionenmechanismus des Austauschvorganges. Die Unters. des Austauschs bei 20—100° ergibt für den vorexponentiellen Faktor K_0 u. die Aktivierungsenergie E bei **I**: K_0 $8 \cdot 10^9$, E 19200 (cal/Mol), **II** $8 \cdot 10^8$, 18500, **III** $3 \cdot 10^8$, 20000. Der den Austausch hemmende Einfl. des Heteroatoms (Si) beim Isotopenaustausch unterscheidet sich wenig von dem des C-Atoms. Die regelmäßige Abnahme von K_0 in der Reihe **I** → **II** → **III** spricht dafür, daß hier ster. Kräfte eine Rolle spielen. Es bleibt jedoch offen, ob die Austauschgeschwindigkeit mehr durch die Aktivierungsenergie oder durch ihre Entropie beeinflußt wird. (Доклады Академии Наук СССР [Ber. Akad. Wiss. UdSSR] **101.** 495—97. 21/3. 1955. Inst. für chem. Physik der Akad. der Wiss. der UdSSR.)
R. K. MÜLLER. 225

Henry Wise und **Maurice F. Frech,** *Kinetik der Oxydation von Ammoniak mit Stickoxyd.* Im Temperaturbereich von 990—1150° K untersuchten Vff. die Geschwindigkeit der Rk. von NH_3 mit NO. Es ergibt sich die Beziehung $k = 1{,}1 \cdot 10^{11} e^{-54700/RT} mm^{1/2} sec^{-1}$. Die Kinetik der Rk. wird diskutiert u. vermutet, daß, im Gegensatz zur Oxydation mit O_2, das Radikal NH als Vorläufer des Zwischenprod. NH_2 entsteht. (J. chem. Physics **22.** 1463—64. Aug. 1954. Pasadena, Calif., Inst. of Technol., Jet Propuls. Labor.)
H.-U. WOELK. 225

Lawrence J. Heidt, *Die durch Cersalze katalysierte Photolyse von Wasser.* Die Umwandlung von Lichtenergie in chem. Energie wird am Beispiel der Photosynth. u. am Syst. Ce^{4+}–H_2O kurz besprochen, bei dem es im Mikromaßstab u. mit sehr geringer Quantenausbeute gelingt, H_2 u. O_2 aus H_2O zu erhalten. (Nucleus **32.** 65—67. Dez. 1954. Cambridge, Mass., MIT.) H. SPÄHN. 226

Maurice Cottin, Moise Haissinsky und **Catherine Vermeil,** *Radiochemische Oxydation von Eisen(II)-sulfat in Gegenwart von Kohlenwasserstoffen und Alkoholen.* Frühere Verss., die Oxydation von verd. *$(NH_4)_2Fe(SO_4)_2$*-Lsg. mit Luft durch Bestrahlen mit weichen Röntgenstrahlen bzw. mit γ-Srahlen in Ggw. von KW-stoffen, wie *Bzl., Hexan, Xylol* u. *Cyclohexan,* zu verstärken, werden in Ggw. von Alkoholen, wie *n-Butanol, n-Pentanol* (**I**), *Cyclohexanol* (**II**), *n-Heptanol* u. *n-Octanol* fortgesetzt. Wie bei den KW-stoffen, so tritt auch bei den Alkoholen zunächst eine Erhöhung der Strahlungsausbeute gegenüber dem n. Wert ein, auf die rasch eine Erniedrigung folgt. Die Größe der Änderung in der radiochem. Ausbeute wächst mit fallendem Mol.-Gew., wobei der Effekt bei **II** stärker ist als bei den aliphat. u. gradkettigen Verbindungen. Die gesamte oxydierbare Menge nähert sich einem Grenzwert, der mit dem Mol.-Gew. der Alkohole abnimmt. Auch in noch stärker verd. Lsg. ist in Ggw. von **I** eine vollständige Oxydation des Fe^{2+} nicht möglich. Der maximale Umsatz beträgt 40%. Eine geringe Red. des anfänglich gebildeten Fe^{3+} ist sogar möglich. Die Rolle, die die organ. Verbb. bei dieser Rk. spielen, wird diskutiert. (C. R. hebd. Séances Acad. Sci. **235.** 542—44. 8/9. 1952.) G. WEITBRECHT. 226

Tihomil Markovic, *Die Zersetzung von Wasserstoffsuperoxyd auf metallischem Kupfer.* Kinet. Unterss. des Zerfalls von H_2O_2 (**I**)-Lsgg. auf metall. Cu zeigen, daß sich bei 20° eine Rk. nullter Ordnung abspielt; bei höheren Tempp. ist die Reaktionsgeschwindigkeit durch eine Induktionsperiode bestimmt. Die **I**-Zers. läßt sich durch die verschied. Adsorptionspotentiale von O, HO_2^- u. **I** erklären. Die Unters. der auf einer Cu-Elektrode in doppelt dest. W., 1%ig. H_2SO_4, 1%ig. u. 5%ig. **I**-Lsg. sich bildenden H-Doppelschicht zeigt, daß diese nur durch größere **I**-Konzz. beeinflußt wird. (Werkstoffe u. Korrosion **5.** 285—88. Aug./Sept. 1954. Zagreb.) W. WESLY. 227

W. G. Frankenburg and others, eds. Advances in catalysis and related subjects. V. **7.** New York: Academic Press. 1955. (374 S. m. Abb.) 8°. $ 9,—.

A_8. Präparative anorganische Chemie. Komplexchemie. Metallorganische Verbindungen.

H. P. Broida und **J. R. Pellam,** *Eine Bemerkung zur Darstellung von festem Ozon und von atomarem Sauerstoff.* Vff. berichten über zwei neue Methoden zur Darst. von festem Ozon. In beiden Fällen werden die gasförmigen Prodd. einer elektrodenlosen Hochfrequenzentladung bei 4,2° K an einer Pyrexfläche kondensiert. Dabei schlägt sich, wenn das Reaktionsgefäß sauber u. trocken ist, eine violette Substanz nieder, die oberhalb des F. von 0 (54° K) zu einer tiefblauvioletten Fl. schm. u. oberhalb des Kp. von N (77° K), jedoch unterhalb 273° K verdampft. Ihr Dampf hat den stechenden Geruch von Ozon u. greift Gummi stark an. Die so erhaltene Substanz ist amorph. Wenn das Reaktionsgefäß etwas Wasserdampf enthält, erhält man bei 4,2° K eine farblose, amorphe Substanz u. einen schmalen Ring einer blauvioletten Substanz. Bei Erwärmung tritt zunächst Purpurfärbung, dann oberhalb 54° K Verflüssigung u. oberhalb 77° K Verdampfung auf. Es wird für möglich gehalten, daß diese bei Erwärmen Ozon ergebenden Substanzen im festen Zustand freie O-Atome enthalten. (J. chem. Physics **23.** 409. Febr. 1955. Washington, D. C., Nat. Bur. of Standards.) R. LEVI. 239

V. Gutmann, *Die Chemie in Bromtrifluorid.* Umfassende Übersicht über die Eigg. u. das chem. Verh. von BrF_3. Näher eingegangen wird auf das Verh. der verschied. anorgan. Fluoride gegenüber BrF_3, auf die Fluorierung von anorgan. Halogeniden, Oxyden u. Elementen u. von organ. Verbb. mittels BrF_3, auf Neutralisations-Rkk. in BrF_3 als Lösungsm., Solvolyseerscheinungen u. Komplexsalzbildung. — 60 Literaturzitate. (Angew. Chem. **62.** 312—15. 7/7. 1950. Cambridge, Univ., Chem. Labor.) E. FORCHE. 248

Mitio Hatoyama, Wataru Sasaki und **Zensho Ishii,** *Siliciumcarbid als thermisches Zersetzungsprodukt von Siliconharz.* Bei der therm. Zers. von Siliconharzen bestimmten Typs (DC-801) bildet sich im Vakuum bei 500° eine schwarze, harte Substanz, deren elektr. Widerstand noch sehr hoch ist. Messungen der Temperaturabhängigkeit des elektr. Widerstandes, der Thermospannung u. röntgenograph. Unterss. an im Vakuum auf 1050° erhitzten Proben weisen darauf hin, daß es sich bei diesen Zersetzungsprodd. um Siliciumcarbid handelt. (J. physic. Soc. Japan **8.** 134—35. Jan./Febr. 1953. Tokyo, Elektrotechn. Labor. [Orig.: engl.]) H. SACKMANN. 261

Clayton F. Callis, John R. Van Wazer und **Peter G. Arvan,** *Die anorganischen Phosphate als Polyelektrolyte.* Vff. geben einen Überblick über den Stand der Forschung. Sie gehen bes. ein 1. auf Methoden zur Charakterisierung der Phosphate (Endgruppentitration, Kryoskopie, Ultrazentrifugation, Messung der Lichtstreuung, Dialyse u. Diffusion, Fließdoppelbrechung, Viscosität, fraktionierte Fällung aus Lösungen), 2. auf die Struktur der Phosphatanionen in Lösung (Phosphatgläser einschl. Grahamsalz, Kurrolsalze, Madrellsalz), 3. auf die elektrolyt. Eigg. der Phosphate, 4. auf Aggregationspolymere (z. B. polymere Al-Orthophosphate). — 58 Literaturangaben. (Chem. Reviews **54.** 777—96. Okt. 1954. Dayton, O., Monsanto Chem. Co., Inorg. Chem. Div.) W. DEWALD. 264

Ja. A. Fialkow und **A. A. Kusmenko,** *Physikalisch-chemische Untersuchung des Systems Phosphortrichlorid–Brom.* 2. Mitt. (1. vgl. C. **1951.** II. 2160.) Bei der Viscositätsmessung des Syst. PCl_3 (I)–Br_2 bei 25 u. 40° wurde ein Maximum bei 20 Mol.-% **I** festgestellt, entsprechend dem Komplex PCl_3Br_8 (**II**). Außerdem zeigte das Schmelzdiagramm die Bldg. von PCl_3Br_4 (**III**) u. PCl_3Br_{18} (**IV**) an. Die elektr. Leitfähigkeit der Komplexe in Nitrobenzollsg. nahm in der Reihe **III**–**II**–**IV** zu. Die Best. der elektr. Leitfähigkeiten nach dem Verf. der isomol. Konzz. zeigte die Bldg. von Anlagerungsprodd. von Br_2 u. **I**, wobei das Maximum auf der Isotherme in der Nähe von **III** lag. Ionenüberführungsverss. zeigten, daß den Komplexen von **I** u. Br_2 die allg. Formel $[PCl_3Br][Br(Br_2)_n]$ zukommt. Aus der therm. Analyse des Syst. **I**–Br_2 u. aus den Unterss. über die Synth. der Chlorbromide von P kann geschlossen werden, daß n die Werte 1—8 annehmen kann, entsprechend den Komplexen von **III** bis **IV**. Nach ihrer chem. Natur gehören diese Komplexe zu den Polyhalogeniden der Tetracidphosphoniumkationen. (Журнал Общей Химии [J. allg. Chem.] **22** (**84**). 1290—98. Aug. 1952.) O. LEBTAG. 264

Remziye Salih Hisar, *Notiz über die Zersetzung der Alkalihalogenide unter der Einwirkung von Natriummetaphosphat.* Die Alkalihalogenide (*NaF, NaCl, NaBr, KJ*) reagieren in der Luft beim Erhitzen mit einem Na-Metaphosphat unter Bldg. von neutralem Pyrophosphat u. elemetarem Halogen: $2\,MeX + Na_2P_2O_6 + \frac{1}{2}O_2 \rightarrow Na_2Me_2P_2O_7 + X_2$. Die Rk. verläuft glatt oberhalb 650°, wird jedoch unterhalb von 600° langsam. Bei Tempp. unter 400° wird das Halogenid nicht verändert, obgleich eine Änderung der Konst. des Metaphosphates beobachtet wurde. Vf. nimmt an, daß die Rk. mit NaF unter geeigneten Bedingungen eine Meth. zur chemischen F_2-Gewinnung darstellt. (Bull. Soc. chim. France, Mém. [5] **19.** 308. März/April 1952. Istanbul, Univ. Techn.) H. Nöth. 272

Je. K. Akopow und **A. G. Bergman,** *Umsetzungen von Sulfaten des Lithiums, Natriums und Kaliums in Schmelzen. Die ternären Systeme aus den Sulfaten von Lithium, Natrium und Kalium.* Die visuell-polytherm. Unters. des Syst. Li, Na, K || SO_4 ergab ein Tripeleutektikum bei 512° der Zus.: 12% K_2SO_4, 9% Na_2SO_4 u. 79% Li_2SO_4. Das Syst. weist 9 tern. Übergangspunkte auf. Das Diagramm enthält 10 Kristallisationsfelder. Am größten ist das Feld der festen Lsgg. $(Na, K)_2SO_4$. 2 Kristallisationsfelder entsprechen den heteromorphen Varietäten von Li_2SO_4 (Übergang bei 572°), 2 Felder den Varietäten von $Li_2SO_4 \cdot K_2SO_4$, deren Umwandlung bei 555—670° erfolgt. Das Syst. besitzt 2 innere Phasen, die wahrscheinlich als dreifache, stark dissoziierte Komplexverbb. anzusehen sind u. mit ihren Komponenten feste Lsgg. bilden. (Журнал Общей Химии [J. allg. Chem.] **24** (**86**). 1512—23. Sept. 1954. Rostow a. Don, Univ., u. Kuban. Landw.-Inst.) O. Lebtag. 275

Je. K. Akopow und **A. G. Bergman,** *Reversibel-adiagonales System aus Natrium- und Kaliumchloriden und -sulfaten.* Die visuell-polytherm. Unterss. des Syst. Na, K || Cl, SO_4 ergab innerhalb des Syst. ein Kristallisationsfeld einer selbständigen Phase X, die beim Zerfall der festen Sulfatlsgg. im bin. Syst. Na_2SO_4 (I)–K_2SO_4 (II) entsteht. Die Phase X besitzt wahrscheinlich die Zus. 3 $Na_2SO_4 \cdot K_2SO_4$ oder 2 $Na_2SO_4 \cdot K_2SO_4$. Sie entsteht im Bereich 514—706°. Das tern. Syst. besitzt 1 eutekt. Tripelpunkt bei 514° u. 2,5% Na_2Cl_2, 39% K_2Cl_2, 58,5% I, ferner 2 tern. Umwandlungspunkte. Das Diagramm besteht aus 3 Kristallisationsfeldern. Am größten ist das Feld der festen Chloridlsgg. u. ihrer Zerfallsprodukte. Die festen Lsgg. (Na, K)Cl zerfallen innerhalb des Syst. bei 622° in ihre Komponenten, die festen Lsgg. $(Na, K)_2SO_4$ bei 706° in die innere Phase X. (Журнал Общей Химии [J. allg. Chem.] **24** (**86**). 1524—32. Sept. 1954. Rostow a. Don, Univ.) O. Lebtag. 275

A. P. Perowa, *Elektrische Leitfähigkeit und Viscosität im System H_3BO_3–K_2SO_4–H_2O.* Es wird experimentell festgestellt, daß die spezif. elektr. Leitfähigkeit von K_2SO_4 in wss. Lsg. bei Zugabe wachsender Anteile von Borsäure abnimmt. Da K_2SO_4 u. Borsäure in wss. Lsg. nicht miteinander reagieren, erscheint das Ergebnis widerspruchsvoll, da eigentlich eine Zunahme der elektr. Leitfähigkeit erfolgen müßte. Die tatsächlich eintretende Abnahme findet ihre Erklärung in der mit der Zugabe wachsender Anteile von Borsäure ansteigenden Viscosität. Die Messungen der elektr. Leitfähigkeit sowie der Viscosität im oben angeführten Syst. erfolgten bei der Temp. von 25 u. 50°, bei K_2SO_4-Konzz. von 2, 4, 6 u. 10%. H_3BO_3 wurde in einer Menge von 1—10 Gew.-% zugesetzt. Betrachtet man die elektr. Leitfähigkeit des K_2SO_4 bei Zugabe wachsender Anteile von Borsäure außerhalb der Abhängigkeit von der Viscosität, dann ergibt sich nach der Rechnung tatsächlich eine geringe Zunahme. (Журнал Прикладной Химии [J. angew. Chem.] **28.** 639—41. Juni 1955.) W. Oestreich. 275

N. N. Posstnikow, B. B. Jewslina und **O. W. Wassiljewa,** *Vergleichende Reduzierbarkeit synthetischer und natürlicher Calciumphosphate.* Die verschied. chem. Zus. der natürlichen Calciumphosphate (Apatite u. Phosphorite), die weitgehend von ihrer Genese abhängt, kommt auch in ihrem chem. Verh., bes. bei ihrer Red. zum Ausdruck. Gleichzeitig wird das Verh. synthet. Calciumphosphate (*β-Tricalciumphosphat* sowie *Hydroxylapatit*) untersucht. Nach Zerkleinerung u. Siebung des Ausgangsmaterials wird die Fraktion von 0,074—0,11 mm für die Rk. verwendet. Als Reduktionsmittel dient Koks (C = 83,9%). Dieser wird im Überschuß (110%) im Hinblick auf die Formel $Ca_3(PO_4)_2 + 2\,SiO_2 + 5\,C$ zugesetzt. Die Red. erfolgt in einem speziellen Ofen bei einer Temp. von 1300°, Dauer 1 Std. Die Veränderung des Tiegelgewichts wird während des Vers. an einer Skala opt. bestimmt. Die Ergebnisse werden als Kurven dargestellt (Abhängigkeit des Reduktionsgrades in % von der Zeit). Es ergeben sich deutlich zwei Gruppen: die sedimentär entstandenen Calciumphosphate (Phosphorite) verhalten sich ähnlich wie β-Tricalciumphosphat, ihr Reduktionsgrad ist hoch (84—89%). Um den synthet. Hydroxylapatit gruppieren sich die Apatite sowie ein metamorph umgewandelter Phosphorit. Der Reduktionsgrad ist niedriger (68,2—72,3%). (Журнал Прикладной Химии [J. angew. Chem.] **28.** 579—84. Juni 1955.) W. Oestreich. 283

F. F. Wolf und **Ss. I. Kusnetzow,** *Polythermen des Systems Al_2O_3–Na_2O–H_2O.* Es wurden die Polythermen des Syst. Al_2O_3–Na_2O–H_2O im Temperaturintervall von 30 bis 120° aufgestellt. Dabei ergab sich, daß die Löslichkeit des *Hydrargillits*, der bis zu 120° die feste Phase des Gleichgewichts bildet, in alkal. Lsgg. bei den gewählten Konzz. (5,6; 9,6; 12,0; 20,0% Na_2O in der Ausgangslsg.) bis zu 80° schneller zunimmt als bei Tempp. über 80°. Die Löslichkeit nimmt ferner mit steigendem Na_2O-Geh zu. Bei Tempp. über 100° wurde die Herst. der Gleichgewichtslsgg. in einem Autoklaven vorgenommen. (Журнал Прикладной Химии [J. angew. Chem.] **28.** 597—601. Juni 1955. Uralsk, Polytechn. Kirow-Inst.) W. OESTREICH. 294

H. Hendriks, *Untersuchungen über die Reaktion zwischen Äthylbromid und Aluminiumbromid.* Der Austausch von Br zwischen Äthylbromid mit ^{82}*Br* (I) (Darst. durch Einw. von $^{82}Br_2$ auf Ag-Propionat mit Trichloräthylen als Lösungsm.) u. $AlBr_3$ in verschied. Lösungsmitteln wird verfolgt. Bei Anwendung von CH_3NO_2, $C_6H_5NO_2$, CH_3CN u. Ae. als Lösungsm. findet nach 18 Std. Rk. bei 30° kein Austausch statt. Nur in CS_2 erfolgt ein Austausch. Die Aktivierungsenergie der Rk. beträgt 11,1 cal/Mol. Unterss. über die Isomerisation von Äthylbromid mit ^{14}C (II) (Darst. aus $Ba^{14}CO_3$) zeigen, daß 2 Möglichkeiten bestehen: 1. $CH_3{*}CH_2Br \underset{}{\overset{AlBr_3}{\rightleftharpoons}} CH_2 = {*}CH_2 + HBr$.

2. $CH_3{*}CH_2Br \overset{AlBr_3}{\rightleftharpoons} CH_3{*}CH_2^{\oplus}$

$\downarrow\uparrow$

${*}CH_3CH_2Br \rightleftharpoons \overset{\oplus}{C}H_2{*}CH_3$

(Chem. Weekbl. **50.** 802—03. 13/11. 1954.) W. WESLY. 294

Raisaku Kiyoura und **Yoshitaka Ito,** *Untersuchungen über die hydrothermale Reaktion von Silicaten.* 3. Mitt. *Hydrothermale Reaktion und Synthese von Sericit.* (2. vgl. J. ceram. Assoc., Japan [Yogyo Kyokai Shi] **60.** [1953.] 264.) Die Veränderungen von *Sericiten* (I) von Obara u. Hattori, sowie von $Al_2O_3 \cdot 3\,H_2O$ (II), $Al_2O_3 \cdot H_2O$, SiO_2-Gel (III) beim Erhitzen bis etwa 1200° wurden durch differentielle therm. Analyse, an der Thermowaage u. pulverröntgenometr. verfolgt. Die bei 700° entwässerten I sowie Mischungen von KOH + II + III im Mol.-Verhältnis $K_2O : Al_2O_3 : SiO_2 = 1 : 3 : 6$ wurden einer hydrothermalen Rk. (280—380°, 46—230 at, 165—292 Std.) in einer Bombe unterworfen. Es ließ sich Bldg. eines wasserfreien Minerals (700°) ohne Änderung der Gitterstruktur u. bei über 700° Neubldg. von I nachweisen. (Beweis für die Koordination des eingetretenen W. zum ursprünglichen Kristallgitter.) (J. ceram. Assoc., Japan [Yogyo Kyokai Shi] **61.** 415—19. 28/9. 1953. Tokyo, TH. [Orig.: japan.]) L. SCHULER. 294

Kuo-Hao Hu und **Allen B. Scott,** *Thallium(I)-Komplexe in Chloridlösungen.* Vff. untersuchen die Frage, ob *Tl(I)*-Komplexe in wss. Chloridlsgg. existieren. Es zeigt sich, daß in wss. Lsgg. von *KCl, NaCl* u. NH_4Cl, die einen Überschuß an *TlCl* enthalten, der einzige in merklicher Konz. vorhandene Komplex das $TlCl_2^-$ ist. Davon ausgenommen sind *KCl*-Lsgg. hoher Konzentration. (J. Amer. chem. Soc. **77.** 1380—82. 5/3. 1955. Corvallis, Ore., Oregon State Coll., Dep. of Chem.) H. SURAWSKI. 297

Bertrand Dreyfus-Alain, *Radiokristallographische Untersuchung der Hydrierung von Lanthan.* Vf. untersucht röntgenograph. die Bldg. von La-Hydrid aus den Elementen. Während bei Raumtemp. weder H_2-Absorption noch Änderung der Kristallstruktur eintreten, findet bei 185° eine rasche H_2-Aufnahme bis zur Sättigung statt. Mehr H_2 wird auch bei höheren Tempp. nicht aufgenommen. Das entstandene Hydrid A ist kub. flächenzentriert u. hat den Parameter a = 5,685 Å. Behandelt man das Hydrid bei 25 bis 300° im Hochvakuum, so bildet sich eine neue, ebenfalls kub. flächenzentrierte Struktur B mit a = 5,865 Å. Zum Vgl. werden die Strukturen von α-La, hexagonal dichteste Packung, a = 3,735 Å, c/a = 1,62 u. von β-La, kub. flächenzentriert, a = 5,300 Å neu bestimmt. Die Ergebnisse werden tabellar. mitgeteilt. Die Möglichkeit von zwei verschied. Hydriden wird diskutiert. (C. R. hebd. Séances Acad. Sci. **235.** 540—42. 8/9. Berichtigung u. Ergänzung: 1295. 24/11. 1952.) G. WEITBRECHT. 301

E. H. Huffman und **R. L. Oswalt,** *Eine Trennung Seltener Erden mittels Anionenaustauschs.* Vff. berichten über die Trennung von *Promethium* u. *Europium* in Tracermengen durch Entw. ihrer Citratkomplexe bei einem p_H von 2,1 in einer Anionenaustauschsäule. Für die Trennung wird eine mit *Dowex A-1* (250—500 Maschen) beschickte Säule von 14,9 cm Länge u. einem Querschnitt von 0,08 cm² verwendet. Auf diese Säule werden 0,25 ml einer Lsg. von Tracermengen von ^{147}Pm u. ^{154}Eu in 0,0125 mol. Citronensäurelsg. aufgegeben; das p_H der Lsg. wird mit HCl auf den Wert von 2,1 eingestellt. Die Säulenfüllung wurde durch Behandlung der ursprünglichen Chloridform des Harzes mit Citratlsg. derselben Konz. u. desselben p_H hergestellt. Die Eluiergeschwindigkeit beträgt 1,5 ml/Std.; als Eluierfl. wird die gleiche Citratlsg. verwendet. Die Ergebnisse sind graphisch in einer Figur wiedergegeben. Es wird zuerst Pm u. dann Eu eluiert; die Reihenfolge ist umgekehrt wie bei Verwendung von Kationenaustauschern. (J. Amer. chem. Soc. **72.** 3323—24. Juli 1950. Berkeley, Calif., Univ. of California, Radiat. Labor.) H. GEDSCHOLD. 303

Shigeto Yamaguchi, *Reduktion des Titantetrachlorids zu Titan.* Vff. bestätigen durch einen Vers. die schon durch thermodynam. Betrachtungen von MÜNSTER u. RUPPERT (C. **1954.** 11382) vorausgesagte Tatsache, daß die Red. von $TiCl_4$ zu Ti schon bei tieferen Tempp. stattfindet. Sie lösen dazu Na bei 105° in einem Bad aus KW-stoffen. Bei Injektion des Na-Tropfens mit $TiCl_4$ aus einer Glasspritze scheidet sich sofort schwarzes

Ti-Pulver auf der Oberfläche des Na-Tropfens ab. Das schwarze Ti-Pulver ist an der Luft pyrophor, wie es für frisches Ti-Pulver charakteristisch ist. Im W. verwandelt es sich bei Zimmertemp. langsam in ein weißes Pulver, das nach Elektronenbeugungsaufnahmen Anatas darstellt. (Angew. Chem. **67.** 748. 7/12. 1955. Hongo, Tokyo, Japan, Scientific Research Inst., Ltd.) G. MAIER. 321

Edwin M. Larsen und **Layton J. Wittenberg,** *Die Art der Additionsverbindungen von Zirkonium- und Hafniumtetrachlorid mit Phosphoroxychlorid.* (Vgl. C. **1955.** 8324.) Es werden kryoskop. Messungen in Nitrobenzol an den Additionsverbb. (Zr, Hf)Cl_4: 2 POCl u. (Zr, Hf)Cl_4 : $POCl_3$ durchgeführt. Die 1 : 1-Verbb. liegen monomer vor, während die 1 : 2-Verbb. vermutlich in die 1 : 1-Verb. u. $POCl_3$ dissoziieren. Die Zr-Verb. dissoziiert etwas stärker als die Hf-Verbindung. Aus röntgenograph. Pulveraufnahmen folgt, daß die Symmetrie der Additionsverbb. niedriger als die der Tetrahalogenide ist; die Strukturen der Zr- u. Hf-Verbb. sind gleich. (J. Amer. chem. Soc. **77.** 5850—52. 20/11. 1955. Madison, Wis., Univ. of Wisconsin, Dep. of Chem.) W. KRÖNERT. 323

Monisha Bose und **D. M. Chowdhury,** *Physikalisch-chemische Untersuchungen über die Komplexbildung zwischen Thorium- und Oxalationen.* 1. Mitt. *Die Dissoziationskonstante von $K_4[Th(C_2O_4)_4]$.* Vff. bestimmen die Dissoziationskonstante $K = [Th^{4+}][C_2O_4^{2-}]^4/[Th(C_2O_4)_4^{4-}]$ zu $3{,}28 \cdot 10^{-25}$. Die Ausganglsgg. [0,001 mol. $Th(NO_3)_4$, 0,009—0,018 mol. $K_2C_2O_4$, 0,002n HNO_3, 0,015—0,043 mol. KSCN] werden mit 0,08n Alkali unter Best. der H^+-Aktivität titriert. Aus dem Löslichkeitsprod. des $Th(OH)_4$ (10^{-46}) u. dem p_H-Wert bei Beginn der Fällung ergibt sich die Th^{4+}-Konzentration. Die Konz. an $C_2O_4^{2-}$ berechnen Vff. aus der 2. Dissoziationskonstanten der Oxalsäure u. dem p_H-Wert der Ausgangslsgg. unter der Annahme, daß in den Ausgangslsgg. praktisch keine undissoziierte Oxalsäure vorliegt u. die Neutralisation nach $HC_2O_4^- + OH^- \rightarrow H_2O + C_2O_4^{2-}$ verläuft. Die Hydrolyse des Tetraoxalatkomplexes verläuft nach Ansicht der Vff. nach $2[Th(C_2O_4)_4]^{4-} \rightarrow [Th_2(C_2O_4)_5]^{2-} + 3\,C_2O_4^{2-}$ u. führt zum unlösl. $K_2[Th_2(C_2O_4)_5]$. (J. Indian chem. Soc. **31.** 111—15. Febr. 1954. Calcutta, Univ., College of Sci., Dep. of Chem.) R. LACMANN. 324

A. I. Biggs, H. N. Parton und **R. A. Robinson,** *Die Konstitution der Bleihalogenide in wässeriger Lösung.* Aus spektrophotometr. Messungen ergibt sich für die Dissoziationskonstanten von $PbCl^+$, $PbBr^+$ u. PbJ^+ bei 25° 0,027, 0,017 u. 0,012. Neuere Arbeiten über die unvollständige Dissoziation von $Pb(NO_3)_2$ mit Bldg. von $PbNO_3^+$ werden bestätigt. Die osmot. u. Aktivitätskoeff. von $Mg(NO_3)_2$, $Pb(NO_3)_2$ u. $Pb(ClO_4)_2$ werden innerhalb eines weiten Konzentrationsbereiches gemessen. (J. Amer. chem. Soc. **77.** 5844—48. 20/11. 1955. Christchurch, New Zealand, Singapore, Malaya, Univ., Dep. of Chem.; Canterbury, Univ., Dep. of Chem.) W. KRÖNERT. 328

I. N. Beljajew, *Gleichgewicht im reziproken System aus Sulfaten und Molybdaten von Natrium und Blei.* Durch visuell-polytherm. Unters. wird gezeigt, daß das Syst. Na, Pb ‖ SO_4, MoO_4 zu den irreversiblen reziproken Systemen mit der stabilen Diagonale *Na_2SO_4* (I)-*$PbMoO_4$* (II) gehört. Das Vorhandensein eines Sattels auf diesem Schnitt u. die Verschiebung des Kristallisationsfeldes nach dem *$PbSO_4$* (III)-Gebiet deuten auf eine gewisse Umkehrbarkeit der Rk. bei höherer Temp. hin. Das Syst. besitzt einen tern. eutekt. Punkt bei 730°, entsprechend 52% III, 3,5% II u. 44,5% I. Außerdem gibt es einen bin. eutekt. Punkt auf der stabilen Diagonale I-II bei 860°, entsprechend 12,5% II. Mit 74,88% nimmt das Kristallisationsfeld von II den weitaus größten Teil des Kristallisationsquadrats ein: 13,78% kommen auf die festen Lsgg. von I u. Na_2MoO_4, 11,40% auf III, davon 9,77% auf die α-, 1,63% auf die β-Modifikation. (Журнал Общей Химии [J. allg. Chem.] **22** (**84**). 1319—29. Aug. 1952. Rostow a. Don, Univ.) O. LEBTAG. 328

J. Gillis, Z. Eeckhaut, P. Cornand und **A. Speecke,** *Trennung von Niob und Tantal als Oxalsäurekomplexe.* Verss. zur Trennung von Nb u. Ta in Form ihrer komplexen Oxalate mit einem Anionenaustauscher (*Dowex-2*) zeigen: Nb u. Ta lassen sich vollständig trennen, wenn man als Elutionsmittel eine Lsg. verwendet, die 1 Mol HCl u. 0,5 Mol Oxalsäure enthält. In der Praxis empfiehlt es sich, das gebrauchte Elutionsmittel nach der Elution von Nb durch ein HCl-reicheres Elutionsmittel zu ersetzen. (Meded. Kon. vlaamse Acad. Wetensch., Letteren schone Kunsten België, Kl. Wetensch. **15.** Nr. 13. 3—17. 1953.) W. WESLY. 332

N. A. Toropow und **Je. R. Skuje,** *Über den Einfluß von Fluorverbindungen auf feste Lösungen von Calciumalumoferriten.* Synthet. *Ca–Al-Ferrite*: *$2\,CaO \cdot Fe_2O_3$* (I), *$4\,CaO \cdot Al_2O_3 \cdot Fe_2O_3$* (II) u. *$6\,CaO \cdot 2\,Al_2O_3 \cdot Fe_2O_3$* (III) wurden bei 1300—1350° 3 Std. unter Zusatz von 1, 5, 10, 25, 50% CaF_2 (sowie von AlF_3) geglüht. Die Unters. der Mikrostruktur der Brennprodd. ergab, daß I stabil bleibt, während II u. III die Verbb. $5\,CaO \cdot 3\,Al_2O_3$ u. $6\,CaO \cdot Al_2O_3 \cdot 2\,Fe_2O_3$ als Hauptphasen liefern (also unter Anreicherung des Fe in einer der Ergebnisphasen). (Доклады Академии Наук СССР [Ber. Akad. Wiss.

UdSSR] [N. S.] **98.** 415—18. 21/9. 1954. Inst. für Silicatchemie der Akad. der Wiss. der UdSSR.] A. v. WILPERT. 354

Masatoshi Fujimoto, *Eine neue Methode zur Darstellung von Eisenrhodanidlösung mit dem kationenaustauschenden Harz.* Zur Darst. von Cl^-- u. NH_4^+-freien Eisenrhodanidlsgg. wird eine NH_4SCN-Lsg. über *Amberlite IR 120* (H^+) in die freie Säure verwandelt u. diese direkt auf einen frisch hergestellten, Cl^--frei gewaschenen $Fe(OH)_3$-Nd. gegeben. In der erhaltenen Lsg. sind nur kleinste Mengen Cl^- u. NH_4^+ nachweisbar. (Bull. chem. Soc. Japan **26.** 353. Aug. 1953. Tokio, Univ., Chem. Inst. der wissensch. Fak., Labor. der analyt. Chem. [Orig.: dtsch.]) GÜNTER LANGE. 354

James C. Fulton und **John Chipman,** *Schlacke–Metall–Graphit-Reaktionen und die Aktivität von Kieselsäure in Kalk–Tonerde–Silicat-Schlacken.* Die Verteilung von Si im Syst. Fe–C–Si wird bei verschied. Tempp. im Bereich von 1400—1700° in Abhängigkeit vom Al_2O_3-Geh. untersucht. Hierbei zeigte sich, daß die Si-Red. aus hochofenähnlichen Schlacken durch ein an C gesättigtes Fe eine sehr langsame Rk. selbst bei einer starken Umrührung ist. Das Gleichgewicht unter Atmosphärendruck von CO wurde von beiden Seiten aus erreicht. Das SiO_2–Si-Verhältnis wurde im Untersuchungstemperaturbereich für Schlacken mit bis 20% Al_2O_3 aufgestellt. Si-Carbid wird durch eine Rk. von Graphit mit SiO_2-reichen Schlacken gebildet. Die Bedingungen für dessen Bldg. werden ermittelt. Die Aktivitäten von SiO_2 u. CaO in ihren bin. Lsgg. bei 1600° werden bestimmt u. hierbei die Einfll. von Zusätzen von 10—20% Al_2O_3 u. von 10% MgO auf die Aktivität von SiO_2 ermittelt. — 18 Schrifttumsangaben. (J. Metals **6.** 1136—46. Okt. 1954. Brackenridge, Pa., Allegheny Ludlum Steel Corp.; Cambridge, Mass., MIT.) H. HOCHSTEIN. 354

Richard O. Whipple, Robert West und **Kenneth Emerson,** *Bindungstyp im Trisacetylacetonkobalt(III).* Vff. bestimmten die mol. magnet. Susceptibilität von *Trisacetylacetonkobalt(III)* (I) zu $-59{,}4 \cdot 10^{-6}$ cgs-Einheiten u. deuten die diamagnet. Verb. als oktaedr. Durchdringungskomplex. **I,** $C_{15}H_{21}O_6Co$, F. 198,5° (korr.), grüne Nadeln, wurde dargestellt aus *Chloropentamminokobalt(III)-dichlorid* u. Acetylaceton in wss. Lösung. Die gegensätzlichen Meßergebnisse von ISHIWARA (vgl. Rep. Tohoku Univ. [1914.] **3.** 309) sowie die Widersprüche in den magnet. Daten beim *Trikaliumkobalt(III)-oxalat* beruhen wahrscheinlich auf ferromagnet. Verunreinigungen. (J. chem. Soc. [London] **1953.** 3715. Nov. Cambridge, Mass., Harvard Univ., Mallinckrodt Labor.) G. BANKWITZ. 355

Ajit Kumar Mukherjee, *Sechszähnige Kobalt(III)-Komplexe.* Die zuerst von DWYER u. LIONS (J. Amer. chem. Soc. **69.** [1947.] 2917) aus Co(III)-Ionen, *1.8-Diamino-3.6-dithiooctan* u. *Salicylaldehyd* (I) oder *o-Oxynaphthaldehyd* dargestellten sechszähnigen Chelate sind diamagnet. u. lassen sich in opt. Antipoden spalten. Folgende analog komplexbildende SCHIFFsche Basen aus höheren Polyaminen u. **I** u. deren Co(III)-Komplexe wurden dargestellt: $C_{20}H_{22}O_4N_4$, $(-CH_2NHCOCH_2N{=}CHC_6H_4OH)_2$ (**II**), F. 251° zers., aus Diglycyläthylendiamin (**III**) bzw. **III**-Hydrochlorid (F. 246° zers.) u. **I**, gelb krist., unlösl. in W., lösl. in A. u. Pyridin. — $[Co(C_{20}H_{20}O_4N_4)]Cl \cdot 2\,H_2O$, aus **II** u. Dichlorotetrapyridinkobalt(III)-chlorid (**IV**) in A., gibt bei 115° 2 Mol W. ab, bei weiterem Erhitzen zers., schokoladenbraun (Lsg. rotbraun), unlösl. in W., wenig in A., gut in Pyridin; der Komplex u. die wasserfreie Verb. sind paramagnetisch. — $[Co(C_{20}H_{20}O_4N_4)] \cdot CH_3CO_2$, bei 105° zers., durch Oxydation der Co(II)-Verb. erhalten, hellbraun, wenig lösl. in W. u. A., sehr gut in verd. Pyridin, paramagnetisch. — $[Co(C_{20}H_{20}O_4N_4)]Cl \cdot H_2O$, über 110° zers., aus **IV** · 6 H_2O in heißem A. u. **III** u. Abdampfen des Pyridins auf dem Wasserbad wurde beim Trocknen der rosa Lsg. im Vakuum über H_2SO_4 eine hygroskop. M. erhalten, die mit der erforderlichen Menge **I** auf dem Wasserbade erwärmt eine braune Lsg. gibt, aus der im Vakuum über H_2SO_4 die braune, hygroskop. Verb. krist., die diamagnet. ist. Eine grüne Verb. der gleichen Zus. u. Eigg. wurde bei modifizierten Tempp.. nach vorst. Meth. erhalten. Sie ist zerfließlich, bei 110° zers., in W. u. verd. Pyridin mit brauner Farbe lösl.; die wss. Lsg. gibt im Vakuum über H_2SO_4 wieder das grüne Salz. — $C_{27}H_{30}O_3N_4$, $HOC_6H_4CH[CH_2NCH_2CH_2N{=}CH-C_6H_4OH]_2$, F. 105° zers., aus Triäthylentetramin u. **I**, orangegelb krist., unlösl. in W., lösl. in A., Pyridin u. Benzol. Vorst. Verb. u. **IV** in A. geben einen braunen, hygroskop. Komplex, über 110° zers., unlösl. in A., gut lösl. in W., diamagnetisch. Die gleiche Verb. wurde durch Erwärmen des rosafarbenen Triäthylentetraminkobalt(III)-Salzes mit der erforderlichen Menge **I** erhalten. Paramagnet. Kobalt(III)-Komplexe sind fast unbekannt. Vf. nimmt an, daß der gleiche Ligand unter verschied. Bedingungen neben dem hexakoordinierten diamagnet. Co(III)-Komplex mit d^2sp^3-Hybridbindungen einen bisher noch nicht beschriebenen tetrakoordinierten Co(III)-Komplex mit planaren dsp^2-Bindungen infolge durch Größe u. Struktur des Liganden bedingter Spannungen bildet. Dies bedingt 2 unpaare Elektronen am zentralen Co-Atom, deren paramagnet. Moment von ca. 2,83 μ_B mehr oder weniger mit beobachteten Werten übereinstimmt. (Sci. and Cult. **19.** 107—08. Aug. 1953. Calcutta, Univ., Coll. of Sci. and Technol., Palit Prof. Labor.; Indian Assoc. for the Cultivation of Sci., Inorg. Chem. Labor.) H. Hofmann. 355

C. Shudhir Shaw, *Physikalisch-chemische Untersuchungen der Bildung von Nickelamminen in Lösung.* 1. Mitt. *Nickelamminacetat.* Die Existenz von *Ni-Diamminacetat* (I), *Ni-Tetramminacetat* (II) u. *Ni-Hexamminacetat* (III) in wss. Lsgg. von *Ni-Acetat* (IV), *NH_4-Acetat* (V) u. *NH_3* (VI) bei einem Konzentrationsverhältnis IV : V : VI = 1 : 2 : 0—16 wird auf Grund folgender gemessener physikal.-chem. Eigg. bei 30° nachgewiesen: Verteilung von VI zwischen einer wss. u. einer amylalkoh. Schicht, Wellenlänge maximaler Extinktion, elektr. Leitfähigkeit, Elektrodenpotential u. Reaktionswärme der Komplexbildung. Aus dem Verteilungskoeffizienten ergeben sich folgende Instabilitätskonstanten der Komplexverbb.: I $1{,}693 \cdot 10^{-7}$; II $1{,}46 \cdot 10^{-12}$; III $1{,}475 \cdot 10^{-15}$. Aus den gemessenen Reaktionswärmen berechnet Vf. folgende Bildungswärmen: I 5443 cal; II 8190 cal; III 11130 cal. Die Verbb. sind bei folgenden Konzentrationsverhältnissen IV/VI beständig: I 1/2,5—5,0; II 1/6,0—10,0; III 1/11,0 u. höher. Die festen Verbb. lassen sich infolge der Hydrolyse nicht gewinnen. (Z. physik. Chem. **204.** 194—206. Mai 1955. Allahabad, India, Univ., Chem. Labor.) R. Lacmann. 356

C. Shudhir Shaw, *Physikalisch-chemische Untersuchungen der Bildung von Nickelamminen in Lösung.* 2. Mitt. *Nickelamminrhodanid.* (1. vgl. vorst. Ref.) Durch Unters. des Syst. $[Ni(NH_3)_4](SCN)_2$–NH_3 in W. weist Vf. die Existenz von *Ni-Tetramminrhodanid* (I) u. *Ni-Hexamminrhodanid* (II) in wss. NH_3-Lsgg. nach. Durch Best. der NH_3-Verteilung zwischen einer wss. u. einer amylalkoh. Schicht werden die Instabilitätskonstanten ermittelt (I $3—4 \cdot 10^{-7}$; II $2—4 \cdot 10^{-8}$). Die Verbb. liegen bei einem Konzentrationsverhältnis Ni/NH_3 (I 1/9,06; II 1/14,8) vor. Die Wellenlängen der maximalen Extinktion werden bestimmt. Auf Grund des Verlaufs der Leitfähigkeitskurven nimmt Vf. die Existenz einer Verb. $Ni[NH_3)_4(SCN)_2]$ an. (Z. physik. Chem. **204.** 207—14. Mai 1955.) R. Lacmann. 356

K. B. Jatzimirski und **W. Je. Panowa,** *Über einige ternäre Komplexe des Kupfers und Silbers.* In *$Na_2S_2O_3$* (I)-Lsgg. verschied. Konz. wurde die Löslichkeit von *CuJ* u. *CuSCN* bestimmt. Auf Grund dieser Messungen u. der Literaturangaben wird festgestellt, daß in I die Komplexionen $[CuJS_2O_3]^{2-}$ u. $[Cu(SCN)S_2O_3]^{2-}$ entstehen. Ihre Instabilitätskonstanten ergaben sich zu $3{,}1 \cdot 10^{-13}$ bzw. $1{,}3 \cdot 10^{-13}$. Auf Grund der Literaturangaben über die Löslichkeit von AgSCN u. AgJ in KSCN sowie von AgCl, AgBr u. AgJ in I werden folgende Konstanten der Instabilität ermittelt: $[Ag(SCN)_4]^{3-}$ — $1{,}0 + 0{,}5 \cdot 10^{-11}$; $[AgJSCN]^-$ — $7{,}1 \cdot 10^{-13}$; $[AgClS_2O_3]^{2-}$ — $0{,}7 \cdot 10^{-9}$; $[AgBrS_2O_3]^{2-}$ — $2{,}0 \cdot 10^{-12}$; $[AgJS_2O_3]^{2-}$ — $1{,}1 \cdot 10^{-13}$. (Журнал Общей Химии [J. allg. Chem.] **22** (**84**). 1284—89. Aug. 1952. Iwanowo, Chem.-Technol. Inst.) O. Lebtag. 359

Walter Cecil Schumb and others, Hydrogen peroxide. New York: Reinhold. 1955. (772 S. m. Abb., Diagr.) 8°. $ 16,50.

A₉. Mineralogische und geologische Chemie.

A. W. Schubnikow, *Über das Nichtvorhandensein einer bestimmten Beziehung zwischen der Homologie der äußeren Kristallform und der Homologie der Indicatrix der physikalischen Eigenschaften von Kristallen.* An einem Kristall, der morpholog. zur Homologiegruppe $\lambda_2 4\pi$ gehört, wird gezeigt, daß keine Homologie besteht, die die geometr. u. die physikal. Eigg. eines Kristalles verknüpft. Das bedeutet nicht, daß die einzelnen kristallograph. Figuren, bes. die der opt. Indicatrix, keine Homologieeig. aufweisen; sie haben vielmehr ihre eigene Homologie. (Записки Всесоюзного Минералогического Общества [Schr. Allunions mineralog. Ges.] [2] **84.** 121—22. 1955.) R. K. Müller. 372

F. W. Tschuchrow, *Über einige Fragen der Kolloidmineralogie.* An Hand der Literatur (17 Angaben) bespricht Vf. die Beziehungen zwischen koll. u. metamikten Mineralien, das stöchiometr. Verhältnis in den Kolloidmineralien, ihre Kristallisation in Gelen u. Solen, die Bedeutung der Oberflächenspannung für die morpholog. Besonderheiten der koll. u. metakoll. Mineralien u. die besonderen Merkmale der festen koll. Lösungen (Известия Академии Наук СССР, Серия Геологическая [Nachr. Akad. Wiss. UdSSR, geol. Ser.] **1955.** Nr. 4. 3—10. Juli/Aug.) O. Lebtag. 378

Sture Landergren, *Über die Gleichgewichtserscheinungen im Austausch der stabilen Kohlenstoffisotope in marinen Sedimenten.* Das $^{12}C/^{13}C$-Verhältnis im Carbonatkohlenstoff u. im C organ. Herkunft in mehreren marinen Sedimenten wird unter Berücksichtigung der geolog.-hydrograph. Bedingungen während der Absetzung der Sedimente gedeutet. Vf. zeigt ferner an Hand seiner Analysen, daß im Austausch der Isotope bei der Carbonatbldg. im Meer das von UREY beobachtete Gleichgewicht erreicht wird u. mit Hilfe dieses Gleichgewichts der Anteil von CO_2 organ. Herkunft berechnet werden kann. (Z. Naturforsch. **8b.** 537—41. Okt. 1953.) G. HARTMANN. 378

Ch. I. Amirchanow, I. G. Gurwitsch und **Ss. Ss. Ssardarow,** *Massenspektrometrische Schnellmethode zur Bestimmung des absoluten Alters geologischer Bildungen aus dem radioaktiven Zerfall von ^{40}K in ^{40}Ar.* Kontrollverss. an vorkambr. Mikroklin aus Karelien ergaben, daß die Altersbest. nach dem radioakt. Zerfall von ^{40}K in ^{40}Ar eine Genauigkeit von $\pm 5-6\%$ aufweist. Die Messungen an verschied. Gesteinen u. Mineralien vom Nordkaukasus zeigten die Möglichkeit, das Alter von relativ jungen geolog. Formationen (10—15 Millionen Jahre) zu ermitteln. Starke Abweichungen zeigen sich bei Muskovit u. Na-Feldspat: bei Entnahme aus der gleichen Stufe ergibt sich bei den ersteren ein ca. 3fach höheres Alter als bei Feldspat. Durch Vorverss. konnte ermittelt werden, daß bei Verbesserung des Verf. das Alter von 10 Millionen Jahren alten Gesteinen bestimmt werden kann. (Известия Академии Наук СССР, Серия Геологическая [Nachr. Akad. Wiss. UdSSR, geol. Ser.] **1955.** Nr. 4. 80—87. Juli/Aug.) O. LEBTAG. 378

F. Heide und **H. Moenke,** *Zur Geochemie des Arsens.* Es werden Kalk- u. Tongesteine des Muschelkalkes u. des Röts der Umgebung von Jena auf ihren As-Geh. untersucht. Der mittlere As-Geh. von Kalksteinen beträgt 1,0 g/t, der von Tongesteinen des Röt 3,15 g/t. Fe-Bestimmungen bestätigen die frühere Erfahrung der Abhängigkeit des As-Geh. von dem Fe-Gehalt. Bei einer Ausnahme war das Fe ursprünglich carbonat. gebunden. Eine anreichernde Wrkg. des Grundwasserspiegels ist beim As nicht festzustellen. (Chem. d. Erde **17.** 181—86. 1955. Jena, Mineralog. Inst.) J.-E. HILLER. 378

F. Heide und **H. Lerz,** *Zur Geochemie des Bleies.* Im Muschelkalk u. Rötgesteinen der Umgebung von Jena wurde der Geh. an Pb bestimmt. Er beträgt in reinen oder wenig verunreinigten Kalksteinen im Mittel 7,9 g/t. In den Tongesteinen des Röt beträgt er 20,8 g/t. Die Werte werden mit früher bestimmten Werten von Cu u. Zn verglichen. (Chem. d. Erde **17.** 217—22. 1955. Jena, Mineralog. Inst.) J.-E. HILLER. 378

G. W. Woitkewitsch, *Isotopenzusammensetzung des Bleis und das Problem des primären Magmas.* Die krit. Sichtung des Literaturmaterials (27 Angaben) über die Isotopenzus. von Pb führt zu der Schlußfolgerung, daß vor 4500 Millionen Jahren eine Entmischung der Erdoberfläche erfolgte, wodurch die radioakt. Elemente in den oberen Horizonten angereichert wurden, die tieferen Teile daran verarmten. Petrolog. bedeutet dies, daß das prim. Magma, das während der weiteren Differenzierung die heute vorhandenen Granite u. Basaltgesteine liefert, bei dieser chem. Entmischung vor 4500 Millionen Jahren entstanden ist. (Известия Академии Наук СССР, Серия Геологическая [Nachr. Akad. Wiss. UdSSR, geol. Ser.] **1955.** Nr. 4. 50—56. Juli/Aug.) O. LEBTAG. 378

A. I. Tugarinow, *Über die geochemische Bedeutung des Unterschiedes der Isotopenzusammensetzung des Bleis in Bleierzlagerstätten.* An Hand des Literaturmaterials (28 Angaben) werden die Gesetzmäßigkeiten des natürlichen Vorkommens der Pb-Isotope u. die Beziehungen zwischen der Isotopenzus. der Pb-Erze u. der Genesis der Vorkommen theoret. erörtert. Danach sind die Schwankungen bei der Isotopenzus. von Pb innerhalb der einzelnen Erzfelder ein Hinweis darauf, daß bei vielen endogenen Erzvorkommen zeitlich verschied. Etappen der Erzbldg. zu beobachten sind. Die weitverbreitete Ansicht, daß die endogenen Erzvorkk. während einer relativ kurzen Epoche der Metallogenese entstanden sind, muß als sehr fraglich bezeichnet werden. Die Isotopenzus. des Pb von Sedimenten muß im Vgl. zu den synchronen hydrothermalen Lagerstätten als etwas „älter" erscheinen u. innerhalb des produktiven Erzhorizontes eine außerordentliche Konstanz aufweisen. (Известия Академии Наук СССР, Серия Геологическая [Nachr. Akad. Wiss. UdSSR, geol. Ser.] **1955.** Nr. 4. 31—49. Juli/Aug.) O. LEBTAG. 378

Elemér Szádeczky, *Die Rolle der Geochemie in der heutigen Forschung der mineralischen Rohstoffe.* (Vortrag.) Zur Zeit ist Aufgabe der Geochemie die Erforschung der Spurenelemente in Sedimentgesteinen bes. in an Erzen armen Ländern. Die Unters. dieser an der Erdoberfläche gebildeten Gesteine ist zweckdienlich, das das Vork. von Spurenelementen infolge Gesetzmäßigkeiten oft auf noch nicht bekanntes prim. Erzvork. hinweist. Vf. bespricht die GOLDSCHMIDTsche Einteilung, die bekannten Regeln u. bringt dann zwei Kurvenbilder, in denen die Atom- bzw. Ionenradien in die Tabelle des nach langen Perioden geordneten natürlichen Syst. eingeordnet sind. In dieser Weise zeigen die Kurven die Zusammengehörigkeit der atmophilen, pneumatophilen, lithophilen, pegmatophilen, siderophilen u. kalkophilen Elemente bedeutend augenfälliger als in dem GOLDSCHMIDTschen Diagramm. Nach der Besprechung des FERSMANschen energet. Koeff. u. der Gleichung von KAPUTINSKI u. deren scheinbaren Gegensatzes erläutert Vf. die Entstehung der wichtigsten Sedimentgesteine, zu deren Einteilung schon GOLDSCHMIDT das Ionenpotential als ausschlaggebend bezeichnete. Schließlich bespricht Vf. die Anreicherung von prakt. wichtigen, seltenen Elementen in den brennbaren organ. Sedimenten, deren Asche als wertvoller Grundstoff zur Gewinnung dieser dienen kann. (Magyar Kémikusok Lapja [Z. Ver. ung. Chemiker] **7.** 14—23. Jan. 1952.) J. PLANK. 378

Annemarie Schmölzer, *Zur Geochemie der Jodsolequellen.* Die jodführenden Quellen Österreichs werden auf ihren Jod- u. Bromgeh. sowie auf die Gehaltsverhältnisse von Cl:HCO_3:SO_4 sowie K:Ca:Mg untersucht. Für die Genese kommen 4 quantitativ wechselnde Komponenten in Frage: die biogene der Abbauprodd. von Planktonorganismen, die marine fossiler Meerwässer, die minerogene der am Kontakt mit organ. Substanzen veränderten Tiefenstandwässer u. infiltriertes Süßwasser oder Mineralwasser. Danach lassen sich die jodführenden Mineralwässer in 2 Hauptgruppen einteilen: solche überwiegend biogener Natur u. gemischt organogen-minerogene Jod–Sole-Quellen. (Chem. d. Erde **17.** 192—210. 1955. Bad Hall.) J.-E. HILLER. 378

B. P. Krotow, *Über die Gesetzmäßigkeiten der Verteilung von Meeres- und Seelagerstätten von Eisenerzen und Bauxiten nach Hauptstruktureinheiten der Erdrinde.* Auf Grund einer Betrachtung der verschied. Eisenerzvorkk. in der Sowjetunion wird dargetan, daß weder an die Geosynklinalen noch an die Plattformen oder Gebiete einer früheren Faltenbldg. Vorkk. einer bestimmten genet. Art gebunden sind. Die Bauxitlager vom Typ Terra rossa kommen in der Sowjetunion nicht vor. Die bekannten genet. Typen der Bauxitvorkk. sind durch Laterit- u. deluvial-sedimentäre Vorkk. in den Seesumpfbecken zu ergänzen. (Известия Академии Наук СССР, Серия Геологическая [Nachr. Akad. Wiss. UdSSR, geol. Ser.] **1955.** Nr. 4. 11—19. Juli/Aug.) O. LEBTAG. 378

M. A. Faworskaja, *Über die Beziehung der Zinnvererzung zum Magmatismus.* An Hand der Literatur (14 Literaturangaben) wird der genet. Zusammenhang verschied. Typen der Zinnvererzung mit den Intrusivgesteinen erörtert. Es wird gezeigt, daß die bis vor kurzem vorherrschende Ansicht, wonach es 2 grundsätzlich verschied. Typen der Sn-haltigen Intrusionen (Alaskitgranite u. Intrusionen erhöhter Basizität) geben soll, falsch ist. Die Kassiterit–Quarz- u. Kassiterit–Sulfid-Formationen der Sn-Vererzung können nicht einander gegenübergestellt werden. Sie sind zeitlich verschied. Stadien eines einheitlichen magmat. Prozesses. (Известия Академии Наук СССР, Серия Геологическая [Nachr. Akad. Wiss. UdSSR, geol. Ser.] **1955.** Nr. 4. 20—30. Juli/Aug.) O. LEBTAG. 378

Henrich Neumann, *Die Kupfervorkommen in Straumsheia.* Die Ausbeutung der seit mehr als 250 Jahren bekannten Vorkk. hat bisher keinen großen Erfolg gehabt (Gesamtertrag ca. 100 t Cu). Die Lagerstätten befinden sich in einer Gesteinsschicht von Quarzit u. Amphibolit, die zahlreiche unregelmäßige Granit- u. Pegmatit (I)-blöcke enthält. In die I ist Kupferglanz eingesprengt. Die Herkunft des gleichfalls anwesenden Cyprins ist ungewiß; er gehört nicht zur Paragenesis der Cu-haltigen I. (Norges geol. Unders. **1954.** 18—29.) W. WESLY. 380

C. V. Raman und **A. Jayaraman,** *Über die Struktur des Amethyst und seine natürliche Entstehung.* Eine große Anzahl Amethystkristalle werden magnet. u. opt., bes. in Hinblick auf die Lichtstreuung u. die Farberscheinungen, untersucht. Ihre Susceptibilität ist von der des farblosen *Quarzes* nicht meßbar verschieden. Auf Grund der opt. Eigg. wird angenommen, daß der Amethyst nur monokline Symmetrie besitzt, wobei die 2zählige Achse mit einer der drei elektr. Achsen des Quarzes übereinstimmt. Mit Röntgenstrahlen konnte kein Unterschied zwischen Quarz u. Amethyst beobachtet werden. Die Strukturänderung des Amethyst wird so gedeutet, daß je eins von den drei Si-Atomen in der Quarzzelle entlang der 2zähligen Achse, auf der es liegt, ein wenig verschoben ist. Diese Strukturänderung wird mit dem Einbau von Eisenoxyd in Verbindung gebracht, welches als schichtartige Anreicherung an dem Übergang von amethystfarbigem zu farblosem Quarz beobachtet wird. (Proc. Indian Acad. Sci., Sect. A **40.** 221—29. Dez. 1954. Bangalore, Raman Res. Inst.) J.-E. HILLER. 380

C. V. Raman, *Amethyst: Seine Natur und Entstehung.* Im wesentlichen inhaltlich ident. mit der vorst. referierten Arbeit. (Current Sci. **23.** 379—83. Dez. 1954.) J.-E. HILLER. 380

G. G. Lemmlein und **P. W. Klewzow,** *Physikalisch-chemische Analyse flüssiger Einschlüsse in Halit- und Sylvinkriställchen enthaltendem Quarz.* In einem *Bergkristall* vom Pamir werden eingeschlossene Kriställchen von *NaCl* (**I**) u. *KCl* (**II**) neben einer gesätt. **I**-**II**-Lsg. gefunden, deren E. zu $-26{,}8$ bis $-27{,}8^0$, als $4-5^0$ tiefer als der kryohydrat.

Punkt der gesätt. I–II-Lsg. bestimmt wird, vermutlich durch Ggw. von $MgCl_2$ oder $CaCl_2$ erniedrigt. Beim Erhitzen bleibt das Vol. des I unverändert, das des II nimmt zwischen 62,5 u. 89,7° rasch ab u. verschwindet. Die Einschlüsse enthalten demnach 18,5% II u. 24,4% I. Es wird auf andere Anwendungsmöglichkeiten der kryoskop. Analyse bei der Unters. von Einschlüssen hingewiesen. (Записки Всесоюзного Минералогического Общества [Schr. Allunions mineralog. Ges.] [2] **84.** 47–52. 1955. Moskau, Inst. für Kristallographie der Akad. der Wiss. der UdSSR.) R. K. MÜLLER. 380

F. Heide, *Über bemerkenswerte Boracitvorkommen in den Kalilagern des Südharzbezirks.* Es werden Boracitvorkk. vom KALIWERK THOMAS MÜNZER (Bismarckshall), Bischofferode, KALIWERK KARL MARX, Sollstedt u. Kraja, KALIWERK KARL LIEBKNECHT, Bleicherode, KALIWERKE VOLKENRODA u. PÖTHEN beschrieben. Die pseudokub. Vorkk. werden Boracit, die feinkörnigen *Staßfurtit* genannt. Die gefundenen Proben wurden kristallograph., mkr., chem., röntgenograph., magnet. u. auf ihr Verh. beim Erhitzen untersucht. Der himbeerrote Boracit von Bischofferode hatte folgende Analyse: B_2O_3 50,56, FeO 35,26, MnO 1,79%. (Chem. d. Erde **17.** 211–16. 1955. Jena, Univ., Mineralog. Inst.) J.-E. HILLER. 380

Erich Neuwirth, *Zur Feldspat- und Biotitverwitterung im Koralmgebiet (Steiermark).* Auf Grund von licht- u. elektronenmkr. Unterss. wurde festgestellt, daß der Feldspat verhältnismäßig leicht u. in grobem Korn verwittert. Die Lösbarkeit nimmt mit dem Lösungsfortschritt zu, ohne daß zum Schluß Gitterreste zurückbleiben. Aus den Lsgg. wird *Halloysit* gebildet. Der Biotit wird in den feinen Fraktionen bis zu einem röntgenamorphen Rest abgebaut, wobei Gitterreste erhalten blieben. Die Zerstörung des chem. Gitters ist jedoch vollkommen, bevor auch nur annähernd die Zus. der (Si, Al)O_4-Tetraederschicht erreicht ist. Eine Zuordnung zu einer bestimmten Tonmineralklasse konnte nicht vorgenommen werden. (Berg- u. hüttenmänn. Mh. montan. Hochschule Leoben **99.** 166–71. Aug./Sept. 1954. Graz.) F. ENSSLIN. 380

D. A. Richards, *Magnetiteinschlüsse in Glimmer.* Es werden orientierte Magnetiteinschlüsse in Glimmer durch Elektronenbeugungsaufnahmen untersucht. Es zeigt sich, daß die Magnetiteinkristalle mit (1 1 1) parallel zur Spaltebene der Glimmer liegen u. daß [1 1 0] parallel [0 1 0] des Glimmers ist. Die Untersuchungstechnik wird beschrieben. (Proc. physic. Soc., Sect. A **63.** 852–55. 1/8. 1950. Aberystwyth, Univ. Coll. of Wales, Phys. Dep.) J.-E. HILLER. 380

Ivan Th. Rosenqvist, *Diffusionsreaktionen zwischen Pyrit und Hämatit in feinkörnigem Sandstein.* In einem roten Sandstein findet sich bläulichschwarzer Schiefer mit ovalen, schwachgrünlich gefärbten Flecken. Diese sind offenbar dadurch entstanden, daß bei einer Red. von Hämatit durch Pyrit dieser in $FeSO_4$ übergegangen ist, vermutlich nach $FeS_2 + 5Fe_2O_3 + O_2 \rightleftharpoons 2FeSO_4 + 9FeO$. Der erforderliche O_2 muß hierbei entweder aus Lsg. in W. oder aus Lufteinschlüssen stammen. Da eine direkte Rk. bei den Tempp. der gewöhnlichen Metamorphose nach den berechneten ΔF-Werten (Tabelle) nicht stattfinden kann, scheint die Red. nach Rekristallisation der Silicatmineralien stattgefunden zu haben. (Norsk geol. Tidsskr. **30.** 5–12. 1952.)
R. K. MÜLLER. 380

Trygve Strand, *Auftreten von Zeolithen in Nordmøre.* Beschreibung des Vork. von Zeolithen in Norwegen u. deren mineralog. Eigenschaften. (Norsk geol. Tidsskr. **30.** 210–12. 1952. Geolog. Survey of Norway.) W. WESLY. 380

W. E. Sinclair, *Mineralvorkommen im Nyasaland.* Übersicht über die bes. in letzter Zeit festgelegten, größtenteils noch wenig erforschten Lagerstätten im Nyassaland: *Korund, Glimmer, Graphit, Kohle, Bauxit* (Vork. auf 60000000 t geschätzt), *Cyanit, Hornblende–Asbest, Zirkon, Erze, Monazit*-Konz. in Flußsanden, Spuren von *Cu* (Sulfid u. Malachit) u. *Ag* sowie *Kalkstein* u. *Tone.* (Mining J. [London] **240.** 668–69. 5/6. 1953.)
H. MENKE. 380

L. F. Ainberg, *Über die Genesis von Charnockiten und der Gesteine der Charnockitserie.* Aus den Unterss. über den Ursprung der Pyroxengranite aus dem Komplex der krist. Gebilde des unteren Präkambriums im südlichen Teil des Jenisseibergrückens geht hervor, daß die Pyroxenschiefer, Gneise u. massiven Granitoide eine einheitliche Charnockit (I)-Serie bilden. Diese Gesteine sind durch Umwandlungen der früheren bas. Eruptivgesteine entstanden. Die I können nicht als hybride Migmatitgesteine angesehen werden, die durch Kontaktwrkg. der Granitinjektionen auf die prim. Sedimente entstanden sind, noch weniger als Prodd. einer regionalen Tiefenumkristallisation oder Umschmelzung alter Sedimentschichten. (Известия Академии Наук СССР, Серия Геологическая [Nachr. Akad. Wiss. UdSSR, geol. Ser.] **1955.** Nr. 4. 102–20. Juli/Aug.)
O. LEBTAG. 382

A. F. Banfield, *Vulkanische Lagerstätten von elementarem Schwefel.* Solche Lagerstätten sind stets an rezenten Vulkanismus geknüpft. Vf. beschreibt die geolog. Lagerungsverhältnisse des S u. erläutert mittels chem. Analysen die Umwandlungen, die die Gesteine in der Nähe von Schwefellagern erfahren. (Canad. Mining metallurg. Bull. **47.** 769—75. Nov. 1954. New York, N. Y., Behre Dolbear & Co.) W. BAUR. 386

J.-M. Graulich, *Untersuchung über die Bedingungen der Schwefellagerstätte von Strongoli (Provinz Catanzaro, Italien).* Die Schwefellagerstätte ist eng begrenzt auf das Massiv von San Nicola dell'Alto, welches sich im Tertiär herausgehoben hat. (Rev. univ. Mines, Métallurg., Trav. publ., Sci. Arts appl. Ind. [9] **10 (97).** 635—42. 15/10. 1954.) F. ENSSLIN. 386

G. A. Maximowitsch, *Calcitfilme der Seewannen von Grotten.* Die Analyse der auf einem russ. Grottensee angesammelten Calcithaut ergibt einen Geh. an CaO (54,75%) > MnO > MgO > Fe_2O_3. Das W. dieses Sees enthält an mineral. Bestandteilen 1390,6 mg/Liter, das eines anderen Sees derselben Grotte 219,2. (Записки Всесоюзного Минералогического Общества [Schr. Allunions mineralog. Ges.] [2] **84.** 78—79. 1955. Molotow, Gorki-Univ., Lehrstuhl für dynam. Geol. u. Hydrogeol.) R. K. MÜLLER. 393

J. H. Lüttmer, *Zur Schlickbildung im Mündungsgebiet der Ems.* Die von KÖPPEN vertretene Ansicht einer Schutzkolloidwrkg. bei der Schlickbldg. in Küstengewässern wird widerlegt u. eine andere Möglichkeit der Schlickbldg. (gegenseitige Ausfällung von Kieselsäure u. Ferrihydraten unter Glaukonitbldg.) angedeutet. (Kolloid-Z. **131.** 38—39. April 1953. Gießen, Inst. für Bodenkunde.) W. HENTSCHEL. 393

A. P. Lissitzyn, *Die Verteilung von authigenem Siliciumdioxyd in Bodenablagerungen des westlichen Teils des Beringmeeres.* Die Unterss. zeigten, daß mit zunehmender Dispersität der Sedimente die Mengen des authigenen SiO_2 (I) zunehmen. In den Schelfgebieten enthalten die Ablagerungen weniger als 5% I. Der I-Geh. schwankt zwischen 1 u. 34%. Aus der mkr. Unters. der mit I angereicherten Ablagerungen geht hervor, daß ihre Bldg. auf dem Boden des Beringmeeres mit dem reichen Vork. von Si-haltigen Plankton- u. Benthitorganismen zusammenhängt. In den Ablagerungen des Beringmeeres ist I überall biogener Natur. Merkmale einer chemogenen Bldg. von I können nicht festgestellt werden. (Доклады Академии Наук СССР [Ber. Akad. Wiss. UdSSR] **103.** 479—82. 21/7. 1955.) O. LEBTAG. 393

P. P. Woronkow, *Über einige Gesetzmäßigkeiten der Formierung der chemischen Zusammensetzung von atmosphärischen Niederschlägen.* Es wurde festgestellt, daß das Sumpfwasser von der Karel. Landenge zu verschied. Jahreszeiten einen Cl^--Geh. von 0,0 bis 0,8 mg/Liter u. einen SO_4^{2-}-Geh. von 2,5—12,4 mg/Liter aufweist. In dem von den Sümpfen abfließenden Frühjahrswasser schwankt der Cl^--Geh. zwischen 0,1 u. 0,6 mg/Liter, der SO_4^{2-}-Geh. zwischen 5,2 u. 12,5 mg/Liter. Im Schneewasser beträgt der Cl^--Geh. 0,2—0,7 mg/Liter, der SO_4^{2-}-Geh. 1,0—2,7 mg/Liter. Das Regenwasser enthält im Mittel 0,5 mg/Liter Cl^- u. 1,6 mg/Liter SO_4^{2-}. Ca- u. Mg-Ionen sind in den Ndd. nicht nachweisbar, ein Beweis dafür, daß keine terrigene Verunreinigung der Atmosphäre vorliegt. Die in den Ndd. enthaltenen SO_4^{2-}-Ionen sind Oxydationsprodd. von SO_2. Aus den Ergebnissen ist zu schließen, daß die Cl^--Ionen in den atmosphär. Ndd. der Nordgebiete hauptsächlich aus feinsten NaCl-Teilchen stammen, die als Kondensationskerne auftreten. Hieraus erklärt sich der fast konstante Cl^--Geh. sowohl in den atmosphär. Ndd. als auch in den Oberflächenwässern. Die Unterschiede in der Mineralisation u. chem. Zus. der atmosphär. Ndd. verschied. Gebiete erklären sich aus der verschied. Verunreinigung der Luft. (Доклады Академии Наук СССР [Ber. Akad. Wiss. UdSSR] [N. S.] **98.** 765—68. 11/10. 1954. Leningrad, Hydrol. Inst.) O. LEBTAG. 396

B. Allgemeine und theoretische organische Chemie.

Isaac Samuel, *Die Eigenschaften von gewissen partiellen Ableitungen von Säkulargleichungen.* Am Beispiel des *Bzl.* zeigt Vf., daß die 1. Ableitung der Säkulargleichung $F(Y_1, Y_2 \ldots, Y_i, \ldots Y_n) = 0$ nach Y_i ($Y_1, Y_2, \ldots Y_n$ seien die Diagonalterme der Säkulardeterminanten, entsprechend den Atomen 1, 2, ... n) die Säkulargleichung des um 1 C-Atom ärmeren Homologen, des *Pentadiens,* ergibt. Bezeichnet man beim *Naphthalin* die α-, β-ständigen u. Zentralatome mit X, Y u. Z, dann liefert die partielle Ableitung der Säkulargleichung nach X den Beitrag der π-Elektronen zur Potentialschwelle bei einer Substitution in α-Stellung. Allg. erhält man bei der Ableitung vorst. Gleichung bei Ersatz von Y_i durch $Y_i + \alpha$ (α COULOMB-Integral): $F + \alpha\, \partial F/\partial Y_i = 0$, von Y_i durch αY_i: $F + (\alpha - 1)\, Y_i\, \partial F/\partial Y_i = 0$; wenn Y_i durch αY_i ersetzt wird u. die Diagonalterme, die nicht diagonal zum Index i sind, mit β (Resonanzintegral) multipliziert werden: $\alpha Y_i\, \partial F/\partial Y_i + \beta^2\, (F - Y_i\, \partial F/\partial Y_i) = 0$. (C. R. hebd. Séances Acad. Sci. **238.** 2422—24. 21/6. 1954.) K. FRENKLER. B 10

Carl M. Moser, *Über die LCAO-Koeffizienten des Naphthalins, erhalten durch ein semiempirisches Näherungsverfahren nach der Methode des „self-consistent"-Feldes.* Vf.

berechnet für *Naphthalin* (I) die Bindungsindices, das Ionisationspotential, die Ladungen q u. die freie-Valenzindices F nach einer semiempir. SCF-Meth., die im wesentlichen der von POPLE (Trans. Faraday Soc. **49.** [1953.] 1375) angegebenen folgt. Es werden nur die den C-Atomen des **I** zugehörigen 10 $2p\pi$-Elektronen berücksichtigt. Als Mol.-Größen werden berechnet: das Ionisationspotential zu 12,43 eV, nach Anbringung der Korrektur von PARISER u. PARR (J. chem. Physics **6.** [1938.] 645) zu 9,83 eV (experimentell 8,30 eV), die Bindungsindices 1—2 1,830; 2—3 1,467; 1—9 1,449; 9—10 1,676, die Bindungslängen 1—2 1,368; 2—3 1,436; 1—9 1,440; 9—10 1,396 Å u. die q des C-Atoms 1 zu 0,967, des C-Atoms 2 zu 1,026. Die erhaltenen Ergebnisse werden mit denen, die nach den Methoden von HÜCKEL u. POPLE berechnet wurden, verglichen u. die Abweichungen diskutiert. Die Abweichungen von den experimentellen Werten sind in erster Linie darauf zurückzuführen, daß das eingeschlagene Rechenverf. nur eine sehr grobe Näherung erlaubt. Dies zeigt sich bes. bei den berechneten q-Werten, die entgegen der experimentellen Erfahrung eine bevorzugte elektrophile Substitution in β-Stellung voraussagen. (J. Chim. physique Physico-Chim. biol. **52.** 24—33. Jan. 1955. Paris, Inst. du Radium, Pavillon Pasteur.) K. FRENKLER. B 10

Bernard Pullman und **Jeanne Baudet**, *Untersuchung über cancerogene Kohlenwasserstoffe. Die Struktur von 3.4-Benzopyren und zwei ähnlichen Verbindungen mit sechs zusammenhängenden Benzolkernen.* Die Bindungsenergien u. Brechungsindices in *3.4-Benzopyren* (I), *3.4;8.9-Dibenzopyren* u. *Dibenzo-[cd;jk]-pyren* (*Anthanthren*) wurden berechnet, die Resonanzenergien betragen 8,222, 9,928 bzw. 9,253 β. Vff. prüfen an Hand ihrer Ergebnisse einige von anderer Seite vorgeschlagene Beziehungen zwischen physikal.-chem. Eigg. u. Mol.-Struktur. 1. Die von BADGER u. MCKENZIE (C. **1954.** 273) angedeutete Möglichkeit, aus dem Redoxpotential von o-Chinonen die Bindungsindices der entsprechenden C–C-Bindungen in den analogen KW-stoffen zu berechnen, ist nur begrenzt anwendbar. Zwar stimmt der nach dieser Meth. gewonnene Wert für die $C_{(6)}$–$C_{(7)}$-Bindung in I von 0,778 mit dem nunmehr ermittelten Wert von 0,784 sehr gut überein, jedoch nehmen die Redoxpotentiale für o-Chinone mit den CO-Gruppen im K-Gebiet in Richtung Pyren (**III**) > Phenanthren (**II**) > 1.2-Benzoanthracen (**IV**) ab, während die Bindungsenergien **II** < **III** < **IV** < **I** zunehmen. — 2. Die Additionsfähigkeit einer Verb. an einer bestimmten Stelle hängt von deren Lokalisationsenergie an dieser Stelle ab. Obwohl nun die Polarisierbarkeit der $C_{(6)}$–$C_{(7)}$-Bindung in **I** von gleicher Größenordnung ist wie in **IV** (1,032 bzw. 1,031 β), reagiert **I** leichter mit OsO_4 als **IV**. Diese Diskrepanz beruht wahrscheinlich darauf, daß die Additionsfähigkeit nicht allein von der Polarisierbarkeit der Bindung, sondern auch von der Polarisierbarkeit der Elektronen an den beiden C-Atomen an den Enden der Bindung abhängt. — 3. In Übereinstimmung mit der Erfahrung besitzt **I** bei $C_{(5)}$ das reaktionsfähige Zentrum; $C_{(6)}$ u. $C_{(7)}$ besitzen die gleichen freie-Valenzindices. Nach der Theorie von BADGER (J. chem. Soc. [London] **1949.** 2497) hängt die Richtung der Wasserabspaltung aus aromat. o-Diolen von den F-Werten des dehydratisierten Prod. an den entsprechenden Stellen ab; 6.7-Dioxy-6.7-dihydro-3.4-benzopyren ist die einzige bekannte Verb., bei der hierbei sowohl 6- als auch 7-Oxy-3.4-benzopyren entsteht; die gleiche Größe der F von $C_{(6)}$ u. $C_{(7)}$ erklärt diese Erscheinung. (C. R. hebd. Séances Acad. Sci. **237.** 986—89. 28/10. 1953.)
H. LEHWALD. B 10

P. G. Wilkinson und **R. S. Mulliken**, *Im kurzwelligen Ultraviolett liegende Absorptionsspektren von Äthylen und Äthylen-d_4.* Vff. untersuchten das Absorptionsspektr. von *Äthylen* (I) u. *Äthylen-d_4* (**II**) zwischen 1500 u. 2050 Å. Die Spektren wurden mit einem modifizierten HARRISON-21 Fuß-Gitterspektrographen aufgenommen, das Auflösungsvermögen betrug ca. 100000 bei einer Spaltbreite zwischen 2 u. 10 μ. Als Lichtquelle diente für den Bereich 1720—2050 Å das H_2-Kontinuum u. für 1500—1850 Å eine Xenonlichtquelle. — Für die C=C-Valenzschwingung im 1. RYDBERG-Zustand (R) wurden die Schwingungskonstanten ω_2^0 u. x_{22}^0 von **I** zu 1381,5 cm^{-1} u. —11,2 cm^{-1} u. von **II** zu 1306,8 cm^{-1} u. —8,2 cm^{-1} bestimmt. Für den V-Zustand von **I** ergab sich $\omega_2^0 = 852$ cm^{-1}, $x_{22}^0 = -1,9$ cm^{-1}, von **II** $\omega_2^0 = 797$ cm^{-1}, $x_{22}^0 = -1,8$ cm^{-1}. In der v'–0-Valenzschwingungsprogression im langwelligen Teil des V ← N-Übergangs von **II** wurde eine Feinstruktur festgestellt, die versuchsweise einer Torsionsschwingung zugeschrieben wurde. Die 0–0-Banden des V ← N-Übergangs liegen schätzungsweise bei 2500 Å. — Die Torsionsfrequenz im R-Zustand wurde bei **I** zu 236 cm^{-1} u. bei **II** zu 141 cm^{-1} neu bestimmt. Die Werte verringern sich etwas mit steigender Valenzschwingungsquantenzahl. Unter Benutzung des Modells eines verdrillten Oscillator-Rotators wurden mit Hilfe der Potentialfunktion $V = (\frac{1}{2})V_0\,(1 + \cos 2\Theta)$ mit einer Potentialschwellenhöhe von 790 cm^{-1} für **I** u. **II** einigermaßen Übereinstimmung mit den entsprechenden Schwingungsniveaus erhalten. Wenn **I** u. **II** getrennt behandelt wurden, ergaben sich solche von 650 bzw. 920 cm^{-1} für **II** bzw. **I**. Die Anomalien in Isotopeneffekt u. Intensitäten der R ← N-Drillschwingungsbanden wurden vorläufig der Störung der R-Zustandsniveaus durch V-Niveaus u./oder der Abweichung des Drillpotentials von der einfachen Cosinusform zugeschrieben. Ein höherer R-Zustand weist ähnliche Drillbanden auf, die aber viel geringere Anomalien in Isotopeneffekt u. Intensitäten besitzen. (J. chem. Physics **23**. 1895—1907. Okt. 1955. Chicago, Ill., Univ., Dep. of Phys., Labor. of Mol. Structure and Spectra.) L. FISCHER. B 118

J. E. Dubois und **P. Maroni**, *Prinzip einer spektrophotometrischen Methode zur Untersuchung des Verhaltens von β-Ketolen.* Ref. über die Ergebnisse früherer Unterss. über die $FeCl_3$-Rk. von β-Ketolen, die am Zentralatom substituiert u. unsubstituiert sind (vgl. C. **1947**. 844), sowie über die UV-Spektren einer Anzahl von β-Diketonen (vgl. C. **1954**. 1435). Die UV-Spektren der folgenden β-Ketole werden in Chlf. gemessen u. mit denen der Diketone verglichen: *2.3.6-Trimethylheptanol-(3)-on-(5)*, *2.2.3.6.6-Pentamethylheptanol-(3)-on-(5)*, *3.4.7-Trimethylnonanol-(4)-on-(6)*, das *β-Ketol* aus *Methylhexylketon*, *6-Methylheptanol-(2)-on-(4)* u. das *β-Ketol* aus *Methyläthylketon*. Alle β-Ketole enthalten etwas Diketon (0,2—8%), dessen Bildungsmöglichkeiten Vff. diskutieren. (Bull. Soc. chim. France, Mém. [5] **20**. C31—C34. Okt. 1953. Saarbrücken, Fac. de Sci., Labor. de Chim. phys.) H. LEHWALD. B 118

G. H. Beaven, D. Muriel Hall, Mary S. Lesslie, E. E. Turner und **Gwendoline R. Bird**, *Die Beziehung zwischen Konfiguration und Konjugation bei Diphenylderivaten.* 3. Mitt. *Die Ultraviolettabsorptionsspektren einiger 2.2'-überbrückter Verbindungen mit meta-Substituenten.* (2. vgl. LITTLEJOHN u. SMITH, C. **1954**. 3896.) Vff. untersuchen den Einfl. von m.m'-Substituenten auf die UV-Absorptionsspektren von Diphenylderivv. mit 2.2'-Brückenbindung. Untersucht wurden in 96%ig. A. *2.7-Dihydro-3'.2''-dimethoxy-3.4;5.6-dibenzoxepin* (**I**), *9.10-Dihydro-3.6-dimethoxyphenanthren* (**II**), *2.7-Dihydro-3'.2''-dimethoxy-3.4;5.6-dibenzazepinium-1-spiro-1'''-piperidiniumbromid* (**III**), *2.7-Dihydro-3'.2''-bis-oxymethyl-3.4;5.6-dibenzoxepin* (**IV**), u. zum Vgl. *2.2'-Ditolyl* (**V**) u. *5.5'-Dimethoxy-2.2'-ditolyl* (**VI**). Die Spektren der Verbb. wurden diskutiert u. mit denen der o.o'-Verbb. (vgl. 1. Mitt., BEAVEN u. Mitarbeiter, C. **1955**. 6242) verglichen, beide Verbindungsklassen besitzen ähnliche Absorption. Vff. werten das als Beweis dafür, daß ster. Effekte nicht ausschlaggebend bei den o.o'- u. m.m'-Dimethoxydiphenylen das Spektr. bestimmen. Vff. nehmen an, daß die Moll. dissymm. sind u. in enantiomorphen Formen auftreten können; Verss., diese Formen aus dem (+)-α-Bromcampher-π-sulfonat von **III** u. dem Bis-hydrogenphthalat von **IV** zu isolieren, mißlangen.

Versuche: *3-Nitro-p-kresol*, aus p-Tolylcarbonat durch Nitrierung u. Hydrolyse; 64% (Ausbeute). — *4-Methoxy-2-nitrotoluol* (**VII**), durch Methylierung vorst. Verb. mit Dimethylsulfat in Ggw. von wss. NaOH; 85%. — *4-Methoxy-2-nitrobenzoesäure*, durch Oxydation vorst. Verb. mit überschüssiger wss. $KMnO_4$-Lsg.; 42%. — *2-Amino-4-methoxybenzoesäure*, F. 181° (Zers.; aus verd. A.), durch a) Red. vorst. Verb. mit $SnCl_2$ u. HCl; 14%; b) Red. mit $FeSO_4$ u. NH_4OH; 14%. — *5-Methoxy-o-toluidinhydrochlorid*, durch Red. von **VII** mit Eisenfeilspänen in Essigsäure. — *2-Jod-4-methoxytoluol*, $Kp._3$ 107 bis 108°, aus vorst. Verb.; 64%. — *5.5'-Dimethoxy-2.2'-ditolyl* (**VI**), aus vorst. Verb. durch Erhitzen mit Cu-Bronze; 64%. — *3-Jod-4-methoxytoluol*, F. 30—31° (absol. A.), aus 61 g Methyl-p-tolyläther u. JCl in Eisessig, ½std. Kochen; 39 g. — *5.5'-Dimethoxydiphensäure*, F. 228°, durch Oxydation von **VI** mit wss. $KMnO_4$-Lsg. in Ggw. von $MnSO_4$ unter 7—8std. Kochen u. Fällung mit SO_2; 55%. *Dimethylester*, $C_{18}H_{18}O_6$, F. 165—166°, Prismen aus Methanol; 90%. — *2.2'-Bis-[oxymethyl]-5.5'-dimethoxydiphenyl* (**VIII**), $C_{16}H_{18}O_4$, F. 107—108° (Bzl.), durch Red. vorst. Esters mit $LiAlH_4$ in Ae. u. Zers. durch Kochen mit W. u. 2n H_2SO_4; 92%. — *2.7-Dihydro-3'.2''-dimethoxy-3.4;5.6-dibenzoxepin* (**I**), $C_{16}H_{16}O_3$, F. 159—160° (A.), durch Schmelzen von **VIII** in sd. W. u. Zugabe von 50%ig. H_2SO_4. — *2.2'-Bis-[brommethyl]-5.5'-dimethoxydiphenyl* (**IX**), $C_{16}H_{16}O_2Br_2$, F. 113 bis 114° (PAe.), aus **VIII** u. PBr_3; 92%. — *9.10-Dihydro-3.6-dimethoxyphenanthren* (**II**), $C_{16}H_{16}O_2$, $Kp._1$ 205—215°, F. 80—81° (Methanol u. PAe.), durch Rk. von **IX** mit Phenyl-Li in Ae.; 38%. — *3.6-Dimethoxyphenanthrenchinon*, F. 235—236°, gelbe Kristalle, durch Oxydation einer alkoh. Lsg. von **II** im Sonnenlicht. — *2.7-Dihydro-3'.2''-dimethoxy-3.4;5.6-dibenzazepinium-1-spiro-1'''-piperidiniumjodid*, $C_{21}H_{26}O_2NJ$, F. 274—275° (W.), aus Piperidin u. **IX** in Bzl. u. Zugabe von KJ-Lsg.; 94,5%. *Bromid* (**III**), $C_{21}H_{26}O_2NBr$, F. 270—271° (A.), aus vorst. Verb. u. AgBr. (+)-α-*Bromcampher-π-sulfonat*, $C_{31}H_{40}\cdot O_6NBrS$, $[\alpha]_{5791}$ +52,5°, $[\alpha]_{5461}$ +62,5°, aus Bzl. Rhomboeder; $C_{31}H_{40}O_6NBrS\cdot½C_6H_6$, $[\alpha]_{5791}$ +45,9°, $[\alpha]_{5461}$ +54,6°, aus Bzl. Nadeln; Darst. beider Formen aus **III** in verd. Äthanol. — *2.2'.5.5'-Tetramethoxycarbonyldiphenyl*, F. 145—146° u. nach Wiedererstarren 160—161° (o-Dichlorbenzol), F. 158—161° (Bzl.), durch Erhitzen von Jodterephthalsäuredimethylester mit Cu-Bronze. — *2.2'.5.5'-Tetrakis-oxymethyldiphenyl*, $C_{16}H_{18}O_4$, F. 202—203°, aus A. Nadeln, durch Red. vorst. Esters mit $LiAlH_4$; 76%. —

2.7-Dihydro-3'.2''-bis-[oxymethyl]-3.4;5.6-dibenzoxepin (**IV**), $C_{16}H_{16}O_3$, F. 192° (Zers.; A.), durch Erhitzen vorst. Verb. mit 2n H_2SO_4. *Di-[hydrogenphthalat]*, $C_{32}H_{24}O_9$, F. 179 bis 179,5° (wss. Essigsäure). (J. chem. Soc. [London] **1954**. 131—37. Jan. London, Univ., Bedford Coll., u. London Hosp., Med. Res. Council, Spectrograph. Unit.)

G. PAULIG. B 118

R. Van Riet, C. Courtoy und **M. de Hemptinne,** *Bemerkung zum Infrarotspektrum des Moleküls CH_3CH_2D bei großer Auflösung.* Vff. registrieren das Infrarotspektr. von gasförmigem *Monodeuteroäthan* zwischen 700 u. 905, 1155 u. 1355 sowie 2850 u. 3040 cm^{-1} (Diagramme angegeben). Die Linien der Banden bei 715,00 (Absorptionsminimum), 804,47 (Maximum) u. 2980,38—2981,82 cm^{-1} (Maxima) sind ferner tabellar. angeführt, ihre Lage ist in guter Übereinstimmung mit den Befunden von POSEY u. BARKER (J. chem. Physics **17.** [1949.] 182). Bei Betrachtung des Mol. C_2H_5D als symm. Kreisel werden die Rotationsstrukturen obiger Banden durch folgende Gleichungen dargestellt: $P_Q(K) = 715{,}52 - (2K - 1)\cdot 1{,}670\ cm^{-1}$ u. $R_Q(K) = 715{,}52 + (2K + 1)\cdot 1{,}670\ cm^{-1}$; $P_Q(K) = 805{,}29 - (2K - 1)\cdot 1{,}72 + 0{,}013\ K^2$ u. $R_Q(K) = 805{,}29 + (2K + 1)\cdot 1{,}72 + 0{,}013\ K^2$; $P_Q(K) = 2981{,}79 - (2K - 1)\cdot 1{,}683 - 0{,}002\ K^2$ u. $R_Q(K) = 2981{,}79 + (2K + 1)\cdot 1{,}683 - 0{,}002\ K^2$, ferner wurden folgende Beziehungen gefunden: Bande bei 715 cm^{-1} für das höchste u. tiefste Niveau: $A' - \frac{1}{2}(B' + C') = A'' - \frac{1}{2}(B'' + C'') = 1{,}670\ cm^{-1}$; Bande bei 804,47 cm^{-1} $A' - \frac{1}{2}(B' + C') = 1{,}720$ bzw. $A'' - \frac{1}{2}(B'' + C'') = 1{,}707\ cm^{-1}$ für das höchste bzw. niedrigste Niveau; Bande bei 2980,38 bis 2981,82 cm^{-1}: $A' - \frac{1}{2}(B' + C'') = 1{,}683$ bzw. $A'' - \frac{1}{2}(B'' + C'') = 1{,}685\ cm^{-1}$. Mit den geometr. Daten von HANSEN u. DENNISON (C. **1953.** 1780) werden folgende Hauptträgheitsmomente berechnet: $I_A = 12{,}445228\ (\cdot 10^{-40} g/cm^2)$ mit $A = 2{,}248774\ cm^{-1}$, $I_B = 44{,}432353$, mit $B = 0{,}629268\ cm^{-1}$ bzw. $I_C = 46{,}060052$ mit $C = 0{,}607609\ cm^{-1}$. (Ann. Soc. sci. Bruxelles, Sér. I **68.** 193—201. 31/12. 1954. Louvain, Univ., Labor. de Phys. nucl. et molecul.)

B. GNAUCK. B 120

Jenny Pickworth und **H. W. Thompson,** *Rotationsschwingungsbanden von Methylfluorid.* Die Rotationsschwingungsbanden des *Methylfluorids* zwischen 2,5 u. 5 μ werden mit großer Auflsg. gemessen u. drei ||-Banden bei 4,8 ($2\nu_3$), 3,5 u. 3,37 μ analysiert. Für die Rotationskonstante B'' des Grundzustands ergeben sich drei unabhängige Werte (Mittelwert $0{,}851_5$), die gut mit dem aus der Mikrowellenspektroskopie (0,8518 cm^{-1}; vgl. GILLIAM, EDWARDS u. GORDY, C. **1950.** I. 2087) erhaltenen übereinstimmen u. die Angabe von YATES u. NIELSEN (Physic. Rev. [2] **71.** [1947.] 349) berichtigen. Für die Zentrifugalstreckkonstante D_J wird der Wert $2{,}28\cdot 10^{-6}\ cm^{-1}$ erhalten. Die P-, R- u. Q-Zweige der Vertikaltypbande bei 3,3 μ werden gemessen u. analysiert. (Proc. Roy. Soc. [London], Ser. A **222.** 443—55. 23/3. 1954. Oxford, Univ., Phys.-Chem. Labor.)

D. HAHN. B 120

G. J. Minkoff, *Die Infrarotabsorptionsspektren organischer Peroxyde.* Vf. untersuchte zwischen 3 u. 15 μ die Spektren folgender Peroxyde im gelösten Zustand (Ae., Aceton, Chlf., CCl_4 bzw. Ligroin), die höheren Verbb. auch in fl. Phase: *Acetyl-* (**I**), *Propionyl-* (**II**) u. *n-Butyrylhydroperoxyd* (**III**), *Methyl-* (**IV**), *Äthyl-* (**V**), *Isopropyl-* (**VI**), *tert.-Butyl-* (**VII**), *[Methyläthylisobutyl]-methyl-* (n_D^{20} 1,4352), *Tetralin-* (F. 55—56°), *Cyclohexen-(2)-* (n_D^{20} 1,4797, unrein!) u. *α-Phenyläthylhydroperoxyd* (n_D^{20} 1,5260), *trimol. Acetonperoxyd* (**VIII**), *Diäthyl-* (**IX**) u. *Di-tert.-butylperoxyd* (n_D^{20} 1,3894), *tert.-Butylperbenzoat* (n_D^{18} 1,5010), *Diacetyl-* (**X**) u. *Dilauroylperoxyd, tert.-Butyl-* u. *[Methyläthylisobutylmethyl]-hydrogenperphthalat, tert.-Butyl-N-phenylpercarbaminat* u. *-N-α-naphthylpercarbaminat, Oxymethyl-* (**XI**) u. *α-Oxyäthylmethyl-, α-Oxyäthyläthyl-* u. *-isopropyl-* sowie *α-Oxy-n-propylmethylperoxyd, Bis-[oxymethyl]-, -[α-oxyäthyl]-, -[α-oxy-n-propyl]-, -[α-oxy-n-butyl]-* u. *-[1-oxy-2.2.2-trichloräthyl]-peroxyd. Oxymethyläthyl-* u. *-isopropylmethylperoxyd* zeigten das gleiche Spektr. wie **XI**. Die Darst. von Diisopropylperoxyd mißlang. Sämtliche Verbb. zeigen eine oder mehrere Banden mittlerer Intensität zwischen 10,5 u. 12 μ. In Übereinstimmung mit den berechneten Frequenzen für gewinkelte X—O—O—X-Verbb. (X = H, CH_3, C_2H_5 u. C_4H_9) kann eine Bande zwischen 11 u. 12 μ (vielleicht die bei 11,4 μ) als Valenzschwingung der O–O-Gruppe in Hydroperoxyden angesehen werden. In Dialkylperoxyden treten ebenfalls in diesem Gebiet Banden auf, wegen der Nachbarschaft verschied. Gerüst- u. CH_3-Schwingungen ist jedoch eine Identifizierung noch schwieriger. Die OH-Valenzfrequenzen weisen auf eine Assoziation von Acyl- u. Alkylhydroperoxyden hin, wobei die letzten anscheinend alkoholartige H-Brückenbindungen besitzen, die ersten inter- oder intramol. H-Bindungen zeigen. — Die Reinigung der Peroxyde wird näher beschrieben. — Darst. der Peroxyde: **I**, a) durch Zugabe von Acetanhydrid (**XIII**) zu H_2O_2 in absol. Ae. bei —15°, Zugabe von etwas H_2SO_4 u. unter 0° erneut **XIII**, 1 Nacht in der Kälte stehenlassen; b) aus Pyroboracetat (**XII**, durch 30 Min. Erhitzen von Borsäure mit **XIII**) u. äther. H_2O_2, 36 Std. stehen. — **II**, durch Erhitzen von **XII** mit Xylol u. Propionsäure am Rückfluß, Azeotrop Essigsäure–Xylol abdest., dann wie vorst. b). — **III**, analog vorst. aus Buttersäure. — **IV**, durch Zugabe von 40%ig. KOH zu Dimethylsulfat u. 30%ig. H_2O_2 unter 25°, bei 0° neutralisieren; n_D^{20} 1,3648. — **V**, zu 30%ig. H_2O_2 wss. KOH beim F. zugeben, dann Diäthylsulfat zugeben bei 0°, 1 Tag stehenlassen; n_D^{20} 1,3810. — **VI**, Diisopropylsulfat zu 30%ig. H_2O_2 u. KOH geben, 1 Tag stehenlassen. — **VII**, zu tert.-Butylalkohol + H_2SO_4 30%ig. H_2O_2 bei 0—5° geben, 1 Nacht bei 20° Stehen; n_D^{20} 1,4009. — **VIII**, F. 92—95° (PAe.), Aceton u. 30%ig. H_2O_2 zu kalter konz. H_2SO_4 fügen. — **IX**, a) analog **V**, b) KOH u. Diäthylsulfat mit W. auf 60° erwärmen, dann 30%ig. H_2O_2 zutropfen; n_D^{20} 1,3698. — **X**, Na_2O_2 u. **XIII** zu absol. Ae. bei —15° geben, langsam Eis zufügen; aus Ligroin umkristallisieren. (Proc. Roy. Soc. [London], Ser. A **224**. 176—91. 22/6. 1954. London, Imperial Coll. of Sci. and Technol., Dep. of Chem. Engng. and Appl. Phys. Chem.) B. GNAUCK. B 120

George C. Pimentel und **A. L. McClellan**, *Die Infrarotspektren von kristallisiertem, dampfförmigem und gelöstem Naphthalin.* Das Infrarotspektr. des *Naphthalin* (**I**)-Dampfes sowie die Spektren des **I** in CCl_4-, CS_2- u. in Methylcyclopentanlsg. werden im Bereich von 3300···450 cm^{-1} aufgenommen. Der Dichroismus dreier Orientierungen von **I**-Kristallen wird mit polarisierter Infrarotstrahlung untersucht u. zur Zuordnung der beobachteten Banden zu den Normalschwingungen herangezogen. Dabei wird ein „orientiertes Gasmodell" zugrunde gelegt, in dem die Moll. die gleiche gegenseitige Anordnung wie im Kristallgitter besitzen, aber als durch zwischenmol. Kräfte unbeeinflußt angesehen werden. Die Berechtigung dieser Modellvorstellung wird durch den Vgl. der aus der Rotationsstruktur des Dampfspektr. gewonnenen Zuordnung mit den Ergebnissen der Lösungs- u. Kristallmessungen nachgewiesen. Die durch die Gitterkräfte hervorgerufenen geringen Bandenaufspaltungen in den Kristallspektren von **I** werden auf der Grundlage der Arbeiten von HORNIG (C. **1948**. E. 536) u. von HALFORD (C. **1946**. I. 707 u. **1950**. I. 2196) diskutiert, um sie von den durch die Anisotropie der Molekülschwingungen bedingten Effekten zu trennen. (J. chem. Physics **20**. 270—77. Febr. 1952. Berkeley, Calif., Univ., Dep. of Chem.) W. LÜTTKE. B 120

P. J. Berry und **Milton Burton**, *Luminescenzlöschung durch Sauerstoff: Cyclohexan–Benzol–p-Terphenyl.* Die durch γ-Strahlen induzierte Luminescenz von *p-Terphenyl* in Bzl.–Cyclohexan steigt mit zunehmender Konz. an Bzl., sie fällt andererseits bei Sättigung der Lsgg. mit O_2. Bei ca. 2 Vol.-% Bzl. tritt ein Maximum der Luminescenzlöschung auf, das bei höheren O_2-Konzz. ausgeprägter ist. Vermutlich verläuft der Energietransport in der Richtung: angeregtes Cyclohexanmol. → angeregtes Benzolmol., dieses ist gegen O_2 wesentlich empfindlicher als jenes. (J. chem. Physics **23**. 1969—70. Okt. 1955. Notre Dame, Ind., Univ., Dep. of Chem.) L. FISCHER. B 125

Henri Lumbroso, *Der induktive und der mesomere Effekt in substituierten organischen Molekülen.* 1. Mitt. *Allgemeine Betrachtungen.* Es werden zusammenfassend die verschied. Effekte besprochen, durch die die Bindungs- u. Gruppenmomente verändert werden: der Einfl. der Elektronegativität, das Moment der C—H-Bindung u. der Effekt der Hybridisierung; ferner die Störeffekte durch polare Bindungen bei Radikalen: Effekt der Ladung, Feldeffekt u. der nichtklass. induktive Effekt. Für den mesomeren u. induktiven Effekt in substituierten Aromaten wird eine Berechnungsmeth. vorgeschlagen. Die Ergebnisse bzgl. der mesomeren Momente des Anisols, Thio- u. Selenoanisols werden diskutiert (vgl. auch nachst. Reff.) u. die klass. Parameter nach der LCAO-Meth. bestimmt. — 81 Literaturzitate. (Bull. Soc. chim. France, Mém. [5] **1955**. 643—50. Mai. Sorbonne, Labor. de Chim. Gén.) G. CLEVE. B 132

Henri Lumbroso und **Geneviève Dumas**, *Der induktive und der mesomere Effekt in substituierten organischen Molekülen.* 2. Mitt. *Aromatische Äther und Thioäther.* (1. vgl. vorst. Ref.) Es wurden die Dipolmomente der folgenden Verbb. bei 20° in Bzl. bestimmt: *tert.-Butylmercaptan* [Kp. 64,5°, $D._4^{20}$ 0,7997, $D._4^{25}$ 0,7947] μ = 1,55 ± 0,02 D; *Dimethylsulfid* [Kp. 37,5°, $D._4^{20}$ 0,8486] 1,45 ± 0,02; *Diisobutylsulfid* [Kp. 168°, $D._4^{20}$ 0,8275] 1,57 ± 0,02; *Methyl-tert.-butylsulfid* 1,57 ± 0,02; *Phenol* [Kp. 182°, $Kp._{18}$ 82°] 1,47 ± 0,02; *p-Kresol* [$Kp._{20}$ 99°; $D._4^{25}$ 1,0310, n_D^{25} 1,5375 (unterkühlte Fl.)] 1,53 ± 0,02; *2.6-Dimethylphenol* [F. 49°, $Kp._{18}$ 89°] 1,41 ± 0,02; *Anisol* [$D._4^{20}$ 0,9943, n_D^{20} 1,5172] 1,28 ± 0,01; *p-Methylanisol* 1,24 ± 0,02; *2.6-Dimethylanisol* 1,24 ± 0,02; *Methoxymesitylen* (*2.4.6-Trimethylanisol*) 1,27 ± 0,02; *p-Chlorthiophenol* 1,16 ± 0,01; *p-Chlorthioansiol* 1,83 ± 0,02; *Methylmercaptomesitylen* (*2.4.6-Trimethylthioanisol*) 1,52 ± 0,02. Die Diskussion erstreckt sich auf die elektr. Momente von O- bzw. S-haltigen aliphat. Verbb. u. aromat. Verbb. der Zus. $C_6H_5XCH_3$ (X = S bzw. O), mesomere, induktive u. π-Momente einiger aromat. Äther u. Thioäther u. auf die Elektronenstruktur aromat. Thioäther. — 101 Literaturzitate.

V e r s u c h e: *Methyl-tert.-butylsulfid*, Kp. 97—98°, durch Methylierung von tert.-Butylmercaptan; $D._4^{20}$ 0,822. — *p-Methylanisol*, Kp. 174—175°, $Kp._{20}$ 67°, durch

Methylierung von p-Kresol; $D._4^{19,3}$ 0,9720; $n_D^{19,3}$ 1,5127. — *2.6-Dimethylanisol*, $Kp._{25}$ 83 bis 84°, aus 2.6-Dimethylphenol; $D._4^{20}$ 0,955; n_D^{20} 1,5038. — *Methoxymesitylen*, $Kp._{12}$ 93 bis 94°, aus Mesitol; $n_D^{14,4}$ 1,5060. — *p-Chlorthiophenol*, F. 53—54° (A.), Kp. 206°, nach DACCOMO [1891]. — *p-Chlorthioanisol*, C_7H_7ClS, $Kp._{759}$ 231°, $Kp._{18}$ 112°, durch Zufügen von Dimethylsulfat zu einer alkal. wss. Lsg. vorst. Verb.; $D._4^{10}$ 1,2151; n_D^{19} 1,6008. — *Methylmercaptomesitylen*, $Kp._{14}$ 112—113°, nach FEHNEL u. CARMAK (unveröffentlicht); $D._4^{20}$ 1,0095; n_D^{20} 1,5561. (Bull. Soc. chim. France, Mém. [5] **1955**. 651—59. Mai.)
G. CLEVE. B 132

Luigi Chierici, Henri Lumbroso und **Riccardo Passerini,** *Der induktive und der mesomere Effekt in substituierten aromatischen Molekülen.* 3. Mitt. *Aromatische Selenoäther.* (2. vgl. vorst. Ref.) Es wurden die Dipolmomente der folgenden Verbb. in Bzl. bei 20° gemessen: *Dimethylselenid* [$Kp._{767,5}$ 58° (korr.), $D._4^{20}$ 1,4347, $D._4^{21,3}$ 1,4330, n_D^{20} 1,4888] μ = 1,32 ± 0,02 D; *Diäthylselenid* [Kp. 108—109°, $D._4^{25}$ 1,2395, n_D^{25} 1,4785] 1,52 ± 0,02; *Selenophenol* [$Kp._{18}$ 71—72°, $D._4^{20}$ 1,4789, n_D^{20} 1,6186] 1,10 ± 0,02; *p-Selenokresol* 1,45 ± 0,02; *p-Chlorselenophenol* [F. 57°, $Kp._{14}$ 102—103°] 0,93 ± 0,02; *Selenoanisol* 1,31 ± 0,01; *p-Methylselenoanisol* 1,46 ± 0,02; *p-Chlorselenoanisol* 1,72 ± 0,02; *Selenophenetol* 1,50 ± 0,01; *p-Methylselenophenetol* 1,64 ± 0,02; *Methylselenomesitylen (2.4.6-Trimethylselenoanisol)* 1,40 ± 0,02; *p-Nitroanisol* (I) 4,86 ± 0,03; *p-Nitrothio-* (II) 4,36 ± 0,03 u. *p-Nitroselenoanisol* (III) 4,38 ± 0,03. Ausführlich besprochen werden: die Dipolmomente der aliphat. Selenoäther, das Moment des Selenophenols, die Momente der Selenoäther der Benzolreihe sowie deren mesomere Momente u. Elektronenstruktur u. die Wechselwirkungsmomente in der Reihe **I**, **II** u. **III**. — 53 Literaturzitate.

Versuche: *p-Selenokresol*, F. 47°, $Kp._{11}$ 86°, aus p-Tolyl-MgBr u. Se unter H_2. — *p-Methylselenoanisol*, $C_8H_{10}Se$, $Kp._{15}$ 107°, aus Na-p-Selenokresolat (**IV**) u. CH_3J in A.; $D._4^{20}$ 1,3329; n_D^{20} 1,5934. — *p-Chlorselenoanisol*, C_7H_7ClSe, F. 28—28,5° (A.), $Kp._{14}$ 108°, aus Na-p-Chlorselenophenolat u. CH_3J in A., 1 Std. kochen. — *p-Methylselenophenetol*, $C_9H_{12}Se$, $Kp._{19}$ 116—116,5°, aus **IV** u. Äthylbromid, 1 Std. erwärmen; $D._4^{20}$ 1,2677; n_D^{20} 1,5758. — *Methylselenomesitylen*, $C_{10}H_{14}Se$, $Kp._{16}$ 122°, strohgelbe Fl., $D._4^{20}$ 1,2578, n_D^{20} 1,5768. — *p-Nitroanisol* (I), F. 52° (A.), aus Methylsulfat (**V**) u. p-Nitrophenol. — *p-Nitrothioanisol* (II), F. 72° (A.), aus Na-p-Nitrothiophenolat (aus Di-p-nitrophenyldisulfid, Soda u. Na_2S) u. **V**. — *p-Nitroselenoanisol* (III), F. 56° (A.), durch ½std. Erwärmen von p-Nitrophenylselenocyanat mit einer Lsg. von Soda in verd. A., Zugeben von **V** u. 3std. Kochen. (Bull. Soc. chim. France, Mém. [5] **1955**. 686—94. Mai. Parme, Ist. di Chim. Farmac. e Tossicol.; Paris, Sorbonne, Labor. de Chim. Gén., u. Bologne, Ist. di Chim. Ind.)
G. CLEVE. B 132

Henri Lumbroso und **Riccardo Passerini,** *Der induktive und der mesomere Effekt in substituierten organischen Molekülen.* 4. Mitt. *Aromatische Sulfone.* (3. vgl. vorst. Ref.) Es wurden die Dipolmomente der folgenden Sulfone in Bzl. bei 20° bestimmt: *Dimethyl-* [F. 109°, $Kp._{750}$ 233,5°] μ = 4,25 ± 0,05 D; *Di-n-propyl-* [F. 28°] 4,47 ± 0,03; *Di-n-butyl-* [F. 45°] 4,46 ± 0,03; *Methylphenyl-* [F. 84°] 4,65 ± 0,03 (in Dioxan 4,58 ± 0,05); *Methyl-[m-chlorphenyl]-* [F. 108°] 4,39 ± 0,03; *Methyl-[p-chlorphenyl]-* [F. 96°] 3,82 ± 0,03; *Methyl-[p-bromphenyl]-* [F. 102,5°] 3,83 ± 0,03; *Methyl-[p-jodphenyl]-* (I), 4,05 ± 0,03; *Methyl-[p-nitrophenyl]-* [F. 141°] 3,47 ± 0,05; *Methylmesityl-* (II) 4,79 ± 0,03; *Methyl-[p-aminophenyl]-sulfon* (III) [F. 133°] 6,41 ± 0,1. Vff. erörtern die Natur der S—O-Bindungen an Hand der Momente der aliphat. Sulfone — die Ergebnisse sprechen nach Meinung der Vff. für Doppelbindungscharakter dieser Bindungen — u. den induktiven u. den mesomeren Effekt der CH_3SO_2-Gruppe im Methylphenylsulfon u. seinen Derivaten. — 60 Literaturzitate. — **I**, $C_7H_7O_2JS$, F. 117—118°, a) durch portionsweise Zugabe von 36%ig. H_2O_2 zu einer erwärmten Lsg. von p-Jodthioanisol in Eisessig u. 1std. Erwärmen auf 90—95°; aus A. Nadeln; b) durch Diazotieren von **III** u. Behandeln mit CH_3J. — **II**, $C_{10}H_{14}O_2S$, F. 130° (A.), aus Methylmercaptomesitylen mit H_2O_2; glänzende Blättchen. (Bull. Soc. chim. France, Mém. [5] **1955**. 1179—85. Okt. Sorbonne, Labor. de Chim. Gén., u. Sassari, Univ., Ist. di Chim. Gen.)
G. CLEVE. B 132

C. G. Le Fèvre und **R. J. W. Le Fèvre,** *Molekulare Polarisierbarkeit. Elektrooptische Polarisierbarkeitstensorellipsoide für Pyridin, Chinolin und Isochinolin.* Es werden die mol. KERR-Konstanten für *Pyridin, Chinolin* u. *Isochinolin* in unendlich verd. Lsg. in Tetrachlorkohlenstoff bei 5893 Å bestimmt zu 150,0; 149,1 u. 571,7 · 10^{-12}. Daraus werden unter Zuhilfenahme von Depolarisationsfaktoren die drei Hauptpolarisierbarkeiten berechnet zu 1,06; 1,15 u. 0,53 bzw. 1,64; 2,29 u. 0,75 bzw. 2,00; 1,91 u. 0,75 · 10^{-23} cm³. Die mittleren Polarisierbarkeiten sind kleiner als diejenigen von Bzl. bzw. Naphthalin, die Abweichungen relativ zu diesen beiden Stoffen am größten senkrecht zur Ebene der Moleküle. (J. chem. Soc. [London] **1955**. 2750—53. Aug. Sydney, Univ., School of Chem.)
K. L. WOLF. B 132

A. L. M. Lelong, H. V. Tartar, E. C. Lingafelter, J. K. O'Loane und **R. D. Cadle,** *Untersuchungen an Sulfonaten.* 11. Mitt. *Elektrische Leitfähigkeiten wässeriger Lösungen einiger Magnesium-n-Alkansulfonate.* (10. vgl. C. **1950.** I. 692.) Vff. bestimmten die elektr. Leitfähigkeiten der wss. Lsgg. der Mg-Salze von *Hexan-*, *Octan-*, *Decan-* u. *Dodecansulfonsäure*, u. zwar für das C_6-Salz bei 25 u. 40°, für das C_8-Salz bei 25 u. 60° u. für die C_{10}- u. C_{12}-Salze bei 60 u. 80°. Die krit. Konz. für die Micellenbldg. werden angegeben, u. zwar für die C_8—C_{12}-Salze des Mg aus Leitfähigkeitsdaten u. für das C_6-Mg-u. C_6—C_8-Na-Salz nach der Pinacyanol-Methode. Für die C_{10}- u. C_{12}-Mg-Salze wurden die Werte für die Micellenbildungswärme im Bereich von 60—80° berechnet. Die Änderung der krit. Konz. für die Micellenbldg. (cmc) mit der C-Kettenlänge wird diskutiert. Die Änderung der Neigung der $\Lambda\sqrt{N_v}$-Kurven (Λ = Äquivalentleitfähigkeit, N_v = Volumennormalität) mit der C-Kettenlänge unmittelbar oberhalb der krit. Konz. stellt sich als Funktion der $\sqrt{cmc}$ heraus. Die Krafft-Punkte des Mg-Octan, -Decan- u. -Dodecansulfonats werden bestimmt. (J. Amer. chem. Soc. **73.** 5411—14. Nov. 1951. Seattle, Wash., Univ., Chem. Labor.) W. Niemitz. B 138

S. J. Angyal und **W. K. Warburton,** *Die Basenstärken methylierter Guanidine.* Nachst. methylsubstituierte Guanidine werden dargestellt u. ihre pK_a-Werte ermittelt: *Guanidin* 13,6; *N-Methyl-* 13,4; *N.N-Dimethyl-* 13,4; *N.N'-Dimethyl-* 13,6; *N.N.N'-Trimethyl-* 13,6; *N.N'.N''-Trimethyl-* 13,9; *N.N.N'.N'-Tetramethyl-* 13,6; *N.N.N'.N''-Tetramethyl-* 13,9; u. *Pentamethylguanidin* 13,8. Größere Unterschiede, wie sie von Davis u. Elderfield (J. Amer. chem. Soc. **54.** [1932.] 1499) festgestellt u. von Pauling theoret. erklärt werden, sind nicht feststellbar, alle Verbb. sind sehr starke Basen. Aus den kleineren Differenzen kann geschlossen werden, daß Methylsubstituenten die Basizität in geringem Maße erhöhen, daß aber Substitution, die die Äquivalenz der 3 N-Atome zueinander zerstört, geringe Abnahme der Basizität verursacht.

Versuche (FF. korr.): *Methylguanidiniumsulfat*, F. 240°, aus S-Methylthiuroniumsulfat u. Methylamin; 82% (Ausbeute). — *N.N-Dimethylguanidiniumsulfat*, F. 295—297°, wie vorst. mit Dimethylamin; 75%. *Pikrat*, F. 224—225°. — *N.N'-Dimethylguanidiniumjodid*, $C_3H_{10}N_3J$, F. 104—105,5°, a) durch 2std. Erwärmen von S.N.N'-Trimethylthiuroniumjodid mit 10%ig. ammoniakal. A. auf 65—75°; Platten aus A. + Ae.; 22%; b) durch 48std. Rk. von JCN u. Methylamin in absol. A. unter Verschluß; 48%. *Nitrat*, $C_3H_{10}O_3N_4$, F. 102—104° (wss. A.). *Sulfat*, $C_6H_{20}O_4N_6S$, F. 298 bis 300° (Zers.; W.). *Pikrat*, F. 178—179°. — *N.N.N'-Trimethylguanidiniumjodid*, $C_4H_{12}N_3J$, F. 202,5—204°, aus S.N-Dimethylthiuroniumjodid u. wss. Dimethylamin, 3 Std. bei 100°; 41%. *Pikrat*, $C_{10}H_{14}O_7N_6$, F. 151—151,5° (A.). — *N.N'.N''-Trimethylguanidiniumjodid*, F. >300° (A.), aus S.N.N'-Trimethylthiuroniumjodid u. wss. Methylamin; 73%. *Sulfat*, F. >300°. *Pikrat*, F. 214—215°. — *N.N.N'.N''-Tetramethylguanidiniumjodid*, $C_5H_{14}N_3J$, F. 120—120,5°, aus S.N.N.N'-Tetramethylthiuroniumjodid wie vorst.; 46%. *Pikrat*, F. 159—160°. — *N.N.N'.N'-Tetramethylguanidiniumjodid*, F. 131 bis 131,5°, aus dem Pentamethylthiuroniumjodid durch 2std. Erhitzen mit wenig W. u. konz. NH_3 auf 100°; hygroskop. Kristalle; 40%. *Pikrat*, F. 130—131°. — *Pentamethylguanidinhydrojodid*, $C_6H_{16}N_3J \cdot 1/2\, C_2H_5OH$, F. 136—138°, analog Vorst. mit CH_3NH_2; 21%. *Pikrat*, F. 163—165°. (J. chem. Soc. [London] **1951.** 2492—94. Sept. Sydney, Australien, Univ.) H. Lehwald. B 139

S. Fallab, W. Vögtli, M. Blumer und **H. Erlenmeyer,** *Zur Kenntnis der p-Aminosalicylsäure.* Die Dissoziationskonstanten der Hydrochloride der *p-Aminosalicylsäure* ($pK_{NH_3^+}$ 1,7, pK_{COOH} 3,9) u. der *5-Aminosalicylsäure* ($pK_{NH_3^+}$ 2,74, pK_{COOH} 5,84) wurden potentiometr. ermittelt. (Helv. chim. Acta **34.** 26—27. 1/2. 1951. Basel, Univ., Anstalt für anorgan. Chem.) I. Ahrlé. B 139

Shabtay Dikstein und **Felix Bergmann,** *Die Dissoziationskonstanten der 7-Methyl- und 1.7-Dimethylharnsäure.* Durch spektrophotometr. Messungen bestimmen Vff. die Dissoziationskonstanten der *7-Methylharnsäure* (pK_9 5,6; pK_3 10,3) u. der *1.7-Dimethylharnsäure* (pK_9 5,5; pK_3 10,6). Bei beiden Verbb. macht sich die schon bei der Harnsäure beobachtete Erscheinung (Bergmann u. Dikstein, J. Amer. chem. Soc. **77.** [1955.] 691) bemerkbar, daß die 3. Dissoziationsstufe, am $N_{(1)}$, unterdrückt wird. (J. Amer. chem. Soc. **77.** 4671—72. 5/9. 1955. Jerusalem, Hebrew Univ., Hadassah Med. School, Dep. of Pharmacol.) K. Frenkler. B 139

J. B. Stenlake, *Dissoziationskonstanten der Dihydrolysergsäuren.* Aus p_H-Messungen ergeben sich die pK_a'-Werte bei 20° der *Dihydrolysergsäure I* (I) u. der *Dihydroisolysergsäuren I* u. *II* (II u. III) zu 8,48; 8,91 u. 8,52. Die Werte bestätigen die Annahmen von Codeson (Chem. and Ind. **1953.** 1089) über die Lage der Carbonylgruppe (e in I u. III, a in II), lassen jedoch darauf schließen, daß in Lyserg- u. Isolysergsäure der Ring D nicht

Bootsform, sondern Halbsesselform besitzt. (J. chem. Soc. [London] **1955.** 1626—28. Mai. Glasgow, Royal Techn. Coll., School of Pharm.) W. NIEMITZ. B 139

M. A. Chenoch, *Einwirkung von Ultraschall auf Lösungen von Kohlenhydraten.* (Vgl. C. **1955.** 4121.) 0,25%ig. Lsgg. von Polysacchariden u. 0,14mol. Lsgg. von Mono- u. Disacchariden (alle Lsgg. mit 3fach dest. W.) werden Ultraschallschwingungen mit Frequenz 435 kHz unterworfen u. die Veränderung ihres Absorptionsspektr. im Bereich 230—300 mμ untersucht. In allen Fällen wird eine Zunahme der Absorption festgestellt. Der Charakter der Absorptionskurven ändert sich bei *Stärke, Glucose* u. *Maltose* (I) wenig. Bei *Inulin, Fructose* u. *Saccharose* (II) tritt ein Maximum bei 283 mμ auf, das auf eine Bldg. von *Oxymethylfurfurol* schließen läßt. Mittels Papierchromatographie wird festgestellt, daß Ultraschall ein Zerreißen der O-Brücke in 1.4-Stellung bei I u. 1.2-Stellung bei II bewirkt. Neben der oxydativen Zerstörung der Kohlenhydrate führt Ultraschall auch einen hydrolyt. Abbau herbei. Der zeitliche Anstieg der Formaldehydbldg. wird nachgewiesen. Auch wenn II 5—15 Std. bei 42° mit zuvor während 5, 10 u. 15 Std. ultraschallbehandeltem W. gehalten wird, läßt sich chromatograph. teilweise Hydrolyse, ähnlich der bei direkter Einw. von Ultraschall beobachteten nachweisen, was sich durch Einw. von im W. durch Ultraschall entstandener HNO_2 u. HNO_3 erklären läßt. (Журнал Общей Химии [J. allg. Chem.] **25 (87).** 928—32. Mai 1955. Naturwiss. Lessgaft-Inst.) R. K. MÜLLER. B 159

Hajime Oosaka, Hiroshi Sekine und **Takahide Saito,** *Untersuchungen von Molekularstrukturen durch Elektronenbeugung.* 3. Mitt. *Die Strukturen von m- und p-Difluorbenzol.* (2. vgl. C. **1956.** 3526.) Es wurden Elektronenbeugungsaufnahmen hergestellt von *m-* u. *p-Difluorbenzol.* Durch Vgl. der beobachteten u. theoret. Intensitätskurven ergab sich für beide Verbb. der Abstand C—F = 1,30 ± 0,03 Å. (Bull. chem. Soc. Japan **27.** 182—bis 184. April 1954. Tokyo, Bumika Univ., Chem. Labor. [Orig.: engl.]) C. GOTTFRIED. B 182

Cl. Bloch und **P. Rumpf,** *Untersuchung der Hydratation von Aldehyden durch Spektrophotometrie.* Bei der Messung des Hydratationsgrades von in W. wenig lösl. Aldehyden durch Spektrophotometrie (vgl. C. **1952.** 7948) in wss. Dioxan ist insofern eine Schwierigkeit zu überwinden, als bei der Berechnung die Kenntnis des Extinktionskoeff. (ε_0) des nichthydratisierten Aldehyds in reinem W. erforderlich ist. In Anlehnung an HEROLD u. WOLF [1931] gewinnen Vff. ε_0 durch Vgl. mit den Extinktionskoeffizienten in Dioxan u. W. für ein dem Aldehyd ähnlich gebauten Keton (bei Acetaldehyd z. B. Methyläthylketon) mit einem in Dioxan für die CO-Gruppe ähnlichen Maximum. Für *Acetaldehyd* ergibt sich hierbei ein ε_0 von 18,1, in befriedigender Übereinstimmung mit dem von BELL u. CLUNIE (Trans. Faraday Soc. **48.** [1952.] 439) erhaltenen Wert von 17,0. Verss., nach gleicher Meth. den Hydratationsgrad von *Benz-, Anis-* u. *p-Nitrobenzaldehyd* zu ermitteln, scheiterten daran, daß das Absorptionsmaximum für die CO-Gruppe von den Konjugationsbanden des aromat. Syst. nicht klar unterscheidbar ist, desgleichen können die Hydratationsgrade von Äthylenaldehyden nicht bestimmt werden, da die Äthylenbindung an der Hydratation teilnimmt. — Diskussion. (Bull. Soc. chim. France, Mém. [5] **20.** C8—C11. Okt. 1953. Centre d'Études et de Rech. de Chim. Org. Appl.) H. LEHWALD. B 221

P. Federlin, *Hydratationsgleichgewicht α-halogenierter Aldehyde.* (*Untersuchung durch Polarographie und UV-Spektrum.*) Die früher durchgeführten polarograph. u. spektrophotometr. Unterss. (vgl. C. R. hebd. Séances Acad. Sci. **235.** [1952.] 44 u. früher) zeigen, daß die Einführung von α-Halogenatomen in aliphat. Aldehyde die Stabilität der Hydratform erhöht, daß der Hydratationsgrad mit wachsender Kettenlänge des Aldehyds abnimmt, u. daß die Hydrate der chlorierten Aldehyde stabiler sind als die der Aldehyde. (Bull. Soc. chim. France, Mém. [5] **20.** C11—C12. Okt. 1953. Strasbourg, Fac. des Sci., Inst. de Chim.) H. LEHWALD. B 221

H. Larramona und **B. Tchoubar,** *Über die Reversibilität der Aminoalkylierungsreaktionen.* Die Aminoalkylierung ist in vielen Fällen eine Gleichgewichts-Rk., die rückläufige Rk. verläuft nicht nur in wss. Lsg. in Ggw. von Säuren oder Alkali, sondern auch in alkoh. oder benzol. Medium in Ggw. überschüssiger Amine. Sie ist etwa vergleichbar mit der Dehydratisierung einer Oxyverbindung. Einige Beispiele aus der Literatur werden angeführt. — Diskussion. (Bull. Soc. chim. France, Mém. [5] **20.** C53—C57. Okt. 1953. Paris, Fac. de Med. CNRS.) H. LEHWALD. B 221

Jean Matti und **Pierre Reynaud,** *Beitrag zur Chemie des Desoxybenzoins. Untersuchung des Einflusses der Nitril- und Carbäthoxygruppe in meso-Stellung auf die Keto-Enoltautomerie.* (Vgl. auch Bull. Soc. chim. France, Mém. [5] **18.** [1951.] 612.) Die Methylierung von α-Cyandesoxybenzoin mit $(CH_3)_2SO_4$ in Ggw. von KOH bei 55° ergibt ausschließlich *cis-* u. *trans-α-Cyan-α'-methoxystilben,* bei höherer Temp. (85—90°) tritt Spaltung zu Benzylcyanid u. K-Benzoat ein, bei niedrigerer Temp. (30—40°) entsteht nur das höherschm. Isomere. In kalter konz. H_2SO_4 entsteht aus beiden *α-Benzoylphenylacetamid.* Einw. von $LiAlH_4$ auf das höherschm. Isomere ergibt *α-Benzylbenzylcyanid.* — Demgegenüber wird bei der Rk. von α-Carbäthoxydesoxybenzoin mit Diäthylaminoäthylchlorid 90% des Enolprod., *cis-* u. *trans-α-Carbäthoxy-α'-diäthylaminoäthoxystilben* u. 10% des Ketoprod., *α-Carbäthoxy-α-diäthylaminoäthyldesoxybenzoin,* gebildet. Das Enolgemisch kann auf Grund der verschied. Löslichkeit der Hydrobromide getrennt werden. In Säuren tritt Spaltung der Enole in die Ausgangsverbb. ein, wobei das höherschm. Isomere leichter abgespalten wird. Im alkal. Medium sind die Enole stabil, sie werden durch 40%ig. alkoh. KOH lediglich zu *α-Diäthylaminoäthoxy-α'-carboxystilben* verseift. Bei der Bromierung erfolgt Zersetzung. In den UV-Spektren zeigen die niedrigerschm. Enole eine geringe Verschiebung des Absorptionsmaximums nach niederen Frequenzen. Aus den Versuchsergebnissen kann gefolgert werden, daß die CN- u. C_2H_5COO-Gruppe die Stabilität der Enolform des Desoxybenzoins erhöhen.

Versuche: *cis-* u. *trans-α-Cyan-α'-methoxystilben,* $C_{16}H_{13}ON$, F. 106 bzw. 84,5°, aus 50 g α-Cyandesoxybenzoin u. 57 g $(CH_3)_2SO_4$ in KOH bei 53—55°; 42 g (Ausbeute), u. fraktionierte Kristallisation aus A.; höherschm. Form Prismen; schwer lösl.; 30 g; aus der Mutterlauge niedrigerschm. Form Nadeln; 7 g. — *α-Benzoylphenylacetamid,* F. 176°, aus 0,5 g vorst. Verbb. u. konz. H_2SO_4 in 6 Std.; Nadeln aus absol. A.; 0,45 g. — *α-Benzylbenzylcyanid,* $C_{15}H_{13}N$, F. 56° (A.), aus 4 g vorvorst. Verb. (F. 106°) u. $LiAlH_4$ in Ae. unter N_2; 3 g. — *α-Carbäthoxydesoxybenzoin,* $C_{17}H_{16}O_3$, F. 90° (Isopropanol), aus α-Benzoylphenylacetonitril in wss. A. durch Sättigen mit HCl unter Kühlen u. 8tägiges Stehen; 82—85%. — *cis-* u. *trans-α-Carbäthoxy-α'-diäthylaminoäthoxystilbenhydrobromide,* $C_{23}H_{30}O_3NBr$, F. 136 u. 106°, aus vorst. Verb. in Bzl. mit Diäthylaminoäthylchlorid in Ggw. von $NaNH_2$ bei 40°, dann Erwärmen auf 90°, Isolierung des Basengemisches ($C_{23}H_{29}O_3N$, $Kp._{0,1}$ 198°; 65,3%) u. fraktionierte Kristallisation des aus 13,8 g Base gewonnenen Hydrobromidgemisches aus Isopropanol; höherschm. Form Prismen; 5,4 g, niedrigerschm. Form Nadeln; 1,3 g. Aus dem öligen Rückstand bei der Kristallisation wird durch Kochen mit HBr (Zers. der Enole), Alkalisieren, Abdekantieren des unlösl. Öles, Ausäthern u. Überführen in das Hydrobromid *α-Carbäthoxy-α-diäthylaminoäthyldesoxybenzoin* (fl.) gewonnen. — *α-Carboxy-α'-diäthylaminoäthoxystilben,* $C_{21}H_{25}O_3N$, F. 205°, aus 3 g des vorst. Basengemisches in alkoh. KOH, ³/₄std. Kochen; 1 g. (Bull. Soc. chim. France, Mém. [5] **1954.** 410—16. März. Paris, Inst. Pasteur, Labor. de Chim. Thérap.)

H. LEHWALD. B 221

J. Booth, E. Boyland und **S. F. D. Orr,** *Spektroskopische Untersuchung der Natur der Komplexe von Purinen mit aromatischen Verbindungen.* Die Verschiebungen im Infrarotspektr. bei der Bldg. krist. Komplexe aus *Coffein* (I) u. *Tetramethylharnsäure* (II) mit *1.2;5.6-, 1.2;7.8-, 3.4;5.6-Dibenzocarbazol* (III), *α-Naphthol* u. *Benzidin* u. von II mit *Pyren* (IV), *3.4-Benzpyren* (V), *β-Naphthylamin* u. *3.4;6.7-Dibenzacridin* (VI) sind nur gering u. denen bei der Komplexbldg. aus Diphenyl u. 4.4'-Dinitrodiphenyl (vgl. BURTON u. RICHARDS, C. **1954.** 9717) ähnlich. Sie liegen stets in derselben Richtung u. lassen sich auf Strukturänderungen beziehen. Vergleichbare Änderungen werden in konz. $CHCl_3$-Lsgg. beobachtet. Diese Tatsachen lassen vermuten, daß die Komplexbldg. auf Anziehungskräften zwischen den beiden Komponenten infolge wechselseitiger Polarisation beruht. — UV-Spektren: *Phenanthren* [Konz. 212 mg/Liter] in 50%ig. A.; λ_{max} 339 mμ (E% —), 347 (—); [144] in 1,5%ig. wss. I 340 (33), 349 (32). — IV [3] in 50%ig. A. 320 (—); 336 (—), [3] in 1,5%ig. I 325 (30), 341 (31). — V [9] in 50%ig. A. 365 (—), 384 (—); [9] in 50%ig. A. mit I gesätt. 369 (21), 388 (21); [9] in 50%ig. A. mit II gesätt. 371 (29), 391 (29). — III [10] in 50%ig. A. 348 (—), 365 (—); [10] in 50%ig. A. mit I gesätt. 350 (14), 367 (12); [10] in 50%ig. A. mit II gesätt. 350 (20), 367 (20). — VI [15] in 50%ig. A. 377 (—), 397 (—); [15] in 50%ig. A. mit I gesätt. 397 (16), 400 (15); [15] in 50%ig. A. mit II gesätt. 380 (26), 401 (26). (J. chem. Soc. [London] **1954.** 598 bis 603. Febr. London, Roy. Cancer Hosp., Chester Beatty Res. Inst.)

K. LEHMSTEDT. B 223

D. D. Brown, R. J. W. Le Fèvre und **R. N. Whittem,** *Die Umlagerung des labilen Diphenyl-4.4'-bis-diazocyanids in Lösung.* Das cis.cis-Isomere (I) des Diphenyl-4.4'-bisdiazocyanids wird in Lsg. (in Bzl., Nitrobenzol, o-Dichlorbenzol u. Pyridin) in das trans-trans-Isomere (II) umgelagert u. die Kinetik dieser Isomerisation photometr. verfolgt (in Bzl. mit für 5600—6100 Å durchlässigem Filter, sonst 4800—6200 Å). In Bzl. ist die Umlagerung 1. Ordnung mit einer Aktivierungsenergie von 26,9 kcal/g-Mol, in den polaren Lösungsmitteln höherer Ordnung. Vff. nehmen deshalb 2 Folge-Rkk. 1. Ordnung beim Übergang I → II an mit der cis-trans-Verb. als Zwischenstufe. In Bzl. ist dann einer der Übergänge so schnell, daß er sich kinet. nicht bemerkbar macht.

Versuche: *cis-cis-Diphenyl-4.4'-bis-diazocyanid* (I), F. 97—98°, durch Diazotieren von Benzidin in A.-HCl, Unterschichten der Lsg. mit Chlf. u. Zugabe von NaCN bei -10^0 unter Ausschluß von Licht, rasches Abtrennen u. Fällen in PAe. (2 Vol. bei -30^0), orangefarbene Kristalle. — *trans.trans-Verb.* (II), F. 208—209°, aus den Filtraten der vorst. Darst. nach mehrtägigem Stehen bei 25°, kastanienbraune Kristalle. — Halbwertszeiten (T.) der Umlagerung in Nitrobenzol bei 25° u. c = 5,4, 6,1 u. 7,8 [g/Liter]: T. 9,5; 8,9 bzw. 9,0 Std.; in Bzl. bei 35° in 0,03%ig. Lsg. T. 3,9 bzw. 3,7 Std., in 0,05%ig. Lsg. T. 4,0 Std., bei 25° in 0,03- bzw. 0,05%ig. Lsg. T. 18 bzw. 16 Stunden. (J. chem. Soc. [London] **1950**. 185—88. Jan. Sydney, Univ.) F. J. MEYER. B 225

Thor Bak, *Die Kinetik der Reaktion zwischen Stickstoffwasserstoffsäure und Phenanthrenchinon.* (Vgl. C. **1956**. 3578.) Vf. untersucht die Kinetik der Rk. von *Phenanthrenchinon* (I) mit HN_3 (II) in konz. H_2SO_4 im Vgl. zur SCHMIDT-Rk. von *Benzoesäure* (III) bei Tempp. von 25 u. 30°. Die Rkk. werden im Vakuum durchgeführt u. der Reaktionsverlauf manometr. verfolgt. Die Rk. von III entspricht bis zu einem Umsatz von 66% einer Rk. 2. Ordnung mit einer Geschwindigkeitskonstanten $k = 0{,}198 \cdot 10^{-3}$ [Liter·Mol^{-1}sec^{-1}] bei 25°. — Die Rk. zwischen I u. II läßt sich kinet. nicht so einfach deuten. Es zeigt sich, daß wenigstens 2 Rkk. vorliegen. Die eine beherrscht den Anfang der Gesamtumsetzung u. ist 2. Ordnung (k_1). In ihrem Verlauf entsteht die erste Hälfte der Gesamtstickstoffmenge. Die zweite Rk. beherrscht das Ende der Gesamtumsetzung u. ist ebenfalls 2. Ordnung (k_2). In ihrem Verlauf entsteht N_2, CO_2 u. NH_3. Als Endprod. der Gesamt-Rk. wird *Phenanthridon* (IV) gebildet. Vf. nimmt an, daß bei der 1. Rk. ein Zwischenprod. (V) in relativ hoher Konz. entsteht, u. daß V dann mit II weiter zu IV reagiert. Durch Unterbrechen der Rk. konnte V isoliert u. als *Diphensäureamid* identifiziert werden. Für die Rk. von I mit II ergibt sich $k = k_1/k_2 = 0{,}087$; die Aktivierungsenergie wird für die 2. Reaktionsstufe zu $\sim$ 27 kcal gegeben. — Die Umsetzung von *1-Methyl-7-isopropylphenanthrenchinon* (VI) mit II ergibt nur eine Verb. u. nicht 2 Isomere. Vf. erklärt dies durch ster. Hinderung durch die Methylgruppe. Hierdurch wird auch die 1. Rk., die Bldg. von *3-Methyl-4'-isopropyl-2.2'-diphensäuremonoamid-(2')* (VII) im Vgl. zur V-Bldg. verzögert. Vf. nimmt bei VII im Gegensatz zu V eine Ionisierung in $-\overset{+}{C}=O$ statt $-\overset{+}{C}(OH)_2$ an u. glaubt damit, die schnellere Folge-Rk. erklären zu können; $k = k_1'/k_2'$ ist in diesem Fall 0,98. (Acta chem. scand. **8**. 1733—40. 1954. Kopenhagen, Univ., Inst. für physikal. Chem.) J. KLEINWÄCHTER. B 225

L. Bateman und **J. I. Cunneen**, *Die Oxydation von organischen Sulfiden.* 3. Mitt. *Überblick über die Autoxydierbarkeit von Monosulfiden.* (2. vgl. C. **1955**. 3594.) Die Autoxydierbarkeit von 33 gesätt. u. ungesätt., acycl. u. cycl. Monosulfiden wurde bei Tempp. zwischen 45 u. 75° unter konstantem Druck untersucht. Durch Behandeln der Verbb. mit Al_2O_3 unter N_2 vor den kinet. Messungen konnten bisweilen auftretende Induktionsperioden unterdrückt u. die Geschwindigkeiten im allg. reproduzierbar gemacht werden. Während die gesätt. Alkyl- u. Phenylsulfide bei 75° innerhalb 24 Std. keinen O_2 aufnahmen, reagierten die meisten ungesätt. Sulfide bei dieser Temp. viel rascher als vergleichbare Monoolefine, etwa entsprechend den 1.4-Diolefinen, jedoch wurde im Gegensatz zum Verh. der Olefine im Anfangsstadium der Rk. eine sehr ausgeprägte Autinhibition beobachtet. Durch Einführung von Methyl- oder Phenylresten in die Allylgruppe von Allyl-n-butylsulfid bzw. Diallylsulfid wird die Geschwindigkeit u. der Umfang der O_2-Absorption schrittweise erhöht; in dieser Hinsicht besteht eine Analogie zu den ungesätt. KW-stoffen. Dagegen nimmt mit zunehmender Verzweigung der Alkylgruppe in Alkylallylsulfiden die Autoxydierbarkeit ab. Ungesätt. cycl. Sulfide werden schneller oxydiert u. zeigen weniger ausgeprägte Autinhibition als entsprechende acycl. Verbindungen. Die Autoxydation von *n-Butylcinnamylsulfid* (I) wird durch eine Reihe der gebräuchlichen Oxydationskatalysatoren, ausgenommen jedoch Benzoylperoxyd, tert.-Butylperoxyd u. Cyclohexen-(2)-ylhydroperoxyd, gefördert, durch die n. Amin- u. Phenolinhibitoren stark verzögert. Durch Katalyse mit α.α'-Azoisobutyronitril oder Belichten mit einer Hg-Lampe können auch einige der sonst inerten gesätt. Sulfide zur O_2-Aufnahme angeregt werden. Der Radikalkettencharakter der Autoxydation der Sulfide wird durch diese Beobachtungen bewiesen. Autinhibition u. -verzögerung müssen danach durch das Eingreifen eines oder mehrerer der Reaktionsprodd. in die Start- oder die Fortpflanzungs-Rk. bewirkt werden. Der Angriff der Radikale erfolgt bei den Allylsulfiden auf das dem S benachbarten C-Atom u. nicht auf die Doppelbindung, wie es bei den Vinylsulfiden der Fall ist. Folgender Reaktionsmechanismus wird angegeben: $CHR{=}CHCH_2SR(A) \xrightarrow{(-H)} B$; $B + O_2 \rightarrow BO_2$; $BO_2 + A \rightarrow BO_2H + B$; $BO_2H \rightarrow BO + OH$; $A + OH \rightarrow B + H_2O$; $BO \rightarrow CHR{=}CHCHO + RS$; $2\,RS \rightarrow R_2S_2$. Für die Bldg. der in manchen Fällen in beträchtlichen Mengen aufgefundenen Sulfoxyde kommen zwei Mechanismen in Frage: $BO_2H + A \rightarrow BOH + CHR{=}CHCH_2SOR$ bzw. $BO_2 + A \rightarrow BO + CHR{=}CHCH_2SOR$; $BO + A \rightarrow BOH + B$. — Darst. der acycl. Allylsulfide in A. aus den Allylchloriden oder Bromiden u. dem Na-Salz des entsprechenden Thiols. Im einzelnen wurden untersucht: *Crotylmethyl-*, Kp.$_{760}$ 126°; n_D^{20} 1,4780; *-n-butyl-*, Kp.$_{14}$ 72°; n_D^{20} 1,4742; *-phenyl-*, Kp.$_{0,1}$ 50°; n_D^{20} 1,5695; *1-Methylcrotylmethyl-*, Kp.$_{749}$ 138°; n_D^{20} 1,4707; *-n-propyl-*, Kp.$_{13}$ 60°; n_D^{20} 1,4688; *-isopropyl-*, Kp.$_{17}$ 55°; n_D^{20} 1,4650; *-n-butyl-*, Kp.$_{15}$ 81°; n_D^{20} 1,4688; *-tert.-butyl-*, Kp.$_{13}$ 66,5°; n_D^{20} 1,4660; *-phenyl-*, Kp.$_{14}$ 118°; n_D^{20} 1,5542; *Methyl-n-butyl-*, Kp.$_{760}$ 122,5°; n_D^{20} 1,4475; *Di-n-butyl-*, Kp.$_{14}$ 71°; n_D^{20} 1,4525; *Methylcyclohexylsulfid*, Kp.$_{13}$ 62,5°; n_D^{20} 1,4945; *2-Methyl-2-äthyl-5-isopropyltetrahydrothiophen*, Kp.$_{10}$ 87°; n_D^{20} 1,4760; *Diphenyl-*, Kp.$_{0,02}$ 95°; n_D^{20} 1,6320; *Benzyl-n-propyl-*, Kp.$_{12}$ 110°; n_D^{20} 1,5429; *Dibenzyl-*, F. 49,5°; *Methyl-α-phenyläthyl-*, Kp.$_{12}$ 89°; n_D^{20} 1,5510; *-diphenylmethyl-*, F. 33°; *n-Butylallyl-*, Kp.$_{14}$ 73°; n_D^{20} 1,4677; *Diallyl-*, Kp.$_{16}$ 33°; n_D^{20} 1,4905; *n-Butyl-1-methylallyl-*, Kp.$_{15}$ 61°; n_D^{20} 1,4655; *Cyclohexen-(2)-ylmethyl-*, Kp.$_{14}$ 64,5°; n_D^{20} 1,5210; *-äthyl-*, Kp.$_{14}$ 76°; n_D^{20} 1,5140; *-isopropyl-*, Kp.$_{14}$ 84°; n_D^{20} 1,5062; *-tert.-butyl-*, Kp.$_{14}$ 97°; n_D^{20} 1,5015; *-phenylsulfid*, Kp.$_{0,005}$ 82°; n_D^{20} 1,5929; **I**, Kp.$_{0,05}$ 100°; n_D^{20} 1,5660, u. *Cinnamylphenylsulfid*, F. 77—78°. (J. chem. Soc. [London] **1955.** 1596—1603. Mai. Welwyn Garden City, Brit. Rubber Producers Res. Ass.) G. LOHAUS. B 225

P. Desnuelle, R. Massoni und **O. Benoit-Micaelli,** *Über die Antioxydationskraft von sauren, fettlöslichen Phosphaten und Sulfaten.* Durch mehrstd. Belichten eines aus 66% Linolsäure-, 25% Ölsäure- u. 9% Palmitinsäuremethylester bestehenden Öles allein u. in Ggw. von 0,05% „Gesamtphosphatiden" (**I**) aus Soja-, Mais- u. Erdnußöl (durch 6fache Fällung mit Aceton von Tocopherol u. anderen Polyphenolen gereinigt) u. J_2-Titration der entstehenden Peroxyde wird eindeutig eine oxydationsverzögernde Wrkg. von **I** gegenüber der Autoxydation von dest. Fettsäureestern festgestellt. Analoge Autoxydationsverss. in Ggw. von 0,05% **I** u. 0,0007% des Antioxydanten Hydrochinon bewiesen, daß die nunmehr verstärkte Wrkg. lediglich die Summe der Wrkg. der Einzelkomponenten ist u. keine Potenzierung der Aktivierung stattfindet (vgl. dagegen GOLUMBIC, Oil and Soap **19.** [1942.] 181). Neutrales *Phosphatidylcholin* (*Lecithin*; **II**; aus Karotten) bewirkt keine Oxydationsverzögerung, hingegen ist ein Gemisch aus **II** u. den aus **II** durch 21 std. Stehen bei p_H 5,9 u. wenig Chlf. unter Cholinabspaltung entstehenden *Phosphatidsäuren* (Diglyceridphosphatsäuren; Anteil ca. 30%) ein starkes Antioxydans (20—30 mal so stark wie der bisher als einer der besten Antioxydanten bekannte Gallensäuremethylester). Oxydationsverzögernde Wrkg. zeigten auch das saure *Dodecylsulfat* ($C_{12}H_{26}O_4S$, aus Lauryalkohol u. Chlorsulfonsäure) u. *Hexadecylsulfat* ($C_{16}H_{34}O_4S$, aus Cetylalkohol), sowie *Dodecansulfonsäure* ($C_{12}H_{26}O_3S$, aus Dodecylbromid u. Na_2SO_3 in W. in 8 Std. bei 200° im Autoklaven u. Hydrolyse) u. *Dodecylbenzolsulfonsäure* ($C_{18}H_{30}O_3S$, aus Dodecylbromid u. Bzl. nach FRIEDEL-CRAFTS u. Sulfonierung). Auffallenderweise zeigten die beiden Sulfate bei UV-Bestrahlung keine Aktivität. — Aus den Ergebnissen wird geschlossen, daß die oxydationsverzögernde Wrkg. bei den Phosphatiden auf dem Anteil an freien Säurefunktionen bei den Phosphatidsäuren beruht. Andere fettlösl. Säuren wirken direkt ein, während fettunlösl. Säuren, um wirksam werden zu können, zunächst durch andere Rkk. in fettlösl. Verbb. verwandelt werden müssen, möglicherweise mit Hilfe der Polyphenole. (Bull. Soc. chim. France, Mém. [5] **20.** 595—99. Juni 1953. Marseille, Fac. de Sci., Labor. de Matières Grasses.) H. LEHWALD. B 225

G. P. Mikluchin und **A. F. Rekaschewa,** *Untersuchung der Herkunft und Wege des Wasserstoffs bei Oxydations-Reduktions-Reaktionen.* 8. Mitt. *Isotopeneffekt bei der Cannizzaro-Reaktion.* (7. vgl. C. **1955.** 59.) Das aus Benzylchlorid über GRIGNARD-Rk. mit D_2O erhaltene Deuterotoluol $C_6H_5CH_2D$ zeigt bei der Photobromierung zu C_6H_5CHDBr (**I**) in fl. Phase den gewöhnlichen Isotopeneffekt; das Verhältnis der Geschwindigkeiten der Aufspaltung der C—H- u. der C—D-Bindung beträgt $K_H : K_D = 3{,}8-3{,}9$. Bei der Disproportionierung des aus **I** mit Hexamethylentetramin erhaltenen Deuterobenzaldehyds C_6H_5CDO (**II**) nach der CANNIZZARO-Rk. ist dagegen der Isotopeneffekt sehr klein: $K_H : K_D = 1{,}4$, wie er auch bei der Disproportionierung von $C_6H_5{}^{14}CHO$ sehr klein gefunden wurde. Dieser Befund spricht gegen den gewöhnlich angenommenen Mechanismus der CANNIZZARO-Rk. mit Bldg. eines Zwischenprod. $R{-}C(\bar{\underline{O}}|^{-})(OH)(H)$, da danach der D-Geh. des entstehenden Benzylalkohols wesentlich niedriger sein müßte als der des **II**. Bessere Übereinstimmung ergibt sich mit dem von FAWORSKI schon 1895 vorgeschlagenen Mechanismus, wonach als Zwischenprod. ein Halbacetal angenommen wird, das dann homolyt. Aufspaltung erleidet. (Журнал Общей Химии [J. allg. Chem.] **25 (87).** 1146—52. Juni 1955.) R. K. MÜLLER. B 225

S. Kilpi, *Über die Solvolyse von Äthylbromid in Äthanol–Wassergemischen.* Vf. untersuchte in 2,09 Mol/Liter W. enthaltendem A. die Kinetik der Äthanolyse von *Äthylbromid* zwischen 25 u. 78°. Als Verhältnis der Geschwindigkeitskonstanten der Äthanolyse zu derjenigen der Hydrolyse wurde bei 54,95° 0,13 gefunden. Die Alkoholyse ist demnach in mehr wasserhaltigen Gemischen neben der Hydrolyse von untergeordneter Bedeutung. Die E- bzw. log A-Werte für die Hydrolyse u. für die Einw. von HBr auf A. betrugen 26 kcal/Mol bzw. 10,5 u. 36 kcal/Mol bzw. 19,0. (Suomen Kemistilehti B **26.** 9—11. 1953. Helsinki, Univ., Chem. Inst.) B. GNAUCK. B 225

Lauri Pekkarinen, *Eine kinetische Untersuchung der Hydrolyse einiger cis–trans-isomerer aliphatischer Ester.* Vf. untersuchte titrimetr. bzw. konduktometr. (an Goldelektroden) die alkal. Hydrolyse von *Diäthylfumarat* (**I**), *-maleat* (**II**), *-mesaconat* u. *-citraconat, K-Äthylfumarat* (**III**), *-maleat* (**IV**), *-mesaconat* u. *-citraconat, Äthylcrotonat* (**V**) u. *-acrylat* (**VI**) in W. zwischen 0 u. 40°; **I**—**VI** auch in wss. A., ferner **I**—**IV** in wss. Dioxan u. Aceton sowie **III** u. **IV** in Ggw. von Neutralsalzen (KCl, LiCl, NaJ, $BaCl_2$, K_2SO_4). Die E- u. log A-Werte betrugen für vorst. Verbb. in W.: 11600 [cal/Mol], 9,159; 11500, 8,064; 11330, 8,212; 12170, 7,794; 11120, 7,375; 13390, 7,502; 12130, 6,929; 13100, 6,592; 12720, 7,431; 11950, 7,638. Ferner wurde die saure Hydrolyse kinet. verfolgt bei **I**, **II**, *Diäthylsuccinat, Äthylhydrogenmaleat* (**VII**), *-fumarat* (**VIII**), *-succinat* (**IX**) u. *-citraconat* (**X**) sowie **V** u. **VI** zwischen 40 u. 80° (**X** zwischen 0 u. 50°) in W. u. in wss. Aceton, **VII** auch bei Ggw. von CH_3COOH (an Stelle von HCl) u. KCl; die E- u. log A-Werte der Rk. in W. betrugen in vorst. Reihenfolge: 18570, 8,570; 19580, 8,734; 17260, 8,289; 19110, 8,019; 18640, 8,304; 17070, 7,905; 18680, 9,033; 19390, 8,500; 19130, 8,586. Bei der a l k a l. H y d r o l y s e wird die höhere Hydrolysengeschwindigkeit v von **VI** gegenüber **V** auf die Wrkg. des induktiven, nicht aber des hyperkonjugativen Effekts der CH_3-Gruppe zurückgeführt; die geringere v der Maleinsäureester gegenüber der von Fumarsäurederivv. vor allem auf die den Übergangszustand stabilisierende Chelatbldg. nach nebenst. Schema.

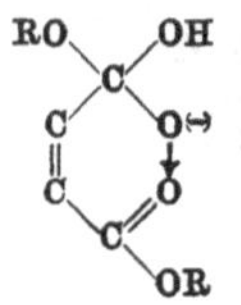

Die v wird durch A. stärker als durch Dioxan oder Aceton vermindert, was mit der Gleichgewichts-Rk.: $C_2H_5OH + OH^- \rightleftharpoons C_2H_5O^- + H_2O$, in Zusammenhang gebracht wird. Geringe Zugabe dieser Lösungsmittel bewirkt aber ein starkes Ansteigen von v bei **I** bei sämtlichen Tempp., die Zunahme ist am größten bei niedriger Temperatur. Die alkal. Hydrolyse der Esterionen **III** u. **IV** wird durch einen prim. Salzeffekt beeinflußt, wobei mit steigender Ionenstärke v zunimmt. Abweichungen von der DEBYE-HÜCKEL-Theorie werden diskutiert. Bei **IV** hängt v deutlich von der Art des zugesetzten Salzes ab, der Effekt nimmt in der Folge der verwendeten Kationen Li $>$ Na $>$ K ab; Ba^{2+} wirkt stärker als die Alkaliionen, u. zwar bei **IV** mehr als bei **III**, infolge Bldg. eines Nd. waren jedoch keine genauen Daten zu erhalten. Mittels der BRÖNSTED-CHRISTIANSEN-SCATCHARD-Gleichung wurden die Radien der Übergangszustände von **III** u. **IV** in verschied. Lösungsmitteln berechnet. Aus diesen Betrachtungen u. den kinet. Ergebnissen schließt Vf., daß mindestens in Lösungsmitteln mit geringem Wassergeh. bei **IV** keine reine Ionen-Rk. vorliegt, andererseits weist der Unterschied der Lösungsmitteleffekte zwischen **III** u. **I** auf die Ggw. einer elektr. Ladung bei **III** hin. In diesem Zusammenhang wurde auch die Äquivalentleitfähigkeit Λ von **III** u. **IV** (0,02 mol.) in W., wss. Dioxan, A. u. Aceton bei 25 u. 40° bestimmt. Λ nimmt bei **IV** schneller mit der DK. ab als bei **III**, die v verhält sich umgekehrt. Eine mögliche Erklärung für das ungewöhnliche Verh. von **IV** bei der alkal. Hydrolyse ist die Verminderung der Dissoziation in Lsgg. mit niedriger Dielektrizitätskonstante. In Lsgg. mit mehr als 20% organ. Lösungsmittelanteil beginnt neben der ion. Rk. auch die Rk. zwischen undissoziiertem Estersalz u. OH^- aufzutreten. Die Unterdrückung der Dissoziation ist wegen der Nähe der Carboxylgruppen bei **IV** stärker als bei **III**. Obiger Zusammenhang zwischen Λ u. v kann mit der Annahme erklärt werden, daß die Zurückdrängung der Dissoziation mit abnehmender DK. zunimmt u. Λ dadurch stark vermindert wird, v bei **IV** gegenüber **III** aber stark erhöht wird. Der spezif. Einfl. der Kationen ist offenbar durch Zusammentritt mit den Esteranionen zu erklären. Für das undissoziierte Estersalz **IV** wird nebenst. Chelatstruktur angenommen.

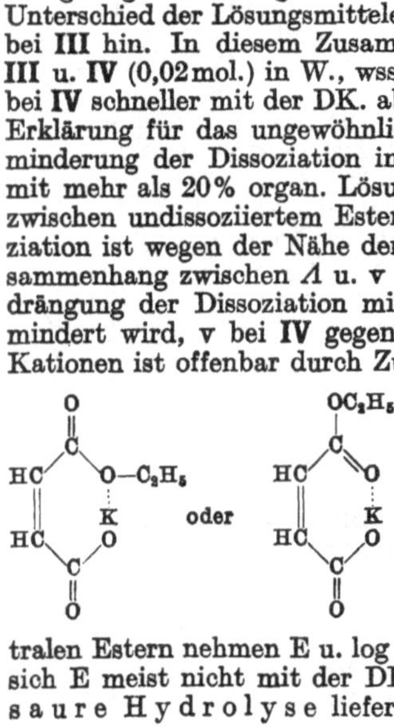

Bestimmt wurden ferner die ARRHENIUSschen Parameter in Lsgg. gleichartiger Zus. u. ihre gegenseitigen Beziehungen. Hier trat ein Minimum für E u. log A bei einem Molenbruch für W. von 0,9 bei sämtlichen Estern auf. Vermutlich kommt hierfür eine Zunahme der Solvatation des Übergangszustandes als Ursache in Betracht. Berechnet wurden schließlich E- u. log A-Werte für isoelektr. Lösungen. Bei neutralen Estern nehmen E u. log A mit abnehmender DK. zu; für die Esteranionen ändert sich E meist nicht mit der DK., log A nimmt dagegen leicht mit der DK. ab. — Die s a u r e H y d r o l y s e lieferte wegen der möglichen Neben-Rkk. für die ungesätt.

Verbb. (Additionen, Isomerisation) etwas weniger genaue Ergebnisse. Die α.β-ungesätt. Ester hydrolysieren bedeutend langsamer als die gesätt. Verbb. u. zeigten untereinander bedeutend kleinere Unterschiede. Zugabe von KCl zu **VII**—**X** hatte keine bedeutende Wirkung. Abweichendes Verh. zeigten **VII** u. **X**, da deren v unabhängig von [HCl] in wss. Lsgg. bzw. in W. war; in CH_3COOH-Lsgg. (an Stelle von HCl) ist v proportional der Konz. an undissoziierter Monoestersäure. **X** reagierte ca. 20mal schneller als **VII**. Die Lösungsmitteleffekte waren bei **VII** u. **X**: 1. Abnahme von v mit steigendem Acetongeh., 2. Zunahme der säurekatalysierten Rk. bei Abnahme des Wassergeh., diese säurekatalysierte Rk. ähnelte der von neutralen Estern. Für undissoziiertes **VII** werden die oben angeführten Chelatstrukturen angenommen, die im Gleichgewicht mit der offenen Form stehen. Die Unabhängigkeit der v von [HCl] in W. deutet auf eine Gleichgewichtslage auf seiten der Chelatform. Wegen der starken Erhöhung der v durch CH_3-Substitution an der C=C-Doppelbindung (bei **X**) wird vermutet, daß die langsamste Stufe hier die heterolyt. Spaltung der Alkyl—Sauerstoff-Bindung sein könnte. Das Auftreten der H^+-katalysierten Rk. in Aceton wird mit Verschiebung des genannten Gleichgewichts zugunsten der offenen Form erklärt. Auch bei der sauren Hydrolyse liegen beim Wassermolenbruch von 0,9 Minima von E u. log A in Lsgg. gleichartiger Zus., E bleibt für DK.-Werte zwischen 35 u. 65 unverändert, nimmt jedoch bei Verminderung der DK. auf 25 etwas ab. E- u. log A-Werte zeigen in Lsg. gleichartiger Zus. — wie bei der alkal. Hydrolyse — eine lineare Beziehung zueinander. (Suomalaisen Tiedeakatemian Toimituksia [Ann. Acad. Sci. fennicae], Sarja A. II. **1954.** Nr. 62. 7—74. Helsinki, Univ., Inst. für Chem.) B. GNAUCK. B 225

Jouko Koskikallio, *Die Kinetik der Hydrolyse und Alkoholyse von Carbonsäureanhydriden.* Umfangreiches Material über die Geschwindigkeiten der Hydrolyse (v_H) u. Alkoholyse (v_A) von Carbonsäureanhydriden wird zusammengestellt. Gemessen wurde 1. konduktometr. bzw. nach der Anilinmeth. die Temperaturabhängigkeit von v_H zwischen 0 u. 70° für die Anhydride von *Essig-* (**I**), *Bernstein-* (**II**), *Glutar-* (**III**), *Methylbernstein-* (**IV**), *β.β-Dimethylglutar-* (**V**) u. *Maleinsäure* (**VI**), wobei Reaktionsgeschwindigkeitskonstanten 1. Ordnung gefunden wurden. KCl-Zusatz verringerte v_H für **II** bei 0°. — 2. v_H für die alkal. Hydrolyse von **I**, **II** u. **III** bei 0, 5, 10, 15°. Dabei muß die Strömungsmeth. nach HARTRIDGE u. ROUGHTON herangezogen werden; es ergeben sich Analogien zur Esterhydrolyse. — 3. Die v_H von **I**, **II** u. **III** bei mehreren Tempp. in verschied. Mischungen von W. mit Aceton, A., Dioxan, Ae. u. Bzl.; daraus werden die Aktivierungsenergien errechnet. — 4. Die v_A (in A. bei verschied. Tempp.) von **I**, **II**, **III**, **IV**, **V**, **VI**, *Phthalsäure-* u. *Benzoesäureanhydrid.* — 5. Die v_A von **I** in Mischungen von A. mit Bzl., Aceton, Ae. sowie von Bzl. mit Methanol u. Isopropanol. Es wird der Vers. gemacht, Beziehungen zwischen den Parametern der ARRHENIUS-Gleichung u. den DK.-Werten des Lösungsm. zu finden. Es ist jedoch nicht möglich, ein einheitliches Bild auf Grund nur e i n e s Lösungsmitteleffektes zu geben. Vf. diskutiert daher 2 verschied. Gleichgewichtsformen des Anhydridmol., die im Reaktionsgemisch vorliegen können. Die Autokatalyse bei **II** u. **III** in manchen Lösungsmittelgemischen ist so zu erklären, auch die starke Variation der Aktivierungsenergie E u. des Stoßzahlfaktors mit der Temp. (bei E. 80 bis —50 cal/Grad) kann so gedeutet werden. (Suomalaisen Tiedeakatemian Toimituksia [Ann. Acad. Sci. fennicae], Sarja A. II. **1954.** Nr. 57. 1—79. Helsinki, Univ., Inst. für Chem.) H. BERG. B 225

Max Mousseron, Magdeleine Mousseron-Canet und **Robert Jacquier,** *Einfluß einiger Nachbargruppen auf die Substitutions- und Eliminierungsreaktionen in der Cyclohexanreihe.* Vff. berichten zusammenfassend über eigene (vgl. C. **1956.** 2442 u. früher) u. fremde Unterss. über obige Rkk., bes. über die Mechanismen von Rkk. unter Teilnahme von Nachbargruppen, die Elemente enthalten, deren freie Elektronenpaare eine wesentliche Rolle beim Ablauf der Rkk. spielen, wie Alkoxygruppen, OH-, O^--, Amino-, SH- u. SCN-Gruppen. Bes. hydrierende Dehalogenierungs-Rkk. u. Eliminierungen mittels Ag^+ oder Mg, Desaminierungen mit HNO_2, Dehydratationen sowie Zerss. von cis- u. trans-2-Oxycyclohexylammoniumionen, d. h. Rkk., die z. T. zu Ringverengung (Bldg. des Cyclopentylringes) oder zu bicycl. Systemen führen, werden besprochen. — 132 Zitate. (Ann. Chimie [12] **8.** 5—38. Jan./Febr. 1953. Montpellier, Fac. des Sci., Inst. de Chim.) B. GNAUCK. B 225

Paul Rumpf, *Die Lehren aus den physikochemischen Untersuchungen über den Mechanismus der Oxyalkylierung.* Ref. über den Mechanismus der säure- u. basekatalysierten Oxyalkylierung, in dem die Analogien zwischen der Aldol-, PERKIN-, CLAISEN- u. KNOEVENAGEL-Kondensation herausgestellt werden. Für die basekatalysierten Mechanismen wird eine allg. Reaktionsgleichung entwickelt u. ihre jeweilige Vereinfachung bei den einzelnen Rkk. angedeutet. (Bull. Soc. chim. France, Mém. [5] **20.** C3—C6. Okt. 1953. Centre d'Études et de Rech. de Chim. Org. Appl.) H. LEHWALD. B 225

J. Wiemann, *Einfluß von Alkylsubstituenten auf die Oxyalkylierung von gesättigten Ketonen oder α-Äthylenketonen und -aldehyden, die bei elektrolytischer Reduktion oder Reduktion durch Metalle erfolgt.* Die Red. gesätt. Ketone mit Na führt entweder zum entsprechenden Alkohol (**A**) oder nach RCOR' + R''COR''' + 2 H → RR'C(OH)—C(OH)R''R''' zu Pinakonen (**P**), u. zwar entsteht aus *Aceton* (**I**) bei 0° 30 (%) **A** u. 50 *Pinakon* (**III**), aus *Campher* (**II**) bei 20° 50 **A** u. 5 **P** (**IV**) u. aus 1 Mol **II** + 2 Mol **I** bei 0° 50 **A**, 25 **III**, 20 gemischtes **P** u. 3 **IV**. Die Red. von α-Äthylenketonen u. -aldehyden durch Metalle erfolgt zu entsprechenden gesätt. Ketonen oder Aldehyden (**G**), zu ungesätt. Alkoholen (**B**) oder nach 2 RR'C=CR''COR''' + 2 H → RR'C=CR''C(OH)·R'''CRR'CHR''COR''' ⇌ Furanderiv. zu **P** oder Furanen (**F**). Mit Zn wurden folgende Ergebnisse erhalten: *Acrolein* (**V**) bei —5°: 60 (%) **P**, *Crotonaldehyd* (**VI**) bei —5°: 3 **G**, 25 **B** u. 60 **P**, *α-Methylacrolein* (**VII**) bei —5°: 4 **B**, 60 **P** u. 12,5 **F**, *α.β-Dimethylacrolein* (**VIII**) bei —5°: 30 **B** u. 35 **P**, *Mesityloxyd* (**IX**) bei —15°: 34 **G**, 8 **B**, 11 **P** u. 48 **F**, bei 12°: 50 **G**, 8 **B**, 6 **P** u. 36 **F**; bei 48°: 55 **G**, 4,5 **B**, 5,5 **P** u. 35 **F**. Analog ergab die Mg-Red.: Bei **V** bei 6°: 2 **B**, 4 **P**, 32 **F**; **VI** bei 6°: 10 **P** u. 70 **F**; bei **VII**: 8 **P** u. 22 **F**; **VIII** bei 6°: 25 **P** u. 40 **F**; *α-Äthyl-β-propylacrolein* bei 6°: 6 **B** u. 12 **F** u. **IX** bei 16°: 2 **B**, 18 **P** u. 78 **F**; bei 7°: 8 **B**, 9 **P** u. 83 **F**; bei Verwendung von Al-Amalgam bei 3°: 5,5 **B**, 7,5 **P** u. 80**F**; mit Fe bei 15°: 68 **G** u. 32 **B** u. bei elektrolyt. Red. an Pb: 12 **P** u. 45 **F**. — Aus diesen Werten wurden folgende Schlüsse gezogen: Zunehmende ster. Behinderung der CO-Gruppe durch Alkylsubstituenten vermindert die Reduktionsgeschwindigkeit, Erhöhung derselben, z. B. durch Temperaturerhöhung, bewirkt dann Abnahme der Ausbeute. Bei gleichem Reduktionsmetall nimmt mit steigender Substitution die Ausbeute der Alkoholfraktion zu, unabhängig von der Reaktionstemperatur. Bei verschied. Reduktionsmetallen nimmt die Ausbeute an Alkohol mit abnehmendem Reduktionspotential zu. — Es wird ein Bild über die Vorgänge an der Metalloberfläche entwickelt, mit dessen Hilfe die Entstehung der einzelnen Reduktionsprodd. zu erklären versucht wird. (Bull. Soc. chim. France, Mém. [5] **20.** C25—C27. Okt. 1953. L'École Norm. Sup., Labor. de Chim. M. P. C.) H. LEHWALD. B 225

H. J. Prins, *Die säurekatalysierte Cannizzaro-Reaktion von Formaldehyd.* Nach OLSEN (Z. Naturforsch. **1.** [1946.] 676) u. BAKER (C. **1949.** I. 180) entsteht bei der Rk. von Äthylen mit *Formaldehyd* (**VI**) in einem Essigsäure–H_2SO_4-Medium neben anderen Prodd. 2-Methyl-2-oxymethylpropandiol-(1.3)-triacetat (**I**). Es wird angenommen, daß diese Verb. durch Oxymethylierung von Propanol (aus $CH_2{=}CH_2$ + CH_2O), gekreuzte CANNIZZARO-Rk. u. Acetylierung der Hydroxylgruppen entsteht. Um diese Annahme zu stützen, wurde das Verh. von **VI** (eingesetzt als Paraformaldehyd oder Trioxymethylen) allein u. in Mischung mit Acetaldehyd in saurem Medium untersucht. **VI** erleidet in Essigsäure–H_2SO_4-Lsg. CANNIZZARO-Rk. unter Bldg. von CO u. Methylacetat (**II**), letzteres ist das Umesterungsprod. aus Methylformiat (**III**) in diesem Medium. Die Ausbeute an **II** u. CO nimmt merklich ab, wenn die Konz. an H_2SO_4 ein bestimmtes Maximum übersteigt; Methylendiacetat wurde nicht gefunden. Wss. H_2SO_4 verwandelt **VI** in **III** oder in eine Mischung von **III** mit Methanol u. Ameisensäure, geringe Mengen CO werden ebenfalls gebildet. Für die Unters. der Oxymethylierung wurde Acetaldehyd (**IV**) statt Propanol verwendet, da die Eigg. der Reaktionsprodd. des **IV** besser bekannt sind. Im Eisessig–H_2SO_4-Medium wird **IV** durch **VI** zunächst oxymethyliert, darauf folgt eine gekreuzte CANNIZZARO-Rk., die zu Estern des Pentaerythrits u. zu *2.4.8.10-Tetraoxa-6-spiroundecan* (**V**, F. 48,9—49,0° [korr.]) führt. **V** bildet sich auch in wss. H_2SO_4 leicht aus den Komponenten. — *Pentaerythrit*, F. 252,1—252,4°, durch Dest. von 16 g **V**, mit 9 g H_2SO_4 u. 50 ml Methanol (Methylal, Kp. 40,8—41,8°, destilliert ab), 6,8 g (Ausbeute). (Recueil Trav. chim. Pays-Bas **71.** 1131—36. Sept./Okt. 1952.) J. MATTNER. B 225

André Broche, *Kinetik der Aldolkondensation von Acetaldehyd.* Inhaltlich ident. mit der C. **1953.** 9434 referierten Arbeit. (Bull. Soc. chim. France, Mém. [5] **20.** C 12—C 13. Okt. 1953. Clermont-Ferrand, Fac. des Sci.) H. LEHWALD. B 225

J. E. Dubois, *Methode der Ketolisation durch „Verdopplung“.* (Vgl. auch C. **1947.** 1366.) Erläuterung der Begriffe der β-Aldolisation u. β-Ketolisation (vgl. C. **1950.** II. 402) u. Beschreibung der Technik der Ketolisation durch „Verdopplung“ (l. c.). Die Ketolisation mit gemischten Magnesiumalkoholaten (**I**) ist nur auf geradkettige, symm., einfache Ketone begrenzt, mit wachsender Verzweigung werden die Ausbeuten unbefriedigend. Die Ketolisation mit gemischten Amino–Magnesium-Verbb. (**II**) ist allg. anwendbar. Die Eignung zur Bewirkung der Kondensation von Mg-organ. Verbb. wurde an der Rk. von *Pinakolin* untersucht. Es reagierten: CH_3MgBr zu 6%, C_2H_5MgBr zu 7,5%, n-C_3H_7MgCl zu 19%, iso-C_3H_7MgCl (**III**) zu 62% u. iso-C_3H_7MgBr zu 30%. — Folgende Ausbeuten wurden bei der Rk. nachst. Ketone mit I, II u. III erhalten: *Methylbutylketon:* I 42%, III 50%. *Methyl-n-amylketon:* I 40%, III 61%. *Methyl-n-hexylketon:* III 50%. *Methylisopropylketon:* II 77%, III 70%. *Methylisobutylketon:* I 32%, II 61%, III 55%. *Methyl-sek.-butylketon:* III 53%. *Methyl-tert.-butylketon:* II 60—70%, III 62%. *Diäthylketon:* I 4—8%, II 50—60%, III 52—55%. *Di-n-propylketon:* II 50—60%, III 52—53%. *Acetophenon:* II 25%, III 40—45%. *Cyclohexanon:* II 55%, III 50—54%. (Bull. Soc. chim. France, Mém. [5] **20.** C13—C16. Okt. 1953. Saarbrücken, Fac. des Sci., Labor. de Chim.-phys.) H. LEHWALD. B 225

J. E. Dubois, *Probleme und Methoden der Mischketolisation.* (Vgl. C. **1953.** 2904 u. 6226.) Für die verschied. Ketolisationsmöglichkeiten wurden folgende Regeln aufgestellt: Die Mischaldolisation erfolgt in alkal. Medium bei verschiedenartigen Aldehyden an dem α-C-Atom des Aldehyds, der in α-Stellung am stärksten substituiert ist. Die Ketolisation durch Verdoppelung (vgl. vorst. Ref.) findet in alkal. Medium an dem α-C-Atom statt, das am wenigsten substituiert ist, die Kondensation zwischen Aldehyden u. Ketonen ist von der Struktur des Aldehyds abhängig: bei geradkettigen Aldehyden findet die Kondensation am α-C-Atom des Ketons statt, das am stärksten substituiert ist, bei verzweigtkettigen Aldehyden am α-C-Atom des Ketons, das am wenigsten substituiert ist. Einige früher beschriebene Ausnahmen dieser Regeln werden angeführt. (Bull. Soc. chim. France, Mém. [5] **20.** C17—C19. Okt. 1953. Saarbrücken, Fac. des Sci., Labor. de Chim.-phys.) H. LEHWALD. B 225

H. Gault, *Die Oxyalkylierungsreaktion in wässerigem Medium.* Das Gemeinsame im Mechanismus der β-Oxycarbonylierung bei der Aldol-, Säure- u. Ketonkondensation in alkal. wss. Medium besteht darin, daß 2 gleiche oder verschied. Verbb. mit CO-Gruppen kondensiert werden, indem die eine in hydratisiertem u. die andere in enolisiertem Zustand reagiert. Erstere lagert sich mit ihrer einen OH-Gruppe an die eine, mit dem Restmol. an die andere Seite der Enoldoppelbindung an. Bei verschied. Molekülarten bildet stets die leichter hydratisierbare das Hydrat u. damit den Addenden. Bei der α-Oxycarbonylierung, wie z. B. bei der Formaldehyd- oder Benzaldehydkondensation, bei der eine Enolisierung nicht möglich ist, wird angenommen, daß sich ein Hydrat mit stark ungesätt. Charakter („Kohlenstoffmonohydrat" bei CH_2O) mit einem n. Aldehydhydrat kondensiert. (Bull. Soc. chim. France, Mém. [5] **20.** C 6—C 7. Okt. 1953. Centre d'Études et de Rech. de Chim. Org. Appl.) H. LEHWALD. B 225

Earle Van Heyningen, *Die Acyloinkondensation.* 2. Mitt. *Freie Radikalbildung bei der Decarbonylierung eines aliphatischen Esters durch Natrium.* (1. vgl. C. **1953.** 6024.) In Fortführung der Unterss. über die Radikalbldg. bei der Acyloinkondensation wird *2.2.3.4-Tetramethylpenten-(3)-säureäthylester* (I) durch Kondensation von Isopropylmethylketon mit Cyanessigsäure u. Decarboxylierung zu *3.4-Dimethylpenten-(3)-säurenitril,* Dimethylierung zu *2.2.3.4-Tetramethylpenten-(3)-säurenitril,* Verseifung u. Veresterung dargestellt. Die Acyloinkondensation von I verläuft unter 68% CO-Abspaltung über das Na-Ketyl $(CH_3)_2C=C(CH_3)C(CH_3)_2\dot{C}(ONa)(OC_2H_5)$ u. die Radikale $(CH_3)_2C=C(CH_3)C(CH_3)_2CO^{\bullet}$ (II) u. $(CH_3)_2C=C(CH_3)\dot{C}(CH_3)_2$ (III), da aus den Reaktionsprodd. *2.3.4.4.5.5.6.7-Oktamethyloctadien-(2.6)* (durch Dimerisierung von III), *Bis-[1.1.2.3-tetramethylbuten-(2)-yl]-keton* (aus II u. III) neben dem Acyloin *2.3.4.4.7.7.8.9-Oktamethyl-5-oxy-6-ketodecadien-(2.8)* isoliert werden konnten. Das durch Red. von III zu erwartende *2.3.4-Trimethylpenten-(2)* konnte nicht einwandfrei nachgewiesen werden, da das Bromderiv. hiervon nicht rein erhalten wurde u. eher ein Substitutionsprod. als ein Additionsprod. zu sein scheint (HBr-Abspaltung).

V e r s u c h e: *3.4-Dimethylpenten-(3)-säurenitril,* $C_7H_{11}N$, Kp. 166—173°, aus Cyanessigsäure u. Isopropylmethylketon in Bzl., Eisessig u. NH_4-Acetat, 36 Std. kochen; n_D^{25} 1,4321—1,4370; 47% (Ausbeute); wenig verunreinigt durch die α.β-ungesätt. Verbindung. — *2.2.3.4-Tetramethylpenten-(3)-säurenitril,* $C_9H_{15}N$, $Kp._7$ 37—38°, aus vorst. Verb. u. $NaNH_2$ in fl. NH_3 u. CH_3J; n_D^{25} 1,4275; 43,7%. Daneben eine weitere Fraktion vom $Kp._8$ 50°. — *2.2.3.4-Tetramethylpenten-(3)-säure,* $C_9H_{16}O_2$, F. 46—47° (PAe.), aus vorst. Verb. mit KOH in wss. CH_3OH, 56 Std. bei 140°; 99%. *Äthylester* (I), $C_{11}H_{20}O_2$, $Kp._{10}$ 64°, a) aus der Säure mit NaOH u. C_2H_5J (12 Std. Erhitzen); n_D^{25} 1,4300; 58%; b) über das *Säurechlorid* ($C_9H_{15}OCl$, $Kp._{0,4}$ 41°; n_D^{25} 1,4513; 87,5%) mit A., 2 Std. kochen; 80,5%. — *Bromderiv.* von *2.3.4-Trimethylpenten-(2)* (?), Kp. 59—66° (Badtemp.), durch Zutropfen von I zu Na in sd. Toluol (CO-Entw.), Zugabe von W. u. Bromieren der Toluollsg.; n_D^{25} 1,5100—1,5125. — *2.3.4.4.5.5.6.7-Oktamethyloctadien-(2.6),* $C_{16}H_{30}$, $Kp._{0,32}$ 111° (Badtemp.), aus dem Rückstand der Toluollsg. durch Dest.; n_D^{25} 1,4718. — Ebenso *Bis-[1.1.2.3-tetramethylbuten-(2)-yl]-keton,* $C_{17}H_{30}O$, $Kp._{0,32}$ 144° (Badtemp.), n_D^{25} 1,4714; u. *2.3.4.4.7.7.8.9-Oktamethyl-5-oxy-6-ketodecadien-(2.8),* $C_{18}H_{32}O_2$, $Kp._{0,2}$ 175° (Badtemp.); n_D^{25} 1,4825; gelbe Flüssigkeit. Konstitutionsbeweis der Verbb. durch Infrarot- u. UV-

Spektren. (J. Amer. chem. Soc. **77.** 4016—19. 5/8. 1955. Indianopolis, Ind., Lilly Res. Laborr.) H. Lehwald. B 225

Sidney I. Miller und **George Shkapenko,** *Vinylierung: Kinetik und Mechanismus der Methylat-katalysierten Addition von Methanol an Phenylacetylen.* Vff. untersuchten die Kinetik der Methylat-katalysierten Addition von Methanol (I) an *Phenylacetylen*(II) in I u. Dioxan u. stellten einen Mechanismus für die Bldg. von *β-Methoxystyrol* auf. Die Rk. ist 1. Ordnung bezogen auf II, 1. Ordnung bezogen auf Methylat u. nullter Ordnung bezogen auf I. Die Reaktionsgeschwindigkeitskonstante für die Rk. in I bei 108,5° beträgt $k = (4{,}51 \pm 0{,}14) \cdot 10^{-4}$; die Aktivierungsenergie $\Delta H^{+} = 28{,}5 \pm 0{,}7$ kcal/Mol u. die Aktivierungsentropie $\Delta S^{+} = -8 \pm 2$ cal/Grad·Mol bei 126°. Vff. nehmen an, daß der geschwindigkeitsbestimmende Schritt bei Vinylierungs-Rkk. die Addition des Alkylations an das Acetylen ist, u. daß anschließend schneller Abzug eines Protons aus dem Lösungsm. durch das intermediäre Carbanion erfolgt. Dieser Mechanismus stimmt damit überein, daß Substituenten des Acetylens mit — I- oder — E-Effekt sowie zunehmende Nucleophilität des angreifenden Reagens die Geschwindigkeit der Vinylierung erhöhen. (J. Amer. chem. Soc. **77.** 5038—41. 5/10. 1955. Chicago, Ill., Illinois Inst. of Technol., Dep. of Chem.) J. Knaul. B 225

Jay K. Kochi, *Die Meerwein-Reaktion. Katalyse durch Kupfer(I)-chlorid.* Vf. zeigt, daß die Meerwein-Rk. nicht, wie bisher angenommen, Cu(II)-, sondern Cu(I)-katalysiert ist. Das bei der Rk. in katalyt. Menge vorhandene $CuCl_2$ wird unter den Versuchsbedingungen durch das Lösungsm. Aceton (I) zu CuCl red., welches unter diesen Bildungsbedingungen eine außerordentlich starke Wirksamkeit zeigt, Diazoniumionen zu zersetzen. Hieraus ergibt sich die Verwendung von wss. I, das vollkommen von Oxydationsmitteln befreit ist, als Lösungsm. auch für die Sandmeyer-Rk., die jedoch in Ggw. eines Olefins zu Gunsten der Meerwein-Rk. zurückgedrängt wird. Aus p-Chlorbenzoldiazoniumchlorid (II) in wss. I in Ggw. von $CuCl_2$ entsteht in mehr als 90%ig. Ausbeute *p-Dichlorbenzol* (III); aus II mit der äquivalenten Menge Styrol dagegen 68% *α.4'-Dichlordibenzyl* (IV). Zusatz von $KMnO_4$ oder Sauerstoff hemmt die Reaktion. Bei Verwendung von CuCl als Katalysator führen vorst. Rkk. in sauerstofffreiem Lösungsm. zu 92% **III** bzw. 75% **IV**. Hierbei ist I als Lösungsm. wünschenswert, aber nicht notwendig. So ergibt **II** mit Styrol in W.-A. 28% **IV**; mit Acrylonitril in W. ohne organ. Lösungsm. entstehen 68% *α.p-Dichlorhydrozimtsäurenitril.*

V e r s u c h e : *p-Dichlorbenzol* (**III**), F .52° (W.-A.), aus **II** [$C_6H_6N_2Cl_2$, aus p-Chloranilin u. Amylnitrit in A.] in wss. **I** in Ggw. von $CuCl_2$ u. LiCl unter N_2; 92% (Ausbeute); daneben *Chloraceton.* — *α.4'-Dichlordibenzyl* (**IV**), $C_{14}H_{12}Cl_2$, F. 76—77° [PAe. (Kp. 20 bis 40°)], aus **II** u. Styrol wie vorst., farblose Nadeln; 68%. — *α.p-Dichlorhydrozimtsäurenitril,* F. 249,5—250°, Kp.$_5$ 128—132°, aus **II** u. Acrylonitril in Ggw. von CuCl u. LiCl bei 0—10° in W., farblose Nadeln; 88%; daneben **III** u. *Chlorbenzol.* (J. Amer. chem. Soc. **77.** 5090—92. 5/10. 1955. Cambridge, Mass., Harvard Univ., Mallinckrodt Chem. Labors.) J. Knaul. B 225

R. H. Wilson, *Der orientierende Einfluß der Methylgruppe in Toluol bei der Gomberg-Reaktion.* Die Rk. zwischen diazotiertem 6-Nitro-m-toluidin (I; $CH_3 = 1$) u. Toluol (II) nach Gomberg u. Pernert [1926] ergab 9,5% *3.2'-Dimethyl-4-nitrodiphenyl* (**III**) sowie 2% *3.3'-Dimethyl-4-nitrodiphenyl* (**IV**) an Stelle der erwarteten 3.4'-Dimethylverbindung. Das m-Substitutionsprod. **IV** wurde also in größerer Menge als sonst bei elektrophilen Substitutions-Rkk. mit **II** gebildet. Dies ist im Einklang mit den Schlüssen von Wheland (J. Amer. chem. Soc. **64.** [1942.] 900).

V e r s u c h e : *3.2'-Dimethyl-4-nitrodiphenyl* (**III**), $C_{14}H_{13}O_2N$, fahlgelbe Nadeln, F. 56° (Methanol), Kp.$_{0,4}$ 131—133°, durch Diazotieren von **I** in Eiswasser bei Ggw. von HCl u. Zugabe von $NaNO_2$, nach Filtrieren **II** bei 5° zugeben, 20 Std. bei Ggw. von Na-Acetat rühren ohne kühlen. Daneben: *3.3'-Dimethyl-4-nitrodiphenyl* (**IV**), $C_{14}H_{13}O_2N$, fahlgelbe Nadeln, F. 70—71° (Methanol), aus der Fraktion vom Kp.$_{0,3}$ 136—188°. — *4-Amino-3.2'-dimethyldiphenyl,* Kp.$_{15}$ 201°, aus **III** durch Hydrieren (Raney-Ni in Methanol, bei 40° u. 40 at 2 Std.). — *Diphenyldicarbonsäure-(2.3'),* F. 214—215° (A.), durch Diazotieren vorst. Verb. unter 0°, 30%ig. Hypophosphorsäure zugeben, über Nacht stehenlassen (→ *2.3'-Dimethyldiphenyl,* Kp.$_{16}$ 140—141°), mit sd. wss. $KMnO_4$ oxydieren, Reinigung durch Wasserdampfdestillation. — *4-Amino-3.3'-dimethyldiphenyl,* Kp.$_{18}$ 211 bis 214°, F. 56—57° (Methanol), a) aus **IV** durch Hydrieren bei Ggw. von Raney-Ni wie oben beschrieben; b) durch Desaminierung nach Diazotieren von 4'-Acetamido-4-amino-3.3'-dimethyldiphenyl u. Einw. von Hypophosphorsäure u. Hydrolyse des entstandenen 4-Acetamido-3.3'-dimethyldiphenyls durch 20%ig. sd. HCl (2 Std.); *Acetylderiv.,* F. 140—141° (Methanol). — *Diphenyldicarbonsäure-(3.3').* F. 353—356° (W.), durch Desaminierung vorst. Verb. u. $KMnO_4$-Oxydation des gebildeten 3.3'-Dimethyldiphenyls (Kp.$_{22}$ 160—165°). (J. appl. Chem. **3.** 37—39. 3/1. 1953. Turnbridge, Huddersfield, Imp. Chem. Ind. Ltd., Res. Labors.) B. GNAUCK. B 225

Hch. Zollinger, *Kinetische Wasserstoffisotopeneffekte und allgemeine Basenkatalyse der Azokupplung. Zur Kenntnis der Kupplungsreaktion.* 9. Mitt. (8. vgl. C. **1955.** 2866, vorl. Mitt. vgl. Experientia **10.** [1954.] 481.) In Fortsetzung früherer Unterss. (vgl. C. **1954.** 4822) wurde die Kinetik der Kupplungs-Rk. von *p-Chlorbenzoldiazoniumion* (**II**) mit *Naphthol-(2)-disulfonsäure-(6.8)* (*Di-K-Salz = G-Salz*; **I**) wie früher (C. **1954.** 1213) verfolgt. Die Rk. zeigt einen Salzeffekt, der kleiner ist, als nach der BRÖNSTEDschen Gleichung theoret. zu erwarten wäre, außerdem wird sie stark durch Pyridin (**III**) katalysiert. Zur Aufklärung des Mechanismus wurde die Rk. mit in 1-Stellung deuteriertem **I** untersucht. Diese Rk. verläuft sechsmal langsamer als die mit **I** selbst. Die Kupplung zwischen *o-Methoxybenzoldiazoniumion* u. in 2-Stellung deuterierter *Naphthol-(1)-sulfonsäure-(4)* (**IV**) zeigte dagegen keinen Isotopeneffekt. Die UV-Absorption wss. **II**-Lsgg. bei Ggw. von **III** (von 320—400 mμ angegeben) zeigt, daß weniger als 4% „Diazopyridiniumionen" vorhanden sind; hieraus ergibt sich bei Berechnung der Gleichgewichte, daß der Mechanismus von HODGSON u. MARSDEN (C. **1945.** II. 1723) nicht zutrifft. Vf. zeigt, daß folgender zweistufiger Mechanismus, ähnlich dem von PÜTTER (C. **1951.** II. 3574) vorgeschlagenen, mit den Befunden in Übereinstimmung ist: $ArN_2^+ + RH \underset{k_{-1}}{\overset{k_1}{\rightleftharpoons}} ArN{=}NR^+H$, $ArN{=}NR^+H + B \xrightarrow{k_2} ArN{=}NR + HB^+$, wobei RH = Naphtholation, ArN_2^+ = Diazoniumion u. B = Base. Es wird dabei angenommen, daß die Rück-Rk. (k_{-1}) nur bei der Kupplung mit **I**, nicht aber bei der Rk. mit **IV** eine Rolle spielt, stets ist aber das Zwischenprod. $ArN{=}NR^+H$ in 1. Näherung prakt. während der gesamten Rk. in konstanter, aber sehr kleiner Konz. vorhanden, es ist also nicht als Übergangszustand aufzufassen, sondern als thermodynam. metastabiler Zwischenstoff (vgl. BERGLUND-LARSSON u. MELANDER, C. **1955.** 8587 u. früher). Es gelang, für die Rk. von **I** mit **II** bei Ggw. von **III** k_1 (205 Liter/Mol·Sek.) u. k_2/k_{-1} (1,30 Liter/Mol) nicht aber k_2 u. k_{-1} selbst zu berechnen. Wenn k_2/k_{-1} klein ist, sind die betreffenden Kupplungen basenkatalysiert u. zeigen Isotopeneffekte, diese sind aber nicht beweisend für eine langsame protolyt. Rk. (k_2); für Kupplungen ohne Basenkatalyse u. Isotopeneffekt trifft also obiger Mechanismus ebenfalls zu, nur ist dann k_2/k_{-1} groß. — pK-Werte (bei Ionenstärke μ = 0,25): **I** 8,61 (20°); 8,73 (10°); **IV** 8,01 (20°); 8,09 (10°); *Pyridiniumion* 5,50 (10°). — *2-[o-Anisolazo]-naphthol-(1)-sulfonsäure-(4)*, λ_{max} 505 mμ; *1-[p-Chlorbenzolazo]-naphthol-(2)-disulfonsäure-(6.8)*, λ_{max} 482 mμ (bei p_H 5,60—7,40). (Helv. chim. Acta **38.** 1597—1616. 15/10. 1955. Basel, CIBA AG., Wissenschaftl. Laborr. des Farbendep.) B. GNAUCK. B 225

Hch. Zollinger, *Abhängigkeit des kinetischen Isotopeneffektes der Azokupplung von Basenkonzentration und Diazokomponente. Zur Kenntnis der Kupplungsreaktion.* 10. Mitt. (9. vgl. vorst. Ref.) Wie l. c. wird die Kupplung von *Naphthol-(2)-disulfonsäure-(6.8)* (**I**) u. ihres deuterierten Deriv. (**Id**) mit *p-Chlorbenzoldiazoniumion* untersucht. Für den kinet. Isotopeneffekt der 2. Stufe der Kupplung ergibt sich aus den Daten des vorst. Ref. k_{2H}/k_{2D} = 6,58, wobei k_{2H}/k_{2D} als „isolierter Isotopeneffekt" im Gegensatz zum Isotopeneffekt der gesamten Rk. (k_H/k_D) bezeichnet wird. Bei zunehmender Konz. an Base (Messungen in W. bzw. in Ggw. steigender Mengen an Pyridin) nimmt k_H/k_D ab, während k_{2H}/k_{2D} angenähert konstant bleibt, was vom Vf. als stärkster Beweis für den zweistufigen Mechanismus der Azokupplung (vgl. l. c.) angesehen wird. Der gesamte Isotopeneffekt ist nach den Ergebnissen bei solchen Mechanismen nicht nur von der Stärke der C—H- bzw. C—D-Bindung abhängig, sondern allg. durch Variation der Basenkonz. sowie von k_2 oder k_{-1} veränderbar. Dies wird gezeigt an den Rkk. von **I** u. **Id** mit *m-Chlor-* bzw. *p-Nitrobenzoldiazoniumion* (Veränderung von k_2). Für diese Rkk. beträgt k_H/k_D 5,48 bzw. 4,78. (Helv. chim. Acta **38.** 1617—22. 15/10. 1955.) B. GNAUCK. B 225

Hch. Zollinger, *Über die Natur der Protonabspaltung bei Azokupplungen. Zur Kenntnis der Kupplungsreaktion.* 11. Mitt. (10. vgl. vorst. Ref.) Untersucht wurde wie im vorst. Ref. die Kupplung von *p-Chlorbenzoldiazoniumion* mit *Naphthol-(2)-disulfonsäure-(6.8)* (als *G-Salz*) bei Ggw. steigender Mengen von Pyridin (**I**, pK-Wert des Pyridiniumions: 5,50, k_2/k_{-1}: 1,30), α-Picolin (**IV** 6,37, 0,65), β-Picolin (**II** 6,12, 1,60), γ-Picolin (**III**

6,43, 2,50) u. 2.6-Lutidin (**V** 7,09, 0,20). Bei **I**, **II** u. **III** sind Kupplungskonstante u. Basizität proportional zueinander, es handelt sich also um eine allg. Basenkatalyse. Die Abweichungen bei **IV** u. **V** werden auf ster. Hinderung der zum N-Atom o-ständigen CH_3-Gruppen zurückgeführt, woraus geschlossen wird, daß die Wrkg. der Base nach obenst. Schema verläuft. Der gefundene ster. Effekt steht im Gegensatz zu Unterss. von BROWN u. HOROWITZ (C. **1956**. 3252 u. früher) an anderen Protonübertragungs-Rkk. mit Pyridinhomologen. Aus früheren Unterss. (C. **1955**. 2866) läßt sich abschätzen, daß OH-Ionen im Vgl. zu den Pyridinbasen die zu erwartende katalyt. Wrkg. haben. (Helv. chim. Acta **38**. 1623—31. 15/10. 1955.) B. GNAUCK. B 225

Walter G. Berl und **Charles E. Feazel**, *Die Kinetik der Hexosebildung aus Triosen in alkalischer Lösung.* Vff. untersuchen die Hexosebldg. aus *dl-Gycerinaldehyd* (**I**) in 0,005—0,02n NaOH bei 0—25°. Als Reaktionsprodd. wiesen Vff. *dl-Fructose* u. *dl-Sorbose* nach (Ausbeute 75—90%), papierchromat. noch eine 3. Substanz, die nicht identifiziert wurde. — Die Rk. wurde colorimetr. unter Verwendung von Anthron/H_2SO_4 zur Best. der Hexosen verfolgt, sie war 1. Ordnung, jedoch zeigte k eine Abhängigkeit von der Anfangskonz. an **I** bzw. NaOH. Die Aktivierungsenergie wurde zu 24,5 kcal/Mol bestimmt. Ein Salzeffekt konnte nicht beobachtet werden. Durch *Dioxyaceton* (**II**) wurde k erhöht. Vff. nehmen daher prim. die teilweise Bldg. von **II** aus **I** an. (J. Amer. chem. Soc. **73**. 2054—57. Mai 1951. Silver Spring, Md., Johns Hopkins Univ., Appl. Phys. Labors.) J. KLEINWÄCHTER. B 225

Michel Niclause, *Kinetik und Mechanismus der Zersetzung von gasförmigem Acet- und Propionaldehyd.* Vf. gibt eine ausführliche Zusammenfassung seiner (vgl. NICLAUSE u. COMBE, C. **1954**. 10681 u. früher) u. fremder Arbeiten über die Kinetik u. den Mechanismus der therm. Zers. mit u. ohne Induzierung durch andere Stoffe [untersucht bes. Di-tert.-butylperoxyd (**III**) u. Diacetyl (**IV**)] sowie der photochem. Zers. bei höheren Tempp. von *Acet-* (**I**) u. *Propionaldehyd* (**II**) in der Gasphase. Gezeigt werden allg. Zusammenhänge zwischen Mechanismus u. Anfangsgeschwindigkeit bei Gasphasenkettenzersetzungen. Im Gegensatz zu MORRIS (J. Amer. chem. Soc. **66**. [1944.] 584) u. HINSHELWOOD (vgl. z. B. WINKLER, FLETCHER u. HINSHELWOOD, Proc. Roy. Soc. [London], Ser. A **146**. [1934.] 345 u. früher) nimmt Vf. an, daß die n. Pyrolyse beider Aldehyde eine Ketten-Rk. unter Beteiligung freier Radikale ist. Die Rkk. von **I** u. **II** zeigen also große Analogie bis zu Tempp. von 770°K, nur die Kettenlänge der Photolyse u. der induzierten therm. Zers. ist bei **II** etwas geringer als bei **I**. Sämtliche untersuchten Zerss. verlaufen zu Beginn der Rkk. nach dem gleichen Schema: $RCO^\bullet \rightarrow R^\bullet + CO$, $R^\bullet + RCHO \rightarrow RH + RCO^\bullet$ (Kette), $2\,R^\bullet \rightarrow$ Prodd. (Abbruchs-Rk.), mit $R = CH_3$ bzw. C_2H_5 für **I** bzw. **II**. Prodd. sind bei **I** C_2H_6, bei **II** C_2H_6 u. C_2H_4 bzw. C_4H_{10}. Die Initiierungs- u. Übertragungs-Rkk. hängen offenbar von der Art der homogenen Zers. ab. Bei der therm. Zers. ohne oder mit **III**, **IV** bzw. Azomethan besteht die Initiierungs-Rk. aus einer monomol. Zers. in freie Radikale mit hohem Häufigkeitsfaktor ($>10^{13}$ sec^{-1}). Bei extremen Bedingungen (Konzz. oder Tempp.) können sek. Rkk. auftreten, so z. B. bei **II** bei relativ hohen Tempp. u. geringen Anfangskonzz. an **II**: $C_2H_5\cdot \rightarrow C_2H_4 + H\cdot$, $H\cdot + \text{II} \rightarrow H_2 + C_2H_5CO\cdot$; bei **I** bei niedrigen Tempp.: $R\cdot + RCO\cdot \rightarrow$ Produkte. Das relative Bildungsverhältnis von C_2H_4 oder H_2 gegenüber C_2H_6 aus **II** ist bei hohen Tempp. (ca. 822°K) größer als bei niedrigeren (690—770°K) u. bei geringen Anfangskonzz. an **II** am kleinsten. Verss. bei 1200° K u. 200 mm Hg lieferten bei **II** nach 5% Zers. folgende Prodd.: CO, C_2H_6, C_2H_4, H_2 u. CH_4. Der Anteil an C_2H_4 oder H_2 ist von gleicher Größenordnung wie der von C_2H_6. Die Aktivierungsenergie liegt etwa bei 65—70 kcal/Mol, also höher als von WINKLER u. Mitarbeitern (l. c.) bei gleicher Konz. aber niedriger Temp. (770—860° K) gefunden. Untersucht wurde schließlich der Einfl. der Endprodd. auf die Zersetzungsgeschwindigkeit. So zeigt CO einen retardierenden Effekt, der in Übereinstimmung mit ELSKENS (Bruxelles, Sept. 1952) u. PORTER u. BENSON (C. **1955**. 3111) mit der Gleichgewichts-Rk. (bei **I**): $CH_3CO\cdot \rightleftharpoons CH_3\cdot + CO$ erklärt wird, für die Rk. nach links wird die Aktivierungsenergie <9 kcal/Mol angegeben. Neben der Rekombinations-Rk. $2\,CH_3\cdot \rightarrow C_2H_6$ kann dann die Rk.: $CH_3\cdot + CH_3CO\cdot \rightarrow CH_3COCH_3$ oder $C_2H_6 + CO$ auftreten. Es ist jedoch nicht völlig ausgeschlossen, daß die Verzögerungswrkg. von CO auf die Umkehrbarkeit der Rk. $\cdot CHO \rightleftharpoons CO + H\cdot$ zurückzuführen ist, wobei dann auch $CH_3\cdot + \cdot CHO \rightarrow CH_3CHO$ oder $CH_4 + CO$ erfolgen kann. — 120 Literaturangaben. (Rev. Inst. franç. Pétrole Ann. Combustibles liquides **9**. 327—66. Juli; 419—48. Aug. 1954. Nancy, École Nat. Sup. des Ind. Chim., Fac. des Sci.) B. GNAUCK. B 225

Eero A. Halonen, *Die Kinetik der Decarboxylierung von Malonsäure und einigen Acetylencarbonsäuren und ihren Salzen.* Es werden umfangreiche Meßergebnisse über die therm. Decarboxylierung von *Propiolsäure* (**I**), *Tetrolsäure*, *Acetylendicarbonsäure* u.

Malonsäure u. ihren Na-Salzen in W. u., mit Ausnahme von Dinatriummalonat, in Dioxan–W.-, A.–W.- sowie Methanol–W.-Mischungen mitgeteilt. Desgleichen werden Li-, K- u. Ba-Salze von I in W. untersucht. Rk. 1. Ordnung liegt in allen Fällen vor. Die Acetylensäuren decarboxylieren um so rascher, je elektronegativer der β-Substituent ist. Bei den Monocarbonsäuren fällt die Geschwindigkeit mit steigendem Geh. an der organ. Lösungsmittelkomponente, während es bei den Salzen umgekehrt ist. Die Zerfallsgeschwindigkeit der Dicarbonsäuren durchläuft ein Maximum mit fallendem Wassergehalt. Für die Temperaturabhängigkeit ist die ARRHENIUS-Gleichung gültig. Dabei sind die Aktivierungsenergien E für die Säuren niedriger als für die entsprechenden Salze. Bei den Salzen der Acetylensäuren fallen die E mit steigender Elektronegativität der β-ständigen Gruppe; mit steigendem Geh. an organ. Komponente im Lösungsmittelgemisch sinkt E bei den Säuren, bei den Salzen erst nach einem Maximum bei niedrigen Konzz. an organ. Komponente. Die freien Energien, Aktivierungsenthalpien $\Delta H^{\neq}$ u. Aktivierungsentropien $S^{\neq}$ werden berechnet, wobei sich für einige Rkk. eine lineare Beziehung zwischen $T\Delta S^{\neq}$ u. $\Delta H^{\neq}$ ergibt. $\Delta S^{\neq}$ ist bei den Säuren meist negativ, bei den Salzen meist positiv. Der Einfl. der Solvatation u. der Konst. auf die Decarboxylierungsgeschwindigkeit wird diskutiert. Bei den Salzen hat das Kation keinen Einfl. auf die Reaktionsgeschwindigkeit. (Suomalaisen Tiedeakatemian Toimituksia [Ann. Acad. Sci. fennicae], Sarja A. II. **1954**. Nr. 55. 1—60. Helsinki, Univ., Inst. für Chemie.)
H. BERG. B 225

C. Luner und **M. Szwarc**, *Photosensibilisierte Zersetzung von Acetylperoxyd.* In einer vorläufigen Unters. wurde die Geschwindigkeit der photosensibilisierten Zers. von *Acetylperoxyd* (I) in Ggw. von Anthracen (II) bei Bestrahlung mit Licht von 3650 Å gemessen. Als Maß diente die Geschwindigkeit der Bldg. von CO_2, R_{CO_2}. R_{CO_2} war [II] direkt proportional bis zu Konzz. von $1\cdot10^{-4}$mol., bei Konzz. $>1{,}5\cdot10^{-4}$mol. wird R_{CO_2} von [II] unabhängig, es werden dann 99% der Strahlungsenergie von II absorbiert. Außerdem ist R_{CO_2} direkt proportional [I]. Mit wachsendem [II] sinkt das Ausbeuteverhältnis CH_4/CO_2, während C_2H_6/CO_2 im wesentlichen unabhängig von I, II u. der Lichtintensität ist. Das Absinken von CH_4/CO_2 beruht wahrscheinlich auf der Addition von CH_3-Radikalen an II. Aus der Konstanz von C_2H_6/CO_2 geht hervor, daß das C_2H_6 durch eine „Käfig"-Rk. (cage reaction) entsteht. Allem Anschein nach verläuft die photosensibilisierte Zers. von I nach einem ähnlichen Mechanismus wie die therm. Zers. von I. (J. chem. Physics **23**. 1978—79. Okt. 1955. Syracuse, N. Y., State Univ., Coll. of Forestry, Chem. Dep.)
L. FISCHER. B 226

G. R. Hoey und **K. O. Kutschke**, *Die Photooxydation von Azomethan.* Die Photooxydation von *Azomethan* (I; 101 mm Druck) bei Bestrahlung mit gefiltertem Hg-Licht (λ 3660 u. 3340 Å; Intensität $5-10\cdot10^{11}$ Quanten/cm³·Sek.) in Ggw. von wenig O_2 (0,02—1 mm Druck) wird bei ca. 25, 123 u. 161° untersucht. Als Reaktionsprodd. werden neben N_2, CH_4, N_2O, CO, CO_2 auch CH_3OH, H_2O, HCOOH u. „Peroxyde" nachgewiesen. HCHO kann nicht direkt bestimmt werden, es wird aus der Stoffbilanz ermittelt. — Der Primärprozeß der I-Photolyse, $CH_3N_2CH_3 + h\nu \rightarrow 2\,CH_3 + N_2$, wird weder von den Versuchsbedingungen noch vom O_2 wesentlich beeinflußt. N_2O ist ein Hauptprod. der Rk., für dessen Bldg. ein Mechanismus aufgestellt werden kann, nach dem oxydierte CH_3-Radikale (z. B. etwa CH_3O_2, CH_3O OH) oder eine Reaktionsfolge einleiten, in deren Verlauf $CH_3N_2CH_2$-Radikale gebildet werden, die weiter nach: $CH_3N_2CH_2 + O_2 \rightarrow CH_3N_2CH_2O_2$ u. $CH_3N_2CH_2O_2 \rightarrow CH_3 + N_2O + H_2CO$ reagieren. — Die CH_3-Radikale reagieren mit O_2 unter Bldg. eines Peroxymethylradikals. Die Aktivierungsenergie dieser Rk., $CH_3 + O_2 \rightarrow CH_3O_2$, ist ca. 0,4 kcal/Mol, der ster. Faktor ca. $7\cdot10^{-3}$. Als Folge-Rkk. sind die Rkk.: $2\,CH_3O_2 \rightarrow 2\,CH_3O + O_2$ u. $2\,CH_3O \rightarrow CH_3OH + H_2CO$ wahrscheinlich, zumal CH_3OH unter den Reaktionsprodd. nachweisbar ist. Die geringen CO-Mengen sind wahrscheinlich sek. Prodd. der CH_3-Oxydation. Unbedeutend ist die Oxydation von CH_3- u. $CH_3N_2CH_2$-Radikalen zu CO_2. (Canad. J. Chem. **33**. 496—506. März 1955. Ottawa, Can., Nat. Res. Council, Div. of Pure Chem.)
K. PRCHAL. B 226

R. B. Whitney und **Melvin Calvin**, *Chemische und photochemische Untersuchungen an 6.8-Thioctsäure und 1.2-Dithiolan (Trimethylendisulfid).* Es wurden *6.8-Thioctsäure* (I) u. *Trimethylendisulfid* (II) vorwiegend in saurer alkoh. Lsg. (95%ig. A.) mit Licht der Wellenlänge 3130 oder 3650 Å bestrahlt. Dabei wird die S—S-Bindung in I u. II aufgespalten. Diese Rk. wurde durch spektrometr. Best. der Abnahme der 3200 bzw. 3300 Å-Bande von I bzw. II quantitativ verfolgt. Außerdem wurde auch die absorbierte Strahlungsenergie gemessen. Die Quantenausbeute Φ_{II} beträgt bei 3650 Å durchschnittlich 0,6, Φ_I 0,3—0,48. Höhere Säure- oder Wasserkonz. verringert Φ_{II}, während Φ_{II} bei 3130 Å ansteigt. Die Φ_I-Werte liegen ähnlich wie die Φ_{II}. Vermutlich werden die Disulfide in einen Anregungszustand übergeführt, der keine Energie speichern kann u. daher als wirksamer Energieüberträger fungiert. (J. chem. Physics **23.** 1750—56. Okt. 1955. Berkeley, Calif., Univ., Dep. of Chem. and Radiat. Labor.) L. Fischer. B 226

Ss. M. Loktew, *Synthese organischer Verbindungen auf der Basis von Kohlenöxyden und Wasserstoff.* In allg. verständlicher Form behandelt Vf. die Synth. von Methan, höheren KW-stoffen u. aliphat. Alkoholen aus CO u. H_2, die Rk. zwischen CO, H_2 u. ungesätt. KW-stoffen sowie die Synth. von Methan u. höheren KW-stoffen aus CO_2 u. H_2. Hierbei wird die Anwendung von Katalysatoren bes. berücksichtigt. (Химия в Школе [Chem. Schule] **10.** Nr. 1. 10—18. Jan./Febr. 1955.) O. Lebtag. B 227

J. C. Balaceanu und **J. C. Jungers,** *Die Dehydratation von Alkoholen an Aluminiumoxyd.* Vff. untersuchten zunächst die Zers. von *Ae.* an Al_2O_3 zwischen 260 u. 400°, die zu C_2H_4 u. *A.* führt, dieser dehydratisiert weiter zu Ae., bes. bei tiefen Tempp.; durch Verkürzung der Kontaktzeit wird die Bldg. von A. begünstigt. Die Aktivierungsenergie E der Ae.-Zers. betrug 24000 cal/Mol, bei hohen Tempp. zeigte sich jedoch eine geringe Abweichung, die einer verminderten Adsorption des A. am Kontakt zugeschrieben wird. Die Ae.-Zers. wird durch A. u. W. inhibiert. Die Zers. von A. zu Ae. wurde zwischen 200 u. 240° untersucht u. zeigte einen E-Wert von 14000 cal/Mol, W. inhibiert auch diese Reaktion. Die katalyt. Zers. von *Methanol,* dessen Reaktionsprod. nur Dimethyläther war, verlief nicht vollständig, aus den Anfangsreaktionsgeschwindigkeiten wurde ein E-Wert von 18000 cal/Mol erhalten (zwischen 200 u. 300°). Die Ordnung der Rk. läßt sich nicht mit Sicherheit bestimmen, die Ergebnisse entsprechen jedoch am besten einer Rk. 2. Ordnung zwischen den adsorbierten Molekeln. Ferner wurde bei 240 u. 283° die katalyt. Zers. von *Isopropylalkohol* u. bei 255 u. 291° die von *n-Butylalkohol* (I) untersucht. Hierbei zeigte sich, daß *Diisopropyläther* (II) weniger stabil als Ae. ist u. *Di-n-butyläther* (III) eine Mittelstellung einnimmt. Die Zers. von I weist über ca. 250° einen E-Wert von 28000, unter 250° einen solchen von 32000 cal/Mol auf, was auf eine verstärkte Bldg. von III gegenüber *n-Butylen* bei niedriger Temp. zurückgeführt wird. Für die Zers. von II wurde ein E-Wert von 25000 cal/Mol gefunden. — Bei 260° beträgt die aus A. gebildete C_2H_4-Menge nur 3%, wenn 65% Ae. gebildet sind, auch diese können aus Ae. gebildet worden sein; die direkte Zers. von A. zu $C_2H_4 + H_2O$ spielt also im untersuchten Temperaturbereich keine Rolle, bei höheren Tempp. gewinnt sie — wie bei I — möglicherweise an Bedeutung. Für den Temperaturbereich von 280—320° wurde ein E-Wert der Zers. von A. zu C_2H_4 zu 38000 cal/Mol berechnet; offenbar hängt der Wert ebenfalls von der Temp. ab, da Bork u. Markova (C. **1948.** E. 381) zwischen 300 u. 380° 24000 cal/Mol gefunden hatten. Die ermittelten Reaktionsmechanismen können nicht ohne weiteres auf die Zers. an anderen Katalysatoren übertragen werden, da an ThO_2 A. vollständig zu C_2H_4 direkt zerfällt, Ae. stabil ist u. Methanol keinen Äther, sondern nur gasförmige Zersetzungsprodd. liefert. — Zur Aufklärung des Mechanismus wurden ferner die Adsorptionskoeffizienten an Al_2O_3 bestimmt von Ae.–W.-, Ae.–A.- sowie Methanol–W.-Gemischen sowie die Zers. von Ae. bei Ggw. von Cyclohexanon u. Bzl. untersucht. Bzl. verzögert die Zers. von Ae. mehr als Cyclohexanon. (Bull. Soc. chim. belges **60.** 476—511. Nov./Dez. 1951. Inst. Française du Pétrole, u. Leuven, Univ., Labor. voor Phys. Scheikunde.) B. Gnauck. B 227

N. M. Tschirkow und **W. I. Zwetkowa,** *Kinetik und Mechanismus der Reaktionen in Gegenwart dünner Filme nichtflüchtiger Säuren. Hydradation von Propylen und Dehydratation von Isopropylalkohol an Phosphorsäure.* (Vgl. C. **1955.** 7647.) Bei der Hydratation von C_3H_6 (I) u. der Dehydratation von *iso-*C_3H_7OH (II) wird H_3PO_4 (III) (84,3%ig) in dünner Schicht von maximal 10^{-4} cm auf Pyrexröhrchen als Träger bei 90—140° als Katalysator verwendet, wobei der Gesamtdruck der Reaktionsteilnehmer 1 at nicht übersteigt. Die Druckänderung entspricht dem Druck des entstehenden II bzw. I: $\alpha \Delta p/dt = k_1 p_{C_3H_6} p_{H_2O} - k_2 \Delta p$ (k_1, k_2 = Geschwindigkeitskonstante der Hin- u. Rück-Rk.). Bei der Rk. I + H_2O → II bleiben p_{H_2O}, k_1 u. k_2 prakt. konstant; die Reaktionsgeschwindigkeit entspricht also der Gleichung für eine reversible monomol. Rk. $k_1 + k_2 = (2,3/t) \log[\Delta p_\infty/(\Delta p_\infty - \Delta p)]$. Tatsächlich ist $k_1 + k_2$ bei der Hydratation bis 80—85% prakt. unabhängig von $p_{C_3H_6}$. Bei Änderung des Anfangsdrucks ändern sich k_1 u. k_2 stark. Es ergibt sich $\log k_1 = -0,9\, H_0 - 5,67$, $\log k_2 = -0,9\, H_0 - 4,72$ (H_0 = Acidität). Im Temperaturgebiet 100—130° ist $k_1 = 6,3 \cdot 10^3 \cdot e^{-11400/RT}$ u. $k_2 = 4,5 \cdot 10^9 \cdot e^{-20200/RT} min^{-1} \cdot at^{-1}$. Bei der Rk. II → I + H_2O nimmt k_2 mit zunehmendem I-Druck ab, u. zwar um so stärker, je niedriger die Temp. u. je höher die Konz. der III ist. Bei kleinem II-Druck ist die Abhängigkeit von k_2 vom II-Anfangsdruck annähernd linear, so daß sich durch Extrapolation auf $p_{II} = 0$ der für die katalyt. Wrkg. von III charakterist. Wert k_2^0 ermitteln läßt; auch die Beziehung zwischen k_2^0 u. H_0 ist linear (Proportionalitätskoeff. = 1). Von der Temp. hängt k_2 bei 90—140° nach folgenden Gleichungen ab: bei 84,3%ig. III: $k_2 = 2,24 \cdot 10^{10} \cdot e^{-21300/RT}$, bei 94,3%ig. III: $k_2 = 4 \cdot 10^{10} \cdot e^{-20500/RT} min^{-1}$. Die Aktivierungsenergie ist also innerhalb der Versuchsfehler unabhängig von der **III**-Konzentration. Die nahe Übereinstimmung der bei **I** → **II** u. bei **II** → **I** gefundenen k_2 läßt auf weitgehende Reversibilität schließen, die lineare Abhängigkeit der k_1- u. k_2-Werte von der Acidität h_0 (= —antilog H_0) auf einen Verlauf der Rkk. nach einem Mechanismus unter Beteiligung protonisierter Formen der Teilnehmer. (Доклады Академии Наук СССР [Ber. Akad. Wiss. UdSSR] **102.** 311—14. 11/5. 1955. Inst. für chem. Physik der Akad. der Wiss. der UdSSR.) R. K. MÜLLER. B 227

R. Suhrmann und **G. Wedler,** *Reaktionsmechanismus beim Zerfall der Ameisensäure am Nickelkontakt auf Grund elektronischer Wechselwirkung.* (Vorl. Mitt.) Vff. untersuchen den Reaktionsmechanismus des Zerfalls der *Ameisensäure* (**I**) an einem aufgedampften Nickelfilm bei Zimmertemperatur. Die **I** wird zunächst an dem Film adsorbiert u. zerfällt anschließend in CO, das adsorbiert bleibt, u. H_2O. Bei hohen Tempp. u. ausreichenden Drucken stellt sich das Wassergasgleichgewicht ein. Der Zersetzungsvorgang läßt sich durch Messung des Widerstandes des Nickelfilms verfolgen, auf diese Weise läßt sich auch nachweisen, daß bei der Adsorption der HCOOH zunächst Elektronen zum Kontakt übergehen. (Angew. Chem. **67.** 655. 7/11. 1955. Braunschweig, TH, Inst. für physikal. Chem. u. Elektrochem.) K. FRENKLER. B 227

K. A. Krupennikowa und **D. W. Ssokolski** (unter experimenteller Mitarbeit von **G. K. Chlybowa, T. A. Woitzechowskaja** und **R. N. Blagodyr**), *Katalytische Cyclisierung von o-Nitroäthylbenzol.* Im H_2-Strom bei Tempp. über 500° wird *o-Nitroäthylbenzol* (**I**) zu *Indol* cyclisiert: $o\text{-}C_2H_5C_6H_4NO_2 \xrightarrow{H_2} C_8H_7N + 2\,H_2O$. Als bester Katalysator hat sich dabei ein mit CrO_3 u. KOH getränkter Al-Silicatkatalysator der Erdölspaltung erwiesen, der bei 550° bei einem mol. Verhältnis **I** : H_2 = 1 : 1 Ausbeuten bis 13,4% liefert. (Доклады Академии Наук СССР [Ber. Akad. Wiss. UdSSR] **102.** 93—95. 1/5. 1955. Kasach. Kirow-Univ.) R. K. MÜLLER. B 227

Y. Monteils, *Die Alkylierung von Benzolderivaten mit Hilfe von Alkylcyclohexenen in Gegenwart von Ferrichlorid als Katalysator.* Die Alkylierung von Halogenbenzolen mit Alkylcyclohexenen unter der katalyt. Wrkg. von $FeCl_3$ ist von dem verwendeten Halogenderiv., von der Reaktionstemp. u. in geringerem Maße von dem Alkylcyclohexen abhängig. 1,5 Mol Brombenzol (**I**) reagieren mit 1 Mol 1-Butylcyclohexen (**III**) in Ggw. von 1 Mol $FeCl_3$ zu 40% zu *p-[Butylcyclohexyl]-brombenzol* ($Kp._{15}$ 185—205°; n_D^{14} 1,5298; gibt bei der CrO_3-Oxydation *p-Brombenzoesäure,* F. 251—253°). Die analoge Rk. mit Chlorbenzol (**II**) verläuft weniger gut zu einem Gemisch aus 70% Kondensationsprodd. u. 30% Dimerem. Die günstigsten Alkylierungstempp. betragen 30—60°, bei 0° findet nur Dimerisierung, bei 100° vorwiegend Chlorierung statt. 1-Äthylcyclohexen reagiert mit **II** bei 40° zu 50% *p-[Äthylcyclohexyl]-chlorbenzol* ($Kp._{15}$ 160—165°; n_D^{17} 1,5338) u. mit **I** zu 40% zu *p-[Äthylcyclohexyl]-brombenzol* ($Kp._{12}$ 170—180°; n_D^{17} 1,5496); 1-Cyclohexylcyclohexen (**IV**) setzt sich mit **II** um zu einem *Dicyclohexylchlorbenzol* ($Kp._{13}$ 217 bis 227°; n_D^{17} 1,5408), Ausbeute 20%. — Unter gleichen Bedingungen werden auch einfache aromat. KW-stoffe kondensiert: *[Butylcyclohexyl]-benzol,* $Kp._{15}$ 147—149°, aus Bzl. + **III**; $D.^{20}$ 0,930; n_D^{21} 1,5147; 40% (Ausbeute). — *p-[Butylcyclohexyl]-toluol,* $Kp._{12}$ 159—161°, aus Toluol + **III**; $D.^{21}$ 0,928; n_D^{21} 1,5178; 65%; gibt bei der Oxydation *Terephthalsäure* (*Dimethylester,* F. 138°). — *p-[Butylcyclohexyl]-äthylbenzol,* $Kp._{12}$ 164—166°, aus **III** + Äthylbenzol; $D.^{21}$ 0,943; n_D^{21} 1,5305; 50%; gibt bei der Oxydation *p-Acetylbenzoesäure,* $C_9H_8O_3$, F. 200° (*Methylester,* F. 92°). — *p-[Butylcyclohexyl]-butylbenzol,* $Kp._{12}$ 195—200°, aus Butylbenzol + **III**; $D.^{18}$ 0,932; n_D^{18} 1,5239; 50%. — *Dicyclohexylbenzol,* $C_{18}H_{26}$ $Kp._{15}$ 189—193°, aus Bzl. + **IV**; $D.^{20}$ 0,989; n_D^{20} 1,5330; gibt bei der Dehydrierung über 12% Cr enthaltendem Co bei 450° unter Umlagerung *p-Diphenylbenzol,* F. 209—211°. (Bull. Soc. chim. France, Mém. [5] **20.** 747—49. Juli/Aug. 1953. Clermont-Ferrand, Fac. des Sci., Labor. de Chim. org.) H. LEHWALD. B 227

Y. Monteils, *Untersuchung einiger Alkylierungskatalysatoren. Anwendung bei der Kondensation von Halogenbenzolen und Alkylcycloalkenen.* (Vgl. auch vorst. Ref.) Auf der Suche nach einem Katalysator, der die Alkylierung von Halogenbenzolen durch Alkylcyclohexene beschleunigt, ohne eine unerwünschte Polymerisation der Cyclohexenkomponenten zu bewirken, wird die katalyt. Wrkg. von $AlCl_3$, BF_3, P_2O_5 u. $FeCl_3$ auf die Rk. von Chlorbenzol (**I**) mit Cyclohexen (**II**) u. mit 1-Butylcyclohexen (**III**) untersucht. Die in einer Tabelle zusammengefaßten Ergebnisse lassen erkennen, daß nur $FeCl_3$ den Erfordernissen genügt. — Kondensation mit $AlCl_3$: Aus **I** u. **II** entsteht ein Gemisch, aus dem durch Dest. *Cyclohexylcyclohexen* ($Kp._{12}$ 105—107°; n_D^{16} 1,495), *p-Chlorphenylcyclohexan* (**IV**; $Kp._{16}$ 133—134°; n_D^{20} 1,540; gibt bei der Oxydation *p-Chlorbenzoesäure* [**V**], F. 238°) u. *Dicyclohexylcyclohexen* ($Kp._{13}$ 170—180°, n_D^{18} 1,524) isoliert werden konnten. Aus **I** u. **III** entsteht nur ein *Dimerisationsprod.* von **III**, $Kp._{15}$ 189—195°; $D.^{19}$ 0,885; n_D^{19} 1,490; 80% [Ausbeute]. — Kondensation mit BF_3: Aus **I** u. **II** entstehen die gleichen Verbb. wie vorst., aus I u. III ein *Dimerisationsprod.* vom Kp.$_{15}$ 175—185°; n_D^{18} 1,494; 70%. — Kondensation mit P_2O_5: Nur Dimerisationsprodukte. — Kondensation mit $FeCl_3$: Aus I u. II entsteht bei 8std. Erhitzen auf 80° 30% IV, aus I u. III bei 40° *p-[Butylcyclohexyl]-chlorbenzol* (Kp.$_{15}$ 180—185°; n_D^{18} 1,5232; 50%; gibt bei der Oxydation V) u. in geringer Menge eine *Dimerisationsverb.* vom Kp.$_{15}$ 185—195°; n_D^{16} 1,4975. (Bull. Soc. chim. France, Mém. [5] **20.** 749—51. Juli/Aug. 1953. Clermont-Ferrand, Fac. de Sci., Labor. de Chim. Org.) H. LEHWALD. B 227

C. Präparative organische Chemie. Naturstoffe.

Hans Plieninger und **Gerhard Werst,** *Zur Darstellung von Aldehydderivaten aus Nitrilen.* Hydrierung von Nitrilen in Ggw. von RANEY-Ni unter Zusatz von Semicarbazid bzw. Dianilinoäthan (vgl. WANZLICK u. LÖCHEL, C. **1955.** 2669) lieferte die entsprechenden *Aldehydderivate.* Die Tetrahydroimidazole ließen sich mit konz. HCl bes. leicht spalten. Der empfindliche *Indolyl-(3)-acetaldehyd* konnte so auf einfache Weise gewonnen werden. Andere Hydrierungskatalysatoren (RANEY-Co) u. andere Aldehydreagentien (Phenylhydrazin, Toluolsulfhydrazid, Benzhydrazid, H_2NOH, $NaHSO_3$) gaben schlechtere Ergebnisse.

Versuche: *Phenylacetaldehydsemicarbazon,* F. 148—150°, durch Hydrierung von Benzylcyanid über RANEY-Ni in 50%ig. A. oder CH_3OH bei Ggw. von Semicarbazid·HCl u. Na-Acetat (25°; drucklos 3—4 Std., bei 60 at 50 Min.); 70% (Ausbeute). *Freier Aldehyd,* durch Erwärmen des Semicarbazons mit 40%ig. CH_2O-Lsg.; 60—70%. — Analog die Semicarbazone folgender Aldehyde: *4-Methoxyphenylacetaldehyd-,* F. 171—173°, aus 4-Methoxybenzylcyanid; 60%. — *3.4-Dimethoxyphenylacetaldehyd-,* F. 160—161°, aus 3.4-Dimethoxybenzylcyanid; 41%. — *o-Phenylendiacetaldehyd-,* F. 205 bis 207°, aus o-Phenylendiacetonitril (20%) oder durch Ozonspaltung von 1.4-Dihydronaphthalin. — *o-Cyanmethylphenylacetaldehyd-,* $C_{11}H_{12}ON_4$, F. 151° (Bzl.-CH_3OH), aus den Mutterlaugen vorst. Hydrierung; 40%. — *Benzaldehyd-,* F. 220—222°, aus Benzonitril; 58%. — *Indolyl-(3)-acetaldehyd-,* $C_{11}H_{12}ON_4$, F. 179—181° (A.-W.), aus Indolyl-(3)-acetonitril; 75%. — *[2-Methylindolyl-(3)]-acetaldehyd-,* $C_{12}H_{14}ON_4$, F. 197 bis 199°, aus [2-Methylindolyl-(3)]-acetonitril; 40%. — *Acetaldehyd-,* F. 173—174°, aus Acetonitril; 25%. — *Anilinoacetaldehyd-,* $C_9H_{12}ON_4$, F. 163—165° (80%ig. CH_3OH), aus Anilinoacetonitril; 55%. — *β-Cyanpropionaldehyd-,* $C_5H_8ON_4$, F. 163°, aus Bernsteinsäuredinitril in wss. CH_3OH bei 50°; 60%, daneben 2% *Succindialdehyddisemicarbazon,* F. 188°, Trennung durch Eluieren mit A.-Wasser. — *Adipindialdehyddi-,* F. 203—204°, aus Adipinsäuredinitril; 40%. — *Δ¹-Cyclohexenylacetaldehyd-,* $C_9H_{15}ON_3$, F. 181—183°, aus Δ¹-Cyclohexenylacetonitril; 60%. — *Ölsäurealdehyd-,* F. 85—87° (CH_3OH), aus Ölsäurenitril; 27%. — *1.3-Diphenyl-2-skatyltetrahydroimidazol* (I), $C_{24}H_{23}N_3$, F. 190° (A.), durch Hydrierung von Indolyl-(3)-acetonitril über RANEY-Ni in CH_3OH bei Ggw. von Dianilinoäthan u. Eisessig (40°, 110 at); 30%. — *Indolyl-(3)-acetaldehyd,* $C_{10}H_9ON$, Öl, durch 2 Min. Schütteln von I mit 19%ig. HCl in Ae.; bei längerem Behandeln von I mit 2n HCl entstand in guter Ausbeute eine krist. *Verb. vom F. 345°.* — *1.3-Diphenyl-2-propyltetrahydroimidazol,* F. 80—81° (CH_3OH), aus Butyronitril bei 20°; 40%. — *1.2.3-Triphenyltetrahydroimidazol,* F. 136—137° (CH_3OH), aus Benzonitril bei 60°; 25%. — *1.3-Diphenyl-2-benzyltetrahydroimidazol,* F. 87,5°, aus Benzylcyanid bei 35°; 30%. — *1.3-Diphenyl-2-[3.5-dimethoxybenzyl]-tetrahydroimidazol,* aus 3.5-Dimethoxybenzylcyanid ohne Druck; 60%. (Chem. Ber. **88.** 1956—61. 1955. Heidelberg, Univ., Chem. Inst.) J. ROTHE. 460

Alfred Dornow, Gerhard Winter und **Wilhelm Vissering,** *Reduktionen mit $LiAlH_4$.* 6. Mitt. *Umsetzungen des Komplexes aus Zimtaldehyd und Lithiumaluminiumhydrid.* (5. vgl. C. **1956.** 5024.) Die Rkk. der bei Verss. zur Red. der C=C-Doppelbindung von Zimtaldehyd (I) mit $LiAlH_4$ auftretenden *metallorgan. Verb.* (II) aus 2 Mol I u. 1Mol $LiAlH_4$ (vgl. HOCHSTEIN u. BROWN, J. Amer. chem. Soc. **70.** [1948.] 3484) werden untersucht. II reagiert nicht mit CO_2, CH_3J u. Benzylchlorid, gibt aber einen positiven GILMAN-Test. Mit Benzaldehyd gibt II *1.2-Diphenylbutandiol-(1.4)* (III), das zum Vgl. durch Red. von Desylessigsäure dargestellt wird. Analog werden bei der Umsetzung von II mit Ketonen die entsprechenden *Diole* erhalten. Dagegen konnten mit Nitrilen, Säurechloriden u. Aldehyden nicht die erwarteten Verbb. gewonnen werden. Statt I läßt sich auch Zimtsäureäthylester zur Darst. von II verwenden, Hydrozimtalkohol (IV) reagiert mit $LiAlH_4$ nur an der Oxygruppe.

Versuche: *1.2-Diphenylbutandiol-(1.4)* (III), $C_{16}H_{18}O_2$, F. 117°, a) aus I mit $LiAlH_4$ in Ae. (2 Std. kochen) u. anschließende Zugabe von Benzaldehyd (³/₄ Std. kochen); aus Bzl. Nadeln; 17% (Ausbeute), daneben *Benzylalkohol* u. *Hydrozimtalkohol* (IV); b) wie unter a), aber mit Zimtsäureäthylester statt I; c) aus Desylessigsäure mit $LiAlH_4$ in Ae.;

daneben *γ-Oxy-β.γ-diphenylbuttersäure*, $C_{16}H_{16}O_3$, F. 136° (Zers.), aus Bzl. Nadeln. — *2-Methyl-3-phenylpentandiol-(2.5)*, $C_{12}H_{18}O_2$, F. 92°, analog III nach a) mit Aceton; aus Bzl. Nadeln; 21%. — *2.3-Diphenylpentandiol-(2.5)*, $C_{17}H_{20}O_2$, F. 133° (Bzl.), analog III nach a) mit Acetophenon; 60%; daneben *Methylphenylcarbinol* u. etwas IV. — *1.1.2-Triphenylbutandiol-(1.4)*, $C_{22}H_{22}O_2$, F. 181° (Bzl.), analog III nach a) mit Benzophenon; 82%. — *3-[1-Oxycyclohexyl-(1)]-3-phenylpropanol-(1)*, $C_{15}H_{22}O_2$, F. 106—108°, analog III nach a) mit Cyclohexanon; aus Bzl. Nadeln; 28%; daneben *Cyclohexanol* u. etwas IV. — *3.4.5-Triphenylheptantriol-(1.4.7)*, $C_{25}H_{28}O_3$, F. 177° (aus Bzl. Nadeln; *Diacetylderiv.*, $C_{29}H_{32}O_5$, F. 137° [Bzl.-PAe.]) u. *Isomeres*, Kp.$_{12}$ 90—100°, F. 121—122° (aus Bzl.-PAe. Nadeln; *Dibenzoylderiv.*, $C_{39}H_{36}O_5$, F. 95—97° [Bzl.-PAe.]), analog III nach a) mit 7,2 g Benzoesäureäthylester; 1,4 bzw. 3,1 g. — *1-Anilino-1.2-diphenylbutanol-(4)*, $C_{22}H_{23}ON$, F. 114° (A.-W.), analog III nach a) mit 20 g Benzalanilin; 0,5 g. (Chem. Ber. **87**. 629—33. 31/5. 1954. Hannover, TH, Inst. für Organ. Chem.) H.-J. Koch/Berlin. 460

Alfred Dornow und **Werner Bartsch**, *Reduktionen mit $LiAlH_4$*. 7. Mitt. *Umsetzungen von Komplexen aus Verbindungen mit polarisierter C=C-Doppelbindung und Lithiumaluminiumhydrid.* (6. vgl. vorst. Ref.) Die Rk. einiger Verbb. mit polarisierter Doppelbindung mit $LiAlH_4$ bzw. des mit überschüssigem $LiAlH_4$ erhaltenen *Komplexes* mit Ketonen wird untersucht. Benzalaceton (I) läßt sich mit $LiAlH_4$ je nach den Bedingungen zu *1-Phenylbuten-(1)-ol-(3)* oder zu *1-Phenylbutanol-(3)* red., der mit überschüssigem $LiAlH_4$ erhaltene *Komplex* gibt mit Aceton *2-Methyl-3-phenylhexandiol-(2.5)* (II), mit Acetophenon (III) *2.3-Diphenylhexandiol-(2.5)*. Analog liefert Benzalacetophenon (IV) bei der Red. *1.3-Diphenylpropen-(1)-ol-(3)* oder *1.3-Diphenylpropanol-(3)* u. bei der Umsetzung des *$LiAlH_4$-Komplexes* mit III *2.3.5-Triphenylpentandiol-(2.5)*. β-Phenylzimtsäureäthylester (V) wird zu *3.3-Diphenylpropanol-(1)* red., aus dem *Komplex* wird mit Benzaldehyd *1.2.2-Triphenylbutandiol* u. mit III *2.3.3-Triphenylpentandiol-(2.5)* erhalten, das unter Wasserabspaltung leicht in *2-Methyl-2.3.3-triphenyltetrahydrofuran* übergeht. β-Methylzimtsäureäthylester (VI) liefert bei der Red. hauptsächlich *2-Phenylbuten-(2)-ol-(4)* u. wenig *2-Phenylbutanol-(4)* u. aus dem entsprechenden *Komplex* mit III *3-Methyl-2.3-diphenylpentandiol-(2.5)*. Dagegen wird aus Benzalmalonsäurediäthylester (VII) mit $LiAlH_4$ als Hauptprod. nur *Benzylmalonsäurediäthylester* erhalten. Aus dem mit ω-Nitrostyrol mit $LiAlH_4$ erhaltenen *Komplex* konnten mit III keine Umsetzungsprodd. isoliert werden.

V e r s u c h e: *2-Methyl-3-phenylhexandiol-(2.5)* (II), $C_{13}H_{20}O_2$, F. 120° (W.), aus 50 g I mit $LiAlH_4$ in Ae. (2 Std. kochen) u. anschließende Behandlung mit Aceton; 21% (Ausbeute); daneben 12 g *Diacetonalkohol*, Kp.$_{760}$ 163°, n_D^{20} 1,4301, u. 31 g *Methyl-β-phenyläthylcarbinol* [*1-Phenylbutanol-(3)*], Kp.$_{13}$ 117—119°, n_D^{20} 1,5172. — *2.3-Diphenylhexandiol-(2.5)*, $C_{18}H_{22}O_2$, F. 153,5—154,5°, aus 5 g I, $LiAlH_4$ u. 20 g III analog II; aus Bzl. Nadeln; 0,5 g. — *2.3.5-Triphenylpentandiol-(2.5)*, $C_{23}H_{24}O_2$, F. 131—132° (Bzl.-Ligroin), aus 6 g IV, $LiAlH_4$ u. 15 g III analog II; 0,3 g (roh). — *3.3-Diphenylpropanol-(1)*, Kp.$_{1,5}$ 165—175° (Rohprod.), aus V mit $LiAlH_4$ in Ae. (über Nacht stehen, dann 2 Std. kochen); 68%. *p-Nitrobenzoat*, $C_{22}H_{19}O_4N$, F. 89—90° (A.). — *1.2.2-Triphenylbutandiol-(1.4)*, $C_{22}H_{22}O_2$, F. 128—129,5° (Bzl.-Ligroin), aus V mit $LiAlH_4$ u. Benzaldehyd analog II; 18%; daneben *Benzylalkohol*. — *2.3.3-Triphenylpentandiol-(2.5)*, $C_{23}H_{24}O_2$, F. 184—185,5° (Bzl.), aus V, $LiAlH_4$ u. III analog II; 30%. — *2-Methyl-2.3.3-triphenyltetrahydrofuran*, $C_{23}H_{22}O$, F. 126—127° (A.), a) analog vorst. Verb., aber mit anschließender Dest. bei 81—90°/21 Torr, aus dem Rückstand; daneben *Phenylmethylcarbinol*; b) aus vorst. Verb. in Ggw. von 0,1%ig. H_2SO_4 (10 Min. bei 180—190°). — *γ-Methylzimtalkohol* [*2-Phenylbuten-(2)-ol-(4)*], Kp.$_{17}$ 144—152°, aus VI mit $LiAlH_4$ in Ae. (1 Std. rühren); 61%. *3.5-Dinitrobenzoat*, $C_{17}H_{14}O_6N_2$, F. 139—140° (Bzl.-Ligroin). Aus VI mit $LiAlH_4$ in sd. Ae. (40 Min., nach Abdest. des Ae. 8 Std. bei ca. 110°) werden 39% *Prod. vom Kp.$_{15}$ 132—139°* mit 36—42% *2-Phenylbutanol-(4)*, mit überschüssigem $LiAlH_4$ bei Zimmertemp. 70% Prod. mit 90% ungesätt. Verb. erhalten. — *3-Methyl-2.3-diphenylpentandiol-(2.5)*, $C_{18}H_{22}O_2$, F. 142—144° (Bzl.), aus VI mit $LiAlH_4$ u. III analog II; 33%. — *Benzylmalonsäurediäthylester*, Kp.$_{0,7-0,9}$ 124—127°, Kp.$_{1-2}$ 136°, aus VII mit $LiAlH_4$ in sd. Ae.; nach 12 Std. mit VII/$LiAlH_4$ = 4 : 1 44%, nach 5 Std. (1 : 1) 49%. Gibt bei der Verseifung mit alkoh. NaOH *Benzylmalonsäure*, F. 119—120°, die zu *Hydrozimtsäure*, F. 47,5—48,5°, decarboxyliert wird. (Chem. Ber. **87**. 633—39. 31/5. 1954.)
H.-J. Koch/Berlin. 460

Alfred Dornow und **Klaus Jürgen Fust**, *Reduktionen mit $LiAlH_4$*. 8. Mitt. *Über die Reduktion substituierter Cyanessigsäureäthylester.* (7. vgl. vorst. Ref.) Die Reaktionsträgheit bei der $LiAlH_4$-Red. von Kondensationsprodd. aus aliphat. oder aromat. Aldehyden mit Cyanessigsäureäthylester zu den entsprechenden Aminoalkoholen (vgl. Dornow, Messwarb u. Frey, C. **1951**. I. 1134) wird auf das Vorhandensein einer Doppelbindung in Konjugation zu zwei funktionellen Gruppen zurückgeführt. Die Red. der gesätt. Verbb. verläuft mit besserer Ausbeute. So liefert Benzylcyanessigsäureäthylester (I) *1-Amino-2-benzylpropanol-(3)*, doch wird die Rk. infolge der schlechten Löslichkeit der intermediär gebildeten *Komplexverb.* durch das an der substituierten CH_2-Gruppe noch freie H-Atom erschwert. Besser verläuft die Red. von Dibenzylcyanessigsäure zum *Aminoalkohol*, wobei sich als Nebenprod. das entsprechende *sek. Amin* bildet. Im Zusammenhang mit der Synth. von Chloromycetinanalogen wird die Red. von Benzoylcyanessigsäureäthylester untersucht. Dabei entsteht jedoch nicht das erwartete Aminodiol, sondern unter Red. der Carbäthoxy- u. der Ketogruppe zur CH_3- bzw. CH_2-Gruppe *1-Amino-2-methyl-3-phenylpropan.* Dagegen wird aus der nicht mehr enolisierbaren benzylsubstituierten Verb. leicht der *Aminoalkohol* erhalten. Analog liefert *β-Methoxy-α-cyanzimtsäureäthylester* mit $LiAlH_4$ den entsprechenden Aminoalkohol, *1-Amino-2-oxymethyl-3-methoxy-3-phenylpropan.* Zur Unters. der Red. NO_2-substituierter Verbb. werden *p-Nitro-β-methoxy-α-cyanzimtsäureäthylester* u. *p-Nitrobenzylbenzylcyanessigsäureäthylester* dargestellt u. ebenso wie p-Nitro-α-cyanzimtsäureäthylester u. 4.4′-Dinitrodibenzylcyanessigsäureäthylester in Tetrahydrofuran mit $LiAlH_4$ behandelt. Dabei trat jedoch in allen Fällen Braunfärbung infolge Bldg. von Azoverbb. auf; Aminoalkohole konnten nicht isoliert werden.

Versuche: *1-Amino-2-benzylpropanol-(3)*, $C_{10}H_{15}ON$, aus I mit $LiAlH_4$ in Ae. (1 Std. rühren u. 1 Std. kochen); 54% (Ausbeute), Isolierung als *Oxalat*, $C_{10}H_{15}ON \cdot (COOH)_2$, F. 150—152° (absol. A.). — *1-Amino-2.2-dibenzylpropanol-(3)*, $C_{17}H_{21}ON$, F. 114° (Ligroin–Bzl.), aus Dibenzylcyanessigsäureäthylester analog vorst. Verb.; 76%; daneben 10% *Bis-[3-oxy-2.2-dibenzylpropyl]-amin* (*Oxalat*, $C_{34}H_{39}O_2N \cdot \frac{1}{2}[(COOH)_2 \cdot 2\,H_2O]$, F. 184° [Zers.]). *Oxalat*, $C_{17}H_{21}ON \cdot \frac{1}{2}[(COOH)_2 \cdot 2\,H_2O]$, F. 205° (Zers.). *N-Benzoylderiv.*, $C_{24}H_{25}O_2N$, F. 129°, aus Ligroin–Bzl. Nadeln. — *1-Amino-2-methyl-3-phenylpropan*, Kp.$_{15}$ 111—113°, aus Benzoylcyanessigsäureäthylester mit $LiAlH_4$ in sd. Ae. (4 Std.); gelbes Öl; 64%. *Oxalat*, $C_{10}H_{15}N \cdot (COOH)_2$, F. 139° (absol. A.). *Hydrochlorid*, $C_{10}H_{15}N \cdot HCl$, F. 161° (A.–Ae.). — *Benzylbenzoylcyanessigsäureäthylester*, $C_{19}H_{17}O_3N$, F. 94° (CH_3OH), aus I in Ae. mit Na u. Benzoylchlorid; 60%. — *1.3-Diphenyl-2-oxymethyl-2-aminomethylpropanol-(1)*, aus vorst. Verb. mit $LiAlH_4$ in Ae. (1 Std. rühren u. 1 Std. kochen); Isolierung als *Oxalat*, $C_{17}H_{21}O_2N \cdot \frac{1}{2}[(COOH)_2 \cdot 2\,H_2O]$, F. 80° (Zers.; absol. A.); 64%. — *β-Methoxy-α-cyanzimtsäureäthylester*, F. 101—102° (CH_3OH), aus Benzoylcyanessigsäureäthylester in Ae. mit äther. CH_2N_2. — *1-Amino-2-oxymethyl-3-methoxy-3-phenylpropan*, aus vorst. Verb. mit $LiAlH_4$ in Ae.; Isolierung als *Oxalat*, $C_{11}H_{17}O_2N \cdot (COOH)_2$, F. 147—149° (absol. A.); 65%. — *1-Amino-2-furfurylpropanol-(3)*, aus Furfurylidencyanessigsäureäthylester mit $LiAlH_4$ in Ae. bei 0°, dann 1 Std. bei Zimmertemp.; Isolierung als *Oxalat*, $C_8H_{13}O_2N \cdot (COOH)_2$, F. 135—137° (absol. A.); 30%. — *p-Nitrobenzoylcyanessigsäureäthylester*, F. 159—160°, aus Cyanessigsäureäthylester in Ae. mit Na u. p-Nitrobenzoylchlorid (3 Std. kochen); aus CH_3OH–Bzl. Nadeln; 71%. — *p-Nitro-β-methoxy-α-cyanzimtsäureäthylester*, $C_{13}H_{12}O_5N_2$, F. 136° (CH_3OH), aus vorst. Verb. mit CH_2N_2 in Ae.; fast 100%. — *p-Nitrobenzylbenzylcyanessigsäureäthylester*, $C_{19}H_{18}O_4N_2$, F. 131° (Bzl.–Ligroin oder A.), aus I in Ae. mit Na u. p-Nitrobenzylchlorid (1 Std. kochen); 58%. (Chem. Ber. **87**. 985—90. 28/6. 1954.)

H.-J. KOCH/Berlin. 460

J.D. Park, R. J. Seffl und **J. R. Lacher**, *Die Darstellung und Eigenschaften von Trifluorjodäthylen. Perfluorvinyljodid* (*Trifluorjodäthylen*, I, $CF_2{=}CFJ$) wurde durch Umsetzung von $CF_2{-}CHF$ mit JCl zu $CF_2Cl{-}CHFJ$ u. HCl-Abspaltung mit einer KOH-Suspension in Mineralöl dargestellt. Mit alkoh. Alkali bilden sich leicht Äther. — I lagert sich im UV-Licht an Äthylen, Vinylfluorid, Vinylidenfluorid, Trifluoräthylen, 1.1-Difluor-2-chloräthylen u. 1.1-Difluor-2.2-dichloräthylen unter Bldg. von Butenderivv. an, aus denen man mit KOH Butadienderivv. erhält. Die UV-Bestrahlung von I allein liefert das Dimere *4.4-Dijodperfluorbuten-(1)*.

Versuche: *1.1.2-Trifluor-1-chlor-2-jodäthan*, C_2HClJF_3, Kp.$_{360}$ 77°, D.$^{20}_{4}$ 2,181, n_D^{20} 1,4320; aus $CF_2{=}CHF$ u. JCl im Hochdruckautoklaven; 72% (Ausbeute). — *Trifluorjodäthylen* (*Perfluorvinyljodid*) (I), C_2JF_3, Kp.$_{627}$ 28°, D.$^{0}_{4}$ 2,284, n_D^{0} 1,4143; durch Zutropfen von 48 g der vorst. Verb. zu einer Suspension von 28 g gepulvertem KOH in 45 cm³ Mineralöl bei 95° am Rückflußkühler (35°); 67%. — *1.1.2-Trifluor-4-jodbuten-(1)* (II), $CF_2{=}CF{-}CH_2{-}CH_2J$, Kp.$_{263}$ 112°, D.$^{20}_{4}$ 1,957, n_D^{20} 1,4554; durch 7tägige UV-Bestrahlung von 21 g I u. 4,2 g $CH_2{=}CH_2$ im Pyrexglaskolben; 67%. — *1.1.2.4-Tetrafluor-4-jodbuten-(1)* (III), $CF_2{=}CF{-}CH_2{-}CHFJ$, Kp.$_{633}$ 107°, D.$^{20}_{4}$ 2,052, n_D^{20} 1,4370; analog aus I u. $CH_2{=}CHF$; 50%. — *1.1.2.4.4-Pentafluor-4-jodbuten-(1)* (IV), $CF_2{=}CF{-}CH_2{-}CF_2J$, Kp.$_{633}$ 92°, D.$^{20}_{4}$ 2,060, n_D^{20} 1,4118; aus I u. $CH_2{=}CF_2$; 24%. — *1.1.2.3.4.4-Hexafluor-4-jodbuten-(1)* (V), $CF_2{=}CF{-}CHF{-}CF_2J$, Kp.$_{631}$ 83°, D.$^{20}_{4}$ 2,103, n_D^{20}

1,4006; aus I u. CF_2=CHF; 39%. — *1.1.2.4.4-Pentafluor-3-chlor-4-jodbuten-(1)*, CF_2=CF—CHCl—CF_2J, Kp.$_{624}$ 127°, D.$^{20}_4$ 2,177, n_D^{20} 1,3291; aus I u. CF_2=CHCl; 4%. — *1.1.2.3.3-Pentafluor-4.4-dichlor-4-jodbuten-(1)*, CF_2=CF—CF_2—CCl_2J, Kp.$_{624}$ 160°, D.$^{20}_4$ 2,232, n_D^{20} 1,4635; aus I u. CF_2=CCl_2; 5%. — *4.4-Dijodhexafluorbuten-(1)*, CF_2=CF—CF_2—CFJ_2, Kp.$_{622}$ 146°, D.$^{20}_4$ 2,522, n_D^{20} 1,4794; aus I im UV-Licht; 50%. — *Hexafluorcyclobuten*, Kp. —4°, E. —59,3 bis —60,5°; durch 24std. Erhitzen von 34 g I im Carius-Rohr auf 170—180°; 7 g neben 9,7 g nichtumgesetztem I. — *1.1.2-Trifluorbutadien*, CF_2=CF—CH=CH_2, Kp.$_{585}$ 0,5°; durch Zutropfen von II zu einer Suspension von KOH in Mineralöl bei 95°; 52%. — *1.1.2.4-Tetrafluorbutadien*, CF_2=CF—CH=CHF; ebenso aus III; polymerisiert sehr schnell. — *1.1.2.4.4-Pentafluorbutadien*, CF_2=CF—CH=CF_2, Kp.$_{630}$ 10,2°; ebenso aus IV. — *Hexafluorbutadien*, CF_2=CF—CF=CF_2, Kp.$_{627}$ 3°; ebenso aus V. — *CH_3—CH_2—O—CF_2—CHFJ*, Kp.$_{630}$ 122°, Kp.$_{17}$ 36°, D.$^{20}_4$ 1,839, n_D^{20} 1,4189; aus CF_2Cl—CHFJ u. Äthanol. — *CHFJ—COOH*, F. 78,5—79,0°; durch Hydrolyse des vorst. Äthers mit 90%ig. H_2SO_4. *Amid*, F. 93,0°. (J. Amer. chem. Soc. **78**. 59—62. 5/1. 1956. Boulder, Colo., Univ. of Colorado, Dep. of Chem.)

E. Forche. 520

A. N. Pudowik und **N. B. Scharipowa**, *Anlagerung von Halogenwasserstoffen an Piperylen und Reaktionen von Pentenylhalogeniden.* Durch Anlagerung von HCl u. HBr an Piperylen werden in guter Ausbeute *2-Chlorpenten-(3)* (I) u. *2-Brompenten-(3)* (II) erhalten. Bei der Hydrolyse von I entsteht *Penten-(3)-ol-(2)* (III) neben *Bis-[penten-(3)-yl-(2)]-äther*, letzterer wahrscheinlich durch Rk. von I mit III. Beim Behandeln von I mit methyl- oder äthylalkoh. Lauge entstehen die entsprechenden *Äther* von III. Mit dem Na-Salz der diäthylphosphorigen u. di-n-butylphosphorigen Säure reagiert I unter Bldg. der entsprechenden *[Penten-(3)-yl-(2)]-phosphonsäureester*. Bei der Rk. von I oder II mit Triäthylphosphit entsteht vorwiegend diäthylphosphorige Säure, mit II außerdem wenig *Äthylphosphonsäurediäthylester*.

Versuche: *2-Chlorpenten-(3)* (I), C_5H_9Cl, Kp. 96—97°; zu 200 g mit HCl gesätt. konz. HCl gibt man 55 g Piperylen, schüttelt einige Std. bei Zimmertemp. u. dest. die obere Schicht; D.$^{20}_4$ 0,9001; n_D^{20} 1,4320; 122 g (Ausbeute). — *2-Chlor-3.4-dibrompentan*, $C_5H_9ClBr_2$, Kp.$_3$ 65,5—66°; aus I mit Br_2 in Chlf.; D.$^{20}_4$ 1,7860; n_D^{20} 1,5288. — *2-Brompenten-(3)* (II), C_5H_9Br, Kp. 116,5°; in eine Lsg. von 50 g Piperylen in Eisessig wird unter Kühlung HBr eingeleitet, die Lsg. wird 24 Std. bei Zimmertemp. stehengelassen; D.$^{20}_4$ 1,2721; n_D^{20} 1,4685; 23,7 g. — *Penten-(3)-ol-(2)* (III), Kp. 120—121,5°; durch 6std. Erhitzen von 50 g I mit wss. Sodalsg. u. Extraktion mit Ae.; D.$^{20}_4$ 0,8295; n_D^{20} 1,4273; 12,8 g. Daneben *Bis-[penten-(3)-yl-(2)]-äther*, $C_{10}H_{18}O$, Kp. 156—157°; D.$^{20}_4$ 0,8053; n_D^{20} 1,4310; 6,1 g. — *2-Methoxypenten-(3)*, $C_6H_{12}O$, Kp. 88—89°; aus 20 g I mit trockenem CH_3OH u. KOH, 3 Std. auf dem Wasserbad, Extraktion mit Ae. u. Dest.; D.$^{20}_4$ 0,7663; n_D^{20} 1,3948; 17 g. — *2-Äthoxypenten-(3)*, $C_7H_{14}O$, Kp. 105—106°; D.$^{20}_4$ 0,7663; n_D^{20} 1,3948. — *2-Diäthylphosphonopenten-(3)*, $C_9H_{19}O_3P$, Kp.$_{14}$ 107°; eine Lsg. von Na-Diäthylphosphit (30 g diäthylphosphorige Säure, 5 g Na) in Ae. wird mit 20 g I 3 Std. auf dem Wasserbad erhitzt; D.$^{20}_4$ 1,0010; n_D^{20} 1,4380; 15 g. — *2-Di-n-butylphosphonopenten-(3)*, $C_{13}H_{27}O_3P$, Kp.$_{10}$ 149°; analog Vorst. aus 40 g di-n-butylphosphoriger Säure; D.$^{20}_4$ 0,9410; n_D^{20} 1,4380; 19,8 g. (Журнал Общей Химии [J. allg. Chem.] **25** (**87**). 589—94. März 1955. Kasanski-Univ.) H. Hintz. 520

A. D. Petrow und **Je. P. Kaplan**, *Über Isomerisationen von Acetylenhalogeniden bei der metallorganischen Synthese von Alkoholen.* Bei der Einw. von Butin-(2)-yl-(1)-magnesiumbromid (I) auf Aceton wird außer *2-Methylhexin-(4)-ol-(2)* (II), dem n. Reaktionsprod., *2.3-Dimethylpentadien-(3.4)-ol-(2)* (III) erhalten. Auch die Rkk. von Cyclohexanon u. Acetophenon mit I liefern neben den n. Prodd. Umlagerungsprodd.; es entstehen *1-[Butin-(2')-yl-(1')]-cyclohexanol-(1)* (IV) u. *1-[Butadien-(2'.3')-yl-(2')]-cyclohexanol-(1)* (V) bzw. *2-Phenylhexin-(4)-ol-(2)* (VI) u. *3-Methyl-2-phenylpentadien-(3.4)-ol-(2)* (VII). **IV + V** u. **VI + VII** werden auch aus Cyclohexanon bzw. Acetophenon u. 1-Brombutin-(2) in Ggw. von Zn gebildet. In allen Fällen werden die Isomerengemische nicht getrennt, sondern zur Bestätigung der Konst. oxydiert u. die Oxydationsprodd. untersucht. Die Infrarotspektren zeigen das Vorliegen der Acetylen- u. Allenbindung an.

Versuche: Gemisch von *1-[Butin-(2')-yl-(1')]-cyclohexanol-(1)* (IV) u. *1-[Butadien-(2'.3')-yl-(2')]-cyclohexanol-(1)* (V); a) zu 36 g Mg u. 0,1 g $HgCl_2$ in 500 ml Ae. werden in 16 Std. bei 25—30° 67 g 1-Brombutin-(2), dann 48 g Cyclohexanon zugesetzt; Zerlegung mit Eiswasser + HCl; Kp.$_5$ 90—92°; D.$^{20}_4$ 0,9696; n_D^{20} 1,4994; 20 g (Ausbeute); b) ein Gemisch mit ähnlichen physikal. Eigg. wird aus 40 g 1-Brombutin-(2), 30 g Cyclohexanon u. 20 g mit $HgCl_2$ angeätzten Zn-Spänen in Ae. bei 30—33° erhalten; 12 g. Durch Ozonisieren in Chlf. werden *Methyl-[1-oxycyclohexyl-(1)]-keton*, *[1-Oxycyclohexyl-(1)]-essigsäure*, *HCO_2H* u. *CH_3CO_2H* gebildet. — Gemisch von *2-Methylhexin-(4)-*

ol-(2) (II) u. *2.3-Dimethylpentadien-(3.4)-ol-(2)* (III); aus 29 g Aceton u. I [aus 67 g 1-Brombutin-(2)] in Ae. bei 20—22°; $Kp._5$ 42—44°; $D.^{20}_4$ 0,8745; n_D^{20} 1,4625; 18 g. — Gemisch von *2-Phenylhexin-(4)-ol-(2)* (VI) u. *3-Methyl-2-phenylpentadien-(3.4)-ol-(2)* (VII); a) aus Acetophenon u. I; 27%; b) aus Acetophenon (24 g), 1-Brombutin-(2) (20 g) u. Zn (10 g) in Ae.; 5 g. $Kp._7$ 118—119°; $D.^{20}_4$ 1,0056; n_D^{20} 1,5450. Beim Ozonisieren in Chlf. werden u. a. *2-Phenylbutanol-(2)-on-(3)*, HCO_2H u. CH_3CO_2H gebildet. (Журнал Общей Химии [J. allg. Chem.] **25** (**87**). 1323—27. Juli 1955. Inst. für Organ. Chem. der Akad. der Wiss. der UdSSR.) R. KNOBLOCH. 560

W. E. Bacon und **W. M. LeSuer,** *Chemie der aliphatischen Thiophosphorsäureester.* 3. Mitt. *Alkoholatspaltung von O.O.S-Trialkyldithiophosphaten.* (2. vgl. C. **1954.** 3454.) Bei der Einw. von Na-Alkoholaten auf O.O.S-Trialkyldithiophosphate entstehen *Thioäther* nach $(RO)_2PS(SR'') + NaOR' \rightarrow (RO)_2PSONa + R'SR''$ (a) oder $\rightarrow RO(R'O)PSONa + RSR''$ (b). Ist R oder R' n-Butyl, so verläuft die Rk. nach a u. b, sonst wurden nur Thioäther nach Rk. a isoliert. Diese Rk. kann zur Strukturaufklärung von *O.O.S-Trialkyldithiophosphaten* verwendet werden. — Rohe *O.O-Diäthyldithiophosphorsäure* (I), die aus P_2S_5 u. A. hergestellt wurde, addiert sich im Gegensatz zu Mercaptanen an Octen-(1) (II) oder Styrol (VII) n. nach der Regel von MARKOWNIKOFF. Gereinigte I ergibt mit handelsüblichem II gleichzeitig das n. u. das anomale Additionsprod., peroxydfreies II zeigt hierbei nur n. Addition. In Ggw. von Cumolhydroperoxyd wurden nur anomale Additionsprodd. erhalten. Vff. wiesen nach, daß rohes I durch *Triäthylthiophosphat,O.O.O.O-Tetraäthyltrithiopyrophosphat*, S u. H_2S verunreinigt ist. Diese Prodd. vermögen jedoch nicht die Addition von gereinigter I an handelsübliche asymm. Olefine n. verlaufen zu lassen. P_4S_3 (III) bewirkt dagegen n. Addition. Vff. nehmen an, daß III in roher I als akt. Substanz vorhanden ist, die die in handelsüblichen Olefinen vorhandenen Peroxyde red. u. dadurch n. Addition ermöglicht.

Versuche: *O.O-Diäthyldithiophosphorsäure* (I), $C_4H_{11}O_2S_2P$, $Kp._{0,8}$ 65—67°, durch Zutropfen von roher I (vgl. MASTIN, NORMAN u. WEILMUENSTER, C. **1947.** 331) zu Na_2CO_3 in W. unter N_2, 30 Min. Rühren, Extraktion der neutralen Bestandteile mit Ae., Ansäuern mit konz. HCl, Extraktion mit Ae. u. Fraktionierung; 84%. Aus der Neutralfraktion *Triäthylthiophosphat*, $Kp._2$ 62—64°, n_D^{20} 1,4509, u. *O.O.O.O-Tetraäthyltrithiopyrophosphat*, F. 41—42°. — *O.O-Diäthyl-S-[β-phenäthyl]-dithiophosphat* (VI), durch Zugabe von handelsüblichem VII zu gereinigter I unterhalb 60° u. 4std. Erhitzen auf 70°; 84%. — *O.O-Diäthyl-S-[α-phenäthyl]-dithiophosphat* (VIII), durch Zugabe von handelsüblichem VII zu gereinigter I in Ggw. von P_4S_3 unterhalb 60° u. 8std. Erhitzen auf 110°; 85%. Die Ausbeuten an VI u. VIII in Abhängigkeit vom Reinheitsgrad von I u. VII u. von Zusätzen sind angegeben. — *O.O-Diäthyl-S-[octyl-(2)]-dithiophosphat* (IX), durch Zugabe von peroxydfreiem II unter N_2 zu gereinigter I unterhalb 70° u. 6std. Erhitzen auf 70—75°; 87%. — *O.O-Diäthyl-S-n-octyldithiophosphat* (X), durch 4std. Rühren von handelsüblichem II mit Cumolhydroperoxyd bei Raumtemp., Zugabe von gereinigter I unterhalb 35—40° u. 10std. Erhitzen auf 60—70°; 51%. — *O.O-Bis-[2-äthylhexyl]-S-[octyl-(2)]-dithiophosphat* (XI), $C_{24}H_{51}O_2S_2P$, durch Zugabe von II zu O.O-Bis-[2-äthylhexyl]-dithiophosphorsäure unterhalb 100° u. Erhitzen auf 115—120°; 95%. — *O.O-Diäthyl-S-tert.-butyldithiophosphat*, $C_8H_{19}O_2S_2P$, $Kp._{0,4}$ 78—80°, aus roher I u. Isobutylen im Schüttelautoklaven (6 Std. bei 110—115°); n_D^{20} 1,5023; 70%; Einw. von $NaOCH_3$ in $CH_3OH \rightarrow$ *Isobutylen* (*α.β-Dibromid*, Kp. 149—150°, n_D^{20} 1,5118) u. *Natrium-O.O-diäthylthiophosphat* (V), F. 190—191°; 77%. — *Methyloctyl-(2)-sulfid* (IV), $C_9H_{20}S$, $Kp._{10}$ 80—82°, durch 6std. Kochen von IX mit $NaOCH_3$ in absol. CH_3OH, 1std. Durchblasen von CO_2, Wasserdampfdest., Sättigen des Destillats mit NaCl u. Ae.-Extraktion; n_D^{20} 1,4561; 65% (Ausbeute). *Sulfiliminderiv.*, $C_{16}H_{27}O_2NS_2$, F. 108—109° (verd. A.). — V, $C_4H_{10}O_3SPNa$, F. 190—191° (Äthylacetat/PAe.), aus dem eingeengten Wasserdampfdestillat von IV durch Extraktion mit Äthylacetat; 63%. — Analog IV wurden folgende *Thioäther* hergestellt: *Methylisopropylsulfid*, Kp. 81—82°, aus O.O-Diäthyl-S-isopropyldithiophosphat mit $NaOCH_3$ in CH_3OH; n_D^{20} 1,4390; 14%; daneben V; 25%. — *Diäthylsulfid*, Kp. 90°, aus O.O.S-Triäthyldithiophosphat mit $NaOC_2H_5$ in C_2H_5OH. *Sulfon*, F. 69°. — *Methyl-n-octylsulfid*, $C_9H_{20}S$, $Kp._{10}$ 87—88°, aus IX mit $NaOCH_3$; n_D^{20} 1,4580; 38%. *Sulfiliminderiv.*, F. 89—90°. — *Äthyl-n-octylsulfid*, $Kp._{11}$ 103°, aus X mit $NaOC_2H_5$; n_D^{20} 1,4570; 60%. *Sulfon*, F. 89°. — *Äthyloctyl-(2)-sulfid*, $Kp._{2,5}$ 66—69°, $Kp._8$ 87—89°, aus IX mit $NaOC_2H_5$; n_D^{20} 1,4563; 61%; entstand auch aus O.O-Diphenyl-S-[octyl-(2)]-dithiophosphat mit $NaOC_2H_5$; 37%; (daneben 55% *Phenol*) u. aus IX u. Na-n-Butylat in n-C_4H_9OH; 43%; daneben *n-Butyloctyl-(2)-sulfid*, $Kp._8$ 113°, n_D^{20} 1,4590; 20%; entstand auch aus O.O-Di-n-butyl-S-[octyl-(2)]-dithiophosphat mit $NaOC_4H_9$; 61%. — *Methyl-[α-phenäthyl]-sulfid*, $C_9H_{12}S$, $Kp._4$ 70°, aus VIII mit $NaOCH_3$; n_D^{20} 1,5497; 69%. *Sulfon*, $C_9H_{12}O_2S$, F. 83—84° (A.). Daneben V; 78%; u. *Dimethyläther*; 20%. — *Methyl-[β-phenäthyl]-sulfid*, $C_9H_{12}S$, $Kp._4$ 80—86°, aus VI mit

$NaOCH_3$; n_D^{20} 1,5513; 61%. *Sulfon*, F. 86°. — *Äthyl-[β-phenäthyl]-sulfid*, Kp.$_3$ 92—94°, aus **VI** mit $NaOC_2H_5$; n_D^{20} 1,5420; 59%. *Sulfon*, F. 74—75°. *Sulfiliminderiv.*, F. 113 bis 114°. — *Äthyl-[α-phenäthyl]-sulfid*, Kp.$_3$ 73—74°, aus **VIII** mit $NaOC_2H_5$; n_D^{20} 1,5397; 55%; entstand auch aus **VIII** mit $NaOC_4H_9$ in n-C_4H_9OH; 46%; daneben *n-Butyl-[α-phenäthyl]-sulfid*, Kp.$_{0,25}$ 69—71°, n_D^{20} 1,5272; 26%. — *Methylcyclohexylsulfid*, Kp.$_{19}$ 69—72°, aus O.O-Diäthyl-S-cyclohexyldithiophosphat (**XII**) mit $NaOCH_3$; n_D^{20} 1,4942; 34%. — *Äthylcyclohexylsulfid*, Kp.$_{10}$ 68—70°, aus **XII** mit $NaOC_2H_5$; n_D^{20} 1,4908; 43%; entstand auch aus O.O-Di-n-butyl-S-cyclohexyldithiophosphat mit $NaOC_2H_5$ in A.; 31%. *Sulfon*, F. 35°. — *n-Butylcyclohexylsulfid*, Kp.$_{10}$ 101—103°, neben vorst. Verb. nach der 2. Meth.; n_D^{20} 1,4864; 13%. — *n-Propyloctyl-(2)-sulfid*, $C_{11}H_{24}S$, Kp.$_{15}$ 111°, aus **XI** mit n-C_3H_7ONa; n_D^{20} 1,4573; 47%; daneben *Natrium-O.O-bis-[2-äthylhexyl]-thiophosphat*; 53%, u. wenig *2-Äthylhexanol*. (J. Amer. chem. Soc. **76**. 670—76. 5/2. 1954. Cleveland, O., Lubrizol Corp., Chem. Res. Labors.) W. KIRSTEN. 600

René Lombard und **Roger Boesch**, *Untersuchungen über die Kombinationen von Chloroform mit Carbonylverbindungen (Aldehyden und Ketonen)*. (Vgl. C. **1953**. 7060.) Vortrag. — Die Unters. der Rkk. von *Chlf.* mit *HCHO*, CH_3CHO, *Önanthol* u. mit *m-* u. *p-Methylcyclohexanon* führte zu folgenden allg. Ergebnissen: Die Ausbeuten steigen mit fallender Temp., als Katalysator ist ein Gemisch aus KOH u. $NaNH_2$ bes. wirksam. Zweckmäßig wird die Carbonylverb. dem Chlf. zugefügt. Es reagieren alle Verbb., die mit $NaHSO_3$ reagieren; es reagierten nicht: Diisopropylketon, Diisobutylketon, Campher u. o-Methylcyclohexanon. — Diskussion. (Bull. Soc. chim. France, Mém. [5] **20**. C 23. Okt. 1953. Strasbourg, Fac. des Sci., Inst. de Chim.) H. LEHWALD. 660

J. A. Elvidge, R. P. Linstead und **John F. Smith**, *Polyensäuren*. 5. Mitt. *Katalytische Halbhydrierung der drei isomeren Muconsäuren und Bestätigung ihrer Konfigurationen*. (4. vgl. C. **1954**. 1454.) Unter gleichen Bedingungen entstehen bei der Halbhydrierung der 3 isomeren Muconsäuren (**I**) aus cis.cis-**I** *cis-Δ^α-Dihydromuconsäure* (cis-**II**), aus trans.trans-**I** *trans-Δ^α-Dihydromuconsäure* (trans-**II**) u. aus cis–trans-**I** ein Gemisch von *cis-* u. *trans*-**II**. Nebenher bildet sich stets *trans-Δ^β-Dihydromuconsäure* (**III**) u. außer bei cis–trans-**I** auch *Adipinsäure* (**IV**). Damit sind die in der 1. Mitt. (vgl. C. **1951**. II. 514) für die 3 Muconsäuren angegebenen Konfigurationen bestätigt.

Versuche: Teilhydrierung von **I**: 10 g trans.trans-**I** oder cis–trans-**I** oder cis.cis-u. trans.trans-**I**-Gemisch (**A**, 1 : 1) mit 12 g $NaHCO_3$ in W. bzw. cis.cis-**I** als Na-Salz in W. 65 Min. in Ggw. von 0,5 g 5%ig. Pd-Kohle mit H_2 geschüttelt. Als Beispiel: Aufarbeitung des Ansatzes mit **A**: Filtrat mit HCl gefällt, Filtrate u. Waschwässer des Nd. vereinigt (**B**); Nd. mit A. ausgekocht: unlösl. trans.trans-**I**, lösl. cis.cis-**I**; **B** ausgeäthert, Eindampfrückstand des Extrakts mit Bzl. ausgekocht; lösl. *cis-Δ^α-Dihydromuconsäure* (*cis*-**II**), F. 78—80° (Bzl.); Unlösliches 3 Tage in Ae. mit 0,1%ig. methanol. HCl bei Raumtemp. teilverestert, neutrale Fraktion mit sd. 2n NaOH kurz verseift: Gemisch von *trans-Δ^β-Dihydromuconsäure* (**III**), *Adipinsäure* (**IV**) u. etwas *trans-Δ^α-Dihydromuconsäure* (*trans*-**II**); aus der sauren Fraktion der Versterung mit PAe. *trans*-**II**-*Monomethylester-(δ)*, F. 58°; unlösl. Rückstand: cis.cis-**I**. — Die Trennung der Gemische wird beschrieben; es wurden erhalten aus trans.trans-**I**: 0 (%) unverändert, 76 trans-**II**, 13 **III** u. 12 **IV**; aus cis–trans-**I**: 21 unverändert, 22 cis-**II**, 50 trans-**II** u. 11 **III**; aus cis.cis-**I**: 18 unverändert, 56 cis-**II**, 10 **III** u. 17 **IV**; aus **V**: 13 cis.cis-**I**, 6 trans.trans-**I**, 33 cis-**II**, 34 trans-**II**, 11 **III** u. 12 **IV**. — Bei der Einw. von Br_2 in Chlf. (dann Jodometrie) reagiert **III** schneller als trans-**II** u. cis.cis-**I** u. ermöglicht so die Best. von **III**. — *cis*-**II**: 10 g Na-Salz von cis.cis-**I** in W. über 5%ig. Pd-Kohle mit H_2 bis zur Aufnahme von 1000 cm^3 geschüttelt u. Filtrat mit HCl gefällt: 3,9 g cis.cis-**I**; Filtrate kontinuierlich ausgeäthert; aus Extrakt 4,6 g (aus Bzl.). — **III**, F. 194—195°: Vorst. benzolunlösl. Rückstand wie oben verestert u. Neutralfraktion kalt mit 2n NaOH verseift; 0,17 g. — *trans*-**II**, F. 190 bis 192°, durch 7tägiges Stehen von 1,5 g cis-**II** in 20 cm^3 n-HCl Nd. (**C**); kontinuierliches Ausäthern des Filtrats u. Auskochen des verdampften Extrakts mit Bzl.; Unlösliches mit **C** aus W. umkrist.; 0,96 g; bleibt in A. + Spur Jod im UV-Licht (5 Std.) unverändert. — In CH_3OH wird cis.cis-**I** in Ggw. von Pd-Kohle ca. 6mal schneller hydriert als in 5%ig. Sodalsg., während trans-**II** u. **III** beide Male etwa gleich schnell, cis-**II** aber im letzten Fall nur halb so schnell reagieren. (J. chem. Soc. [London] **1953**. 708—11. Febr. London, Imp. Coll. of Sci. and Technol., Dep. of Organ. Chem.) K. LEHMSTEDT. 820

Ulli Eisner, J. A. Elvidge und **R. P. Linstead**, *Polyensäuren*. 6. Mitt. *Ein neues (cis–trans-) Isomeres von Sorbinsäure und seine Beziehung zu Hexenolactonen*. (5. vgl. vorst. Ref.) *cis–trans-Sorbinsäure* (*cis–trans*-**I**) u. ihr *Methylester* (cis–trans-**Ia**) entstehen durch Ringspaltung von Hexeno-(2)-δ-lacton (rac. Parasorbinsäure) (**II**) mit CH_3ONa in CH_3OH. cis–trans-**I** wird gek. als *S-Benzylthiuroniumsalz* (**III**), *Amid* (**IV**), *Benzylamid*, *Morpholid* (**V**) u. *Isobutylamid* u. red. zu *Hexansäure* (**VI**). cis–trans-**I** wird als Dien charakterisiert durch die Oxydation von **IV** zu *Oxalsäure* u. *Oxamidsäure*, die Hydrierung von **IV** zum **VI**-*Amid* (**VII**) die UV-Spektren (Tabelle der Maxima) u. die Inversion zu *trans.trans*-**I** durch Bestrahlung oder heißes Alkali. Die räumliche Konfiguration von cis–trans-**I** ergibt sich aus der Herst. u. durch die Darst. aus *5-Oxyhexen-(2)-cis-säure* (**VIII**), die aus **II** mit verd. NaOH u. auch durch Halbhydrierung von 5-Oxyhexin-(2)-säure (**IX**) gewonnen wird. Lactonisierungsverss. mit cis–trans-**I** verliefen nicht eindeutig. **Ia** konnte nicht in einen Muconsäuredimethylester übergeführt werden, da die zunächst erforderliche ω-Bromierung mit N-Bromsuccinimid nicht gelang, sondern zur Inversion führte. Das **II** entsprechende γ-Lacton liefert mit CH_3ONa keine cis–trans-**I**, es konnte nur etwas *4-Ketohexansäure* nachgewiesen werden, wahrscheinlich entstanden durch vorherige Umlagerung des Lactons zum Δ^{β}-Isomeren.

Versuche: *Hexeno-(2)-δ-lacton* (rac. *δ-Methyl-Δ^{α}-pentenolid*; **II**), $C_6H_8O_2$, F. 12,8 bis 13,5°, Kp.$_{12}$ 102,5—103°, a) nach Haynes u. Jones (C. **1946**. I. 1390; **1947**. 1839); n_D^{18} 1,4710; b) nach Kuhn u. Jerchel (C. **1943**. II. 412): HBr (D. 1,45) mit HBr-Gas gesätt., 87 g trans.trans-**I** eingerührt, 7 Wochen unter öfterem Einleiten von HBr belassen u. *2.5-Dibromhexansäure*, F. 45—52°, abfiltriert; 92 g (Ausbeute); in W. 2—3 Std. gekocht, ausgeäthert, dest. u. angeimpft. — *trans.trans-Sorbinsäure* (*trans.trans*-**I**), F. 125 bis 130° (W.), aus **II** u. sd. 30%ig. NaOH; mit HCl bei 0°; 65%.—*5-Oxyhexen-(2)-cis-säure* (**VIII**), $C_6H_{10}O_3$: 1 g **II** u. n-KOH 5 Min. auf dem Dampfbad erhitzt, gekühlt, mit 2nH_2SO_4 angesäuert, bei 0° ausgeäthert u. bei Raumtemp. evakuiert; Öl mit 84% Reinheit; 1,01 g. *Cinchonidinsalz*, $C_{25}H_{32}O_4N_2$, F. 133,5—134,5°, in Aceton nach mehreren Tagen; Nadeln aus Aceton. *S-Benzylthiuroniumsalz*, $C_{14}H_{20}O_3N_2S$, aus 1 g **II** u. gesätt. $Ba(OH)_2$-Lsg. 2½ Std. auf dem Dampfbad, kalt Rk. mit CO_2; im Vakuum eingeengt u. mit wss. S-Benzylthiuroniumchlorid (**X**) versetzt; Nadeln aus Essigester; 1,55 g. *Methylester*, Kp.$_{0,5}$ 62—64°, a) mit CH_2N_2 in Ae.; n_D^{23} 1,4592 (*3.5-Dinitrobenzoat*, $C_{14}H_{14}O_8N_2$, F. 86—87°, blaßgelbe Prismen aus CH_3OH); b) **IX** u. 10 Vol. sd. CH_3OH mit 1% H_2SO_4 behandelt: **IX**-*Methylester*, $C_7H_{10}O_3$, Kp.$_{0,12}$ 83°, n_D^{22} 1,4680; in Methylacetat über 2%ig. Pd-$SrCO_3$ halbhydriert. — *cis*(α.β)-*trans*(γ.δ)-*Sorbinsäure* (*cis–trans*-**I**), $C_6H_8O_2$, F. 32 bis 35°, Kp.$_{16}$ 121—125°, a) aus 3,2 g **II** u. 0,66 g Na in 100 cm³ sd. CH_3OH (30 Min.); Vakuumrückstand nach Ausäthern mit HCl versetzt u. ausgeäthert; Nadeln aus Pentan bei —70°; 78%; polymerisiert in 2—3 Std. bei Zimmertemp., viel langsamer bei 0° zu sprödem klarem Harz; b) aus 5,6 g **II** u. Lsg. von 1,15 g Na in CH_3OH; 71% roh; (Neutralteil **A**); *S-Benzylthiuroniumsalz* (**III**), $C_{14}H_{18}O_2N_2S$, F. 137°, in W.; Nadeln aus Essigester. *Methylester* (*cis–trans*-**Ia**), $C_7H_{10}O_2$, Kp.$_{11}$ 60°, Kp.$_{21}$ 80°, a) aus **A**; n_D^{21} 1,4944; b) aus cis–trans-**I** u. CH_2N_2 in Ae.; n_D^{22} 1,4948. *Amid* (**IV**), C_6H_9ON, F. 113—114° (Essigester–PAe. u. Sublimation bei 100°/20 mm), aus 2,2 g cis–trans-**I** in Pentan bei 0°, 2,2 cm³ Oxalylchlorid u. 1 Tropfen Pyridin (2½ Std. bei Raumtemp. u. 1 Std. bei 35—40°), evakuiert, Ae. abdest. u. in Bzl. bei 0° NH_3 eingeleitet; Nd. mit sd. Essigester extrahiert u. Extrakte verdampft 1,47 g. *N-Benzylamid*, $C_{13}H_{15}ON$, F. 82—83°, aus 0,55 g über das Säurechlorid mit 1,1 g Benzylamin in Ae. (0°, 1 Std.); Nadeln aus PAe.; 0,88 g roh. *Morpholid* (**V**), $C_{10}H_{15}O_2N$, Kp.$_{0,5}$ 115°; Öl; n_D^{23} 1,5451. *Isobutylamid*, $C_{10}H_{17}ON$, F. 33 bis 35°, Kp.$_{0,1}$ 90°. — *Derivv.* von *trans.trans*-**I**: *S-Benzylthiuroniumsalz*, $C_{14}H_{18}O_2N_2S$, F. 169—170°, aus CH_3OH-Ae. flache Stäbchen. *Amid*, F. 168—169° (W. oder Essigester). *Benzylamid*, $C_{13}H_{15}ON$, F. 130,5—131,5°, aus Bzl. Nadeln. *Morpholid*, $C_{10}H_{15}O_2N$, F. 75—76°, Nadeln aus PAe.; schnelle Polymerisation bei Raumtemp., langsamer bei 0°. — *2.3-Dihydro-2-methylpyridon-(6)* (**XI**), F. 105,5—106° (Essigester–PAe. u. Sublimation bei 100°/20 mm). — *N-[1-Carboxypropyl-(2)]-oxamsäure* (**XII**), $C_6H_9O_5N$, F. 156—157° (Zers.): 0,55 g **XI** u. 2,1 g $KMnO_4$ in W. bei 0° gerührt, mit Na_2SO_3 entfärbt u. Filtrat kontinuierlich ausgeäthert; aus Essigester–PAe. Nadeln; 0,75 g; Behandlung mit sd. 10%ig. NaOH (2 Std.), Ansäuern u. Filtrieren; Filtrat gekocht, Rk. mit wss. $CaCl_2$ u. Neutralisieren mit 2nNH_4OH: *Ca-Oxalat*; 80%; durch HCl u. kontinuierliches Ausäthern *Oxalsäure*, F. 185° (Zers.). — *S-Benzylthiuroniumhexanoat*, $C_{14}H_{22}O_2N_2S$, F. 149,5 bis 150°: cis–trans-**I** absorbierte in Ggw. von PtO_2 1,55 Mol H_2; Filtrat mit verd. NaOH neutralisiert, im Vakuum eingeengt u. **VI** mit wss. **X** gefällt; aus A. flache Stäbchen. — **VI**-*Amid* (**VII**), F. 98—99° (W.), aus **IV** u. 2,1 Mol H_2 in Ggw. von PtO_2. — 810 mg **IV** mit 6,32 g $KMnO_4$ in W. bei 0° verrührt u. Filtrat mit CH_3COOH angesäuert; mit $CaCl_2$ über $(COO)_2Ca$ (Filtrat **B**) 156 mg *Oxalsäure*; aus **B** durch kontinuierliches Ausäthern 203 mg *Oxamsäure*. — *Inversionen*: a) cis–trans-**I** bleibt in sd. W. (20 Min.) u. Eindampfen im Exsiccator unverändert; b) sd. 30%ig. NaOH (1,3 Std.), + HCl; bei 0° Nd. von trans-trans-**I**; 100%; c) wie b), aber 7 Wochen im Dunkeln bei Raumtemp.; bei 0° + HCl; 50%; b') **IV** wie b); c) in Ae. mit Spur Jod 16 Std. mit UV-Licht bestrahlt u. Rückstand aus CCl_4 umkrist.; d) **V** wie c) bestrahlt, blieb unverändert. — *Lactonisierungsverss.*: von cis–trans-**I**: a) 1 g, 10 cm³ W. u. 3 Tropfen HCl 12 Std. gekocht; mit Sodalsg. alkalisiert u. ausgeäthert; aus dem Extrakt 50 mg *Öl* mit Légal-Test; aus wss. Schicht

0,6 g zurück; b) 1 g nach 2½ Std. bei 154° mit 2n Sodalsg. u. Ae. geschüttelt; aus wss. Schicht 0,55 g zurück; aus verdampftem Extrakt 0,1 g *Öl* mit LEGAL-Test; Herst. eines **VIII**-Salzes gelang nicht. — *trans.trans-Muconsäuremonomethylester:* 115 mg trans.trans-Muconaldehydmethylester in CH_3OH 2 Tage mit frischer alkal. Ag_2O-Suspension geschüttelt; Filtrat des Rückstandes angesäuert: durch Ae. 18,5 g. — 12,53 g cis–trans-**Ia**, 1 cm³ CCl_4 u. 5,85 g N-Bromsuccinimid 30 Min. auf 120—130° erhitzt; Vakuumdest. der Fl.: 1. 8,7 g trans.trans-**Ia**, $Kp._{10}$ 60—63°; n_D^{18} 1,5012 bis 1,5027; 2. 0,87 g roher *ω-Brom-trans.trans-sorbinsäuremethylester*, $Kp._{0,1}$ 73—77°; n_D^{18} 1,5263. — *ω-Phthalimido-trans.trans-sorbinsäuremethylester*, $Kp._{0,5}$ 80°, F. 150 bis 152°, aus 100 mg vorst. Verb. u. Phthalimid-K in sd. CH_3OH (2 Std.); 28 mg. — **III**: a) 3 g **VIII**-Äthylester in Pyridin bei 0° in Pyridinlsg. von $p\text{-}CH_3C_6H_4SO_2Cl$ eingetragen; über Nacht bei 0—2° gehalten u. in Eiswasser gegossen; Chloroformextrakte gewaschen; Eindampfrückstand 6 Tage mit n-NaOH verrührt, angesäuert u. ausgeäthert; pentanlösl. Fraktion in W. gelöst, mit verd. NaOH neutralisiert u. mit **X** gefällt; b) aus **VIII**-Methylester u. CH_3SO_2Cl in Pyridin bei 0°; Rohprod. über Nacht mit n-KOH verrührt, dann wie a); 23%. — *4-[2.4-Dinitrophenylhydrazono]-hexansäure*, $C_{12}H_{14}O_6N_4$, F. 187 bis 189°, aus 3,69 g Δ^{α}-Homoangelicalacton (rac. γ-Äthyl-Δ^{α}-butenolid) in eiskalter CH_3ONa-Lsg. u. Evakuieren ohne Erhitzen; Rückstand in W. angesäuert, ausgeäthert u. mit 2n Sodalsg. ausgezogen; Extrakt angesäuert, ausgeäthert u. Eindampfrückstand (**E**) mit Pentan extrahiert; **E** in CH_3COOH mit 2.4-Dinitrophenylhydrazin gefällt; 0,24 g u. Filtrat (**C**); Nadeln aus Bzl. oder Essigester. — *Prod.* vom F. 193° (Essigester), aus eingeengtem **C**; 0,66 g roh. (J. chem. Soc. [London] **1953**. 1372—79. Mai.)

K. LEHMSTEDT. 820

J. A. Elvidge, R. P. Linstead und **Peter Sims**, *Polyensäuren.* 7. Mitt. *Halbmethylester und Halbamide der Muconsäuren.* (6. vgl. vorst. Ref.) Die *Monomethylester, Monoamide* u. *Methylesteramide* der 3 geometr. isomeren *Muconsäuren* werden wie üblich hergestellt u. ihre UV-Spektren aufgenommen (Tabelle). Durch Jod u. UV-Licht werden die *cis.cis-* u. *cis–trans-*Verbb. zu *trans.trans-*Derivv. umgelagert. Die *cis–trans-*Verbb. werden in entgegengesetzt isomeren Formen gewonnen, während die 2 endständigen Stellungen der cis.cis- u. trans.trans-Verbb. die erwartete Gleichheit zeigen. Beim Erhitzen geben der *cis.cis-Muconsäuremonomethylester* (**Im**) u. der *cis–trans-Muconsäuremonomethylester-*(δ) (**IIm**δ; nicht jedoch die entsprechende trans–cis-Verb. [**IIm**α]) *γ-Carbomethoxymethylbuten-*(α)*-olid* (**IV**). Während **IV** bei der Ringspaltung mit CH_3ONa **IIm**δ gibt, liefert das *Amid* (**V**) *β-Ketoadipinsäureamid-*(α)*-methylester-*(δ).

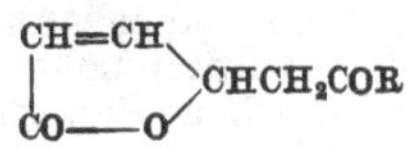

IV R = OCH_3
V R = NH_2

$\overset{\delta}{C}H \overset{trans}{=\!=} CHCH \overset{cis}{=\!=} \overset{\alpha}{C}HCOOH$ **IIm**δ

V e r s u c h e (mit * bezeichnete FF.: Bei 165° eingetaucht u. Temp. um 10°/Min. erhöht): *cis.cis-Muconsäuremonomethylester* (**Im**), $C_7H_8O_4$, F. 80°, aus cis.cis-Muconsäure (**I**) u. 0,5%ig. methanol. HCl im Dunkeln in 48 Std. u. Einengen im Vakuum; Lsg. des Rückstands in sd. Bzl. mit wss. $NaHCO_3$ u. Ae. geschüttelt; wss. Schicht angesäuert; aus Bzl. Nadeln; 34% (Ausbeute); 220 mg wurden in A. über PtO_2 hydriert; mit HCl wurde zu *Adipinsäure* verseift; 155 mg; 100 mg **Im** in 10%ig. NaOH gelöst u. nach 30 Min. mit HCl gefällt: 50 mg **I**, F. 185—187°*, aus A. Prismen. — **I**-*Dimethylester* (**Imm**) F. 73—73,5°, aus **Im** u. CH_2N_2 in Ae.; Nadeln aus wss. CH_3OH. — *γ-Carbomethoxymethylbuten-*(α)*-olid* (**IV**), $Kp._{12}$ 155°; Dest. (Bad 190°) von **Im**; n_D^{18} 1,4743; 42%. — **Im** ist in sd. W. u. in sd. 2n HCl beständig. — *trans.trans-Muconsäuremonomethylester* (**IIIm**), F. 163°, aus **Im** in Bzl. + Spur Jod durch ¼std. UV-Bestrahlung; Nadeln aus Bzl.; fast 100%. — *cis–trans-Muconsäuremonomethylester-*(δ) [(δ)*-Methyl-*(α)*-hydrogen-cis–trans-muconat*; **IIm**δ], F. 99—100° (Bzl.), aus **II** (vgl. unten) wie **Im** (16 Std.); 47%; geht durch Dest. bei 190° (Bad) in **IV** über; 36%. — *cis–trans-Muconsäuremonomethylester-*(α) [(α)*-Methyl-*(δ)*-hydrogen-cis–trans-muconat*; **IIm**α], $C_7H_8O_4$, F. 106—107°: 3 g Dimethylester in CH_3OH u. 22 cm³ 0,79n methanol. $Ba(OH)_2$ verseift, wss. Lsg. angesäuert u. ausgeäthert; aus Bzl. Nadeln; 220 mg. Diese wurden in A. über PtO_2 hydriert u. zu 143 mg *Adipinsäure* verseift. — *cis–trans-Muconsäuredimethylester* (**IImm**), F. 73—74°, aus **IIm**α u. CH_2N_2 in Ae.; Nadeln aus wss. CH_3OH. — *cis–trans-Muconsäure* (**II**), F. 181—185°*, aus **IIm**α u. 10%ig. NaOH; nach 1 Std. angesäuert; 82%. **IIm**α bleibt bei 190°/11 mm unverändert. — 100 mg **Im**, **IIm**δ oder **IIm**α gaben in Bzl. + Spur Jod, mit 100 W-Lampe bestrahlt, **IIIm**. — *trans.trans-Muconsäuremonoamid* (**IIIa**), $C_6H_7O_3N$, F. 284—285° (Zers.), aus **IIIm** u. NH_4OH (D. 0,88); nach 4 Tagen angesäuert; aus W. Nadeln; 88%; wurde in 1 Std. durch sd. 10%ig. NaOH zur Säure verseift; 80%. — *trans.trans-Muconsäuremethylesteramid* (**IIIam**), $C_7H_9O_3N$, F. 177 bis 178°, aus **IIIa** u. CH_2N_2; Nadeln aus Bzl.; Ausbeute hoch. — **I**-*Monoamid* (**Ia**), $C_6H_7O_3N$, F. 152—153° (A.–PAe.), analog **IIIa**; Nadeln; 48%; 100 mg geben wie **IIIa** 80 mg **I**;

Ia in A. + Spur Jod, ½ Std. mit 100 W-Drahtlampe bestrahlt: 85% **IIIa**. — **I**-*Methylesteramid*, $C_7H_9O_3N$, F. 104—105°; a) **Ia** u. CH_2N_2 in A.; Nadeln aus Bzl.; 60%; b) **Im** u. $SOCl_2$ 15 Min. gekocht; Vakuumrückstand in eisgekühltes NH_4OH (D. 0,88) gegeben; durch Bestrahlung wie oben 75% **IIIam**. — **II**-*Monoamid-(δ)* [*cis–trans-Mucon-(α)-säure-(δ)-amid*; **IIaδ**], $C_6H_7O_3N$, F. 152—153°: **IImδ** in NH_4OH (D. 0,88) 4 Tage hingestellt, eingeengt u. angesäuert; Nadeln aus W.; 77%; mit NaOH wie oben verseift zu 55% **II**, daraus mit CH_2N_2 **IImm**. — **II**-(α)-*Methylester-(δ)-amid* (**IIamδ**), $C_7H_9O_3N$, F. 116°, aus **IIaδ** u. CH_2N_2; Nadeln aus Bzl.; in 2n HCl suspendiert, bei Raumtemp. mit 10% ig. $NaNO_2$ behandelt u. nach 5 Std. ausgeäthert: 22% **IImα**. — **II**-(α)-*Amid-(δ)-methylester* (**IIamδ**), $C_7H_9O_3N$, F. 114—115°; **IImδ** 10 Min. mit $SOCl_2$ gekocht, evakuiert u. bei 0° mit NH_4OH (D. 0,88) umgesetzt; Nädelchen aus Bzl.; 77%. — **II**-*Monoamid-(α)* [*cis–trans-Mucon-(α)-amid-(δ)-säure*; **IIaα**], $C_6H_7O_3N$, F. 199—200° (Zers.): **IIamδ** in 0,8n methanol. $Ba(OH)_2$ gelöst, nach 30 Min. verd., angesäuert u. bei 0° gehalten; Nadeln aus W.; 63%. — Die Lsgg. der **IIa**-Derivv. + Spur Jod wurden mit einer 100 W-Drahtlampe bestrahlt u. umgelagert: **IIaδ** in W. nach 15 Min. 90% **IIIa**; **IIaα** in A. nach 60 Min. 95% **IIIa**; **IIamα** in Bzl. nach 20 Min. 85% **IIIam**; **IIamδ** in Bzl. nach 60 Min. 70% **IIIam**. — *Amid* von *γ-Carboxymethylbuten-(α)-olid* (**V**), $C_6H_7O_3N$, F. 146—147°: a) 1 g γ-Carboxymethylbuten-(α)-olid 15 Min. mit $SOCl_2$ gekocht, im Vakuum eingedampft u. bei 0° in NH_4OH (D. 0,88) gegeben; Nadeln aus A.; 0,25 g; b) **IIaδ** 2 Std. auf 155—165° erhitzt; mit gesätt. $NaHCO_3$-Lsg. ausgezogen u. Rückstand aus A. umkrist.; 16%. — *β-Ketoadipinsäureamid-(α)-methylester-(δ)-2.4-dinitrophenylhydrazon*, $C_{13}H_{15}O_7N_5$, F. 169—170°: **V** in CH_3OH u. 2,4n CH_3ONa nach 20 Min. im Vakuum eingeengt, verd., mit HCl u. wss. 2.4-Dinitrophenylhydrazin · HCl (**VI**) versetzt, nach einigen Tagen bei 0° Nd.; aus wss. A. gelbe Nadeln; 50% roh. — *β-Ketoadipinsäure-(δ)-amid-(α)-2.4-dinitrophenylhydrazon*, $C_{12}H_{13}O_7N_5$, F. 191—192° (Zers.): **V** in 10% ig. NaOH nach 20 Min. mit HCl u. **VI** bei 0° versetzt; aus wss. A. gelbe Nadeln; 72%. (J. chem. Soc. [London] **1953**. 1793—99. Juni.) K. Lehmstedt. 820

Friedrich Nerdel und **Johannes Rothe**, *Über 3.8-Dioxasebacinsäure. 3.8-Dioxasebacinsäure* (**I**) wurde aus Butandiol-(1.4) erhalten a) durch Chlormethylierung, anschließende Umsetzung mit CuCN u. Verseifung, b) durch Rk. der Na-Verb. des Glykols mit Chloressigester, Überführung in das Amid u. Hydrolyse. Nach b) entstand als Nebenprod. *7-Oxy-3-oxaheptansäureamid*. **I** ist verhältnismäßig empfindlich gegen Mineralsäuren.

Versuche: *3.8-Dioxasebacinsäurediamid* (**II**), $C_8H_{16}O_4N_2$, F. 188,5—189,5° (W.), durch Zugabe von Butandiol-(1.4) zu einer methanol. CH_3ONa-Lsg., Abdest. des CH_3OH u. Rk. mit Chloressigester in Xylol (6 Std. bei 70—80°), dann 6std. Schütteln des rohen *Diäthylesters* mit konz. NH_4OH; 11% (Ausbeute); daneben 22% *7-Oxy-3-oxaheptansäureamid*, $C_6H_{13}O_3N$, F. 102° (Chlf.). — 14,7 g vorst. Amids gaben durch 5std. Erwärmen mit verd. NaOH eine *Verb.* $(C_6H_{10}O_3)_x$, F. 50—51° (Aceton); 12,6 g roh. — *3.8-Dioxasebacinsäuredinitril*, $C_8H_{12}O_2N_2$, $K._{0,007}$ 89—90°, durch 6std. Einleiten von HCl in ein Gemisch aus Butandiol-(1.4) u. Trioxymethylen in Bzl. bei 15° u. folgende Umsetzung mit CuCN in sd. Toluol (4 Std.; 27%), unrein auch aus **II** u. $SOCl_2$; n_D^{20} 1,4442, $D.^{20}_4$ 1,0506. Gab durch 4std. Erwärmen mit H_2O_2 in Aceton bei p_H 10 54% **II**. — *3.8-Dioxasebacinsäure* (**I**), $C_8H_{14}O_6$, F. 89—89,5° (Chlf.), a) aus **II** u. 1n NaOH (3 Std. auf dem Wasserbad; 85%); b) aus **II** u. 2n H_2SO_4 (1 Std. kochen; 60%); c) aus vorst. Nitril u. sd. 20% ig. NaOH (86%). *Diäthylester*, $C_{12}H_{22}O_6$, F. 39,5—40°, Nadeln (PAe.), $Kp._{0,001}$ 103°, aus **I** a) mit Diazoäthan (100%); b) durch 6std. Kochen mit A. u. H_2SO_4 (38%). Gab beim Schütteln mit konz. NH_4OH 75% **II**. *Dianilid*, $C_{20}H_{24}O_4N_2$, F. 98—99° (CH_3OH oder Ae.), aus **II** u. Anilin (5 Std. bei 200°; 100%). *Hexamethylendiaminsalz*, $C_{14}H_{30}O_6N_2$, F. 167—168° (90% ig. A.); 97%; gab beim 3std. Erhitzen (185°) ein *Polyamid vom F. 90—95°*, lösl. in warmem A. oder CH_3OH. — *Butandiol-(1.4)-bis-chloracetat*, $C_8H_{12}O_4Cl_2$, F. 74,5—75° (PAe. oder W.), aus Dinatriumbutylenglykolat u. Chloressigsäure in Diisopropyläther. (Chem. Ber. **89**. 73—77. 1956. Berlin-Charlottenburg, TU, Organ.-Chem. Inst.) J. Rothe. 820

Ulli Eisner, J. A. Elvidge und **R. P. Linstead**, *Ungesättigte Lactone und verwandte Substanzen*. 5. Mitt. *Dihydro-β-ketomuconsäure und Carboxylactone vom Protoanemonintyp*. (4. vgl. C. **1953**. 203.) Durch partielle Hydrolyse von Methylfumarat u. Rk. mit $SOCl_2$ wurde verunreinigtes *trans-β-Carbomethoxyacrylylchlorid* (**I**) erhalten, das durch Umsetzung mit Mg-Malonsäurediäthylester (**V**) neben wenig *trans-1.1.6.6-Tetracarbäthoxyhexen-(3)-dion-(2.5)* (**II**) *Äthyl-trans-β-carbomethoxyacrylylmalonat* (**III**) ergab. **II** wurde auch aus Fumarylchlorid u. **V** dargestellt u. lieferte mit Phenylhydrazin *trans-1.2-Bis-[5-keto-1-phenyl-4-phenylhydrazidopyrazolinyl-(3)]-äthylen*. Während der Vers., **I** aus Maleinsäurehalbester u. $SOCl_2$ darzustellen, fehlschlug, gelang die Darst. der β-Carbalkoxyacrylylchloride durch Zugabe von wenig $SOCl_2$ zu Maleinsäureanhydrid (**IV**) in heißem Alkohol u. Umsetzung der Alkylhydrogenfumarate mit $SOCl_2$. **III** ergab mit wss. KOH ein Gemisch von Fumar- (VI) u. Malonsäure (VII), mit methanol. KOH *Äthyl-trans-β-carboxyacrylylmalonat* (X) u. mit wasserhaltiger methanol. HCl *Methyl-trans-dihydro-β-ketomuconat*. Während die Hydrolyse von III mit $Ba(OH)_2$ nur zu einem Gemisch von VI u. VII führte, lieferte ein Gemisch von CH_3COOH– bzw. HCOOH–W.–HCl VI u. *Dihydro-β-ketomuconsäure* (*trans-3-Ketobuten-(1)-1.4-dicarbonsäure;* VIII). VIII ergab mit sd. W. *β-Acetylacrylsäure* u. durch Hydrierung *β-Ketoadipinsäure*. VIII reagierte mit Br_2 unter Bldg. von (*erythro*)-*α.β-Dibrom-β'-ketoadipinsäure* (IX). IX konnte nicht durch Bromierung von III u. Hydrolyse mit HBr dargestellt werden. Durch Lactonisierung von VIII mit Acetylchlorid (XII) wurde nur ein Sirup erhalten. Dagegen wurde mit Essigsäureanhydrid–CH_3COOH–HBr *γ-Carboxymethylenbutenolid* (XI) in geringer Ausbeute dargestellt. Die Umsetzung von IX mit XII lieferte an Stelle des Dibromlactons *α-Brom-γ-carboxymethylenbutenolid*. — Die pyrolyt. Decarbäthoxylierung von *Äthyl-trans-β-carbäthoxyacrylylmalonat* (trans-XIV) nach Riegel u. Lilienfeld (C. **1947**. 25) führte zu einem Gemisch von Verbb., aus dem nur *γ-Carbäthoxymethylenbutenolid* u. *γ-Dicarbäthoxymethylenbutenolid* (XIII) isoliert wurden. Rk. von X mit CH_3COOH–HBr ergab XIII. Es gelang nicht, XIII in XI-Äthylester zu überführen. XIII u. XI neigen nicht dazu, sich zu polymerisieren. XIII liefert mit wss. NaOH *Maleinsäure* u. *Äthylmalonat*. Hydrierung von XIII ergab ein Öl, das nach Hydrolyse *α-Carboxyadipinsäure* ergab, die in *Adipinsäure* übergeführt werden konnte. XIII, das eine cis-Konfiguration besitzt, liefert mit Anilin *Äthyl-trans-β-anilidoacrylylmalonat*, das auch aus Fumarsäurehalbanilidhalbchlorid u. V oder aus X u. Oxalylchlorid u. Umsetzung des Säurechlorids mit Anilin dargestellt werden konnte. Die Verb. ließ sich nicht in die cis-Form umlagern. Aus XIII u. äthanol. HCl wurde trans-XIV, mit Na-Äthylat cis-XIV erhalten, das mit äthanol. HCl u. SO_2 in trans-XIV übergeführt werden konnte u. durch wss. Alkali Maleinsäure ergab.

Versuche: *trans-β-Carbomethoxyacrylylchlorid* (I), $Kp._6$ 55—60°, durch Hydrolyse von Methylfumarat nach Erlenmeyer (Helv. chim. Acta **20**. [1937.] 1008) u. Umsetzung des Methylhydrogenfumarats [F. 141° (W.); 58% (Ausbeute)] mit $SOCl_2$ bei 100°. — *trans-1.1.6.6-Tetracarbäthoxyhexen-(3)-dion-(2.5)* (II), $C_{18}H_{24}O_{10}$, F. 117° (CH_3OH), a) durch Umsetzung von I mit V in Ae., 2std. Kochen, Behandlung mit 2n H_2SO_4, Eindampfen im Vakuum u. Abtrennen des Nd.; cremefarbene Nadeln; b) durch 1std. Erhitzen von VI u. PCl_5 auf dem Dampfbad, 3std. Kochen des *Fumarylchlorids* ($Kp._{18-19}$ 56—59°; 81%), mit V, Zers. mit 2n H_2SO_4; 64%. — *Äthyl-trans-β-carbomethoxyacrylylmalonat* (III), $C_{12}H_{16}O_7$, $Kp._{1,5}$ 160—167°, F. 54—54,5°, durch Dest. des öligen Rückstands von II; aus PAe. Prismen. — *trans-1.2-Bis-[5-keto-1-phenyl-4-phenylhydrazido-pyrazolinyl-(3)]-äthylen*, $C_{34}H_{28}O_4N_8$, F. 291—292° (Zers.; Pyridin–PAe.), durch 1std. Kochen von II mit Phenylhydrazin in Chloroform. — *Äthyl-β-acetylacrylat, 2.4-Dinitrophenylhydrazon*, $C_{13}H_{14}O_6N_4$, F. 147°, durch 13std. Kochen von II mit p-Toluolsulfonsäure in Propionsäure, Zugabe von Soda, Extraktion mit Ae. u. Behandlung des Rückstands mit methanol. 2.4-Dinitrophenylhydrazin; Platten aus CH_3OH. — *Methyl-4-carbäthoxy-5-keto-1-phenylpyrazolin-3-β-trans-acrylat*, $C_{16}H_{16}O_5N_2$, F. 147°, durch 2tägiges Stehen von III in A. mit Phenylhydrazin in 50%ig. CH_3COOH; aus CCl_4–PAe. Nadeln. — Durch Stehen von III in n-KOH über Nacht u. Ansäuern wurde X erhalten. Nach Extraktion des Filtrats mit Ae. u. Ausziehen des äther. Rückstands mit Aceton blieb VI zurück. Eindampfen des Filtrats, Extraktion mit Bzl. u. Behandlung mit PAe. ergab VII. — *Äthyl-β-carbomethoxy-*(*erythro*)*-α.β-dibrompropionylmalonat*, $C_{12}H_{16}O_7Br_2$, F. 67—68°, durch Rk. von III mit Br_2 in Chlf. bei 0° u. Eindampfen im Vakuum; aus PAe. Rhomben. — *Fumarsäurehalbäthylesterhalbsulfanilamid*, F. 219°, durch 1std. Kochen von IV in A., 1std. Kochen mit $SOCl_2$, Dest. im Vakuum (1. $Kp._{20}$ 86—88°, n_D^{21} 1,4643; 2. $Kp._{20}$ 88—94°, n_D^{21} 1,4620; 3. $Kp._{20}$ 94—100°, n_D^{21} 1,4575; 4. $Kp._{20}$ 100 bis 105°, n_D^{21} 1,4535), Zutropfen der 1. Fraktion zu p-Aminobenzolsulfonamid in absol. Dioxan u. Verdünnen mit W.; Nadeln aus n-Butanol. *Chlorbernsteinsäurehalbäthylesterhalbsulfanilamid*, $C_{12}H_{15}O_5N_2ClS$, F. 190—195°, wie vorst. aus Fraktion 4.; Platten aus n-Butanol. — *Äthylhydrogenfumarat*, F. 67—68°, durch kurzes Erhitzen von IV in A. mit $SOCl_2$, Zugabe von CCl_4, Abtrennen von VI u. Kühlen des Filtrats; Platten. — *trans-β-Carbäthoxyacrylylchlorid* (XV), $Kp._{10}$ 74—75°, n_D^{22} 1,4610, durch 1½std. Erhitzen vorst. Verb. mit $SOCl_2$ auf dem Dampfbad; 82%. — *Methylhydrogenfumarat*, F. 141°, durch kurzes Erhitzen von IV u. $SOCl_2$ in CH_3OH, Rühren des Nd. mit $NaHCO_3$, Abtrennen des Methylfumarats (F. 98—100° [CH_3OH–Bzl.]), Einengen des wss. Filtrats, Ansäuern mit HCl (Thymolblau), Extraktion des Nd. mit Chlf. u. Einengen des Filtrats; 16%. Gibt durch 1std. Kochen mit $SOCl_2$ I; 81%. — *Methyl-trans-β-carbomethoxyacrylylmalonat* (XVI), $C_{10}H_{12}O_7$, F. 89°, durch Zugabe von Methylmalonat in CH_3OH zu Mg in CH_3OH–CCl_4, Zugabe von CH_3OH u. Ae., Kochen über Nacht, Eindampfen u. wiederholte Dest. mit absol. Bzl. zur Entfernung des CH_3OH, Aufnehmen in Bzl.,

3 std. Kochen mit I, Schütteln mit 2n H_2SO_4, Extraktion der wss. Schicht mit Ae., Eindampfen, Aufnehmen in verd. NaOH u. Ausfällen mit HCl; Nadeln aus PAe.; 87%. — *Äthyl-trans-β-carbäthoxyacrylylmalonat* (trans-**XIV**), $C_{13}H_{18}O_7$, Kp.$_{0,5}$ 144°, Kp.$_{2\cdot10^{-2}}$ 110 bis 111°, aus **XV** u. **V** in Ae.; n_D^{22} 1,4960; 75%. *Cu-Enolat*, $(C_{13}H_{17}O_7)_2Cu$, F. 159—159,5°, durch Umsetzung mit Cu(II)-Acetat in A.; aus W. grüne Platten. — *Äthyl-trans-β-carboxyacrylylmalonat* (**X**), $C_{11}H_{14}O_7$, F. 107°, a) durch 2tägiges Stehen von **III** mit methanol. KOH u. Ansäuern mit HCl; aus Bzl.–PAe. Nadeln; 54%; b) durch Rk. von **III** mit methanol. 0,34n LiOH; c) durch Rk. von trans-**XIV** mit KOH in A., Aufnehmen des K-Salzes in wenig W. u. Ansäuern; 95%. — *trans-Dihydro-β-ketomuconsäure* (*trans-3-Ketobuten-(1)-1.4-dicarbonsäure*; **VIII**), $C_6H_6O_5$, F. 164° (Zers.; Aceton–PAe.), a) durch Einleiten von HCl in die Lsg. von **III** in CH_3COOH u. konz. HCl u. 2tägiges Stehen; b) durch Lösen von **III** in HCOOH, Zugabe von konz. HCl, Sättigung der Lsg. mit HCl u. 4tägiges Stehen bei 30°; c) durch 6tägiges Stehen von **XVI** in CH_3COOH–konz. HCl, Eindampfen im Vakuum u. Extraktion mit Aceton. — *β-Acetylacrylsäure*, F. 118—120°, durch Kochen von **VIII** mit W., Eindampfen im Vakuum, Extraktion mit Bzl. u. Abtrennen von **VI**. — *β-Ketoadipinsäure*, F. 94° (Zers.), durch Hydrierung von **VIII** in A. in Ggw. von ADAMS-Katalysator; 20%. — *Lävulinsäure*, durch 19std. Hydrierung der vorst. Ketosäure in Ggw. von ADAMS-Katalysator. *Semicarbazon*, F. 184° (Zers.). *2.4-Dinitrophenylhydrazon*, F. 201—202°; 73%. *Methyl-trans-dihydro-β-ketomuconat*, $C_8H_{10}O_5$, F. 95,5—98°, a) durch Behandlung von **VIII** in CH_3OH mit CH_2N_2 in Ae., Eindampfen im Vakuum, Extraktion mit Ae. u. Sublimation des Ae.-Rückstands bei 100°/20 mm; aus Cyclohexan Nadeln; b) durch Behandlung von **III** mit gesätt. methanol. HCl u. konz. HCl. — (*erythro*)-*α.β-Dibrom-β'-ketoadipinsäure* (**IX**), $C_6H_6O_5Br_2$, F. 148—149° (Zers.), durch Bromierung von **VIII** in CH_3COOH; Nadeln aus Essigester–CCl_4. — *α-Brom-γ-carboxymethylenbutenolid*, $C_6H_3O_4Br$, F. 182—183° (Zers.), durch 3tägiges Stehen von **IX** mit **XII** u. Eindampfen im Vakuum; aus Chlf. u. Essigester–PAe. Prismen. — *γ-Carboxymethylenbutenolid* (**XI**), $C_6H_4O_4$, F. 156°, durch 2std. Erhitzen von **VIII** mit Essigsäureanhydrid auf dem Dampfbad unter Einleiten von HBr, Eindampfen im Vakuum, Aufnehmen in Aceton u. Eindampfen; Nadeln aus Äthylendichlorid. Wurde **VIII** 24 Std. mit **XII** gekocht, so wurde kein **XI** erhalten. — *γ-Carbäthoxymethylenbutenolid*, $C_8H_8O_4$, Kp.$_{0.5-1}$ 100—118°, F. 77,5—78,5°, a) durch ½std. Erhitzen von trans-**XIV** u. Naphthalin-β-sulfonsäure auf 190°, aus PAe. Prismen; b) durch 20 Min. langes Erhitzen von trans-**XIV** mit Naphthalin-β-sulfonsäure auf 250° u. fraktionierte Dest.; daneben aus der Fraktion vom Kp.$_{005}$ 100—125° ein *Prod. vom F. 47—58°* (Ae.–PAe.) u. aus der Fraktion vom Kp.$_{0,05}$ 125—170° **XIII**. — *γ-Dicarbäthoxymethylenbutenolid* (**XIII**), $C_{11}H_{12}O_6$, Kp.$_{10^{-4}}$ 100°, F. 62°, durch 6std. Erhitzen von **X** in Essigsäureanhydrid unter Einleiten von HBr; aus Ae.–PAe. Prismen; 73%. Wurde weder durch ½std. Erhitzen mit Naphthalin-β-sulfonsäure auf 250° noch durch Kochen mit Propionsäure, Propionsäureanhydrid u. p-Toluolsulfonsäure decarbäthoxyliert. **XIII** wird durch W. bei Raumtemp. nicht angegriffen u. liefert durch 3tägige Behandlung mit 0,1n KOH in Dioxan, Einengen im Vakuum unter 37°, Ansäuern mit 2n H_2SO_4 u. Extraktion mit Ae. *Maleinsäure*, F. 135—136° (Essigester). Mehrtägiges Stehen des Chloroformrückstands mit NH_4OH (D. 0,88), Zugabe von wss. $Ba(OH)_2$, Eindampfen des Filtrats, Eindampfen im Vakuum u. Extraktion mit Dioxan ergab *Malonamid*, F. 163—164° (Zers.). — *α-Carboxyadipinsäure*, F. 132—133° bzw. 110—115° (Essigester–Bzl.), durch Hydrierung von **XIII** in A. in Ggw. von ADAMS-Katalysator, Eindampfen des Filtrats im Vakuum, 1½std. Kochen mit KOH, Ansäuern mit HCl, Eindampfen im Vakuum u. Extraktion mit Ae.; beide Fraktionen liefern durch Pyrolyse *Adipinsäure*, F. 146° (W.). Hydrierung von **XIII** in Essigester unter Aufnahme von nur 50% der berechneten Menge H_2, Eindampfen des Filtrats, Aufnehmen in Ae., Ausziehen mit $NaHCO_3$, Kochen des Extrakts mit HCl u. Eindampfen im Vakuum ergab ebenfalls Adipinsäure. — 2½std. Kochen von **XIII** mit A. u. einer Spur HCl, Eindampfen im Vakuum u. Behandlung des Rückstands in A. mit wss. Cu(II)-Acetat ergab *trans*-**XIV**-*Cu-Enolat*. — *Äthyl-cis-β-carbäthoxyacrylylmalonat* (cis-**XIV**), *Cu-Enolat*, $(C_{13}H_{17}O_7)_2Cu \cdot H_2O$, *Form A*, F. 54—55° (wss. A.), *Form B*, F. 101—102° (wss. A.), durch Behandlung von **XIII** mit Na-Äthylat, Eindampfen, Aufnehmen in W., Ansäuern mit verd. H_2SO_4 (Thymolblau), Extraktion mit Ae. u. Umsetzung des Öls mit Cu(II)-Acetat; grüne Nadeln. 3tägiges Stehen des Öls mit A., Spuren HCl u. SO_2 bei Raumtemp., Eindampfen im Vakuum u. Umsetzung mit Cu(II)-Acetat ergab trans-**XIV**-Cu-Enolat. Behandlung des Öls mit wss. NaOH, Ansäuern mit verd. H_2SO_4 (Thymolblau) u. Extraktion mit Ae. ergab Maleinsäure. — *Äthyl-trans-β-anilidoacrylylmalonat*, $C_{17}H_{19}O_6N$, F. 114 bis 114,5°, a) durch Behandlung von **XIII** in Dioxan mit Anilin u. Einengen im Vakuum; aus Bzl. u. wss. A. blaßgelbe Nadeln; b) durch 6std. Erhitzen von Fumarsäurehalbanilidhalbchlorid in Bzl. mit **V** auf dem Dampfbad, Schütteln mit 2n H_2SO_4 u. Aufarbei-

tung der Benzolschicht; c) durch Behandlung von X in Bzl. u. einem Tropfen Pyridin mit Oxalylchlorid bei 0°, 1½std. Stehen bei Raumtemp., 1½std. Erwärmen auf 40°, Eindampfen im Vakuum u. Schütteln mit Anilin in Ae. bei 0°. (J. chem. Soc. [London] **1951.** 1501—12. Juni. London, South Kensington, Imp. Coll. of Sci. and Technol.)

HORST BAGANZ. 850

Lawrence H. Amundsen, Rowland H. Mayer, Leonard S. Pitts und **Lena A. Malentacchi,** *Einwirkung von Ammoniak und Aminen auf 1.4-Dichlorbuten-(2).* Für die Darst. des *1.4-Dichlorbutens-(2)* (I) erwies sich die Rk. zwischen nahezu gleichmol. Mengen Cl_2 u. Butadien in der Dampfphase als günstiger (vgl. MUSKAT u. NORTHRUP, J. Amer. chem. Soc. **53.** [1930.] 4043; SCHMIDT, D. R. P. 709 942 [1941]; HEARNE u. LAFRANCE, A. P. 2 299 477 [1942]) als in fl. Phase. Das durch Dampfphasen-Rk. erhaltene Prod. ($Kp._{22}$ 60—63°; $D.^{25}$ 1,189; n_D^{25} 1,4864; gibt mit NH_4OH feste Polymerisate) ist vom *cis*-I ($Kp._{22}$ 59—62°; $D.^{25}$ 1,191; n_D^{25} 1,4891; gibt mit NH_4OH keine festen Polymerisate), das aus cis-Buten-(2)-diol-(1.4) dargestellt wurde, etwas verschieden u. stellt vermutlich vorwiegend die *trans-Verb.* dar. Sek. Amine reagieren mit I in guten Ausbeuten zum entsprechenden Diamin, während prim. Amine oder Ammoniak unter den angewandten Versuchsbedingungen neben wenig Diamin in reichlicher Menge Polykondensationsprodd. des Dichlorids u. Diamins lieferten (vgl. MUSKAT, A. P. 2 038 593 [1936]). Für die diprim. Diamine war die GABRIELsche Synth. noch am besten geeignet. Aus den disek. Diaminen wurden *N.N.N'.N'-Tetramethyl-, -Tetraäthyl-, -Tetra-n-propyl-* u. *-Tetra-n-butyl-1.4-diaminobuten-(2)* dargestellt, die durch katalyt. Hydrierung mit RANEY-Ni in die *Tetraalkylputrescine* übergeführt wurden.

Versuche: *1.4-Dichlorbuten-(2)* (I), $Kp._{40}$ 75—76°, a) beim gemeinsamen Durchströmen von Butadien u. Cl_2 (0,6 Mol/Std.) durch einen Kühler (10°); 30—32% (Ausbeute) neben 19—30% *3.4-Dichlorbuten-(2)*; b) durch Rückflußkochen vorst. isomerer Verb. in Ggw. von Cu_2Cl_2 unter Umlagerung; 51%. — *cis-1.4-Dichlorbuten-(2)* (cis-I), $Kp._{22}$ 59—62°, durch Behandeln von cis-Buten-(2)-diol-(1.4) in Pyridin mit $SOCl_2$ unter Kühlung, 1std. Stehen in Eis, dann 4 Std. bei Raumtemp. u. Gießen auf Eis; $D.^{25}_4$ 1,191; n_D^{25} 1,4891; 51%. — *1.4-Diaminobuten-(2)*, Kp. ~169°, a) durch 10std. Stehen einer Lsg. von 40 Mol 28%ig. NH_4OH u. 2 Mol I in A. bei Raumtemp., Eindampfen bis zum halben Vol., Ansäuern mit wenig konz. HCl, dann Eindampfen zur Trockene u. Rektifizierung der mit 50%ig. NaOH freigemachten Base; 11%. *Dipikrat*, $C_{16}H_{16}O_{14}N_8$, F. 271° (Zers.; 10%ig. Essigsäure). *N.N'-Dibenzolsulfonylderiv.*, $C_{16}H_{18}O_4N_2S_2$, F. 155° (A.). *N.N'-Dibenzoylderiv.*, $C_{18}H_{18}O_2N_2$, F. 178,5—179,5° (wss. A.); b) durch 3std. Schütteln von 1 Mol I u. 5 Mol 28%ig. NH_4OH u. weiter wie vorst.; 4% neben polymeren Prodd.; c) 6½std. Erhitzen eines Gemisches aus Phthalimid, K_2CO_3 u. I auf 175° u. Umkristallisieren aus Chlf. ergibt 32% *1.4-Diphthalimidobuten-(2)*, das durch Hydrolyse mit konz. HCl im Rohr (16 Std. bei 150°) u. Eindampfen zur Trockene 90% I-*Dihydrochlorid* (identifiziert als N.N'-Dibenzoylderiv.) ergibt; d) 0,2 Mol KSCN u. 0,1 Mol I in 75%ig. A. geben bei 3tägigem Stehen bei —7° gelbe Kristalle von *Buten-(2)-ylen-1.4-dithiocyanat* (F. 82°; 75%); hieraus durch Hydrolyse mit konz. HCl unter H_2S-Entw. ein schweres Öl; e) Verss. mit I u. fl. NH_3 ergaben nur feste Polymerisate. — *N.N'-Dibutylputrescin*, $C_{12}H_{28}N_2$, F. 62—67°, durch mehrtägiges Stehen von 0,2 Mol I u. Butylamin in Bzl., Ausschütteln des ausgeschiedenen Prod. mit konz. HCl, Dest. der frei gemachten Base bei 1 mm u. Hydrierung des Destillats in A. (3 at, Raumtemp.); 10%. *Dipikrat*, F. 108—109°. — *N.N-Diäthyl-1.4-diaminobuten-(2)*, $Kp._{20}$ 89°, durch 24std. Stehen von 1 Mol I u. 2 Mol $(C_2H_5)_2NH$ in A. bei Raumtemp., Zugabe von 28%ig. NH_4OH, Eindampfen auf das halbe Vol., Neutralisieren mit konz. HCl, Eindampfen zur Trockene u. Dest. der freien Base; 11%, daneben 23% *N.N.N'.N'-Tetraäthyl-1.4-diaminobuten-(2)* ($Kp._{20}$ 113°). *Dipikrat*, $C_{20}H_{24}O_{14}N_8$, F. 152—154,5° (A.). — *N.N-Diäthylputrescin*, *Dipikrat*, F. 155—156°, durch Hydrierung der ungesätt. Base in A. mit RANEY-Ni (3 at). — Die folgenden *N.N.N'.N'-Tetraalkyl-1.4-diaminobutene-(2)* wurden aus I nach WILLSTÄTTER u. WIRTH [1913] dargestellt u. durch Hydrierung der alkoh. Lsg. mit RANEY-Ni (3 at, Raumtemp.) in die *Tetralkylputrescine* übergeführt: *N.N.N'.N'-Tetramethyl-1.4-diaminobuten-(2)*, $Kp._{17}$ 70—71°; 53%. — *N.N.N'.N'-Tetraäthyl-*, $Kp._{20}$ 115—116°; n_D^{21} 1,4532; 66%. *Dipikrat*, F. 154—155,5° (korr.). — *N.N.N'.N'-Tetra-n-propyl-*, $Kp._{15}$ 150—154°; n_D^{21} 1,4538; 51%. *Dipikrat*, F. 173—174° (korr.). — *N.N.N'.N'-Tetra-n-butyl-*, $Kp._3$ 165—170°; n_D^{21} 1,4572; 57%. *Dipikrat*, F. 183—184° (korr.). — *N.N.N'.N'-Tetramethylputrescin*, Kp. 164—166°; 52%. *Dipikrat*, F. 202,8—203,3°. — *N.N.N'.N'-Tetraäthyl-*, $Kp._{3-4}$ 70—73,7°; n_D^{20} 1,4421; 61%. *Dipikrat*, F. 172—172,9° (korr.). — *N.N.N'.N'-Tetra-n-propyl-*, $Kp._4$ 129—130°; n_D^{20} 1,4443; 43%. *Dipikrat*, F. 194,0 bis 195,5° (korr.). — *N.N.N'.N'-Tetra-n-butyl-*, $Kp._4$ 157,5—160°; n_D^{20} 1,4505; 38%. *Dipikrat*, F. 170,2—171,2° (korr.). (J. Amer. chem. Soc. **73.** 2118—21. Mai 1951. Storrs, Conn., Univ., Dep. of Chem.)

I. MISCHON. 910

Raymond Delaby, Pierre Chabrier und **Henry Najer**, *Synthese einiger Bis-[carbamylcholin]-dijodide mit Curareaktivität.* 1. Mitt. *Polymethylen-bis-[carbamylcholin]-dijodide.* Die durch Rk. von Glykolcarbonat (I) mit diprim. aliphat. Diaminen erhaltenen *Polymethylen-bis-[β-oxyäthylcarbamate]* werden mit $SOCl_2$ in die *β-Chloräthylverbb.* übergeführt. Letztere werden mit 2 Mol $NaOC_2H_5$ zu *Polymethylen-bis-[oxazolidonen]* cyclisiert, während mit überschüssigem $NaOC_2H_5$ unter CO_2-Abspaltung *Polymethylen-bis-[äthanolamine]* entstehen. Die entsprechenden *β-Jodäthylverbb.* werden schließlich mit Trimethylamin (IV) zu den *Polymethylen-bis-[carbamylcholin]-dijodiden* umgesetzt. Die Curareaktivität letzterer übersteigt bei günstigem therapeut. Index die von d-Tubocurarin u. Succinyldicholin.

Versuche: *Bis-[β-oxyäthylcarbamat]*, $C_6H_{12}O_6N_2$, F. 163—164° (A.), durch 2std. Stehen von I u. 94%ig. $N_2H_4 \cdot H_2O$ bei 0° u. 4tägiges Stehen bei Raumtemp.; 86% (Ausbeute). *Diacetat*, $C_{10}H_{16}O_8N_2$, F. 76° (absol. A.–PAe.); 62%. *Dibenzoat*, $C_{20}H_{20} \cdot O_8N_2$, F. 123—124° (A.); 69%. — Bis-[β-oxyäthylcarbamate]: *Äthylen-*, F. 88,5°; 74%. — *Trimethylen-*, F. 67,5—68,5°; 59%. — *Propylen-*, Öl. — *Tetramethylen-*, F. 99° (Isopropanol–Bzl.); 76%. — *Pentamethylen-*, F. 69°; 91%. — *Hexamethylen-*, $C_{12}H_{24}O_6N_2$, F. 94° (W.), durch 2std. Stehen von I u. Hexamethylendiamin bei 8—10° u. 3tägiges Stehen bei Raumtemp.; 95%. — *Heptamethylen-*, F. 84—85° (W.); 53%. — *Dekamethylen-*, $C_{16}H_{32}O_6N_2$, F. 104—105° (Xylol), durch 10std. Erhitzen von I mit Dekamethylendiamin in Xylol auf 50—60° u. Stehen über Nacht; 84%. — *Bis-[β-chloräthylcarbamat]* (II), F. 95—96° (A.), mit $SOCl_2$ bei 10—15° in 2 Std. u. Stehen über Nacht; 80%. — Bis-[β-chloräthylcarbamate]: *Äthylen-*, F. 136,5° (Bzl.); 64%. — *Trimethylen-*, F. 87,5° (Bzl.); 65%. — *Propylen-*, F. 94° (50%ig. A.); 62%. — *Tetramethylen-*, F. 118,5° (Bzl.); 75%. — *Pentamethylen-*, F. 90° (Bzl.); 70%. — *Hexamethylen-*, $C_{12}H_{22}O_4N_2Cl_2$, F. 112—113° (Bzl.); 97%. — *Heptamethylen-*, F. 90—91° (A.); 88%. — *Dekamethylen-*, F. 114° (Bzl.), 1½std. Kochen; 69%. — *N.N'-Bis-[oxazolidon]*, $C_6H_8O_4N_2$, F. 125—126° (A.), durch 20std. Stehen von II mit $NaOC_2H_5$ in A. bei Raumtemp.; 40%. — *Bis-[oxazolidino]-methan*, F. 100° (Bzl.); 73%. — *1.2-Bis-[oxazolidino]-äthan*, F. 107—108° (Bzl.); 82%. — *1.2-Bis-[oxazolidino]-propan*, F. 92°; 61%. — *Bis-[β-jodäthylcarbamat]* (III), $C_6H_{10}O_4N_2J_2$, F. 111—113° (Bzl.), durch 30std. Kochen von II mit wasserfreiem NaJ in Aceton; 58%. — Bis-[β-jodäthylcarbamate]: *Äthylen-*, F. 181—183° (A.); 77%. — *Trimethylen-*, F. 141—144° (A.); 85%. — *Propylen-*, F. 141° (A.); 51%. — *Tetramethylen-*, F. 159° (Bzl.); 77%. — *Pentamethylen-*, F. 139° (A.); 76%. — *Hexamethylen-*, $C_{12}H_{22}O_4N_2J_2$, F. 150° (A.); 77%. — *Heptamethylen-*, F. 131—132° (A.); 44%. — *Dekamethylen-*, F. 138° (Bzl.); 84%. — *Bis-[carbamylcholin]-dijodid*, $C_{12}H_{28}O_4N_4J_2$, F. 216—218° (Zers.; CH_3OH–Äthylacetat), durch 48std. Stehen von III in Aceton mit IV; 45%. — Bis-[carbamylcholin]-dijodide (nach Umfällen aus CH_3OH–Äthylacetat erfolgt beim Erhitzen Zers.): *Äthylen-*; 61%. — *Trimethylen-*; 81%. — *Propylen-*; 76%. — *Tetramethylen-*; 80%. — *Pentamethylen-*; 67%. — *Hexamethylen-*, $C_{18}H_{40}O_4N_4J_2$, analog durch Erhitzen auf 80° im Rohr u. 4—5tägiges Stehen; 82%. — *Heptamethylen-*; 48%. — *Dekamethylen-*; 73%. (Bull. Soc. chim. France, Mém. [5] **1955.** 1616—22. Nov./Dez. Paris, Fac. de Pharm., Labor. de Pharm. Chim.) R. PASEDAG. 920

Henry Feuer und **William A. Swarts**, *Die Darstellung von β-Aminoglutarsäure und β-Aminoadipinsäure.* Durch Addition von NH_3 an die aktivierte Doppelbindung wird aus Glutaconsäurediäthylester (I) *β-Aminoglutarsäure* u. aus Hexen-(3)-dinitril (II) *β-Aminoadipinsäure* dargestellt.

Versuche: *β-Aminoglutarsäurediäthylesterhydrochlorid*, $C_9H_{18}O_4NCl$, F. 83,5 bis 84,5° (Chlf.–Ae.), durch Einleiten von NH_3 in eine Lsg. von I in absol. A. bei 50—55° u. Fällen aus Ae. mit HCl; 62% (Ausbeute). — *β-Aminoglutarsäure*, $C_5H_9O_4N$, F. 295° (Zers.; W.), aus vorst. rohen Aminoester durch Verseifung mit 37%ig. HCl u. Alkalisieren; 69%. — *β-Aminoadipinsäure*, $C_6H_{11}O_4N$, F. 190—193° (Zers.), durch Einleiten von NH_3 in eine Lsg. von II in 28%ig. NH_4OH bei 75° u. Hydrolyse mit 18%ig. HCl; je nach Aufarbeitung der Säure 40,5—62%. (J. Amer. chem. Soc. **77.** 5427—28. 20/10. 1955. Lafayette, Ind., Purdue Univ., Dep. of Chem.) W. HUNGER. 950

Nobuo Izumiya und **Jesse P. Greenstein**, *Untersuchungen über Polycysteinpeptide und Proteine.* 1. Mitt. *Isomere Cystinylcystinpeptide.* Vff. stellten *L-Cystinyl-L-cystin* (I), *L-Cystinyl-D-cystin* (II) u. *D-Cystinyl-L-cystin* (III) nach der Meth. der gemischten Anhydride sowie nach der Azidmeth. dar. II u. III erscheinen, mit Ausnahme ihrer Enantiomorphie, ident. u. liefern nach HCl-Hydrolyse inakt. *Cystin* (IV), hauptsächlich als DL-IV. DL-IV ließ sich von meso-IV durch die leichtere Angreifbarkeit durch Schlangengift-L-Aminosäureoxydase unterscheiden. Durch Oxydation bei p_H 6,5 erhaltenes I scheint sich von dem bei p_H 8,5 erhaltenen zu unterscheiden. HCl-Hydrolyse lieferte aus beiden Prodd. reines L-IV. I, II u. III ließen sich durch Nierenaminopeptidase quantitativ hydrolysieren, u. zwar wurden beide Formen von I prakt. gleich schnell u. bedeutend schneller als II u. III (diese mit gleicher Geschwindigkeit) hydrolysiert. Nierenacylase I wirkt nur langsam auf I u. gar nicht auf II u. III ein.

Versuche (FF. korr.): *Carbobenzoxy-S-benzyl-L-cysteinyl-S-benzyl-L-cysteinäthylester* (V), $C_{30}H_{34}O_5N_2S_2$, F. 105° (A.), a) aus Carbobenzoxy-S-benzyl-L-cystein in Toluol u. Triäthylamin mit Isobutylchlorcarbonat bei −5° (10 Min.) u. anschließende Behandlung mit S-Benzyl-L-cysteinäthylesterhydrochlorid u. Triäthylamin in Chlf. (über Nacht bei 25°); $[\alpha]_D^{26}$ −55,3° (2% in Aceton); 67% (Ausbeute); b) aus Carbobenzoxy-S-benzyl-L-cysteinylazid (aus 33,6 g Carbobenzoxy-S-benzyl-L-cysteinylhydrazid) u. S-Benzyl-L-cysteinäthylester (aus 31,2 g Hydrochlorid) in Ae. (über Nacht bei 25°); 28,2 g. — *Carbobenzoxy-S-benzyl-L-cysteinyl-S-benzyl-D-cysteinäthylester*, F. 103°, analog V nach a); $[\alpha]_D^{26}$ +5,1° (2% in Aceton); 66%. — *Carbobenzoxy-S-benzyl-D-cysteinyl-S-benzyl-L-cysteinäthylester*, F. 103°, a) analog V nach a); $[\alpha]_D^{26}$ −4,7° (2% in Aceton); 68%; b) analog V nach b); 58%. — *S-Benzyl-D-cysteinäthylester*, F. 163°, analog der L-Verb. (vgl. HARINGTON u. Mitarbeiter, Biochem. J. **38**. [1944.] 417 u. früher); $[\alpha]_D^{26}$ +28,1° (2% in A.). — *Carbobenzoxy-S-benzyl-D-cystein*, F. 95°, analog der L-Verb.; $[\alpha]_D^{26}$ +45,1° (2% in Aceton). — *Carbobenzoxy-S-benzyl-D-cysteinylhydrazid*, F. 135°, analog der L-Verb.; $[\alpha]_D^{26}$ −4,3° (2% in Eisessig). — *Carbobenzoxy-S-benzyl-L-cysteinyl-S-benzylcystein* (VI), $C_{28}H_{30}O_5N_2S_2$, F. 152° (Äthylacetat–PAe.), aus 454 g V in Dioxan mit 2n NaOH (5 Std. bei 5°); $[\alpha]_D^{26}$ −50,6° (2% in Aceton); 355 g. — *Carbobenzoxy-S-benzyl-L-cysteinyl-S-benzyl-D-cystein*, F. 111°, analog VI; $[\alpha]_D^{26}$ −4,1° (2% in Aceton); 85%. — *Carbobenzoxy-S-benzyl-D-cysteinyl-S-benzyl-L-cystein*, F. 110°, analog IV; $[\alpha]_D^{26}$ +4,6° (2% in Aceton); 84%. — *S-Benzyl-L-cysteinyl-S-benzyl-L-cystein* (VII), $C_{20}H_{24}O_3N_2S_2$, F. 170—172° (aus wss.-alkoh. NH_4OH durch Fällen mit verd. HCl), aus 350 g VI mit HBr in Eisessig (1 Std. bei 25°); $[\alpha]_D^{26}$ −14,1° (2% in n NaOH); 213 g. — *S-Benzyl-L-cysteinyl-S-benzyl-D-cystein*, F. 184—186°, analog VII; $[\alpha]_D$ −1,8° (0,5% in n NaOH); 78%. — *S-Benzyl-D-cysteinyl-S-benzyl-L-cystein*, F. 183—186°, analog VII; $[\alpha]_D^{26}$ +1,5° (0,5% in n-NaOH); 76%. — *L-Cystinyl-L-cystin* (I), $C_{12}H_{20}O_8N_4S_4$, aus VII in fl. NH_3 mit Na u. anschließende Oxydation mit Luft bei p_H 6,5 [mit $Ba(OH)_2$]; aus W. lange Prismen als *Dihydrat*; $[\alpha]_D^{26}$ −31,0° (1% in n-HCl); 25%. *Dihydrochlorid*, $C_{12}H_{20}\cdot O_8N_4S_4\cdot 2HCl\cdot 2H_2O$, $[\alpha]_D^{26}$ −24,6° (1% in n-HCl). *Dibenzoylderiv.*, F. 220°, $[\alpha]_D^{26}$ −48,0° (0,5% in n-NaOH). *Isomeres* I, $C_{12}H_{20}O_8N_4S_4\cdot 2H_2O$, analog, aber durch Oxydation bei p_H 8,5 [mit $Ba(OH)_2$, dann mit NH_4OH]; aus W. Prismen, papierchromatograph. nicht ganz einheitlich, enthält wahrscheinlich immer etwas Isomeres; $[\alpha]_D^{26}$ −58,7° (1% in n-HCl). — *Dihydrochlorid*, $C_{12}H_{20}O_8N_4S_4\cdot 2HCl\cdot 4H_2O$, $[\alpha]_D^{26}$ −45,6° (1% in n-HCl). *Dibenzoylderiv.*, F. 218°, $[\alpha]_D^{26}$ −35,2° (0,5% in n-NaOH). Beide Isomere geben bei der Hydrolyse *L-Cystin* (*L*-IV), $[\alpha]_D^{26}$ −210° bzw. −212° (1% in n-HCl). — *L-Cystinyl-D-cystin* (II), analog I (beide Methoden); $[\alpha]_D^{26}$ −187° bzw. −191° (1% in n-HCl. — *D-Cystinyl-L-cystin* (III), $[\alpha]_D^{26}$ +190° bzw. +195° (1% in n-HCl). (Arch. Biochem. Biophysics **52**. 203—16. Sept. 1954. Bethesda, Md., Nat. Inst. of Health, Nat. Cancer Inst., Labor. of Biochem.) K. NEHRING. 950

M. I. Plechan, Ss. R. Mardaschew und N. A. Kulakowskaja, *Über einige N-Derivate von Aminosäuren und Peptiden.* Vff. entwickelten eine neue Meth. zur Isolierung von Aminosäuren u. Peptiden in Form von N.N′-Hexamethylen-bis-[N″-carbaminoylaminosäuren], die sich bei der Einw. von Hexamethylendiisocyanat (I) auf die Na-Salze der Aminosäuren bzw. der Glycylpeptide bilden. Die freien Aminosäuren reagieren nicht. Es wurden dargestellt: *N.N′-Hexamethylen-bis-[N″-carbaminoylglykokoll]*, *N.N′-Hexamethylen-bis-[N″-carbaminoyltryptophan]*, *N.N′-Hexamethylen-bis-[N″-carbaminoylasparaginsäure]*, die sich teils durch den F., teils durch ihre Löslichkeit in verschied. Lösungsmitteln gut unterscheiden. Ninhydrin- u. Biuret-Rk. waren negativ. Die dargestellten N-Derivv. der Peptide *N.N′-Hexamethylen-bis-[carbaminoylglycylglycin]*, *N.N′-Hexamethylen-bis-[carbaminoyldiglycylglycin]*, *N.N′-Hexamethylen-bis-[carbaminoyltriglycylglycin]* unterschieden sich in den FF. u. gaben im Gegensatz zu den Aminosäurederivv. die Biuretreaktion. Diketopiperazin (Cycloglycylglycin) reagierte unter den gegebenen Versuchsbedingungen nicht. Aus I u. W. bildet sich als Nebenprod. in W. u. organ. Lösungsmitteln unlösl. Polyharnstoff (Mol.-Gew. ca. 2000).

Versuche: *N.N′-Hexamethylen-bis-[N″-carbaminoylglykokoll]*, $C_{12}H_{22}O_6N_4\cdot 1\frac{1}{2}H_2O$, F. 175—176° (Zers.), durch Rühren einer Lsg. von 2 g Na-Salz von Glykokoll in W. mit 2 g I bei Zimmertemp. bis zum Verschwinden von I (ca. 3 Std.), nach Abtrennung des Nd. Ausfällen des Deriv. mit Eisessig; aus W. Trocknen bei 56°, unlösl. in organ. Lösungsmitteln; 0,8 g (Ausbeute). — Darst. der folgenden Derivv. analog Vorst.: *N.N′-Hexamethylen-bis-[N″-carbaminoyltryptophan]*, $C_{30}H_{36}O_6N_6\cdot 3H_2O$, F. 125

bis 130° (Zers.), sublimiert bei 111—112° im geschlossenen Rohr; schwachgelbe Kristalle aus W., gut lösl. in Essigester. — *N.N'-Hexamethylen-bis-[N''-carbaminoylasparaginsäure]*, lösl. in W.; *Cu-Salz*, $C_{16}H_{22}O_{10}N_4Cu_2$. — *N.N'-Hexamethylen-bis-[carbaminoylglycylglycin]*, $C_{16}H_{28}O_8N_6$, F. 215° (Zers.); längliche Blättchen. — *N.N'-Hexamethylen-bis-[carbaminoyldiglycylglycin]*, $C_{20}H_{34}O_{10}N_8$, F. 227—228° (Zers.), feinkristalliner Niederschlag. — *N.N'-Hexamethylen-bis-[carbaminoyltriglycylglycin]*, $C_{24}H_{40}O_{12}N_{10}$, F. >260° (Zers.); feinkristalline Masse. (Журнал Общей Химии [J. allg. Chem.] **25** (**87**). 371 bis 374. Febr. 1955. Moskau, 1. Med. Inst.) CH. WEISKE. 950

M. M. Sprung und **F. O. Guenther**, *Die partielle Hydrolyse von Methyltrimethoxysilan. Methyltrimethyloxysilan* (**I**) wird noch schneller hydrolysiert als Methyltriäthoxysilan (vgl. C. **1956**. 3880), nach 15—20 Min. ist eine sd. Benzollsg. von **I** ohne Katalysatorzusatz bei kräftigem Rühren mit 3 Äquivalenten W. prakt. vollständig zersetzt. Die Hydrolyseprodd. sind in der wss. Phase gelöst, krist. oder fl. Intermediäre mit niedrigerem Mol.-Gew. konnten daraus nicht isoliert werden. Das entstandene „*Methyl T-Gel*" kann empir. als $[6(CH_3)_2Si_2O_3\cdot 10CH_3Si(OH)O\cdot H_2O\cdot CH_3OH]_n$ formuliert werden; beim Erwärmen gibt es W. ab u. geht in $[(CH_3)_2Si_2O_3]_n$ über. Partielle Hydrolyseprodd. von **I** mit niedrigerem Mol.-Gew. konnten jedoch durch Verwendung beschränkter Wassermengen erhalten werden. Diese finden sich in der organ. Phase u. können im Vakuum dest. werden. Mit 1,5 Äquivalenten W. werden aus 0,5 Mol **I** 9,2 g destillierbare Fl. erhalten, worin wahrscheinlich polycycl. Substanzen mit Mol.-Geww. von 400—600 u. mit 3—4 übriggebliebenen Methoxygruppen pro Mol vorherrschen. Bei Anwendung von 0,75 Äquivalenten W. konnten 6 Substanzen isoliert werden, von denen 3 linear gebaut waren u. 3 ringförmig. Die Ggw. der tetrameren cycl. Verb. konnte nicht nachgewiesen werden, sie wird aber vermutet.

Versuche: *Methyltrimethoxysilan* (**I**), Kp. 101,5—104°, n_D^{20} 1,3710—1,3720. — Aus 136,2 g **I** in 1000 ml Bzl. u. 13,5 g W. wurden durch 0,9std. Kochen erhalten: 5,4 g Gel u. 68,3 g fl. Prod., daraus durch fraktionierte Dest. folgende Substanzen: *1.3-Dimethyl-1.1.3.3-tetramethoxydisiloxan*, $C_6H_{18}O_5Si_2$, $Kp._3$ 44,5°, n_D^{20} 1,3834, $D.^{20}_4$ 1,024; 22,4 ml. — *1.3.5-Trimethoxy-1.3.5-trimethylcyclotrisiloxan*, $C_6H_{18}O_6Si_3$, $Kp._5$ 64°, n_D^{20} 1,3909; $D.^{20}_4$ 1,100; 1,5 ml. — *1.1.3.5.5-Pentamethoxy-1.3.5-trimethyltrisiloxan*, $C_8H_{24}O_7Si_3$, $Kp._5$ 94°, n_D^{20} 1,3894, $D.^{20}_4$ 1,062; 12,6 ml. — *1.1.3.5.7.7-Hexamethoxy-1.3.5.7-tetramethyltetrasiloxan*, $C_{10}H_{30}O_9Si_4$, $Kp._{0,2}$ 74°, n_D^{20} 1,3940, $D.^{20}_4$ 1,084; 5,9 ml. — *1.3.5.7.9-Pentamethoxy-1.3.5.7.9-pentamethylcyclopentasiloxan*, $C_{10}H_{30}O_{10}Si_5$, $Kp._{0,2}$ 103,5°, n_D^{20} 1,3998, $D.^{20}_4$ 1,127; 3,0 ml. — *1.3.5.7.9.11-Hexamethoxy-1.3.5.7.9.11-hexamethylcyclohexasiloxan*, $C_{12}H_{36}O_{12}Si_6$, $Kp._{0,2}$ 137—141°, n_D^{20} 1,4013, $D.^{20}_4$ 1,152; 1,5 ml. (J. Amer. chem. Soc. **77**. 4173—75. 5/8. 1955. Schenectady, N. Y., Gen. Electr. Res. Labor.) J. MATTNER. 980

A. Je. Arbusow und **O. M. Schapschinskaja**, *Einwirkung von Alkylhalogeniden auf die Natrium-, Kalium- und Silbersalze von Dialkylthiophosphorsäuren.* Aus dem Na-, K- u. Ag-Salz von Diäthylthiophosphorsäure (**I**) u. C_2H_5Br bzw. C_2H_5J wurde in alkoh. oder absol. äther. Lsg. *Thiophosphorsäuretriäthylester* erhalten. Die Ausbeute war am besten bei der Verwendung des Ag- u. K-Salzes von **I** u. von A. als Lösungsmittel. Die Rk. verläuft ferner mit C_2H_5J glatter als mit C_2H_5Br.

Versuche: Man läßt zu 4,1 g Na in absol. Ae. 25 g diäthylphosphorige Säure zutropfen, erwärmt bis zum Lösen des Na u. setzt nach Abkühlen 5 g in Bzl. gelösten S zu; man erhitzt zum Sieden, läßt über Nacht stehen, gibt langsam 31,6 g C_2H_5J zu u. erhitzt einige Std. zum Sieden; nach Abfiltrieren des Nd. aus dem Filtrat *Thiophosphorsäuretriäthylester*, $Kp._{20}$ 118°; n_D^{22} 1,4520; 1 g (Ausbeute). — Aus dem Na-Salz von **I** u. C_2H_5J in A. analog 3,1%. Aus dem K-Salz von **I** in Ae. u. C_2H_5J 4,2%, in alkoh. Lsg. 41,5%. Aus dem K-Salz von **I** u. C_2H_5Br in A. 55,8%. Aus dem Ag-Salz von **I** u. C_2H_5J in A. 33,3%. (Известия Академии Наук СССР, Отделение Химических Наук [Nachr. Akad. Wiss. UdSSR, Abt. chem. Wiss.] **1952**. 842—46. Sept./Okt. Kasan, Chem.-Technol. Kirow-Inst.) U. WÖRFFEL. 980

Chester E. Claff jr., *Die Metallierung von 2.6-Diisopropylanisol und 1.3-Diisopropylbenzol. 2.6-Diisopropylanisol* (**I**) wurde aus Na-2.6-diisopropylphenolat u. Methyl-p-toluolsulfonat dargestellt u. zu *2.6-Diisopropyl-4-bromanisol* bromiert. Dieses wurde in die GRIGNARD Verb. übergeführt u. daraus mit CO_2 *3.5-Diisopropyl-4-methoxybenzoesäure* (**II**) erhalten. Behandeln von **I** mit Amyl-Na/Na-tert.-Amylat u. anschließende Rk. mit festem CO_2 gab ebenfalls **II**. 1.3-Diisopropylbenzol (**III**) wurde unter analogen Bedingungen metalliert u. zu *3.5-Diisopropylbenzoesäure* carboxyliert. Die Metallierung einer äquimol. Mischung von **III** u. **I** zeigte, daß **III** leichter metalliert wird als **I** u. daß die Ggw. von **I** die Metallierung von **III** verzögert. Triäthylamin setzt die Metallierungswrkg. des Amyl-Na herab, da sich LEWIS-Basen bilden.

V e r s u c h e: *2.6-Diisopropylanisol* (I), $C_{13}H_{20}O$, Kp.$_{2,5}$ 57°, aus 2.6-Diisopropylphenol mit Amyl-Na bei 15—20° u. anschließende Rk. mit Methyl-p-toluolsulfonat bei 30—40°; n_D^{25} 1,4913; 71% (Ausbeute). — *2.6-Diisopropyl-4-bromanisol*, $C_{13}H_{19}OBr$, Kp.$_{2,5}$ 89—92°, aus I u. Br_2 in Essigsäure bei 50°; n_D^{25} 1,5221. — *3.5-Diisopropyl-4-methoxybenzoesäure* (II), $C_{14}H_{20}O_3$, F. 161,9—162,4°, a) aus vorst. Verb. u. Mg in Ae. in Ggw. von Äthyl-MgBr (2 Std. kochen) u. anschließende Behandlung mit festem CO_2; 30%; b) aus I analog nachst. Verb.; 4,0%. — *3.5-Diisopropylbenzoesäure*, $C_{13}H_{18}O_2$, F. 99,8 bis 100,6°, aus III (Kp. 201°) mit einer Mischung von Amyl-Na u. tert.-Amylalkohol in Heptan (1 Woche stehen) u. anschließende Rk. mit festem CO_2; 16,8% (roh), daneben *Capronsäure*, Kp.$_2$ 110°. (J. Amer. chem. Soc. **77**. 3774—76. 20/7. 1955. Cambridge, Mass., Massachusetts Inst. of Technol., Dep. of Chem.) I. AHRLÉ. 1210

M. M. Daschewski und **G. P. Petrenko**, *Über halogensubstituierte Hemimellitsäuren.* Es werden nach GRAEBE u. LEONHARDT [1896] aus Halogenderivv. des Naphthalsäureanhydrids durch Oxydation mit $KMnO_4$ *Halogenderivv.* der *Hemimellitsäure* gewonnen: Aus 4-Chlornaphthalsäureanhydrid (I) entsteht *4-Chlorhemimellitsäure* (II), die auch bei der Oxydation von 4,5-Dichlornaphthalsäureanhydrid (III) erhalten wird. 3.5-Dichlornaphthalsäureanhydrid (IV) wird unter Bldg. eines Gemisches etwa äquimol. Mengen von II u. *5-Chlorhemimellitsäure* oxydiert, die ein schwerlösl. Monokaliumsalz gibt u. dadurch von II gut getrennt werden kann. 2.4.5-Trichlornaphthalsäureanhydrid (V) gibt bei der Oxydation ein Gemisch von *4.6-Dichlorhemimellitsäure* u. II (1:2), die über die Pb-Salze getrennt werden. Die entsprechenden Bromnaphthalsäureanhydride verhalten sich wie die Chlorderivate. Die Chlor- u. Bromhemimellitsäuren gehen beim Erhitzen über ihren F. in *Anhydride* über, die mit NH_3 *Imide* geben. Die Darst. der Halogennaphthalsäureanhydride vgl. C. **1955**. 3611.

V e r s u c h e: *Allg. Meth. zur Darst. der Halogenhemimellitsäuren*: Zu der Lsg. von 0,1 Mol Halogennaphthalsäureanhydrid u. 0,2 Mol NaOH in 300 ml W. wird langsam eine Lsg. von 0,6 Mol $KMnO_4$ in 600 ml W. zugegeben. Nach 2std. Erhitzen auf dem sd. Wasserbad wird filtriert, das Filtrat mit H_2SO_4 angesäuert, mit 0,06 Mol $KMnO_4$ versetzt, 15 Min. auf dem Wasserbad erhitzt u. filtriert. *Isolierung*: Zur Isolierung von II oder *4-Bromhemimellitsäure* wird die Lsg. zur Trockne eingedampft u. mit Ae. extrahiert. *5-Halogenhemimellitsäuren* werden als Monokaliumsalze isoliert. *4.6-Dihalogenhemimellitsäuren* werden durch fraktionierte Kristallisation der entsprechenden Pb-Salze isoliert. Die Ausbeuten betragen 75—85%. — *4-Chlorhemimellitsäure* (II), $C_9H_5O_6Cl$, F. 187—188,5°, aus I oder III. *Anhydrid*, $C_9H_3O_5Cl$, F. 130°. *Imid*, $C_9H_4O_4NCl$, F. 225 bis 226°. — *5-Chlorhemimellitsäure*, $C_9H_5O_6Cl$, F. 207°, aus IV. *Anhydrid*, $C_9H_3O_5Cl$. *Imid*, $C_9H_4O_4NCl$, F. 220—221,5°. — *4.6-Dichlorhemimellitsäure*, $C_9H_4O_6Cl_2$, F. 226 bis 227°, aus V. — *4-Bromhemimellitsäure*, $C_9H_5O_6Br$, F. 198—201°. *Imid*, $C_9H_4O_4NBr$, F. 267—268°. — *5-Bromhemimellitsäure*, $C_9H_5O_6Br \cdot H_2O$, F. 218—221°. — *Imid*, $C_9H_4 \cdot O_4NBr$, F. 242°. — *4.6-Dibromhemimellitsäure*, $C_9H_4O_4Br_2$, F. 195—197°. *Imid*, $C_9H_3O_4 \cdot NBr_2$, F. 275—277°. (Журнал Общей Химии [J. allg. Chem.] **25** (**87**). 1189—94. Juni 1955. Odessa, Polytechn. Inst.) E. GULINSKY. 1230

A. Burawoy, **A. Chaudhuri** und **C. E. Vellins**, *o-Mercaptoazoverbindungen.* 7. Mitt. *Darstellung und Debenzylierung von 2.2'-Bis-[benzylmercapto]-azobenzol.* (6. vgl. J. chem. Soc. [London] **1954**. 4481; 5. vgl. C. **1955**. 5524.) Die Red. von o-Benzylmercaptonitrobenzol (I) mit Zn u. NH_4Cl in alkoh. Lsg. ergab hauptsächlich *2.2'-Bis-[benzylmercapto]-azoxybenzol* neben wenig *o-Benzylmercaptoanilin* u. *2.2'-Bis-[benzylmercapto]-azobenzol* (II). Durch Red. von I mit $LiAlH_4$ in äther. Lsg. wurde ein Gemisch von II u. der Azoxyverb., in Bzl.–Ae.-Lsg. ausschließlich II erhalten. Durch Einw. von 1 Mol Br_2 in sd. Essigsäure (III) auf II entstand quantitativ *2'-Benzylmercaptoazobenzol-2-sulfenylbromid* (IV), das durch Rk. mit einem weiteren Mol. Br_2 in III in der Kälte in *2'-Benzylmercaptoazobenzol-2-sulfenyltribromid* (V) übergeführt wird. In sd. Lsg. zerfällt V in IV u. Br_2; dabei bildet sich durch Einw. des Br_2 auf die zweite Benzylmercaptogruppe *Bis-[o-(o'-brommercaptophenylazo)-phenyl]-disulfid* (VI). Das durch Rk. von II mit überschüssigem Br_2 entstehende *Azobenzol-2.2'-bis-[sulfenyltribromid]* ist instabil u. geht unter Br_2-Abspaltung in *Azobenzol-2.2'-bis-[sulfenylbromid]* (VII) über. VII ließ sich in das *Dichlorid* u. in *2.2'-Bis-[p-dimethylaminophenylmercapto]-azobenzol* überführen. Durch Kochen von VII in Bzl. oder III wurde quantitativ VI gebildet. IV reagiert mit Zn in sd. Bzl. unter Bldg. von *Bis-[o-(o'-benzylmercaptophenylazo)-phenyl]-disulfid* (VIII). Durch Zugabe von NaOH zu einer wss.-alkoh. Lsg. von IV entsteht *Na-2'-Benzylmercaptoazobenzol-2-sulfenat*, das durch Rk. mit Dimethylsulfat zu *o-[o'-Benzylmercaptophenylazo]-phenylmethylsulfoxyd* nachgewiesen wurde. Erstere Verb. disproportioniert zu VIII u. *Na-2'-Benzylmercaptoazobenzol-2-sulfinat* (Na-IX). Auch durch Einw. von NaOH auf V wurde IX erhalten. IX wurde durch Überführung in *o-[o'-Benzylmercaptophenylazo]-phenylnitrobenzylsulfon*

u. durch Rk. mit HBr zu **IV** charakterisiert. **IV** wurde weiter in das entsprechende *Cyanid, Thiocyanat, Chlorid, Jodid* u. *Perchlorat* übergeführt. Das Jodid geht beim Erhitzen in Lsg. in **VIII** u. J_2 über. **VI** reagiert mit Zn in sd. Toluol unter Bldg. einer Verb., die das *Tetra-* oder *Hexasulfid* **X** darstellt. Durch Zugabe von wss. NaOH zu einer Suspension von **VI** in A. entsteht, wahrscheinlich über das Sulfensäuredisulfid, ebenfalls **X** neben einer *Verb.* $C_{12}H_8O_3N_2S_2$, die keine Azogruppe enthält. Die Red. von **VIII** u. **X** mit Na_2S in A. ergab *2-Benzylmercapto-2'-mercaptoazobenzol* bzw. *2.2'-Dimercaptoazobenzol*, die schwer rein zu erhalten waren, da sie leicht oxydierbar sind. Ihre Existenz konnte durch Überführung in *2-Benzylmercapto-2'-methylmercapto-* bzw. *2.2'-Bis-[methylmercapto]-azobenzol* u. durch Isolierung von *Cu-Komplexsalzen*, für die Mercaptidstruktur angenommen wird, sichergestellt werden.

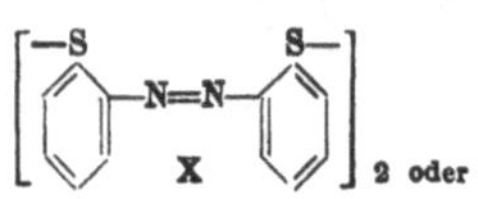

Versuche: *2.2'-Bis-[benzylmercapto]-azoxybenzol*, $C_{26}H_{22}ON_2S_2$, F. 155—156° (gelbe Nadeln aus A.), durch Zugabe von Zn-Staub u. NH_4Cl in W. zu einer sd. Lsg. von **I** in A. unter Rühren u. 4std. Kochen; 61% (Ausbeute); daneben 4% *o-Benzylmercaptoanilin*, F. 43—44° (PAe.), u. 5% **II**. — *2.2'-Bis-[benzylmercapto]-azobenzol* (**II**), $C_{26}H_{22}\cdot N_2S_2$, F. 222—223° (orangefarbene Nadeln aus Toluol), a) durch Zugabe von **I** in Ae. zu $LiAlH_4$ in Ae. unter Rühren u. 2std. Kochen; 53%; daneben 39% vorst. Verb.; b) durch Zugabe von **I** in Bzl. zu $LiAlH_4$ in Ae. analog a); 92%; c) aus **X** in A. u. $Na_2S\cdot 9H_2O$ in 5%ig. wss. NaOH (3 Min. kochen) u. 1std. Schütteln mit Benzylchlorid; 67%; d) aus 2.2'-Dimercaptoazobenzol in A. u. 10%ig. wss. NaOH durch 20 Min. Schütteln mit Benzylchlorid; 43%. — *2'-Benzylmercaptoazobenzol-2-sulfenylbromid* (**IV**), F. 183—184° (orangegelbe Platten aus Bzl.), a) durch 3 Min. Kochen von 8 g **II** u. 3 g Br_2 in Eisessig; 90%; b) durch 3 Min. Kochen von 2 g **II** mit 1,5 g Br_2 in **III**; 62%; daneben **VI**; c) aus 0,5 g **IX** in **III** durch 5 Min. Kochen mit 10 cm³ 48%ig. HBr; 80%. — *2'-Benzylmercaptoazobenzol-2-sulfenyltribromid* (**V**), $C_{19}H_{15}N_2Br_3S_2$, F. 99—102° (orangegelbe Kristalle), a) aus 1 g **II** in **III** durch 3tägiges Schütteln mit 0,75 g Br_2; 83%; b) aus 1 g **IV** in **III** durch 3tägiges Schütteln mit 0,4 g Br_2; 94%. — *Bis-[o-(o'-brommercaptophenylazo)-phenyl]-disulfid* (**VI**), $C_{24}H_{16}N_4Br_2S_4$, F. 264—265° (gelbe Nadeln aus **III** oder Chlorbenzol), a) aus 2 g **II** in **III** durch 3 Min. Kochen mit 1,5 g Br_2; 24%; daneben 62% **IV**; b) aus 1 g **IV** in **III** durch 3 Min. Kochen mit 0,4 g Br_2; 70%; c) analog b) durch 1std. Kochen; 79%; d) analog b) mit 0,8 g Br_2; 77%. — *Azobenzol-2.2'-bis-[sulfenylbromid]* (**VII**), $C_{12}H_8N_2Br_2S_2\cdot H_2O$, F. 199° (gelbe Kristalle aus **III**, a) aus 2 g **II** in **III** durch 3 Min. Kochen mit 3 g Br_2 u. Stehen des instabilen Tribromids [F. 134 bis 136°; orangefarbene Platten]; gibt beim Erwärmen in **III** oder Chlorbenzol **VI**; b) aus 0,5 g **VI** in **III** durch 2tägiges Schütteln mit 0,5 g Br_2; 80%. — *Azobenzol-2.2'-bis-[sulfenylchlorid]*, $C_{12}H_8N_2Cl_2S_2$, F. 215° (blaßgelbe Kristalle aus Chlorbenzol), aus 0,5 g **VII** in **III** u. 100 cm³ konz. HCl durch 6std. Schütteln; 63%. — *2'-Benzylmercaptoazobenzol-2-sulfenylchlorid*, $C_{19}H_{15}N_2ClS_2\cdot ½C_6H_6$, F. 160—161° (Sintern bei 96°, orangegelbe Nadeln aus Bzl.), aus **IV** in warmem A., durch Zugabe zu verd. HCl u. Extraktion mit Chlf.; gibt in 5 Std. bei 100° im Vakuum das Bzl. ab; 78%. *Jodid*, $C_{19}H_{15}N_2JS_2$, F. 190 bis 191° (orangebraune Kristalle), durch Zugabe einer Lsg. von **IV** in warmem A. zu einer eiskalten Lsg. von KJ in H_2O. *Perchlorat*, $C_{19}H_{15}O_4N_2ClS_2$, F. 113—115° (orangefarbene Nadeln aus wss. A.), analog mit $NaClO_4$; 86%. *Thiocyanat*, $C_{20}H_{15}N_3S_3$, F. 106° (gelborangefarbene Nadeln aus Bzl.), durch Zugabe von **IV** in warmem A. zu einer eiskalten Lsg. von KCNS in W.; 78%. *Cyanid*, $C_{20}H_{15}N_3S_2$, F. 129—130° (orangefarbene Nadeln aus A.), analog mit KCN; 83%. — *Bis-[o-(o'-benzylmercaptophenylazo)-phenyl]-disulfid* (**VIII**), $C_{38}H_{30}N_4S_4$, F. 230—231° (gelborangefarbene Kristalle aus Bzl.), a) aus **IV** in Bzl. durch 20 Min. Kochen mit Zn-Staub; 81%; b) aus **IV** in W. u. A. durch Zugabe von 10%ig. NaOH u. 3std. Rühren; 93%; c) durch Kristallisieren vorst. Jodids aus Bzl. oder Alkohol. — *2'-Benzylmercaptoazobenzol-2-sulfinsäure* (**IX**), $C_{19}H_{16}O_2N_2S_2$, F. 125—126° (orangefarbene Nadeln aus wss. A.), a) neben **VIII** nach a); 67%; b) analog a) in 20 Std.; 116%; c) aus **V** in A. durch Zugabe von 10%ig. wss. NaOH u. 6std. Stehen; 78%. — *o-[o'-Benzylmercaptophenylazo]-phenyl-p-nitrobenzylsulfon*, $C_{26}H_{21}O_4N_3S_2$, F. 210 bis 212° (gelborangefarbene Nadeln aus A.), aus p-Nitrobenzylbromid, **IX** u. NaOH durch 7std. Kochen in A.; 58%. — *o-[o'-Benzylmercaptophenylazo]-phenylmethylsulfoxyd*, $C_{20}H_{18}ON_2S_2$, F. 194—195° (Sintern bei 186°; gelborangefarbene Nadeln aus A.), aus **IV** durch 5 Min. Schütteln mit 10%ig. wss. NaOH u. A. u. 30 Min. Schütteln mit Dimethylsulfat; 68%. — *2-Benzylmercapto-2'-mercaptoazobenzol*, F. 204—210°, aus **VIII** in Bzl. u. A., $Na_2S\cdot 9H_2O$ u. NaOH in W. durch 20 Min. Kochen; 66%. *Cu-Komplexsalz*, $C_{38}H_{30}N_4S_4Cu\cdot H_2O$, aus **VIII** wie vorst., Extrahieren des Thiols, Fällung des Na-Mercaptids mit wss. NaOH, Lösen in A., Fällen mit wss. $CuSO_4$-Lsg. u. 20std. Stehen. — *2-Benzylmercapto-2'-methylmercaptoazobenzol*, $C_{20}H_{18}N_2S_2$, F. 137—138° (orangerote

Nadeln aus PAe.), a) analog vorst. Verb. u. 1std. Schütteln der roten wss. Phase mit Dimethylsulfat; 79%; b) aus dem frisch dargestellten Thiol durch 3 Min. Schütteln mit A. u. 10% NaOH u. 1std. Schütteln mit Dimethylsulfat; 39%. — *2.2'-Bis-[p-dimethylaminophenylmercapto]-azobenzol*, $C_{28}H_{28}N_4S_2$, F. 283—285° (rotes Pulver aus Chlorbenzol), aus VII in III durch 15 Min. Kochen mit Dimethylanilin. — *Verb.* $(C_{12}H_8N_2S_2)_n$ (**X**), F. 266—268° (Sintern unter 200°; orangefarbenes Pulver aus Nitrobenzol–Chlorbenzol), a) aus **VI** u. Zn-Staub durch 20 Min. Kochen in Toluol; 67%; b) aus **VI** in A. u. wss. NaOH durch 20std. Rühren; 95%. — *Verb.* $C_{12}H_8O_3N_2S_2$, F. 182—183° (Nadeln aus A.), neben **X** nach b). — *2.2'-Dimercaptoazobenzol*, aus **X** in A. u. $Na_2S \cdot 9H_2O$ in 5%ig. NaOH durch 3 Min. Kochen u. Fällen mit HCl; 67%. *Cu-Komplexsalz*, $C_{24}H_{16}N_4S_4Cu_2$, F. >400°; 40%. — *2.2'-Bis-[methylmercapto]-azobenzol*, F. 154—155° (orangefarbene Nadeln aus A.), a) aus **X** in A. u. $Na_2S \cdot 9H_2O$ in 5%ig. NaOH durch 3 Min. Kochen u. 1std. Schütteln mit Dimethylsulfat; 89%; b) aus vorst. Verb. in A. u. 10%ig. NaOH durch 20 Min. Schütteln mit Dimethylsulfat; 56%. (J. chem. Soc. [London] **1955.** 3798 bis 3804. Nov. Manchester, Univ., Coll. of Technol.) H. Bertsch. 1320

Malcolm Crawford und **G. W. Moore**, *Die Stereospezifität der Perkin-Oglialoro-Reaktion. Die stereochemische Konfiguration einiger substituierter α-Phenylzimtsäuren.* Vff. zeigen, daß bei der Perkin-Oglialoro-Rk. von aromat., hauptsächlich monosubstituierten, Aldehyden mit Phenylacetanhydrid die entsprechenden *α-Phenylzimtsäuren* mit *trans-Konfiguration* (hinsichtlich der Carboxylgruppe u. des Arylrestes) entstehen. Eine Ausnahme machen hierbei der Salicylaldehyd, der bei dieser Rk. in *3-Phenylcumarin* (I) übergeht, sowie die Nitrobenzaldehyde, die neben den trans-Zimtsäuren auch geringe Mengen der *cis-Säure* liefern. Die ster. Konfigurationen der in der Literatur bekannten α-Phenylzimtsäuren wurde teils bestätigt, teils berichtigt. Die Gründe für den stereospezif. Verlauf bei der Perkin-Oglialoro-Rk. (z. B. Rolle der prim. Additionsprodd.) werden diskutiert.

Versuche: *trans-o-Oxy-α-phenylzimtsäure*, $C_{15}H_{12}O_3$, F. 195°, aus I u. gelbem HgO in 6%ig. NaOH, 4 Std. unter Rückfluß; aus Bzl. Nadeln. — *trans-o-Methoxy-α-phenylzimtsäure*, $C_{16}H_{14}O_3$, F. 184°, aus vorst. Verb. u. $(CH_3)_2SO_4$ in verd. KOH oder durch Perkin-Oglialoro-Kondensation von o-Methoxybenzaldehyd; aus Bzl. cremefarbene Platten bzw. aus A. Nadeln. Geht bei 20minütigem Kochen mit Pyridinhydrochlorid in I über. — *cis-o-Methoxy-α-phenylzimtsäure*, $C_{16}H_{14}O_3$, F. 131,5°, aus I durch 1std. Kochen mit verd. wss. KOH u. $(CH_3)_2SO_4$ u. 2std. Kochen nach Zusatz von 50%ig. KOH; aus Bzl. Prismen. — *trans-m-Nitro-α-phenylzimtsäure*, F. 184°, aus 16 g m-Nitrobenzaldehyd nach Bakunin [1895]; 7 g (Ausbeute). — *trans-m-Amino-α-phenylzimtsäure* (trans-II), F. 192°, aus vorst. Verb. durch Red. mit $FeSO_4$ in NH_4OH; 57%. Durch Diazotierung u. Red. mit unterphosphoriger Säure entsteht die *trans-α-Phenylzimtsäure*, F. 168°. — *cis-m-Nitro-α-phenylzimtsäure*, F. 196°, aus m-Nitrobenzaldehyd nach Bakunin neben der trans-*Form*; 3,5 g. — *cis-m-Amino-α-phenylzimtsäure* (cis-II), F. 190—191°, durch Red. wie oben; 40%. Geht durch Diazotierung u. Red. in *cis-α-Phenylzimtsäure*, F. 133°, über. — *trans-m-Oxy-α-phenylzimtsäure*, F. 187°, aus m-Oxybenzaldehyd durch Perkin-Oglialoro-Kondensation oder durch Zers. des Diazoniumsalzes von trans-II; aus Bzl. hellbraune Nadeln. Durch Methylierung entsteht *trans-m-Methoxy-α-phenylzimtsäure*, F. 195°, aus A. Nadeln. — *cis-m-Oxy-α-phenylzimtsäure*, F. 134°, aus cis-II analog; aus Bzl. Nadeln. — *cis-m-Methoxy-α-phenylzimtsäure*, F. 86°, aus vorst. Verb. durch Methylieren; aus Bzl. Nadeln. — *cis-p-Nitro-α-phenylzimtsäure*, F. 127° (nach Erstarren F. 143°), aus 30 g p-Nitrobenzaldehyd nach Bakunin; 5 g neben 18 g *trans-Form*, ferner aus cis-p-Amino-α-phenylzimtsäure (cis-III) durch Diazotierung u. Sandmeyer-Rk. mit Cu(I)–Cu(II)-Sulfit u. $NaNO_2$. — *trans-p-Nitro-α-phenylzimtsäure*, F. 217°, Hauptprod. bei vorst. Reaktion. — *trans-p-Amino-α-phenylzimtsäure* (trans-III), $C_{15}H_{13}O_2N$, F. 213°, aus vorst. Verb. durch Red. wie bei trans-II; aus A. senffarbene Nadeln; gelegentlich wurde eine bei 208° schm. Form erhalten. — *trans-p-Oxy-α-phenylzimtsäure*, F. 223°, aus p-Oxybenzaldehyd bzw. durch Zers. des Diazoniumsalzes von trans-III. — *trans-p-Methoxy-α-phenylzimtsäure*, F. 190°, aus vorst. Verb. durch Methylieren; Nadeln. — *cis-p-Amino-α-phenylzimtsäure* (cis-III), F. 221°, durch Red. der cis-p-Nitro-α-phenylzimtsäure vom F. 143° oder durch UV-Bestrahlung von trans-III in alkoh. Lsg.; aus A. cremefarbene Nadeln. — *cis-p-Oxy-α-phenylzimtsäure*, F. 222°, durch Zers. des Diazoniumsalzes von cis-III; aus A. lange Nadeln. — *cis-p-Methoxy-α-phenylzimtsäure*, F. 123°, durch Methylieren vorst. Verb., aus A. Nadeln. (J. chem. Soc. [London] **1955.** 3445—48. Okt. Belfast, Coll. of Technol.) R. Timmler. 1600

Ja. M. Slobodin und **I. N. Schochor**, *Cyclopropylacetylen.* Es wird *Cyclopropylacetylen* (I) nach 2 Methoden dargestellt: 1. Bei der Bromierung von Vinylcyclopropan entsteht ein Gemisch aus *Cyclopropyl-1.2-dibromäthan* (II) u. *1.5-Dibrompenten-(2)*, das beim Behandeln mit einer Lsg. von KOH in Äthylenglykoläthyläther bei 150—160° I liefert. 2. Durch Chlorierung von Methylcyclopropylketon (III) wird ein Gemisch aus *α.α-Dichloräthylcyclopropan* u. wahrscheinlich *1.4-Dichlorpenten-(3)* erhalten. Die Dehydrochlorierung des Gemisches analog Vorst. gibt ein Gemisch aus I u. wahrscheinlich *Penten-(1)-in-(3)*, in dem der Geh. an I auf Grund des RAMAN-Spektr. zu ~30% angenommen wird.

Versuche: *Gemisch* aus *Cyclopropyl-1.2-dibromäthan* (II) u. *1.5-Dibrompenten-(2)*, $C_5H_8Br_2$, Kp.$_{10}$ 79—81°; man läßt zu 3,4 g Vinylcyclopropan in 50 ml Ae. bei —10 bis —15° Br_2 zutropfen; 9,6 g (Ausbeute), davon ~37—40% 1.5-Dibrompenten-(2). — *Cyclopropylacetylen* (I), C_5H_6, Kp.$_{750}$ 52,2—52,6°; zu einer sd. Lsg. von 25 g KOH in 140 ml Äthylenglykoläthyläther gibt man tropfenweise 21 g vorst. Gemisches; der Rückflußkühler wird mit W. von 60° gespeist u. das entweichende I in einer Kühlfalle bei —20° kondensiert; D.$^{20}_4$ 0,7828; n_D^{20} 1,4284; 94% (bezogen auf II). Bei der Ozonisierung von I, Zers. mit W. u. Oxydation der Prodd. mit AgO_2 werden *Ameisensäure* u. *Cyclopropylameisensäure* (isoliert als *Ag-Salz*, $C_4H_5O_2Ag$) erhalten. — *Gemisch* aus *α.α-Dichloräthylcyclopropan* u. *1.4-Dichlorpenten-(3)* (?), $C_5H_8Cl_2$, Kp.$_{85}$ 91—94°; man gibt zu 55 g PCl_5 unter Kühlung 20 g III, läßt 1 Std. bei Zimmertemp. stehen u. gießt auf Eiswasser. Hieraus durch Dehydrochlorierung analog Vorst. Gemisch aus I u. *Penten-(1)-in-(3)* (?), Kp.$_{776}$ 54—57°; 88%. (Журнал Общей Химии [J. allg. Chem.] **22** (**84**). 195—99. Febr. 1952.) O. POLLAK V. EMHOFEN. 1810

Ja. M. Slobodin und **M. W. Blinowa**, *Über Spiro-[2.4]-heptan.* Das aus Cyclopentylformaldehyd u. HCHO in alkal. Medium hergestellte *1.1-Dimethylolcyclopentan* wird mittels PBr_3 in *1.1-Bis-[brommethyl]-cyclopentan* umgewandelt, das beim Behandeln mit Zn-Staub ein Gemisch von ca. 40% *Spiro-[2.4]-heptan* (I) u. ca. 60% *Methylencyclohexan* (II) gibt. Die RAMAN-Spektren der erhaltenen Prodd. werden aufgenommen.

Versuche: *Cyclopentylformaldehyd*, Kp.$_{17}$ 40°; D.$^{20}_4$ 0,9262; n_D^{20} 1,4414. *Semicarbazon*, F. 135—137°. — *1.1-Dimethylolcyclopentan*, $C_7H_{14}O_2$, F. 91—93°; man läßt zu 115 g 30%ig. Formalinlsg. 4400 ml W. unter Rühren bei 30° gleichzeitig 57 g vorst. Verb. u. eine Suspension von 26 g $Ca(OH)_2$ in 200 ml W. zufließen, hält 1 Std. bei 50°, filtriert, neutralisiert, konz. im Vakuum u. extrahiert mit $C_2H_4Cl_2$ (5—7 Tage); 86% (Ausbeute). — *1.1-Bis-[brommethyl]-cyclopentan*, $C_7H_{12}Br_2$, Kp.$_{14}$ 122—124°; in 16,8 g PBr_3 werden anteilweise unter Kühlen mit Eiswasser 10 g vorst. Verb. zu 2 g Pyridin eingetragen; nach 1std. Einw. bei Zimmertemp. wird auf dem Wasserbad bis zum Aufhören der HBr-Entw. erhitzt; D.$^{20}_4$ 1,6644; n_D^{20} 1,5344; 40%. — *Spiro-[2.4]-heptan* (I); durch 2std. Kochen vorst. Verb. mit Zn-Staub in 85%ig. A.; die Fraktionierung des entstehenden Gemisches von I u. II ergibt 2 Fraktionen vom Kp. 98,5—99,5° (n_D^{20} 1,4399) u. Kp. 105,5—106,5° (n_D^{20} 1,4526), deren erste mit I angereichert ist; Ausbeute an I + II 90%. Der Geh. an II im Gemisch wird durch Best. der H-Aufnahme beim Hydrieren (Pt) u. Ermittlung der Bromzahl festgestellt; die Identifizierung von II erfolgt durch Ozonisieren, wobei *Cyclohexanon* u. *HCO_2H* gebildet werden. (Журнал Общей Химии [J. allg. Chem.] **24** (**86**). 621—25. April 1954.) R. KNOBLOCH. 1810

Harold F. Bluhm, Helene V. Donn und **Harry D. Zook**, *Wechselwirkung zwischen Organolithiumverbindungen und Salzen von Carbonsäuren.* Vff. isolierten das bei der Rk. von Li-Benzoat mit Phenyllithium entstehende Zwischenprod. $(C_6H_5)_2C(OLi)_2$. Dieses gibt bei der Hydrolyse oder bei Einw. von CH_3J, C_2H_5Br oder Dimethylsulfat ohne W. *Benzophenon* (I), mit Benzylchlorid außerdem noch *Benzaldehyd*, *Dibenzyläther* u. *Stilben*. Cycl. Ketale konnten durch Einw. von Äthylenbromid oder Oxalylchlorid nicht erhalten werden. Li-Trifluoracetat gibt mit n-Butyllithium, wahrscheinlich über ein analoges Zwischenprod., $CF_3 \cdot C(OLi)_2 \cdot C_4H_9$, *n-Butyltrifluormethylketon* u. daneben *Di-n-butylketon* u. *Valeriansäure*.

Versuche (alle Rkk. unter N_2): *Phenyllithium*, aus C_6H_5Br u. Li-Draht nach GILMAN u. Mitarbeitern (J. Amer. chem. Soc. **54**. [1932.] 1957). — *Li-Trifluoracetat*, $C_2O_2F_3Li$, aus Li_2CO_3 u. Trifluoressigsäure in wss. Lösung. — Analog *Li-Benzoat*. — 0,43 Mol C_6H_5Li u. 0,26 Mol C_6H_5COOLi in Ae. lieferten nach 48std. Rühren unter Rückfluß, Zugabe weiterer 0,40 Mol C_6H_5Li, 42std. Rühren unter Rückfluß, Filtrieren u. Waschen mit Ae. 56 g eines cremefrabenen *Prod.* $C_{13}H_{10}O_2Li_2$, das an der Luft durch Hydrolyse oder beim Erhitzen im geschlossenen Rohr auf 100° (in geringer Menge) I gibt. — Durch allmähliches Erhitzen eines Gemisches von 10,3 g vorst. Addukts u. 25,8 g Benzylchlorid mit 0,8 g Triäthylamin auf 180° unter Rühren, Extraktion mit trockenem Pentan u. fraktionierte Dest. wurden neben 15,9 g *Benzylchlorid* (Kp.$_{15}$ 63°, n_D^{20} 1,5390) 11,1 g einer *Fl. vom Kp.$_{15}$ 79—174°* erhalten, aus welcher durch nochmalige Fraktionierung u. Chromatographie an Al_2O_3 I, F. 48—49° (35%; *2.4-Dinitrophenylhydrazon*, F. 239°), *Benzaldehyd* (*2.4-Dinitrophenylhydrazon*, F. 235—236,5°), *Stilben*, F. 123—124°

(*Dibromderiv.*, F. 235—236,5°) u. *Dibenzyläther* isoliert werden. Bei ähnlichen Rkk. mit C_2H_5Br, CH_3J, Dimethylsulfat, Äthylenbromid oder Oxalylchlorid (mit letzterem → CO_2 + CO bei Raumtemp.) wurde **I** in nennenswerten Mengen erhalten; Ketale konnten nicht isoliert werden. — *n-Butyltrifluormethylketon*, $C_6H_9OF_3$, Kp.$_{740}$ 90°, Kp.$_{65}$ 29—32°, aus je 0,54 Mol n-Butyllithium (vgl. GILMAN u. Mitarbeiter, C. **1950**. I. 520) u. CF_3COOLi in Ae. durch 11std. Rühren unter Rückfluß, Zugabe von konz. HCl u. fraktionierte Dest.; n_D^{20} 1,3410; 61%; beim Erwärmen mit 10%ig. NaOH-Lsg. entsteht unter Gasentw. *Valeriansäure* (*Amid*, F. 114—115°). Daneben 7,7 g einer *Fraktion vom Kp.*$_{8,5}$ *69,5°*, aus welcher *n-Valeriansäureamid*, *n-Valeriansäure-p-phenylphenacylester*, F. 68°, u. *Di-n-butylketonsemicarbazon*, F. 89—90°, erhalten wurden. (J. Amer. chem. Soc. **77**. 4406 bis 4407. 20/8. 1955. University Park, Pa., State Univ., Coll. of Chem. and Phys.)

H. ASCHERL. 2270

Charles R. Hauser und **David S. Hoffenberg**, *Benzhydrylmagnesiumbromid aus Diphenylmethan-Kalium und Magnesiumbromid.* Die aus Benzhydrylhalogeniden u. Mg schlecht zugängliche GRIGNARD-Verb. (**I**) wird besser aus Diphenylmethan-Kalium (**II**) u. $MgBr_2$ in Ae. hergestellt. Aus **I** u. α-Dimethylaminobenzylbutyläther (**III**) entsteht *1.2.2-Triphenyl-1-dimethylaminoäthan*; **II** kann bei einzelnen Rkk. an Stelle von **I** verwendet werden. Aus **I** u. CO_2 entsteht *Diphenylessigsäure* in 90%ig. Ausbeute. — *Benzhydrylmagnesiumbromid*; molare Mengen **II** (aus K u. Diphenylmethan in fl. NH_3) u. $MgBr_2$ in Ae. 1 Std. kochen. — *1.2.2-Triphenyl-1-dimethylaminoäthan*, F. 125—126° (PAe.); vorst. Verb. mit **III** in Ae. 4 Std. rühren, in Eis u. HCl gießen u. das *Hydrochlorid* mit Na_2CO_3-Lsg. versetzen; 82% Ausbeute. (J. Amer. chem. Soc. **77**. 5742—43. 5/11. 1955. Durham, North Carolina, Duke Univ., Dep. of Chem.) R. BEHNISCH. 2510

S. M. Mukherji, O. P. Vig, S. Singh und **N. K. Bhattacharyya**, *Friedel-Crafts-Reaktionen mit ungesättigten Ketonen und Estern.* 2. Mitt. *Bequeme Synthesen einiger Alkylnaphthaline.* (1. vgl. C. **1953**. 8071.) Allylessigsäureäthylester wird in Ggw. von $AlCl_3$ mit Bzl., Toluol u. m-Xylol kondensiert, u. die gebildeten *4-Arylvaleriansäuren* werden über ihre *Chloride* mit $AlCl_3$ zu *Methyltetralonen-(1)* cyclisiert. Diese geben nach Red. zu den *Tetralinen* durch Dehydrierung *methylierte Naphthaline.*

V e r s u c h e: *4-Phenylvaleriansäureäthylester* (**I**), $C_{13}H_{18}O_2$, Kp.$_7$ 134—136°, aus Allylessigsäureäthylester in Bzl. mit $AlCl_3$ bei 0—5°; 93,2% (Ausbeute). *Freie Säure*, $C_{11}H_{14}O_2$, Kp.$_2$ 140°, in 12 Std. mit sd. wss.-alkoh. KOH; 92% [*S-Benzylisothiuroniumsalz*, $C_{19}H_{24}O_2N_2S$, F. 150—151° (50%ig. A.)]. — *4-Methyltetralon-(1)* (**II**), $C_{11}H_{12}O$, Kp.$_{17}$ 144°, aus dem *Chlorid* vorst. Säure (mit PCl_5 in Bzl.) in Bzl. mit $AlCl_3$ in PAe. bei 24°, dann bei 50°; 86,7%. *Semicarbazon*, $C_{12}H_{15}ON_3$, F. 209—210°, aus A. Blättchen. *2.4-Dinitrophenylhydrazon*, $C_{17}H_{16}O_4N_4$, F. 218—219° (Essigester). — *1-Methyltetralin* (**III**), $C_{11}H_{14}$, Kp.$_{12}$ 110°, aus **II** mit amalgiertem Zn u. konz. HCl in W.-Toluol-Essigsäure (36 Std. kochen); 83%. — *1-Methylnaphthalin* (**IV**), $C_{11}H_{10}$, Kp.$_{12}$ 110°, aus **III** mit S (6 Std. bei 180°); 66%. *Pikrat*, $C_{17}H_{13}O_7N_3$, F. 141—141,5°, aus A. orangerote Nadeln. — *4-[m-Tolyl]-valeriansäureäthylester*, $C_{14}H_{20}O_2$, Kp.$_7$ 140—141°, mit Toluol analog **I**; 81%. *Freie Säure*, $C_{12}H_{16}O_2$, Kp.$_{13}$ 180—182°, Kp.$_2$ 120—121°, a) aus dem Äthylester; 38%; b) aus 21,6 g **V** mit HJ (D. 1,7) u. rotem P (16 Std. bei 130—140°); 6 g [*S-Benzylisothiuroniumsalz*, $C_{20}H_{26}O_2N_2S$, F. 140—141° (50%ig. A.)]. 1 g Säure gibt mit $KMnO_4$-NaOH 0,65 g *Isophthalsäure* [*Dimethylester*, Kp.$_{10}$ 120°, F. 67—68° (verd. CH_3OH)]. — *4.6-Dimethyltetralon-(1)*, $C_{12}H_{14}O$, Kp.$_2$ 120°, aus vorst. Säure analog **II**; 92%. *Semicarbazon*, $C_{13}H_{17}ON_3$, aus A. F. 223—224°. *2.4-Dinitrophenylhydrazon*, $C_{18}H_{18}O_4N_4$, F. 202—203°, aus Bzl.-A. rote Nadeln. — *1.7-Dimethyltetralin*, $C_{12}H_{16}$, Kp.$_6$ 100°, aus dem Keton analog **III**; 85%. — *1.7-Dimethylnaphthalin*, $C_{12}H_{12}$, Kp.$_{17}$ 117—120°, aus vorst. Verb. analog **IV**; 70%. *Pikrat*, $C_{18}H_{15}O_7N_3$, F. 120—121°, aus A. citronengelbe Nadeln. — *4-Methyl-4-[m-tolyl]-butyrolacton* (**V**), $C_{12}H_{14}O_2$, Kp.$_4$ 180—182°, aus 21,6 g Äthyllävulinat u. m-Tolyl-MgBr in Ae.; 12,5 g. — *4-[2'.4'-Dimethylphenyl]-valeriansäureäthylester*, $C_{15}H_{22}O_2$, Kp.$_2$ 134—136°, aus m-Xylol analog **I**; 82,2%. *Freie Säure*, $C_{13}H_{18}O_2$, Kp.$_{22}$ 200°; 94,6%; gibt mit $KMnO_4$-NaOH *Benzoltricarbonsäure-(1.2.4)*, $C_9H_6O_6$, F. 227—228° (A.); 70%. *S-Benzylisothiuroniumsalz*, $C_{21}H_{28}O_2N_2S$, F. 119—120° (50%ig. A.). — *4.5.7-Trimethyltetralon-(1)*, $C_{13}H_{16}O$, Kp.$_{10}$ 158—160°, analog **II**; 87,7%. *Semicarbazon*, $C_{14}H_{19}ON_3$, F. 225—226° (A.). *2.4-Dinitrophenylhydrazon*, $C_{19}H_{20}O_4N_4$, F. 231—232° (Essigester). — *1.6.8-Trimethyltetralin*, $C_{13}H_{18}$, Kp.$_8$ 120—122°, aus vorst. Verb. analog **III**; 87%. — *1.6.8-Trimethylnaphthalin*, $C_{13}H_{14}$, Kp.$_8$ 140—144°, aus vorst. Verb. analog **IV**; 73,3%. *Pikrat*, $C_{19}H_{17}O_7N_3$, F. 124—125°, aus A. orangerote Nadeln. (J. org. Chemistry **18**. 1499—1505. Nov. 1953. Hoshiarpur, East Punjab, Univ., Dep. of Chem., u. Calcutta, Indian Assoc. for the Cultivat. of Sci., Dep. of Organ. Chem.)

K. LEHMSTEDT. 2700

G. F. Hennion und **B. Raymond Fleck**, *Reaktionen einiger aromatischer Acetylencarbinole.* 61. Mitt. *über substituierte Acetylene.* (60. vgl. J. org. Chemistry **18**. [1953.]

1601.) 9-Äthinylfluorenol-(9) (I) liefert bei der H_2O-Anlagerung in wss. CH_3OH in Ggw. von $HgSO_4$ u. H_2SO_4 *9-Acetylfluorenol-(9)* (II) u. geringe Mengen *9-Methoxy-9-acetylfluoren* (III). Da II unter den Versuchsbedingungen kein III bildet, wird angenommen, daß die Ätherbldg. der H_2O-Anlagerung vorausgeht. I gibt bei Zimmertemp. in saurer methanol. Lsg. *9-Methoxy-9-äthinylfluoren*, das durch H_2O-Anlagerung in III übergeht. *9-Äthoxy-9-äthinylfluoren* (V) wird über das *Acetat* von I durch Solvolyse dargestellt. Durch MEYER-SCHUSTERsche Umlagerung von I in angesäuertem A. erhält man neben wenig V *Fluorenylidenacetaldehyd* (VI). Bei Einw. von $SOCl_2$ bzw. konz. HCl auf I entsteht wahrscheinlich *9-[Chlorvinyliden]-fluoren*. Diphenyläthinylcarbinol (VII) wird unter energischeren Bedingungen zu *Diphenylacrolein* (VIII) umgelagert. VI u. VIII lassen sich durch Ag_2O zu den entsprechenden *Säuren* oxydieren. Die H_2O-Anlagerung an VII zu *Diphenylacetylcarbinol* (IX) gelingt nach einem modifizierten Verf. von RUZICKA, GOLDBERG u. HUNZIKER (Helv. chim. Acta **22.** [1939.] 707). II u. IX lassen sich durch Behandlung mit Eisessig, Acetanhydrid u. BF_3 nur acetylieren, nicht aber isomerisieren. Phenylmethyläthinylcarbinol (X) wird durch längeres Erhitzen in saurer CH_3OH-Lsg. in *2-Methoxy-2-phenylbutin-(3)* (XI) übergeführt, bei Ggw. von HgO entsteht *Phenylmethylacetylcarbinol*. XI wird in Ggw. von HgO zu *2-Methoxy-2-phenylbutanon-(3)* hydratisiert, dessen Oxim durch BECKMANNsche Umlagerung in *Acetophenon* übergeführt wird. Beim Erhitzen von X in saurem Dioxan entsteht *β-Methylzimtaldehyd* in geringer Ausbeute.

V e r s u c h e: *9-Äthinylfluorenol-(9)* (I), $C_{15}H_{10}O$, F. 107—108° (CCl_4), aus Na-Acetylid u. Fluorenon (IV) in fl. NH_3; 87,4% (Ausbeute). *Acetat*, $C_{17}H_{12}O_2$, F. 130—131° (CCl_4–PAe.). *Methyläther*, $C_{16}H_{12}O$, F. 125—126°. *Äthyläther* (V), $C_{17}H_{14}O$, F. 122—123° (PAe.). — *Diphenyläthinylcarbinol* (VII), F. 48,5—49,5°, aus Benzophenon analog I; 81%. — *9-Acetylfluorenol-(9)* (II), $C_{15}H_{12}O_2$, F. 105,5—106,5° (PAe.), aus I in CH_3OH mit konz. H_2SO_4, W., CH_3OH u. $HgSO_4$ bei 55—57°; 84%. Gibt durch Oxydation mit $Na_2Cr_2O_7$ IV. *Acetat*, $C_{17}H_{14}O_3$, F. 96—97°. *Oxim*, $C_{15}H_{13}O_2N$, F. 210—211°; gibt durch BECKMANNsche Umlagerung IV, F. 82—83°. *Semicarbazon*, $C_{16}H_{15}O_2N_3$, F. 213—215°. — *Fluorenol-(9)*, F. 143—146°, aus II mit methanol. KOH. *Acetat*, F. 68,5—69°. *Methyläther*, F. 42—43° (wss. A.), aus nachst. Verb. mit sd. methanol. KOH. — *9-Methoxy-9-acetylfluoren* (III), $C_{16}H_{14}O_2$, F. 131—132°, aus 1,5 g vorst. Acetats mit $HgSO_4$ in CH_3OH (19 Std. bei Zimmertemp. u. 10 Min. auf dem Dampfbad); 0,45 g. — *Fluorenylidenacetaldehyd* (VI), $C_{15}H_{10}O$, F. 116,5—117,5° (wss. A. u. PAe.), aus 2,06 g I mit 95%ig. A. u. konz. H_2SO_4 (2 Std. am Rückfluß); orangefarbene M.; 1,25 g, daneben 0,1 g V. — *Fluorenylidenessigsäure*, F. 226—228°, aus 2,06 g VI in A. mit $AgNO_3$ u. KOH in 80%ig. A.; 1,35 g. — *9-[Chlorvinyliden]-fluoren*, $C_{15}H_9Cl$, F. 223—225° (Zers., Dunkelwerden bei 210°; Methylcellosolve), a) aus 25,8 g I mit wenig Pyridin u. $SOCl_2$ bei 28—30°; 14,8 g; b) aus I in Ae. mit konz. HCl (16 Std. bei Zimmertemp.); 83%. Oxydation mit $Na_2Cr_2O_7$ in Eisessig gibt IV. — *β.β-Diphenylacrolein* (VIII), F. 44,5—45,4°, aus 10,0 g VII in 95%ig. A. mit sd. wss.-alkoh. H_2SO_4; 7,8 g. *Semicarbazon*, F. 214—214,5°. — *β.β-Diphenylacrylsäure*, F. 159—160°, aus VIII durch Ag_2O-Oxydation. — *Diphenylacetylcarbinol* (IX), F. 66 bis 67°, aus dem Acetat mit 5%ig. methanol. KOH (2 Std. bei Zimmertemp.). *Acetat*, $C_{17}H_{16}O_3$, F. 52,5—53° (CCl_4–PAe.), aus VII in Eisessig mit Acetanhydrid u. Hg-Acetat (16 Std. stehen), dann mit H_2S sättigen, weitere 3 Std. stehen u. Chromatographie; 58%. *Oxim*, F. 158,5—160°. — *2-Methoxy-2-phenylbutin-(3)* (XI), $C_{11}H_{12}O$, Kp.$_3$ 62—63°, aus X in CH_3OH u. wss. H_2SO_4 ($1^1/_2$ Std. am Rückfluß); n_D^{25} 1,5059, $D.^{25}$ 0,9173; 85%. — *2-Methoxy-2-phenylbutanon-(3)*, $C_{11}H_{14}O_2$, Kp.$_3$ 89—90°, aus XI in CH_3OH mit methanol. H_2SO_4 u. rotem HgO bei 55° innerhalb 45 Min., dann 2 Std. rühren; n_D^{25} 1,5041; $D.^{25}$ 1,0305; 81%. *Oxim*, $C_{11}H_{15}O_2N$, F. 66,5—67,5°. *Semicarbazon*, $C_{12}H_{17}O_2N_3$, F. 164—165°. BECKMANNsche Umlagerung des Oxims in Ae. mit $SOCl_2$ gibt *Acetophenon* (*Semicarbazon*, F. 198—200°). — *Phenylmethylacetylcarbinol*, Kp.$_3$ 99—100°, aus X analog vorst. Verb.; n_D^{25} 1,5215, $D.^{25}$ 1,0764; 81%. *Oxim*, $C_{10}H_{13}O_2N$, F. 105,5—106,5°. *Semicarbazon*, F. 183 bis 184°. *Acetatsemicarbazon*, F. 177—178° (bei langsamem Erhitzen von ca. 170° an; bei schnellem Erhitzen bis 180° F. 182,5—183°), a) aus der freien Verb.; b) aus X in Eisessig in Ggw. von rotem HgO, Acetanhydrid u. BF_3-Ätherat (24 Std. stehen) u. anschließende Rk. mit Semicarbazid. — *β-Methylzimtaldehyd*, aus X mit Dioxan, W. u. konz. H_2SO_4 (45 Min. am Rückfluß). *Semicarbazon*, F. 205—207° (wss. A.). (J. Amer. chem. Soc. **77.** 3253—58. 20/6. 1955. Notre Dame, Ind., Univ., Chem. Labors.) R. BORCHARDT. 2750

Richard J. Garascia und **Richard J. Overberg**, *Einige neue 1.7-disubstituierte Fluorenone*. Die Struktur der durch direkte Nitrierung (vgl. C. **1951.** II. 814) erhaltenen *7-Nitrofluorenonarsonsäure-(1)* wird durch die Synth. aus *1-Amino-7-nitrofluorenon* (II) bewiesen. Die Darst. von 11 neuen *1.7-disubstituierten Fluorenonderivv.* aus 7-Nitro-*fluorenoncarbonsäure*-(1) (I) wird beschrieben.

V e r s u c h e: *7-Nitrofluorenoncarbonsäure-(1)* (I), durch Nitrierung der Säure. *Chlorid*, $C_{14}H_6O_4NCl$, F. 206—210°, mit sd. $SOCl_2$; 95% (Ausbeute). *Methylester*, $C_{15}H_9$·

O_5N, F. 183°, a) mit sd. methanol. HCl; 67%; b) aus dem Chlorid; hellgelb. *Äthylester*, $C_{16}H_{11}O_5N$, F. 149°. *Amid*, $C_{14}H_8O_4N_2$, F. 282° (C_6H_5Cl). — *1-Amino-7-nitrofluorenon* (**II**), $C_{13}H_8O_3N_2$, F. 207—208°, aus vorst. Amid mit wss. NaOCl bei 0° (2 Std.), dann 2 Std. bei 80°; orangefarben aus 80%ig. CH_3COOH; 66,5%. *Acetylderiv.*, $C_{15}H_{10}O_4N_2$, F. 196 bis 198° (Zers.; CH_3COOH), gelb. — *7-Nitrofluorenonarsonsäure-(1)*, $C_{13}H_8O_6NAs$, aus **II** in Essigsäure durch Diazotieren u. Rk. mit einer wss. Lsg. von As_2O_3, $NaHCO_3$, NaOH u. $CuSO_4 \cdot 5\,H_2O$; 14%. — *7-Nitrofluorenonyl-(1)-dichlorarsin*, F. 215—217°, aus vorst. Verb. mit PCl_3 in Eisessig; gelbe Nadeln; 60%. — *7-Aminofluorenoncarbonsäure-(1)* (**III**), $C_{14}H_9O_3N$, a) aus **I** in wss.-alkoh. NH_4OH in Ggw. von NH_4Cl mit wss. Na_2S; schwarz, Zers. ohne Schmelzen, beim Aufbringen auf einen Metallblock von 194° schm. die Verb. unter Zers.; 56,3%; b) aus **I** mit $FeSO_4$ in wss. NaOH; 45,5%. *Acetylderiv.*, $C_{16}H_{11}O_4N$, F. 277—278° (A.), rot. — *7-Bromfluorenoncarbonsäure-(1)*, $C_{14}H_7O_3Br$, F. 228—230° (Dioxan-W.), aus vorst. Verb. durch Diazotieren u. Rk. mit CuBr–HBr; 40,4%. — *1-Brom-7-nitroflurenon*, $C_{13}H_6O_3NBr$, F. 215—218° (verd. CH_3COOH), aus **II** analog vorst. Verb.; gelb; 46%. — *1.7-Diaminofluorenon*, $C_{13}H_{10}ON_2$, F. 216—217° (Zers.), aus **II** analog **III**, nach a); orangerot; 28,6%. (J. org. Chemistry **19**. 27—30. Jan. 1954. Cincinatti, O., Xavier Univ., Dep. of Chem.) K. LEHMSTEDT. 2750

William Bradley und **Roy F. Maisey**, *Reduktion von Anthrachinonderivaten mit alkalischem Dithionit.* In Fortführung der Arbeiten von GRANDMOUGIN [1906] u. von BATTEGAY u. HUEBER [1923] über die Red. von Anthrachinonderivv. mit $NaOH–Na_2S_2O_4$ wird gefunden, daß die Red. durch Art u. Anzahl der Kernsubstituenten beeinflußt wird. So liefern 1-Piperidino- u. 1-Dimethylaminoanthrachinon die entsprechenden *Anthrahydrochinone*, aus denen durch Oxydation mit Luft wieder die Ausgangsverbb. entstehen. 1-Amino- (**II**), 1-Methylamino- (**III**), 1-Benzylamino- (das entstandene *4-Benzylaminoanthron-(10)* wird durch Luft sehr schnell zur Ausgangsverb. oxydiert), 1-Oxy- (**IV**), 2-Amino- (**V**), 2-Äthylamino- (**VI**), 2-Dimethylamino- (**VII**) u. 1.5-Diaminoanthrachinon (**VIII**) geben *Anthrone*. Allg. läßt sich nur eine Form leicht gewinnen, auch wenn 2 isomere Anthrone möglich erscheinen. 1.4-Diaminoanthrachinon (**IX**) wird zu NH_3 u. *Chinizarin* gespalten. 2-Nitrodianthrachinonyl-(1.2')-amin (**X**) wird unter Bldg. von *2-Aminoanthron-(10)* zerlegt.

Versuche: *2-Dimethylaminoanthron-(10)* (**I**), $C_{16}H_{15}ON$, F. 149—150°, aus 5 g **VII** in A. mit NaOH u. $Na_2S_2O_4$ in W. (10 Min. kochen); goldgelbe Stäbchen aus A., im UV goldgelbe Fluorescenz; in warmer KOH gelb, wird an der Luft orangefarben; 3,6 g (Ausbeute). Gibt in A. an der Luft in 7 Tagen wieder **VII**. *Enolacetat*, $C_{18}H_{17}O_2N$, F. 165—166°, aus A. goldgelbe Blättchen. — *4-Methylaminoanthron-(10)*, $C_{15}H_{13}ON$, F. 111—113°, aus 2,5 g **III** analog **I**; goldgelbe Nadeln aus C_6H_5Cl, wird an der Luft braun, in 5%ig. KOH gelb → orangefarben; in $(CH_3CO)_2O$ gelb, mit B_2O_3 rot; 1,2 g. Bei einer analogen Red. (30 Min.) wurde aus den flüchtigen Prodd. *Methylamin* (→ *1-Methylamino-2.4-dinitrobenzol*, F. 174—175° [A.]) u. aus dem belüfteten Rückstand **IV** isoliert. — *2-Äthylaminoanthron-(10)*, $C_{16}H_{15}ON$, F. 155—157° (Bzl.), aus 2,8 g **VI** analog **I**; in NaOH gelb → an der Luft orangefarben; 1,8 g. *N-Acetylderiv.*, $C_{18}H_{17}O_2N$, F. 125—127° (CH_3OH, dann Bzl.-PAe.), gelb. — *4-Aminoanthron-(10)*, $C_{14}H_{11}ON$, F. 113—115°, aus 10 g **II** analog **I**; gelbe Nadeln aus C_6H_5Cl; in sd. KOH gelb → orangefarben → braun; in A. oder CH_3COOH gelb mit bläulichgrüner Fluorescenz; mit sd. $(CH_3CO)_2O$ (einige Min.) gelb, mit B_2O_3 rot; 5,2 g (roh). Gibt bei der Oxydation in 5%ig. KOH mit 20%ig. H_2O_2 **II**. *N-Acetylderiv.*, $C_{16}H_{13}O_2N$, F. 143—145°, aus A. gelbe Stäbchen. — *1-Acetamidoanthrachinon*, $C_{16}H_{11}O_3N$, F. 215—218° (A.), aus 0,9 g vorst. Acetylderiv. in CH_3COOH mit wss. $FeCl_3$ (15 Min. kochen); gelb; 0,015 g. — *2-Aminoanthron-(10)*, a) aus 9 g **V** analog **I**; gelb, unbeständig; in CH_3COOH gelb mit grüner Fluorescenz, wird an der Luft orangefarben; 5 g; b) aus **X** analog **I**. Gibt an der Luft wieder **V**. *N.N-Diacetylderiv.*, $C_{18}H_{15}O_3N$, F. 224—225°, aus A. blaßgrüngelbliche Nadeln. — *Chinizarin*, F. 193—195°, aus 1 g **IX** mit $NaOH/Na_2S_2O_4$ u. anschließender Belüftung; 0,52 g, daneben NH_3. — *1.5-Diaminoanthron-(10)*, $C_{14}H_{12}ON_2$, F. 216—218°, aus 5 g **VIII** analog **I**; goldgelbe Nadeln aus n-Butanol; in warmer KOH gelb → an der Luft orangegelb; in konz. H_2SO_4 farblos → schnell rot; 4 g. *Diacetylderiv.*, $C_{18}H_{16}O_3N_2$, Zers. bei 270°, gelbe Nädelchen aus n-Butanol. — *1-Oxyanthron-(10)*, F. 238 bis 240°, aus 4 g **IV** analog **I**; Nadeln aus Toluol; in sd. KOH gelb → an der Luft schnell rot; in $(CH_3CO)_2O$ gelb, mit B_2O_3 unverändert. (J. chem. Soc. [London] **1954**. 274—78. Jan. Leeds, Univ., Clothworkers' Res. Labor.) K. LEHMSTEDT. 2800

William Bradley und **Roy F. Maisey**, *Abspaltung von N-Substituenten aus Derivaten von 1-Aminoanthrachinon.* Das Verh. des *N-Methyl-* (**I**), *N-Äthyl-* (**II**), *N-[n-Butyl]-* (**III**), *N-[tert.-Butyl]-*, *N-Benzyl-* (**IV**), *N-[p-Nitrobenzyl]-* u. *N.N-Dimethylderiv.* (**V**) von *1-Aminoanthrachinon* (**VI**) gegen Oxydantien, H_2SO_4 u. Al_2O_3 wird untersucht. Fast in jedem Falle wird der N-Substituent abgespalten. Der Verlauf der Rk. hängt von der verdrängten

Gruppe ab. Im Falle von **IV** erfolgt beim Erhitzen wahrscheinlich zunächst eine H-Übertragung von der Benzylgruppe in den Chinonkern unter Bldg. von *Benzylidenaminoanthrachinol*, aus dem dann das zur Hydrolyse nötige H_2O abgespalten wird. Die N-Derivv. werden aus 1-Chloranthrachinon (**VII**) u. den prim. Basen erhalten, **II**, **III** u. **IV** auch aus **VII** u. den sek. Basen.

Versuche: *1-Benzylaminoanthrachinon* (**IV**), a) aus **VII** mit Benzylamin (2 Std. bei 180°); b) analog mit Dibenzylamin in Ggw. von K-Acetat; daneben *Tribenzylamin* u. *Benzaldehyd*; in kalter konz. H_2SO_4 grünlichgelbe Lsg.; in $(CH_3CO)_2O$ bläulichrot, mit B_2O_3 tiefviolett. Wird beim Erhitzen (6 Std. bei 240°) in Nitrobenzol allein oder in Ggw. von K_2CO_3, Cu-Acetat oder **VII** sowie mit Naphthalin, Diphenyl, Chlorbenzol oder Al_2O_3 in **VI** u. *Benzaldehyd* (*2.4-Dinitrophenylhydrazon*, F. 240—241°) gespalten. — *1-[N-(p-Nitrobenzyl)-p-toluolsulfonamido]-anthrachinon*, $C_{28}H_{20}O_6N_2S$, F. 212—213°, aus 9 g p-Nitrobenzylbromid u. 5 g K-Salz von 1-[p-Toluolsulfonamido]-anthrachinon bei 170°; gelbe Stäbchen aus A.–Aceton; 4 g; in Pyridin gelb, mit KOH–CH_3OH weinrot. — *1-[p-Nitrobenzylamino]-anthrachinon*, $C_{21}H_{14}O_4N_2$, F. 261—262°, aus 2,8 g vorst. Verb. in konz. H_2SO_4 bei Zimmertemp. (15 Min.); hellrote Nadeln aus C_6H_5Cl; mit B_2O_3–$(CH_3CO)_2O$ tiefviolett; 2,1 g (roh). Gibt in $C_6H_5NO_2$ (6 Std. bei 240°) 16% **VI** u. 10% *p-Nitrobenzaldehyd* (*2.4-Dinitrophenylhydrazon*, F. 308—310°); in konz. H_2SO_4 (6 Std. bei 120°) beständig. — *2-[N-(p-Nitrobenzyl)-p-toluolsulfonamido]-anthrachinon*, $C_{28}H_{20}O_6N_2S$, F. 181 bis 183°, analog vorvorst. Verb.; braungelbe Blättchen; in Pyridin orangefarben → grün, mit KOH–CH_3OH dunkelbraun. Gibt mit konz. H_2SO_4 (30 Min. erhitzen) *2-[p-Nitrobenzylamino]-anthrachinon*, $C_{21}H_{14}O_4N_2$, F. 255—256°, orangefarbene Nadeln aus o-Cl_2C_6·H_4. — *1-[m-Chlorbenzylamino]-anthrachinon*, $C_{21}H_{14}O_2NCl$, F. 209—211°, aus 3 g **VI** u. 5 g m-Chlorbenzylchlorid in sd. o-$Cl_2C_6H_4$ (6 Std.); rote Nadeln aus C_6H_5Cl; 2 g. — *1-[Äthyl-N-nitrosamino]-anthrachinon*, $C_{16}H_{12}O_3N_2$, F. 170—171° (C_6H_5Cl), aus 1 g **II** mit $NaNO_2$ in CH_3COOH bei 50°; gelb; 0,26 g. Gibt in sd. oder kaltem Bzl. oder A. in heller Sonne **II**, im Dunkeln in sd. A. nach 3 Std. keine Zers., schnelle Zers. in sd. A. mit Benzoylperoxyd. Die N-Nitrosoverb. von **I** zers. sich in der Sonne analog. — *1-[tert.-Butylamino]-anthrachinon*, $C_{18}H_{17}O_2N$, F. 132—133°, aus 1 g **VII** u. tert.-Butylamin (5 Std. bei 200°); tiefrote Nadeln aus CH_3COOH; 3 g; in sd. $(CH_3CO)_2O$ bläulichrot; mit B_2O_3 unverändert. Wird durch konz. H_2SO_4 (3 Std. bei Raumtemp.) zu 98% entalkyliert; 0,5 g geben mit Al_2O_3 in sd. o-Dichlorbenzol 0,28 g **VI**. — *N-tert.-Butyl-p-toluolsulfonamid*, $C_{11}H_{17}O_2NS$ F. 112—113°, aus 26 g p-$CH_3C_6H_4SO_2Cl$ u. tert.-$C_4H_9NH_2$ in Pyridin; hexagonale Stäbchen aus verd. A.; 15,5 g. — *1-[n-Butylamino]-anthrachinon* (**III**), $C_{18}H_{17}O_2N$, F. 81—82°, aus 4 g **VII** u. n-Butylamin bzw. Di-n-butylamin (3 Std. bei 180°); tiefrote Nadeln aus CH_3COOH; 2 bzw. 1 g; in $(CH_3CO)_2O$ bläulichrot, mit B_2O_3 dunkelpurpurfarben; 0,4 g geben mit Al_2O_3 in sd. o-Dichlorbenzol 0,03 g **VI**, mit $(CH_3COO)_2Cu$ u. K_2CO_3 in $C_6H_5NO_2$ (24 Std. bei 240°) bzw. mit konz. H_2SO_4 (6 Std. bei Raumtemp. oder 5 Std. bei 110°) unverändert. — *1-[Äthylamino]-anthrachinon* (**II**), $C_{16}H_{13}O_2N$, F. 122—123°, aus 4 g **VII** mit Diäthylamin (4 Std. bei 160°); hellgelbe Nadeln; 2,1 g; in sd. $(CH_3CO)_2O$ rot, mit B_2O_3 violett; 0,4 g geben mit Al_2O_3 in sd. o-Dichlorbenzol 0,01 g **VI**, mit konz. H_2SO_4 bzw. mit K_2CO_3 u. Cu-Acetat in Nitrobenzol unverändert. — *1-Piperidinoanthrachinon*, $C_{19}H_{17}O_2N$, F. 118—119°, aus 5 g **VII** u. Piperidin; rote Blättchen aus A.; 4 g; in sd. $(CH_3CO)_2O$ bläulichrot, mit B_2O_3 blasser. — **I** wird durch Al_2O_3 in sd. Chlorbenzol bzw. durch konz. H_2SO_4 (6 Std. bei 120°), **V** durch konz. H_2SO_4 (8 Std. bei 90°) nicht verändert. (J. chem. Soc. [London] **1954**. 247—52. Jan. Leeds, Univ., Clothworkers' Res. Labor.)

K. LEHMSTEDT. 2800

William Bradley und **Jeffrey Waller**, *Chemie von Anthanthron*. 1. Mitt. *Der direkte Ersatz von Wasserstoff durch Hydroxyl und disubstituierte Aminogruppen*. Anthanthron (**I**) wird durch KOH allein oder in Ggw. von MnO_2 oder $KClO_3/CuCl_2$ in *3.9-Dioxyanthanthron* (**II**) übergeführt, das zur *3.9-Dimethoxyverb*. (**III**) methyliert wird. Dabei lagern sich wohl zunächst 2 Mol KOH an **I** unter Bldg. des *Dikaliumsalzes von 3.6.9.12-Tetraoxy-3.9-dihydroanthanthren* an, das (am besten durch Oxydationsmittel) **II** liefert. **III** wird auch aus 5 Methoxynaphthostyril synthetisiert. **I** gibt mit Morpholin u. $NaNH_2$ *3.9-Dimorpholinoanthanthron* (**IV**), das zu **II** hydrolysiert wird. **II** liefert ein *Diacetylderiv.*, mit Zn/Acetanhydrid *3.6.9.12-Tetraacetoxyanthanthren* u. mit PCl_5 *Tetrachloranthanthren*. Einige neue Derivv. von **I** werden hergestellt.

Versuche: *Anthanthron* (**I**), aus 7.8-Benzomesobenzanthroncarbonsäure-(3') u. KOH (1 Std. bei 200—220°); in Pyridin gelb, mit 30%ig. methanol. KOH grün. Wird durch $NaNH_2$ in Dimethylanilin (4 Std. bei 160°) nicht verändert. — *6.12-Diacetoxyanthanthren*, $C_{26}H_{16}O_4$, F. 299° (Zers.), a) aus **I** in W. bei 60° mit $Na_2S_2O_4$ u. NaOH u. anschließende Acetylierung des gebildeten gelben *6.12-Dioxyanthanthrens*; b) aus **I** u. Zn-Staub in sd. $(CH_3CO)_2O$ ($^1/_2$ Std.); aus CH_3COOH, dann C_6H_5Cl gelbe Nadeln; in heißem

A. oder Essigester gelb mit rotvioletter Fluorescenz (Fz.); in C_6H_5Cl türkisblaue Fz.; in konz. H_2SO_4 braun → grün, mit W. wird I gefällt. — *Hexachlor-6.12-dihydroanthanthren*, $C_{22}H_8Cl_6$, aus 10 g I u. PCl_5 (3 Std. bei 150°); aus Trichlorbenzol tiefrote Nadeln; 4,1 g (Ausbeute); unverändert in sd. alkal. $Na_2S_2O_4$. — *3.9-Dioxyanthanthron* (II), $C_{22}H_{10}O_4$, F. > 360°, a) durch Eintragen von 10 g I (aus konz. H_2SO_4 mit W. fein ausgefällt) innerhalb 15 Min. in eine KOH-Schmelze von 180°, dann 1 Std. bei 240°; 2,8 g; b) aus 20 g I mit MnO_2 wie unter a); rotbraune Nädelchen aus Pyridin oder Chinolin; 7,4 g; c) aus 10 g I mit $KClO_3$ u. $CuCl_2$ wie unter a); 3,6 g. *Dimethyläther* (III), $C_{24}H_{14}O_4$, a) aus II-K mit CH_3J (12 Std. bei 130°); orangefarbene Nadeln aus $C_6H_3Cl_3$; b) aus 1 g II mit K_2CO_3 u. p-$CH_3C_6H_4SO_3CH_3$ in sd. $C_6H_3Cl_3$; 0,6 g; c) aus 5-Methoxynaphthostyril durch Hydrolyse, Diazotierung, Kupplung (vgl. MACRAE u. TUCHER, J. chem. Soc. [London] **1933.** 1520), Ringschluß u. Vakuumsublimation. *3.9-Diacetat*, $C_{26}H_{14}O_6$, F. > 360°, rötlichorangefarbene Nadeln aus $C_6H_3Cl_3$. — *3.6.9.12-Tetracetoxyanthanthren*, $C_{30}H_{20}O_8$, Zers. ohne F., aus II u. Zn-Staub in sd. $(CH_3CO)_2O$ (30 Min.); orangegelbe Prismen aus Essigester (gelbe Lsg. mit blauer Fz.); in verd. NaOH rotviolett, in Pyridin gelb mit grüner Fz., mit KOH rot → rotviolett. — *5-Oxynaphthostyril*, $C_{11}H_7O_2N$, F. > 300°, nach D. R. P. 504 342 aus 10 g 1-Cyannaphthalindisulfonsäure-(4.8); 4 g. *O.N-Diacetylderiv.*, $C_{15}H_{11}O_4N$, F. 210 bis 211°, aus A. Nadeln. — *3.9-Dimorpholinoanthanthron* (IV), $C_{30}H_{24}O_4N_2$, aus 10 g I u. Na·NH_2 in sd. Morpholin (4 Std.); tiefviolette Nadeln aus Pyridin (noch unrein), beim Erhitzen im Vakuum Zers. ohne Sublimation; in konz. H_2SO_4 grünlichbraun, mit W. orangefarben → rotviolett; 0,4 g. Gibt mit KOH in sd. Glykol (3 Std.) oder durch KOH-Schmelze II. — *Tetrachloranthanthron*, $C_{22}H_6O_2Cl_4$, aus II u. PCl_5 (3 Std. bei 160°); orangefarbene Nadeln aus $C_6H_3Cl_3$, in Pyridin gelb, mit KOH grün; in $Na_2S_2O_4$–NaOH blauviolett. — Die UV-Absorptionsmaxima der meisten Verbb. in konz. H_2SO_4 sind angegeben. (J. chem. Soc. [London] **1953.** 3778—82. Dez. Leeds, Univ., Clothworkers' Res. Labor.) K. LEHMSTEDT. 2950

William Bradley und **Jeffrey Waller,** *Chemie von Anthanthron.* 2. Mitt. *Umlagerung und Eliminierungsreaktionen bei der Einwirkung von Kaliumhydroxyd auf zwei Dibromanthanthrone.* (1. vgl. vorst. Ref.) Anthanthron (I) gibt mit Br_2 *4.10-Dibromanthanthron* (II), das auch durch Ringschluß synthetisiert wird. In der isomeren 2.8-Dibromverb. (III) u. in II sind die Substituenten gegen sd. Anilin beständig, lassen sich aber durch Morpholin (IV) ersetzen. II u. III werden durch KOH in *3.9-Dioxyanthanthron* übergeführt; bei II wird daneben auch die Bldg. der *4.10-Dioxyverb.* u. von I beobachtet. Vermutlich entsteht als Zwischenprod. z. B. aus III das *Dikaliumsalz von 3.6.9.12-Tetraoxy-2.8-dibrom-3.9-dihydroanthanthren* mit anschließender Abspaltung von 2 KBr u. Umlagerung.

Versuche: *4.10-Dibromanthanthron* (II), $C_{22}H_8O_2Br_2$, F. > 360°, a) durch Ringschluß aus 4.4'-Dibromdinaphthyl-(1.1')-dicarbonsäure-(8.8')-dimethylester (vgl. RULE u. SMITH, J. chem. Soc. [London] **1937.** 1096); b) aus I mit Br_2; rote Nadeln aus $C_6H_5NO_2$; in $Na_2S_2O_4$–NaOH blauviolett; mit sd. Anilin (12 Std.), mit sd. 20%ig. KOH–CH_3OH (24 Std.) u. mit sd. CH_3ONa–CH_3OH (10 Std.) unverändert. — *4.10-Dimorpholinoanthanthron*, $C_{30}H_{24}O_4N_2$, aus II in sd. IV (6 Std.); violettes Pulver aus C_6H_5Cl; in Pyridin violett, mit KOH–CH_3OH unverändert; in $Na_2S_2O_4$–NaOH blauviolett. — *4.10-Dioxyanthanthron*, $C_{22}H_{10}O_4$, aus II u. KOH in sd. Amylalkohol (24 Std.); sublimiert im Vakuum bei 350°; in $Na_2S_2O_4$–NaOH violett; in Pyridin rotviolett, mit 30%ig. KOH–CH_3OH grün, mit W. unverändert. Daneben I u. ein Br-haltiges Produkt. — *3.9-Dimethoxyanthanthron*, a) aus II durch Eintragen in eine wasserhaltige KOH-Schmelze bei 170°, dann 2 Std. bei 200° u. Methylierung in o-Dichlorbenzol mit K_2CO_3 u. p-Toluolsulfonsäuremethylester; daneben vorst. Verb.; b) analog aus III. — *2.8-Dibromanthanthron* (III), $C_{22}H_8O_2Br_2$, aus 1.6-Dibromnaphthylamin-(2) nach RULE u. SMITH (l. c.); orangefarben; in Pyridin gelb, mit KOH grün; in konz. H_2SO_4 grün; in $Na_2S_2O_4$–NaOH blauviolett. Gibt mit sd. IV (6 Std.) aus C_6H_5Cl *violettes Kristallpulver*, in konz. H_2SO_4 rotviolett; in Pyridin rotbraun, mit KOH grün; in Ggw. von Pyridin in $Na_2S_2O_4$–NaOH blaue Lösung. — Die UV-Absorptionsmaxima der Verbb. in konz. H_2SO_4 sind angegeben. (J. chem. Soc. [London] **1953.** 3783—86. Dez.) K. LEHMSTEDT. 2950

Herbert Arnold und **Kurt Pahls,** *Phenylierung von Azulen.* Die Behandlung von Guajazulen (I) mit Formaldehyd u. HCl bzw. alkal. Agentien führte zu *Bis-[guajazulyl]-methan*, dessen Mol.-Gew. nach BECKMANN bestimmt wurde. Das Azulenmol. spaltet also in Ggw. von Wasserstoffacceptoren ein Proton ab, was auch durch die Phenylierung von Azulen (II) mit Nitrosoacetanilid (III) bestätigt wurde, bei der sich *1-Phenylazulen* bildet, dessen Infrarotspektr. im Vgl. mit dem von II angegeben ist. I ließ sich nicht mit III phenylieren.

Versuche: *1-Phenylazulen*, durch Eintragen von III in eine Lsg. von II in thiophenfreiem Bzl. unter Eiskühlung in 10 Min., 1std. Stehen, Aufnehmen in Ae.,

Chromatographie des mit PAe. aufgenommenen Rückstandes an Al_2O_3, Abtrennen u. nochmalige Chromatographie der blauen Mittelzone aus Ae.; blaues Öl, erstarrt bei Raumtemp.; 15% (Ausbeute). *Bis-trinitrobenzolat*, $C_{16}H_{12} \cdot 2\ C_6H_3O_6N_3$, F. 88° (96%ig. A.) durch kurzes Aufkochen mit Trinitrobenzol in 96%ig. A. u. langes Stehen. — *Bis-[guajazulyl]-methan*, $C_{31}H_{36}$, F. 190—191° (PAe./Ae.), durch 10std. Kochen von I mit 40%ig. Formalin, $NaHCO_3$ u. A., Stehen über Nacht bei Raumtemp., Ae.-Extraktion u. Einengen; schwarze, glänzende Kristalle; 31%. (Chem. Ber. **89.** 121—24. 1956. Brackwede/Westf., Asta-Werke A.G.) W. GEHRMANN. 2950

Edward Sherman und **E. D. Amstutz,** *Reaktionen in der β-Furanreihe. Synthese und Reaktionen von 3-Chlormethylfuran und einigen verwandten Verbindungen.* β-Furoesäure kann durch $LiAlH_4$ zu *Furyl-(3)-carbinol* red. werden, das von verd. HCl langsamer angegriffen wird als das α-Isomere u. mit $SOCl_2$ in *Furyl-(3)-methylchlorid* (**I**; ebenfalls stabiler als das α-Isomere) übergeht. Bei der Behandlung von I mit wss. KCN entsteht ein Gemisch aus *Furyl-(3)-acetonitril* u. *3-Methyl-2-furonitril*, das durch Isonitrile u. polymeres Material verunreinigt ist. Da die Nitrile durch Dest. nicht getrennt werden können, wurde das Gemisch zu einem Gemisch aus *Furyl-(3)-essigsäure* (**II**) u. *3-Methyl-2-furoesäure* (**III**) verseift, dessen Auftrennung aber infolge der Instabilität von unreinem II erschwert ist. Zur Identifizierung wurden von III einige Derivv. dargestellt. Durch $LiAlH_4$ lassen sich **I, II** u. **III** zu den entsprechenden *Carbinolen* reduzieren. **I** gibt im Gegensatz zur β-Thenylverb. mit Mg eine GRIGNARD-Verb., aus der durch Carbonisierung ein Gemisch aus **II** u. **III** erhalten wird. Mit HCHO bildet sich *3-Methyl-2-furfurylalkohol* (**IV**). Auf Grund dieser Ergebnisse u. unter Berücksichtigung der bisher bekannten Tatsachen konnte folgende Reihe mit abnehmender Tendenz zur Bldg. anormaler bzw. allylartiger Reaktionsprodd. mit wss. KCN aufgestellt werden: α-Furfuryl- > β-Furylmethyl- > β-Thenyl- > Cinnamyl- > Benzylhalogenide. Für die Bldg. von GRIGNARD-Verbb. wurde folgende Reihe abnehmender Reaktionsfähigkeit aufgestellt: Cinnamyl > β-Furylmethyl > β-Thenyl > Benzylhalogenid.

Versuche: *3-Furoesäure*, F. 121—122°, aus Furantetracarbonsäure, Cu-Pulver u. roher bas. Teerfraktion (Kp.$_{12}$ 145—220°) durch langsames Erhitzen unter Einleiten von N_2 auf 285°, später 325° (Badtemp.) u. Extrahieren des Destillats mit $NaHCO_3$-Lsg.; 67,9—75,1% (Ausbeute). — *Furyl-(3)-carbinol*, $C_5H_6O_2$, Kp.$_2$ 54—55°, Kp.$_{17}$ 79—80°, aus vorst. Verb. + $LiAlH_4$ in Ae.; $D.^{20}_4$ 1,1391; n_D^{20} 1,4842; 86,2—91,5%. *Phenylurethan*, $C_{12}H_{11}O_3N$, F. 105,2—105,6°, aus wss. A. Nadeln. *α-Naphthylurethan*, $C_{16}H_{13}O_3N$, F. 118,4—118,7°, aus wss. A. Nadeln. — *Furyl-(3)-methylchlorid* (I), C_5H_5OCl, Kp.$_{17}$ 42 bis 43°, Kp.$_{27}$ 51—52°, aus vorst. Verb. in absol. Ae. u. Pyridin durch Zutropfen von $SOCl_2$ in Pentan bei —10° u. Vakuumdest. unter N_2; $D.^{20}_4$ 1,1855; n_D^{20} 1,4863; 47,7—54,4%. *Furyl-(3)-methylisothiuroniumpikrat*, $C_{12}H_{11}O_8N_5S$, F. 142—143° (wss. A.). — *Gemisch* aus *Furyl-(3)-acetonitril* u. *3-Methyl-2-furonitril*, Kp.$_3$ 50—60°, aus I + konz. wss. KCN in 2 Std. bei 70°, Ausäthern u. Vakuumdest. unter N_2; 67,2%. — *Furyl-(3)-essigsäure* (II), $C_6H_6O_3$, F. 61,9—62,2°, durch Kochen vorst. Gemisches in wss.-methanol. 20%ig. KOH bis zur Beendigung der NH_3-Entw., Ausäthern (84,7%) u. fraktionierte Kristallisation aus PAe. u. dann W.; Platten aus PAe.; 38,7% des Rohgemisches. *Säurechlorid*, Kp.$_3$ ~53°; 54%. *Amid*, $C_6H_7O_2N$, F. 114—115°, aus Bzl.-PAe. federartige Nadeln. *Anilid*, $C_{12}H_{11}O_2N$, F. 122,6—123,2°, aus Bzl.-PAe. Blättchen. — Daneben *3-Methyl-2-furoesäure* (III), F. 134—135°; 10%. *Säurechlorid*, F. 18,5—19,5°. *Äthylester*, F. 46,5—47,5°. *Methylester*, F. 35—36°. *Amid*, F. 89—90°. *Anilid*, F. 89,5—90,5°. — *β-[Furyl-(3)]-äthanol*, $C_6H_8O_2$, Kp.$_3$ 64—65°, Kp.$_{18}$ 89—90°, aus II durch LiAlH -Red.; $D.^{20}_4$ 1,0941; n_D^{20} 1,4828; 96,5%. *Phenylurethan*, $C_{13}H_{13}O_3N$, F. 58,3—58,8°. *α-Naphthylurethan*, $C_{17}H_{15} \cdot O_3N$, F. 85,2—85,9°, aus PAe. Nadeln. — *3-Methyl-2-furfurylalkohol* (IV), $C_6H_8O_2$, Kp.$_3$ 79—80°, aus III + $LiAlH_4$; $D.^{20}_4$ 1,0907; n_D^{20} 1,4871; 90,3%; entsteht auch zu 33,5% aus der GRIGNARD-Verb. von I + HCHO. *α-Naphthylurethan*, $C_{17}H_{15}O_3N$, F. 151—153° (bei 143° Erweichen); aus PAe. Nadeln. — *Furyl-(3)-MgCl*, aus I + Mg in Ae.; 71%; gibt mit Trockeneis u. anschließender Hydrolyse mit 25%ig. H_2SO_4 10% II u. 90% III in 33%ig. Gesamtausbeute, mit HCHO u. bei anschließender Hydrolyse mit NH_4Cl 33,4% **IV**. (J. Amer. chem. Soc. **72.** 2195—99. Mai; Erratum: **72.** 5805. Dez. 1950. Bethlehem, Pa., Lehigh Univ., Wm. H. Chandler Chem. Labor.) H. LEHWALD. 3061

E. C. Kornfeld, *Versuche zur Umlagerung 3.4-substituierter 2-Acetylfurane in Pyridoxin.* Der Dimethyl- (I) u. der Diäthylester (II) von Furandicarbonsäure-(3.4) wurden mit $LiAlH_4$ red. zu *3.4-Bis-[oxymethyl]-furan*, aus dem das *Diacetat* u. das *Dibenzoat* hergestellt wurden. Diese Diester konnten glatt mit Acetanhydrid-BF_3-Ätherat in *2-Acetyl-3.4-bis-[acyloxymethyl]-furane* übergeführt werden, welche jedoch unter den für eine Umwandlung von 2-Acetylfuranen zu 3-Oxypyridinen üblichen Bedingungen (Anwendung von fl., wss. oder alkoh. NH_3 mit oder ohne NH_4-Salze bei Tempp. von 100—160°

bzw. $NaNH_2$ in fl. NH_3 oder Xylol) nicht das gewünschte Vitamin B_6 in nennenswerter Ausbeute ergaben.

Versuche: *3.4-Bis-[oxymethyl]-furan*, $C_6H_8O_3$, Kp.$_6$ 146—148°, aus I oder II u. $LiAlH_4$ in Ae., dann Zugabe von Aceton u. von W.; n_D^{25} 1,5021; 70% (Ausbeute). — *3.4-Bis-[acetoxymethyl]-furan*, $C_{10}H_{12}O_5$, Kp.$_6$ 134—137°, aus vorst. Verb. mit Acetanhydrid in Pyridin (20 Std. bei n. Temp.); n_D^{25} 1,4666. — *3.4-Bis-[benzoyloxymethyl]-furan* (III), $C_{20}H_{16}O_5$, F. 100—102° (Bzl.–PAe.), analog vorst. Verb.; 89%. — *2-Acetyl-3.4-bis-[acetoxymethyl]-furan*, $C_{12}H_{14}O_6$, F. 55—57° (Bzl.–PAe.), aus vorvorst. Verb. in Acetanhydrid durch Zugabe von BF_3-Ätherat bei 17° (durch Kühlung auf 40° halten), nach Abflauen der exothermen Rk. 1/2 Std. bei 45°, bei dieser Temp. im Vakuum eindampfen; 68%. *Oxim*, $C_{12}H_{15}O_6N$, F. 78—79° (Bzl.–PAe.); 79%. — *2-Acetyl-3.4-bis-[benzoyloxymethyl]-furan*, $C_{22}H_{18}O_6$, F. 94—96° (Bzl.–PAe.), aus III in Acetanhydrid mit BF_3-Ätherat bei 60°; 48%. (J. org. Chemistry **20**. 1135—38. Aug. 1955. Indianapolis, Ind., Lilly Res. Labors.) B. GNAUCK. 3061

Homer Williams, Paula Kaufmann und **Harry S. Mosher**, *Die Umlagerung von Acylfuranen zu 3-Oxypyridinen.* Vff. stellten *2-Acetyl-3.4-bis-[acetoxymethyl]-furan* (I) aus *3.4-Dicarbäthoxyfuran* (II) dar. Die Ausbeute an II aus Furantetracarbonsäure nach REICHSTEIN u. Mitarbeitern (Helv. chim. Acta **16**. [1933.] 1276) war gering, die Darst. von II aus Furan (IV) u. Acetylendicarbonsäurediäthylester (V) nach ALDER u. RICHERT (Ber. dtsch. chem. Ges. **70**. [1937.] 1354) verlief dagegen mit befriedigender Ausbeute. Verss., I oder 2-Acetyl-3.4-bis-[oxymethyl]-furan (III) mit NH_3 in bzw. ohne Ggw. von NH_4-Salzen bei 180—237° in Pyridoxin zu überführen, schlugen völlig fehl. Die besten Bedingungen für die Umwandlung von 2-Acetylfuran (VI) in *2-Methyl-3-oxypyridin* waren die Anwendung von 10%ig. alkoh. NH_3 bei Ggw. von NH_4Cl während 2 Std. bei 204° (43% Ausbeute). Ferner wurde *3.4-Bis-[methoxymethyl]-furan* dargestellt, das aber nach FRIEDEL-CRAFTS nicht acetyliert werden konnte. III wurde als Na-Salz mit CH_3J bzw. Dimethylsulfat methyliert, teils war die Rk. unvollständig, teils war die C-Methylierung an der Acetylgruppe gegenüber der O-Methylierung der sek.-OH-Gruppe vorherrschend. Ähnlich verliefen Äthylierungsverss. an III, die besten Resultate wurden mit KNH_2 u. C_2H_5J in fl. NH_3 erzielt. 2 Äthylgruppen wurden aufgenommen, wobei jedoch nach dem Infrarotspektr. u. der ZEISEL-Best. C-Äthylierung eintrat, es entstand also *2-Butyryl-3(4)-[oxymethyl]-4(3)-[äthoxymethyl]-furan*, das mit NH_3 auch kein Pyridinderiv. ergab. Auch 2-Acetyl-3.4-bis-[methoxymethyl]-furan lieferte mit NH_3 keine Pyridinverbindung.

Versuche: *Furandicarbonsäure-(3.4)*, F. 204—207° (Äthylacetat), durch Erhitzen von Furantetracarbonsäure im Rohr auf 200—240°; geringe Ausbeute. — *Furancarbonsäure-(3)*, F. 116—119° (Äthylacetat), analog vorst. Verb., jedoch 20 Min. bei 275—285°. — *3.6-Epoxy-3.4.5.6-tetrahydrophthalsäurediäthylester*, Kp.$_{0,7}$ 96—106°, aus IV u. V (18 Std. bei 100°), dann in Äthylacetat bei Ggw. von Pd-$CaCO_3$ 2 Std. bei 10 bis 35 lbs./sq.in. hydrieren (zur Vermeidung von Überhitzung Hydrierung mehrmals unterbrechen); 76% (Ausbeute); daneben *Verb.* $C_{16}H_{22}O_6$ (*4a.8a-Dicarbäthoxy-1.4.5.8-diepoxy-dekahydronaphthalin*[?]), F. 113—115° (Äthylacetat–PAe.), Ausbeute stieg bei Überschuß an IV. — *3.4-Dicarbäthoxyfuran* (II), Kp.$_{0,7}$ 79—83°, aus vorst. Verb. in 40 Min. bei 200° bis zum Ende der C_2H_4-Entw.; n_D^{20} 1,4675; 88%. — *3.4-Bis-[oxymethyl]-furan*, $C_6H_8O_3$, Kp.$_1$ 120°, durch Zugabe von II in Ae. zu $LiAlH_4$ in Ae. u. 1std. Kochen; n_D^{20} 1,4970; 62%. — *3.4-Bis-[acetoxymethyl]-furan*, $C_{10}H_{12}O_5$, Kp.$_1$ 96°, aus vorst. Verb. mit Acetanhydrid–Na-Acetat (1 Std. am Rückfluß); n_D^{20} 1,4675; 88,5%. — *2-Acetyl-3.4-bis-[acetoxymethyl]-furan* (I), $C_{12}H_{14}O_6$, F. 51—52°, Kp.$_{0,8}$ 137°, aus vorst. Verb. mit $ZnCl_2$ in Acetanhydrid (45 Min. auf dem Dampfbad); n_D^{20} 1,4925; 60%. — *2-Acetyl-3.4-bis-[oxymethyl]-furan* (III), $C_8H_{10}O_4$, F. 35—40°, Kp.$_2$ 160—162°, aus I durch Hydrolyse; 82%. — *3.4-Bis-[methoxymethyl]-furan*, $C_8H_{12}O_3$, Kp.$_{20}$ 96°, durch Zugabe von III zu NaH in Ae., Kochen bis zur Bldg. des cremefarbenen Na-Salzes, Zugabe von CH_3J u. 72std. Kochen; n_D^{20} 1,14611; 59%. — *2-Butyryl-3-oxymethyl-4-[äthoxymethyl]-furan* (?), Kp.$_1$ 123—126°, durch Zugabe von III u. C_2H_5J zu KNH_2 in fl. NH_3 bei Ggw. von Fe-Oxyd u. Stehenlassen über Nacht; n_D^{20} 1,5019; daneben höher sd. Anteile. — *2-Acetyl-3.4-bis-[chlormethyl]-furan*, $C_8H_8O_2Cl_2$, Kp. 120—122°, aus III in Ae.–Pyridin durch Zugabe von $SOCl_2$ in Hexan bei 0°; n_D^{20} 1,5420. — *2-Acetyl-3.4-bis-[methoxymethyl]-furan* (?), $C_{10}H_{14}O_4$, Kp.$_3$ 95—99°, aus vorst. Verb. u. absol. Methanol (24 Std. bei 110° im Rohr); n_D^{20} 1,4950. — *2-Acetyl-3.4-dicarbäthoxyfuran*, $C_{12}H_{14}O_6$, Kp.$_2$ 131—134°, aus V u. VI (18 Std. bei 105° im Rohr), dann bei Ggw. von Pd–$CaCO_3$ 30 Min. bei 3 at hydrieren; Öl (Kp.$_2$ 145—150°; n_D^{20} 1,4868) 30 Min. auf 210° bis zum Ende der C_2H_4-Entw. erhitzen; n_D^{20} 1,4891; 33%. — *2-Methyl-3-oxypyridin*, F. 164—165° (sublimiert), aus VI u. NH_4Cl in 10%ig. NH_3 (2 Std. bei 204° im Rohr); 43% (als *Hydrochlorid*, F. 212° [Zers.; Dioxan–A.]). Einzelne Infrarotbanden vorst. Verbb. sind angegeben.

(J. org. Chemistry **20**. 1139—45. Aug. 1955. Stanford, Calif., Univ., Dep. of Chem. and Chem. Engng.) B. Gnauck. 3061

B. B. Corson, H. E. Tiefenthal, J. E. Nickels und **W. J. Heintzelman,** *Dehydrierende Cyclisierung von o-Äthyl-, o-Allyl- und o-Isopropylphenol.* Im Gegensatz zu den Angaben von Hansch u. Mitarbeitern (vgl. C. **1949.** E. 232; **1951.** I. 3174), wonach die Dehydrocyclisierung der o-Alkylphenole sowohl mit Pd-Kohle als auch mit Cr_2O_3-Kohle, Cr_2O_3–Cu-Katalysator oder Pt-Kohle schlechte Ausbeuten liefert u. Cr_2O_3–Al_2O_3 nicht geeignet sein soll, erhalten Vff. an Cr_2O_3–Al_2O_3 gute Ausbeuten an *Benzofuranen,* bes. bei Ggw. von Wasserdampf. — Die Phenole wurden bei 600° über einen Kontakt aus 15% Cr_2O_3 u. 85% Al_2O_3 geschickt, Berührungszeit 1 Sekunde. Das Reaktionsprod. wurde in Ae. gelöst u. mit 10%ig. NaOH ausgeschüttelt. Aus der äther. Lsg. wurden die Benzofurane isoliert, aus dem alkal. Extrakt die Phenole erhalten. Verf. **A**: Umsetzung der reinen Phenole; **B**: mit 10fach mol. Überschuß an W.; **C**: 10fache Verdünnung mit Benzol. — *Benzofuran* (I), $Kp._{20}$ 67,5°, n_D^{25} 1,5635, $D.^{25}_4$ 1,0935 (*Pikrat,* F. 103—105°. *Dibromid,* F. 86—87°), aus o-Äthylphenol (II); **A** 16% (Ausbeute), **B** 48%, **C** 21%; daneben *Phenol* (u. jeweils unverändertem Ausgangsprod.). — *2-Methylbenzofuran,* $Kp._{744}$ 192°, n_D^{25} 1,5460, $D.^{25}_4$ 1,0424 (*Pikrat,* F. 76—77°), aus o-Allylphenol **A** 31%, **B** 48%; daneben etwas **I**, *Phenol, o-Kresol,* **II** (nur bei **B**). — *3-Methylbenzofuran,* $Kp._{20}$ 86°, n_D^{25} 1,5333, $D.^{25}_4$ 1,0568 (*Pikrat,* F. 79—80°, aus o-Isopropylphenol; **A** 12%, **B** 54%, **C** 7%; daneben etwas **I**, *Phenol, o-Kresol* u. **II** (außer bei **B**). (J. Amer. chem. Soc. **77**. 5428—29. 20/10. 1955. Pittsburgh, Pa., Univ., Mellon Inst. of Ind. Res.) W. Schwenke. 3061

Jared H. Ford, George C. Prescott und **Donald R. Colingsworth,** *5-substituierte Thiophen-2-essigsäuren und -amide als Penicillinvorläufer.* Nachdem von Jones u. Mitarbeitern (C. **1949.** I. 606) durch Gaben von Thienyl-(2)-essigsäure (**I**) bei *Penicillium chrysogenum* die Penicillinproduktion gesteigert werden konnte, wurden nunmehr eine Anzahl *5-substituierter* **I**-*Derivv.* u. deren *Amide* dargestellt u. untersucht. **I** entsteht durch Chlormethylierung von Thiophen zu *Thienyl-(2)-methylchlorid,* Umwandlung in das *Nitril* u. Hydrolyse. Das analog aus 2-Chlorthiophen erhaltene *5-Chlorthienyl-(2)-acetonitril* ließ sich nicht direkt verseifen, die freie Säure wurde daher über das *Iminomethylätherhydrochlorid* u. den *Methylester* erhalten. 2-Methylthiophen ergab bei der Chlormethylierung als Hauptprod. *Bis-[5-methylthienyl-(2)]-methan.* Verss., **I** aus 2-Acetylthiophen durch Willgerodt-Kindler-Rk. darzustellen, blieben erfolglos, jedoch konnte nach dieser Meth. *5-tert.-Butylthienyl-(2)-acetamid* (**II**) erhalten werden. *5-Bromthienyl-(2)-essigsäuremethylester* wurde aus **I**-Methylester durch direkte Bromierung gewonnen, das Br-Atom ließ sich aber nicht gegen die CN-Gruppe austauschen. Der **I**-Methylester u. 2-ter.-Butylthiophen wurden glatt in Ggw. von Superfiltrol nach Hartough u. Mitarbeitern (C. **1948.** I. 454) acetyliert. Eine NaOBr-Oxydation von 5-Acetylthienyl-(2)-essigsäuremethylester (**III**) ergab *Thiophendicarbonsäure-(2.5)* an Stelle von 5-Carboxythienyl-(2)-essigsäure. Die *Oxime* von **III** u. der freien Säure ließen sich in konz. H_2SO_4 nicht der Beckmannschen Umlagerung unterwerfen, jedoch konnten in H_2SO_4 die *syn-* u. *anti-Formen* der Oxime erhalten werden. Bei Testverss. an *P. chrysogenum* wurde festgestellt, daß die Brom- u. Chlorverbb, wirkungsvolle Vorläufer für Penicillin sind, **II** hatte dagegen tox. Eigenschaften.

Versuche (FF. korr.): *Thienyl-(2)-essigsäure* (**I**), $C_6H_6O_2S$, F. 62—63° (Methylcyclohexan), aus Thiophen durch Chlormethylierung bei 0° u. Extraktion mit Chlf., Umwandeln in das Nitril u. Hydrolyse. *Methylester,* $C_7H_8O_2S$, $Kp._{14}$ 100—104°. *n-Butylester,* $C_{10}H_{14}O_2S$, $Kp._{0,3}$ 80—82°. *Amid,* C_6H_7ONS, F. 146—147° (W.). — Die nachst. *5-substituierten Thienyl-(2)-acetamide* entstanden aus den entsprechenden Methylestern u. 28%ig. NH_4OH. — *5-Chlor-,* C_6H_6ONClS, F. 121,5—122,5° (Bzl.). — *5-Brom-,* C_6H_6ONBrS, F. 125,5—126,5° (W.). — *5-tert.-Butyl-* (**II**), $C_{10}H_{15}ONS$, F. 134—136° (Bzl.). — *5-Acetyl-,* $C_8H_9O_2NS$, F. 149—150° (W.). — *5-Chlorthienyl-(2)-essigsäure,* $C_6H_5O_2ClS$, F. 64—65,5° (CCl_4), aus 2-Chlorthiophen + 37%ig. HCHO durch Sättigen mit HCl bei 25—30° unter Rühren, Extrahieren mit Chlf. u. Dest. zu *5-Chlor-2-chlormethylthiophen* ($Kp._{17}$ 96—98°; 54% [Ausbeute]), Umwandeln in *5-Chlorthienyl-(2)-acetonitril* (C_6H_4NClS, $Kp._{0,25}$ 87—88°; 80%), Aufnehmen in CH_3OH u. Sättigen mit HCl bei 0° zum *Iminomethylätherhydrochlorid,* 6std. Kochen mit der berechneten Menge W. zum *Methylester* ($C_7H_9O_2SCl$, $Kp._{0,4}$ 77—78°; 67%) u. Stehen mit methanol. KOH. — *Bis-[5-methylthienyl-(2)]-methan,* $C_{11}H_{12}S_2$, $Kp._{0,08}$ 92—94°, durch Chlormethylierung von 2-Methylthiophen. — *5-Bromthienyl-(2)-essigsäuremethylester,* $C_7H_7O_2BrS$, $Kp._{0,1}$ 73 bis 74°, aus 15,6 g **I**-Methylester durch Bromieren in CCl_4; 16,9 g. — *5-tert.-Butyl-2-acetylthiophen,* $C_{10}H_{14}OS$, $Kp._{0,5}$ 122—127°, aus 101,3 g 2-tert.-Butylthiophen + Acetanhydrid in Ggw. von Superfiltrol (6std. Erwärmen unter Rühren u. Dest.); 105 g. *Semicarbazon,* $C_{11}H_{17}ON_3S$, F. 223—225° (Nitrobenzol). — *5-tert.-Butylthienyl-(2)-essigsäure-*

methylester, $C_{11}H_{16}O_2S$, Kp.$_{0,15}$ 75—76°, aus 18,2 g vorst. Verb. + Morpholin u. S durch 10std. Kochen, Verdünnen mit Ae., Aufnehmen des Rückstandes in CH_3OH + 50%ig. NaOH, 18std. Kochen, Abdampfen, Verdünnen mit W., Ausäthern, Ansäuern, Ausäthern u. Verestern mit CH_3OH in Ggw. von p-Toluolsulfonsäure; 5 g. — *5-Acetylthienyl-(2)-essigsäuremethylester* (**III**), $C_9H_{10}O_3S$, F. 45,5°, Kp.$_{0,15}$ 114—124°, aus **I**-Methylester + Acetanhydrid + Superfiltrol wie oben in 5 Std.; 87%. *Oxim*, $C_9H_{11}O_3NS$, F. 57—59°, durch 2std. Kochen von **III** mit $NH_2OH \cdot HCl$ in Pyridin u. CH_3OH, Einengen, Einstellen auf p_H 2, u. Ausziehen mit Bzl.; 82%; wird durch konz. H_2SO_4 (½std. Erwärmen) in das *Stereoisomere*, F. 126—127° (Bzl.), umgewandelt. *Freie Säure*, $C_8H_8O_3S$, F. 130—131° (sd. W.), aus **I** + Acetanhydrid wie vorst.; 44%. *Oxim*, $C_8H_9O_3NS$, F. 159—160° (Zers., sd. W.), aus dem Methylester durch Verseifen mit 6%ig. NaOH u. Behandeln wie vorst.; gibt mit konz. H_2SO_4 das *Stereoisomere*, F. 172—173° (Zers.; sd. W.). — *Thiophendicarbonsäure-(2.5)*, $C_6H_4O_4S$, F. 260°, aus **III** + NaOBr nach NEWMANN u. HOLMES (Org. Syntheses Col. Vol. II [1943.] 428); aus W. eine gelbe Masse. (J. Amer. chem. Soc. **72.** 2109—12. Mai 1950. Kalamazoo, Mich., The Upjohn Co., Antibiotics Res. Dep.) H. LEHWALD. 3071

Hans Plieninger und **Inge Nógrádi**, *Notiz zur endgültigen Aufklärung eines Zwischenprodukts der E. Fischerschen Indolsynthese. α-Imino-β-[2-aminophenyl]-γ-butyrolactonhydrochlorid* (**I**) wurde dargestellt aus α-Keto-γ-butyrolactonphenylhydrazon mit HCl–Eisessig (vgl. C. **1951.** II. 519). Durch 1½ Min. Kochen von **I** mit konz. HCl–Eisessig (1 : 1) entstand *3-Oxymethylindolcarbonsäure-(2)-lacton*, $C_{10}H_7O_2N$, F. 208° (A.). Damit ist die Struktur von **I** als Zwischenprod. der E. FISCHERschen Indolsynth. gesichert. Verss., ähnliche Phenylhydrazone (z. B. das des α-Ketotetrahydrofurans) in der Stufe des Ketimins (entsprechend **I**) festzuhalten, scheiterten. (Chem. Ber. **88.** 1964. 1955. Heidelberg, Univ., Chem. Inst.) J. ROTHE. 3081

Hans Plieninger und **Inge Nógrádi**, *Notiz zur Darstellung des 5.6-Dimethoxyindols.* (Vgl. WALKER, C. **1955.** 10738). Katalyt. Hydrierung von o-Nitrobenzylcyanid über RANEY-Ni führte zu *Indol.* Analog entstand aus 2-Nitro-4.5-dimethoxybenzylcyanid (**I**) je nach den Bedingungen *2-Amino-4.5-dimethoxybenzylcyanid* oder *5.6-Dimethoxyindol.* Hydrierung des [2-Nitrophenyl]-[2-nitrobenzyl]-acetonitrils (**II**) führte zu einer Verb. $C_{15}H_{10}N_2$, möglicherweise **III**.

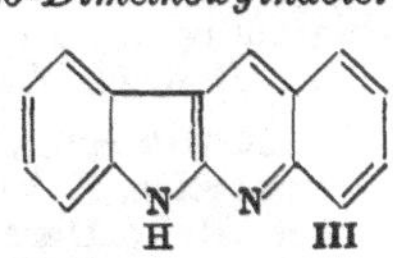

III

Versuche: *Indol*, aus o-Nitrobenzylcyanid u. H_2 in A.–W.–Essigester 2 : 1 : 1 mit RANEY-Ni bei n. Temp. u. n. Druck (6—7 Std.); *Pikrat*, F. 187°. — *2-Nitro-4.5-dimethoxybenzylcyanid* (**I**), F. 110° (Essigester), durch Eintropfen einer Eisessiglsg. von 3.4-Dimethoxybenzylcyanid in HNO_3 (D. 1,4) bei 0—5°; 95%. — *2-Amino-4.5-dimethoxybenzylcyanid*, $C_{10}H_{12}O_2N_2$, F. 98° (A.), aus **I** u. H_2/RANEY-Ni in Essigester bis zur Aufnahme von 3 Mol H_2. — *5.6-Dimethoxyindol*, F. 155°, hellbraunglänzende Blättchen (A.), a) aus vorst. Verb. u. H_2/RANEY-Ni in Essigester bis zum Ende der H_2-Aufnahme (50%); b) aus vorst. Verb. u. Na in sd. Amylalkohol (55%); c) aus **I** u. H_2/RANEY-Ni in Essigester bei 70 at. — *α-Benzyl-2-nitro-4.5-dimethoxybenzylcyanid*, $C_{17}H_{16}O_4N_2$, F. 136°, gelblich (Essigester), aus **I** u. Benzylchlorid in sd. Aceton (20 Std.) in Ggw. von K_2CO_3; 66%. — *α-Benzyl-2-amino-4.5-dimethoxybenzylcyanid*, $C_{17}H_{18}O_2N_2$, F. 123°, gelbliche Prismen (A.), aus vorst. Verb. u. H_2/RANEY-Ni in Essigester bei 80° u. 80 at (20 Std.); 60%. — *Verb. $C_{15}H_{10}N_2$* (**III?**), F. 331°, gelblich (viel A.), aus **II** u. H_2/RANEY-Ni in Essigester bei 50° u. 90 at (20 Std.); 60%. (Chem. Ber. **88.** 1961—63. 1955. Heidelberg, Univ., Chem. Inst.) J. ROTHE. 3081

Corwin Hansch und **George Helkamp**, *Katalytische Synthese von Heterocyclen.* 6. Mitt. *Dehydrocyclisierung von o-Alkylanilinen zu Indolen.* (5. vgl C. **1952.** 2508.) o-Äthylanilin (**I**) wird über Cr–Cu–Kohle-Katalysator Nr. 2 (vgl. l. c.) zunächst zu *o-Aminostyrol* (**II**) dehydriert, dann erfolgt >600° Ringschluß zu *2.3-Dihydroindol* u. dessen Dehydrierung zu *Indol* (**III**); Ausbeute 32%. Weniger glatt bildet sich aus *o-Isopropylanilin* (**IV**) *Skatol* (**V**), wobei durch Crackung auch **III** entsteht. Analog verläuft auch die Bldg. von *Thianaphthen* aus o-Äthylthiophenol bei 450° u. von *Benzofuran* aus o-Äthylphenol bei 600° in 35 bzw. 10%ig. Ausbeute. Daraus folgt für die Leichtigkeit der Cyclisierung SH > OH > NH_2. Ausdehnung der Rk. auf die Darst. von Aminoindolen gelang nicht. Die *2.4-Diaminoderivv.* von *Äthyl-* (**VI**) u. *Isopropylbenzol* (**VII**) wurden hergestellt. Bei der Mononitrierung von Toluol, **VI** u. **VII** ist das Verhältnis o/p-Verb. 1,4, 1,1 bzw. 0,35, entsprechend der wachsenden ster. Hinderung durch die Alkylgruppe.

Versuche (FF. korr., Dest. stets durch 76 cm-Kolonne): App. analog HOOG u. Mitarbeitern (C. **1939.** II. 3266), bei Verss. >625° aus Corning-172-Glas statt Pyrexglas; Vorheizung durch 10 cm³ Quarzstückchen. Katalysator vor Gebrauch im App. red. (½ Std. 150—200° u. einige Std. etwas über Versuchstemp.). Aus dem Kondensat

Entfernung von *Anilin* u. *o-Aminostyrol* (II) mit verd. HCl, dann Dest. von *Indol* (III) u. *Skatol* (V) mit Dampf; Trennung von III u. V durch Umlösen (W. u. A.). Aus I entstehen bei 560° 65% II, das >600° III bildete. Von den Verss. seien die besten angeführt [in () Zahlen für IV]: 21,1 g I (40,3 g), 670° (650°), Gasgeschwindigkeit [cm^3 Gas/cm^3 Katalysator/Std. bei 0°, 760 mm] 1120 (1000): 32,4% III (7,3% V u. 16,1% III), 4980 (8080) cm^3 Gas von 0° u. 760 mm mit 74,9 (59,4)% H_2, 0,6 (2,9)% ungesätt. u. 24,5 (37,7)% gesätt. Bestandteilen. Bas. Katalysatoren (CaO u. K_2O) bewirkten schon bei 575° bzw. 560°, stärkere Cyclisierung von II, aber auch stärkere Zers., die >600° überwog. — *o-* u. *p-Nitrocumol* (o- u. p-VIII), durch Eintropfen von 750 g konz. H_2SO_4 u. 550 g konz. HNO_3 in 860 g Cumol (VII) bei 45° u. 2std. Rühren (45°); Öl mit W., 5%ig. $NaHCO_3$ u. W. gewaschen; 62% (Ausbeute); o : p = 0,31; *o*-VIII, Kp.$_{13}$ 110,5°; n_D^{25} 1,5238. *p*-VIII, Kp.$_{14}$ 131°; n_D^{25} 1,5350. — *o-Isopropylanilin* (IV), Kp.$_{14,5}$ 102°, aus *o*-VIII in CH_3OH durch Red. (H_2, RANEY-Ni); n_D^{25} 1,5494; 92%. — *2.4-Dinitrocumol*, Kp.$_3$ 142 bis 143°, a) durch Eintropfen von 262 g HNO_3 u. 440 g H_2SO_4 in 120 g Cumol bei 80° u. 2std. Rühren (80°); wie VIII verarbeitet; n_D^{25} 1,5528; 43%; b) aus 545 g HNO_3, 800 g H_2SO_4 u. 253 g p-VIII bei 45°; 2std. Rühren bis 60°; 96%. — *2.4-Diaminocumol*, $C_9H_{14}N_2$, Kp.$_{2,5}$ 136—137°, F. 31,5—32,5°, durch Red. der vorst. Verb. in CH_3OH (H_2, RANEY-Ni, 1300 lbs), luftempfindlich; 90%. *Hydrat*, $C_9H_{14}N_2 \cdot \frac{1}{2} H_2O$, F. 57,2—57,7°, durch Umlösen aus wss. Alkohol. *Diacetylverb.*, $C_{13}H_{18}O_2N_2$, F. 217,4—217,6° (A. + W.), mit sd. CH_3COCl (einige Min.). *Dibenzoylverb.*, $C_{23}H_{22}O_2N_2$, F. 241,2—241,5° (A.), nach SCHOTTEN-BAUMANN. *Dihydrochlorid*, $C_9H_{16}N_2Cl_2$, F. ca. 275° (Zers.), durch Einleiten von HCl-Gas in die Ätherlsg., luftbeständig. — *2.4-Dinitroäthylbenzol*, Kp.$_2$ 126°, nach BORSCHE [1919]; n_D^{25} 1,5655; 56%; aus der 1. Fraktion bei Stehen u. Kühlen ziemlich viel *2.6-Dinitroäthylbenzol*, $C_8H_8O_4N_2$, F. 57—57,8° (CH_3OH). — *2.4-Diaminoäthylbenzol*, $C_8H_{12}N_2$, Kp.$_2$ 127°; n_D^{25} 1,6088; 86%. *Dibenzoylverb.*, $C_{22}H_{20}O_2N_2$, F. 231,2 bis 231,6°. *Dihydrochlorid*, $C_9H_{14}N_2Cl_2$, F. ca. 270° (Zers.), im Gegensatz zur Base luftbeständig. (J. Amer. chem. Soc. **73.** 3080—82. Juli 1951. Claremont, Calif., Pomona Coll., Dep. of Chem.) K. LEHMSTEDT. 3081

Corwin Hansch, Felix Gschwend und **Jack Bamesberger,** *Katalytische Synthese von Heterocyclen.* 7. Mitt. *Dehydrocyclisierung von Anilen zu Acridin und Carbazol.* (6. vgl. vorst. Ref.) Durch Katalyse in der Dampfphase werden *N-[2-Methylcyclohexyliden]-anilin* (I) u. *N-Cyclohexyliden-o-toluidin* (II) zu *Acridin* u. *N-Cyclohexylidenanilin* (III) zu *Carbazol* dehydrocyclisiert. *2-Methylcyclohexanon* (V) wird am besten durch Dehydrierung von 2-Methylcyclohexanol (IV) in der Dampfphase gewonnen.

Versuche: *2-Methylcyclohexanon* (V): Drahtförmiges CuO ½ Std. bei 150° mit H_2 red., dann 45 Min. bei 325—350°, bis die Temp. nicht mehr stieg; 118 g IV über 10 cm^3 Cu/1 Std. bei 320° [Geschwindigkeit (v) 866 cm^3 Dampf/cm^3 Cu/Std.] geleitet; 86% (Ausbeute) u. 97—98%ig. H_2; V wurde roh verwandt. — *N-[2-Methylcyclohexyliden]-anilin* (I), $C_{13}H_{17}N$, Kp.$_5$ 124—126°; 94,5 g V, 80 g Anilin u. 1 g $ZnCl_2$ in sd. Toluol (7 Std. Wasserfang); n_D^{25} 1,5481; 97,5 g. — *N-Cyclohexyliden-o-toluidin* (II), $C_{13}H_{17}N$, Kp.$_5$ 124—126°, aus o-Toluidin u. Cyclohexanon; $D.^{25}_{25}$ 0,9829; n_D^{25} 1,5479; 81%. — *N-Cyclohexylidenanilin* (III), wie vorst.; 51%. — *Acridin*, F. 109—110° (Ligroin): Katalysator auch für folgende Verss. Cr–Cu–Kohle Nr. 2 (vgl. 5. Mitt., C. **1952.** 2508); jedesmal 10 cm^3 red.; a) 35 g I bei 550° u. v = 538 übergeleitet u. in 6n HCl kondensiert; mit Aceton verd. u. im Eisschrank gekühlt; *Hydrochlorid* mit Ae. gewaschen; 11,7 g u. 11,5 Liter Gas mit 92% H_2, 2% Olefin u. 6% gesätt. KW-stoffen; b) 35 g II wie bei a); 15,2% Salz u. 10,3 Liter mit 78% H_2, 5% Olefinen u. 17% gesätt. KW-stoffen. — *Carbazol*, F. 243 bis 245° (Ligoin), aus III bei 575°/v = 408; 10%. *Pikrat*, F. 186—187° (Zers.). (J. Amer. chem. Soc. **74.** 4554—55. 20/9. 1952.) K. LEHMSTEDT. 3081

Richard Budziarek, D. J. Drain, F. J. Macrae, John McLean, G. T. Newbold, D. E. Seymour, F. S. Spring und **Martin Stansfield,** *4-Alkyl-3.5-dioxo-1.2-diphenylpyrazolidinderivate.* Kondensation von Hydrazobenzol-4.4'dicarbonsäurediäthylester (V) mit Alkylmalonylchloriden führt zu *4-Alkyl-3.5-dioxo-1.2-bis-[p-äthoxycarbonylphenyl]-pyrazolidinen*, die auf ihre Verwendbarkeit als nichttox. Präpp. zur Behandlung der rheumat. Arthritis untersucht werden sollen. Oxydation von p-Aminosalicylsäuremethylester (I) mit Na-Perborat gibt *3.3'-Dioxyazoxybenzol-4.4'dicarbonsäuredimethylester* (II), der sich zum entsprechenden *Hydrazobenzolderiv.* (III) red. läßt. Im Gegensatz zu I geben 4-Aminosalicylsäureäthylester (VII) u. die von MEHTA u. VAKILWALA (J. Amer. chem. Soc. **74.** [1952.] 563) verwendeten Amine mit Na-Perborat die entsprechenden *Azoverbindungen*, VII u. auch I lassen sich jedoch mit H_2O_2 in CH_3COOH zu den *Azoxyverbb.* oxydieren. Acetylierung von III, anschließende Kondensation mit Alkylmalonylchloriden u. Hydrolyse liefert *4-Alkyl-3.5-dioxo-1.2-bis-[3'-oxy-4'-carboxyphenyl]-pyrazolidine.* Kondensation von V mit Malonestern führte nicht zu 3.5-Dioxypyrazolidinen.

Versuche: *Azoxybenzol-4.4'-dicarbonsäurediäthylester*, F. 110—112°, aus der Säure über das mit $SOCl_2$ erhaltene Chlorid durch Kochen in Bzl. mit A.; rosafarbene Platten aus A.; 82% (Ausbeute). *Hydrazobenzol-4.4'-dicarbonsäurediäthylester* (V), F. 117,5—119°, aus vorst. Verb. durch Red. mit Zn–Eisessig; Nadeln; 89%. — *3.3'-Dioxyazoxybenzol-4.4'-dicarbonsäuredimethylester* (II), $C_{16}H_{14}O_7N_2$, F. 193—194°, a) aus 4 g I in Eisessig durch Schütteln mit 54%ig. Na-Perborat bei Raumtemp.; aus Äthylacetat rote Nadeln; 1,3 g; b) aus 80 g I in Eisessig u. 30%ig. H_2O_2 (72 Std., Raumtemp.); orangerote Nadeln aus Eisessig. *Diacetylderiv.*, $C_{20}H_{18}O_9N_2$, F. 123—124°, mit Acetanhydrid–Pyridin bei Raumtemp.; orangefarbene Nadeln aus Methanol. *Dibenzoylderiv.* $C_{30}H_{22}O_9N_2$, F. 187 bis 188°, gelbe Blättchen aus Eisessig. — *3.3-Dioxyazoxybenzol-4.4'-dicarbonsäurediäthylester*, $C_{18}H_{18}O_7N_2$, F. 137°, aus VII mit H_2O_2–CH_3COOH; aus A. orangefarbene Nadeln oder rote Prismen. — *3.3'-Dioxyazoxybenzol-4.4'-dicarbonsäure*, $C_{14}H_{10}O_7N_2$, Zers. $> 300°$, durch alkal. Verseifung von II; Reinigung durch Extraktion mit heißem Aceton; braunes Pulver. — *3.3'Dioxyhydrazobenzol-4.4'-dicarbonsäuredimethylester* (III), $C_{16}H_{16}O_6N_2$, F. 198—199°, aus II oder IV durch Red. mit Zn–Eisessig; Nadeln aus wss. A. oder Eisessig. *Diäthylester*, $C_{18}H_{20}O_6N_2$, F. 150—151°, wie vorst. Verb. aus 3.3'-Dioxyazobenzol-4.4'-dicarbonsäurediäthylester. — III-*Diacetylderiv.*, $C_{20}H_{20}O_8N_2$, F. 156—158°, rosafarbene Nadelrosetten aus Methanol. *3.3'-Dibenzoylderiv.* $C_{30}H_{24}O_8N_2$, F. 220—221°, a) durch Benzoylierung von III; 46%; b) durch Red. des Dibenzoylderiv. von II oder der entsprechenden Azoverb. mit Zn–Eisessig bei 90°. — *N.N'.3.3'-Tetrabenzoylderiv.*, $C_{44}H_{32}O_{10}N_2$, F. 180—181°, aus 3 g III durch 2std. Erhitzen mit Benzoylchlorid–Pyridin (neben 0,3 g vorst. Verb.); Platten aus Eisessig; 1,2 g. — *3.3'-Dioxyhydrazobenzol-4.4'-dicarbonsäure*, $C_{14}H_{12}O_6N_2$, F. 206—207°, a) durch alkal. Verseifung von III, Lösen in Pyridin u. Fällen mit HCl; cremefarbenes Pulver; b) durch Red. von 4-Nitrosalicylsäure in 5n NaOH mit Zn-Staub. — *3.3'-Dioxyazobenzol-4.4'-dicarbonsäuredimethylester* (IV), $C_{16}H_{14}O_6N_2$, F. 214—216°, durch Oxydation von 0,5 g III in heißem Eisessig mit Na-Perborat; rote Nadeln aus Essigester; 400 mg. — *Diacetylderiv.*, $C_{20}H_{18}O_8N_2$, F. 179—181°, a) aus 0,5 g 3.3'-Diacetoxyhydrazobenzoldicarbonsäuremethylester in warmer CH_3COOH mit Na-Perborat; rote prismat. Platten aus Chlf.–Methanol; 400 mg; b) aus 1 g IV durch Acetylierung; 1 g. — IV-*Dibenzoylderiv.*, $C_{30}H_{22}O_8N_2$, F. 208—209°, durch Perboratoxydation des III-Dibenzoylderiv. oder durch Benzoylierung von IV; orangefarbene Nadeln aus Essigester. — *3.3'-Dioxyazobenzol-4.4'-dicarbonsäure*, $C_{14}H_{10}O_6N_2$, Zers. bei ca. 290°, durch alkal. Verseifung aus IV. — Darst. der *Alkylmalonylchloride* aus den entsprechenden Alkylmalonsäurediäthylestern, die verseift u. mit $SOCl_2$ behandelt wurden: *n-Hexylmalonylchlorid*, $C_9H_{14}O_2Cl_2$, Kp.$_{16}$ 124°. — Folgende *4-Alkyl-3.5-dioxo-1.2-bis-[p-äthoxycarbonylphenyl]-pyrazolidine* der allg. Formel VI, R' = H, wurden dargestellt: R.R'' = C_2H_5, $C_{23}H_{24}O_6N_2$, F. 200—201°, aus A. Prismen. — *R = H, R'' = C_2H_5*, $C_{19}H_{16}O_6N_2$, F. 270—280° (Zers.), mkr. Kristalle aus wss. Methanol. — *R = C_2H_5, R'' = n-Propyl*, $C_{24}H_{26}O_6N_2$, F. 198—200°, aus A. prismat. Nadeln. — *R = H, R'' = n-Propyl*, $C_{20}H_{18}O_6N_2$, F. 228—229° (Zers.), Prismen aus Essigester. — *R = C_2H_5, R'' = Isopropyl*, $C_{24}H_{26}O_6N_2$, F. 180°, aus A. Nadeln. — *R = H, R'' = Isopropyl*, $C_{20}H_{18}O_6N_2$, F. 275° (Zers.), aus Essigester–PAe. Rhomben. — *R = C_2H_5, R'' = n-Butyl*, $C_{25}H_{28}O_6N_2$, F. 158—159°, aus A. Nadeln. — *R = H, R'' = n-Butyl*, $C_{21}H_{20}O_6N_2$, F. 222—224° (Zers.), Nadeln aus Essigester–PAe.; *Halbhydrat* F. 209—210°, aus 50%ig. A. Nadeln. — *R = C_2H_5, R'' = n-Hexyl*, $C_{27}H_{32}O_6N_2$, F. 132—133°, aus A. Nadeln. — *R = H, R'' = n-Hexyl*, $C_{23}H_{24}O_6N_2$, F. 245° (Zers.), aus A. Nadeln. — *Vorst. Ester* wurden durch Zutropfen von 0,17 Mol des Alkylmalonylchlorids zu 85 ml Pyridin u. 100 ml Chlf. bei —10°, Zugabe von 50 g V in 500 ml Chlf., 12std. Rk. bei Raumtemp., Waschen u. Ansäuern der alkal. Extrakte gewonnen; 40—80%. Die freien Säuren werden durch alkal. Hydrolyse der Ester u. Ansäuern mit verd. HCl dargestellt; 70—80%. — *3.5-Dioxopyrazolidine* der allg. Formel VI, *R' = OH*: *R, R'' = CH_3*, $C_{20}H_{18}O_8N_2$, F. 283—284°, prismat. Nadeln aus Eisessig. — *R = H, R'' = CH_3*, $C_{18}H_{14}O_8N_2$, F. 272—273° (Zers.), mkr. Kristalle aus wss. Methanol. — *R = CH_3, R'' = C_2H_5*, $C_{21}H_{20}O_8N_2$, F. 244—246°, aus Methanol–Chlf. Prismen. — *R = H, R'' = C_2H_5*, $C_{19}H_{16}O_8N_2$, F. 280—282° (Zers.), aus Ae.–PAe. quadrat. Platten. — *R = CH_3, R'' = n-Propyl*, $C_{22}H_{22}O_8N_2$, F. 164°, prismat Nadeln. aus Chlf.–CH_3OH. — *R = H, R'' = n-Propyl*, $C_{20}H_{18}O_8N_2$, F. 256° (Zers.), Prismen aus Essigsäure. — *R = CH_3, R'' = Isopropyl*, $C_{22}H_{22}O_8N_2$, F. 186—187°, prismat. Nadeln aus Chlf.–Methanol. — *R = H, R'' = Isopropyl*, $C_{20}H_{18}O_8N_2$, F. 270° (Zers.), aus A. mkr. Kristalle. — *R = CH_3, R'' = n-Butyl*, $C_{23}H_{24}O_8N_2$, F. 154°, prismat. Nadeln aus Chlf.–Methanol. — *R = H, R'' = n-Butyl*, $C_{21}H_{20}O_8N_2$, F. 220° (Zers.), aus Ae.–PAe. Platten. — *R = CH_3, R'' = Isoamyl*, $C_{24}H_{26}O_8N_2$, F. 180—181°, aus Chlf.–A. Nadeln. — *R = H*,

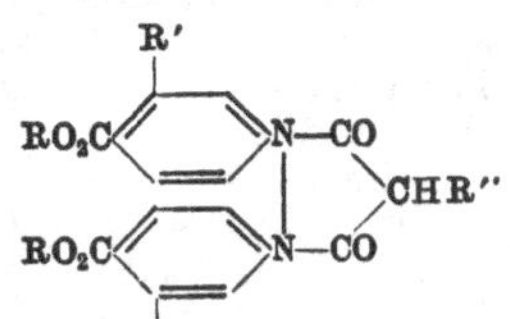

VI

R'' = Isoamyl, $C_{22}H_{22}O_8N_2$, F. 255° (Zers.), aus Ae.-PAe. Nadeln. — *R = CH_3, R'' = n-Hexyl*, $C_{25}H_{28}O_8N_2$, F. 123—124°, prismat. Nadeln aus Methanol. — *R = H, R'' = n-Hexyl*, $C_{23}H_{24}O_8N_2$, F. 225—227° (Zers.), aus Ae.-PAe. Nadeln. — *1.2-Bis-[3'-acetoxy-4'-methoxycarbonylphenyl]-4-n-butyl-3.5-dioxypyrazolidin*, $C_{27}H_{28}O_{10}N_2$, F. 143—144°, aus n-Butylmalonylchlorid wie vorst., aber Extraktion mit 5%ig. Sodalsg.; Nadeln aus Bzn; auch aus der Oxyverb. durch Acetylieren. — Die *4-Alkyl-1.2-bis-(3'-oxy-4'-carboxyphenyl)-3.5-dioxopyrazoline* wurden aus den Estern durch Verseifung mit 5%ig. NaOH erhalten; sie geben violette $FeCl_3$-Reaktion. (J. chem. Soc. [London] **1955.** 3158—63. Sept. Glasgow, Royal Techn. Coll., u. Smith and Nephew Res. Ltd., Hundson Labors., Ware.) W. Schwenke. 3122

Heinrich Hellmann und **Otto Schumacher**, *Synthesen mit tertiären Mannich-Basen. 11. Mitt. Über den Mechanismus der Kondensationsreaktionen von Dialkylaminomethylantipyrin und dessen Jodmethylat.* (10. vgl. Chem. Ber. **88.** [1955.] 1944.) Das Methojodid (**I**) des N-Dimethyaminomethylantipyrins (**II**) besitzt die Fähigkeit zur C-Alkylierung. Bei den Umsetzungen mit KCN bzw. mit den Na-Verbb. des Formamidomalonsäuredimethylesters (**III**) oder Nitromalonsäurediäthylesters (**IV**) überträgt es seine Antipyrylmethylgruppe auf diese nucleophilen Reaktionspartner. Dagegen wirken die freien tert. Mannich-Basen selbst nicht C-alkylierend. Bei der Kondensation von **II** mit **III** bildet sich prim. aus den Komponenten das Antipyrylmethyltrimethylammoniumsalz des Formamidomalonsäurehalbesters, dessen quartäres Ammoniumion erst als alkylierendes Agens fungiert.

Versuche: *Antipyrylmethyldiäthylammoniumsalz des Nitroessigsäureäthylesters*, $C_{20}H_{30}O_5N_4$, F. 84—85° (A. oder A.-Ae.), aus Diäthylaminomethylantipyrin u. Nitroessigester in absol. A.-Ae. (24std. Stehen) oder in absol. Ae. allein (einige Min.). Wurde mit n-HCl bei —10° zerlegt in Nitroessigester (*Ammoniumsalz*, F. 129—131°, Nadeln [absol. A.]; 65% [Ausbeute]) u. Diäthylaminomethylantipyrin (F. 72—74°; 70%. *Pikrat*, $C_{16}H_{23}ON_3 \cdot C_6H_3O_7N_3$, F. 143—145°). — *Antipyrylmethylformamidomalonsäure, Dimethylester*, $C_{18}H_{21}O_6N_3$, F. 161—163° (W.), aus Na-**III** u. **I** in sd. absol. CH_3OH (6 Std. unter N_2). *Monohydrat*, $C_{18}H_{21}O_6N_3 \cdot H_2O$, F. 96—99°, wieder fest bei 115—120°. *Diäthylester*, $C_{20}H_{25}O_6N_3 \cdot H_2O$, F. 113—145° (W.), analog in absol. Äthanol. — *Antipyrinalanin* (**V**), nicht krist., durch Erhitzen vorst. Dimethylesters mit konz. HCl. *N-Benzoylderiv.*, $C_{21}H_{21}O_4N_3$, F. 228—230° (Chlf.-Hexan). — *Antipyrinacetamid*, $C_{13}H_{15}O_2N_3$, F. 147° (Bzl. oder A.-Ae.), aus 3,87 g **I** u. KCN in sd. W. unter N_2 (2 Std.); 1 g; daneben *Trimethylamin* (*Pikrat*). — *Antipyrinessigsäure* (**VI**), $C_{13}H_{14}O_3N_2$, F. 186—188° (W.), a) aus 2,5 g vorst. Amids u. konz. HCl (10 Std. auf dem Dampfbad; 2,15 g roh); b) aus 1-Phenyl-3-methyl-4-carbäthoxymethylpyrazolon-(5) u. $(CH_3)_2SO_4$ in 20%ig. KOH (Wasserkühlung, dann Erhitzen). — *Antipyrylmethylnitromalonsäurediäthylester*, aus **I** u. 2,3 g Na-**IV** in sd. Dioxan-W. unter N_2 (7—8 Std.); 4,5 g; daneben 1,23 g nachst. Verbindung. — *β-Antipyrin-α-nitropropionsäureäthylester*, Öl, aus vorst. Verb. u. C_2H_5ONa in absol. A.-Ae. (12 Std. bei 20—30°). *Diäthylammoniumsalz*, $C_{20}H_{30}O_5N_4$, F. 114—116°, Nadeln; 60%, bezogen auf vorst. Verb.; Red. mit Zn-Staub in sd. Eisessig gab **V**; Erhitzen mit konz. HCl (5 Std.) gab **VI**. *Diisobutylammoniumsalz*, $C_{24}H_{38} \cdot O_5N_4$, F. 100—101°, Nadeln. — Rk. von **II** mit **III** in sd. absol. Xylol mit oder ohne Zusatz von NaOH unter N_2 (2 Std.) gab neben *Trimethylamin* (*Hydrochlorid*; *Pikrat*, F. 218°) u. CO_2 nach anschließender Hydrolyse mit konz. HCl **V** u. *Glykokoll.* (Chem. Ber. **89.** 95—106. 1956. Tübingen, Univ., Chem. Inst., u. Max-Planck-Inst. für Biochem.) J. Rothe. 3122

Hans Beyer, Wolfgang Lässig und **Ehrenfried Bulka**, *Über Thiazole. 20. Mitt. Die wahre Konstitution des in der Literatur beschriebenen „2-Amino-5-methyl-1.3.4-thiodiazins“.* (19. vgl. C. **1954.** 7414.) Der in der 15. Mitt. (vgl. C. **1954.** 7411) als „2-Amino-5-methyl-1.3.4-thiodiazin“ bezeichneten Verb. (vgl. auch McLean u. Wilson, J. chem. Soc. [London] **1937.** 556) kommt die Konst des *3-Amino-4-methylthiazolon-(2)-imins* (**I**) zu, da bei der versuchten Desaminierung mit 2 Mol $NaNO_2$ unter gleichzeitiger Nitrosierung *5-Nitroso-4-methyl-2-aminothiazol* entsteht, das als *H_2SO_3-Additionsprod.* krist. erhältlich ist. Demzufolge muß die in der gleichen Mitt. als „3-Amino-4-methylthiazolon-(2)-imid“ bezeichnete Verb. *2-Amino-5-methyl-1.3.4-thiodiazin* (**II**) sein. Bei der Kondensation von Chloraceton mit Thiosemicarbazidhydrochlorid in wss. 1 bis 2n HCl entsteht das *Chloracetonthiosemicarbazon* (**III**), das sich beim Erwärmen in alkoh. Lsg. zu **II** cyclisiert. Dieses lagert sich unter Einfl. starker HCl unter Ringverengung in **I** u. beim Erhitzen mit Benzaldehyd in alkoh. Lsg. in *Benzaldehyd-[4-methylthiazolyl-(2)]-hydrazon* um. Damit dürfte das in der 12. Mitt. (vgl. C. **1954.** 7408) aus α.β-Dichlordiäthyläther bzw. Chloracetaldehyd mit Thiosemicarbazid entstandene $C_3H_6N_3SCl$ *Chlor-*

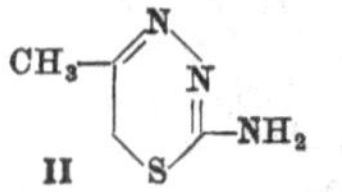

II

acetaldehydthiosemicarbazon sein. Die Kondensation von Chloraceton mit Thiosemicarbazidhydrochlorid ist also p_H-abhängig: in neutralem Medium bildet sich zunächst analog der HANTZschen Thiazolsynth. S-Acetonylisothiosemicarbazidhydrochlorid, in wss. saurem Medium **III** u. in konz. HCl **I**. Die Reaktionsmechanismen der 3 Rkk. werden diskutiert u. die in der 15. Mitt. (l. c.) für die Cyclisierungs-Rkk. u. intramol. Umlagerungen angeführten theoret. Deutungen geändert. Das von TRAVERSO (C. **1954**. 8809) aus **I** u. p-Nitrobenzaldehyd erhaltene Kondensationsprod. ist nach Ansicht der Vff. 3-[p-Nitrobenzalamino]-4-methyldiazolon-(2)-imin. Ebenso sind die von GRUNDMANN (Chem. Ber. **82**. [1949.] 227) dargestellten N-Acetylsulfanilamidderivv. von **I** sowie die des entsprechenden Äthylprod., die bei der Umsetzung mit p-Nitrobenzaldehyd leicht in die gutkrist. SCHIFFschen Basen, 4-Methyl- bzw. 4-Äthyl-3-[p-Nitrobenzalamino]-thiazolon-(2)-[p-acetamidobenzolsulfonylimin] als 3-Amino-4-methyl- bzw. -4-äthyl-thiazolon-(2)-[p-acetamidobenzolsulfonylimin] aufzufassen. Ferner ist die in der 15. Mitt. (l. c.) bei der Umsetzung von **II** mit HNO_2 entstandene N-reiche Verb. nicht 4'-Methyl-thiazolo-[2'.3':5.4]-tetrazol, sondern *[4-Methylthiazolyl-(2)]-azid.*

V e r s u c h e: *Chloracetonthiosemicarbazon* (**III**), $C_4H_8N_3ClS$, F. 146°, a) durch Zutropfen von Chloraceton zu Thiosemicarbazid in 2n HCl unter Eiskühlung u. Rühren; 85% (Ausbeute); b) aus Thiosemicarbazidhydrochlorid u. Chloraceton in W.; zers. sich beim Stehen unter Gelbfärbung. — *2-Amino-5-methyl-1.3.4-thiodiazinhydrochlorid* (**II**), F. 168 bis 169°, a) durch kurzes Erhitzen von **III** in A.; Blättchen; 85%; b) aus **III** in A. durch Schütteln, 24std. Stehen u. Abdunsten; 78%. — *Benzaldehyd-[4-methylthiazolyl-(2)]-hydrazon*, F. 190—191°, aus **III** in A. + Benzaldehyd + gesätt. Na_2CO_3 u. Aufkochen; glänzende seidige Nadelbüschel aus A.; 92%. — *3-Amino-4-methylthiazolon-(2)-imin-hydrochlorid* (**I**), F. 224° (A.), aus **III** + konz. HCl (Kochen); 95%. — *4-Methyl-2-amino-5-nitrosothiazol, H_2SO_3-Additionsprod.*, $C_4H_7O_4N_3S_2$, Zers. >350°, a) aus **I**–HCl in n HCl + 5n $NaNO_2$ unter Eiskühlung, Gießen in konz. $NaHSO_3$ u. Abscheiden mit konz. HCl; Blättchen; b) aus **II**–HCl in verd. HCl + 5n $NaNO_2$ unter Kühlen u. Behandeln mit $NaHSO_3$. — *3-[p-Nitrobenzalamino]-4-methylthiazolon-(2)-[p-acetamidobenzolsulfonylimin]*, $C_{19}H_{17}O_5N_5S_2$, F. 253—254°, aus 3-Amino-4-methylthiazolon-(2)-[p-acetamidobenzolsulfonylimin] in Eisessig + p-Nitrobenzaldehyd (kurzes Kochen); gelbe Blättchen aus Pyridin–A.; 72%. — *3-[p-Nitrobenzalamino]-4-äthylthiazolon-(2)-[p-acetamidolbenzolsulfonylimin]*, $C_{20}H_{19}O_5N_5S_2$, F. 241° (Eisessig), aus 3-Amino-4-äthylthiazolon-(2)-[p-acetamidobenzolsulfonylimin] wie vorst.; 76%. (Chem. Ber. **87**. 1385—92. 30./10. 1954. Greifswald, Univ., Inst. für Organ. Chem.) H. LEHWALD. 3142

Hans Beyer, Wolfgang Lässig, Ehrenfried Bulka und **Dieter Behrens,** *Über Thiazole.* 21. Mitt. *Die Synthese von alkylsubstituierten 2-Amino-1.3.4-thiodiazinen und deren Umlagerung in 3-Aminothiazolon-(2)-imide.* (20. vgl. vorst. Ref.) 3-Chlorbutanon-(2) (**I**) u. α-Brompropanal (**II**) ergeben mit Thiosemicarbazid in schwachsaurer Lsg. die entsprechenden *Thiosemicarbazone,* die sich in alkoh. Lsg. unter Abspaltung von HCl zu *2-Amino-5.6-dimethyl* (**X**) bzw. *2-Amino-6-methyl-1.3.4-thiodiazin* (**XI**; vgl. **II** in vorst. Ref.) cyclisieren lassen. Diese Thiodiazine sind als labile cycl. Thiosemicarbazone zu intramol. Umlagerungen befähigt: beim Erhitzen in starken Säuren entstehen *3-Amino-4.5-dimethyl-* (**III**) bzw. *3-Amino-5-methylthiazolon-(2)-imin* (**IV**), beim Aufkochen mit Benzaldehyd in alkoh. Lsg. *Benzaldehyd-[4.5-dimethylthiazolyl-(2)]-* (**V**) bzw. *-[5-methylthiazolyl-(2)]-hadrazon* (**VI**). **III** u. **IV** lassen sich direkt bei der Umsetzung von **I** u. **II** mit Thiosemicarbazid in konz. HCl bzw. konz. HBr gewinnen. Bei der Behandlung mit Acetanhydrid bildet **IV** eine *Triacetylverb.*, **III** nur eine *Diacetylverbindung.* Mit 2 Mol $NaNO_2$ gibt **III** u. **IV** unter Desaminierung *2-Amino-4.5-dimethyl-* bzw. *2-Amino-5-methylthiazol,* die jedoch im Gegensatz zu 2-Amino-4-methylthiazol (vgl. l. c.) nicht zu Nitrosoverbb. weiterreagieren, sondern gleichzeitig diazotiert werden, was auf den Einfl. der CH_3-Gruppe in 5-Stellung zurückgeführt wird. Durch Kupplung der Diazoniumverbb. mit Dimethylanilin werden die Azofarbstoffe *2-[p-Dimethylaminobenzolazo]-4.5-dimethylthiazol* u. *-5-methylthiazol* erhalten. *4.5-Dimethylthiazolyl-(2)-hydrazin* (**VII**) entsteht durch Kondensation von 1-Acetylthiosemicarbazid (**IX**) mit **I** in absol. A. u. Verseifung des gebildeten *N'-Acetyl-N-[4.5-dimethylthiazolyl-(2)]-hydrazins,* die Darst. von *[5-Methylthiazolyl-(2)]-hydrazin* (**VIII**) gelang nur durch Verseifung des *Acetophenon-[5-methylthiazolyl-(2)]-hydrazons,* das aus Acetophenonthiosemicarbazon u. **II** gewonnen wurde. Bei der Rk. von **IX** u. **II** wurde dagegen ein uneinheitliches Gemisch erhalten. Wird die Kondensation aber in Na-Acetat gepufferter Lsg. durchgeführt, so bildet sich *5.5'-Dimethyl-2.2'-azothiazol,* dessen Konst. durch Synth. aus Hydrazin-N.N'-bis-thiocarbonsäureamid u. **II** u. anschließende Oxydation mit $FeCl_3$ sichergestellt wurde. **VII** u. **VIII** reagieren bereits in der Kälte mit Benzaldehyd unter Bldg. von **V** u. **VI**, die ferner bei der Rk. von Benzaldehydthiosemicarbazon mit **I** u. **II** erhalten werden. **VII** u. **VIII** werden durch Dehydrierung mit HgO in *4.5-Dimethyl-* bzw. *5-Methylthiazol* verwandelt, aus **V** u. **VI** entstehen mit konz. HCl **IV** u. **III**. Die mit den Kondensationsprodd. von **I** durchgeführten intramol. Umlagerungen erfolgen langsamer als in der **II**- bzw. Chloracetonreihe (l. c.), ein deutlicher Einfl. der Methylgruppe auf den Reaktionsablauf ist also feststellbar.

Versuche: *3-Amino-4.5-dimethylthiazolon-(2)-imin* (**III**), *Hydrochlorid*, $C_5H_9N_3S \cdot HCl$, F. 242°, aus Thiosemicarbazid + **I** in konz. HCl, Aufkochen u. Vakuumeinengen; Prismen aus A. + HCl; 67% (Ausbeute). *Freie Base*, $C_5H_9N_3S$, F. 88—90°, gelbe Nadeln aus Cyclohexan; verharzt an der Luft. *Diacetylverb.*, $C_9H_{13}O_2N_3S$, F. 193°, schräge Blättchen aus Aceton. — *N'-Acetyl-N-[4.5-dimethylthiazolyl-(2)]-hydrazinhydrochlorid*, $C_7H_{11}ON_3S \cdot HCl$, F. 215—216°, aus **IX** + **I** in absol. A. (Erwärmen); Kristalle aus A.; 60%; färbt sich an der Luft rosa. *Freie Base*, $C_7H_{11}ON_3S$, F. 204—205° (A.). — *4.5-Dimethylthiazolyl-(2)-hydrazin* (**VII**), *Hydrochlorid*, $C_5H_9N_3S \cdot HCl$, F. 169—171° (A.), aus vorst. Hydrochlorid in absol. A. + HCl in 5 Std. bei 50—60° u. Einengen. *Freie Base*, $C_5H_9N_3S$, F. 132° (A.). — *Benzaldehyd-[4.5-dimethylthiazolyl-(2)]-hydrazon* (**V**), *Hydrochlorid*, F. 221—222°, aus Benzaldehydthiosemicarbazon + **I** in absol. A. durch 2std. Erwärmen; gelbe Nadeln aus absol. A.; 79%. *Freie Base*, $C_{12}H_{13}N_3S$, F. 194—195°, a) aus vorst. Hydrochlorid; b) aus **VII** in A. + Benzaldehyd, Aufkochen u. Verdünnen; aus verd. A. gelbe Nadeln. — *3-Chlorbutanon-(2)-thiosemicarbazon*, aus Thiosemicarbazid in 2n HCl durch Zutropfen von **I** unter Rühren u. Kühlen (½ Std.); verharzt in trockenem Zustand; gibt beim Aufkochen in A. *2-Amino-5.6-dimethyl-1.3.4-thiodiazin* (**X**)-*Hydrochlorid* ($C_5H_9N_3S \cdot HCl$, F. 176° [A.]; 83%. *Freie Base*, F. 128°, gelbliche Kristalle aus A.), mit konz. HCl **III**-*Hydrochlorid*, mit Benzaldehyd in A. in der Wärme u. Behandeln mit Na-Acetat **V**. — Umlagerungen in der **I**-Reihe: **III**-*Hydrochlorid*, aus **VII**-Hydrochlorid in konz. HCl (2std. Kochen); 50%; b) aus **V** in konz. HCl (5 std. Kochen u. Abtreiben des Benzaldehyds mit Wasserdampf); c) aus **X**-Hydrochlorid durch Aufkochen mit konz. HCl; 45%. — **V**, aus **X**-Hydrochlorid in A. u. Benzaldehyd durch Aufkochen u. Zufügen von gesätt. Na-Acetat. — *4.5-Dimethylthiazol, Pikrat*, $C_5H_7NS \cdot C_6H_3O_7N_3$, F. 186°, aus **VII**-Hydrochlorid in W. + HgO, Zufügen von konz. Na-Acetatlsg., Alkalisieren mit NaOH, Abtreiben mit Wasserdampf, Ausäthern u. Behandeln mit Pikrinsäure; 75%. — *2-[p-Dimethylaminobenzolazo]-4.5-dimethylthiazol*, $C_{13}H_{16}N_4S$, F. 218—219° (wss. A.), a) aus 2-Amino-4.5-dimethylthiazol durch Diazotieren mit $NaNO_2$ in HCl, Kuppeln mit Dimethylanilin in verd. HCl u. Fällen mit Na-Acetat; 63%; b) aus **III**-Hydrochlorid durch Diazotieren u. Kuppeln wie vorstehend. — *3-Amino-5-methylthiazolon-(2)-imin* (**IV**), *Hydrobromid*, $C_4H_7N_3S \cdot HBr$, F. 211°, aus Thiosemicarbazid + **II** in 40%ig. HBr durch Aufkochen u. Vakuumeinengen; Blättchen aus A.; 25%. *Freie Base*, F. 110°; aus verd. A. gelbe Stäbchen. *Triacetylverb.*, $C_{10}H_{13}O_3N_3S$, F. 196° (Aceton). — *Acetophenon-[5-methylthiazolyl-(2)]-hydrazon*, $C_{12}H_{13}N_3S$, F. 186°, aus Acetophenonthiosemicarbazon + **II** in absol. A. (Aufkochen u. Zufügen von Na-Acetat); Nadeln aus verd. A.; 80%. *Monoacetylverb.*, $C_{14}H_{15}ON_3S$, F. 143°, gelbe Nadeln aus Aceton. — *5-Methylthiazolyl-(2)-hydrazin* (**VIII**), *Hydrochlorid*, $C_4H_7N_3S \cdot HCl$, F. 178° (A.), aus vorst. Verb. durch Verseifen mit wss. alkoh. HCl u. 4std. Abtreiben des Acetophenons mit Wasserdampf. *Freie Base*, F. 90—100° (unscharf), aus A. Nadeln. — *Benzaldehyd-[5-methylthiazolyl-(2)]-hydrazon* (**VI**), $C_{11}H_{11}N_3S$, F. 206°, a) aus Benzaldehydthiosemicarbazon in A. + **II** (5 Min. kochen) u. Zers. des *Hydrobromids* (F. 218°) mit Na-Acetat; 90%; b) aus **VIII**-Hydrochlorid + Benzaldehyd in 50%ig. A. u. Zufügen von Na-Acetat. *Monoacetylverb.*, $C_{13}H_{13}ON_3S$, F. 134°, gelbe Blättchen aus Dioxan. — *α-Brompropanalthiosemicarbazonhydrobromid*, $C_4H_8N_3BrS \cdot HBr$, F. 125°, aus Thiosemicarbazidhydrobromid in 5n HBr + **II** unter Kühlen (½ Std.) u. Stehen; Blättchen; 90%; nicht unverändert rekristallisierbar; gibt beim Erwärmen in A. 60% *2-Amino-6-methyl-1.3.4-thiodiazin* (**XI**)-*Hydrobromid* ($C_4H_7N_3S \cdot HBr$, F. 167°. *Freie Base*, F. 112°. *Diacetylverb.*, $C_8H_{11}O_2N_3S$, F. 134°, Stäbchen aus Dioxan); gibt in A. mit Benzaldehyd (Aufkochen u. Fällen mit Na-Acetat) 75% **VI**, mit 40%ig. HBr in A. (Aufkochen) **IV**-Hydrobromid. — Umlagerungen in der **II**-Reihe: **IV**-*Hydrobromid*, a) aus **VIII**-Hydrochlorid + 40%ig. HBr (½std. Kochen u. Vakuumeinengen); 15%; b) aus **XI**-Hydrobromid + konz. HBr. — **VI**, aus **XI** in A. + Benzaldehyd (Aufkochen u. Fällen mit Na-Acetat). — *5.5'-Dimethyl-2.2'-azothiazol*, $C_8H_8N_4S_2$, F. 223° (Zers.), a) aus **IX**, **II** u. Na-Acetat in absol. A. (3std. Rühren bei 60° u. Stehen bei 0°); rote sechseckige Blättchen aus Dioxan; 35%; b) aus Hydrazin-N.N'-bis-thiocarbonsäureamid + **II** in absol. A. (½ std. Kochen) u. Versetzen mit $FeCl_3$ in HCl; 80%. — *5-Methylthiazol, Pikrat*, $C_4H_5NS \cdot C_6H_3O_7N_3$, F. 169°, aus **VIII**-Hydrochlorid u. HgO in W. durch Schütteln in 24 Std., Alkalisieren, Abtreiben mit Wasserdampf u. Behandeln mit Pikrinsäure. — *2-[p-Dimethylaminobenzolazo]-5-methylthiazol*, $C_{12}H_{14}N_4S$, F. 207°, a) durch Diazotieren von 2-Amino-5-methylthiazol u. Kuppeln mit Dimethylanilin wie oben; 65%; b) aus 5-Methylthiazolon-(2)-iminhydrochlorid durch Diazotieren u. Kuppeln wie vorstehend. (Chem. Ber. **87**. 1392—1401. 30/10. 1954.) H. LEHWALD. 3142

Hans Beyer, Wolfgang Lässig und **Ulrich Schultz**, *Über Thiazole. 22. Mitt. Über das 2-Hydrazino-5-methyl-1.3.4-thiodiazin und dessen Umlagerung in das 3-Amino-4-methylthiazolon-(2)-hydrazon.* (21. vgl. vorst. Ref.) Bei der Unters. der Kondensationsfähigkeit von α-Halogenketoverbb. mit Thiocarbohydrazid, $SC(NHNH_2)_2$, (I) in Abhängigkeit von der H^+-Konz. ergab die Rk. von Chloraceton (II) mit I in 2n HCl bei -10^0 *Monochloracetonthiocarbohydrazon*, das in konz. HCl wieder gespalten wurde. Beim Erhitzen in A. erfolgte unter HCl-Abspaltung Ringschluß zum *2-Hydrazino-5-methyl-1.3.4-thiodiazinhydrochlorid* (III), aus dem mit Benzaldehyd *2-Benzalhydrazino-5-methyl-1.3.4-thiodiazin* (IV) entstand, ebenfalls darstellbar aus Benzaldehydthiocarbohydrazon u. II. Analog entstand IV aus II u. Dibenzaldehydthiocarbohydrazon (V). Wird dagegen IV mit einem Überschuß von Benzaldehyd in saurer Lsg. umgesetzt, so bildet sich *Benzaldehyd-[3-benzalamino-4-methylthiazolon-(2)]-azin* (VI), wobei unter dem Einfl. von Säure zunächst die Aufspaltung der C=N-Bindung in 4.5-Stellung, Ringverengung u. dann Kondensation mit Benzaldehyd eintritt, da IV beim Erhitzen in 2n HCl allein *Benzaldehyd-[3-amino-4-methylthiazolon-(2)]-azin* (VII) bildet, das mit Benzaldehyd zu VI weiterreagiert. VI kann ferner durch Kondensation von V mit II in A. in Ggw. von $NaOCH_3$ erhalten werden. Während IV mit $NaNO_2$ eine *Mononitroseverb.* liefert, geht VII mit 2 Mol $NaNO_2$ in *Benzaldehyd-[4-methyl-5-nitrosothiazolyl-(2)]-hydrazon* über. Letzteres entsteht auch aus Benzaldehyd-[4-methylthiazolyl-(2)]-hydrazon u. $NaNO_2$ u. steht mit seinem Isonitrosoisomeren im Gleichgewicht (kupferrote O-Acetylverb.). III wird in konz. HCl in *3-Amino-4-methylthiazolon-(2)-hydrazondihydrochlorid* (VIII) umgelagert, das mit 2 Mol Benzaldehyd wieder VI ergibt. Von IV konnte ein *Mono-*, von VII ein *Di-* u. von VIII ein *Tetraacetat* erhalten werden.

Versuche: *Thiocarbohydrazid* (I), F. 167—170°, aus Äthylxanthogensäureäthylester + 80%ig. Hydrazinhydrat unter Erwärmen u. Schütteln bis zur Beendigung der Gasentw. (A. u. Äthylmercaptan), Stehen bei 0° u. Auskochen des Nd. mit W.; 70—75% (Ausbeute). Daneben als in sd. W. unlösl. Rückstand *3-Hydrazino-4-amino-5-mercapto-1.2.4-triazol*, F. 228° (*Benzalverb.*, F. 245°). — *Monobenzaldehydthiocarbohydrazon*, $C_8H_{10}N_4S$, F. 196—197°, aus I u. äquimol. Mengen Benzaldehyd in A. (kochen); Blättchen aus A.; 86%. — *Monochloracetonthiocarbohydrazon*, $C_4H_9N_4ClS$, F. 120—121°, durch Zutropfen von II in A. zu I in 2n HCl bei -10^0 unter Rühren, Aufnehmen des abfiltrierten Nd. in Pyridin u. Fällen mit Chlf.; Stäbchen; 63%. — *2-Hydrazino-5-methyl-1.3.4-thiodiazinhydrochlorid* (III), $C_4H_8N_4S \cdot HCl$, F. 155°, a) aus vorst. Verb. durch Erwärmen in A. auf 60—70°, Kühlen u. Fällen mit Ae.; gelbliche Säulen aus A.; 89%; b) aus I + II in A. (Erwärmen); 52%. — *2-Benzalhydrazino-5-methyl-1.3.4-thiodiazin* (IV), $C_{11}H_{12}N_4S$, F. 177°, a) aus der drittvorst. Verb. + II in A. bei 60° u. Fällen mit wss. Na-Acetatlsg.; 87%; b) aus III + Benzaldehyd in A. (Erwärmen); c) aus V + II in A. bei 70°; gelbliche Blättchen aus A.; 75%. *Monoacetylverb.*, $C_{13}H_{14}ON_4S$, F. 164°, aus A. gelbliche Blättchen. *Nitrosoverb*, $C_{11}H_{11}ON_5S$, F. 148°, aus IV in 2n H_2SO_4 durch Zutropfen von $NaNO_2$ bei 0°; aus A. Nadeln; 54%. — *3-Amino-4-methylthiazolon-(2)-hydrazondihydrochlorid* (VIII), $C_4H_8N_4S \cdot 2\,HCl$, F. 166°, aus I + II in A. durch Zufügen von konz. HCl u. Erwärmen auf 40°; Nadeln aus alkoh. HCl; 45%; die freie Base ist instabil. *Tetraacetat*, $C_{12}H_{16}O_4N_4S$, F. 150—151° (wss. Aceton); 58%. — *Benzaldehyd-[3-amino-4-methylthiazolon-(2)]-azin* (VII), $C_{11}H_{12}N_4S$, F. 161°, aus IV in 2n HCl (Aufkochen u. Fällen mit Na-Acetatlsg.); gelbe Nadeln aus A.; 75%. — *Diacetylverb.*, $C_{15}H_{16}O_2N_4S$, F. 217—218° (Zers.); gelbliche Nadeln aus Essigsäure. — *Benzaldehyd-[3-benzalamino-4-methylthiazolon-(2)]-azin* (VI), $C_{18}H_{16}N_4S$, F. 141°, a) aus IV + Benzaldehyd in A. u. 2n HCl (Aufkochen u. Fällen mit W.); gelbe Nadeln aus Dioxan; 62,5%; b) aus VII + Benzaldehyd in Eisessig (Aufkochen); 81%; c) aus V u. n-CH_3ONa in CH_3OH durch Erwärmen mit II u. Fällen mit W.; 63%; d) aus VIII + Benzaldehyd in A. (Aufkochen). — *Benzaldehyd-[4-methyl-5-nitrosothiazolyl-(2)]-hydrazon*, $C_{11}H_{10}ON_4S$, F. 213—214° (Zers.; wss. Aceton), a) aus VII in A. + 5n HCl durch Zutropfen von $NaNO_2$ bei 0° u. Fällen mit Na-Acetatlsg.; 75%; b) aus Benzaldehyd-[4-methylthiazolyl-(2)]-hydrazon durch Nitrosieren wie vorst.; 80%. — *Monoacetylverb.*, $C_{13}H_{12}O_2N_4S$, F. 158°, kupferfarbene Säulen aus wss. Aceton. (Chem. Ber. **87**. 1401—07. 30/10 1954.). H. LEHWALD. 3142

R. P. Weltman und **Ss. G. Rykliss**, *Einige Derivate des Benzothiazolyl-(2)-hydrazins.* Zur therapeut. Unters. werden die [*Benzothiazolyl-(2)*]-*hydrazone* von *Furfurol* u. *Zimtaldehyd* sowie *Isonicotinsäure-[benzothiazolyl-(2)]-hydrazid* (I) dargestellt. *Benzothiazolyl-(2)-hydrazin* (II) wird aus 2-Mercaptobenzothiazol durch Oxydation u. Rk. der *Benzo-*

thiazol-2-sulfonsäure mit Hydrazin, **I** aus Isonicotinsäurehydrazid u. benzothiazolyl-(2)-sulfonsaurem Kalium erhalten. Verss., **I** durch Rk. von Isonicotinsäureäthylester mit **II** darzustellen, mißlangen.

Versuche: *Furfurol-[benzothiazolyl-(2)]-hydrazon*, $C_{12}H_9ON_3S$, F. 197—198° (Bzl. oder verd. A.), aus Furfurol u. **II** in mit Essigsäure angesäuertem W., ½ Std. Kochen; strohgelbe Nadeln; 87% (Ausbeute). — *Zimtaldehyd-[benzothiazolyl-(2)]-hydrazon*, $C_{16}H_{13}N_3S$, F. 220—222° (Bzl. oder Eisessig), aus Zimtaldehyd u. **II**, 1 Std. Kochen; gelbe Nadeln, die sich beim Stehenlassen oder schneller beim Erhitzen auf 110° rosa färben; 92,5°. — *Isonicotinsäure-[benzothiazolyl-(2)]-hydrazid* (**I**), $C_{13}H_{10}ON_4S$, F. 210 bis 212° (W.), aus Isonicotinsäurehydrazid u. benzothiazolyl-(2)-sulfonsaurem Kalium in W., 2 Std. Erhitzen auf dem sd. Wasserbad u. 16 Std. Stehenlassen; Nadeln; 70%. (Украинский Химический Журнал [Ukrain. chem. J.] **19**. 319—21. 1953. Ukrain. Wiss. Janowski-Inst. für Tuberkuloseforschung.) G. Froelich. 3142

Gabra Soliman und **Ibrahim El-Sayed El-Kholy**, *Die Pyronreihe*. 2. Mitt. *4.5.6-Triarylpyrone-(2)*. (1. vgl. C. **1955**. 10265.) Desoxybenzoin (**I**) reagiert mit Phenylpropiolsäureäthylester (**II**) in Ggw. von C_2H_5ONa unter Bldg. der *Äthylester* der *cis*- (**III**) u. *trans-β-Desylzimtsäure* (**IV**); der **III**-Äthylester liefert sofort unter Ringschluß *4.5.6-Triphenylpyron-(2)* (**V**), aus dem durch Spaltung mit Alkali ein Gemisch von **III** u. *3.4.5-Triphenylpenten-(3)-on-(5)-säure-(1)* (**VI**) erhalten wird. Die Äthylester von **III** u. **IV** liefern mit alkoh. KOH oder mit C_2H_5ONa wieder **V**. Aus dem **IV**-Äthylester wird durch Spuren HCl in Methanol der **VI**-*Methylester* erhalten, welcher ebenso wie der **III**-Methylester gegen Säuren stabil ist; ersterer liefert bei der Ozonolyse *Benzil* (**VII**) u. *Benzoylessigsäuremethylester* (**VIII**), letzterer *Oxalsäure*, *Benzoesäure* (**IX**) u. **VII**, während Dibenzoylphenylmethan nicht isoliert werden konnte. Durch Pyrolyse von **III** u. **IV** entsteht *trans-1.2.3-Triphenylbuten-(2)-on-(1)*, dessen Struktur durch Ozonolyse zu **VII** u. *Acetophenon* (**XI**) sowie durch Oxydation zu **IX** u. **XI** bewiesen wurde. Analog der Bldg. von **V** werden aus **I**- u. **II**-Derivv. *6-[4-Methoxyphenyl]-4.5-diphenyl-* (**XII**) u. *5.6-Bis-[4-methoxyphenyl]-4-phenylpyron-(2)* hergestellt. Die Kondensation von *meso*-C-Methyldesoxybenzoin (**XIV**) u. **II** liefert *β-[1-Benzoyl-1-phenyläthyl]-zimtsäureäthylester*, während meso-C-Phenyldesoxybenzoin nicht reagiert.

Versuche: *4.5.6-Triphenylpyron-(2)* (**V**), $C_{23}H_{16}O_2$, F. 246°, a) aus 5,6 g **I** u. 5 g **II** mit C_2H_5ONa in Ae. bis 0°, 2tägiges Stehen in Eis u. Gießen in W. neben **VI**, **IV**, **IV**-*Äthylester* u. **III**; 2,5 g (Ausbeute); b) aus dem **III**- u. **VI**-Äthylester mit C_2H_5ONa in Ae. oder mit alkoh. KOH; 100%; aus Essigsäure blaßgelbe prismat. Nadeln. — *cis-β-Desylzimtsäure* (**III**), $C_{23}H_{18}O_3$, F. 190° (Zers.), a) aus **I** u. **II** mit C_2H_5ONa in Ae. neben **V**; b) aus **V** u. 5%ig. methanol. KOH; aus Bzl. Nadeln. *Methylester*, $C_{24}H_{20}O_3$, F. 130°, aus **III** u. CH_2N_2; aus Methanol Prismen; $[\alpha]_D^{20}$ +14,8° (c = 2,03; Bzl.); reagiert nicht mit NH_2OH u. $FeCl_3$, gibt mit wss. KOH eine Gelborangefärbung. *Äthylester*, $C_{25}H_{22}O_3$, F. 93°, aus dem Ag-Salz von **III** u. C_2H_5J in sd. Bzl. (2 Std.); aus Bzn. Würfel. — *trans-β-Desylzimtsäureäthylester*, $C_{25}H_{22}O_3$, F. 127°, aus **I** u. **II** mit C_2H_5ONa neben **V**; aus Bzl.–Bzn. Nadeln; $[\alpha]_D^{20}$ +10,9° (c = 2,21; Bzl.); gibt keine $FeCl_3$-Rk., mit wss. KOH eine gelbe Färbung. — *β-Benzylzimtsäure*, F. 169°, durch 6std. Kochen von **V** mit 10%ig. methanol. KOH, Extraktion mit Ae. u. Ansäuern der alkal. Lsg. neben **IX**; aus Bzl.–Bzn. Nadeln. *Methylester*, $C_{17}H_{16}O_2$, F. 56°, aus der Säure u. CH_2N_2; aus Bzl.–PAe. Aggregate von Nadeln. Aus der äther. Lsg. durch Eindampfen *1.2.3-Triphenylbuten-(2)-on-(1)*, F. 90°, das mit CrO_3 in Eisessig **IX** u. *Acetophenon* (**XI**) (*2.4-Dinitrophenylhydrazon*, F. 248°) gibt. — *trans-1.2.3-Triphenylbuten-(2)-on-(1)*, $C_{22}H_{18}O$, F. 105°, aus 0,5 g **III** oder **VI** durch Erhitzen über den F. bis zum Aufhören der Gasentwicklung neben **V**; aus Bzl. Büschel von Prismen; 0,3 g; reagiert nicht mit NH_2OH, gibt mit O_3 bei —10° in Chlf. **VII** u. **XI**, mit CrO_3 in Eisessig **IX** u. **XI**. — *3.4.5-Triphenylpenten-(3)-on-(5)-säure* (**VI**), $C_{23}H_{18}O_3$, F. 149° (Zers.), aus der benzol. Mutterlauge von **III**; aus Bzl. feine Nadeln. *Methylester*, $C_{24}H_{20}O_3$, F. 107°, a) aus **VI** u. CH_2N_2, b) aus dem **IV**-Äthylester mit HCl in sd. Methanol (½ Std.) neben **V**; aus Methanol Rhomben. Die Ozonolyse liefert **VII** (F. 95°), **IX** u. **VIII** ($FeCl_3$-Rk. pflaumenblau; durch alkal. Hydrolyse **XI**). — *6-[4-Methoxyphenyl]-4.5-diphenylpyron-(2)* (**XII**), $C_{24}H_{18}O_3$, F. 200°, aus 6,5 g 4-Methoxydesoxybenzoin u. 5 g **II**; aus Bzl. gelbliche Platten; 3,3 g. Daneben *trans-β-[4-Methoxydesyl]-zimtsäureäthylester* (**X**), F. 151° (Zers.); aus Bzl.–Bzn. Nadeln; 4,4 g. Reagiert nicht mit $FeCl_3$, gibt mit alkoh. KOH unter Gelbfärbung *p-Anissäure* u. nachst. *Säure*. — *cis-β-[4-Methoxydesyl]-zimtsäure* (**XIII**), $C_{24}H_{20}O_4$, F. 196° (Zers.), aus **XII** u. 5%ig. methanol. KOH neben nachst. *Säure*; aus Bzl. Nadeln. *Methylester*, $C_{25}H_{22}O_4$, F. 140°, aus **XIII** u. CH_2N_2; aus Methanol Prismen, gibt mit Alkali **XII**. — *5-[4-Methoxyphenyl]-3.4-diphenylpenten-(3)-on-(5)-säure*, F. 163° (Zers.), neben **XIII** u. **XII** mit KOH in Methanol. *Methylester*, $C_{25}H_{22}O_4$, F. 113°, aus **X** u. HCl in sd. Methanol (½ Std.) neben **XII**; aus Methanol

Nadeln. — *trans-1-[4-Methoxyphenyl]-2.3-diphenylbuten-(2)-on-(1)*, $C_{23}H_{20}O_2$, F. 100°, aus **XIII** durch Decarboxylierung; aus Bzn. Rhomben. — *5.6-Bis-[4-methoxyphenyl]-4-phenylpyron-(2)*, $C_{25}H_{20}O_4$, F. 153°, aus 7,4 g 4.4'-Dimethoxydesoxybenzoin u. 5 g **II**; aus Methanol gelbliche Würfel; 3,1 g. Daneben *trans-β-[4.4'-Dimethoxydesyl]-zimtsäureäthylester*, $C_{27}H_{26}O_5$, F. 150° (Zers.); aus Bzl.–Bzn. Nadeln; 6,8 g. Gibt mit KOH eine gelbe Färbung u. wird durch C_2H_5ONa nicht verändert. — *β-[1-Benzoyl-1-phenyläthyl]-zimtsäureäthylester*, $C_{26}H_{24}O_3$, F. 113°, aus 6 g **XIV** u. 5 g **II**; aus Methanol Würfel; 1,2 g. (J. chem. Soc. [London] **1955**. 2911—15. Aug. Alexandria, Univ., Fac. of Sci., chem. Dep.) E. HANSCHKE. 3211

Hans Fiesselmann und **Joachim Ribka**, *Über Methylendesoxybenzoine. 2. Mitt. Die Dimerisierung der Methylendesoxybenzoine.* (1. vgl. C. **1956**. 4699.) Methylendesoxybenzoin (**I**) dimerisert sich bei längerem Stehen, besser aber beim Erhitzen auf 130° zu *2.5.6-Triphenyl-2-benzoyl-2.3-dihydropyran* (**II**), das als *2.4-Dinitrophenylhydrazon* (*DPH*) bzw. als *Oxim* charakterisiert wurde. Eine Isomerisierung von **I** zu *3-Methyl-2-phenylcumaron* wird durch dessen Synth. aus Phenol (**V**)-Na u. α-Bromphenylaceton (**VI**) über *1-Phenoxy-1-phenylpropanon-(2)* ausgeschlossen. **II** wird bei höherer Temp. wieder in **I** zurückverwandelt. Demzufolge wird nach RAST in Campher nur das einfache, kryoskop. in Bzl. das doppelte Mol.-Gew. gefunden. Die CrO_3-Oxydation von **II** führt zu *4-Oxy-1.4.5-triphenylpentandion-(1.5)-benzoat*, das nur ein *Mono-DPH* bzw. *Monoxim* bildete, jedoch mit alkoh. KOH zu Benzoesäure (**III**) u. dem bekannten *4-Oxy-1.4-diphenylbutanon-(1)* verseift wurde. Schließlich entsteht bei der Säurespaltung von **II** *5-Oxy-1.2.5.6-tetraphenylhexandion-(1.6)*, das ein *Dioxim* gibt u. mit CrO_3/Acetanhydrid bei 70° zu dem ebenfalls in der Literatur beschriebenen *1.2.5-Triphenylpentandion-(1.5)* oxydiert wird. 4-Methoxymethylendesoxybenzoin (**VII**) dimerisert sich zu *2.5-Diphenyl-6-[p-methoxyphenyl]-2-[p-methoxybenzoyl]-2.3-dihydropyran*, das mit Säure zu *5-Oxy-2.5-diphenyl-1.6-bis-[p-methoxyphenyl]-hexandion-(1.6)* aufgespalten wird. Die CrO_3-Oxydation führt zu *2.5-Diphenyl-1-[p-methoxyphenyl]-pentandion-(1.5)*. Dieses wird durch Anlagerung von 4-Methoxydesoxybenzoin (**VIII**) an Vinylphenylketon synthetisiert u. liefert mit $NH_2OH \cdot HCl$ in Pyridin das *Dioxim*, in CH_3OH dagegen *2.5-Diphenyl-6-methoxyphenyl]-pyridin*. Analog **I** u. **VII** ließen sich andere Methylendesoxybenzoine dimerisieren. Im Falle des Methylendesoxyanisoins (**IX**) entstand nur *Anissäure* (**X**) u. *Anisil*. Beim Vers., **II** mit Br_2/Eisessig zu dehydrieren, wurde neben einer *Verb. vom F. 252°* u. einer *Verb. $C_{30}H_{20}O_3$* vom F. 228° (**IV**) hauptsächlich eine gelbe *Verb. $C_{30}H_{20}O_3$* vom F. 212° erhalten. Letztere ließ sich mit warmer H_2SO_4 in **IV** umlagern, gibt ein *DPH* u. ist ident. mit der von KLEINFELLER u. ECKERT (Ber. dtsch. chem. Ges. **62**. [1929.] 1598) beschriebenen Substanz.

Versuche: *1-Phenoxy-1-phenylpropanon-(2)*, $C_{15}H_{14}O_2$, Kp.$_{0,1}$ 130°, durch 10std. Kochen von **V** mit Na in Bzl., Zutropfen von **VI** in ½ Std., 3std. Erhitzen auf dem Wasserbad u. Versetzen mit Ae.; 22,5% (Ausbeute). *DPH*, $C_{21}H_{18}O_5N_4$, F. 121° (CH_3OH), verfilzte, gelbe Nadeln. — *3-Methyl-2-phenylcumaron*, $C_{15}H_{12}O$, F. 33° (CH_3OH), durch 1 Min. Schütteln vorst. Verb mit stark gekühlter konz. H_2SO_4, Gießen auf Eis u. Ausäthern; Sternchen; 14,6%. — *2.5.6-Triphenyl-2-benzoyl-2.3-dihydropyran* (**II**; *Dimeres von* **I**), $C_{30}H_{24}O_2$, F. 108,5—109° (CH_3OH bzw. Essigester/CH_3OH), a) durch 5wöchiges Stehen von **I** im verschlossenen Kolben; 42%; b) durch 8std. Kochen von **I** mit Eisessig u. Versetzen mit W.; 55%; c) durch 5std. Erhitzen von **I** auf 130° u. Digerieren mit CH_3OH; 86%. Erhitzen auf 250—260° → 84% **I**. *DPH*, $C_{36}H_{28}O_5N_4$, F. 196° (Essigester/CH_3OH), gelbe Nadeln. *Oxim*, $C_{30}H_{25}O_2N$, F. 183—184° (Zers.; Essigester); 73%. — *4-Oxy-1.4.5-triphenylpentandion-(1.5)-benzoat*, F. 116° $C_{30}H_{24}O_4$, (wss. CH_3OH), aus **II** mit CrO_3/Essigsäure; Nadeln; 43%. *Mono-DPH*, $C_{36}H_{28}O_7N_4$, F. 240° (Essigester/CH_3OH), gelbbraune Kristalle. *Monoxim*, $C_{30}H_{25}O_4N$, F. 189° (CH_3OH); 43,5%. — *4-Oxy-1.4-diphenylbutanon-(1)*, $C_{16}H_{16}O_2$, F. 95° (Bzl.)/PAe., durch 1std. Kochen vorst. Esters in CH_3OH mit wss. KOH, Abdest. des CH_3OH, Zugeben von W. u. Ausäthern; Nadeln; 32%. Aus der alkal. Lsg. wurden 26,8% **III** (F. 122°) erhalten. — *5-Oxy-1.2.5.6-tetraphenylhexandion-(1.6)*, $C_{30}H_{26}O_3$, F. 246° (Dioxan), durch 1std. Kochen von **II** in CH_3OH mit konz. HCl; rechteckige Blättchen; 94%. *Dioxim*, $C_{30}H_{28}O_3N_2$, F. 246—247° (Zers.; Dioxan), Nadeln. — *1.2.5-Triphenylpentandion-(1.5)*, $C_{23}H_{20}O_2$, F. 96° (CH_3OH u. wss. CH_3OH), durch 50 Min. Erhitzen vorst. Dions in Acetanhydrid mit CrO_3 auf 70°, Abdest. u. Zugeben von W., Rauten; 77%, Aus dem Filtrat **III**. *Dioxim*, $C_{23}H_{22}O_2N_2$, F. 161° (CH_3OH). *Bis-DPH*, $C_{35}H_{28}O_8N_8$, F. 230° (Essigester), feine orangefarbene Nadeln. — *2.5-Diphenyl-6-[p-methoxyphenyl]-2-[p-methoxybenzoyl]-2.3-dihydropyran*, $C_{32}H_{28}O_4$, durch 8std. Erhitzen von **VII** auf 160°; lange Stäbchen aus Essigester/CH_3OH; 72%. — *5-Oxy-2.5-diphenyl-1.6-bis-[p-methoxyphenyl]-hexandion-(1.6)*, $C_{32}H_{30}O_5$, F. 210° (Essigester/Dioxan), durch ½std. Erhitzen vorst. Verb. mit konz. HCl u. CH_3OH; Prismen; 86%. *Dioxim*, $C_{32}H_{32}O_5N_2$, F. 195—196° (Bzl./CH_3OH), Sternchen;

33,5%. — *2.5-Diphenyl-1-[p-methoxyphenyl]-pentandion-(1.5)*, $C_{24}H_{22}O_3$, F. 91—92° (CH_3OH), a) aus vorst. Verb. mit CrO_3; Stäbchen; 70,5%; daneben **X**; b) durch 1$^1/_4$std. Kochen von β-Chlorpropiophenon, **VIII** u. K-Acetat in $CH_3OH/NaOCH_3$ u. Ansäuern mit verd. Essigsäure; Nadeln; 70%. *Dioxim*, $C_{24}H_{24}O_3N_2$, F. 185—186° (CH_3OH), Nadeln; 63%. — *2.5-Diphenyl-6-[p-methoxyphenyl]-pyridin*, $C_{24}H_{19}ON$, F. 135—136° (CH_3OH), durch 7std. Kochen vorst. Dions mit $NH_2OH \cdot HCl$ in CH_3OH u. Gießen in W.; lange, verfilzte Nadeln; 22,3%. — *2.5-Diphenyl-6-[p-tolyl]-2-[p-toluyl]-2.3-dihydropyran*, $C_{32} \cdot H_{28}O_2$, F. 175—176° (Essigester), aus 4-Methylmethylendesoxybenzoin in 5 Std. bei 150°; Blättchen; 65%. — *2.5-Diphenyl-6-[p-chlorphenyl]-2-[p-chlorbenzoyl]-2.3-dihydropyran*, $C_{30}H_{22}O_2Cl_2$, F. 167° (Essigester), aus 4-Chlormethylendesoxybenzoin in 3 Std. bei 140°; Prismen; 80%. — *6-Phenyl-2.5-bis-[p-methoxyphenyl]-2-benzoyl-2.3-dihydropygran*, $C_{32}H_{28}O_4$, F. 169—170° (Essigester (CH_3OH), aus 4'-Methoxymethylendesoxybenzoin in 3 Std. bei 150°; Stäbchen; 82 %. — *6-Phenyl-2.5-bis-[p-nitrophenyl]-2-benzoyl-2.3-dihydropyran*, $C_{30}H_{22}O_6N_2$, F. 208—209° (Essigester/CH_3OH), aus 4'-Nitromethylendesoxybenzoin in 3 Std. bei 150—160°; lange, gelbe Stäbchen; 50%. — *Anisil*, F. 133° (CH_3OH), durch 30std. Erhitzen von 500 mg **IX**, Sublimation bei 120°/0,05 Torr u. Auskochen mit W.; gelbe Kristalle. Aus dem Filtrat *Anissäure* (**X**), F. 182°, Nadeln. — *Verb. vom F. 252°* (Acetanhydrid), durch 8std. Erhitzen von 33,2 g **II** mit Br_2/Eisessig auf dem Wasserbad, Absaugen u. Ausziehen mit heißem Eisessig; Stäbchen; 4,9 g. Aus dem wss. Filtrat 3,3 g **IV**. — *Verb. $C_{30}H_{20}O_3$*, F. 212°, aus dem Eisessigauszug vorst. Verb.; gelbe Nadeln; 11,7 g. *DPH*, $C_{36}H_{24}O_8N_4$, F. 253° (Zers.; CH_2Cl_2–CH_3OH), rötliche Stäbchen. — *Verb. $C_{30}H_{20}O_3$* (**IV**), F. 228°, aus vorst. Verb. mit warmer konz. H_2SO_4. (Chem. Ber. **89**. 40—51. 1956.) R. Pasedag. 3211

F. E. King und **J. W. Clark-Lewis**, *Die Konstitution und Synthese von Leukoanthocyanidinen.* 7.8.3'.4'-Tetramethoxyflavonol (I) liefert bei der Red. mit H_2 u. Raney-Ni ein (±)-*7.8.3'.4'-Tetramethoxyflavan-cis-diol-(3.4)* (II), dem die 2(e).3(a).4(e)-Konformation gegeben wird. **II** ist die Racemform des(—)-*Tetra-O-methylmelacacidins* (**III**), wodurch die Struktur des *Melacacidins* (**IV**) vollständig gesichert ist. Die cis-Stellung der OH-Gruppen in 3- oder 4-Stellung wird durch Bldg. des cycl. *Carbonats* u. *Isopropylidenderiv.* bewiesen. Durch Rk. von **II** u. **III** mit HCl in Butanol bei 100° entsteht eine rote Lsg., aus der papierchromatograph. *3-Oxy-7.8.3'.4'-tetramethoxyflavyliumchlorid* (?), „*Phlobaphen*", u. eine nichtidentifizierte farblose Verb. isoliert werden.

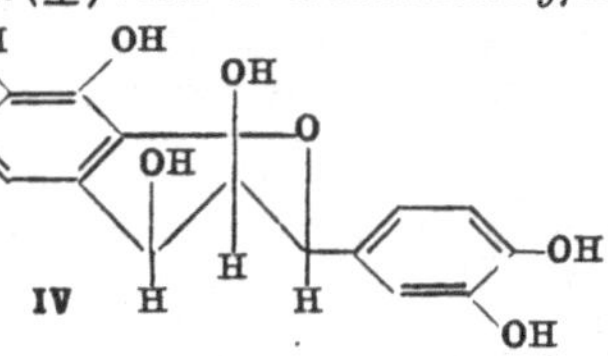

IV

Versuche: *7.8.3'.4'-Tetramethoxyflavonol* (I), F. 222°, aus 2-Oxy-3.4.3'.4'-tetramethoxychalkon (F. 126—127°) u. alkal. H_2O_2; 50—70% (Ausbeute). *3-Äthoxycarbonylderiv.*, $C_{22}H_{22}O_9 \cdot H_2O$, F. 143—144°, aus **I** u. Chlorameisensäureäthylester (**V**); aus A. gelbe Nadeln; 90%. — (±)-*7.8.3'.4'-Tetramethoxyflavan-cis-diol-(3.4)* (**II**), $C_{19}H_{22}O_7$, F. 135—136°, aus **I** durch 16std. Hydrierung in A. in Ggw. von Raney-Ni bei 100 bis 110°/100 at; aus Bzl.–Bzn. Prismen; 40%; Misch-F. mit **III** (Nadeln, F. 146°) zeigt keine Depression, eine Mischung mit 7.8.3'.4'-Tetramethoxyflavan-cis-diol-(3.4) vom F. 132° (**IIa**; vgl. Kulkarni u. Joshi, Chem. and Ind. **1954.** 1456) sintert bei 111°, schm. bei 116° zu einer trüben Fl., die bei 126° klar wird; λ_{max} 206 u. 278 mμ (ε = 69400 u. 3850). *Diacetylverb.*, $C_{23}H_{26}O_9$, F. 157—158°; aus Methanol Nadeln oder kleine Prismen; eine Mischung mit **III**-Diacetat (F. 194°, Nadeln; vgl. King u. Bottomley, J. chem. Soc. [London] **1954.** 1399) schm. bei 167—168°, mit **IIa**-Diacetat sintert bei 109° u. schm. bei 113—115°. *3.4-Carbonat*, $C_{20}H_{20}O_8$, F. 205° (Zers.), a) aus **II** in Bzl. durch Zutropfen von $COCl_2$ in Toluol bei Zimmertemp., Zugeben von $(C_2H_5)_3N$ nach 1 Std. u. weiteres Zugeben von $COCl_2$-Lsg.; b) aus **II** in Bzl. durch Zugeben von $(C_2H_5)_3N$ u. **V** in Bzl.–Dioxan, Kochen u. 2std. Stehen bei Zimmertemp.; 50%; aus A. Aggregate von Plättchen, unlösl. in Campher u. Exalton, bei Tempp. von 180—200° lösl. unter Zers. u. Gasentw.; wird beim Stehen im Vakuum über H_2SO_4 blaßrosa; eine Mischung mit **III**-Carbonat (Nadeln, F. 209° [Zers.]; vgl. King, l. c.) schm. unter Zers. bei 201 bis 202°. *3.4-Isopropylidenverb.*, $C_{22}H_{26}O_7$, F. 163°, aus **II** u. HCl-haltigem Aceton durch 72std. Stehen bei Zimmertemp.; aus Methanol Prismen; 80%. — *3-Oxy-7.8.3'.4'-tetramethoxyflavyliumchlorid* (?), aus **II** oder **III** u. 10%ig. HCl in Butanol bei 100°; die Papierchromatographie aus Butanol–2n HCl gibt rote Flecke (R_F = 0,94) mit braunem Schwanz (R_F ca. 0,84; „*Phlobaphen*") u. weiterem farblosem Schwanz (R_F bis 0,57), welcher im UV lebhafte grünlichgelbe Fluorescenz zeigt. **II** u. **III** zeigen im Papierchromatogramm aus Butanol–Essigsäure–W. (5:1:4) R_F = 0,86, aus m-Kresol–Essigsäure–W. (50:2:48) R_F = 0,96—1,00; die Flecke werden durch Bldg. des roten Flavyliumchlorids mit konz. HCl bei 100° (2—3 Min.) sichtbar gemacht. — *7.8.3'.4'-Tetra-*

methoxyflavanon, F. 143—144°, Darst. nach GEISSMANN u. HEATON (J. Amer. chem. Soc. **66.** [1944.] 486—87); die Isolierung der Verb. durch Extraktion des Rohprod. mit Ae., Waschen des äther. Extrakts mit 0,5n NaOH u. Eindampfen der äther. Lsg. wird verbessert; 40%. (J. chem. Soc. [London] **1955.** 3384—88. Okt. Nottingham, Univ.)

E. HANSCHKE. 3211

Ahmed Mustafa und **Mohamed Ezz El-Din Sobhy**, *Thermochromismus von Dixanthylenen.* 2. Mitt. (1. vgl. C. **1953.** 8546.) Ebenso wie Dixanthylen (I) zeigen auch *2.2'-* (**II**), *4.4'-Dibrom-* (**III**), *2.3.2'.3'-* (**IV**) u. *2.4.2'.4'-Tetramethyldixanthylen* (**V**) beim Erhitzen ihrer farblosen Lsgg. in Diphenyläther oder Anisol eine reversible bläulichgrüne Färbung; *1.4.1'.4'-* u. *1.3.1'.3'-Tetramethyldixanthylen* behindern infolge ihrer 1.1'-Substituenten die Drehbarkeit der Mol.-Hälften u. besitzen daher, auch bei höheren Tempp., keine thermochromen Eigenschaften. Die Verbb. **II—V** zeigen mit H_2SO_4 bei 100° eine orangerote Färbung; die Spaltung der zentralen Doppelbindung der Dixanthylene mit sd. $SOCl_2$ u. die anschließende Hydrolyse liefert die entsprechenden *Xanthone*, Erhitzen mit S auf 270° *Xanthione.*

Versuche: *2-[2.5-Dimethylphenoxy]-benzoesäure*, $C_{15}H_{14}O_3$, F. 130° (Bzl.), aus o-Chlorbenzoesäure (**VI**) u. 2.5-Dimethylphenol mit Na u. Cu-Bronze in Methanol, Eindampfen, ½std. Erhitzen von 160° auf 220° u. Umfällen des Rohprod. aus 8%ig. NaOH; 78% (Ausbeute). Lsg. in H_2SO_4 gelb. — *1.4-Dimethylxanthon* (**VII**), $C_{15}H_{12}O_2$, F. 121° (A.), aus vorst. Rohprod. u. 70%ig. H_2SO_4 auf dem Wasserbad (15 Min.). Lsg. in H_2SO_4 gelb mit grüner Fluorescenz. *Hydrazon*, $C_{15}H_{14}ON_2$, F. 133°, aus PAe. blaßgelbe Kristalle. Farb-Rk. mit H_2SO_4 wie **VII**. — *1.3-Dimethylxanthon* (**VIII**), $C_{15}H_{12}O_2$, F. 91° (PAe.), aus **VI** u. 3.5-Dimethylphenol; 53%. Farb-Rk. mit H_2SO_4 wie **VII**. — *2-[3.4-Dimethylphenoxy]-benzoesäure*, $C_{15}H_{14}O_3$, F. 106° (Bzl.), aus **VI** u. 3.4-Dimethylphenol (**IX**); 64%. — *2.3-Dimethylxanthon* (**X**), $C_{15}H_{12}O_2$, F. 124°, a) aus **VI** u. **IX**; 57%; b) aus 2.3.2'.3'-Tetramethyldixanthylen (**IV**) u. sd. $SOCl_2$ (6 Std.), Abdestillieren des $SOCl_2$ im Vakuum u. Schütteln der benzol. Lsg. des Rückstandes mit W.; 63%; aus PAe. Nadeln. Farb-Rk. mit H_2SO_4 wie **VII**. — *2.4-Dimethylxanthon* (**XI**), a) aus 2.4-Dimethylphenol u. **VI**; 73%; b) aus 2.4.2'.4'-Tetramethyldixanthylen (**V**) u. $SOCl_2$ u. anschließende Hydrolyse; 66%. — *2.2'-Dibromdixanthylen* (**II**), $C_{26}H_{14}O_2Br_2$, F. 293°, aus 2-Bromxanthon (**XII**) u. sd. $SOCl_2$ oder $(COCl)_2$ (10 Std.), Abdestillieren des überschüssigen $SOCl_2$ u. 6std. Schütteln des Rückstandes mit Cu-Bronze in sd. Xylol (Meth. **A**); 71%; aus **XII** mit Zn-Staub u. einigen Tropfen HCl in sd. Eisessig (½ Std.; Meth. **B**); 32%, oder aus 2-Bromxanthion mit Cu-Bronze in sd. Xylol (6 Std.; Meth. **C**); 53%. Schmelze tief bläulichgrün; liefert durch Behandlung mit sd. $SOCl_2$ u. anschließende Hydrolyse 68% **XII**. — *4.4'-Dibromdixanthylen* (**III**), $C_{26}H_{14}O_2Br_2$, F. 278°, aus 4-Bromxanthon (**XIII**) nach **A**; 72%; nach **B** 35%; aus 4-Bromxanthion nach **C** 53%. Schmelze gelb; Spaltung mit $SOCl_2$ liefert 71% **XIII**. — *2.3.2'.3'-Tetramethyldixanthylen* (**IV**), $C_{30}H_{24}O_2$, F. 287°, aus **X** nach **B**; 29%; aus 2.3-Dimethylxanthion nach **C**; 57%. Schmelze tief bläulichgrün. — *2.4.2'.4'-Tetramethyldixanthylen* (**V**), $C_{30}H_{24}O_2$, F. 285°, aus **XI** nach **B**; 27%; aus 2.4-Dimethylxanthion nach **C**; 57%. Schmelze tief bläulichgrün. — *1.4.1'.4'-Tetramethyldixanthylen*, $C_{30}H_{24}O_2$, F. 267°, aus **VII** nach **B**; 38%. Schmelze gelb. — *1.3.1'.3'-Tetramethyldixanthylen*, $C_{30}H_{24}O_2$, F. 191°, aus **VIII** nach **B**; 34%. Schmelze gelb. — *2-Chlorxanthion*, $C_{13}H_7OClS$, F. 154°, aus 2-Chlorxanthon u. P_2S_5 bei 155°, Extrahieren des Reaktionsprod. mit heißem Bzl., Eindampfen u. Kristallisatien aus PAe. (Meth. **D**); 84%. — *4-Chlorxanthion*, $C_{13}H_7OClS$, F. 137°, aus 4-Chlorxanthon nach **D** (115°); 76%. — *2-Bromxanthion*, $C_{13}H_7OBrS$, F. 154°, aus **XII** nach **D** (135°); 82%, oder aus **XII** u. sd. $SOCl_2$ (6 Std.), Abdestillieren im Vakuum, Umsetzung des Rückstandes mit CH_3COSH in sd. Bzl. (6 Std.), Abdestillieren u. Kristallisation aus PAe. (Meth. **E**); 73%. — *4-Bromxanthion*, $C_{13}H_7OBrS$, F. 141°, aus **XIII** nach **D** (125°); 77%; nach **E** 81%. — *1.3-Dimethylxanthion*, $C_{15}H_{12}OS$, F. 109°, aus **VIII** nach **D** (80°); 65%. — *1.4-Dimethylxanthion*, $C_{15}H_{12}OS$, F. 105°, aus **VII** nach **D**; 68%. — *2.3-Dimethylxanthion*, $C_{15}H_{12}OS$, F. 123°, aus **X** nach **D**; 71%. — *2.4-Dimethylxanthion*, $C_{15}H_{12}OS$, F. 134°, aus **XI** nach **D**; 79%. — Vorst. Xanthione geben mit H_2SO_4 eine orangerote Färbung; die Lsg. in Bzl. ist bläulichgrün. (J. Amer. chem. Soc. **77.** 5124—26. 5/10. 1955. Cairo, Univ., Fac. of Sci., Chem. Dep.)

E. HANSCHKE. 3211

Raymond Delaby, Georges Tsatsas und **Xavier Lusinchi**, *Synthese einiger 2-[3'.4'-Dialkylmethylendioxyphenyl]-chinolin-4-carbonsäuren und ihrer Derivate. Anwendung der Pfitzinger-Reaktion.* Die nach TSATSAS u. HOCH (C. **1954.** 1225 u. früher) aus Dialkylmethylendioxybenzolen (**B**) u. Säureanhydriden in Ggw. von BF_3 erhaltenen *3.4-Dialkylmethylendioxyacetophenone* bzw. *-desoxybenzoine* (**A**) liefern bei der PFITZINGER-Rk. mit Isatin (I) in alkal. Medium *2-[3'.4'-Dialkylmethylendioxyphenyl]-chinolin-4-carbonsäuren* bzw. deren *3-Phenylderivate.* Diese werden in die *Li-Salze* u. nach verschied. Methoden in die *Methylester* übergeführt. Aus letzteren werden die *Hydrazide* hergestellt.

Versuche: Die **A** werden durch ½std. Stehen der **B** mit Phenylacetanhydrid in Tetrachloräthan, Zers. mit gesätt. Na-Acetatlsg., Dampfdest. u. Ausäthern erhalten. — Chinolin-4-carbonsäuren: *2-[3'.4'-Dimethylmethylendioxyphenyl]-*, F. 235 bis 236° (A.), durch 8std. Kochen von **I** u. 3.4-Dimethylmethylendioxyacetophenon in äthanol. 40%ig. KOH, Zugeben von W., Einengen, Ausäthern u. Ansäuern mit Essigsäure; gelbe Nadeln; 81% (Ausbeute). *Li-Salz*, F. 283—284° (Zers.; Aceton–A.). *Methylester*, F. 97° (CH_3OH), aus der Säure, a) durch 10 Min. Einleiten von HCl in eine methanol. Lsg., 15 Min. Stehen bei Raumtemp., Neutralisieren u. Ausäthern; gelbe Kristalle; 25%; b) durch 30 Min. Rühren mit $(CH_3)_2SO_4$/n-KOH; 73%; c) durch Neutralisieren mit 2n Na_2CO_3, Einengen, Lösen in Aceton, Zugeben von Ae., Lösen des *Na-Salzes* in W., Behandeln mit $AgNO_3$ u. 10std. Kochen des *Ag-Salzes* (94%) mit CH_3J in absol. Bzl.; 96%; d) mit CH_2N_2 in 12 Std.; 100%. *Hydrazid*, F. 184—185° (A. oder Äthylacetat), durch 12std. Kochen des Methylesters mit $N_2H_4 \cdot H_2O$ in A. oder Butanol; 93%. — *2-[3'.4'-Methyläthylmethylendioxyphenyl]-*, F. 208—209° (A.); 80%. *Li-Salz*, F. 278 bis 280° (Zers.; Chlf.–A.). *Methylester. Hydrazid*, F. 152—153° (Äthylacetat–Ae.); 73%. — *2-[3'.4'-Diäthylmethylendioxyphenyl]-*, F. 180—181° (CH_3OH); 80%. *Li-Salz*, F. 286 bis 288° (Zers.; Aceton–Ae.). *Methylester*, F. 59—60° (CH_3OH). *Hydrazid*, F. 139—141° (CH_3OH); 73,5%. — *2-[3'.4'-Di-n-propylmethylendioxyphenyl]-*, F. 158—159° (CH_3OH); 76%. *Li-Salz*, F. 289—291° (Zers.; Aceton–Ae.), *Methylester. Hydrazid*, F. 131—132° (A.); 73%. — *2-[3'.4'-Cyclohexylidendioxyphenyl]-*, F. 220—221° (A.); 75%. *Li-Salz*, 294—296° (Zers.; Chlf.–Ae.). *Methylester*, F. 117—118° (CH_3OH). *Hydrazid*, F. 176 bis 177° (Äthylacetat) u. F. 187—188° (A.); 78%. — *2-[3'.4'-Diäthylmethylendioxyphenyl]-3-phenyl-*, F. 293° (A. u. Sublimation bei 230°/0,01 mm), durch 50std. Kochen von 3.4-Diäthylmethylendioxyphenylbenzylketon u. **I** in 40%ig. KOH u. Propanol, Einengen, Zugeben von W., Ausäthern u. Ansäuern mit Essigsäure; 88%. *Methylester*, F. 132° (A.). — *2-[3'.4'-Methyläthylmethylendioxyphenyl]-3-phenyl-*, F. 285° (A. u. Sublimation bei 260°/0,01 mm); 85%. *Methylester*, F. 101—102° (wss. A.). — *2-[3'.4'-Di-(n-propyl)-methylendioxyphenyl]-3-phenyl-*, F. 225—226° (wss. A. u. Sublimation bei 200°/0,01 mm); 81%; *Methylester*, F. 126° (A.). (Bull. Soc. chim. France, Mém. [5] **1955.** 1609—14. Nov./Dez. Paris, Fac. de Pharm., Labor. de Pharm. Chim.)

R. Pasedag. 3231

Francis H. Case, Sigmund Catino und **Frank Scholnick,** *Substituierte 1.10-Phenanthroline. 6. Mitt. Chlorderivate.* (5. vgl. C. **1954.** 784.) Aus den durch Skraupsche Synth. über die entsprechenden *Nitroverbb.* erhaltenen *substituierten 8-Aminochinolinen* werden nach Skraup *3-Chlor-*, *6-Chlor-3-methyl-*, *5-Chlor-3-methyl-*, *5.6-Dichlor-* u. *3.5.6-Trichlor-* sowie nach Doebner-Miller *3.5-* u. *3.8-Dichlor-1.10-phenanthrolin* dargestellt.

Versuche: Chinoline, aus dem entsprechenden Anilin u. As_2O_3 in 96,8%ig. H_2SO_4 u. W. bei 100° mit Glycerin (**I**), α-Chloracroleindiacetat (**II**) oder α-Methylacroleindiacetat (**III**) (2 Std. $<140°$): *5.6-Dichlor-8-nitro-*, $C_9H_4O_2N_2Cl_2$, F. 175—176° (Bzl.), aus 4.5-Dichlor-2-nitranilin u. **I**; 67,8% (Ausbeute). — *5.6-Dichlor-8-amino-* (**IV**), $C_9H_6N_2Cl_2$, F. 124—125° (CH_3OH), aus vorst. Verb. mit $SnCl_2 \cdot 2H_2O$ in sd. A.; 55,7%. — *3.6-Dichlor-8-nitro-*, $C_9H_4O_2N_2Cl_2$, F. 160—161° (A.), aus 4-Chlor-2-nitroacetanilid u. **II**; 13,6%. — *3-Chlor-8-nitro-6-phenyl-*, $C_{15}H_9O_2N_2Cl$, F. 159—160° (A.), aus 4-Acetamido-3-nitrodiphenyl u. **II**; 4,9%. — *6-Chlor-3-methyl-8-nitro-*, $C_{10}H_7O_2N_2Cl$, F. 203 bis 204° (A.), aus 4-Chlor-2-nitranilin u. **III**; 56%. — *8-Amino-6-chlor-3-methyl-* (**V**), $C_{10}H_9 \cdot N_2Cl$, F. 104—105° (A.), aus vorst. Verb. analog **IV**; 61%. — *6-Chlor-3-methyl-*, $C_{10}H_8 \cdot NCl$, F. 81—82° (A.), aus p-Chloranilin u. **III**; 58%. — *3-Chlor-8-nitro-*, $C_9H_5O_2N_2Cl$, F. 137—139° (A.), a) aus o-Nitranilin u. **II**; 4,8%; b) aus 8-Nitrochinolin mit Cl_2 in S_2Cl_2 (1 Std. stehen, dann 3 Std. kochen); 10,8 g. — 1.10-Phenanthroline, aus den analog **IV** erhaltenen *8-Aminochinolinen* analog vorst. Nitrochinolinen: *6-Chlor-3-methyl-*, $C_{13}H_9N_2Cl$, F. 165—166° (Bzl.), aus **V** u. **I**; 38%. — *5-Chlor-3-methyl-*, $C_{13}H_9N_2Cl$, F. 184 bis 185° (Bzl.), aus *6-Chlor-8-aminochinolin* (**VI**) u. **III**; 23%. — *5.6-Dichlor-*, $C_{12}H_6 \cdot N_2Cl_2$, F. 234—235° (Bzl.), aus **IV** u. **I**; 26,2%. — *3.5.6-Trichlor-*, $C_{12}H_5N_2Cl_3$, F. 207 bis 208° (Bzl.), aus **IV** u. **II**; 7,9%. — *3-Chlor-*, $C_{12}H_7N_2Cl$, F. 170° (Bzl.) aus *3-Chlor-8-aminochinolin* (**VII**) u. **I**; 26,7%. — *3.8-Dichlor-*, $C_{12}H_6N_2Cl_2$, F. 268—269° (Bzl.), aus **VII**, As_2O_3 u. $ZnCl_2$ in konz. HCl mit **II**; 2,5%. — *3.5-Dichlor-*, $C_{12}H_6N_2Cl_2$, F. 226—227° (A.–W.), aus **VI** u. **II** analog vorst. Verb.; 2%. — *4.5-Dichlor-2-nitroacetanilid*, F. 122 bis 124° (A.), aus 3.4-Dichloracetanilid, konz. H_2SO_4 u. Äthylnitrat bei 2° (1 Std.); 61,3%. (J. org. Chemistry **19.** 31—36. Jan. 1954. Philadelphia, Pa., Temple Univ., Chem. Dep.)

K. Lehmstedt. 3231

J. Redel und **A. Bouteville,** *Über Analoge des Methadons mit einem Piperazinkern.* Es wird die Synth. von 2 Methadonanalogen beschrieben, in denen die $(CH_3)_2NH$-Gruppe durch den N-Methyl- bzw. N-Phenylpiperazinrest ersetzt ist.

Versuche: *N-Methyl-N'-[2-oxypropyl]-piperazin*, $C_8H_{18}ON_2$, Kp.$_9$ 92—94°, durch stufenweises Erhitzen von N-Methylpiperazin (II) u. Propylenoxyd in absol. CH_3OH innerhalb von 5 Std. bis zum Sieden, ½std. Kochen u. Dest.; 72% (Ausbeute). — *N-Methyl-N'-[2-chlorpropyl]-piperazin*, $C_8H_{17}N_2Cl$, Kp.$_{10}$ 90—92°, durch 1std. Stehen vorst. Verb. mit $SOCl_2$ in Bzl. bei Raumtemp., 2std. Erhitzen auf dem Wasserbad unter N_2 u. Behandeln des *Hydrochlorids* in Ae. mit konz. Na_2CO_3; 60%. — *2.2-Diphenyl-4-[N'-methylpiperazino]-valeronitril* (I), $C_{22}H_{27}N_3$, F. 108—110° (Hexan), a) durch 1std. Erhitzen von $NaNH_2$ u. Diphenylacetonitril in absol. Bzl. bei 50°, Zugeben von 46 g vorst. Verb. bei 50°, 1std. Kochen, Ausziehen mit 10%ig. HCl, Alkalisieren, Ausäthern, Chromatographie an Al_2O_3 aus Bzl. u. fraktionierte Kristallisation; 2,15 g; b) durch 6std. Erhitzen von 5 g 2.2-Diphenyl-4-bromvaleronitril (III) mit II auf 150° im Rohr, Ausfällen von II-*Hydrobromid* mit Ae. u. Durchleiten von CO_2; 0,39 g. — *2.2-Diphenyl-3-methyl-4-[N'-methylpiperazino]-butyronitril*, $C_{22}H_{27}N_3$, F. 118—120° (Hexan), neben I nach a); 20,5 g. — *4.4-Diphenyl-6-[N'-methylpiperazino]-heptanon-(3)*, F. 121—122°, durch Zutropfen von 20 g I in Toluol zu C_2H_5MgBr in Ae.; Abdestillieren des Ae., 2std. Kochen, 1std. Erhitzen mit 10%ig. HCl auf dem Wasserbad, Alkalisieren mit NH_4OH u. NH_4Cl u. Ausäthern; 15,5 g. *Succinat*, $C_{28}H_{38}O_5N_2$, F. 146—148° (wss. 1%ig. Bernsteinsäure). — *2.2-Diphenyl-4-[N'-phenylpiperazino]-valeronitril*, $C_{27}H_{29}N_3$, F. 125—127° (Hexan), durch 6std. Erhitzen von 36 g III u. N-Phenylpiperazin auf 165° im Rohr analog I nach b); 5,62 g. — *4.4-Diphenyl-6-[N'-phenylpiperazino]-heptanon-(3)*, $C_{29}H_{34}\cdot ON_2$, F. 139—140° (Hexan), aus 3 g vorst. Nitrils mit C_2H_5MgBr; 2,3 g. (Bull. Soc. chim. France, Mém. [5] **1955**. 1411—14. Nov./Dez. Montrouge, Seine, Soc. Nouvelle d'Applicat. Thérapeut. „Théraplise", Labors. de Rech.) R. PASEDAG. 3272

William Bradley, Roy F. Maisey und **Colin R. Thitchener**, *Chemie des Indanthrens.* 9. Mitt. *N.N'-Dihydro-1.2;7.8-diphthaloylphenazin.* (8. vgl. C. **1955**. 1513.) Erhitzen von 2-Nitrodianthrachinonyl-(1.1')-amin (I) mit Na_2S (vgl. BRADLEY u. THITCHENER, C. **1955**. 2894) oder $SnCl_2$ gibt *N.N'-Dihydro-1.2;7.8-diphthaloylphenazin* (II). Mit $SnCl_2$ entsteht daneben *2-Aminodianthrachinonyl-(1.1')-amin*, das in Pyridin mit methanol. KOH II, mit NaOH in Pyridin ein grünes *Zwischenprod.* gibt. I wird auch direkt zu II cyclisiert.

Versuche: *2-Aminodianthrachinonyl-(1.1')-amin*, $C_{28}H_{16}O_4N_2$, F. 368°, aus I u. $SnCl_2$ in sd. Eisessig (10 Min.) u. anschließende Chromatographie aus Trichlorbenzol an Al_2O_3; aus Pyridin blaßviolette Nadeln, in konz. H_2SO_4 hellgelb, in NaOH–$Na_2S_2O_4$ orangefarben: daneben nachst. Verbindung. — *N.N'-Dihydro-1.2;7.8-diphthaloylphenazin* (II), $C_{28}H_{14}O_4N_2$, a) aus vorst. Verb. in Pyridin mit 30%ig. methanol. KOH als grünes *K-Salz*; blau; b) aus vorst. Verb. in Pyridin mit NaOH u. Behandlung des nach einigen Tagen gebildeten *grünen Zwischenprod.* in Essigsäure mit Pyridin; c) aus 1 g I in Dimethylanilin (5 Min. kochen) mit KOH; 0,7 g. — Die Infrarotabsorptionsspektren von II u. von 1.2;6.7-Diphthaloylphenazin sind angegeben. (J. chem. Soc. [London] **1954**. 272—73. Jan. Leeds, Univ., Clothworkers' Res. Labor.) K. LEHMSTEDT. 3272

Hans Plieninger und **Inge Nógrádi**, *Ein Derivat eines neuen heterocyclischen Siebenringsystems mit zwei Stickstoffatomen.* (Vgl. C. **1951**. II. 519.) Beim Lösen von *α-Imino-β-[2-acetamidophenyl]-γ-butyrolacton* (I) in 2n HCl krist. nach kurzer Zeit zinnoberrote Nädelchen aus, *4-Methyl-7-oxymethyl-3.5-diaza-1.2-benzocycloheptatrien-(1.4.6)-carbonsäure-(6)-lactonhydrochlorid*, $C_{12}H_{10}O_2N_2\cdot HCl$, hygroskop.; auch mit anderen Säuren (H_2SO_4, HNO_3, Oxalsäure) wurden entsprechende rote Verbb. erhalten. Die *Freie Base* (II), $C_{12}H_{10}O_2N_2$, F. 198°, purpurfarbene Nadeln (A.), entstand durch Verreiben des Hydrochlorids mit 2n NaOH; sie bildete beim Kochen mit W. I zurück, energ. Behandeln mit Säuren oder Alkalien führte zur Polymerisation. Die UV-Spektren von II u. zum Vgl. von *4.6-Dimethyl-3.7-diaza-1.2-benzocyclohepta-trien-(1.3.5)* (THIELE u. STEIMIG [1907]) sind graph. dargestellt, das Infrarotspektr. von II ist angegeben. Methylierung von II mit $(CH_3)_2SO_4$ gab ein orangegelbes *Methomethylsulfat* $C_{13}H_{12}O_2N_2\cdot CH_4O_4S$, F. 223° (A.), in dem die Stellung der CH_3-Gruppe weiterer Aufklärung bedarf. — Der Vers. einer Red. des 2-Acetamido-4.5-dimethoxybenzylcyanids (WALKER, C. **1955**. 10738) mit $SnCl_2$ gelang nicht. (Chem. Ber. **88**. 1965—67. 1955. Heidelberg, Univ., Chem. Inst.) J. ROTHE. 3370

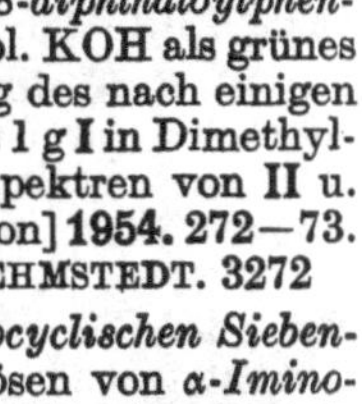

II

L. Hough und **T. J. Taylor**, *Die Darstellung von Aldotetrosen aus Aldopentosen über 1.1-Diäthylsulfonyl-3.4.5-trioxypentene-(1).* Unter Anwendung des Verf. von MCDONALD u. FISCHER (C. **1954**. 3238) werden Aldopentosediäthyldithioacetale nach Oxydation mit wss. Peroxypropionsäure zu *1.1-Diäthylsulfonyl-3.4.5-trioxypentenen-(1)* (über die C=C-Bindung wird Beweis geführt) mit verd. NH_4OH zu *Aldotetrosen* abgebaut.

Versuche: *D-Xylosediäthyldithioacetal* (I), $C_9H_{20}O_4S_2$, F. 69—71° (Methanol–Ae.), aus D-Xylose durch 6std. Schütteln mit eiskalter konz. HCl unter Zugabe von C_2H_5SH, dann Neutralisation mit $PbCO_3$; 80% (Ausbeute). — *Peroxypropionsäure*, aus Propionsäureanhydrid u. H_2O_2 in Ggw. von konz. H_2SO_4, nach Abkühlung weitere Zugabe von konz. H_2SO_4 u. H_2O_2, 12std. Stehen bei Raumtemp. u. Dest. im Vakuum. — *1.1-Diäthylsulfonyl-D-threo-3.4.5-trioxypenten-(1)* (II), $C_9H_{18}O_7S_2$, F. 109—111° (Nadeln aus Methanol), aus I in Dioxan u. vorst. Verb. in wss. Lsg. unter Schütteln; $[\alpha]_D$ +23,8° (c = 2,26; Methanol); 94%. — *D-Threose*, a) als hellgelber Sirup aus II in verd. NH_4OH durch 48std. Stehen, Entfernen des *Diäthylsulfonylmethans* durch Filtration u. Entionisierung über Amberlite IR–120 u. IR–4 B (III); $[\alpha]_D$ —11° (c = 2,5; W.); 91%; b) als farbloser Sirup aus II in W. durch ca. 2tägiges Schütteln mit III bei Raumtemp., Filtration, 1—2std. Waschen von III mit W., Extraktion u. Konz.; 26%; nach 18std. Schütteln von III mit 0,5n H_2SO_4 u. dann 1—2 Std. mit W., Neutralisation mit $BaCO_3$ u. Extraktion als hellgelber Sirup; 49%. *Phenylosazon*, $C_{16}H_{18}O_2N_4$, F. 164—165°. *Benzoylhydrazon*, $C_{11}H_{14}O_4N_2$, F. 167—168° (Zers.; aus A. Nadeln). — *1.1-Diäthylsulfonyl-D-threo-3.4.5-trioxypentan*, $C_9H_{20}O_7S_2$, F. 111—113° (Methanol), durch Hydrierung von II in A. über RANEY-Ni bei Raumtemp.; $[\alpha]_D$ +28,6° (c = 1,31; Methanol); 82%. — *D-threo-3.4.5-Tri-O-acetyl-1.1-diäthylsulfonylpenten-(1)*, als hellgelber Sirup aus II in Acetanhydrid durch ½std. Erhitzen auf 95—100° in Ggw. von konz. H_2SO_4, Gießen in Eiswasser, Extrahieren mit Chlf. u. Neutralisieren; $[\alpha]_D$ —11,6° (c = 8,05; Chlf.); 80%. — *2-Acetamido-D-threo-3.4.5-tri-O-acetyl-1.1-diäthylsulfonylpentan*, $C_{17}H_{29}O_{11}NS_2$, F. 122—123° (Nadeln aus A.), aus vorst. Verb. in NH_4OH–Methanol (18 Std. bei Raumtemp.) u. Acetylierung wie bei vorst. Verb.; $[\alpha]_D$ +12,9° (c = 1,35; Chlf.); 46%. — *D-Arabinosediäthyldithioacetal* (IV), F. 127—128° (Methanol), durch Schütteln von D-Arabinose mit konz. HCl u. C_2H_5SH; 64%. — *D-Ribosediäthyldithioacetal* (V), F. 80 bis 82° (Methanol–Ae.), aus D-Ribose analog I; 80%. — *1.1-Diäthylsulfonyl-D-erythro-3.4.5-trioxypenten-(1)* (VI), $C_9H_{18}O_7S_2$, F. 108—111° (Nadeln aus Methanol), a) durch Oxydation von IV wie bei II; $[\alpha]_D$ —58° (c = 2,29; Methanol); 92%; b) durch Oxydation von V wie bei II; $[\alpha]_D$ —64° (c = 1,68; Methanol); 90%. — *D-Erythrose*, als hellgelber Sirup aus VI wie oben; $[\alpha]_D$ —15,9° → —23,1° (48 Std.; c = 1,89; W.); 89%. *Phenylosazon*, $C_{16}H_{18}O_2N_4$, F. 164—165°. — *1.1-Diäthylsulfonyl-D-erythro-3.4.5-trioxypentan*, als hellgelber Sirup aus 0,66 g VI durch Hydrierung über RANEY Ni; 0,68 g. — *Diäthylsulfonylmethan*, $C_5H_{12}O_4S_2$, F. 100—102° (Methanol), durch 24std. Stehen einer Lsg. von II u. $NaJO_4$ im Dunkeln, Extrahieren mit Chlf. u. Einengen. (J. chem. Soc. [London] **1955**. 1212—18. April. Bristol, Univ.) J. MILLER. 3400

W. F. Kasimirowa, *Cyclohexanonverbindungen von Monosen und mehrwertigen Alkoholen.* Aus *l-Arabinose*, *d-Xylose*, *l-Sorbose*, *Mannit* u. *Dulcit* werden durch Kondensation mit Cyclohexanon gut kristallisierende *Cyclohexylidenderivv.* hergestellt. Die aus *Sorbit* u. *Glycerin* erhaltenen *Derivv.* sind Öle.

Versuche: Zur Suspension der Monose oder des mehrwertigen Alkohols in Ae., Bzl. oder PAe. wird Cyclohexanon u. konz. H_2SO_4 hinzugesetzt; beim Schütteln geht das entstehende Cyclohexylidenderiv. in Lsg., aus der es nach Neutralisieren krist.; alle Derivv. sind mit Lösungsmitteldämpfen flüchtig. — Beispiel: Das Gemisch aus 7 g *l*-Arabinose, 15 ml Cyclohexanon, 1,5 ml konz. H_2SO_4 u. 40 ml Ae. wird 8 Std. geschüttelt u. die Reaktionsmasse 24 Std. stehengelassen; die äther. Schicht wird von der öligen abgetrennt, mit trockner Soda neutralisiert u. abgekühlt; die sich ausscheidenden Kristalle von *Dicyclohexyliden-l-arabinose*, $C_{17}H_{26}O_5$, werden aus PAe. umkrist.; F. 73 bis 74°; $[\alpha]^{20}$ —4,8° (c = 2,159; Bzl.); 6,5 g (Ausbeute). — *Dicyclohexyliden-d-xylose*, $C_{17}H_{26}O_5$, F. 102,5—103°; Nadeln; $[\alpha]^{21}$ +21,5° (c = 2,44; Bzl.); 43%. — *Dicyclohexyliden-l-sorbose*, $C_{18}H_{28}O_6$, F. 118—119°; $[\alpha]^{20}$ —12,59° (c = 2,506; Bzl.); 42%. — *Tricyclohexylidenmannit*, $C_{24}H_{38}O_6$, F. 82—83°; $[\alpha]^{20}$ —4,5° (c = 2,55; Bzl.); 58,7%. — *Dicyclohexylidendulcit*, $C_{18}H_{30}O_6$, F. 137°; aus A. Kristalle; 45%. — *Dicyclohexylidensorbit*, klebriges Öl. — *Cyclohexylidenglycerin*, $C_9H_{16}O_3$, Kp.₅ 118—120°; D^{20}_{20} 1,0961; n_D^{21} 1,484; 44,6%. (Журнал Общей Химии [J. allg. Chem.] **24** (**86**). 626—27. April 1954. Leningrad, Technol. Inst. für Kälteind.) R. KNOBLOCH. 3400

W. M. Beresowski und **L. I. Streltschunass**, *Umwandlung und Synthese von Kohlenhydraten.* 6. Mitt. *Untersuchung über Gewinnung von Acetonderivaten der Hexosen.* (5. vgl. C. **1952**. 2342.) Die Hydrolyse von Diacetonsorbose (I) zu *Monoacetonsorbose* (II) wird am besten mit 0,005n HCl durchgeführt. Bei der Herst. von I aus Sorbose u. Aceton in Ggw. von konz. H_2SO_4 muß nach Beendigung der Rk. die I enthaltende Lsg. in Aceton neutralisiert werden, wobei Verluste an I durch Hydrolyse eintreten können. Es wird festgestellt, daß die saure Acetonlsg. bei —10 bis 0° zur K_2CO_3-Lsg. gegeben werden muß; der Verlust ist dann unbedeutend; bei 10° beträgt er ca. 6%, bei 15° ca. 10%. Wird umgekehrt die K_2CO_3-Lsg. zur Acetonlsg. gegeben, so beträgt der Verlust schon bei 0° ca. 20%. — *Monoacetonsorbose* (II), F. 92—93° (Essigester); aus 50 g I in 800 ml W., die 0,4 g HCl (D. 1,19) enthalten, 2 Std. bei 50°; man neutralisiert mit gesätt. K_2CO_3-Lsg., verdampft im Vakuum bei maximal 50° u. extrahiert II mit sd. Essigester; 29,5 bis 33,9 g (Ausbeute). (Сборник Статей по Общей Химии [Samml. Aufsätze allg. Chem.] **1.** 453—56. 1953. Allunions Wiss. Vitaminforschungsinst.) R. KNOBLOCH. 3400

W. M. Beresowski und **Je. P. Rodionowa,** *Umwandlung und Synthese von Kohlenhydraten.* 7. Mitt. *Synthese von d-Ribose.* (6. vgl. vorst. Ref.) *d*(—)-*Ribose* wird nach dem Schema d-Arabonsäure → d-Ribonsäure → Tetraacetyl-d-ribonsäure → Tetraacetyl-d-ribonsäurechlorid → Tetraacetyl-d-ribose (Aldehydform; I) → d-Ribose synthetisiert. Durch Kondensation von I mit 3.4-Dimethylanilin unter gleichzeitigem Hydrieren u. anschließende Hydrolyse wird *3.4-Xylyl-d-ribamin* erhalten.

Versuche: *Calcium-d-arabonat,* $C_{10}H_{18}O_{12}Ca \cdot 5\,H_2O$; 100 g d-Arabinose in 500 ml W. werden mit 45 ml Br_2 bis zur völligen Auflsg. des Br_2 verrührt; man läßt noch 2 Tage in der Dunkelheit einwirken, entfernt überschüssiges Br_2 durch Einleiten von Luft in die erwärmte Lsg., neutralisiert HBr mit NaOH, erhitzt mit $CaCO_3$ u. läßt in der Kälte kristallisieren; 134 g (Ausbeute). — *d-Ribonsäure,* F. 112—113°; aus Cadmium-d-ribonat durch Einleiten von H_2S in die wss. Lsg., Abfiltrieren vom CdS, Eindampfen zur Kristallisation u. Zusatz von CH_3OH. *Cadmiumsalz,* $C_{10}H_{18}O_{12}Cd$; man erhitzt 150 g Calcium-d-arabonat in 525 ml W. + 50 g Pyridin 5 Std. im Autoklaven auf 135—137°, filtriert nach dem Erkalten unverändertes Ausgangsmaterial (90 g) ab, entfernt Pyridin durch Dest. mit Wasserdampf, fällt Ca^{2+} genau mit Oxalsäure, filtriert, behandelt die Lsg. mit $CdCO_3$ auf dem Wasserbad, dickt im Vakuum zum dünnen Sirup ein u. setzt noch warm etwas CH_3OH hinzu; zu Drusen vereinigte Nadeln; 34,5 g = 60%; aus der Mutterlauge lassen sich noch 2—3% gewinnen. — *Tetraacetyl-d-ribonsäure,* $C_{13}H_{18}O_{10}$, F. 139—140° (verd. CH_3CO_2H); zu einer Suspension von 10 g Cadmium-d-ribonat in 20 ml $(CH_3CO)_2O$ werden bei 10—15° 30 ml mit HCl-Gas gesätt. $(CH_3CO)_2O$ allmählich hinzugefügt; man rührt 1 Std. bei 50°, dest. CH_3CO_2H u. $(CH_3CO)_2O$ im Vakuum ab u. verrührt mit W. bis zur Kristallisation; 9 g. — *Tetraacetyl-d-ribonsäurechlorid,* F. 65—70°; aus der Säure u. $SOCl_2$ bei 60—70°; stark hygroskop. Kristalle; 80% (Rohprod.). — *Tetraacetyl-d-ribose* (Aldehydform; I), F. 100°; H_2 wird so schnell in die sd. Lsg. vorst. Chlorids (aus 3 g Säure) in 18 ml Xylol in Ggw. von 0,2 g Katalysator — 20% Pd auf akt. Kohle — eingeleitet, daß der Katalysator suspendiert bleibt; Dauer 2—4 Std.; $[\alpha]_D^{22}$ —38,1° (Chlf.); zeigt in CH_3OH Mutarotation: $[\alpha]_D^{22}$ +2,9 — 17,1°; ca. 70%. — *d*(—)-*Ribose,* F. 87°; durch Hydrolyse von I mit sd. Barytwasser; Isolierung als *p-Bromphenylhydrazon* (F. 166—167°), das durch Erhitzen mit Benzaldehyd + Benzoesäure in W. zerlegt wird; Tafeln; Ausbeute nicht angegeben. Vgl. die Herst. nach A. P. 2 237 263. — *3.4-Xylyl-d-ribamin,* F. 141—142°; ein Gemisch aus 1 g I, 0,38 g 3.4-Dimethylanilin, 1 g Skelett-Ni u. 30 ml absol. A. wird im Drehautoklaven mit H_2 behandelt (65—70°; 50 at; 2 Std.), die Lsg. im Vakuum eingedampft u. nach Zusatz von verd. NaOH bis zur alkal. Rk. (Phenolphthalein) bis zur Kristallisation konz.; flache Nadeln; Ausbeute nicht angegeben. (Сборник Статей по Общей Химии [Samml. Aufsätze allg. Chem.] **2.** 939—43. 1953.) R. KNOBLOCH. 3400

W. M. Beresowski, *Umwandlung und Synthese von Kohlenhydraten.* 8. Mitt. *Untersuchung auf dem Gebiet der Oxydation von Aldosen.* (7. vgl. vorst. Ref.) Durch Oxydation von d-Glucose (I) in KOH mit O_2 unter 35 at Anfangsdruck wird das K-Salz der *d-Arabonsäure* mit einer Ausbeute von 60% erhalten; optimale Temp. 45—48°. Die Rk. erfordert nur 2 Atome O pro Mol. I u. beruht wahrcheinlich auf der Oxydation der Endiolform von I, —C(OH)=CH(OH), unter Spaltung an der Stelle der Doppelbindung, wobei als 2. Spaltungsprod. Ameisensäure gebildet werden dürfte. Wie nachgewiesen wird, entsteht etwas *Oxalsäure,* woraus auf weitergehenden Abbau von I geschlossen wird. Die Reaktionskinetik wird ohne Anwendung einer Druckapp. mittels eines die zu oxydierende Lsg. enthaltenden Reaktionsrohres, in das feinstzerteilter O_2 eingeleitet wird, untersucht u. der Einfl. von Temp., Alkaligeh., O_2-Menge pro Zeiteinheit u. I-Konz. festgestellt. Die Rk. erfolgt weniger durch gelösten O_2 in der Fl., sondern hauptsächlich an der Phasengrenze Gas–Fl., wo unter den Reaktionsbedingungen O_2 stets überschüssig u. seine Konz. als konstant anzusehen ist. Die Rk. erweist sich als monomol.; Geschwindigkeitskonstanten bei 40, 45 u. 50°: 0,01161, 0,01949 u. 0,03742; Aktivierungsenergie 23500 cal. — Eine Lsg. von 80 g I-Monohydrat in 100 ml W. + 140 g 40%ig. KOH wird auf 560 ml verd. u. im Drehautoklaven, der mit Metalldrahtnetz angefüllt ist, bei 40—50° mit O_2 unter 35 at Anfangsdruck 2½ Std. oxydiert; die Lsg. wird im Vakuum eingedickt u. die Kristallmasse mit 30%ig. CH_3OH gewaschen; zuzüglich einer geringeren Menge aus der Mutterlauge werden 60 g *d-arabonsaures K* u. hieraus 56 g *d-arabonsaures Ca,*

$C_{10}H_{18}O_{12}Ca \cdot 5\,H_2O$, gewonnen. (Сборник Статей по Общей Химии [Samml. Aufsätze allg. Chem.] **2.** 944—48. 1953.) R. KNOBLOCH. 3400

D. J. Bell und **G. D. Greville,** *Charakterisierung von Methyl-4.6-O-benzyliden-α-D-galaktosid und von 2.3-Di-O-methyl-D-galaktose.* Verschied. Derivv. der *2.3-Di-O-methyl-D-galaktose* wurden dargestellt. Die Eigg. der Zucker u. ihrer Derivv. stimmen mit früher berichteten (vgl. ROBERTSON u. LAMB, J. chem. Soc. [London] **1934.** 1321) nicht überein. Es ist wahrscheinlich, daß nur eine Form des *Methyl-4.6-O-benzyliden-α-D-galaktosids* (I) existiert. Vff. berichten über Oxydationsprodd., z. B. *2.3-Di-O-methyl-D-schleimsäure-1 → 4-lacton* (IV), u. deren Charakterisierung.

V e r s u c h e: *Methyl-α-D-galaktosid,* F. 123—125° (A.), nach DALE u. HUDSON (J. Amer. chem. Soc. **52.** [1930.] 2534), Reinigung über das *Tetra-O-acetylderiv.*, $[\alpha]_D^{19}$ +133° (c = 6,1 in Chlf.), u. Trocknen über P_2O_5; $[\alpha]_D^{17}$ +195,1° (c = 1,8; W.). — *Methyl-4.6-O-benzyliden-α-D-galaktosid* (I), $C_{14}H_{18}O_6$, F. 169—170° (A.; A.–PAe.), aus vorst. Verb. nach FREUDENBERG (Ber. dtsch. chem. Ges. **61.** [1928.] 1728) u. SORKIN u. REICHSTEIN (Helv. chim. Acta **28.** [1945.] 1); $[\alpha]_D^{20}$ +168° (c = 2,3; Methanol), $[\alpha]_D^{17-21}$ +144° (c = 1,8—2,1; Chlf.). — *2.3-Di-O-acetat,* $C_{18}H_{22}O_8$, F. 117—118° (verd. A.), aus I nach MÜLLER, MÓRICZ u. VERNER (Ber. dtsch. chem. Ges. **72.** [1939.] 745); $[\alpha]_D^{19}$ +211,5° (c = 1,5; Chlf.). — *Methyl-4.6-O-benzyliden-2.3-di-O-methyl-α-D-galaktosid,* $C_{16}H_{22}O_6$, F. 126,5—127° (Aceton–PAe.; Ae.–Aceton), aus I, Dimethylsulfat u. wss. NaOH; $[\alpha]_D^{22}$ +170° (c = 2,0 in Chlf.); 77% (Ausbeute). — *Methyl-2.3-di-O-methyl-α-D-galaktosid* (II), $C_9H_{18}O_6$, n_D^{28} 1,4773, aus vorst. Verb. nach ROBERTSON u. LAMB (l. c.); $[\alpha]_D^{19}$ +167° (Chlf.). *4.6-Di-O-nitrat,* $C_9H_{16}O_{10}N_2$, F. 95—95,5° (A.), aus II u. rauchender HNO_3 in Chlf.; $[\alpha]_D^{19}$ +114° (c = 1,6; Chlf.). — *Methyl-2.3-di-O-methyl-β-D-galaktosid,* $C_9H_{18}O_6$, n_D^{20} 1,4787, aus dem *4.6-O-Benzylidenderiv.* (vgl. OLDHAM u. BELL, J. Amer. chem. Soc. **60.** [1938.] 323); $[\alpha]_D^{18}$ +23° (c = 7,4 in W.), —10,7° (c = 6,8; Chlf.). — *2.3-Di-O-methyl-D-galaktose* (III), durch Hydrolyse von II nach ROBERTSON u. LAMB (l. c.), Lösen in Dichloräthan, Eindunsten u. Trocknen über P_2O_5; $[\alpha]_D^{19}$ +116° (c = 2,43; W.). *Anilinderiv.*, $C_{14}H_{21}O_5N$, F. 154—155° (n-Butanol–PAe. u. Aceton); $[\alpha]_D^{17}$ —56,8° (20 Min.) → +12,1° (121 Std., konstant; c = 3,6; A.). — *2.3-Di-O-methyl-D-galaktono-1 → 4-lacton,* zerfließende Nadeln, aus III durch 43std. Rk. mit Br_2; wss. Lsg. hat sinkenden p_H-Wert; $[\alpha]_D^{19}$ —48,8° (18 Min.) → —36,2° (270 Std., konstant; c = 1,9; W.). — *2.3-Di-O-methyl-D-galaktonamid,* $C_8H_{17}O_6N$, F. 140° (A.), aus vorst. Verb. u. NH_3 in Methanol in 4 Tagen bei Raumtemp.; $[\alpha]_D^{20}$ +13,1° (c = 2,0; W.); 53%. — *2.3-Di-O-methyl-D-schleimsäure, 1 → 4-Lacton* (IV), $C_8H_{12}O_7$, F. 126—126,5° (Ae.), durch Oxydation von III mit HNO_3; wss. Lsg. zeigt ansteigende p_H-Werte; $[\alpha]_D^{18}$ —55,4° (8 Min.) → —11,0° (370 Std., konstant; c = 2,0; W.); 50%. *Bis-phenylhydrazid,* $C_{20}H_{26}O_6N_4$, F. 140° (Zers.; A.–Ae.), durch Kochen von IV u. Phenylhydrazin in A.; in alkoh. Lsg. Zers. bei Raumtemp.; $[\alpha]_D^{20}$ ca. +17° (einige Std. lang). *Dimethylester* (V), $C_{10}H_{18}O_8$, F. 95—96° (Ae.–PAe.–Chlf.), aus 0,83 g IV durch 10std. Kochen mit verd. HCl in Methanol; wss. Lsg. zeigt abnehmende p_H-Werte; $[\alpha]_D^{18}$ +12,7° (7 Min.) → —3,6° (292 Std., konstant; c = 1,0; W.); 0,38 g. *Lactonester* (VI), $C_9H_{14}O_7$, F. 62—63° (Ae.), neben V; $[\alpha]_D^{18}$ —22,2° (7 Min.) → —4,0° (34 Tage; c = 1,1; W.); 0,38 g. *Bis-methylamid,* F. 183,5—184,5° (korr.; A.–Ae.), aus 122 mg V bzw. 125 mg VI u. 1,5n Methylamin in Methanol in 2 Tagen bei Raumtemp.; $[\alpha]_D^{18}$ —7,7° (c = 2,5; W.); 105 bzw. 99 mg. (J. chem. Soc. [London] **1955.** 1136—40. April. Cambridge, Biochem. Dep.) J. MILLER. 3400

Kurt Bodendorf und **Karl Dettke,** *Über die sogenannte Hydraminspaltung.* Therm. Zers. von Ephedrinhydrochlorid (10 Std. bei 230—240° im Rohr bzw. nach SCHMIDT [1914]; „Hydraminspaltung") lieferte nebeneinander *Propiophenon* (*Semicarbazon,* F. 175° [A.]) u. *Phenylaceton* (*Semicarbazon,* F. 185° [A.]). Die Rk. kann daher zur Konstitutionsaufklärung nicht herangezogen werden, u. Vff. empfehlen, den Begriff der „Hydraminspaltung" aus der Literatur zu streichen. — Modellverss. zur Trennung eines Gemischs der beiden Semicarbazone sind beschrieben. (Chem. Ber. **89.** 114—17. 1956. Karlsruhe, TH, Pharmazeut.-Chem. Inst.) J. ROTHE. 3500

S. W. Pelletier und **Walter A. Jacobs,** *Veratrumalkaloide.* 35. Mitt. *Veracevin, das Alkanolamin von Cevadin und Veratridin.* (34. vgl. C. **1953.** 3246.) Bei der vorsichtigen Verseifung des aus Veratrin (I) erhaltenen *Cevadins* (II) bei 0° wird ein neues Alkanolamin, *Veracevin* (III), isoliert. Da dieses auch direkt aus I gewonnen werden kann, ist das in I enthaltene Veratridin (IV) ein Ester von III. Die Unters. der graph. abgebildeten UV- u. Infrarotspektren von III, die in der Endabsorption denen des α-Cevins (V) ähneln, ergab eine Äthylengruppierung u. keine Anhaltspunkte für eine CO-Gruppe. Wird II bei 40° verseift, so kann die keton. Base, *Cevagenin* (VI), isoliert werden. In Alkali wird III unter den von STOLL u. SEEBECK (vgl. Helv. chim. Acta **35.** [1952.]

1942 u. C. **1953.** 5184) angegebenen Bedingungen zunächst zu **VI** u. dann zu **V** irreversibel isomerisiert, was besagt, daß nicht **VI** oder **V** (vgl. STOLL u. SEEBECK, l. c.), sondern **III** als ursprüngliche Base in **I** bzw. **II** u. **IV** vorliegen muß. Als gewisse Bestätigung dieser Annahme wird angeführt, daß im Spektr. des Dihydroderiv. von **II** (die Doppelbindung der Angelicasäure ist hierin hydriert) ebenso wie in dem von **II** u. Protoveratrin keine CO-Banden festgestellt werden konnten u. diese Verbb. auch mit NH_2OH keine Oxime bilden. — Von **III** konnte ein *Oxim*, ein *Perchlorat*, mit Acetanhydrid in Pyridin ein *Triacetat* u. mit Acetanhydrid u. $HClO_4$ ein *Tetraacetyldehydroderiv.* dargestellt werden. Analog **III** konnte auch Germin isomerisiert werden, wobei eine isomere Base, *Pseudogermin*, entstand, während die Isomerisierung von Protoverin komplex verläuft.

V e r s u c h e (FF. korr.): *Cevadin* (**II**), $C_{32}H_{49}O_9N$, F. 213—214,5°, aus 20 g **I**-Hydrochlorid in Chlf. durch Behandeln mit Na_2CO_3-Lsg., Aussalzen mit NaCl, Einengen der Chloroformlsg., Aufnehmen in Bzl., Chromatographieren an Al_2O_3 u. Eluieren mit Bzl. + 1,5% CH_3OH; $[\alpha]_D^{28}$ +13° (c = 0,97; A.); Nadeln aus Ae.; 3,5 g (Ausbeute). — *Veracevin* (**III**), $C_{27}H_{43}O_8N$, F. 181—183° (aus dem Semimethanolat), a) aus 1 g **II** in CH_3OH + 5n NaOH bei 0° in 24 Std., Verdünnen u. Ausziehen mit Chlf.; $[\alpha]_D^{26}$ —23,7°; federartige Nadeln; 91%; krist. aus Ae. in Nadeln, verliert die Doppelbrechung bei 85—110° u. schm. dann zu einem klaren Harz bei 180—185°; krist. aus sd. CH_3OH–Ae. mit ½CH_3OH; F. 179—185°; Nadeln; $[\alpha]_D^{27}$ —23,9° (c = 3,23; absol. A.), —28,4° (c = 3,49; Chlf.); b) aus 14 g **I**-Hydrochlorid + 5n NaOH in 24 Std. bei 0°, Verdünnen u. Ausziehen mit Chlf.; 69%. *Perchlorat*, $C_{27}H_{43}O_8N \cdot HClO_4$, F. 228—230° (Zers.), Rosetten aus Ae.–Aceton; $[\alpha]_D^{26}$ —9,6° (c = 1,98; A.). *Triacetat*, $C_{33}H_{49}O_{11}N$, F. 273—274° (CH_3OH–Ae.), aus 255 mg **III** u. Acetanhydrid in Pyridin in 44 Std. bei 0°; $[\alpha]_D^{27}$ +7° (c = 1,58; absol. A.); 177 bzw. 65 mg. *Oxyd*, $C_{27}H_{43}O_9N \cdot H_2O$, F. 271—274° (Zers.; vorher Sintern), aus 220 mg **III** + 30%ig. H_2O_2 (½ Std. erwärmen u. abdampfen); Prismen aus verd. A.; $[\alpha]_D^{27}$ —29,6° (c = 1,67; absol. A.); 156 mg. — *Anhydroveracevintetraacetat*, $C_{35}H_{49}O_{11}N$, F. 257,5—258,5°, aus 1 g **III** + Acetanhydrid mit 0,3 cm³ 70%ig. $HClO_4$ bei 0°, 18std. Stehen, Verdünnen mit W., Einengen u. Zers. des Perchlorats (625 mg); Prismen aus Methylendichlorid–PAe.; $[\alpha]_D^{27}$ +72,9° (c = 2,52; A.); 80% (roh); krist. aus Ae.–Chlf. mit Lösungsm., das bei 90—110° abgegeben wird u. schm. dann bei 185—190° zu einem klaren Harz. *Perchlorat*, $C_{35}H_{49}O_{11}N \cdot HClO_4 \cdot 2H_2O$, F. 255—257° (Zers.), Nadeln aus wss. CH_3OH. — *Cevagenin* (**VI**), $C_{27}H_{43}O_8N$, F. 176 bis 179°, nach Erstarren F. 240—244°, a) aus 0,05 g **III** + n-NaOH in CH_3OH durch ½std. Erwärmen u. Ausziehen mit Chlf.; Nadeln aus CH_3OH–Ae.; $[\alpha]_D^{27}$ —43° (c = 0,56; absol. A.); 16 mg; b) aus 1 g **II** in n-NaOH + CH_3OH in 20 Std. bei 25°; 228 mg, daneben 223 mg **III**. — *α-Cevin* (**V**), $C_{27}H_{43}O_8N$, F. 166—173°, aus 0,5 g **III** in A. u. gesätt. KOH, ½std. Erwärmen, 2std. Stehen, Abfiltrieren des K-Salzes (Nadeln) u. Zers. mit CO_2; Prismen aus wss. A.; $[\alpha]_D^{25}$ —18,5° (c = 1,88; absol. A.). — *Pseudogermin*, $C_{27}H_{43}$·O_8N, F. 173—174°, aus 2 g Germin + 20%ig. alkoh. KOH, ½std. Erwärmen bei 60° unter Rühren, Verdünnen mit W., Extrahieren mit Chlf., Vakuumeinengen, Aufnehmen in CH_3OH, Vakuumeindampfen u. fraktionierte Kristallisation aus CH_3OH–PAe.; $[\alpha]_D^{25}$ +11,4° (c = 1,05; absol. A.); 0,3 g. (J. Amer. chem. Soc. **75.** 3248—52. 5/7. 1953. New York, N. Y., Rockefeller Inst. for Med. Res.) H. LEHWALD. 3500

René Lombard und **Jean Adam**, *Einwirkung von Formaldehyd auf Limonen in Gegenwart von Zinkchlorid.* Die Rk. von HCHO (als Trioxymethylen) mit Limonen (**I**) in Ggw. von $ZnCl_2$ u. Acetanhydrid bei 100° im Rohr führt in 35%ig. Ausbeute zum *Acetat* von *3-[4-Methylcyclohexen-(3)-yl]-buten-(2)-ol-(1)* (**II**), dessen Struktur wie folgt bewiesen wurde: **II** nimmt bei der Hydrierung 2 Mol H_2 auf, wird oxydiert zu einer C_{11}-Säure u. gibt mit HCl ein Ätheroxyd. Zum Vgl. wurde auch die Einw. von HCHO auf Carvomenthen u. Menthen-(8, 9) untersucht, von denen nur letzteres reagiert. **I** kann auch mit anderen Aldehyden, wie Furfurol u. Propionaldehyd, kondensiert werden, mit Benzaldehyd entsteht kein Alkohol, sondern eine *Verb.* $C_{17}H_{22}O$, vermutlich handelt es sich um das Ätheroxyd. (Bull. Soc. chim. France, Mém. [5] **20.** C24—C25. Okt. 1953. Strasbourg, Fac. des Sci., Inst. de Chim.) H. LEHWALD. 3600

Edwin D. Parker und **L. A. Goldblatt**, *Die thermische Isomerisierung von Alloocimen.* Aus den Pyrolyseprodd. von Alloocimen (**I**) wurden durch Rektifikation u. Identifizierung der Einzelfraktionen auf Grund ihrer physikal. Daten u. ihres chem. Verh. 16% *1.1.2.3-Tetramethylcyclohexadien-(3.5)* (*α-Pyronen*; *α*-**II**), 29% *1.1.2.3-Tetramethylcyclohexadien-(2.4)* (*β-Pyronen*; *β*-**II**), 19% *1.3-Dimethyl-1-äthylcyclohexadien-(3.5)* (**III**), 4% *α-Terpinen* (**IV**), 4% *1.2.3.5-Tetramethylcyclohexadien-(2.4)* (**V**), je 1—2% *Hemimellitol* (**VII**), *1.2.3.5-Tetramethylcyclohexadien-(1.3)* (**VI**) u. *1.1-Dimethyl-3-äthylcyclohexadien-(3.5)* (**VIII**) u. weniger als 1% *m-Xylol* u. *m-Äthyltoluol*, *1.1-Dimethyl-3-äthylcyclohexadien-(2.4)* (**IX**) u. *Dipenten* isoliert. Demzufolge haben neben der direkten

Cyclisierung von **I** weitere Rkk. stattgefunden. So konnte durch Vergleichsverss. gezeigt werden, daß **β-II** durch Pyrolyse von **α-II** entsteht. Für die Bldg. von **IV** wird eine $C_{(3)}-C_{(8)}$-Cyclisierung von **I** über *α-Phellandren* angenommen. Die Identifizierung der einzelnen Cyclohexadiene erfolgte durch die Bldg. von Addukten mit 1.4-Naphthochinon u. durch die von ALDER u. RICKERT (Chem. Ber. **70 B.** [1937.] 1364 u. früher) aufgefundene Rk., nach der bei der DIELS-ALDER-Addition mit Acetylendicarbonsäuredimethylester (**X**) Addukte entstehen, aus denen bei der anschließenden Pyrolyse Zers. zu einem Phthalsäuredimethylester u. einem KW-stoff eintritt. Aus **β-II** entstand so *Isobutylen* (nachgewiesen durch Rk. mit Phenol in Ggw. von H_2SO_4 zu *4-tert.-Butylphenol*) u. *3.4-Dimethylphthalsäuredimethylester*, der in das *Anhydrid* umgewandelt wurde u., da der F. des Anhydrids nicht mit den Angaben in der Literatur übereinstimmt (vgl. DUPONT u. DULOU, Atti Congr. int. Chim., X Congr., Roma **3.** [1939.] 123 u. DE DIESBACH u. WEID, Helv. chim. Acta **10.** [1927.] 887), durch Oxydation zu *1.2.3.4-Tetracarboxybenzol* identifiziert wurde. Ferner wurde 3.4-Dimethylphthalsäure (**XIII**) mit Cu-Pulver in der Hitze zu *3.4-Dimethylbenzoesäure* decarboxyliert. Von dem analog aus **α-II** u. **X** u. Zers. erhaltenen *2-Methylbutylen-(2)* u. *3-Methylphthalsäuredimethylester* (**XII**) ergab ersteres mit Phenol *4-tert.-Amylphenol* (**XI**), **XII** wurde als Anhydrid identifiziert. Aus **III** bildete sich analog *2-Methylbuten-(1)* (gibt mit Phenol **XI**) u. **XII**, aus **IV** *Äthylen* u. *3-Methyl-6-isopropylphthalsäuredimethylester*. Die Lage der Methylgruppen in **V** u. **VI** wurde durch Disproportionierung über Pd-Kohle oder durch Hydrierung über Pt–Al_2O_3 zu *1.2.3.5-Tetramethylbenzol* (**XIV**) ermittelt. **VI** u. **V** ergaben mit **X** nach Zers. *Propylen* u. *3.4.5-* bzw. *3.4.6-Trimethylphthalsäuredimethylester*, von denen ersterer durch Verseifung u. Decarboxylierung in *3.4.5-Trimethylbenzoesäure* verwandelt werden konnte, während die Decarboxylierung der isomeren Säure nicht gelang. **VI** konnte nicht rein isoliert werden u. war vor allem mit **VII** u. Dipenten verunreinigt. Die Entstehung von **V** u. **VI** wird durch 1.3-Umlagerung einer CH_3-Gruppe in **α-II**- u./oder **β-II** zurückgeführt. Aus **VIII** u. **IX** entstanden mit **X** neben *Isobutylen 3-Äthyl-* u. *4-Äthylphthalsäuredimethylester*. Bei der Abspaltung von CH_4 aus **VIII** u. **IX** entstand aus beiden *m-Äthyltoluol*. **VIII** u. **IX** sind wahrscheinlich durch 2.10-Cyclisierung von **I** u. Umlagerung der Doppelbindungen gebildet worden. 60% aromat. Material konnte aus der Fraktion **VII**–Cyclohexadien dadurch abgetrennt werden, daß die Fraktion mit Maleinsäureanhydrid behandelt wurde u. die aromat. Bestandteile durch Wasserdampfdest. entfernt wurden. Sie sind wahrscheinlich durch Desalkylierung aus den entsprechenden Cyclohexadienen entstanden u. wurden als *Trinitroderivv.* identifiziert.

Versuche: Die *Naphthochinonaddukte* nachst. Verbb. entstanden aus **I** durch Pyrolyse in der Dampfphase nach GOLDBLATT u. PALKIN (C. **1945.** II. 1483) bei 443 ± 1^0 (Durchsatz 3,9 g/Min.; Kontaktzeit ca. 8 Sek.), Zerlegung durch Dest. bei 20 mm in 50 Fraktionen, 45 Min. Erhitzen der einheitlich erscheinenden Fraktionen mit 1.4-Naphthochinon auf 150—155°, Dampfdest., Ausäthern des Destillierrückstands u. Rekristallisation aus PAe. u. dann Ae.: *α-Pyronen* (**α-II**), F. 129—130°, aus der Fraktion vom $Kp._{20}$ 48,4°; 40% (Ausbeute, bezogen auf eingesetztes Naphthochinon). — *1.3-Dimethyl-1-äthylcyclohexadien-(3.5)* (**III**), F. 127—128°, aus der Fraktion vom $Kp._{20}$ 56,9—57,4°; 33%. — **β-II**, F. 96—97°, aus der Fraktion vom $Kp._{20}$ 61,6°; 98%. — *1.2.3.5-Tetramethylcyclohexadien-(2.4)* (**V**), F. 94—95°, aus der Fraktion vom $Kp._{20}$ 65,2°; 43%. — *α-Terpinen* (**IV**), F. 100—101°, aus der Fraktion vom $Kp._{20}$ 68,6—69°; 31%. — *1.2.3.5-Tetramethylcyclohexadien-(1.3)* (**VI**), F. 114—115°, aus der Fraktion vom $Kp._{20}$ 70,8°; 27%. — **α-II**: *2-Methylbuten-(2)*, Kp. 38,6°, aus 5 g der Fraktion vom $Kp._{20}$ 48,4° (bei der Pyrolyse von **I**) durch 2½std. Dest. mit **X** bis 160° (Gasentw.); n_D^{20} 1,3878; 2,9 cm³; gibt bei 1std. Erhitzen in Ggw. von Phenol u. wenig 75%ig. H_2SO_4 u. Gießen in W. *4-tert.-Amylphenol* (**XI**), F. 94—96°, aus PAe. Nadeln. — *3-Methylphthalsäuredimethylester* (**XII**), $C_{11}H_{12}O_4$, F. 42,5—44°, aus dem Destillierrückstand bei vorst. Verb.; Nadeln aus Bzl.–Hexan; 3,9 g. *Freie Säure*, $C_9H_8O_4$, F. 158° (Zers.; Äthylacetat). *Anhydrid*, $C_9H_6O_3$, F. 118—119°, aus Bzl. Nadeln. — **III**: *2-Methylbuten-(1)*, Kp. 31,2°, aus 5 g der Fraktion vom $Kp._{20}$ 57,4° + **X** bei 150° wie vorst.; n_D^{20} 1,3780; 3,3 cm³; 3,3 cm³; 1,56 g geben mit Phenol wie vorst. 2,6 g **XI**. Aus dem Destillierrückstand 2,6 g **XII**. — *1.3-Dimethyl-1-äthylcyclohexan*, Kp. 161—165°, aus 13,6 g **III** durch Hydrieren in Essigsäure über PtO_2 in 15 Min.; n_D^{20} 1,4412; 17,7 g; gibt bei der Dehydrierung über Pt–Al_2O_3 bei 310—330°, Aufnehmen in Pentan u. Extrahieren mit SO_2 bei 40° *m-Xylol* (Kp. 129 bis 134°; n_D^{20} 1,4962; 3,4 g) u. nach Nitrierung *Trinitro-m-xylol* (F. 182—184°). — **β-II**: *4-tert.-Butylphenol*, F. 98—100° (PAe.), aus 5 g der Fraktion vom $Kp._{20}$ 61,8° + **X** bei 130° u. Rk. des Destillats mit Phenol. — *3.4-Dimethylphthalsäuredimethylester*, $C_{12}H_{14}O_4$, F. 57,5—58,5°, aus dem Destillierrückstand bei vorst. Rk.; Platten aus Hexan; 5,5 g. *Freie Säure* (**XIII**), $C_{10}H_{10}O_4$, F. 177—178°(Zers.; W.). *Anhydrid*, $C_{10}H_8O_3$, F. 125 bis 127°, nach Sublimation bei 115°/2 mm; 1,7 g aus 2 g. — *1.2.3.4-Tetracarboxybenzol*,

$C_{10}H_6O_8$, F. 233—245° (HNO_3), aus 1,4 g vorst. Anhydrids durch 7std. Erhitzen mit rauchender HNO_3 unter Verschluß. *Tetramethylester*, $C_{14}H_{14}O_8$, F. 129—130,5°, aus 0,44 g der mit NaOH neutralisierten Säure über das *Ag-Salz* durch 4std. Kochen mit CH_3J in Bzl.; Nadeln aus CH_3OH; 0,22 g. — *3.4-Dimethylbenzoesäure*, $C_9H_{10}O_2$, F. 166 bis 167° (A.), aus 0,5 g **XIII** + Cu-Pulver u. wenig W. durch 4std. Erhitzen im Einschlußrohr auf 233—236° (Bad) u. Ausziehen mit NaOH; 0,07 g. — **V**: *1.2.3.5-Tetramethylbenzol* (**XIV**), F. —29 bis —24°, Kp. 196°, aus 1,8 g der Fraktion vom Kp.$_{20}$ 65,2° durch 24std. Kochen mit 5%ig. Pd-Kohle u. Dest.; n_D^{20} 1,5105; 0,23 g. *4.6-Dinitroderiv.*, F. 183—184°. — *Propylen*, aus 5 g der Fraktion vom Kp.$_{20}$ 65,2° + **X** in 2 Std.; gibt beim Einleiten in H_2SO_4, Verdünnen mit W. u. Dest. *Isopropanol* (Kp. 82°; $D._4^{2,55}$ 0,7850; n_D^{22} 1,3761. *Phenylurethan*, F. 87—88,5°). — Als nichtflüchtiger Bestandteil bei vorst. Addition von **X** *3.4.6-Trimethylphthalsäuredimethylester*, $C_{13}H_{16}O_4$, F. 54—55° (PAe.); 5,4 g. *Anhydrid*, $C_{11}H_{10}O_3$, F. 129—130° (A.), aus 5,04 g vorst. Verb. durch Verseifen zur *freien Säure* (F. 163° [Zers.]; 4,23 g) u. Zers.; gibt bei der Oxydation mit HNO_3 wie oben *Pentacarboxybenzol* (**XV**), $C_{11}H_6O_{10}$, F. 235° (Zers.; verd. HNO_3). *Pentamethylester*, $C_{16}H_{16}O_{10}$, F. 148—149° (CH_3OH). — **IV**: *Maleinsäureanhydridaddukt von* **IV**, F. 68—69°, aus der **IV**-Fraktion (Kp.$_{20}$ 69°). **IV**-*Nitrosit*, F. 153—154° (*Dihydrochlorid*, F. 51—53°, aus PAe. u. CH_3OH). — *Äthylenbromid*, F. 7—9,5°, aus der Fraktion vom Kp.$_{20}$ 69° + **X** in 2½ Std. bei 130—160°, Zers. u. Bromieren des gebildeten *Äthylens*; $n_D^{20,1}$ 1,5379. Als nichtflüchtiger Bestandteil bei vorst. Rk. mit **X** 4,8 g *3-Methyl-6-isopropylphthalsäuredimethylester*, Kp.$_{20}$ 185—195°; $n_D^{16,9}$ 1,5067; gibt bei der Verseifung *3-Methyl-6-isopropylphthalsäureanhydrid*, $C_{12}H_{12}O_3$, F. 102—103° (Bzl.); 1,5 g. — **VI**: **XIV**, aus der Fraktion vom Kp.$_{20}$ 70,6—70,8° durch Hydrieren über PtO_2 in A., Verdünnen mit W., Ausziehen mit Pentan, Entfernen von aromat. Verbb. mit SO_2 wie oben u. Dehydrieren der organ. Phase über Pt–Al_2O_3 bei 300—310°. Bei der Rk. von 5 g vorst. Fraktion mit **X** entstanden 333 cm³ *Propylen* u. als nichtflüchtiger Bestandteil *3.4.5-Trimethylphthalsäuredimethylester*, $C_{13}H_{16}O_4$, F. 117—119°; Prismen aus Bzl.; 3 g. *Anhydrid*, $C_{11}H_{11}O_3$, F. 183—184° (Bzl.), aus 2,5 g vorst. Ester durch Verseifen zur *freien Säure* (**XVI**; F. 147—157°; 2,11 g; nach Rekristallisation aus Aceton F. 211° u. F. 168°) u. Erhitzen über 200°; gibt nach HNO_3-Oxydation **XV**. — *3.4.5-Trimethylbenzoesäure*, $C_{10}H_{12}O_2$, F. 220—222°, aus **XVI** durch Decarboxylieren mit Cu-Pulver im Einschlußrohr bei 235—245° in 5 Stunden. — **VIII**: *Isobutylen*, aus 0,5 g der Fraktion vom Kp. 52° mit **X** u. Zers.; daneben *3-Äthylphthalsäuredimethylester*, $C_{12}H_{14}O_4$, F. 54 bis 55° (Hexan). *Freie Säure*, $C_{10}H_{10}O_4$, F. 172° (Zers.). *Anhydrid*, $C_{10}H_8O_3$, F. 101—102° (Hexan). *Hemimellitsäure*, $C_9H_6O_6$, F. 190° (Zers.), aus 0,29 g vorst. Säure durch Oxydation mit 75%ig. HNO_3 (7 Std. bei 140° im Einschlußrohr); Platten aus W.; 0,2 g. *Isophthalsäure*, sublimiert über 300°, aus 1 cm³ der Fraktion vom Kp. 52° durch CH_4-Abspaltung in der Dampfphase in Ggw. von HCl über Pt–Al_2O_3 bei 350° u. Oxydation des Prod. (Kp. 161—168°; n_D^{20} 1,5016; 0,55 cm³) mit HNO_3; 30%. *Dimethylester*, F. 62—64° (wss. CH_3OH). — **IX**: *4-Äthylphthalsäureanhydrid*, $C_{10}H_8O_3$, F. 76—77° (Bzl.), aus der Fraktion vom Kp. 51° + **X**, Verseifen des Destillierrückstandes u. Erhitzen auf 170°; 0,51 g. Daneben *Isobutylen* als flüchtiger Bestandteil. *4-Äthylphthalsäure*, $C_{10}H_{10}O_4$, F. 133—134° (Bzl.). *Trimellitsäure*, $C_9H_6O_6$, F. 233° (Essigsäure), aus 0,05 g vorst. Anhydrids + HNO_3 wie oben; 0,054 g. — *Dipententetrabromid*, F. 125—126°, aus der Fraktion vom Kp. 71° durch Bromieren in Chlf. bei —40°; 9%. — A r o m a t. V e r b b.: *m-Xylol*, aus der Fraktion vom Kp.$_{20}$ 39,6—41,6°; nachgewiesen durch Nitrieren mit HNO_3–H_2SO_4 zum *Dinitroderiv.*; F. 183—184°. — *m-Äthyltoluol*, aus der Fraktion vom Kp.$_{20}$ 60° durch Rk. mit Maleinsäureanhydrid, Gießen in 20%ig. NaOH u. Wasserdampfdest.; als Öl im Destillat; gibt mit H_2SO_4–HNO_3 ein *Nitroderiv.* vom F. 88—89°. — *1.2.3-Trimethylbenzol*, Kp. 176°, aus der Fraktion vom Kp.$_{20}$ 70,6° nach Abtrennen der nichtaromat. Bestandteile mit Maleinsäureanhydrid wie vorst.; $D._4$ 0,8947; n_D^{20} 1,5138. *Sulfonamid*, F. 194—196° (wss. A.). — *β*-**II**, *Maleinsäureanhydridaddukt*, F. 163—164°, aus 5 g *α*-**II** durch 1½std. Erhitzen im Einschlußrohr auf 290—300°, Dest. (2,6 g) u. Rk. mit Maleinsäureanhydrid. (J. Amer. chem. Soc. **72**. 2151—59. Mai 1950. New Orleans, La., U. S. Dep. of Agric., Bur. of Agric. and Ind. Chem., Naval Stores Res. Div.)

H. LEHWALD. 3600

Th. Bersin und **A. Müller**, *Über Inhaltsstoffe von Crataegus oxyacantha L.* 2.Mitt. *β-Sitosterin und Oleanolsäure.* (1. vgl. C. **1954**. 3242; 3. vgl. C. **1956**. 3367.) Aus der aus Weißdornbeeren (*Crataegus oxyacantha L.*) gewonnenen „Crataegussäure" (**III**) (BAECHLER) wurde nach Abtrennung des wasserlösl. Anteils u. Extraktion mit 50%ig. A. durch fraktionierte Kristallisation außer *Ursolsäure* (**I**) *Oleanolsäure* (**II**) isoliert u. als *Acetyloleanolsäuremethylester* identifiziert; daneben wurde noch eine nicht untersuchte benzollösl. Säure gefunden. Die von TSCHESCHE u. FUGMANN (C. **1954**. 326) beschriebene „Crataegolsäure" zeigt mit einem Gemisch aus **I** u. **II** keine F.-Depression. Aus dem neutralen Anteil der Mutterlaugen konnte durch chromatograph. Reinigung *β-Sitosterin* gewonnen werden.

Versuche (FF. korr., im evakuierten Röhrchen): *β-Sitosterin*, $C_{29}H_{50}O \cdot H_2O$, F. 139—140°, nach der Entfernung der sauren Anteile aus dem Rückstand der Mutterlaugen der rohen „Crataegussäure" (III) mit NaOH wurde an Al_2O_3 adsorbiert u. das Benzoleluat aus Methanol umkrist. [die Elution mit PAe. lieferte nicht näher untersuchte derbe Nadeln vom F. 113°, die mit $C(NO_2)_4$ keine Färbung gaben]; monokline Blättchen; $[\alpha]_D^{24}$ —34 ± 2° (Chlf., c = 1,00); Farb-Rkk. nach LIEBERMANN-BURCHARD u. nach SALKOWSKY positiv; mit Benzaldehyd nach Unterschichten mit H_2SO_4 dunkelorange, von violetten Ringen durchzogen, Fluorescenz grün (typ. für Sitosterin); gibt mit der stöchiometr. Menge 60% ig. $HClO_4$ ein krist. „Sterolium"-Salz, das mit überschüssiger Säure in eine purpurrote, halochrome Verb. übergeht. *Acetat*, $C_{31}H_{52}O_2$, F. 120—121°, aus vorst. Prod. oder aus dem Rohprod. durch Reinigung über die Digitoninverb.; feine Nädelchen aus Methanol; LIEBERMANN-BURCHARD-Rk.: sehr kurze rote, intensiv violette, dann blaugrüne u. beständig smaragdgrüne Farbe. — *Olaenolsäure* (II), $C_{30}H_{48}O_3$, F. 305—306°, aus 50 g III (F. 264—266,5°, nach Umlösen aus Essigester) durch Extraktion mit W. u. mit 50% ig. A. u. fraktionierte Kristallisation aus A.; glänzende, schön ausgebildete Nadeln; $[\alpha]_D^{25}$ +78 ± 3° (Chlf., c = 1,00); 1,06 g. *Acetylderiv.*, F. 260—261° (A.). *Methylester*, F. 198—199° (A.); Nadeln. *Methylester* des *Acetylderiv.*, $C_{33}H_{52}O_4$, F. 217 bis 218°, aus dem Acetylderiv. u. Diazomethan. — Aus dem Extrakt mit 50% ig. A. wurde außer Sitosterin durch Chromatographie neben weiterem **II** eine benzollösl., ölige Säure gewonnen. (Helv. chim. Acta **35**. 1891—95. 15/10. 1952. St. Gallen, Forschungsabt. der Laboratorien Hausmann AG.) H.-J. KOCH/Berlin. 3600

Robert Bruce Moffett und **George Slomp jr.**, *Reaktion von Persäuren mit $\Delta^{20,21}$-Steroidenolacetaten. 3β.20-Diacetoxy-$\Delta^{5,20}$-pregnadien* (*Pregnenolonenolacetat*; I), das sich wie die anderen $\Delta^{20,21}$-Steroidenolacetate darstellen läßt (vgl. C. **1953**. 2448), reagiert mit *Perbenzoesäure* (II) zu *3β.21-Diacetoxy-5.6*(α)-*oxidopregnan-20-on*. — Quantitative Unterss. der Rk. von II mit *3.20-Diacetoxy-$\Delta^{3,5,20}$-pregnatrien* (*Progesterondienolacetat*, **IV**) ergaben, daß 1 Mol **II** bei 0° schon innerhalb von 7 Min. aufgenommen wird u. dabei ein Gemisch von *Allopregnan-3.6.20-trion* u. *6β-Oxyprogesteron* (**V**) erhalten wird. Die Konst. von **V** konnte durch Oxydation zu *6-Ketoprogesteron* bewiesen werden. Das 2. Mol **II** wird auch nach 4 Std. noch nicht völlig aufgenommen. Nach 5tägigem Stehenlassen von 2 Mol **II** mit **IV** wurden *6β.17α-Dioxyprogesteron* u. *17α-Oxyallopregnan-3.6.20-trion* erhalten. — *3β.20-Diacetoxy-$\Delta^{16,20}$-allopregnadien* (**X**) reagiert bei 0° in 23 Std. nur mit 1 Mol **II** u. gibt dabei *3β.20-Diacetoxy-16.17*(α)-*oxido-Δ^{20}-allopregnen* (**IX**), dessen Struktur durch Hydrolyse u. Reacetylierung zu *3β-Acetoxy-16.17*(α)-*oxidoallopregnan-20-on* bewiesen wurde. Mit Br_2 gibt **IX** *3β-Acetoxy-16.17*(α)-*oxido-21-bromallopregnan-20-on* (**III**), das mit NaJ u. dann mit K-Acetat in *3β.21-Diacetoxy-16.17*(α)-*oxidoallopregnan-20-on* (**VIII**) übergeht. Bei Zimmertemp. reagiert **X** in 5 Tagen auch mit 2 Mol **II** u. ergibt dabei das Diepoxyd *3β.20-Diacetoxy-16.17*(α);*20.21-dioxidoallopregnan*. — *3β.20-Diacetoxy-$\Delta^{5,16,20}$-pregnatrien* (**VI**) reagiert innerhalb 1 Std. mit 2 Mol **II** unter Bldg. von *3β.20-Diacetoxy-5.6*(α);*16.17*(α)-*dioxido-Δ^{20}-pregnen* (**VII**), dessen Struktur durch Hydrolyse zum *3β-Oxy-5.6*(α);*16.17*(α)-*dioxidopregnan-20-on* bewiesen wurde. **VII** wurde durch Bromierung in *3β-Acetoxy-5.6*(α);*16.17*(α)-*dioxido-21-brompregnan-20-on* u. dieses mit NaJ, dann mit K-Acetat in *3β.21-Diacetoxy-5.6*(α);*16.17*(α)-*dioxidopregnan-20-on* übergeführt. Mit 3 Mol **II** reagiert **VI** in 30 Std. vermutlich unter Bldg. von *3α.20-Diacetoxy-5.6*(α);*16.17*(α);*20.21-trioxidoallopregnan*.

Versuche (FF. auf dem FISHER-JONES-Block): *3β.21-Diacetoxy-5.6*(α)-*oxidopregnan-20-on*, $C_{25}H_{36}O_6$, F. 181,5—182,5°, aus 1 g I mit 0,006 Mol II in Bzl. (24 Std. bei 25°), 4 Std. bei 25° mit methanol. NaOH behandelt, dann nach Zugabe von wenig Eisessig < 30° eingedampft u. den Rückstand acetyliert; Nadeln aus Essigester; $[\alpha]_D^{25}$ +20° (2% in Chlf.); 0,15 g (Ausbeute). — *6β-Oxyprogesteron* (**V**), $C_{21}H_{30}O_3$, F. 174—177°, aus 1 g **IV** u. gleichmol. Menge **II** in Chlf.–Bzl. (1 Std. bei 25°), dann mit äthanol. NaOH verseift; Kristalle aus CH_2Cl_2–Ae.; $[\alpha]_D^{24}$ +103° (0,33% in Chlf.); 0,175 g. — *Allopregnan-3.6.20-trion*, F. 232—234°, wie vorst. in geringer Menge; $[\alpha]_D^{24}$ +44° (0,51% in Chlf.); $[\alpha]_D^{24}$ +48° (0,45% in A.). — *6-Ketoprogesteron*, F. 197—199° (Aceton–Ae.), aus 0,2 g **V** mit CrO_3 in Eisessig; 0,145 g. — *6β.17α-Dioxyprogesteron*, $C_{21}H_{30}O_4$, F. 233—235° (CH_3OH–Ae.), aus 1 g **IV** mit 2 Äquivalenten **II** u. Verseifung; 0,18 g. — *17α-Oxyallopregnan-3.6.20-trion*, $C_{21}H_{30}O_4$, F. 248—251° (Zers.), wie vorstehend. — *3β.20-Diacetoxy-16.17*(α)-*oxido-Δ^{20}-allopregnen* (**IX**), $C_{25}H_{36}O_5$, F. 128—131° (Hexan), aus 0,003 Mol **X** u. 0,004 Mol **II**; $[\alpha]_D^{24}$ +30° (0,59% in Chlf.); 76,2%. — *3β-Acetoxy-16.17*(α)-*oxidoallopregnan-20-on*, F. 188—189°, aus 0,093 g **IX** durch Hydrolyse u. Acetylierung; Kristalle aus Ae.–Penten; $[\alpha]_D^{20}$ +42° (1,4% in Chlf.); 0,035 g. — *3β-Acetoxy-16.17*(α)-*oxido-21-bromallopregnan-20-on* (**III**), $C_{23}H_{33}O_4Br$, F. 188—190° (Aceton), aus 0,416 g **IX** mit

Br_2 in CH_2Cl_2 bei —10°; $[\alpha]_D^{24}$ +45° (0,82% in Chlf.); 0,25 g. — *3β.21-Diacetoxy-16.17(α)-oxidoallopregnan-20-on* (VIII), F. 151—152,5°, durch Kochen vorst. Verb. mit NaJ in Aceton u. 12std. Schütteln mit $KHCO_3$/Eisessig; Kristalle aus Ae.–Pentan; $[\alpha]_D^{24}$ +57° (1,56% in Chlf.); 63%. — *3β.20-Diacetoxy-16.17(α);20.21-dioxidoallopregnan*, $C_{25}H_{36}O_6$, F. 136—138° (Ae.), aus X (0,001 Mol) mit II (0,00246 Mol) in Bzl. (5 Tage bei Zimmertemp.). — *3β.20-Diacetoxy-5.6(α);16.17(α)-dioxido-Δ²⁰-pregnen* (VII), $C_{25}H_{34}O_6$, F. 163,5—165,5°, aus 0,005 Mol VI mit 0,01 Mol II in Bzl. (16 Std. bei 0°) oder mit Peressigsäure u. Na-Acetat bei 0°; Kristalle aus Methanol–Ae.; $[\alpha]_D^{24}$ —25° (1,13% in Chlf.), 32,6 bzw. 39,6%. — *3β-Oxy-5.6(α);16.17(α)-dioxidopregnan-20-on*, $C_{21}H_{30}O_4$, F. 187—188°, durch Verseifung von VII; Kristalle aus Methanol; $[\alpha]_D$ —22° (1,15% in Chlf.); 91,3%. *3β-Acetoxyverb.*, $C_{23}H_{32}O_5$, F. 207—208° (Methanol). — *3β-Acetoxy-5.6(α);16.17(α)-dioxido-21-brompregnan-20-on*, $C_{23}H_{31}O_5Br$, F. 199—202°, aus VII wie bei III; Kristalle aus Methanol–CH_2Cl_2; $[\alpha]_D^{24}$ —11° (0,61% in Chlf.); 24,3%. — *3β.21-Diacetoxy-5.6(α);16.17(α)-dioxidopregnan-20-on*, $C_{25}H_{34}O_7$, F. 192—194° (CH_3OH), aus vorst. Verb. wie bei VIII. (J. Amer. chem. Soc. **76**. 3678—82. 20/7. 1954. Kalamazoo, Mich., Upjohn Co., Res. Labor.) H. SCHEURLEN. 3700

Pablo Th. Herzig und **Maximilian Ehrenstein**, *Untersuchungen über Steroide.* 14. Mitt. *Untersuchungen in der Reihe der Nebennierenrindenhormone: Dehydratation von 6β.21-Diacetoxyallopregnan-5-ol-3.20-dion.* (13. vgl. C. **1953**. **4049**.) Spaltet man aus *6β.21-Diacetoxyallopregnan-5-ol-3.20-dion* (I) W. ab, so erhält man *6β-Oxy-11-desoxycorticosteron-6.21-diacetat [6β.21-Diacetoxy-Δ⁴-pregnen-3.20-dion]* (II), welches sich zu *6α-Oxy-11-desoxycorticosteron-6.21-diacetat [6α.21-Diacetoxy-Δ⁴-pregnen-3.20-dion]* (IV) umlagern läßt. In früheren Veröffentlichungen wurde IV irrtümlich die 6β-Konfiguration zugesprochen. Es hängt in starkem Maße vom angewandten Lösungsm. ab, ob aus I II oder IV gebildet wird. Die Verseifung von II u. IV mit KOH in absol. A. unter N_2 bei Zimmertemp. gibt *6β-Oxy-11-desoxycorticosteron [Δ⁴-Pregnen-6β.21-diol-3.20-dion]* (V) u. *6α-Oxy-11-desoxycorticosteron [Δ⁴-Pregnen-6α.21-diol-3.20-dion]* (VI). Verff. zur Darst. von *Allopregnan-21-ol-3.6.20-trion* (VII) werden diskutiert. Durch Behandlung von II u. IV mit KOH in absol. A. unter O_2 wird *3-Keto-6β-oxy-Δ⁴-ätiocholensäure* (VIII) u. *3-Keto-6α-oxy-Δ⁴-ätiocholensäure* (IX) erhalten. VIII u. IX wurden auch aus V u. VI durch Oxydation mit Perjodsäure erhalten. *3.6-Diketoätioallocholansäure* (III) wird aus VII durch Oxydation mit Perjodsäure oder durch Umlagerung von VIII u. IX dargestellt.

V e r s u c h e (FF. mit FISCHER-JOHNS-App.): *6β-Oxy-11-desoxycorticosteron-6.21-diacetat* (II) u. *6α-Oxy-11-desoxycorticosteron-6.21-diacetat* (IV), Meth. A: Durch Anwendung von trockenem HCl in Chlf.; außer Veränderungen der Temp. u. Charakteristiken des Lösungsm. wurden die folgenden Verss. a—d unter denselben Bedingungen durchgeführt: Durch eine Lsg. von 30 mg I in 10 cm³ Chlf. wurde 1½ Std. bei der angegebenen Temp. wasserfreier HCl durchgeleitet, 30 cm³ W. zugefügt u. das Chlf. abdestilliert. a) Lösungsm. Chlf., MERCK-Reagens (enthält 0,7% A.). Reaktionstemp.: zwischen — 15 u. —20°. Aus Aceton–PAe., F. 80—83°; 42% (Ausbeute). Identifiziert durch Misch-F. als IV. b) Lösungsm. wie bei a), Reaktionstemp. zwischen +3 u. +6°, F. 81—83°; 63%. c) Lösungsm. A.-freier Chlf., Reaktionstemp. zwischen —15 u. —20°. Harziges Reaktionsprod., gereinigt durch Chromatographie an Al_2O_3; 15,6 mg ölige Fraktionen, wahrscheinlich ein Gemisch von II u. IV. Eine krist. Fraktion, aus Aceton–PAe., F. 123—125°; 4,5 mg. Identifiziert durch Misch-F. als II. d) Lösungsm. wie bei c), Reaktionstemp.: zwischen +3 u. +5°. Aus Aceton–PAe. Nadeln, F. 81—83°; 14,4 mg. Identifiziert durch Misch-F. als IV. Meth. B: Bei +3 bis +7° wurde 1 Std. ein trockener HCl-Strom durch 15 mg I in 15 cm³ trockenen CCl_4 geleitet u. das Lösungsm. dann im Vakuum abdestilliert. Aus Aceton–PAe. 8,5 mg Nadeln, F. 122—125°. Identifiziert durch Misch-F. als II. Meth C: 35,1 mg I in 0,7 cm³ absol. A. wurden mit 79,9 mg GIRARDs Reagens T u. 0,04 cm³ Eisessig eine Std. gekocht, abgekühlt u. die GIRARD-Verb. mit 2 cm³ 6nHCl u. 5 cm³ W. zers.; nach 3 Std. weitere Zugabe von W., Extraktion mit Ae. u. folgendes Waschen des Extrakts mit 0,1 n $NaHCO_3$ u. W., Abdampfen des Lösungsm. u. Chromatographie des Rückstandes an alkalifreiem Al_2O_3. Mit Bzl.–Ae. eluiert ergab sich ein krist. Prod. vom F. 125—127°, aus Aceton–PAe.; 10,1 mg; identifiziert durch Misch-F. als II. — II, $C_{25}H_{34}O_6$, F. 125—127°, entstand in guter Ausbeute aus 2,56 g I in 150 cm³ trockenen A.-freien Chlf. bei 3std. Behandlung mit HCl bei —10° u. anschließender Chromatographie über alkalifreiem Al_2O_3; 1,26 g; $[\alpha]_D^{16}$ +109,57° (15,67 mg in 2,0 cm³ Chlf., l = 2 dm); $[\alpha]_D^{25}$ +98,45° (21,21 mg in 20 cm³ Aceton; l = 1,5 dm); λ_{max} 236 mμ; (ε = 15950). II ist lichtempfindlich, färbt sich gelb. Mit konz. H_2SO_4 Fluorescenzerscheinung, beim Stehen Verfärbung von Gelb nach Rot. *2.4-Dinitrophenylhydrazon*, F. 170—172°, aus Methanol–W. rote Kristalle. Ein Vers., II im Hochvakuum durch Erhitzen auf 140—145° in IV umzulagern, war ohne Erfolg. Wurde durch II in reinem CCl_4 bei +3 bis +7° 45 Min. HCl durchgeleitet, trat keine Umlagerung ein; setzt man jedoch dem CCl_4 0,7% A. zu, erhält man 67% **IV**, F. 83—85°. Die Umlagerung gelang auch mit bis 88% Ausbeute in Chlf. + 0,7% Äthylalkohol. Desoxycorticosteronacetat gab unter denselben Bedingungen 90% unverändertes Ausgangsprodukt. — **IV**, $C_{25}H_{34}O_6$, F. 84 bis 86°; $[\alpha]_D^{19,5}$ +139,9° (14,71 mg in 2,0 cm³ Chlf., l = 2 dm); $[\alpha]_D^{25,5}$ +120,78° (18,69 mg in 2,0 cm³ Aceton, l = 1,5 dm); $[\alpha]_D^{25}$ +114,3° (Aceton), λ_{max} 238 mμ (ε = 15910). Farb-Rk. mit konz. H_2SO_4 wie **II**. *2.4-Dinitrophenylhydrazon*, aus Methanol–W. orangefarbene Kristalle, F. 191—192°. — *3β.6β.21-Triacetoxyallopregnan-5-ol-20-on*, $C_{27}H_{40}O_8$, wurde als Nebenprod. bei der Chromatographie von **II** u. **IV** erhalten. Aus Ae.–PAe., F. 170—172°; $[\alpha]_D^{19,5}$ —0,28 (13,95 mg in 2,0 cm³ Chlf., l = 2 dm); $[\alpha]_D^{26,1}$ +3,5 (Aceton). — *6β-Oxy-11-desoxycorticosteron* [*Δ^4-Pregnen-6β.21-diol-3.20-dion*] (**V**), $C_{21}H_{30}O_4$, Meth. A: 32,2 mg KOH wurden in 10,5 cm³ mit N_2 gesätt. absol. A. gelöst. Hierin wurden 113,4 mg **II** unter N_2 gelöst u. 45 Min. stehengelassen. Nach Ansäuern mit 0,2 cm³ 10%ig. H_2SO_4 u. Abdampfen des A. im Vakuum wurde der Rückstand mit 20 cm³ W. versetzt u. der Nd. mit Ae. extrahiert. Aus dem Ae.-Extrakt nach je zweimaligem Waschen mit n-Na_2CO_3 u. W. u. Trocknen **V**. Aus Aceton–PAe. farblose Nadeln. F. 190—192°; 78%; $[\alpha]_D^{21,1}$ +62,63° (11,23 mg in 2 cm³ Chlf., l = 1,51 dm); λ_{max} 235 mμ (ε = 13730). Mit konz. H_2SO_4 Rotfärbung der Kristalle, nach Lösen grüne, fluorescierende Lsg., die bald rot wird. Durch Acetylierung mit Acetanhydrid in Pyridin kann aus **V** wieder **II** erhalten werden. Meth. B: 104,6 mg **II** in 4 cm³ Methanol wurden mit 114,8 mg $KHCO_3$ in 3 cm³ W. 1½ Std. gekocht, mit W. auf das dreifache Vol. verd., Nd. mit Essigester extrahiert u. das Lösungsm. abgedampft. Aus A. 18,5 mg **V**, F. 190—192°. — Aus den Mutterlaugen durch fraktionierte Kristallisation 3 mg farblose Nadeln, F. 196—200°, wurden durch Misch-F. als *Allopregnan-21-ol-3.6.20-trion* (**VII**) identifiziert. — *6α-Oxy-11-desoxycorticosteron* [*Δ^4-Pregnen-6α.21-diol-3.20-dion*] (**VI**), $C_{21}H_{30}O_4$, Meth. A: Wurde aus **IV** unter denselben Bedingungen wie **V** aus **II** nach Meth. A dargestellt. Anstatt mit Ae. wurde mit Essigester extrahiert. Aus Aceton–PAe. farblose Nadeln, F. 166—168°; $[\alpha]_D^{19}$ +139,7° (10,18 mg in 20 cm³ Chlf., l = 2 dm); λ_{max} 240 mμ (ε = 15230); 82%. Mit konz. H_2SO_4 5 Min. lang farblose Lsg., dann Fluorescenz u. nach 3 Std. Rosafärbung. **VI** gab bei Acetylierung mit Acetanhydrid in Pyridin wieder **IV**. Meth. B: 10 mg **IV**, in 0,5 cm³ Methanol mit 30 cm³ W. verd., wurden nach Zugabe von 2,8 mg KOH in 1 cm³ W. 1½ Std. gekocht, mit 10%ig. H_2SO_4 kongosauer gemacht, mit Essigester extrahiert u. der Extrakt nach Waschen mit n-Na_2CO_3 eingedampft. Aus Aceton–PAe. farblose Nadeln, F. 162—164°; 57%. Meth. C: 4 mg **IV** in 1 cm³ Methanol wurden mit 0,03 cm³ 1,04 n NaOH 2 Std. stehengelassen, mit 5 cm³ gesätt. NaCl-Lsg. verd., mit Essigester extrahiert u. das Lösungsm. abgedampft. Aus Aceton–PAe. farblose Nadeln, F. 161—163°; 88%. Mit gewöhnlichem Methanol, das wenig W. enthielt, wurden mit 4,2 Äquivalenten KOH durch 1¾ Std. Stehen 92% **VI** erhalten. — *Allopregnan-21-ol-3.6.20-trion* (**VII**), Meth. A: 50 mg **II** in 2 cm³ Methanol, mit 20,8 mg KOH in 1 cm³ Methanol versetzt, wurden mit 30 cm³ W. verdünnt. Der entstandene Nd. geht nach 1 Std. Kochen in Lösung. Nach Sättigen mit NaCl u. Extraktion mit Essigester wurde der Extrakt eingedampft. Aus Methanol 16,7 mg, F. 196—200°. Meth. B: **VI** wurde bei 170—173° 30 Min. im Hochvakuum gehalten. Aus Aceton–PAe., F. 195—198°. Meth. C: 5 mg **VI** in 0,5 cm³ Eisessig wurde mit einem Tropfen 10%ig. H_2SO_4 in Eisessig über Nacht stehengelassen, dann mit n-Na_2CO_3 alkal. gemacht, mit Essigester extrahiert u. von dem Extrakt das Lösungsm. abdestilliert. Aus Aceton–PAe. 1,5 mg, F. 191—193°. Die wss.-alkal. Lsg. wurde kongosauer gemacht u. mit Essigester extrahiert, 2,8 mg krist. saures Produkt. Aus Aceton–PAe. 1,5 mg farblose Nadeln, F. 261—263°. Identifiziert durch Misch-F. als *3.6-Diketoätioallocholansäure* (**III**). — *21-Acetoxyallopregnan-3.6.20-trion*, $C_{23}H_{32}O_5$, **VII**, nach Meth. A gewonnen, wurde mit Pyridin–Acetanhydrid bei Zimmertemp. acetyliert. Prod. wurde durch Chromatographie gereinigt u. mit Bzl. u. Bzl.–Ae. (3 : 2) eluiert. F. 193—195°; $[\alpha]_D^{23,5}$ +73,76° (9,32 mg in 2,0 cm³ Chlf., l = 1,15 dm). *3-Keto-6β-oxy-Δ^4-ätiocholensäure* (**VIII**), $C_{20}H_{28}O_4$, Meth. A: 105,5 mg **II** in 1 cm³ absol. A. wurden sorgfältig, ohne zu mischen, zu 58,6 mg KOH in 5 cm³ absol. A. gegeben. Nach Umgebung des Syst. mit O_2 wurden die Lsgg. gemischt, wonach die O_2-Aufnahme begann u. nach 25 Min. beendet war. Die Reaktionslsg. wurde in das 4fache Vol. W. gegossen u. mit Ae. extrahiert. Es wurden nur Spuren Neutralprod. isoliert. Die alkal. wss. Lsg. wurde mit 10%ig. H_2SO_4 kongosauer gemacht u. der Nd. in Ae. aufgenommen. Aus Aceton–PAe., F. 232—234°; $[\alpha]_D^{25,5}$ +64,58° (13,35 mg in 2,0 cm³ Chlf., l = 1,51 dm); λ_{max} 238 mμ (ε = 12250); 78%. Mit konz. H_2SO_4 Braunfärbung der Kristalle, nach Lösen grün fluorescierende Lsg., die nach 3 Std. dunkelgelb wird. Meth. B: 7 mg **V** in 3 cm³ Methanol wurden mit 22 mg Perjodsäure in 0,5 cm³ W. über Nacht stehengelassen, in W. gegossen, Nd. in Ae. aufgenommen u. die äther. Lsg. 3mal mit je 5 cm³ n-Na_2CO_3 gewaschen. Aus dem Ae. wurden nur Spuren Neutralprod. erhalten. Die Carbonatphasen wurden mit 10%ig. H_2SO_4 angesäuert u. mit Ae. extrahiert. Aus wss. Methanol 3,5 mg farblose

Nadeln, F. 230—232°. — *3-Keto-6α-oxy-Δ^4-ätiocholensäure* (**IX**), $C_{20}H_{28}O_4$, Meth. A: Zu 25 mg **IV** in 5 cm³ absol. A. wurden 12,5 mg KOH in 0,2 cm³ absol. A. gegeben u. die Mischung 1½ Std. unter O_2 gehalten. Es wurde wie bei **VIII** (Meth. A) beschrieben weitergearbeitet. Aus Aceton–PAe. 15,2 mg Nadeln, F. 207—209°; $[\alpha]_D^{21}$ +56,2° (8,99 mg in 2,0 cm³ Chlf., l = 2 dm); λ_{max} 239 mμ (ε = 17060). Mit konz. H_2SO_4 Fluorescenz, die sich während 15 Min. verstärkte, nach 3 Std. leichte Gelbfärbung. Meth. B: Nachdem 13,6 mg **VI** in 0,5 cm³ Methanol mit W. bis zur leichten Trübung versetzt worden waren, wurden 25 mg Perjodsäure zugegeben. Farblose Nadeln, die nach 1 Std. Stehen abfiltriert wurden. Aus Aceton–PAe. 8,5 mg, F. 207—209°. — **III**, $C_{20}H_{28}O_4$, Meth. A: 9,5 mg **VIII** in 2,19 cm³ 0,1056 n NaOH wurde mit 2,5 cm³ W. versetzt u. die Mischung 1 Std. erwärmt. Nach Abkühlen wurden mit HCl kongosauer gemacht u. der krist. Nd. mit Ae. extrahiert. Aus Aceton–PAe. 6,5 mg Kristalle, F. 262—264°; $[\alpha]_D^{25,5}$ +23,71° (9,55 mg in 2,0 cm³ Chlf., l = 1,51 dm). Meth. B: 2,5 mg **IX** in 0,5 cm³ Eisessig, mit 1 Tropfen 10%ig. H_2SO_4 in Eisessig versetzt, wurden nach Stehen über Nacht bei Zimmertemp. mit n-Na_2CO_3 neutralisiert u. mit wenig W. verdünnt. Ae.-Extrakt lieferte kein Neutralprodukt. Ansäuern mit 10%ig. H_2SO_4 gab Nd., der in Ae. aufgenommen wurde. Aus Aceton–PAe. 1,2 mg Kristalle, F. 262—264°. Meth. C: 3 mg **VII** in 1 cm³ Methanol wurden mit 12 mg Perjodsäure in 0,5 cm³ W., das Spuren H_2SO_4 enthielt, versetzt, über Nacht stehengelassen, mit 5 cm³ W. verd. u. mit Essigester extrahiert. Nach 2maligem Waschen mit je 5 cm³ n-Na_2CO_3 lieferte die Lösungsmittelphase nur Spuren Neutralprodukt. Die Carbonatwaschwässer wurden mit 10%ig. H_2SO_4 kongosauer gemacht u. der Nd. in Ae. aufgenommen. Aus Methanol–W. 1,7 mg farblose Nadeln, F. 260—263°. — *3.6-Diketo-Δ^4-ätiocholensäure*, $C_{20}H_{26}O_4$, 50,3 mg **VIII** in 2 cm³ Eisessig wurden mit 0,21 cm³ einer Lsg. von 2,454 g CrO_3 in 100 cm³ 90%ig. Eisessig versetzt, bei Zimmertemp. über Nacht vollständig oxydiert, mit Methanol versetzt u. das Lösungsm. im Vakuum abgedampft. Rückstand wurde in Essigester aufgenommen. Aus wss. Methanol 14,2 mg gelbe Nadeln von bes. elektrostat. Eigg., F. 240—242°; $[\alpha]_D^{24,5}$ +9,51° (9,47 mg in 2,0 cm³ Chlf., l = 1,51 dm); λ_{max} 248 mμ (ε = 13060). (J. org. Chemistry **16.** 1050—63. Juli 1951. Philadelphia, Pa., Univ. of Pennsylvania, Div. of Steroid Res., John Herr Musser Dep. of Res. Med.) K.-H. MENZEL. 3700

G. Winston Barber und **Maximilian Ehrenstein,** *Untersuchungen über Steroide.* 15. Mitt. *Weitere Untersuchungen von 17-Isocarbonsäuren.* (14. vgl. vorst. Ref.) Aus der durch Abbau von Strophanthidin erhaltenen *3β.5.14-Trioxy-14-iso-17-iso-21-norpregnan-19.20-disäure* läßt sich partiell W. abspalten unter Bldg. von *3β.5-Dioxy-17-iso-21-nor-Δ^{14}-pregnen-19.20-disäure* (**II**) u. dem entsprechenden 20-Äthylester (**III**). **II** kann mit kalter konz. HCl in *3β.5.8-Trioxy-17-iso-21-norpregnan-19.20-disäure-19.8-lacton* (**V**) u. **III** in *3β.5.8-Trioxy-17-iso-21-norpregnan-19.20-disäure-19.8-lacton-20-äthylester* (**IV**) übergeführt werden. Aus **IV** kann durch Oxydation mit CrO_3 u. nachfolgende Behandlung mit GIRARD-Reagens T *3-Keto-8-oxy-17-iso-21-nor-Δ^4-pregnen-19.20-disäure-19.8-lacton-20-äthylester* erhalten werden. *3-Keto-14-iso-17-iso-21-nor-Δ^4-pregnen-19.20-disäure-20-äthylester* wurde aus *3β.5-Dioxy-14-iso-17-iso-21-norpregnan-19.20-disäure-20-äthylester* mit Cyclohexanon in Ggw. von RANEY-Ni erhalten. Ein neutrales Oxydationsprod. von Strophanthidoldiacetat erwies sich als *3β.19-Diacetoxy-5.14-dioxy-20-keto-14-isopregnan-21-säure-21.14-lacton* (**I**). Dieses ließ sich mit wss. Alkali in *3β.5.14.19-Tetraoxy-20-keto-14-iso-17-isopregnan-21-säure* (**VI**) u. durch nachfolgende Oxydation mit H_2O_2 in *3β.5.14.19-Tetraoxy-14-iso-17-isoätiocholansäure* (**VII**) überführen.

Versuche (FF. unkorr.): *3β.5.8-Trioxy-17-iso-21-norpregnan-19.20-disäure-19.8-lacton-20-äthylester* (**IV**), F. 232—237°, 100 mg *3β.5-Dioxy-17-iso-21-nor-Δ^{14}-pregnen-19.20-disäure-20-äthylester* (**III**) wurden in 2 cm³ konz. HCl über Nacht gelöst u. mit Eis u. W. auf 40 cm³ aufgefüllt. Die über Nacht ausfallenden Kristalle wurden in 30 cm³ Essigester gelöst u. mit n-$NaHCO_3$ u. W. gewaschen. Die Mutterlauge wurde mit 5 25 cm³-Portionen Essigester extrahiert, die Extrakte mit W. gewaschen. Der Rückstand der Essigesterlsgg. gab aus Ae. 54,1 mg farblose Prismen. — *3β.5.8-Trioxy-17-iso-21-norpregnan-19.20-disäure-19.8-lacton* (**V**), F. 305—307° (Zers.), a) 17,3 mg *3β.5-Dioxy-17-iso-21-nor-Δ^{14}-pregnen-19.20-disäure* (**II**) wurden in 1 cm³ konz. HCl über Nacht gelöst, mit Eis u. W. auf 10 cm³ verd., nach 2 Tagen mit 5 10 cm³-Portionen Essigester extrahiert u. die Extrakte mit 5 cm³ W. gewaschen. Aus Aceton–Ae. farblose Prismen. b) Eine Lsg. von 28,45 mg **IV** in 4,00 cm³ 0,0807 n KOH in 80%ig. A. wurde nach 18 Std. mit A. auf 10 cm³ verd., titriert, bis 213 Äquivalente der Base verbraucht waren, im Vakuum zur Trockne gedampft, in 10 cm³ W. aufgenommen u. zur Entfernung von 4,7 mg Ausgangsprod. mit Essigester extrahiert. Kongosauermachen der wss. Lsg. u. Extraktion mit Essigester gab 17,8 mg saures Produkt. Aus Aceton–Ae. 14,5 mg farblose Prismen, $[\alpha]_D^{25}$ +68° (7,80 mg in 2,0 cm³ absol. A.; l = 1,51 dm). — *3β.5.8-Trioxy-17-iso-21-norpregnan-19.20-disäure-19.18-lacton-20-methylester*, $C_{21}H_{30}O_6$, F. 239°, aus 7,8 mg **V** u. Diazomethan, aus Aceton–Ae. 5,3 mg Nadeln. — *3-Keto-8-oxy-17-iso-21-nor-Δ^4-pregnen-19.20-disäure-19.8-lacton-20-äthylester*, $C_{22}H_{28}O_5$, F. 133°, 18,7 mg **IV** in 1 cm³ Eisessig werden mit einer Lsg. von 3,82 mg CrO_3 in 2 cm³ 95%ig. Essigsäure in zwei gleich großen Portionen in ½ Std. Abstand versetzt, nach 20 Std. u. nach Zugabe von 5 Tropfen Methanol gefroren u. das Lösungsm. unterhalb 0° im Vakuum entfernt. Der Rückstand, in 20 cm³ Essigester gelöst mit n-H_2SO_4 u. W. gewaschen, lieferte nach Trocknen u. Eindampfen 21,4 mg Substanz, die in 0,5 cm³ absol. A. gelöst, mit 40 mg GIRARD-Reagens T u. 0,03 cm³ Eisessig versetzt, bis zum Lösen kurz erwärmt u. 18 Std. stehengelassen wurden. Nach Zugabe einer eiskalten Lsg. von 25 mg Na_2CO_3 in 5 cm³ W. wurde zur Entfernung nichtketon. Prodd. nacheinander mit 5 cm³ Ae., 5 cm³ Essigester u. noch mal mit 5 cm³ Ae. extrahiert u. mit 5 cm³ Eiswasser gewaschen. Die vereinigten wss. Lsgg. wurden mit 2 cm³ 6 n HCl kongosauer gemacht u. nach 1 Std. mit Ae. ausgeschüttelt. Aus Methanol–W. 9,5 mg Täfelchen; λ_{max} 243,5 mμ (ε = 13130 in A.); $[\alpha]_D^{29}$ +87° (5,63 mg in 2,0 cm³ Chlf.; l = 1,51 dm). — *3β.19-Diacetoxy-5.14-dioxy-20-keto-14-isopregnan-21-säure-21.14-lacton* (**I**), $C_{25}H_{34}O_8$, Strophanthidoldiacetat wurde mit $KMnO_4$ in Aceton oxydiert u. der neutrale Anteil des Reaktionsprod. erneut oxydiert. Die erhaltene Neutralfraktion wurde ein 3. Mal oxydiert. Das saure Prod. nahm nach jeder Oxydation ab. 1,96 g Neutralprod., nach der 3. Oxydation erhalten, lieferte aus Aceton–Ae. 0,53 g krist. Prod., F. zwischen 155 u. 167°. Dieses wurde mit 2 cm³ Acetanhydrid u. 4 cm³ Pyridin bei Zimmertemp. über Nacht acetyliert, bei 3 mm u. 0° zur Trockne gebracht, in Essigester aufgenommen u. mit kalter n-HCl u. W. gewaschen. Aus Aceton–Ae. 422 mg Nadeln, F. 168—170°, Wiederfestwerden bei 175° u. nochmaliges Schmelzen bei 208—209°; $[\alpha]_D^{27}$ −16° (10,32 mg in 2,0 cm³ Chlf.; l = 2 dm). — *3β.5.14.19-Tetraoxy-20-keto-14-iso-17-isopregnan-21-säure* (**VI**), $C_{21}H_{32}O_7$, F. 247—248° (Zers.), 49,5 mg **I** in 1 cm³ 0,548 n wss. NaOH wurde 30 Min. erhitzt, über Nacht stehengelassen u. mit 0,22 cm³ 1,05 n H_2SO_4 neutralisiert. Weitere Zugabe von 1 cm³ dieser Säure lieferte Kristalle, die mit Eiswasser gewaschen wurden. Aus Methanol–Ae. 20,1 mg Körnchen, sehr wenig lösl. in den gebräuchlichen Lösungsmitteln. — *Methylester*, F. 110—113°, aus 10,2 mg **VI** u. Diazomethan. Aus Aceton–PAe. 6,2 mg Nadeln. — *3β.5.14.19-Tetraoxy-14-iso-17-isoätiocholansäure* (**VII**), $C_{20}H_{32}O_6$, F. 259—261°, die Suspension von 206 mg **I** in 4 cm³ 0,548 n wss. NaOH wurde erwärmt, bis sich die Substanz gelöst hatte, über Nacht stehengelassen, mit 12 cm³ W. verd., 2 cm³ 30%ig. H_2O_2 hinzugefügt, 24 Std. stehengelassen u. mit 1,20 cm³ 1,05 n H_2SO_4 angesäuert. Nach 5 Tagen wurden weitere 1,20 cm³ 1,05 n H_2SO_4 hinzugefügt u. nach Stehen in der Kälte über Nacht der krist. Nd. abfiltriert. Aus Aceton–PAe. 119,7 mg Körnchen; $[\alpha]_D^{20}$ +3° (8,96 mg in 2,0 cm³ absol. A.; l = 2 dm). *Methylester*, F. 225—226°, aus 20 mg **VII** u. Diazomethan. Aus Aceton–Ae. Nadeln. (J. org. Chemistry **16**. 1615—21. Okt. 1951. Philadelphia, Pa., Univ. of Pennsylvania, Div. of Steroid Res., John Herr Musser Dep. of Res. Med.) K. H. MENZEL. 3700

G. Winston Barber und **Maximilian Ehrenstein**, *Untersuchungen über Steroide.* 16. Mitt. *Acetylierungsuntersuchungen an 3β.5-Dioxy-14-iso-17-iso-21-norpregnan-19.20-disäure und ihren Äthylestern.* (15. vgl. vorst. Ref.) Unter den verschied. Bedingungen wird die Acetylierung von *3β.5-Dioxy-14-iso-17-iso-21-norpregnan-19.20-disäure* (**I**), ihres *20-Monoäthylesters* (**II**) u. *Diäthylesters* (**VII**) untersucht. **I** u. **II** liefern mit Eisessig bei Zimmertemp. in Ggw. katalyt. Mengen $HClO_4$ die entsprechenden *3-Monoacetate* (**III** u. **IV**), wohingegen beim Kochen mit Acetanhydrid die entsprechenden *3.5-Diacetate* (**V** u. **VI**) gebildet werden. Mit Acetanhydrid u. Pyridin bei Zimmertemp. liefert **I** Gemische von **III** u. **V**, u. **II** Gemische von **IV** u. **VI**. Bei Behandlung des Diäthylesters **VII** mit Acetanhydrid u. Pyridin, mit Acetylchlorid u. Dimethylanilin in sd. Chlf., oder mit sd. Acetanhydrid erhält man nur das *3-Monoacetat* (**VIII**) *des Diäthylesters*, während längeres Kochen von **VII** mit Acetanhydrid Gemische von **VIII** mit wenig *3.5-Diacetat* (**IX**) *des Diäthylesters* liefert. **VIII** läßt sich auch aus **III** u. **IV** durch Rk. mit Diazoäthan ebenso wie **IX** aus **V** u. **VI** darstellen. Vff. vermuten, daß die Ggw. der Carboxylgruppe in 10-Stellung die Acetylierung der 5β-Hydroxylgruppe erleichtert.

V e r s u c h e (FF. unkorr.): *3β.5-Dioxy-14-iso-17-iso-21-norpregnan-19.20-disäure-19-methyl-20-äthylester*, $C_{23}H_{36}O_6$, F. 170—171°, aus 50 mg *3β.5-Dioxy-14-iso-17-iso-21-norpregnan-19.20-disäure-20-äthylester* (**II**) u. Diazomethan; aus Methanol–W. 42,2 mg; $[\alpha]_D^{20}$ +37° (20,37 mg in 2,0 cm³ Chlf.; l = 2 dm). — *3β.5-Dioxy-14-iso-17-iso-21-norpregnan-19.20-disäurediäthylester* (**VII**), $C_{24}H_{38}O_6$, F. 121°, a) aus 20 mg *3β.5-Dioxy-14-iso-17-iso-21-norpregnan-19.20-disäure* (**I**) mit Diazoäthan; aus PAe.–Ae. 16,8 mg farblose Prismen; b) aus 50 mg **II** mit Diazoäthan; aus Ae.–PAe. 42,4 mg rechteckige Prismen; $[\alpha]_D^{27}$ +28° (11,98 mg in 2,0 cm³ Chlf.; l = 2 dm). — *3β-Acetoxy-5-oxy-14-iso-17-iso-21-norpregnan-19.20-disäure* (**III**), $C_{22}H_{32}O_7$, F. 255—256°, 50 mg **I** (F. 262°) in 1 cm³ Eisessig wurden mit 0,01 cm³ 60%ig. $HClO_4$ versetzt, nach 2 Tagen unterhalb 0°

im Vakuum auf die Hälfte eingeengt. Der nach dem Verdünnen mit 10 cm³ W. entstandene Nd. wurde in Essigester aufgenommen u. mit kalter n-$NaHCO_3$-Lsg. u. W. ausgeschüttelt. Die wss. Extrakte wurden mit 6n HCl kongosauer gemacht u. mit Essigester extrahiert; aus Aceton–Ae. 37,5 mg Nadeln; $[\alpha]_D^{20}$ +73° (10,99 mg in 20 cm³ Chlf. + 3 Tropfen A.; l = 2 dm). — *3β.5-Diacetoxy-14-iso-17-iso-21-norpregnan-19.20-disäure* (**V**), $C_{24}H_{34}O_8$, F. 194—195°, bei ½std. Kochen von 50 mg **I** mit 0,5 cm³ Acetanhydrid, dann 1 weitere Std. unter Zusatz von 0,5 cm³ Eisessig u. 0,3 cm³ W.; nach dem Eindampfen im Vakuum unterhalb 0° Aufnehmen des Rückstandes in Ae., Extraktion mit n-$NaHCO_3$, Ansäuern mit 6n HCl Kongorot u. Ausschütteln mit Ae.; die äther. Lsg. lieferte 58,2 mg Substanz, die durch eine Säule von 16 mm Durchmesser über 40 g Silicagel chromatographiert wurde. Eluierung von 43 Fraktionen zu je 40 cm³ in je 10—20 Min. mit Chlf. u. Ae. u. Mischungen in verschied. Verhältnissen. Die Fraktionen 30 bis 32 lieferten aus Methanol–W. 19,6 mg Nadeln, die Mutterlaugen mit den Rückständen der Fraktionen 27—29 u. 33—41 aus Methanol–W. weitere 19,3 mg; $[\alpha]_D^{21}$ +63° (7,00 mg in 20 cm³ Chlf.; l = 2 dm). Mit Acetanhydrid in Pyridin wurden Gemische von **III** u. **V** erhalten, die durch ähnliche Aufarbeitungsmethoden, wie eben beschrieben, getrennt wurden. — *3β-Acetoxy-5-oxy-14-iso-17-iso-21-norpregnan-19.20-disäure-20-äthylester* (**IV**), $C_{24}H_{36}O_7$, F. 194°, 50 mg **II** (F. 201°) in 1 cm³ Eisessig wurden mit einem Tröpfchen 60%ig. $HClO_4$ versetzt, nach 46 Std. im Vakuum unterhalb 0° auf die Hälfte eingeengt, mit 10 cm³ Eiswasser versetzt u. der Nd. in Ae. aufgenommen. Aus der äther. Lsg. wurden nach Extraktion mit 2mal 5 cm³ n-$NaHCO_3$ u. 2mal 5 cm³ W. 46,1 mg Substanz erhalten. Die Bicarbonatextrakte lieferten nach Kongosauermachen u. Extraktion mit Ae. 10,9 mg Substanz; aus Methanol–W. Nadeln; $[\alpha]_D^{20}$ +61° (9,37 mg in 2,0 cm³ Chlf.; l = 2 dm). Durch Chromatographie über Al_2O_3 u. Eluieren mit Chlf.–Methanol (19: 1) stieg der F. auf 194°. Dissoziationskonstanten bei 26° (durch potentiometr. Titration in 50%ig. A.) ca. $2,3 \cdot 10^{-7}$. — *3β.5-Diacetoxy-14-iso-17-iso-21-norpregnan-19.20-disäure-20-äthylester* (**VI**), $C_{26}H_{38}O_8$, F. 189°, bei ½std. Kochen von 50,0 mg **II** in 0,5 cm³ Acetanhydrid, dann 1 weitere Std. nach Zugabe von 0,5 cm³ Eisessig u. 0,5 cm³ W., Eindampfen im Vakuum unterhalb 0°, Aufnehmen in 20 cm³ Ae., Extraktion mit n-Na_2CO_3 u. W., Ansäuern mit 6n HCl unter Kühlung (Kongorot) u. Ausschütteln mit Ae.; aus Methanol–W. Nadeln; $[\alpha]_D^{26.5}$ +37° (20,12 mg in 2,0 cm³ Chlf.; l = 2 dm). **VI** konnte auch aus **IV** auf dieselbe Art dargestellt werden. Mit Acetanhydrid in Pyridin wurden Gemische von **IV** u. **VI** erhalten ähnlich bzw. analog der Einw. auf **I**. — *3β-Acetoxy-5-oxy-14-iso-17-iso-21-norpregnan-19.20-disäurediäthylester* (**VIII**), $C_{26}H_{40}O_7$, F.130°, Meth. A: a) 42,4 mg **VII** in 1 cm³ Pyridin wurden mit 0,5 cm³ Acetanhydrid über Nacht bei Zimmertemp. stehengelassen, im Vakuum bei Zimmertemp. eingedampft u. in Ae. aufgenommen. Diese Lsg. gab 46,2 mg Substanz, die über 5 g Al_2O_3 durch eine Säule von 6 mm Durchmesser chromatographiert wurden. Eluierungsdauer für jede 50 cm³ Fraktion 30 Minuten. Die Eluate mit Bzl. u. Bzl.–Ae. (4: 1) ergaben 38,8 mg harzige Rückstände; aus Methanol–W. 34,4 mg Nadeln; $[\alpha]_D^{27}$ +54° (11,72 mg in 2 cm³ Chlf.; l = 2 dm); b) 14,7 mg **VII** in 0,5 cm³ Acetanhydrid wurden ½ Std., nach Zugabe von 5 Tropfen W. u. 0,5 cm³ Eisessig nochmals 1 Std. gekocht u. unterhalb 0° im Vakuum eingedampft; aus PAe. u. Methanol–W. 9,8 mg Nadeln. Wurden 10,0 mg **VII** in 0,5 cm³ Acetanhydrid 3 Std. gekocht u. dann im Vakuum eingedampft, so wurden nach Chromatographie über 4 g Al_2O_3 aus Methanol 6,3 mg Nadeln, F. 65—67°, eines Prod. (**X**) erhalten. Vff. nehmen an, daß **X** ein Gemisch aus **VIII** u. dem *3.5-Diacetat des Diäthylesters* (**IX**) ist; c) 10 mg **VII** in 2 cm³ Chlf. wurden mit 0,1 cm³ Dimethylanilin u. 0,1 cm³ Acetylchlorid 4 Std. gekocht, im Vakuum eingedampft, Rückstand in Ae. aufgenommen u. eingedampft. Die 11,4 mg Rückstand in PAe. wurden über 4 g Al_2O_3 durch eine Säule von 6 mm Durchmesser chromatographiert. Die ersten 3 Benzoleluate (je 40 cm³) lieferten 7,8 mg öligen Rückstand; aus Methanol–W. 7,4 mg Nadeln. Meth. B: aus 5 mg **III** u. Diazoäthan; aus Methanol–W. 3,8 mg Nadeln. Meth. C: aus 5 mg **IV** u. Diazoäthan; aus verd. Methanol 4,9 mg Nadeln. — *3β.5-Diacetoxy-14-iso-17-iso-21-norpregnan-19.20-disäurediäthylester* (**IX**), $C_{28}H_{42}O_8$, F. 126°, Meth. A: 50 mg **VII** wurden in 2 cm³ Acetanhydrid 20 Std. gekocht u. im Vakuum eingedampft. Der in Ae. gelöste Rückstand gab 51,1 mg Substanz, die in PAe.–Bzl. (3: 2) gelöst über 5 g Al_2O_3 durch eine Säule von 6 mm Durchmesser chromatographiert wurden. PAe.–Bzl. u. reines Bzl. lieferten 24,9 mg Tafeln (aus Methanol–W.). Meth. B: aus 7,0 mg **V** (F. 195°) u. Diazoäthan; aus Methanol–W. 3,8 mg Nadeln. Meth. C: aus 5 mg **VI** u. Diazoäthan; aus Methanol–W. 4,1 mg Täfelchen. **IX** konnte auch aus **II** durch Acetylierung u. anschließende Behandlung des rohen **VI** mit Diazoäthan erhalten werden; aus Methanol–W. u. PAe. Tafeln; $[\alpha]_D^{26.5}$ +31° (21,23 mg in 2,0 cm³ Chlf.; l = 2 dm). (J. org. Chemistry **16**. 1622—32. Okt. 1951. Philadelphia, Pa., Univ. of Pennsylvania, Div. of Steroid Res., John Herr Musser Dep. of Res. Med.) K. H. MENZEL. 3700

J. Romo, Alejandro Zaffaroni, J. Hendrichs, G. Rosenkranz, Carl Djerassi und **Franz Sondheimer,** *Steroide.* 39. Mitt. *Synthese von Δ^4-Pregnen-11α.17α.21-triol-3.20-dion, dem 11-Epimeren von Kendall's Verbindung F.* (38. vgl. PATAKI u. Mitarbeiter, C. **1953.** 8876.) Die chem. u. biosynthet. Darst. von *Δ^4-Pregnen-11α.17α.21-triol-3.20-dion* (**I**; *11-Epimeres von* KENDALLs *Verb. F*) aus Δ^{16}-Allopregnen-3β.11α-diol-20-ondiacetat (**II**) bzw. aus 11α-Oxyprogesteron (**V**) wird beschrieben. **II** liefert bei der Oxydation mit alkal. H_2O_2 u. nachfolgender Acetylierung *16.17-Epoxyallopregnan-3β.11α-diol-20-ondiacetat* (F. 173—175°; $[\alpha]_D^{20}$ ±0° [alle opt. Drehungen in Chlf.]; λ_{max} 1720 u. 1700 cm^{-1} [Mull]. *Freies Diol,* F. 98—100°; $[\alpha]_D^{20}$ +30°; λ_{max} 1708 cm^{-1} [Chlf.] u. OH-Bande), daraus durch Überführung in das Bromhydrin mit HBr u. Hydrogenolyse über Pd-$CaCO_3$ in ausgezeichneter Ausbeute das *Allopregnan-3β.11α.17α-triol-20-on-3.11-diacetat* (**III**, F. 179—181°; $[\alpha]_D^{20}$ −25°; λ_{max} 1736 u. 1704 cm^{-1} [Mull] u. OH-Bande. *Freies Triol,* F. 253—255°; $[\alpha]_D^{20}$ −44°; λ_{max} 1700 u. 1690 cm^{-1} [Mull] u. OH-Bande). **III** gibt mit Br_2 in Essigsäure das rohe *21-Bromid,* das mit NaJ in die J-Verb. u. diese mit CH_3COOK in die **III**-*21-Acetoxyverb.* (**IIIa**, F. 197—198°; $[\alpha]_D^{20}$ +25°; λ_{max} 1736 u. 1720 cm^{-1} [Chlf.] u. OH-Bande) verwandelt wird. **IIIa** liefert durch partielle Verseifung mit methanol. KOH bei Zimmertemp. das *11-Monoacetat* (F. 229—232°; $[\alpha]_D^{20}$ +2°), das mit N-Bromacetamid in wss. tert.-Butanol (5 Std. bei 10°) u. durch nachfolgende Acetylierung das *Allopregnan-11α.17α.21-triol-3.20-dion-11.21-diacetat* (**IV**, F. 197—199°; $[\alpha]_D^{20}$ +48°; λ_{max} 1736 u. 1700 cm^{-1} [Mull] u. OH-Bande). Die Einführung der Δ^4-Doppelbindung durch Verwandlung von **IV** in das 2.4-Dibromid mit Br_2 in Essigsäure, Behandlung mit NaJ u. mit $NaHSO_3$ liefert das gewünschte **I** in Form des *11.21-Diacetats* (F. 132 bis 134° [instabile polymorphe Form], F. 221—223° [stabile Form]; $[\alpha]_D^{20}$ +140°; λ_{max} 240 mμ [log ε = 4,24, in A.]; λ_{max} 1736, 1724 u. 1670 cm^{-1} [Chlf.] u. OH-Bande). Zur biol. Synth. von **I** wird eine Lsg. von **V** in Glykol mit einer Suspension von frischen gemahlenen Rindernebennieren in Phosphat/NaCl-Pufferlsg. unter Zusatz von $MgSO_4$ u. Na-Fumarat 2 Std. bei 35° bebrütet (3% **I** [λ_{max} 240, 285 u. 475 mμ; in H_2SO_4] neben 15% *Δ^4-Pregnen-11α.21-diol-3.20-dion* [*11-Epimeres von Corticosteron*]). Bei der gemischten Papierchromatographie von biosynthet. **I** u. seinem 11β-Epimeren (KENDALLs Verb. F) erweist sich **I** als stärker polar. (Chem. and Ind. **1952.** 783—84. 9/8. Mexico City, D. F., Syntex, S. A., Res. Labors.) H.-J. KOCH/Berlin. 3700

C. W. Shoppee und **G. H. R. Summers,** *Steroide.* 3. Mitt. *3-Methyl-A-norcholesten-(3.5).* (2. vgl. C. **1953.** 63.) Die durch Oxydation von Cholesterin erhaltene *3.4-seco-Δ^5-Cholesten-3.4-dicarbonsäure* wird durch Erhitzen u. Hydrieren in das *A-Nor-5β-cholestanon-(3)* übergeführt. Dieses gibt nach Behandlung mit CH_3MgBr u. anschließende H_2O-Abspaltung das *3-Methyl-A-norcholesten-(3,5)* (**I**), das als Ozonid u. als Epoxyd charakterisiert wird. **I** gibt eine gelbe Färbung mit Tetranitromethan u. eine positive LIEBERMANN-BURCHARD-Rk. (rot → braun → grün). Die Konfiguration der Hydrierungsprodd. von **I** wird auf Grund der Differenzen der Molrotationen angegeben: 3β-Methyl-A-nor-5α-cholestan, F. 112°; $[M]_D$ +101°; 3α-Methyl-A-nor-5β-cholestan, Fl.; $[M]_D$ +160°; 3β-Methyl-A-nor-5β-cholestan, F. 44°; $[M]_D$ +54°.

Versuche: *3.4-seco-Δ^5-Cholesten-3.4-disäure,* F. 296—298°, aus Cholesterin u. wss. KOBr durch 20std. Schütteln; feine Nadeln aus Dioxan. *Dimethylester,* F. 68 bis 69°. — *A-Norcholesten-(5)-on-(3),* F. 95—96°, aus vorst. Verb. in Acetanhydrid (4 Std. am Rückfluß) u. anschließende 3std. Dest. bei 0,1—0,05 mm u. 270—320°; Nadeln aus Methanol–Aceton; Isolierung über das *Oxim,* F. 176°, Tafeln aus Pentan. — *A-Nor-5β-cholestanon-(3),* F. 74°, aus vorst. Verb. u. H_2 in Ae.–Essigsäure u. PdO; Nadeln aus Methanol. — *3-Methyl-A-norcholesten-(3,5)* (**I**), F. 62° (teilweise Verwandlung in Nadeln vom F. 59—60°), aus vorst. Verb. durch Rk. mit CH_3MgBr u. anschließende Behandlung mit $SOCl_2$ in Pyridin; Prismen aus Methanol–Aceton; $[\alpha]_D$ +54±3° (c = 1,280; Chlf.). *Epoxyd,* F. 97—98° (Ae.–Methanol); $[\alpha]_D$ +35±3° (c = 0,656; Chlf.). *Ozonid,* F. 111 bis 114°; prismat. Nadeln aus Ae.–Methanol. (J. chem. Soc. [London] **1952.** 2528—30. Juli. Swansea, Univ. of Wales, Univ. Coll.) H.-J. KOCH/Berlin. 3700

H. H. Inhoffen und **K. Brückner,** *Probleme und neuere Ergebnisse in der Vitamin-D-Chemie.* Zusammenfassung der neueren Ergebnisse auf dem Gebiet der *Vitamin-D*-Chemie u. Hinweis auf die noch offenen Probleme: *Prächalciferol*; Konst. des *Vitamins D_2* (**I**) u. des *Tachysterins*; neue **I**-Verbb., neuere Methoden zur Darst. von Provitaminen u. D-Vitaminen (**II**), neue **II**, Zusammenhang zwischen Konst. u. physiol. Wrkg.; **I**-Ozonabbau u. Stereochemie der Steroide; **I**-Isomerisierung; synthet. Verss. in der Vitamin-D-Reihe; *Photodehydroergosterin.* — 113 Literaturangaben. (Fortschr. Chem. org. Naturstoffe [Wien] **11.** 83—123. 1954. Braunschweig.) K. MAIER. 3800

Alfred Dornow und **Günther Petsch,** *Über Reduktionen mit Lithiumaluminiumhydrid.* 5. Mitt. *Zur Darstellung des Vitamins B_1.* (4. vgl. Arch. Pharmaz. Ber. dtsch. pharmaz.

Ges. **285/57.** [1952.] 323; vgl. auch C. **1956.** 4972. 4973.) Es wird eine vereinfachte Darst. für *4-Amino-2-methyl-5-chlormethylpyrimidin* (**I**) u. *4-Methyl-5-[β-oxyäthyl]-thiazol* (**II**) beschrieben. **I** u. **II** liefern bei der Kupplung *Vitamin* B_1 (*Thiamin*). 4-Chlor-2-methylpyrimidincarbonsäure-(5)-äthylester (**III**; TODD u. BERGEL, J. chem. Soc. [London] **1937.** 364; PRICE, MAY u. PICKEL, J. Amer. chem. Soc. **62.** [1940.] 2818) wird mit alkoh. NH_3 in die *4-Aminoverb.* (**IV**) übergeführt. **IV** liefert bei der Red. mit $LiAlH_4$ das *4-Amino-2-methyl-5-oxymethylpyrimidin*, das mit $SOCl_2$ **I**-*Hydrochlorid* gibt. Das ebenfalls zur Thiaminsynth. verwendete *4-Amino-2-methyl-5-aminomethylpyrimidin* wird durch Red. von 4-Amino-5-cyan-2-methylpyrimidin mit $LiAlH_4$ (**V**; GREWE, Hoppe-Seyler's Z. physiol. Chem. **242.** [1936.] 89) erhalten. Zur Darst. von **II** wird 4-Methyl-5-acetylthiazol (**VI**; BAUMGARTEN u. Mitarbeiter, C. **1942.** II. 903) unter Anwendung der WILGERODTschen Umlagerung in *[4-Methylthiazolyl-(5)]-essigsäureamid* verwandelt, das nach Umwandlung in den *Methylester* mit $LiAlH_4$ zu **II** hydriert wird. Es wird ferner in mäßiger Ausbeute das *4-Methyl-5-cyanmethylthiazol* aus Lävulinsäurenitril durch Bromierung u. Umsetzung mit Thioformamid dargestellt.

Versuche: *4-Amino-2-methylpyrimidincarbonsäure-(5)-äthylester* (**IV**), F. 120°, aus **III** u. bei 0° gesätt. absol. alkoh. NH_3 (48 Std. bei 20—30°); Nadeln aus W.; 68% (Ausbeute). — *4-Amino-2-methyl-5-oxymethylpyrimidin*, F. 196° (W.), aus **IV** in absol. Ae. u. äther. $LiAlH_4$ (60 Min.); 84%. — *4-Amino-2-methyl-5-chlormethylpyrimidin* (**I**)-*Hydrochlorid*, F. 214° (Zers.; aus Isopropanol), aus vorst. Verb. in Chlf. u. $SOCl_2$ (10 Std. am Rückfluß); 75%. Gibt beim Kochen mit wss. $NaHCO_3$ vorst. Verb. zurück. — *4-Amino-2-methyl-5-aminomethylpyrimidin*, aus **V** u. äther. $LiAlH_4$ in der App. von NYSTROM u. BROWN (C. **1948.** I. 1098) mehrere Std. am Rückfluß; 62%. *Hydrochlorid*, F. 262°. *Pikrat*, F. 225° (A.). — *[4-Methylthiazolyl-(5)]-essigsäureamid*, F. 136° (Dioxan), aus **VI** in Dioxan, gelbem $(NH_4)_2S_x$ u. S im Einschlußrohr (7 Std. bei 175°); 84%. *Pikrat*, F. 203°. — *[4-Methylthiazolyl-(5)]-essigsäuremethylester*, $Kp._{18}$ 111°, aus vorst. Verb. in Methanol u. konz. H_2SO_4 (4 Std. am Rückfluß); 65%. *Pikrat*, F. 146°. — *4-Methyl-5-[β-oxyäthyl]-thiazol* (**II**), $Kp._{1,5}$ 109—111°, aus vorst. Verb. in Ae. u. äther. $LiAlH_4$ bei 35°; 86%. *Pikrat*, F. 164°. — *4-Methyl-5-cyanmethylthiazol*, aus Lävulinsäurenitril in Ae. (5—8°) u. Br_2 (Temp. unter 35°), anschließend in Methanol mit Thioformamid (½ Std. bei Zimmertemp. u. 2 Tage bei 3°); dunkles Öl. *Pikrat*, F. 171°. (Chem. Ber. **86.** 1404—07. 10/12. 1953. Hannover, TH, Inst. für organ. Chem.) H.-J. KOCH/Berlin. 3800

Ralph Hirschmann, Richard Miller und **N. L. Wendler**, *Die Synthese des Vitamins* K_1. Die Meth. von FIESER (J. Amer. chem. Soc. **61.** [1939.] 3467 u. früher) zur Darst. von *Dihydrovitamin* K_1 (**I**) bzw. *Vitamin* K_1 (**Ia**) (Gesamtausbeute 25—30%) durch oxalsäurekatalysierte Kondensation von Phytol (**II**) mit 2-Methyl-1.4-naphthohydrochinon(**III**) wurde unter Verwendung des **III**-1-Monoacetats (**IIIa**) u. anderer saurer Katalysatoren ($KHSO_4$, saurer Ionenaustauscher Duolite C-60, BF_3) wesentlich verbessert (65%), da hierdurch die Phytylierung zum mit **I** isomeren Nebenprod. *2-Methyl-2-phytyl-2.3-dihydro-1.4-naphthochinon* (**IV**) weitgehend zurückgedrängt wird. *Diphytyloxalat* (**V**) bildet bei der Dest. infolge einer Crack-Rk. *Phytadien* (**VI**).

Versuche: *Vitamin* K_1 (**Ia**), a) aus 1,481 g **II**, 12,06 g **IIIa** u. 3,02 g $KHSO_4$ in 15 cm³ Dioxan (80 Min. bei 76°), Filtration, Eindampfen u. Digerieren mit PAe., aus dem sich beim Kühlen 10,48 g **IIIa** (F. 125—127°) abschieden, Filtration, Extraktion mit verd. KOH u. dann mit CLAISEN-Alkali, Schütteln des alkal. Extrakts mit $NaHSO_3$-Lsg. u. Ae., Schütteln der erhaltenen äther. Lsg. von **I** mit $MgSO_4$ u. Ag_2O (40 Min.) u. Chromatographie (Florisil; PAe.-Bzl. 19 : 1); 51% (Ausbeute), die in CLAISEN-Alkali unlösl. Fraktion bestand größtenteils aus **VI** u. enthielt kein **IV**; b) wie a) mit 1,482 g **II**, 6,03 g **IIIa** u. 1 g Oxalsäure; $<$ 0,05 g; 5,67 g **IIIa** wurden zurückgewonnen; c) wie a) in Ggw. von Duolite C-60; 8%; die in CLAISEN-Alkali unlösl. Fraktion bestand aus **II**; d) aus **II** u. **IIIa** in Ggw. von BF_3-Ätherat; 66,5%; e) aus 1,483 g **II** u. 10,0 g **III** in Ggw. von 3,02 g $KHSO_4$; 42%; 8,42 g **III** wurden zurückgewonnen; **IV** u. **VI** wurden spektrograph. nachgewiesen; f) aus 1,994 g **V**, 6,18 g **III** u. 1,24 g Oxalsäure in Dioxan (36 Std. bei 76°) u. weiter wie bei a); 0,626 g. — *Diphthyloxalat* (**V**), aus **II** u. Oxalsäure in Dioxan (40 Std. bei 75°). — *Phytadien* (**VI**), aus **V** durch Dest. im Vakuum. — Die UV-Maxima von **Ia**, **V** u. **VI** u. die Infrarotbanden von **V** sind angegeben. (J. Amer. chem. Soc. **76.** 4592—94. 20/9. 1954. Rahway, N. J., Merck & Co., Inc., Chem. Div., Res. Labors.) K. MAIER. 3800

N. N. Melnikow und **K. D. Schwetzowa-Schilowskaja**, *Die Synthese der Insekticide der Pyrethrinreihe.* Zusammenfassende Darst.: Chrysanthemumsäuren; Pyrethrolon, Cinerolon u. ihre Analogen; Darst. von Pyrethrinen u. Analogen; Produktionsschemata u. Tabellen. — 73 Literaturhinweise. (Химическая Промышленность [Chem. Ind.] **1955.** Nr. 3. 50—61. April/Mai.) R. K. MÜLLER. 3950

D. Makromolekulare Chemie.

S. Bezzi, N. Dallaporta, G. Giacometti und **A. Iliceto,** *Kinetik der Bildung und Spaltung linearer Makromoleküle und Gleichgewichte zwischen Monomerem und seinen Polymeren.* (Vgl. C. **1953.** 2735.) Die durch lineare Polymerisation u. durch Spaltung von Makromoll. entstehenden Polymeren verschied. Polymerisationsgrades liegen in einem Polymerensyst. nebeneinander vor. Auf Grund statist. Unterss. werden Gleichungen zur Berechnung ihrer Mengen abgeleitet u. die Bedingungen mathemat. behandelt, unter denen diese 2 Prozesse nebeneinander verlaufen u. zum Gleichgewicht führen können. Sie gründen sich ausschließlich auf die Ablösung u. Vereinigung monomerer Moleküle. Bei Formaldehyd (**I**) können z. B. Acetalbindungen weder gebildet noch zerstört werden, vielmehr erfolgt das Wachsen u. Aufspalten der Polyoxymethylene nur am Ende des Makromoleküls. Die Ergebnisse der mathemat. Behandlung werden auf die Gleichgewichte zwischen Methylenglykolen u. Polyoxymethylendihydraten in wss. **I**-Lsgg. angewandt, wobei sich gute Übereinstimmung mit den Verss. ergibt, in denen das Verhältnis der Gleichgewichtskonstanten für Bldg. u. Hydrolyse des Dimeren (Kd) u. Wachstum u. Hydrolyse der Polymeren (Kp) γ = Kp/Kd = 0,67 ergibt. (Gazz. chim. ital. **81.** 915—32. Nov./Dez. 1951. Padova, Univ., Ist. di Chim. organ., u. Ist. di Fis.)
R. K. Müller. 4000

H. H. G. Jellinek, *Abbau von langkettigen Molekülen als Umkehr eines Polymerisationsprozesses.* 2. Mitt. (1. vgl. C. **1954.** 3034.) In Fortführung der l. c. angestellten theoret. Betrachtungen wird gezeigt, daß ein Depolymerisationsvorgang als Umkehr eines Polymerisationsprozesses mit statist. verteilten Start-Rkk. beschrieben werden kann. Die Anfangsstufen verschied. Abbauvorgänge werden berechnet. Die Anfangsbildungsgeschwindigkeit von Monomerem wird in Abhängigkeit von der Gesamtmenge an vorhandenem Monomeren, von der ursprünglichen Kettenlänge u. a. angegeben. (J. Polymer Sci. **10.** 457—62. Mai 1953. Adelaide, South Australia, Univ., Chem. Dep.)
O. Fuchs. 4000

C. W. Wilson III und **G. E. Pake,** *Bestimmung des Kristallisationsgrades von zwei Polymeren auf Grund der kernmagnetischen Resonanz.* Die Best. des krist. Anteiles β im *Polyäthylen* (**I**) bzw. *Polytetrafluoräthylen* (**II**) gründet sich auf das verschied. Verh. der magnet. Kernresonanzabsorption im krist. u. amorphen Bereich: breite Absorptionslinien mit geringer Temperaturabhängigkeit der Breite im ersten u. scharfe Linien mit starker Temperaturabhängigkeit der Breite im zweiten Falle. Die Messungen wurden je bei ca. —180 u. 3° ausgeführt. Durch Überlagerung der bei beiden Tempp. erhaltenen Breiten ergibt sich β zu 64 ± 5% bei **I** u. 72 ± 5% bei **II**, in Übereinstimmung mit Literaturdaten. (J. Polymer Sci. **10.** 503—05. Mai 1953. St. Louis, Mo., Washington Univ., Dep. of Phys.)
O. Fuchs. 4010

M. Lazár und **K. Kľučka,** *Polymerisation von Vinylchlorid ohne Druck.* Bei der Unters. der drucklosen Polymerisation von *Vinylchlorid* in wss. Medium in Ggw. von $K_2S_2O_8$ als Initiator werden die Arbeiten von Heuer (A. P. 2179040; C. **1940.** 4022) u. O'Hara u. Prutton (J. Polymer Sci. **5.** [1950.] 673) mit herangezogen u. gefunden, daß niedrigmol. Verbb. mit oberflächenakt. u. lösungsvermittelnden Eigg. entstehen. — In einer beschriebenen App. (Abb.) werden Polymerisationen unter verschied. Bedingungen ausgeführt, wobei die Änderung der Reaktionsgeschwindigkeit im Verlauf der Polymerisation, die Entstehung niedrigmol. Verbb. usw. durch Prüfung der Konzz. der Emulsionen (Best. der Trockensubstanz), des $K_2S_2O_8$-Geh. (Best. des oxydierten Fe^{2+}) u. der Oberflächenspannung (nach Du Nouy) verfolgt werden. — Die Polymerisation kann nicht als vorwiegende Lösungsmittelpolymerisation, wie O'Hara u. Prutton (l. c.) vermuten, angesehen werden. Die Entstehung der lösungsvermittelnden Stoffe, die Beständigkeit der Emulsionen u. die höhere Konz. an Monomerem in den Micellen des Emulgators als in der wss. Lsg. deuten mehr auf einen Emulsionsvorgang neben der Polymerisation an der Grenzfläche der Phase Gas–Fl. hin als auf eine Polymerisation in wss. Lsg. mit der Möglichkeit der Polymerisation an der Phasengrenzfläche. (Chem. Zvesti **8.** 346—55. Juni 1954. Preßburg [Bratislava], Výskumný Ústav kábelova izolantov.)
E. Rotter. 4010

Giovanni Prati, *Die Bestimmung der Diffusionskonstanten von Makromolekülen in Lösung.* Mit der Zelle von Meyerhoff (C. **1951.** II. 683) werden bei 20° die Mol.-Geww. der unfraktionierten Polymeren *Polystyrol* in Toluol, *Polyvinylalkohol* in W. u. *Polyäthylenterephthalat* (*Dacron*) in Phenol (47°) u. in m-Kresol untersucht. Bei der Best. der Diffusionskonstanten $D_A = A^2/4\,\pi\,t\,H^2$ (t = Zeit vom Versuchsbeginn bis zum Abziehen des Blattes, H = maximale Kurvenhöhe) wird für die Fläche A unter den Diffusionskurven zweckmäßig ein Mittelwert aus allen Kurven gewählt. Störungen der Schichtbldg. können zu Anomalien führen. (Gazz. chim. ital. **85.** 750—56. Mai/Juni 1955.

Milano, Staz. sperim. Cell. Carta Fibre tess. veg. artif., Centro Naz. Stud. Ric. Ind. Tessile.) R. K. MÜLLER. 4010

Giovanni Prati, *Untersuchung der molekularen Kennwerte eines Copolymeren aus Vinylchlorid und -cyanid mit der Ultrazentrifuge.* (Vgl. vorst. Ref.) Flocken von *Vinylchlorid–Acrylonitril*-Copolymerem (*Dynel*, **I**) werden in Aceton zu 1% gelöst u. mit Methanol 9 Fraktionen gefällt, an denen die mol. Reibungskoeffizienten k_s u. k_D, die Sedimentationskonstanten s_0 u. die Diffusionskonstanten D_0 bei unendlicher Verdünnung bestimmt u. die mit der Ultrazentrifuge ermittelten Mol.-Geww. M nach der Formel von SVEDBERG (mit $\overline{v} = 0{,}75$) berechnet werden: $M = 108500 - 2660$. Mit einiger Annäherung ergibt sich $s_0 = 1{,}19 \cdot 10^{-2}\, M^{0{,}66}$ u. $D_0 = 1{,}2 \cdot 10^{3}\, M^{-0{,}4}$. Demnach liegen die Makromoll. von **I** in Lsg. in sehr kompakter Knäuelform vor. Die Verteilung von M ist ausgesprochen asymm. mit einem Maximum bei $M \sim 30000$. Die Differenz zwischen den mit Ultrazentrifuge u. den aus osmot. Messungen erhaltenen M-Werten beträgt bei den ersten Fraktionen (bis herab zu $M \sim 60000-70000$) 15—20%, entsprechend den Versuchsfehlergrenzen, bei den niedrigermol. Fraktionen steigt sie bis $\sim$50% an. (Gazz. chim. ital. **85.** 757—68. Mai/Juni 1955.) R. K. MÜLLER. 4010

K. K. Georgieff, *Der relative Inhibitoreffekt einiger Acetylenpolymeren auf die Polymerisationsgeschwindigkeit von Acrylonitril und Vinylacetat.* (Vgl. C. **1955.** 3114.) Vf. untersuchte die Verzögerungswrkg. von Divinyl- (**I**) u. Butadien-(1.3)-yl-(1)-acetylen (**II**) sowie Octatrien-(1.3.7)-in-(5) (**III**) auf die Polymerisationsgeschwindigkeit von *Acrylonitril* (**IV**; in Methanol bei 75,3°) bzw. von sd. *Vinylacetat* (**V**) bei Ggw. von Benzoylperoxyd. Bei **IV** waren die Resultate nur mit Schwierigkeit reproduzierbar, Ersatz von Methanol durch Isopropanol sowie Durchführung der Rk. im geschlossenen Rohr führten zu keiner Verbesserung, durch Ausspülen des Reaktionsgefäßes mit N_2 vor Reaktionsstart u. Erstarrenlassen der Reaktionsmischung nach Ende der Rk. wurden jedoch meist übereinstimmende Ergebnisse erzielt. Bei Ggw. von $6{,}4 \cdot 10^{-5}$ Mol-% **I**, **II** oder **III** wurden bei **IV** 10, 20 bzw. 26,5% Verminderung der Ausbeute an Polymerem beobachtet, diese Verminderung ist der Konz. an Inhibitor (unterhalb 7 Gew.-%) proportional. Es wird vermutet, daß die endständige CH_2-Gruppe für die Inhibitorwrkg. verantwortlich ist, diese ist offenbar bei Konjugation mit einer Äthylengruppe stärker als bei Konjugation mit einer 3fachen Bindung, die nach Berechnungen sogar reaktionsbeschleunigend wirkt. — Die Verminderung der Reaktionsfähigkeit von **V** ist von 0—2,5 Gew.-% **I** bzw. **II** deren Konz. proportional, die beide gleich stark, aber wirksamer als bei **IV** die Polymerisation verzögern. Bei Konzz. von 2,5—5,0% **I** oder **II** wird die Rk. von sd. **V** unterdrückt, bei einer Konz. von weniger als 49% **I** wird sie bei **V** unter den Bedingungen der Polymerisation von **IV** ebenfalls fast vollständig verhindert. (J. Polymer Sci. **14.** 589—92. Dez. 1954. Shawinigan Falls, Quebec, Can., Shawinigan Chem. Ltd., Res. Laborr.) B. GNAUCK. 4010

Roland Vergoz, *Untersuchung der Polykondensationsreaktion von 11-Aminoundecansäure.* (Vgl. CHAMPETIER u. VERGOZ, C. **1952.** 2517.) Vf. verfolgte durch potentiometr. Endgruppenbest. nach WALTZ u. TAYLOR (C. **1948.** I. 175) die Kinetik der Polykondensation von *11-Aminoundecansäure* im vorgewärmten N_2-Strom zwischen 196 u. 228° u. bestimmte osmometr. (semipermeable Nitrocellulosemembran) das mittlere Mol.-Gew. sowie die Viscosität des Polymeren in m-Kresollsg. (mittels BAUMÉ-Viscosimeter) u. des geschmolzenen Materials (zwischen 200 u. 226°) nach der Kugelfallmeth. u. mittels Semicapillarrohrs. Die Polykondensation erweist sich als eine Rk. 2. Ordnung (vgl. COLONGE u. GUYOT, C. **1952.** 5423), die in ihrem späteren Verlauf (ab mittlerem Polymerisationsgrad $\overline{P}$ von 800) stark gehemmt wird. Vf. zeigt, daß dies durch die einsetzende Rück-Rk. bedingt ist, nicht jedoch durch Verunreinigungen oder durch eine Verlangsamung der Rk. mit dem Kettenwachstum. Die Rk. verläuft mit positiver Wärmetönung (ca. 3 kcal/Mol). Die Aktivierungsenergie wurde zu 11023 ± 983 cal/Mol berechnet. Zwischen der inneren Viscosität η der Lsg. des Polymeren u. $\overline{P}$ bzw. dem mittleren Mol.-Gew. $\overline{M}$ wurden folgende Beziehungen gefunden: $\overline{P} = 130\, \eta^{1{,}52}$ u. $\overline{M} = 23820\, \eta^{1{,}52}$. Die Viscosität der Schmelze ist eine Exponentialfunktion von $\overline{P}^{1/2}$. Die Aktivierungsenergie des viscosen Flusses beträgt 14188 ± 1738 cal/Mol u. ist unabhängig von $\overline{M}$. Offenbar ist die Reaktionsfähigkeit der funktionellen Gruppen unabhängig von der bereits erreichten Molekülmasse u. sämtliche Amidbindungen sind untereinander thermodynam. gleich. — Ausführliche Wiedergabe der Berechnungen. (Ann. Chimie [12] **8.** 101—51. Jan./Febr. 1953. Paris, Labor. de Chim. Macromol. de l'École Sup. de Phys. et de Chim. ind. de la Ville de Paris.) B. GNAUCK. 4010

H. Mark, *Physikalische Chemie von Kautschuken.* Die physikal.-chem. Probleme bei kautschukelast. Prodd. (Naturkautschuk u. synthet. Kautschuke, Struktur u. Mol.-

Gew., Kristallisation, Umwandlungen, Vernetzung) u. die kinet. Theorie der Kautschukelastizität werden erörtert. — 119 Literaturangaben. (Fortschr. Chem. org. Naturstoffe [Wien] **10.** 119—69. 1953. Brooklyn, N. Y.) R. Schäff. 4030

François-A. Abadie, *Über die Änderungen des Polymerisationsgrades der restlichen α-Cellulose während der Hydrolyse von Cellulosematerialien.* Proben von *Baumwolle* (I) u. *Tannenholz* (II) wurden mit HCl verschied. Konz. c hydrolysiert. Von den nitrierten Hydrolyseprodd. wurden die Polymerisationsgrade P viscosimetr. bestimmt. P von I u. II fällt mit wachsender Hydrolysedauer t ab u. bleibt schließlich für c = 38% bei 160 für I u. bei 280 für II stehen. Diese Endwerte sind für I stets kleiner als für II; ferner ist die Höhe des Endwertes für I u. II proportional c. Es besteht keine Proportionalität zwischen der Abnahme der Menge m an α-Cellulose u. deren P (gilt für I u. II). c wirkt sich auf P stärker aus als auf m. Die aus $K = (1/P_2 - 1/P_1)/(t_2 - t_1)$ berechneten Hydrolysekonstanten folgen für I u. II der gleichen Gesetzmäßigkeit (Abnahme von K mit wachsendem t u. fallendem c). Allerdings ist K von I stets größer als K von II; auch der durch $\Delta S = K \Delta t$ definierte Spaltungsgrad ist bei I größer als bei II. (C. R. hebd. Séances Acad. Sci. **233.** 752—54. 1/10. 1951.) O. Fuchs. 4050

R. Barer und **S. Tkaczyk,** *Refraktionsindex konzentrierter Proteinlösungen.* Vff. bestimmten den spezif. Refraktionszuwachs $\alpha = dn/dC$ von nichtkristallinem *Rinderserumalbumin* u. *Pepton* für Konzz. bis zu 50%. Es ergeben sich konstante α-Werte für den untersuchten Konzentrationsbereich (für Rinderserumalbumin α = 0,00182 u. für Pepton 0,00183). Der Abbau des Proteins in Bruchstücke von geringerem Mol.-Gew. scheint somit den Refraktionsindex nicht zu beeinflussen. (Nature [London] **173.** 821—22. 1/5. 1954. Oxford, Univ. Museum, Dep. of Human Anat.) K. Nehring. 4070

Arne Tiselius, *Elektrophorese und Chromatographie von Eiweißkörpern und Polypeptiden.* Überblick über moderne Methoden der Elektrophorese, Papierelektrophorese u. Chromatographie, über apparative Neuerungen sowie einige Ergebnisse aus dem Arbeitskreis des Verfassers. — 32 Literaturangaben. (Angew. Chem. **67.** 245—51. 7/5. 1955. Uppsala, Biochem. Inst.) E. Moisar. 4070

Sumner Levine, *Löslichmachen von Rinderalbumin in nichtwässerigen Medien.* Werden wss. Lsgg. von *Rinderalbumin* (I) mit Trichloressigsäure (II) gefällt, so sind die Fällungen in Aceton (III), A. u. Methanol (IV) lösl. (5 mg Protein/ml organ. Lösungsm.). Auch krist. I ist in A. u. IV lösl., wenn die Lösungsmittel 1% II enthalten. II-gefälltes I ist unlösl. in Bzl., Chlf., 1.4-Dioxan, Äthylacetat, Nitrobenzol, CCl_4, n-Propanol, Isopropanol u. n-Butanol. Der beschriebene Löslichkeitseffekt hängt von therm. Faktoren ab: II-Ndd. werden nach 5 Min. langem Erhitzen auf dem Wasserbad unlöslich. Wss. I-Lsgg., die durch 5 Min. langes Erhitzen auf 70° denaturiert wurden, lassen sich in den II-haltigen organ. Lösungsmitteln nicht mehr lösen. Ist jedoch I im organ. Lösungsm. gelöst, so wird es auch durch 1 std. Erhitzen auf 70° nicht denaturiert. Andere Fällungsmittel stören den Lösungseffekt. (Arch. Biochem. Biophysics **50.** 515—17. Juni 1954. New York, N. Y., Columbia Univ., Francis Delafield Hosp., Coll. of Phys. and Surg., Dep. of Biochem.) K. Nehring. 4070

M. Ss. Wolkowa und **A. G. Passynski,** *Die Wirkung der Ultraviolett- und Röntgenstrahlen auf Proteinlösungen.* In wss. u. Pufferlsgg. wurde die Denaturierung von *menschlichem Serumalbumin* (I) u. *Pferdeserumglobulin* (II) bei verschieden starker UV- oder Röntgenbestrahlung nach Viscosität, Löslichkeit, Trübung u. Amino-N-Geh. bestimmt. Die Denaturierung konnte in Ggw. von Detergentien u. Harnstoff verstärkt, in Ggw. von Na-Caprylat abgeschwächt werden. Für das Intervall 250—335 mμ wurde erstmalig die Quantenausbeute der I-Denaturierung durch UV-Strahlen ermittelt: $7 \cdot 10^{-4}$ in der wss. Lsg., $5{,}3 \cdot 10^{-4}$ in der Pufferlsg. vom p_H 5,91. Die Quantenausbeute war wenig abhängig von der Dosis u. Intensität der Strahlung sowie von der Konz. des Proteins. II erwies sich gegenüber der Bestrahlung als widerstandsfähiger als I. Die Konstanz des Amino-N-Geh. bei den untersuchten Bestrahlungsdosen zeigt, daß bei der Bestrahlung nicht mehr als 2—3 Peptidbindungen gesprengt werden, entsprechend einem Hydrolysegrad von 0,6%. Diese Veränderungen können die Denaturierungserscheinungen bei der Bestrahlung nicht erklären. Entscheidend für die Veränderungen im Eiweißmol. bei Bestrahlung, bes. in biol. Dosen, sind nicht die chem. Veränderungen in kleinen Mol.-Abschnitten, sondern die Strukturänderungen im angeregten Molekül. (Биохимия [Biochemie] **20.** 470—78. Juli/Aug. 1955. Moskau, Bach-Inst. für Biochem. der Akad. der Wiss. der UdSSR.) O. Lebtag. 4070

A. R. Goldfarb, *Peptidstruktur und Denaturierung von Proteinen.* Wird eine verd. Lsg. von *Rinderplasmaalbumin* auf 100° erwärmt u. nach verschied. Zeiten rasch wieder abgekühlt, so steigt zunächst die opt. D., um bei den länger erhitzten Proben dann stufenweise abzufallen. Konz. Lsgg. geben bei kurzem Erhitzen einen Nd., der bei Verdünnung lösl. ist, bei längerem Erhitzen jedoch einen unlösl. Niederschlag. Vf. schließt daraus auf eine Reihe von Rkk., die bei der Hitzedenaturierung des Eiweißes auftreten u. diskutiert diese zum Teil. (Science [Washington] **114.** 177—78. 17/8. 1951. Chicago, Ill., Chicago Med. School, Dep. of Biochem.) K. NEHRING. 4070

I. N. Bulankin, N. A. Nagornaja, Je. W. Parina und **A. M. Timkowitzkaja,** *Über den Mechanismus der Bildung von Gallerten bei Säure–Alkali-Denaturierung.* Die Geschwindigkeit der Gallertbldg. wird bei *Serumpseudoglobulin* (I) mit steigender Konz. der zugesetzten HCl erhöht. Gibt man zu 5%ig. *Eialbumin* (II) oder 10%ig. **I** 0,2 ml 5- bzw. 10%ig. HCl oder 0,1 ml 10%ig. NaOH u. versetzt die so denaturierten Proteine mit 0,4 ml 0,1n Na-Salz von Essig-, Propion-, Butter-, Valerian-, Capron- oder Nonylsäure, so wird die Gallertbldg. der sauren Proteine beschleunigt, die der bas. Proteine stark gehemmt. Die Wrkg. der Säuren nimmt mit der Kettenlänge zu. Ihre Wrkg. nach der sauren Denaturierung ist damit zu erklären, daß sie durch ihre hydrophile Gruppe an die Aminogruppen elektrostat., wahrscheinlicher über die H-Bindungen gebunden werden, die hydrophilen Gruppen des Eiweißes abschirmen u. die Zahl seiner hydrophoben Gruppen erhöhen. In alkal. Lsg. wirken die Fettsäuren wie Anionen, welche die Zahl der ionogenen Gruppen des Eiweißes erhöhen. Versetzt man die mit Säure oder Lauge denaturierten **I** u. **II** mit cycl. Säuren, so wird durch Phenol u. Benzoesäure die Gallertbldg. der sauren Proteine stark beschleunigt, die der bas. **I** u. **II** verzögert. Pyridin u. Anilin zeigen die entgegengesetzte Wirkung. (Український Біохімічний Журнал [Ukrain. biochem. J.] **27.** 267—76. 1955. Charkow, Gorki-Univ., Lehrstuhl für Biochem.) O. LEBTAG. 4070

Shimpei Araya und **Mosaburo Kobayashi,** *Proteindenaturierung und Biuretreaktion.* Vff. untersuchen die Denaturierung von *Ovalbumin, Pferdeserumalbumin* u. *-globulin* durch Hitze, Harnstoff u. UV-Bestrahlung mit einer modifizierten Biuret-Reaktion. Es wurden auf 3 ml 0,2%ig. Proteinlsg. ca. 0,3 ml 1%ig. Na_2CO_3-Lsg. u. 0,13 ml 1%ig. $CuSO_4 \cdot 5H_2O$- Lsg. verwandt, so daß das p_H bei 9,2—9,4 lag. Die Messungen erfolgten im PULFRICH-Stufenphotometer bei Filter S 57. Die Unterss. zeigen, daß die Denaturierung eine verstärkte Aktivität der Peptidbindungen hervorruft, wogegen nach Formaldehyd (I)-Behandlung die Aktivität der Peptidbindung der nativen Proteine größer ist. Vff. nehmen an, daß im denaturierten Protein die Peptidbindungen freigelegt sind, so daß **I** mit diesen reagieren kann u. die BIURET-Rk. entsprechend geschwächt wird, während im nativen Protein die Peptidbindungen blockiert sind, so daß eine Störung durch **I** nicht erfolgen kann. (J. Biochemistry **38.** 7—18. März 1951. Tokyo, Tokyo Medico-Dental Univ., School of Med., Dep. of Biochem.) K. NEHRING. 4070

Pierre Desnuelle, Mireille Rovery und **Colette Fabre,** *Untersuchungen über endständige Stickstoffgruppen in verschiedenen Arten Serumalbumin. Mit einer Bemerkung über die Stabilität der Dinitrophenylaminosäuren während der Hydrolyse.* Bei Unterss. der *Serumalbumine* von *Mensch, Rind, Schwein* u. *Pferd* konnten Vff. nach Behandlung der Proteine mit 2.4-Dinitrofluorbenzol u. salzsaurer Hydrolyse nur *2.4-Dinitrophenylasparaginsäure* (I) identifizieren, wobei die entsprechenden molaren Gehh. an **I** 1,04; 1,08; 0,86 u. 0,82 betrugen. Verss. über die Stabilität von **I** in Ggw. von Proteinen u. Dinitrophenylproteinen zeigen, daß in letzterem Falle die Verluste geringer sind. Nach 18std. Hydrolyse in 5,8n HCl (Badtemp. 130 $\pm$ 1°) wurden von **I** in Ggw. von 2.4-Dinitrophenylalbumin nur 65% der eingesetzten Menge wiedergefunden; unter gleichen Bedingungen, aber in Ggw. von Cystein, 0%. Für die vorliegenden Unterss. wurde für **I** der Korrekturfaktor 100 : 65 benutzt. (C. R. hebd. Séances Acad. Sci. **233.** 987—89. 22/10. 1951.) K. NEHRING. 4070

William Andersen, *Die Synthese von Phenylcarbamoylderivaten durch Lossensche Umlagerung der Dibenzhydroxamsäure.* Vf. versucht eine kontrollierbare Rk. von *Phenylisocyanat* (I) mit Proteinen u. Peptiden auszuarbeiten. **I** wird hierbei aus dem Kaliumsalz der Dibenzhydroxamsäure (II) bei p_H 8,5 durch LOSSENsche Umlagerung gebildet. Hinsichtlich des Dibenzhydroxamat-Anions ist die Kinetik dieser Rk. 1. Ordnung, deren Reaktionskonstante bei 35° zu $2{,}88 \cdot 10^{-3}$ min^{-1} u. bei 40° zu $5{,}83 \cdot 10^{-3}$ min^{-1} bestimmt wurde. Die Rk. erlaubt prakt. jede Menge von **I** freizusetzen u. kann nach beliebig vorbestimmter Zeit gestoppt werden durch Ansäuern auf p_H 5, wobei noch vorhandene **II** ausgefällt wird. Die Umsetzung von **I** mit Triglycin (III) verläuft bei p_H 8,5 u. 35 bzw. 40° prakt. quantitativ bis hinunter zu Konzz. von 15 Mikroäquivalenten/ 10 cm³. Darunter macht sich die Hydrolyse von **I** bemerkbar. Zu der Zeit, bei der die äquivalente Menge von **I** in Freiheit gesetzt ist, haben mehr als 90% an **III** reagiert. Der jeweilige Geh. an **III** wurde mit Ninhydrin kontrolliert. Die Substitution an der Hydroxylgruppe wurde bei der Umsetzung von N-Benzoyltyrosin (IV) mit **I** unter ähnlichen Bedingungen untersucht. Die Best. von nichtumgesetztem **IV** erfolgte mit Folin Reagens.

Durch Hydrolyse von I gebildetes Anilin red. Folin Reagens u. wurde durch Blindprobe bestimmt u. berücksichtigt. Die Auswertung der Ergebnisse zeigte, daß unter gewählten Versuchsbedingungen das gebildete Carbamoylderiv. selbst hydrolysiert, so daß bei Verwendung der beschriebenen Meth. für die partielle Substitution von Proteinen die Substitution von Tyrosinresten unwahrscheinlich ist in Ggw. von freien Aminogruppen. Gleiches Verh. wird von den Oxygruppen von Serin u. Threonin vermutet. (Acta chem. scand. **8.** 1721—23. 1954. Copenhagen, Carlsberg Labor.) M. MEDENWALD. 4070

Marian Jutisz und **Werner Ritschard,** *Systematischer Abbau von Dinitrophenylpeptiden (DNP-Peptiden).* Die von Vff. entwickelte Meth. gestattet den stufenweisen Abbau von DNP-Peptiden u. -Proteinen vom N-endständigen Rest aus. Zunächst werden die Nitrogruppen des DNP-Peptids durch Red. mit H_2 in Ggw. von Pt in Aminogruppen übergeführt. Bei p_H 2—3 erfolgt bei 50° unter H_2 eine Lactamisierung zwischen der o-Aminogruppe u. der Peptidcarbonylgruppe der N-endständigen Aminosäuren unter Bldg. eines *7-Amino-3-oxy-3.4-dihydrochinoxalins* (I). Bei Abspaltung von I wird die Aminogruppe des benachbarten Aminosäurerestes frei, die mit Fluordinitrobenzol umgesetzt werden kann. Das neue DNP-Peptid kann dann den Reaktionscyclus erneut durchlaufen. Die I sind O_2-empfindlich u. werden daher zweckmäßig in die stabileren DNP-I übergeführt. Die DNP-I lassen sich in wss. alkal. Lsg. mit Äthylacetat extrahieren. Die Meth. wurde auf *Glycylglycin, DL-Alanylglycin, DL-Leucylglycin, Glycyl-DL-alanin, Glycyl-L-leucin, Glycyl-L-tyrosin, Glycyl-L-tryptophan, Glycylglycylglycin, L-Leucylglycylglycin* u. *Salmin* (**II**) angewandt. Für **II** ergab sich als N-endständige Folge ··· *arginylprolin.* (Biochim. biophysica Acta [Amsterdam] **17.** 548—53. Aug. 1955. Paris, Fac. des Sci., Labor. de Chim. biol.). E. SCHWERDTFEGER. 4070

Joseph F. Foster und **Edward G. Samsa,** *Untersuchungen über Strömungsorientierung an denaturierten Proteinen.* 3. Mitt. *Denaturierung von Ovalbumin in Gegenwart von Harnstoff.* (2. vgl. C. **1952.** 6868.) Unterss. über die Strömungsdoppelbrechung von in Ggw. von konz. wss. Harnstofflsg. denaturiertem *Ovalbumin* zeigen wie bei der Hitzedenaturierung (vgl. 1. Mitt., C. **1952.** 6868), daß Aggregation als 2. Faktor neben der Mol.-Entfaltung einherläuft. Die Einheitlichkeit der Kettenlänge wird in Abhängigkeit von Harnstoffkonz., p_H, Pufferionen, Temp., Erhitzungszeit u. Proteinkonz. untersucht u. daraus die für die minimalste Aggregation günstigen Bedingungen ermittelt. Unter diesen Bedingungen ergibt sich eine konstante Kettenlänge im Bereich von 500—700 Å als charakterist. für das nicht aggregierte, aufgefaltete Mol., in guter Übereinstimmung mit der bei der Hitzedenaturierung erhaltenen Größe. Die Aggregation ist im p_H-Bereich 2,0—2,5 u. $>$9,0 minimal. Die Abhängigkeit von der Temp. zeigt, daß die Entfaltung bei 37° genügend schnell u. die Aggregation viel langsamer als bei 100° erfolgt. Abnehmende Harnstoffkonz. u. Erhitzungsdauer $>$1 Std. führen zu heterogener Kettenlänge. Bei 1 std. Denaturierung bei 37° u. p_H 2,5 in 7,5 mol. Harnstofflsg. kommt man zu von der Proteinkonz. prakt. unabhängiger Kettenlänge obiger Größe; dies weist darauf hin, daß unter diesen Bedingungen die Rk. in erster Linie eine intramol. Entfaltung darstellt, während die Aggregation eine untergeordnete Rolle spielt. (J. Amer. chem. Soc. **73.** 5388—91. Nov. 1951. Iowa, State Coll., Dep. of Chem.) W. KÖNIGSDORF. 4070

P. George und **D. H. Irvine,** *Eine mögliche Struktur des höher oxydierten Metmyoglobins.* Gleichgewichtsunterss. an den Systemen Metmyoglobin (**I**)/H_2O_2 u. **I**/K_2IrCl_6 stützen die Theorie der Vff. über die Existenz einer Myoglobin–Ferrylionen-Verb. „Fe_pO" mit 4wertigem Eisen, für die sie den Namen „Ferrylmyoglobin" vorschlagen. Die p_H-Änderungen ungepufferter **I**-Lsgg. nach Zugabe von H_2O_2 (ohne u. mit vorherigem Zusatz von $[Fe(CN)_6]^{4-}$ als Reduktionsmittel) bzw. K_2IrCl_6 sowie die Abhängigkeit der Gleichgewichtskonstanten der Oxydations-Rk. mit K_2IrCl_6 vom p_H machen folgende Reaktionsschemata wahrscheinlich: In saurer Lsg.: $Fe_p^+H_2O + H_2O_2 \rightarrow Fe_pO + OH + H_2O + H^+$ bzw. $Fe_p^+H_2O + IrCl_6^{2-} \rightarrow Fe_pO + IrCl_6^{3-} + 2\,H^+$. In alkal. Lsg.: $Fe_pOH + H_2O_2 \rightarrow Fe_pO + OH + H_2O$ bzw. $Fe_pOH + IrCl_6^{2-} \rightarrow Fe_pO + IrCl_6^{3-} + H^+$. Im Fall des Zusatzes von $[Fe(CN)_6)^{4-}$ werden die H^+-Ionen durch die bei der Sekundär-Rk. $[Fe(CN)_6]^{4-} + HO \rightarrow [Fe(CN)_6]^{3-} + OH^-$ auftretenden OH-Ionen abgefangen. Ähnliche Reaktionsschemata mit einer radikal. Struktur des oxydierten **I** „$\cdot C{-}Fe_p^+(H_2O)$" werden diskutiert. Spektroskop. u. kinet. Hinweise, die Abhängigkeit des pK der Oxydations-Rk. mit K_2IrCl_6 von der Ionenstärke, sowie weitere chem. Gründe (keine Addition von O_2) sprechen gegen die Radikalstruktur. Die Unters. der pK/T-Abhängigkeit der Oxydation ergeben folgende thermodynam. Daten: $\Delta H^0 = 10{,}0 \pm 2{,}0$ kcal, $\Delta S^0 = -30$ CL, was unter Berücksichtigung der partiellen molaren Entropie der Reaktionsteilnehmer ergibt: $\overline{S}^0_{Fe_pO} - \overline{S}^0_{Fe_p^+} = +6{,}7$ CL. Die Gegenüberstellung dieses Wertes mit den entsprechenden anderer **I**-Verbb. (CN^-, OH^-, F^-) sowie magnet. Messungen deuten auf kovalente Bindung Fe—O hin. (Biochem. J. **60.** 596—604. Aug. 1955. Cambridge, Univ., Dep. of Colloid Sci.) W. Haberditzl. 4070

R. Hersh und **H. K. Schachman,** *Ultrazentrifugenuntersuchungen unter Verwendung einer Zelle mit einer synthetischen Grenzschicht.* 2. Mitt. *Differentielle Sedimentation.* (1. vgl. C. **1955.** 7931.) Nach der l. c. angegebenen Meth. wurden die differentiellen Sedimentationskonstanten s_D bestimmt für *Tomato-bushy-stunt-virus* (I), *Chymotrypsin* (II) u. *Desoxyribonucleinsäure* (III) (Bewegung der Grenzschicht zwischen 2 verschied. konz. Lsgg. derselben sedimentierenden Substanz in der Ultrazentrifuge). Die erhaltenen Ergebnisse stehen in völliger Übereinstimmung mit den nach der Theorie zu erwartenden (auf die theoret. Grundlagen der Meth. wird kurz eingegangen). Die Meth. ist bes. geeignet zur Best. der Konzentrationsabhängigkeit der Sedimentationskonstante s (u. damit des s-Wertes s_0 für unendliche Verdünnung) gemäß der Beziehung $s_D = s + c \cdot ds/dc$. Auf die prakt. Vorteile der Meth. gegenüber der üblichen Ultrazentrifugenarbeitstechnik wird bes. hingewiesen. Für s_0 (in Svedberg-Einheiten) wurde so erhalten: 117 (I), 3,03 (II) u. 11,7 (III); diese Werte stimmen gut mit den von Vff. nach der bisherigen Meth. bestimmten überein. (J. Amer. chem. Soc. **77.** 5228—34. 20/10. 1955. Berkeley, Calif., Univ., Biochem. and Virus Labor.) O. Fuchs. 4090

S. G. Laland, W. G. Overend und **M. Stacey,** *Desoxypentosenucleinsäuren.* 3. Mitt. *Einige Wirkungen von Ultraschallwellen auf Desoxypentosenucleinsäuren.* (2. vgl. J. chem. Soc. [London] **1951.** 2450.) Vff. untersuchten die Einw. von Ultraschallwellen (231 kHz) auf die 0,2%ig. wss. Lsgg. von aus Kalbsthymus bzw. aus Heringsrogen bzw. aus Weizenkeimen hergestellten *Desoxypentosenucleinsäuren* (**Ia, Ib, Ic**). Die relative Viscosität η_r fällt mit zunehmender Bestrahlungsdauer t sehr stark ab (z. B. von 23 auf 2 nach t = 240 Min. bei **Ia**). Gleichzeitig fällt der p_H-Wert der Lsgg. um 0,62 (**Ia**, t = 240) bzw. 0,56 (**Ib**, t = 95) bzw. 0,44 (**Ic**, t = 95). Ferner werden Spuren von NH_3 (1,25% des Gesamt-N gehen bei **Ia** in NH_3 über, bei **Ib** u. **Ic** $<$0,6%) u. anorgan. Phosphaten (je 1% des Gesamt-P) frei; 2,0% (**Ia** u. **Ib**) bzw. 4,0% (**Ic**) des Gesamt-P werden säurelöslich. Im Brechungsindex u. der UV-Adsorption tritt durch die Ultraschalleinw. keine Änderung auf. Dialyseverss. zeigen keine Bldg. von freiem Purin oder Pyrimidinbasen, die Prodd. sind auch nach dem Beschallen noch hochmolekular. Während **Ia** u. **Ib** vor der Bestrahlung Strömungsdoppelbrechung zeigen, weisen die bestrahlten Proben diese Erscheinung nicht mehr. Die beschallten Proben geben mit Schiffschen Reagentien eine stärkere Färbung als die nativen. Vergleichsverss. über den Einfl. von *Desoxyribonuclease* (II) auf die nativen u. bestrahlten Proben ergeben, daß die Bldg. von säurelösl. P bei ersteren wesentlich langsamer erfolgt als bei letzteren (z. B. bei **Ib** nach 30 Min. 7,9 bzw. 73,0% des Gesamt-P); durch die Einw. von **II** fällt auch η_r ab, jedoch in anderer Weise als durch die Ultraschalleinwirkung. Die Ursache des durch die Ultraschallwellen verursachten η-Abfalles wird unter Heranziehung zahlreicher weiterer Literaturdaten diskutiert. Ein Thixotropieeffekt kann nicht vorliegen, da die beschallten Lsgg. ihre niedrige Viscosität auch nach längerem Aufbewahren behalten. Auch oxydative Lufteinfll. kommen nicht in Betracht (Verss. unter N_2 ergeben das gleiche Resultat wie unter Luft). Vff. nehmen an, daß prim. die Wasserstoffbrücken zwischen den Polynucleinsäureketten gespalten werden u. dann erst die Hauptketten. (J. chem. Soc. [London] **1952.** 303—10. Febr. Edgbaston, Birmingham, Univ., Chem. Dep.) O. Fuchs. 4090

S. G. Laland, W. G. Overend und **M. Webb,** *Desoxypentosenucleinsäuren.* 4. Mitt. *Die Eigenschaften und Zusammensetzung der Desoxypentosenucleinsäuren von tierischer, pflanzlicher und bakterieller Herkunft.* (3. vgl. vorst. Ref.) Von *Desoxypentosenucleinsäure*-Präpp. (I), die nach den üblichen Methoden aus Kalbsthymus, Heringsrogen, Rindermilz, Mäusesarkom, Weizenkeimen, Mycobact. tuberculosis u. Mycobact. Phlei hergestellt waren, wurden bestimmt: Geh. an N, P u. Pentosenucleinsäure, UV-Absorption (2300 bis 2800 Å), relative Viscosität, Verhältnis von Purin-N zu Pyrimidin-N, Verhältnis Purin zu P, Dische-Wert, Feulgen-Wert u. Verhältnis der Basen Adenin, Guanin, Cytosin, Thymin u. 5-Methylcytosin zu P. Weiter wurden die **I**-Proben enzymat. abgebaut u. von den enzymresistenten Rückständen die genannten Basen, sowie das Verhältnis Purin-N zu Pyrimidin-N bestimmt. Über die Ergebnisse vgl. die tabellar. Zusammenstellungen im Original. Im allg. besteht Übereinstimmung mit Literaturdaten, gefundene Unterschiede können erklärt werden (mangelnde Hydrolyse, analyt. Schwierigkeiten bei der Erfassung der einzelnen Komponenten u. a.).

Versuche: Zur chromatograph. Analyse wurden die **I**-Proben 50 Min. bei 175° mit HCOOH hydrolysiert; zur Chromatographie diente eine Mischung aus n-Butanol, 2-Methoxyäthanol u. HCl. Zum enzymat. Abbau von **I** wurden dessen Lsgg., die noch Veronalpuffer, Mg-Ionen u. Desoxyribonuclease enthielten, bei p_H 7,1 15 Std. bei 37° gehalten; anschließend Dialyse u. Unters. des nicht diffundierenden Rückstandes. (J. chem. Soc. [London] **1952.** 3224—31. Aug.) O. Fuchs. 4090

E. Biologische Chemie. Physiologie. Medizin.

E_1. Allgemeine Biologie und Biochemie.

H.-B. Schröter, *Biologische Methylierungen.* Überblick über biol. Methylierungen, deren Probleme sich in drei Abschnitte gliedern: Biosynth. von Methylgruppen, Verwendung der CH_3-Gruppen in tier. u. pflanzlichen Organismen, Abbau u. Entfernung der CH_3-Gruppen aus dem Stoffwechsel. — 96 Literaturangaben. (Pharmazie **10.** 141—56. März 1955. Gatersleben, Inst. für Kulturpflanzenforschung der Dtsch. Akad. der Wiss. zu Berlin.) W. BARZ. 4100

Olav Torgersen und Lorentz Eldjarn, *Versuche mit Osmiumtetroxyddampf in der Nierenhistologie.* Beschreibung u. histol. Auswertung von nach der Meth. von CRAMER erzielten Schwärzungen in Mäusenierengeweben durch Einw. von OsO_4-Dampf unter Best. der Eindringungsgeschwindigkeit in die Objekte u. Berücksichtigung von Fehlerquellen. Wichtigste Ergebnisse: Keine Anzeige von *Adrenalin, Ascorbinsäure, Glycin, Kreatinin, Harn-* u. *Citronensäure* in damit behandelten Geweben, obwohl diese Stoffe OsO_4 reduzieren; offenbar starker Einfl. von Diffusion u. Adsorption; wesentlicher Einfl. verschied. Lösungsmittel u. der Zeit seit der Tötung der Tiere auf die schwärzbaren Teilchen. (Avh. norske Vidensh.-Akad. Oslo, I. Mat.-naturvidensk. Kl. **1952.** Nr. 4. 1—18. Oslo, Univ., Inst. for Patol. Anat.) K. BLUMRICH. 4150

W. Bargmann und Th. H. Schiebler, *Histologische und cytochemische Untersuchungen am Subcommissuralorgan von Säugern.* Histol. Unterss. sprechen dafür, daß die mit Chromhämatoxylin im Ependym u. Hypendym des Subcommissuralorgans von Hunden u. Katzen elektiv erfaßbare, eine starke Perjodsäure-SCHIFF-Rk. ergebende Substanz ein Mucopolysaccharid darstellt, welches in den Liquor cerebrospinalis abgesondert wird. Über die Bedeutung der nach gleichen Methoden im Hypendym nachweisbaren Granula u. etwaigen Beziehungen zu den Granula im Ependym kann noch nichts ausgesagt werden. (Z. Zellforsch. mikroskop. Anatom. **37.** 583—96. 1952. Kiel, Univ., Anatom. Inst.) G. WELTZIEN. 4150

Wolfgang Gössner und Josef Zander, *Histochemische Untersuchungen über das Verhalten der Ribonucleinsäuren in der Epidermis des Mäuseohres nach einmaliger Methylcholanthren-Behandlung.* Nach einmaliger Behandlung des Mäuseohrs mit *Methylcholanthren* in Aceton steigt der celluläre Nucleotidumsatz sofort an mit Vergrößerung der Nucleolen u. Zunahme der *Ribonucleinsäure* (I) in den Nucleolen u. im Cytoplasma. Die Mitoseaktivität nimmt durch die Behandlung zu. Regressive Veränderungen treten demgegenüber zurück. I wurde nach Spaltung mit Ribonuclease durch Färbung mit Methylgrün–Pyronin nachgewiesen. — 15 Mikrophotographien. (Z. Naturforsch. **7b.** 398—401. Juli 1952. Tübingen, Univ., Pathol. Inst.) R. LOHMANN. 4150

A. Sénégas, *Ribonucleinsäure und Röntgenstrahlen.* Vf. berichtet zusammenfassend über die *Ribonucleinsäure* (I) in der n. u. der cancerösen Zelle, bes. ihre Rk. auf Röntgenbestrahlungen. Für die Erkenntnis des Wesens der Krebszelle wird das unterschiedliche Reaktionsvermögen der I u. der *Desoxyribonucleinsäure* als wesentliche Bestimmungsmeth. herausgestellt. (Montpellier méd. [3] **41/42** (**95**). 1094—97. Dez. 1952.) W. REUSSE. 4160

Jeanne C. Bateman, Calvin T. Klopp und Anne Mendelson, *Ein Vergleich des Stickstoffgehaltes der Lymphknoten von krebskranken und nichtkrebskranken Patienten.* Kein Unterschied im N-Geh. der Lymphknoten von Krebskranken mit u. ohne Metastasen in den Knoten u. Nichtkrebskranken (210 Lymphknoten von 41 Patienten; die Knoten wurden in 28 Fällen operativ, in 13 Fällen postmortal erhalten). Dagegen ist der N-Geh. in Lymphknoten von verschied. Stellen des Organismus verschieden (höchster N-Geh. in Knoten der cervicalen, niedrigster in solchen der inguinalen Region). Kein signifikanter Unterschied im N-Geh. verschied. Organe (Leber, Nieren, Milz, Lunge, Muskel, Schilddrüse). (Cancer Res. **11.** 777—79. Okt. 1951. Washington, D. C., George Washington Univ. School of Med., Cancer Clinic u. Deps. of Med. and Surgery.) R. REISS. 4160

Gottfried Leonhardi, *Papierchromatographische Trennung von Harnmelanogenen.* Im Harn von Trägern maligner Melanome wurden 3 verschied. Melanogene papierchromotograph. (mittels THORMÄHLEN-Rk.) nachgewiesen. Von diesen erwies sich die sogenannte „Substanz A" weitgehend ähnlich einem Melanogen aus Kaninchenharn nach Injektion von 5.6-Dioxyindol (I). Keine der 3 Substanzen stimmt papierchromatograph. überein mit 5.6-Dioxyindoldikaliumsulfat (II), 5.6-Dimethoxyindol, 5.6-Diacetoxyindol, 5-Acetoxy-6-methoxyindol, 5-Oxy-6-methoxyindol, 5-Methoxy-6-acetoxyindol oder 5-Methoxy-6-oxyindol. Da alle Methyl- u. Acetylderivv. schneller wandern als die Harnchromogene, erscheint biol. Methylierung bzw. Acetylierung von I, das als Vorstufe der Harnmelanogene gelten darf, ausgeschlossen. Da das in W. lösl. II langsamer läuft als die Harnchromogene, könnte möglicherweise das Monosulfat sich diesen ähnlicher erweisen. — Die R_f-Werte für alle Substanzen in 5 verschied. Lösungsmittelgemischen sind angegeben. (Naturwissenschaften **41.** 141. März 1954. Frankfurt/M., Univ., Hautklinik.) H. SCHLOTTMANN. 4160

Henri Hermann, P.-Etienne Martin, J. Chatonnet, A. Cier und **J. Vial,** *Bestimmung des in einem Nebennierenpheochromocytom enthaltenen Adrenalins und Noradrenalins. Isolierung von 328 mg menschlichem l-Adrenalin.* (Vgl. C. **1954.** 3717.) In einem Tumor der Nebenniere werden ca. 2 g *Adrenalin* (I) u. 0,5 g *Noradrenalin* (II) nachgewiesen. Der Tumor wird mit physiol. Kochsalzlsg., die mit HCl angesäuert ist, ausgezogen, der Extrakt enteiweißt u. entfettet u. dann sowohl im biol. Test (Wrkg. auf den Blutdruck beim Hund), als auch chem. (mit *p-Nitranilin* bzw. Rk. mit HJO_3) auf I u. II geprüft. Die erhaltenen Werte variieren stark, was auf die Verschiedenheit der Methoden u. ihre ohnehin großen Fehlergrenzen zurückgeführt wird. Ein Teil I konnte als Bitartrat isoliert werden. Dazu wurden 345 cm^3 des vorbehandelten Extraktes mit K-Tartrat bis zur Kongorot-Rk. versetzt u. dann im Vakuum in N_2-Atmosphäre eingedampft. Der Rückstand (27,561 g) wird über $CaCl_2$ getrocknet, mit Ae. gewaschen u. mit wss. Methanol ausgezogen. Nach Eindampfen im Vakuum auf das ursprüngliche Vol. u. 12std. Stehen bei 0° wird mit krist. *l-Adrenalin-d-bitartrat* angeimpft. Die erhaltene Kristallmasse (3,095 g) wird dreimal aus wss. Methanol umkristallisiert. Ausbeute 0,657 g Bitartrat, das entspricht 0,328 g freier Base. Das Prod. wurde im biol. Test. mit synthet. hergestelltem I verglichen u. ident. befunden. (Ann. d'Endocrinol. **13.** 561—68. 1952.) U. BAUMANN. 4160

Frank Larson, William P. Deiss und **Edwin C. Albright,** *Lokalisierung von an Protein gebundenem radioaktivem Jod mittels Filterpapierelektrophorese.* Über einen Zeitraum von 10 Tagen nach einer Gabe von 40 mC ^{131}J entnommene Serumproben eines *euthyroiden* Patienten mit HÜRTHLE-Zellcarcinom der Schilddrüse mit Metastasen werden nach der Meth. von KUNKEL u. TISELIUS (vgl. C. **1953.** 4096) untersucht, die relative Radioaktivität in den Proteinfraktionen mit dem GEIGER-Zähler gemessen u. mit der Gesamtradioaktivität des Serums verglichen. 1 Std. nach der ^{131}J-Gabe werden nur 2% gleichmäßig auf alle Serumproteine verteilt gefunden. Nach 30 Std. sind 33%, vor allem an Albumin u. α_2-Globulin (I), gebunden. Nach 72 Std. u. späterhin sind 80% am I konzentriert. Das Serum selbst ist im allg. normal, nur neben I zeigt sich eine schmale anomale Fraktion. (Science [Washington] **115.** 626—27. 6/6. 1952. Madison, Wis., Univ. of Wisconsin Med. School, Dep. of Med.) K. PECHAL. 4160

R. C. Goldberg und **I. L. Chaikoff,** *Herbeiführung von Schilddrüsenkrebs bei der Ratte durch radioaktives Jod.* Einmalige Injektion von 400 μC ^{131}J rief bei 7 von 25 Ratten nach $1^1/_2$—2 Jahren Schilddrüsencarcinom hervor, bei 5 der 7 Tiere waren Metastasen nachweisbar. Ein möglicher Einfl. von thyreotropem Hormon war durch Verss. mit *Propylthiouracil* auszuschließen. (A. M. A. Arch. Pathol. **53.** 22—28. Jan. 1952. Berkeley, Calif., Univ. of California School of Med., Div. of Physiol.) H. DOSSMANN. 4160

R. Engelhorn, *Über die tumorerzeugende Wirkung zweier Urethanabkömmlinge.* Die Verss. von NETTLESHIP, HENSHAW u. a., nach welchen bei bestimmten Mäuserassen durch Zufuhr von *Urethan* eine Steigerung des Lungentumorbefalls von 5% auf 50% hervorgerufen werden konnte, konnten in den berichteten Verss. an n. ♂ Ratten weder mit *Phenylcarbaminsäureisopropylester* noch mit *Äthylurethan* reproduziert werden. Es fanden sich auch nach 18monatiger Verfütterung beider Substanzen histolog. keine echten Adenocarcinome der Lungen, sondern lediglich ältere u. frische, z. T. carnifizierende Bronchopneumonien u. Peribronchitiden sowie ausgedehnte Bronchiektasen. — Die Versuchsprodd. wurden mit dem Normalfutter verabfolgt. (Naunyn-Schmiedebergs Arch. exp. Pathol. Pharmakol. **216.** 180—81. 1952. Freiburg.) H. BASFELD. 4160

Grace Antikajian, Louis T. Wright, Jewel I. Plummer und **Solomon Weintraub,** *Die Wirkung von Triäthylenmelamin, Aureomycin und einigen 4-Aminoderivaten der Folsäure auf Gewebe in vitro.* Vff. untersuchen in vitro den Einfl. von *Triäthylenmelamin* (I), *Aureomycin* (II), *Aminopterin* (III), *Amino-an-fol* (IV) u. *A-Methopterin* (V) auf das Wachstum von Lymphknotengewebe, der Gewebe von Fällen mit Lymphosarkom, chron. lymphat. Leukämie, ferner auf die Entw. n. fetaler Mäusehaut u. -herzen u. auf Hühnerembryoherzen. I bewirkt in einer Konz. von 0,05 mg/ml vollständige, von 0,005 mg/ml teilweise Inhibition der epithelialen u. der Sarkomzellen. I wirkt von den untersuchten cytotox. Substanzen am stärksten. II zeigte in einer Konz. von 0,1 mg/ml eine geringe, III u. IV zeigten bis 0,5 mg/ml überhaupt keine Inhibition. V hatte selbst in Konzz. bis zu 2,0 mg/ml keine Wirkung. (J. nat. Cancer Inst. **12.** 269—74. Okt. 1951. New York, N. Y., Harlem Hospital, Cancer Res. Foundation.) R. REISS. 4160

Ernst L. Wynder, *Zur Ätiologie und Verhütung des Lungenkrebses.* Während einige Berufsschäden eine gewisse Rolle in der Ätiologie des Lungenkrebses spielen, fanden Vff. bei 803 Männern u. 47 Frauen mit Lungenkrebs, daß das Tabakrauchen, bes. von Zigaretten, der wichtigste exogene Faktor für die Entstehung des Lungenkrebses ist. (Dtsch. med. Wschr. **76.** 1498—1500. 23/11. 1951. Washington, D. C., Georgetown Univ. Hosp., Med. Abt.) F. LEUSCHNER. 4160

E_2. Enzymologie. Gärung.

Georg Hübscher und **Manfred Kiese,** *Cytochrom b.* Aus den Granula der Rinderherzmuskulatur wurde durch Behandlung mit 0,3—0,4 g Na-Cholat (I)/100 cm^3 Suspension u. fraktionierte $(NH_4)_2SO_4$-Fällung bei p_H 8,5 ein Hämoprotein erhalten, das nach Red. mit Dithionit die Banden 564, 530 u. 431 mμ wie *Cytochrom b* (II) in der Herzmuskulatur aufweist. I gab in NH_3-Puffer, p_H 8,5, ohne II-Zusatz eine sehr schwach opaleszierende Lsg., in der bei 3std. Zentrifugieren (20000 g) keine Sedimentation erfolgte. In der Lsg. waren O_2-übertragendes Ferment, Cytochrom a u. c nicht nachweisbar. II wandelte sich in Lsg. in eine Verb. um, die nach Red. ein Hämochromspektr. mit λ_{max} 554, 525 u. 418 mμ aufwies. Zugabe von CO änderte das Spektr. von red. II nicht. (Naturwissenschaften **39.** 524. 1952. Marburg a. d. Lahn, Pharmakol. Inst.) K. MAIER. 4210

D. Boulter, *Die Oxydasen von Polystictus versicolor und Neurospora crassa in Beziehung zur endogenen Atmung.* Bei der Messung der endogenen Atmung der Mycele von *Polystictus* u. *Neurospora* sowie der zellfreien Extrakte ließ sich mit Hilfe der selektiven Inhibitoren KCN, CO, Na-Diäthylthiocarbamat u. Salicylaldoxim feststellen, daß das *c-Cytochromsyst.* vorwiegend die O_2-Aufnahme übermittelt. Unwesentlich erscheint die Beteiligung der gleichzeitig anwesenden *Polyphenoloxydase.* Das in den Mycelen vorhandene Cytochromsyst. zeigt ähnliche Absorptionsbanden wie die Cytochrome der Hefe. (Biochem. J. **60.** XXI—XXII. Juni 1955. Liverpool, Univ., Hartley Botanical Labor.) K. ZOPFF. 4210

Arthur Kornberg, Irving Lieberman und **Ernest S. Simms,** *Enzymatische Synthese von Purinnucleotiden.* Aus Bierhefe wurde ein Ferment, das die Rk. Adenin (I) + 5-Phosphoribosylpyrophosphat (II) $\rightleftharpoons$ Adenosin-5'-phosphat (III) + Pyrophosphat (IV) katalysiert, auf das 20fache angereichert. Es findet sich auch in der Leber verschied. Tierarten. Die Rk. ist reversibel. Die Affinität von I u. II zum Enzym ist relativ groß (K_m = $4 \cdot 10^{-5}$). Das p_H-Optimum ist bei 7,6; Mg^{2+} beschleunigt, F^- u. IV hemmen die Reaktion. Das Fermentpräp. setzt auch Hypoxanthin u. Guanin unter Bldg. der entsprechenden Purinnucleotide um, doch wurde gezeigt, daß für die Bldg. von Inosin-5'-phosphat ein eigenes Ferment verantwortlich ist. Ob die Guanosin-5'-phosphat-Pyrophosphorylase mit einem der beiden untersuchten Fermente ident. ist, steht noch nicht fest. (J. biol. Chemistry **215.** 417—27. Juli 1955. St. Louis, Mo., Washington Univ., School of Med., Dep. of Microbiol.) A. DILLMANN. 4210

George Brawerman und **Erwin Chargaff,** *Nucleotidsynthese durch Malz- und Prostataphosphatase.* In Fortführung früherer Unterss. über die Phosphorylierung von *Nucleosiden* (I) durch Phosphatübertragung wurde gefunden, daß für *Malzphosphatase Mononucleotide* (II) viel wirksamere Donatoren darstellen als *Na-Phenylphosphat* (III), wobei nur die *5'-Isomeren* von *Desoxy-* u. *Ribonucleotid* gleichwertig sind. Menschliche *Prostataphosphatase* (IV) katalysiert ebenfalls die I-Phosphorylierung, wobei jedoch alle möglichen Nucleotidisomeren entstehen. Im IV-Syst. dient nur III als Donator, II nicht. Unter Verwendung von IV u. III als Donator wurden die 3 Isomeren der *Ribocytidylsäure* u. die beiden Isomeren der *Thymidylsäure* dargestellt u. durch Ionenaustauschchromatographie getrennt. (J. Amer. chem. Soc. **75.** 4113. 20/8. 1953. New York, N. Y., Columbia Univ., Coll. of Physic. and Surg., Dep. of Biochem.) K. MAIER. 4210

Mary G. McGeown und **F. H. Malpress,** *Synthese von Desoxyribose in tierischen Geweben.* Im Leberextrakt des Meerschweinchens wird aus *Fructose-1.6-diphosphat,* das z. T. in die Triosephosphorsäuren aufgespalten wird, u. Acetaldehyd in Ggw. von Monojodessigsäure *Desoxyribose* (I) gebildet. I wurde chromatograph. u. mit Farb-Rkk. nachgewiesen. (Nature [London] **170.** 575—76. 4/10. 1952. Belfast, Queen's Univ., Dep. of Biochem.) K. LOHMANN. 4210

M. F. Guly, P. D. Dwornikowa und **Je. Ja. Popadjuk,** *Über die Eigenschaften der kristallinen Phosphohexokinase der Muskeln des Kaninchens.* In Weiterführung früherer Unterss. (vgl. C. **1955.** 10784) wurde festgestellt, daß die Kristallisation der *Phosphohexokinase* (I) ohne Impfung über Nacht bei ca. 6% I in der Mutterlauge, p_H 5,8—5,9, $(NH_4)_2SO_4$ (II)-Sättigung 0,31—0,35 u. 0 bis -5^0 erfolgt. Bei erhöhter II- u. I-Konz. (ca. 10%) fällt Myogen A mit aus. Die I-Löslichkeit nimmt bei Aufbewahrung in der

Mutterlauge oder in **II** (Sättigung 0,4) rasch ab. Myogen A u. Gummi arabicum haben sich als Stabilisatoren nicht bewährt. Die **I**-Präpp. übertragen P von der Adenosintriphosphorsäure (**III**) auf Fructose-6-phosphat (**IV**), nicht jedoch von Adenosindiphosphat u. anorgan. Pyrophosphat auf **IV**. **I** überträgt den P von **III** auf Glucose u. Pentose. Die Lichtabsorption durch krist. **I** ist bei 2700 Å maximal, bei 2500 Å minimal. Die mol. Aktivität von **I** beträgt 1900—2300. Sie ist bei 45—55° maximal. (Український Біохімічний Журнал [Ukrain. biochem. J.] **27**. 299—311. 1955. Kiew, Biochem. Inst. der Akad. der Wiss. der UkrSSR.) O. LEBTAG. 4210

Emil Bozler, *Die Rolle von Phosphokreatin und Adenosintriphosphat bei der Muskelkontraktion. Adenosintriphosphat* (**I**) u. *Adenosinmonophosphat* (**II**) rufen in 10^{-6}mol. Konz. in Ggw. von 20 millimol. *Phosphokreatin* (**III**) eine starke Kontraktion glycerinextrahierter Muskelfasern (Kaninchenpsoasmuskel) hervor. Bei niedrigen Nucleoditkonzz. steigt die Spannung sehr langsam an. Der Anstieg beruht wahrscheinlich auf einer Nucleotidabsorption durch die kontraktilen Elemente. **II** gibt eine S-förmige Spannungskurve, d. h. die **II** → **I**-Umwandlung stellt einen autokatalyt. Vorgang dar. Die Spannung eines in Kontraktion befindlichen Muskels bleibt in **I**-freien **III**-Lsgg. bestehen. **III** bewirkt Kontraktion, wenn es innerhalb 5 Min. nach Auswaschen von **I** aus einem in Kontraktion übergehenden Muskel zugesetzt wird. Anscheinend stellt **III** das Substrat der enzymat. Tätigkeit der kontraktilen Elemente dar. Die Aktivität hängt von der Ggw. gebundenen Nucleotids ab, das als ein Energieübertragungsmechanismus wirkt. **III** beschleunigt die durch **I** unter verschied. Bedingungen hervorgerufene Relaxation. In Ggw. von **III** lösen selbst sehr kleine **I**-Konzz. Relaxation aus. Zusatz von Ca^{2+}-Ionen bewirkt unter diesen Bedingungen starke Kontraktion. Anscheinend ist die Relaxation von der Rephosphorylierung des durch die kontraktilen Elemente gebundenen Nucleotids abhängig. (J. gen. Physiol. **37**. 63—70. 20/9. 1953. Columbus, O., Ohio State Univ., Dep. of Physiol.) K. MAIER. 4210

Emil Bozler und **J. T. Prince**, *Die Steuerung der Energieabgabe in extrahierten Muskelfasern.* Spannung u. *P*-Abspaltung in *Adenosintriphosphat* (**I**)-Lsgg. glycerinextrahierter Muskelfasern (Kaninchenpsoas) wurden gleichzeitig bestimmt. Im entspannten, durch **I** hervorgerufenen Zustand war die P-Abgabe gering, jedoch etwas größer als im n. ruhenden Muskel. Zusatz kleiner $CaCl_2$-Mengen bewirkte eine starke Kontraktion der Fasern, während der die P-Abspaltung durchschnittlich ca. 5mal höher als im entspannten Zustand war. In gealterten Muskelfasern löste **I** stets eine starke Kontraktion aus, die mit einer beträchtlichen, durch Ca nicht beeinflußbaren *Adenosintriphosphatase* (**II**)-Aktivität verbunden war. Während einer anhaltenden Kontraktion war die P-Abgabe extrahierter Fasern wesentlich kleiner als bei n. Muskel. Entfernen von Mg^{2+} rief ebenfalls eine mit großer **II**-Aktivität verbundene Kontraktion hervor. Mg^{2+} hemmt daher in entspannten Fasern, während es in solchen, die durch Ca^{2+} oder Alterung aktiviert sind, eine Spannungszunahme hervorruft. Die Wirkungen von Ionen auf die **II**-Aktivität entspannter Fasern sind den auf *Myosin* u. dissoziierten *Actomyosin* (**III**) ausgeübten ähnlich, während aktivierte Fasern bei niedrigen Salzkonzz. **III** gleichen. Die enge Parallelität zwischen Spannung u. **I**-Abbau bestätigt die Ähnlichkeit des Aktivitätszyklusses extrahierter Muskelfasern mit dem lebenden Muskels. (J. gen. Physiol. **37**. 53—61. 20/9. 1953. Columbus, O., Ohio State Univ., Dep. of Physiol.) K. MAIER. 4210

W. Bejdl, *Das Verhalten der alkalischen Phosphatase in der Nebennierenrinde nach Cortisongaben.* Drei Gruppen von je drei Versuchstieren (männliche Albinoratten) u. eine Kontrollgruppe. Allg. Kost: Salzgemisch, Trockenhefe, Casein, Maizenastärke, Kokosfett u. Vitamin D. Die erste Gruppe erhielt täglich während 9 Tagen 10 mg *Cortison* (**I**), die zweite täglich während 3 Tagen 20 mg, die dritte dieselbe Dosis während 9 Tagen. Incubation der Organe in einem Gemisch von 25 cm^3 Natriumbarbitol 2% ig, 10 cm^3 Na-β-Glycerophosphat 2% ig, 5 cm^3 Calciumcitrat 2% ig, 2 cm^3 Magnesiumsulfat 2%ig, 50 cm^3 W. unter verschieden langer Einwirkungszeit. Befund: Bei allen mit **I** behandelten Ratten war eine Verminderung der histochem. nachweisbaren *alkal. Phosphatase* festzustellen. Diese Verminderung ist unabhängig von der Dosis von **I** u. der Dauer der Verabreichung. (Klin. Med. [Wien] **9**. 445—48. 1/10. 1954. Basel, Univ., Anatom. Inst.) H. AMAN. 4210

Károly Rév, Livia Rév und **Vilmos Várterész**, *Veränderungen der alkalischen Phosphataseaktivität in Organen von mit Röntgenstrahlen getöteten Ratten.* 150 g schwere Ratten werden mit einer letalen Röntgendosis (2000—4000 r) bestrahlt u. nach dem Tode (3—4 Tage später) auf den Geh. einiger Organe an *alkal. Phosphatase* (**I**) untersucht. Die **I**-Aktivität der Leber steigt bedeutend an, desgleichen die des bronchialen Epithels, der ödematösen alveolären Fl. u. der desquamösen alveolären Zellen der Lungen. Vff. betrachten den erhöhten **I**-Geh. der Leber als Ursache des bekannten Absinkens des

Glykogengeh. sowie der Hypoglykämie nach Röntgenbestrahlung. Das Ansteigen der I-Aktivität wird mit der Depolymerisation von Thymonucleohiston nach Bestrahlung in Zusammenhang gebracht. (Acta morphol. Acad. Sci. hung. **1**. 467—74. 1951. Budapest, State „Eötvös Lóránd" Radium and Röntgen Inst., Pathol.-histol. Labor.) R. REISS. 4210

Lars Ernster und **Hans Löw**, *Wiederherstellung der oxydativen Phosphorylierung in gealterten Mitochondriensystemen.* Rattenlebermitochondrien wurden durch Suspendieren in isoton. KCl–Saccharose-Medium, das Phosphat, Glucose u. Adenylsäure enthielt, in Ggw. verschied. Konzz. an Ca^{2+}, Mg^{2+} u. Hexokinase (I) bei 30° gealtert. Dabei verlieren sie die Fähigkeit zur oxydativen Phosphorylierung aller Substrate mit Ausnahme von Bernsteinsäure (II). Die dafür benötigte Zeit ist direkt abhängig vom Verhältnis der Konzz. Ca^{2+}/Mg^{2+} u. der I-Aktivität. Mn^{2+} verzögert die Alterung. Mit II als Substrat u. bei konstantem Ca^{2+}/Mg^{2+}-Verhältnis u. konstanter I-Aktivität nimmt die Atmung nach einer gewissen Alterungszeit ab, kehrt aber bei längerer Alterung auf den ursprünglichen Wert zurück. Gleichzeitig mit dem Absinken der Atmung verschwindet die Phosphorylierung. Zusatz von Adenosintriphosphat (III) stellt die Phosphorylierung u. die Atmung wieder her. Mn^{2+} oder viel Mg^{2+} verstärkt diesen Effekt. Der P/O-Quotient steigt dabei über 1, erreicht aber nicht den ursprünglichen Wert u. sinkt mit der Dauer der Alterung. Aus den Befunden schließen Vff., daß über Mg^{2+} (oder Mn^{2+}) an die Mitochondrienstruktur gebundenes III, das durch Ca^{2+} beim Altern freigesetzt wird, als Cofaktor der oxydativen Phosphorylierung dient u. daß der Verlust der Phosphorylierung beim Altern in 2 Stufen erfolgt: 1. Entkopplung des Transphosphorylierungssyst. u. 2. allmählicher Verlust des prim. Energiebindungsmechanismus. Eine mögliche Beziehung zwischen der 1. dieser Stufen u. einer Mitochondrien-Adenosintriphosphatase wird diskutiert. (Exp. Cell Res., Suppl. **3**. 133—53. 1955. Stockholm, Univ., Wenner-Gren Inst. for Exp. Biol.) A. DILLMANN. 4210

N. L. Edson, *Der Stoffwechsel der Zuckeralkohole.* Übersichtsreferat. Umwandlung von *Sorbit* im tier. Organismus, *Polyalkoholdehydrogenase* (I) der Säugerleber, I-Spezifität, spezif. Oxydation von Polyalkoholen (II) durch *Acetobacter*, Polyalkoholdehydrogenasen anderer Herkunft, Oxydation von *Dulcit*, natürliche Vork. von II, Mechanismus der Enzym–Substrat-Wechselwirkung. — 30 Literaturangaben. (Rep. Meeting Austral. New Zealand Assoc. Advancement Sci. **29**. 281—99. Aug. 1952, ausg. 1953. Dunedin, New Zealand, Univ. of Otago, Med. School.) K. MAIER. 4210

Walter Heymann, Ernest Bueding und **Mary E. Hartman**, *Stoffwechsel der Nierenrinde bei nephrotischem Syndrom von Ratten.* Bei vergleichenden Messungen der O_2-Aufnahme von Nierenrindenschnitten gesunder (**a**) u. an nephrot. Syndrom erkrankter Ratten (**b**; hervorgerufen durch Injektion nephrotox. Serums) in KREBS-RINGER-Lsg. in der WARBURG-App., wird keine unterschiedliche O_2-Aufnahme festgestellt. Desgleichen verursacht die Zugabe von *Lactat* (I), *Succinat* (II), *Glutaminat* (III), *Acetoacetat* u. *Butyrat* keine unterschiedliche Erhöhung der O_2-Aufnahme zwischen den Präpp. von **a** u. **b**. Dagegen tritt bei Zusatz von *Glucose, Fructose* u. *rac. Alanin* nur bei **a** vermehrter O_2-Verbrauch ein. Da I, II u. III n. oxydiert werden, kann das Ausbleiben eines verstärkten O_2-Verbrauchs bei **b** in diesem Falle nicht auf Störung der am Tricarbonsäurecyclus beteiligten Enzyme oder des Cytochromsyst. zurückgeführt werden. (Proc. Soc. exp. Biol. Med. **79**. 292—95. Febr. 1952. Cleveland, O., Western Reserve Univ., Med. School, Dep. of Pediatrics and Pharm.) H. FINDEISEN. 4210

E. Kolb, *Zur Kenntnis der Serumfermente (Diastase, Lipase, saure und alkalische Phosphatase) beim Pferd.* Unterss. über Aktivität der *Diastase, Lipase, sauerer* u. *alkal. Phosphatase* im Serum von Pferden. Geringe Hemmung der Serumlipase durch Chininzusatz. (Dtsch. tierärztl. Wschr. **62**. 342—43. 1/9. 1955. Leipzig, Karl-Marx-Univ., Veterinär-Physiologisch-Chemisches Institut.) H. GERTH. 4210

H. Kyank, *Der Stoffwechsel der Toxikoseplacenta in vitro.* In vitro-Verss. an Toxikoseplacenta ergaben gegenüber der n. Placenta keinen Unterschied der Atmung u. der anaeroben u. aeroben Glykolyse nach der direkten Meth. von WARBURG. (Arch. Gynäkol. **186**. 175—80. 1955. Leipzig.) WOLFGANG ALBRECHT. 4210

J. Woodland Hastings, *Sauerstoffkonzentration und Biolumineszenzintensität.* 2. Mitt. *Cypridina hilgendorfii.* (1. vgl. C. **1954**. 5779.) Unter Verwendung teilweise gereinigter Extrakte aus der Leuchtcrustacee *Cypridina hilgendorfii* wurde die Beziehung zwischen Lichtintensität, die ein Maß der Reaktionsgeschwindigkeit ist, u. der in der Lsg. befindlichen O_2-Konz. untersucht. Die Beziehung hat die Form einer Hyperbel, wobei 50% der maximalen Intensität bei 1,9% O_2 erreicht werden. Eine derartige Beziehung steht mit der Annahme im Einklang, daß O_2 sich zu einem Komplex mit dem Enzym *Luciferase* (I) vereinigt, bevor der Zerfall in die Reaktionsprodd. erfolgt. Da ein ähnlicher Hinweis für die Bldg. eines Komplexes zwischen *Luciferin* u. I von CHASE (Arch. Biochem. **23.** [1949.] 385) gegeben worden ist, wird vorgeschlagen, die kinet. Formulierung auf der Annahme zu begründen, daß I spezif. Stellen für O_2 u. *Luciferin* (II), das Substrat, enthält. Gleichzeitig kann berücksichtigt werden, daß möglicherweise kompetitive Adsorption der Substrate eintritt. II-Extrakt wurde durch Benzol- u. CH_3OH-Extraktion trockener Organismen in Form eines zerfließlichen bräunlichroten Pulvers, wss. I-Extrakt durch Extraktion mit dest. W. u. Dialyse gegen Leitungswasser, Phosphatpuffer u. dest. W. erhalten. (J. cellular comparat. Physiol. **40.** 1—9. Aug. 1952. New Jersey, Princeton Univ., Dep. of Biol., u. Woods Hole, Mass., Marine Biol. Labor.) K. MAIER. 4210

Catherine Hebb und **K. J. Hill,** *Verteilung der Cholinesterasen im Säugetierpankreas.* Bei histochem. Unterss. am Pankreas von Hunden, Schafen, Ziegen, Pferden, Kaninchen u. Katzen fand sich *Pseudocholinesterase* (I) lediglich in den Drüsenzellen des Hundes (Cytoplasma) u. in den Korpuskeln der Pacinia des Katzenpankreas. *Echte Cholinesterase* (II) wurde sowohl im Nervengewebe aller untersuchten Arten nachgewiesen als auch in einigen nicht identifizierten Drüsenzellen von Pferd, Ziege u. Schaf. Während sich die im Pankreassaft des Hundes gefundene Esterase als I erwies, enthielt der Pankreassaft des Schafes überhaupt keine Cholinesterase. (Quart. J. exp. Physiol. cognate med. Sci. **40.** 168—75. April 1955. Cambridge, Agric. Res. Council, Inst. of Anim. Physiol., Babraham.) H. BASFELD. 4210

Catherine O. Hebb, *Cholinacetylase im sensorischen Nervensystem von Säugern und Vögeln.* Vf. fand mit Hilfe einer Meth., welche die durch Coenzym-A-Acetylierung drohenden Fehlerquellen ausschließt, in den Sehnerven von Vögeln u. Säugern geringe Mengen oder gar keine *Cholinacetylase* (I). Nach diesen Befunden vermag die Hühnerretina pro Gewichtseinheit Gewebe in einem gegebenen Zeitabschnitt mehr *Acetylcholin* (II) zu produzieren als irgendein anderes bislang untersuchtes Vertebratengewebe, ebenso die Taubenretina. Beide Arten zeigen einen hohen I-Geh. in ihren opt. Lappen. Untersucht wurden Meerschweinchen, Kaninchen, Hühner, Tauben u. Ochsen. Vf. schließt aus ihren Befunden, daß im opt. Syst. aller untersuchten Arten cholinerg. mit nichtcholinerg. Neuronen abwechseln. (Quart. J. exp. Physiol. cognate med. Sci. **40.** 176—86. April 1955. Cambridge, Agric. Res. Council, Inst. of Anim. Physiol., Babraham.) H. BASFELD. 4210

K. Lang, H. Lang, G. Siebert und **S. Lucius,** *Über den Einbau von ^{14}C-Glykokoll durch Zellkerne in vitro.* Zellkerne (Schweineniere) bauen in vitro *$^{14}C_{(2)}$-Glykokoll* (I) außer in *Proteine* auch in *Lipoide* u. *Nucleotide* ein. Wahrscheinlich können Zellkerne aus I *Serin* bilden u. dieses zu *Aminoäthanol* decarboxylieren. Das Auftreten von I in der Nucleotidfraktion zeigt, daß im Zellkern eine Totalsynth. des Purin- (bzw. Pyrimidin-) Ringes möglich ist. (Biochem. Z. **324.** 217—20. 1953. Mainz, Johannes Gutenberg-Univ., Physiol.-Chem. Inst.) K. MAIER. 4210

K. Lang und **U. Mayer,** *Über Bildung und Abbau von L-Oxyprolin.* Die in Mitochondrien lokalisierte *Prolinoxydase* (I) oxydiert *L-Oxyprolin* (II) zum *Halbaldehyd* (III) der *γ-Oxyglutaminsäure.* III konnte aus Ansätzen, in denen II mit geschädigten Mitochondrien (Hundeleber) incubiert wurde, als *2.4-Dinitroosazon*, $C_{17}H_{15}O_{10}N_9 \cdot HCOOH$, F. 156° (HCOOH + W.), krist. isoliert werden. Der Nachw. eines Enzymsyst., das *L-Prolin* (IV) zu II oxydiert, mißlang, da die Organe infolge des reichlichen I-Geh. IV u. II so rasch abbauen, daß keine II-Anreicherung gelingt. (Biochem. Z. **324.** 237—40. 1953. Mainz, Johannes Gutenberg-Univ., Physiol.-Chem. Inst.) K. MAIER. 4210

E. T. Ssoreni, *Citrulliniminase, ein neues kristallines Pyridoxalproteid.* Bei der elektrophoret. Unters. des wss. Krebsmuskelextraktes in 0,1 mol. Glykokollpuffer (p_H 7,85) werden 5 Eiweißfraktionen nachgewiesen. Bei der Sättigung mit $(NH_4)_2SO_4$ (I) bis 0,6 fallen die Fraktionen Nr. 1 u. Nr. 5. aus. Nach der Abscheidung von *Argininferase* (II) u. *Phosphoglycerinaldehyddehydrogenase* krist. bei 0,65 Sättigung mit I bei 25—30° in feinen Nadeln *Citrulliniminase* (III) aus. Die III-Ausbeute beträgt 1,8 g/kg Muskel von Potamobius astacus. I kann auch aus Potamobius leptodactylus isoliert werden. Die Verss. mit krist. III bestätigten, daß die Bldg. von *Arginin* aus *Citrullin* (IV) nur in Ggw. von NH_3 erfolgt u. daß die Aminosäuren (darunter Asparaginsäure) diese Rk. hemmen, daß ferner als Coferment dieser Rk. ein Pyridooxalderiv. auftritt. Nach dem 1. vorgeschlagenen Test wird nach der Incubation von IV, Pyridoxalphosphat u. III die III-Aktivität nach der Abnahme der Konz. von IV u. NH_3 gemessen, weniger genau nach der Bldg. von Arginin. Beim 2. Test sind außerdem noch Adenosintriphosphat u. krist. II zugegen. Nach der Incubation wird die Argininphosphatmenge gemessen. Die Aktivität von III ist viel größer als die von II. Die Bedeutung von III für die biol. Umwandlung von IV in Arginin wird erörtert. (Український Біохімічний Журнал [Ukrain. biochem. J.] **27.** 394—400. 1955. Budapest, Biochem. Inst. der Akad. der Wiss. der Ungar. Volksrepublik.) O. LEBTAG. 4210

K. P. Jacobsohn und **M. D. Azevedo,** *Wirkung von Sulfonamiden auf die pflanzliche Thiaminase.* In Ggw. von *Sulfanilamid, Sulfapyridin* u. *Sulfathiazol* wurde die Wrkg. der in Extrakten von Cyrtomium falcatum u. in Suspensionen (mit 10% NaCl) von Bierhefe enthaltenen *Thiaminase* auf Thiamin (I) bei p_H 6,9 u. 37° untersucht. Die Ansätze enthielten 1 cm^3 I (30 γ/cm^3), 1 cm^3 Fermentlsg., 3 cm^3 W. u. 0 bzw. 0,1 bzw. 0,2 g Sulfonamid. Nach 24 Std. wurde die Fluorescenz gemessen. Es konnte festgestellt werden, daß die Hydrolyse des I durch die Sulfonamide aktiviert wurde, u. zwar um so stärker je mehr von ihnen im Ansatz vorhanden war. (C. R. Séances Soc. Biol. Filiales **146.** 953—56. Juni 1952.) H. KATHEN. 4210

Harry O. Michel, *Die Inaktivierung der Tributyrinase menschlicher Erythrocyten.* Cholinesterasegifte (*DFP, TEPP* u. *E 600*) inaktivieren die *Tributyrinase* (I) roter Blutzellen. Das *DFP* besitzt dabei die intensivste Wirkung. Es besteht lineare Abhängigkeit zwischen *DFP*-Konz. der Lsg. u. dem Ausmaß der Inaktivierung, bimol. Reaktionsverlauf. Die Geschwindigkeit der Inaktivierung der I durch *TEPP* u. *E 600* ist geringer. Unterss. bestätigen, daß die *DFP*-Bindung durch Erythrocyten nur zu einem geringen Teil durch die Cholinesterase erfolgt. (Biochem. J. **54.** XXIV. Juni 1953. Porton, Chem. Defence Exp. Establ.) W. SCHELER. 4210

E. D. Wills, *Wirkung oberflächenaktiver Stoffe auf Pankreaslipase.* Die meisten der untersuchten anion. Reinigungsmittel hemmen in hohen Konzz. die enzymat. Hydrolyse von *Triolein* (I) u. sind ohne Einfl in verd. Lsgg.; *Liquoid Roche* beschleunigt die Hydrolyse von I. *Na-Dodecylsulfat* hemmt die Hydrolyse von *Triacetin* (II), aber stimuliert stark die Hydrolyse von *Tributyrin* (III). Kation. Reinigungsmittel beschleunigen unter gewissen Bedingungen merklich die Hydrolyse von I durch Lipase. *Hexadecylpyridiniumbromid* hemmte die Spaltung von II, aber beschleunigte die von III. Nichtion. Reinigungsmittel, mit Ausnahme von *Lubrol MO,* welches eine geringe Steigerung hervorrief, hatten in verd. Lsgg. keine Wrkg. auf die Hydrolyse von I, in konz. Lsgg. hemmten sie die Lipase. Zu I zugegebenes *Cholesterin* beschleunigte seine Hydrolyse. Die Versuchsergebnisse stützen die Annahme, daß die Hauptrolle der Gallensalze eher darin besteht, die Fettsubstrate zu emulgieren, als als Lipaseaktivatoren zu wirken. (Biochem. J. **60.** 529—34. Aug. 1955. London, Med. Coll. of St. Bartholomew's Hosp., Dep. of Biochem. and Chem.) H. AMAN. 4210

Akira Yoshida und **Akira Yamataka,** *Über das Metaphosphat der Hefe.* 1. Mitt. Durch eintägige Behandlung in geeignetem Substrat nahezu phosphatfreier Hefe oxydierte Glucose, Galaktose, Brenztraubensäure, A. u. α-Ketoglutarsäure, wobei aus der Nährlsg. Phosphat aufgenommen wurde, das zum größten Teil in *Metaphosphat* umgewandelt wurde. In Ggw. anderer Substrate (Citronen-, Bernstein-, Fumar-, Wein- oder Glutarsäure) die von der Hefe nicht verwertet wurden, fand auch keine Phosphataufnahme statt. Durch $5 \cdot 10^{-5}$ mol. 2.4-Dinitrophenol wurde wohl die Phosphataufnahme, aber nicht die Atmung (Glucose als Substrat) gehemmt. Die gleiche Wrkg. hatte 10^{-3} mol. Be^{2+}. NaF hemmte Respiration u. PO_4^{3-}-Aufnahme. Metaphosphat (an Stelle von Orthophosphat) wurde nur wenig aufgenommen, Pyrophosphat überhaupt nicht. — Grundsätzlich die gleichen Ergebnisse wurden mit zellfreien Hefeextrakten erhalten. (J. Biochemistry [Tokyo] **40.** 85—95. März 1953. Tokio, Univ., Fac. of Sci., Coll. of Gen. Educat. and Chem. Inst. [Orig.: engl.]) P. LOCH. 4270

E. C. Foulkes, *Über die Isolierung und Eigenschaften eines Citratoxydationsfaktors aus Hefe.* Vf. unterzog den früher (vgl. C. **1952.** 1510) entdeckten hitzestabilen *Citratoxydationsfaktor* (I) aus Bierhefedialysaten einer genauen Unters. u. stellte fest, daß I bei n. Temp. bei p_H-Werten von 2—11 mehrere Std. beständig ist. I ist durch Schwermetalle, Pikrin- u. Pikrolonsäure nicht, wohl durch Wolframat fällbar; er ist unlösl. in Ae., lösl. in 90%ig. A. u. wird von bestimmten Kunstharzionenaustauschern adsorbiert. Mit HNO_2 u. HNO_3 reagiert I nicht, ist P-frei u. zeigt negative Biuret- u. SAKAGUCHI-Reaktion. Vf. beschreibt ein Verf. zur weitgehenden Reinigung von I u. diskutiert die mögliche Struktur. (Biochem. J. **54.** 323—28. Mai 1953. Oxford, Univ., Dep. of Biochem.) F. KRUSEN. 4270

Walter J. Nickerson und **C. W. Chung,** *Umkehrung der Fluoridhemmung des Hefewachstums mit Glucose-1-phosphat.* Vff. untersuchen den Einfl. von *NaF* auf das Wachstum verschied. Hefen (Candida albicans, Saccharomyces cerevisiae u. Zygosaccharomyces acidifaciens) in künstlichem Nährmedium bei p_H 5,1. Während $5 \cdot 10^{-4}$ mol. NaF-Lsg. ohne Wrkg. war, wurde in einem Bereich von $5 \cdot 10^{-4}$ bis 10^{-1} eine Hemmung des Hefewachstums festgestellt, die der Quadratwurzel der NaF-Konz. proportional war. Dies spricht für die Bldg. eines Komplexes aus Enzym–Metall^{II} u. Fluorid–Substrat. Die NaF-Hemmung wird durch Zusatz von Glucose-1-phosphat (I) zum Kulturmedium selektiv aufgehoben. Bei I-Konz. $< 5 \cdot 10^{-4}$ ist die Umkehrung der mit $^1/_{100}$mol. NaF erzielten

Hemmung proportional dem log der I-Konzentration. Vollständige Umkehrung wird mit $^{1}/_{200}$ mol. I erhalten; $^{1}/_{1000}$ mol. I bewirkt ca. 50%ig. Umkehrung der durch $^{1}/_{100}$ mol. NaF verursachten Hemmung. Eine Konz. von $^{1}/_{100}$ mol. NaF, welche 90%ig. Hemmung des Wachstums bewirkt, hat keine hemmende Wrkg. auf die O_2-Aufnahme gewaschener Hefezellen. — Zellen, die in $^{1}/_{100}$ mol. NaF gewachsen sind, oxydieren Glucose nur zu $^{1}/_{4}$—$^{1}/_{5}$ des Betrages, der mit Zellen, die im Nährmedium allein gewachsen sind, erhalten wurde. Jedoch oxydieren Zellen aus einer Lsg., die $^{1}/_{100}$ mol. NaF u. $^{1}/_{200}$ mol. I enthält, normal. Keine der 3 Hefearten oxydierten I. — Ein zusätzlicher NaF-Effekt wurde auf das Verh. der Zellen gegenüber bas. Farbstoffen gefunden; die Entw. grampositiver Komplexe wird gehemmt. Jedoch wurde kein wahrnehmbarer Unterschied im Ribosenucleinsäuregeh. der n. Zelle u. der in $^{1}/_{100}$ mol. NaF gewachsenen gefunden. — Die NaF-Hemmung des Wachstums beruht auf einer Blockade der I-Bldg., vermutlich auf der Bldg. eines „gehemmten" Komplexes mit dem Enzym Phosphoglucomutase. (Amer. J. Bot. **39.** 669—79. Nov. 1952. New Brunswick, N. J., Rutgers Univ., New Jersey Agric. Exp. Stat., Dep. of Microbiol.) E. HANSCHKE. 4270

C. W. Chung und **Walter J. Nickerson,** *Polysaccharidsynthese in wachsenden Hefen.* (Vgl. vorst. Ref.) Vff. zeigen mit Hilfe der Umkehrung der Hemmung durch Fluorid (I), daß der Hauptweg der Synth. von Polysacchariden (II) über einen Phosphorylierungsprozeß, u. zwar über *Hexose* (*Glucose* u. *Mannose*)-*1-phosphat* verläuft. Die Hemmung durch I beruht auf einer Blockierung des Enzyms *Phosphoglucomutase,* wonach die Umwandlung von Hexose-6-phosphat in Hexose-1-phosphat u. damit die Synth. von II unterbleibt. Bei den angewandten I-Konzz. werden andere, gegen I empfindliche Rkk. nicht beeinflußt. Es wird wahrscheinlich gemacht, daß *Inosit* eine wichtige Rolle bei der Synth. von II in wachsender Hefe spielt. — Die quantitative Best. der I geschieht colorimetr. mit Anthronreagens (Grünfärbung). Pentosen, Nucleinsäuren u. Nucleotide geben nur eine vergängliche Färbung, Chitin u. Glucosamin keine. (J. biol. Chemistry **208.** 395—407. Mai 1954. New Brunswick, N. J., Rutgers Univ., Dep. of Microbiol.) E. HANSCHKE. 4270

A. A. Imschenetzki und **K. S. Perowa,** *Adaption von Hefen gegenüber Giften.* Die Gewöhnung von *Saccharomyces cerevisae* an *Sublimat* (I) u. *Phenol* (II) erfolgt sehr langsam; deshalb dauerte der Vers. 27 Monate. Bei regelmäßigen Überimpfungen auf Nährböden mit steigendem Giftgeh., wurde die Widerstandsfähigkeit gegenüber I (Ausgangskonz. 1 : 80000, Endkonz. 1 : 8500) um das 10fache, gegenüber II (1 : 4000 bzw. 1 : 500) um das 8fache erhöht. Nichtgewöhnte Hefen wurden bei der II-Konz. 1 : 500 völlig unterdrückt. (Микробиология [Mikrobiologie] **24.** 147—50. März/April 1955. Moskau, Inst. für Mikrobiol. der Akad. der Wiss. der UdSSR.) A. ECKE. 4270

E₃. Mikrobiologie. Bakteriologie. Immunologie.

Ivan W. Coleman, *Eine mit Hilfe der Papierchromatographie durchgeführte Untersuchung der das Wachstum von Lactobacillus casei fördernden Eigenschaften von Leberextrakt, löslichen Produkten aus Hefe und von trypsinhydrolysiertem Casein.* Quer durchgeschnittene, eindimensionale Papierchromatogramme (SCHLEICHER & SCHÜLL Nr. 595; Lösungsm.: mit W. gesätt. Phenol sowie Kollidin) von WILSONs Leberfraktion L, die mit Nährlsg. für *Lactobacillus casei* eluiert worden sind, zeigten, daß in dem Leberextrakt mindestens 2 Wachstumsfaktoren für *L. casei* enthalten sind. Durch diese Technik wurde weiter gezeigt, daß ein durch Trypsin hydrolysiertes Caseinhydrolysat 3 Wachstumsfaktoren, u. die getrockneten lösl. Prodd. aus Hefe einen Wachstumsfaktor enthalten; dieser wurde abgetrennt u. teilweise gereinigt. Die HCl-Hydrolyse des Hefefaktors, der ein Peptid darstellt, ergab *Glycin, Leucin, Asparaginsäure* u. *Glutaminsäure,* die durch ihre R_F-Werte (in Kollidin) identifiziert wurden; *Serin* konnte in dem Hydrolysat nicht aufgefunden werden. (Canad. J. med. Sci. **29.** 151—58. Aug. 1951. Winnipeg, Mass., Univ. of Manitoba, Fac. of Med., Dep. of Biochem.) K. F. MÜLLER. 4310

B. J. Wagg, *Die Bestimmung von Milchsäure, die von oralen Lactobacillen und Streptokokken bei Wachstum auf chemisch undefinierten Medien produziert wird.* Zu den Unterss. wurden *Lactobacillen* u. *Streptokokken,* isoliert von den Zahnoberflächen verschied. Individuen, benutzt, die auf einem *Glucose* (I)-haltigen Medium (0,5, 1,0 bzw. 2,0%) kultiviert wurden. Unter den Lactobacillen befanden sich Stämme, die eine flüchtige Säure u. CO_2 produzierten, u. die in Übereinstimmung mit ROGOSA u. Mitarbeitern (J. Bacteriol. **65.** [1953.] 681) als *Betabacterium* (= *heterofermentativer Lactobacillus* nach TILDEN u. SVEC, J. dental Res. **29.** [1950.] 659) bezeichnet wurden. Die produzierte *Milchsäure* (II) wurde nach verschied. Methoden bestimmt, u. ihre Bldg. mit dem Verschwinden der I in Beziehung gesetzt. I wird nur als Energiequelle verwendet, nicht zum Aufbau des Zellmaterials. Streptokokken u. Lactobacillen wandeln die gesamte I in II um,

Betabacterium bildet bei niedrigem p_H neben II *Essigsäure* u. CO_2. Unterschiede in der Säurebldg. von polysaccharidbildenden Streptokokken u. solchen Stämmen, die keine Polysaccharide zu bilden vermögen, wurden nicht gefunden. Qualitative Unterss. ergaben, daß **II** die einzige nichtflüchtige Säure ist, die gebildet wird. (Brit. Dental J. **99.** 109—14. 16/8. 1955. Birmingham, Univ., Dep. of Bacteriol.) G. KLESSE. 4320

Max E. Rafelson jr., Gösta Ehrensvärd und **L. Reio,** *Die Bildung aromatischer Aminosäuren in Aerobacter aerogenes.* *$^{14}C_{(3,4)}$-Glucose* als einzige C-Quelle wird von Aerobacter aerogenes in die aromat. Aminosäuren *Tyrosin* (I), *Phenylalanin* (II) u. *Tryptophan* (III) eingebaut. Der Abbau dieser Verbb. u. der Vgl. der spezif. Aktivitäten der einzelnen C-Atome zeigte, daß sowohl $C_{(4)}$, $C_{(5)}(C_{(3)})$ u. $C_{(6)}(C_{(2)})$ von I u. II als auch $C_{(5)}$, $C_{(6)}$ u. $C_{(7)}$ von III aus den markierten C-Atomen der Glucose stammen. (Exp. Cell Res., Suppl. **3.** 281—86. 1955. Chicago, Ill., Univ., Dep. of Biol. Chem., u. Stockholm, Univ., Wenner-Gren Inst. of Exp. Biol., Dep. of Physiol. Chem.) A. DILLMANN. 4320

H. Berry und **James C. Parkinson,** *Wirkung der Temperatur auf die Bakteriostase.* Unters. des Einfl. verschied. Tempp. (27, 32, 37°) auf die bakteriostat. Wrkg. von *Phenol* (I), *Phenylmercuriacetat* (II) u. *Formaldehyd* (III) gegenüber *Escherichia coli.* Bei **III** war zwischen 27 u. 37° kein Unterschied in der baktericiden Wrkg. (95%) nachweisbar. Die **II**-Wrkg. stieg mit steigender Temp. u. zeigte damit die dynam. Art seiner Wrkg.; der Wirkungsmodus änderte sich bei Temperaturanstieg nicht. — Die bakteriostat. I-Wrkg. ist temperaturabhängig; bei 30—32° lag ein Wirkungsminimum gegenüber *Escherichia coli.* Vff. vermuten als Wirkungsfaktor bei **I** eine Reihe von Rkk. mit unterschiedlichem Wirkungseinsatz bei verschied. Temperaturen. (J. Pharmacy Pharmacol. **7.** 16—26. Jan. 1955. London, Univ., Dep. of Pharmaceut., School of Pharm.) H. BASFELD. 4330

F. Neuwald und **U. Hagenström,** *Untersuchungen über die antibakterielle Wirkung von Hypericum perforatum L.* Unterss. über die antibakterielle Wrkg. verschied. *Hypericum*-Präpp. an mehreren Testbakterien zeigten nur bei dem Acetonextrakt aus reifen Kapseln eine bakteriostat. (in Verdünnung 1 : 200000) u. bactericide (in Verdünnung 1 : 20000) Wrkg. gegenüber *Staphylococcus aureus.* Die Natur des antibakteriellen Wirkstoffs der Kapseln ist bisher nicht geklärt. (Arch. Pharmaz. Ber. dtsch. pharmaz. Ges. **287/59.** 439—41. 1954. Schönberg/Holstein, Apotheke.) M. NEGWER. 4330

Andreas Lembke, Rolf B. Kuhn und **Ekkehard Krüger-Thiemer,** *Über die antimikrobielle Wirkung von Isonicotinsäurehydrazid.* Vff. untersuchten 23 Mikroorganismen mit *Isonicotinsäurehydrazid* (I) in verschied. Konzz. (0,1—1000 mg/Liter) im Nährboden. Eine totale Wachstumshemmung wurde nicht beobachtet. Einzelne Arten reagierten mit geringen Veränderungen im Farbstoffgeh. u. geringen Wachstumsverzögerungen. Vff. halten I nicht für einen spezif. gegen Tuberkelbazillen gerichteten Hemmstoff, jedoch besteht für die Gattung Mycobacterien in den untersuchten Konzz. eine besondere Empfindlichkeit gegen I. (Klin. Wschr. **30.** 717—18. 1/8. 1952. Kiel, Bundesversuchs- u. Forschungsanst. für Milchwirtsch., Bakteriol. Inst.) L. BERGER. 4330

Alfred G. Karlson und **Y. Ikemi,** *Das Vorkommen eines humanen Tuberkelbacillentyps (H 37 Rv), der sich gegenüber Isonicotinsäurehydrazid in einer Kultur, die vorher nicht mit dem Hydrazid in Berührung gekommen war, resistent verhält.* Eine Kultur des humanen Tbc-Stammes H 37 Rv auf Eigelbagar, der 25 γ Isonicotinsäurehydrazid (I) pro cm³ enthielt, wurde im Wachstum nicht gehemmt; sie war gegenüber **I** resistent. (Proc. Staff Meetings Mayo Clin. **27.** 239—40. 4/6. 1952. Minnesota Univ., Mayo Found., Div. of Exp. Med.) W. BRANDT. 4330

Wolf-Helmut Wagner und **Hermann Vonderbank,** *Zur Wirkungsweise von 4-Acetylaminobenzaldehydthiosemicarbazon, Streptomycin und p-Aminosalicylsäure bei Tuberkelbakterien.* Die Hemmwrkg. von *4-Acetaminobenzaldehydthiosemicarbazon* (*Conteben*; **I**) ist im Gegensatz zu *Undecylensäure, Streptomycin* (II) u. *PAS* (**III**) sehr stark von der Zahl der zur Einsaat benutzten Tuberkelbacillen abhängig. **I, II** u. **III** beeinflussen selbst in höchsten Konzz. die Ruheatmung der Tuberkelbacillen im WARBURG-App. nicht, während *Sublimat* (1:1000) absol. baktericid wirkt. (Arb. Paul-Ehrlich-Inst., Georg-Speyer-Haus Ferdinand-Blum-Inst. zu Frankfurt a. M. Heft **49.** 98—109. 1951. Frankfurt/M., Chemotherapeut. Forschungsinst. „Georg-Speyer-Haus".) R. RUTKOWSKI. 4330

Ernst H. Beutner, Philip E. Hartman, Stuart Mudd und **James Hillier,** *Licht- und elektronenmikroskopische Untersuchungen der Escherichia coli-Coliphagenwechselwirkungen.* 1. Mitt. *Präparative Methode. Vergleichende Cytologie des E. coli-B-T_2-Systems mittels Licht- und Elektronenmikroskopie.* Während der Infektion von E. coli B mit T_2-Phagen wird in der Latenzperiode das Kernchromatin auf kernige Reste in der Peripherie reduziert. Nach dem Zusammenbruch der Desoxyribonucleinsäuren (I) u. Übertragung ihrer Bruchstücke an die Phagen werden neue I durch die infizierte Zelle synthetisiert, wobei das Material aus der Nährlsg. bezogen wird. (Biochim. biophysica Acta [Amsterdam] **10.** 143—52. 1953. Philadelphia, Pa., Univ. of Pennsylvania, School of Med., Dep. of Microbiol.; Princeton, N. J., RCA Labors.) P. LOCH. 4331

Stuart Mudd, James Hillier, Ernst H. Beutner und **Philip E. Hartman,** *Licht- und elektronenmikroskopische Untersuchungen der Escherichia coli-Coliphagenwechselwirkungen.* 2. Mitt. *Die Cytologie des E. coli-B-T_2-Systems mittels Elektronenmikroskopie.* (1. vgl. vorst. Ref.) Im Verlauf der Infektion ist das Auftreten randständiger blasiger Flächen, später sind grobe Änderungen des Cytoplasmagefüges, der Aufbau der Phagen-„Anlage“ u. die Bldg. der Phagennachkommenschaft zu erkennen. (Biochim. biophysica Acta [Amsterdam] **10.** 153—79. 1953.) P. LOCH. 4331

Philip E. Hartman, Stuart Mudd, James Hillier und **Ernst H. Beutner,** *Licht- und elektronenmikroskopische Untersuchungen der Escherichia coli-Coliphagenwechselwirkungen.* 3. Mitt. *Beständigkeit von Mitochondrien und Reduktaseaktivität während der Infektion von Escherichia coli B mit T_2-Phagen.* (2. vgl. vorst. Ref.) Bei Infektion von E. coli B mit T 2r-Phagen bleibt während der Latenzzeit die *2.3.5-Triphenyltetrazolreduktaseaktivität* (I) konstant. Licht- u. elektronenmkr. Unterss. zeigen, daß der Kern schon zu Beginn der Latenzzeit zerstört wird, während Mitochondrien u. ähnliche cytoplasmat. Strukturen bis zur völligen Auflsg. der Zelle erhalten bleiben, denen deshalb die I zuzuschreiben ist. (J. Bacteriol. **65.** 706—14. Juni 1953.) GERDA SCHULZE. 4331

William E. Dye, Gladys L. Hobby, Gardner Middlebrook, Frank Princi, Guy P. Youmans und **William Steenken jr.,** *Methoden zur Bestimmung der Empfindlichkeit von Tuberkelbacillen gegen Streptomycin, Dihydrostreptomycin und p-Aminosalicylsäure.* Die Best. der Empfindlichkeit humaner Tuberkelbacillen gegen *Streptomycin* u. *Dihydrostreptomycin* erfolgt auf *Eigelb-Kartoffelmehl-Medium* (*ATS-Medium*), die von *PAS* auf LÖWENSTEIN-JENSEN-Nährboden durch Überimpfen gleicher Mengen Sputum auf diese Nährböden, die verschied. Konzz. an den Antibioticis enthalten. Die Darst. der Nährböden wird beschrieben. (Amer. Rev. Tubercul. **65.** Part 1. 105—08. Jan. 1952. American Trudeau Soc.) R. RUTKOWSKI. 4340

G. Ruschmann, *Streptomyces mirabilis und das Miramycin* (1.—3. Mitt.) Ausführlicher Bericht über Systematik, Morphologie, Kultur, chem. Physiologie u. antibiot. Eigg. von Streptomyces mirabilis u. über *Miramycin.* (Pharmazie **7.** 542—50. Sept. 639—48. Okt. 823—25. Dez. 1952. Berlin-Charlottenburg, Techn. Univ., Bakteriol. Abt. des Inst. für Pflanzenernährung, Bodenchemie u. Bodenbiologie.) P. BERGER. 4340

M. Peyré und **H. Velu,** *Kombination von Antibioticis und ihre Bewertung durch Diffusion.* Unters. der Einw. der Lsgg. von *Chloromycetin* (I) u. *Neomycin* (II) auf E. coli 9637 sowie von *Penicillin* (III) u. *Streptomycin* (IV) auf Staphylococcus Oxford je allein oder paarweise kombiniert in verschied. Konzz. entweder a) durch Best. der Hemmhöfe auf Gelosepastillen mit Bacilleneinsaat oder b) durch lineare Diffusion in kleinen Röhrchen. Nach a) ist bestimmend für den Grad der Hemmwrkg. von I + II bzw. III + IV die Wrkg. derjenigen Komponente, die allein in der benutzten Konz. die größte Hemmwrkg. zeigt. Der p_H-Einfl. des Milieus auf die Diffusion wird besprochen. Das Ergebnis nach der empfindlicheren Meth. b) war im Prinzip das gleiche; Auswertung der Hemmungen von III + IV, die eine erhöhte Diffusion gegenüber III u. IV allein zeigten, ergab 0,3—0,6 mm mehr an Hemmhöhe im Vgl. zur Komponente mit der größten Hemmwrkg., Beispiel: III allein 0,1 E./cm^3 3,2 mm, IV allein 7,5 γ/cm^3 4,2 mm, III + IV 4,6 mm. (Rev. Immunol. Thérap. antimicrobienne **16.** 142—56. 1952. Paris.) H. DOSSMANN. 4340

Jerrydean R. Fallin, Robert A. Patnode und **Alice K. Hudgins,** *Toxische Wirkung von Penicillin auf die Kultur von Tuberkelbacillen. Penicillin* (I; 100—400 E./cm^3) red. die Zahl der lebenden Tuberkelbacillen proportional seiner Konz. im Medium. Ohne wesentlichen Einfl. ist dabei die Dauer der Einw. von I (0—15 Min.) auf die Sputumkonzz. vor der Überimpfung auf modifizierten LÖWENSTEIN-Nährboden. Daher Vorsicht bei Gebrauch von I zur Kontrolle von Verunreinigungen bei Tbc-Kulturversuchen. (Amer. J. clin. Pathol. **22.** 703—05. Juli 1952. Chamblee, Ga., U. S. Publ. Health Serv., Communicable Disease Center.) R. RUTKOWSKI. 4340

Bernhard Reimann, *Wachstumsbeobachtungen an dem Bacillus Welch Typ F (Bacillus enterotoxicus Zeißler) unter Penicillineinwirkung.* Angabe von Verss. an Kulturen des Bacillus enterotoxicus ZEISSLER auf Nährböden mit steigender *Penicillin* (I)-Konz.: 0,0157, 0,0313, 0,0625 u. 0,125 I.E./cm^3 im Vgl. zu einer I-freien Kontrollkultur. Die mkr. beobachteten morpholog. Veränderungen bei den einzelnen Konzz. werden besprochen, bei 0,125 E. trat völlige Wachstumshemmung ein. (Zbl. Bakteriol., Parasitenkunde, Infektionskrankh. Hyg., I. Abt., Orig. **159.** 88—94. 20/12. 1952. Berlin, Landesmedizinaluntersuchungsamt.) H. DOSSMANN. 4340

Colette Latterrade-Auger und **Michel Macheboeuf**, *Einfluß von Natriumribonucleat auf das Wachstum eines Bakteriums in Anwesenheit und in Abwesenheit von Penicillin.* *Na-Ribonucleat* übt unter gewissen Bedingungen eine leichte antagonist. Wrkg. gegenüber *Penicillin* aus, wenn die Penicillinmenge etwas unterhalb der bakteriostat. Grenze liegt. Dabei handelt es sich aber nicht um eine direkt das bakterielle Wachstum begünstigende Wrkg., sondern mehr um einen antilyt. Effekt. (Ann. Inst. Pasteur **81**. 634—41. Dez. 1951. Paris, Inst. Pasteur.) R. RUTKOWSKI. 4340

Robert Cruickshank, *Penicillin: Das Problem der Resistenz.* Besprechung des Wirkungsmechanismus der Resistenzentw. der Staphylokokken gegenüber *Penicillin* (**I**), der Laborteste zu ihrem Nachw., ihrer Bedeutung, der Bedingungen für ihr Auftreten mit Hinweis auf die ständige Zunahme bes. bei Klinikpersonal sowie Verhinderung u. Kontrolle **I**-resistenter Infektionen mit *Aureomycin, Terramycin, Erythromycin.* Beste Vermeidung von **I**-Resistenz beruht auf kombinierter Behandlung mit Präpp., die je allein Hemmwrkg. gegenüber dem Erreger zeigen. Kombinationsbehandlung mit **I** kann auch zum Erfolg führen, wenn es sich um *Penicillinase* produzierende, also **I**-resistente Erreger handelt. (Practitioner **174**. 53—57. Jan. 1955. London, Univ., St. Mary's Hosp. Med. School.) H. DOSSMANN. 4340

J. Škoda und **F. Šorm**, *Wirkungsmechanismus der Antibiotica.* 8. Mitt. *Veränderungen im Metabolismus der freien Aminosäuren bei E. coli während des Wachstums in Gegenwart von Chloramphenicol.* (7. vgl. C. **1956**. **3335**.) Der *Chloramphenicol* (**I**)-resistente Stamm E. coli scheidet während des Wachstums bei stationärer Kultur auf synthet. Nährboden L-Alanin, L-Valin u. Leucin (Isoleucin) ab, bei Aeration nur Valin, wobei die Konz. der Aminosäuren der Konz. des **I** proportional ist u. bei der Bakteriostase in diesen prakt. der ganze assimilierte N enthalten ist. Die Zellen der resistenten Bakterien enthalten freie Glutaminsäure neben einer kleinen Menge von freiem Alanin u. Valin. Der Aminosäurenverlust greift wahrscheinlich in die proteosynthet. Vorgänge der Mikroorganismen ein, u. mit der entstehenden Resistenz gegen **I** kommt es zur Akkumulation der Glutaminsäure in den Zellen, die aber nicht in den Nährboden abgeschieden wird. (Chem. Listy **49**. 1224—27. Aug. 1955. Praha, Československ. akad. věd, Chem. ústav, Biochem. oddělení. [Orig.: tschech.]) B. MELOUN/PRAG. 4340

Haruo Nishimura, **Yoshiro Sawa** und **Kazuhiko Kawasaki**, *Untersuchungen über synthetisches Chloromycetin, besonders über die bakteriostatischen Wirkungen von L-, DL- und D-threo-Chloramphenicol. L- u. DL-threo-Chloramphenicol* sind gegen gramnegative Bakterien, bes. pathogene Darmbakterien, wirksamer als gegen grampositive. Die L-Verb. ist dabei der DL-Verb. noch überlegen, während die D-Form gegen alle Bakterienarten fast unwirksam ist. (Annu. Rep. Shionogi Res. Lab. [Osaka] **1951**. **13**. [Orig.: japan., Auszug: engl.]) R. RUTKOWSKI. 4340

Friedrich Legler, *Zur Frage der Aureomycin-, Chloromycetin- und Terramycinempfindlichkeit der Kapselbakterien.* Best. der Empfindlichkeit von 3 verschied. Kapselbakterienarten gegen *Aureomycin* (**I**), *Chloromycetin* (**II**) u. *Terramycin* (**III**) nach dem Plattentest. Bei Unters. von insgesamt 30 Stämmen wurde vollkommene Wachstumshemmung durch **I**, **II** u. **III** bei Konzz. von 0,5, 2,5 u. 0,5 γ/cm^3 bei 23, 20 u. 26 Stämmen nachgewiesen. Nach Vf. ergibt Röhrchentest abweichende Ergebnisse. (Zbl. Bakteriol., Parasitenkunde, Infektionskrankh., Hyg., I. Abt., Orig. **159**. 101—05. 20/12. 1952. Erlangen, Staatl. Bakteriol. Untersuchungsanstalt.) H. DOSSMANN. 4340

F. Lindner und **K. H. Wallhäusser**, *Die Arbeitsmethoden der Forschung zur Auffindung neuer Antibiotica.* Sammelbericht über mikrobiol. Verff. zur Ermittlung antibiot. akt. Keime, Aufzucht der Stämme u. Isolierung antibiot. wirksamer Stoffe. — 53 Literaturangaben. (Arch. Mikrobiol. **22**. 219—34. 1955. Farbwerke Hoechst, Mikrobiol. Labor.) H. REMBOLD. 4340

Ss. I. Alichanjan und **Ss. S. Mindlina**, *Selektion aktiver, Antibiotica produzierender Stämme.* Literaturübersicht mit 39 nichtsowjet. Zitaten. (Антибиотики [Antibiotika] **7**. Nr. 6. 3—13. 1954.) F. DU MANS. 4340

A. Hirsch und **Dorothy M. Wheater**, *Die Erzeugung von Antibioticis durch Streptokokken.* Vff. untersuchten zahlreiche Streptokokkenstämme verschiedenster Herkunft auf ihre Fähigkeit, Antibiotica zu bilden. Ein positives Ergebnis erhielten sie nur bei einigen Stämmen von *Streptococcus lactis*, die *Nisin* produzierten u. dadurch das Wachstum anderer Mikroorganismen hemmten. (J. Dairy Res. **18**. 193—97. Juni 1951. Reading, Univ., Nat. Inst. for Res. in Dairying.) R. RUTKOWSKI. 4340

A. Hirsch und **Elisabeth Grinsted**, *Die Differenzierung der Stämme von Streptococcus lactis und ihrer Antibiotica.* (Vgl. vorst. Ref.) 23 Stämme von Milchsäurestreptokokken wurden in verschied. Typen von *Streptococcus cremoris* oder *Str. lactis* eingeteilt durch Kulturvers. sowie auf biochem. u. serolog. Weise. Die von den *cremoris*-Stämmen produzierten Antibiotica konnten unterschieden werden von den aus *lactis*-Stämmen erzeugten Antibioticis. (J. Dairy Res. **18.** 198—203. Juni 1951. Reading, Univ., Nat. Inst. for Res. in Dairying.) R. RUTKOWSKI. 4340

Haruo Nishimura und **Shôzô Suda,** *Untersuchungen über ein aus Aspergillus sydowi erhaltenes Antibioticum.* Aus *Aspergillus sydowi* wurde ein Antibioticum in Form seines Ca-Salzes gewonnen, welches das Wachstum von *Staph. aureus* (Stamm Terashima) in Verdünnungen von 1:250000 bis 1:500000 vollkommen hemmt, das Wachstum von *E. coli* dagegen selbst in Verdünnungen von 1:500 nicht beeinflußt. Bei Mäusen wirken 10—15 mg, intravenös oder intraperitoneal verabreicht, nicht toxisch. (Annu. Rep. Shionogi Res. Lab. [Osaka] **1951.** 6—10. [Orig.: japan., Auszug: engl.]) R. RUTKOWSKI. 4340

Jean-Marie Ghuysen, *Die staphylolytische Aktivität von Actinomycetin.* Die bakterieide Wrkg. von Actinomycetin wurde, im Gegensatz zu WELSCH (Rev. belge Pathol. Méd. exp., Suppl. **18.** [1947.] 2), der abgetötete Bakteriensuspensionen als Testmaterial benutzte, an lebenden Staphylokokken untersucht. Das Optimum der wärmeempfindlichen staphylolyt. Aktivität liegt bei einer Ionenkonz. nahe 0,015. Die Staphylolyse findet in alkal. Orthophosphat- oder Ammoniumsulfatlsg. statt. Durch Zusatz geeigneter Elektrolyte kann die erforderliche Ionenkonz. aufrechterhalten werden. (C. R. Séances Soc. Biol. Filiales **146.** 1268—71. Aug. 1952. Liège, Univ., Laborr. de Microbiol. gén. et méd., et Centre de Rech. pour la Pénicilline et les autres Antibiotiques.) H. FINDEISEN. 4340

Émile Peynaud, *Untersuchungen über die Hemmung von Saccharomyces cerevisiae durch Actidion. Actidion* (I), ein neben Streptomycin (II) von *Streptomyces griseus* gebildetes Antibioticum, zeigte hohe Aktivität gegenüber zahlreichen Ascomyceten, bes. verschied. *Saccharomyces*-Arten, ist dagegen nur wenig wirksam gegenüber Bakterien u. Kloeckera apiculata. Durch Extraktion mit Chlf. u. Ae. kristallin aus der Kultur-Fl. gewonnen (II bleibt ungelöst), ist I in W. u. A. lösl., relativ thermostabil u. behält in wss. Lsg. bei p_H 3—5 mehrere Wochen seine Wirksamkeit. Bruttoformel: $C_{15}H_{23}O_4N$ (vgl. FORD u. LEACH, C. **1949.** II. 995, u. KORNFELD u. Mitarbeiter, C. **1949.** II. 984). I enthält 2 gesätt. Ringe, einen vom Typ des Cyclohexanols u. einen vom Pyridin abgeleiteten als Träger einer Imidfunktion, verbunden durch einen sek. Alkohol. Tierexperimente zeigten eine sehr variable Toxizität von I. Bei intravenöser oder subcutaner Injektion beträgt die letale Dosis ca. 160 mg/kg für die Maus, 60 mg für das Meerschweinchen u. 3 mg für die Ratte. Beim Menschen wurde I in starken Dosen in bestimmten Fällen von Meningitis u. gegen gewisse pathogene Pilze mit Erfolg angewandt. — Bei der alkoh. Gärung verhält sich I fungistat. in Mosten, bes. gegen Hefen vom Typ S. ellipsoides, weniger gegen Torulaspora rosei u. die Hansenula; dabei wirkt I verzögernd auf die alkoh. Gärung ohne Beeinflussung des Atmungsprozesses. Für gesüßte Weine ist es ein gutes Konservierungsmittel u. wirkt hier schon in Gaben von 0,2 mg/Liter fungicid. (C. R. hebd. Séances Acad. Sci. **235.** 1163—65. 10/11. 1952.) H. FINDEISEN. 4340

J. H. Bekker und **D. A. A. Mossel,** *Erprobung eines Mediums mit Tergitol-7 und Triphenyltetrazoliumchlorid zur Differenzierung coliformer Bakterien aus Trinkwasser und Nahrungsmitteln. Tergitol-7* (*Na-Heptadecylsulfat*)/*Triphenyltetrazoliumchlorid*/Agar (T.T-Agar) ist bei 37° ein besseres selektives Medium für Escherichia coli als Endoagar; bei 45° wirkt es für E. coli besser selektiv als bei 37°. Manche Coliforme geben bei 37° sowohl auf T.T- als auch auf Endoagar falsche positive Ergebnisse. Brillantgrün/Galle/Lactose/Pepton/W. ist ein ausgezeichnetes Medium zur selektiven Anreicherung von Coliformen aus Nahrungsmitteln (bei 500 Testen kein einziges falsches positives Ergebnis, z. B. durch lactoseheterofermentative Bacillen). (Antonie van Leeuwenhoek **21.** 252—56. 1955. Utrecht, Nat. Inst. of Public Health u. Central Inst. for Nutrit. Res.) H. GOEBEL. 4350

C. H. Collins, *Oxalsäure und Säure–Eisen–Peroxyd in der Routinekultur von Tuberkelbacillen aus Sputum.* Die Oxalsäuremeth. ist der Säure–Eisen–Peroxyd-Meth. von JUNGMAN (vgl. Klin. Wschr. **17.** [1938.] 238) bei der Vorbehandlung des Sputums vor der Kultur zur Prüfung auf Tuberkelbacillen überlegen. Verlängerung der Kulturdauer von 6 auf 8 Wochen wird empfohlen, bes. wenn das Sputum von Patienten stammt, die mit *Streptomycin* behandelt wurden. (Tubercle **33.** 149—51. Mai 1952. Luton, Publ. Health Labor.) R. RUTKOWSKI. 4350

M. W. Fedorow und **A. Ernandess,** *Physiologische Besonderheiten geschwächter und nicht typischer Kulturen von Azotobacter aus podsoligen Böden.* Aus Rasenpodsolböden wurden mehr als 20 Stämme von *Azotobacter chroococcum* (A.ch.) isoliert, die als abgeschwächte Formen bezeichnet werden. Sie zeigen die typ. Eigg., fixieren jedoch den Luft-N nur schwach (5—7 mg auf 1 g Glucose). 8 Stämme hatten wesentlich andere

Eigg. als der n. Stamm (untyp. Azotobacter). Die N-fixierende Aktivität war ebenfalls schwach. Die Verss. zeigten, daß bei längerem Verbleiben des A.ch. im Podsolboden seine N-fixierende Tätigkeit stark unterdrückt wird. Die Atmungsfermente waren bei beiden Arten ausreichend akt., während die N-fixierenden Fermente inakt. waren. Asparagin, Hefeautolysat u. Heuextrakt steigern erheblich die N-fixierende Aktivität beider Formen. Bei Zusatz von B u. Mo wird die N-fixierende Aktivität bes. stark gesteigert. (Микробиология [Mikrobiologie] **24.** 170—79. März/April 1955. Landwirtsch. Timirjasew-Akad.) OTTO MAIER. 4350

E_4. Pflanzenchemie. Pflanzenphysiologie. Pflanzenpathologie.

A. G. Schesstakow, G. F. Iwanowa und **N. I. Schmelkowa,** *Über die Reaktion der Pflanzen auf die Strahlenwirkung von ^{32}P in der zweiten Generation.* (Vgl. C. **1956.** 1345.) Es wird untersucht, wie sich radioakt. P (I) auf die Entw. der Pflanze in der 2. Generation auswirkt. Bei Hafer ergeben sich mit Erhöhung der Gabe von I starke Unterschiede. Die Ährenbldg. tritt bei den Pflanzen mit I 15 Tage später auf als bei den Vergleichspflanzen. Die Samenernte wurde sehr stark vermindert, u. zwar viel stärker als bei der 1. Generation. Der Geh. an lösl. Kohlenhydraten in den Blättern fällt sehr stark, der Geh. an Eiweiß-N wurde dagegen nicht verändert. (Доклады Академии Наук СССР [Ber. Akad. Wiss. UdSSR] **102.** 641—43. 21/5. 1955. Moskau, Landwirtsch. K. A. Timirjasew-Akad.) A. JACOB. 4404

J. K. N. Jones und **G. Guzmán,** *Die Hemicellulosen des Esparto.* 1. Mitt. (*Stipa tenacissima*). (Vgl. C. **1955.** 9581.) Ohne vorherige Isolierung aus der Holocellulose werden die *Hemicellulose* (I) des Espartograses untersucht. Die Trennung der Bestandteile erfolgt durch Ionenaustauschharze, Säulen mit Kohle u. Cellulose u. Filterpapier WHATMAN Nr. 1. In den Hydrolysaten werden nachgewiesen: L-Rhamnose (erstmals), D-Xylose, L-Arabinose, D-Glucose, D-Galaktose, Xylobiose (erstmals), Arabobiose, Galaktobiose, Glucuronsäure, (nicht mit Sicherheit) Aldobiuronsäure u. eine noch zu fraktionierende Säurefraktion. Die Isolierung von Xylobiose u. -triose bestätigt das Auftreten von 1—4 Bindungen, die Ggw. von Oligosacchariden von Arabinose u. Galaktose deren Anteil an Arabanen u. Galaktanen. Im Hydrolysat des Rückstands nach Entzug der I werden die ersten 3 Homologen der Reihe von Polymeren mit β-Glucosidbindung nachgewiesen. Eine analoge Konst. scheint bei Lygeum spartum vorzuliegen. (An. Real Soc. españ. Física Quím., Ser. B **50.** 505—16. Mai 1954. Bristol, Univ., Dep. of organ. Chem.) R. K. MÜLLER. 4420

H. W. J. Ragetli, *Papierchromatographische Untersuchung von Phykocyaneiweiß aus dem Blautang Oscillatoria.* Man erhält *Phykocyan* (I) enthaltende Extrakte, indem man 4—6 Wochen alte Oscillatoriakulturen mit 1 Tropfen Toluol u. 4 cm^3 W. versetzt u. 24—48 Std. im Dunkeln u. unter Luftabschluß stehenläßt. Man saugt die tiefblaue, carminrot fluorescierende I-Lsg. von der Tangmasse ab, unterwirft sie der Papierchromatographie, trocknet die stark gefärbten Papierstreifen bei Zimmertemp. u. wäscht sie nach dem von DENT beschriebenen Verf. (Biochem. J. **41.** [1947.] 240) mit dest. W. aus. Bzgl. der qualitativen Aminosäurezus. weicht I wenig von anderen Eiweißstoffen ab; es fehlen lediglich Arginin u. Oxypyrolin. (Chem. Weekbl. **49.** 315—16. 2/5. 1953.) W. WESLY. 4420

Ss. I. Lebedew, *Die Rolle des Carotins in den Pflanzen.* Allg. Ausführungen. (Природа [Natur] **44.** Nr. 6. 42—49. Juni 1955.) F. DU MANS. 4420

F. F. Nord und **George de Stevens,** *Mechanismus der Ligninbildung.* Vff. stellen ein neues Schema für die Bldg. des *Lignins* (I) auf. Danach werden Kohlenhydrate durch ein C_2-Fragment enzymat. zu einer p-Oxyphenylpropaneinheit (II) abgebaut. Dieser ursprüngliche Baustein kann zu einer Guajacoleinheit (III) methoxyliert werden. II u. III ergeben durch wiederholte Kondensation I. (Naturwissenschaften **39.** 479—80. 1952. Fordham, N. Y., Univ., Dep. of Organ. Chem. and Enzymol.) M. KATTENHORN. 4450

D. MacGillavry und **H. J. C. Tendeloo,** *Das elektrochemische Verhalten von ionenaustauschenden Substanzen.* 7. Mitt. *Charakterisierung der Wurzelsubstanz durch eine kontinuierliche Reihe von Titrationskonstanten.* (6. vgl. VERVELDE u. TENDELOO, C. **1956.** 1932.) Für das Verständnis der Potentiale, die Pflanzenwurzeln in Elektrolytlsgg. annehmen, ist die Kenntnis der Dissoziation der nichtdiffundierenden „Wurzelsäuren" von Bedeutung. Da es sich um sehr komplexe Vorgänge handelt, benutzen Vff. als Modellsubstanz Lsgg., die durch eine kontinuierliche Reihe von Titrationskonstanten charakterisiert sind. So lassen sich die Zahl der abdissoziierten H-Ionen u. die in der Wurzel auftretenden Ladungen in ihrer Abhängigkeit vom p_H der äußeren Lsg. gut übersehen. (Recueil Trav. chim. Pays-Bas **73.** 15—22. Jan. 1954. Wageningen, Agricult. Univ., Labor. of Phys. and Coll. Chem.) GABRIELE GÜNTHER. 4450

W. O. Kasarjan, E. Ss. Awundshjan und **G. G. Gabrijeljan,** *Über die gekoppelte Weiterbewegung von Kohlenhydraten und Phosphor in Pflanzen.* Es besteht Grund zu der Annahme, daß der von den Wurzeln der Pflanze aufgenommene P in die Blätter in Form von Verbb. mit Kohlenhydraten eintritt u. daß er weiter zusammen mit diesen auftreten muß (mit Ausnahme desjenigen Teils, der unmittelbar ein Bestandteil der Konstitutionsteile der Zellen ist). Diese Frage wurde durch Unterss. mit radioakt. P geprüft. Es zeigte sich, daß der P, da er die gelösten Kohlenhydrate weiterbefördert, ein sehr guter Indicator für die Gesamtmenge an Kohlenhydraten u. für ihre Verteilung in der Pflanze ist. (Доклады Академии Наук Армянской ССР [Ber. Akad. Wiss. ArmenSSR] **20.** 197 bis 201. 1955. Botan. Inst. der Akad. der Wiss. der ArmenSSR.) A. JACOB. 4460

A. Pirson, A. L. Daniel und **E. W. Becker,** *Zur Beziehung zwischen endogener Atmung und Glucoseatmung bei Chlorella.* Mit Hilfe von Chlorellakulturen, deren Zellmaterial durch autotrophe Anzucht in ^{13}C-reichem CO_2 markiert war, wiesen Vff. nach, daß die Veratmung von endogenem Substrat bei Zufuhr von Glucose nicht unterdrückt wird. Die endogene Atmung ist vielmehr in Ggw. von Glucose merklich gesteigert. (Arch. Mikrobiol. **22.** 214—18. 1955. Marburg, Univ., Botan. u. Physikal. Inst.) H. REMBOLD. 4462

L. W. Milowanowa und **M. Ss. Shurawel,** *Biochemische Veränderungen der Trauben bei der Kopfdüngung.* Spritzen mit 5%ig. *Superphosphat,* 1%ig. *KCl,* 1,5%ig. $NH_4 \cdot NO_3$, 1%ig. $CaSO_4$ bzw. $NaHCO_3$ bewirkte eine Erhöhung des durchschnittlichen Gewichts der Trauben. Die intensivste Verlagerung des Zuckers aus den Blättern der Weinrebe trat nach der Düngung mit K u. P ein. Nach Gaben von N, P u. K verminderte sich die Aktivität der Katalase in den Weintrauben der spät- u. mittelspätreifenden Sorten, bei den übrigen Sorten wurde dies nach Gaben von Ca, K u. $NaHCO_3$ beobachtet; nach Gaben von N u. P stieg die Aktivität der Katalase. Die hydrolyt. Aktivität der Invertase stieg nach Gaben von P u. KCl u. verminderte sich nach N. Allg. verzögerte N die Reifung. K verminderte den Säuregrad um 1,6—2,0 g/Liter, NH_4NO_3 erhöhte ihn um 1,0—1,3 g/Liter. K verbesserte Geschmack u. Farbe der Weintrauben. (Виноделие и Виноградарство СССР [Weinbereit. Weinbau UdSSR] **15.** Nr. 4. 32—36. 1955. Allunions Inst. für Pflanzenbau, Mittelasiat. Versuchsstation.) M. GORDIENKO. 4470

Daniel P. N. Tsao und **H. W. Youngken jr.,** *Die Wirkung von Kobalt, Acetaten, Ascorbinsäure und Cholesterin auf Wachstum und Glykosidbildung von Digitalis purpurea.* Unterss. über den Einfl. von $CoCl_2$ (I), Natriumacetat (II), Kaliumacetat (III), Ascorbinsäure (IV) u. Cholesterin (V) auf Wachstum u. Glykosidbldg. bei *Digitalis purpurea* im Freiland, sowie in Wasserkultur im Gewächshaus. Eine Wachstumshemmung wurde bei **I, IV** u. **V** sowohl im Freiland als auch bei der Wasserkultur beobachtet, während bei **II** u. **III** eine tox. Wrkg. nur bei Wasserkultur gefunden wurde. Die Glykosidbldg. erfuhr durch **I** in einer Konz. von 10 p.p.m. eine starke Hemmung, sie wurde nicht beeinflußt durch **II** u. **III** (0,2 u. 0,4%); durch **IV** (20 u. 40 p.p.m.) u. **V** (0,5 u. 2%) erfolgte eine Erhöhung der Glykosidbildung. (J. Amer. pharmac. Assoc., sci. Edit. **41.** 407—14. Aug. 1952. Seattle, Wash., Univ., Coll. of Pharmacy.) W. BEINERT. 4480

Donovan C. Wachlin, *Änderungen der p_H-Werte und deren Wirkung auf das Wurzelwachstum von Maissämlingen.* Maissämlinge mit 1—3 cm langen Wurzeln wurden 48 Std. in PETRI-Schalen folgenden Lsgg. ausgesetzt: 3fach dest. W., p_H 5,0 (I), HOAGLANDs Nährlsg., p_H 5,0 (II) u. 8% n. Blut in dest. W., p_H 6,6 (III). Das Wurzelwachstum, gemessen als Trockensubstanzzunahme, wurde durch **II** wenig, durch **III** stark gegenüber **I** gehemmt, wobei die Anzahl der Sämlinge pro PETRI-Schale (1—4 Stück) ohne Bedeutung war. Durch das Wachstum der Sämlinge wurden Änderungen in den p_H-Werten hervorgerufen, bei **I** war das Medium nach Versuchsende saurer, bei **II** u. **III** alkalischer als zu Beginn. Während bei **I** u. **II** die Änderung der p_H-Werte um so größer war, je mehr Sämlinge per Schale benutzt wurden, war es bei **III** umgekehrt. Da nur die Änderung der p_H-Werte, nicht jedoch das Wurzelwachstum durch die Anzahl der Sämlinge beeinflußt wurde, schließt Vf., daß die Änderung der p_H-Werte das Wurzelwachstum nach 48 Std. nicht beeinflußt. (Proc. South Dakota Acad. Sci. **31.** 123—37. 1/12. 1952. Vermillion, S. D., Univ., Dep. of Bot.) W. BEINERT. 4480

R. Ch. Turetzkaja, *Physiologische Wirkung der Wuchsstoffe bei der Pflanzenvermehrung durch Stecklinge.* Die physiol. Wrkg. der Wuchsstoffe (I) von Stecklingen besteht darin, daß I vorübergehend die Verstärkung des Stoffwechsels in den bearbeiteten Teilen fördern, wodurch die Wurzeln schneller u. reichlicher wachsen. Die I fördern die Wurzelbldg. bei jüngeren Stecklingen, sind aber ohne Wrkg. bei älteren. Neben dem physiol. Zustand der Stecklinge sind die äußeren Faktoren, wie Temp., Licht u. Feuchtigkeit, ausschlaggebend. Die Fähigkeit der Stecklinge zur Wurzelbldg. wird durch geringe Ansammlung von Stärke in ihren Geweben, genügende Durchtränkung mit W., partielle Verholzung u. hohe Aktivität der Peroxydase (II) bestimmt. Stecklinge, die zur Regeneration unfähig sind, weisen reichliche Speicherung an Stärke, geringen Wassergeh. u. stärkere Verholzung bei verminderter Aktivität der **II** auf. **I** verstärken den Transport der Aufbaustoffe zur Stelle der Wurzelbldg. u. die Hydrolyse der Stärke u. der Fette. Die Aktivität der **II** wird unter ihrem Einfl. erhöht, der Wassergeh. der Gewebe vergrößert. Die **I**-Wrkg. besteht bei der Förderung der Wurzelbldg. in einer Erhöhung des Stoffwechsels u. Verstärkung des Zuflusses der lösl. Substanzen in die unteren Teile der Stecklinge. Neben eigenen Versuchsergebnissen wird das Literaturmaterial herangezogen. — 71 Literaturangaben. (Успехи Современной Биологии [Fortschr. gegenwärt. Biol.] **40.** 68—77. Juli/Aug. 1955.) F. DU MANS. 4485

J. Grundy, *Die Rolle der o-Stellung bei den Benzoesäure- und Aryloxyalkancarbonsäure-Pflanzenwachstumsregulatoren.* (Vgl. GRUNDY, C. **1956.** 69.) Vf. diskutiert das Problem der freien o-Stellung bei Pflanzenwachstumsregulatoren vom Typ der Benzoesäure oder Aryloxyalkancarbonsäuren. Es wird gezeigt, daß Halogenbenzoesäuren in Ggw. verschied. Metallionen rascher unter Halogeneliminierung mit einem nucleophilen Reagens reagieren (l. c.) u. angenommen, daß in vivo der gleiche Vorgang mit Hilfe von Spurenelementen in der Pflanze abläuft. Auf Grund dieser Hypothese ist die Ggw. von o-ständigen Halogen in einer Benzoesäure bei Fehlen anderer aktivierender Substituenten eine Notwenigkeit. Vf. vermutet, daß die o-Stellung in den Aryloxyalkancarbonsäuren die gleiche Funktion ausübt wie vorst. u. daß o-Aktivierung im vorliegenden Fall durch o- u. p-dirigierende Substituenten in m-Stellung bewirkt wird. Die Hypothese wird an verschied. bekannten akt. u. inakt. Verbb. geprüft. (Chem. and Ind. **1954.** 1071—72. 28/8. Blackburn, Techn. Coll.) G. WINKLER. 4485

E₅. Tierchemie. Tierphysiologie. Tierpathologie.

G. Kihlén, *Eine Apparatur zur indirekten Gasmessung bei Respirationsuntersuchungen an kleinen Tieren.* An Stelle der absol. Best. der Gase in einer geschlossenen App. wird ein indirektes Verf. mit Hilfe eines Indicatorgases entwickelt. Als Indicatorgas wird Ammoniak benutzt. Genauigkeit der Messung: Vom zugesetzten CO_2 wurden $98{,}8 \pm 0{,}22\%$ wiedergefunden. (Kungl. Lantbrukshögskolans Ann. **18.** 29—59. 1951. Nat. Animal Exp. Stat.) K. NEHRING. 4500

Don W. Micks und **James P. Ellis,** *Freie Aminosäuren in Entwicklungsstadien der Moskitos.* Mit Hilfe der Papierchromatographie wurden im A.-Extrakt von Eiern, Larven des 4. Stadiums, Puppen (**a**) u. männlichen u. weiblichen Imagines von Culex quinquefasciatus u. Aedes aegypt. folgende Aminosäuren (I) nachgewiesen: *Glykokoll, Alanin, β-Alanin, Leucin, Isoleucin, Glutaminsäure, Taurin, Prolin, Histidin, Serin, Valin, Methionin, Threonin, Lysin, Arginin, Asparaginsäure, Tyrosin, Tryptophan.* In **a** wurden kurz vor dem Schlüpfen der Imagines die geringsten Mengen von **I** gefunden. (Proc. Soc. exp. Biol. Med. **79.** 191—93. Jan. 1952. Galveston, Tex., Univ. of Texas, Med. Branch, Dep. of Pres. Med. and Publ. Health.) F. LÜPNITZ. 4520

J. Bernard und **J. Casimir,** *Die Anreicherung an Stickstoff in einem Brei der Larven von Rhagoletis cerasi L. (Ditp. Trypetidae).* Larven von Rhagoletis cerasi wurden im Mörser zerrieben u. sofort, nach 24 (Std.) u. nach 96 auf den N-Geh. untersucht. Die gefundenen Werte werden auf Trockensubstanz bezogen. Der N-Geh. hat sich nach 24 merklich, nach 96 weniger deutlich erhöht. Diese Erhöhung wird auf die Ggw. von N-bindenden symbiot. Organismen in den Insekten zurückgeführt. Der schlüssige Beweis konnte noch nicht geführt werden, da diese Mikroorganismen nicht isoliert werden konnten. (Bull. Inst. agronom. Stat. Rech. Gembloux **19.** 387—89. 1951. Stat. d'entomolg., Chaire de Chim. générale.) H. PATZSCH. 4520

W. W. Mamajewa, *Der Gehalt an Aminodicarbonsäuren und ihren Amiden im tierischen Organismus.* In Leber, Niere, Gehirn, Lunge, Herz, Milz, Magen, Dünn- u. Dickdarm, Hoden, Blut u. Harn des Kaninchens wurde der Geh. an *Asparagin* (**I**), *Asparaginsäure* (**II**), *Glutamin* (**III**) u. *Glutaminsäure* (**IV**) im gesunden Zustand u. bei BROWN-PEARCE-Krebs bestimmt. In allen Organen war der Geh. an **III** größer als an **I**. Man beobachtete den Höchstgeh. an **I** in der Niere (6,6 mg%), an **III** im Herzen (112,8 mg%), an **II** im Gehirn (24,7 mg%) u. in der Milz (25,1 mg%), an **IV** im Gehirn (84,4 mg%) u. in der Milz (88,1 mg%). Der Geh. an **I** war in den gesunden Organen geringer als der von **II**. Nach intravenöser Zufuhr von anorgan. u. organ. Ammonium- oder organ. Aminoverbb. war der Geh. an **I** u. **III** in einigen Organen erhöht. Es ist deshalb anzunehmen, daß die Synth. von Amiden im tier. Organismus auch durch Amidierung der Aminodicarbonsäuren erfolgt. Die Biosynth. von **III** verläuft bei Zufuhr von **I** intensiver als bei Zufuhr von asparaginsaurem Ammonium. Die intravenöse Zufuhr von **III** stört ebenfalls das Gleichgewicht zwischen den Aminodicarbonsäuren u. ihren

Amiden, führt jedoch nicht immer zu einer Synth. von I. Die Synth. von I erfordert die Ggw. von Fermentsystemen, deren Aktivität sich nur bei besonderen, noch nicht erforschten Bedingungen zeigt. (Биохимия [Biochemie] **20.** 450—55. Juli/Aug. 1955. Moskau, 1. Med. Inst., Lehrstuhl für Biochem.) O. LEBTAG. 4520

P. L. Wulfsson und **Ss. Je. Ssewerin,** *Stickstoffhaltige extrahierbare Stoffe der Muskelgewebe beim Prozeß der Ontogenese.* (Vgl. C. **1955.** 11415.) Die Unterss. an Schweineembryonen ergaben, daß in den Frühstadien der Entw. die Muskeln viel *Glutaminsäure* enthalten, die allmählich abnimmt u. beim 30 Tage alten Ferkel fast verschwindet. Die *Asparaginsäure* kommt in viel geringeren Mengen vor u. nimmt ebenfalls mit der Entw. ab. *α-Alanin* bleibt im Embryo immer erhalten u. wird auch im Muskel des 30 Tage alten Ferkels gefunden, während *β-Alanin* zunächst zunimmt, beim 30 Tage alten Ferkel jedoch fast verschwindet. Das *Carnosin* tritt beim 65 Tage alten Embryo auf. *Histidin* u. *Anserin* finden sich weder beim Embryo noch beim Ferkel. Bei verbesserter Fütterung der Muttersau (30% mehr Eiweiß u. 5mal mehr Vitamin A) enthalten die Embryomuskeln viel mehr Aminosäuren als die Kontrollen. Das Muskelgewebe der 30 Tage alten Ferkel enthält hierbei mehr Aminosäuren u. Carnosin. (Український Біохімічний Журнал [Ukrain. biochem. J.] **27.** 295—98. 1955. Moskau, Univ., Lehrstuhl für Biochem. der Tiere.) O. LEBTAG. 4520

A. I. Ssilakowa und **W. G. Smorodinskaja,** *Über den Stickstoffumsatz in den Muskeln in verschiedenen Etappen der Ontogenese.* Im Kaninchenvers. wird gezeigt, daß der Herzmuskel des 20—25 Tage alten Embryos im Mittel 29,0 (mg%) NH_3 (I), 86,0 *Glutamin* (II) u. 141,6 *Glutaminsäure* (III) enthält gegenüber 17,8 bzw. 62,7 bzw. 39,0 beim erwachsenen Tier. Der Skelettmuskel des 20—25 Tage alten Embryos enthält 30,0 **I**, 64,8 **II**, 114,5 **III** gegenüber 21,3 bzw. 40,0 bzw. 41,2 beim erwachsenen Tier. Nach 10—20 Tagen der postembryonalen Entw. gehen **I**, **II**, **III** u. *Glutaminase* (**IV**)-Aktivität auf die Werte des erwachsenen Tieres zurück. Die **IV**-Aktivität je 1 g Gewebe-rohgewicht beträgt: 190,5 bis zum 25. Tag der Embryoentw., 149,6 beim Neugeborenen, 28,0 beim erwachsenen Tier. (Український Біохімічний Журнал [Ukrain. biochem. J.] **27.** 375—84. 1955. Kiew, Biochem. Inst. der Akad. der Wiss. der UkrSSR.) O. LEBTAG. 4520

W. N. Orechowitsch, K. F. Firfarowa und **W. O. Schpikiter,** *Physikalisch-chemische Charakterisierung der löslichen Proteine der Augenlinse.* Durch Fraktionierung, Elektrophorese, Sedimentation, Diffusion u. Best. von D wurden die lösl. Proteine der Augenlinse des Rindes untersucht. Das *α-Kristallin* (**I**) erwies sich bei der Elektrophorese als homogen. Die Unters. des durch Elektrophorese gewonnenen **I** in der Ultrazentrifuge erwies seine Monodispersität. Aus der Sedimentationskonstante ($S = 16{,}7 \cdot 10^{-13}$) u. der Diffusionskonstante ($1{,}85 \cdot 10^{-7}$ cm²/Sek.) ergab sich für **I** das Mol.-Gew. 800000 u. der Asymmetriegrad $^1/_{17}$. In der I-Fraktion der Augenlinsen von Meerschweinchen, Ratte, Kaninchen u. Hund wurde eine 2. Komponente mit geringerer elektrophoret. Beweglichkeit nachgewiesen. Das *β-Kristallin* der Rinderaugenlinse bestand aus einer elektrophoret. beweglicheren *β'-Form* vom Mol.-Gew. 45000 u. einer weniger beweglichen *β''-Form* vom Mol.-Gew. ~100000. Bei der Elektrophorese von *γ-Kristallin* wurden 3 Komponenten beobachtet. Bei der Unters. der Sättigung 0,5 in der Ultrazentrifuge wurde für *γ'-Kristallin* ein Mol.-Gew. von ca. 14000 gefunden. Die übrigen γ-Komponenten wurden nicht näher untersucht. (Український Біохімічний Журнал [Ukrain. biochem. J.] **27.** 355—63. 1955. Moskau, Inst. für biol. u. med. Chem. der Akad. der med. Wiss. der UdSSR.) O. LEBTAG. 4520

Heinrich Bartelheimer, *Formen und Entstehungsbedingungen der Entkalkungsosteopathien.* Übersichtsvortrag über die als Stoffwechsel- oder als Regulationskrankheiten anzusehenden Entkalkungsosteopathien, die ätiolog. uneinheitlich sind. Verschied. endogene u. exogene Momente sind als Ursachen maßgebend (Mineralmangel als Folge der Hungerszeit, Menopause, Fehlen von Vitamin D usw.) (Aerztl. Wschr. **6.** 606—14. 29/6. 1951. Kiel, Univ., Med. Klinik.) H. PATZSCH. 4552

W. Lutz, *Durch ektogene und endogene accidentelle Einflüsse bedingte Hautveränderungen.* (Vgl. C. **1955.** 1559.) In der Übersicht werden die durch Fremdkörper, mechan. traumat. Einww., Vitamine, ferner die bei Erkrankungen des Verdauungstrakts, des hämatopoiet. Syst., des Blutgefäßsyst. u. des Nervensyst. beobachteten Hautveränderungen beschrieben. (Dermatologica [Basel] **111.** 114—25. Aug. 1955.) WOLFGANG ALBRECHT. 4552

D. Je. Alpern, *Biochemische Veränderungen bei Entzündungen.* Auf Grund seiner Unterss. kommt Vf. zu dem Schluß, daß die Teilnahme des Nervensyst. an der Entzündungs-Rk. u. an den physiol. Schutzprozessen mit Hilfe der nachst. humoralen Stoffe erfolgt: anorgan. Elektrolyte, die für die Permeabilität des Gewebes von Wichtigkeit sind; organ. Stoffwechselprodd.; spezif. Histohormone (bes. Adeninnucleotide), welche die Permeabilitätssteigerung, Leukocytenemigration u. phagocytäre Rk. gewährleisten. (Український Біохімічний Журнал [Ukrain. biochem. J.] **27.** 252—58. 1955. Charkow, Med. Inst., Lehrstuhl für pathol. Physiol.) O. LEBTAG. 4552

Hans Pau, *Akkommodative Verschiebung von Cholesterinkristallen im Auge.* Bericht über einen Fall, bei dem es im Anschluß an eine perforierende Verletzung eines Auges durch Granatsplitter zu massenhaften *Cholesterin*-Kristallablagerungen ins Kammerwasser u. in den Glaskörper gekommen ist. (Klin. Monatsbl. Augenheilkunde augenärztl. Fortbild. **119.** 424—27. 1951. Düsseldorf, Med. Akad., Augenklinik.) R. RUTKOWSKI. 4552

A. Góth, L. Lengyel, E. Bencze, C. Sávely und **A. Majsay,** *Die Rolle von Aminosäuren bei der Hormonsekretion.* Beim Menschen bewirkten Hühnereiweiß, *Glycin* (**I**), *Valin* (**II**), *Leucin* (**III**), *Tyrosin* (**IV**), bei Ratten *Methionin* (**V**), *Phenylalanin, Tryptophan,* **II** u. **III** Eosinopenie. **II** u. **III** erzeugen beim Menschen Blutzuckererhöhung u. Erniedrigung des Vitamin-C-Geh. in den Nebennieren. **II, III, IV** u. **V** haben bei jungen weiblichen Ratten gonadotrope Wirkung. Es wird angenommen, daß die Aminosäuren in der Nahrung einen physiol. Impuls der Hormonsekretion darstellen. (Experientia [Basel] **11.** 27—29. 15/1. 1955. Budapest, Margit-Hosp.) J. MILLER. 4558

L. Zizine, *Die Biogenese der Steroidhormone.* Vf. diskutiert an Hand der bekannten Literatur ohne neue Gesichtspunkte die Theorien über die Entstehung der Steroidhormone (*Pregnan, Androgene, Corticosteroide*) aus einem cholesterinähnlichen Körper u. Essigsäure. (Presse méd. **63.** 915—16. 15/6. 1955. Paris.) V. SACHS. 4558

Charles L. Gray und **Fritz Bischoff,** *Umwandlung von Östron in Östradiol durch Erythrocyten von Säugetieren.* Papierchromatograph. (nach MITCHEL u. DAVIES mit WATHMAN-Papier Nr. 1 u. PAe. für die bewegliche u. Methanol für die stationäre Phase) mit anschließender biol. Prüfung wurde gezeigt, daß *Östradiol* das Hauptreaktionsprod. ist, wenn *Östron* mit Erythrocyten von Kaninchen oder Menschen reagiert. (Amer. J. Physiol. **180.** 279—81. Febr. 1955. Santa Barbara, Calif., St. Barbara Cott. Hosp., Res. Inst.) H. AMAN. 4559

R. D. Eaton, J. R. Carson und **Goeffrey Beall,** *Die Wirkung der Implantation von Diäthylstilböstrol bei unreifen Hähnchen auf die Fortpflanzungsfähigkeit bei der Reife.* Hähnchen (jünger als 11 Wochen), denen 15 mg *Diäthylstilböstrol* (**I**) implantiert wurde, unterschieden sich bzgl. Fruchtbarkeit, Samenvol. u. Testisgröße nur wenig von den Kontrollen zur Zeit der Reife. Die unterdrückende Wrkg. der **I**-Behandlung scheint ca. 5 Wochen anzuhalten. Die subcutane Implantation eines Pellets mit 12 mg **I** verlängert die Zeit, die für Hähnchen zum Erreichen der Höchstfruchtbarkeit notwendig ist. Die am meisten bemerkenswerte Wrkg. dieser Behandlung war die auffällige Red. des Samenvolumens. Diese Red. war größer als die der Fruchtbarkeit u. war nicht mit einer Verminderung der Testisgröße verbunden. (Poultry Sci. **34.** 861—67. Juli 1955. Storrs, Conn., Univ. of Connecticut, Dep. of Statistics, Dep. of Poultry Sci.) H. PATZSCH. 4559

Charles D. Kochakian und **John Dolphin,** *Die Wirkung von Testosteronpropionat auf den Proteinanabolismus bei der hypothyreotischen Ratte. Testosteronpropionat* (**I**) stimuliert eine protein-anabol. Wrkg. an thiouracil- u. chirurg. hypothyreot. kastrierten Ratten ähnlich wie an der nur kastrierten Ratte. Wenn das Androgen später als 18 Tage nach der Hypophysektomie verabreicht wird, tritt ein merklicher Rückgang in der Futteraufnahme ein. Dies zeigt sich nicht an den mit Thiouracil behandelten Ratten. Daraus wird geschlossen, daß die **I**-Wrkg. nicht unter Vermittlung der Schilddrüse zustande kommt. (Amer. J. Physiol. **180.** 317—20. Febr. 1955. Rochester, N. Y., Univ. of Rochester, School of Med. and Dentr., Dep. of Physiol. and Vital Econom.; Oklahoma City, Okla., Oklahoma Med. Res. Found.) H. AMAN. 4559

George L. Wied, *Die cytolytischen Veränderungen der Epithelzellen der Vagina und Leukorrhoe nach Östrogentherapie.* Vf. berichtet, daß Cytolyse der Epithelzellen der Vagina u. ein besonderer Typ von Leukorrhoe nach *Östrogen*-Therapie vorkommen können. Die Cytolyse wird durch Bac. vaginalis verursacht u. kann in vielen Fällen durch eine einzige intravaginale Applikation eines bakteriostat. wirkenden Mittels (*Aureomycin, Terramycin, Chloromycetin*) gehemmt werden. (Amer. J. Obstetr. Gynecol. **70.** 51—59. Juli 1955. Chicago, Ill., Univ., Dep. of Obstetr. and Gynecol. u. Chicago Lying-in Hosp.) K. BÖHM. 4559

H. Lax, *Die Bedeutung der Placentahormone für die Entstehung und den Verlauf der Toxikose.* Die Bedeutung der in der Placenta gebildeten Hormone, wie *Gonadotropin, Östrogene,* wahrscheinlich *Progesteron* u. vielleicht *Androgene,* werden in dem Übersichtsref. in ihren Beziehungen zu Hypophyse, Leber, Niere u. Uterus kurz dargestellt. (Arch. Gynäkol. **186.** 215—18. 1955. Berlin.) WOLFGANG ALBRECHT. 4559

C. S. Shaffner, *Durch Progesteron verursachte Mauserung.* New Hampshire-Hennen wurden in ihrem ersten Legejahr mit *Progesteron* (mit Depotprogesteron der PITMAB MOORE CO., Indianapolis; I) u./oder *Thiouracil* oder *Thyroprotein* (II) behandelt. Die Eierproduktion hörte unmittelbar nach Beginn der I-Behandlung auf. Die Zahl der verlorenen Hauptfedern je Schwinge variierte zwischen 3—5, abhängig von der I- u. II-Menge. 8 Wochen nach Beginn der Behandlung hatten die meisten Tiere mit Eierlegen wieder begonnen. Weder das Eiergewicht noch das Körpergewicht wurden durch die Behandlung beeinflußt. (Poultry Sci. **34.** 840—42. Juli 1955. College Park, Md., Univ. of Maryland, Poultry Dep.) H. PATZSCH. 4559

N. W. Michailowa, *Der Einfluß des Zentralnervensystems auf die adrenocorticotrope Funktion des Hypophysenvorderlappens.* In Verss. an weißen Ratten wird festgestellt, daß die als Rk. des Organismus auf das *adrenocorticotrope Hormon* (I) auftretende Eosinopenie von 45—60% sowohl nach Zufuhr von I (5—15 mg intraperitoneal) als auch nach Mobilisierung von I im Organismus unter dem Einfl. niedriger u. hoher Tempp., Verbrennung, elektr. Reize u. chirurg. Traumen auftritt. Nach Exstirpation der Nebennieren bleibt die Eosinopenie aus. Evipan oder Nembutal schwächen die Eosinopenie ab, während Phenamin sie erhöht. Aus den Verss. wird auf die Bedeutung des Zentralnervensyst. für die Regulierung der adrenocorticotropen Funktion der Hypophyse geschlossen. (Проблемы Эндокринологии и Гормонотерапии [Probleme Endokrinol. Hormontherap.] **1.** 59—64. Jan./Febr. 1955. Allunions Inst. für exp. Endokrinol., Abt. für exp. Biol.) E. RENTZ. 4560

I. A. Esskin, *Charakterisierung einiger biologischer Eigenschaften des adrenocorticotropen Hormons.* Bei geschlechtsunreifen weißen Ratten, welche 10 E. *adrenocorticotropes Hormon* (I) 45 Tage lang täglich 2mal intraperitonal erhielten, wurde eine Verzögerung der Geschlechtsreife, der Entw. von Ovarien u. Uterus sowie des Gesamtwachstums festgestellt. Verss. an infantilen Mäusen ergaben, daß es sich nicht um eine Hemmung der Produktion von gonadotropem Hormon der Hypophyse handelt. Bei langdauernder Anwendung von I kommt es zu einer Abschwächung der Rk. der Nebennieren (verzögerte Involution der Thymusdrüse). (Проблемы Эндокринологии и Гормонотерапии [Probleme Endokrinol. Hormontherap.] **1.** 52—59. Jan./Febr. 1955. Allunions Inst. für exp. Endokrinol., Abt. für exp. Biol.) E. RENTZ. 4560

L. A. Wilson, *Proteinschock durch intravenöses ACTH.* Bericht über 2 Fälle mit schwerem Proteinschock, der 45 Min. nach intravenöser *ACTH* (I)-Infusion die schwersten Symptome zeigte. Behandlung mit *Adrenalin, Pethidine, Phenobarbitone* u. dem Nebennierenrindenextrakt *Eucortone.* Keine gesteigerte I-Empfindlichkeit bei intradermalem I-Test. (Lancet **261.** 478—79. 15/9. 1951. Aberdeen, Royal Infirmary.) H. DOSSMANN. 4560

H. F. West, *Proteinschock durch intravenöses ACTH.* Vf. weist bezugnehmend auf die Veröffentlichung von WILSON (vgl. vorst. Ref.) darauf hin, daß seine Mahnung zur Vorsicht bei der Medikation von *ACTH* sich auf die Gefahr des Auftretens einer schweren Rk. bezog, die aber nicht ident. ist mit der Art der Rk. bei der ersten ACTH-Verabreichung. (Lancet **261.** 543. 22/9. 1951. Sheffield.) H. DOSSMANN. 4560

L. A. Wilson, *Proteinschock durch intravenöses ACTH.* Vf. kommt auf Zwischenfälle durch intravenöse *ACTH* (I; vgl. WEST, vorst. Ref.) zurück u. erwähnt einen vergleichbaren Fall, wo I gut vertragen wurde; allerdings stammte das verwandte Präp. „*Acthar*“ aus einer anderen Lieferung. Vf. gibt zu, daß Verunreinigungen der App. nicht auszuschließen sind, sieht aber die Ursache in der individuell unrichtigen Dosierung. (Lancet **261.** 639. 6/10. 1951. Aberdeen.) H. DOSSMANN. 4560

Howard A. Frank, Stanley Jacob, Harold A. E. Weizel, Leopold Reiner, Richard Cohen und **Jacob Fine** (unter techn. Mitarbeit von **Hyman Edelstein, Thomas Barnett** und **Doris Parthum**), *Wirkungen von ACTH und Cortison beim experimentellen hämorrhagischen Schock.* Behandlung mit *Cortison* (I) oder *ACTH* (II) steigert nicht die eosinophile Gegenwrkg., verbessert nicht den Blutstrom oder erhöht die Überlebenszahl oder -zeit. Ein vorübergehender Anstieg des arteriellen Druckes ist auf Ggw. von *Pitressin* im II-Präp. zurückzuführen. I- u. II-Therapie verstärkt die histolog. feststellbaren Schädigungen der Nebennierenrinde von Hunden im irreversiblen hämorrhag. Schock. (Amer. J. Physiol. **180.** 282—86. Febr. 1955. Boston, Mass., Beth Israel Hosp.; Harvard Med. School; Massachusetts Gen. Hosp.) H. AMAN. 4560

L. Gyermek, *Methode zur biologischen Bestimmung des adrenocorticotropen Hormons.* Die Versuchstiere (Ratten) werden decapitiert u. durch künstliche Atmung funktionsfähig erhalten. Nach Entfernung der linken Nebenniere 15 Min. nach der Decapitierung wird das zu prüfende *ACTH* in die Schwanzvene injiziert u. eine Std. danach die rechte

Nebenniere entfernt. Aus dem Vgl. der Vitamin-C-Gehh. der Nebennieren kann die Aktivität des ACTH-Präp. berechnet werden. Nach Verabreichung von 0,15, 0,21 u. 0,30 μg/100 g *Armour ACTH AR* (1 mg = 2,0 I.E.) nimmt der Vitamin-C-Geh. der rechten Nebenniere um 7,7, 47,8 u. 94,0 mg/100 g ab, d. h. daß die Wrkg. dem Logarithmus der Dosen linear proportional ist. Die Fehlergrenze liegt bei 73—137% (bei der Meth. von SAYERS bei 85—117%). Durch Kontrollverss. wird festgestellt, daß die Decapitierung als solche keinen Einfl. auf den Vitamin-C-Geh. der Nebennieren hat, d. h. daß das endogene ACTH noch nicht mobilisiert wird, wodurch die Ergebnisse verfälscht würden. (Experientia [Basel] **8.** 438—39. 15/11. 1952. Budapest, Forschungsinst. der Pharmazeut. Ind.) Ü. BAUMANN. 4560

N. V. Nalbandov, R. K. Meyer und **W. H. McShan,** *Die Bedeutung eines dritten gonadotropen Hormons für den Mechanismus der androgenen Sekretion beim Huhntest.* Atrophierte Kämme von hypophysenlosen Hähnen werden durch das *luteinisierende Hormon* (I) der Säugetiere für 10—12 Tage zum Wachsen angeregt, dann setzt jedoch trotz fortgesetzter Injektion eine Rückbldg. zur alten Größe ein. Durch Injektion von Hypophysenhinterlappenextrakt der Hühner kann diese Rückbldg. verhindert werden. Vff. vermuten, daß bei Vögeln der Hypophysenhinterlappen entweder ein drittes gonadotropes Hormon enthält, oder daß sich I von dem der Säugetiere unterscheidet. Histolog. Unterss. zeigten, daß dieses dritte Hormon die Umwandlung von nichtsezernierenden Zellen in die zur androgenen Sekretion befähigten LEYDIGschen Zellen bewirkt. Die Hypophysenhormone der Säugetiere enthalten kein Hormon, das zur Bldg. von LEYDIGschen Zellen befähigt ist. Bei Behandlung mit gonadotropen Hormonen von Säugetieren werden nur die vorhandenen Zellen aufgebraucht. (Anatom. Rec. **110.** 475—93. Aug. 1951. Illinois, Univ., Dep. of Animal Sci.) H. NIEMANN. 4560

Piero P. Foa, Giorgio Galansino, Harriet R. Weinstein und **Alfred M. Magill,** *Der Einfluß von Prolactin auf den Blutzucker bei normalen und depankreatisierten Hunden.* Vff. geben n. Hunden (a) u. solchen, denen das Pankreas entfernt worden ist (b) nach einer 16std. Hungerperiode 10—20 E. *Prolactin* (I; in 5 cm³ NaCl-Lsg.) intravenös u. bestimmen den Blutzuckergeh. sowie die morpholog. Veränderungen der Bauchspeicheldrüse. Eine einmalige I-Dosis ruft bei a eine 3 Std. anhaltende Hypoglykämie u. eine gleichzeitige Degranulation der B-Zellen der LANGERHANS-Inseln hervor. Wiederholte I-Zufuhr bewirkt dagegen Hyperglykämie mit teilweiser Wiederherst. der B-Zellen. Bei b tritt bereits nach der ersten I-Gabe Hyperglykämie auf. Nach Zufuhr von 0,4 mg ACTH/kg werden keine Veränderungen des Blutzuckergeh. festgestellt. Die A- u. B-Zellen der LANGERHANS-Inseln von b zeigen im Vgl. mit denen von a keine wesentlichen Verschiedenheiten. Die Ergebnisse lassen erkennen, daß die erste I-Injektion eine Ausschüttung von vorgebildetem *Insulin* (II) hervorruft, wodurch Hypoglykämie erzeugt wird, während weitere I-Gaben den II-Geh. des Pankreas senken. Die I-Wrkg. ähnelt der des Wachstumshormons. (Amer. J. Physiol. **180.** 313—15. Febr. 1955. Chicago, Ill., Med. School, Dep. of Physiol. and Pharmacol.) P. FAHRNLAENDER. 4560

T. M. Chalmers, A. A. G. Lewis und **G. L. S. Pawan,** *Der Einfluß von Hypophysenhinterlappenextrakten auf die renale Ausscheidung von Natrium und Chlorid beim Menschen.* Intravenös verabreichtes „*Pitressin*" (PARKE DAVIS) erhöhte nicht die Ausscheidung von Na oder Chlorid im Harn beim Menschen; die Ausscheidungsgeschwindigkeit, bes. die des Na, wurde sogar oft verringert. „*Pitocin*" (PARKE DAVIS) hatte nur eine sehr geringe antidiuret. Wrkg.; die Veränderungen in der Na- u. Chloridausscheidung waren gering u. inkonstant. Die Wrkg. von Hypophysenhinterlappenextrakt entsprach etwa der des Pitressins. Diese Ergebnisse bestätigen nicht die bisherige Ansicht, daß Hypophysenhinterlappenextrakte die Ausscheidung von Na u. Chlorid beim Menschen erhöhen. (J. Physiology **112.** 238—42. 30/1. 1951. London, Middlesex Hosp., Med. School, Dep. of Med. and Pharmacol.) K. F. MÜLLER. 4560

N. A. Judajew, *Aldosteron* (*Elektrocortin*) — *ein neues Steroidhormon der Nebennierenrinde.* Literaturref. über die Isolierung von *Aldosteron* (*Elektrocortin*) aus der „amorphen Fraktion" des Nebennierenrindenextraktes. — 9 Literaturangaben. (Проблемы Эндокринологии и Гормонотерапии [Probleme Endokrinol. Hormontherap.] **1.** 118—20. Jan./Febr. 1955.) E. RENTZ. 4561

Sylvia A. Simpson und **J. F. Tait,** *Neuere methodische Fortschritte in der Isolierung, der Chemie und der Physiologie des Aldosterons.* Übersicht: Nachw. einer Verb. hoher Wirksamkeit auf den Mineralstoffwechsel in Nebennierenextrakten, Darst. krist. Materials, chem. Konst. von *Aldosteron* (I), biol. Eigg. von I, I-Sekretion der Nebenniere. — 49 Literaturangaben; Diskussionsbemerkungen. (Recent Progr. Hormone Res. **11.** 183—219. 1955. London, Middlesex Hosp. Med. School.) K. MAIER. 4561

James O. Davis, David S. Howell, Gert L. Laqueur und **E. Converse Peirce II,** *Renale hämodynamische Funktion, Elektrolytstoffwechsel und Wasseraustausch bei adrenalektomierten, hypophysektomierten Hunden.* (Vgl. C. **1952.** 5596.) Beim adrenalektomierten Hund wurde durch Hypophysektomie oder Thyreoidektomie eine Verringerung der renalen hämodynam. Funktion verursacht. Der veränderte, für das hypophysektomierte Tier charakterist. Kreislauf kann demnach nicht nur dem Verlust an ACTH zugeschrieben werden. Sowohl durch Thyreotropin als auch durch Wachstumshormon wird bei solchen Tieren die glomeruläre Filtration u. der renale Plasmafluß erhöht. Durch das Fehlen dieser beiden Substanzen wird möglicherweise die Abnahme der hämodynam. Funktion solcher Versuchstiere verursacht. Diese Tiere wurden durch Behandlung mit Desoxycorticosteron, Cortison oder eine Na-reiche Nahrung in einem gleichmäßigen Zustand erhalten. Der erhöhte Wasseraustausch bei Behandlung mit Wachstumshormon u. Thyreotropin zeigte einen weitgehenden Zusammenhang mit der Erhöhung der glomerulären Filtration. (Amer. J. Physiol. **176.** 411—18. März 1954. Bethesda, Md.,Dep. of Health, Educat. and Welfare, Public Health Serv., Nat. Health Inst., Labor. of Kidney and Electrolyte Metabolism.) J. SCHWAIBOLD. 4561

E. Kelemen, B. Tanos, R. Soltész und **K. Kovács,** *Die Rolle des Nebennierenmarks bei der sogenannten Antihyaluronidasewirkung bei Ratten.* Frühere Verss. der Vff. zeigten die Bedeutung der Nebennieren für die Wrkg. von Salicylat u. Adrenalin bei der Durchführung von Permeabilitätstesten am Hinterbein der Ratte, die durch Injektion von *Hyaluronidase* enthaltenden Testikelextrakten induziert wurden. Die vorliegenden Verss. sprechen gegen die physiopatholog. Rolle des *ACTH* u. des *Cortisons* bei diesem Permeabilitätsmechanismus. Bei den Verss. ist die Ggw. des Nebennierenmarks von Bedeutung. (Acta endocrinol. [Copenhagen] **13.** 231—34. Juli 1953. Szeged, Univ. Med. School, Dep. of Med.) K. F. MÜLLER. 4561

Je. W. Stroganowa, *Histophysiologische Untersuchungen bei Anwendung des adrenocorticotropen Hormons und der Steroidhormone der Nebennierenrinde im Experiment und in der Klinik.* Übersichtsref., aus welchem hervorgeht, daß das adrenocorticotrope Hormon u. die Steroidhormone der Nebennierenrinde wichtige Elemente in den komplizierten, vom Nervensyst. regulierten Stoffwechselprozessen sind. — 102 Literaturangaben. (Проблемы Эндокринологии и Гормонотерапии [Probleme Endokrinol. Hormontherap.] **1.** Nr. 4. 103—14. Juli/Aug. 1955. Moskau, Allunions-Inst. für exp. Endokrinol., Morphol. Abt.) E. RENTZ. 4561

F. Coste, F. Delbarre und **G. Basset,** *Untersuchungen der durch entzündungshemmende Hormone hervorgerufenen Nebennierenatrophie.* Unters. des Entstehens einer experimentellen Nebennierenatrophie durch *Cortison* (I) bei der Ratte, die durch Einw. einer *ACTH*-Injektion auf die Eosinophilie zu kontrollieren ist. *Metacortandracine* u. *Hydrocortison* haben die gleiche Wrkg. wie I. (Semaine Hôpitaux Paris **31.** 2713—16. 26.—30/8. 1955.) H. DOSSMANN. 4561

F. Coste, F. Delbarre und **P. Massias,** *Behandlung des entzündlichen Rheumatismus mit neuen synthetischen Steroiden ($\Delta^{1,2}$-Dehydrocortison oder Metacortandracine).* Besprechung der Analogie von *Metacortandracine* (*$\Delta^{1,2}$-Dehydrocortison* I) u. *Metacortandralone* (*$\Delta^{1,2}$-Dehydrocortison*) mit *Cortison* u. *Hydrocortison* (II). An Hand von 6 Fällen wird die I-Wrkg. auf die verschied. Erscheinungen des Rheumatismus besprochen u. auf die Möglichkeit einer spezif. Therapie mit den synthet. Stereoiden hingewiesen. Die klin. I-Wrkg. entspricht der II-Wrkg., aber bei 2—3mal geringerer Dosis. Die Stoffwechselwirkungen von I im Vgl. zu denen der physiol. Hormone werden diskutiert. (Semaine Hôpitaux Paris **31.** 2716—23. 26.—30/8. 1955.) H. DOSSMANN. 4561

L. Villa, C. B. Ballabio und **G. Sala,** *Metacortandracin und 9α-Fluorhydrocortisonacetat bei rheumatischen Krankheiten.* Vgl. der antirheumat. Eigg. von *9α-Fluorhydrocortison* (I) u. *Metacortandracin* (II) bei 36 Patienten mit *Cortison* (III) bzw. *Hydrocortison*; **II** war 3—5-, **I** 8—10mal wirksamer als **III**. **II** stört das W.- u. Salzgleichgewicht nicht; Glucosetoleranz u. Insulinempfindlichkeit sind durch **II** herabgesetzt; **II** vermindert die zirkulierenden Eosinophilen u. normalisiert die Albumin- u. Globulinwerte. **I** steigert die Na-Reabsorption, die K-Ausscheidung u. vermehrt die extra- u. intracellulären Körper-Fll.; die Serum-K-Spiegel sind durch **I** red. u. die Na-Werte leicht erhöht. **I** u. **II** rufen eine Rindenhyperfunktion hervor u. hemmen die Nebennierenfunktion, nachgewiesen durch Abnahme der 17-Ketosteroidausscheidung im Urin. (Ann. rheumatic Diseases **14.** 251—58. Sept. 1955. Milan, Univ., Med. Clinic, Rheumatological Dep.) H. DOSSMANN. 4561

Oliver Garrod, G. L. S. Pawan, J. D. N. Nabarro und **G. Walker,** *Die Wirkung von 9α-Fluorhydrocortison und von Cortison auf den Stoffwechsel bei Nebenniereninsuffizienz. 9α-Fluorhydrocortisonacetat* (I) u. *Cortisonacetat* (II) wurden an Patienten mit Nebenniereninsuffizienz auf ihre Wrkg. untersucht. I zeigte eine größere mineralcorticoide Wrkg. in einer Dosierung von 0,5 mg/Tag als **II** (50 mg/Tag), der glucocorticoide Effekt war aber geringer. Kombination von I u. **II** erwies sich als günstig. (Lancet **269.** 367—70. 20/8. 1955. London, Middlesex Hospital.) WOLFGANG ALBRECHT. 4561

Finn Fischer, *Corticotropin und Cortison bei rheumatoider Arthritis.* Ausführliche Behandlung aller mit der *ACTH*- u. *Cortison*-Therapie der rheumatoiden Arthritis zusammenhängenden Fragen. — 43 Seiten Diagramme u. 754 Literaturangaben. (Acta med. scand., Suppl. **152.** Nr. 305. 1—269. 1955. Copenhagen, Univ. Hosp., Med. Dep.) F. KRUSEN. 4561

W. W. Gunther, *Behandlung von Dermatosen mit Hydrocortisonacetatsalbe.* Behandlung von 110 verschied. Dermatosen mit 2,5- bzw. 1% ig. *Hydrocortisonacetat*-Salbe (**I**) ergab anhaltende Besserung bei 51%, Besserung bei 26% u. kein Ansprechen in 23% der Fälle. Wert u. Grenzen der **I**-Behandlung werden besprochen. (Med. J. Australia **42 II.** 54—55. 9/7. 1955. Newcastle, New South Wales.) H. DOSSMANN. 4561

H. F. Marrian, *Die quantitative Bestimmung der Harn-adrenocorticalen Steroide.* Die üblichen 3 Bestimmungsmethoden für die adrenocorticalen Hormone im Harn, 1. die biol. Meth., 2. die Reduktionsmeth., 3. Formaldehydbest. nach Oxydation mit HJO_4, werden krit. betrachtet u. die Fehlerquellen aufgezeigt. Bessere Hydrolysen- u. Extraktionsmethoden u. die Berücksichtigung der Stoffwechselprodd. der Hormone der Nebennierenrinde (21-Desoxy-Steroide) werden gefordert. (J. Endocrinology **7.** LXIX—LXXIII Okt. 1951. Edinburgh, Univ., Dep. of Biochem.) G. NIESWANDT. 4561

H. Hofmann und **Hj. Staudinger,** *Papierchromatographische Trennung und Bestimmung der Nebennierenrindenhormone.* (Vgl. C. **1952.** 1546.) Die 6 Hormone der Nebennierenrinde: *Desoxycorticosteron* (**I**), *11-Desoxy-17-oxycorticosteron* (**II**), *Corticosteron* (**III**), *11-Dehydrocorticosteron* (**IV**), *11-Dehydro-17-oxycorticosteron* (**V**) u. *17-Oxycorticosteron* (**VI**) lassen sich papierchromatograph. (SCHLEICHER u. SCHÜLL, Nr. 1507) unter Verwendung von mit n-Butanol gesätt. W. als Lösungsm. trennen. R_F-Werte: **I** 0,09; **II** 0,15; **III** 0,27; **V** 0,35; **VI** 0,36. Die Sichtbarmachung der Hormonflecke erfolgt nach dem Trocknen der entwickelten Chromatogramme durch Eintauchen in eine wss. 2%ig. Lsg. von Triphenyltetrazoliumchlorid, die mit gleichen Teilen n NaOH versetzt ist u. 10 Min. Erwärmen des Chromatogramms im wasserdampfgesätt. Brutschrank auf 40°. Durch Elution des so entstandenen roten Formazans mit Tetrahydrofuran u. Photometrie der Lsg. ist eine quantitative Best. der 6 Hormone möglich. Die Meth. wurde zur Best. dieser Hormone in Nebennierenrindenextrakten (von Rind u. Schwein) verwendet, wobei sich ergab, daß die verschied. Extrakte größenordnungsmäßig die gleichen Hormonmengen enthalten; je nach den Versuchsbedingungen bei der Extraktherst. u. der Herkunft der Drüsen schwankte der Geh. u. der relative Anteil der einzelnen Hormone etwas. Die nach der Meth. der Vff. ermittelten Hormongehh. der Extrakte betragen ca. 50—70% der chem. bestimmten Gehalte. Die beschriebene Meth. hat gegenüber den biol. Methoden den Vorteil der Einfachheit, gegenüber den chem. Methoden den Vorteil der Spezifität. — Zur Best. der sogenannten Harncorticoide ist die Meth. der Vff. nicht geeignet. (Biochem. Z. **322.** 230—36. 1951. Mannheim, Städt. Krankenhaus, Zentrallabor.) K. F. MÜLLER. 4561

H. Giertz und **W. Schild,** *Untersuchungen über die Methylierung des Noradrenalins in vivo.* Nüchterne Kaninchen erhielten *Adrenalin* (**I**; 6 γ/kg) bzw. *Noradrenalin* (**II**; 6 γ/kg) bzw. *Methionin* (**III**; 30 mg/kg) bzw. **II** + **III** in die Ohrvene injiziert. Der Verlauf der Blutzuckerkurve zeigt für **I** u. **II** + **III** einen Anstieg, der ca. 45% höher als der Ausgangswert liegt, wobei das Maximum für **II** + **III** etwas später eintritt als für **I.** Bei alleiniger Verabreichung von **II** bzw. **III** tritt keine oder höchstens eine unbedeutende Erhöhung (5%) ein. Den gleichsinnigen Verlauf der Blutzuckerkurve unter dem Einfl. von **I** u. **II** + **III** sehen Vff. als Beweis dafür an, daß **III** als Methyldonator für **II** dient, wobei **I** entsteht. (Klin. Wschr. **30.** 421—22. 1/5. 1952. Düsseldorf, Med. Akad., Pharmakol. Inst. u. II. Med. Klinik.) E.-G. DUCHO. 4561

A. M. Utewski und **W. O. Ossinskaja,** *Über Natur, Eigenschaften und Bedeutung fluorescierender Produkte, die bei der Oxydation von Adrenalin und Noradrenalin gebildet werden.* In früheren Unterss. war gezeigt worden, daß bei der Oxydation von *Adrenalin* (**I**) eine fluorescierende Substanz entsteht, die dem Adrenochrom nahesteht, in einigen Eigg. an Leukoadrenochrom erinnert u. ein Dihydroindol- oder Indoxylderiv. ist. Zwecks weiterer Klärung dieser Frage wurden die fluorescierenden Oxydationsprodd. von **I**, *Noradrenalin* (**II**), *Adrenalon* (**III**) u. *Noradrenalon* (**IV**) näher untersucht. Da bei der Oxydation von **III** u. **IV**, die im Unterschied zu **I** u. **II** über keine sek. Alkoholgruppe in der Seitenkette verfügen, Oxoadrenochrom u. Leukooxoadrenochrom bzw. Oxonoradrenochrom u. Leukooxonoradrenochrom entstehen, wurde angenommen, daß auch die fluorescierenden Oxydationsprodd. von **I** u. **II** nicht im Stadium des Leukoadrenochroms oder Leukonoradrenochroms entstehen, sondern im Stadium des *Leukooxoadrenochroms* (**V**) bzw. *Leukooxonoradrenochroms* (**VI**). Die polarimetr. Unters. zeigte, daß bei der Oxydation von **I** u. **II** die opt. Aktivität verlorengeht, daß demnach nur **V** u. **VI** entstehen können. Beim Kaninchen wurden in Herz u. Hirn Oxydationsprodd. von adrenalinähnlichen Stoffen gefunden, die in vielen Eigg. dem **V** oder **VI** entsprechen. Die physiol. Bedeutung dieser Stoffe konnte noch nicht geklärt werden. (Український Біохімічний Журнал [Ukrain. biochem. J.] **27**. 401—07. 1955. Charkow, Med. Inst., Lehrstuhl für Biochem.; Ukrain. Inst. für exp. Endokrinol., Abt. Biochemie.) O. LEBTAG. 4561

C. D. Eskelson, H. E. Firschein und **H. Jensen**, *Wirkung von Epinephrin auf den Blutspiegel von Schilddrüsenhormon.* Vff. verglichen die Serumkonz. von organ. gebundenem ^{131}J (C. **1953**. 6710) bei Ratten, denen 18 Std. vorher eine wechselnde Menge ^{131}J u. 2 Std. vorher *thyreotropes Hormon* (**I**) oder *Thyroxin* (**II**), jeweils allein oder zusammen mit *Epinephrin* (**III**), injiziert worden war. Nach Zugabe von **III** war der ^{131}J-Spiegel in allen Fällen verringert, unabhängig davon, ob **I** oder **II** allein eine Erhöhung bzw. Senkung bewirkten. Die Ergebnisse bestätigen die Annahme, daß **III** einen gesteigerten Verbrauch von zirkulierendem Schilddrüsenhormon zur Folge hat. Die Best. von organ. gebundenem ^{131}J ist danach als Schilddrüsenfunktionstest unzureichend. (Proc. Soc. exp. Biol. Med. **85**. 637—39. April 1954. Fort Knox, Ky., Army Med. Research Labor., Dep. of Biochem.) H. HELGE. 4562

A. O. Woinar und **Je. G. Lipskaja**, *Der Einfluß des zentralen Nervensystems auf die Biosynthese des Thyroxins.* Im Kaninchenvers. wird durch Best. des eiweißgebundenen J im Blutplasma festgestellt, daß das thyreotrope *Hypophysenhormon* (**I**) bei wiederholter Zufuhr von 8 mg schon nach 3 Std. den Geh. an *Tyroxin* (**II**) erhöht. Nach 24 Std. wird der **II**-Geh. wieder normal. Es ist eine bedingtreflektor. Erhöhung des **II**-Geh. im Blut durch Zufuhr einer physiol. Lsg. statt **I** möglich. Der Einbau von ^{131}J in das **II**-Mol. erreicht nach 48 Std. ein Maximum. Nach 5 Tagen ist die Ausscheidung des radioakt. **II** beendet. Durch die Aktivierung der Schilddrüsensekretion beschleunigt **I** den ^{131}J-Einbau in das **II**-Mol., so daß das Maximum in 24 Std. erreicht wird. Die Ausscheidung des radioakt. **II** aus dem Organismus wird durch **I** ebenfalls beschleunigt. Beide Prozesse können auch bedingtreflektor. erfolgen. Die Biosynth. von **II** in der Schilddrüse wird demnach vom Zentralnervensyst. reguliert. (Український Біохімічний Журнал [Ukrain. biochem. J.] **27**. 286—94. 1955. Stalino, Med. Inst., Lehrstuhl für Biochemie.) O. LEBTAG. 4562

W. G. Baranow, Je. N. Speranskaja und **D. Ss. Tendler**, *Der Einfluß kleiner Dosen von Thyreoidin auf die höhere Nerventätigkeit bei Hunden.* Inhaltlich ident. mit der C. **1956**. 1641 referierten Arbeit. (Проблемы Эндокринологии и Гормонотерапии [Probleme Endokrinol. Hormontherap.] **1**. 28—33. Jan./Febr. 1955. Physiol. Pawlow-Inst. der Akad. der Wiss. der UdSSR, Labor. für Physiol. der Drüsen mit innerer Sekretion.) E. RENTZ. 4562

T. A. Dsgojewa, *Der Einfluß von Thyroxin auf den Gasumsatz bei Ratten nach vorausgegangener Zufuhr von Brom.* In 84 Verss. an 23 weißen Ratten wird festgestellt, daß durch einmalige Zufuhr von *KBr* (**I**) die übliche *Thyroxin* (**II**)-Wrkg. nicht beeinflußt wird. Zweimalige Verabreichung hingegen führt zu einer deutlichen Herabsetzung des Gasumsatzes u. hemmt stark die **II**-Wrkg., während eine 3—4fache Zufuhr von **I** die **II**-Wrkg. völlig unterdrückt. (Фізіологічний Журнал (Киев) [Physiol. J. (Kiew)] **1**. Nr. 4. 111—16. Juli/Aug. 1955. Physiol. Bogomoletz-Inst. der Akad. der Wiss. der UkrSSR.) E. RENTZ. 4562

P. L. Krohn, *Die Wirkung der Thyreoidektomie auf die Fortpflanzung beim weiblichen Kaninchen.* Die Beobachtungen des Vf. bestätigen die Ergebnisse von KRICHESKY (Amer. J. Physiol. **126**. [1939.] 234), daß der n. Ablauf der Ovulation, Implantation u. Schwangerschaft durch Entfernung der Schilddrüse nicht beeinflußt wird. (Vgl. dagegen CHU, Endocrinology **34**. [1944a.] 90; J. Endocrinology **4**. [1944b.] 90 u. **4**. [1944.] 115.) (J. Endocrinology **7**. 307—09. Okt. 1951. Birmingham Univ., Dep. of Anatomy.) G. NIESWANDT. 4562

W. Förster und **E. Muscholl**, *Der Einfluß von BAL, Methionin und Cystin auf die Schilddrüsenhyperplasie nach kurzfristiger Gabe von Methylthiouracil.* Vff. prüften den Einfl. von *2.3-Dithiopropanol* (*BAL*, *Sulfactin* „HOMBURG", **I**), *d.l-Methionin* „HOMBURG" (**II**) u. *l-Cystin* „PHARMACELL" (**III**) auf Stoffwechsel sowie Gewicht u. Aktivität der Schilddrüse n. u. solcher Ratten, die mit *4-Methyl-2-thiouracil* (**IV**) behandelt wurden. Bei einer Versuchsdauer von 16 Tagen erhielten die Ratten neben 100 mg/kg **IV** täglich 3 g/kg **II** bzw. **III** (alle 3 Verbb. oral mit der Magensonde verabreicht) oder 15 mg/kg **I** (in Olivenöl gelöst, intramuskulär injiziert). Die 8tägige Latenzzeit bis zum Eintritt der durch **IV** hervorgerufenen Stoffwechselsenkung wurde durch Zugabe von **I** oder **II** verkürzt. Die nach 16 Tagen erreichte Stoffwechselsenkung war in allen Fällen gleich groß. **I** u. **II** bewirkten im Gegensatz zu **III** eine Verringerung des **IV**-Kropfes. Das histolog. Bild zeigt, daß **I** u. **III** den Aktivitätsgrad der nach **IV** stimulierten Schilddrüse steigern, während **II** hemmend wirkt. (Naunyn-Schmiedebergs Arch. exp. Pathol. Pharmakol. **222.** 388—92. 12/6. 1954. Mainz, Univ., Pharmakol. Inst.) H. HELGE. 4562

W. Förster und **E. Muscholl,** *Der Einfluß von BAL und Methionin auf die Schilddrüsenhyperplasie nach chronischer Gabe von Methylthiouracil.* (Vgl. vorst. Ref.) In langfristigen Verss. an Ratten wurde die Wrkg. täglicher Gaben von 30 mg/kg *2.3-Dithiopropanol* (*BAL, Sulfactin* „HOMBURG", **I**) u. 3 g/kg *d.l-Methionin* „HOMBURG" (**II**) auf die durch 25 mg/kg *4-Methyl-2-thiouracil* (**III**) verursachten Stoffwechsel (Stw.)-, Schilddrüsengewicht- u. -aktivitätsänderungen verfolgt. Die Latenzzeit, infolge geringerer **III**-Dosierung verlängert, wurde durch **I** u. **II** verkürzt. Beide Verbb. bewirkten gegenüber alleiniger **III**-Behandlung eine Steigerung von Schilddrüsengewicht (Kropfbldg.) u. Epithelhöhe. Während die durch **III** hervorgerufene Stoffwechselsenkung durch **I** unbeeinflußt blieb, stieg der auch nach Zugabe von **II** anfangs gesenkte Stw. später auf n. Werte an. Da die Schutzwrkg. von **I** u. **II** demnach nur eine vorübergehende ist (vgl. l. c.), glauben Vff. an einen Angriffspunkt im hypophysären Regulationssystem. (Naunyn-Schmiedebergs Arch. exp. Pathol. Pharmakol. **222.** 408—12. 12/6. 1954.) H. HELGE. 4562

W. R. Trotter, *Die Wirkung von Trijodthyroessigsäure in einem Fall von Myxödem. Trijodthyroessigsäure* (*Trijod-p-oxyphenoxyphenylessigsäure*) bewirkte in einem Fall von Myxödem schnellen Rückgang der Krankheitszeichen, auch Grundumsatz u. Serumcholesterin wurden n. (Dosis: 6 mg/Tag). Einmalige tägliche Dosis von 2 mg normalisierte Grundumsatz u. Serumcholesterin, nicht die klin. Veränderungen. (Lancet **269.** 374—75. 20/8. 1955. Oxford, Univ. Coll., Hosp. Medical School, Medical Unit.) WOLFGANG ALBRECHT. 4562

P. B. Ssen, *Über den Mechanismus der diabetogenen Wirkung des Alloxans.* Im Rattenvers. wird durch gleichzeitige oder vorherige Zufuhr von *Glucose* (**I**), *Mannose* (**II**) oder *Fructose* (**III**) der *Alloxan* (**IV**)-Diabetes verhindert. Die Wirksamkeit nimmt in der Reihe **I**, **II**, **III** ab. Große Dosen von *Maltose* vor der **IV**-Zufuhr verhindern ebenfalls den Diabetes, weil bei der Maltosehydrolyse im Organismus **I** frei wird. **I** u. **IV** reagieren in vitro nicht miteinander. Die Schutzwrkg. von **I**, **II** u. **III** beruht auf der Verhinderung der Hemmwrkg. von **IV** auf einige Enzyme der β-Zellen. Aus in vitro-Verss. geht hervor, daß **IV** auf *Cytochromoxydase, Lacticodehydrogenase, Diaphorase, Aminosäureoxydase, Katalase* u. *sauere Phosphatase* nicht wirksam ist, dagegen hemmend auf folgende Enzyme wirkt: *Succindehydrogenase, Pyruvicooxydase, Triosephosphatdehydrogenase, Malicodehydrase, bas. Phosphatase* u. *Hexokinase.* Durch **I** wird die hemmende **IV**-Wrkg. auf die genannten Enzyme nicht aufgehoben. Die **IV**-Wrkg. auf die oxydative Phosphorylierung ist keine Folge der Intensitätsabnahme bei der Succinatoxydation, sondern beruht auf der Unterdrückung jener Mechanismen in den Mitochondrien, welche die Phosphorylierung der Adenosindi- u. Adenosintriphosphorsäure gewährleisten u. mit der Oxydation gekoppelt sind. Die Unterdrückung der oxydativen Phosphorylierung in den β-Zellen ist demnach die Hauptursache für die diabetogene Wrkg. von **IV**. Die selektive **IV**-Wrkg. auf die β-Zellen erklärt sich aus deren geringem Geh. an **I**. (Український Біохімічний Журнал [Ukrain. biochem. J.] **27.** 368—74. 1955. Kalkutta, Univ., Physiol. Labor.) O. LEBTAG. 4564

R. M. Bekina und **A. N. Petrowa,** *Reduzierende Stoffe der Leber, der Muskeln und des Blutes in der Norm und bei Alloxandiabetes.* Im Kaninchenvers. beobachtete man bei Diabetes, hervorgerufen durch Zufuhr von 160—170 mg *Alloxan* (**I**), im Blut u. in der Leber eine starke, im Muskel eine geringe Zunahme der reduzierenden Stoffe, hauptsächlich der *Glucose* (**II**). Der Geh. der Leber an reduzierenden P-Verbb. war der gleiche wie in der Norm. Die Red. der Blutbestandteile in der Norm u. bei **I**-Diabetes erfolgt nicht nur durch die Monosaccharide, sondern auch durch P-Verbb., die ca. $^1/_5$ der Gesamtred. in der Norm beträgt. In der Leber u. in den Muskeln liegt neben **II** auch freie *Fructose* (**III**) vor. In der Leber ist der Geh. an freier **III** ca. 3mal größer als im Muskel. Bei Diabetes ist der **III**-Geh. der gleiche wie in der Norm. Die starke **II**-Anreicherung in der Leber zeigt eine Störung der **II**-Umwandlungen an. Bei **I**-Diabetes zeigt die Leber ein Mißverhältnis zwischen dem Reduktionsvermögen des Trichloressigsäurefiltrates u. der Gesamtred. im Alkoholauszug u. im Nd., was wahrscheinlich damit erklärt werden kann, daß im Trichloressigsäureextrakt red. Stoffe unbekannter Natur vorliegen, die bei der Weiterbehandlung des Extraktes zerstört werden. (Биохимия [Biochemie] **20.** 444 bis 449. Juli/Aug. 1955. Moskau, Labor. für physiol. Chem. der Akad. der Wiss. der UdSSR.) O. LEBTAG. 4564

B. N. Stepanenko, L. P. Chajurowa und **G. W. Subrilina,** *Zur Untersuchung der biologischen Rolle des chemischen Baues des Glykogens und die Besonderheiten des Glykogenumsatzes bei Alloxandiabetes.* Nach einer Hungerdauer von 3—24 Std. wurde Ratten $\sim$1 ml $NaH^{14}CO_3$ subcutan zugeführt. Gleichzeitig wurde den Versuchstieren *Adrenalin* (**I**)

1:5000 zugeführt. Es konnte gezeigt werden, daß bei den hungernden Tieren I die Synth. der C-Ketten im Glucoserest des *Glykogens* (II) stimuliert. Die Aktivität von II ist um so größer, je länger der Hungerzustand dauert. Die I-Konzz. 1:1000 u. 1:20000 sind weniger wirksam als die Konzz. 1:5000 u. 1:10000. Aus der Best. der Radioaktivität von II u. seiner β-Dextrine geht hervor, daß die Aktivität der äußeren Teile des I-Mol. ca. 4-bis 7mal größer ist als die der inneren Teile, daß der Stoffwechsel in den letzteren viel langsamer erfolgt als in den äußeren. Bei Alloxandiabetes konnte nur in einem Fall eine gerade noch wahrnehmbare Radioaktivität von II festgestellt werden. Bei Diabetes ist demnach die Synth. der C-Kette im Glucoserest gestört. (Биохимия [Biochemie] **20.** 479—84. Juli/Aug. 1955. Moskau, Labor. für physiol. Chem. der Akad. der Wiss. der UdSSR.) O. LEBTAG. 4564

Elizabeth K. B. Illing und **C. H. Gray**, *Stoffwechsel der Retina bei Diabetes: Der Stoffwechsel der Retina bei normalen Kaninchen und bei Kaninchen mit Alloxandiabetes.* Bei Stoffwechselverss. mit n. Kaninchen u. Kaninchen mit Alloxandiabetes (D.) wurde mit Glucose (I)-Substrat gefunden, daß Q_{O_2} u. $Q_G^{N_2}$ in der Retina von D.-Kaninchen bedeutend niedriger als bei n. ist. Der Q_{O_2} der Retina n. Kaninchen war mit Pyruvat (II)- u. I-Substrat derselbe, dagegen war bei D. der Q_{O_2} mit II-Substrat bedeutend höher als mit I-Substrat. (J. Endocrinology **7.** 242—47. Aug. 1951. London, King's Coll. Hosp., Dep. of Chem. Pathol.) H. PATZSCH. 4564

Léon Binet und **Georges Wellers**, *Untersuchung einer das Kaninchen für die Hypoglykämiewirkung des Alloxans sensibilisierenden Substanz.* Während frühere Verss. gezeigt hatten, daß zusammen mit *Alloxan* (I) gegebene SH-Verbb. die Tiere gegen die Entw. eines I-Diabetes schützen, wurde nun gefunden, daß ein aus Cystein (II) u. I erhaltenes Prod., „*200 B*" (III), Kaninchen für die hypoglykämisierende Wrkg. von I stark empfindlich macht. Die Wrkg. geht von der Pankreasdrüse aus. Diabet. Tiere reagieren nicht. Intraperitoneale III-Injektion allein (30—250 mg/kg) ruft nur eine kurz dauernde Hyperglykämie hervor. Möglicherweise ist auch bei der I-Wrkg. in vivo die Bldg. einer Verb. aus SH-Verb. u. I eine notwendige Voraussetzung oder mindestens für den diabetogenen I-Effekt wichtig. Die Darst. von III erfolgte durch Zugabe von 1,5 g krist. I zu 2 g neutralisierter II–HCl-Lsg. (p_H 7,3), Lösen durch Verdünnen auf 100 cm³, Abtrennen des bald entstehenden Nd. nach 48 Std.; 1,5—2 g weißes, an der Luft sich bräunendes Pulver. (J. de Physiol. **47.** 98—100. 1955. Paris, Fac. de Méd., Labor. de Physiol.) K. MAIER. 4564

Ss. M. Leitess, *Lipocain, das zweite Hormon der Bauchspeicheldrüse.* Verss. an alloxandiabet. bzw. depankreatisierten Hunden ergaben, daß *Lipocain* (I) als Prod. der inneren Sekretion des Pankreas anzusehen ist. Es bildet sich in den Epithelien der feinen Ausführungsgänge u. möglicherweise auch in den aus diesen Epithelien entweichenden α-Zellen der Inseln. In weiteren Verss. an Ratten mit experimenteller alimentärer fettiger Infiltration der Leber wird festgestellt, daß der Mechanismus der lipotropen Wrkg. von I auf der Aktivierung des Phospholipidumsatzes (bei Vorhandensein lipotroper Nahrungsfaktoren, wie Casein, Quark, Methionin in der Diät) u. der Oxydation der Fettsäuren in der Leber beruht. Vom Vf. wurde I auch klin. mit Erfolg zur Behandlung des Diabetes mellitus mit Leberschwellung, Hyperketonämie u. Hepatitiden angewandt. (Проблемы Эндокринологии и Гормонотерапии [Probleme Endokrinol. Hormontherap.] **1.** Nr. 1. 71 bis 77. Jan./Febr. 1955. Moskau, Allunions Inst. für exp. Endokrinol., Pathophysiol. Abt.) E. RENTZ. 4564

Ss. M. Leitess und **T. Ss. Jakuschewa**, *Methodik zur Bestimmung der biologischen Aktivität von Lipocainpräparaten.* Verss. an 125 weißen Mäusen ergaben, daß bei Verabreichung von 0,5 g Margarine ohne jede andere Nahrung der Fettgeh. der Leber um 40 bis 50% ansteigt. Gibt man gleichzeitig mit 0,5 g Margarine 10 mg Lipocain (I; lipotroper Faktor der Bauschspeicheldrüse), so nimmt der Fettgeh. der Leber um 20—35% ab. Hierauf gründet sich das vorgeschlagene Verf. zur Aktivitätsbest. von I. 3 Gruppen von Mäusen erhalten 0,5 g Margarine allein oder zusammen mit 10 bzw. 20 mg I u. werden nach 17 Tagen zwecks Best. des Fettgeh. der Leber getötet. Bewirken 10 mg I eine 20% ig. u. höhere Fettabnahme in der Leber, so besitzt das I-Präp. eine Wirkungseinheit. (Проблемы Эндокринологии и Гормонотерапии [Probleme Endokrinol. Hormontherap.] **1.** Nr. 3. 85—86. Mai/Juni 1955. Moskau, Pathophysiol. Abt. des Allunions Inst. für exp. Endokrinologie.) REINHARD HÜTTENRAUCH. 4564

T. M. Turpajew, *Die Bedeutung der Thiolgruppen für die Wirkung des Acetylcholins.* In Verss. unter Anwendung von $^{203}HgCl_2$ (I) wird gezeigt, daß bei der Akkumulation von 0,10—0,15 mg Hg je 1 g Gewebe durch das Myocardgewebe der Herzkammer des Frosches die Empfindlichkeit der effektor. Muskelfasern gegenüber *Acetylcholin* (II) gestört wird. Diese Störung erfolgt nach Blockierung von 1,3—2,0% der freien SH-Gruppen der Herzkammer durch Hg. Bei gleichzeitiger Einw. von I u. II auf das Myocard wird die Geschwindigkeit der Hg-Akkumulation vermindert, die Blockierung der gegenüber **II** empfindlichen Herzmuskelstrukturen verzögert. Die Ergebnisse zeigen, daß die Rk. zwischen **II** u. den gegen **II** empfindlichen Strukturen unter Mitwrkg. der SH-Gruppen der Proteine erfolgt. (Биохимия [Biochemie] **20.** 456—62. Juli/Aug. 1955. Moskau, Ssewertzow-Inst. für Tiermorphol. der Akad. der Wiss. der UdSSR, Labor. für allg. u. vergl. Physiol.) O. LEBTAG. 4569

George S. Sayre, *Eine Untersuchung über humorale bei Toxämie vorkommende gefäßerregende und depressorische Stoffe.* Vf. bestätigt die Beobachtung von ZWEIFACH u. SHORR, daß gefäßerregende u. depressor. Substanzen im peripheren Blut von Patientinnen mit Präeklampsie vorkommen, die im Blut bei n. Frauen fehlen. Der Stress der Geburtsarbeit ist nicht groß genug, um diese Substanzen im peripheren Blut der Mütter oder Kinder auftreten zu lassen. Obwohl die Placenta wahrscheinlich Ferritin enthält, liegt dieses doch wohl nicht in vasoakt. Form vor. Auch war es nicht möglich, zu erreichen, daß die Placenta gefäßerregende Substanz bildet. (Amer. J. Obstetr. Gynecol. **70.** 135—40. Juli 1955. Ann Arbor, Univ. of Michigan, Dep. of Obstetr. and Gynecol.) K. BÖHM. 4569

Ephraim Shorr, Abraham Mazur und **Silvio Baez,** *Chemische und biologische Eigenschaften der hepatorenalen Faktoren VEM und VDM (Ferritin).* Übersicht. Vork. der hepatorenalen vasoakt. Faktoren *VEM* (**I**) u. *VDM* (*Ferritin*, **II**) in Geweben, Intermediärstoffwechsel von **I** u. **II**, chem. Unters. an **I** u. **II**, Zusammenhang zwischen **II**-Konst. u. biol. Aktivität von **I** u. **II** (vasculäre Wirkungen von **II**, **II** u. Fe-Stoffwechsel), Beteiligung von **I**–**II**-Systemen bei Kreislaufstörungen. — 37 Literaturangaben; Diskussionsbemerkungen. (Recent Progr. Hormone Res. **11.** 453—88. 1955. New York, Cornell Univ., Med. Coll., Dep. of Med., and New York Hospital.) K. MAIER. 4569

Gottfried Koller, *Lichtabhängige Wirkungen von Crustaceenextrakten auf den Wasserhaushalt von Amphibien.* Extrakte der Augenstiele von Krebsen (Asellus aquaticus, Astacus fluviatilis) verursachten bei Frosch u. Salamander Gewichtszunahme. Extrakte von im Dunkeln gehaltenen Tieren waren beim Frosch wirkungslos, beim Salamander trat Gewichtsabnahme ein. Diese Wrkg. auf den Wasserhaushalt ist nur in den Monaten März bis Oktober zu beobachten. — Die Verss. sprechen für die Annahme, daß Ähnlichkeiten zwischen den hormonalen Wirkungen des Crustaceen-Augenstiels u. der Wirbeltierhypophyse bestehen. (Ann. Univ. Saraviensis **1.** 242—49. 1952. Univ. des Saarlandes, Zoolog. Inst.) WOLFGANG ALBRECHT. 4569

Joseph Watts, Harold Henderson, D. H. Kaump und **R. M. Davis,** *Sauerstoffuntersuchungen des arteriellen Blutes bei neugeborenen Kindern.* Der arterielle (Nabelschlagader) O_2-Geh., die O_2-Kapazität u. O_2-Sättigung werden quantitativ bei 115 neugeborenen Kindern bestimmt. Der Einfl. verschied. Faktoren, denen die Mutter ausgesetzt war, wie Anästhesie, Analgesie usw., wird diskutiert. (Amer. J. Obstetr. Gynecol. **61.** 1025—33. Mai 1951. Wayne Univ., College of Med., Dep. of Obstetr. and of Pathol. of Providence Hosp.) H. PATZSCH. 4572

M. Bassiouni, *Untersuchung der sauren Polysaccharide der weißen Blutkörperchen bei rheumatischen und anderen Krankheiten, die Ähnlichkeit mit dem sauren Polysaccharid eines Amyloids zeigen.* Besprechung der Meth. zur Identifizierung eines sauren *Polysaccharids* (**I**) durch Papierelektrophorese aus dem Blut von Fällen mit akutem Rheumatismus u. anderen Krankheiten. **I** stammt aus den weißen Blutkörperchen, hemmt die Koagulation u. ist dem *Heparin* (**II**) ähnlich. Auf Filterpapier zeigt **I** eine größere Beweglichkeit als *Chondroitinsulfat*, aber geringere als **II** vom Rind. **I** gibt mit Azur-A-Blau einen metachromat. Nd. mit Absorptionsmaximum bei 580 $m\mu$. Dieses **I** zeigt ähnliche Eigg. wie das **I** aus einem Leberamyloid. (Ann. rheumatic. Diseases **14.** 288—92. Sept. 1955. Taplow, near Maidenhead, Berks, Canadian Red Cross Memorial Hosp.) H. DOSSMANN. 4572

Walter Lyon Bloom, Caroline Jan Nichols und **John Busey,** *Intravenöse Injektion von Glykogen.* Intravenöse Injektion von Glykogen (**I**) bewirkt bei Kaninchen eine sofortige Erhöhung des Plasma-**I**-Gehaltes. Dagegen wird die **I**-Konz. in den Blutzellen nicht bzw. nur unbedeutend geändert. Der erhöhte **I**-Geh. des Plasmas sinkt innerhalb von 3 Std. sehr stark ab, doch sind auch nach dieser Zeit noch relativ erhebliche **I**-Mengen feststellbar. Parallel mit der zunächst ansteigenden, später absinkenden **I**-Konz. geht der Geh. an reduzierenden Substanzen. Der Geh. an anorgan. Phosphat im Serum sinkt nach **I**-Applikation. (Amer. J. Physiol. **165.** 288—92. 1/5. 1951. Georgia, Emory Univ., School of Med., Dep. of Biochem. and Med., u. Georgia, Lawson Veterans Administration Hosp. Chamblee, Res. Div.) R. REISS. 4572

W. A. Alexejew, *Änderung der Menge des zirkulierenden Blutes und des Gehaltes an Zucker im Blut von Hunden bei Schockzuständen nach mechanischer Reizung der Aortenwand.* In Verss. an Hunden wird festgestellt, daß mit der Ausbildung des Schockzustandes durch Reizung der Aortenwand bei 15 von 18 Tieren der arterielle Blutdruck von 100—194 auf 19—100 mm Hg absinkt u. die Menge des zirkulierenden Blutes um 10—65% abnimmt (um 1—7% des Körpergewichts). Dabei nahm in 7 Fällen das Vol. der Formelemente des Blutes zu, in 8 Fällen um 2—11% ab, entsprechend der Zunahme des Plasmavol. (unter Zunahme der Erythrocytenzahl). Der Blutzucker stieg von 91—156 auf 117 bis 223 mg% u. lag nach $1^1/_2$ Std. bei 68—194 mg%. Aus den Verss. geht die große Bedeutung der Receptoren der reflexogenen Zone der Aorta für die Entw. des Schockzustandes hervor. (Бюллетень Экспериментальной Биологии и Медицины [Bull. exp. biol. Med.] **40.** Nr. 9. 34—38. Sept. 1955. Rjasan, Med. Pawlow-Inst., Lehrstuhl für pathol. Physiol.) E. RENTZ. 4572

William V. McDermott jr., Raymond D. Adams und **Athol G. Riddell,** *Ammoniakspiegel in Blut und cerebrospinaler Flüssigkeit.* Klin. Bericht über Best. des NH_3-Spiegels im Blut u. in der cerebrospinalen Fl. (C. F.) bei n. Personen u. 20 Patienten mit Leberkrankheiten oder Portahypertension. Bei den n. Personen betrugen die Mittelwerte im Blut 55,6 γ-%, in der C. F. 6,4 γ-% NH_3. Bei den untersuchten Patienten waren sämtlich der NH_3-Wert in Blut u. C. F. abnorm erhöht. In keinem Fall war der NH_3-Wert aber in der C. F. so hoch wie im Blut. Als wichtig wird von Vff. die Tatsache erachtet, daß bei 5 Patienten, bei denen der C. F.–NH_3-Spiegel höher als 105 γ-% lag, sämtlich merkliche Störungen des Zentralnervensyst. beobachtet wurden. (Proc. Soc. exp. Biol. Med. **88.** 380—83. März 1955. Massachusetts, Harvard Med. School, Dep. of Surg. and Neurol. u. General Hospital, Surgical and Neurological Services.) G. BRATFISCH. 4572

William Kerppola und **Jorma Pätiälä,** *Pyridinnucleotide (Coenzym I und II) im Blut von Normalpersonen und bei verschiedenen Krankheiten, besonders Tuberkulose.* Nach der fluorometr. Meth. von LEVITAS u. Mitarbeitern (J. biol. Chemistry **167.** [1947.] 169) wurde der *Pyridinnucleotid*-Geh. (**I**) in Vollblut (n. 28,1 ± 0,69 γ/ml) u. in den Erythrocyten (n. 67,1 ± 1,49 γ/ml) von 253 Kranken u. 41 n. Personen bestimmt. Verminderung von I fand sich bei Tuberkulose, bes. exsudativer u. cavernöser (93 Fälle 24 ± 0,34; 54 ± 0,60); Schizophrenie (17 Fälle 24,6 ± 0,72; 56,2 ± 2,80); neurozirkulator. Asthenie (25 Fälle 25,4 ± 0,87; 59,0 ± 1,69). (Ann. Med. exp. Biol. fenn., Suppl. **32.** Nr. 7. 1—30. 1954. Helsinki, Univ., I. Med. Klinik.) H. BOSER. 4573

William E. Poel und **Morris Belkin** (unter Mitwirkung von **Cecile L. Chagnon**), *Veränderungen der Eosinophilen-Morphologie und Leukocytenzahl bei Ratten nach der Injektion von tumorabbauenden Bakterienpolysacchariden.* Verwendet wurden *Polysaccharide* aus Kulturen von Serratia marcescens, die Laborratten injiziert wurden. Es wurden Leukocytose der Neutrophilen u. Lymphopenie u. Eosinopenie auf die Dauer von 24 Std. sowie Leukopenie der Neutrophilen u. Lymphocyten für die Dauer von 1 Std. beobachtet. Morpholog. wurden atyp. eosinophile Granulocyten festgestellt. (Amer. J. Physiol. **169.** 453—59. 1/5. 1952. Bethesda, Md., National Cancer Inst., Labor. of Chem. Pharmacol.) F. LÜPNITZ. 4573

Hellmut Kellner und **Heinrich Südhof,** *Zur chemischen Charakterisierung des Serumeiweißes. Eiweißzucker bei Säuglingen und Erwachsenen.* Vff. führen an 8 Erwachsenen (a) u. 12 Säuglingen (b) *Eiweißzucker* (**I**)-Unterss. durch u. stellen fest, daß der I-Geh. des Gesamtserums bei b mit 3,92% wesentlich höher als bei a (2,64%) liegt. Das Verhältnis *Hexosen* : *Glucosamin* (**II**) ist bei b zugunsten von **II** verschoben (b = 1 : 0,93 bis 1 : 1,49; a = 1 : 1,0 bis 1 : 1,53). Die I-Werte unterliegen bei b erheblichen Schwankungen. (Mschr. Kinderheilkunde **103.** 385—88. Aug. 1955. Göttingen, Univ., Kinderklinik u. Med. Klinik.) P. FAHRNLAENDER. 4574

Z. Stary, N. Erez, H. Bodur, S. G. Anhegger-Lisie und **R. Çepeloğlu,** *Über einige die spontane Frühgeburt begleitende Veränderungen der Proteine des mütterlichen Blutes.* Bei n. Geburt steigen im 8. Monat die in der Albuminfraktion enthaltenen Polysaccharide von 58 auf 84 mg-% an, kurz vor der Geburt gehen diese zurück u. erscheinen vermehrt in der Globulinfraktion. Bei spontaner Frühgeburt tritt die globulinotrope Hyperpolysaccharidämie vorzeitig u. verstärkt ein. (Arch. Gynäkol. **184.** 330—36. 1954. Sep. Istanbul, Univ., II. Frauenklinik u. Biochem. Inst.) P. LOCH. 4574

K. I. Kotkowa und **T. W. Ssajenko,** *Umwandlung artfremder Serumproteine im Organismus, die parenteral in nativem und in chemisch verändertem Zustand eingeführt wurden.* Untersucht wurde die Dauer der Zirkulation u. Zurückhaltung im Gewebe des in das Kaninchenblut eingeführten nativen *Stierserums* (**I**) sowie der aus I erhaltenen *Präpp. A* (**II**) u. *B* (**III**), die mit ^{131}J markiert waren. Zur Herst. von **II** wurde das mit W. verd. **I** 120 Std. mit HCl hydrolysiert, das im isoelektr. Punkt ausgeschiedene Eiweiß in minimalen Mengen 0,01 n NaOH gelöst, mit 0,3%ig. Formaldehyd versetzt u. auf dem Wasserbad erhitzt. Die Eiweißlsg. wurde mit NaCl, $CaCl_2$ u. Glucose versetzt. Zur Herst. von **III** wurde I mit soviel H_2O versetzt, daß die Eiweißkonz. 5% betrug. In Ggw.

von 0,25%ig. Formaldehyd wurde 30 Min. auf 73° erhitzt. Der p_H-Wert betrug bei **II** u. **III** 7,5–7,7. Die Zirkulationsdauer im Blut nahm in der Reihenfolge **I**, **III**, **II** ab. Die Radioaktivität der Proteine von Leber, Lunge, Niere, Herz u. Muskeln war nach parenteraler Zufuhr von **I**, **II** oder **III** nur gering. Es konnte trotzdem nachgewiesen werden, daß **II** länger im Gewebe zurückgehalten wird als **I** u. **III**. (Український Біохімічний Журнал [Ukrain. biochem. J.] **27**. 335–41. 1955. Kiew, Biochem. Inst. der Akad. der Wiss. der UkrSSR.) O. LEBTAG. 4574

A. Horst, *Proteinveränderungen bei Nierenerkrankungen, mit der nephelometrischen Methode untersucht.* Vf. untersucht Blutserum, -plasma u. Urin mit einer eigenen nephelometr. Meth. auf Eiweißveränderungen. Die Meth. beruht darauf, daß die zu prüfenden Lsgg. in eine Reihe von Pufferlsgg. zwischen p_H 1,2 u. 10,4 gegeben u. in Wasserbädern von 56° 15 Min. u. von 100° 1 Min. gebracht werden. Die auftretenden Trübungen werden dann mit einem Spektralphotometer gemessen. Die deutlichsten Veränderungen treten bei Myelom auf: Im Blut erfolgt eine Verschiebung der Trübungskurve zur alkal. Seite, u. im Urin erscheint die Trübung, falls BENCE-JONES-Protein vorliegt, nur in den alkal. Puffern. Die Meth. gestattet nach Ansicht des Vf. die Auffindung n. u. patholog. Proteine für diagnost. Zwecke. (Bull. Soc. Amis Sci. Lettres Poznań, Sér. C Nr. 2. 31–55. 1951. Poznań, Med. Academy.) K. NEHRING. 4574

Wolfgang Geinitz und **Walter Schild,** *Untersuchungen der Lipoproteide des Blutserums während der Schwangerschaft mittels der Papierelektrophorese.* Papierelektrophoret. Unterss. der *Serumlipoproteide* (L) mit Veronal p_H 8,6 als Puffer an 86 Schwangeren u. Wöchnerinnen. Die L-Fraktionen werden mit I, II, III bezeichnet, weil eine Zuordnung zu den einzelnen Eiweißfraktionen nur bedingt möglich war. $I = \alpha L$, $II = \beta L$, III $\sim$ dem sich bis zur Auftragsstelle hinziehenden Anteil an β-Globulinen. Für I, II, III betrugen die mittleren Abweichungen in der Schwangerschaft von den n. Werten +6, 0, −8%, Wöchnerinnen zeigten n. Werte. Methodik u. Befunde in Abhängigkeit vom Ablauf der Schwangerschaft werden eingehend diskutiert. (Ärztl. Forsch. **9**. I/470–75. 10/10. 1955. Düsseldorf, Med. Akad., Physiol.-Chem. Inst. u. Frauenklin.) H. DOSSMANN. 4574

C. Lockard Conley, Oscar D. Ratnoff und **Robert C. Hartmann,** *Studien über Afibrinogenämie.* 1. Mitt. *Afibrinogenämie bei einer Patientin mit septischem Abort, akuter gelber Leberatrophie und Coli-Bakteriämie.* Bericht über einen Fall von Afibrinogenämie infolge akuter gelber Leberatrophie nach sept. Abort. Gleichzeitige Thrombocytopenie; das Plasma hat thrombinhemmende Eigenschaften. (Bull. Johns Hopkins Hosp. **88**. 402–13. Mai 1951. Baltimore, Md., Johns Hopkins Univ., Dep. of Med.) H. MATTHIES. 4574

Oscar D. Ratnoff und **C. Lockard Conley,** *Studien über Afibrinogenämie.* 2. Mitt. *Defibrinierende Wirkung auf Hundeblut durch intravenöse Injektion von thromboplastischem Material.* (1. vgl. vorst. Ref.) Schnelle intravenöse Applikation von Thromboplastin bei Hunden führt zum Tod durch Thrombenbldg. an den Herzostien. Langsame Injektion hat Afibrinogenämie zur Folge, meist ist die Gerinnungszeit stärker verlängert, als es dem Fibrinogenmangel entspricht, das Plasma gewinnt thrombinhemmende Eigenschaften. (Bull. Johns Hopkins Hosp. **88**. 414–24. Mai 1951.) H. MATTHIES. 4574

Herbert S. Sise, Delbert M. Kimball und **Dionysios Adamis,** *Mangel an Plasma-Thromboplastin-Komponente, hervorgerufen durch verlängerte Verabreichung von auf Prothrombin wirkende Antikoagulantien.* Der abnorme *Prothrombin* (**I**)-Verbrauch eines Patienten mit Mangel an Plasma-Thromboplastin-Komponente (**II**; hämophiler Faktor; „Christmas-factor") wird ausgeglichen durch n. Serum oder Plasma von mit *Phenindion* (**III**) behandelten Patienten. Dem Plasma von 5 von insgesamt 10 Patienten, denen über 27 Tage oder länger **III**, u. dem von einem Patienten, dem über 1 Monat *Dicumarol* (**IV**) verabreicht wurden, fehlte die Wrkg., den **I**-Verbrauch zu normalisieren. Hieraus schließen Vff., daß **II**-Mangel sich nach längerer Verabreichung von **III** u. wahrscheinlich auch von **IV** bilden kann. (Proc. Soc. exp. Biol. Med. **89**. 81–83. Mai 1955. Boston City Hosp., Tufts Med. Serv., Tufts Coll., Med. School, Dep. of Med.) G. BRATFISCH. 4574

W. W. Hawkins und **A. N. O'Neill,** *Die antikoagulierende Wirkung von sulfatierten Derivaten des Laminarins im Blut. Laminarin* (**I**), ein S-freies Polysaccharid, gewonnen durch Extraktion des braunen Seetangs *Laminaria digitata*, wurde auf verschied. Weise sulfatiert. Die so erhaltenen Präpp. wurden von Vff. in vivo in Form der Na-Salze auf antikoagulierende Wrkg. geprüft u. mit *Heparin* (**II**) als Standard (100%, 100 I.E./mg) verglichen. Die Sulfaminsäurederivv. waren hierbei wirksamer als die einfachen Schwefelsäureester. Ein sulfatiertes β-Aminoäthylätherderiv. von **I** zeigte 40–50%, ein Ester ca. 30% der **II**-Wirkung. Die geprüften Präpp. lösten in der angewandten Dosis bei

Ratten u. Hunden keine pyrogenen Wirkungen aus u. waren nicht toxisch. (Canad. J. Biochem. Physiol. **33**. 545—52. Juli 1955. Halifax, Contribution from the National Res. Council, Maritime Regional Labor.) G. BRATFISCH. 4574

Dalton Deeds und **Paul B. Donovan**, *Thiocyanatgehalt des Serums während der Schwangerschaft.* Ein Vgl. des Geh. an *SCN* im Serum von Schwangeren u. Nichtschwangeren zeigt, daß der Serum-SCN-Geh. von Schwangeren bedeutend niedriger liegt als bei Nichtschwangeren. Zwischen dem Serum-SCN-Geh. u. dem Blutdruck sowohl bei Schwangeren als auch bei Nichtschwangeren besteht keine Beziehung. (Amer. J. Obstetr. Gynecol. **61**. 1146—49. Mai 1951. Rees-Stealy Clin. and Rees-Stealy Med. Res. Fund, Dep. of Obstetr. and Gynecol.) H. PATZSCH. 4574

S. Simon und **B. Kasszán**, *Biologische Wertbestimmung von Dextranpräparaten an Katzen.* Unterss. an Katzen zeigten, daß von 4 Fraktionen eines hydrolysierten *Dextran*-Präp. die mit dem größten u. dem kleinsten Viscositätswert sowie die im ursprünglichen Verhältnis vereinten 4 Fraktionen eine geringere, auch qualitativ verschied., Wrkg. auf den Blutdruck ausüben als die beiden mittleren. Diese verursachten auch die größte Blutverdünnung. Das ungar. Dextran war gleich wirksam wie ausländisches. (Acta physiol. Acad. Sci. hung. **6**. Suppl. 20. Kongr. ung. physiol. Ges. Budapest, 113—14. 1954. Budapest, Forschungsinst. der Pharmazeut. Ind.) H. ENDRASS. 4576

Peter Decker, *Papierchromatographische Untersuchung von Farbreaktionen.* 1. Mitt. *Über Harninhaltstoffe.* Vf. diskutiert die Problematik des Spezifitätsbeweises bei biochem., bes. bei zu diagnost. Aussagen herangezogenen Farb-Rkk. u. colorimetr. Verff., weist auf die Notwendigkeit einer Überprüfung hin u. empfiehlt zu diesem Zweck die Papierchromatographie. Als Beispiel werden papierchromatograph. — im allg. zweidimensional mit n-Butanol/konz. NH_3-Lsg./W. (15:1:4) oder 96%ig. A./W. (4:1) u. in der zweiten Dimension Isopropylalkohol/Eisessig/W. (7:2:1) — die *Dimethylaminobenzaldehyd* (**I**)-Rkk. (Besprühen mit 2% **I** in 5%ig. HCl), die *Urorosein* (**II**)-Rk. (0,5% $NaNO_2$ in 1 n HCl) u. die Diazo-Rk. (wie üblich, aber mit NH_3 statt Soda) von *Harn* untersucht. Die Chromogene oder auch die gebildeten Farbstoffe werden durch ihre Lage im Chromatogramm, verschied. weitere Rkk. u. teilweise auch durch das Absorptionsspektr. näher charakterisiert. Zur Unters. werden die aromat. u. heterocycl. Chromogene aus essigsaurem Harn an Kohle adsorbiert u. von der Kohle mit W./konz. NH_3-Lsg./Butanol/Methanol (15:2:2:1) heiß eluiert. Auf den Chromatogrammen von 148 n. u. patholog. Harnen können mindestens 39 Flecken nachgewiesen werden, die mit **I** blaue (13 Verbb.), braune bis rosa (10) u. gelbe (16) Farb-Rkk. liefern. Ihr Auftreten in verschied. patholog. Fällen wird verfolgt. Die Gruppen mit blauer u. rosa Rk. dürften *Indol*- (**III**) oder *Pyrrolderivv.* sein, die mit gelber Rk. aliphat. oder bes. aromat. Aminoverbindungen. Identifiziert werden können Stoffwechselprodd. des **III** (*Indican* [**IV**]), *Skatols* (*Skatolrot* [**V**] u. eine mit **I** blau reagierende Verb., möglicherweise Skatoxylschwefelsäure) sowie *Indolessigsäure* (**VI**) u. *Tryptophan. Kynurenin* (**VII**) u. *Anthranilsäure* können nach entsprechender Verfütterung nur in Hundeharn gefunden werden. Bei der in Menschenharn verschiedentlich als **VII** angesprochenen Verb. handelt es sich nicht um **VII** selbst. Eine Substanz, die vorwiegend in Carcinomharnen gefunden wird, ist möglicherweise mit einem der von LEONHARDI (C. **1956**. 5032) gefundenen Melanogene identisch. Der Nachw. von *Acetyltryptophan* ist nicht sicher. Vf. diskutiert den Einfl. dieser Chromogene auf den Urobilinogennachw. mit **I** in der Kälte, der aber nicht gestört wird, u. die Natur der **I**-Rk. in der Wärme. Für letztere Rk. scheint weniger das **IV** verantwortlich zu sein (vgl. GÖSSNER, C. **1948**. I. 1330) als vielmehr andere noch nicht identifizierte **III**-Derivate. — Die **II**-Rk. liefert 3 rosa Flecken, darunter **V** u. **VI**. Hundeharn liefert ebenfalls 3 Flecken, von denen aber nur einer als **VI** identifiziert werden kann u. ein weiterer *Indolacetursäure* zu sein scheint. Zur Chromatographie dieser Verbb. eignet sich bes. folgendes Gemisch: Emulsion Essigester/W. (4:1) mit α-Picolin/W. (4:1) bis zur Klärung versetzt. Die vorliegenden Verss. entscheiden die Diskussionen über die Natur der **II**-Rk. nunmehr dahingehend, daß sie durch wechselnde Mengen v e r s c h i e d. Chromogene verursacht wird. — Vorläufige Befunde mit dem Diazoreagens lassen eine große Anzahl Chromogene erkennen. Wesentliche Unterschiede bestehen hier zwischen Menschen- u. Pflanzenfresserharnen. — Die Verss. des Vf. widerlegen die Ansicht von RANGIER u. DE TRAVERSE [1938/39] u. a., daß **V**, **II** u. andere Harnfarbstoffe ident. sind mit Indirubin u. aus Urochrom durch Säurehydrolyse u. Autoxydation entstehen. *Urochrom* besteht vielmehr — soviel vorläufig gesagt werden kann — aus einer Serie Farbstoffe, die nicht mit **I** oder OBERMAYERs Reagens reagieren u. weißlich fluorescieren. (Z. ges. inn. Med. Grenzgebiete **9**. 966—77. 15/10. 1954. München, Univ., II. Med. Klin., Labor.) K. PRCHAL. 4577

Silvio Ranzi und **Paolo Citterio**, *Die Proteine im Embryo von Rana esculenta bei normaler Entwicklung und unter Versuchsbedingungen.* Die Löslichkeit der Proteine in

Embryonen verschied. Entwicklungsstadien von Rana esculenta wurde nach Gefriertrocknung bei verschied. $(NH_4)_2SO_4$-Konzz. untersucht. Während der Teilung nimmt die Löslichkeit ab. Nach dem Stadium der Neuralplatte differenzieren sich Fraktionen bei verschied. $(NH_4)_2SO_4$-Konzentrationen. LiCl, dessen Einw. auf Embryonen die Entw. der Chorda dorsalis hemmt, verringert die Löslichkeit der Proteine. NaSCN-Einw., die eine Vergrößerung der Chorda dorsalis verursacht, erhöht dagegen die $(NH_4)_2SO_4$-Konzz., bei denen die entsprechenden Fraktionen gefällt werden. (Exp. Cell Res., Suppl. **3.** 287—93. 1955. Mailand, Univ., Zool. Dep.) A. DILLMANN. 4583

Maj-Britt Hjelte, T. Gustafson und **Ingrid Thorén,** *Untersuchungen über Wachstumsfaktoren des Seeigeleies.* Mit 70%ig. A. u. Wolframsäure lassen sich aus dem Seeigelei in verschied. Entwicklungsstadien Stoffe extrahieren, die das Wachstum von Lactobacillus casei auf synthet. Nährmedium begünstigen. Während der Blastula sind diese Faktoren alkohollösl., während der Gastrula unlöslich. Papierchromatograph. lassen sich mehrere Komponenten trennen, die Polypeptide zu sein scheinen u. durch Pepsin gespalten werden. *Streptogenin,* aus teilweise säurehydrolysiertem Insulin, wirkt synergistisch. (Exp. Cell Res. **8.** 76—90. Febr. 1955. Stockholm, Wenner Gren Inst.) G. GERBER. 4583

Conrad H. Waddington, Michael Feldman und **Margaret M. Perry,** *Einige spezifische Wirkungen von Purinantagonisten auf die Entwicklung. 8-Azaguanin* (I) wurde in 18 bis 36 Std. alte Hühnereier injiziert. Es bewirkt Degeneration der Zellen in verschied. Geweben. Bei gleichzeitiger Gabe einer gleichen Menge *Hypoxanthin* wird die Wrkg. von I gemildert. *Adenin* wirkt schwächer. *Benzimidazol* (II) hemmt schwächer als I u. verursacht andersartige morpholog. Veränderungen. Wassermolchembryonen sind gegen I fast nicht, gegen II aber sehr empfindlich. II hemmt die Teilung u. verhindert die Gastrulation. (Exp. Cell. Res., Suppl. **3.** 366—80. 1955. Edinburgh, Inst. of Animal Genetics.) A. DILLMANN. 4583

Leo Raunich, *Die Hämoglobinreaktion des reduzierten 2.6-Dichlorphenolindophenols während der embryonalen Entwicklung der Amphibienlarven.* Die Rk. des red. 2.6-Dichlorphenolindophenols für den Nachw. von *Hämoglobinspuren* ist bei Amphibienembryos u. Larven (*Rana esculenta*) nur bei bereits ausgebildeten Kaulquappen positiv, u. zwar sofort nach Bldg. der Opercularfalte, mehrere Tage nach dem erstmaligen Auftreten der Benzidin-Rk. der Peroxydase. (Ricerca sci. **22.** 1951—53. Okt. 1952. Bologna, Univ., Ist. di anatomia comparata.) K. FABER. 4583

Lionel Bradley Pett, *Grenzen in dem Gebrauch von Nahrungsstandards.* Es wird eine Übersicht über die in den verschied. Ländern für Menschen sitzender Beschäftigung empfohlenen täglichen Nahrungsstandards gegeben. Die Werte sind (USA; England; Kanada; US-Armee Mindestbedarf): Calorien (2400; 2250; 2476; 3600). — Protein (70; 66; 67; 100 g). — Ca (1,0; 0,8; 0,7; 0,7 g). — Fe (12; 12; —; —; g). — Vitamin A (5000; 5000; 5000; 5000 I.E.). — Thiamin (1,2; 0,9; 0,75; 1,6 mg). — Riboflavin (1,8; 1,4; 1,2; 2,2 mg). — Niacin (12,0; 9,0; 7,5; 16,0 mg). — Ascorbinsäure (75; 20; 30; 50 mg). Zur Anwendung wie zum Mißbrauch derartiger Nahrungsstandards wird Stellung genommen. (J. Amer. dietet. Assoc. **27.** 28—31. Jan. 1951. Ottawa, Can., Dep. of Nat. Health and Welfare, Nutrit. Div.) K. NEHRING. 4585

Barbara Billing, J. B. Donald, C. P. Stewart und **A. W. Wilkinson,** *Proteinhydrolysat.* 1. Mitt. *Physiologische Effekte und Verwertung.* Ein *Proteinhydrolysat* (I; *Pronutrin*) mit Zuckerzusatz erwies sich in vivo bei Einsatz gleicher N-Mengen als Antacidum Voll- oder Magermilch unterlegen, während in vitro I den Proteinen überlegen ist. Fettzusatz verringert die Unterlegenheit, ohne sie jedoch ganz aufzuheben. Die Unterlegenheit in vivo deuten Vff. durch die stimulierende Wrkg. von I auf die HCl-Sekretion. I wird, oral gegeben, meist rasch resorbiert, ohne Anstieg von Kot- oder Harn-N; in einigen Fällen zeigte sich jedoch bei Personen mit positiver N-Bilanz nach I-Gaben eine unproportional kleine Gewichtszunahme. Wird I intravenös in solchem Umfang gegeben, daß noch kein signifikanter Anstieg der Plasmaaminosäuren eintritt, so erscheinen ca. $^1/_2$ des Peptid-N u. $^1/_5$ des Aminosäure-N im Harn. Dies entspricht einem Stoffwechselumsatz von nur ca. 70% des injizierten Hydrolysats. (Edinburgh med. J. **58.** 52—63. Febr. 1951. Edinburgh, Univ., Dep. of Clin. Chem., Therapeutics and Surgery.) K. NEHRING. 4585

Barbara Billing, J. B. Donald, C. P. Stewart und **A. W. Wilkinson,** *Proteinhydrolysat.* 2. Mitt. *Therapeutische Anwendungen.* (1. vgl. vorst. Ref.) Bei Magengeschwüren ist die Ergänzung der Nahrung durch *Proteinhydrolysate* (I) wirkungslos, doch können I als Anregung für die Magensekretion begrenzte Anwendung finden. Zur Vorbereitung unterernährter Patienten für chirurg. Operationen sind I nach Ansicht der Vff. von beschränktem Wert u. in der unmittelbar postoperativen Periode sogar contraindiziert.

Die intravenöse Applikation von I kann den „katabol." Abbau von Proteingeweben nach größeren chirurg. Eingriffen nicht verhindern u. kann die Kondition von an schwerer Gelbsucht erkrankten Patienten nicht verbessern, wenn sie auch nicht nachteilig wirken. (Edinburgh med. J. **58**. 64—71. Febr. 1951.) K. NEHRING. 4585

J. W. Groenewald, *Der Nährwert der Futterhefe (Torula utilis) in der Schweinefütterung.* Die Tiere erhielten in der Grundfuttergruppe 10% Tierkörpermehl, in der ersten Versuchsgruppe 5% Futterhefe u. 5% Tierkörpermehl u. in der zweiten 10% Futterhefe an Stelle des Tierkörpermehls. Die besten Ergebnisse, d. h. die höchsten Zunahmen zeigten sich in der Gruppe mit dem Gemisch von Hefe u. Tierkörpermehl. Die günstige Wrkg. wird mit dem Geh. an B-Vitaminen in der Futterhefe zusammengebracht. Unterschiede in dem Geh. an essentiellen Aminosäuren zwischen den verschied. Futterrationen waren prakt. nicht vorhanden. (South African J. Sci. **47**. 283—86. Mai 1951. Onderstepoort, South Africa.) K. NEHRING. 4585

W. J. Stadelman, C. M. McCartan, E. L. Baum und **B. A. McLaren,** *Wachstum und Bratverluste von mit Diäthylstilböstrol behandelten Masthähnchen.* Masthähnchen im Alter von 6—10 Wochen wurden 12 mg schwere Tabletten von *Diäthylstilböstrol* implantiert. Die behandelten Tiere wiesen in den ersten 2 Wochen nach der Implantation eine größere Gewichtszunahme auf, die bis zum Ende des Vers. erhalten blieb. Beim Braten jedoch büßten die Tiere erheblich mehr an Gewicht ein. (Poultry Sci. **30**. 512—19. Juli 1951. Pullmann, State Coll. of Washington.) K. NEHRING. 4585

James McGinnis, Joel R. Stern, R. A. Wilcox und **J. S. Carver,** *Die Wirkung verschiedener Antibiotica auf das Wachstum von Putenküken.* Die Antibiotica, *Aureomycin, Streptomycin, Terramycin* u. *Penicillin* (I) steigerten das Wachstum bei Putenküken, die Normalfutter mit u. ohne Fischmehl erhielten. *3-Nitro-4-oxybenzolarsonsäure* war gleich wirksam. Die Zuwachsraten waren bei Fischmehl größer. Trockenhefe u. „distillers' solubles" steigerten das Wachstum bei Futtermischungen aus Soja u. Fischmehl nicht, desgleichen auch nicht die Wirksamkeit der Antibiotica. Von den verschied. Antibioticis wirkte I am stärksten. Es wirkte allein ebenso wie in den Mischungen mit anderen Antibioticis. (Poultry Sci. **30**. 492—96. Juli 1951. Pullman, State Coll. of Washington, Dep. of Poultry Husbandry.) K. NEHRING. 4585

Winfrey Wynn und **John Haldi,** *Zahncaries bei der Albinoratte nach einer Diät mit hohem Saccharosegehalt und verschiedenen Mengen an Aluminium.* In den Unterss., die zur Prüfung der Frage unternommen wurden, ob auch kleine Mengen *Al* fähig sind, ebenso wie F einen gewissen Schutz gegen Zahncaries auszuüben, wurden jeweils 3 Gruppen von Albinoratten (mit u. ohne Speicheldrüsen) bei einer Diät mit 68% Saccharose, 20% Casein, 8% Fett, 4% Hefe u. Leberextrakt neben Salzen u. Vitaminen gehalten; dem Futter wurden 0,16 bzw. 2 bzw. 20 p.p.m. *Al* zugefügt. Es zeigten sich jedoch keine wesentlichen Unterschiede in der Zahl u. Schwere der entstehenden Carieslasionen, weder bei den intakten noch bei den Tieren, bei denen die Speicheldrüsen entfernt wurden. Selbst der Geh. an 20 p.p.m. Al hatte keinen Einfl. auf die Futteraufnahme bzw. das Wachstum der Tiere. (J. of Nutrit. **54**. 285—90. 11/10. 1954. Emory University, Ga., Emory Univ., Div. of Basic Sciences in the Health Services, Dep. of Physiol.) G. KLESSE. 4585

K. D. Lahiri und **F. J. Scandrett,** *Serum-Vitamin-A- und -Carotinspiegel bei normalen Erwachsenen.* In vorliegenden Unterss. wurde die Anwendbarkeit des von SOBEL u. SNOW (vgl. J. biol. Chemistry **171**. [1947.] 617) an Stelle des Reagens von CARR-PRICE vorgeschlagenen *Glycerindichlorhydrins* (I) geprüft. Zur Herst. von aktiviertem I erwies sich die Dest. von 1000 ml I in Ggw. von 14 g $SbCl_3$, das durch 10 ml HCl in Lsg. gehalten wird, bei 10—20 mm Druck als geeignet. Die Notwendigkeit einer Verseifung des Serums wurde bestätigt u. die Erfordernis der Einhaltung schonender Bedingungen festgestellt (60 Min. bei 50° mit 20 ml 1,0n alkoh. KOH je 20 ml Serum). Die Arbeitsweise wird im einzelnen beschrieben. Die Ergebnisse bei n. u. verseiftem Serum zeigten befriedigende Übereinstimmung mit denen der CARR-PRICE-Methode. Bei nichtverseiftem Serum lagen die Werte niedriger. Bei n. Personen wurden 72—301 (Mittel 187) I.E. *Vitamin A* u. 21—153 (Mittel 68) I.E. *Carotin* in 100 ml Serum gefunden. Die jahreszeitlichen Schwankungen waren gering, u. ein Unterschied zwischen männlichen u. weiblichen Personen wurde nur bei Carotin gefunden (17,9 bzw. 26,1 I.E. im Mittel). (Edinburgh med. J. **59**. 39—44. Jan. 1952. Edinburgh, Royal Infirm., Dep. of Dermatol. and Clin. Chem.) J. SCHWAIBOLD. 4587

L. Hennaux, A. Antoine und **R. Lecomte,** *Der Einfluß der Ernährung auf den Gehalt des Colostrums an Vitamin A und Carotin.* Im von 24 Kühen sezernierten Colostrum wurde der Geh. an *Vitamin A* (I) u. *Carotin* (II) bestimmt, u. zwar bei 14 während der winterlichen Stallperiode u. bei 10 während des Sommers. Die Bestimmungen (I nach CARR-PRICE, II direkt mit dem BECKMANN-Spektrophotometer) wurden am 1., 2., 3., 5., 7. u. 9 Tage post partum durchgeführt. Im Sommer war der II-Geh. ca. 29mal höher als im Winter. Das Colostrum im Winter war reicher an I als das im Sommer, bes. in den ersten Tagen. Das Sommercolostrum enthielt immer mehr II. Die Ausscheidung von I u. II durch das Colostrum war prakt. unabhängig vom zugeführten II. Vff. diskutieren die Frage, ob ein noch nicht bekannter Faktor existiert, der die Erhöhung des I-Geh. im Winter gerade in dem Augenblick hervorruft, in dem das Jungvieh den höchsten Bedarf hat. (Bull. Inst. agronom. Stat. Rech. Gembloux **19.** 251—56. 1951. Stat. de Rech. zootechn.) H. PATZSCH. 4587

William Hansel, Kenneth McEntee und **Peter Olafson,** *Die Wirkung zweier bei der Erzeugung der experimentell erzeugten Hyperkeratose wirksamer Stoffe im Vitamin-A-Stoffwechsel.* In einem bes. behandelten Weizenkonzentrat sind Substanzen enthalten, die bei Rindern Hyperkeratose verursachen. Diese Substanzen sind in der Fraktion der freien Fettsäuren des Ätherextrakts zu finden, gehören aber nicht zu ihnen. Bei ihrer Verfütterung nimmt der *Vitamin-A* (I)-Geh. im Plasma schnell ab; der Rückgang geht den äußeren Symptomen der Hyperkeratose voraus. Bei Zufuhr von I wird zwar eine Speicherung in Leber u. Plasma erreicht, aber der Geh. mindert sich schnell, wenn die Zufuhr aufhört. Werden größere Mengen an Carotin verfüttert, so wird der Carotingeh. im Plasma erhöht, aber nicht der Geh. an I, so daß angenommen wird, daß der Hyperkeratosewirkstoff die Umwandlung von Carotin in I hemmt. (Cornell Veterinarian **41.** 367—76. Okt. 1951. Ithaka, N. Y., State Coll. of Agric., and State Vet. Coll.) K. NEHRING. 4587

R. D. G. Creery und **D. W. Neill,** *Vitamin-D-Aufnahme in der Kindheit.* An 1087 3 Monate alten Säuglingen konnten Vff. zeigen, daß viele gestillte bzw. kuhmilchgenährte Kinder kein bzw. zu wenig zusätzliches *Vitamin D* erhielten, während Säuglinge, welche mit mit Vitamin D angereicherter Trockenmilch ernährt wurden, ihren Bedarf überschritten. (Lancet **269.** 372—74. 20/8. 1955. Belfast, Royal Victoria Hosp.) WOLFGANG ALBRECHT. 4587

A. Bäumer und **R. Beckmann,** *Zur Bedeutung einer Vitamin-E-Erniedrigung im Serum bei Leberkrankheiten.* Unterss. an 54 Patienten mit Leberkrankheiten (Hepatitis epidemica, Lebercirrhose, Verschluß- u. cholangit. Ikterus, Ikterus intermittens juvenilis MEULENGRACHT, Leberatrophie, Carcinom) ergaben, daß letztere fast immer von einer *Vitamin-E* (I)-Stoffwechselstörung begleitet sind, die sich meist in einer Verminderung des Blut-I-Spiegels äußert. *α-Tocopherol*-Therapie bewirkte bei 6 Patienten mit Leberkrankheiten u. 4 mit Ikterus MEULENGRACHT einen Anstieg der Gesamt-Neutral-C_{17}-Ketosteroidausscheidung im Urin, der von einer Zunahme der Serumtocopherolwerte u. Besserung der subjektiven Allgemeinbeschwerden begleitet war. Die Veränderungen des Gallenfarbstoffwechsels u. der Serumeiweißstruktur bei Lebererkrankungen sowie die Hyperbilirubinämie beim Ikterus MEULENGRACHT beeinflußte I nicht. (Klin. Wschr. **33.** 431—34. 1/5. 1955. Münster/Westf., Univ., Med. Klin. u. Kinderklin.) K. MAIER. 4587

G. Marten und **B. Gassmann,** *Papierchromatographische Untersuchungen über Thiaminpräparate.* Das uneinheitliche Verh. verschied. *Thiaminhydrochlorid*-Präpp. des Handels wird auf Grund papierchromatograph. Unterss. an Zwischenprodd. der Thiaminsynthese z. T. auf die Ggw. von Syntheserückständen zurückgeführt. (Vitamine u. Hormone **6.** 318—26. 1954. Potsdam-Rehbrücke, Anstalt für Vitaminforsch. u. -prüf.) L. LEICHTER. 4587

A. Scheunert und **H. Haenel,** *Über die Antithiaminwirkung des Butylpyrithiamins und einiger anderer, ähnlich gebauter Vitamin-B_1-Analoga.* Die Thiaminhomologen *Butylthiamin* (I), *Butoxythiamin* (II), *Oxypyrithiamin* (III), *Butylpyrithiamin* (IV) u. *Butoxypyrithiamin* (V) wurden im Taubentest auf ihre Antithiaminnatur geprüft. Diese konnte für I u. bes. deutlich für IV mit einem Index von 25 nachgewiesen werden. Es wird daraus geschlossen, daß der Ersatz des Thiazolringes durch den Pyridinring eine weitere Verstärkung der Antivitaminwrkg. verursacht. II, III u. V erwiesen sich unter den durchgeführten Versuchsbedingungen als wirkungslos, doch wird für möglich gehalten, daß sie bei höherem Index eine Antiwrkg. ausüben könnten. (Vitamine u. Hormone **6.** 327—33. 1954. Potsdam-Rehbrücke, Anstalt für Vitaminforsch. u. -prüfung.) L. LEICHTER. 4587

G. Rosso und **M. Banche,** *Über das Verhalten der Magensaftsekretion nach Injektionen von Pantothensäure.* Während eine einmalige intramuskuläre Injektion von 0,5 g *Pantothensäure* (I) keine Wrkg. auf die Magensaftsekretion zeigt, kommt es sowohl bei normaciden als auch bei hypoaciden Patienten nach 10tägiger I-Behandlung zu einer Zunahme des Magensaftvol. um ca. 20%. Diese Zunahme ist 15 Min. nach Legen der Magensonde am stärksten. Die nach I, unabhängig von den Säurewerten vor Behandlung auftretende Hyperacidität erreicht ihr Maximum erst 45 Min. nach Magensonde. Es wird angenommen, daß die I weniger über das vegetative Nervensyst. wirkt als vielmehr auf die Zellen der Magenwand selbst, indem sie diese allg. troph. beeinflußt. Dementsprechend kann I auch bei Gastritis eutroph. auf den Krankheitsprozeß günstig wirken. (Minerva med. [Torino] **43 II.** 33—36. 2/7. 1952. Torino, Ospedale Maggiore di S. Giovanni Battista.) P. G. SCHEURLEN. 4587

Wolfgang Ehrengut, *Die therapeutische Anwendung von Pantothensäure im Kindesalter.* Auf Grund einiger mitgeteilter klin. Befunde wird die Anwendung von *Pantothensäure* (I) bei Schilddrüsenstörungen im Kindesalter, sowohl bei Hypo- als auch Hyperthyreosen empfohlen, bes. in Verbindung mit Schilddrüsenhormonen. Nach Meinung des Vf. scheint I die „Feineinstellung" des Thyroxinbedarfs u. -angebots zu regulieren. (Arch. Kinderheilkunde **143.** 140—47. 1951. München, Univ., Kinderpoliklin.) R. REISS. 4587

Edwin R. Zartman, Allan C. Barnes und **Dorothy J. Hicks,** *Beobachtungen über den Pyridoxinspiegel während der Schwangerschaft.* Die Tatsache, daß Tryptophangaben bei Mangel an *Vitamin B_6* zu Ausscheidung von *Xanthurensäure* im Urin führen, benutzten Vff. als Test für einen Vitamin-B_6-Mangel. Während der Schwangerschaft besteht, vor allem im letzten Trimester u. kurz vor der Geburt, ein relativer B_6-Mangel; beim Neugeborenen konnte dieser Mangel nicht nachgewiesen werden. (Amer. J. Obstetr. Gynecol. **70.** 645—49. Sept. 1955. Columbus, O., Ohio State Univ., Deps. of Obstetr. and Gynecol.; Cleveland, O., Western Reserve Univ.) WOLFGANG ALBRECHT. 4587

Karl-Wilhelm Wedel, *Über die Anwendung von Pyridoxin bei postnarkotischem Erbrechen.* Durch Verabreichung von *Pyridoxin* (*Vitamin B_6*) als *Benadon* (DEUTSCHE HOFFMANN-LA ROCHE AKT.-GES., Grenzach/Baden) an 94 Patienten nach Äthernarkose mit *Morphin–Atropin* u. *Thiopental*-Einleitung konnte in 78,8% der Fälle das postnarkot. Erbrechen verhindert werden. (Anaesthesist **4.** 122—23. Aug. 1955. Lörrach, St. Elisabethen-Krankenhaus.) H. DOSSMANN. 4587

B. Ja. Wolownik, *Der Einfluß einer B_6-Avitaminose auf den Schwefelumsatz der l- und d-Isomeren von Methionin im tierischen Organismus.* Im Rattenvers. wird gezeigt, daß bei B_6-Avitaminose nach der Belastung mit *dl-* (I), *l-* (II) u. *d-Methionin* (III) der Einbau von ^{35}S in das Cystin der Gewebeproteine um 45—70% vermindert wird. Der Einbau von ^{35}S in die Gewebeproteine wird durch I u. II um 20—37%, durch III um 44% gesenkt. Es läßt sich berechnen, daß bei B_6-Avitaminose die Erneuerung des Proteinmethionins auf Kosten von II nicht, die Inversion von III stark (um 44%) gestört wird. Diese Ergebnisse erklären sich aus der in vitro festgestellten Tatsache, daß die Phosphopyridoxalfermente an der Umsulfurierung u. Umaminierung beteiligt sind. (БИОХИМИЯ [Biochemie] **20.** 490—94. Juli/Aug. 1955. Moskau, Inst. für biol. u. med. Chem. der Akad. der Wiss. der UdSSR, Labor. für Stickstoffumsatz.) O. LEBTAG. 4587

Ján Tréger, Anton Moyš und **Mária Muziková,** *Die Wirkung von intracutan appliziertem Biotin auf das Ekzema seborrhoicum.* Durch intracutane Verabreichung des *Biotins* beim seborrhoischem Ekzem sind einerseits geringe Gaben nötig, andererseits wird die therapeut. Rk. der Haut mitausgenützt. (Bratislavské Lekárske Listy **31.** 562—68. 1951. Bratislava, Slov. Univ., Dermatol. Klin., Biol. ústav.) E. ROTTER. 4587

J. M. Robson und **J. A. Nissim,** *Der Antiperniciosa-Faktor: Ein Überblick.* Der Bericht behandelt, anschließend an einen kurzen Überblick über die *Folsäure,* Isolierung u. Chemie von *Vitamin B_{12},* mit B_{12} verwandte Vitamine (B_{12c} u. B_{12J}), die therapeut. Wrkg. von B_{12} bei der perniciösen Anämie, den Wirkungsmechanismus von B_{12} sowie den Citrovorumfaktor. — Zahlreiche Literaturangaben. (Chem. Products chem. News [N. S.] **14.** 209—16. Juni 1951. London, Guy's Hosp., Dep. of Pharmacol.) K. F. MÜLLER. 4587

Heinz Wenderoth, *Überflüssiges und Schädliches in der Therapie der Blutkrankheiten.* In seinen Ausführungen warnt Vf. vor kritikloser Verwendung von Kombinationspräpp., die Fe u. Folsäure enthalten; denn eine Verwendung dieser Präpp. beim Vorliegen einer nicht sicher diagnostizierten Perniciosa wird durch diese Therapie das Krankheitsbild verschleiern. Abgesehen davon, beeinflußt die Folsäure die funiculäre Myelose ungünstig, u. U. fördert sie diese sogar, während das Blutbild normalisiert erscheint. (Münchener med. Wschr. **93.** 2147—51. 26/10. 2199—2206. 2/11. 1951. Hamburg, Univ., I. Med. Klin.) C. W. REICHLE. 4587

L. M. Meyer und **W. C. L. Diefenbach,** *Behandlung von perniciöser Anämie mit dem Citrovorumfaktor* (*Leucovorum*). *Bericht eines Falles.* Durch perorale Verabreichung von täglich 6 mg *Citrovorumfaktor* (*5-Formyl-5.6.7.8-tetrahydropteroylglutaminsäure*; I) an einen Fall perniciöser Anämie wurden die Symptome in kurzer Zeit zum Verschwinden gebracht. Nach 3monatiger Therapie zeigten sich neurol. Beschwerden (Ataxie), die durch Abbruch der I-Verabreichung u. intramuskuläre Injektion von wöchentlich 30 γ Vitamin B_{12} behoben wurden. (Amer. J. clin. Pathol. **21.** 1154—56. Nov. 1951. Bronx, N. Y., Veterans Admin. Hosp., Med. Serv.) F. KRUSEN. 4587

Howard E. Skipper, Juanita B. Chapman und **Martelia Bell,** *Teilweise Hemmung der antileukämischen Wirkung von Folsäureantagonisten durch Vitamin B_{12}.* Experimentell leukäm. gemachte Mäuse zeigten eine durchschnittliche Lebensdauer von 8,2 Tagen nach der Infektion. Injektionen von 0,23 mg/kg *Aminopterin* bzw. 2—3 mg/kg *A-methopterin* erhöhten die Lebensdauer auf 18,8 Tage, die durch 0,06—0,6 mg/kg *Vitamin-B_{12}*-Konzentrat wieder auf 16,2 Tage gesenkt wurde. (Cancer Res. **11.** 161—63. März. 1951. Birmingham, Ala., Southern Res. Inst., Organ. and Biochem. Div.) F. KRUSEN. 4587

L. Hennaux, A. Antoine und **J. Holvoet,** *Die Wirkung des Vitams inB_{12} und des Penicillins auf das Wachstum von Ferkeln.* Fütterungsverss. unter Mitverwendung von *Calpevit* (Mischpräp. aus *Vitamin B_{12}* u. *Procain-Penicillin*; MERCK & CO, Montréal). Das mittlere tägliche Wachstum ist höher als bei den Kontrollen. Ausschließlich vegetabil. Futter sollte durch das Präp. ergänzt werden. (Bull. Inst. agronom. Stat. Rech. Gembloux **19.** 233—43. 1951. Stat. de Rech. zootechn.) H. PATZSCH. 4587

M. D. Kiwerin und **M. G. Smirnowa,** *Der Einfluß von Ascorbinsäure und Adrenalin auf den Zuckergehalt der Haut.* Die Verss. erfolgten mit Meerschweinchen u. Kaninchen, die entweder das übliche Winterfutter erhielten, an Skorbut litten oder vor dem Vers. sehr reichlich mit *Vitamin C* (I) versorgt wurden. Es zeigte sich, daß bei Meerschweinchen, die kein I selbst erzeugen können, die Rk. auf eine I-Zufuhr von der Versorgung des Organismus mit I abhängt, während bei den Kaninchen, die I zu synthetisieren vermögen, diese Abhängigkeit nicht besteht. Bei Meerschweinchen ist bei „I-Sättigung" der I-Geh. im Blut u. in der Haut stark erhöht; das gleiche gilt für den *Zucker* (II)-Gehalt. In Verss. mit 10 Kaninchen war nach „I-Sättigung" der I-Geh. im Blut bei 5 Tieren unverändert, bei den übrigen erhöht. Der I-Geh. in der Haut war bei 7 Tieren unverändert, bei 3 Tieren erhöht. Auch der II-Geh. zeigte keine gesetzmäßige Abhängigkeit von der I-Sättigung. Bei der Injektion von *Adrenalin* (III) beobachtete man den höchsten II-Geh. in der Haut bei den „gesätt." Kaninchen. Bei den mit I gesätt. Meerschweinchen war der II-Geh. in der Haut in der 1. Std. nach der III-Zufuhr vermindert. (Биохимия [Biochemie] **20.** 408—13. Juli/Aug. 1955. Archangelsk, Med. Inst., Lehrstuhl für Biochemie.) O. LEBTAG. 4587

Alfred A. Schiller, *Wirkungsmechanismus von Vitamin-P-Flavanoid (Rutin) auf die cutane Zirkulation.* Mit Hilfe von Fluorescenzmessungen (Messung der Intensität des Durchgangs von Fluorescein durch Hautcapillaren in Abhängigkeit von der Zeit) untersucht Vf. den Einfl. von *Rutin* (I) auf die cutane Zirkulation. Unterss. an der Haut nichtnarkotisierter Kaninchen zeigen, daß nach Applikation vasoakt. Substanzen ein quantitativer Zusammenhang zwischen der beobachteten Durchgangsintensität u. der Änderung des vasomotor. Tonus der Haut besteht. I bewirkt eine starke cutane Vasoconstriction u. verlängerte Adrenalinvasoaktivität. Die Noradrenalinwrkg. kann durch I nur geringfügig verlängert werden. Ascorbinsäure ist ohne Vasoaktivität. (Amer. J. Physiol. **165.** 293—305. 1/5. 1951. Chicago, Ill., Univ. of Illinois, Coll. of Med., Dep. of Physiol.) R. REISS. 4587

Douglas R. Drury, Arne N. Wick und **Toshiko N. Morita,** *Stoffwechsel der Milchsäure außerhalb der Leber.* Vff. geben eviscerierten u. nephrektomierten Ratten eine Injektion von L(+)-*^{14}C-Lactat* (I) (300—333 mg/Std.; Gesamtdosis: 1190—1220 mg innerhalb 4 Std.) u. stellen fest, daß I rasch vom Organismus (bis 230 mg/kg/Std.) abgebaut wird (ca. 30% pro Std. bei einer Einzeldosis von 595 mg). *D*(—)-*^{14}C-Lactat* (82—83 mg) wird dagegen kaum umgesetzt. Die Ergebnisse zeigen, daß außerhalb der Leber 2—4fach höhere I-Mengen in *Glucose* (II) übergeführt werden als in diesem Organ selbst u. das I nach *Insulin*-Applikation II zu ersetzen vermag. (Amer. J. Physiol. **180.** 345—49. Febr. 1955. Los Angeles, Calif., Univ. of Southern California, School of Med., Scripps Metabol. Clin. and Dep. of Physiol.) P. FAHRNLAENDER. 4596

Robert Steele (unter Mitarbeit von **Evemarie Celozzi**), *Die Bildung von Aminosäuren aus Kohlenhydratkohlenstoff in der Maus.* Drei Tage nach Verfütterung von vollständig ^{14}C-markiertem Rohrzucker an Mäuse wurden diese getötet u. die Körperproteine der Tiere nach der Meth. von MOORE u. STEIN (C. **1948.** E. 1727) auf die *Aminosäuren* (I)-Zus. aufgearbeitet. Folgende I enthielten kein ^{14}C: Valin, Isoleucin, Lysin, Histidin, Phenylalanin, Threonin u. Tyrosin. In folgenden I wurden wechselnde Konzz. an ^{14}C festgestellt: *Serin, Glycin, Cystin, Methionin, Prolin, Arginin, Asparaginsäure, Glutaminsäure* u. *Alanin.* (J. biol. Chemistry **198.** 237—44. Sept. 1952. Upton, N. Y., Brookhaven Nat. Labor., Dep. of Biol.) K. HEYNS. 4596

Wilhelm Löffler und **Wolfgang Gerok,** *Die Aminosäurenausscheidung im Urin bei Hepatitiskranken und Gesunden während normaler und eiweißreicher Kost.* Bei gesunden Menschen ist die Ausscheidung von Aminosäuren mit dem Urin von der Größe der Eiweißzufuhr unabhängig; bei Hepatitiskranken zeigt sich eine auffallende, aber nicht signifikante Steigerung der Aminosäurenausscheidung. Bei n. Kost besteht zwischen Kranken u. Gesunden kein statist. gesicherter Unterschied; ein solcher ergibt sich erst bei eiweißreicher Kost. Bei dieser ist die Aminosäurenausscheidung Hepatitiskranker gegenüber Gesunden erhöht. (Ärztl. Forsch. **9.** I/403—11. 10/9. 1955. Zürich, Univ., Med. Klinik.) HEINRICH HERMANN. 4596

Günther Weitzel, *Biochemie verzweigter Carbonsäuren.* 6. Mitt. *Stoffwechselversuche mit alkylverzweigten höheren Fettsäuren.* (5. vgl. C. **1952.** 5234.) α-alkylsubstituierte *Myristin* (I)- u. *Stearinsäuren* (II) wurden in Form der Triglyceride oder Äthylester an Hunde verfüttert, die nicht resorbierten Anteile aus dem Kot isoliert, die im Harn ausgeschiedenen, in Ae. lösl. Säuren bestimmt. Im Vgl. zu fettfreiem Futter ruft die Belastung mit Naturfetten (außer Cocosfett), mit **I, II** u. α-Methyl-**I** u. -**II** keine erhöhte Ausscheidung in Ae. lösl. Säuren im Harn hervor. Nach α-Äthyl-**I** u. -**II** steigt die Ausscheidung deutlich an, nach α-n-Propyl-**I** u. -**II** noch stärker ebenso wie nach α-n-Butyl-**I** u. -**II**. Als Abbauprodd. der beiden äthylverzweigten Säuren wurde nach Aufarbeitung des Harnes α-*Äthyladipinsäure,* der beiden propylverzweigten Säuren α-n-Propyl-*Adipinsäure* u. der beiden butylverzweigten Säuren α-n-Butyl-*Adipinsäure* erhalten. Nicht nur die mittleren Kettenlängen C_8—C_{12}, sondern auch höhere Fettsäuren können der ω-Oxydation unterliegen. Der Abbaumechanismus α-alkylverzweigter Fettsäuren geht wahrscheinlich über die β-oxydative Spaltung der Hauptkette zwischen dem 2. u. 3. C-Atom. Die ω-Oxydation der Hauptkette der langen Fettsäuren stellt nicht den Hauptweg des Abbaues dar. (Hoppe-Seyler's Z. physiol. Chem. **287.** 254—96. Juni 1951. Göttingen, Med. Forsch.-Anst. der Max-Planck-Ges., Biochem. Abt.) H. PATZSCH. 4596

W. K. Bauman, *Untersuchung des Schwefelumsatzes bei Hühnern nach der Methode der markierten Atome.* Bei Leghühnern wurde der ^{35}*S*-Geh. in den Organen, im Mist u. in den Eiern 1—30 Tage nach der Verabreichung von ^{35}S als *Sulfat* oder *Methionin* (I) untersucht. Bereits wenige Std. nach der Verabfolgung fand sich ^{35}S in sämtlichen Organen u. Geweben der Tiere. Es wurden jedoch weniger als 5% der eingeführten Mengen assimiliert. Mehr als 60 bzw. 15% wurden in den ersten 24 Std. mit dem Mist ausgeschieden, wenn ^{35}S als Sulfat bzw. als I zugeführt wurde. In 5 Tagen stieg dieser Anteil auf 85 bzw. 31%. Die höchste Radioaktivität zeigten Leber, Nieren, Darm u. Muskeln. Die Verteilung des ^{35}S in den einzelnen Organen war unabhängig davon, in welcher Form ^{35}S eingeführt wurde, doch war sein Gesamtgeh. geringer, wenn er als Sulfat gegeben wurde. Sehr gering war die Aktivität bei Herz, Lungen u. Eierstöcken, am niedrigsten bei den Federn. Organe mit beweglichem Eiweiß (Leber, Nieren u. Darm) eigneten sich den S schnell an, gaben ihn jedoch ebenso schnell ab. Gewebe mit trägerem Eiweiß (Muskeln, Eierstöcke) zeigten einen langsamen S-Stoffwechsel. Die Aktivitätskurve der wachsenden Federn stieg langsam an u. erreichte erst am Ende des Vers. (30 Tage) ihre größte Höhe. (Известия Академии Наук Латвийской ССР [Nachr. Akad. Wiss. LettSSR] **1955.** Nr. 5. 31—37. Inst. für Zoohyg. u. Zootechn. der Akad. der Wiss. der LettSSR.) F. DU MANS. 4596

E. B. Skwirskaja und **T. P. Ssilitsch,** *Der Umsatz einiger Phosphorverbindungen im Gehirn und Rückenmark bei Winterschlaf haltenden Tieren.* Der Geh. an *Nucleinsäuren, Phosphoproteiden* u. *Phospholipiden* im Gehirn, Rückenmark u. Herzmuskel der Zieselmaus wurde in folgenden 4 Gruppen untersucht: Norm (kein Winterschlaf); Winterschlaf; künstliche Erregung bei 20—22° 4 Std. vor dem Vers.; narkot. Schlaf durch Verabreichung von Urethan u. Medinal. 4 Std. vor dem Töten der Tiere wurde subcutan Phosphat mit der Radioaktivität 0,1 mC/kg zugeführt. Die spezif. Aktivität der verschied. P-Verbb. war in Hirn, Rückenmark u. Herzmuskel bei Winterschlaf um das Vielfache kleiner als im Wachzustand; bei einigen P-Verbb. war sie prakt. gleich Null. Beim 24std. narkot. Schlaf war die Abschwächung des ^{32}P-Einbaues viel geringer als beim Winterschlaf. Bei künstlicher Erregung war im Gehirn der ^{32}-P-Einbau in die Ribonucleinsäurefraktion, die Phospholipide u. andere P-Fraktionen im Vgl. zum Winterschlaf stark intensiviert, erreichte jedoch bei weitem nicht die Intensität im Wachzustand u. im narkot. Schlaf. (Український Біохімічний Журнал [Ukrain. biochem. J.] **27.** 385—93. 1955. Kiew, Biochem. Inst. der Akad. der Wiss. der UkrSSR.) O. LEBTAG. 4596

Jane M. Leichsenring, Loana M. Norris, Sara A. Lamison, Eva Donelson Wilson und **Mary Brown Patton,** *Die Höhe der Gabe auf den Calcium- und Phosphorstoffwechsel bei Studentinnen.* Die Unterss. sollten zur Klärung der Frage beitragen, inwieweit eine verschieden hohe Gabe an Ca u. P in der Nahrung von Einfl. auf die Ca- u. P-Retention ist. Gruppe I erhielt in der Nahrung 300 mg Ca u. 800 mg P, Gruppe II 1500 mg Ca u. 800 mg P, Gruppe III 1500 mg Ca u. 1400 mg P. Bei Gruppe II (Erhöhung der Ca-Gabe ohne Änderung der P-Zufuhr) wird eine erhebliche Zunahme in der Ca-Retention ohne Änderung der P-Ausscheidung festgestellt. Bei gleichzeitiger Zufuhr von Ca u. P wird zwar die Ca-Retention gegenüber I erhöht, aber wesentlich schwächer als bei Zufuhr von Ca allein. Die P-Retention blieb unverändert. Die Höhe der P-Gabe ist also von beträchtlichem Einfl. auf die Ca-Retention. (J. Nutrit. **45.** 407—18. 10/11. 1951. St. Paul, Minn., Univ. of Minnesota, School of Home Econom., u. Columbus, O., Ohio State Univ., School of Home Econom.) K. NEHRING. 4596

Sidney Grollman, *Untersuchung des Sauerstoffbedarfs bei weißen Ratten.* Bei weißen Ratten wird die O_2-Menge bestimmt, die nötig ist, um die nach Bewegung auftretenden Abfallprodd. des Organismus abzubauen. Die Verss. werden einmal an Tieren vorgenommen, die vor dem Vers. „trainiert", d. h. am Laufrad in Bewegung gehalten wurden u. einmal an solchen, die in Ruhe gehalten wurden (untrainierte). Es wird festgestellt, daß der trainierte Organismus mehr O_2 verbraucht, d. h. mit einer größeren Menge Abfallprodd. fertig wird, als der untrainierte. Da bei den trainierten Tieren mehr *Glucose, Glykogen* u. *Phosphorkreatin* gefunden wurden, außerdem eine höhere Alkalireserve des Blutes, ist der vermehrte Abbau auf zwei Arten denkbar: einmal durch erhöhte Energiereserven (*Glucose, Glykogen*) u. **2.** durch eine Steigerung der Fähigkeit, die Abfallsäuren zu puffern (Alkali im Blut, Hydrolyse des *Phosphorkreatins*). (J. exp. Zoology **128.** 511—23. April 1955. Univ. of Maryland, Zool. Dep.) U. BAUMANN. 4596

P. A. Bott, *Die Kaliumkonzentration im Primärharn von Necturi.* Vf. berichtet über eine Meth. zur Ermittlung des Kaliumgeh. durch Fällung als $K_2Na[Co(NO_2)_6]$ u. anschließender colorimetr. Best. des Nitrits mit Benzidin u. α-Naphthylamin nach HOFFMANN (J. biol. Chemistry **120.** [1937.] 57), für die sie eine Ultramikroapp. entwickelten. Die Fehlergrenze beträgt $\pm 4\%$. In einer Versuchsreihe wird die K-Konz. des Primärharns mit den entsprechenden Kaliumwerten für Serum u. Plasma verglichen. Die Übereinstimmung liegt bei 7 von 8 Verss. innerhalb der Fehlergrenze. Dies wird als Beweis für die freie Beweglichkeit des K durch die Plasmamembranen in den Nieren von Necturi angesehen. (J. biol. Chemistry **215.** 287—93. Juli 1955. Philadelphia, Pa., Woman's Med. Coll. of Pennsylvania.) R. LENSCHAU. 4597

P. P. Lambert und **F. Grégoire** (unter Mitarbeit von **C. de Heinzelin de Braucourt** und **E. Royers**), *Glomeruläre Hämodynamik und Exkretion von Hämoglobin.* Die intravenöse Injektion einer frischen Hämoglobinlsg. bewirkt eine vorübergehende, ca. 4 Std. andauernde Verminderung der glomerulären Filtration u. eine Verminderung des Plasmastroms unter Vermehrung der filtrierten Fraktion. Die Injektion von Lsgg., die mehrere Wochen lang auf —10° gehalten wurden, oder von Lsgg., welche aus dem Blut von im Schockzustand befindlichen Hunden bereitet wurden, bringt einen oft beobachteten Sturz der Filtration u. des Plasmastroms, dieses Mal verbunden mit einer Verminderung der filtrierten Fraktion, hervor. Solange die glomeruläre Filtration 30 oder 40% über ihrem Ursprungswert bleibt, wird die Ausscheidung von Hämoglobin von solchen Änderungen wenig berührt. Die glomeruläre Clearance von Hämoglobin wird nicht geändert. (Arch. int. Physiol. Biochim. **63.** 7—34. Febr. 1955. Brüssel, Univ., Labor. de Méd. exp.) K. HEYNS. 4597

Dean Hanson, *Veränderungen in der Querstreifung von Myofibrillen bei der Kontraktion durch Adenosintriphosphat.* Bei Verss. an Myofibrillen von Kaninchen, Ratten u. Käfern (Dytiscus), die durch Vorverdauung mit Trypsin u. stärkstes Zerrühren isoliert erhalten wurden, konnte im Phasenkontrastmikroskop bei den in 50%ig. Glycerin suspendierten Fibrillen beobachtet werden, daß *Adenosintriphosphat* eine langsame Kontraktion (ca. 10 Sek.) auf ungefähr 57% der Ausgangslänge bewirkt. In der ersten Phase der Kontraktion verschwinden die J-Bänder; die Fibrille wird gleichförmig dunkelgrau, wobei keine Bänder mehr zu erkennen sind. Dann treten scharf definierte Kontraktionsbänder auf, deren Abstand bei ganz kontrahiertem Muskel 1,5 μ ist. (Nature [London] **169.** 530—33. 29/3. 1952. London, King's Coll., Med. Res. Council, Biophys. Res. Unit.) K. LOHMANN. 4597

Horst Merkel und **Friedrich Ausbüttel,** *Der Zuckergehalt des Leichenblutes und seine diagnostische Bedeutung.* An 158 Leichen nach HAGEDORN-JENSEN durchgeführte Blutzuckerbestimmungen ergaben die höchsten Werte von durchschnittlich 260 mg% in der Vena portae. Es folgten V. cava inf. u. der rechte Vorhof mit 110—125 mg% u. die V. femoralis mit 60 mg%. Zuckergeh. des Liquors betrug in 96 Fällen im Mittel 50 mg%. Von Hyperglykämie begleitete Krankheiten ergeben meist auch erhöhte postmortale Blutzuckerwerte. Es konnte ein Fall von klin. nicht diagnostiziertem Coma diabeticum festgestellt werden. Vff. weisen auf die komplizierten Verhältnisse hin, die für die unregelmäßige postmortale Blutzuckerabnahme verantwortlich sind, u. nehmen als Grenzwerte für Blut 100 mg%, für Liquor 70 mg% an, oberhalb deren eine prämortale Hyperglykämie anzunehmen ist. — 69 Literaturangaben. (Dtsch. Z. ges. gerichtl. Med. **40.** 485—98. 1951. Kiel, Univ., Pathol. Inst., u. Städt. Krankenanstalt.) F. KRUSEN 4599

E. Aaes-Jørgensen og Henrik Dam, Grundrids af biokemi og ernæring. København: Store nordiske videnskabsboghandel. 1955. (525 S. m. Abb.) 4°. Kr. 75,—.

I. Chester Jones and P. Eckstein, Eds. The comparative endocrinology of vertebrates, part 1: the comparative physiology of reproduction and the effects of sex hormones in vertebrates. London: Cambridge U. Pr. 1955. (X + 254 S. m. Abb., Tab. u. Diagr.) 50 s.

E_6. Pharmakologie. Therapie. Toxikologie. Hygiene.

G. M. Frank, *Die ionisierende Strahlung und deren Wirkung auf den lebenden Organismus.* Allg. über ionisierende Strahlung u. Fragen des Arbeitsschutzes, Wechselwrkg. zwischen Strahlung u. Substanz sowie die prim. Prozesse der biol. Strahlenwrkg., die Strahlenkrankheit u. ihre Bekämpfung. (Природа [Natur] **44.** Nr. 9. 9—18. Sept. 1955.) A. v. WILPERT. 4601

George P. Fulton und Frederick N. Sudak, *Die Wirkung der Röntgentotalbestrahlung auf die Serumelektrolytwerte und das Elektrokardiogramm bei Goldhamstern.* Bei Goldhamstern, die eine Röntgentotalbestrahlung von 1000 r erhielten, wurden Veränderungen der Serumelektrolyte, des EKG u. des Blutkreislaufes beobachtet. Die Kaliumwerte waren erhöht — die Natriumwerte vermindert. Diese Elektrolytveränderung war begleitet vom Absinken der Amplituden der T- u. P-Zacke im EKG, Bradycardie, Depression des S-T-Segments u. in einigen Fällen mit verlängertem Q-T-Intervall u. negativer T-Zacke kurz vor dem Tode. Heftige Vasoconstriction wurde gleichzeitig mit der Elektrolyt- u. EKG-Veränderung beobachtet. Hamster, die mit 600 r bestrahlt worden waren, zeigten keine Veränderung der Elektrolytwerte, des EKG u. der Blutgefäße. (Amer. J. Physiol. **179.** 135—38. Okt. 1954.) H. GOHR. 4601

Alvan G. Foraker, Sam Wesley Denham und M. Harlan Johnston, *Histochemische Veränderungen an bestrahlten Ovarien.* 2. Mitt. *Lokalisierung von Kohlenhydraten und Lipoiden.* (1. vgl. C. **1954.** 7910.) Die linken Ovarien von 12 Kaninchen wurden in Fortsetzung früherer Verss. unter gleichen Bestrahlungsbedingungen, jedoch mit nur 400 r, bestrahlt. Die unbestrahlten Ovarien zeigen nach 4 Wochen reguläre positive u. negative Rkk. bei Ausführung von FRIEDMAN-Testen. Die bestrahlten Ovarien reagieren nur schwach, sie sind außerdem kleiner, blasser u. derber. An Gewebeschnitten wird nach geeigneter Präparierung u. Färbung geringer Strahlenschaden an den stromalen Zellen sowohl im histolog. Bild als auch im Lipoidgeh. festgestellt. Neben zahlreichen zerstörten Ova finden sich atret. mit nichtfärbbarem Lipoid u. ohne Glykogen. Einige Histogramme werden erläutert. (A. M. A. Arch. Pathol. **57.** 30—35. Jan. 1954. Atlanta, Emory Univ., School of Med. and Grady Mem. Hosp., Dep. of Pathol., Obstetr. and Radiol.) W. REUSSE. 4601

D. W. van Bekkum und O. Vos, *Die Wirkung von Röntgenstrahlen auf die oxydative Phosphorylierung in den Mitochondrien in bezug auf die Zellkernzerstörung.* Ratten wurden Röntgenstrahlen ausgesetzt u. der Abfall der oxydativen Phosphorylierung (I) in isolierten Thymusmitochondrien bestimmt. Es wurde eine Symbasie zwischen I u. der Zellkernzerstörung nachgewiesen. (Brit. J. exp. Pathol. **36.** 432—38. Aug. 1955. Rijswijk, Holland, Nat. Def. Council, Med. biol. Labor.) G. ANDERSEN. 4601

R. Ja. Keilina, *Der Einfluß einer Ganzbestrahlung von Tieren mit Röntgenstrahlen auf die Prozesse der Glykogenolyse.* Im Rattenvers. wird gezeigt, daß bei Nichtbestrahlung der *Glykogen* (I)-Zerfall in der Leber in der Hauptsache phosphorolyt. erfolgt. Bei Ganzröntgenbestrahlung mit 500 r wird nach 48 Std. die I-Phosphorolyse gehemmt. In dieser Zeit erfolgt der I-Zerfall hydrolytisch. Dies geht daraus hervor, daß der Prozeß im Vgl. zur Kontrolle um das 3fache intensiver verläuft. Die Hexokinaseaktivität wird hierbei nicht verändert. Bei der Bestrahlung mit letalen Dosen (1000 u. 2000 r) erfolgt eine Unterdrückung der I-Phosphorolyse u. der Hexokinaseaktivität. (Биохимия [Biochemie] **20.** 420—24. Juli/Aug. 1955. Leningrad, Zentr. Wiss. Röntgeno-Radiol. Forschungsinst.) O. LEBTAG. 4601

Juraj Körbler, *Eine schwere Schädigung durch eine Radiumkompresse.* Es wird der Fall eines Patienten geschildert, der in der Sternalgegend eine äußere Geschwulst auf der Haut besitzt, die histolog. als Carcinoma planocellulare mit stark atroph. Haut in der Umgebung erkannt wird. Als vermutliche Ursache wird anamnet. eine sogenannte Radiumkompresse ermittelt (ein mit radioakt. Erde gefüllter Beutel), die der Patient 15 Jahre lang auf ärztliche Anweisung gegen Herzbeschwerden getragen hat. (Radiol. clin. [Basel] **23.** 277—80. Sept. 1954. Zagreb.) W. REUSSE. 4601

Finn Devik, *Kombinierte Schutzwirkung durch Sauerstoffmangel und Cysteinbehandlung bei Ganzkörperbestrahlung von Mäusen.* Albinomäuse wurden röntgentotalbestrahlt. Bestrahlungsbedingungen: 190 kV, 15 mA, Filter: 0,5 mm Cu, HWS 0,85 mm Cu, FHA 22 cm, Dosisleistung 387 r/Minute. 7—15 Min. vor der Bestrahlung erhielten die Tiere intravenöse Injektionen mit 500 mg *Cystein* (I)/kg Körpergewicht. 2 Min. vor u. während der Bestrahlung befanden sich die Tiere in sauerstoffarmer Atmosphäre. Bei Dosen von 600—1100 r ergeben sich synergist. Wrkg. beider Strahlenschutzmittel (erhöhte DL_{30}). Cytolog. Unterss. an Knochenmarkchromosomen nach entsprechender Vorbehandlung u. Bestrahlung mit 200—1100 r (170 kV, 15 mA, Filter: 1 mm Cu, HWS 1,2 mm Cu, FOA 42 cm) ergeben grundsätzlich gleiche Befunde. *d-Cystein* u. *l-Cystein* verhalten sich gleichartig. (Brit. J. Radiol. **27.** 463—66. Aug. 1954. Oslo, Univ., Inst. for Gen. and Exp. Pathol.) W. REUSSE. 4601

L. Babaiantz und **C. Wieser,** *Ein neues trijodiertes Kontrastmittel für die intravenöse Urographie. Urografin (Methylglucaminsalz der 3.5-Diacetylamino-2.4.6-trijodbenzoesäure;* SCHERING) ist sehr gut verträglich, leicht lösl., ruft keine lokalen Schmerzen hervor u. ist unschädlich, wie an Verss. bei 100 Patienten festgestellt wird. — 2 Röntgenabbildungen. (Praxis [Bern] **44.** 454—56. 19/5. 1955. Lausanne, Univ., Inst. de Radiol. méd.) E. ROTTER. 4601

T. K. Wadhwani und **N. N. De,** *Das Problem der Fluoridvergiftung.* Übersichtsbericht auf Grund von 212 Literaturangaben über das Vork., die Toxikologie, Retention, Ausscheidung u. Wrkg. des *F* auf den Ca- u. P-Stoffwechsel, Blutbestandteile, Zus. der Zähne, Knochen u. andere Gewebe, Organe (Schilddrüse u. a.) u. Enzyme. (J. Indian Inst. Sci., A **33.** 1—29. 1951.) H. PATZSCH. 4606

G. M. Briggs und **P. H. Phillips,** *Entwicklung einer Fluortoxikose beim Kaninchen.* Die Verfütterung von *Fluoriden* bei jungen Kaninchen führt zu einer chron. Fluortoxikose: Hemmung des Größenwachstums, Verhärtung der Gelenke, Veränderung der Zahnstruktur u. der chem. Zus. der Knochen. F wird im Knochengewebe gespeichert. (Proc. Soc. exp. Biol. Med. **80.** 30—33. Mai 1952. Madison, Wis., Univ. of Wisconsin, Coll. of Agric., Dep. of Biochem.) F. LÜPNITZ. 4606

J. Palmer Saunders und **J. Henry Wills,** *Die nierenschädigende Wirkung von Natriumtetrathionat. Natriumtetrathionat* (I) zur Behandlung von Thromboanginitis obliterans wird bei gleicher Toxizität im Körper länger zurückbehalten als *Natriumthiosulfat* (**II**). **I** wird in vivo rasch zu **II** red. u. ist in mäßigen Dosen ausreichend tox., u. ruft in weniger als einer Std. eine vollständige Anurie hervor. (100—500 mg/kg Hund). Hoher Harn-N wurde beobachtet. Die Notwendigkeit großer Vorsicht bei der klin. Anwendung von I (Durchschnittsdosis 7 mg/kg) wird bestätigt, bes. wenn Verdacht auf eine vorherige Nierenerkrankung besteht. (J. Pharmacol. exp. Therapeut. **112.** 197—201. Okt. 1954. Maryland, Pharmacol. Branch, Chem. Corps Med. Labors., Army Chem. Center.) H. AMAN. 4606

G. Mouriquand, J. Bourret, V. Edel und **R. Chighizola,** *Kennzeichnung der Arsenikvergiftung und ihres Fortschreitens mit Hilfe der vestibulären Chronaxie unter den Bedingungen des Stoffwechselgleichgewichts und der Karenz.* Vff. geben Tauben, die im Stoffwechselgleichgewicht stehen, 45—2250 γ As_2O_3 u. stellen einen Anstieg der vestibulären Chronaxie fest, ohne daß äußerlich Vergiftungssymptome wahrnehmbar sind. Dagegen erzeugen größere Dosen (bis 4500 γ) As_2O_3 auch deutliche patholog. Erscheinungen, die den Tod des vergifteten Tieres zur Folge haben können. Aus den Veränderungen der chronaximetr. Kurve läßt sich dann das zeitliche Fortschreiten der Vergiftung erkennen. Die sehr langsame Rückkehr der vestibulären Chronaxie auf den n. Anfangswert nach Absetzen des Giftes zeigt, daß As_2O_3 nur allmählich vom Organismus wieder ausgeschieden wird. Ferner wird gefunden, daß As_2O_3 auch im Falle der Vitamin-B-Avitaminose, die die Chronaxie erniedrigt, die Steigerung der letzteren hervorruft, wobei die durch die Avitaminose bedingte Dystrophie nicht in Erscheinung tritt. Applikation von *Thiamin* (400 mg) hebt die As_2O_3-Wrkg. auf die Chronaxie auf. Die gleiche Wrkg. von As_2O_3 auf die vestibuläre Chronaxie wird auch bei neurot. Patienten beobachtet, die unter Arseniktherapie standen (applizierte Dosen: 80 mg bis 1,45 g As_2O_3). (Presse méd. **62.** 1143—44. 14/8. 1954. Inst. Nat. d'Hyg.) P. FAHRNLAENDER. 4606

Walter Müller und **Carl-Günther Schmücking,** *Die Resorption von intramuskulären Wismutdepots.* In Verss. an Kaninchen mit ^{210}Bi wird das Verh. verschied. Bi-Verbb. hinsichtlich des Bi-Blutspiegels, der Verteilung in den Organen u. der Resorption aus intramuskulär gesetzten Depots verfolgt. Durch laufende Harn- u. Kotunterss. wird ein Einblick in den Resorptionsvorgang erhalten. Die einzelnen Bi-Verbb. (Bi-Oleat, Bi-Citrat, Bismogenol) zeigen in ihrem Resorptionsverh. charakterist. Unterschiede.

Die Resorptionsgeschwindigkeit für Bi-Oleat ist ca. ½ der von Bi-Subsalicylat. Die Depots bestehen mehrere Wochen. Die Größe des Depotrestes ist von der Durchblutung des Injektionsmuskels u. von der Verteilung der Injektions-Fl. im Muskel abhängig. Wasserlösl. Bi-Citrat zeigt nach intramuskulärer Injektion eine Depotwrkg. von ca. 1 Woche. Je älter das radiumakt. Bi-Präp. ist, desto mehr tritt die γ-Strahlung des Po (gebildet aus dem zerfallenden Bi) in Erscheinung. Auf Verunreinigungen mit ^{206}Bi (Halbwertszeit 6,2 Tage) muß geprüft werden. (Arch. Dermatologie Syphilis **193.** 460—67. 1951. Hamburg-Langenhorn II, Allg. Krankenhaus Heidberg, Hautklinik.) H. PATZSCH. 4606

Laurence R. Fitzgerald, *Die Wirkung von injiziertem Natriumcyanid auf neugeborene und ausgewachsene Mäuse.* Die DL_{50} von *NaCN*, das subcutan injiziert wurde, liegt bei neugeborenen Mäusen bei 2,0—2,5 mg/kg. Für ausgewachsene weibliche Tiere liegt der Wert zwischen 3,5 u. 3,7 mg/kg u. für ausgewachsene männliche Tiere bei 5,0 mg/kg. Es besteht ein Unterschied in der Wrkg. bei subcutaner u. intracardialer Injektion. Der Unterschied läßt sich dadurch erklären, daß bei der subcutanen Injektion wahrscheinlich eine Toxinbldg. u. die Absorption des Cyanids eine Rolle spielt, während bei intracardialer Applikation eine direkte Wrkg. des Cyanids vorliegt. (Amer. J. Physiol. **179.** 60—62. Okt. 1954.) H. GOHR. 4606

Frederick A. Fuhrman, John Field, Robert H. Wilson und **Floyd DeEds,** *Monochloracetat: Wirkungen auf Wachstum, Aktivität, Gewebestoffwechsel und inhibitorischer Effekt in vitro bei über lange Zeiträume erfolgender Verfütterung an Ratten im Vergleich zu Monojod- und Monobromacetat. Monochloressigsäure* (I) verschied. Konz. wurde 208 Tage lang an Ratten verfüttert. Lediglich Tiere mit 0,1% I-Zugabe zum Futter zeigten danach einen geringen Gewichtsverlust. Autopt. ergab sich weder makro- noch mkr. ein Befund. Tod durch Vergiftung trat nicht ein. Die Aktivität der Tiere mit 0,1% I im Laufkäfig lag etwas niedriger als die der Kontrollen. Der O_2-Verbrauch von Leberzellen, Hirnrinde, Nierenparenchym u. Skelettmuskulatur unterschied sich nicht wesentlich von dem der Kontrollen. Die Leberglykogenwerte wichen nur unerheblich ab. — Bei den in vitro-Verss. wurde der Einfl. verschied. Konzz. auf O_2-Verbrauch u. anaerobe Glykolyse bei Hirn- u. Leberschnitten bestimmt. Alle untersuchten Halogenacetate in vergleichbaren Konzz. hemmten dabei die anaerobe Glykolyse stärker als die Atmung. Rein selektive Einww. konnten nicht erreicht werden. I war weniger wirksam als *Monobrom-* (II) oder *Monojodessigsäure* (III). Die Toxizität von III ist danach stärker als die von II oder die der nur schwach wirksamen I. Vergiftungsmöglichkeiten für Menschen durch Nahrungsmittel, die I enthalten können, sind so gering, daß sie keine Bedeutung haben. (Arch. int. Pharmacodynam. Thérap. **102.** 113—25. 1/6. 1955. Stanford, Calif., Univ., Dep. of Physiol.; Albany, Calif., Pharmacol. Sect. Western Utilization Res. Branch, Agric. Res. Serv., U. S. Dep. of Agric.) G. RENTSCH. 4607

Anita M. Mandl und **S. Zuckerman,** *Veränderungen in der Ovarialstruktur nach Injektion von Carbolsäure in die Ovarialtasche.* Unmittelbar in die Ovarialtasche von 21 erwachsenen ♀ Ratten injiziertes Phenol red. die Gesamtzahl der Oocyten in den Ovarien. Das Keimepithel war gewöhnlich hyperplast., obwohl Mitosen nicht gesehen wurden. Diskussion des Problems der postpubertalen Oogenese. (J. Endocrinology **7.** 227—34. Aug. 1951. Birmingham, Univ., Dep. of Anat.) H. PATZSCH. 4607

H. P. Jung und **G. Briziarelli,** *Über das Verhalten eines Gemisches aus Methylcellulose und Carboxymethylcellulose im tierischen Organismus.* Vff. untersuchten bei Mäusen das Verh. von intraperitoneal eingebrachter *Methylcellulose–Carboxymethylcellulose* (I)-Lösung. Bei systemat. Steigerung der Dosierung (12,5—125 mg) fanden die ersten Ablagerungen in den Zellen des RES statt, die proliferierten u. Knötchen bildeten. Es speichern noch die Makrophagen des lockeren Bindegewebes der Bauchhöhle, die Uferzellen der Lungen- u. Nierencapillaren. Wurde ein Depot von 100—125 mg I gesetzt, so erfolgte allmählicher Abbau der Substanz, die nach 3 Monaten fast völlig verschwunden war. Die auf der Höhe der Verss. festgestellten Zell-Rkk. bildeten sich ebenfalls zurück. Das I-Gemisch läßt sich am besten mit Thioninfärbung darstellen u. nachweisen. (Virchow's Arch. pathol. Anatom. Physiol. klin. Med. **326.** 1—21. 1954. Marburg/Lahn, Univ., Pathol. Inst.) K. BÖHM. 4607

Hiroyuki Ando und **Michio Tamura,** *Die Toxizität von Malachitgrün.* Best. der Überlebenszeit (t) von Larven der Tubificiden u. Moskitos in W. mit Zusatz verschied. Konzz. (c) *Malachitgrün* (I) ergab lineare Beziehung zwischen log 1/t u. log c. Messung der spezif. Oberflächenspannung der wss. I-Lsg. ergab für I schwache Oberflächenaktivität, auf die z. T. die I-Toxizität gegenüber den Organismen zurückgeführt wird. (J. Kyoto prefect. med. Univ. **56.** 675—76. Okt. 1954. Kobe, Med. Coll., Dep. of Anat. [Orig.: japan.; Auszug: engl., S. 51.]) H. DOSSMANN. 4607

J. A. Rider, L. E. Ellinwood und **J. M. Coon,** *Erhöhung der Verträglichkeit von Oktamethylpyrophosphoramid (OMPA) in der Ratte.* Die Verwendung von *OMPA* (I) als system. Insekticid u. als Therapeuticum bei Myasthenia gravis (vgl. C. **1951.** II. 2624) erforderte weitere Verss. zu seiner Toxikologie. Die kumulative Wrkg. von I wurde bestätigt. Es gelang aber, die Verträglichkeit von I durch allmähliches Steigern der täglichen Dosis oder durch die Behandlung der Tiere (Ratten) mit subletalen Dosen über einen längeren Zeitraum zu steigern. Die auf solche Weise behandelten Tiere vertrugen ohne Symptome Dosen, die in n. Fällen die Tiere in wenigen Tagen getötet hätten. Wesentliche oder mkr. Veränderungen an den Organen der Ratten konnten nicht festgestellt werden. (Proc. Soc. exp. Biol. Med. **81.** 455—59. Nov. 1952. Chicago, Univ , Dep. of Pharmacol.) W. LORENZ. 4607

Ju. I. Schillinger, L. P. Naumowa und **Ss. M. Pekerman,** *Der Einfluß geringer Dosen von DDT in Versuchen mit Affen.* Von 4 Affen (2 Jungtiere u. 2 erwachsene tragende Paviane), die im chron. Vers. (1 Jahr) täglich 0,2 mg/kg *DDT* in Sonnenblumenöl per os erhielten, erkrankten beide Jungtiere 7—9 Monate nach Beginn des Vers. an Hepatitis. Auch bei einem der erwachsenen Affen fand man nach 1 Jahr eine Lebervergrößerung u. bei beiden, sowie deren Neugeborenen, eine Blutzuckererhöhung. (Вопросы Питания [Fragen d. Ernähr.] **14.** Nr. 5. 41—44. Sept./Okt. 1955. Moskau, Ernährungsinst. der Akad. der Med. Wiss. der UdSSR; Suchumi, Med.-Biol. Stat.) E. RENTZ. 4607

P. F. D'Arcy, *Untersuchung der Wirkungen von 2.2-Bis-[p-chlorphenyl]-1.1-dichloräthan (DDD) auf die Nebennierenrinde der Maus.* Vf. gibt n. weißen Mäusen u. Tieren, denen die Nebennieren exstirpiert worden sind, ein Futter, das 0,1% *2.2-Bis-[p-chlorphenyl]-1.1-dichloräthan* (I) enthält, bzw. 3mal wöchentlich eine subcutane Injektion von 20 mg/100 g Körpergewicht (2%ig. Lsg. in Erdnußöl). Die Behandlungsdauer erstreckt sich über 2—6 Wochen. Es wird festgestellt, daß I weder eine Atrophie der Nebennierenrinde hervorruft, noch das Gewicht der Nebennieren merklich erniedrigt. Auch auf Tiere, die in einer Kältekammer bei $+2,5^0$ gehalten worden sind, zeigt I in der angeführten Dosierung keine Wirkung. (J. Pharmacy Pharmacol. **6.** 625—28. Sept. 1954. London, Univ., School of Pharm., Dep. of Pharmacol.) P. FAHRNLAENDER. 4607

J. Hodler, *Über die Farnkrautvergiftung der Ratte.* 60 Ratten (Wistar, z. T. eigene Zucht) wurden zusätzlich zur Normaldiät Extrakte von Pteris aquilina, Karpfeneingeweiden, u. Rattenherzen verabreicht. Die Verdünnungen betrugen: 1 : 12 für *Farnkrautpulver* (I), 1 : 4 für frisches *Farnkraut* (II) u. 1 : 2 bis 1 : 6 für Organextrakte. 40 Gew.-% I u. II macht die Tiere unruhig, schreckhaft, bissig u. appetitlos. Danach treten Ataxie, Gleichgewichtsstörungen, Spasmen, Paresen u., bei älteren Tieren, Gewichtsstürze auf. Bei diesen sind außerdem spast. Lähmungen u. kurz vor dem Tode (Cyanose) Bradycardie, mit Pulsfrequenzen von 100—200/Min., bemerkbar. Diese werden durch *Aneurin* nicht beeinflußt. Der Aneuringeh. der Leber bzw. Milz betrug bei Normaldiät 13—17 bzw. 4—5, bei Mangeldiät 1—2 bzw. 0,6—1,5, bei Zusatz von frischem II (40%) 0,2—1 bzw. 0,5—1, von frischem I (40%) 0,5 bzw. 0,6, von getrocknetem I 8—12 bzw. 3—4, bei subcutanen Injektionen eines Extraktes von frischem Pulver 13 bzw. 4 μg/g Organ. Folglich ruft I einen akuten Aneurinmangel hervor. Patholog.-anatom. Befunde ähneln denjenigen der CHASTEKschen Paralyse. Die Pulsfrequenzzunahmen B_1-hypovitaminot. Ratten sind nach Verabreichung von 2 μg Aneurin (subcutan) u. nach zusätzlicher Verabreichung von Farnkrautextrakt deutlich verschieden. Diese entsprechen denjenigen des durch I auf 0,32 μg herabgesetzten Aneuringeh. des Gemisches. Die eventuelle Ggw. von tox. Verbb., die von den spezif. Antianeurinkörpern verschieden sind, wird diskutiert. (Pflügers Arch. ges. Physiol. Menschen Tiere **259.** 409—21. 1954. Bern, Hallerianum.) F. W. VAN KLAVEREN. 4608

M. Peterfalvi und **R. Jequier,** *Pharmakologische Untersuchung sich von Colchicin, Desmethylcolchicin und Colchicosid ableitender Tropaminone. Colchicamid* (I) u. *Desmethylcolchicamid* (II) geben das gleiche Vergiftungsbild wie die *Tropolone* (IV), von denen sie sich ableiten. I, II u. *Colchicosamid* (III) sind weniger tox. als die entsprechenden **IV.** Die Toxizitätsabnahme ist um so ausgeprägter, je toxischer die Stammverbindung ist: DL_{50} (mg/kg Maus, intraperitoneal), I (Weinsäurelsg. bzw. wss. Suspension) 52 ± 14 bzw. $33,5 \pm 9$, (*Colchicin* $2 \pm 0,3$), II (wss. Suspension) 80 ± 17 (*Desmethylcolchicin* $16 \pm 2,5$), III (wss. Lsg.) 365 ± 49 (*Colchicosid* 280 ± 52). Die Toxizitätssymptome von I u. II entwickeln sich langsam, während mit III der Tod rasch eintritt. Die pharmakol. Unters. von I u. III an der Katze zeigt, daß hierdurch die Tiere für die Wrkg. von *Adrenalin* u. *Noradrenalin* empfindlicher werden. I u. III zeigen gegenüber verschied. isolierten Organen keine Wirkung. (Arch. int. Pharmacodynam. Thérap. **98.** 236—41. 1/6. 1954. Paris, Labors. Roussel-Uclaf, Dép. Physiol.) K. MAIER. 4608

J. N. Banerjee und **J. J. Lewis**, *Pharmakologische Untersuchungen an Aspidosperma Mart. & Zucc., Aspidosperma ulei MGF (Familie der Apocynaceae).* Die Alkaloide der Rinde von *Aspidosperma ulei* zeigten eine *Acetylcholin*-antagonist. Wrkg. an der glatten Muskulatur von Darm u. Uterus, eine starke zentralerregende Wrkg. an Mäusen u. Kaninchen, einen *Adrenalin*-Antagonismus in bezug auf die pressor. Wrkg. bei der Katze sowie eine klare amöbicide Wrkg. in vitro. (J. Pharmacy Pharmacol. **7.** 42—45. Jan. 1955. Nottingham, Univ., Pharmacy Dep., Pharmacol. Labor.) H. BASFELD. 4608

J. N. Banerjee und **J. J. Lewis**, *Bemerkung über die Pharmakologie des Aspidospermins. Aspidospermin* (I), ein Alkaloid aus der Rinde verschied. Aspidospermen, zeigte eine aufhebende Wrkg. gegenüber der Constrictor-Rk. der Blutgefäße im Kaninchenohr u. Rattenrücken mit *Adrenalin* (II). Es fand sich weiterhin ein deutlicher antagonist. Einfl. gegenüber der krampferzeugenden **II**-Wrkg. am Kaninchenuterus. Außerdem konnten die atmungsstimulierenden Eigg. von **I** bestätigt werden. (J. Pharmacy Pharmacol. **7.** 46—49. Jan. 1955. Nottingham, Univ., Pharmacy Dep., Pharmacol. Labor.; Glasgow, Univ., Mat. Med. Dep.) H. BASFELD. 4608

Walter W. Baker und **Judith M. Baker**, *Ouabainisierung des isolierten Froschherzens.* Vff. geben eine Meth. an, mittels der beim isolierten Froschherzen eine *Ouabainisierung* erreicht werden kann, deren einzelne, kontinuierlich ineinander übergehende Stadien jeweils durch charakterist. Befunde im Elektrocardiogramm zu erkennen sind. Strombildveränderungen durch Zusatz von *Chinidin, Barbituraten, Adrenalin* u. *Ca* bildeten sich nach Entfernung dieser Stoffe regelmäßig zurück. (Arch. int. Pharmacodynam. Thérap. **102.** 105—12. 1/6. 1955. Philadelphia, Pa., Univ., Dep. of Pharmacol., Jefferson Med. Coll.) G. RENTSCH. 4608

Ralph V. Ford und **N. S. R. Maluf**, *Die Wirkung der Furadantinbehandlung auf Nieren- und Leberfunktion. Furadantin [N-(5-Nitro-2-furfuryliden)-1-aminohydantoin]*, das bei der Behandlung von Harninfektionen verwendet wird, hat nach den Unterss. der Vff. keinen Einfl. auf Nieren- oder Leberfunktionen. Gleichzeitig wurde festgestellt, daß bei der 7-Tageskur es nur einmal gelang, die Urininfektion zu heilen. In 7 Fällen blieb der bakteriolog. Urinbefund unverändert. (J. Urology **72.** 959—62. Nov. 1954. Houston, Tex., Baylor Univ., Coll. of Med., u. Veterans Admin. Hosp.) L. BERGER. 4610

Rudolf Tschesche, *Der antibakterielle Wirkungsmechanismus der Sulfonamide.* An Hand von 41 Literaturangaben wird der vermutliche Wirkungsmechanismus der Sulfonamide besprochen. (Arzneimittel-Forsch. **1.** 335—39. Nov. 1951. Hamburg, Univ., Chem. Staatsinst., Biochem. Abt.) R. RUTKOWSKI. 4610

Hans-Ulrich Sauerbrei, *Sulfonamidagranulocytose im Säuglingsalter.* Es wird über einen Fall von letal auslaufender Agranulocytose nach insgesamt 8,5 g *Cibazol* u. 33 g *Supronal* bei einem Säugling berichtet. Vf. empfiehlt, Sulfonamide nicht länger als 8 Tage zu verabreichen, bei auftretenden Unverträglichkeitserscheinungen die Medikation abzubrechen, bei Rezidiven erneut notwendige Therapie mit einem chem. anders aufgebauten Sulfonamid oder einem Antibioticum zu behandeln u. bei Krankheiten mit Leukopenie Antibiotica zu applizieren. (Z. Kinderheilkunde **70.** 205—12. 1951. Essen, Städt. Krankenanstalt.) F. KRUSEN. 4610

W. Strakosch und **H. Wurm**, *Talkumendometritis nach intrauteriner Anwendung von Marbadalglobuli und -styli.* Es wird über einen Fall berichtet, bei dem nach einer schwierigen Zwillingsgeburt 3—4 *Marbadal*-Kugeln u. 2 Styli in den Uterus eingeführt wurden. In der Folge trat dann eine Endometritis, verbunden mit einer schweren Blutung, auf. Bei der mkr. Unters. zeigten sich im Gewebe eingeschlossene Kristalle von Talkum. Dieses wird als Ursache für die Endometritis betrachtet, da sich bei diesem Fall im Anschluß an das Puerperium eine glanduläre Hyperplasie entwickelt hatte u. diese (mit ihren Durchblutungsstörungen) wohl die besondere Neigung für Talkumeinlagerungen erklärlich erscheinen läßt. (Geburtshilfe u. Frauenheilkunde **11.** 1109—14. Dez. 1951. Wiesbaden, Städt. Krankenanstalten, Patholog. Inst.) C. W. REICHLE. 4610

H. Gärtner und **K. Knörr**, *Ergebnisse tierexperimenteller Untersuchungen und klinischer Beobachtungen bei intraperitonealer Anwendung von Marbadal.* Klin. u. tierexperimentelle Unterss. über die Eignung von *Marbadal*-Puder (I) zu intraperitonealer Anwendung. Im Gegensatz zu den Sulfonamiden ruft **I** keine Verwachsungen hervor, bzw. im Tierexperiment erst nach Verwendung der 10fachen beim Menschen gebräuchlichen Menge. Diese Verwachsungen zeigen aber keine Fremdkörpergranulome. Bei Verwendung von sterilem **I** wird der postoperative Verlauf abgekürzt u. die Infektionsgefahr herabgesetzt. (Geburtshilfe u. Frauenheilkunde **11.** 1115—19. Dez. 1951. Münster, Univ., Frauenklinik; Tübingen, Univ., Frauenklinik.) C. W. REICHLE. 4610

K. Thorwest, *Die intraperitoneale Anwendung von Sulfonamiden.* Die intraperitoneale Anwendung von Sulfonamiden führt oftmals zu Verwachsungen u. Serosaschädigungen. Nur *Marbadal* zeigt gute Ergebnisse u. genügt den Anforderungen, die an ein solches Präp. gestellt werden. Da die Lokalanwendung von Marbadal für eine allg. Sulfonamidtherapie nicht ausreicht, wird die zusätzliche parenterale Anwendung von Antibioticis u. Sulfonamiden empfohlen. (Geburtshilfe u. Frauenheilkunde **11.** 1120—35. Dez. 1951. Bochum, Landesfrauenklinik.) C. W. REICHLE. 4610

A. P. Ray, C. P. Nair, M. K. Menon und **B. G. Misra,** *Antimalariawirkung des aktiven Bromguanidmetaboliten gegenüber P. cynomolgi. Mepacrine* (I), *2-p-Chlorphenylguanidino-4-[β-diäthylaminoäthylamino]-6-methylpyrimidin* (*M 3349,* II) u. akt. Metabolit des Bromguanids, *1-p-Bromphenyl-2.4-diamino-6.6-dimethyl-1.6-dihydro-1.3.5-triazin* (III) wurden an 63 n. *S. rhesus*-Affen, die mit den asexuellen Formen von *P. cynomolgi* infiziert waren, getestet. Die kleinsten wirksamen Dosen waren 5,0, 20,0 u. 1,2 mg der Base/kg Körpergewicht. Das Chininäquivalent ist hiernach 16,7, 4 u. 1 für III, I u. II. (Indian J. Malariol. **8.** 209—13. Sept. 1954. Delhi, Malaria Inst. of India.) K. MAIER. 4610

Y. T. Chang, *Chemotherapie der murinen Lepra.* 3. Mitt. *Die Wirkungen von Nicotinamid und Pyrazinamid* (*Aldinamid*) *bei Mäuselepra.* (2. vgl. C. **1954.** 2664.) In Verss. mit intraperitoneal mit Lepra infizierten Mäusen zeigten sich *Nicotinamid* u. *Pyrazinamid* von gleicher Wrkg. wie *Isoniazid* u. besserer Wrkg. als *Streptomycin.* Sie waren nicht nur bei sofort nach Infektion beginnender, sondern auch bei erst nach 2 Monaten einsetzender Therapie wirksam. — 69 Literaturangaben u. 20 Abbildungen. (Int. J. Leprosy **22.** 331—46. Juli/Sept. **1954.** Bethesda, Md., National Inst. of Health, National Inst. of Arthritis and Metabolic Diseases.) F. KRUSEN. 4610

Povl Møller, *Klinische Resultate und Nebenwirkungen der kombinierten Arsen–Wismut-Therapie bei der Frühsyphilis.* Vf. vergleicht die *Penicillin*-Therapie der Frühsyphilis mit der *Arsen–Wismut*-Therapie. Unter Abwägung der Vor- u. Nachteile beider Therapieformen ist Vf. der Ansicht, daß die Arsen–Wismut-Therapie in Dänemark die besseren Ergebnisse gezeigt hat. (Acta dermato-venereol. [Stockholm] **31.** Suppl. 24. 30—41. 1951.) C. W. REICHLE. 4610

Santiago Americano Freire, Noel Rist und **Françoise Grumbach,** *Ein neuer Salicylsäurephenylester, FR 7. Tuberkulostatische Wirksamkeit in vitro und bei der Maus.* (Vgl. C. **1951.** I. 2305.) Da *Salol* der *Salicylsäurephenylester* in vitro im LÖWENSTEIN-Nährboden fünfmal wirksamer gegen Tuberkuloseerreger war als *Salicylsäure,* wurde versucht, eine ähnliche Wirksamkeitssteigerung durch Umwandlung der *p-Aminosalicylsäure* in den *p-Aminosalicylsäurephenylester* (I) zu erzielen. *p-Acetamidosalicylsäurephenylester* (II) ist in vitro fünfmal wirksamer als *p-Acetylaminosalicylsäure;* im LÖWENSTEIN-Nährboden wirkt II mit 5 μg/cm³. I zeigt den F. 149°, es ist unlösl. in W.; für 8 organ. Lösungsmittel u. Olivenöl sind die Löslichkeiten tabellar. angegeben. Durch Auflösen in heißem Acetylenglykol u. Verdünnen mit W. erhält man sterilisierbare Lösungen. In vitro-Verss. mit I in YOUMANS-Nährboden + 10% Rinderserum; in vivo-Verss. an Mäusen, nach 20—25 Tagen Sektion u. Unters. der Lungen auf makroskop. u. mkr. Weise (Auszählung der Bakterien in Testfeldern). I ist in vitro 10—16fach so wirksam wie PAS. Der *p-Trichloracetamidosalicylsäurephenylester* ist nicht so wirksam wie I. Die Aussprühung an 3 humanus- u. 1 bovinus-Stamm sowie an 5 Streptomycinresistenten humanus-Stämmen zeigte die gleichen Ergebnisse. PAS wird von *p-Aminobenzoesäure* (III) Mol pro Mol inaktiviert, I benötigt zur Inaktivierung 20 Mol III. Auch gegen einen PAS-resistenten Stamm zeigte I noch Wirksamkeit. I wirkt in vitro nur bakteriostat., nicht bakterieid. Im Mäusevers. werden bei einer Tagesdosis von 5 μg I/20 g Tier keine Bakterien in der Lunge gefunden, wohl aber in Leber u. Milz. Eine Tagesdosis von 1 mg I/20 g ist mit einer Tagesdosis von 1 mg *Streptomycin*/20 g vergleichbar. Des weiteren werden unterbrochene, verlängerte, verzögerte u. diskontinuierliche Behandlung beschrieben. Bei allen wird keine endgültige Heilung erzielt. Die Kombination von I mit Streptomycin bietet Vorteile. Toxizität des I (DL_{50}): subcutan 5 g/kg, oral 50 g/kg, in Öllsg. subcutan 10 g/kg der Maus; in Öl subcutan 10 mg/kg bei der Ratte. Chron. Toxizität: 500 mg/kg/Tag werden 20 Tage vertragen. — Die Ausscheidung des I beim Menschen u. Kaninchen ist sehr verzögert, bei letzterem wird die Acetylverb. im Harn gefunden. I ist nicht allein der langsameren Ausscheidung wegen dem PAS überlegen. Bei oraler Darreichung ist I wegen der Hydrolyse im Magen-Darm-Kanal dem PAS gleichwertig. (Ann. Inst. Pasteur **81.** 407—23. Okt. 1951. Paris, Inst. Pasteur, Laborr. de Rech. sur la Tubercul.) H.-A. OFFE. 4610

W. Wegner und **R. Zintz,** *Unsere vorläufigen Erfahrungen mit der Chemotherapie der Augentuberkulose.* Bei der Behandlung der Augentuberkulose scheint der *PAS* trotz ihrer stärkeren tuberkulostat. Eigg. keine Überlegenheit gegenüber dem *Conteben* zuzukommen. (Klin. Monatsbl. Augenheilkunde augenärztl. Fortbild. **119.** 350—65. 1951. Freiburg i. Br., Univ., Augenklinik, u. Höchenschwand, Augensanatorium.)
R. RUTKOWSKI. 4610

Y. S. Narayana Rao, C. S. Balasubramaniam und **A. Ramachandra Rao,** *Eine Vergleichsuntersuchung mit Phthalylsulfathiazol, Chloromycetin und Aureomycin bei der Cholerabehandlung.* Bericht über Therapieverss. bei einer Choleraepidemie. 3tägige Behandlung mit über den Tag verteilten Dosen von *Chloromycetin* (I), 57 Fälle, 3 g/Tag; *Aureomycin* (II), 40 Fälle, 2 g/Tag; *Thalazol* = *Phthalylsulfathiazol* (III), 40 Fälle, insgesamt 14 bzw. 28 g u. 40 Kontrollen. Alle Fälle erhielten *Glucose-NaCl*-Infusionen. Als Erreger wurde hauptsächlich Vibrio cholera Stamm Ogawa nachgewiesen. Todesfälle in % (I-, II-, III-Kontrollen): 7; 2,5; 5; 12,5. Erregerfreiheit im Stuhl nach Tagen (I-, II-, III-Kontrollen): 2,8; 1,9; 4; 3,8. Vff. halten II für das aussichtsreichste Mittel bei der Cholerabekämpfung. Fast alle Patienten waren nicht gegen Cholera geimpft. (Indian med. Gaz. **89.** 207—11. April 1954. Guindy, King Inst. of Preventive Med. u. Tondiarpet; Madras, Infections Dis. Hosp.) H. DOSSMANN. 4611

Walter Paolino und **Ciro Ricci,** *Das Problem der Chloramphenicolwirkung auf die Hämatopoese beim Menschen.* An 32 Patienten beobachteten Vff. die Wrkg. von *Chloramphenicol* (I) auf das periphere Blutbild u. das Knochenmark. Dosierung 2 g täglich. Das Blutbild u. das Sternalmark zeigten keine signifikanten Abweichungen, vielleicht eine geringe Zunahme der reticulären Zellelemente u. eine Abnahme der Leukocyten bei Leukocytosen. Die in der Literatur berichteten hämatolog. Komplikationen nach I werden auf spezif. Wrkg. des im I enthaltenen Phenolrings zurückgeführt. (Minerva med. [Torino] **45 II.** 1649—55. 19/12. 1954. Torino, Univ., Ist. di Patologia Med.) P. G. SCHEURLEN. 4611

F. O. Höring, *Die Sonderstellung des Chloramphenicols unter den Antibioticis.* Hervorhebung der spezif. Wrkg. des *Chloramphenicols* (I) als einzigem Antibioticum beim Typhus abdominalis, u. Besprechung der möglichen Ursachen der unterschiedlichen Wrkg. von I u. den *Tetracyclinen* in vivo bei gleichem Verh. in vitro. (Therapiewoche **5.** 25—26. Okt. 1954. Worms, Stadtkrankenhaus.) H. DOSSMANN. 4611

Walther Schäfer, *Über die Prüfung von Antibioticapräparaten.* Bericht über Ergebnisse einer biol. Prüfmeth. an 72 *Penicillin* (I)-Präpp. in verschied. Form, davon 6 Kombinationspräpp. aus I + *Streptomycin* (II) gegenüber dem Staphylokokkenstamm SG 511 im Röhrchentest. Übereinstimmung mit dem Deklarationswert der Firmen war am besten bei Präpp., die I in Reinsubstanz oder wss. Suspension enthielten. Die Testung von I + II-Präpp. erfolgte gegenüber I bzw. II resistent gemachten Staphylokokkenstämmen, oder es wurde die Gesamthemmwrkg. gegenüber Staphylokokken bzw. B. subtilis im Vgl. zu einer bekannten Kontroll-Lsg. aus Standardpräpp. bestimmt. Ferner Angabe von Serumspiegelbest. an Versuchspersonen mit oral oder rectal verabreichtem *Chloromycetin* = *Paraxin* (BOEHRINGER, Mannheim) gegenüber E. coli in vitro zur Feststellung der geeigneten Dosierung für die beiden Verabreichungswege. (Med. Mschr. **9.** 369—71. Juni 1955. München, Univ., Hygien. Inst. u. Dtsch. Arzneiprüfungs-Inst.) H. DOSSMANN. 4611

Joseph V. Klauder und **Anna M. Rule,** *Antibiotica bei der Behandlung der experimentellen Infektion der Mäuse mit Erysipelothrix rhusiopathiae.* Die Wrkg. der Antibiotica wird bei verspätet einsetzender Behandlung durch die inzwischen angelaufenen immunisator. Vorgänge bei den Versuchstieren unterstützt. Die beste Wrkg. gegen Erysipelothrix rhusiopathiae bei Mäusen hatte *Penicillin,* das bei dieser Infektion auch beim Menschen günstig wirkt. (A. M. A. Arch. Dermatol. Syphilol. **69.** 570—76. Mai 1954. Philadelphia.) L. BERGER. 4611

Pekka Halonen und **Helvi Vilppula,** *Die Konzentration gewisser Penicillinpräparate im Serum.* Es wurde die durch verschied. *Penicillin* (I)-Präpp. im Serum bewirkte I-Konz. mikrobiol. bestimmt. *Na*-I-*G* (*Novo*) u. *Procain*-I in wss. Suspension geben bei intramuskulärer Injektion die für diese Präpp. typ. Serumkonzentrationskurven. Nach 5monatiger Aufbewahrung bei Zimmertemp. gibt *Procain*-I-*G* in wss. Suspension nicht mehr die charakterist. Serumkonzentrationskurve. *N.N'-Dibenzyläthylendiamin-di*-I-*G* ergibt eine niedrige, aber lange Zeit nachweisbare I-Konz. des Serums. (Duodecim **70.** 90—98. 1954.) S. BECKMANN. 4611

S. E. Sadek, *Die Konzentration des Penicillins in Rinderblut und Milch nach intramuskulärer Injektion und dessen Anwendung zur Mastitisbehandlung. Penicillin* (I) erscheint nach intramuskulärer Injektion (5000 E./lb.) innerhalb kurzer Zeit in der Milch. Die therapeut. wirksame Konz. bleibt ca. 24 Std. trotz Melkens erhalten. Das Depot-I-Präp. *Pronapen* erwies sich in gleicher Dosierung, 3 Tage lang je 1mal, als geeignet, Infektionen des Euters mit Mikrokokken oder Streptokokken zu bekämpfen. 9 von 11 Kühen wurden geheilt. (J. Amer. veterin. med. Assoc. **125.** 387—90. Nov. 1954. Urbana, Ill., Univ., Coll. of Veter. Med.) L. BERGER. 4611

Katherine Schaeffer, Elmer H. Loughlin und **Aurèle Joseph,** *Die Wirkung von oral verabreichtem Aureomycin beim Menschen auf Treponema pertenue.* Vff. beobachteten im

Phasenkontrast-Mikroskop die Wrkg. von oral verabreichtem *Aureomycin* auf Treponema pertenue u. stellten 2 Std. nach der Verabreichung des Antibioticum die ersten morphol. Veränderungen fest. Zuerst verlangsamten sich die schlängelnden, dann die rotierenden Bewegungen. Anschließend verkürzte sich der Abstand zwischen den einzelnen Spiralen, u. die die Treponemata umgebende Hülle schwoll an; gleichzeitig trat ein Zerfall der Körper auf. Schließlich zeigte dieser Organismus keinerlei Ähnlichkeit mehr mit dem ursprünglichen Treponema. Diese geschilderten Veränderungen traten bei Verabreichung von 5 g Aureomycin schneller ein als bei Applikation von 2 g. (Amer. J. trop. Med. **31.** 24-25. Jan. 1951. Haiti, Port-au-Prince, Inst. of Inter-American Affairs.) C. W. REICHLE. 4611

H. R. Fischer, *Lokalbehandlung mit den Tetracyclinen Aureomycin und Achromycin.* Vf. empfiehlt auf Grund eigener Erfahrungen zur Lokalbehandlung infektiöser Dermatosen *Aureomycin* u. *Achromycin* in geeigneter Salbengrundlage oder als 1%ig. Schüttelmixtur. Wegen des breiten Wirkungsspektr. hält Vf. Resistenzbestimmungen vor der Anwendung nicht für erforderlich. (Z. Haut- u. Geschlechtskrankh. **17.** 55—60. 15/7. 1954. Essen, Städt. Krankenanstalten, Hautklinik.) L. BERGER. 4611

Milton Marmell und **Aaron Prigot,** *Intramuskuläres Tetracyclin (Achromycin) bei der Behandlung der akuten Gonorrhoe des Mannes.* Kasuistik. (Vgl. auch C. **1956.** 182.) (Brit. J. vener. Diseases **31.** 188—89. Sept. 1955. New York, N. Y., Harlem Hosp., Dep. of Hospitals.) H. DOSSMANN. 4611

Olive W. Smith, Charles C. Roby und **George V. Smith** (unter Mitarbeit von **Duncan E. Reid**), *Die Wirkung von Oxytetracyclin in der durch glomeruläre Nephritis komplizierten Schwangerschaft: Epikrise.* Nach oraler Verabreichung von 2—3,5 g *Oxytetracyclin* (*Terramycin*; I) pro Tag für Perioden von 3 Tagen bis 5 Wochen an eine schwangere Patientin mit glomerulärer Nephritis wurden verminderte Albuminurie, vermehrte Kreatinurie, Ansteigen des nichtprotein. N im Serum bei mehr als 2 g I pro Tag, gesteigerte Diurese u. vermehrte Ausscheidung von K u. Na u. Normalisierung des Progesteronstoffwechsels gefunden. (Amer. J. Obstetr. Gynecol. **68.** 191—201. Juli 1954. Brookline, Mass., Free Hosp. for Women, Fearing Res. Labor.) F. LEUSCHNER. 4611

I. Rawitsch, *Die Antibiotica in der Pädiatrie.* Übersicht der bei Keuchhusten, Pneumonie, Scharlach, Meningitis, Unterleibstyphus u. Hepatitis epidemica in der Kinderklinik angewandten *Antibiotica* einschließlich Dosierung u. Applikation. — 72 nichtsowjet. Literaturangaben. (Антибиотики [Antibiotika] **8.** Nr. 4. 64—80. 1955.) G. MÖNCH. 4611

G. Je. Waissberg, *Radioaktive Antibiotica.* Übersicht. — 26 nichtsowjet. Literaturangaben. (Антибиотики [Antibiotika] **8.** Nr. 5. 3—15. 1955.) G. MÖNCH. 4611

H. Staub, *Nebenwirkungen von Antibioticis.* Übersicht über die indirekten Nebenwirkungen der *Antibiotica* (I), die über Resistenzentw. der Keime zum Überwuchern hochpathogener Organismen führen u. Betonung der Notwendigkeit von Sensibilitätstesten bei Verdacht auf resistente Erreger bei I-Therapie. (Schweiz. med. Wschr. **84.** 1379—81. 11/12. 1954. Basel.) H. DOSSMANN. 4611

José M. Biel und **Joaquín Nubiola,** *Uterusdilatation während der Geburt durch Hyaluriondase.* 1. Mitt. Kasuistik. (Med. Clín. [Barcelona] **23** (**12**). 416—17. Dez. 1954.) P. G. SCHEURLEN. 4614

F. Coste, F. Delbarre und **F. Basset-Lacronique,** *Test zur Beurteilung der entzündungshemmenden Wirkung von Medikamenten.* Beschreibung eines Testes an der Ratte, der durch subcutane, sterile Implantation eines mit der zu untersuchenden Substanz imprägnierten, chem. neutralen Kügelchens die entzündungshemmende Wrkg. durch mikrophotometr. Auszählung der Zellen zu beurteilen gestattet. Bezogen auf *Hydrocortison* wurden untersucht: *Steroide, Cholesterin, Pyramidon, Phenylbutazon, Antipyrin, Acetylsalicylsäure, Tri-* u. *Disalicylmethan, Methylacetanilid, Morpholinsalicylat, Methylpyrazolon.* Die Anzahl der unter gleichen Bedingungen ausgezählten Zellen wird für die einzelnen Präpp. angegeben u. das Ergebnis besprochen. (Semaine Hôpitaux Paris **31.** 2708—13. 26—30/8. 1955. Paris, Univ., Clin. de Rheumatol. de la Fac.) H. DOSSMANN. 4615

J. D. P. Graham, *Adrenergische Inhibitoren.* 1. Mitt. *Einteilung und Struktur.* Kurzer Überblick über die Physiologie der sympath. Nerven u. chem. Charakterisierung von *d-Lysergsäure, Yohimbin, Reserpin, 2-Methyl-1.2.3.4-tetrahydroisochinolin, N-Phenylpiperazin, Phentolamin* (*2-[N-p-Tolyl-N-m-oxyphenylaminomethyl]-imidazolin*), *Tolazolin* (*2-Benzylimidazolin*), *2-Diäthylamino-* u. *2-Piperidinomethyl-1.4-benzodioxan* (*883F* bzw. *933F*), *Hydrallazin* (*1-Hydrazinophthalazin*), *Dihydrallazin* (*1.4-Dihydrazinophthalazin*), *Benzazepin, β-Phenoxyäthyldiäthylamin* u. *1-Chlor-2-dibenzylaminoäthan* (*Dibenamin*). (Manufact. Chemist **26.** 391—93. 400. Sept. 1955.) P. LOCH. 4620

J. D. P. Graham, *Adrenergische Inhibitoren.* 2. Mitt. *Pharmakologie und Therapie.* (1. vgl. vorst. Ref.) Die in der 1. Mitt. genannten Verbb. werden vom Standpunkt der Pharmakologie u. Therapie abgehandelt. (Manufact. Chemist **26.** 501—02. 512. Nov. 1955.) P. LOCH. 4620

W. Graubner, *Über sympathicomimetische Stoffe.* Übersicht: Histor. Überblick, körpereigene Sympathicus-Wirkstoffe, Verh. im Stoffwechsel, Einteilung der Sympathicomimetica (I), Verstärkung u. Abschwächung von **I**, Bedeutung des sympath. Nervensystems. — 9 Literaturangaben. (Angew. Chem. **66.** 371—75. 15/7. 1954. Ingelheim/Rh., C. H. Boehringer Sohn, Pharmacol. Labor.) K. MAIER. 4620

Calvin Hanna, *Vergleichende Untersuchungen über die Wirkungsweise einer Cyanverbindung in Gegenüberstellung mit Acetylcholin. β-Dimethylaminopropionitrilmethojodid* zeigt im Tiervers. die gleiche Wrkg. wie Acetylcholin, nur ist die Verabfolgung höherer Dosen als beim Acetylcholin notwendig. Die Cyanverb. zeigt ebenfalls Muscarin- u. Nicotinwirkung. Es wird auf die Hypothese von PFEIFFER bzgl. chem. Konst. u. Muscarinwirkung hingewiesen. (Proc. Iowa Acad. Sci. **58.** 245—49. 1951. Iowa City, Io., Coll. of Med., Dep. of Pharmakol.) C. W. REICHLE. 4620

H. Budde und **E. Witzleb,** *Zur Wirkung von Phenothiazinderivaten auf Strukturen im autonomen Nervensystem. N-[3-Dimethylaminopropyl]-phenothiazin* u. *N-Methylpiperidyl-(3)-methylphenothiazin* heben bei Katzen die Erregung bzw. Erregungsübertragung sowohl am sympath., cholinerg. Ganglion cervicale craniale als auch an den Chemo- u. Pressoreceptoren in der Carotissinusregion auf. Dasselbe gilt für die sensor. Nervenendigungen der Haut, die im Gebiet des Nervus saphenus untersucht wurden. Die Wrkg. wird als überwiegend lokalanästhet. angesprochen u. ist der des *Procains* überlegen. (Arch. int. Pharmacodynam. Thérap. **102.** 126—38. 1/6. 1955. Hamburg, Univ., Inst. für Experimentelle Pathologie u. Balneologie.) G. RENTSCH. 4620

E. Gadermann und **K. Donat,** *Untersuchungen zur Toxizität verschiedener Phenothiazinderivate.* Mit Hilfe von Blutdruckmessungen, Atemfrequenzbestimmungen u. elektrocardiograph. Herzunterss. wurden *Megaphen* (I; *N-[3-Dimethylaminopropyl]-3-chlorphenothiazin-HCl*), ein Gemisch Megaphen-*Atosil* (II; *N-[3-Dimethylamino-2-methyläthyl]-phenothiazin-HCl*) im Verhältnis 1 : 1 u. *Pacatal* (III; *N-Methylpiperidyl-(3)-methylphenothiazin*) hinsichtlich ihrer tox. Wirkungen am Hund untersucht, wobei die DL fraktioniert intravenös verabfolgt wurde. Während tödliche Dosen von I vorwiegend zur Steigerung der Atemfrequenz u. zur Blutdrucksenkung führen — II stimmt weitgehend mit I überein — wirkt III durch Störung der Reizbldg. u. Erregbarkeit des Herzmuskels toxisch. Die Gesamtdosis zum Erzielen von Intoxikationserscheinungen am Hund geht jedoch weit über die in der Klinik verwendeten Mengen hinaus. (Arch. int. Pharmacodynam. Thérap. **102.** 85—95. 1/6. 1955. Hamburg-Eppendorf, Univ., 2. Med. Klinik u. Poliklinik.) G. RENTSCH. 4620

K. Andermann und **J. S. B. Lindsay,** *Chlorpromazin.* Bericht über 70 chron. schizophrene Kranke, die mit *Chlorpromazin* = *3-Chlor-10-[3'-dimethylaminopropyl]-phenothiazin* = *Largactil* (I; MAY & BAKER, Australia) behandelt wurden. Im Vgl. zu Patienten mit Scheinbehandlung waren die Erfolge mit I sichtlich besser, aber nicht gleichmäßig. (Med. J. Australia **42 II.** 80—82. 16/7. 1955. Ballarat, Victoria, Mental Hosp. and Receiving House.) H. DOSSMANN. 4620

David R. Morgan, *Kombinierte Anwendung von Chlorpromazin und Reserpin bei der Behandlung chronischer Geisteskrankheit.* Vorl. Mitt. Vf. berichtet über sehr gute Erfolge bei der Behandlung schwerer Geisteskrankheit in 81 Fällen mit *Chlorpromazin* = *Largactil* u. in 22 Fällen mit *Reserpin* = *Serpasil* (CIBA). Besprechung der Dosierung u. Verabreichungsart, die sich nach der Schwere der Fälle richtet. Die positiven Konsequenzen dieser Behandlung für die Klinik werden bes. hervorgehoben. (Med. J. Australia **42.** II. 77—80. 16/7. 1955. Parramatta, New South Wales, Mental Hosp.) H. DOSSMANN. 4620

Herbert M. Bower, *Klinische Auswertung von Reserpin bei der Behandlung chronischer Geisteskranker.* (Med. J. Australia **42.** II. 82—86. 16/7. 1955. Victoria, Beechworth Mental Hosp.) H. DOSSMANN. 4620

M. C. Shelesnyak, *Deciduomahemmung durch Antihistaminantagonisten bei pseudogeschwängerten Ratten.* Die Uteri von 54 pseudogeschwängerten Albinoratten wurden angeregt, um das Deciduoma zu bewegen. Bei 24 Tieren wurde *Ephedrinhydrochlorid* als Pille oder in Lsg. in das Uteruslumen eingeführt u. bei 30 Tieren wurde *Diphenylhydramin* zur Zeit der Uteristimulation verwendet. Hemmung des Deciduoma war das Ergebnis. Contralaterale Gegenmaßnahmen führten zu einer Deciduomaerweiterung. Es wird angenommen, daß die Histaminausschüttung die natürliche Placentabldg. einleitet. (Amer. J. Physiol. **170.** 522—27. Sept. 1952. Rehovoth, Israel, Dep. of Exp. Biol., Weizmann Inst. of Sci.) W. LORENZ. 4625

F. Tison, *Untersuchung über die Wirkung eines synthetischen Antihistamins auf die experimentelle Meerschweinchentuberkulose.* Auf die experimentelle Meerschweinchentuberkulose hat das Antihistaminicum *Phenergan,* 15 mg/kg subcutan pro Tag injiziert, keinen Einfluß. (Ann. Inst. Pasteur **81.** 118—19. Juli 1951. Praz-Coutant, Haute-Savoie, Sanatorium.) R. RUTKOWSKI. 4625

D. Ss. Kalitzyn, A. A. Chadshiolow und **K. I. Dantschewa,** *Änderungen einiger Prozesse der Glykogenolyse in der Leber weißer Ratten bei medikamentösem Schlaf.* Wird Ratten 5 Tage lang *Medinal* (**I**) zugeführt (2mal täglich subcutan je 15 mg/100 g Körpergewicht), so enthält die Leber des schlafend getöteten Tieres 3,29% *Glykogen* (**II**) gegen 0,72% **II** bei einmaliger **I**-Zufuhr u. 0,56% **II** bei der Kontrolle. Der Blutzuckerspiegel des Blutes wird durch die **I**-Zufuhr (5 Tage) nicht geändert: 80 mg% bei der Kontrolle, 79 mg% beim Versuchstier. Die Aktivität der **II** spaltenden *Phosphorylase* wird durch **I** um 18% gegenüber der Kontrolle gesenkt. Die Aktivität der *Amylase* dagegen wird erhöht. (Український Біохімічний Журнал [Ukrain. biochem. J.] **27.** 324—29. 1955. Sofia, Med. Tschwerwenkow-Inst., Palladin-Lehrstuhl für Biochem.) O. LEBTAG. 4627

Otto R. Gsell, *Agranulocytose nach Phenylbutazontherapie.* Übersicht über das in der Literatur beschriebene Auftreten von Agranulocytose nach Verabreichung von *Phenylbutazon* (**I**; *Butazolidin, 3.5-Dioxo-1.2-diphenyl-4-n-butylpyrazolidin*). Es werden 29 Fälle beschrieben. Vf. betont die Seltenheit dieser Komplikation im Verhältnis zur Häufigkeit der Anwendung von **I**. (Int. Rec. Med. **167.** 483—88. Sept. 1954. St. Gallen, Schweiz, Kantonsspital.) F. LEUSCHNER. 4627

Peter D. Orahovats, Charles A. Winter und **Edward G. Lehman,** *Pharmakologische Studien über Gemische von Narkoticis und N-Allylnormorphin.* Bei dem günstigsten Dosierungsverhältnis von *6-Methyl-Δ^6-desoxymorphin/N-Allylnormorphin* (*Nalorphin*) 2:1 wurde an der Ratte eine differenzierte Gegenwrkg. auf Nebenwirkungen erzielt, während der analget. Effekt beinahe intakt blieb. Bei *Morphin/Nalorphin* war das günstigste Verhältnis 32:1, am Hund 2:0,15. Das Gemisch *Morphin/Nalorphin* zeigt intravenös bei Hunden u. Katzen keine besondere Wrkg. auf Blutdruck u. Atmung im Gegensatz zur Senkungswrkg. von *Morphin* allein bei gleicher Dosis. (J. Pharmacol. exp. Therapeut. **112.** 246—51. Okt. 1954. Rahway, N. J., Merck Inst. for Therapeutic Res.) H. AMAN. 4627

Jack W. Miller und **Hamilton H. Anderson,** *Der Einfluß von N-Demethylierung auf bestimmte pharmakologische Wirkungen von Morphin, Codein und Meperidin bei der Maus.* Ein Vgl. mol. Dosen zeigt, daß alle Norverbb. hinsichtlich ihrer analget. Wrkg. weniger akt. sind als ihre Muttersubstanzen. In bezug auf die akute Toxizität war *Norcodein* etwa halb so tox. wie *Codein,* während Demethylation bei *Morphin* u. *Meperidin* die Toxizität erhöhte. Der therapeut. Index wurde durch Demethylation verringert, am deutlichsten bei *Morphin.* Bei Anwendung mol. Dosen ist die treibende Kraft im Magen-Darm-Tractus bei *Norcodein* u. *Normorphin* weniger akt. als diejenige der Muttersubstanzen, bei *Normeperidin* gerade umgekehrt. Auch die N-Demethylierung anderer Verbb., welche einen N-Methylpiperidin-Kern enthalten, führt im allg. zu einer Abnahme ihrer pharmakol. Wrkg., so bei *Noratropin, Norhyoscyamin* (CARR u. REYNOLDS), *Norlobelin, Norcocain,* hingegen hat *Norlobelan* eine besser Atemwrkg. als *Lobelan.* Die prophylakt. Wrkg. von *N-Allylnormorphin* auf Vergiftungserscheinungen wird erwähnt; ebenso die Vorbehandlung mit *SKF 525 A,* welches die Demethylierung im Körper verhindern u. dadurch die Intensität u. Dauer der Wrkg. von *Morphin, Codein* u. *Meperidin* steigern soll. (J. Pharmacol. exp. Therapeut. **112.** 191—96. Okt. 1954. San Francisco, Calif., Univ. of California, Dep. of Pharmacol. and Exp. Therapeut., School of Med., Coll. of Dent.) H. AMAN. 4627

Barnett A. Greene, *Die Bedeutung von N-Allylnormorphin bei der Verhütung und Behandlung von narkosebedingter Depression (Atmung und Kreislauf) des Neugeborenen.* Die Gabe von *N-Allylnormorphin* (*Nalorphin*) bei der Geburt ist beim Neugeborenen bei Bedarf (Atmungs- oder Kreislaufdepression) durch die Umbilicalvene nach Narkose der Mutter während der Geburt indiziert. Bei nicht narkosebedingten Depressionen ist das Mittel zu vermeiden. Gebärenden sollte das Mittel 10—20 Min. vor der Geburt nicht mehr gegeben werden, da eine sicher günstige Wrkg. hier nicht zu beobachten ist. (Amer. J. Obstetr. Gynecol. **70.** 618—22. Sept. 1955. Brooklyn, N. Y., Dep. of Anesthesiol. of Unit. Brooklyns Womens, Adelphi Hosp.; Forest Hills, N. Y., Forest Hills Gen. Hosp.) WOLFGANG ALBRECHT. 4627

F. Obál, Á. Kelemen, Gy. Feszt und **S. Fall,** *Die Rolle des Nervensystems in der temperatursenkenden Wirkung der Mutterkornalkaloide und des Novocains.* Die temperatursenkende Wrkg. natürlicher u. Dihydromutterkornalkaloide u. des Novocains wird durch die Abwehrfunktion der Gehirnrinde bei kleinen Gaben nicht nur gehemmt, sondern sogar in Temperaturerhöhung umgekehrt, da die Wrkg. des Arzneimittels im Laufe der Assoziationen abnimmt. Bei größeren Gaben vermag die kompensierende Wrkg. der Rinde erst später wirksam zu werden, so daß zunächst die temperatursenkende Wrkg. verstärkt wird. Angriffspunkt u. Dosis sowie Typ des Nervensyst. sind hierbei beeinflussende Faktoren. (Acta physiol. Acad. Sci. hung. **6.** Suppl. 20. Kongr. ung. physiol. Ges. Budapest 114—15. 1954. Marosvásárhely, Med. Univ., Inst. für Pharmakol. u. pathol. Physiol., Budapest, Staatl. Forschungsinst. für Neurochirurgie.) H. ENDRASS. 4628

Theodor Port, *Nebenerscheinungen bei der Behandlung der Epilepsie mit Hydantoinderivaten.* Inhaltlich ident. mit der C. **1954.** 10290 referierten Arbeit. (Aerztl. Wschr. **9.** 1216—18. 17/12. 1954. Weissenau, Kr. Ravensburg.) G. KLESSE. 4628

H. J. Wolf, *Über die Anwendungsmöglichkeit der Äthylcrotylbarbitursäure (Kalypnon) als Antiepilepticum. Äthylcrotylbarbitursäure (Kalypnon;* **I**) wurde bei 14 schweren u. 50 leichteren Epileptikern als Antiepilepticum erprobt. Dabei zeigte sich in der Kombination *Diphenylhydantoin* + **I** eine Vermehrung der Anfälle, während **I** allein die Anfallshäufigkeit verminderte. Unter der alleinigen Anwendung von **I** ergab sich jedoch eine deutliche Zunahme der für die epilept. Wesensveränderung typ. Symptome. **I** wurde in Dosen von 0,25—0,5 g/Tag angewandt. (Dtsch. Gesundheitswes. **9.** 767—69. 17/6. 1954. Berlin-Biesdorf, Städt. Krankenhaus Wuhlgarten.) L. BARTH. 4628

Hans-Jürgen Steinke und **Günther Vogel,** *Vergleichende Untersuchungen über den Angriffspunkt muskelerschlaffender Verbindungen.* Aus Verss. über die Beeinflussung von Rheobase u. Chronaxie des *Musculus gastrocnemius* bei Fröschen durch verschied. Muskelrelaxantien bei direkter u. indirekter Reizung schließen Vff., daß *1.2.3-Tris-[β-triäthylaminoäthoxy]-benzoltrijodid (Retensin,* ASTA-WERKE, Brackwede/Westf.) u. *d-Tubocurarinchlorid (dTC)* elektiv an der motor. Nervenendplatte angreifen, während *Dekamethonium* u. *Succinyl* (ASTA-WERKE, Brackwede/Westf.) wahrscheinlich auch die Muskelfasern depolarisieren. (Pflügers Arch. ges. Physiol. Menschen Tiere **259.** 152—64. 1954. Berlin, Humboldt-Univ., Physiol. u. Veterinärphysiol. Inst.) H. WUNDERLICH. 4628

Maurice Jacquet, *Lokalanwendung von Kobaltbenzolsulfonat und Hexaminkobaltchlorid oder -nicotinat bei peripheren Kreislaufsyndromen.* Die günstige Wrkg. von Co-Salzen durch perorale oder intramuskuläre Anwendung bei peripheren Kreislaufsyndromen ist schon früher beschrieben worden. Vf. berichtet über den therapeut. Erfolg durch Lokalanwendung von Lsgg. u. Salben des *Kobaltbenzolsulfonats* u. *Hexaminkobaltchlorids* oder *-nicotinats* bei Krankheitsbildern wie Hyperämien an Händen, Füßen, Nase usw. (Akrocyanosen), Erythrocyanosen usw.) (Arch. Maladies Cœur Vaisseaux **47.** 433—34. Mai 1954.) H. KOCKERT. 4630

Albert Stunkard, Lothar Wertheimer und **Walter Redisch** (unter Mitarbeit von **Louisa Mulcare**), *Untersuchungen über Hydralazin; Beweis einer peripheren Wirkung. Hydralazin (= 1-Hydrazinophthalazin = Apresolin;* **I**) verursachte in Dosen von 0,3 mg/kg eine Blutdrucksenkung bei Kranken mit Querschnittslähmung u. steigerte die Durchblutungsgröße der dadurch oder infolge Sympathektomie denervierten Extremitäten. Eine solche Rk. wird an innervierten Gliedmaßen nicht beobachtet. Blutdruckwirksame Dosen von **I** beeinträchtigen aber nicht die durch Noradrenalin hervorgerufene Hypertension + Bradycardie oder den Druckanstieg des „*cold pressor*"-Tests. Aus all diesen Beobachtungen wird geschlossen, daß die **I**-Wrkg. zum größeren Teil peripher u. nicht zentral angreift. (J. clin. Invest. **33.** 1047—53. Juli 1954. New York, N. Y., Univ., Cornell Med. Coll., Dep. of Med.) H. JORDAN. 4630

H. Mitchell Perry jr. und **Henry A. Schroeder,** *Ein durch Hydralazin (Apresolin) verursachtes Krankheitsbild, das der Kollagenkrankheit ähnelte.* Von 211 Patienten, die wegen Hochdruck *Hydralazin* erhielten, entwickelten 17 tox. Symptome (Dosierung 2—22 Monate insgesamt 25—350 g). 3 Fälle werden näher beschrieben. Der erste mit Arthralgie, der zweite mit akuter, rheumatoider Arthritis u. der letzte unter dem Bild eines akuten Lupus erythematodes. Bei allen waren die Leberfunktionsproben positiv. Nach Absetzung des Mittels Besserung. (J. Amer. med. Assoc. **154.** 670—73. 20/2. 1954. St. Louis, Mo.) G. GERBER. 4630

Robert W. Kistner, *Behandlung der akuten Schwangerschaftstoxikosen mit drucksenkenden Pharmacis. Veratron, Verenteral* u. *Apresolin* zeigen infolge ihrer blutdrucksenkenden u. vasodilatierenden Eigg. eine günstige Wrkg. bei den Gestosen mit Hochdruck, auch wenn auf gleichzeitige Sedativa verzichtet wird. (J. Obstetr. Gynaecol. Brit. Empire [N. S.] **61.** 463—76. Aug. 1954. Brookline, Mass., Free Hosp. for Women.) H. JORDAN. 4630

Carroll A. Handley und **John H. Moyer**, *Die Wirkung eines Dibenzazepinabkömmlings (Ilidar) auf die Nierentätigkeit.* An Hunden konnte eine nachdrückliche blutdrucksenkende Wrkg. von *Ilidar* (I; HOFFMANN-LA ROCHE) = *6-Allyl-6.7-dihydro-5-dibenzo-*[c:e]*-azepinhydrochlorid* (*N-Allyl-1.2-dihydrodibenz*[c:e]*-azepinhydrochlorid?*) nachgewiesen werden, welche sowohl auf vasodilator. als auch Nebennierenwrkg. verläuft, wobei die glomerulare Filtrationsgeschwindigkeit sowie die Nierenplasmaschranke u. der Glucosetransport in den Tuben nicht red. wurden. I scheint trotz Senkung des Druckes die Blutdurchströmung der Nierengefäße nicht zu vermindern. (J. Pharmacol. exp. Therapeut. **110.** 277—81. März 1954. Houston, Tex., Baylor Univ., Coll. of Med., Dep. of Pharmacol.) H. BASFELD. 4630

Joseph M. Benforado und **Peter N. Witt**, *Der Einfluß der Schlagfrequenz des Herzens auf die letale Dosis von Veratridin am Herz-Lungen-Präparat des Hundes.* Nach Infusion der aus dem Handels-*Veratridin* (I; S. B. PENICK & CO., New York, N. Y.) hergestellten freien Base in 13 Herz-Lungen-Präpp. des Hundes wurde eine eindeutige Abhängigkeit der letalen Dosis von der Schlagfrequenz des Herzens gefunden. Die Infusionsgeschwindigkeit wurde bei 10 mg/Min. konstant gehalten, die Schlagfrequenz des Herzens mittels elektr. Reizgerätes verändert. Bei Aufrechterhaltung dieser optimalen Infusionsgeschwindigkeit sank die letale Dosis parallel mit steigender Schlagfrequenz. (J. Pharmacol. exp. Therapeut. **110.** 334—38. März 1954. Boston, Mass., Harvard Med. School, Dep. Pharmacol.) H. BASFELD. 4630

J. Szegi, *Resorptionsverhältnisse der Digitalisglykoside.* Durch Vgl. der Ergebnisse aus Unterss. der Resorption von Digitalisglucosiden mit denen aus der colorimetr. Best. der nicht resorbierten Glucoside wurde festgestellt, daß *Digitoxin* in 3—6 Std. zu 85%, *Digilanid C* zu 45% resorbiert wird. (Acta physiol. Acad. Sci. hung. **6.** Suppl. 20. Kongr. ung. physiol. Ges. Budapest, 108. 1954. Budapest, Med. Univ., Pharmakol. Inst.) H. ENDRASS. 4630

A. M. Woronowa, *Die Behandlung der Kreislaufinsuffizienz mit Dilanisid.* 34 Herzkranke im Alter von 17—70 Jahren wurden mit *Dilanisid* (I; mit 20%ig. A. konservierte Glucoside aus Digitalis) behandelt. I wurde intravenös in Dosen von 0,5—2,0 ml in 20 ml 40%ig. Glucoselsg. bzw. in entsprechender Menge physiol. Lsg. eingeführt (10—25 Injektionen 1 mal täglich). I hat sich bei schwerer Kreislaufinsuffizienz bewährt. Bei Tachycardie kann die Dosis auf 2 ml erhöht werden. Bei langsamem Puls empfiehlt es sich, mit 0,5 ml anzufangen. Bei ausgeprägter Bradycardie bzw. stärkerer Verzögerung der atrioventriculären Leitung ist die Anwendung von I contraindiziert, ebenso bei Bigeminie. Bei akt. Endomyocarditis ist Vorsicht bei der Wahl der Dosis geboten. Tox. Symptome bilden keine absol. Contraindikation für die Verabreichung des I. Bei schwerer Insuffizienz des Kreislaufes ist der therapeut. Effekt nicht anhaltend genug. Es werden daher anschließend kleine Dosen Digitalis empfohlen. (Терапевтический Архив [Therap. Arch.] **27.** Nr. 3. 33—39. 1955. Tomsk, Med. Inst., Therap. Fak. Klinik.) F. DU MANS. 4630

Robert W. Wilkins, *Rauwolfia in der Behandlung der essentiellen Hypertonie. Rauwolfia* (I) wirkt relativ langsam u. mild blutdrucksenkend u. hat keine ernsten Nebenerscheinungen im Gefolge. Es ist den gewöhnlichen Sedativa überlegen u. charakterisiert durch Wohlbefinden u. bradycarden Effekt. Für die Kombinationstherapie mit *Hexamethonium-* u. *Hydrazinphthalazin*-Präpp. ist I vorzüglich geeignet u. erleichtert die Therapieschwierigkeiten dieser beiden Antihypertonica. Es empfiehlt sich nach alldem bes. für die essentielle Hypertonie. (Amer. J. Med. **17.** 703—11. Nov. 1954. Boston, Mass., Univ. School of Med., Dep. of Med. and Massachusetts Mem. Hosp., Robert Dawson Evans Mem.) H. JORDAN. 4630

J. N. Banerjee und **J. J. Lewis**, *Bemerkung über die Pharmakologie der Alkaloide von Rauwolfia serpentina benth.* An der *Alseroxylon*-Fraktion der *Rauwolfia Serpentina*-Alkaloide, in welcher sich das spezif. bradycard., hypotensiv u. sedativ wirkende Prinzip konzentriert, konnte sowohl eine direkte als auch eine nach einer latenten Periode erst einsetzende *anticholinerg.* Wrkg. auf die Skelett-, glatte u. Herzmuskulatur nachgewiesen werden. An Hand der beschriebenen Befunde wird das mögliche Wirkungsprinzip besprochen. (J. Pharmacy Pharmacol. **7.** 50—54. Jan. 1955. Nottingham, Univ., Pharmacy Dep., Pharmacol. Labor. u. Glasgow, Univ., Dep. Mat. Med.) H. BASFELD. 4630

H. Wimhöfer und **J. Hartert**, *Ergebnisse systematischer Vorbeugung und Behandlung der Thrombo-Embolie mit Antikoagulantien.* Vff. berichten über klin. Erfahrungen in der Behandlung der Thrombo-Embolie mit verschied. Präpp., wobei dem *Tromexan* der Vorzug gegeben wird. Daneben wurden Unterss. über das postoperative Verh. der Gerinnungszeit, des Prothrombinindex u. der Thrombocyten durchgeführt. Die Ergebnisse werden im Zusammenhang diskutiert. (Geburtshilfe u. Frauenheilkunde **11.** 1059—67. Dez. 1951. Heidelberg, Univ., Frauenklinik.) C. W. REICHLE. 4630

M. Filomeni, *Hemmung der Quecksilberdiurese durch einige synthetische Antihistaminica.* Vf. untersuchte an Hunden die Beeinflussung der durch Hg-Präpp. hervorgerufenen Diurese mit Antihistaminicis, indem er einseitig in die Nierenarterie *Neoantergan* (I) oder *Antistin* (II) jeweils in einer Dosis von 5 mg/kg injizierte. Darauf trat keine Änderung der Diurese ein, auch die Cl-Ausscheidung blieb unverändert. Nach Injektion von *Mersalyl* (III; *2-[2'-Hydroxymercuri-3'-methoxyproylcarbamyl]-phenoxyessigsäure*) oder *Mercaptomerin* (IV; Na-Salz der *N-[γ-Carboxymethylmercaptomercuri-β-methoxypropyl]-camphersäure*) zu je 0,0165 ml/kg einer 14%ig. Lsg. erfolgte erwartungsgemäß eine Zunahme der Wasser- u. NaCl-Ausscheidung. Wurde **III** bzw. **IV** mit **I** bzw. **II** zusammen injiziert, so erfolgte eine 4—5 Std. dauernde Hemmung der Diurese; diese trat auch auf, wenn **III** bzw. **IV** intravenös (Vena jugularis) u. **I** bzw. **II** kurz zuvor in die Nierenarterie injiziert wurden. Demnach erfolgt die Hemmung der **III** u. **IV** durch die Antihistaminica in der Niere. Chromatograph. u. durch UV-Absorption konnte nachgewiesen werden, daß **I** u. **II** zu keiner chem. Veränderung der Hg-Präpp. führen. (Boll. Soc. ital. Biol. sperim. **30.** 1340—42. Dez. 1954. Roma, Univ., Ist. Farmacol.) P. G. SCHEURLEN. 4634

John M. McGowan und **Sarkis Sarkisian,** *Die Wirkung von Drogen auf den Gallentract des Menschen.* Vff. geben einen umfassenden Überblick über die bei Gallenerkrankungen verwandten Medikamente. Im ersten Teil werden diese hinsichtlich des Ortes u. der Art ihrer Wrkg., im zweiten Teil in Hinsicht auf ihre Verwendung besprochen. (Rev. Gastroenterology **18.** 19—30. Jan. 1951. Boston, Tufts Med. Coll., Dep. of Surg.) C. W. REICHLE. 4640

E. I. Benarroch und **R. Villegas J.,** *Vergleich der Wirksamkeit von Hexylresorcin und eines Gemisches von Tetrachloräthylen und Chenopodiol in der Behandlung der Helminthiasis intestinalis.* Vff. führten an einem sehr großen Krankengut in verschied. Gegenden Venezuelas Unterss. über die Wrkg. von *Hexylresorcin* (I) sowie einer Kombination von *Tetrachloräthylen* mit *Oleum Chenopodii* (Verhältnis 3 : 2) durch. Auffallend war, daß die therapeut. Wirksamkeit der Präpp. in einzelnen Gegenden stark abweichend war. Als beste Meth. erwies sich eine Gabe von 4 ml der Kombination, die bei einer Infektion mit Necator in 88%, bei Ascaris in 100% u. bei Trichurus in 66% der Fälle wirksam war. **I**, das in einer Menge von 0,6—1,0 g gegeben wurde, war weniger wirksam. (Rev. Sanidad Asist. soc. **19.** 197—208. Mai/Aug. 1954.) P. G. SCHEURLEN. 4649

Kenneth L. Binkley, *Behandlung der Ascaridiasis bei Zootieren mit 1-Diäthylcarbamyl-4-methylpiperazinhydrochlorid.* Vf. verwendete zur Behandlung der Ascaridiasis *Caricide* (LEDERLE; *1-Diäthylcarbamyl-4-methylpiperazinhydrochlorid*). Da keine Diät, auch kein Laxativum erforderlich ist u. keine tox. Nebenerscheinungen auftreten, ist es jetzt in routinemäßigem Gebrauch. Dosierung: 25 mg/lb. Die Erfolge sind gut. (J. Amer. veterin. med. Assoc. **125.** 408—09. Nov. 1954. Seattle, Wash., Woodlend Park Zoo.) L. BERGER. 4649

Eli Chernin, *Diäthylcarbamazine (Hetrazan) bei der Behandlung der Strongyloidose.* 7 Patienten mit Infektion durch Strongyloides stercoralis erhielten 6 mg/kg *Hetrazan* (I) 3mal/Tag über 6 Tage. Nachunters. ergab nur in 2 Fällen negativen Stuhl, aber die Zahl der Larven war reduziert. Nebenwirkungen in 5 Fällen, offenbar durch zu hohe I-Dosis. (J. Parasitology **40.** 589—90. Okt. 1954. Boston, Mass., Harvard School of Public Health, Dep. of Tropical Public Health.) H. DOSSMANN. 4649

Gordon McHardy und **William W. Frye,** *Antibiotica in der Bekämpfung der Amöbiasis.* Es wird der Wert der verschied. Antibiotica bei Amöbenerkrankungen besprochen. *Terramycin* 3 g täglich bis 20 g heilte 17 von 18 Fällen (Nebenwrkg. schwere Stomatitis), *Fumagillin* 60 mg täglich an 10 Tagen ergab bei 59 Patienten 6 Rückfälle. Bei in vitro Verss. war außerdem *Carbomycin* wirksam. Die Ausscheidung dieses Antibiotica im Stuhl wurde untersucht. (J. Amer. med. Assoc. **154.** 646—51. 20/2. 1954. New Orleans.) G. GERBER. 4649

A. C. Todd, *Wirkung von Antibioticis auf experimentelle Infektionen mit Ascaridia galli bei Küken. Penicillin* (**I**; 6,8 mg/lb. Futter) kann die Entw. von Ascaridia galli in der Intestina des Kükens nicht verhindern. Bei 15 mg/lb. Futter ist die anthelminth. Wrkg. erhöht. In einem Vergleichsvers. mit **I**, *Streptomycin* u. *Neomycin* (jedes zu 15 mg/lb. Futter) war die anthelminth. Wrkg. des **I** den beiden anderen Antibioticis überlegen. (Poultry Sci. **30.** 763—66. Sept. 1951. Lexington, Ky., Agric. Exp. Stat., Dep. of Animal Pathology.) H. PATZSCH. 4649

Helge Berggren und **Harry Hedström,** *Der Einfluß der örtlichen Anwendung von Fluor auf die Permeabilität des Zahnschmelzes.* An Hunden (7—12 Monate alt) wurden Unterss. über die Wrkg. von örtlich angewendetem *F* auf die Permeabilität des Zahnschmelzes durchgeführt. Nach Applikation einer 2—4%ig. NaF-Lsg. wurden die Zähne für 38—44 Std. einer Tetanustoxin-Fructose-Mischung (Toxintiter 1 : 100000, Fructosegeh. 20%) ausgesetzt. Die Permeabilität des Zahnschmelzes wurde durch die Behandlung der Zähne mit F nicht beeinflußt. (J. dental. Res. **30.** 169—71. April 1951. Stockholm, State Dent. Coll. and State Veter. Med. Inst., Dep. of Operative Dentistry.) H. PATZSCH. 4655

Themis Mavrogordato, *Die vorbeugende Rolle des Fluors gegenüber Caries.* Mitt. über Beobachtungen u. Erfahrungen mit der Caries u. dem F-Geh. des Trinkwassers (3 p.p.m. F) in Lavrion (Griechenland). Der %-Satz des Cariesbefalls ist, verglichen mit anderen griech. Distrikten, sehr gering. Das Trinkwasser ruft gefleckten Zahnschmelz verschiedener Stärke bei den Zähnen aller dort geborener u. aufgewachsener Kinder hervor. Die nichtgefleckten Zähne der in Lavrion geborenen Kinder zeigen eine höhere Immunität gegenüber der Zahncaries als die permanenten Zähne mit Fluorosis. In Nordgriechenland u. anderen Distrikten (Archangelos, Rhodos, Katerini, Cypern usw.) ist der Befall mit Caries gering, durchschnittlich 40—50%. Diese Erscheinung wird auf andere Faktoren als F zurückgeführt, bes. auf die Ernährung mit geringem Zuckerverbrauch. (J. Dental Res. **30.** 225—28. April 1951. Athen, Euangelismos Hosp.) H. PATZSCH. 4655

W. Holzhauer, *Über die Möglichkeiten medikamentöser Cariesprophylaxe.* In 2 Jahre dauernden Reihenunterss. an über 300 jüngeren u. älteren Schulkindern stellte sich heraus, daß eine medikamentöse Cariesprophylaxe (geprüft wurde das medizin. Mundpflegemittel *Blend-a-med* in Vgl. zu einer gewöhnlichen Zahnpasta) nur möglich ist in einem sanierten Gebiß, unabhängig vom Lebensalter; jedoch ist Blend-a-med gut geeignet zur Unterstützung der rein zahnärztlichen Prophylaxe. (Dtsch. Zahnärztebl. **9.** 656—58. 22/9. 1955. Schwelm, Gesundheitsamt des Ennepe-Ruhrkreises.) G. KLESSE. 4655

S. Palazzi, *Experimentelle Untersuchungen über die Wirkung fluorhaltiger Zahnpasten in der Cariesprophylaxe.* F hat eine prophylakt. Wrkg. gegenüber der Zahncaries. Am günstigsten wirkt ein ca. 1%ig. Zusatz zu Zahnpasten. (Athena [Rass. mens. Biol., Clin. Terap.] **20.** 345—47. Okt./Nov. 1954. Pavia, Univ., Clin. Odontoiaitr.) P. G. SCHEURLEN. 4655

A. Thielmann, *Ein Beitrag zur medikamentösen Behandlung der entzündlichen Parodontopathien.* Hinweis auf die beiden Kombinationspräpp. *Para-Muc* u. *Ad-Muc* (MERZ & Co., Frankfurt/M.), die sich bei akuten u. chron. Formen von Gingivitis u. Stomatitis ausgezeichnet bewährt haben. — Beschreibung von 5 Fällen. (Dtsch. Zahnärztebl. **9.** 630—31. 8/9. 1955. Frankfurt/M.-Sossenheim.) G. KLESSE. 4655

A. Manten, *Über die Bekämpfung des Schwimmerekzems.* Die nachst. Verbb. wurden auf ihre fungistat. Wirksamkeit gegen Epidermophyton interdigitale geprüft. Die Zahlenwerte beziehen sich auf: Minimalkonz. der fungistat. Wirksamkeit in γ/ml; Phenolkoeff. nach 10 Min.; Phenolkoeff. nach 6 Std.; Inaktivierung (in %) durch Zusatz von 10% Serum. Phenol 500; 1; 1; ca. 20. — Kresol 50, 3; 2,5; ca. 20. — Trichlorphenol 1; 8; 15; ca. 90. — Hexachlorophen 0,2; 150; 150; ca. 90. — Thymol 0,5; 5; 4; ca. 50. — Hexylresorcin 5; 150; 150; ca. 95. — Salicylanilid 10; <1; <1; —; Tetrachlornitrobenzol 200; <1; 4; —; HCl 200; 0,8; 8; —; NaOH 1000; 1,5; 4; —; Na-Propionat 2000; $<0,1$; $<0,1$; —; Na-Caprylat 50; <1; <1; —; Zn-Undecylenat 20; 2; 3; —; Na-Benzoat 500; 0,1; $<0,1$; —; Na-Salicylat 2000; 0,1; $<0,1$; —; Octylgallat 10; 50; 50; ca. 90. — Gentianaviolett 5; 8; 80; ca. 50. — Brilliantgrün 1; 30; 150; ca. 50. — Trypaflavin 2; 15; 80; ca. 50. — Tetramethylthiuramdisulfid 10; 80; 150; ca. 95. — Di-Na-Äthylen-bis-dithiocarbaminsäure 0,5; 30; 80; ca. 95. — 8-Oxychinolinsulfat 10; <1; 1; —; Dichloroxychinaldin 5; 30; 40; ca. 95. — $CuCl_2$ 500; $<0,1$; 0,1; —; $ZnSO_4$ 500; $<0,1$; 0,1; —; Merthiolat 0,1; 150; 150; ca. 75. — Phenylmercurinitrat 0,5; 800; 800; ca. 90. — Chlor 300; 3000; 3000; >99. — Chloramin 1000; 300; 800; >99. — Jod 200; 2000; 2000; ca. 99. — Cetyltrimethylammoniumbromid 5; 300; 1500; ca. 95. — Methylphenyldodecyltrimethylammoniummethosulfat 50; 3; 1,5; —; „Sabenyl" 10000; $<0,1$; $<0,1$; —; Methyläthyl-n-hexadecylsulfoniummethylsulfat 5; 150; 800; ca. 95. Formalin 20; 3; 15; ca. 50. — $KMnO_4$ 5000; 30; 150; >99. Diskussion über die Möglichkeit der prophylakt. Verwendung bes. wirksamer Verbindungen. (Pharmac. Weekbl. **90.** 1—9. 1/1. 1955. Rijksinst. voor de Volksgezondheid.) W. WESLY. 4661

R. Brun, Eug. Bujard und **W. Jadassohn,** *Die Wirkung verschiedener Salben auf die Epidermis des Meerschweinchens.* Am Meerschweinchen wurden verschied. Salben auf ihre mitoseanregende Fähigkeit (Zitze) u. ihre acanthogene Wrkg. (Flankenhaut) untersucht. Ein Siliconprod. u. eine Salbenbase 212 ließen weder die eine noch die andere Eig. erkennen. (Dermatologica [Basel] **111.** 107—10. Aug. 1955. Genf, Univ., Klinik für Dermatologie u. Inst. für Histologie u. Embryologie.) WOLFGANG ALBRECHT. 4661

A. M. Susinno und **R. E. Verdon,** *Ergebnisse der Behandlung der calcifizierenden Tendinitis mit Adenosin-5-monophosphat.* 53 Patienten wurden mit *Adenosin-5-mono-*

phosphat (I) zur Behebung einer calcifizierenden Tendinitis behandelt. I wurde in Form einer Gelatinelsg. zu 20 mg intramuskulär täglich oder jeden 2. Tag verabreicht. Insgesamt wurden durchschnittlich 9 Injektionen gegeben. 44 Patienten zeigten gute bis ausgezeichnete Erfolge, Kontrollfälle mit Placebo-Injektionen reagierten nicht. An Nebenerscheinungen wurden nur leichte Beschwerden festgestellt. Typ. war ein Aufflackern der Krankheitssymptome nach 5—10 Tagen der Behandlung, dem nach kurzer Zeit eine auffallende Besserung folgte. Über den Wirkungsmechanismus von I kann nichts gesagt werden. (J. Amer. med. Assoc. **154.** 239—41. 16/1. 1954. Englewood, N. J., Englewood Hospital.) L. Berger. 4670

I. G. Besspalow und **W. Ss. Daschkowskaja,** *Glutaminsäure und ihre Bedeutung für den Organismus.* Zusammenfassender Bericht über den Glutaminsäuregeh. in den tier. Proteinen, deren biol. Rolle im Organismus u. über die pharmakol. Wrkg. bei verschied. Krankheiten. (Педиатрия [Pädiatrie] **1955.** Nr. 2. 48—50. März/April. Psychiatr. Inst. des Gesundheitsmin. der UdSSR, Aminosäure-Labor.) F. du Mans. 4670

A. A. Benedikt und **W. Ss. Daschkowskaja,** *Die Anwendung von Glutaminsäure bei intracraniellem Geburtstrauma der Neugeborenen.* Das intracranielle Geburtstrauma (IG) bildet die häufigste Todesursache der Neugeborenen in den ersten Tagen des Lebens. Um den Stoffwechsel im zentralen Nervensyst. anzuregen u. O_2-Hunger zu vermeiden, verabreichten Vff. bei IG an 50 Neugeborene 1—2 Tage nach der Geburt *Glutaminsäure* (I) in 1%ig. Lsg. gemischt mit 25%ig. Lsg. von Fructoglucose (3mal täglich ein Teelöffel 20 Min. vor der Nahrungsaufnahme). Bereits 24 Std. nach Beginn der Behandlung wurde ein Erfolg beobachtet. Die Periode des Gewichtsabfalles verkürzte sich erheblich. Niemals traten Asphyxieanfälle oder Krämpfe ein. 16 Kinder erhielten I längere Zeit u. entwickelten sich normal. Nebenerscheinungen bei der Behandlung wurden nicht beobachtet. (Педиатрия [Pädiatrie] **1955.** Nr. 2. 50—54. März/April. Sklifossowski-Inst., Entbindungsheim Nr. 23 u. Labor. für physik.-chem. Analyse.) F. du Mans. 4670

B. N. Klossowski und **Wadim Russkich,** *Zur Frage der Anwendung der Glutaminsäure bei der Unterentwicklung des Gehirns bei Down'scher Krankheit.* Es wurden 32 in ihrer Entw. zurückgebliebene Kinder im Alter von 1—12 Jahren mit *Glutaminsäure* (I) behandelt. 29 davon litten an Downscher Krankheit. I wurde per os (1 g pro Tag u. Lebensjahr) gegeben. Allmählich wurde die Dosis auf 3—4 g, in einzelnen Fällen sogar auf 6 g erhöht. Die erste Behandlung dauerte 5—6 Monate. Bei 30 Kindern traten günstige Veränderungen des Zustandes ein. 3 Kinder, die längere Zeit in frühem Alter behandelt wurden, zeigten erhebliche Besserung. Bei 18 Kindern, bei denen die Behandlung nicht voll durchgeführt werden konnte, zeigte sich eine mäßige, bei den übrigen geringe Besserung. Die Besserung betraf sowohl die Bewegungsfähigkeit als auch den Intellekt. Der Darm funktionierte besser, die Kinder nahmen zu, Hämoglobin u. Erythrocytenwerte normalisierten sich. Eine zu hohe Dosierung kann zu Anämie führen, ebenso Verwendung von Sulfonamiden während der Behandlung mit I. Als Nebenerscheinungen wurden dyspept. Störungen, psychomotor. Erregbarkeit u. Reizung der Haut u. der Schleimhäute beobachtet. Eine Störung der Behandlung trat dadurch nicht ein. Ein bemerkenswerter therapeut. Effekt wurde nur bei den Kindern beobachtet, deren Behandlung nach der Geburt vorgenommen wurde. (Педиатрия [Pädiatrie] **1955.** Nr. 2. 42—47. März/April. Pädiatr. Inst. der Akad. der med. Wiss. der UdSSR, Abt. Hirnforschung.) F. du Mans. 4670

N. Ss. Dragunowa, *Die Heilung cerebraler Lähmungen bei Kindern durch Glutaminsäure.* Es wurden 37 (meist 1—12 Jahre alte) Kinder mit Lähmungserscheinungen, Störungen des Intellekts, Epilepsie, Hyperkinese u. Ataxie mit *Glutaminsäure* (I) behandelt. Ganz allg. wurden die Kinder danach lebhafter, aktiver u. intelligenter. Ihre Bewegungsfähigkeit ordnete sich zusehends. Sogar in 3 Fällen von Mikrocephalie wurde ein Erfolg beobachtet. Bei 38 Kindern, die $1^1/_2$—2 Jahre unter Beobachtung blieben, konnte die Dauerhaftigkeit der therapeut. Erfolge mit I bestätigt werden. Vollständige Heilung wurde in keinem Falle erreicht. Die Dauer der Behandlung muß 4—5 Monate betragen. Eine Wiederholung nach 1—2 Monaten ist notwendig. (Педиатрия [Pädiatrie] **1955.** Nr. 2. 59—63. März/April. Städt. Orthopäd.-Neurol. Kinderkrankenhaus.) F. du Mans. 4670

E. M. Nasarowa, *Zur Frage der Anwendung der Glutaminsäure gemeinsam mit anderen Heilfaktoren bei der Behandlung der Komplikationen nach Meningitis tuberculosa.* 31 Kinder in verschied. Stadien der tuberkulösen Meningitis erhielten zusätzlich zu der üblichen Behandlung *Glutaminsäure* (I) 3mal täglich per os im Laufe von 3—6 Monaten (insgesamt 3—5 Liter 1%ig. I-Lsg.). I hat ausgeprägt günstige Wrkg., bes. bei Störungen des Intellekts u. Paresen bzw. Paralysen sowohl während der akuten Periode als auch in der Rekonvalescenz. Pyramidenstörungen erholten sich besser als die extrapyramidalen.

Wenig wirksam war I bei epilept. Anfällen, bei Hyperkinesen u. Hydrocephalus. (Педиатрия [Pädiatrie] **1955.** Nr. 2. 54—59. März/April. Moskau, Pädiatr. Inst., Klinik für Nervenkrankheiten.) F. DU MANS. 4670

Samuel Lubin und **Richard Waltman,** *Vaginale Hämorrhagie, hervorgerufen durch Kaliumpermanganat.* Es werden 10 Fälle mitgeteilt, bei denen $KMnO_4$ zur Herbeiführung von Abortus angewendet worden war. Bei 5 kam es zu ausgedehnten Vaginalblutungen, die Bluttransfusionen notwendig machten. — Kasuistik. (Amer. J. Surgery **82.** 227—29. Aug. 1951. Brooklyn, N. Y.) H. PATZSCH. 4675

Peter-Heinz Koecher, *Bericht über einen Fall von Quecksilbervergiftung bei einem Kleinkind durch Genuß von weißer Quecksilberpräzipitatsalbe.* Bei einem zweijährigen Kind kam es nach Aufnahme von ca. 10 g 5%ig. *HgO*-Salbe zu einer durch heftige Durchfälle gek. *Hg*-Vergiftung, die ohne weitere Folgen blieb. In Magenspül-Fl. u. Harn wurde *Hg* nachgewiesen. (Arch. Toxikol. **15.** 22—23. 1954. Hamburg-Eppendorf, Univ., Kinderklinik.) F. KRUSEN. 4675

P. Monnet, A. Badinand und **M. Ribeyre,** *Hexachlorcyclohexanvergiftung bei Kindern.* Bericht über 3 Fälle von *Hexachlorcyclohexan*-Vergiftung bei Kindern, die erfolgreich mit *Gardenal* behandelt wurden. (Nourrisson **42.** 243—45. Nov./Dez. 1954. Lyon, Aubenas.) F. KRUSEN. 4675

K. Böhmer, *E 605-Vergiftung.* Ausführliche Kasuistik von 10 Fällen von *E 605*-Vergiftung mit letalem Ausgang. In 8 Fällen wurde das Gift in Mageninhalt u. Herzblut mit dem Verf. nach AVEREL u. NORRIS quantitativ bestimmt. Als auffällige anatom. Merkmale wurden bei den Obduktionen beobachtet: Rötungen, Ätzungen u. Blutungen im gesamten Verdauungskanal sowie Veränderungen von Hirn u. Hirnhäuten, bes. Blutaustritte verschiedenster Größe in allen Teilen des Großhirnes, vor allem in der Brücke. In klin. Hinsicht ist als charakterist. Symptom massives Lungenödem als Folge der Kreislaufstörung festzustellen. (Z. ges. inn. Med. Grenzgebiete **9.** 948—56. 15/10. 1954. Düsseldorf, Med. Akad., Inst. für gerichtl. Med.) F. KRUSEN. 4675

S. Rummelhardt, *Todesfall nach intravenöser Heptadongabe.* Die Höchstdosis von *2-Dimethylamino-4.4-diphenylheptanon-(5)* [*Polamidon* (HOECHST), *Heptadon* (EBEWE), *Methadon, Miadon, Dolophin, Amidon*] beträgt 12,5—15 mg subcutan. Vf. berichtet von 383 Fällen intravenöser Anwendung von I. In einem Falle (10 mg intravenös) trat ein plötzlicher, tödlich verlaufender Atemstillstand ein. Hunde vertrugen intravenöse Dosen von 2—3 mg/kg ohne Nebenwirkungen. Die Reizschwelle von I am Atemzentrum scheint individuell sehr verschieden zu sein. (Klin. Med. [Wien] **9.** 464—67. 1/10. 1954. Wien, Univ., I. Chirurg. Klinik.) H. AMAN. 4675

L. Lendle, *Verdacht auf Scopolaminvergiftung bei Instillation von Homatropin-Augentropfen.* Nach Einträufeln von 2 Tropfen einer als 1% *Homatropinhydrobromid* enthaltend deklarierten Lsg. in jedes Auge kam es in einem Fall zu 4—6 Std. anhaltenden Vergiftungserscheinungen. Zur Klärung des Falles unternommene Tierverss. ergaben, daß *Homatropin* (I) in Dosen von 1—5 mg/kg Änderungen von Atmungs- u. Pulsfrequenz, Brech-Rkk. u. Schläfrigkeit verursachten, jedoch keine Verwirrungs- u. Erregungszustände, die im beschriebenen Fall auftraten. Diese wurden dagegen durch *Scopolamin* (II) in Dosen von 0,1—0,3 mg/kg verursacht. Vf. vermutet, daß es sich bei den Augentropfen entweder um eine 1%ig. II-Lsg. oder um eine 10%ig. I-Lsg. handelte. (Arch. Toxikol. **15.** 10—17. 1954. Göttingen, Univ., Pharmakol. Inst.) F. KRUSEN. 4675

Wilhelm Kämpf, *Lorchelvergiftung* (*Helvella esculenta*). *Ein Beitrag zum Nachweis des Giftes im Darminhalt.* Im Darminhalt einer nach Genuß von Pilzen Verstorbenen wurden mkr. Reste von Pilzen (Ascomyceten) mit für Lorcheln typ. Pilzsporen nachgewiesen. Die Prüfung auf Lorcheltoxine nach REIF fiel positiv aus, so daß eine Lorchelvergiftung erwiesen war. (Arch. Toxikol. **15.** 17—20. 1954. Würzburg, Univ., Inst. für gerichtl. u. soz. Med.) F. KRUSEN. 4675

H. Jung, *Mineralogische Beiträge zur Staub- und Silicosebekämpfung.* Neben dem Quarz als bekanntem Silicosebildner ist vor allem Glimmer als gefährlich zu nennen. Schwefelkies erhöht die Gefahr in Ggw. von Quarz beträchtlich, wahrscheinlich dadurch, daß er den p_H-Wert in der Lunge verändert. Kalk- u. Ca-Verbb. wirken hemmend auf die Silicose. (Freiberger Forschungsh., Reihe C **1953.** Nr. 5. 76—78. Lauscha, Silikose Forschungsstelle Thür.) F. ENSSLIN. 4681

M. Giubileo und **R. Ricciardi-Pollini,** *Lungenerkrankungen durch chemische Stoffe.* Übersicht über ätiolog., klin., u. therapeut. Daten bei Lungenerkrankungen durch folgende chem. Stoffe: Be, Cd, Mn, V, Cl, $COCl_2$, $(CH_3)_2SO_4$, NO, NO_2, N_2O_4, Mineralöle, NH_3. (Rass. Med. ind. **23.** 197—220. Juli/Aug. 1954. Milano, Univ., Clin. del Lavoro „Luigi Devoto".) P. G. SCHEURLEN. 4681

—, Fragen der medizinischen Chemie. Unter der Redaktion von **Ss. R. Mardaschewa.** Moskau: Medgis. 1953. Band V. (220 S.). 9 Rbl. 40 Kop. Band VI. (189 S.). 8 Rbl. 30 Kop. [russ.]

F. Pharmazie. Desinfektion.

U. Bogs und **G. Knepper,** *Vorschläge für Salbengrundlagen im 2. Nachtrag zum DAB 6.* Vff. schlagen folgende Artikel zur Aufnahme in den 2. Nachtrag zum DAB 6 vor: Emulgierende Alkohole (Lanettewachs), fl. Wachs (Cetiolan), emulgierende Salbe, wasserhaltige emulgierende Salbe (Vorschlag 1 u. Vorschlag 2). (Pharmazie **10.** 187—90. März 1955. Halle, Univ., Pharmaz. Inst.) W. BARZ. 4750

U. Bogs und **G. Knepper,** *Vorschläge für die Vaselinartikel im 2. Nachtrag zum DAB 6.* Die Vorschläge (mit Erläuterungen) betreffen Vaselinum album u. Vaselinum flavum. (Pharmazie **10.** 289—92. Mai 1955. Halle, Univ., Pharmaz. Inst.) W. BARZ. 4750

J. Richter und **H.-J. Neuhaus,** *Vorläufige Normen für den Mindestinhalt von Ampullen und für die zulässigen Gewichtsabweichungen von Tabletten, Dragées, Pulvern, Kapseln und Pillen untereinander. Gleichzeitig Vorschläge für das DAB 7.* Die für die DDR gültigen Normen wurden unter Vgl. der Angaben im Sowjet., Brit., Poln. u. Schweizer Arzneibuch aufgestellt. (Pharmazie **10.** 589—90. Okt. 1955. Berlin, Staatl. Inst. für Arzneimittelforschung.) W. BARZ. 4750

Zdeněk Rektořík, *Das tschechoslowakische Arzneibuch (2. Ausgabe) druckfertig.* Übersicht über den Inhalt der neuen Ausgabe. (Československ. Farmac. **3.** 117—21. April 1954.) E. VEVERA. 4750

Bohuslav Štěrba, *Eine gefährliche Verwechslung der Droge Radix Veratri und Radix Senegae.* Wegen der Ähnlichkeit der Merkmale der Drogenpulver beider Drogen wird auf eine genaue Unters. der Drogen vor der Verarbeitung aufmerksam gemacht. (Českoslov. Farmac. **3.** 179—81. Mai 1954. Praha, Státn. úst. Kontr. léč.) E. VEVERA. 4782

L. Zechner und **H. Wohlmuth,** *Über Anemonin und Protoanemonin.* 1. Mitt. *Eine neue Gewinnungsart von Anemonin aus Ranunculus acer.* Vff. empfehlen zur Gewinnung von *Anemonin* (**I**) die Perkolation der frischen ober- u. unterird. Teile von *Ranunculus acer* mit Chlf. an Stelle der üblichen Wasserdampfdestillation. Durch Zugabe von PAe. zum Chloroformkonzentrat wurde **I**, F. 157°, erhalten (Angabe zahlreicher Farb-Rkk.). Amorphe Substanz [*Isoanemonsäure* (**II**)] fiel nicht an. Die Mutterlauge enthielt *Protoanemonin* (**III**), das u. a. eine starke Reizwrkg. auf Haut u. Schleimhaut entfaltet. Extraktionsverss. mit W., 50%ig. u. 96%ig. A. waren unbefriedigend. — In Übereinstimmung mit den Literaturangaben wurde aus dem Wasserdampfdestillat das sogenannte „Ranunkelöl" (**IV**) erhalten, aus dem sich **I** u. **II** abschieden. Durch mehrmalige Wasserdampfdest. von **IV** u. anschließende Extraktion des Destillats mit Chlf. konnte amorphes **III** gewonnen werden. — Getrocknete Pflanzen ergaben keine wasserdampfflüchtigen Stoffe. Auch mit W., 50%ig. u. 96%ig. A. u. Chlf. wurden **I**, **II** u. **III** nicht isoliert. (Scientia pharmac. **22.** 73—89. 30/6. 1954. Graz, Univ., Pharm.-Chem. Inst., Labor. für Galenik u. Arzneibereitungslehre.) K. HERRMANN. 4782

H. Auterhoff, *Chemie und Pharmakologie der Anthrachinondrogen.* 5. Mitt. (4. vgl. C. **1954.** 10767; vgl. auch NEUHOFF u. AUTERHOFF, C. **1955.** **2486.**) Ausführliche Übersicht. Behandelt werden Aloe, Cascara, Cortex Frangulae, Rhiz. Rhei u. Folia Sennae. — 30 Literaturstellen. (Planta med. [Stuttgart] **1.** 97—107. Dez. 1953. Würzburg, Univ., Inst. für Pharmaz. u. Lebensmittelchem.) K. HERRMANN. 4782

H. Gänshirt, *Über die Isolierung der Aristolochiasäure aus verschiedenen Aristolochiaceen und ihre quantitative Bestimmung.* Vf. schüttelte meist den Ae.- oder A.-Extrakt mit $KHCO_3$-Lsg. aus u. gewann hieraus durch Ansäuern rohe *Aristolochiasäure* (**I**). Diese wurde in Ae. an Al_2O_3 nach BROCKMANN chromatographiert u. mit 2%ig. Na_2CO_3-Lsg. eluiert. **I** wurde aus Rhizomen u. Wurzeln (0,59%), Blättern (0,021%) u. Samen (0,43%) von Aristolochia Clematis aus Radix Aristolochiae italicae (0,48%) u. longae (0,46%), aus den Stengeln von A. maxima (0,08%) u. A. Pandurata (0,03%), aus Rhizoma Serpentariae (0,11%) u. den Wurzeln von A. Sipho (0,43%) isoliert. Die Stengel von A. ringens Vahl u. die Samen von A. ornithocephala enthalten keine **I**. Durch Mikroelementaranalyse, Zersetzungspunkt (ca. 270°), Löslichkeit u. Farb-Rkk. wurde Identität aller isolierten **I** bewiesen. Angabe einer quantitativen Bestimmungsmeth. (gewichts- u. maßanalyt.) in Anlehnung an ROSENMUND u. REICHSTEIN (Pharmac. Acta Helvetiae **18.** [1943.] 243). (Pharmazie **8.** 584—92. Juli 1953. Karlsruhe, TH, Botan. Inst.) K. HERRMANN. 4782

K. Jentzsch und **H. Sackl,** *Zur Nomenklatur der Gelbwurz.* Die Umbenennung der Stammpflanze von *Rhizoma Curcumae* in *Curcuma domestica* Valeton (statt *C. longa* L.) sollte auch im pharmazeut. Schrifttum berücksichtigt werden, um Verwirrungen zu vermeiden. (Scientia pharmac. **22.** 109—10. 30/6. 1954. Wien, Univ., Pharmakognost. Inst.) K. HERRMANN. 4782

Egil Ramstad, *Untersuchungen über ein spezielles Transportsystem im Epikarp der Urticaceen.* Der Transport von Stoffwechselprodd. vom Mesokarp zum Epikarp zur Schleimbldg. dort erfolgt durch intercalare Zellen. (J. Amer. pharmac. Assoc. sci. Edit. **43.** 457—60. Aug. 1954. Lafayette, Ind., Purdue Univ., School of Pharmacy.)
F. NEUWALD. 4782

A. J. Steenhauer, *Über Reserpin, ein Alkaloid aus Rauwolfia Serpentina Benth.* 2. Mitt. (1. vgl. C. **1955.** 1094.) Die Elementaranalyse des aus *Rauwolfia Serpentina Benth* abgeschiedenen Alkaloids B ergibt die Formel $C_{33}H_{40}O_9N_2$, die mit der von MÜLLER u. Mitarbeitern (C. **1955.** 871) u. von FURLENMEIER u. Mitarbeitern (Experientia [Basel] **9.** [1953.] 331) angegebenen Formel übereinstimmt. Die beiden Alkaloide sind identisch. (Pharmac. Weekbl. **89.** 617—18. 28/8. 1954. Leiden, Rijksuniv., Pharmaceut. Labor.)
W. WESLY. 4782

Martha Jane Jones und **C. Clarence Albers,** *Weitere Untersuchungen über Texas-Plantagosamen.* Von 3 Texas-Plantagoarten (P. inflexa MORRIS, P. rhodosperma DECNE u. P. Helleri SMALL) u. einer angebauten P. ovata werden die Morphologie u. Histologie der Samen beschrieben. Der Schleimgeh. der 3 Texas-Arten ist nur ca. 5—20% geringer als der von P. ovata. (J. Amer. pharmac. Assoc., sci. Edit. **44.** 100—05. Febr. 1955. Austin, Tex., Univ. of Texas, Coll. of Pharm.) F. NEUWALD. 4782

E. F. Heeger und **W. Poethke,** *Die Haltbarmachung der Heil- und Gewürzpflanzen unter besonderer Berücksichtigung der Trocknung.* 2. Mitt. (1. vgl. C. **1951.** II. 2077.) Besprechung der verschied. Trocknungsmethoden u. der erforderlichen Anlagen, bes. zur Trocknung an der Luft. (Pharmazie **6.** 51—54. Febr. 1951. Leipzig, Jena.)
A. HOTZEL. 4782

Max Roberg, *Teeähnliche Erzeugnisse.* 1. Mitt. *Entwicklung, Geschmack und Bestandteile.* Übersicht über die dazu verwendeten Drogen. (Pharmazie **5.** 391—97. Aug. 1950. Hohenlimburg.) A. HOTZEL. 4782

Dolores Ann Strittmatter, *Eine vorläufige Mitteilung über Canna-Gummi.* Das Exsudat der Stengel von Canna generalis (Fam. Cannaceen) ist als guter Ersatz für im Ausland gewonnene Gummen u. als Emulgator für Lebertranemulsionen geeignet. (J. Amer. pharmac. Assoc., sci. Edit. **44.** 411—14. Juli 1955. Tucson, Ariz., Univ. of Arizona, Coll. of Pharm.) F. NEUWALD. 4786

A. Mosig, *Arzneimittelübersicht. Agovirin* (SPOFA, VEREINIGTE PHARMAZEUTISCHE WERKE, Nationalunternehmen): Ampullen mit einer öligen Lsg. von 10 bzw. 25 mg Testosteron, Dragées zu 10 mg Methyltestosteron. — *Arsaphen* (Hersteller wie vorst.): Diäthylaminum acetylaminohydroxyphenylarsinicum. Antilueticum. — *Clavititrat* (Hersteller wie vorst.): Secalepräp., Ampullen, Tropfen. — *Mecodin* (Hersteller wie vorst.): 6-Dimethylamino-4.4-diphenyl-3-heptanon. Tabletten zu 2,5 (mg), Ampullen zu 5. Analgeticum, Spasmolyticum. — *Pelentan* (Hersteller wie vorst.): Di-(4-oxycumarinyl)-essigsäureäthylester. Tabletten zu 0,3 g. Zur Thrombosebehandlung. — *Sombrabil* (Hersteller wie vorst.): β-(4-Oxy-3.5-dijodphenyl)-α-phenylpropionsäure. Röntgenkonstrastmittel zur Darst. der Galle. (Pharmazie **6.** 86. Febr. 1951. Dresden.) A. HOTZEL. 4800

—, *Vom Gesundheitsministerium zugelassene pharmazeutische Spezialitäten. B. S. 5 injectable* (LABORATOIRES ROUSSEL, Paris): Ampullen mit 0,05 g Äthyldimethyl-3.3-allylbarbitursäure. — *Naphtionine* (LABORATOIRES GIVAUDAN-LAVIROTTE, Lyon): Ampullen mit 1 g des Na-Salzes der 1-Aminonaphthalinsulfonsäure-(4). Hämostaticum. — *Paliuryl* (LABORATOIRES SILBERT & RIPERT, Marseille): Extrakt aus Rhamnus paliurus. — *Persulfan* (LABORATOIRES SERVIER, Orléans): Lsg. mit 40% des Na-Salzes der Methanolsulfanil-p-amino-pentaoxyhexansulfonsäure. — *Domistan* (Hersteller wie vorst.): Tabletten zu 0,5 u. 0,25 g des Hydrochlorids des Pyrrolidyläthylphenylbenzylamins. Antihistaminicum. — *Hydrobaine* (Hersteller wie vorst.): Tabletten zu 0,001 u. 0,003 g hydriertes Strophanthin. — *336 H.C.* (LABORATOIRES BRUNEAU, Paris): Dijodäthylat des N.N-Bis-piperidyläthylpiperazins. Curarewirkung. (Ann. pharmac. franç. **9.** 101—02. Juli/Aug. 1951.) A. HOTZEL. 4800

W. Kunz, *Neue Arzneimittel der Nachkriegzeit.* (Vgl. C. **1954.** 605.) Übersicht. Für die *Sulfonamid*-Therapie ist bemerkenswert, daß das *Sulfathiazol* wegen seiner zu 18% aller Fälle auftretenden Nebenerscheinungen auf Beschluß des Council on Pharmacy and Chemistry in der Liste von New and Non Official Remedies gestrichen worden ist. (Arch. Pharmaz. Ber. dtsch. pharmaz. Ges. **284/56.** 138—50. 6/6. 1951. Braunschweig, TH, Pharm.-Chem. Inst.) C. O. LAUBSCHAT. 4800

W. Kunz, *Neue Arzneimittel der Nachkriegszeit.* 4. Mitt. (Vgl. vorst. Ref.) Übersicht. Besprochen werden die neu synthetisierten Stoffe der Morphinan- u. Cliradonreihe, ferner Rheumamittel, hyperäm. wirkende Stoffe, Spasmolytica, Antihistaminica, Veratrumalkaloide, Lokalanästhetica, Gallenmittel, Cumarole, Vitamine, Hormone sowie andere Neuerscheinungen. (Arch. Pharmaz. Ber. dtsch. pharmaz. Ges. **285/57.** 481—508. 1952.) A. HOTZEL. 4800

R. Charonnat, *Die organische Synthese, der Ursprung der Arzneimittel.* Es werden die physikal. Faktoren sowie in ausführlicher Form die chem. Faktoren der therapeut. Wrkg. besprochen. (Produits pharmac. **7.** 307—16. Juni 1952. Paris, Fac. de Pharm.) E. BOYE. 4806

Robert S. Murphey und **Dan L. Kendrick,** *Die Wirksamkeit von Dihydroxyaluminiumaminoacetat zum Überführen von Phosphaten in unlösliche Form.* In vitro-Prüfungen ergaben, daß Dihydroxyaluminiumaminoacetat (I) Phosphate im Magen–Darm-Kanal in unlösl. Verbb. überführt u. daher die Phosphorausscheidung im Harn abnimmt. Auf der Basis des Al-Geh. in I ist I wirksamer als Aluminiumhydroxydgel, Aluminiumoxydhydrat oder Aluminiumcarbonatzubereitungen. (J. Amer. pharmac. Assoc., sci. Edit. **43.** 304—06. Mai 1954. Richmond, Va., A. H. Robins Co., Inc.) F. NEUWALD. 4806

S. J. Hopkins, *Cardiaca, ihre Natur und Anwendung.* Der Überblick nennt Wirkstoffe aus Digitalis, Strophanthus, Convallaria, Thevetia nerifolia, Adonis vernalis, ferner Chinidin u. dem Chinidin in seiner Wrkg. ähnliche Stoffe (Procain u. a.). — 6 Literaturangaben. (Chemist and Druggist **164.** 553—56. 12/11. 1955.) W. BARZ. 4806

W. Keller, *Chemie und pharmazeutische Bedeutung des Chlorophylls.* Umfassender Überblick (Vortrag) mit zahlreichen Strukturformeln an Hand von 79 Literaturangaben. (Pharmazie **10.** 213—25. April 1955. Berlin.) W. BARZ. 4806

H. Frhr. v. Dobeneck, *Isolierung von Isochlorin-e_4-kupferkomplex als Hauptkomponente der Chlorophyllprodukte des Handels.* Eine einwandfreie Meth. zur Best. von Handelschlorophyllen wurde bisher nicht beschrieben. So führt z. B. die spektroskop. Best. der Chlorinkomplexe in schwach alkal. Lsg., bekannt als NNR-Meth. (J. Amer. med. Assoc. **1951.** 34), zu schlechten Ergebnissen. Der Hauptnachteil der Meth. besteht darin, daß in dem gemessenen Bereich u. dem angewandten p_H ein Unterschied der verschieden auftretenden Chlorinkomplexe nicht möglich ist. Die Analyse vor allem von Cu-fixierten Handelspräpp. wäre nach Entfernung des Zentralmetalls durch Fraktionierung der erhaltenen Chlorine (I) möglich nach der Meth. von WILLSTÄTTER u. MIEG. — Vf. beschreibt eine einfache Methode. Hiernach enthalten auch die höchstprozentigen Handelsprodd. nur sehr geringe Mengen Chlorin-e_6–Cu-Komplex. Die Hauptmenge der α-Komponenten liegt als Isochlorin-e_4–Cu-Komplex vor. Identifizierung: 1. Red. mit HJ ergab Mesoisochlorin-e_4 (Hinweis auf die freie 6-Stellung). 2. Das erhaltene Mesoprod. wurde mit H_2SO_4 zu Mesopyrophäophorbid (II) cyclisiert (FISCHER u. LAUBEREAU, Liebigs Ann. Chem. **535.** [1938.] 26). 3. Überführung von II durch HJ in Phylloerythrin (FISCHER-ORTH; Chemie des Pyrrols, II. Band, 189). 4. Elementaranalyse. Das Auftreten von Isochlorin-e_4 erklärt Vf. durch die Wärmebehandlung der Cu-Komplexe in schwach alkal. Medium bei der Cu-Einführung u. Trocknung des Endproduktes. Außerdem sind in den Handelsprodd. noch 5—6 I der a- u. der b-Reihe enthalten. Freie I u. ihre Cu-Komplexe besitzen eine Wachstumshemmwrkg.; die Lsgg. der Handelsprodd. zeigen beim Stehen deutlich Abnahme der Wirkung. Dieser Befund geht parallel mit dem feststellbaren tatsächlichen Geh. an Isochlorin-e_4–Cu-Komplex.

Versuche: Überführung der vorliegenden Salze in die freien Säuren der Chlorinkomplexe. Nach schonender Trocknung Veresterung mit Diazomethan in Chlf. oder Aceton. Chromatographie der Methylester an Al_2O_3 mit Chlf.; Identifizierung der erhaltenen Komponenten in üblicher Weise. (Angew. Chem., Ausg. A **65.** 535—36. 7/11. 1953. München.) G. BRATFISCH. 4806

L. Hajdu und **P. Forgács,** *Vergleichende Untersuchungen über die biologische Aktivität standardisierter ACTH-Präparate.* 3 im Handel erhältliche, standardisierte ACTH-Präpp. wurden auf ihren ACTH-Geh. geprüft. 2 Präpp. zeigten geringere Gehh. als angegeben. Es wird vermutet, daß diese Präpp. keine ausreichende Stabilität aufweisen. (Acta med. Acad. Sci. hung. **6.** 161—65. 1954. Budapest, National Inst. of Rheum. and Balneol., National Inst. for Balneol. Res.) H. P. FIEDLER. 4808

Ja. I. Rautenstein, *Probleme der Phagen in der Industrie der Antibiotica.* Überblick über die derzeitige Actinophagenforschung. — 31 nichtsowjet. Literaturangaben. (Антибиотики [Antibiotika] **8.** Nr. 4. 3—11. 1955.) G. MÖNCH. 4810

F. A. Robinson, *Antibiotica in Salben und anderen nichtwässerigen Medien.* (Vgl. C. **1950.** II. 794.) Übersicht über die Entw. von Antibiotica enthaltenden Präpp. zur Injektion u. zur oralen Anwendung, bes. Erörterung der Verss. zur Herst. von Penicillin (I)-Injektionen mit Depotwrkg. u. von wirksamen I-Salben. (Chem. Products chem. News [N. S.] **14.** 349—52. Okt. 1951. Allan and Hanburys Ltd.) W. SPITALER. 4810

Herbert M. Gross, *Bacitracin.* 1. Mitt. *Literaturüberblick über Pharmazie, Chemie und Analyse.* Der Überblick umfaßt 50 Literaturangaben. (J. Amer. pharmac. Assoc., sci. Edit. **44.** 700—04. Nov. 1955. Terre Haute, Ind., Commercial Solvents Corp.) W. BARZ. 4810

Herbert M. Gross, *Bacitracin.* 2. Mitt. *Charakteristisches über seine Stabilität.* (1. vgl. vorst. Ref.) Die therm. Stabilität von *Bacitracin* (I) wurde bei 5; 10; 25; 40 u. 60° untersucht. Bei 25° ist erst nach über 2 Jahren ein Rückgang der Aktivität auf 82% feststellbar, bei 40° geht die Aktivität in 13 Monaten auf 80% zurück, bei 60° in 2 Monaten. Ein Vgl. von hochwirksamem I (63—71 E./mg) u. I niederer Konz. (45—49 E./mg) zeigte keinen nennenswerten Unterschied in der Stabilität. (J. Amer. pharmac. Assoc., sci. Edit. **44.** 704—05. Nov. 1955.) W. BARZ. 4810

Heinz Simetsberger, *Untersuchungen über die Wirksamkeit des Desinfektionsmittels „Coniferol V" mit besonderer Berücksichtigung der Wirksamkeit auf Mycobacterium tuberculosis.* Als Testbakterien dienten Micr. aureus, E. coli, Br. abortus u. Mycobact. tuberculosis (Typ bovinus). Die Verss. ergaben, daß die flüchtigen Bestandteile von „*Coniferol V*" in hoher Konz. zwar bactericid wirken, daß aber die Wrkg. unter den für die prakt. Anwendung (z. B. Stalldesinfektion) maßgebenden Bedingungen unzureichend war. (Milchwiss. Ber. **4.** 193—205. 1954.) W. BARZ. 4832

G. Schenck und **J. Härtel,** *Über die Messung der Beschwerung pflanzlicher Stoffsysteme.* 3. Mitt. *Über die Oxydation von therapeutisch wirksamen Stoffen.* Definition der Begriffe Beschwerung (Maß für den Widerstand eines Redoxsyst. gegen die Störung des Gleichgewichts), Beschwerungsstoff (Stoff, der in gewissem Umfang Sauerstoff ohne wesentliche Änderung des Redoxpotentials binden kann) u. Beschwerungszahl ($\pm 10^4$/ITT-Wert). Der ITT-Wert gibt die Zeit in Sek. an, die von der Zugabe einer bestimmten Menge m/200 Dichlorphenolindophenollsg. (I) zu einer zu untersuchenden Lsg. bis zur Entfärbung der I durch die reduzierende Wrkg. der zu untersuchenden Lsg. benötigt wird (Messung im vierteiligen Durchblickkomparator). Vor Anwendung des ITT-Verf. führten Vff. orientierende Unterss. über die reduzierende Wrkg. an 35 Tinkturen durch. Es ergab sich, daß die schnellste Entfärbung der I durch gerbstoffhaltige Tinkturen bewirkt wird. Nunmehr wurden Infuse gerbstoffhaltiger Drogen dem ITT-Verf. unterworfen. Die Unterss. bestätigten eine Beziehung zwischen dem Gerbstoffgeh. u. der durch das ITT-Verf. ermittelten Beschwerungszahl. (Arch. Pharmaz. Ber. dtsch. pharmaz. Ges. **288/60.** 171—73. 1955. Berlin, Freie Univ., Pharmaz. Inst.) M. NEGWER. 4880

K. H. Lüdde, *In welchem Umfange lassen sich physikalische Untersuchungsmethoden zur Beurteilung der Galenica, insbesondere der Tinkturen, heranziehen?* Vf. untersucht an Hand der Literatur (63 Angaben) bes. die opt. Bestimmungsmethoden auf ihre Anwendbarkeit. Die Farbe von Tinkturen (im wesentlichen von den Nebenwirkstoffen abhängig) kann etwas über die Drogenherkunft, die Bereitungsart u. das Alter angeben. Ferner ist von Bedeutung die spezif. Refraktion. Bestimmungen von A.-Geh., D., Trockenrückstand u. Brechungsindex erscheinen nur im Zusammenhang mit dem Begriff „spezif. Refraktion" u. anderen Bestimmungen sinnvoll. Vf. schlägt vor, diese Zusammenhänge für das DAB 7 auszunutzen. (Pharmazie **10.** 320—27. Mai 1955. Weimar.) W. BARZ. 4880

S. W. Souci und **K.-E. Quentin,** *Beiträge zur Untersuchung des Torfes im Hinblick auf seine balneotherapeutische Verwendung.* Merkmale u. Einzelbestandteile von Torf für balneolog. Zwecke werden durch chem. u. physikal. Unterss. im Rahmen der „kleinen Badetorfanalyse" festgestellt, deren Umfang u. Ausführung nebst Berechnungen beschrieben werden. — 19 Literaturangaben. (Z. analyt. Chem. **141.** 1—18. 1954. München, Univ., Balneolog. Inst. u. Deutsche Forschungsanst. für Lebensmittelchem.) PH. FRESENIUS. 4880

J. Valentin, D. Stehwien und **W. Fürtig,** *Bestimmungen von Schwermetallionen mit organischen Schwefelverbindungen.* 1. Mitt. *Die Verwendung von Thioacetamid als quantitatives Fällungsreagens für Quecksilber- und Bleisalzlösungen und über eine einfache Grenzwertbestimmungsmethode zur Bestimmung des Bleigehalts in Arzneibuchpräparaten.* Der Vorschlag von FLASCHKA u. JACOBLJEVICH (C. **1951.** I. 1046. 1919. 1920) zur Verwendung von *Thioacetamid* (I) als Ersatz für H_2S in der quantitativen Analyse wird aufgegriffen. Die Darst. von I wird beschrieben, u. die Fällungsbedingungen für Hg- u. Pb-Lsgg. werden ermittelt. Für 3 Pb-haltige Arzneibuchpräpp. werden Arbeitsvorschriften gegeben, mit denen sich Gehaltsgrenzwerte ermitteln lassen. (Pharmazie **8.** 638—42. Aug. 1953. Greifswald, Univ., Pharm.-chem. Inst.) PH. FRESENIUS. 4880

R. Kalvoda und **J. Zýka,** *Anwendung der polarimetrischen Titration in der pharmazeutischen Analyse.* 6. Mitt. *Über die Möglichkeit einer Bestimmung der Tartrate durch Titration mit Bleisalzen.* (Vgl. C. **1953.** 5076.) Durch polarimetr. Fällungstitration mit $Pb(NO_3)_2$ (I)-Lsg. ist es möglich, folgende Arzneibuchpräpp. zu bestimmen: *Acidum* *tartaricum, Kalio-Natrium tartaricum, Kalium hydrotartaricum* u. *Stibio-Kalium tartaricum*. — 0,1—0,2 g der Probe in 10 cm^3 W. werden mit Thymolphthalein u. 0,1nKOH bis zur deutlichen alkal. Rk. versetzt. Nach Auffüllen auf 30 cm^3 werden 0,5 cm^3 0,5%ig. Tyloselsg. zugegeben u. bei einer Spannung von —0,9 V mit 0,1nI-Lsg. titriert. Für die obigen Verbb. entspricht 1 cm^3 der 0,1nI-Lsg. in der gleichen Reihenfolge 0,015005 g, 0,028219 g (4 H_2O), 0,018814 g, 0,033389 g (½ H_2O). (Československ. Farmac. **2.** 14—15. 5/1. 1953. Prag [Praha], Univ., úst. pro chem. farm.) E. Rotter. 4880

E. Graf und **E. Fiedler,** *Adsorptionstitrationen von Salzen organischer Basen mittels Silicowolframsäure.* Die Kationen von Alkaloidsalzlsgg. werden mit Silicowolframsäure (I) in wss. Lsg. ohne Isolierung der Base mit Metanilgelb bzw. Kongorot als Adsorptionsindicatoren titriert. Auch Phosphorwolframsäure kann Verwendung finden, jedoch bietet I gewisse Vorteile. Es werden bestimmt Äthylmorphin hydrochl., Brucinbase, Cinchonidin hydrochl., Chinin. hydrochl., Cinchonin. hydrochl., Lobelin. hydrochl., Spartein. sulf., Narcotin hydrochlor., Papaverin. hydrochl. (II), Physostigmin. salicylic., Strychnin. nitric. (III), Pyramidon, Casantin, Pyribenzamin, Antistin, Luvistin, Hibernon, Vitamin B_1, Styptizin, Berberin. chlorat., Hydrastinin. chlorat., Eumydrin, Atropin. methylobromat., MTB 51, Buscopan, Flaxedil. Auch andere Salze der genannten Basen sind bestimmbar. Nichttitrierbar sind Morphin, Codein, Atropin, Pilocarpin, Yohimbin, Adrenalin, Sympatol, Ephedrin, Pervitin, Purinderivv., Novocain, Pantocain, Cholin, Acetylcholin, Doryl, Prostigmin. II u. III DAB 6 können als Urtitersubstanzen zur Herst. der 0,05nI-Lsg. dienen. Entsprechend der Zus. der Ndd. wird I als 4bas. Säure berechnet. Eine Theorie des Indicatorumschlags mit I wird gegeben. — 13 Literaturangaben. (Arch. Pharmaz. Ber. dtsch. pharmaz. Ges. **286/58.** 401—16. 1953. Würzburg, Univ., Inst. für Pharm. u. Lebensmittelchemie.) Ph. Fresenius. 4880

Vera Bányai, György Milch und **György Szász,** *Die bromatometrische Bestimmung von Estern der p-Aminobenzoesäure.* Das Procain wird in salzsaurem Medium mit 0,1nKBr titriert, p-Äthoxychrysoidin wird als Indicator angewandt. Die Ergebnisse zeigten eine Abweichung von ca. 0,5%, verglichen mit dem Alkaloidverf. der Pharmacopoea Hungaria V. Die schnelle u. einfache Meth. eignet sich gut für Unterss. in Industrielaboratorien. (Gyógyszerésztudományi Értesitö [Acta pharmac. hung.] **1953.** 22—24. Okt.) H. Langenbeck. 4880

Daniel Banes, *Die spektrophotometrische Prüfung von komplexen Antihistaminpräparaten.* Angaben über die Isolierung von komplexen Antihistaminpräpp. aus Arzneimischungen zwecks spektrophotometr. Bestimmung. Einzelheiten im Original. (J. Assoc. off. agric. Chemists **34.** 703—10. 15/8. 1951. Washington, D. C., Div. of Pharmaceut. Chem., Food and Drug Administrat.) C. Grimme. 4880

Rosemary Muriel Jarman und **Sydney William Frank Underhill,** *Prüfung einer für die Wertbestimmung der gegen perniciöse Anämie wirkenden Fraktion von Leberextrakten vorgeschlagenen Laboratoriumsmethode.* Bei 15 ♀ u. 89 ♂ gleichartig ernährten Albinoratten wurde zur Erzeugung einer Anämie eine einseitig geschlossene Dünndarmschlinge so angelegt, daß sie sich durch die Peristaltik füllen konnte. Die postoperative Mortalität (meist Bruch der Anastomose) betrug 43%. 28 Ratten wurden in 2—3 Wochen anäm., 22 davon erholten sich spontan; weitere 28 wurden anäm. in 6—45 Wochen. Die Wrkg. des Leberextrakts (Anahämin, 0,2—0,8 cm^3/Woche intramuskulär) auf Tiere ± Anämie war uneinheitlich u. zur Ableitung bindender Schlüsse auf die Wirksamkeit des Präp. ungeeignet. Die Meth. gibt kein zuverlässiges Kriterium für die Stärke klin. wirksamer Leberextrakte ab. (J. Pharmacy Pharmacol. **3.** 87—92. Febr. 1951. London, Brit. Drug Houses Ltd.) W. Schulenburg. 4880

Rudolf Štěrba und **H. Rosenkrancová,** *Choriongonadotropin im Laboratorium, in der Klinik und in der Industrie.* Grundzüge u. Zweck der biol. Titrationsverff. des *Choriongonadropins* (I) werden beschrieben. Als beste qualitative Meth. zur Best. der Bestandteile von I (*Prolan A* u. *B*) wird das Verf. der Pharmakopoe der USSR bezeichnet. Das schnellste Verf. zur Best. einer frühen Schwangerschaft ist der Galli-Mainini-Test an Froschmännchen. Zur quantitativen Orientierung wird die hyperäm. Meth. von Horský empfohlen. Die genaueste u. empfindlichste Meth. zur Best. von I ist die Gewichtsbest. an infantilen Rattenmännchen. Die Bedeutung der Titrierverf. für klin. Zwecke u. Herst. von Heilmitteln wird angedeutet. (Československ. Farmac. **2.** 363—68. 1953. Praha, Kontr. úst. farmac.) K. Steiner. 4880

Robert Henry, *Die Verwendung von ^{131}J zur Bestimmung von Präparaten des thyreotropen Hormons.* Männliche oder weibliche Versuchstiere (Meerschweinchen), denen Schilddrüsenhormon injiziert wurde, speichern wesentlich mehr ^{131}J in der Schilddrüse als die Kontrollen. Nach Injektion von 0,75 Heyl-Laquer-Einheiten fixiert die Schilddrüse

13% des gesamten, subcutan injizierten ^{131}J, während die Kontrollen nur 3,1% des injizierten ^{131}J fixieren. Auf dieser Grundlage läßt sich die Wirksamkeit von Hormonpräpp. schneller, spezifischer u. empfindlicher bestimmen als durch Wägung der Schilddrüsen (Meth. von ROWLANDS u. PARKERS; ANDERSON) oder durch histolog. Methoden. Die Tiere erhalten an 3 aufeinanderfolgenden Tagen täglich 2 subcutane Injektionen von je 0,5 ml Hormonpräp.; 6 Std. nach der subcutanen Injektion von 5 μc ^{131}J werden die Tiere getötet. Die Schilddrüsen werden 1 Std. mit 2 ml n-NaOH auf 100° erhitzt. Die Radioaktivität von 0,5 ml der zu 25 ml verd. Hydrolysenlsg. wird bestimmt (mit einer Genauigkeit von ±2%). (Ann. pharmac. franç. **9**. 724—30. Dez. 1951. L'Hôpital Tenon, Centre d'Études biol.) ——————— K. F. MÜLLER. 4880

Kemball, Bishop & Co., London, England, *Polymethylmethacrylate* für Zahnersatz erhalten durch Einpolymerisieren von niedrigmol. Alkylitaconaten erhöhte Bruchfestigkeit. — Teigt man z. B. 3,5 (Teile) granuliertes Mischpolymerisat aus 10% Styrol u. 90% Methylmethacrylat (I) mit 1 monomerem I mit 5% Dimethylitaconat an, so erreicht man bei dem auspolymerisiertem Zahnersatz Bruchfestigkeiten von 8800 gegenüber 6700 lbs./sq.inch. (**E. P. 652 057** vom 13/5. 1948, ausg. 18/4. 1951.) H. MÖLLERING. 4799

Dentists' Supply Co. of New York, New York, N. Y., V. St. A., *Kunstzähne*. Keram. Körper, bes. Kunstzähne, werden in einer Atmosphäre gebrannt, deren stat. Druck so red. oder deren Diffusibilität so erhöht ist, daß sie gasige Stoffe leicht aus den zubrennenden Körpern aufnimmt. Die Körper können z. B. in einem Vakuum gebrannt werden. Hierdurch können die Körper von Poren befreit u. Prodd. von guter Transparenz erhalten werden, welche im Aussehen den natürlichen Zähnen nahekommen. — Zeichnung. — Vgl. auch N. P. 81 163; C. **1956**. 3654. (**E. P. 687 159** vom 27/4. 1950, ausg. 11/2. 1953. Schwz. Prior. 19/5. 1949.) F. REINHART. 4799

Zahnfabrik Wienand Söhne & Co. G. m. b. H., Sprendlingen, Kreis Offenbach, *Brennen zahnkeramischer Massen* unter vermindertem atmosphär. Druck. Zur Erlangung einer natürlichen Transparenz von künstlichen Zähnen erfolgt das Brennen der Rohlinge in einer Atmosphäre aus Luft–Helium oder Luft–Wasserdampf. Dabei werden durch Austreibung der Lufteinschlüsse trübungsfreie Massen erhalten. (**Oe. P. 181 359** vom 23/5. 1949, ausg. 10/3. 1955.) G. WELTZIEN. 4799

Miles Laboratories, Inc., Indiana, Ind., V. St. A., *2-Äthylcrotonylharnstoff* (I). Das höherschm. Isomere von I (F. 192—193°) erhält man durch Abspaltung von HBr aus α-Brom-α-äthylbutyrylharnstoff in alkoh. Lsg. in Ggw. von feinverteiltem Ag_2O. — *Sedative* u. *hypnot.* Wirksamkeit. (**E. P. 743 164** vom 16/11. 1953, ausg. 11/1. 1956.) A. BRÖSAMLE. 4807

Chemo Puro Mfg. Corp., Long Island, übert. von: **Frank J. Kreysa,** Richmond Hill, und **Peter Claude Hereld,** East Meadow, N. Y., V. St. A., *Arylurethane des 1-n-Hexyl-2.4-dioxybenzols*. Durch Rk. von 1 (Mol) 1-n-Hexyl-2.4-dioxybenzol (I) mit 2 Phenylisocyanat erhält man das *2.4-Di-(N-phenylcarbamat)* von. I, F. 151—152°. Analog werden dargestellt: das *2.4-Di-(N-α-naphthylcarbamat)*, F. 201—202°, das *2.4-Di-(N-β-naphthylcarbamat)*, F. 151—152°, u. das *2.4-Di-(N-p-nitrophenylcarbamat)* von I, F. 122—123°. Durch Rk. von 1 I mit 2 Diphenylcarbamylchlorid in Ggw. von Pyridin u. CCl_4 erhält man das *2.4-Di-(N-diphenylcarbamat)* von I, F. 83—84,5°. — *Anthelminthica*. (**A. P. 2 716 659** vom 2/10. 1952, ausg. 30/8. 1955.) A. BRÖSAMLE. 4807

Elsbeth Skita, Baden-Baden, und **Werner Stühmer** (Erfinder: **Aladar Skita,** Baden-Baden, und **Werner Stühmer,** Eldagsen/Hann.), *Darstellung von in der Aminogruppe monosubstituierten 1-Phenyl-2.3-dimethyl-4-amino-5-pyrazolonen* durch Alkylierung bzw. alkylierende Red. von 1-Phenyl-2.3-dimethyl-5-pyrazolon, das in 4-Stellung einen zu einer NH_2-Gruppe reduzierbaren Substituenten trägt, dad. gek., daß man die katalyt. Alkylierung bzw. alkylierende Red. mit Carbonylverbb., die mindestens 2 C-Atome enthalten, in Ggw. von Aktivatoren der Reduktionskatalyse, wie Piperidinacetat (I), $AlCl_3$ u. anorgan. oder organ. Säuren durchführt. — 3 (g) 1-Phenyl-2.3-dimethyl-4-nitro-5-pyrazolon, in 70 A. suspendiert, werden nach Zusatz von 15 20%ig. Essigsäure (II) mit 2,3 Benzaldehyd auf 70° erwärmt u. bei 3 at in Ggw. von 1 (auf $BaSO_4$ niedergeschlagenem) Pt hydriert. Man erhält *1-Phenyl-2.3-dimethyl-4-benzylamino-5-pyrazolon, Pikrat,* F. 186°. Analog werden die folgenden *1-Phenyl-2.3-dimethyl-5-pyrazolone* hergestellt: aus 1-Phenyl-2.3-dimethyl-4-nitroso-5-pyrazolon (III), Propionaldehyd u. I mit RANEY-Ni → *-4-propylamino-*, F. 80°, aus **III**, Methyläthylketon u. **II** → *-4-sek.-butylamino-*, F. 78°; aus **III**, Aceton u. Eisessig → *-4-isopropylamino-*, F. 80°; aus **III**, Acetaldehyd u. **II** → *-4-äthylamino-*, F. 59—61°, *Pikrat*, F. 169—170°. — *Hydrotrope* Stoffe, *Analgetica* u. *Zwischenprodukte*. (**D. B. P. 930 328** Kl. 12p vom 19/7. 1950, ausg. 14/7. 1955. Anmeldung bekanntgemacht 23/12. 1954. Schwz. Prior. 3/4. 1947.) E. CARL. 4807

Farbwerke Hoechst Akt.-Ges., vormals Meister Lucius & Brüning, Frankfurt/M. (Erfinder: **Heinz Schubert,** Friedberg bei Augsburg), *Herstellung von 5-Alkylpseudothiohydantoin-(5)-alkancarbonsäuren* der Formel I, dad. gek., daß man eine aliphat. α-Alkyl-α-halogendicarbonsäure der Formel HOOC—(Y)—C(R)·(X)COOH (Y = gegebenenfalls substituierte Methylengruppe oder -gruppen; X = Cl, Br, J; R = Alkyl) mit Thioharnstoff in Ggw. halogenwasserstoffbindender Mittel, wie Na-Acetat oder organ. Basen, umsetzt. — Aus Brombrenzweinsäure in absol. A. nach 2 Std. bei 120° → *5-Methylpseudothiohydantoin-(5)-essigsäure,* F. 234 bis 235° (beginnende Zers. bei 230°), Ausbeute 78,2%. — *Sedativa, Zwischenprodd.* für *Pharmazeutika* u. *Farbstoffe.* (**D. B. P. 924 630** Kl. 12p vom 25/1. 1953, ausg. 7/3. 1955. Anmeldung bekanntgemacht 5/8. 1954.) G. KRAUSS. 4807

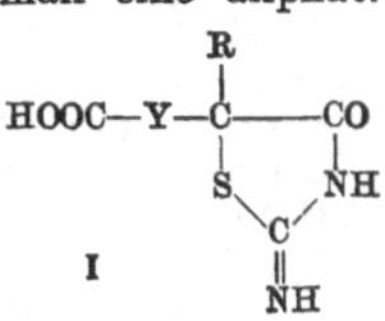

I

American Cyanamid Co., New York, N. Y., übert. von: **John S. Webb,** Warren Township, Somerset County, und **Andrew S. Tomcufcik,** Somerville, N. J., V. St. A., *Substituierte Triazole.* Durch Rk. von 1H-vic-Triazolo-[d]-pyrimidin-5.7-diol (I) mit NH_4OH bei 110—200° erhält man *5(4)-Amino-1H-1.2.3-triazol-4(5)-carboxamid* (**II**, X = NH_2), F. 226—227°. Erhitzt man I mit wss. NaOH-Lsg., so erhält man *5(4)-Amino-1H-1.2.3-triazol-4(5)-carbonsäure* (**II**, X = OH), F. 155—165°; aus I u. Hydrazinhydrat erhält man *5(4)-Amino-1H-1.2.3-triazol-4(5)-carbonsäurehydrazid* (**II**, X = NH—NH_2). — *Vasodilator.* Wirkung. (**A. P. 2 714 110** vom 19/3. 1954, ausg. 26/7. 1955.) A. BRÖSAMLE. 4807

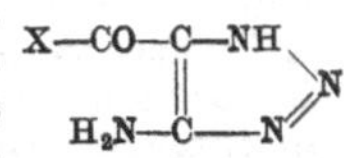

II

Merck & Co., Inc., Rahway, N. J., V. St. A. (Erfinder: **James M. Sprague** und **Everett M. Schultz),** *1-Phenyl-1-isopropyl-4-(1'-piperidyl)-2-butanolhydrochlorid,* F. 140 bis 142° (aus Aceton), wird durch Rk. von 4-Methyl-3-phenyl-2-pentanon, Piperidinhydrochlorid u. Paraformaldehyd in Ggw. einer kleinen Menge von alkoh. HCl nach MANNICH u. Red. des erhaltenen *1-Phenyl-1-isopropyl-4-(1'-piperidyl)-2-butanonhydrochlorids,* F. 183—184°, mit H_2 in Ggw. von ADAMS-PtO_2-Katalysator bei 25° u. 1 at in wss. Lsg. hergestellt. — *Heilmittel* mit *Anticholinwirksamkeit.* (**E. P. 722 167** vom 15/10. 1952, ausg. 19/1. 1955.) R. LINK. 4807

Burroughs Wellcome & Co., Inc., übert. von: **George H. Hitchings,** Tuckahoe, und **Peter Byrom Russell,** Crestwood, N. Y., V. St. A., *2-Mercapto-4-aminopyrimidine* erhält man durch Kondensation von 2.4-Dimercaptopyrimidinen mit NH_3 oder sek. Aminen. Aus 5-Äthyldithiouracil u. 33%ig. wss. NH_3 nach 3std. Erhitzen auf 100° → *2-Mercapto-5-äthyl-4-apy* (*apy = aminopyrimidin*), Ausbeute 70%. — *2-Mercapto-5-benzyl-4-apy.* — *2-Mercapto-4.6-diaminochinazolin.* — *2-Mercapto-4-amino-5-(2'.4'-dichlorphenoxy)-pyrimidin,* F. 260—264° (Zers.). — *2-Mercapto-4-amino-5-(2'-chlor-4'-tert.-butylphenoxy)-pyrimidin,* F. 276—280° (Zers.). — 2-Mercapto-4-oxy-5-(3'.4'-dimethylphenoxy)-pyrimidin + P_2S_5 → 2.4-Dimercapto-5-(3'.4'-dimethylphenoxy)-pyrimidin, F. 278—279° (Zers.), → *2-Mercapto-4-amino-5-(3'.4'-dimethylphenoxy)-pyrimidin,* F. 270 bis 274° (Zers.). — *2-Mercapto-4-amino-5-(3'-methyl-4'-chlorphenoxy)-pyrimidin,* F. 258 bis 263° (Zers.). — *2-Mercapto-4-amino-5-(p-chlorphenoxy)-pyrimidin,* F. 255—259°. — *4-Amino-2-mercapto-5-phenoxypyrimidin,* F. 270° (Zers.). — *4-Amino-2-mercapto-6-methylpyrimidin.* — *4-Amino-2-mercaptochinazolin,* F. 290—293°. — Dithiouracil + Piperidin → *2-Mercapto-4-(N-piperidino)-pyrimidin,* F. 227—228°, Ausbeute ca. 60%. — *2-Mercapto-4-(4'-morpholino)-pyrimidin.* — *2-Mercapto-4-N-methylpiperazinopyrimidin,* Nadeln, F. 257°. — *2-Mercapto-4-dimethylaminopyrimidin,* F. 280—283°. — *2-Mercapto-4-dimethylamino-6-methylpyrimidin.* — *2-Mercapto-4-methylanilinopyrimidin.* — *2-Mercapto-4-methylpropyl-apy,* F. 194—195°. — *2-Mercapto-6-p-chlorphenyl-4-dimethyl-apy.* — *2-Mercapto-6-o-chlorphenyl-4-(N'-piperidino)-pyrimidin.* — *2-Mercapto-6-n-butyl-4-[1'-äthylpiperazin-(4')]-pyrimidin.* — *2-Mercapto-6-methyl-4-n-butylmethyl-apy.* — *2-Mercapto-6-methyl-4-n-octadecylmethyl-apy.* — *2-Mercapto-6-methyl-4-n-dodecylmethyl-apy.* — *2-Mercapto-4-benzylmethyl-apy.* — *2-Mercapto-4-anisylmethyl-apy.* — *2-Mercapto-4-homoanisylmethyl-apy.* — *2-Mercapto-4-homoveratrylmethyl-apy.* — *2-Mercapto-6-methyl-4-benzylmethyl-apy.* — *2-Mercapto-6-methyl-4-homoanisylmethyl-apy.* — *2-Mercapto-6-methyl-4-homoveratrylmethyl-apy.* — *2-Mercapto-6-phenyl-4-benzylmethyl-apy.* — *2-Mercapto-6-phenyl-4-anisylmethyl-apy.* — *2-Mercapto-6-phenyl-4-homoveratrylmethyl-apy.* — *2-Mercapto-4-[1'-benzylpiperazin-(4')]-pyrimidin.* — *2-Mercapto-6-phenyl-4-[1'-methylpiperazin-(4')]-pyrimidin.* — *Pharmazeutika* u. *Zwischenprodukte.* (**A. PP. 2 676 965** vom 12/12. 1951, ausg. 27/4. 1954 u. **2 682 542** vom 12/12. 1951, ausg. 29/6. 1954.) G. KRAUSS. 4807

American Cyanamid Co., New York, N. Y., übert. von: **Margaret M. Rogers** und **Jackson P. English,** Stamford, Conn., V. St. A., *3-Sulfonamido-6-chlorpyridazine.* Durch Erhitzen von 3.6-Dichlorpyridazin, Sulfanilamid u. K_2CO_3 erhält man *3-Sulfanilamido-*

6-chlorpyridazin. Dieses läßt sich leicht mittels H_2 katalyt. (Pt-, Pd-Katalysator) zu *3-Sulfanilamidopyridazin,* F. 187—188°, reduzieren. — *Therapeut.* Wirksamkeit. (**A. P. 2 712 011** vom 24/12. 1953, ausg. 28/6. 1955.) A. BRÖSAMLE. 4807

American Cyanamid Co., New York, N. Y., übert. von: **Joe H. Clark,** Darien, Conn., V. St. A., *3-Sulfanilamidopyridazine.* Durch Rk. von 3-Sulfanilamido-6-chlorpyridazin mit CH_3ONa erhält man *3-Sulfanilamido-6-methoxypyridazin,* F. 182—183°. Analog werden dargestellt: das entsprechende *-6-äthoxy-* (F. 183—184°); *-6-n-propoxy-* (F. 184—185°); *-6-isopropoxy-* (F. 187—188°); *-6-n-hexoxy-* (F. 140—141°); *-6-phenoxy-* (F. 160—161°); *-6-benzyloxy-* (F. 200—201°); *-6-phenäthoxypyridazin* (F. 173—174°). — Wirksam *gegen Pneumokokken.* (**A. P. 2 712 012** vom 10/11. 1954, ausg. 28/6. 1955.) A. BRÖSAMLE. 4807

N. V. Organon, Oss, Holland (Erfinder: **Tadeus Reichstein,** Basel, Schweiz), *11-Monoester des Sarmentogenins bzw. des 3-Dehydrosarmentogenins* erhält man durch milde saure Spaltung der Glykosidbindung von Polyestern der Sarmentogeninglykoside bzw. anschließende CrO_3-Oxydation der erhaltenen 11-Monoester. — Man behandelt z. B. das aus Sarmentocymarin, F. 200—210°, durch Rk. mit Acetanhydrid hergestellte *Sarmentocymarindiacetat,* F. 221—222°; $[\alpha]_D^{19}$ $-12 \pm 0{,}1°$; λ_{max} 217 mμ (log $\varepsilon = 4{,}23$), in methanol. Lsg. mit 0,1 n H_2SO_4 beim Kp. des Reaktionsgemisches → *Sarmentogenin-11-monoacetat* (I), F. 136—138°; $[\alpha]_D^{16}$ $+7{,}2 \pm 1°$. — I + CrO_3/Eisessig bei n. Temp. → *3-Dehydrosarmentogenin-11-monoacetat,* F. 250—253°; $[\alpha]_D^{15}$ $+19{,}6 \pm 2°$; *3-Semicarbazon,* F. 255—257° (Zers.). — *Zwischenprodd.* für die Herst. von *Steroidhormonen.* (**D. B. P. 934 703** Kl. 12o vom 14/6. 1953, ausg. 3/11. 1955. Anmeldung bekanntgemacht 12/5. 1955. Holl. Prior. 19/6. 1952.) U. SIEVERS. 4809

N. V. Philips' Gloeilampenfabrieken (Erfinder: **Jasper Daams**), Eindhoven, Holland, *Ernten von auf festen Nährböden wachsenden Mikroorganismen,* dad. gek., daß der feste Nährboden (I) mit den auf ihm wachsenden Mikroorganismen der Einw. geeigneter Schallschwingungen unterworfen wird. Hierzu kann auf dem I eine Flüssigkeitsschicht, z. B. W., die einen oberflächenakt. Stoff enthalten kann, aufgebracht werden. Schwingungsdauer kürzer als ½ Min. bei Ultraschall mit z. B. 20000—30000 Hz Frequenz. — Beispiel mit *Penicillium chrysogenum* u. dessen Conidiengewinnung. (**D. B. P. 936 409** Kl. 30h vom 11/5. 1954, ausg. 15/12. 1955. Anmeldung bekanntgemacht 2/6. 1955. Holl. Prior. 13/5. 1953.) H. SCHINDLER. 4811

United States of America, übert. von: **Majel M. MacMasters** und **Virginia E. Hoaglund,** Peoria, Ill., V. St. A., *Herstellung von Stärkeschwämmen für hygienische Zwecke.* Stärke wird in üblicher Weise verkleistert, in dünner Schicht abgekühlt u. dann unter —8° gefroren. Das beim langsamen Auftauen austretende W. wird entfernt, die M. leicht gepreßt u. dann in 80%ig. A. u. schließlich in 100%ig. A. zur Wasserentfernung getaucht. Nach dem Abpressen wird die nun schwammartige M. im Vakuum vom Rest an W. u. A. befreit. (**A. P. 2 597 011** vom 28/7. 1950, ausg. 20/5. 1952.) H. SCHINDLER. 4829

Andrée Cavasse und **Pierre M. Thiel,** Frankreich, *Sterilisation und Stabilisation hygienischer und kosmetischer Erzeugnisse.* Den Prodd. werden im Laufe ihrer Herst. oder im Anschluß daran Antibiotica, z. B. Penicillin, zugemischt. (**F. P. 981 371** vom 30/12. 1948, ausg. 25/5. 1951.) W. WITTHOLZ. 4833

Carl Ronzi, Schweiz, *Sterilisieren von Flüssigkeiten,* bes. von Wasser. Man bringt die zu sterilisierende Fl. in Form eines Nebels oder einer dünnen fl. Haut mit dem ozonisierten Gas bzw. mit Ozon in einer besonderen Vorr. in Berührung. Stark verschmutztes W. läßt sich auf diese Weise augenblicklich sterilisieren. — Zeichnungen. (**F. P. 955 247** vom 23/10. 1947, ausg. 9/1. 1950.) W. WITTHOLZ. 4833

Farbenfabriken Bayer Akt.-Ges., Leverkusen (Erfinder: **Eugen Wolfert,** Leverkusen-Wiesdorf, und **Hans-Heinz Daab,** Köln), *Desinfektionsmittelvorratsform.* Die aus organ. Desinfektionsmitteln unter Mitverwendung eines geeigneten Schichtträgers in Blattform hergestellt wurde mit einem Geh. an carbonamidhaltigen Stoffen, bes. Harnstoffen oder von Polyäthylenoxyd u./oder Kondensationsprodd. aus Äthylenoxyd u. Oxygruppen enthaltenden aliphat. Verbindungen. (**D. B. PP. 894 899** Kl. 30i vom 30/4. 1939, ausg. 29/10. 1953. Anmeldung bekanntgemacht 26/2. 1953, u. **895 504** Kl. 30i vom 12/6. 1941, ausg. 2/11. 1953. Anmeldung bekanntgemacht 5/3. 1953.) O. STEIL. 4833

Egon Meier, Friedberg, Hessen, *Desinfektionsmittel mit Schmier- und Rostschutzwirkung,* gek. durch einen Zusatz von Polyäthern oder Ketonen sowie einer Mischung aus Fettalkoholsulfonaten u. Fettsäureestern. — Beispiel: 100 g 70%ig. A. oder 30%ig. Isopropylalkohol, 10 g Glycerin oder beste Schmierseife, 2 g Pottasche, 5 g Aceton, 0,5 g Fettsäureester, 0,5 g Fettalkoholsulfonat, 5 g Chlornaphthol oder gleichwertiges Desinfektionsmittel (**D. B. P. 836 240** Kl. 30i vom 22/2. 1950, ausg. 10/4. 1952.) J. KETTNER. 4833

Alfred Schmid, Flüelen, Schweiz, *Zurichtung von Gefäßen für die bedarfsweise Abgabe von Jod.* Hohlgefäße aus gegen Jod beständigem Material, bes. Glas, werden mit einer jodhaltigen Lsg. gefüllt, diese Lsg. wird wieder auslaufen gelassen u. das an der Gefäßinnenwandung haften gebliebene Lösungsm. zum Verdunsten gebracht, worauf die Gefäße wieder verschlossen werden. Dabei werden Polyjodide, bes. K-Polyjodid, enthaltende Lsgg. verwendet, die noch andere flüchtige Stoffe, wie Menthol u. filmbildende Stoffe, z. B. Kollodium, Acetylcellulose, Polyvinylacetat oder dgl., enthalten. — Vorrichtung. (**D. B. P. 835 932** Kl. 30i vom 2/10. 1948, ausg. 7/4. 1952.) J. KETTNER. 4833

Valdemar Sörensen, Herne, *Stabilisierung von Lebens- und Arzneimitteln.* Man verwendet als Wärmeaustauscher pflanzliche oder tier. Öle u. Fette oder Gemische aus diesen, ferner synthet. oder mineral. Öle, chem. Verbb., z. B. Ölsäure, Glycerin u. Glykol, oder deren Mischungen mit W., ferner fettähnliche Gemenge, wie Paraffin u. Stearin, oder wss. Lsgg. von Salzen, z. B. $MgSO_4$, deren Kpp. über der zur Sterilisierung erforderlichen Temp., mindestens über 100° liegen u. hierbei fl. sind. — Vorrichtung. (**D. B. P. 881 896** Kl. 53i vom 3/3. 1950, ausg. 6/7. 1953.) H. MAASS. 4833

Nipa Laboratories Ltd. (Erfinder: **Erich Boehm** und **Reginald Williams**), Cardiff, Wales, England, *Konservierungsmittel für zersetzliche Stoffe*, bestehend aus einer Substanz von der allg. Formel $C_6H_5O-C(R_1)(R_2)-X-C(R_3)(R_4)OH$, in der R_1, R_2, R_3 u. R_4 H_2, Alkyl, Alkenyl, Halogen, Acylamin, Acyl, Aryl, Alkylamin, Arylamin, Alkylcarbonyl oder Arylcarbonyl bedeuten u. in der R_1-R_4 gleich oder verschieden sein können u. X $(CH_2)_n$ u. n eine ganze Zahl darstellt. — Beispiele: *β-Phenoxyphenyläthanol* oder der *Monophenyläther* des *Glycerins*. (**D. B. P. 856 043** Kl. 30i vom 9/6. 1950, ausg. 17/11. 1952. E. Prior. 3/5. 1945.) J. KETTNER. 4833

Zellstoff-Fabrik Waldhof, Berlin, *Erhaltung der Saugfähigkeit von Zellstoff* bei der üblichen Sterilisation durch Hitze oder gespannten Wasserdampf; vor oder während der Sterilisation wird mit geringen Mengen von nur als Netzmittel wirkenden Stoffen imprägniert. (**D. R. P. 762 285** Kl. 30i vom 15/7. 1938, ausg. 20/10. 1952.)

J. KETTNER. 4833

—, *Drogisten-Lexikon*, Ein Lehr- u. Nachschlagebuch für Drogisten u. verw. Berufe, Chemotechniker, Laboranten, Großhandel u. Industrie. Hrsg. v. **Hans Irion**. Bd. 1. 2. A—K. L—Z. Berlin, Göttingen, Heidelberg: Springer. 1955. 1. Die wissenschaftlichen Grundlagen der Drogistenpraxis. (XIX + 1088 S. m. 587 Abb.) 8°. 2. Chemikalien, Drogen, wichtige physikalische Begriffe in lexikalischer Ordnung. (346 Abb.) A—K (788 S.) L—Z (790—1635 S.). 8°, zus. DM 166,—.

—, Rote Liste. Verz. pharmazeut. Spezialpräparate d. Mitgl. d. Bundesverbandes d. Pharmazeut. Industrie e. V. Hrsg.: Bundesverband d. Pharmazeut. Industrie e. V. Frankfurt/M. 5. Ausgabe. 1954. Aulendorf/Württ.: Editio Cantor. 1954. (1008 S.). 8°. DM 15,—.

G. Analyse. Laboratorium.

H. Regler, *Neue Glasapparate für Laboratorien und Industrie.* (Vortrag.) Nach kurzer Besprechung der Vorzüge des Glases für chem. Arbeiten werden Apparate zum schonenden Eindampfen von viscosen Fll., Vakuumverdampfer mit Umlauf, Reaktoren für UV-Bestrahlung, ein hochleistungsfähiger Wasserdestillierapp. u. ein App. zum kontinuierlichen Aufarbeiten von Metallen beschrieben u. abgebildet. (Magyar Kémikusok Lapja [Z. Ver. ung. Chemiker] **7.** 27—32. Jan. 1952.) J. PLANK. 5006

H. Speidel, *Platinmetalle in neuen Laborgeräten.* Überblick. (Metall **8.** 599—600. Aug. 1954. Hanau/M., W. C. Heraeus.) H. HOCHSTEIN. 5006

Günther Wohlleben, *Entfernung von Wasser aus organischen Lösungsmitteln.* Vf. beschreibt eine einfache u. zeitsparende Meth. zum Wasserfreimachen organ. Lösungsmittel durch Filtration über Aluminiumoxyd (WOELM, Aktivität I). Es zeigte sich, daß bei einer Ordnung des Lösungsm. nach der eluatropen Reihe bei der Säulenchromatographie die am Anfang dieser Reihe befindlichen Glieder am besten vom W. befreit werden können; eine Entwässerung von A. u. Methanol war nicht möglich. Regenierung des verwendeten Oxyds wird nicht empfohlen. Restwassergeh. der einzelnen Lösungsmittel: *Bzl.* wassergesätt. 0,004%; *Chlf.* wassergesätt. 0,005%; *Ae.* wassergesätt. 0,01%; *Essigester* wassergesätt. 0,01%, *Aceton* 0,08%. (Angew. Chem. **67.** 741—43. 7/12. 1955. Eschwege, Firma M. Woelm, Chem. Labor.) M.-L. KLAAR. 5010

W. M. Smit, *Eichpunkte für die Thermometrie.* 1. Mitt. *Ein Gesichtspunkt bis 21,5° C.* Zur Eichung von Thermometern dienen Fixpunkte (Tempp. von isotherm. Phasenumwandlungen) zwischen 20 u. 330°, die auf Gleichgewichten zwischen einer festen u. einer fl. Phase beruhen u. daher wenig druckempfindlich sind. Die dazu verwendeten Verbb. befinden sich, gegen Verunreinigung gesichert, in geschlossenen Glasampullen, die eine Ausbauchung zur Aufnahme des zu eichenden Thermometers aufweisen. Zur Eichung wird die Ampulle mit dem Thermometer in einem dafür entworfenen (nicht näher be-

schriebenen) Gerät erwärmt. Beim Eichpunkt bleibt das Thermometer mindestens 30 Min. bei gleichbleibender Temp. stehen (Abweichung höchstens $\pm 0{,}015^{\circ}$). (Chem. Weekbl. **51.** 319—20. 30/4. 1955. Utrecht, Centr. Inst. voor Phys.-chem. Constanten.)
W. Wesly. 5016

H. Ehringer, *Über die Lebensdauer von PtRh-Thermoelementen.* Bei Verwendung von mit Rh legierten Pt-Thermodrähten ist die thermoelektr. Veränderung geringer als beim Le Chatelier-Thermopaar. Durch Armierung mit reinem Al_2O_3 kann die Lebensdauer des Thermopaares wesentlich erhöht werden. — Schrifttumsangaben. (Metall **8.** 596—98. Aug. 1954. Hanau, Degussa-Hanau.) H. Hochstein. 5016

Ong Tjing Gie, *Filtration.* Für die Einfll. von Teilchenzahl u. -größe, Schwingung u. Druck auf den Filtriervorgang werden mathemat. Beziehungen abgeleitet. (Chem. Weekbl. **51.** 490—91. 25/6. 1955.) W. Wesly. 5024

Edgar L. Compere und **Ada Ryland,** *Kresoltrennung durch fraktionierte Extraktion mit Lösungsmitteln. Gegenstromrührapparat.* Vff. haben für Laboratoriumszwecke geeignete Elemente aus Glas entwickelt, die sich leicht zu mehrstufigen Apparaten zusammenbauen lassen. Jede Stufe ist auch für sich als Mischapp. zu verwenden. Die Arbeitsweise wird an Hand einer Abb. genau beschrieben. Mit Hilfe der Vorr. gelingt es, *m-* u. *p-Kresol* zu trennen. (Ind. Engng. Chem. **45.** 1682—86. Aug. 1953.)
F. Rosendahl. 5034

J. Hannewijk, *Die Bestimmung des Molekulargewichts aus der Gefrierpunktserniedrigung nichtverdünnter Lösungen.* Ableitung der von Prahl (C. **1939.** II. 4534) angegebenen, für verd. u. konz. Lsgg. geltenden Formel zur Berechnung des Mol.-Gew. aus der Gefrierpunktserniedrigung. Für die Unters. von konz. Lsgg. genügt statt eines Beckmann-Thermometers ein in Zehntel Grade eingeteiltes Thermometer. (Chem. Weekbl. **51.** 659—62. 17/9. 1955. Vlaardingen, Niederlande, Unilever Res. Labor.) W. Wesly. 5044

Edward F. Weller jr., *Die Ultraschallprüfung. Das Resonanzsystem der Prüfung. Prüfung der Ultraschallübertragung. Die Frequenzmodulation.* Beschreibung der zur Ultraschallprüfung dienenden Geräte u. Zubehörteile u. ihrer Anwendung. (Aircraft Product. **16.** 422—25. Okt. 1954. Detroit, Mich., General Motors Corp., Res. Labor. Div.)
W. Wesly. 5048

J. Agterdenbos, *Die Fällung aus homogener Lösung.* Aus dem einschlägigen Schrifttum folgt, daß die Fällung aus homogenen Lsgg., wobei das Fällungsreagens langsam in der Lsg. selbst entsteht, Ndd. ergibt, die besser filtrierbar u. auch bei Ggw. von Verunreinigungen reiner sind als die auf die gebräuchliche Weise (durch Zusatz des Fällungsreagens von außen) entstehenden Niederschläge. Hydroxyde geben teilweise an der Wand haftende Niederschläge. Sulfide werden schneller u. vollständiger gefällt als mit H_2S. Bei der Fällung von PO_4^{3-}, $(COO)_2^{2-}$, SO_4^{2-}, CO_3^{2-}, AsO_4^{3-}, CrO_4^{2-}, JO_3^- hat das Verf. oft Vorteile, wenn mitfällende Verunreinigungen zugegen sind. Für reine Lsgg. wird der Nachteil langer Wartezeiten nicht immer von dem Vorteil besserer Filtrierbarkeit aufgewogen. — 74 Schrifttumshinweise. (Chem. Weekbl. **51.** 571—76. 6/8. 1955. Amsterdam, Gemeente Univ., Labor. voor Analyt. Scheikunde.) W. Wesly. 5050

Jean Jacques, Guy Ourisson und **Constantin Sandris,** *Über Oxydationen mit Selendioxyd: zwei Handgriffe.* Bei der Oxydation mit SeO_2 anfallende Spuren von koll. oder gebundenem Se, die aus den Endprodd. weder durch Kristallisation, Dest. noch Chromatographie entfernt werden können, lassen sich durch mehrstd. Rühren in Ae., PAe. oder Methanol mit einigen Tropfen Hg, das sich nach u. nach schwärzt, u. anschließende Filtration beseitigen. Das lästige, durch den anfallenden feinen Se-Nd. bedingte Stoßen ist durch Zugabe eines nußgroßen Glaswattebausches zu verhindern. (Bull. Soc. chim. France, Mém. [5] **1955.** 1293. Okt. Paris, Coll. de France, Labor. d'Endocrinol. et de Morphol. Exp.; u. École Norm. Sup., Labor. de Chim.) U. Wannagat. 5050

F. J. Lauer, *Zerteilung und Trennung von Kolloiden. Isolierung und Anreicherung von biologischen Wirkstoffen durch thermische Capillaranalyse.* Neben dem Verf. der Ultradispergierung, der Ultrafiltration u. der Adsorptionsdekantation kommt auch die vom Vf. als therm. Capillaranalyse bezeichnete Meth. für die Abtrennung biol. wirksamer Stoffe (Antigene) von begleitenden Ballaststoffen in Betracht; es ist dies eine bei erhöhter Temp. (Brutschrank) vorgenommene papierchromatograph. Trennung. (Kolloid-Z. **130.** 176—77. März 1953. Poppenhausen/Wasserkuppe, Inst. für Kolloidkunde.)
W. Hentschel. 5062

J. A. R. Genge, A. Holroyd, J. E. Salmon und **J. G. L. Wall,** *Phosphorsäure als ein komplexbildendes Eluierungsmittel in der Ionenaustauschchromatographie.* Die Trennung verschied. 2-wertiger Metalle von Fe^{3+} bzw. Al^{3+} mit Hilfe der Phosphatokomplexe der 3wertigen Kationen wird beschrieben. Gleichgewichtsunterss. mit *Zeo Karb 225* in der Fe-, Mn-, Al- oder Zn-Form mit verschied. Säuren (p_H 0,25—0,75) zeigen, daß die

Komplexbildungstendenz für Fe in der Reihenfolge $H_3PO_4 > H_2SO_4 > HCl > HNO_3 > HClO_4$ abfällt, während Zn am stärksten durch HCl vom Harz verdrängt wird. Für H_3PO_4 bes. ist die Reihenfolge des Austauschs Fe > Al > Zn > Mn. Säulenverss. mit Zeo Karb 225 u. *Amberlite IRA 112* bestätigen diese Ergebnisse. Schließlich werden Trennungen des Fe von Mn bzw. Cu angeführt, wobei zuerst Fe mit H_3PO_4 (p_H 0,5) u. darauf Mn bzw. Cu mit 3mol. HCl eluiert werden. (Chem. and Ind. **1955.** 357—58. 26/3. London, Battersea Polytechn., Chem. Dep.) GÜNTER LANGE. 5062

J. W. H. Zijp, *Die Acetylierung von Chromatographiepapier.* Chromatographiepapier läßt sich unter Bewahrung der Faserstruktur in folgender Weise acetylieren. Man übergießt eine Anzahl geeigneter, zusammengerollter Papierstreifen in einer 2 Liter-Weithalsflasche mit *Eisessig* (I), gießt diesen nach 4 Std. ab, versetzt mit einem auf 10° abgekühlten Gemisch von 350 cm³ Essigsäureanhydrid, 435 cm³ I, 1000 cm³ Toluol u. 0,8 cm³ 70%ig. $HClO_4$, bis das Papier von der Lsg. überschichtet ist, kühlt ab, läßt 3 Std. stehen, wobei man ab u. zu schüttelt u. die Temp. nicht über 20° steigen läßt, gießt am nächsten Tag die Acetylierungslsg. ab, wäscht das Papier 2mal mit W. in der Flasche u. 3—4 Std. mit fließendem W. in einer Schale, trocknet es an der Luft u. danach 10 Min. im Trockenschrank bei 100°. Das acetylierte Papier ist hydrophob, ca. 3mal so dick wie unbehandeltes Papier, 5—6% kürzer u. schmäler als dieses u. hat eine VZ. > 570. (Chem. Weekbl. **51.** 547—48. 23/7. 1955. Rubberinst., T. N. O.) W. WESLY. 5062

B. Sedláček, *Über Lichtstreuung.* 1. Mitt. *Einige Faktoren, welche die Messung von Lichtstreuung in zylindrischen Küvetten beeinflussen.* Es werden einige Faktoren diskutiert, die das Messen der Lichtstreuung in zylindr. Küvetten beeinflussen, u. die betreffenden Ausdrücke für die Korrektur abgeleitet, u. zwar für die Brechungsindexdifferenzen der Lsg. u. des Mediums des Detektors, für das wirklich beobachtete Vol. der Lsg. u. die Korrektur für die Normalisation der Messungen in verschied. Beobachtungsrichtungen. Weiter werden das Messen der Dissymmetrie u. einige weitere Faktoren diskutiert. Aus der Arbeit ist ersichtlich, daß der Ersatz der rechtwinkligen Küvette durch eine zylindr. (ohne ebene Eintritts- u. Austrittsflächen) nicht nur möglich, sondern in manchen Fällen sogar vorteilhaft ist. Die Meßgenauigkeit ist etwas kleiner, bes. bei komparativen Messungen, jedoch genügend. Die Vorteile liegen dagegen in der leichten Zugänglichkeit, der leichten Manipulation usw. (Chem. Listy **47.** 1113—19. Aug. 1953. Praha, Československ. akad. věd, Ústav org. chem. [Orig.: tschech.]) L. MATOUŠEK/Prag. 5063

B. Sedláček, *Über Lichtstreuung.* 2. Mitt. *Universales Instrument für visuelle Messungen der Lichtstreuung.* (1. vgl. vorst. Ref.) Es wird ein einfaches Instrument für die visuelle Unters. der Lichtstreuung beschrieben. Der App. ist auf dem Prinzip eines PULFRICH-Komparators konstruiert. Die zu messende Lichtintensität wird mit einer Hilfslichtquelle verglichen. Das Gerät ermöglicht Messungen in Winkeln von 20—140° u. ist deshalb für die Best. der red. Intensität, der Dissymmetrie u. der Korrekturfaktoren für die Dissymmetrie geeignet. Weiter kann nach dem Einsetzen der Polaroidfilter auch die Depolarisation des gestreuten Lichtes untersucht werden. Das Instrument ist für alle Typen der Lichtstreuungsmessungen u. auch für die Best. der Maxima, roten Banden usw., geeignet. (Chem. Listy **47.** 1120—25. Aug. 1953. [Orig.: tschech.]; Collect. czechoslov. chem. Commun. **19.** 202—09. März/April 1954.) L. MATOUŠEK/Prag. 5063

B. Sedláček, *Über Lichtstreuung.* 3. Mitt. *Die Bestimmung der reduzierten Intensität von Flüssigkeitseichproben.* (2. vgl. vorst. Ref.) Es werden die Differenzen in den bisher publizierten Werten von RAYLEIGH-Konstanten einiger Fll. diskutiert. Mit Hilfe von eigenen visuellen Messungen von Absolutwerten der red. Turbidität von CCl_4, *Bzl.* u. CS_2 wurde gezeigt, daß die Quelle der Differenzen in der Divergenz des gestreuten Lichtstrahls nach dem Durchgang durch die Grenzfläche Fl.-Medium der Küvette liegt. (Chem. Listy **47.** 1591—97. Nov. 1953. [Orig.: tschech.]) L. MATOUŠEK/Prag. 5063

B. Sedláček, *Über Lichtstreuung.* 4. Mitt. *Ein photographisches Gerät für Lichtstreuungsmessungen.* (3. vgl. vorst. Ref.) Es wird eine einfache Kamera beschrieben, die die Best. der red. Intensität, bzw. der Turbidität, der Dissymmetrie usw. in Winkeln von 20—140° ermöglicht. — Beispiele für prakt. Anwendungen werden angegeben. (Chem. Listy **47.** 1865—68. Dez. 1953. [Orig.: tschech.]) L. MATOUŠEK/Prag. 5063

Blahoslav Sedláček, *Über Lichtstreuung.* 5. Mitt. *Extrapolationsverfahren bei der Methode der Lichtstreuung.* (4. vgl. vorst. Ref.) Mit Hilfe einiger Beziehungen, die bei der Meth. der Lichtstreuung angewendet werden, wird gezeigt, daß in einigen einfachen Systemen die Möglichkeit besteht, die Teilchengröße durch zwei weitere Extrapolationsverff. zu bestimmen. Das Extrapolationsverf. der Refraktion geht von der DEBYEschen Extrapolationsmeth. der Turbidität aus (vgl. hierzu BILLMEYER JR., C. **1955.** 6693), die von der Beziehung lim $Hc/\tau = 1/M$ ausgeht. Es gilt $AL_1^2 = [k_N]\infty/[N]\infty$, wo A eine Konstante ist, die durch die Teilchenform bedingt ist, L bedeutet die größere Teilchen-

länge $[k_N]_\infty = \lim_{\lambda^{-2}\to 0} (\delta N/\delta \lambda^{-2})$, $[N]_\infty = \lim_{\lambda^{-2}\to 0} N = \lim_{\lambda^{-2}\to 0} (n_0{}^2 k^2 n^{-4})$. λ ist die Wellenlänge des Lichtes in der Lösung $k = \delta n/\delta C$. Die weiteren Symbole haben ihre übliche Bedeutung. Das Extrapolationsverf. der red. Intensität ist dem Winkelextrapolationsverf. äquivalent. Es gilt $AL^2 = \frac{1}{2}[k_R]_0 [\overline{R}_\Theta]_0 \lambda^2$, wo $[k_R]_0 = \lim_{\Theta\to 0} [k_R] = \lim_{\Theta\to 0} (\delta R_\Theta{}^{-1}/\delta \sin^2\Theta/2)$, $[\overline{R}_\Theta]_0 = \lim_{\Theta\to 0} [\overline{R}_\Theta^*]$ u. $[\overline{R}_\Theta] = R_\Theta \cdot \sin\Theta/(1 + \cos^2\Theta)$ ist. Die anderen Symbole haben wieder ihre übliche Bedeutung. (Chem. Listy **49.** 821—25. Juni 1955. [Orig.: tschech.])
L. Matoušek/Prag. 5063

Boris Rybak, Robert Lochet und **Auguste Rousset,** *Die Anwendung der Phosphorescenz bei gewöhnlicher Temperatur als chemische Analysenmethode: erste Anwendung bei den Aminosäuren.* Vff. untersuchen die α-Phosphorescenzspektren bei gewöhnlicher Temp. im Bereich von 4000—7000 Å von *l-Alanin, DL-Phenylalanin, L-Tryptophan* sowie von *Glykokoll* (**I**) im festen Zustand. Die Spektren der untersuchten Verbb. sind charakterist. für deren Konst., Ggw. eines aromat. Kerns ist nicht Voraussetzung für die Phosphorescenz; jedoch macht sich die Einführung des Indolringes an Stelle des Benzolringes deutlich bemerkbar. *β-Alanin* phosphoresciert nicht unter den angewandten Versuchsbedingungen. Bei **I** ähnelt das Spektr. zwischen 5000—6800 Å sehr dem einer aromat. Verb., Vff. glauben dies auf eine mögliche aromat. Verunreinigung zurückführen zu können. Die Meth. wird zur Identifizierung organ. Moll., bes. zur Reinheitsprüfung vorgeschlagen. (C. R. hebd. Séances Acad. Sci. **241.** 1278—80. 7/11. 1955.)
K. Frenkler. 5063

G. Bergmann und **G. Kresze,** *Kartei zur Dokumentation in der Molekülspektroskopie.* Eine allg. brauchbare Meth., organ. Verbb. auf Grund ihrer Konst. zur verschlüsseln, wird beschrieben. Sie wird bes. bei der Dokumentation der Literatur über die Molekülspektroskopie mit Hilfe von Randlochkarten angewendet. (Angew. Chem. **67.** 685—94. 21/11. 1955.) U. John. 5063

Kálnám Sasvári und **Zoltán Demjén,** *Die Anwendung von Elektronenvervielfachern mit Magnesiumkathoden zur Messung der Stärke von ultravioletten Spektrallinien.* Mit einem 14 Stufen-Multiplier mit Mg-Kathoden versuchten Vff. die Intensität von Spektrallinien der Wellenlänge 3000—2000 Å zu messen. Vor der Kathode ist in eine ca. 15 cm lange Glasröhre ein Quarzfenster von 2—2,5 cm Durchmesser eingeschmolzen. Da sich die Multiplikation mit der Saugspannung sehr empfindlich ändert, wurde diese aus einer 150 V-Trockenbatterie durch Verteilungskette entnommen. Als UV-Lichtquelle diente eine Bay-Steinersche Wasserstofflampe, deren Strahlung in einem Spektrographen von Zeiss zerlegt wurde. Die Strahlen gelangten einesteils durch einen entlang dem Spektr. verschiebbaren Spalt auf einen Spiegel u. von hier auf die Kathode des Multipliers, anderenteils wurde auf das Quarzfenster eine Kappe mit einem 0,5 mm-Spalt aufgesetzt u. der Multiplier auf einer Schiene mit Mikrometerschraube entsprechend eingestellt. Die krit. Spannung betrug 3000 V, darüber hinaus stieg der Dunkelstrom an. Empfindlichkeitsmaximum bei 2270 Å, Genauigkeit der Messungen 1%. (Magyar Kémikusok Lapja [Z. Ver. ung. Chemiker] **7.** 310—15. Okt. 1952.) J. Plank. 5063

J. N. Barry und **W. W. H. Clarke,** *Ein Mikrowellenmodulator mit Polarisationsrichtungsdrehung durch Ferrit.* Es wird ein Gerät beschrieben, mit dem man Anstiegszeiten von 0,7 μsec u. Abfallzeiten von 0,8 μsec bei Dämpfungen von < 1 db bzw. 30 db erreichen kann, ohne daß eine Rückwrkg. auf den Sender eintritt. (Electronics **28.** Nr. 5. 139—41. Mai 1955. Ottawa, Can., Dep. of Nat. Defence.) Roland Hüttenrauch. 5063

J. A. A. Ketelaar, J. Fahrenfort, C. Haas und **G. A. Brinkman,** *Bericht über die gemeinschaftliche Untersuchung von photoelektrischen Spektrophotometern.* Nach vergleichenden Messungen der opt. Dichte von $K_2Cr_2O_7$-Lsgg. mit einer großen Zahl von photoelektr. Spektrophotometern geben Doppelbestimmungen keinen Aufschluß über die Meßgenauigkeit. Zwischen den Meßgeräten bestehen Unterschiede, so daß ein bestimmtes Gerät stets zu hohe oder zu niedrige Extinktionen gibt. Die Behandlung der Küvetten birgt Fehlerquellen in sich. Daher weisen Messungen der opt. Dichte, die mit verschied. Geräten ausgeführt werden, eine Standardabweichung von 1,7% auf. Die Best. des Konzentrationsverhältnisses mit Hilfe ein u. desselben Gerätes ist mit einer Standardabweichung von 1,6% behaftet. (Chem. Weekbl. **51.** 211—19. 19/3. 1955. Amsterdam, Univ., Labor. voor Alg. en Anorgan. Chem.) W. Wesly. 5063

S. Z. Lewin und **R. H. Fairbanks,** *Zuordnung von Wellenlängen zu Spektren nach Aufnahme mit dem Beckman-Spektrophotometer, Modell DK-1.* Ausführliche Beschreibung eines Verf. zur Eichung der nichtlinearen Wellenlängenskala des Beckman-Spektrophotometers DK-1. (Analytic. Chem. **27.** 2020. Dez. 1955. New York, N. Y., Univ.)
G. Ruban. 5063

H. R. Davidson und **Henry Hemmendinger**, *Farbmetrische Eichung von färbenden Systemen.* Bericht über die Anfertigung von Farbmustern auf Papier u. Acetatseide zur Darst. der MUNSELL-Neubenennung unter Verwendung von bin. Mischungen von 6 ausgewählten Pigmenten mit Schwarz u. Weiß. Zu den Proben wurden die CIE- u. MUNSELL-Daten bestimmt u. die Beziehung zwischen dem Verhältnis der Farbstoffe u. den Farbkoordinaten graph. dargestellt. Die Mischungsformeln für die gewünschten Proben der MUNSELL-Neubenennung lassen sich aus diesen graph. Darstellungen ablesen. (J. opt. Soc. America **45.** 216—19. März 1955. Easton, Pa., Davidson u. Hemmendinger.) H.-J. EICHHOFF. 5063

F. H. C. Barkhuysen, *Die Berechnung des p_H von Salzen, Säuren und Basen.* Zur Berechnung des p_H von Salzen, Säuren u. Basen wird eine Gleichung höheren Grades abgeleitet, die zu einer einfachen Gleichung umgewandelt werden kann, wobei der durch die Vereinfachung entstehende Fehler nicht > 1% beträgt. (Chem. Weekbl. **51.** 549—56. 23/7. 1955. Delft, TH, Afdeling Wiskunde.) W. WESLY. 5066

J. A. Lewis, *Die polarographische Stufe.* Methoden werden beschrieben, um die Höhe der polarograph. Stufe zu ermitteln. Bei linearem Zusammenhang zwischen Stufenhöhe u. Konz. erhält man die besten Ergebnisse, wenn die Eichlsg. der unbekannten Lsg. als innerer Standard hinzugefügt werden. Weitere Methoden zur Konzentrationsbest. u. zur Unterdrückung von Maxima werden beschrieben. (Ind. Chemist **29.** 58—60. Febr. 1953.) R. LANDSBERG. 5066

Makoto Suzuki, *Grundlegende Untersuchungen über derivative Polarographie.* **3.** Mitt. *Mit Hilfe des rotierenden Umschalters von Ishibashi und Fujinaga erhaltene polarographische derivative Kurven.* (2. vgl. J. electrochem. Soc. Japan **21.** [1953.] 212.) Es wird die grundsätzliche Arbeitsweise des derivativen (differentiellen) polarograph. Stromkreises beschrieben, den man mit Hilfe des rotierenden Stromumkehrers nach ISHIBASHI u. FUJINAGA erhält. Die so erhaltenen derivativen Versuchsdaten werden mit denen verglichen, die man aus den entsprechenden Strom–Spannungs-Kurven berechnet. Die in diesem Stromkreis erhaltenen Ergebnisse stellen nicht die wahren derivativen Kurven dar, doch bringt die Benutzung dieses Stromkreises viele im Zusammenhang mit den Rkk. an den Elektroden interessierenden Fragen mit sich. (J. electrochem. Soc. Japan **21.** 264—66. Juni 1953. Kyoto, Univ. [Orig.: japan; Auszug: engl.]) L. SCHULER. 5066

D. J. Ferrett und **G. W. C. Milner**, *Analytische Anwendungen des Barker-Rechteckwellenpolarographen.* Die Vorteile der Anwendung des BARKER-Polarographen (vgl. Analyst **77** [1952.] 685), bei dem an die Zelle außer dem üblichen Gleichstrompotential ein kleines rechteckwellenförmiges Wechselstrompotential gelegt u. die Wechselstromkomponente des Zellenstroms aufgenommen wird, wobei Polarogramme vom Typ der derivativen Polarographie erhalten werden, werden beschrieben. Zunächst wird die direkte Best. von *Cu-, Pb, Cd-* u. *Zn*-Gehh. zwischen 0,002 u. 1% in folgenden Legierungen beschrieben: *Mazak-Legierung* (*Zinklegierung* mit 0,04 (%) Mg, 0,01 Fe, 0,001 Sn, 0,0028 Pb, 4,1 Al); *D.T.D. 136 A* (*Mg-Legierung* mit 9,4 Al, 0,13 Si, 0,018 Fe, 0,007 Ni); „*Y*"*-Legierung* (*Al-Legierung* mit 0,42 Fe, 0,03 Ti, 2,08 Ni, 0,03 Mn u. 0,03 Zn); einer *Zinnlegierung* mit 7,32 Sb, 0,17 Ni, 0,082 Ag; Rein-*Zinn* mit 99,966 Sn, 0,015 Sb, 0,0001 As, 0,006 Fe u. 0,0001 S. Obgleich in diesen Legierungen bis zu 4% Cu gefunden wurden, ließen sich daneben Pb-Gehh. in der Größenordnung von 0,01% ohne vorherige Trennung bestimmen. Zur Best. von *Ni* in Al-Legierungen in Ggw. von Mn wurde seine reversible Reduktionsstufe in Alkalicyanidlsg. herangezogen. Dieses gelang noch bei Ni-Gehh. von 0,048% in Ggw. von 0,67% Mn. Weiter wurden mit Hilfe des Polarographen Cu- u. Pb-Gehh. von 5—0,1 p.p.m. in *KCl-*, Na_2CO_3*-* u. *Citronensäure*-Lsg. bestimmt. Schließlich wurde noch die polarograph. Red. von *Uran* untersucht. (Analyst **80.** 132—40. Febr. 1955. Harwell, Nr. Didcot, Berks., Atomic Energy Res. Est., Analyt. Chem. Group.) R. LEVI. 5066

T. A. H. Peacocke, *Herstellung und Einstellung von Natriumthiosulfatlösungen.* Vf. bestätigt, daß durch Zufügen von 0,2 g Na_2CO_3 zu 1 Liter n/10 $Na_2S_2O_3$-Lsg. eine stabile Lsg. hergestellt werden konnte, u. sieht den p_H-Wert als wesentlichen Faktor an u. schlägt Einstellung der Lsg. auf p_H 7 vor. (Chem. and Ind. **1952.** 1245. 20/12. Leatherhead). W. KNÖPKE. 5070

William I. Stephen, *Analysen für die Industrie.* Gegenstand der Ausführungen dieser Arbeiten ist die Verwendung fl. Amalgams als Reduktionsmittel in der Analyse. Es wird einleitend ein kurzer Überblick über diesen Gegenstand gegeben u. dann auf die Herst. fl. Pb-Amalgams eingegangen. Eine genaue Arbeitsvorschrift wird gegeben. Das Amalgam ist nur in starker HCl anwendbar. Die hierfür maßgeblichen Gründe werden angeführt. Weiter besprochen wird die Red. von WO_4^{2-} mittels Bi- u. Zn-Amalgams. Schließlich finden sich noch Hinweise über die Wrkg. der Säure auf das Reduktionsvermögen der beschriebenen Amalgame. — 22 Literaturzitate. (Ind. Chemist **29.** 79—81. Febr. 1953.) P. Eckert. 5072

G. J. Henning, *Die Selektivität und Spezifität von organischen Reagentien.* (Literatur-) Übersicht über die Beziehungen zwischen den analyt. Eigg. eines organ. Reagenses u. der Beständigkeit des betreffenden Metallionreagenskomplexes, die diese Eigg. beeinflussenden Faktoren u. das Verh. einiger spezif. Reagentien. — 26 Schrifttumshinweise. (Chem. Weekbl **51.** 519—27. 9/7. 1955. Amsterdam, Univ., Labor. voor Analyt. Scheikunde.) W. Wesly. 5072

Helmut Bode, *Systematische Untersuchungen über die Anwendbarkeit der Diäthyldithiocarbaminate in der Analyse.* 2. Mitt. *Die Bildung der Metalldiäthyldithiocarbaminate und ihre Extrahierbarkeit in Abhängigkeit vom* p_H*-Wert der Lösung.* 1. Teil. (1. vgl. C. **1956.** 3663.) Es wird die Extrahierbarkeit von Kationen durch Diäthyldithiocarbaminat (DDTC) + CCl_4 bei verschied. p_H-Werten u. bei Ggw. von Komplexbildnern untersucht. Die Absorptionsspektren des Extraktes wurden aufgenommen u. das Mol-Verhältnis DDTC zu Metall bestimmt. Die Auswertung der Verss. ergab: 1. Oberhalb p_H 11 sind mit DDTC+CCl_4 extrahierbar: Ag, Bi, Cu, Hg, Pd, Tl(III), Cd, Co, Ni, Pb, Zn. Die genannten Kationen bis Tl(III) sind nicht mit *Komplexon III* (**I**) maskierbar. Durch KCN (**II**) werden nicht maskiert: Bi, Cd, Pb, Tl. 2. Elemente, die bei p_H 9 extrahierbar sind: Fe, In, Mn, Sb, Te. Nicht maskiert werden durch **I** Sb, Te; durch **II** (Fe), In, Mn, Sb, Te. 3. Elemente, die bei p_H 6 extrahierbar sind: As, Se, Sn, V. 4. Nur unvollständig extrahierbar sind: Au, Ga, Ir, Nb, Os, Rh, Ru, Pt, U. 5. Alle übrigen Elemente werden von p_H 4 bis p_H 11 mit DDTC + CCl_4 nicht extrahiert. Es wird vorgeschlagen: 1. Bi bei p_H 11—12 in **I**- u. **II**-haltiger Tartratlsg. abzutrennen. Das störende Tl(III) wird vorher red., die Absorption des Extraktes bei 365 mμ gemessen. 2. Extraktion von Sb bei p_H 9,0—9,5 u. Messen bei 350 mμ nach vorheriger Abtrennung von Bi u. Tl(III) bei p_H 11 bis 12. An verwandten Elementen stört nur Te. 3. Das starke Absorptionsmaximum des Ni- (326 mμ) u. Co-DDTC (323 mμ) ermöglicht Best. von <1 μg Ni. 4. Cu kann ohne Störung durch Ni, Co, Fe, Mn durch Extraktion bei p_H 11 bestimmt werden, so daß nur Bi u. Au, in kleinem Maße Os u. Pd als Störelemente übrigbleiben. 5. Wenn die Metalle der vorgannten Gruppen 1. u. 2. bei p_H 9 gemeinsam extrahiert werden, kann man As, Se, Sn u. V aus tartrathaltiger Lsg. (p_H 5,5—6,0) erfassen. Die Verwendung von Pyrrolidindithiocarbaminat ermöglicht, durch Messung der durch Reagenszusatz bewirkten Trübung, Best. von Zn, Pb, As, Nb u. Ga. (Z. analyt. Chem. **143.** 182—95. 1954.) K.-H. Küssner. 5072

A. E. Bender, M. Burnham und **D. S. Miller,** *Schnellbestimmung des Wassers in Aceton.* Zur Überwachung der trocknenden Wrkg. des *Acetons* (**I**) bei dessen Anwendung auf *Protein*-Fällungen wird ein Verf. empfohlen, das auf dem Farbenvgl. von mit 3 Tropfen 5%ig. $CoCl_2$-Lsg. zu 10 ml Wasch-Fl. erhaltener Lsg. mit aceton. Eichlsgg., welche 0 (tiefblau) bis 10% W. (blaßrosa) enthalten, beruht. Genauigkeit $\pm 2\%$. Verdünntere Lsgg. sind mit wasserfreiem **I** zu verdünnen. Proteinfällungen werden filtrierbar, wenn der Wassergeh. des **I** unter 10% (blaßblau) sinkt; die filtrierte Fällung aus **I** mit $<5\%$ W. (mittelstark blau) läßt sich an der Luft trocknen; wertvolle Prodd. müssen mit wasserfreiem **I** u. im Vakuum getrocknet werden. (Chem. and Ind. **1953.** 293—94. 28/3. London, Park Royal, Crookes Labors. Ltd.) W. Metzener. 5074

H. Krupp, *Magnetische Sauerstoffmessung mit Hitzdrahtanordnung.* Nach einer Übersicht über die bekannten O_2-Meßverff. u. ihre Anwendungsgebiete wird das thermomagnet. Meßverf., das auf der Erscheinung des magnet. Windes beruht, beschrieben. Mit Hilfe theoret. Überlegungen werden die Bedingungen ermittelt, unter denen ein optimales Meßgerät mit Hitzdrahtanordnung erhalten wird. Als Anwendungsbeispiel wird der magnet. O_2-Schreiber Magnos 5 der Fa. Hartmann u. Braun beschrieben. (Chemie-Ing.-Techn. **27.** 79—83. Febr. 1955. Frankfurt/M., Battelle-Inst.) R. Levi. 5086

B. F. Visser, *Gasanalyse durch Wärmeleitfähigkeitsmessung.* Beschrieben werden Bestimmungsmethoden des Grundstoffwechsels, die Berechnung des O_2-Verbrauchs, die CO_2-Messung u. Unterss. über die Lungentätigkeit mit Hilfe der Wärmeleitfähigkeitsmessung. (Recueil Trav. chim. Pays-Bas **74.** 507—12. Mai 1955. Utrecht, Univ. Hospital, Abt. für Lungenkrankheiten.) W. Luchsinger. 5086

R. V. Coxon, P. G. Banister und **R. H. Kay,** *Ein Katharometer in der Gasanalyse.* Ein Katharometer, ein Meßinstrument auf Grund der Wärmeleitung mit Wheatstonescher Brückenschaltung, wird in seiner Anwendung zur laufenden Luftkontrolle bei der O_2-Behandlung neugeborener Kinder beschrieben. (Recueil Trav. chim. Pays-Bas **74.** 513—17. Mai 1955. Oxford, Univ., Physiol. Labor.) W. Luchsinger. 5086.

J. O. Lay, *Industrielle Anwendungen der Infrarotgasanalyse.* Infrarotstrahlen bebestimmter Wellenlänge werden von einzelnen Gasen absorbiert, wobei eine Temperatursteigerung eintritt, aus der sich der Geh. des Gases in einem Gasgemisch ermitteln läßt. Angaben über die Meth. u. ihre Ausführung. (Metallurgia [Manchester] **51.** 109—12. Febr. 1955. Brit. Iron and Steel Res. Ass.) K. STEIN. 5086

H. Kleemann, W. Massmann und **D. Sprecher,** *Ein halbquantitatives Verfahren zur Bestimmung geringer Mengen Kohlenoxyd in der Luft.* Das Prinzip der Meth. beruht auf der Red. von $PdCl_2$ zu metall. Palladium bei Einw. von CO. Die in ihren techn. Details beschriebene Meth. gestattet es, die CO-Konz. in der Luft in einem Bereich von 50 bis 1200 p.p.m. zu bestimmen. Die Herst. der Standardtestflecken wird beschrieben u. der Einfl. von Fremdgasen untersucht. (Zbl. Arbeitsmed. Arbeitsschutz **5.** 87—91. Mai 1955. Berlin-Lichtenberg, Zentralinst. für Sozial- u. Gewerbehygiene.) H. ZELLER. 5088

W. A. Morosow, *Colorimetrische Bestimmung von Blei in der atmosphärischen Luft. Chinalizarin* (I) gibt mit Pb-Salzen (schon bei 0,005 Pb in 2 ml) eine charakterist. gelb- bis rotblaue Färbung. Zuerst wird vom Cu, Zn u. Fe getrennt. Das Filter mit dem Luftstaub wird 10—15 Min. mit 5 ml sd. 3%ig. HNO_3 behandelt, zur Trockene eingedampft, der Rückstand in W. gelöst, mit 0,2 ml 25%ig. NH_3, 0,2 ml 25%ig. NH_4Cl, 0,1 ml 1n Na_2CO_3- u. 0,1 ml 1n $CaCl_2$-Lsg. versetzt, gekocht, zentrifugiert u. der Rückstand mit 10%ig. NaOH behandelt. Das Plumbit wird mit 3%ig. HNO_3 schwach sauer gemacht, zur Trockene eingedampft u. der Rückstand in 2 ml W. gelöst. Mit eingestellten Pb-Lsgg. wird unter Zugabe von 5 Tropfen 0,002%ig. I in Aceton verglichen. Das bei der Best. verwendete W. soll ein p_H von 6,2—6,4 aufweisen. (Гигиена и Санитария [Hyg. u. Sanitätswes.] **1954.** Nr. 9. 46. Sept.) O. POLLAK V. EMHOFEN. 5088

D. N. Wasskewitsch und **R. W. Chochlowa** (unter Mitarbeit von **B. I. Breitbart, T. M. Otrochowa** und **M. W. Issajewa**), *Die Bestimmung von Dibenzothiazoldisulfid (Altax) in der Luft von Betriebsräumen.* Allen beschriebenen Rkk. zur Best. von *Dibenzothiazoldisulfid* (*Altax,* I) liegt dessen Zers. zu *Mercaptobenzothiazol* (*Captax,* II) zugrunde: I wird in 50%ig. NaOH unter Erwärmen auf 100° gelöst, die Lsg. mit 2n H_2SO_4 kongosauer gemacht. Volumetr. ist die Best. des entstandenen II bei Zers. mit 0,02n NaOH möglich, indem man die nicht verbrauchte NaOH zurücktitriert. Bei einer colorimetr. Best. wird II mit Co-Oleat in eine gelbgrüne Co-Verb. übergeführt u. die Färbung im Vgl. mit Eichlsgg. bestimmt. Eine nephelometr. Best. beruht auf der Rk. von II in alkoh. Lsg. mit 10%ig. $AgNO_3$-Lsg. u. Best. des Trübungsgrades der Suspension des Ag-Salzes von II, ebenfalls im Vgl. mit einer Reihe verschied. Verdünnungen der Eichlsg. von 1 mg I in 1 ml. Bei der Analyse von I-II-Gemischen wird aus der benzol. Lsg. II mit 10%ig. NH_4OH extrahiert, bei der Probenahme aus Luft der Rückstand auf einem Glasfilter analysiert, durch das die Luft durchgeleitet wurde. (Химическая Промышленность [Chem. Ind.] **1955.** Nr. 2. 23—27. März. Allunions wiss. Forsch.-Inst. für Arbeitsschutz, u. Dorogomilowo, Chem. Fabrik M. W. Frunse.) R. K. MÜLLER. 5088

a) Elemente und anorganische Verbindungen.

L. A. Mindalew, *Qualitativer Nachweis einiger der verbreitetsten Kationen.* Beschreibung des Analysenganges zur qualitativen Best. von Na, K, Mg, Ca, Al, Fe u. NH_4-Ion in ihren Gemischen, angepaßt an Schulverhältnisse. (Химия в Школе [Chem. Schule] **10.** Nr. 1. 50—53. Jan./Febr. 1955.) O. LEBTAG. 5100

Zoltán Szabó und **János Fiala Simon,** *Die stannometrische Bestimmung der Nitrate.* Inhaltlich ident. mit der C. **1956.** 1110 referierten Arbeit. (Magyar Kémiai Folyóirat [Ung. Z. Chem.] **59.** 42—44. Febr. 1953.) J. PLANK. G 243

—, *Verbesserte Bestimmung des Kohlenstoffs in Metallen, Gerät zur Leitfähigkeitsmessung der General Electric Co. Ltd.* Die Probe wird in der üblichen Weise in O_2 verbrannt, das SO_3 absorbiert u. danach das CO_2 in NaOH aufgenommen. Die Änderung der Leitfähigkeit durch Bldg. von Na_2CO_3 wird gemessen. (Metallurgia [Manchester] **51.** 159—60. März 1955.) K. STEIN. G 260

L. Bloch, *Die Lösung eines chemisch-analytischen Rätsels.* Die bei der Best. von Sb in Letternmetall durch Titration mit Bromat manchmal gefundenen Mindergehh. kommen dadurch zustande, daß die zum Lösen verwendete konz. H_2SO_4 Spuren $HSO_3 \cdot NO_2$ (I) enthält, die das Sb ganz oder teilweise bereits vor der Bromatzugabe oxydiert. Wenn man nicht sicher ist, daß die verfügbare konz. H_2SO_4 frei von I ist, empfiehlt es sich, keine konz., sondern verd. H_2SO_4 zum Lösen zu verwenden oder die zu lösende Metallegierung vor der Zugabe von konz. H_2SO_4 mit W. zu versetzen, weil sich I in Ggw. von W. zers. u. damit die oxydierende Wrkg. der I verhindert wird. (Chem. Weekbl. **51.** 548. 23/7. 1955.) W. WESLY. G 266

Wilhelm Geilmann und **Axel Gänssle,** *Über einige bei der Bestimmung der Alkalien in Silicaten mögliche Fehlerquellen.* Mit Hilfe von radioakt. ^{42}K, ^{86}Rb u. ^{134}Cs werden die gebräuchlichen Analysenmethoden zur Best. von Alkalien in Silicaten untersucht u. ihre Fehlerquellen aufgezeigt. Dabei treten bei den in n. Weise durchgeführten HF-Aufschlüssen mit 2 cm³ 70%ig. $HClO_4$ bzw. 1,5 cm³ konz. H_2SO_4 u. 10 cm³ 40%ig. HF je g Einwaage vor allem Alkaliverluste durch Verspritzen, Verstäuben oder Vernebeln der Analysenlsg. bei 220—240° ein. Durch Abdecken des Tiegels können diese Verluste weitgehend vermieden werden. Prakt. alkaliverlustfrei arbeitet das HF-Aufschlußverf. nach KOENIG, nach welchem das Silicat durch einfaches Abrauchen der Substanz mit HF bei 95—100° zerlegt wird. Beim Silicataufschluß nach SMITH treten Verluste durch das Verdampfen der Alkalichloride ein. Auch bei der Weiterverarbeitung der Aufschlußlsgg. treten merkliche Verluste ein, die in erster Linie durch den Einschluß von Alkalisalzen bei den verschiedenartigsten Fällungen, z. B. $BaSO_4$-Fällung, bedingt sind, durch Adsorption an Hydroxyd-Ndd., bes. von Fe u. Al u. durch Aufnahme von Alkalisalzen durch Porzellanschalen beim Abrauchen der NH_4-Salze mit HCl oder HNO_3. Durch Umfällen der Ndd. oder Verwendung der Edelmetallschalen (Pt) unter Einhaltung niedriger Tempp. können auch diese Verluste weitgehend eingeschränkt werden. Die NH_4-Salze werden am zweckmäßigsten mit Säure bei niedriger Temp. zerstört. (Glastechn. Ber. **27.** 80—88. März 1954. Mainz, Univ., Inst. für anorgan. u. analyt. Chem.) R. LINK. G 272

Włodzimierz Rodziewicz und **Jerzy Szychliński,** *Die Bestimmung von Kalium unter Anwendung von H_2PbCl_6.* K kann nach folgender Meth. in Abwesenheit von Rb, Cs u. NH_4 ohne Trennung von anderen Kationen bestimmt werden. Etwa 10 ml der zu untersuchenden Probe werden zur Trockne eingedampft u. gegen Ende mit 1 ml HNO_3, D. 1,4, danach 1 ml HCl (1,18) versetzt. Der trockene Rückstand wird mit 1 ml warmer 10%ig. HCl extrahiert, die Lsg. dekantiert oder abgesaugt, mit 0,5 ml HCl (1,18) versetzt, auf —10° abgekühlt u. mit 2 ml H_2PbCl_6-Lsg. von —10° behandelt. Falls $>$3 mg K/ml Lsg. vorhanden sind, bildet sich nach einigen Min. ein hellgelber Nd. von K_2PbCl_6. 1 mg K läßt sich noch mikroanalyt. nachweisen. Zwecks Herst. des H_2PbCl_6-Lsg. werden 27,82 g $PbCl_2$ mit 600 ml HCl (1,18) bei 10° versetzt u. bis zur Lsg. des $PbCl_2$ Cl_2 eingeleitet. Ebenso läßt sich Pb (II) mit H_2O_2, Chlorat, Perborat u. MnO_2, aber nicht mit Br_2, zu Pb (IV) oxydieren. (Roczniki Chem. [Ann. Soc. chim. Polonorum] **28.** 657—61. 1954. Gdánsk, Inst. of Technol., Dep. of Inorg. Chem.) O. POLLAK V. EMHOFEN. G 275

H. W. Berkhout und **G. H. Jongen,** *Über die Bestimmung von Kalium mit Tetraphenylbornatrium.* Man versetzt die zu untersuchende, 0,4—4 mg K u. bis 20 mg NH_4Cl enthaltende Lsg. mit 2 cm³ 4%ig. Komplexon III-Lsg., 1 cm³ 25%ig. HCHO-Lsg., 1 Tropfen Phenolphthaleinlsg. u. tropfenweise mit 10%ig. NaOH bis zur starken Rotfärbung u. unter Rühren mit 2 cm³ 3%ig. *Tetraphenylbornatrium* (I)-Lsg., saugt den $K[(C_6H_5)_4B]$-Nd. ab, wäscht 2mal mit einigen cm³ einer Wasch-Fl. (man versetzt 100 cm³ W. mit 2 cm³ 2n Essigsäure u. 2 cm³ 3%ig. I-Lsg. u. macht mit 10%ig. NaOH bis zum Farbumschlag von Phenolphthalein alkal.) u. darauf mit einigen cm³ kaltem W., löst den Nd. in 5 cm³ *Aceton* (II), versetzt mit 5 cm³ II, 10 cm³ W. u. 0,1 cm³ 0,5%ig. $K_2Cr_2O_7$-Lsg. in 50%ig. II u. titriert mit 0,01n $AgNO_3$-Lsg. in 50%ig. II bis zur bleibenden Rosafärbung. Beleganalysen beweisen die Brauchbarkeit des Verfahrens. (Chem. Weekbl. **51.** 607—08. 22/8. 1955. Maastricht, Rijkslandbouwproefstation.) W. WESLY. G 275

Wiktor Kemula und **Jacek Kornacki,** *Indirekte polarometrische (amperometrische) Methode der Bestimmung von Kalium mit $Na[(C_6H_5)_4B]$.* Nach einer indirekten Meth. kann 1 mg K in Konzz. von $>5\cdot10^{-4}$ mol. mit einer Genauigkeit von $\pm 4\%$ polarometr. mit $Na[(C_6H_5)_4B]$ (I) bestimmt werden. NH_4, Rb u. Cs soll die Probe nicht enthalten. Na stört nicht unterhalb Na : K = 10 : 0,1. Die K enthaltende Lsg. wird mit einigen Tropfen CH_3CO_2H auf p_H 5—6 gebracht, danach mit $NaNO_3$ derart versetzt, daß dessen Endkonz 0,1 mol. beträgt u. unter Rühren mit dem doppelten Überschuß $2\cdot10^{-3}$ mol. I-Lsg. versetzt. Nach 10 Min. wird der I-Überschuß mit eingestellter $TlNO_3$-Lsg. polarometr. zurücktitriert, wobei vorher 0,5%ig. Gelatinelsg. zugefügt wurde. (Roczniki Chem. [Ann. Soc. chim. Polonorum] **28.** 635—41. 1954. Warszawa, Univ., Dep. of Inorg. Chem.) O. POLLAK V. EMHOFEN. G 275

Norman Roy, *Flammenphotometrische Bestimmung von Natrium, Kalium, Calcium, Magnesium und Mangan in Glas und Rohstoffen.* Vf. beschreibt die Anwendung des Wasserstoff-Flammenvorsatzes u. der Photomultiplierröhre in Verbindung mit dem BECKMAN-B- bzw. DU-Spektrophotometer bei der Analyse von Natronkalk- u. Borsilicatgläsern u. von natürlich vorkommenden Materialien, wie *Sand, Schlacke* u. *Feldspat.* Die gemessenen Spektrallinien sind Na 589, K 767, Ca 422,7, Mn 403 u. Mg 383 oder 371 mμ. Die Best. der verschied. Komponenten läßt sich innerhalb eines weiten Konzentrationsbereiches durchführen. Die Genauigkeit der Analysen schwankt, liegt jedoch meistens innerhalb

von 0,3—0,5% des betreffenden Gehalts. Die Best. der angeführten Elemente erfolgt nach der Auflsg. der Proben ohne weitere vorherige chem. Trennung. (Analytic. Chem. **28.** 34—39. Jan. 1956. Elmira, N. Y., Thatcher Glass Manufacturing Co., Res. Labor.)
W. KRÖNERT. G 275

T. Barnabas, M. G. Badve und **J. Barnabas,** *Die chromatographische Trennung eines Gemisches der Chloride von Calcium, Strontium, Barium und Magnesium.* Die Trennung der Erdalkalichloride mittels Ringpapierchromatographie gelingt mit folgenden Lösungsmittelgemischen: A.-Methanol (**I**) (1 : 1), Isopropanol-**I** (2 : 3), Butanol-**I** (3 : 7) u. Pentanol-**I** (3 : 7). Für das A.-**I**-Gemisch betragen die R_f-Werte: Mg (0,80), Ca (0,62), Sr (0,49), Ba (0,28). Als Sprühreagens diente eine filtrierte Lsg. von 0,2 g 2.6-Dichlorophenolindophenol u. 3 g $AgNO_3$ in 100 ml Alkohol. Die Chloride geben damit blaßrosa Flecken, die im Sonnenlicht tiefbraun werden. (Analytica chim. Acta [Amsterdam] **12.** 542—43. 1955. Ahmednagar, India, Ahmednagar Coll., Dep. of Chem.)
F. UMLAND. G 280

Linsley S. Gray jr. und **Velmer A. Fassel,** *Emissionsspektrometrische Bestimmung von geringen Zirkoniumgehalten in Hafnium.* Vff. geben emissionspektrometr. Verff. zur Best. geringer Zr-Gehh. in Hf an. Anwendung finden Verff. im Konzentrationsbereich 0,001—0,5% Zr. Die Metalle werden vorher in die Oxydform übergeführt, u. die Anregung erfolgt mittels Gleichstrombogenentladung oder nach der „conducting briquet exitation technique". (Analytic. Chem. **28.** 18—21. Jan. 1956. Ames, Io., Iowa State Coll., Inst. for Anatomic Res. and Dep. of Chem.) W. KRÖNERT. G 322

Yoshio Fujita und **Hajime Kayamori,** *Bestimmung von Metallen mit einer Standardlösung von Kaliumferrocyanid.* 2. Mitt. *Volumetrische Bestimmung von Bleisalz.* Zur Lsg. mit z. B. 15,26 mg Pb/cm³ gibt man 1—2 Tropfen Phenolrot, macht mit 0,1n NaOH eben alkal., fügt zur Auflsg. des Nd. 0,1n HNO_3 bis p_H 6,0—6,4 zu, dann nacheinander 0,1n J_2- u. 0,2% Stärkelösung. Die blaue Lsg. wird mit 0,05 mol. $K_4Fe(CN)_6$ (**I**)-Lsg. bis zur Entfärbung titriert. Ionen, die mit **I**, Pb oder J_2 Ndd. oder Rkk. geben, stören. (J. chem. Soc. Japan, pure Chem. Sect. [Nippon Kagaku Zassi] **74.** 71—73. Febr. 1953. [Orig.: japan.]) L. SCHULER. G 328

L. M. Orlowa, *Trennung des Vanadiums von Titan und Eisen mit Hilfe eines Kationiten.* Eine unmittelbare quantitative Trennung von V u. Ti durch einen Kationiten ist unmöglich, da das 5wertige V hierbei z. T. red. wird. Verss. zeigten, daß, je saurer die Lsg. ist, um so mehr V red. wird u. im Kationiten verbleibt. Bei der nächsten Regeneration der Kolonne durch Säure fließt eine blaue oder grünblaue Lsg. von V, das zum 4wertigen, vielleicht auch bis zum 3wertigen red. wurde, hindurch. Daher leitet Vf. eine saure 5wertige Lsg. von V in Ggw. eines Überschusses von H_2O_2 durch die Kolonne. Der p_H-Wert ist ≈ 1. Unter diesen Bedingungen ist eine Red. ausgeschlossen. V geht hierbei bis zu 97—100% in Lsg., während das Ti von dem Kationiten adsorbiert wird. In der abfließenden Lsg. konnten keine Spuren von Ti festgestellt werden. Es wird als TiO_2^{2+} oder als $Ti(H_2O_2)^{2+}$ adsorbiert. (Заводская Лаборатория [Betriebs-Lab.] **21.** Nr. 1. 29—30. 1955. Moskau, Stalin-Stahlinst.) E. STEINBERG. G 330

William J. Campbell und **Howard F. Carl,** *Kombinierte radiometrische und fluorescenzröntgenspektrographische Methode zur Analyse von Uran und Thorium.* Mittels Radioaktivitätsmessungen u. Fluorescenzröntgenspektroskopie wird eine schnelle Meth. zur Unters. von Erzen auf U u. Th entwickelt. Durch Best. der Gesamtradioaktivität von U + Th, ausgedrückt in % U-Äquivalente, u. Messung des Verhältnisses der Linienintensitäten $U_{L\alpha}/Th_{L\alpha}$ mittels Fluorescenzröntgenspektroskopie wird das Gewichtsverhältnis U/Th berechnet. Da die relativen Radioaktivitäten U/Th bekannt sind, können die Gew.-% U u. Th errechnet werden. Je Analyse sind ca. 20 Min. für beide Elemente erforderlich; die Genauigkeit beträgt $\pm 10\%$ bei Proben mit einem U- bzw. Th-Geh. $>0,5\%$, untere Grenze der Erfaßbarkeit 0,01—0,03%. (Analytic. Chem. **27.** 1884—86. Dez. 1955. College Park, Md., U. S. Bureau of Mines, Eastern Experim. Stat.)
G. RUBAN. G 331

Leon Wish, Edward C. Freiling und **Leland R. Bunney,** *Ionenaustausch als eine Trennmethode.* 8. Mitt. *Relative Elutionsfolgen der Lanthaniden und Actiniden mit Milchsäure als Elutionsmittel bei 87°.* (7. vgl. C. **1956.** 3665.) Bei der Trennung der Lanthaniden durch Ionenaustausch zeigte *Milchsäure* (**I**) als Elutionsmittel gegenüber *Citronensäure* (**II**) eine größere Selektivität. Deshalb findet in vorliegender Arbeit für die Trennung der Actiniden Am, Cm, Cf u. Element 99 mit dem Kationenaustauscher *Dowex-50* **I** als Elutionsmittel bei p_H 3 u. einer Temp. von 87° Verwendung. Zur Best. der Lanthaniden werden β-strahlende u. für die Actiniden α-strahlende Isotope als Spuren angewendet. Ein Vgl. der mit **I** u. **II** erhaltenen Trennfaktoren stellt den Vorteil der **I** als Elutionsmittel heraus. (J. Amer. chem. Soc. **76.** 3444—45. 5/7. 1954. San Francisco, Calif., U. S. Naval Radiol. Defense Labor., Nucl. and Phys. Chem. Branch.) H. PITTACK. G 341

Joseph M. Beeston und **John R. Lewis**, *Colorimetrische Bestimmung von Rhenium. Eine modifizierte Tribalat-Methode.* Das beschriebene Verf. stellt eine Verbesserung der Meth. nach TRIBALAT (Analytic. Chim. Acta **3.** [1949.] 113) dar u. zeichnet sich durch geringeren Zeitbedarf u. Genauigkeit aus. — Ausführung: Die auf Re zu untersuchende Substanz wird mit NaOH + Na_2O_2 aufgeschlossen u. in 250 ml W. gelöst. 20 ml der Lsg. werden durch Säurezusatz 0,3mol. an Cl^- u. 1mol. an SO_4^{2-} gemacht. Mit $NaHCO_3$ wird das p_H auf 8—9 eingestellt. Nach Zusatz von 1 ml 0,05mol. wss. Lsg. von *Tetraphenylarsonium* (I)-Chlorid wird aus der Lsg. mit insgesamt 16 ml Chlf. das I-*Perrhenat* extrahiert. Unter Schütteln wird mit 20 ml 6n HCl, dann mit 1 ml 20%ig. NaSCN-Lsg. u. mit 1 ml 35% ig. $SnCl_2$-Lsg. versetzt. Nach 30 Min. wird mit 8 ml *Isoamylalkohol* (II) geschüttelt, die organ. Lsg. abgetrennt u. mit Chlf. u. II auf 25 ml aufgefüllt. Die Extinktion der durch den Rhodankomplex gelb bis gelbrot gefärbten Lsg. wird spektrophotometr. mit analog gefundenen Eichwerten verglichen. (Analytic. Chem. **25.** 651—53. April 1953. Salt Lake City, Ut., Univ., Dep. of Metallurgy.) E. MOISAR. G 352

V. H. Hardy, *Gleichzeitige Bestimmung von Eisen und Aluminium in Zink für galvanische Zwecke.* Anwendung von spektrophotometr. an Stelle von gravimetr. Verff. zur Best. des Geh. an Fe u. Al in Zn für galvan. Zwecke. Eingehende Anweisungen für die Analyse. (Métaux **27.** 515—18. Dez. 1952. Flémalle-Haute, Belgique, Labor. de la S. A. Phénix.) W. DEUTSCH. G 354

T. N. Rhodin, *Chemische Analyse dünner Filme mittels der Röntgenemissionsspektrographie.* Vf. verwendet die Röntgenemissionsspektrographie zur quantitativen Analyse von (ca. 100 Å) dünnen, auf „Mylar"-Polyesterträgern aufgedampften Filmen aus *Fe, Ni, Cr* u. den rostfreien *Stahl*-Sorten „*304*", „*316*" u. „*347*". Durch Passivität u. atmosphär. Oxydation auf diesen Stählen entstandene Oxydfilme wurden ebenfalls untersucht. Die Oberflächendichten der Filmproben betrugen $1—100 \cdot 10^{-6}$ $g \cdot cm^{-2}$. Bei einer Zählgeschwindigkeit von 1 Quant/Sek. ± 5% betrug die analyt. Empfindlichkeit für Ni 0,037 ($\cdot 10^{-6}$ $g \cdot cm^{-2}$), Fe 0,061, Cr 0,175. Vgl. der Röntgenmeth. bei höchstens 300 Å dicken Metall- u. Oxydfilmen mit der mikrocolorimetr. Meth. liefert ausgezeichnete Übereinstimmung, Genauigkeiten von 2% oder besser sind erreichbar, ohne Berücksichtigung der Absorption. (Analytic. Chem. **27.** 1857—61. Dez. 1955. Wilmington, Del., E. I. du Pont de Nemours & Co., Inc., Engng. Res. Labor.) G. RUBAN. G 356

—, *Spektrographische Untersuchungen in der Mineralogie.* Die spektrograph. Methoden erlauben mit kleinsten Mengen eine halbquantitative Unters. u. dadurch oft eine Mineralbestimmung. Außerdem können sie zur Spurenbest. in Mineralien herangezogen werden. Zur Best. von Spuren an Alkalimetallen dient die Flammenspektroskopie. (Mining J. [London] **242.** 771—72. 25/6. 1954.) F. ENSSLIN. 5290

G. H. Packham, *Volumen-, Gewichts- und Anzahl-Häufigkeitsanalyse bei Sedimenten aus der Dünnschliffauswertung.* Die ROSIWAL-Meth. zur Planimetrierung von Dünnschliffen gibt die Anzahl der Körner eines Minerals in dem Schliff oder in einer Reihe von Schliffen. Den wahren Volumenprozentgeh. erhält man durch Berücksichtigung der statist. Verteilung der Durchmesser der einzelnen Körner. (J. Geology **63.** 50—58. Jan. 1955. Sydney, Australien, Univ.) F. ENSSLIN. 5290

P. M. Issakow, *Zersetzung von Mineralien und Erzen durch Ammoniumsalze.* Zum Aufschließen von Mineralien u. Erzen wird an Stelle der langwierigen Behandlung mit konz. Säuren u. Königswasser das Erhitzen dieser Stoffe mit Ammoniumsalzen empfohlen, die hierzu in fester Form angewandt werden. Die Zers. mit diesen dauert nur 5—7 Min., die Erhitzungstemp. liegt bei 150—320°, die angewandte Menge beträgt das 3—50fache der Einwaage; es werden vor allem NH_4Cl u. NH_4NO_3, einzeln u. im Gemisch, verwendet. — Wie im einzelnen in der qualitativen (qual.) u. quantitativen (quant.) Analyse zu verfahren ist, wird in Beispielen gezeigt. NH_4NO_3 (qual.): *Zinnober*, Cu_2O, *PbO*; quant.: *Pyrit*, seine Zers. u. Trennung von *Hämatit*, Trennung von *Pb* u. *Fe* in Carbonaten (*Siderit, Cerussit*), gediegene u. künstliche Metalle. NH_4Cl: Hämatit, *Magnetit, Ilmenit* (qual.), Magnetit (quant.). Gemische: $HN_4Cl + NH_4NO_3$ (1 : 2 bis 2½) — Zers. der Mineralien u. Erze (qual.); quant.: Zers. von *HgS*, FeS_2, *Hämatit*; *Markasit, Arsenopyrit, Chalkopyrit* u. a. Sulfide — wie Pyrit. Best. des *S*. Gemische: $NH_4Br + NH_4NO_3$ u. $NH_4F + NH_4NO_3$. (Вестник Ленинградского Университета, Серия Биологии, Географии и Геологии [Nachr. Leningrader Univ.] **10.** Nr. 4. [Ser. Biol., Geogr. Geol.] Nr. 2. 117—33. April 1955. Leningrad., Univ.) A. v. WILPERT. 5290

b) Organische Verbindungen.

E. W. Heine, *Die Apparatur von Grote und Krekeler zur Bestimmung des Gesamtgehaltes einiger Elemente in verbrennlichen Stoffen. Ergänzende Bemerkungen.* (Vgl. C **1955.** 1807.) Es werden Einzelheiten aus Arbeiten anderer Autoren (SCHÖBERL u. Mitarbeiter, WURZSCHMITT u. ZIMMERMANN, SUNDBERG u. ROYER) über die Meth. von GROTE u. KREKELER besprochen. (Pharmazie **9.** 972—77. Dez. 1954. Berlin-Köpenick, Stadtapotheke.) K. F. MÜLLER. 5352

F. Feigl und **L. Vokač**, *Prüfung auf reduzierende organische Verbindungen mit o-Dinitrobenzol in der Tüpfelanalyse.* Organ. Verbb., die in alkal. Lsg. als H-Donatoren fungieren, reduzieren alkoh.-alkal. Lsgg. von o- u. p-Dinitrobenzol zu blauvioletten bzw. orangefarbigen wasserlösl. Alkalisalzen chinoider Stickstoffsäuren. Die empfindliche Redox-Rk. mit o-Dinitrobenzol kann bei der Tüpfelanalyse als selektive Vorprüfung verwendet werden. Die bei 16 Verbb. (*Brenzcatechin, Brenzcatechindisulfosäure, Hydrochinon, Pyrogallol, Gerbsäure, Ascorbinsäure, Phenylhydrazinhydrochlorid, p-Nitrophenylhydrazin, Benzoesäurehydrazid, Nicotinsäurehydrazid, Glucose, Lactose, Maltose, l-Sorbose, Dextrose, Benzoin*) ermittelten Erfassungsgrenzen liegen zwischen 2 u. 25 γ reduzierender Substanz im Tropfen. A u s f ü h r u n g: 1 Tropfen der wss. oder alkoh. Probelsg. wird nacheinander mit je 1 Tropfen gesätt. alkoh. Lsg. von o-Dinitrobenzol u. 0,5n NaOH versetzt u. kurz erwärmt. (Mikrochim. Acta [Wien] **1955.** 101—04. Rio de Janeiro, Min. da Agricultura, Labor. da Produção.) K. F. MÜLLER. 5364

J. E. Dubois und **S. Beech**, *Indirekte Bestimmung dehydratisierbarer Verbindungen durch die Karl-Fischer-Methode.* 1. Mitt. *Allgemeine Einleitung und Beschreibung einer Karl-Fischer-Halbmikroapparatur.* Zur Best. von *β-Oxycarbonylverbb.* wird vorgeschlagen, aus diesen W. (unter gleichzeitiger Bldg. von ungesätt. Ketonen) abzuspalten u. dieses nach der KARL-FISCHER-Meth. zu titrieren. Eine Halbmikroapp. zur Best. von W. nach KARL-FISCHER, wobei der Titrationsendpunkt durch die „dead stop"-Meth. angezeigt wird, wird beschrieben. — 3 Abbildungen. (Ann. Univ. Saraviensis **2.** 363—70. 1953. Saar Univ., Chem. Inst., Phys. Chem. Res. Labor.) K. F. MÜLLER. G 740

J. E. Dubois und **S. Beech**, *Indirekte Bestimmung dehydratisierbarer Verbindungen durch die Karl-Fischer-Methode.* 2. Mitt. *Methode zur quantitativen Dehydratisierung von Diacetonalkohol.* (1. vgl. vorst. Ref.) Diacetonalkohol läßt sich fast quantitativ dehydratisieren, wenn er azeotrop mit Bzl. oder Chlorbenzol in Ggw. von J_2 (0,5%ig. Lsg.) dest. wird. Zur Dest. dient die modifizierte App. von OTHMER (Ind. Eng. chem., anal. Ed. **4.** [1932.] 232). — Aliquote Teile des abdest. W. werden nach KARL FISCHER titriert. (Ann. Univ. Saraviensis **2.** 371—75. 1953. Saar Univ., Chem. Inst., Phys. Chem. Res. Labor.) K. F. MÜLLER. G 740

Eugene Childers und **G. W. Struthers**, *Infrarotbestimmung von Natriumsalzen organischer Säuren.* Zwecks Infrarotunters. von Mischungen einfacher organ. Säuren wurden die Infrarotspektren der wasserfreien *Na-Salze* von *Essigsäure* bis *n-Capronsäure* u. von *Oxalsäure* bis *Pimelinsäure* in Mineralöl aufgenommen (angegeben zwischen 7 u. 15 μ), da die quantitative Best. der Säuren selbst infolge Mol.-Assoziationen schwierig ist. Im einzelnen wird die Best. von *Adipinsäure* (I) in Mischung mit *Glutarsäure* genau beschrieben, als innerer Standard diente ein Zuschlag von 3% Naphthalin (II). Die Absorption der 11,03 μ-Bande von Di-Na-Adipat u. die der 12,8 μ-Bande von II wurden nach der Basislinienmeth. bestimmt. Bei Gehh. von 10% I in Mischung mit anderen Säuren wurde eine Genauigkeit von 4% relativem (0,4% absol.) Fehler erreicht. (Analytic. Chem. **27.** 737—41. Mai 1955. Charleston, W. Va., E. I. du Pont de Nemours & Co., Inc., Polychemicals Dep.) B. GNAUCK. G 800

Péter Hidi und **Edit Gerber**, *Bemerkungen zu der Bestimmung von Methylaminen und Ammoniak nebeneinander.* Vor kurzem gab SZEKERES (C. **1955.** 684) ein Verf. zur Best. von Mono-, Di- u. Trimethylamin nebeneinander bekannt, dieses ist aber wie die früheren langwierig u. umständlich. Vff. überzeugten sich, daß die chromatograph. Meth. von FUCHS u. RAPPOPORT (Доклады Академии Наук СССР [Ber. Akad. Wiss. UdSSR] **60.** [1948.] 1219) bedeutend einfacher u. sicherer ist, es ist kein empir. Faktor zur Korrektur nötig, u. die Menge des NH_3 kann auch ermittelt werden. Das Verf. ist auch zur Reinigung von techn. Methylamin brauchbar. Genaue Beschreibung der Meth., Abb. des App. u. einige Versuchsergebnisse. (Magyar Kémikusok Lapja [Z. Ver. ung. Chemiker] **7.** 316—18. Okt. 1952.) J. PLANK. G 910

L. J. E. Hofer und **W. C. Peebles**, *Röntgenbeugungsdaten von Phenolen.* Die Röntgenbeugungsanalyse wird für die positive Identifizierung kristalliner Phenole vorgeschlagen. Wenn die Phenole einigermaßen hoch schm., ist ihre Überführung in die Phenylisocyanatderivv. unnötig. Ebenso kann ein Umkristallisieren bis zur Erreichung des F. der Literatur unterbleiben. Die Beugungslinien von Isomeren u. nahe verwandten Verbb. sind deutlich verschieden voneinander. Tabellar. Zusammenstellungen der d-Werte (Netzebenenabstände in Å) u. relativen Intensitäten werden für die folgenden 51 Phenole angegeben: *Brenzcatechin*; *Hydrochinon*; *Resorcin*; *Pyrogallol*; *Orcin*; *2.5-*, *2.6-*, *3.4-* u. *3.5-Dimethylphenol*; *Dimethyldihydroresorcin*; *4-* u. *5-Indanol*; *4-Isopropylphenol*;

3-Methyl-5-äthylphenol; *2.3.5-Trimethylphenol*; *α-* u. *β-Naphthol*; *4-tert.-Butylphenol*; *1.2.3.4-Tetrahydro-5-oxy-* u. *5.6.7.8-Tetrahydro-2-oxynaphthalin*; *2-*, *4-*, *5-* u. *6-Isopropyl-3-methylphenol*; *2-(α-Äthylpropyl)-phenol*; *4-tert.-Amylphenol*; *o-* u. *p-Phenylphenol*; *2-* u. *4-Cyclohexylphenol*; *1-* u. *2-Oxyfluoren*; *4-(α-Methylbenzyl)-phenol*; *1-*, *2-* u. *9-Oxyphenanthren*; *4-(α-Cumyl)-phenol*; *4-Octylphenol*; *2.4-Di-tert.-butylphenol*; *4-(α.α-Dimethylbenzyl)-phenol*; *4-(α-Methylbenzyl)-3-methylphenol*; *4-Methyl-2.6-*, *3-Methyl-4.6-* u. *2-Methyl-4.6-di-tert.-butylphenol*; *2-Methyl-4-diisobutylphenol*; *1-Oxypyren*; *2-Isobornylphenol*; *2-Oxychrysen*; *2.4-Dimethyl-6-isobornylphenol*; *2.4.6-Tri-tert.-butylphenol*; *3-Pentadecylphenol*. Eine weitere Tabelle gibt neben den d-Werten der 3 stärksten Reflexe die FF. an (beobachtete u. Literaturwerte), sie ist für die prakt Anwendung nach d-Werten (des jeweils stärksten Reflexes) geordnet. Zum Vgl. wird diese Tabelle aus anderer Quelle (Am. Soc. Testing Materials, Philadelphia, Pa., „Cumulative Alphabetical and Numerical Indexes of X-Ray Diffraction Patterns" [1933]) ergänzt durch Mitt. der diesbzgl. Daten folgender 20 Phenole: *2.6-Di-tert.-butyl-4-äthylphenol*; *p-Nitrobenzolazoresorcin*; *2.6-Di-tert.-butyl-4-chlorphenol*; *o-Aminophenol*; *2.6-Di-tert.-butyl-4-cyclohexylphenol*; *p-Benzylidenaminophenol*; *Phenolphthalein*; *1-n-Hexyl-2.4-dioxybenzol*; *2.4.6-Trinitrophenol*; *2.6-Diacetyl-3.5-dimethylphenol*; *Pentachlorphenol*; *1-Nitroso-2-naphthol*; *2.6-Dibrom-4-nitrophenol*; *2.4.5-* u. *2.4.6-Trichlorphenol*; *4.6-Dinitroresorcin*; *Oxyphloroglucindihydrat*; *2.4-Dinitrophenol*; *o-Nitrophenol*; *o-Indophenol*. (Analytic. Chem. **27**. 1852—56. Dez. 1955. Bruceton, Pa., Bureau of Mines, Branch of Coal-to-Oil Res.) G. Ruban. G 1060

Hedwig Langecker, *Beitrag zur Bestimmung aromatischer Amine.* Die erforderlichen Modifikationen der Meth. von Bratton-Marshall (J. biol. Chemistry **128**. [1939.] 537) zum Nachw. von Sulfanilamid durch Diazotierung u. saure Kuppelung mit α-Naphthyläthylendiamin bei ihrer Anwendung auf andere aromat. Amine, Aminobenzoesäuren, Sulfonamide, Oxyamine u. verschied. aromat. Aminosäuren werden ermittelt. Die Ergebnisse der colorimetr. Auswertung werden mit denen der alkal. Kuppelung mit α-Naphthol verglichen. (Biochem. Z. **324**. 214—16. 1953. Berlin-West, Schering A.-G.) Ph. Fresenius. G 1310

Vilmos Ferencz und **Lilla Veres**, *Fluorometrische Bestimmung des Cumarins mittels des photoelektrischen Colorimeters nach Lange und Anwendung dieser Methode zur Cumarinbestimmung im Steinklee (Melilotus albus).* Anwendung des Colorimeters von Lange zur Cumarinbest. in Steinklee nach Slatensek u. Washburn (J. Amer. Soc. Agron. **36**. [1944.] 704). — Beleganalysen. (Agrokémia és Talajtan [Agrochem. u. Bodenkunde] **2**. 65—72. 1953. Budapest, Agrokém. Kutató Int., Biokém. Oszt.) G. v. Pilinszky. G 3211

Marika Geldmacher-Mallinckrodt, *Nachweis und Unterscheidung von Zuckern und Polysacchariden durch empfindliche Tüpfelreaktionen auf Seide.* Durch Tüpfel-Rkk. auf einer durch Waschen in warmer Seifenlauge von der Appretur befreiten Seide lassen sich zahlreiche Pentosen, Hexosen, Di-, Tri- u. Polysaccharide erkennen. Die untere Erfassungsgrenze liegt je nach Kohlenhydrat u. Reagens zwischen 0,1 µ. 10γ. Als Reagens dienen 10%ig. Lsgg. von α-Naphthol, Tetrachlor-p-kresol, Phloroglucin, Diphenylamin, Orcin, Camphersäure, Naphthoresorcin, β-Naphthol, Phenol, Harnstoff, Pyrogallol, Kresol oder Hippursäure in A. unter Zusatz von 10% konz. H_2SO_4. Der Verlauf der einzelnen Nachweise wird beschrieben. Einige organ. Stoffe sind als Reagentien zu wenig empfindlich, andere ungeeignet, weil sie bereits mit der Seide reagieren. (Biochem. Z. **324**. 186—94. 1953. Erlangen, Univ., Physiol.-chem. Inst.) Ph. Fresenius. G 3400

M. N. Gibbons, *Die Bestimmung der Methylpentosen.* Die colorimetr. Meth. von Dische u. Shettles zur Best. von *Methylpentosen* (I) (J. biol. Chemistry **175**. [1948.] 595) wurde durch Ersatz des *Cysteinhydrochlorids* (**III**) durch *Thioglykolsäure* (**II**) modifiziert. Der Vorteil von **II** besteht in einer rascheren Entw. der Färbung, die überdies mehrere Std. konstant bleibt. Die Best. der Absorption bei 2 Wellenlängen (400 u. 430 mµ) erlaubt die **I**-Best. in Ggw. zahlreicher Zucker u. Aminosäuren, die sonst stören würden. Von häufiger vorkommenden Komponenten biol. Materials stören >30—40γ *Galaktose* (in Ggw. von 15—25γ *Fucose* oder *Rhamnose*) u. >5—10γ *Mannogalaheptose*, ferner >0,17 mol. Cl^--Ion. Vergleichende statist. Auswertung der mit beiden Reagentien erhaltenen Resultate ergab mit **II** eine Genauigkeitsverbesserung. *D-Glucomethylose*, *D-Gulomethylose*, *L-Thevetose* (*3-O-Methyl-D-glucomethylose*) u. *D-Digitalose* (*3-O-Methyl-D-fucose*) gaben 165, 115, 150 bzw. 94% der Färbung, die eine äquivalente *Fucose*-Menge zeigte. 4 geprüfte *2-Desoxy-6-methylpentosen* zeigten bei 400 u. 430 mµ gleiche Absorption u. reagierten weder mit **II** noch **III**. In Ggw. von *2-Desoxyglucose* waren **I** nur mit **III**, nicht mit **II** bestimmbar. (Analyst **80**. 268—76. April 1955. London, Lister Inst.) K. Maier. G 3400

F. G. Stock, *Die spektrophotometrische Bestimmung der Gesamtpenicilline durch Umwandlung in Penicillensäure und die Bedeutung von Kupfer für den Reaktionsverlauf.*

Die von HERRIOTT (J. biol. Chemistry **164.** [1946.] 725) angegebene Meth. zur Penicillinbest., die auf Messung der Absorptionszunahme bei 322 mμ beim Erhitzen in Acetatpuffer (I) von p_H 4,6 beruht (Bldg. von *Penicillensäure*), ist von der Ggw. von *Cu*-Spuren abhängig, wobei maximale *E*-Werte mit 0,04 mg% Cu erzielt werden. Zur Gehaltsbest. in Tabletten werden Lsgg. von 160—200 I.E./cm^3 hergestellt, 10 cm^3 zu 30 cm^3 0,4 mol. I + 0,045 mg% Cu gegeben. (Analyst **79.** 662—71. Nov. 1954. Birmingham, City Analyst's Labor.) K. MAIER. G 3950

C. H. Lea, *Methoden zur Bestimmung von Peroxyden in Lipoiden.* Vf. vergleicht die Leistungsfähigkeiten der jodometr. Meth., der Ferrithiocyanat (I)-Meth. u. der 2.6-Dichlorphenolindophenol (II)-Meth. bei der Best. von peroxyd. O in fettartigen Stoffen. Es wurde nach Standardmethoden autoxydiertes *Methyloleat, Methyllinoleat* u. *Methyllinolenat* verwendet. Nach der jodometr. Meth. werden 71—91% des absorbierten O_2 in Peroxyverbb. umgewandelt. Die beiden anderen Methoden geben in Ggw. von atmosphär. O_2 abnorm hohe Werte, während bei O_2-Abwesenheit zu niedrige Werte erhalten werden. Jedoch liefert die I-Meth. in Ggw. von O_2 sehr gut reproduzierbare Werte; sie erfordert einen geringeren Materialaufwand als die jodometr. Meth. u. sie liefert Ergebnisse, die den jodometr. erhaltenen Werten direkt proportional sind. Die II-Meth. gleicht in vieler Beziehung der I-Meth., sie gibt jedoch etwas schlechter reproduzierbare Werte u. außerdem werden die Ergebnisse durch atmosphär. O_2 u. durch Cu-Spuren stärker gestört. (J. Sci. Food Agric. **3.** 586—94. Dez. 1952. Cambridge, Univ., Dep. of Sci. and Ind. Res., Low Temp. Stat. for Res. in Biochem. and Biophys.) R. MATTNER. G 3950

W. Graßmann, H. Hörmann und **H. Endres,** *Säulenchromatographische Trennung von Dinitrophenylaminoalkoholen zum Zwecke der Bestimmung carboxylendständiger Aminosäuren in Peptiden und Proteinen.* Vff. trennten säulenchromatograph. *Dinitrophenyl* (DNP)-*Leucinol* (**I**), *DNP-Valinol* (**II**), *DNP-Phenylalaninol* (**III**), *DNP-Alaninol* (**IV**), *DNP-Prolinol* (**V**), *DNP-Colamin* (**VI**), *DNP-Glutamindiol* (**VII**) u. „*DNP-Asparagindiol*" (**VIII**) (die bei der Red. des Asparaginsäurediesters mit $LiAlH_4$ entstehende Verb. als DNP-Deriv. isoliert, entspricht formelmäßig nicht dem DNP-Asparagindiol). Die Säule hat einen Durchmesser von 9 mm u. eine Füllhöhe von 200 mm. Als Säulenmaterial wurde ein Gemisch von Silicagel u. Celite 545 (JOHNS-MANVILLE CORP. LTD., London) im Verhältnis 4:1 in absol. Ae. eingeschlämmt u. nacheinander mit 10 ml absol. Ae., 10 ml *Aceton* (**IX**)-Ae. (1:1) u. 10 ml Ligroin nachgewaschen u. mit ca. 30 ml des zu verwendenden Lösungsm. ins Gleichgewicht gesetzt. Das Substanzgemisch wird, in 1—3 ml Essigester gelöst, aufgegeben u. das Lösungsm. zu einer Höhe aufgefüllt, daß die Durchflußgeschwindigkeit 10—14 ml/Std. beträgt. Der Durchlauf wird in Fraktionen aufgefangen u. bei 366 mμ colorimetr. gemessen. Das Gemisch **I–VIII** wurde zunächst mit einem Entwicklergemisch *Ligroin* (**X**)-*Eisessig* (**XI**)-**IX** (94:4:2) behandelt, wobei hauptsächlich **I** u. **II** wandern. Sobald **I** das Säulenende erreicht hat (nach ca. 26 ml), wird ein neues Entwicklergemisch aus **X–XI**-*Essigester* (85:3:12) verwendet. Nach insgesamt 130 ml Durchlauf (**III, IV** u. **V** enthaltend) werden 170 ml **X–XI–IX** (88:2:10) auf die Säule gegeben, wobei **VI** auswandert, dann 150 ml **X–XI–IX** (84:8:8) u. schließlich 200 ml **X–XI–IX** (75:15:10), wobei **VII** u. **VIII** im Durchlauf erscheinen. Die Trennung der untersuchten DNP-Aminoalkohole verläuft quantitativ u. die einzelnen Fraktionen können prakt. ohne Verluste wiedergewonnen u. quantitativ bestimmt werden. (Hoppe Seyler's Z. physiol. Chem. **296.** 208 bis 213. 1954. Regensburg, Max-Planck-Ges., Forschungsstelle für Eiweiß u. Leder.) K. NEHRING. G 4070

c) Bestandteile von Pflanzen und Tieren.

Hamilton P. Traub, *Reine Arabinate als wichtigste, nichtflüchtige Bestandteile in kombinierten Färbe- und Herrichtemitteln.* (Vgl. C. **1954.** 2021.) Zahlreiche Metallarabinate (**I**) sind lösl. in W., CH_3COOH (**II**) u. HCOOH (**III**). Die 10%ig. Lsgg. hydrolysieren nicht stark; aus wss. u. 45%ig. **III**-Lsg. sind die **I** nicht, wohl dagegen aus 45%ig. **II**-Lsg. fällbar. Zusatz von Sorbit, (Teil-) Ersatz von **II** durch **III** oder von **I** durch Arabinsäure hebt die Fällbarkeit aus **III**-Lsgg. auf. Mehrere Rezepte für zusammengesetzte Färbe- u. Herrichtungslsgg. mit **I** als wichtigstem, nichtflüchtigem Bestandteil u. Arabinsäure, Sorbitsirup, **II** u. **III** werden angegeben. Die Färbewrkg. mehrerer **I** wird erörtert; Au-, Sb-, Ga-, Cd- u. Zn-Verbb. färben tiefrot, Bi-Verbb. blau, UO_2-Verbb. grünschwarz. (Euclides [Madrid] **13.** 289—98. Juli/Aug. 1953. Beltsville, Md., U. S. Dep. of Agricult., Bur. of Plant Ind., Soils and Agricult. Engng.) W. WESLY. 5661

William A. Cassel und **W. G. Hutchinson,** *Fixierung und Färben des Bakterienkerns.* Die Färbbarkeit von Bakterienkernen wurde an jungen Kulturen von B. cereus u. E. coli mit alten u. neuen Methoden nachgeprüft. Während sich alle benutzten Fixiermittel als fast gleichwertig erwiesen (OsO_4-Dampf scheint Vorzüge zu haben), zeigte sich ein großer Einfl. der Arbeitsweise. Z. B. konnte nach dauerndem Naßhalten keine positive Kernfärbung erzielt werden. Beim Vorbehandeln mit HCl zum Entfernen basophiler Stoffe wurde beobachtet, daß diese nicht nur im Cytoplasma, sondern auch an den Zellwänden saßen. (Stain Technol. **30.** 105—18. Mai 1955. Philadelphia, Pa., Univ. of Pennsylvania, Dep. of Bot., Labor. of Microbiol.) K. Blumrich. 5662

Hermann Gisin, *Verbesserungen der Technik des Milchsäureeinschlusses mikroskopischer naturgeschichtlicher Objekte.* Beschreibung einer bewährten Technik zum Fixieren u. Einschließen empfindlicher Mikroinsekten (Collembolen) in Glycerin u. Formaldehyd enthaltender Milchsäure u. zur Herst. von Dauerpräpp. durch Umranden mit einer Mischung von Paraffin, Vaselin u. Lanolin. (Arch. des Sci. **8** (**160**). 93—97. 1955. Genf, Mus. d'Hist. nat.) K. Blumrich. 5662

R. D. Lillie und **J. P. Greco Henson,** *Xylol–Cellulosecaprat als histologisches Einschlußmedium von niedrigem Brechungsindex.* Gut u. haltbar waren Einschlüsse von Präpp. in einer 50%ig. Lsg. von *Cellulosecaprat* (I) in *Xylol* (II). Sie wurden bald fest u. zeigten allmählich immer deutlicher ungefärbte Gewebe, da der Brechungsindex der Lsg. (n = 1,4860) beim Verdunsten des I sich dem von II (n = 1,4734) nähert. (Stain Technol. **30.** 133—34. Mai 1955. Bethesda, Md., Nat. Inst. of Health, Nat. Inst. of Arthritis and Metabolic Diseases, Labor. of Pathol. and Histochem.) K. Blumrich. 5662

E. J. Kaminski, *Histologische Arbeitsweisen zur Autoradiographie: Radioaktivitätsverluste.* Beim Fixieren u. Entwässern von Geweben, die in vivo radioakt. markiert waren, gingen je nach Meth. 25—90% des ^{32}P, 4—20% des ^{131}J u. 0,3—4% des ^{198}Au verloren (Zählungen in den gebrauchten Lsgg.). — Geeignete Verff. zum Vorbehandeln u. Färben (Hämatoxylin–Eosin, Li-Carmin, nach Feulgen usw.) von Schnitten vor dem Bedecken mit photograph. Emulsionen werden angegeben. (Stain Technol. **30.** 139—45. Mai 1955. London, Roy. Cancer Hosp., Radiobiol. Res. Unit. of Radiotherapy.) K. Blumrich. 5662

Binayendra Nath Sen, *Chromatographische Trennung anorganischer Ionen an entfaserten Jutepflanzenstengeln.* Die geglättete Außenseite gut gereinigter, entfaserter Jutestengel wurde mit Erfolg zur chromatograph. Trennung einer Anzahl von Kationen benutzt. Die Versuchsmethodik ist ganz ähnlich der an Asbest u. Kreidestiften (vgl. C. **1955.** 10333) angewandten. Folgende Kationenkombinationen konnten getrennt werden: Hg^+–Pb^{2+}, Hg^{2+}–Pb^{2+}, Hg^{2+}–Cu^{2+}, Cu^{2+}–Cd, As^{3+}–Sb^{3+}–Sn^{2+}, Cu^{2+}–Fe^{3+}. (Z. anorg. allg. Chem. **279.** 328—30. Juli 1955. Burdwan, West Bengal, Indien, Burdwan Raj Coll., Aftav House, Chem. Labor.) F. Umland. 5664

C. B. Jones und **R. E. Underdown,** *Die Bestimmung von Nitrat in pflanzlichem Material.* Eine ausreichend genaue Best. von *Nitrat* (I) in Grasmaterial ist durch Absorption der I-Ionen an ein Anionenaustauschharz, Auswaschen störender organ. Substanz (z. B. *Ascorbinsäure*) durch W., I-Eluierung mit NaOH u. I-Best. nach der Xylenol (II)-Meth. möglich. Grasprobe bei 55—60° trocknen (Wasserbest.!), mahlen, 0,2—0,5 g mit 50 cm³ 1%ig. H_3PO_4-Lsg. schütteln (10 Min.), bestimmte Filtratmenge langsam durch eine *Amberlite IR-4 B*-Säule (1,5·15 [cm], mit 4%ig. NaOH-Lsg. u. 6maligem Waschen mit W. vorbehandelt) geben, mit 6·50 cm³ dest. W. nachwaschen, mit 50 cm³ 4%ig. NaOH-Lsg. eluieren, wobei I- u. Phosphationen gegen OH^- ausgetauscht werden, mit W. ad 100 cm³ nachwaschen, 15 cm³ Eluat ($\leqq 150\,\gamma$ I-*N*) mit konz. H_2SO_4 neutralisieren (Säuremenge gesondert ermitteln), Chloride mit Ag_2SO_4 entfernen, gekühlte Lsg. portionsweise mit 50 cm³ 83%ig. H_2SO_4-Lsg. versetzen (< 10°!), bei 25° 1 cm³ II-Lsg. (1 g 3.4-Xylenol [1] in 100 cm³ Aceton) zugeben, schütteln, 25 Min. stehenlassen, wobei Nitrierung von II erfolgt, 150 cm³ W. zusetzen, Nitroxylenol (III) in 2 cm³ 4%ig. NaOH-Lsg. dest. (ca. 30 cm³ Destillat), filtrieren u. Absorption des *Na*-Salzes von III bei 430 mμ spektrophotometr. messen. (Analytic. Chem. **25.** 806—08. Mai 1953. Adelaide, South Australia, Univ., Commonwealth Sci. and Ind. Res. Organizat., Div. of Biochem. and Gen. Nutrit.) K. Maier 5664

R. Köppen, *Über eine neue Adsorptionsanalyse für Carotine in Blattgrünfarbstoffen.* Da die Ergebnisse bei der Best. von *Carotin* (I) in *Trockengrünfuttern* (II) durch Säulenchromatographie an Al_2O_3 stark von den Begleitpigmenten abhängen, prüft Vf., um eine rasche u. sichere Meth. für die I-Best. in II für die Praxis zu schaffen, das Adsorptionsverh. der Blattgrünfarbstoffe mit einer Reihe von Adsorptionsmitteln mit dem Ziel, alle Pigmente außer I aus den Lsgg. herauszuadsorbieren. Am geeignetsten findet Vf. folgendes Verf.: Die Extrakte werden nach dem Verf. von Booth (Research **3.** [1950.] 304) mit heißem Bzn. gewonnen, jedoch so, daß II 3mal mit je einem Drittel des Lösungsm. ausgekocht wird. 10 ml Extrakt werden in einem verschließbaren Zentrifugengläschen mit 0,5 g Kieselgel 20 (III; $SiO_2 \cdot 0,5\,H_2O$ der Fa. Heydn, Dresden) ca. 1 Min. geschüttelt

u. so im allg. alle Begleitpigmente entfernt. Flockt das III nicht aus (was der Fall ist, wenn die Adsorption nicht vollständig war), wird Ausflockung durch Zugabe von weiteren 0,2—0,3 g III erreicht. Nach kurzem Zentrifugieren oder raschem Filtrieren wird in der klaren Lsg. der I-Geh. photometr. (Elko-II [Zeiss-Opton]; Filter S 42 u. S 45; 1 cm-Küvette) gegen eine Azobenzollsg. nach Kuhn u. Brockmann (Hoppe-Seyler's Z. physiol. Chem. **206.** [1932.] 41) bestimmt. Für die Eignung von III als Adsorptionsmittel scheint bes. das Netzwasser u. dessen schwach alkal. Rk. wesentlich zu sein, wie Vf. durch Vorbehandlung des III mit verschied. Wassermengen feststellte. I kann auch colorimetr. gegen die Azobenzollsg. (l. c.) unter Vorschaltung eines Kobaltglases mit einer Genauigkeit von $\pm 2\%$ bestimmt werden, wobei der Vorteil besteht, daß mögliche Störungen durch nichtadsorbierte Pigmente gut zu erkennen sind. Photometr. ist zur Ausschaltung von Störungen die Vergleichsmessung mit mehreren Lichtfiltern nötig. — Vf. beobachtete eine starke Beeinflussung des I-Geh. der II durch Lagerung. (Kolloid-Z. **135.** 150—59. März 1954. Bad Salzuflen, Privatlabor. des Vf., u. Kiel, Univ., Tierzuchtinst.) K. Prchal. 5666

d) Medizinische und toxikologische Analyse.

Lawrence R. Jones, *Colorimetrische Bestimmung von Cycloserin, einem neuen Antibioticum.* Vf. gibt ein spezif. Analysenverf. für *Cycloserin* (*4-Amino-3-isoxazolidinon*) in Ggw. von Aminosäuren, anderen Antibioticis, Abbauprodd. u. Verbb. biol. Ursprungs an. Cycloserin, $C_3H_6O_2N_2$, reagiert in schwach saurem Medium mit $Na_4[Fe(CN)_5NO_2]$ unter Bldg. eines intensiv blau gefärbten Komplexes, dessen Absorption bei 625 mμ gemessen wird. Es treten geringe Abweichungen vom Beerschen Gesetz auf, jedoch ist die Farbe im Bereich 5—200 γ Cycloserin reproduzierbar u. für mindestens 4 Std. stabil. Die untere Grenze für die quantitative Best. liegt bei 2—3 γ mit einer Genauigkeit von $\pm 1\%$. Die Anwendung des Verf. auf die Unters. von kristallinem Cycloserin, *Blutplasma, Rückenmarks-Fl.* u. a. wird beschrieben. (Analytic. Chem. **28.** 39—41. Jan. 1956. Terre Haute, Ind., Commercial Solvents Corp.) W. Krönert. 5730

Kazuyuki Horiuchi, *Neues Verfahren zur quantitativen Bestimmung von Histamin.* Zur Best. des freien *Histamins* (I) in *Geweben* u. *Blut* wird der A.-Auszug mit einem Histaminasehemmstoff (Semicarbazid usw.) versetzt u. in einer Kolonne mit dem Ionenaustauscher IRC–50 behandelt, daraus mit NH_3 frei gemacht, das eingetrocknete Eluat mit CH_3OH aufgenommen u. papierchromatograph. abgetrennt (Butanol–Essigsäure oder andre Entwickler). Der I-Fleck (R_f in Parallelvers. ermittelt) wird ausgeschnitten u. der I-Geh. am ausgeschnittenen Meerschweinchendarm biol. ausgewertet. Auch Dialyse vor der Austauscherbehandlung führt, etwas schwieriger, zum Ziel. — Beispiel der I-Best. in menschlicher Placenta. (Folia pharmacol. japon. **49.** 123—24. 20/7. 1953. Chiba Univ. [Orig.: japan.]) L. Schuler. 5750

M. Passerini, P. Papini und **A. M. Longo,** *Über eine Reaktion einiger aliphatischer Polyhalogenderivate.* Zum toxikolog. Nachw. kleiner Mengen *Chlf.* u. anderer aliphat. Halogenderivv. wird die wss. Lsg. der Probe mit 10 Tropfen/cm³ einer 0,1%ig. Na-Prussidlsg. u. 2 Tropfen 10%ig. NaOH-Lsg. schnell zum Sieden erhitzt u. wenige Sek. bis zum Entfärben der zunächst gelblichen Lsg. gekocht, danach mit je 1 Tropfen konz. HCl u. 3%ig. $FeCl_3$-Lsg. versetzt, worauf bei Anwesenheit einer Halogenverb. Violett-, bei Abwesenheit Blaufärbung erscheint (Nachw. von 0,0007 g Chlf., 0,00012 g *Chloralhydrat,* 0,0004 g *Bromoform,* 0,0006 g *Chloreton* u. 0,0003 g *Trichlorbutylalkohol* in 1 cm³ Lsg.). Nachw. von Chlf. in *Blutkoagulat* u. *Organen* eines Kaninchens wird beschrieben. (Sperimentale, Sez. chim. biol. **2.** 70—71. 1/9. 1951. Firenze, Univ., Ist. di Chim. Farmaceut.) G. v. Dechend. 5764

United States of America, übert. von: **George V. Taplin,** Los Angeles, und **Clayton H. Douglas,** Alhambra, Calif., V. St. A., *Zweiphasiges chemisch-calorimetrisches Strahlungsdosimeter,* bes. für Röntgen- u. γ-Strahlen. Die eine Phase besteht aus $CHCl_3$, die andere aus einer wss. Lsg. von Bromthymolblau, Chlorphenolrot oder Bromkresolpurpur als Indicatorfarbstoff, bei einem p_H von ca. 6,6—7,2 u. einem Farbstoffgeh. von ca. 0,9—12 mg/cm³, wobei das Volumenverhältnis zwischen der 1. u. der 2. Phase 5:1 bis 15:1 beträgt. Der bei Bestrahlung in der 1. Phase abgespaltene HCl wird nach dem Ausschütteln in der 2. Phase acidimetr. bestimmt. (**A. P. 2 682 510** vom 26/4. 1950, ausg. 29/6. 1954.) H. Kessel. 5063

Harold Athelstane Fales and **Frederic Joseph Kenny,** Inorganic qualitative analysis; semi-micro technique, with estimation of concentrations. 3rd. ed. New York: Appleton-Century-Crofts. 1955. (296 S., Diagr.) 8°. $ 3,50.

Felix Hoppe-Seyler und **Hans Thierfelder,** Handbuch der physiologisch- u. pathologisch-chemischen Analyse für Ärzte, Biologen u. Chemiker. 10. Aufl. Hrsg. von **K. Lang, E. Lehnartz** und **M. v. G. Siebert.** Bd. 2. Allg. Untersuchungsmethoden. T. 2. Bearb. v. **H. Bartels** u. a. Berlin, Göttingen, Heidelberg: Springer-Verl. 1955. (XVIII + 1086 S. m. 534 Abb.) 4°. DM 296,—.

H. Angewandte Chemie.

I. Allgemeine chemische Technologie.

John W. Tierney jr., Leroy F. Stutzman und **Robert L. Dalleader,** *Die Stoffübergangszahl in Füllkörpersäulen.* In einer Versuchskolonne von ungefähr 4'' Durchmesser wurden Verss. zur Best. der Stoffübergangszahl von 1-Butanol an Luft in Abhängigkeit von der Butanolkonz. im Gemisch mit 1-Hexanol beschrieben. Zunächst wird der Übergangswiderstand des Gasfilms durch Verss. mit reinem 1-Butanol für sich bestimmt, da in diesem Fall auf der Flüssigkeitsseite keine Konzentrationsänderung eintritt u. daher auch kein Diffusionswiderstand vorhanden ist. Bei den folgenden Verss. mit Gemischen wird aus der gemessenen Stoffübergangszahl der Widerstand des Flüssigkeitsfilmes durch Abzug des bekannten Widerstandes des Gasfilms unter gleichen sonstigen Bedingungen gefunden. Die Versuchsergebnisse werden durch Aufspaltung in einen konstanten, nur von den Strömungsverhältnissen abhängigen Ausdruck u. einen konzentrationsabhängigen Term formelmäßig dargestellt. (Ind. Engng. Chem. **46.** 1595 bis 1601. Aug. 1954.) W. BLAUHUT. 5844

Harvey J. Vogt und **Christie J. Geankoplis,** *Verfahrensvariable in Extraktionstürmen.* Es wird über Verss. an 2 verschied. Extraktionstürmen am Syst. Methylisobutylketon–Säure–W. berichtet, wobei als Säure Propionsäure u. Ameisensäure benutzt wurden. Ein Turm war nach den Vorschlägen von BLANDING u. ELGIN (Trans. Am. Inst. Chem. Engrs. **38.** [1942.] 305) (**B**) gebaut, der zweite mit n. Aufgabevorr. für die homogene Phase (**A**), die in jedem Falle W. war. Die Turmhöhen wurden variiert. Die Turmausführung **A** ergab größere Werte für die Höhe einer Übertragungseinheit als **B** u. dementsprechend einen kleineren Konzentrationsgradienten. Im Fall **A** stieg die Höhe einer Übertragungseinheit mit der Turmlänge u. erwies sich als proportional $(L_K/L_W)^{-0,87}$, wobei L_K bzw. L_W die Keton- bzw. Wassermenge je Zeit u. Flächeneinheit bedeuten. Die Höhe einer Übertragungseinheit war im Falle der Extraktion vom Keton zum W. um 52% größer als im umgekehrten Fall. (Ind. Engng. Chem. **46.** 1763—68. Sept. 1954.) W. BLAUHUT. 5862

S. T. Kiguchi, *Eine Kolonne für wahlweise kontinuierlichen oder Chargenbetrieb.* Es wird eine Kolonne beschrieben, die wahlweise für kontinuierlichen oder Chargenbetrieb als Füllkörpersäule mit 3'' Durchmesser gebaut ist. Sie ist für Drücke zwischen 5 mm Hg absol. u. 600 Pfund/Quadratzoll u. für Tempp. zwischen 10 u. 750° F geeignet mit Blaseninhalten von 5—17 Gall. bei Chargenbetrieb bzw. 0,5—10 Gall./h bei kontinuierlichem Betrieb. Die Testung mit n-Heptan–Methylcyclopentan ergab eine theoret. Bodenzahl zwischen 38 u. 62. Die Schaltung sowie die Konstruktion der Kolonne u. der Zusatzapparate wird ausführlich angegeben einschließlich der gesamten automat. Regelung. — 2 Zahlentafeln, 8 Abbildungen. (Ind. Engng. Chem. **46.** 1363—70. Juli 1954.) W. BLAUHUT. 5864

E. H. Taylor und **D. B. Harmon jr.,** *Messung der Tropfengröße von Sprühanlagen.* Es wird ein einfaches Meßgerät beschrieben zur Best. der Tropfengröße von Sprühdüsen. Als Sprüh-Fl. wird W. verwendet. Die Tropfen fallen in ein Bad von tiefgekühltem Hexan, wo sie gefrieren u. auf einem Rost gesammelt werden. Nach Öffnen eines Schiebers fallen sie durch den Rost in die Kühl-Fl. auf eine Waagschale, wobei die Fallzeit entsprechend dem Gesetz von STOKES von der Tropfengröße abhängt. Aus der zeitlichen Änderung des Tropfengewichts auf der Waagschale kann die Verteilungsfunktion der Tropfengröße bestimmt werden. Theorie u. Fehlermöglichkeiten werden besprochen. (Ind. Engng. Chem. **46.** 1455—57. Juli 1954.) W. BLAUHUT. 5882

Károly Halmos, *Elektrische Fernmeßtechnik in chemischen Betrieben.* Übersicht über die verschied. Möglichkeiten der elektr. Fernübertragung von wichtigen Kenndaten in chem. Großbetrieben. (Magyar Kémikusok Lapja [Z. Ver. ung. Chemiker] **9.** 268—76. Sept. 1954. Planungsbureau für Chemiebetriebe.) R. BIRTHLER. 5888

Aaron Rabinkoff und **F. A. Leisey,** *Das Nephelometer (Trübungsmesser), ein kontinuierlich aufzeichnendes Gerät zur Messung von Sedimenten in Rohrleitungen.* Bebilderter Bericht über Wirkungsweise u. Einbau eines Trübungsmessers. (Oil Gas J. **54.** Nr. 23. 174—80. 10/8. 1955.) K. O. MÜLLER. 5888

Péter Hidi und **Ede Kapuy,** *Magnetochemische Untersuchung der Katalysatoren.* Überblick. — 15 Literaturangaben. (Magyar Kémikusok Lapja [Z. Ver. ung. Chemiker] **9.** 302—05. 25/10. 1954. Budapest, Univ., Inst. für physikal. Chem.) R. BIRTHLER. 5904

John K. Rudd, *Über das Fließen von festen Stoffen in Behältern.* Inhaltlich ident. mit der in C. **1955.** 8463 referierten Arbeit. (Zucker **7.** 311—13. 15/7. 1954.) P. ECKERT. 5906

Robert Ewald Treybal, Mass-transfer operations. New York: McGraw-Hill. 1955. (675 S. m. Abb.) 8°. $ 9,50.

IV. Wasser. Abwasser.

A. I. Isjurowa, *Das Verhalten von Erdöl in einem Gewässer.* In reinen Gewässern verbreitet sich der Ölfilm schneller u. gibt einen größeren Ölfilm als in Gewässern mit Erdölverunreinigungen. Die Dicke des Ölfilms beträgt (je nach Reinheitsgrad des Gewässers) 2—13 mμ. Es wurde die Geschwindigkeit der Verdunstung von Filmen aus reinem u. techn. Bzn., Kerosin, Rohnaphtha, Masut u. Maschinenöl untersucht. (Гигиена и Санитария [Hyg. u. Sanitätswes.] **1955.** Nr. 5. 15—18. Mai. Inst. für allg. u. kommunale Hyg. der Akad. der Med. Wiss. der UdSSR.) E. STEINBERG. 6010

Georg Ebeling, *Sauerstoffübersättigung in fließenden und stehenden Gewässern.* Die O_2-Übersättigung (Ü.) in stehenden u. fließenden Gewässern beruht in den meisten Fällen sowohl auf Assimilation des Phytoplanktons als auch größerer grüner Unterwasserpflanzen, daneben auf der O_2-Aufnahme in Stromschnellen usw. So hat das Rheinwasser bei Austritt aus dem Bodensee im Mittel von 10 Unterss. 1948—52 a) bei 16,83° eine Ü. von 2,72 mg/Liter = 28,6%, b) bei 13,96° von 1,73 mg = 17,4%, c) bei 10,73° von 0,14 mg = 1,3% u. d) (Einzelunters.) bei 4,25° ein Defizit von 0,41 mg =3,3%. Die Ü. ist auf das Plankton des Bodensees zurückzuführen, sie nimmt flußabwärts außer in den Stromschnellen- u. Staugebieten ab u. geht bei a) bei km 335, bei b) bei km 305 u. bei c) bei km 199 in O_2-Defizit über. Die Ü. hat Bedeutung für den Abbau der O_2 verbrauchenden Abwasserstoffe; die höhere Ü. bei höherer Wassertemp. ist günstig wegen des im Sommer an sich niedrigeren O_2-Geh. u. größeren O_2-Bedarfs. Die O_2-Bldg. im Rhein selbst ist sicherlich vorhanden, aber im Vgl. zum Bodensee geringer, sie könnte vielleicht durch weitere Stauhaltungen verstärkt werden. Dank der Ü. hat der Rhein noch n. O_2-Geh. am Beginn der Zone verstärkter Abwasserbelastung nördlich Iffezheim. Gesunde Planktonverhältnisse im Bodensee sind dafür wichtig, deshalb muß zur Verhütung von Wucherung der pflanzlichen Substanz, bei deren Absterben O_2-Mangel u. H_2S-Bldg. auftritt, das Angebot von Nährstoffen gering bleiben, d. h. die dem Bodensee u. seinen Nebenflüssen zugeführten Abwässer müssen auch biol. gereinigt werden. (Vom Wasser **21.** 84—99. 1954. Karlsruhe, Staatl. Lebensmittel-Untersuchungsanstalt.) H. MÜHLMEISTER. 6010

Waldemar Ohle, *Sulfat als „Katalysator" des limnischen Stoffkreislaufs.* Unter aeroben Bedingungen als S-Spender für die autotrophe Flora u. bei O_2-Mangel als H-Acceptor für die sulfatreduzierenden Bakterien stellen die SO_4^{2-}-Ionen wichtige Nährstoffe für die Vegetation der Binnengewässer dar. Bei etwa gleichem Bedarf der meisten Organismen an P u. S verbrauchen hocheutrophe planktonreiche Gewässer durch die bakteriellen Umsetzungen erhebliche Mengen S, der als H_2S frei wird. Er entsteht an der Oberfläche der Gewässersedimente, aus denen er durch Gasblasen, vornehmlich CH_4, ausgetrieben wird. In flachen Gewässern entweicht er unmittelbar in die Atmosphäre, während er in tiefen Seen in der Grenzschicht zwischen O_2-reichem u. -armem W. zu S u. SO_4^{2-} in überwiegend biogenen Prozessen oxydiert wird. In dieser Grenzschicht tritt ein deutliches SO_4^{2-}-Maximum auf, begleitet von einer Erhöhung der elektrolyt. Leitfähigkeit, im Tiefenwasser infolge der H_2S-Bldg. ein kleinerer SO_4^{2-}-Gehalt. Die H_2S-Bldg. ist der SO_4^{2-}-Konz. proportional, es werden jedoch keine Äquivalenzverhältnisse erreicht. Die Intensität der Redoxumsetzungen wird durch die Mengen an mol. gelöstem H_2 u. an als H-Donatoren wirkenden organ. Stoffen geregelt. Die Sulfid- u. H_2S-Bldg. der Sedimente führt zur verstärkten P-Abgabe an das Gewässer. Die Reduktionskapazität des Schlammes ist häufig so groß, daß sie sogar im Kontakt mit O_2-reichem W. bestehen bleibt u. eine totale Phosphatmobilisation eintritt, die zur starken Eutrophie führt. Auch in Gewässern geringen Trophiegrades sind SO_4^{2-}-Maxima in gewissen Tiefenschichten ein Zeichen für die Bldg. von H_2S, der an das W. abgegeben wird u. Anreicherung an Phosphationen bewirkt. Im Hinblick auf diese für den Stoffwechsel der Binnengewässer sehr bedeutsame Phosphatmobilisation ist das Sulfat als Katalysator des limn. Stoffkreislaufes zu bezeichnen. (Vom Wasser **21.** 13—32. 1954. Plön, Hydrobiol. Anstalt der Max-Planck-Ges.) H. MÜHLMEISTER. 6010

W. B. Brooks, *Meerwasser als Kühlmittel in der Industrie.* 1. Mitt. *Betriebsbedingungen.* Die durch biochem. u. elektrochem. Korrosion von Fe, Stahl- u. Metallegierungen u. anderen Metallen sowie die durch Bewuchs mit Meeresorganismen u. die Cavitation bei schnell fließendem Meerwasser auftretenden Probleme werden besprochen u. Wege zu ihrer Überwindung gezeigt. (Petroleum Refiner **33.** Nr. 10. 127—30. Okt. **1954.** Freeport, Tex., Dow Chem. Co.) H. MÜHLMEISTER. 6014

—, *Misch- und Absetzbecken.* Schilderung der Bauarten u. Arbeitsweise von Misch- u. der Entw. der Absetzvorrichtungen u. ihrer theoret. Grundlagen. (J. Amer. Water Works Assoc. **47.** 768—90. Aug. 1955.) H. MÜHLMEISTER. 6016

G. R. Scott, *Kurze Geschichte des Filterbaues und -betriebes.* Sandfilter für W., seit 1804 bekannt, sollten zunächst klares, später keimfreies W. liefern. Ihr Werdegang im Zusammenhang mit der chem. Vorbehandlung des W. wird kurz geschildert. (J. Amer. Water Works Assoc. **47.** 749—52. Aug. 1955. Kansas City, Mo., Black & Veatch.) H. MÜHLMEISTER. 6016

Josef Holluta und **Ulrich Unger,** *Untersuchungen über die Keimtötungsgeschwindigkeit von Unterchlorigsäure, Chlor und Chloraminen an Bact. coli Esch. und das Geschwindigkeitsgesetz der Chlorung.* Die Keimtötungsgeschwindigkeit von *Bact. coli Esch.* folgt bei verschied. Konz. der HClO u. verschied. p_H-Wert einem Geschwindigkeitsgesetz, das zeigt, daß die Lage des Dissoziationsgleichgewichtes der HClO maßgebend die Reaktionsgeschwindigkeit bestimmt. (Bei p_H 4 ist die Keimtötung in 1 Min. vollzogen, bei p_H 7 nach 60, p_H 9 nach 120 Min. u. p_H 10,1 erst nach mehreren Stunden.) Dieses Gesetz wird formuliert. Bei 10° Temperaturerhöhung erfolgt die Keimtötung 1,7 mal schneller: Temperaturkoeff. 1,7. Bei Verwendung von Cl_2-Lsg. u. ihrer Zugabe zu infiziertem W. treten reaktionsbeschleunigende Anfangsstörungen auf. Sie haben ihre Ursache in einer Verschiebung des Hydrolysengleichgewichts des Cl_2 u. des Dissoziationsgleichgewichtes der HClO u. erklären den Zweiphasenverlauf der Chlorung mit raschem prim. Keimzahlsturz u. langsamer sek. Keimzahlabnahme. Lebende Zellen von *Esch. coli* sind positiv elektr. aufgeladen, ihre Wanderung zum negativen Pol hörte sofort auf, wenn eindiffundiertes Cl_2 die Bakterien erreichte, die tote Zelle wanderte nicht mehr. Es wird versucht, ein unter prakt. Bedingungen brauchbares Geschwindigkeitsgesetz der Chlorung abzuleiten. In einer Tabelle werden Richtzahlen für die bei prakt. indirekter Chlorung einzuhaltenden Rest-Cl-Mengen für bestimmte Keimtötungszeiten bei verschied. Tempp. gegeben. Orientierende Verss. mit Chloramin zeigten, daß ein p_H-Einfl. in gleichem Sinne, aber in geringerem Maße als bei der gewöhnlichen Chlorung vorhanden ist. Bei Einw. einer Cl_2-Lsg. auf NH_3-haltiges W. erfolgt zunächst ein rapider Keimzahlsturz bis zu einer Keimtötung von ca. 90%, also ebenso rasch wie bei freiem Cl_2 oder HClO. Wenn das freie Cl_2 mit NH_3 nach einigen Min. reagiert hat, wirkt es ebenso langsam wie Chloramin. Neben der Bldg. von Chloramin wirkt also das noch freie wirksame Cl_2 mit erheblicher Geschwindigkeit. Vff. versuchen eine Erklärung der raschen Wrkg. von undissoziierter HOCl u. der Cl_2-Molekel. (Vom Wasser **21.** 143—71. 1954. Karlsruhe.) H. MÜHLMEISTER. 6024

Josef Holluta und **Ulrich Unger,** *Die Keimtötung von Bact. coli Esch. durch Chlordioxyd und Ozon.* Reines ClO_2 aus $NaClO_2$ + verd. HCl wurde in dest. W. aufgefangen u. gelöst u. mit dieser Lsg. die Keimtötungsgeschwindigkeit untersucht, wobei *Bact. coli* zur Lsg. gegeben wurde. Gleichungen für die Rk. des ClO_2, die gefundenen u. berechneten Werte der Geschwindigkeitskoeffizienten u. ihre Abhängigkeit von Konz., p_H, Temp. werden in 3 Tabellen u. 1 Diagramm angegeben. Es ergibt sich die Erkenntnis, daß ClO_2 wesentlich rascher keimtötend wirkt als Cl_2, die Geschwindigkeit mit steigendem p_H-Wert wächst, eine Entkeimung im schwach alkal. Medium also Vorteile gegenüber der Chlorung bietet u. bei der Badewasseraufbereitung im Umwälzverf. schon 0,10 mg ClO_2/Liter am Beckenende Gewähr für weitgehende u. genügend rasche Keimtötung sind. O_3 ist wenig stabil u. in W. nur zu ca. $^1/_{10}$ im Vgl. mit Cl_2 lösl., bei den Verss. ist mit hohen O_3-Verlusten zu rechnen. In reinstem, in Quarz doppelt dest. O_3-zehrungsfreiem W. bewirkte die Zugabe der O_3-Lsg. einen augenblicklichen Keimzahlsturz bis 99,7%, bei weiterer Zugabe wurden die restlichen Keime nur sehr langsam angegriffen. Erst bei theoret. Anfangskonz. von 0,27 mg O_3/Liter erfolgte innerhalb 1 Min. vollständige Keimtötung, unabhängig von p_H 5,7—10,3; nach 2 Min. konnten nur noch 0,10—0,14 mg O_3/Liter nachgewiesen werden. In Leitungswasser von 13—15°, p_H 7,1, 20° deutsche Härte u. $KMnO_4$-Verbrauch von 7,5 mg/Liter tritt dagegen schon bei 0,07 mg O_3/Liter völlige Keimtötung ein, wenn hochozonisiertes W. mit 1,6 mg O_3/Liter einer größeren Menge O_3-freien Versuchswassers zugesetzt wird. Da jedoch im W. O_3-bindende Stoffe vorhanden sein können, müssen die O_3-Zusätze in der Praxis höher bemessen werden, in nicht verschmutztem W. ist mit O_3-Restgeh. von 0,1—0,2, in stark verschmutztem u. bei hohen Keimzahlen mit 0,4—0,5 mg O_3/Liter nach 5 Min. sichere Keimtötung in dieser Zeit gewährleistet. Die O_3-Lsg. soll als starke, möglichst übersätt. echte Lsg. durch intensive Vereinigung kleinster Bläschen von O_3 mit dem W. hergestellt u. mit dem zu entkeimenden W. in geschlossenen Gefäßen oder Leitungen gemischt werden, um keine hohen Überschüsse nutzlos zu vertun. (Vom Wasser **21.** 129—42. 1954. Karlsruhe.) H. MÜHLMEISTER. 6024

C. G. Hampson, *Quellen und Behandlung von Betriebswasser für die Zellstoff- und Papierfertigung.* Vortrag. Übersicht über die üblichen Verff. zur Aufbereitung des allein noch verfügbaren, meistens verunreinigten Oberflächenwassers durch Ausflocken, Absetzen, Filtrieren u. Chloren u. die Möglichkeit ihrer Verbesserung durch akt. SiO_2.

(Proc. techn. Sect., Brit. Paper Board Makers' Assoc. (Inc.) **36.** 245—64. Mai 1955. Stoneclough, Robert Fletcher & Son, Ltd.) H. MÜHLMEISTER. 6024

W. A. Rodger, *Radioaktive Abwässer, Behandlung, Verwendung, Beseitigung.* (Vgl. C. **1954.** 6309.) Übersicht über die Eigg. radioakt. Abwässer, bes. der Spaltprodd., ihren künftig zu erwartenden Anfall, ihre Konzentrierung (Eindampfen, Ausfällen, Ionenaustausch, Elektroentsalzung), mögliche Verwendung u. Beseitigung in fester oder fl. Form. (Chem. Engng. Progr. **50.** 263—66. Mai 1954. Lemont, Ill., ANL.) G. HERRMANN. 6036

F. Sierp und **H. Thiele,** *Der Einfluß von grenzflächenaktiven Substanzen auf die Abwasserreinigung und auf die Selbstreinigung der Flüsse.* An Hand der Literatur (55 Angaben) u. eigener Verss. (23 Tabellen, 12 Abb.) berichten Vff. über den Nachw. von Detergentien (D.) in Abwasser u. ihren Einfl. auf seine Reinigung. Bei steigendem Geh. an denselben dispergieren die im W. gelösten Stoffe, was eine stärkere Belastung der nachfolgenden chem. wie biol. Reinigung bedeutet. Durch die Zugabe der D. werden die Mikroorganismen der biol. Reinigung stark beeinflußt durch eine Störung der Symbiose Protozoen/Bakterien; dabei vermag eine verstärkte Keimvermehrung in den Belebtschlammbecken eine verminderte Reinigung vorzutäuschen. Mit dem Frisch- u. Belebtschlamm gelangt ein Teil der D. in die Faulräume; in den heutigen Konzz. beeinflussen sie den Gärprozeß nicht nennenswert, sondern werden anscheinend abgebaut u. vergoren. Störend ist die im Belebungsbecken auftretende starke Schaumentw., wobei sich im Schaum die D. anreichern. Sie kann durch verstärkte Schlammzugabe vermindert werden, zweckmäßig ist die Zumischung des mechan. oder chem. vorgereinigten Abwassers in dünnem Strahl in die Belebungsbecken. Vielleicht ist die Ausscheidung der D. durch Flotation im Schaum möglich. 50 mg Alkylsulfat u. 25 mg Alkylarylsulfonat/Liter töten im Vorfluter Bakterien in kurzer Zeit völlig ab, bei 5 mg/Liter in 100 Std. $<$20%. Bei Fischen im Aquarienvers. wurden D. sowohl in den Kiemen als auch im Darm u. in den Gonaden festgestellt, die akt. Moll. werden also offensichtlich ziemlich fest gebunden u. nicht sehr rasch abgebaut, wodurch die Gefahr einer Aufspeicherung u. Schädigung entsteht. (Vom Wasser **21.** 197—246. 1954. Essen, Vereinigte Ruhrverbände.) H. MÜHLMEISTER. 6036

George A. Rhame, *Zweckmäßige Abänderung der Churchill-Methode zur Analyse der Flußaufnahmefähigkeit.* Die CHURCHILL-Meth. (vgl. C. **1955.** 4669) zur Best. der Selbstreinigungsfähigkeit eines Flusses ergab Schwierigkeiten in einem Falle, in dem ein aus dem Grunde eines Beckens mit geringem BSB u. wenig gelöstem O_2 kommender Fluß sich zunächst an O_2 anreicherte, der nach Zuführung einer hohen BSB-Last plötzlich stark absank. Vf. entwickelt Berechnungen, um das Ergebnis der Meth. auch in diesem u. ähnlichen Fällen zu erreichen. (Sewage ind. Wastes **27.** 962—65. Aug. 1955. Columbia, S. C., South Carolina Water Poll. Contr. Author.) H. MÜHLMEISTER. 6038

Henry R. King, *Grundlagen der Sauerstoffabsorption in Belüftungsbecken mit Spiralströmung.* 1. Mitt. *Ableitung der Formeln.* An Hand einer krit. Besprechung des Schrifttums (12 Angaben) über die Absorption von O_2 u. N_2 in W. aus aufsteigenden Luftblasen u. von der Oberfläche werden 8 Formeln entwickelt, die den Einfl. von Temp., Wassertiefe, Blasengröße, Geschwindigkeit u. Grad der O_2-Sättigung berücksichtigen. Möglichst lange Berührungszeiten zwischen Luft u. W. sind nötig, um an Preßluft u. damit an Kraft für ihre Förderung zu sparen. (Sewage ind. Wastes **27.** 894—908. Aug. 1955. Chicago, Ill., Sanit. Distr.) H. MÜHLMEISTER. 6040

—, *Diskussion über die Arbeit von Clifford und Rees über: Weitere Versuche mit Gaswasser.* (J. Proc. Inst. Sewage Purificat. **1953.** 90—92. — C. **1956.** 3679.) W. NIEMITZ. 6040

W. Husmann, *Erfahrungen mit der biologischen Reinigung verschiedener industrieller Abwässer.* An 3 Beispielen (1. Textilfabrik mit Bleicherei u. Färberei, 2. Bonbon- u. Trockenmilchfabrik, 3. Kokerei mit phenolhaltigem Abwasser) wird gezeigt, daß sich die Abwässer ohne Zusatz häuslicher Abwässer biol. 1. in Tropfkörpern, 2. in Wechseltropfkörpern, 3. in zweistufigen Tropfkörpern oder Schlammbelebung ausreichend reinigen lassen, wenn zur Verdünnung des Tropfkörperzulaufs bei 1 u. 2 bereits gereinigtes Abwasser, bei 3 Flußwasser mit Phosphatzusatz benutzt werden. (Vom Wasser **21.** 247—58. 1954. Essen, Emschergenossenschaft u. Lippeverb.) H. MÜHLMEISTER. 6044

William N. Wells und **Ross E. McKinney,** *Prüfung eines Biokatalysators zur Schlammfaulung im Betriebsmaßstabe.* Im offenen Faulraum der San Antonio-Kläranlage, ca. 3500 m^3 Inhalt, wurde das Verh. eines Biokatalysators *Bionetics* (I) geprüft im Vgl. zu einem gleichen Faulraum ohne diesen Zusatz. Die 4—5 m starke Schaumdecke verkleinerte den Nutzraum um ca. 30—40%. In 12 Wochen wurden nach u. nach 180 kg I zugesetzt, es wurde weder eine deutliche Abnahme der Schaumdecke noch bemerkenswerte Änderungen von p_H, Gesamt- u. vergasbaren Feststoffen beobachtet. Eine Feststoffbilanz zeigte keine deutliche Verbesserung der Ausfaulung. — 6 Tabellen. (Sewage ind. Wastes **27.** 871—79. Aug. 1955. San Antonio, Tex., Sewage Disp. Plant, Cambridge, Mass., MIT.) H. MÜHLMEISTER. 6048

V. Anorganische Industrie.

L. T. Munn, *Die Erzeugung von elementarem Schwefel aus Naturgas von Jumping-Pound.* Aus dem Naturgas des Jumping-Pound-Feldes mit ca. 3,5% H_2S wird durch Monoäthanolaminwaschung H_2S u. daraus durch partielle Oxydation mit Luft elementarer Schwefel gewonnen. (Canad. Mining metallurg. Bull. **45.** 487—88. Aug. 1952.) H. ECKHARD. H 253

A. J. Gould, *Fluo-Solid- (Wirbelschicht) Röstung von Schwefelerz.* Kurze Beschreibung der neuen YERINGTON MINE-Anlage, die das Schwefelerz nach verschied. Zerkleinerungsstufen in einer DORR CO.-Wirbelschicht-Anlage nach dem WINKLER-Verf. abröstet u. auf H_2SO_4 nach dem Kontaktverf. verarbeitet. (Mining Congr. J. **41.** 70—73. Juni 1955. Yerington Mine, Nev., Anacondo Copper Min. Co.) H. ECKHARD. H 253

D. S. Datar, K. N. Moorthy und **Razia Osmani,** *Untersuchungen über Eisenpyrite. 2. Mitt. Herstellung von Natriumsulfid aus Natriumcarbonat und Eisenpyriten.* Vff. beschreiben einige techn. Methoden der Darst. von Na_2S u. Na_2SO_4 aus Pyrit (**I**) von Hyderabad. Die Ausbeuten an Na_2S betragen 95% u. an Na_2SO_4 98%.

Versuche: *Na_2S*, aus **I**, Na_2CO_3 (**II**) u. Kohle in verschied. Mol-Verhältnissen (3 Std. bei 900°). 1. **I** : **II** (1 : 1); 16% (Ausbeute), 2. **I** : **II** (1 : 2); 30%. Extraktion mit Wasser. — *Na_2SO_4*, aus **I** u. **II** durch Erwärmen im Luftstrom. Bei Mol-Verhältnissen von **I** : **II** (1 : 1,6), 47,7%; (1 : 1,4), 71,3%; (1 : 2), 98%. — Na_2S aus *$BaSO_4$* u. Kohle durch 6std. Erhitzen auf 800° red. zum BaS, mit Na_2SO_4-Lsg. versetzt; 95%. Daneben bildet sich $BaSO_4$ zurück. (J. Indian chem. Soc., ind. News Edit. **14.** 25—28. 1951. Hyderabad, Deccan, Chem. Labors. for Sci. and Ind. Res.) K. BERNDT. H 253

P. I. Jermilow, S. N. Poljakow und **L. I. Ssyschtschikow,** *Über die Selbstentzündungstemperatur von Ruß.* Die niedrigsten beobachteten Selbstentzündungstempp. von 8 untersuchten Rußtypen in einem Strom trockener heißer Luft lagen zwischen 364 u. 450° (*Acetylenruß* 423—450°). Ein Feuchtigkeitsgeh. der Luft war von geringem Einfl.; in reinem O_2 lagen die Selbstenzündungstempp. um 40—60° niedriger. Fe- u. Cu-Oxyde waren ohne merklichen Einfluß. (Химическая Промышленность [Chem. Ind.] **1954.** Nr. 7. 51—52. Okt./Nov.) R. K. MÜLLER. H 260

Soc. d'Électro-Chimie, d'Éléctro-Metallurgie et des Aciéries Électriques d'Ugine, Paris, Frankreich, *Trocknen von feuchtem Chlor,* indem es in Kontakt mit aktiviertem Al_2O_3 bei einer Temp., bei der das Cl_2 das Al_2O_3 nicht angreift, z. B. bei 8—9°, gebracht wird; das Al_2O_3 wird mittels eines kalten Luftstromes vom absorbierten Cl_2 befreit, anschließend das absorbierte W. durch heiße Luft von ca. 200—220° ausgetrieben u. das Al_2O_3 für weitere Absorption von feuchtem Cl_2 gekühlt. — Abbildungen. (**E. P. 736 666** vom 11/12. 1953, ausg. 14/9. 1955. F. Prior. 18/12. 1952.) K. DEMMLER. H 247

Koninklijke Industrieele Mij. voorheen Noury & van der Lande N. V., Deventer, Holland, *Herstellung von Natriumperboratmonohydrat.* Na-Perborattetrahydrat wird mittels auf 60—150° erhitzter Luft im fluidisierten Zustand entwässert, wobei ein Teil der erforderlichen Hitze indirekt zugeführt werden kann. — Abbildung. (**E. P. 735 816** vom 9/7. 1953, ausg. 31/8. 1955. Holl. Prior. 30/7. 1952.) K. DEMMLER. H 258

Süddeutsche Kalkstickstoff-Werke Akt.-Ges. (Erfinder: **Hermann Kronacher** und **Herwig Hoeger**), Trostberg/Obb., *Entwässern und Trocknen von Alkalicyaniden,* die aus Lsgg. kristallwasserhaltig angefallen sind. Die von der Mutterlauge befreiten Cyanide behandelt man während des Ausschleuderns mit warmem Inertgas u. trocknet anschließend mit heißen Gasen. (**D. B. P. 935 188** Kl. 12k vom 2/7. 1953, ausg. 17/11. 1955. Anmeldung bekanntgemacht 21/4. 1955.) H. NEBELSIEK. H 274

Horizons Titanium Corp., Princeton, N. J., V. St. A., *Herstellung von Alkalititandoppelfluoriden.* Ein Gemisch aus einem Ti-Sulfat, einer Erdalkaliverb., einer Alkaliverb. u. einem geringen Überschuß einer F-Verb. wird zur Rk. gebracht, indem man entweder in wss. Lsg. nahe beim Kp. arbeitet, oder das Gemisch auf 500—600° erhitzt. Es bilden sich Erdalkalisulfat u. Alkalititanfluorid, die man trennt. Man verwendet bes. Gemische eines Ti-Sulfats mit Erdalkalifluoriden u. einem lösl. Alkalisalz, oder mit einer Erdalkaliverb. (CaO, $CaCO_3$) u. einem Alkalisilicofluorid. (**E. P. 720 655** vom 2/2. 1953, ausg. 22/12. 1954. A. Prior. 31/1. 1952.) A. ZÜRN. H 321

Montecatini Soc. Gen. per l'Industria Mineraria e Chimica, Italien, *Extraktion von Vanadium und Phosphor aus den Rückständen der alkalischen Tonerdebereitung.* Das Salzgemisch wird mit einer Säure auf einen schwach alkal. p_H-Wert gebracht. Durch

Abkühlen wird das Dinatriumphosphat abgeschieden. Aus der Mutterlauge wird V entweder durch NH_4Cl-Zusatz als Metavanadat oder direkt als V_2O_5 gefällt. (**F. P. 957 371** vom 17/12. 1947, ausg. 16/2. 1950. It. Prior. 22/4. 1939.) H. HOLM. H 330

VI. Silicatchemie. Baustoffe.

T. J. Mahoney, *Silicone in der Glasindustrie. — Ein Fortschrittsbericht.* Anwendung als Formenschmiere. (Glass Ind. **36.** 316—17. Juni 1955. Tonawanda, N. Y.) W. SCHÜTZ. 6168

—, *Einige Betrachtungen bei der Herstellung von Quarzglas.* Es wird die Bauart russ. Schmelzöfen zur Herst. von Quarzglas dargelegt u. der Schmelzvorgang beschrieben. Die Qualität des geschmolzenen Glases hängt von dem therm. u. elektr. Verf. des Schmelzprozesses ab, der zwischen 1600 u. 1800° stufenweise vor sich geht. (Glass **32.** 281—83. Juni 1955.) R. WALCKER. 6204

Franz Kure, *Anpassung Glasur/Scherben bei Tongut.* Zusammenfassung der Ursachen u. Abhilfen der Glasursprünge. Prüfmethoden. — Literaturübersicht. (Sprechsaal Keram., Glas, Email **87.** 173—77. 22/4. 1954. Wien.) W. SCHÜTZ. 6212

H. Salmang, *Das Gefüge der keramischen Oberfläche. (Die Auswirkung der Oberflächenspannung.)* Durch kurzes Tauchen (1 Sek.) von gebrannten Scherben in 2%ig. $KMnO_4$-Lsg. lassen sich dichtere Stellen auf der Oberfläche der Scherben sehr gut erkennen, z. B. Garnierstreifen, Gießflecke, -schlieren u. -fäden. Die Entstehung der letzten drei Fehler wird auf die Wrkg. der großen Oberflächenspannung des W. zurückgeführt. Um den ersten Gießstrahl, der den feinsten Ton enthält, bildet sich eine Wassermembran, die bei der Berührung mit der Gipsform sofort aufgesaugt wird. Der Feinton bleibt zurück u. formt Gießflecke, -schlieren oder -fäden. (Ber. dtsch. keram. Ges. e. V. **32.** 251—56. Sept. 1955.) H. SCHOLZE. 6216

Béla Löcsei, *Silicatschmelzstoffe als Konstruktionsmaterial.* Vf. gibt zunächst einen Überblick über die petrograph. u. chem. Zus. der im Ausland, bes. Frankreich, Deutschland, UdSSR u. ČSR, zur Anwendung kommenden Silicatschmelzstoffe. Es wurde ein synthet. Versuchsschmelzstoff mit 50—55% SiO_2 u. wenig Eisenoxyd hergestellt, wobei die Technologie des Abkühlvorganges geändert wurde. Die Korrosionsbeständigkeit dieses Stoffes war 5—10mal größer als bei Schmelzstoffen aus Basalt. Der neue Stoff hatte mikrokristalline Struktur u. ließ sich vorteilhaft auf säurefeste Platten, Behälter, Absorber u. Filter verarbeiten. (Magyar Kémikusok Lapja [Z. Ver. ung. Chemiker] **9.** 294—98. 25/10. 1954. Zentral. Forschungsinst. für Baustoffe.) R. BIRTHLER. 6220

F. Trombe und **M. Foex,** *Die verschiedenen Möglichkeiten der Behandlung von Zirkon im Sonnenofen.* (Vgl. C. **1956.** 1531.) Der Sonnenofen erlaubt Mischungen von ZrO_2 u. stabilisierenden Oxyden im oxydierenden Medium zu schm. oder zu fritten, ohne sie durch die Wände eines Behälters zu vergiften, was durch verschied. Behandlungsmethoden erreicht werden kann. Es ist möglich gewesen, durch Sonnenstrahlenheizung von 70 kW im Labor auf dem Mont Louis mehr als 1 Tonne ZrO_2 zu behandeln. Die stabilisierten u. gefritteten Erzeugnisse erlaubten verschied. Typen keram. Körper zu erhalten. (Bull. Soc. franç. Céram. **1954.** Nr. 25. 11—23. Okt./Dez. Mont-Louis, Pyrénées orientales, Labor. de l'énergie solaire.) R. WALCKER. 6220

H. Bederlunger, *Praktische Erfahrungen bei der Herstellung von Tonerdeschmelzzement.* 2. Mitt. (1. vgl. C. **1956.** **2284.**) Es wird über die Bedeutung u. Herst. von Tonerdeschmelzzement (I) im Hoch- u. Elektroofen mittels des VOISIN-Verf. berichtet. Auch durch bloße Vermischung von Klinker, Schlacken u. Aschen verschied. Zus. mit nachfolgendem Schmelzen kann **I** hergestellt werden. **I** wird bei allen Bauarbeiten Verwendung finden, die eine schnelle Erhärtung des Mörtels erfordern. Vf. führte auch Verss. mit argentin. Rohstoffen zur Erzeugung von **I** durch. (Radex-Rdsch. **1955.** 394—400. März.) R. WALCKER. 6222

Henri Manche, *Die Aktivierung von Glasschlacken durch Soda.* Es wurden Verss. unternommen, um die Möglichkeit der Anwendung von gekörnten Glasschlacken + Soda als hydraul. Bindemittel bei der Herst. von Beton zu prüfen. Es stellte sich hierbei heraus, daß ein derartiges Gemisch hierfür nicht geeignet ist wegen seines geringen Widerstandes nach 1 Monat, geringer Wetterbeständigkeit, beträchtlicher Schrumpfung, zu schnellem Festwerden u. anderer Gefahrsmomente. (Silicates ind. **20.** 144—46. April 1955.) R. WALCKER. 6224

W. Ss. Polossin, *Neue Methode zur Anwendung von Kalk.* Das Verf. von SMIRNOW besteht darin, daß gebrannter Kalk feingemahlen u. ohne vorheriges Löschen zur Herst. von Kalkmörtel angewandt wird. Das Abbinden erfolgt hierbei 30—50mal rascher als bei Verwendung von gelöschtem Kalk. Das sonst zu beobachtende lange Feuchtbleiben der Neubauten unterbleibt. Da beim Abbinden W. gebunden wird, ist die Erhärtung auch unter. W. möglich. Hierdurch wird eine Bauarbeit auch im Winter möglich. Bei Verwendung von gemahlenem ungelöschtem Kalk kann mit dem Anstreichen der Wände sofort nach den Stuckarbeiten begonnen werden. Beimengungen von Lehm u. Mergel stören beim Brennen nicht. Der gemahlene ungelöschte Kalk wird auch bei der Herst. von Schlackenzementen u. Schlackenbeton verwendet. (Химия в Школе [Chem. Schule] **10.** Nr. 1. 19—21. Jan./Febr. 1955.) O. LEBTAG. 6226

Riccardo Sersale, *Über die Bestimmung von freiem Calciumhydroxyd in Zementmörteln.* In Anlehnung an Veröffentlichungen von HONEYBORNE, SERSALE u. GREGORIO sowie von SERSALE u. CALABRESE, mit dem Ziel der sicheren, einfachen u. schnellen Best. des freien Calciumhydroxyds in Zementmörteln u. abgebundenem Beton, berichtet Vf. über Unterss. an Gemischen bekannter Zus. mit CaO- bzw. $Ca(OH)_2$-Zusätzen bei Verwendung von Hochofen- bzw. Puzzolanzementen. Die Best. erfolgt durch Thermowägung, wobei die Abkühlung der Probe in N_2-Atmosphäre verläuft. Der Vgl. der erhaltenen Resultate mit den Ausgangswerten bzw. mit den nach der Meth. von FRANKE (Acetessigester + Isobutylalkohol) ermittelten Ergebnissen zeigt, daß die thermoanalyt. Best. des Kalkgeh. durch Wägung für die Bedürfnisse der Praxis ausreichende Genauigkeit besitzt. Das Bestimmungsverf. wird wegen seiner sicheren, einfachen u. schnellen Arbeitsweise empfohlen. Zusammenfassung der Untersuchungsergebnisse in ausführlichen Tabellen u. Diagrammen. (Ind. ital. Cemento **25.** 237—40. Okt. 1955. Napoli, Univ., Ist. di Chim. Ind.) W. ANIKA. 6252

Corning Glass Works, übert. von: **Rowland D. Smith,** Corning, N. Y., V. St. A., *Reinigen von Glasbearbeitungswerkzeugen.* Um bei automat. betriebenen Glasverarbeitungsmaschinen die mit dem heißen Glase in Berührung kommenden Teile ohne Betriebsunterbrechung von den sich im Laufe der Zeit ansetzenden Verunreinigungen zu befreien, werden diese Teile mit festen NH_4-Verbb. beblasen, welche durch Dissoziation in gasförmige Prodd. zerfallen. Es kommen hierfür anorgan. oder organ. NH_4-Salze, wie Bicarbonate, Nitrate, Sulfate, Chloride, Acetate, Oxalate usw. in Frage. (**A. P. 2 701 220** vom 22/12. 1953, ausg. 1/2. 1955.) HANS HOFFMANN. 6169

Corning Glass Works, übert. von: **William H. Armistead,** Corning, N. Y., V. St. A., *Glaszusammensetzung.* Ein zur Herst. von Glühlampen, Elektronenröhren oder anderen elektr. Geräten geeignetes Glas wird aus einem Versatz erschmolzen, der aus 60,1 (%) SiO_2, 14,9 PbO, 8 BaO, 8,2 K_2O, 4,7 Na_2O, 0,5 Li_2O, 2,1 Al_2O_3, 1 B_2O_3 u. 0,5 As_2O_3 besteht. Die Verarbeitungstemp. dieses Glases liegt bei ca. 983°; es besitzt einen Wärmeausdehnungskoeff. von ca. $89 \cdot 10^{-7}$ pro Grad u. einen elektr. Widerstand von ca. $100 \cdot 10^6$ Ohm·cm bei 350°. (**A. P. 2 692 833** vom 17/12. 1951, ausg. 26/10. 1954.) HANS HOFFMANN. 6171

Verd-A-Processing Co., übert. von: **Ormonde S. Levi,** Toledo, O., V. St. A., *Anfärben von Glasgegenständen.* Die anzufärbende Glasoberfläche wird mit Cl-Verbb. enthaltenden Dispersionen von Cu-, Ag- u. Zn-Salzen überzogen, worauf der so vorbehandelte Glasgegenstand auf Tempp. zwischen 800 u. 1100° F erhitzt wird. Die Salze werden so aufeinander abgestimmt, daß, als Metalle gerechnet, in der Mischung 15—90 (%) Cu, mindestens 0,875 Ag u. mindestens 1,7 Zn vorliegen u. daß der Cl-Anteil, bezogen auf die Summe dieser Metalle zwischen 1,4 u. 115 liegt. Es werden 3 Arten von Dispersionen verwendet, welche sich durch Folgendes unterscheiden: **A.** Es werden in W. lösl. Cl-Verbb. benutzt; die Ausgangsstoffe werden in W. gelöst bzw. dispergiert. **B.** Es werden anorgan. Cl-Verbb. benutzt; die Ausgangsstoffe werden in einer ölhaltigen Fl. dispergiert. **C.** Es werden Cl-freie Cu-, Ag- u. Zn-Salze mit organ. Cl-Verbb. benutzt, bei denen mindestens 1 Cl-Atom an ein C-Atom eines aliphat. Restes gebunden ist (Trichloressigsäure, Benzylchlorid, Dichloräthyl, Äthylenchlorobromid). — Ausführungsbeispiele für derartige Suspensionen: Zu **A.** 1,2 g $AgNO_3$, 9,0 g ZnS, 13,0 g CuCl, 80,0 g Ocker, 29,0 cm³ einer 45%ig. $(NH_4)_2S$-Lsg., 120 cm³ Wasser. — Zu **B.** 13 g $Cu(OH)_2$, 1,2 g Ag_2S, 9,0 g ZnS, 5,8 g $AlCl_3$, 50 cm³ Öl, 20 cm³ Alkohol. — Zu **C.** 13 g CuS, 1 g Ag_2S, 9 g ZnS, 7,1 g Trichloressigsäure, 80 g Ocker, 50 cm³ Öl, 40 cm³ Methylalkohol. (**A. PP. 2 662 035, 2 662 036** u. **2 662 037** vom 13/5. 1953, ausg. 8/12. 1953.) HANS HOFFMANN. 6177

Corning Glass Works, übert. von: **William H. Armistead,** Corning, N. Y., V. St. A., *Grünfarbiges Augenglas.* Dieses besteht in der Hauptsache aus 33—55 (Gew.-%) SiO_2, 5—15 Alkalioxyden, u. zwar bis zu 12 K_2O, bis zu 15 Na_2O u. bis zu 4 Li_2O, ferner aus 15—60 mindestens eines Oxydes eines zweiwertigen Metalls, u. zwar bis zu 5 BeO, bis zu 10 MgO, bis zu 15 CaO, bis zu 15 ZnO, bis zu 15 SrO, bis zu 15 CdO, bis zu 35 BaO u. bis zu 60 PbO, u. weiterhin aus 0,1—20 Sb_2O_3, 0,02—0,8 Cr_2O_3, 0,01—0,25 NiO u. 0,001 bis 0,025 CoO; hierbei sollen die Verhältnisse von Cr_2O_3 : NiO zwischen 1,5 u. 5 u. von NiO : CoO zwischen 3 u. 20 liegen. — Beispiel für eine Glaszus.: 50,1 SiO_2, 5,2 K_2O,

5 Na_2O, 37,7 PbO, 2 Al_2O_3, 0,4 Sb_2O_3, 0,176 Cr_2O_3, 0,0425 NiO u. 0,0025 CoO; n_D 1,588, Erweichungspunkt 626°. (**A. P. 2 699 399** vom 18/2. 1952, ausg. 11/1. 1955.)
HANS HOFFMANN. 6177

Corning Glass Works, übert. von: **William H. Kroeck,** Corning, N. Y., V. St. A., *Gefärbte Glasgegenstände.* Auf die Oberfläche eines Gegenstandes aus alkalihaltigem Glas wird eine Cu-Verb., wie CuO, Cu_2O, CuS, Cu_2S, $CuSO_4$ oder Cu_2Cl_2, aufgebracht, worauf der Glaskörper in einer Atmosphäre mit mindestens ca. 25 Vol.-% SO_2 auf Tempp. unterhalb des Erweichungspunktes zum Glühen erhitzt wird, wobei es sich gelb färbt. Beim weiteren Glühen in reduzierender Atmosphäre wird das Glas rot. (**A. P. 2 701 215** vom 29/5. 1953, ausg. 1/2. 1955.) HANS HOFFMANN. 6177

Carl-Zeiss-Stiftung (Jenaer Glaswerk Schott & Gen.), Heidenheim a. d. Brenz, Deutschland, *Optisches Glas.* Dieses soll im wesentlichen aus 36—50 (Gew.-%) B_2O_3, höchstens 11 ZrO_2, 26—44 La_2O_3 u. 5—19 CaO bestehen; der CaO-Geh. soll einen Wert von 33 abzüglich der Hälfte des La_2O_3-Geh. nicht übersteigen. Der Brechungsindex n_D soll wenigstens 1,68 betragen. — Beispiel für eine Glaszus.: 47,5 B_2O_3, 1,9 ZrO_2, 43,4 La_2O_3 u. 7,2 CaO; n_D 1,689, $\nu = 56{,}0$. (**E. P. 725 206** vom 27/4. 1953, ausg. 2/3. 1955. D. Prior. 9/5. 1952.) HANS HOFFMANN. 6201

Carl-Zeiss-Stiftung (Jenaer Glaswerk Schott & Gen.), Heidenheim a. d. Brenz, Deutschland, *Optisches Glas.* Bei opt. Gläsern nach E. P. 725 206 (vgl. vorst. Ref.) kann ein Teil des B_2O_3 durch bis zu 10 (Gew.-%) SiO_2 ersetzt werden; doch sollen mindestens 36 B_2O_3 in dem Glase verbleiben. — Beispiel für eine Glaszus.: 41,0 B_2O_3, 6,0 SiO_2, 6,0 ZrO_2, 30,0 La_2O_3, 17,0 CaO; n_D 1,688, ν 55,3. (**E. P. 727 305** vom 27/7. 1953, ausg. 30/3. 1955. D. Prior. 8/8. 1952. **Zusatz zu E. P. 725 206; vgl. vorst. Ref.**)
HANS HOFFMANN. 6201

Carl-Zeiss-Stiftung (Jenaer Glaswerk Schott & Gen.), Heidenheim a. d. Brenz, Deutschland, *Ultraviolettdurchlässiges Glas.* Dieses weist folgende Zus. auf: 10—13 (Gew.-%) Al_2O_3, 55—68 P_2O_5, 3—6 B_2O_3, 0—5 SiO_2, 2—5 K_2O, 5—18 BaO, 0—10 ZnO, 0—10 MgO, 0—10 CaO, 0—13 ZnO + MgO, 13—22 BaO + ZnO + MgO. — Beispiel für eine Glaszus.: 11,9 Al_2O_3, 60,4 P_2O_5, 3,0 K_2O, 3,6 B_2O_3, 5,1 SiO_2, 10,4 BaO u. 5,6 MgO. (**E. P. 728 808** vom 19/11. 1953, ausg. 27/4. 1955. D. Prior. 22/11. 1952.)
HANS HOFFMANN. 6201

Corning Glass Works, übert. von: **William H. Armistead,** Corning, N. Y., V. St. A., *Infrarot- und ultraviolettabsorbierendes Augenschutzglas.* Dieses besteht im wesentlichen aus 45—72 (Gew.-%) SiO_2, 14—23 K_2O, 6—35 mindestens eines glasstabilisierenden Oxydes, u. zwar bis zu 12 BeO, bis zu 15 MgO, bis zu 20 CaO, bis zu 35 SrO, bis zu 30 CdO, bis zu 35 BaO, bis zu 15 Al_2O_3 u. bis zu 10 ZrO_2, wobei jedoch die Summe von MgO u. CaO 20 nicht überschreiten soll, weiterhin aus 0,3—4,5 FeO u. F_2O_3 (als Fe_2O_3 berechnet), 0,1—2 TiO_2 u. 0,02—0,50 NiO; das Verhältnis Fe_2O_3 : NiO soll zwischen 5 u. 15 liegen. — Beispiel für eine Glaszus.: 56 SiO_2, 17 K_2O, 25 BaO, 1 FeO + Fe_2O_3 (als Fe_2O_3 berechnet), 1 TiO_2 u. 0,10 NiO. (**A. P. 2 688 559** vom 27/4. 1953, ausg. 7/9. 1954.) HANS HOFFMANN. 6201

Corning Glass Works, übert. von: **William H. Armistead,** Corning, N. Y., V. St. A., *Infrarot- und ultraviolettabsorbierendes Augenschutzglas.* Dieses besteht im wesentlichen aus 50—75 (Gew.-%) SiO_2, 14—23 K_2O, 6—30 mindestens eines glasstabilisierenden Oxydes, u. zwar u. a. bis zu 25 ZnO u. bis zu 20 B_2O_3, 0,3—4,5 FeO u. Fe_2O_3 (als Fe_2O_3 berechnet), 0,1—2 TiO_2 u. 0,02—0,50 NiO; das Verhältnis Fe_2O_3 : NiO soll zwischen 5 u. 15 liegen. — Beispiel für eine Glaszus.: 67 SiO_2, 18,5 K_2O, 1,5 Li_2O, 6 Al_2O_3, 4 B_2O_3, 2 FeO + Fe_2O_3 (als Fe_2O_3 berechnet), 1 TiO_2 u. 0,20 NiO. (**A. P. 2 688 560** vom 27/4. 1953, ausg. 7/9. 1954.) HANS HOFFMANN. 6201

Corning Glass Works, übert. von: **William H. Armistead,** Corning, N. Y., V. St. A., *Infrarot- und ultraviolettabsorbierendes Augenschutzglas.* Dieses soll einen n_D von ca. 1,523 ± 0,001, einen Wärmeausdehnungskoeff. von $92-98 \cdot 10^{-7}$ pro Grad u. einem Erweichungspunkt zwischen 710 u. 735° haben. Es besteht im wesentlichen aus 63 bis 70 (Gew.-%) SiO_2, 8—19 K_2O u. wenigstens einem weiteren Alkalioxyd, u. zwar bis zu 10 Na_2O u. bis zu 4 Li_2O, wobei der Gesamtalkaligeh. zwischen 15 u. 22 liegt, weiterhin aus 5—17 ZnO, 0,3—4,5 FeO u. Fe_2O_3 (als Fe_2O_3 berechnet), 0,1—2 TiO_2 u. 0,02 bis 0,50 NiO. Hierbei soll das Verhältnis von Fe_2O_3:NiO zwischen 5 u. 15 liegen. — Beispiel für eine Glaszus.: 65,3 SiO_2, 11,4 K_2O, 7,0 Na_2O, 11,1 ZnO, 2,0 Al_2O_3, 2,1 FeO + Fe_2O_3 (als Fe_2O_3 berechnet), 0,9 TiO_2 u. 0,18 NiO. (**A. P. 2 688 561** vom 27/4. 1953, ausg. 7/9. 1954.) HANS HOFFMANN. 6201

Corning Glass Works, übert. von: **William H. Armistead,** Corning, N. Y., V. St. A., *Thermometerglas.* Dieses besteht im wesentlichen aus 40—60 (Gew.-%) SiO_2, 10—25 Al_2O_3, 5—25 mindestens eines Oxydes eines zweiwertigen Metalles, wie MgO, CaO, ZnO, SrO, CdO, BaO u. PbO sowie 8—25 TiO_2, wovon mindestens ein Teil in disperser Form vor-

liegen soll. MgO, CaO oder die Mischung dieser beiden Oxyde soll 20 nicht übersteigen. — Beispiel für eine Glaszus.: 50,0 SiO_2, 18,8 Al_2O_3, 10,3 MgO, 4,1 CaO, 15,8 TiO_2, 0,9 Li_2O u. 0,1 Na_2O. (**A. P. 2 691 855** vom 12/6. 1952, ausg. 19/10. 1954.)
HANS HOFFMANN. 6201

Corning Glass Works, übert. von: **William H. Armistead,** Corning, N. Y., V. St. A., *Calciumfreies Augenglas.* Dieses besteht im wesentlichen aus 31—41 (Gew.-%) SiO_2, 18—33 PbO, 12—25 BaO, wobei PbO u. BaO zusammen 40—50 ausmachen sollen, ferner aus 5—10 ZrO_2, 6—9 eines Alkalioxydes, u. zwar bis zu 8 K_2O, bis zu 9 Na_2O u. bis zu 2,5 Li_2O, sowie aus 3—6 B_2O_3. — Beispiel für eine Glaszus.: 37 SiO_2, 22,7 PbO, 22 BaO, 7 ZrO_2, 6,8 Na_2O, 3,5 B_2O_3 u. 1 TiO_2; n_D 1,660, ν 40,4, Erweichungspunkt 665°. (**A. P. 2 699 398** vom 18/2. 1952, ausg. 11/1. 1955.) HANS HOFFMANN. 6201

British Thomson-Houston Co. Ltd., London, England, *Herstellung von verglastem Quarz.* Durch wiederholtes Tränken mit einer hydrolysierten Silicat-, z. B. mit einer Äthylsilicatlsg. mit nachfolgendem Trocknen wird die Porosität einer Quarzsandmasse auf unter 25% gesenkt, worauf diese so lange auf die Schmelz-Temp. des Quarzes erhitzt wird, bis die einzelnen Teile zusammenfließen. (**E. P. 725 788** vom 19/11. 1953, ausg. 9/3. 1955. A. Prior. 21/11. 1952.) HANS HOFFMANN. 6205

Johann Martin Michel Bach, Rotterdam, Holland, *Herstellen keramischer Gegenstände mit schattierten oder gefärbten vertieften Reproduktionen.* Eine Gelatineschicht oder ein Gelatine enthaltendes Material wird durch Behandeln mit einer Dichromatlsg. lichtempfindlich gemacht u. durch ein Negativ oder Diapositiv der zu reproduzierenden Abb. belichtet, darauf in W. gelagert u. aufgequollen. Zur Herst. einer keram. Reproduktion der Abb. wird bei Anwendung eines Diapositivs die aufgequollene Gelatineschicht oder bei Anwendung eines Negativs zur Belichtung ein Abguß der aufgequollenen Gelatineschicht als Form verwendet, der die Abb. als Relief enthält u. beim Formen auf den keram. Gegenstand überträgt. Durch Niederschlagen färbender in einer Fl. suspendierter Stoffe auf das Relief, wird es gefärbt. (**E. P. 717 879** vom 6/6. 1952, ausg. 3/11. 1954. Holl. Prior. 7/6. 1951.) F. REINHART. 6215

Corhart Refractories Co., Louisville, Ky., V. St. A., *Geschmolzene feuerfeste Stoffe.* Sie bestehen nach dem Erstarren aus Chromspinell u. Periklas u. enthalten nach der Analyse 1—5 (%) FeO, 40—78 MgO, 5—45 Al_2O_3 u. 5—50 Cr_2O_3. Die Gesamtmenge dieser Oxyde macht wenigstens 87 im Prod. aus u. das Mol-Verhältnis von FeO + MgO zu Al_2O_3 + Cr_2O_3 soll zwischen 2,4 u. 10 liegen. Die Prodd. sind bes. zum Auskleiden von Schmelzgefäßen für die Stahlerzeugung geeignet. (**Belg. P. 519 205** vom 15/4. 1953, ausg. 1/4. 1955. **E. P. 724 980** vom 24/3. 1953, ausg. 23/2. 1955. Beide A. Prior. 16/4. 1952.)
F. REINHART. 6219

Carborundum Co. (Erfinder: **Kenneth Charles Nicholson**), Niagara Falls, N. Y., V. St. A., *Durch Siliciumnitrid gebundener Körper.* Eine Si-haltige Mischung, die ein Fluorid, wie CaF_2, als Katalysator enthält, wird zu Körpern geformt, die in einer nichtoxydierenden, stickstoffhaltigen Atmosphäre gebrannt werden. Das in Mengen von ca. 0,5—5% vorhandene Fluorid fördert die Bldg. von Si_3N_4. Die Körper sind für Linsengußformen, Schleifkörper, Röhrensockel, Widerstände, Drahtziehformen oder Heizelemente geeignet. (**D. B. P. 929 656** Kl. 80b vom 9/11. 1952, ausg. 30/6. 1955. Anmeldung bekanntgemacht 13/1. 1955.) F. REINHART. 6221

American Electro Metal Corp., Yonkers, N. Y., V. St. A., *Borhaltiges Hartmaterial und seine Herstellung.* Eine Mischung, die hauptsächlich aus einem Borid oder einem Borid u. Carbid der Metalle Zr, Ti, Mo, W, V u. Cr sowie einem Überschuß von 2 bis 25 Gew.-% Bor besteht, wird gepreßt u. bei hohen Tempp. zwischen 1200 u. 2500° erhitzt. Hierbei bildet sich aus einem Teil der Bestandteile der Mischung eine fl. Phase, die beim Erstarren die Boride u. Carbide bindet. — Z. B. wird ein Gemenge aus 45 (%) Zirkoncarbid, 45 Zirkonborid u. 10 Borpulver bei 2500° gepreßt. Die Körper haben einen Bruchmodul von 80000 lbs./sq.in., D. 6,18, elektr. Widerstand von 25 $\mu\Omega$ u. ROCKWELL-A-Härte von 86. Die Körper eignen sich bes. für Düsen u. Verbrennungskammern von Gasturbinen. (**E. P. 728 952** vom 22/6. 1951, ausg. 27/4. 1955. A. Prior. 24/6. 1950.)
F. REINHART. 6221

Minnesota Mining & Mfg. Co., St. Paul, Minn., übert. von: **George H. Mead,** Detroit, Mich., V. St. A., *Aufbringen von Überzügen auf Wänden.* Man stellt sich eine Mischung her aus: 30 (Teilen) Portlandzement, 45—90 inerten, faserigen oder/u. nichtfaserigen Füllstoffen u. Pigmenten, 10—20 eines synthet. Mischpolymeren aus 70 Styrol u. 30 Butadien oder Isopren, 1—4 eines wasserlösl. Verdickungsmittels, z. B. Oxyäthylcellulose, u. Wasser. — Diese Mischung kann sofort oder auch nach 2—3 Std. mittels einer Spritzpistole auf glatte oder rauhe Wände oder Zimmerdecken aufgebracht werden. (**A. P. 2 662 064** vom 12/1. 1949, ausg. 8/12. 1953.) H. NEBELSIEK. 6229

VII. Agrikulturchemie. Schädlingsbekämpfung.

Jenő Rédei, *Technische Aufgaben der Aufbereitung von organischem Dünger.* Beschreibung der Herst. u. Eigg. von Torffäkaldünger, Kompostdünger u. der guten Erfolge mit gekörntem organ. Dünger. Dieser wird durch Mischen von faulendem Müll mit 30% Superphosphat hergestellt, maschinell gekörnt u. an der Luft getrocknet, da wegen der landwirtschaftlich nützlichen Bakterien das Trocknen oberhalb 40° schädlich wäre. (Magyar Technika **9.** 444–47. Aug. 1954.) J. Plank. 6294

N. N. Bolyschew und **Ss. A. Tjurdenewa**, *Das Wesen des Prozesses der Solonetzbildung und seine Rolle bei der Bodenbildung der westlichen Kaspien.* Bei der Solodierung unter dem Einfl. einer Mineralisation der Pflanzenrückstände u. einer Zerstörung der Alumosilicate durch niedere Organismen erfolgt eine Anhäufung von Kolloiden im Horizont B_1, die im Falle, daß Abfälle von Wermutpflanzen vorliegen, sich hauptsächlich mit Alkalikationen verbinden. Der andere Teil ist mit Ionen der alkal. Erden gesätt., die nur ziemlich schwer durch den absteigenden Wasserstrom ausgewaschen werden. Es wird der Schluß gezogen, daß der Austauschkomplex der Solonetzböden aus 2 Teilen besteht, wobei nur der hydrolysierte Teil mit Alkalikationen gesätt. ist. In Verbindung damit ist die Sättigung des gesamten Austauschkomplexes mit dem Na-Ion bei der Bldg. der Solonetzböden nicht unbedingt erforderlich. Der Solonetzprozeß ist nicht so sehr durch das adsorbierte Na bedingt, wie durch die alkal. Rk. des Mediums, die u. a. von der Lebenstätigkeit der Mikroorganismen u. der Ggw. beweglicher Kolloide abhängt. Fehlen die Voraussetzungen für die Anhäufung von Salzen in den oberen Bodenschichten, wie dies in den Haffen der Fall ist, so erfolgt die Bldg. von Solodiböden unter Vermeidung des Solonetzstadiums. Der Prozeß der Solodierung bereitet die Bedingungen für den Eintritt eines neuen Prozesses vor, des Wiesenprozesses, der dann den vorhergehenden, die Solodierung, vollkommen verdrängt. Wenn auf den solodierten Böden Federgras sich ansiedelt, beseitigt dies nicht vollständig den Prozeß der Solodierung, der in Verknüpfung mit der Steppenentw. unter Bldg. von braunen Böden vor sich geht. (Вестник Московского Университета, Серия Физико-Математических и Естественных Наук [Nachr. Moskauer Univ.] **8.** Nr. 9. [physik.-math. naturwiss. Ser.] Nr. 6. 35–47. Sept. 1953.) A. Jacob. 6304

W. N. Smirnow, *Zur Frage der Beziehungen zwischen der Bildung von Bodenkohlensäure und der Ertragsfähigkeit von Waldböden.* Zwischen der Entw. an Boden-CO_2 u. der Ertragsfähigkeit der podsoligen u. moorigen Waldböden ergab sich ein enger Zusammenhang. Die Schwankungen der CO_2-Entw. im Verlaufe der verschied. Jahreszeiten stehen offenbar in Zusammenhang mit der Wurzelentw. u. der Nährstoffaufnahme. (Почвоведение [Bodenkunde] **1955.** Nr. 6. 21–31. Juni 1955. Joschkar-Ola, Waldtechn. Gorki-Inst.) A. Jacob. 6304

A. Bouat, P. Renaud und **Jean Dulac**, *Untersuchung über die Physiologie der Olivenernährung.* 2. Mitt. (1. vgl. Ann. Inst. nat. Rech. agronom., Sér. S. **2.** [1951.] 828 bis 848.) Behandelt werden Unterss. über den Einfl. von Boden, Düngung, Klima u. Kulturmethoden auf das Wachstum von Oliven. (Ann. Inst. nat. Rech. agronom., Sér. A. **4.** 599–628. Juli/Aug. 1953. Montpellier, École Nat. d'Agric., Labor. de rech. des Chaires de Chim. et de Bot.) C. Grimme. 6304

B. C. Akehurst, *Türkischer oder orientalischer Tabak in Südrhodesia.* Auf Tabaksämlinge im Anzuchtbeet wirkte *Phosphat* (**I**) günstig, *Kali* (**II**) hingegen nachteilig. Eine Erhöhung der üblichen Gaben von 3–6 (lbs./acre) N bzw. 9–18 **I** u. **II** wirkte auf grobsandigen Böden ertragssteigernd, bes. wenn ein Teil vor u. ein Teil nach dem Pflanzen gegeben wurde. — 12 Literaturangaben. (Empire J. exp. Agric. **22.** 267–80. Okt. 1954. Trelawney, S. Rhodesia, Tobacco Res. Inst.) F. Rang. 6304

Conrad Weidemann, *Untersuchungen über den Einfluß des Bodens auf die Qualität des Tabaks.* Vergleichende Unterss. von Bodenproben u. darauf gewachsenen Tabaken ergaben enge Zusammenhänge zwischen den Mineralstoffgehh. von Boden u. Pflanzen. Die K_2O- u. CaO-Gehh. der Böden drückten sich in entsprechenden Werten der Blätter aus, wobei auf die Bedeutung hoher K_2O-Gehh. für die Glimmfähigkeit der Tabake hingewiesen wird. Nachteilig sind die häufig angetroffenen hohen Cl-Konzz. von 3–4 mg% in den Böden, die zu hohen Cl-Werten im Tabak führen u. dadurch dessen Glimmfähigkeit nachteilig beeinflussen. Durch entsprechende Düngung müssen die Boden-Cl-Werte unter 1 mg% gehalten werden. (Ber. Inst. Tabakforsch. Dresden **1.** 167–78. 1954. Dresden, Inst. für Tabakforsch.) F. Krusen. 6304

P. Schachtschabel, *Die chemische und biologische Wirkung einer Kalkdüngung im Boden.* Allg. Ausführungen. (Mitt. dtsch. Landwirtschafts-Ges. **70.** 813–15. 4/8. 1955. Hannover.) M. Winiker. 6304

J. W. S. Reith, *Wirkung von kalk- und magnesiareichem Düngekalk auf den Calcium- und Magnesiumgehalt von Nutzpflanzen und Weide.* Durch Kalkung mit bes. MgO-reichem Düngekalk wurde der Mg-Geh. der oberird. Teile von Mangold, Futter-, Zucker- u. weißer Rübe, der Blätter von Grünkohl, ferner im Getreidestroh u. Heu stark erhöht. Der Mg-Geh. der Wurzeln, Stengel u. Körner blieb dagegen von der Kalkart prakt. unbeeinflußt. Während 3jähriger Versuchsdauer erhöhten Gaben von MgO-reichem Kalk den Mg-Geh. der Weidegräser gegenüber ungekalkten bzw. solchen mit dem üblichen gemahlenen Kalkstein behandelten um ca. 55%. — 12 Literaturangaben. (Empire J. exp. Agric. **22.** 305—13. Okt. 1954. Aberdeen, Macaulay Inst. for Soil Res.) F. RANG. 6304

I. Dshalilow, *Ein Versuch zur Blattdüngung der Baumwolle durch Spurendüngemittel.* Zusätzliches Besprühen n. gedüngter Baumwollpflanzen mit 0,3—1,7%ig. Lsgg. von *Borsäure* u. *$MnSO_4$* führt zu einer wesentlichen Entwicklungssteigerung der Pflanzen u. damit zu einer Ernteerhöhung. Das Gewicht der Kapseln erhöhte sich um 0,2—0,3 g. (Хлопководство [Baumwoll-Wirtsch.] **5.** Nr. 8. 41—43. Aug. 1955.) M. ULMANN. 6304

S. C. Agarwala und **E. J. Hewitt,** *Molybdän als Pflanzennährstoff.* 3. Mitt. *Die Wechselbeziehungen zwischen der Molybdän- bzw. Nitratzufuhr und dem Wachstum bzw. Molybdängehalt von in Sandkultur gezüchteten Blumenkohlpflanzen.* (2. vgl. C. **1953.** 7574.) Blumenkohlpflanzen (Sorte Majestic) wurden in Sandkulturen bei Gaben von 6 bzw. 24 Milliäquivalent/Liter *Nitrat* (I) u. 8 verschied. Gaben von 0,000005—19,2 p.p.m. *Mo* kultiviert. Nach Verabreichung von nur 0,000005 p.p.m. Mo treten bei den Blättern Mangelerscheinungen auf. In den Blättern der mit 19,2 p.p.m. Mo gedüngten Pflanzen bildeten sich blaue Pigmente. Bei der hohen I-Gabe nahm der Mo-Bedarf der Pflanzen zu; andererseits wurde ihr Wachstum z. Z. des größten Mo-Mangels angeregt. Die Wachstums-Rk. nahm nach Gaben von $<$0,005 p.p.m. Mo scharf ab. — Der Mo-Geh. der Blätter nahm bei ansteigender Mo-Zufuhr von $<$0,1 auf ca. 4000 p.p.m. zu; oberhalb der letztgenannten Mo-Konz. stieg die Konz. an Trockensubstanz schnell an. Während der Mo-Geh. durch die niedrige I-Gabe nicht beeinflußt wurde, wurde er durch die höhere I-Gabe bei hohen Mo-Zufuhren gesteigert. Junge Blätter enthielten bei Mo-Mangel mehr Mo, bei n. bis überschüssigen Mo-Gaben weniger Mo als alte Blätter. Die blaugefärbten Blatteile enthielten nicht mehr Mo als entsprechende grüne Teile der gleichen Blätter. — 20 Literaturangaben. (J. horticult. Sci. **29.** 278—90. Okt. 1954.) F. RANG. 6304

S. C. Agarwala und **E. J. Hewitt,** *Molybdän als Pflanzennährstoff.* 4. Mitt. *Die Wechselbeziehung zwischen der Molybdän- bzw. Nitratzufuhr und den Chlorophyll- bzw. Ascorbinsäurefraktionen bei auf Sandkultur gezüchteten Blumenkohlpflanzen.* (3. vgl. vorst. Ref.) Blumenkohlpflanzen wurden in Sandkulturen von hoher u. niedriger *Nitrat* (I)- u. 8 verschied. *Mo*-Gaben gezogen. Bei Gaben von $<$0,005 p.p.m. Mo nahm der *Chlorophyll* (II)-Geh. reifer Blätter deutlich ab; junge Blätter wurden durch die Höhe der Mo- bzw. I-Gabe hinsichtlich des II-Geh. nur geringfügig beeinflußt. — Der Geh. an *Ascorbinsäure* (III) in den Blättern u. Stengeln nahm mit den bis auf 0,0005 p.p.m. ansteigenden Mo-Gaben zu; bei älteren Blättern bewirkte schon eine Gabe von 0,000005 p.p.m. einen deutlichen Anstieg des III-Gehalts. Die hohe I-Gabe hatte im allg. einen niedrigeren III-Geh. zur Folge. Zwischen dem II- u. III-Geh. wurden Keime eindeutiger Wechselbeziehungen festgestellt. — 12 Literaturangaben. (J. horticult. Sci. **29.** 291—300. Okt. 1954.) F. RANG. 6304

I. W. Selman und **V. M. Durham,** *Vergleich der Wirkungen von organischen und anorganischen Düngemitteln auf Wachstum und Ertrag von Kartoffeln.* Die Wrkg. von aus organ. Abfällen bereitetem *Kompost* (I) u. von üblichen *Handelsdüngern* (II) wurde in einem 4jährigen Düngungsvers. zu Kartoffeln (Sorte King Edward VII) verglichen. Sofern der Geh. des Bodens an N, P u. K nicht unter dem Wachstumsminimum lag, wurde keine Sonderwrkg. von I festgestellt. Übermäßige II-Gaben (bis zu 20 t/acre) bewirkten bei jungen Pflanzen vorübergehende Wachstumsstockungen, ohne daß Dauerschäden eintraten. (Empire J. exp. Agric. **22.** 314—22. Okt. 1954. London, Univ., Wye Coll.) F. RANG. 6304

M. W. Fedorow und **A. Ernandess,** *Einfluß einer anhaltenden Verwendung von Düngemitteln und einer Pflanzenmonokultur auf die Ausbreitung und die Stickstoff fixierende Aktivität von Azotobacter in Kompost-Podsolböden.* Düngung mit Stallmist sowie Stallmist mit mineral. Volldüngung wirkt günstig auf die Verbreitung von Azotobacter (Az.). Mineraldünger allein haben einen ungünstigen Einfl., bes. wenn sie physiol. sauer sind. Neben einem günstigen Luft- u. Wasserhaushalt ist für die Entw. des Az. auch die Ggw. aufnehmbarer C-Verbb. wichtig. Bei fortgesetzter Monokultur auf einem wiesenpodsoligen Boden, der organ. u. mineral. Düngung bekammen hatte, wurde die N-bindende Fähigkeit des Az. herabgesetzt. Er besaß dann eine starke Fähigkeit zur Säurebldg. u. nur eine geringe Fähigkeit zur N-Bindung, was auf eine Unterdrückung vor allem derjenigen Fermentsysteme zurückzuführen ist, die binden. (Известия Тимирязевской Сельскохозяйственной Академии [Nachr. Landwirtsch. Timirjasew-Akad. **1955.** Nr. 1. 145 bis 156.) A. JACOB. 6306

E. J. Waring, *Chemische Vernichtung von Kartoffelkraut.* Bei sehr trockenem Wetter kann grünes Kartoffelkraut durch Spritzen mit 5%ig. *Pentachlorphenol*-Emulsion (in Kreosotöl) vernichtet werden. (Agric. Gaz. New South Wales **64.** 521—22. Okt. 1953.) F. RANG. 6312

P. O. Ripley, *Unkrautbekämpfung in Westkanada.* Übersicht über die Entw. der Anwendung von selektiven Herbiciden (bes. *2.4-D*) zur Unkrautbekämpfung in Westkanada. — 6 Literaturangaben. (Empire J. exp. Agric. **22.** 261—66. Okt. 1954. Canada Dep. of Agric., Exp. Farms Serv.) F. RANG. 6312

Francis E. Hance, *Vor dem Auflaufen anzuwendende Herbicide. Aufbereitung von schwerflüchtigen Estern der 2.4.5-T zur Unkrautbekämpfung in Hawaii.* Aus dem schwerflüchtigen *Butoxyäthoxypropanol-*, *Butoxyäthanol-* bzw. *Caprylester* der *2.4.5-T* wird durch Zusatz eines geeigneten Emulgierungsmittels u. von Dieselöl oder einem aromat. Öl mit herbiciden Eigg. ein Konzentrat hergestellt, das in geeigneter Verdünnung (4 lbs. Säureäquivalent/acre) bei Anwendung vor dem Auflaufen das Wachstum von Gräsern u. breitblättrigen Unkräutern bis zu 8—10 Wochen lang unterdrückt. (J. agric. Food Chem. **2.** 738. 7/7. 1954. Honolulu, Hawaii, Hawaiian Sugar Planters' Assoc., Exp. Stat.) F. RANG. 6312

D. J. Raski, *Nematodenbekämpfung an Weinpflanzen.* Vf. beschreibt die Wrkg. von *EDB* (Äthylendibromid), *DD* (1.3-Dichlorpropen + 1.2-Dichlorpropan), *OS–1897* u. *CBP–55* (1.3-Chlorbrompropen) gegen die Wurzelnematoden Meloidogyne incognita var. acrita u. Pratylenchus vulnus an Weinstöcken im Zusammenhang mit einem Fruchtwechsel. (Calif. Agric. **9.** Nr. 1. 9—10. 15. Jan. 1955. Davis, Calif., Univ. of California.) W. JANICKE. 6312

A. T. Kolonitzki, *Zur Frage der Wirksamkeit von DDT im Süden.* Die Anwendung von *DDT* u. *Hexachloran* zur Bekämpfung mehrerer Anopheles-Arten in Tadshikistan wird beschrieben. Die Präpp. gestatten, die Zahl der Malariaerkrankungen stark herabzusetzen. Die Ergebnisse von 4 Jahren werden an Hand einer Kurve diskutiert. (Медицинская Паразитология и Паразитарные Болезни [Med. Parasitol. parasit. Krankh.] **24.** 224—25. Juli/Sept. 1955. Leninabad, Malaria-Gebietsstation.) REINHARD HÜTTENRAUCH. 6312

G. F. Burnett, *Die Wirkung von Vieh als Giftköder auf Populationen von Glossina morsitans Westw. und G. swynnertoni Aust.* Bericht über Verss. zur Bekämpfung von Tsetsefliegen-Species durch Besprühen von Vieh mit *DDT*. Eine völlige Vernichtung der Tsetsefliegen konnte nicht erreicht werden. (Bull. entomol. Res. **45.** 411—21. Sept. 1954. Arusha, Tanganyika, Colonial Insecticide Res. Unit.) W. JANICKE. 6312

T. Passlow, *Contarinia sorghicola (Coq.).* Zur Bekämpfung des Schädlings wird Spritzen mit *DDT* (1 lb. akt. Substanz/acre) empfohlen. (Queensland agric. **80.** 251—53. Mai 1955.) F. RANG. 6312

Ted Stephens Brook und **Paul A. Dahm,** *Die Giftigkeit von Aldrin, Dieldrin und DDT für Oncopeltus fasciatus (Dall.).* Bei den Verss. wurden Lsgg. von *Aldrin* (**I**), *Dieldrin* (**II**) u. *DDT* in Aceton in das Coelomgewebe von ausgewachsenen Weibchen injiziert. **I** erwies sich als 5—15mal, **II** als 3—17mal so tox. wie DDT. (J. econ. Entomol. **45.** 349—50. April 1952. Manhattan, Kans., Kansas Agricult. Exp. Stat.) C. GRIMME. 6312

L. C. Smith, *DDT-resistenter Apfelwickler.* Zur Bekämpfung *DDT*-resistenter Stämme des Apfelwicklers wird 0,05—0,075%ig. *Malathion*-Lsg. bzw. -Emulsion empfohlen. *Parathion, Phenothiazin* u. *Diazinon* scheinen ebenfalls geeignet zu sein. Eine relativ geringe Wirksamkeit hatten *Methoxychlor, Endrin* u. *Pb-Arsenat.* (J. Dep. Agric. South Australia **59.** 12—15. Aug. 1955.) F. RANG. 6312

L. E. Allison und **R. C. Reeve,** *Lysimeter für die Untersuchung der Wirkungen von Versalzung, Auswaschung und Lage des Grundwasserspiegels auf das Pflanzenwachstum.* Es wird eine Lysimeter-Anlage beschrieben, die sich für die Unters. der Wrkg. der Versalzung u. des Grundwasserspiegels (G.) auf das Pflanzenwachstum eignet. Durch eine Vorr. läßt sich der G. auf beliebige Höhen einstellen. (Soil Sci. **79.** 81—91. Febr. 1955. Riverside, Calif., U. S. Salinity Labor.) A. JACOB. 6324

VIII. Metallurgie. Metallographie. Metallverarbeitung.

W. Arthur Wall, *Betriebspraxis bei den United Keno Hill-Bergwerken.* Beschreibung der Arbeitsweise des genannten Bergwerkes zur Aufarbeitung *Ag*-haltigen *Galenits* u. *Sphalerits*; Waschung, Siebung, Zerkleinerung, Flotation u. Cyanidlaugerei mit Fließschemen. (Canad. Mining metallurg. Bull. **48.** 274—80. Mai 1955. Elsa, Y. T., Can., United Keno Hill Mines.) H. ECKHARD. 6360

E. K. Okress und **D. N. Wroughton,** *Ohne Tiegel geschmolzene Metalle.* Beschreibung eines elektroinduktiven Schmelzverfahrens. (Iron Age **170.** Nr. 5. 83—86. **31/7.** 1952. Bloomfield, N. J., Westinghouse Electric Corp.) H. HOCHSTEIN. 6388

R. Chouteau und **R. Meyer,** *Neuzeitliche Dauermagnete und ihre neuen Verwendungsgebiete in der mechanischen Industrie.* Überblick. (Rev. gén. Mécan. **38.** 86—91. März. 125—29. April 1954. Grénoble, Usine des Eaux-Claires, Sté d'Électrochimie d'Ugine.) H. HOCHSTEIN. 6388

I. I. Kornilow, *Die Chemie der Metallegierungen.* Überblick unter besonderer Berücksichtigung des Period. Syst. der Elemente. (Природа [Natur] **42.** Nr. 10. 16—23. Okt. 1953.) H. HOCHSTEIN. 6388

James K. Stanley, *Versprödung von reinem Eisen in feuchtem und trockenem Wasserstoff.* Durchgeführt wurden Faltverss. an Proben aus Eisenband von 2,5 mm Dicke nach $^1/_2$—50std. Glühen bei 700—1200° in trockenem u. wassergesätt. H_2. Hierbei wurden Vergleichsverss. mit unberuhigtem, halbberuhigtem u. beruhigtem unlegiertem *Stahl* mit niedrigem C-Geh. angestellt. Der Einfl. des O_2-Geh. auf die Versprödung wurde nachgewiesen. Es zeigte sich, daß das reine Eisen in trockenem H_2 bei Tempp. von 700—1150° in ca. 10 Std. versprödet. Es wurde in noch kürzerer Zeit von ca. ½ Std. versprödet, wenn das Gas feucht war (ca. 3% Feuchtigkeit). Es wird angenommen, daß die Feuchtigkeit die Zers. von atmosphär. H_2 unter Bldg. von größeren Mengen von atomarem H_2 katalyt. beeinflußt, so daß die Sprödigkeit in einer viel kürzeren Zeit auftritt. (Trans. Amer. Soc. Metals **44.** 1097—1116. 1952. East Pittsburgh, Pa., Westinghouse Res. Labors.) H. HOCHSTEIN. 6392

G. Renginold Bashforth, *Der basische Siemens-Martin-Ofenprozeß.* 2. Mitt. *Weitere theoretische Betrachtungen.* (1. vgl. C. **1955.** 3472.) An Hand einfacher chem. Umsetzungen werden die thermodynam. Grundlagen bei chem. Rkk. erläutert. Der Temperatureinfl. u. die Abhängigkeit der spezif. Wärme werden in Formeln ausgedrückt, sowie der Begriff der *Entropie* als Maß für die Arbeitsfähigkeit eines Syst. erklärt. Einige typ. Rkk. bei Desoxydationsvorgängen werden angeführt u. festgestellt, daß auch heute noch die Anwendung der von BRINELL entwickelten empir. Formel: $T = Mn\% + 5{,}2\ Si\% + 90\ Al\%$ für den prakt. Betrieb gute Desoxydationsergebnisse liefert. T bedeutet hierbei ein Maß für die Homogenität des Stahles. — 21 Literaturhinweise. (Brit. Steelmaker **20.** 134—38. April 1954.) H. SCHÖBERL. 6400

F. P. Hubbell, *Erfahrungen mit der Sauerstoffüberwachung im Rauchgas von Siemens-Martin-Öfen.* Beschreibung einer Vorr. zur selbsttätigen Messung des O_2-Geh. u. zur Einstellung des Brennstoff–Luft-Verhältnisses, sowie der damit gemachten Erfahrungen. (Iron Steel Engr. **30.** Nr. 8. 53—58. Aug. 1953. Munhall, Pa., United States Steel Corp., Homestead Work, Fuel Dep.) W. WESLY. 6400

G. S. Farnham und **Benton Dixon,** *Gußeisen bewährt sich bei harter Beanspruchung.* Gußeisen mit Kugelgraphit vereinigt Zähigkeit, Schlagfestigkeit, Bearbeitbarkeit u. gute Verschleißfestigkeit. Hohe Vergießbarkeit erleichtert das Gießen von schwierig geformten Stücken. Aus dem Werkstoff werden Eisenbahnwagenräder, Matrizen für Automobilkotflügel, Lagerbüchsen u. dgl. hergestellt. Kleinere Matrizen lassen sich ohne Verzug einer Flammen- oder Induktionsoberflächenhärtung unterwerfen. (Iron Age **173.** Nr. 11. 133—37. 18/3. 1954. Toronto, Can., Int. Nickel Co. of Canada u. Dominion Wheel & Foundries Ltd.) H. HOCHSTEIN. 6404

T. M. Frazell und **J. D. Sheley,** *Verringerung der Kosten und Verbesserung der Qualität durch einen basisch ausgekleideten Kupolofen.* Die Bau- u. Betriebskennzahlen von zwei mit bas. Futter ausgekleideten Kupolöfen werden mitgeteilt u. Angaben über die Ausgestaltung des Schlackenabstichs für einen kontinuierlichen Eisen- u. Schlackenabfluß gemacht. Die Verwendung von Magnesit an hochbeanspruchten Ofenstellen bewährte sich. Es werden die Zuss. der Gattierungen mit Kalk, Flußspat u. Calciumcarbid als Zuschlag mitgeteilt. Es zeigt sich, daß der Basengrad der Schlacke auf die Verringerung des S-Geh. im Eisen von günstigem Einfl. ist. Aus einer solchen stark bas. Schlacke ist eine hohe Rückgewinnung von Mn möglich. (Iron Age **173.** Nr. 17. 85—88. 29/4. 1954.) H. HOCHSTEIN. 6408

D. W. Bloor, *Die Einsatzhärtung von Stahl mit einem Butan–Leuchtgas-Gemisch.* Man erhält ein zur Aufkohlung von Stahl geeignetes Gasgemisch, wenn man das für das Tempern schädliche CO_2 bei 700—800° durch Holzkohle bis auf 0,3% entfernt u. dann 0,5% *Butan* (I) zumischt. Mit diesem Gas verläuft die Aufkohlung von Stahl am schnellsten bei 900—950°. Die bekannten, die Geschwindigkeit der Aufkohlung u. die Härtetiefe beeinflussenden Faktoren werden besprochen. Mit zunehmendem C-Geh. des Stahles wird die Aufkohlung schwieriger u. verläuft langsamer, weil das anwesende Carbid ihr einen „C-Druck" entgegensetzt. Der I-Zusatz läßt sich bei Verwendung rotierender Einsatzhärteöfen durch Zugabe von wenig $BaCO_3$ zum Gasgemisch vermindern. Gasgemische von hohem Aufkohlungsvermögen u. hohen Tempp. führen zu Rußablagerung u. zu hypereutektoidem Zementit. Wenn die Aufkohlung mit einer Induktionshärtung gekoppelt ist, gestattet der kurze Wärmefluß keine Ausbreitung des Zementitgefüges, das unverändert in einer Martensitgrundmasse verbleibt. Das ursprünglich grobe hypereutektoide Gefüge geht in der gehärteten Zone in ein feineres Gefüge über. (Iron Coal Trades Rev. **163.** Nr. 4344. 85—86. 84. 15/7. 1951.) W. WESLY. 6408

Hugh L. Logan, *Einfluß des Chromplattierens auf die plastische Deformation von SAE 4130-Stahl.* Der Einfl. der Chromplattierung auf bestimmte mechan. Eigg. von SAE 4130-Stahl wurde durch Zerreiß-, Fallzerreiß-, Biege- u. Druckverss. bestimmt. Die Stahlproben wurden dazu in einem Chromoxyd–Schwefelsäure-Elektrolyten bei 55° u. einer Stromdichte von 350 A · Sek./0,3 m² plattiert u. z. T. bei verschied. Tempp. in einem elektr. Heizofen mit Luftzirkulation gesintert. Die bemerkenswerteste Wrkg. der Chromplattierung zeigte sich in der Abnahme der plast. Deformation vor dem Bruch bei allen Testverss. mit Ausnahme des Fallzerreißversuches. Die Zerreißfestigkeit u. die Streckgrenzen der plattierten Proben nahmen mit zunehmender Plattierungsdicke ab, sobald diese größer als 0,025 mm war, sie betrugen aber noch bei 0,4 mm Plattierungsdicke mehr als 90% der nicht plattierten Proben. Durch Sintern nach dem Plattieren nahm die Dehnbarkeit des Stahles zu, während die Zerreißfestigkeit u. die Streckgrenze dadurch nicht wesentlich beeinflußt wurden. Es wird angenommen, daß der zusammen mit dem Chrom auf dem Stahl abgeschiedene Wasserstoff die Ursache für die herabgesetzte plast. Verformbarkeit des plattierten Stahles ist. (J. Res. nat. Bur. Standards **46.** 472—79. Juni 1951. Washington, D. C.) S. HÜTTIG. 6408

S. R. Maloof, *Einige Röntgenbeugungs- und elektronenmikroskopische Beobachtungen an anlaßspröden Stählen.* Röntgenbeugungs- u. elektronenmkr. Gefügeunterss. wurden an vier Stählen mit 0,09—0,44 (%) C, 0,01—0,29 Si, 0,40—0,79 Mn, 0,80—1,6 Cr, bis zu 0,23 Mo u. 1,2—3,6 Ni mit unterschiedlicher Neigung zur Anlaßsprödigkeit durchgeführt. Hierbei wurde festgestellt, daß bei der Versprödung bei allen Stählen eine deutliche Abnahme im Gitterparameter des Ferrits auftrat. Diese Abnahme war für den Stahl mit dem höchsten C-Geh. von 0,44 u. 0,23 Mo am geringsten. Die Carbidphase, die von Proben aller Stähle nach oder ohne Versprödungsbehandlung extrahiert wurde, besaß die gleiche Zementitart u. wurde als $(Fe, Cr)_3C$ bestimmt. Ein wesentlicher Unterschied lag jedoch in einer Veränderung im Cr-Geh. in der Carbidphase. Die elektronenmkr. Unters. zeigte deutliche Unterschiede in der Größe u. Verteilung der Carbidphase für die verschied. Stähle. — 11 Schrifttumsangaben. Diskussion. (Trans. Amer. Soc. Metals **44.** 264—81. 1952. Springfield, Mass., Springfield Armory.) H. HOCHSTEIN. 6410

Helmer Nathorst, *Sonderstähle.* Überblick über schwach legierte Baustähle sowie über nichtrostende u. hochhitzebeständige Stähle. Von den erstgenannten Stählen werden bes. die Härte, Zugfestigkeit, Streckgrenze, Härtbarkeit, Kerbschlagzähigkeit u. Zähigkeit, u. bei den beiden anderen Stahlsorten die Verbesserung der elast. Eigg., die Formbarkeit, der Einfl. des Gefüges u. der Zus. sowie die Bedeutung von Gefügeungleichmäßigkeiten auf die Härtbarkeit u. Bearbeitbarkeit behandelt. — 21 Schrifttumsstellen. (Rev. gén. Mécan. **37.** 223—30. Juli 1953.) H. HOCHSTEIN. 6410

N. F. Mott, *Ein neuer nichtrostender Stahl.* Der aushärtbare Stahl mit unter 0,07 (%) C, 19,0—19,5 Cr, 9,75—10,25 Ni, 2,75—3,25 Si, 0,5—0,75 Mn, 2,0—2,25 Cu, 3,0—3,50 Mo u. 0,10—0,20 Be besitzt eine hohe Korrosionsbeständigkeit in H_2SO_4, HCl u. HNO_3 sowie eine gute Härtbarkeit u. Zerspanbarkeit im abgeschreckten Zustand. Nach der Bearbeitung wird er zwecks Ausscheidungshärtung bei niedrigeren Tempp. angelassen. Im Gußzustand hat er eine hohe Festigkeit. Er kann nach einer Lösungswärmebehandlung geschweißt werden unter Verwendung einer Elektrode aus der gleichen Legierung. Geeignet als Werkstoff für Ventilscheiben. (Iron Age **171.** Nr. 25. 149—53. 18/6. 1953. Hillside, N. J., Cooper Alloy Foundry Co.) H. HOCHSTEIN. 6410

R. L. Hatschek, *Neuer austenitischer nichtrostender Stahl als guter Ersatz für 18–8-Chrom–Nickel-Stahl.* Der neue austenit. nichtrostende Stahl enthält bis 0,1 (%) C, 15 Cr, 16,5 Mn, bis 1 Ni u. gegebenenfalls 0,15 N_2. Die Schweißbarkeit ist gut, u. die Verformbarkeit, Festigkeit, Dauerfestigkeit u. Korrosionsbeständigkeit sind sehr ähnlich denen eines Stahles mit 0,093 C, 17,4 Cr, 7 Ni, 1,36 Mn, 0,58 Si, 0,025 P u. 0,012 S. (Iron Age **171.** Nr. 11. 135—38. 12/3. 1953.) H. HOCHSTEIN. 6410

G. E. Linnert, *Ersatz des nichtrostenden Stahls mit 18% Cr und 8% Ni durch Stahl mit 17% Cr für viele Schweißzwecke.* Die Festigkeitseigg., Korrosionsbeständigkeit, Wärmeleitfähigkeit u. Wärmeausdehnung zweier nichtrostender Stahlsorten mit 18 (%) Cr u. 8 Ni bzw. 17 Cr werden miteinander verglichen. Ebenso wird das Schweißverh. dieser beiden Stähle sowie ihr Verh. im geschweißten Zustand ermittelt. Hierbei wird festgestellt, daß auch beim Stahl mit 17 Cr korrosionsbeständige Schweißverbb. erhalten werden können, wenn ein Schweiß-Ti-Zusatz vorgenommen wird. Eine Vorwärmung der zu schweißenden Stelle wird empfohlen. (Iron Age **169.** Nr. 26. 97—100. 26/6.; **170.** Nr. 1. 128—32. 3/7. 1952.) H. HOCHSTEIN. 6410

R. A. Lincoln, *Nickeleinschränkungen führen zur Verwendung neuer nichtrostender Stähle.* Als Ersatz für nichtrostende austenit. Cr–Ni-Stähle werden nichtrostende Cr–Mn-Stähle mit <0,15 (%) C, >15 Mn, >14,5 Cr, <1 Ni u. <0,25 N_2 bzw. mit <0,12 bzw. 0,08 C, >6 Mn, >17 Cr, >3,5 Ni u. <0,25 N_2 als geeignet empfohlen. (Iron Age **171.** Nr. 20. 129—32. 14/5. 1953. Pittsburgh, Pa., Alleghany Ludlum Steel Corp.) H. HOCHSTEIN. 6410

R. A. Lincoln und **T. A. Pruger,** *Anwendbarkeit des nichtrostenden Stahls 430.* 2. Mitt. (1. vgl. C. **1953.** 7910.) Durch Zusatz von Ti wird die Verformbarkeit von Schweißstellen des nichtrostenden Stahles *430* verbessert. Reine nichtrostende Cr-Stähle sollen zweckmäßig dann vermieden werden, wenn bes. unmagnet. Eigg., Zähigkeit bei Tempp. unter 0° oder hohe Festigkeit bei hohen Tempp. verlangt werden. (Iron Age **171.** Nr. 10. 178—81. 5/3. 1953.) H. HOCHSTEIN. 6410

J. B. Gero und **A. K. Troiano,** *Die Hauptursache der Flockenbildung in legierten Geschützstählen.* Es wurde nachgewiesen, daß die Flockenbldg. in einem *SAE 4340*-Stahl mit 0,08% V durch eine dendrit. Seigerung verursacht wurde. Die größte Neigung zur Seigerung scheinen diejenigen Legierungselemente zu haben, die die größte Wrkg. in der Verzögerung der Umwandlung im perlit. Gebiet haben. Die Wärmebehandlung zur Flockenvermeidung muß daher lang genug sein u. die Umwandlungszeiten der an Legierungselementen angereicherten Seigerungen übersteigen. Eine dendrit. Seigerung ist kein Ergebnis einer fehlerhaften Stahlerzeugung, sondern eine natürliche physikal. Erscheinung der Erstarrung von legierten Fll. u. kann nur durch eine schnellere Erstarrung vermindert werden. Die H_2-Theorien werden erörtert. — Schrifttumsangaben. (Iron Age **171.** Nr. 13. 133—37. 26/3. 1953. Bethlehem, Pa., Bethlehem Steel Co., u. Cleveland, O., Case Inst. of Technol.) H. HOCHSTEIN. 6410

R. W. Boring, *Billige Legierungen mit guter Hitzebeständigkeit.* 2. Mitt. (1. vgl. C. **1954.** 10574.) Die physikal. u. mechan. Eigg., bes. die Dauerstandfestigkeit, von 2 legierten *Stählen* mit bis 0,12 (%) C, maximal 1 Mn, maximal 1 Si, 14—18 Cr sowie mit bis 0,35 C, maximal 1 Mn u. 1 Si, 23—27 Cr werden mit denen zweier höher legierter Stähle mit bis 0,20 C, bis 2 Mn, bis 1 Si, 22—24 Cr u. 12—15 Ni bzw. mit bis 0,25 C, bis 2 Mn, bis 1,5 Si, 24—26 Cr u. 19—22 Ni verglichen. Dabei zeigt sich, daß die beiden erstgenannten Stähle noch eine hohe Hitzebeständigkeit bei Tempp. von 845—1095° besitzen. (Iron Age **173.** Nr. 10. 146—48. 11/3. 1954. Detroit, Mo., Rolled Alloys, Inc.) H. HOCHSTEIN. 6410

Ss. I. Wolfsson, W. G. Djakow und **S. A. Abramowa,** *Niedriglegierter Mangan-Silicium-Stahl der Marke MK.* Der Stahl *MK* mit ca. 0,06—0,15 (%) C, 1,1—1,4 Mn, 0,4—0,8 Si, 0,2—0,3 Ni, 0,1—0,15 Cr, 0,01 S u. 0,02 P besitzt noch bei Tempp. von —70° eine hohe Kerbschlagzähigkeit. Es wird daher seine Verwendung als Werkstoff für bei niedrigen Tempp. arbeitende Apparate u. Rohre, z. B. Erdölgas-Rohrleitungen, vorgeschlagen. (Вестник Машиностроения [Nachr. Maschinenbau] **35.** Nr. 6. 65—67. Juni 1955.) H. HOCHSTEIN. 6410

L. H. Banning und **W. E. Anable,** *Vorläufiger Elektroschmelzversuch mit nickelhaltigem Philippinen-Erz.* Die mit Abb. u. Tabellen erläuterten Verss. ergaben, daß es, ohne Gefahr für die Ausmauerung, möglich ist, aus dem Roherz mit ca. 1,9% Ni u. unter Verwendung der einheim. Bagasse (ausgepreßte Zuckerrohrstengel) als Reduktionsmittel ein handelsfähiges, C-armes *Ferronickel* mit über 93% Ni-Ausbeute u. ca. 50% Ni-Geh. zu erschmelzen. (U. S. Dep. Interior, Bur. Mines, Rep. Invest **1955.** Nr. 5129. 1—13. Mai.) H. ECKHARD. 6418

O. A. Carson (unter Mitarbeit von: **J. H. O'Dette** und **C. F. Smith**), *Eigenschaften einiger aluminiumreicher Spritzgußlegierungen auf Zinkbasis.* (Trans. Canad. Inst. Mining Metallurgy Mining Soc. Nova Scotia **56.** 1—4. 1953. — C. **1955.** 3239.) W. WESLY. 6426

R. Bainbridge, *Die Entwicklung des Bleisinterungsverfahrens bei der Cominco.* (Trans. Canad. Inst. Mining Metallurgy Mining Soc. Nova Scotia **56.** 13—18. 1953. — C. **1954.** 6813.) W. WESLY. 6430

Harry Green und **Norman Brown,** *Weichwerden von β-Messing durch Auslagern.* Untersucht wird der Einfl. der Abschrecktemp. sowie der Auslagerungstemp. u. -zeit auf die Spannungs–Dehnungs-Kurven bei Beanspruchung auf Druck von β-Messing. Ein Weichwerden bei der Auslagerung tritt mit einer Geschwindigkeit auf, welche mit der

Abnahme der Abschrecktemp. unterhalb der krit. Temp. abnimmt. Die Aktivierungsenergie für das Weichwerden beträgt 15400 cal/Mol. — Schrifttumsangaben. (J. Metals **5.** Nr. 9. Sect. 2. Trans. AIME **197.** 1240—44. Sept. 1953. Philadelphia, Pa., Univ. of Pennsylvania.) H. HOCHSTEIN. 6432

D. I. Brown, *Titan.* 2. Mitt. (1. vgl. C. **1953.** 9614.) Ti-Gußstücke mit 0 bis zu 0,015 (%) C werden durch Schmelzverff. mit einer Schlackendecke hergestellt. Neue legierte Pulver scheinen in Zukunft einige der Schwierigkeiten, die heute noch bei der Herst. homogener legierter Ti-Blöcke bestehen, beheben zu können. Es wird über ein Chlorierungsverf. von *Ilmenit* berichtet, das *Rutil* als Hauptrohstoff für die Ti-Herst. ersetzen soll. (Iron Age **170.** Nr. 16. 105—13. 16/10. 1952.) H. HOCHSTEIN. 6448

O. W. Boston, *Spanabhebende Bearbeitbarkeit von Titan.* 2. u. 3. Mitt. (1. vgl. C. **1954.** 11038.) Bei der spanabhebenden Bearbeitung werden bei einer Lsg. von 5% $NaNO_2$ in 95% W. die höchsten Zeitstandwerte erhalten. Es werden Angaben über die Bearbeitungsgeschwindigkeiten beim Schneiden, Bohren u. Sägen von Ti gemacht. Ein sulfuriertes u. chloriertes Mineralöl dient hierbei als bewährte Schneidflüssigkeit. Eine Oberflächenoxydation verursacht einen starken Verschleiß der Zähne von Bügelsägen. Zur Abhilfe wird eine geringere Bearbeitungsgeschwindigkeit mit Bandsägen bei Ti vorgeschlagen. (Iron Age **173.** Nr. 4. 120—22. 28/1.; Nr. 5. 146—47. 4/2. 1954.) H. HOCHSTEIN. 6448

Paul Maynard und **Andrew Eshman,** *Formpressen von Teilen aus Titan.* Angaben über die Herst. von Formteilen aus Ti für den Flugzeugbau durch Kaltpressen, bes. mittels des Fallhammers. (Iron Age **173.** Nr. 10. 149—52. 11/3. 1954. Columbus, O., North American Aviation, Inc.) H. HOCHSTEIN. 6448

R. J. Van Thyne, D. H. Turner und **H. D. Kessler,** *Doppeltes Schmelzen führt zu homogenen Titanlegierungen.* Zunächst wird in einem Lichtbogenofen mit Dauerelektroden geschmolzen u. zu Barren vergossen. Die Barren werden zu einem Stab geschmiedet, der dann als Abschmelzelektrode in einem anderen Lichtbogenofen wieder eingeschmolzen wird. — Schrifttumsangaben. (Iron Age **172.** Nr. 6. 146—48. 6/8. 1953. Chicago, Ill. Nonferrous Metals Res., Armour Res. Foundation.) G. APEL. 6448

Charles B. Jordan und **Pol Duwez,** *Die Verdichtung von im Vakuum und in Wasserstoff vorreduzierten Kupferpulverpreßlingen.* Die graph. dargestellten Versuchsergebnisse zeigen, daß die Vorreduzierung die molare Aktivierungswärme schon bei kurzen Sinterungszeiten beträchtlich senkt, u. zwar in H_2 mehr als im Vakuum. (J. Metals **188.** Trans. AIME 943—44. Juli 1950. Pasadena, Calif., California Inst. of Technol.) H. ECKHARD. 6474

E. Gregory und **N. J. Grant,** *Aluminiumpulvererzeugnisse.* Al-Erzeugnisse, die aus drei Qualitäten von gesintertem Al-Pulver, ein grob zerstäubtes Al-Pulver *M–255* sowie zwei Pulver *M–257* u. *SAP* mit unterschiedlichem Oxydgeh., hergestellt worden waren, wurden auf ihre Dauerstandfestigkeit im Temperaturbereich von 400—900°F bei Prüfzeiten bis zu 1000 Std. untersucht. Die Pulver M–257 u. SAP zeigten eine ungewöhnlich gute Dauerstandfestigkeit, die wesentlich besser war als die der handelsüblich geschmiedeten oder gegossenen Al-Legierungen. (Iron Age **170.** Nr. 26. 69—73. 25/12. 1952.) H. HOCHSTEIN. 6474

A. F. Ssilajew und **W. I. Prosswirin,** *Granulometrische Zusammensetzung und Form der Teilchen von durch Zerstäubung gewonnenen Pulvern.* An Hand von Versuchsergebnissen wird nachgewiesen, daß mittels der Zerstäubungsmeth. Pulver aus verschied. Legierungen, z. B. aus P-haltigem *Cu, Ferromangan, Ferrochrom, Ferromolybdän,* nichtrostendem austenit. *Stahl* mit 18% Cr u. 8% Ni u. einem *Stahl 45,* erhalten werden können, die sich hinsichtlich ihrer granulometr. Zus. u. der Teilchenform in Abhängigkeit von den Versuchsbedingungen, z. B. Luftdruck, Luftgeschwindigkeit, C-Geh. der zu zerstäubenden Proben u. dgl., unterscheiden. (Вестник Машиностроения [Nachr. Maschinenbau] **35.** Nr. 6. 61—64. Juni 1955.) H. HOCHSTEIN. 6474

T. T. Watson, *Die Herstellung und Eigenschaften von plattierten Stahlplatten.* Überblick. (Blast Furnace Steel Plant **41.** 318—20. 326—27. 351. 354—55. März 1953. Lukens Steel Co.) H. HOCHSTEIN. 6478

Hubert Wirtz, *Die Probenahme von Ferrolegierungen und ihren Erzen.* Die Probenahme von *Ferrochrom, -wolfram-, -molybdän, -vanadin, -niobtantal* u. *-silicium* u. ihren Erzen wird beschrieben u. es werden Anhaltspunkte zur Kennzeichnung u. Beurteilung der Legierungen gegeben. Es wird darauf hingewiesen, in welchem Umfange der Erzeuger von Ferrolegierungen in der Lage ist, Vorarbeit zur Vereinfachung einer Probenahme zu leisten. — Diskussion. (Arch. Eisenhüttenwes. **25.** 225—30. Mai/Juni 1954. Weisweiler, Kr. Düren, Elektrowerk.) H. HOCHSTEIN. 6480

J. Grandvoinnet, *Entwicklung der Prüfverfahren für die Festigkeit von Metallen und Legierungen.* Überblick. (Rev. gén. Mécan. **38.** 1—7. Jan.; 66—71. Febr.; 111—18. April; 243—50. Juli 1954.) H. HOCHSTEIN. 6480

A. Binns, *Selbstschreibende Last–Dehnungs-Anzeiger.* Nach einer Schilderung der Entw. der Selbstschreiber wird auf ein Gerät mit 200-, 500- u. 1000facher Vergrößerung der Ergebnisse eingegangen u. die Konstruktion der App. beschrieben. (J. Inst. Metals **81.** Bull. **1.** Nr. 18. 166—68. Febr. 1953. Birmingham, Testing Machine Div., W. & T. Avery Ltd.) G. APEL. 6480

E. R. Marshall und **M. C. Shaw,** *Die Ermittlung der Fließspannung an Zugproben.* An einem Stahl *SAE 4140* mit ca. 0,4 (%) C, 0,9 Cr u. 0,2 Mo sowie an geglühtem *Cu* wurden die übliche wahre Spannungs–Dehnungs-Kurve sowie die Kurven ermittelt, bei denen nach einer bestimmten Dehnung der Radius der Einschnürung durch spanabhebende Bearbeitung vergrößert wurde, um die Formel von BRIDGMAN zur Berechnung der für Festigkeitsüberlegungen im plast. Gebiet maßgebenden Fließspannungskomponente der wahren Spannung nachzuprüfen. Die aus den Unterss. gewonnenen Erkenntnisse werden auf den Zerspanungsvorgang angewendet. — 13 Schrifttumsangaben Diskussion. (Trans. Amer. Soc. Metals **44.** 705—25. 1952. Cambridge, Mass., MIT.) H. HOCHSTEIN. 6480

A. P. Boresi und **T. J. Dolan,** *Kritische Untersuchung des Verfahrens von Prot für Dauerfestigkeitsprüfungen.* Erörterung der Theorie u. der Arbeitsweise der Meth. nach PROT zur Best. der Dauerfestigkeit von Metallen u. Metallegierungen u. Vgl. der nach dieser Meth. u. der bisherigen Meth. erhaltenen Werte. — Schrifttumsangaben. (Rev. gén. Mécan. **38.** 55—60. Febr. 1954.) H. HOCHSTEIN. 6480

J. M. Bonomi, *Die Ausführung der Härtemessungen.* Allg. Übersicht über die verschied. Verff. zur Härtemessung mit einer Tafel für die Umrechnung der Härtewerte ineinander u. in Zugfestigkeitswerte. (Rev. gén. Mécan. **35.** 181—87. Juni 1951.) H. HOCHSTEIN. 6480

Abner Brenner, *Mikrohärteprüfgerät für Metalle bei erhöhten Temperaturen.* (Vgl. C. **1953.** 4108.) Es wird ein App. zur Mikrohärtebest. galvan. Überzüge ausführlich beschrieben. In einer inerten, unter geringem Überdruck stehenden Gasatmosphäre können gleichzeitig 6 Proben mit Überzügen >0,07 mm Dicke bei Tempp. bis zu 900° untersucht werden. Das Prüfgerät besteht in der Hauptsache aus einem Kerbmechanismus mit einem VICKERS Diamanten auf einem Schaft von Hartfeuerporzellan. Die durchschnittliche Fehlergrenze lag innerhalb 4%. Die Best. der Reproduzierbarkeit bei Zimmertemp., 400, 600 u. 800° ergab eine durchschnittliche Abweichung von der mittleren Härte von weniger als 4% für jede Temperatur. Orientierende Messungen mit *Cr-*, *Ni-*, *Cu-*, *Co-*, *W*-Überzügen werden mitgeteilt. (J. Res. nat. Bur. Standards **46.** 126—31. Febr. 1951. Washington, D. C.) S. HÜTTIG. 6480

M. A. Orehoski und **J. M. Hodge,** *Vereinfachte Voraussage von Stirnabschreckhärtewerten von Stählen.* Stirnabschreckhärtewerte werden an der Probenlänge bis zur Zone mit einem Geh. von 50% Martensit bei bekanntem C-Geh. des Stahles u. idealem krit. Durchmesser geschätzt. Es besteht gute Übereinstimmung der geschätzten Werte mit den versuchsmäßig ermittelten Stirnabschreckhärtekurven außer für B-haltige Stähle. (Iron Age **170.** Nr. 3. 125—29. 17/7. 1952. Pittsburgh, Pa., United States Steel Co.) H. HOCHSTEIN. 6480

P. Morisset, *Die Gütekontrolle galvanisch aufgebrachter Schichten.* Vf. gibt eine Übersicht über die französ. Klassifikation galvan. aufgebrachter Schichten u. vergleicht sie mit den engl. Normen. Die Normenprüfverff. zum Messen der Dicke, der Haftfestigkeit, der Gleichmäßigkeit u. der Härte der Schichten werden beschrieben. (Rev. gén. Mécan. **36.** 195—201. Juli 1952.) F. VIER. 6480

M. E. Merchant, Hans Ernst und **E. J. Krabacher,** *Radioaktive Werkzeuge gestatten eine schnelle Untersuchung des Verschleißes.* Beschrieben wird ein Verf. zur Ermittlung des Werkzeugverschleißes durch Messung der Radioaktivität der Späne nach kurzen Bearbeitungszeiten mit radioaktiven Werkzeugen. Die so erhaltenen Meßergebnisse werden mit der Verschleißmarkenbreite verglichen. (Iron Age **170.** Nr. 10. 154—55. 4/9.1952. Cincinnati, O., Cincinnati Milling Machine Co.) H. HOCHSTEIN. 6484

Kent R. Van Horn, *Während der Metallverarbeitung erzeugte Restspannungen.* Krit. Schrifttumsauswertung. Behandelt werden: Ursachen von Restspannungen in Metallen, ihre günstigen u. schädlichen Auswirkungen; Beispiele des Auftretens von Restspannungen u. Verff. zu ihrer Messung; Einfl. der Fabrikation auf ihr Auftreten in *Al*-Legierungen u. ihr Verh. bei Warm- u./oder mechan. Behandlungen. — 38 Schrifttumsangaben. (J. Metals **5.** Trans. AIME 405—22. März 1953. New Kensington, Pa., Aluminium Co. of America.) H. HOCHSTEIN. 6490

D. G. Christopherson, H. Naylor und **J. Wells,** *Einige Beobachtungen über die Bedingungen der Schmierung in Drahtziehdüsen.* Schmierung kann die Düsenabnutzung durch Herabsetzung der Reibung in der Düse vermindern, auch wenn die totale zum Ziehen erforderliche Kraft dadurch nicht merklich beeinflußt wird. Beobachtungen an Wolframcarbiddüsen sind nur sehr schwierig auszuführen. Verss. mit Stahldüsen bestätigen wenigstens für diese die Aussage, daß die Abnutzung durch Schmierung vermindert werden kann. (J. Inst. Petroleum **40.** 295—98. Okt. 1954.)
K. L. WOLF. 6490

Geo. V. Stabler, *Einige Gesichtspunkte des Metallschneideprozesses.* Übersicht über Wesen u. prakt. Ausführung des Metallschneidens (Scherkraft, zusammengesetzte Schneiden, Risse u. Spalten, diskontinuierliches Schneiden, Biegung des abgehobenen Spanes, Energiebedarf, elektr. Wirkungen). (J. Inst. Petroleum **40.** 256—60. Sept. 1954. Glasgow, Royal Techn. Coll., Product. Engng.) W. WESLY. 6490

Hedde D'Entremont, *Betriebswärmebehandlungen.* Überblick. (Rev. gén. Mécan. **35.** 329—36. Sept. 1951.) H. HOCHSTEIN. 6492

Herb Habart, *Wärmebehandlung von Wälzlagerstählen.* Es werden Besonderheiten bei der Vergütung u. Einsatzhärtung erörtert u. eine Zusammenstellung von in den V. St. A. üblichen Wälzlagerstählen gegeben. (Iron Age **172.** Nr. 3. 131—35. 16/7. 1953. South Bend, Torrington Co.) H. HOCHSTEIN. 6492

R. L. Smith, G. Spangler und **R. M. Brick,** *Der Einfluß der Korngröße und des Kohlenstoffgehaltes auf die Zugfestigkeit von sehr reinen Eisen–Kohlenstoff-Legierungen bei niedriger Temperatur.* Sehr reines Eisen mit einem Reinheitsgrad von 99,9%, das frei von O_2, N_2 u. H_2 war u. nur zugesetzten C enthielt, wurde nach verschied. Wärmebehandlungen, mit unterschiedlichen Ferritkorngrößen u. Prüfungstempp. auf Zugfestigkeit hin untersucht. Die wahren Spannungs–Dehnungs-Kurven wurden bestimmt. Hierbei zeigte sich, daß die Ferritkorngröße der einzige Faktor ist, welcher die Kaltbildsamkeit des Eisens mit 0,02% C bei Tempp. der fl. Luft beeinflußt. Bei mehr als 0,02% C übt die Carbidmorphologie einen wesentlichen Einfl. auf die Kaltbildsamkeit aus. Eine Wärmebehandlung, welche die Carbide an den Korngrenzen zur Ausscheidung bringt, verringert die Bildsamkeit des Eisens in der Kälte. Der Exponent der Reckalterung nimmt mit abnehmender Temp., zunehmendem C-Geh. u. zunehmender Korngröße ab. Ein ursprüngliches Vorliegen eines Unterkorngefüges oder eine Abnahme in der Korngröße erhöht stark die Streckgrenze bei Tempp. der fl. Luft. Ein Einfl. von Zwillingsbldg. auf die Niedertemperaturversprödung konnte nicht ermittelt werden. — 30 Schrifttumsangaben. (Trans. Amer. Soc. Metals **46.** 973—97. 1954. Philadelphia, Pa., Franklin Inst. u. Univ. of Pennsylvania.) H. HOCHSTEIN. 6492

Gilbert Remy, *Beitrag zur Untersuchung gewisser, bei der Oberflächenhärtung durch Induktion auftretender Faktoren.* Bei der Oberflächenhärtung durch Induktion hat die Erwärmung, die gleichermaßen in Zeit u. Raum begrenzt ist, besondere Bedingungen der Austenitbldg. sowohl in der Nähe der äußeren Oberfläche als auch in der Tiefe zur Folge. Diese Bedingungen der Austenitbldg. verändern sich bes. mit der angewendeten Leistung u. der Dauer der Erwärmung u. werden in erster Linie durch die anfängliche Mikrostruktur des *Stahles* bedingt. Sie reagieren ihrerseits auf die dem Stahl eigene Härtbarkeit u. verändern sich in verschied. Weise gemäß dem Grad der Vollständigkeit oder der Gleichförmigkeit der Austenitbildung. (Rev. Métallurgie **51.** 85—100. Febr. 1954.) H. HOCHSTEIN. 6492

W. S. Gale, *Verbessertes Löten mit nichtkorrodierendem Lötmittel.* Das Lötmittel „*Coronil*" besteht aus einer Hydrazinverb., zers. sich beim Löten in N_2 u. NH_3, hinterläßt keinen korrodierenden Rückstand u. kann als wss. Lsg. u. in Pastenform verwendet werden. Es dient zum Löten von *Cu, Messing* u. bes. auch *Al.* Anwendungsbeispiele: Autokühler, Vergaserschwimmer, Elektroneneinrichtungen, elektr. Schalter, Batteriekabel, Elektromotoren. (Iron Age **172.** Nr. 10. 115—19. 3/9. 1953. Detroit, Mich., McCord Corp.) G. APEL. 6504

H. L. Meredith, *Bildung sehr fester Lotverbindungen bei Titan durch reines Silber.* Im Vgl. zu den üblichen Silber-Lotlegierungen werden bei Verwendung von reinem Ag als Lötmittel bei Ti festere Lötverbindungsstellen erzielt. Reines Ag hat außerdem sehr gute Benetzungseigenschaften. Die Bldg. einer Legierung mit Ti tritt prakt. nicht ein. (Iron Age **171.** Nr. 13. 143—46. 26/3. 1953.) H. HOCHSTEIN. 6504

F. Paschke, *Schweißen mit flüssigem Eisen und anderen Metallen.* Erörtert wird die Grenze, bis zu welcher gebrochene oder fehlerhafte Gußstücke geschweißt werden können. Es werden Schweißungen ausgeführt, die spannungsfrei, weich, ohne harte Ränder u. daher leicht zu bearbeiten sind, wobei das Schweißmetall der Zus. des zu schweißenden Gußstückes weitestgehend angepaßt sein muß. Das Schweißen wird durch eine möglichst hohe Erhitzung der Gußstücke noch weiter verbessert, da hierdurch harte Ränder um die Schweißstelle u. Haarrisse innerhalb der Schweiße vermieden werden. (Giessereipraxis **71.** 215—17. 25/6. 1953.) H. HOCHSTEIN. 6506

F. Wuttke, *Das Schweißen von Grauguß.* Überblick über die Ausführung u. Vorzüge der Warm-, Halbwarm- u. Kaltschweißung von Gußeisen. (Schweisstechnik [Berlin] **2.** 145—51. Mai 1952. Görlitz.) H. HOCHSTEIN. 6506

H. Schnürpel, *Die Herstellung spanabhebender Werkzeuge mit Hilfe der Bidur-Aufschweißlegierungen.* Verwendet wird eine Elektrode mit ca. 1,36 (%) C, 0,32 Si, 0,3 Mn, 0,05 P, 0,05 S, 4,27 Cr, 4,5 V u. 12,18 W oder mit 1,32 C, 0,28 Si, 0,42 Mn, 0,05 P, 0,013 S, 2,95 Cr, 4,69 Co u. 8,10 W. Für die Herst. eines Zahnform- u. eines Walzenfräsers werden Vgll. bei Verwendung von Schnellarbeitsstahl u. von Stahl St 60·11 angestellt u. Auftragsschweißungen mit einer Sonderelektrode ausgeführt. (Schweisstechnik [Berlin] **2.** 315—18. Okt. 1952. Lauchhammer.) H. HOCHSTEIN. 6506

K. Reissberg, *Schweißtechnik und Anwendung von Auftraglegierungen.* Überblick. (Schweisstechnik [Berlin] **2.** 217—19. Juli 1952. Bitterfeld.) H. HOCHSTEIN. 6506

E. Zurbrügg, *Argonarcschweißen von Aluminium.* Übersicht über Grundzüge, Ausführung, Zubehör u. Vorteile des Argonarcschweißverfahrens. (Aluminium Suisse **1951.** 115—24. Juli.) W. WESLY. 6506

M. Ballay, *Der Kampf gegen die Korrosion und den Verschleiß der Metalle durch die Oberflächenbehandlungen.* Überblick über die verschied. Oberflächenbehandlungsverfahren. (Rev. gén. Mécan. **34.** 271—77. Juli 1950.) H. HOCHSTEIN. 6512

J. S. Jackson, *Das Problem der Wasserstoffdiffusion beim Beizen von Federstahl.* Vf. untersucht die Eindiffusion des atomaren Wasserstoffs, die beim Beizen speziell von Federstählen auftritt u. eine Versprödung hervorruft. Einfl. von C-Geh. des Stahles u. Grad der Kaltverformung werden berücksichtigt. Die Wasserstoffversprödung wird an Hand verschied. mechan. Eigg. untersucht. Vf. empfiehlt zur Vermeidung der Wasserstoffversprödung eine spezielle Beizbehandlung. (J. Electrodepositors' techn. Soc. **28.** 89—101. 1951/52.) O. KRISEMENT. 6512

M. Massard, *Dünne galvanisch aufgebrachte Metallüberzüge.* Es wird ein Überblick über die zur Ausübung einer Schutzwrkg. notwendige Mindestdicke von galvan. aufgebrachten Metallüberzügen, die von ihrer Porigkeit abhängt, gegeben. (Rev. gén. Mécan. **34.** 330. Aug. 1950.) F. VIER. 6514

C. E. Fisher und **D. F. Zlatnik,** *Galvanischer Zinküberzug auf Patronenhülsen hält rauhe Beanspruchungen aus.* Beschreibung einer Anlage zum galvan. Verzinken von Patronenhülsen aus Fe unter Verwendung von cyanid. Zn-Bädern. (Iron Age **173.** Nr. 10. 135—39. 11/3. 1954. Riverbank, Calif., V. St. A., Norris-Thermador Corp. Riverbank Ordnance Plant.) F. MARKHOFF. 6514

—, *Über galvanische Nickelniederschläge.* Kurzer Überblick über Badzuss. u. Wrkg. der einzelnen Badbestandteile. (Giessereipraxis **71.** 349—50. 10/10. 1953.) F. MARKHOFF. 6514

R. V. Vanden Berg, *Harte Überzüge auf Aluminium sind verschleiß- und abriebbeständig.* Härtere, dickere u. dichtere anod. Oberflächenüberzüge auf Al haben eine beträchtlich bessere Beständigkeit gegen Verschleiß u. Abnutzung als die üblicherweise vorhandenen Überzüge auf Al. Diese mit harten Oxydüberzügen versehenen Al-Legierungen können schwerere Metalle als Werkstoffe für die Herst. von Getrieben, Führungen, Kolben ersetzen. Andere Materialien, wie Cr, Sn, Messing u. Pb, sind auch schon mit Erfolg als Überzüge auf Al verwendet worden. (Iron Age **170.** Nr. 18. 81—83. 30/10. 1952. New Kensington, Pa., Aluminium Co. of America.) H. HOCHSTEIN. 6516

W. F. Hedde, *Die Spritzmetallisierung.* Erörtert wird die Technik des Metallisierens, u. es werden Beispiele des Spritzens von *Zn-*, *Al-*, *Pb-*, *Cu-*, *Messing-* u. *Sn-*Überzügen gegeben. Das Metallisieren wird bei Reparaturarbeiten sowie für Dekorationszwecke vorgenommen. (Rev. gén. Mécan. **34.** 282—84. Juli 1950.) H. HOCHSTEIN. 6516

A. Prati, *Dichte des Oxyds und Dicke der anodischen Schichten gravimetrisch bestimmt.* Inhaltlich ident. mit der C. **1955.** 3242 referierten Arbeit. (Ist. sperim. Metalli leggeri, Mem. Rapp. [5] Nr. **113.** 1—6. 1953.) R. K. MÜLLER. 6530

J. Bary, *Phosphatieren und Bondern von Eisen, Gußeisen und Stahl.* Überblick. (Rev. gén. Mécan. **34.** 321—22. Aug. 1950.) F. VIER. 6532

U. R. Evans, *Spalten in kathodisch und anodisch wirkenden Überzügen auf Stahl.* Überblick über das Verh. von Spalten in metall. Überzügen auf Stahl bei Ggw. von Korrosionsmitteln. (Brit. Steelmaker **20.** 206—09. Juni 1954. Cambridge, Univ.) H. SPINDLER. 6538

W. I. Whitton, *Die Korrosion von Eisen, das mit einem dünnen Häutchen einer Neutralsalzlösung überzogen ist.* Die Korrosion von C-Stählen unter dünnen Flüssigkeitshäutchen von neutralen NaCl-Lsgg. wird an der Abnahme der umgebenden Sauerstoffvoll. verfolgt. Die Korrosion ist proportional der Zeit u. die Geschwindigkeit proportional der Quadratwurzel des O_2-Partialdruckes. Die Geschwindigkeit in Abhängigkeit von der Konz. der Lsg. zeigt ein Maximum bei 0,5 n bis n NaCl je nach Stahlsorte. Die Korrosion wird bei dem Vorgang unter Flüssigkeitshäutchen durch die Stahlverunreinigungen mehr beeinflußt als bei voll eingetauchten Proben. Wärmebehandlungen bis 450° erhöhen die Korrosionsgeschwindigkeit, höhere Tempp. verringern sie wieder. Der Vorgang unter Flüssigkeitshäutchen unterscheidet sich wesentlich von der Korrosion unter Bedingungen von durch Diffusion behindertem O_2-Zutritt. (Trans. Faraday Soc. **46.** 927—38. Nov. 1950. Univ. Melbourne.) W. KATZ. 6538

Hans Hebberling, *Die Rostschutzwirkung des Zements.* Die Rostschutzwrkg. des Zements auf *Fe* wird durch dessen p_H-Wert bestimmt. Die Zementschicht muß jedoch dick u. dicht genug sein, um zu verhindern, daß rostbildende Elektrolyte an die Stahloberfläche gelangen. Das Aufbringen dünner Zementschlämme zum vorläufigen Schutz ist nicht immer ausreichend. Es werden Pb-Mennige-Anstriche empfohlen, die vor dem Aufbringen des Zements mit sogenannten Rostbrennern abgebrannt werden können, ohne daß zusätzliche Spannungen oder Gefügeveränderungen im Stahl hervorgerufen werden. — Schrifttumsangaben. Diskussion. (Werkstoffe u. Korrosion **4.** 247—48. Juli. 446—47. Dez. 1953. Oberschondorf/Ammersee.) F. VIER. 6538

Demag Akt.-Ges., Duisburg, *Verarbeitung von Erz–Brennstoffgemischen* mittels elektr. Stroms im Schachtofen, dad. gek., daß die Entgasung, Dest. u. Verkokung des Brennstoffanteils sowie die Red. des Erzanteils durch Induktionsströme in einer bes. Kammer durchgeführt werden, die getrennt vom Ofen beheizt werden kann. — Zeichnungen. (**Belg. P. 509 822** vom 8/3. 1952, ausg. 14/7. 1954. D. Prior. 8/3. 1951.) G. APEL. 6381

Hüttenwerk Oberhausen Akt.-Ges., Oberhausen, *Raffinieren von Metallen.* In eine in einer mit keram. Futter ausgekleideten, um eine horizontale Achse rotierenden Trommel befindliche Metallschmelze wird durch Düsen, die durch Öffnungen in den Trommelstirnwänden in das Trommelinnere hineinragen u. von oben her durch die Schlackenschicht hindurch schräg unter die Badoberfläche eintauchen, Gebläsewind eingeblasen, der mehr O_2 enthält als Luft. Wird z. B. eine Charge von 150 kg *Roheisen* auf 0,5% C verblasen, so entsteht eine Schlacke mit einem Fe-Geh. von weniger als 10%. (**E. P. 726 368** vom 12/6. 1953, ausg. 16/3. 1955. D. Prior. 13/6. 1952.) G. APEL. 6381

Titan Co. A/S, Fredrikstad, Norwegen, *Reduktion oxydischer Erze* mit Kohle, dad. gek., daß das Verf. in 2 Stufen durchgeführt wird. In der ersten Stufe erfolgt die Red. in einem Drehofen. Das so teilweise red. Erz wird dann in Mischung mit Kohle im Überschuß unmittelbar in eine von außen beheizte Retorte zur weiteren Red. geleitet. Die Red. in der ersten Stufe beträgt bei Eisenerzen ca. 70%, der Koksgeh. des teilweise red. Erzes ca. 20%. (**E. P. 726 284** vom 9/7. 1953, ausg. 16/3. 1955. N. Prior. 18/7. 1952.) G. APEL. 6381

Frans Martin Wiberg, Stockholm, Schweden, *Reduktion von Erzen* durch Erhitzen einer Charge aus Erz u. festem C-haltigem Reduktionsmittel u. Durchleiten von Verbrennungsgas durch die Charge, dad. gek., daß die einzelnen Stücke des Reduktionsmittels oder der zu Brikett verpreßten Mischung aus Erz u. Reduktionsmittel mit einem Überzug aus feinkörnigem Erz mit oder ohne Zusatz eines anderen nichtbrennbaren Gutes, wie Kalk, Kalkstein oder Ton versehen werden, der das Reduktionsmittel vor Verbrennung schützt, aber porös genug ist, um die im Innern während der Red. entstehenden Gase entweichen zu lassen. Das Verf., das bes. für die Red. von Eisenerzen bestimmt ist, kann auch zur Herst. von Legierungen angewendet werden, indem als Charge Stücke verwendet werden, deren Kern aus dem Erz einer oder mehrerer der Komponenten in Mischung mit dem Reduktionsmittel u. deren Umhüllung aus dem Erz oder Oxyd einer oder mehrerer der anderen Komponenten der Legierung besteht. — Zeichnungen. (**E. P. 717 851** vom 22/1. 1952. ausg. 3/11. 1954. Schwed. Prior. 27/1. 1951, u. **Schwz. P. 307 383** vom 22/1. 1952, ausg. 1/8. 1955. Schwed. Prior. 27/1. 1951.) G. APEL. 6381

Eisenwerke Mülheim-Meiderich Akt.-Ges., Mülheim/Ruhr, *Gießen von Walzen in Kokillen.* Die Wärmeabstrahlung der Kokille wird durch eine Ummantelung der Kokille mit einem Werkstoff von geringer Wärmeleitfähigkeit verzögert. Die Verzögerung der Wärmeabstrahlung wird dann vorgenommen, wenn nach einer langen Periode einer unbehinderten freien Wärmeabstrahlung die Kokillenwand eine bestimmte Temp. erreicht hat, wobei diese Temp. von dem Werkstoff der Walzen u. deren Verwendungszweck abhängig ist. — Kurvenbild. (**E. P. 732 755** vom 7/8. 1953, ausg. 29/6. 1955. D. Priorr. 11/8. u. 9/9. 1952.) H. HOCHSTEIN. 6383

Masonite Corp., übert. von: **James M. Fuller** und **Thomas H. Walton**, Laurel, Miss., V. St. A., *Gießkerne aus Sand.* Sand wird mit W. u. einem Bindemittel aus 5—15% Polycarbonsäuren (Malein-, Phthal-, Citronen-, Bernstein-, Oxal-, Malon-, Wein-, Tartron-, Adipin-, Fumar- u. Sebacinsäure) u. einem wasserlösl. Hydrolyseprod. aus Holz, enthaltend 60—80% Pentosan (I) u. Hexosan (II), z. B. 40 (Gewichtsteile) II, 30 I, 10 nichtverzuckerten Kohlenhydraten, 15 Lignin u. 5 Pflanzengummi vermischt. Die M. wird gegebenenfalls mit einem Weichmacher (Holz- oder Türkischrotöl, Dialkylphthalat, Äthylenglykol, Triacetin oder Na-Benzoat) versetzt, geformt u. bei 162—218° gebacken, bis sie wasserunlösl. ist. (**A. P. 2 676 108** vom 14/9. 1949, ausg. 20/4. 1954.) G. SALZMANN. 6383

Solar Aircraft Co., San Diego, übert. von: **Walter H. Dunn**, San Diego, und **John C. Southard**, La Mesa, Calif., V. St. A., *Herstellung von Gußstücken aus titanhaltigem rostfreiem Stahl.* Der Ofencharge wird vor dem Abstechen als Desoxydationsmittel eine *Fe–Ti*-Legierung mit weniger als 4 Gew.-% *Al* zugesetzt, worauf die Charge nach stattgefundener Rk. in Sandformen gegossen wird. (**A. P. 2 693 414** vom 18/1. 1951, ausg. 2/11. 1954.) HANS HOFFMANN. 6383

Christian Vetsch-Fuchs, Tägerwilen, Schweiz, *Gasglühfrischen*, dad. gek., daß in einem Ofenraum frei aufgeschichtete, nicht eingepackte Gußteile durch die Verbrennungsgase mindestens eines Brenners direkt beheizt werden, wobei die Gasatmosphäre innerhalb des direkt beheizten Ofenraumes auf ein zum Glühfrischen erforderliches Gasgleichgewicht eingestellt wird. Vorzugsweise wird gemeinsam mit den Verbrennungsgasen ein Hilfsgas in den Ofenraum eingeführt, welches die Aufgabe hat, die Zus. der Gasatmosphäre innerhalb des Ofenraumes so zu beeinflussen, daß diese zum direkten Glühfrischen geeignet ist. (**Schwz. P. 305 790** vom 23/10. 1954, ausg. 16/5. 1955.) H. HOCHSTEIN. 6393

United States Steel Corp., übert. von: **Earl Wagner Pierce**, V. St. A., *Verringerung von Aluminiumseigerungen durch Desoxydation von Stahl mit geringem Kohlenstoffgehalt.* Der Stahlschmelze wird eine geringe, aber wirksame Menge eines Desoxydationsmittels zugesetzt, das aus *Al* mit ca. 4 (%) *Zn*, ca. 2 *Mg* sowie den üblichen Verunreinigungen besteht. Zweckmäßig besteht das Desoxydationsmittel aus einer Legierung, die aus 3—5 Zn, 1,75—3 Mg, Rest Al mit den üblicherweise in Al vorkommenden Verunreinigungen besteht. Je t Stahl werden vorzugsweise 2—3 kg Desoxydationsmittel zugesetzt. (**F. P. 1 079 544** vom 23/6. 1953, ausg. 30/11. 1954. A. Prior. 14/4. 1953.) H. HOCHSTEIN. 6409

United States Steel Corp., übert. von: **Matti H. Pakkala**, Pittsburgh, und **John L. Scarry**, Homestead, Pa., V. St. A., *Warmwalzen von nichtrostendem Stahl in mehreren Stichen ohne Rückerhitzung.* Der Gegenstand aus nichtrostendem Stahl wird mit einer relativ dicken Schicht aus einem feuerfesten Material umgeben, welches bei Warmwalztemp. fest ist u. durch einen geeigneten Binder zusammengehalten wird. Hierbei wird die Dicke der Schicht so gewählt, daß der Gegenstand bei einer Temp. von oberhalb ca. 2000° F während des Walzens in mehreren Stichen gehalten wird. Zweckmäßig beträgt die Dicke ca. $^1/_8$ inch. Als feuerfestes Material wird vorzugsweise eine Mischung aus 70—90 (%) Pyrophylit, 1—5% Bentonit, 10—25 plast. feuerfestem Ton u. einem Rest aus Na-Silicat verwendet. (**A. P. 2 708 379** vom 7/2. 1950, ausg. 17/5. 1955.) H. HOCHSTEIN. 6411

Imperial Chemical Industries of Australia and New Zealand Ltd., Melbourne, Australien, *Korrosionsfeste Kupferlegierungen* bestehen aus 9,5—9,9 (%) *Al*, 1,7—2,4 *Ni*, bis 1 *Fe*, Rest *Cu*. Die Legierungen können auf 600—650° erhitzt u. von dieser Temp. abgeschreckt werden, sie sind bes. widerstandsfähig gegen Säuren u. Seewasser. (**E. P. 718 987** vom 5/5. 1952, ausg. 24/11. 1954. Aust. Prior. 4/5. 1951.) C. GÖTZE. 6433

American Brass Co., Waterbury, Conn., übert. von: **Hardy E. Gregory**, Kenosha, Wis., V. St. A., *Wärmebehandlung von Messing.* Messing aus 5—40% *Zn*, Rest *Cu* wird kaltverformt u. bei 500—600° bis zur völligen Rekristallisation geglüht, ohne daß die durchschnittliche Korngröße 0,045 mm übersteigt. Alsdann wird über 65% Querschnittsverminderung kaltverformt, darauf so lange bei 375° geglüht, bis völlige Rekristallisation bei einer Korngröße nicht über 0,008 mm erreicht ist, wobei die Festigkeit auf über 55000 lbs./sq.in. (38,67 kg/mm²) steigt, u. schließlich bei Raumtemp. fertig verformt. (**A. P. 2 676 123** vom 24/8. 1951, ausg. 20/4. 1954.) G. APEL. 6433

Esterbrook Pen Co., Camden, N. J., übert. von: **John M. Blalock**, Chicago, Ill., V. St. A., *Schreibfederspitzen*, bestehend aus 33—40 (%) *Cr*, 5—10 *Mo*, 1—10 *Co*, Rest *Ni*. Die Legierungen sind korrosionsfest, gut bearbeitbar u. lassen sich kalt walzen. (**A. P. 2 681 276** vom 20/7. 1950, ausg. 15/6. 1954.) C. GÖTZE. 6435

Reinhard Straumann, Waldenburg, Schweiz, *Für Uhrenfedern geeignete Eisen–Nickel-Kobalt-Legierung* bestehend aus 13—64,9 (%) *Ni*, 18—50 *Co*, 1—10 *Mo*, 10—20 *Cr*,

0,1—6 *Mn*, 0,1—1 *Si*, Rest *Eisen* mit der Maßgabe, daß Fe, Ni u. Co in einer Gesamtmenge von höchstens 85% vorhanden sind. Zweckmäßig enthält die Legierung noch bis 10 *W*, bis 3 *Be*, bis 3 *Ti*, bis 0,6 *C*, bis 6 *V*, bis 6 *Cu*. Eine bevorzugte Zus. der Legierung ist: 16 Fe, 35 Ni, 21 Co, 16 Cr, 6,8 Mo, 0,8 Be, 1,8 Ti, 0,15 C, 2,05 Mn u. 0,2 Si. (**Schwz. P. 306 697** vom 12/2. 1952, ausg. 1/7. 1955.) H. HOCHSTEIN. 6435

VEB Elektrochemisches Kombinat Bitterfeld, Bitterfeld, *Einschmelzen von Metallspänen und feineren Abfällen*, wie Blechabfällen, bes. aus Leichtmetallen u. Leichtmetalllegierungen durch Einlegieren in eine Metallschmelze. Eine Metallschmelze wird durch eine, auf einem rostartigen Boden befindliche Schicht von Spänen bzw. feineren Abfällen gegossen, wobei die unterste Schicht der einzulegierenden Abfälle aus gröberen Spänen besteht. Eine Oxydation wird durch Schwefeln oder durch inerte Gase verhindert. (**D. P. [DDR] 5 223** Kl. 40a vom 28/11. 1941, ausg. 8/4. 1954 [Wirtschaftspatent].) H. HEYER. 6443

E. I. du Pont de Nemours & Co., Wilmington, Del., übert. von: **Alden J. Deyrup,** Niagara Falls, N. Y., V. St. A., *Gewinnung von Natrium*. Calciniertes Na_2CO_3 oder *NaOH* wird mit *C* bei 1050—1200° zur Rk. gebracht, das entstehende Gemisch aus *CO* u. *Na-Dampf* wird mit geschmolzenem *Sn* von einer Temp. von 900—1200° in Berührung gebracht, wodurch das Sn Na absorbiert u. eine Sn–Na-Legierung mit 1—7% Na entsteht, die dann bei derselben Temp. mit einem gegenüber Sn u. Na indifferenten Gas, wie N_2, behandelt wird. Das so entstandene Gemisch aus dem inerten Gas u. Na-Dampf wird abgekühlt u. dadurch reines Na kondensiert. (**A. P. 2 685 505** vom 27/6. 1951, ausg. 3/8. 1954.) G. APEL. 6443

E. I. du Pont de Nemours & Co., Wilmington, Del., übert. von: **Alden J. Deyrup,** Niagara Falls, N. Y., V. St. A., *Trennen von Metalldampf*. Alkalidampf enthaltendes Gasgemisch, das z. B. bei der Red. von Na_2CO_3 oder *NaOH* mit *C* anfällt u. aus *Na-Dampf* u. *CO* besteht, wird bei 900—1200° durch ein festes Bett aus granuliertem feuerfestem Material, wie *SiC*, gedrückt, in dem Tropfen von geschmolzenem *Sn* enthalten sind, wobei das Metall (Na) vom Sn absorbiert wird. Darauf wird durch das Bett ein metallfreies, gegen Na u. Sn inertes Gas geleitet u. aus dem dabei entstehenden Gas–Na-Dampfgemisch durch Kondensation das Na gewonnen. — Zeichnungen. (**A. P. 2 685 346** vom 27/6. 1951, ausg. 3/8. 1954.) G. APEL. 6443

Aluminium-Industrie Akt.-Ges., Chippis, Schweiz, *Rückgewinnung von fluorhaltigen Bestandteilen aus den Ofengasen der Aluminiumherstellung in Öfen mit selbstbackenden Anoden*. Die Gase werden beim Austritt aus dem Ofen verbrannt u. die entstehenden Abgase ohne vorherige Neutralisierung in einen mechan. Staubabscheider eingeleitet. In diesem wird der überwiegende Teil der noch vorhandenen, fluorhaltigen, festen Schwebestoffe in trocknem Zustand abgeschieden. — Abbildung. (**Schwz. P. 307 387** vom 24/6. 1952, ausg. 1/8. 1955.) F. MARKHOFF. 6447

Bell Telephone Laboratories, Inc., New York, N. Y., übert. von: **John B. Little** und **Gordon K. Teal,** Summit, N. J., V. St. A., *Herstellung von Germaniumstäben mit längsverlaufenden Kristallgrenzen*. Aus einer Ge-Schmelze werden in reduzierender Atmosphäre, z. B. H, He oder Gemischen dieser Gase mit Wasserdampf, mittels längs aneinander angeordneter Impfkristalle voneinander abweichender Kristallorientierung mit einer Geschwindigkeit, die der Kristallisationsgeschwindigkeit des Ge entspricht, vertikal nach oben Kristalle gezogen. Das Verf. eignet sich zur Herst. von Halbleitern, bes. in Gleichrichtern u. Transitoren. — Zeichnungen. (**A. P. 2 683 676** vom 13/1. 1950, ausg. 13/7. 1954.) G. APEL. 6449

Horizons Titanium Corp., V. St. A. (Erfinder: **Eugene Weiner** und **Merle E. Sibert**), *Elektrolytische Erzeugung von Titan*. Es werden als Elektrolyt Schmelzen von *Alkalifluortitanat* in wasserfreiem Alkalihalogenid verwendet, denen ein Halogenid eines gewöhnlich 4wertigen Metalles zugesetzt ist, das eine feste Lsg. mit Ti eingeht, u. zwar in einer Menge von mindestens 0,2%, bezogen auf das Alkalifluortitanat. Solche 4wertigen Metalle sind *Zr*, *Hf* u. *Th*. Es wird z. B. zugesetzt als K_2ZrF_6. Die Elektrolytbestandteile müssen vor dem Einschmelzen im Vakuum bei ca. 200° getrocknet werden. Die Teilchengröße des abgeschiedenen Ti wird gesteigert, sie liegt mindestens bei 50 μ, der größte Teil hat 6 mm u. mehr. (**F. P. 1 080 965** vom 25/6. 1953, ausg. 15/12. 1954. A. Prior. 3/7. 1952.) F. MARKHOFF. 6449

Fulmer Research Institute Ltd., Philipp Gross und **David Leon Levi,** Stoke Poges, Buckinghamshire, England, *Gewinnung und Reinigung von Titan* durch Abdest. aus Ti-haltigem Gut unter Zwischenbldg. seines Halogeniddampfes, dad. gek., daß ein Halogenid, wie ein *Alkali-* oder *Erdalkalichlorid*, *-bromid* oder *-jodid*, verdampft u. der

Dampf bei erhöhter Temp. bes. im Vakuum über das Ausgangsgut geleitet wird. Das dabei entstehende Gemisch aus Alkali- oder Erdalkalimetall- u. Ti-Halogeniddampf wird einer Kühlzone zugeführt, wobei eine Rückumsetzung des Ti-Halogenids in metall. Ti u. des Alkali- bzw. Erdalkalidampfes zu flüchtigem Halogeniddampf erfolgt. Das Ti wird kondensiert, während der Alkali- bzw. Erdalkalihalogeniddampf in den Prozeß zurückgeführt wird. (**E. P. 723 880** vom 5/9. 1951, ausg. 16/2. 1955.) G. APEL. 6449

Henry L. Gilbert, Corvallis, **Alfred D. Cavett** und **Williams E. Brennan II,** Albany, Oreg., V. St. A., *Lichtbogenschmelzen von Zirkon,* dad. gek., daß der Lichtbogen bei einer Spannung von ca. 20 V in einer inerten Atmosphäre zwischen 2 Elektroden gebildet wird, von denen mindestens eine als Abschmelzelektrode aus *Zr* mit 0,02—1,0% eines verdampfbaren Metalls mit höherem Dampfdruck als Zr, u. zwar eines Erdalkalimetalls oder *Li,* besteht. Die beim Prozeß entstehenden Dämpfe dieser Zusatzmetalle stabilisieren den Lichtbogen u. bewirken ein ruhiges Schmelzen. (**A. P. 2 702 239** vom 27/5. 1952, ausg. 15/2. 1955.) G. APEL. 6449

Battelle Development Corp., übert. von: **Charles M. Craighead,** Columbus, O., V. St. A., *Titan-Molybdän-Eisen-Legierungen,* bestehend aus 2—8 (%) *Mo,* 2—8 *Fe,* Rest *Ti.* Die Legierungen besitzen hohe Festigkeit u. Härte u. eine zur Bearbeitung ausreichende Duktilität. (**A. P. 2 688 537** vom 9/2. 1952, ausg. 7/9. 1954.) C. GÖTZE. 6449

National Research Development Corp., London, England (Erfinder: **John Augustus Lewis**), *Gewinnung von Gold aus Lösungen und Suspensionen,* dad. gek., daß die wss. Lsg. mit einem unlösl. Celluloseäther, z. B. *Äthylcelluloseäther,* in Berührung gebracht u. das dabei entstandene Au u. Cellulose enthaltende feste Prod. abgetrennt u. zur Gewinnung des Au zers. wird. (**E. P. 715 120** vom 11/5. 1951, ausg. 8/9. 1954.) G. APEL. 6463

Daniel Perrier, Loire, Frankreich, *Trennen durch selektives Zentrifugieren,* bes. von Legierungen, deren Komponenten verschieden hohe FF. u. gleiche oder verschied. D. haben, z. B. von Legierungen aus *Sn, Pb, Sb* u. *Cu.* Die Trennung kann auf Grund der verschieden hohen FF. oder der verschieden hohen Dichten durchgeführt werden. Im ersten Falle werden feste Stücke der Legierung in eine Zentrifuge (I) eingebracht u. hier fortschreitend erhitzt. Wenn die Temp. auf 233°, dem F. des Sn, gestiegen ist, wird I in Drehung versetzt u. das fl. Sn dadurch aus I geschleudert, bei weiterem Erhitzen auf 326° wird das Pb u. auf 432° das Sb fl. u. ausgetrieben. Das in der I verbliebene Cu kann dann entweder aus I mechan. oder auf demselben Wege wie das Sn, Pb u. Sb entnommen werden. Zur Trennung auf Grund der verschied. Dichten wird die Legierung in geschmolzenem Zustand in die rotierende I eingebracht. Entsprechend ihren Dichten werden die Komponenten durch die Zentrifugalkraft nacheinander aus der I getrieben u. außerhalb I in bekannter Weise gewonnen. Die beiden Verff. können miteinander kombiniert werden. (**F. P. 1 069 370** vom 30/12. 1952, ausg. 7/7. 1954.) G. APEL. 6471

Ethyl Corp., New York, N. Y., übert. von: **Thomas P. Whaley,** Detroit, Mich., V. St. A., *Herstellung von Metallpulver. Metalloxyde* werden mit Suspensionen aus feinverteiltem Alkalimetall in einer inerten organ. Fl. behandelt. Als Alkalimetall kommt *K, Li,* bes. aber *Na,* als organ. Fl. *Bzl., Xylol, Toluol, Bzn., Kerosin, Mineralöl, schwere Alkylate, n-Octane* u. *n-Decane* in Frage. Die Größe der Alkalipartikel beträgt 1—50, bes. 1—20 μ. Die Konz. der Suspension beträgt 5—50% Alkalimetall. Die so erhaltenen Metallpulver haben eine Korngröße von 10 μ u. weniger u. sind meist pyrophor. (**A. P. 2 687 951** vom 22/4. 1952, ausg. 31/8. 1954.) G. APEL. 6475

United States of America, übert. von: **William C. Lilliendahl,** Mountain Lakes, **Donald Wroughton,** East Orange, **Rudolph Nagy,** Bloomfield, und **John W. Marden,** East Orange, N. J., V. St. A., *Elektrolytische Erzeugung von Uranpulver.* Ein U-Halogenid, wie KUF_5, wird in eine Schmelze aus 80 (%) $CaCl_2$ u. 20 *NaCl,* die sich in einem Kohletiegel befindet, eingeführt u. bei ca. 900° elektrolysiert, wobei die Tiegelwandung die Anode bildet u. als Kathodenmaterial Mo dient. — Abbildung. (**A. P. 2 690 421** vom 6/3. 1943, ausg. 28/9. 1954.) F. MARKHOFF. 6475

Vereinigte Österreichische Eisen- und Stahlwerke Akt.-Ges. (Erfinder: **Erich Petzel**), Linz, Österreich, *Behandeln von durch Pressen von Metallpulvern hergestellten Formkörpern.* Die Preßlinge werden vor dem Sintern in oxydierender Atmosphäre plötzlich auf eine höhere Temp. gebracht, bei der infolge Oxydation eine Schutzschicht auf der Oberfläche entsteht, die eine durchgehende Oxydation verhindert. (**Oe. P. 178 463** vom 9/2. 1952, ausg. 10/5. 1954.) F. MARKHOFF. 6475

General Motors Corp., Detroit, übert. von: **Athan Stosuy,** Dayton, V. St. A., *Poröse Körper* bestehen aus 2 Metallen mit verschied. FF. u. einem dritten Metall, dessen F. unterhalb des niedrigerschm. Grundmetalls liegt. — So wird z. B. eine Pulvermischung aus *Cu* u. *Ni* mit 0,5—4% *Sn*, *Zn*, *Al* oder *Mg* geformt u. auf eine Temp. erhitzt, die über dem F. von Cu u. unterhalb desjenigen von Ni liegt. Man erhält Körper von vorbestimmbarer, gleichmäßiger Struktur u. guter Festigkeit. (**E. P. 720 861** vom 31/3. 1953, ausg. 29/12. 1954. A. Prior. 10/4. 1952.) C. GÖTZE. 6475

Gesellschaft für Linde's Eismaschinen Akt.-Ges., Höllriegelskreuth bei München, *Kolbenringe für hohe Drucke in Sauerstoffkompressoren.* Natürlicher *Graphit* wird mit äußerst feinem Pulver von *Al*, *Cu*, *Ag* oder deren Legierungen (als Bindemittel) vermischt, geformt u. gesintert. Als Bindemittel können auch Oxyde, Sulfate u. Silicate verwendet werden. Die Ringe widerstehen einem Druck von 150 at bei 230°. (**E. P. 718 142** vom 18/4. 1952, ausg. 10/11. 1954. D. Prior. 18/4. 1951.) C. GÖTZE. 6475

Food Machinery and Chemical Corp., San Jose, Calif., übert. von: **John B. Wade**, Phoenix, Ariz., *Verschleißfestes Material* bestehend aus *WC* allein oder in Mischung mit anderen Carbiden, wie *TaC* u. *TiC*, in einer Grundmasse aus 15(%) *Ag*, 80 *Cu* u. 5 *P*, mit einem Zusatz von 5 *In*. Die Gegenstände werden im Schleudergußverf. unter H_2-Atmosphäre hergestellt. Während des Gießens werden die Carbide in Pulverform zugegeben. — Vorrichtung. (**A. P. 2 697 043** vom 24/10. 1950, ausg. 14/12. 1954.) F. VIER. 6477

Kennametal, Inc., Latrobe, Pa., V. St. A., *Korrosionsbeständige Hartmetallsinterlegierung*, die frei von freiem C, Oxyden u. Nitriden, enthaltend mindestens 15 Gew.-% *TiC* u. 13—20% mindestens eines Metalles der Fe-Gruppe, wobei diese Legierung eine D. zwischen 5 u. 8,35, eine ROCKWELL-A-Härte über 87 u. eine Querbruchfestigkeit von mindestens 6320 kg/cm² aufweisen muß. Zweckmäßig enthält die Legierung außerdem noch *NbC* oder *TaC*. Der Geh. an TiC liegt vorzugsweise in den Grenzen von 40 u. 75%. — Vgl. auch E. P. 678 178; C. **1955**. 8489. (**Schwz. P. 290 366** vom 21/1. 1950, ausg. 1/8. 1953. A. Prior. 5/2. 1949.) H. HOCHSTEIN. 6477

Gertrud Hofmann geb. **Kulcke** (Erfinder: **Franz-Josef Hofmann** †), Fürth, *Erzielung von Stahlwerkstücken mit Zonen verschiedener Härte bzw. Zähigkeit*, dad. gek., daß ein Werkstück mit hartem Kern u. zäher Außenzone dadurch hergestellt wird, daß bei dem üblichen Vergütungsverf., nachdem das Metallstück auf eine bestimmte, oberhalb des Ar_3-Punktes liegende Temp. gebracht ist, der Abschreckprozeß nach einer kurzen Zeit, welche von der Natur des Werkstücks abhängig ist, unterbrochen wird, bis durch die Wärme des Kernes, die beim Abkühlen bis zum Umwandlungspunkt frei wird, die abgeschreckte Außenzone von innen her angelassen wird, u. daß sodann, bevor die Temp. des Kernes unter den Ar_3-Punkt gesunken ist, der Abschreckprozeß zu Ende geführt wird u. daß das ganze Werkstück gegebenenfalls bei den üblichen Anlaßtempp. angelassen wird. (**D. B. P. 925 175** Kl. 18c vom 25/2. 1953, ausg. 14/3. 1955. Anmeldung bekanntgemacht 29/7. 1954.) H. HOCHSTEIN. 6493

Elcalor Akt.-Ges., Fabrik für elektrothermische Apparate, Aarau, Schweiz, *Vergüten von langgestreckten, biegsamen Metallteilen, wie Stahlbändern oder -drähten.* Das zu vergütende Metallteil wird innerhalb eines auf vorbestimmter Abschrecktemp. gehaltenen Flüssigkeitsbades durch den Wirkbereich einer von einem Hochfrequenzgenerator aus mit Hilfe von hochfrequentem Wechselstrom gespeisten Induktionsheizspule gezogen. Die bewegten Metallteile werden nach erfolgter Härtung durch den Wirkbereich einer zweiten Induktionsspule geführt, wobei sie auf eine vorbestimmte Anlaßtemp. erwärmt werden. — Abbildung. (**Schwz. P. 297 918** vom 4/12. 1951, ausg. 16/6. 1954.) H. HOCHSTEIN. 6493

Capito & Klein Akt.-Ges. (Erfinder: **Erwin Engelhardt**), Düsseldorf-Benrath, *Verhinderung des Verschweißens von aufeinanderliegenden Blechen beim Glühen* durch Aufbringen einer aus Al_2O_3 oder *MgO* oder einem ähnlichen Oxyd u. einer chem. neutralen Fl., z. B. *W.*, bestehenden M., wobei die auf die zunderfreien Bleche vor der Glühung als dünner Film aufgetragene M. ein in der Fl. lösl. organ. Klebemittel, z. B. *Kartoffelmehl*, enthält. Der Film kann mittels einer Gummiwalze oder durch Spritzverff. aufgetragen werden. Nach D. B. P. 919 534 wird für die Auftragung eine Fl. mit einer geringeren Oberflächenspannung als W. benutzt. Zweckmäßig wird als Fl. W. verwendet, dem Alkohol zugesetzt ist. Auch können als Klebemittel organ. Stoffe, z. B. Kartoffelmehl, verwendet werden, die ausschließlich aus C, H_2 u. O_2 bestehen. Dem fertigen feuchten Gemisch wird zweckmäßig zusätzlich noch ein trockenes Klebemittel beigemengt. (**D. B. PP. 918 510** Kl. 18c vom 26/3. 1949, ausg. 27/9. 1954. Anmeldung bekanntgemacht 12/4. 1951, u. **919 534** [Zusatz-Pat.] vom 2/2. 1952, ausg. 25/10. 1954. Anmeldung bekanntgemacht 12/11. 1953.) H. HOCHSTEIN. 6493

Akt.-Ges. für Unternehmungen der Eisen- und Stahlindustrie (Erfinder: **Heinz Schlechtweg** und **Hermann Fahlenbrach**), Essen, *Verwendung von Eisen–Silicium-Legierungen als Werkstoff für magnetisch beanspruchte Gegenstände.* Fe–Si-Legierungen, die nach ihrer Verarbeitung einer mehrstd. Glühung bei 350—650° unterworfen sind, werden als Werkstoff für Gegenstände benutzt, von denen hohe Anfangspermeabilität u. gegebenenfalls geringe magnet. Nachwrkg. verlangt werden. Zweckmäßig werden solche Legierungen verwendet, die vor der Glühung bei 350—650° eine solche bei Tempp. oberhalb 1000°, z. B. bei 1100°, in einem Schutzgas, z. B. H_2, erfahren haben. (**D. B. P. 927 692** Kl. 18c vom 8/10. 1940, ausg. 16/5. 1955. Anmeldung bekanntgemacht 30/4. 1952.) H. HOCHSTEIN. 6493

Deutsche Edelstahlwerke Akt.-Ges., Krefeld, *Schweißstab* aus Hartmetall u. einer Legierung niedrigeren F., die aus 5—30% CrB_2, Rest eines oder mehrere der Metalle *Fe, Ni* oder *Co* besteht. Als Hartmetall dienen ein oder mehrere *Carbide* von *W, Mo, V, Ti, Ta, Nb.* Ein Mischungsverhältnis zwischen dem Hartmetall u. der Hilfslegierung ist nicht angegeben. (**E. P. 728 762** vom 18/9. 1952, ausg. 27/4. 1955. D. Prior. 18/9. 1951.) G. APEL. 6507

Badische Anilin- & Soda-Fabrik Akt.-Ges., Deutschland, *Entfernen von Korrosionsschichten auf Metallen.* Die Schicht wird so hoch erhitzt, bes. durch Hochfrequenzerhitzung, daß sich die Schicht von der Unterlage ablöst. — Abbildung. (**F. P. 1 082 466** vom 28/8. 1953, ausg. 29/12. 1954. D. Prior. 22/8. 1952.) F. MARKHOFF. 6511

General Motors Corp., Detroit, Mich., übert. von: **Charles R. Gillette** und **William P. Burroughs**, Bristol, Conn., V. St. A., *Reinigen von Wälzlagern.* Die Lagerteile werden zunächst mit einem Lösungsm. behandelt, um die Schmiermittelreste zu entfernen. Dann wird eine Rollfaßbehandlung unter Anwendung einer alkal. wss. Lsg. vom p_H-Wert 12 bis 14 vorgenommen, die einen stabilen Chelatbildner enthält, wie das Na-Salz von Äthylendiamintetraessigsäure. Diese Verbb. bilden mit den Fe-Ionen, die in den Wälzlagerteilen, wie Kugeln, haftenden Überzugsschichten enthalten sind, stabile Verbb., die in Lsg. gehen u. in der Lsg. bleiben. Zweckmäßig wird bei der Rollfaßbehandlung auch noch ein feinpulverisiertes Scheuermittel verwendet. (**A. P. 2 683 343** vom 15/11. 1952, ausg. 13/7. 1954.) F. MARKHOFF. 6513

Esso Standard (Soc. An. Française), Frankreich (Erfinder: **R. de Dryer, J. B. Larbre** und **B. Le Boucher**), *Inhibitor*, bestehend aus einem *Alkyldisulfid* u. einem *Emulgiermittel.* Die Disulfide werden aus dem Rückstand bei der Petroleumdest. erhalten, wenn die darin enthaltenen Mercaptane nach dem Sweetening-Verf. in Disulfide umgewandelt werden. Solche Disulfide sind: *n-Propyldisulfid-, n-Butyldisulfid, n-Amyldisulfid.* — Beispiel: 1 (Teil) Disulfid, extrahiert aus einem Leichtöl (Herkunft mittlerer Orient) u. 10 Dodecylbenzolsulfonat werden gemischt u. 0,1% dieses Gemisches der Beizlsg. (5%ig. H_2SO_4) zugesetzt. (**F. P. 1 068 916** vom 1/10. 1952, ausg. 1/7. 1954.) F. MARKHOFF. 6513

Aluminium-Walzwerke Singen G. m. b. H., Singen am Hohentwiel, *Ätzen von Aluminiumfolien.* Zur Vergrößerung der akt. Oberfläche werden die Folien nacheinander in mindestens zwei Bädern aufgerauht, wobei die Aggressivität der Ätzlsg. von Bad zu Bad stufenweise verringert wird. — Abbildung. (**Schwz. P. 305 732** vom 9/2. 1952, ausg. 16/5. 1955. D. Prior. 14/2. 1951.) F. MARKHOFF. 6513

Durand & Huguenin Akt.-Ges., Basel, Schweiz, *Herstellen von licht- und wetterechten, goldgelben bis dunkelbraunen Färbungen auf Gegenständen aus anodisch oxydiertem Aluminium und seinen Legierungen.* Der anod. oxydierte Gegenstand wird in eine wss. Lsg. von mindestens einem hydrolysierten *Kollagen* u. anschließend in eine wss. Lsg. eines *Permanganates* eingetaucht. (**Schwz. P. 306 069** vom 15/5. 1952, ausg. 1/6. 1955.) F. MARKHOFF. 6535

John Ferdinand Kaiser, Harrow-on-the-Hill, und **Gilette Industries Ltd.**, Isleworth, Middlesex, England, *Korrosion verhütendes Mittel*, bestehend aus *Na-Benzoat, Glycerin* u. einem Benetzungsmittel, wie *Na-Oleat*, in wss. Lösung. Stahloberflächen, die mit einem Film einer solchen Lsg. überzogen sind, bleiben lange Zeit rostfrei. (**E. P. 720 548** vom 30/10. 1951, ausg. 22/12. 1954.) F. MARKHOFF. 6539

IX. Organische Industrie.

P. Souchay und **M. Graizon**, *Analytische und industrielle Anwendungen der bemerkenswerten komplexbildenden Eigenschaften der Trilone.* Übersichtsbericht. — 36 Literaturangaben. (Bull. Soc. chim. France, Mém. [5] **19.** 34—43. Jan./Febr. 1952.) K. F. MÜLLER. H 950

Antonio Luis Palomo Coll, *Nitrothioharnstoff.* Ein neues Verf. zur Herst. von Nitrothioharnstoff aus dem Nitrat von Thioharnstoff durch Wasserabspaltung mit Hilfe von Essigsäureanhydrid wird beschrieben. (Afinidad [3] **30.** 104—05. Mai/Juni 1953.) H.-J. HEINRICHS. H 880

O. Wichterle, M. Kolínský und **S. Švastal**, *Kontinuierliche Verfahren.* 1. Mitt. *Die Nitrierung des Cyclohexans.* Vff. beschreiben ausführlich einen kontinuierlich arbeitenden Glasautoklaven (Jena G 20 u. Sial). Vorteile: Mehrere Fll. können mit bestimmten Geschwindigkeiten, die in weiten Grenzen auch während der Arbeit variierbar sind, zu- u. abgeführt werden. Keine mechan. Metallpumpen, alle Fll. werden pneumat. transportiert. In diesem App. wurde kontinuierliche Nitrierung von Cyclohexans bei 7 atü u. Temp. 120—135° untersucht. Beschreibung einiger Nitrierversuche. (Chem. Listy **48.** 87—93. Jan. 1954. Praha, Vys. škola chem., Ústav plast. hmot. [Orig.: tschech.]) J. PLEŠEK/Prag. H 1810

E. Benk, *Eigenschaften und Nachweismöglichkeiten von Polyäthylenglykolen.* Nach Überblick über Herstellungsweisen u. Verwendungsarten der Polyäthylenglykole (I; Polyglykole, Polywachse, Cremolane, Syntharesin, Carbowachse) werden ihre, je nach Polymerisationsgrad u. Reinheit wechselnden Eigg. beschrieben. Auf Grund der Löslichkeitsverhältnisse, bes. der gleichzeitigen Löslichkeit in W. u. Bzl.-KW-stoffen, der Fällungs- u. Farb-Rkk. können die I leicht u. sicher erkannt werden. 7 Farb-Rkk. werden in ihrer Ausführung genau angegeben. (Fette Seifen einschl. Anstrichmittel **54.** 85—86. Febr. 1952. Reutlingen, Chem. Landesuntersuchungsamt.) W. METZENER. H 4010

Minnesota Mining & Mfg. Co., übert. von: **Maynard H. Olson**, St. Paul, Minn., V. St. A., *Fluorcarbonsäure-Cr-Komplexverbindungen* erhält man durch Rk. von Verbb. der allg. Zus. $C/F_{2n+1}COOH$ (n = 3—11) mit Cr^{III}-Verbb. als fl. Prodd., die je Cr-Atom 2 Perfluoracidogruppen enthalten u. in W. u. CH_3OH unlösl., in Isopropanol lösl. sind u. sich zu festen hydro- u. oleophilen Prodd., die in NH_4-Derivv. überführbar sind, in der Wärme polymerisieren lassen. — Man gibt z. B. zur Lsg. von 9,12 (g) CrO_3 in 125 cm³ W. von 60° eine Lsg. von 75 Perfluorcaprylsäure $[CF_3(CF_2)_6COOH]$ in 60 cm³ CH_3OH u. hält ca. 30 Min. im Sieden (80°), wobei sich das Reaktionsprod. als grüne untere Schicht abscheidet. Statt CH_3OH kann als Reduktionsmittel auch Isopropanol oder $NaHSO_3$ verwendet werden. Die gegen Säuren, Basen, Reduktions- u. Oxydationsmittel resistenten Prodd. eignen sich zum Öl- u. Wasserabstoßendmachen von Gegenständen aller Art, bes. von Textilien. (**A. P. 2 693 458** vom 18/7. 1952, ausg. 2/11. 1954.) O. MÜLLER-MEININGEN. H 810

Rohm & Haas Co., übert. von: **Willard J. Croxall**, Bryn Athyn, und **John O. Van Hook**, Philadelphia, Pa., V. St. A., *Malonsäureester* der Formel $CH_2{=}CH{-}CHR'{-}CH(COOCH_2CH{=}CHR')_2$ (II) [R' = H, CH_3—] erhält man durchRk. von Ätherestern der allg. Formel $(RO]C(COOR)CH_2COOR_n$ (I) [R = CH_3, C_2H_5, n = 1—2], z. B. Diäthyl-$\alpha.\alpha$-diäthoxysuccinat (**III**), mit einem ungesätt. Alkohol $R'{-}CH{=}CH{-}CH_2{\cdot}OH$, z. B. Allylalkohol (**IV**), in Ggw. von Erdalkalialkoholat. — Beispiel: 130 (g) **III**, 170 **IV** u. 30 Mg-Allylalkoholat werden so lange erhitzt, bis über eine aufgesetzte Kolonne die theoret. Menge A. abdest. ist. **IV** wird dann im Vakuum entfernt u. der Rückstand auf 200° erhitzt, wobei CO entweicht. Man erhält *Diallylallylmalonat*, $Kp._{0,5}$ 93°, n_D^{20} 1,4545, $D.^{20}{}_{20}$ 1,030, MR_D 59,03, VZ. 113. Statt **III** kann auch die entsprechende Methylverb. verwendet werden. Weiter wird beschrieben die Herst. von *Dicrotyl-1-methylallylmalonat*, $Kp._{1-2}$ 100—120°, *Allylallylacetat*, $Kp._{10}$ 57—59°, u. *Diallyloxalat*, $Kp._1$ 70 bis 71°, n_D^{20} 1,4455, D. 1,109, MR_D 41,34, VZ. 87. (**A. P. 2 541 957** vom 31/3. 1949, ausg. 13/2. 1951.) O. MÜLLER-MEININGEN. H 820

Cassella Farbwerke Mainkur Akt.-Ges. (Erfinder: **Alfred Max Paquin**), Frankfurt/M., *Absorptionsmittel für niedrigsiedende Amine.* Hierfür werden hochsd., bes. mehrwertige Alkohole verwandt. — Man leitet Dimethylamin (I) bei 10—20° unter n. Druck in Glycerin ein bis zum Entstehen einer 45% ig. Lsg., die bei 30—40° nur einen geringen Dampfdruck zeigt. Zur Wiedergewinnung des I aus dieser Lsg. wird zunächst auf 100°, schließlich auf 120—150° erwärmt. (**D. B. P. 928 287** Kl. 12q vom 24/10. 1952, ausg. 31/5. 1955. Anmeldung bekanntgemacht 11/11. 1954.) G. LANGER. H 910

Advance Solvents & Chemical Corp., übert. von: **Gerry P. Mack**, Jackson Heights, und **Emery Parker**, New York, N. Y., V. St. A., *Diorganodialkoxyzinnverbindungen*, die halogenfrei sind, erhält man durch Rk. eines Diorganozinndihalogenids unter wasserfreien Bedingungen u. Luftausschluß bei $<20°$ mit im wesentlichen stöchiometr. Mengen eines Alkalimetallalkoholats (Alkohol <5 C-Atome), Entfernen des Alkalihalogenids u. Abdestillieren des Lösungsm. bei Unterdruck bei absol. H_2O- u. Luftausschluß. — Zu einer gekühlten Lsg. von 170,2 g Na in 1660 cm³ absol. CH_3OH gibt man bei 0° eine Lsg. von 1138 g $(C_4H_9)_2SnCl_2$ in 1250 cm³ absol. CH_3OH. Man rührt unter Kühlen bis zur Neutralität. Nach Abfiltrieren von NaCl u. Abdestillieren von CH_3OH bei Unterdruck u. bei ca. 40° erhält man $(C_4H_9)_2Sn(OCH_3)_2$, $Kp._{1,2}$ 136—139°, $D.^{20}$ 1,2862, n_D^{20} 1,4831, in 92% ig. Ausbeute. Die genannte Rk. erfolgt unter N_2. (**A. P. 2 700 675** vom 12/7. 1950, ausg. 25/1. 1955.) J. MÜHLEISEN. H 980

California Research Corp., San Francisco, übert. von: **Louis L. Ferstandig**, El Cerrito, Calif., V. St. A., *5-tert.-Butylisophthalonitril*, F. 138,9—139,6°, erhält man durch Rk. von 5-tert.-Butylisopthalsäure (I) mit $NH_3 \rightarrow NH_4$-Salz der I u. anschließende Rk. mit NH_3 in Ggw. eines Al_2O_3-Katalysators in >92%ig. Ausbeute. — *Plastifizierungsmittel* sowie *Zwischenprod.* für die *Herst. von Diaminen.* (**A. P. 2 706 735** vom 1/6. 1953, ausg. 19/4. 1955.) U. SIEVERS. H 1290

Haco-Gesellschaft Akt.-Ges., Gümlingen, Bern, Schweiz, *Basische Äther. β-Diäthylaminoäthylbenzhydryläther.* Entsteht als Benzolsulfonat beim Erhitzen von β-Diäthylaminoäthanol mit Benzhydrol u. Benzolsulfonsäure. — Analog: *β-Aminoäthylbenzhydryläther*, $Kp._{0,01}$ 102°. — *Trimethyl-β-diphenylmethoxyäthylammonium-p-toluolsulfonat.* — *β-Diäthylaminoäthylbenzyläther.* (**E. P. 676 849** vom 23/8. 1950, ausg. 6/8. 1952. Schwz. Prior. 28/7. 1950.) G. LANGER. H 1320

Haco-Gesellschaft Akt.-Ges., Gümlingen, Bern, Schweiz (Erfinder: **Max Matter** und **Albert Kobler**), *N-[β¹-Aminoäthyl]-β-aminoäthylbenzhydryläther und seine Salze* entstehen beim Erhitzen von Benzhydrol mit den Salzen starker Säuren des N-[β-Aminoäthyl]-äthanolamins, bes. mit dem Benzolsulfonat. Freie *Base*, farbloses Öl. *Dihydrochlorid*, F. 179—181°. (**E. P. 723 506** vom 21/11. 1952, ausg. 9/2. 1955.) G. LANGER. H 1320

VEB Fahlberg-List, Magdeburg-Südost (Erfinder: **Georg Hahn** und **Walter Lukawski**, Magdeburg), *Herstellung von organischen Quecksilberverbindungen* des Typs Aryl·Hg·X, worin X den Rest einer organ. Verb. mit beweglichen Wasserstoffatomen darstellt. Die Arylmercurisalze von schwachen Säuren, z. B. Essigsäure, werden mit den saure Wasserstoffatome aufweisenden organ. Substanzen, mit wenig W. angeteigt in einer Kugelmühle vermahlen. — Aus Phenyl-Hg-acetat (I) u. Brenzcatechin entsteht *Phenyl-Hg-brenzcatechin.* — I u. Salicylsäure bilden *Phenyl-Hg-salicylsäure.* — Ebenso erhält man *Phenyl-Hg-anthranilsäure, Phenyl-Hg-crotonsäure, Phenyl-Hg-zimtsäure.* (**D. P. [DDR] 5 098** Kl. 12o vom 14/3. 1944, ausg. 5/12. 1953 [Wirtschaftspatent].) M. F. MÜLLER. H 1380

Glaxo Laboratories Ltd., Greenford, übert. von: **Ronald Major Evans**, Ickenham, England, *3-Methyl-1-(1'-oxy-2'.6'.6'-trimethylcyclohexenyl)-octa-3.5-dien-1-in-7-on* der Formel I erhält man durch Oxydation von 3-Methyl-1-(1'-oxy-2'.6'.6'-trimethylcyclohexenyl)-octa-3.5-dien-1-in-7-ol mit MnO_2 in Ggw. eines Lösungsm. (Leichtpetroleum, Bzl., Chlf., CCl_4, Dioxan oder deren Mischungen). Zweckmäßig läßt man die Lsg. des Carbinols durch eine MnO_2-Schicht bzw. -Säule laufen, $Kp._{10^{-4}}$ 140°; n_D^{18} 1,5708; Lichtabsorption maximal 3040 Å. — I-Semicarbazon, F. 194° nach Erweichen bei 140—145°. — Beispiele. (**D. B. P. 833 814** Kl. 12o vom 17/9. 1950, ausg. 13/3. 1952. E. Priorr. 13/9. 1949 u. 28/8. 1950.) G. KRAUSS. H 1980

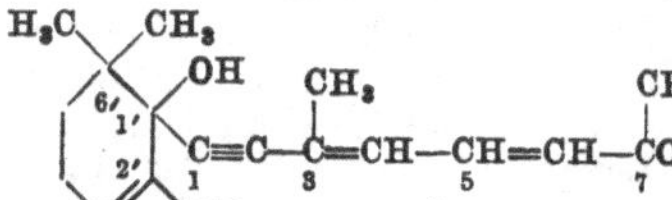

I

Phrix-Werke Akt.-Ges., Hamburg (Erfinder: **Otto Moldenhauer**, Hamburg, **Wilhelm Irion** und **Dominik Mastaglio**, Neumünster), *Herstellung von Ameisensäureestern der 5-Oxymethylbrenzschleimsäureester.* Man setzt Brenzschleimsäureester, z. B. den Methylester, mit CH_2O in Ggw. von konz. H_2SO_4 u. HCOOH als Verdünnungsmittel bei niedriger Temp., z. B. —10°, um. Hergestellt werden: *5-Oxymethylbrenzschleimsäuremethylesterformiat*, F. 46°; *5-Oxymethylbrenzschleimsäureäthylesterformiat*, $Kp._{0,01}$ 93 bis 106°; u. als Nebenprod. *5-Carbomethoxyfurfurylalkohol*, $Kp._{0,01}$ 110°. — Zwischenprodukte. (**D. B. P. 935 306** Kl. 12q vom 24/7. 1952, ausg. 17/11. 1955. Anmeldung bekanntgemacht 26/5. 1955.) K. FABEL. H 3061

Henkel & Cie. G. m. b. H., Düsseldorf, *Herstellung von Umwandlungsprodukten hochmolekularer Kohlenhydrate bzw. deren Derivaten*, wie z. B. Cellulose, Stärke, Pektine, bzw. Alkalicellulosen, Alginate, Äther oder Ester von Kohlenhydraten unter Erwärmen des schüttfähigen Gutes. Die Umwandlung wird in einer durch heiße Gase oder Ultrarotstrahlung beheizten schraubenförmigen Förderstrecke, die gerüttelt wird, vorgenommen. (**Oe. P. 182 713** vom 13/6. 1953, ausg. 25/7. 1955. D. Prior. 12/7. 1952.) H. HEYER. H 4050

X. Färberei. Organische Farbstoffe.

E. B. Knott, *Die Farbe organischer Verbindungen.* 4. Mitt. *Indigo und verwandte Farbstoffe.* (3. vgl. C. **1953**. 4346.) Das Resonanzsyst. des Indigomol. (I) wird theoret. behandelt. Durch Anwendung der Regeln des Vf. über Beziehungen zwischen Konst. u. Farbe bei organ. Verbb. kann man die tiefe Farbe von I erklären. Verschied. Isomere, analoge Verbb. u. Derivv. von I u. Thioindigo, z. B. höhere Vinyloge, wurden in der gleichen Weise auf die möglichen Resonanzsysteme u. Folgerungen für die Farbe geprüft. (J. Soc. Dyers Colourists **67.** 302—06. Aug. 1951. Wealdstone, Middlesex, Kodak Ltd.) H. ZAHN. 7002

H. Hansen, *Sustilan N, ein neues Schutzmittel gegen Reduktion von substantiven Farbstoffen beim Färben und Dämpfen von Textilien aller Art.* (Färgeriteknik **28.** 99—103. Mai 1952. Leverkusen, Farbenfabriken Bayer. — C. **1953.** 1402.) R. K. MÜLLER. 7006

J. Lindberg, *Maschinelle Grundlagen zum Färben und Naßausrüsten.* Die Abhängigkeit gleichmäßiger Verteilung des Färbe- bzw. Ausrüstungsbades zum Gewebe von der Umlaufwrkg. der Maschine. Entw. einer Strömungsgleichung. (Textile Mercury Argus **133.** 812—14. 817. 4/11. 1955. Gothenburg, Schwed., Swedish Inst. for Textile Res.) I. SCHOENMANN. 7020

—, *Apparat zum Färben und Behandeln von Faserstoffen.* Beschreibung der Bauart u. Arbeitsweise einer App. zum Färben u. Behandeln von Faserstoffen. (Fibre e Colori **1.** 23—25. Okt. 1951.) A. SANDER. 7020

A. Foulon, *Färbereifortschritt.* Besprochen wird die Erzielung des Sprenkel- oder Melangeeffektes. (Reyon, Zellwolle andere Chemiefasern **1955.** 494—96. Juli.) P. ECKERT. 7020

Maurice R. Fox, *Reaktion von Farbstoffen bei hoher Temperatur.* Nach Ergebnissen von Färbeverss. an Viscosereyon über die Stabilität von mehr als 100 direktziehenden Baumwollfarbstoffen bei Färbetemp. von 250° F (125° C) zeichnet sich eine Einteilung in 3 Gruppen ab: Farbstoffe, die bei 250° F unter neutralen Färbebedingungen stabil sind u. hohe Widerstandsfähigkeit in alkal. Farbbädern zeigen; solche, die unter neutralen Bedingungen stabil sind, unter alkal. mangelhafte Färbungen geben; solche, die sich weder im neutralen noch alkal. Medium zum Färben bei hohen Tempp. eignen. Bei Farbstoffen mit labilen (Cl, J, Br, Acylamino, α-Aminoanthrachinonyl) Gruppen lassen sich durch Temperaturkontrolle Fehlfärbungen vermeiden. Für alle Küpenfarbstoffe, bes. bei Anthrachinondihydrazin u. -carbazolverbb., ist bei Anwendung hoher Temp. Vorsicht geboten, da hierbei leicht eine irreversible Veränderung der Keto- bzw. Enolgruppe erfolgen kann. (Canad. Textile J. **71.** Nr. 24. 51—55. 3/12. 1954.) I. SCHOENMANN. 7020

Andreas Schmitz, *Kontinuefärberei der substantiven Farbstoffe.* Berichtet wird über neuere Entwicklungen auf dem Gebiet der Kontinuefärberei. In diesem Zusammenhang wird auf die vollständige u. echte Fixierung des aufgebrachten Farbstoffes eingegangen u. die Möglichkeit erörtert, auch mittlere u. dunkle Farbtöne kontinuemäßig herzustellen. Besprochen werden das Klotz–Dämpf-Verf. sowie das Klotz–Roll-Verfahren. Abschließend werden Hinweise auf die Fertigstellung der Färbungen gegeben. (Z. ges. Textilind. **57.** 1131—34. 5/9. 1955.) P. ECKERT. 7020

Eugenio Fabrini, *Das Färben von Seide, natürlichen und künstlichen Cellulose- und von vollsynthetischen Fasern. Neuere Fortschritte und hauptsächlichste künftige Entwicklungslinien.* 1. Mitt. Ausführliche Übersicht über klass. u. neuzeitliche Färbeverff. u. Apparate zum Färben von Seide, natürlichen u. künstlichen Cellulosefasern. Auf die Zus. der Färbebäder, verwendete Farbstoffe u. Hilfsmittel wird hingewiesen. — 47 Literaturangaben. (Fibre e Colori **1.** 11—20. Nov. 1951.) A. SANDER. 7020

Jackson A. Woodruff, *Das Färben und Ausrüsten von Teppichen aus Reyonplüsch.* Das Problem, egale Färbungen auf Teppichen (von den Kanten bis zur Mitte, ohne Streifen) zu erzielen, ergibt sich aus der Schwierigkeit, geeignete maschinelle Einrichtungen, Färbemethoden u. Färbstoffe zu finden; eine weitere Bedingung ist die Verarbeitung gleichmäßigen Materials. Neben 3 Färbevorschriften werden Hinweise gegeben für die Farbbadzirkulation durch ein Pumpsyst., um hohe, gleichmäßige Tempp. zu erreichen; für guten Farbbadkontakt des Färbegutes; zur Farbstoffauswahl u. Vermeidung der Migration des Farbstoffes beim Trocknen. (Amer. Dyestuff Reporter **44.** P 636—40. 29/8. 1955.) I. SCHOENMANN. 7020

R. Wittwer, H. Stern und **G. Dürig,** *Probleme in der Färberei und Ausrüstung synthetischer Fasern.* Besprechung einiger in der Färberei u. Ausrüstung synthet. Fasern durch die neuen Eigg. u. bes. durch das färber. Verh. der synthet. Faser bedingten Probleme. (Textil-Prax. **10.** 817—19. Aug. 1955.) K. HOINKIS. 7020

Franz Weber, *Einige Beobachtungen beim Färben mit protein- bzw. polyamidaffinen 1 : 2-Komplexen.* Vf. führte Färbeverss. über das Färben von Vlieswolle (Kammzug) mit vorher chromatograph. untersuchten u. auf Grund ihrer Chromatogramme ausgewählten Farbstoffen Cibalanscharlach GL, Cibalanblau BRL, Irgalanblau BL u. Cibalankhaki GL durch. Die Verss. zeigten, daß die ausgewählten, schon in ihrem Chromatogramm typ. Farbstoffe auch hinsichtlich ihrer tinktoriellen Fähigkeiten sehr verschieden sind. Damit dürfte nach Vf. ein gewisser Zusammenhang zwischen dem Chromatogramm u.

dem färber. Verh. gegeben sein. Es folgt die Aufzählung einer Reihe weiterer bei den obigen Färbeverss. gemachter Beobachtungen. (Textil-Prax. **10.** 825—28. Aug. 1955.) K. Hoinkis. 7020

H. v. Hove, *Einiges über das Anfärben von Grilonfasern unter besonderer Berücksichtigung des Anfärbens von Wolle–Grilon-Mischungen.* Nach einigen Hinweisen auf das Färben von *Grilon*-Fasern wird auf die Unterschiede im Säurebindungsvermögen (Säurebindungsäquivalent) von Grilon, Nylon, Perlon, Seide u. Wolle eingegangen. Dieses Säurebindungsvermögen ist bestimmend für das maximale Aufnahmevermögen für Säure- u. verwandte Farbstoffe u. daher von wesentlich färber. Interesse. Es wird das Färben von Wolle–Grilon-Mischungen besprochen, wobei besondere Hinweise auf geeignete Farbstoffe u. Färbeverff. gegeben werden. So wird das Färben von Grilon–Wolle-Mischungen mit Säure-, Nachchromier- u. Metallkomplexfarbstoffen erläutert. Das unterschiedliche Ziehvermögen der beiden Komponenten derartiger Mischungen kann durch Verwendung neuer Verff. zur Erreichung von Ton-in-Ton-Färbungen ausgeglichen werden. Einzelheiten dieses Verf. werden gegeben. (SVF Fachorgan Textilveredlung **10.** 400—12. Aug. 1955.) P. Eckert. 7020

R. A. Clarke und **L. Bidgood jr.,** *Das Färben von Orlon Typ 42-Acrylfaser mit kationaktiven Farbstoffen.* Zur Klasse der kation. Farbstoffe (bas. Farbstoffe mit farblosem Anion) werden die für Orlon 42 entwickelten Sevren-, als auch ein großer Teil der bekannten bas. Farbstoffe zugeteilt. Zu einer Auswahl von Farbstoffen werden die Färbebedingungen mit u. ohne Anwendung von Verzögerern angegeben, wobei der Einfl. der Du Pont-Verzögerer „*Lan*" u. „*DS*", der Färbetemp. u. -zeit auf die Baderschöpfung gezeigt wird, sowie das Ausgleichen fehlerhafter Färbungen. Die Farbstoffe liefern optimale Licht- u. Naßechtheiten. Zum Färben von Stückware u. Garn aus Orlon in Mischung mit Wolle im Einbad-Zweistufenverf. werden Vorschriften zum Färben mit kation. Farbstoffen in Verbindung mit ausgewählten Säure- u. Capracylfarbstoffen gegeben. (Amer. Dyestuff Reporter **44.** P631—P635. P640. 29/8. 1955. Wilmington, E. I. du Pont de Nemours.) I. Schoenmann. 7020

Setsuzo Yamada und **Shunsuke Kawahara,** *Untersuchungen über das Färben und Ausrüsten von Vinylontextilien.* 4. Mitt. *Der Einfluß des Drucks und der Temperatur auf die Tiefe der Färbung unter Druck.* (3. vgl. C. **1954.** 7059.) Die Tiefe der Färbung steigt mit dem Druck (gemessen bis 2000 kg/cm²) u. mit der Oberflächentemp. des Druckgefäßes (bis 170° gemessen). (J. Soc. Textile Cellulose Ind., Japan [Sen-i-Gakkaishi] **9.** 421—24. Aug. 1953. Gifu, Univ. [Orig.: japan., Auszug: engl.]) L. Schuler. 7020

R. F. Caroselli, *Drucken und verwandte Operationen auf Glasfaserdekorationsstoffen.* Übersicht über die Technik des Bedruckens von Glasfaserstoffen, darin bestehend, daß ein auf 650° erhitztes u. mit einem Schutzüberzug aus einem Teflon-haltigen Polyacrylesterlatex versehenes Glasgewebe mit Öl-in-W.- oder W.-in-Öl-Harzpigmenten bedruckt u. die Färbung durch kurzes Erwärmen auf 150° fixiert wird. Um die Drucke waschecht zu machen, zieht man sie noch durch eine 5%ig. wss. Lsg. von Stearat–$CrCl_3$, erhitzt wieder kurz auf 150° u. seift gegebenenfalls bei 50° ab. (Amer. Dyestuff Reporter **44.** P303—P304. 25/4. 1955. Ashton, R. I., Owens-Corning Fiberglas Corp.) A. Sander. 7022

Badische Anilin- & Soda-Fabrik Akt.-Ges., Ludwigshafen/Rh. (Erfinder: **Helmut Pfitzner, Otto Kaufmann, Julius Eisele,** Ludwigshafen/Rh., und **Wilhelm Federkiel,** Frankenthal, Pfalz), *Färben von textilen Gebilden aus Polyamiden oder Polyurethanen,* dad. gek., daß man derartige Gebilde entweder mit Anlagerungsverbb. von farblosen, komplexbildenden Verbb. (I) an komplexe Metallverbb. von sulfonsäuregruppenhaltigen Azo- oder Azomethinfarbstoffen oder mit den komplexen Farbstoffen in Ggw. von I färbt, oder die mit den komplexen Farbstoffen erzeugten Färbungen mit I nachbehandelt. I sind z. B. 2-Oxybenzoesäuren, 1.2-Dioxybenzol, o- oder peri-Dioxynaphthaline, o- oder peri-Oxynaphthoesäuren, Phthalsäure u. ihre Abkömmlinge, ferner o-Nitrosonaphthole, Oxalsäure, Weinsäure, Citronensäure, Äpfelsäure, Nitrilotriessigsäure, Äthylendiamintetraessigsäure, Polyglykole oder Äthanolamine. (**D. B. P. 933 622** Kl. 8m vom 10/7. 1953, ausg. 29/9. 1955. Anmeldung bekanntgemacht 7/4. 1955.) H. v. Schiller. 7021

Sandoz Ltd., Basel, Schweiz, *Färben von Mischgeweben aus tierischen Fasern mit Superpolyamidfasern,* wobei die letzteren reserviert werden. Man färbt in einem wss. sauren Bade, das einen Säurefarbstoff u. Salz eines Metalls mit der Atomnummer 3—56 oder von Ammonium u. außerdem Nitrat-, Bromid-, Jodid- oder Thiocyanationen enthält. Zweckmäßig wird auch ein Dispergiermittel zugesetzt. (**E. P. 731 005** vom 25/3. 1953, ausg. 1/6. 1955. Schwz. Prior. 28/3. 1952.) H. v. Schiller. 7021

E. I. du Pont de Nemours & Co., Wilmington, Del., V. St. A., *Präparat zum Färben von Glas.* Es besteht aus einem anorgan. Pigmentfarbstoff u. einem Bindemittel aus

30—60 (%) Stearinsäure, 15—40 hydriertem Kolophonium (I), 10—30 eines Harzes, das durch Polymerisation der in I enthaltenen ungesätt. Harzsäuren entstanden ist, 0,1—10 Äthylcellulose u. 2—7 eines sauren Stearylphosphats. Es schm. bei 47° u. verfestigt sich schnell bei Raumtemperatur. (**E. P. 721 858** vom 10/11. 1952, ausg. 12/1. 1955. A. Prior. 13/11. 1951.) H. v. SCHILLER. 7021

Farbenfabriken Bayer Akt.-Ges., Leverkusen (Erfinder: **Richard Stüsser**, Köln), *Chromhaltige Azofarbstoffe* erhält man durch Verbacken von Gemischen der metallfreien, zur Komplexbldg. fähigen Ausgangsfarbstoffe mit geeigneten Chromierungsmitteln in Ggw. von Kontaktvermittlern, Netz- oder Emulgierungsmitteln, u. zwar werden als Ausgangsfarbstoffe in W. schwer- bis unlösl., zur Metallkomplexbldg. befähigte Azofarbstoffe in trockenem oder pastenförmigem Zustand verwendet. 1-Amino-2-oxy-5-nitrobenzol (I) → 3-Oxydiphenylenoxyd wird mit Chromformiat, W. u. Glycerin zu einer Paste verknetet u. dann 3 Std. auf 160° erhitzt. Man erhält eine braune M., die als Lackfarbstoff Verwendung finden kann. — I → 1-Acetylamino-7-oxynaphthalin; man verseift die Acetylaminogruppe u. chromiert mit Chromacetatlsg. in Ggw. von β-Aminoäthylalkohol. Wolle, Seide, Polyamidfasern u. Leder oliv. (**D. B. P. 931 793** Kl. 22a vom 24/1. 1953, ausg. 18/8. 1955. Anmeldung bekanntgemacht 24/2. 1955.) U. SIEVERS. 7053

Badische Anilin- & Soda-Fabrik Akt.-Ges. (Erfinder: **Helmut Pfitzner** und **Otto Kaufmann**), Ludwigshafen/Rh., *Wasserlösliche chromhaltige Farbstoffe* erhält man nach D. B. P. 846 142 durch Umsetzen von sulfonsäuregruppenfreien, in W. schwer- bis unlösl. chromhaltigen *Azo-* oder *Azomethinfarbstoffen*, die auf 1 Mol Farbstoff 1 Atom Chrom enthalten mit organ. Verbb., die selbst komplexe Chromverbb. bilden können, aber keine Farbstoffe sind u. keine längerkettigen Alkylreste enthalten, u. zwar so, daß man a) entweder von solchen sulfonsäuregruppenfreien chromhaltigen Azo- oder Azomethinfarbstoffen ausgeht, die eine oder mehrere acylierte NH_2-Gruppen enthalten, u. diese mit genannten farblosen komplexbildenden Verbb. umsetzt, oder b) von solchen sulfonsäuregruppenfreien chromhaltigen Azo- oder Azomethinfarbstoffen ausgeht, die eine oder mehrere nicht an der Bindung des Chroms beteiligte NH_2-Gruppen enthalten, diese Farbstoffe mit genannten komplexbildenden Verbb. umsetzt u. dann die NH_2-Gruppe, gegebenenfalls nur teilweise, nach den an sich bekannten Methoden acyliert. — 2-Aminobenzoesäure → 1-(3'-Benzolsulfonylamino)-phenyl-3-methylpyrazolon-(5) wird chromiert u. in A. mit 2-Oxybenzoesäure-5-sulfonsäurephenylamid 2 Std. am Rückfluß gekocht. Den Farbstoff erhält man durch Eindampfen der Lsg.; Wolle (**B**) aus schwachsaurem Bad gelb. — 1-Methoxy-2-aminobenzol-4-sulfonamid → 1-(Benzolsulfonyl)-amino-7-oxynaphthalin wird entmethylierend chromiert u. mit Salicylsäure in W. unter Rückfluß gekocht. **B** aus saurem Bad blau. — 1-Oxy-2-aminobenzol-4-sulfonsäureamid → 1-Amino-7-oxynaphthalin wird chromiert u. in Methanol mit 2-Oxybenzoesäure-5-sulfonsäurephenylamid unter Rückfluß 2 Std. gekocht. Nach dem Abkühlen fügt man 10%ig. NaOH zu u. läßt unter Rühren bei 50° innerhalb 20 Min. eine berechnete Menge Acetanhydrid zufließen. Der Methylalkohol wird abdest., der Rückstand mit 3%ig. Sodalsg. aufgenommen, filtriert, das Filtrat mit Salzsäure angesäuert u. der Farbstoff abgesaugt. **B** aus schwachsaurem Bade blau. (**D. B. P. 932 445** Kl. 22a vom 14/8. 1953, ausg. 1/9. 1955. Anmeldung bekanntgemacht 10/3. 1955. **Zusatz zu D. B. P. 846 142; C. 1954. 10 593.**) U. SIEVERS. 7053

Farbenfabriken Bayer Akt.-Ges. (Erfinder: **Klaus Böckmann** und **Karl Taube**), Leverkusen, *Trisazofarbstoffe* erhält man durch Kuppeln von diazotierten 1-Amino-8-oxynaphthalinsulfonsäuren, zweckmäßig in Form ihrer O-Benzol- oder Toluolsulfonsäureester, mit einem p-ständig zur NH_2-Gruppe kuppelnden Amin der Benzol- oder Naphthalinreihe, das Sulfonsäuregruppen enthalten kann, erneutes Diazotieren des Reaktionsprod., Kuppeln mit einem Amin genannter Körperklassen, Weiterdiazotieren u. Kuppeln mit einer Sulfonsäure des 1-Amino-7-oxynaphthalins oder dessen Derivaten. Die gegebenenfalls vorhandenen O-Benzol- oder Toluolsulfonsäureester werden abschließend verseift. — 1-Amino-8-oxynaphthalin-3.6-disulfonsäure (als Benzolsulfonsäureester; I), → 1-Amino-2.5-dimethylbenzol → 1-Amino-2-methoxy-5-methylbenzol (**II**) → 1-Amino-7-oxynaphthalin-3-sulfonsäure (**III**). Baumwolle (**A**) u. regenerierte Cellulose (**G**) grau. — **I** → 1-Aminonaphthalin-7-sulfonsäure (**IV**) → **II** → **III**. **A** u. **G** grau. — **I** → **IV** → **II** → 1-Phenylamino-7-oxynaphthalin-3-sulfonsäure. **A** u. **G** grau. — (**D.B.P. 931 122** Kl. 22a vom 19/4. 1953, ausg. 1/8. 1955. Anmeldung bekanntgemacht 10/2. 1955.) U. SIEVERS. 7055

Ciba Akt.-Ges., Basel, Schweiz, *Küpenfarbstoffe*, die die pflanzliche Faser u. synthet. Fasern, z. B. Polyamide, in licht- u. chlorechten grünen bis oliven Tönen färben, auch als Pigmente zum Färben u. Drucken geeignet sind u. in Form ihrer Leukoester verwendet werden können, erhält man durch Carbazolieren von Trianthrimiden der

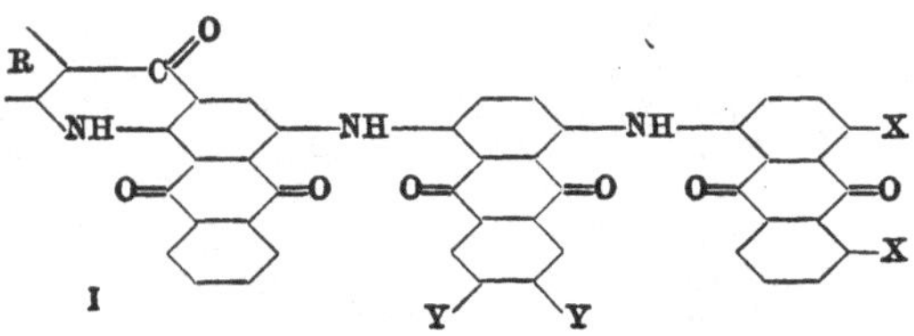

I

allg. Zus. I (R = aromat. Rest, ein X = H, das andere X = H oder eine Acylaminogruppe u. die Y = H oder Halogen). — Als carbazolierende Mittel können z. B. $TiCl_4$ oder $AlCl_3$ enthaltende Gemische, z. B. $AlCl_3$ + NaCl, bes. aber $AlCl_3$ mit Pyridinbasen bei Tempp. zwischen 140 u. 160° verwendet werden. — Aus dem Trianthrimid aus 4-Chlor-1.1'-dianthrimid u. 4-Aminoanthrachinon-2.1(N)-benzolacridon, dunkles Pulver, in konz. H_2SO_4 olivschwarz lösl., erhält man so ein Carbazol, dunkles Pulver, in H_2SO_4 violett lösl., färbt Baumwolle aus gelbbrauner Küpe echt schwarzoliv. (**Schwz. P. 306 385** vom 21/12. 1951, ausg. 16/6. 1955.) O. ROICK. 7059

Durand & Huguenin Akt.-Ges., Basel, Schweiz, *Schwefelsäureestersalze aus schwer veresterbaren Küpenfarbstoffen der Anthrachinonreihe* erhält man durch Umsetzen dieser Farbstoffe in Ggw. von feinverteiltem Cu oder Cu-Legierungen u./oder in Ggw. mindestens eines feinverteilten Metalls der Fe-Gruppe mit $ClSO_3H$ oder einem äquivalenten Gemisch von SO_3 u. HCl in einer Mischung von α-Picolin (I) u. mindestens einem Diäthyl-(monomethylcyclohexyl)-amin (II) u. gegebenenfalls Diäthylcyclohexylamin (III), wobei der Anteil an II im Basengemisch 10—60, bes. 15—35%, beträgt. — In 170 (Gewichtsteile) techn. I vom Kp. 125—128° trägt man unter Kühlen u. Rühren 20 $ClSO_3H$ u. 45 Diäthyl-(2-methylcyclohexyl)-amin (IV) ein u. erwärmt nach Zugabe von 7 Messingpulver (V) u. 10 feingemahlenem 1.5-Dibenzoylaminoanthrachinon 5 Std. unter Rühren auf 55°. Der nach der üblichen Aufarbeitung in 80—90% ig. Ausbeute erhaltene Ester färbt in sehr naßechten goldgelben Tönen. An Stelle von 7 V können auch 7 Cu-Pulver, 10 Fe-Pulver oder 10 eines Gemisches von 5 V u. 5 Fe-Pulver u. an Stelle von IV das 3- oder 4-Methylderiv. oder ein Gemisch aus einem II u. III verwendet werden. In ähnlicher Weise kann man mit 70—80% ig. Ausbeute den Leukoschwefelsäureester von Di-(5'-benzoylamino-1'-anthrachinoyl)-2.8-diaminochrysen, sehr echte gelbstichige Brauntöne, oder des Anthrimids aus 1.3-Dichlor-2-methylanthrachinon u. 1.4-Monobenzoyldiaminoanthrachinon, sehr echte neutrale Grautöne, erhalten. (**Belg. P. 516 938** vom 15/1. 1953, ausg. 26/11. 1954. Schwz. Prior. 30/5. 1952. **Schwz. P. 306 892** vom 30/5. 1952, ausg. 1/7. 1955. **Zusatz zu Schwz. P. 292 804; C. 1955. 11745.**) O. ROICK. 7059

XIa. Farben. Anstriche. Lacke. Naturharze.

K. Panhäuser, *Entrosten durch Flammstrahlen.* Allg. Ausführungen. — 4 Literaturhinweise. (Ind.-Lackier-Betr. **23.** 210—11. Sept. 1955. Düsseldorf.) M. WINIKER. 7090

H. E. Rose, *Farbstärkenwerte von Carbon Black.* Um genaue Farbwerte beim Ausmischen mit Weißpigmenten zu erhalten, ist auf einen der Teilchengröße des Pigments entsprechenden konstanten Abstand der Mullerscheiben zu achten. Die vom Vf. entwickelte Theorie wird in mathemat. Gleichungen wiedergegeben. Ergebnisse prakt. Verss. mit verschied. Carbon Blacks werden mitgeteilt. (Paint Manufact. **25.** 213—15. Juni 1955.) A. SANDER. 7092

K. Wekua und **J. Bergmann,** *Versuche über die Synthese trocknender Öle.* Die Synth. trocknender Öle durch Chlorieren mit nachfolgender Dechlorierung wurde an *Stearin,* seinem Methylester u. Triglycerid, Stearinsäuretriglycerid, synthet. Fettsäure der Paraffinoxydation, Olivenöl, dem tert. Amin $(C_{18}H_{37})_3N$, F. 47,6°, u. *Isocerin,* einem Ceresin der Fa. ERNST SCHLIEMANN, versucht. Der Cl-Einbau erfolgte durch Chlorieren unter UV-Bestrahlung, die Abspaltung mit der 1—4 fachen Menge Zn in A. oder Dioxan. Zn-Grieß war wirksamer als Zn-Staub. Mit anderen Metallen, wasserunlösl. organ. Fll. oder wss. Alkalien war die Abspaltung unvollkommen. Ihr Verlauf wurde durch Best. der JZ. u. Teil-JZ. (nach KAUFMANN), der Gesamt-JZ. (nach WOBURN) in verschied. Zeitabständen sowie der SZ., des Mol.-Gew. u. des Cl-Geh. verfolgt. Es werden Formeln zur Berechnung der Chlorzahl (= Anzahl der pro Mol. gebundenen Cl-Atome) u. der theoret. Doppelbindungszahl aus dem Cl-Geh. sowie der aus den drei verschied. JZZ. (JZ., Teil-JZ., Gesamt-JZ.) feststellbaren Doppelbindungszahlen angegeben. Die SZ. gibt Aufschluß über etwaige Veresterung u. das Mol.-Gewicht. Die bei den Cl-Abspaltungen jeweils bestimmten JZZ. ergeben, gegen die Zeit aufgetragen, Parabeln, die logarithm. dargestellt als Gerade, bei Dechlorierung in Dioxan als konkave Kurven erscheinen. Von der JZ. nicht erfaßte Doppelbindungen nahe der COOH-Gruppe entstehen hauptsächlich während der ersten Reaktionszeit. Es läßt sich eine deutliche Abhängigkeit der Gewichtszunahme u. Trocknungsgeschwindigkeit von der JZ. feststellen. Synthet. Öle zeigen kein Maximum durch etwaigen Filmabbau bei der Trocknung, sondern nähern sich einem Grenzwert. Nach dem Verf. kann man aus beliebigen organ. Verbb. mit längeren KW-stoffketten O-akt., rasch trocknende Öle herstellen. Bei Anwendung von Sikkativen sinkt die Trockenzeit auf wenige Stunden. (Farbe u. Lack **59.** 267—71. Juli. 311—16. Aug. 1953. Berlin, TU, Labor. für Anstrichtechnik.) K. STEINER. 7096

Juan Martínez Moreno und **José M. Huesa López,** *Einführung von Hydroxylgruppen in Triglyceride durch katalytische Oxydation mit Luft.* Durch Einführung von OH-Gruppen in Glyceride sollen trocknende Öle gewonnen werden. *Triolein* (I) u. Gemische von I mit 25 u. 50% *Tristearin* (II) werden durch 8std. Einblasen von Luft bei 120° in Ggw. von MnO_2 oxydiert. Dabei nimmt die SZ. in allen Fällen langsam zu, die AZ. zuerst rasch, dann langsamer zu, die JZ. ab, die Peroxydzahl (PZ.) nimmt bis zu einem Maximum zu (das beim Gemisch I:II = 1:1 erst nach 8 Std. erreicht wird), dann ab. Das aus I allein erhaltene Prod. enthält 31% *Dioxystearin* (III, mit HJO_4 bestimmt). Der Oxydationsgrad als Summe von I, *Ricinolein* (IV) u. III ergibt sich aus der Fraktion a der freien Fettsäuren, p der Peroxyde u. S = II zu T_{ox} = I + III + IV = 1 − (a + p + S), die JZ. aus den JZZ. von I u. IV zu JZ. = 85 JZ_I + 80,5 JZ_{IV}, die AZ. entsprechend zu AZ. = 159 AZ_{IV} + 272,3 AZ_{III}. II wirkt nicht nur als Lösungsm., sondern verzögert auch das Maximum der PZ.; III nimmt stetig zu, IV geht durch ein Maximum. (An. Real Soc. españ. Física Quím., Ser. B **50.** 489—96. Mai 1954. Sevilla, Inst. d. l. Grasa y sus deriv., Secc. Fís. Quím. ind.) R. K. MÜLLER. 7096

S. Medina-Castellanos, *Der heutige Stand und die Möglichkeiten der synthetischen Harze für Firnisse.* Ausgehend von der Bedeutung der Filmbldg., wird die Eignung der einzelnen Typen der synthet. Harze für die Verwendung in Firnissen erörtert; von jeder Stoffklasse werden die geeignetsten Vertreter angeführt. (Rev. Plásticos **6.** 102—09. März/April 1955.) R. K. MÜLLER. 7096

W. E. Elwell, *Oronit-Isophthalsäure.* Übersicht über Eigg. u. Verwendung der auf Petroleumbasis als neuem wertvollen Lackrohstoff hergestellten u. entwickelten *Isophthalsäure* bzw. der daraus hergestellten Alkydharze u. ungesätt. Polyester. Ihre lacktechn. Vorzüge gegenüber dem Phthalsäureanhydrid liegen in der glatten Veresterung u. höheren Polymerisationsfähigkeit der Kondensationsprodd., wie an Kurventafeln u. Bewitterungsproben nachgewiesen wird. (Amer. Paint J. **39.** Nr. 29. 76. 77. 80. 82. 84—87. 90. 4/4. 1955. Oronite Chem. Comp.) A. SANDER. 7096

G. Widmer, *Allyl-Melamin-Äther und deren Verwendung in lufttrocknenden Alkydharzlacken und Lackemaillen.* Die Verwendung von Butyl–Harnstoff- u. Butyl–Melamin-Ätherharzen im Gemisch mit Alkyden in Einbrennlacken u. -emaillen hat in den letzten Jahren einen sehr großen Umfang angenommen. Die Harnstoff- bzw. Melaminkomponente verleiht den Lackfilmen Härte u. Lichtechtheit, während die Alkydkomponente zur Erhöhung der Dehnbarkeit, Adhäsion u. Beständigkeit gegen W. u. Atmosphärilien beiträgt. Werden an Stelle der Butyläther die in der vorliegenden Arbeit beschriebenen Allyläther eingesetzt, so werden Bindemittel erhalten, die durch einfache Lufttrocknung bei Zimmertemp. Lackfilme mit ähnlich guten Eigg. ergeben. Herst. u. Eigg., bes. Lufttrocknung der Allyl–Melamin-Äther, werden beschrieben. Alkyd–Allyl–Melamin–Äther-Gemische werden als Bindemittel für die Herst. von Klar- u. Weißlacken geprüft. (Schweiz. Arch. angew. Wiss. Techn. **20.** 345—64. Nov. 1954. Basel, Ciba A.-G., Kunststoff-Abt., Wiss. Labor.) E. PREU. 7096

—, *Holzmehl in der Anstrichindustrie und gleichwertige Pigmentpräparate.* Übersicht über Eigg. u. Verwendung von Holzmehl in der Anstrichtechnik, bes. als Füllstoff für Firnis, als Bestandteil von Mastix, Holzleim, Rostschutzanstrichen, alkal. Beizen u. Reinigungsmitteln, Schallisoliermitteln usw. (Peintures, Pigments, Vernis **31.** 225—27. März 1955.) W. WESLY. 7096

Germana Liotta Vandone, *Das Aluminium, ein Pigment für Anstriche.* Nach einer Skizzierung der verschied. Methoden zur Herst. von *Al-Pulvern* (I) werden Herst., Eigg., Qualitätskontrolle u. Anwendungen von Anstrichfarben auf Basis I besprochen. — 6 Literaturhinweise. (Pitture e Vernici **11.** 319—28. Mai 1955.) M. WINIKER. 7106

Emanuele Savelli, *Epoxydharze „Epikote" in antikorrosiven Anstrichfarben von hoher Elastizität.* (Vortrag.) Eigg., Kondensation mit verschied. Kondensationsmitteln u. Anwendung, bes. in Rostschutzfarben, der verschied. Epoxydharztypen (Epikote) der SHELL CORPORATION. — 26 Literaturzitate. (Ind. Vernice-Lack- u. Farben-Chem. **9.** 65—73. 1955.) B. SCHEIFELE. 7106

W. W. Cranmer, *Neuere Erfahrungen der Marine mit Saran- und Vinylharzfarben. Saranfarben* auf Basis von Vinylidenchlorid–Acrylnitril-Mischpolymerisaten sind gegen Dieselöle, Salz- u. Süßwasser beständig. Auf Brennstoff- u. Ballasttanks hielten Saran-anstriche sehr gut, ohne Abblättern oder Blasenbldg. zu zeigen. Wash primer mit *Polyvinylbutyral,* bas. Zn-Chromat u. Phosphorsäure verleiht dem Anstrichsyst. eine gute Haftfestigkeit auf Stahl, Al u. verzinktem Eisen. Auf der Oberseite von U-Booten wurde Wash primer in Verbindung mit antikorrosiver Vinylharzgrundierung u. Vinyl-Alkydharz-Deckfarben mit Erfolg verwendet. Auf der Unterseite angebrachte rote Vinylharz–Antifouling-Farbe erforderte innerhalb von 3—4 Jahren nur einmaligen Erneuerungsanstrich. Auch auf Böden von Überwasserschiffen wurden mit Vinylharz-farben günstige Ergebnisse erzielt. Das Vinylharz–Antifouling-Anstrichsyst. besteht aus Wash primer von 0,5 mil Filmdicke, antikorrosivem Grund von 5 mils u. Antifouling von 5 mils. Gesamtfilmstärke 10—11 mils (250—275 μ). (Amer. Paint J. **39.** Nr. 40. 86. 87. 90. 92. 94. 20/6. 1955. Philadelphia, Pa., U. S. Naval Shipyard, Ind. Test Labor.) B. SCHEIFELE. 7106

Luciano Colombo, *Ein neuartiger Aufbau im Schiffsbodenanstrich.* Günstige Resultate ergaben Schiffsbodenanstriche, die auf phosphatiertem Stahl mit 2 u. 3 Aufträgen von antikorrosiver Grundierung u. 1 u. 2 Aufträgen von Antifoulingfarbe ausgeführt wurden. (Ind. Vernice **9.** 123—25. 1955.) B. SCHEIFELE. 7106

H. Anders, *Kunststoffe für den Oberflächenschutz in der chemischen Industrie.* Allg. Ausführungen. (Plastverarbeiter **6.** 100—01. März 1955.) M. WINIKER. 7106

G. M. Powell, T. E. Mullen, K. L. Smith und **D. E. Hardman,** *Organosole von Vinylharzen.* Die verschied. Typen handelsüblicher Organosolharze auf Vinylchlorid-basis werden vergleichend zusammengestellt u. einige allg. Mischungsregeln für Organosole (Suspensionen aus Harz, Weichmacher u. Verdünnungsmittel) u. Plastisolen (Suspensionen aus Harz u. Weichmacher) erörtert. Die Technik der Verarbeitung von Organosolen wird beschrieben. Einige Methoden zur Unters. des kolloidchem. Verh. von Organosolsystemen werden angegeben u. erörtert. (Off. Digest Federat. Paint Varnish Product. Clubs **26.** 94—108. Febr. 1954. South Charleston, W. Va., Carbide & Carbon Chem. Co., Div. of Union Carbide & Carbon Co., Res. & Developm. Dep.) R. SCHÄFF. 7106

S. H. Richardson, *Die „cold mix"-Lacktechnik.* Unter Verwendung näher beschriebener Prodd., bes. eines Bakeliteharzes der UNION CARBIDE & CARBON CORP. ist es möglich, allein durch Mischen in kaltem Zustand Anstrichmittel u. Lacke auch für besondere Zwecke herzustellen. In 7 Tabellen sind bewährte Rezepte u. die für die Anstrichtechnik wichtigsten Eigg. der fertigen Mischungen angegeben. (Paint Varnish Product. **45.** 25—29. 74. Aug. 1955. New York, N. Y., Union Carbide & Carbon Corp.) H. ECKHARD. 7106

J. J. Zonsveld, *Mit Aminen durchhärtende Anstriche auf Basis Epoxyharze.* Engl. Fassung der C. **1955.** 4221 referierten Arbeit. (J. Oil Colour Chemists' Assoc. **37.** 670—75. Dez. 1954.) A. SANDER. 7106

—, *Die Entwicklung der Schutzwachse.* Erzeugung von schützenden Filmen aus Lsgg. u. Emulsionen geeigneter Wachse u. wachsartiger Produkte. (Dtsch. Farben-Z. **9.** 303—06. Aug. 1955. Ernst Schliemann's Export-Ceresin. Fabrik, Labor.) B. SCHEIFELE. 7106

I. C. Fritz, *Kaltverzinkung für den Oberflächenschutz geschweißter Bauteile.* Bei der oft fälschlich als Trocken- oder Kaltgalvanisierung bezeichneten Kaltverzinkung gelangt eine Zn-Paste mit einem Lösungsm. zur Anwendung, die wie eine Farbe behandelt u. aufgetragen wird. Das im Lösungsm. suspendierte Zn schlägt sich auf dem Untergrund nieder u. geht mit demselben entsprechend der elektrolyt. Spannungsreihe eine mol. Verb. ein, wobei das Binde- u. Lösungsm. als Elektrolyt dient. (Ind.-Lackier-Betr. **23.** 211. Sept. 1955. Köln.) M. WINIKER. 7106

M. M. Pawljutschenko, W. M. Akulowitsch und **N. N. Bulygo,** *Untersuchung der Oxydationsprodukte von Harzsäuren.* Die Oxydation von *Abietinsäure* (I) u. dem kristallinen Anteil von *Nadelholzharzen* (II) durch O_2 bei 50—60° im Vakuum oder bei Zimmertemp. an der Luft im Verlaufe von 3 Jahren führt prim. zur Anlagerung von O an einen Teil der Doppelbindungen u. zur Bldg. von Peroxyden u. Hydroperoxyden. Die Peroxydmenge ist beim Arbeiten bei 60° ca. 10mal geringer als bei Oxydation bei 20°. Durch Zerfall der Hydroperoxyde entstehen OH-Gruppen, die Vff. auch durch Acetylierung nachweisen. Außer mit Alkoholen ist mit der sek. Bldg. von Monoxyden u. carbonylhaltigen Verbb. zu rechnen. Das Absorptionsmaximum im UV von **I** u. **II** erniedrigt sich bei der Oxydation, während der Absorptionskoeff. im langwelligen Teil des Spektr. ansteigt. (Журнал Общей Химии [J. allg. Chem.] **25** (**87**). 914—18. Mai 1955. Akad. der Wiss. der WeißrussSSR, Inst. für Chem.) M. ULMANN. 7140

A. I. Kalninsch, Je. A. Rupaiss und **Ss. W. Miljutina,** *Untersuchung der Nadeln von harzreichen Kiefern.* Mikroaufnahmen u. morpholog.-analyt. Unterss. zeigten, daß harzreichere Nadeln von Pinus silvestris eine größere Anzahl von peripheren u. öfters 3 statt 2 zentralen Harzgängen besitzen, deren Durchmesser die der gewöhnlichen Nadeln bis zu 50% überschreiten können. Aus der Länge der Nadeln kann auf deren Harzreichtum nicht geschlossen werden. (Известия Академии Наук Латвийской ССР [Nachr. Akad. Wiss. LettSSR] **1955.** Nr. 3. 79—86. Inst. für Forstwirtschaftl. Probleme der Akad. der Wiss. der LettSSR.) M. ULMANN. 7140

I. I. Bardyschew, O. I. Tschernjajewa und **A. N. Litwinowa,** *Schnellmethode zur quantitativen Bestimmung der Summe der Pinen in Terpengemischen.* Die Beobachtung, daß bei Einhaltung bestimmter Versuchsbedingungen von den Prodd. der Terpentingemische nur α- u. β-Pinen (**I**) durch H_2SO_4 in Eisessig isomerisiert u. polymerisiert werden (verbunden mit einer Veränderung der Temp., die proportional der **I**-Menge ansteigt), benutzen Vff. zur Durchführung einer thermometr. Schnellmethode. Die Versuchsanordnung wird eingehend beschrieben. (Гидролизная и Лесохимическая Промышленность [Hydrolysen- u. holzchem. Ind.] **8.** Nr. 2. 15—17. 1955. Zentr. Wiss. Holzchem. Forschungsinst.) M. ULMANN. 7160

Deutsche Gold- & Silberscheideanstalt vormals Roessler, Deutschland, *Herstellung von pigmentierten ausgewalzten Massen für Lacke und dergleichen.* Man walzt in KW-stoffen lösl. polymere Substanzen mit Ruß oder einem anderen Pigment in Ggw. eines Dispersionsmittels (eines Guanidinderiv.). — Z. B. homogenisiert man bei 60—80° zwischen Friktionszylindern 55 (Teile) eines Mischpolymerisates („Vinoflex MP 400"), 27,15 Ruß („Regent"), 16,50 synthet. Harz („Uresin B") u. 1,35 o-Tolyl-bis-guanid („Vulkasit 1000"). — Vgl. auch D. B. PP. 922 250; C. **1955.** 6405, u. **907 130**; C. **1954.** 10351. (**F.P. 1 063 084** vom 12/5. 1952, ausg. 29/4. 1954. D. Priorr. 12/5., 4/7. u. 14/12. 1951.) T. OPPERMANN. 7093

Universal Oil Products Co., Chicago, Ill., übert. von: **Joseph D. Danforth,** Grinell, Io., V. St. A., *Trocknende Öle* erhält man durch Erhitzen eines ungesätt. Amins, bes. der Formel (R_2, R_3)N—R_1 (R_1, R_2 u. R_3 = H, Alkyl, Alkenyl, Alkapolyenyl, Aryl, Aralkyl, Aralkenyl, Naphthenyl, Cycloalkyl, Cycloalkenyl (wobei wenigstens eines der R = Alkenyl, Alkapolyenyl oder Aralkenyl ist), die z. B. durch Kondensation eines Monoalkylamins mit einem Alkadien in Ggw. von Na als Kondensationsmittel bei ca. 0—150° hergestellt werden, mit einem trocknenden Öl aus einem ungesätt. Fettsäureester (Leinöl, dehydratisiertes Ricinusöl, Oiticicaöl, Perillaöl, Olivenöl, Baumwollsamenöl, Cocosnußöl, Sojabohnenöl, Hanföl, Walnußöl, auch deren Glyceride) oder einem trocknenden ungesätt. KW-stofföl oder deren Mischungen auf 150—300°, notfalls in Ggw. eines Katalysators (HCl, H_2SO_4, H_3PO_4, Essigsäure, Benzoesäure) erhitzt, wobei vermutlich Polymerisation, DIELS-ALDER-Anlagerung u. Säureamidbldg. erfolgt. — Aus Leinöl, Octadienylbutenylisopropylamin (hergestellt aus Isopropylamin u. Butadien in Ggw. von Na) nach 6std. Erhitzen auf 280—300° → Prod., das in dünnem Film ausgestrichen einen transparenten Überzug liefert, Viscosität 40 cP/25°. — *Überzugsmassen.* (**A. P. 2 566 515** vom 18/9. 1947, ausg. 4/9. 1951.) G. KRAUSS. 7097

National Research Corp., Cambridge, übert. von: **Earl E. Chadsay,** Newton, **Philip J. Cough,** Reading, und **Philip Godley,** Lexington, Mass., V. St. A., *Aufdampfverfahren,* z. B. für Aluminiumüberzüge auf Papier oder plast. Massen. Man schm. in einem Tiegel aus z. B. Graphit oder amorpher Kohle oder deren Gemischen Al bei >1200° u. leitet mit großer Geschwindigkeit heiße Luft darüber, so daß dadurch die Schmelze kräftig gerührt wird. Dabei werden die an deren Oberfläche entstehenden Aluminiumcarbidkristalle ständig in die Schmelze hineingerührt, die Oberfläche bleibt somit frei von Kristallen, u. es können ständig Al-Dämpfe abströmen. (**A. P. 2 643 201** vom 24/12. 1949, ausg. 23/6. 1953.) H. NEBELSIEK. 7107

John C. Zola, Arcadia, Calif., V. St. A., *Herstellung von Anstrichmitteln.* Verschied. Bindemittel, die verschied. gefärbt sind, werden in W. mit Hilfe eines Emulsionsstabilisators emulgiert, wobei die Teilchengröße > 50 μ sein soll. Zweckmäßig werden die Bindemittel einzeln emulgiert u. die erhaltenen Emulsionen gemischt. Als Stabilisatoren sind Celluloseglykolat, Oxyäthylcellulose, Polymethacrylsäure, Gummi arabicum, Karayagummi, Gelatine, Na-Alginat, Albumine, Pectin, Stärke, wasserlösl. Harnstoff–CH_2O-Kondensate, Fullererde, Talcum, $BaSO_4$, $CaCO_3$, $CaSO_4$, $MgCO_3$ oder Kieselgur verwendbar, als Bindemittel Nitrocellulose, Celluloseacetat, Leinöl oder andere trocknende Öle, natürliche oder künstliche Harze. So sind mit einem Mittel mehrfarbige Anstriche zu erzielen. (**A. P. 2 591 904** vom 29/10. 1947, ausg. 8/4. 1952.) W. GRÄGER. 7107

Technical Development, M. G. O. Branch, Army Headquarters, New Delhi (Erfinder: **Shri J. J. Bagchi, Shri B. S. Dnegan** und **Shri N. K. Chakravarti,** Kanpur),

Indien, *Feuchtigkeitsundurchlässige Überzugsmasse für Verpackungszwecke.* Man erhitzt 30 (Teile) Harz auf 420° F u. trägt die zur Neutralisation von 60% der freien Säuren erforderliche Menge Kalk unter ständigem Rühren langsam ein, worauf 2 Std. auf 520° F erhitzt wird. In die auf 465° F abgekühlte Mischung trägt man die Schmelze aus 56 Bienenwachs u. 14 Vaseline ein. Die Überzugsmasse wird im Tauchverf. bei 200° F aufgebracht. (**Ind. P. 47 272** vom 10/5. 1952, ausg. 10/3. 1953.) O. SCHÖN. 7107

Dow Chemical Co., übert. von: **John H. Reilly**, Midland, Mich., V. St. A., *Auskleiden von starren Metallrohren.* Man überzieht eine Tube aus *plast.* Material mit einem thermoplast. Klebstoff, trocknet ihn u. legt um die Tube ein Gewebe, so daß dessen Seitenkanten über die Länge der Tube hinausragen. Nun führt man die so eingehüllte Tube in das starre Metallrohr ein, zieht das Gewebe an den überragenden Enden ab u. neigt das Rohr, wobei man die Tube allmählich mit heißem W. füllt. Die Tube wird dadurch weich, dehnt sich u. paßt sich dem Rohr an, wobei der wieder weichgewordene Klebstoff wirksam wird. (**A. P. 2 664 373** vom 25/10. 1950, ausg. 29/12. 1953.) H. NEBELSIEK. 7107

Burns & Russell Co. of Baltimore City, übert. von: **Alexander H. Russell**, Baltimore, Md., V. St. A., *Überziehen von keramischem Material.* Man besprüht die Oberfläche des zu behandelnden Gegenstandes unter Erhitzen auf 125—250° F mit einem hauchdünnen Überzug aus einem in einem flüchtigen Lösungsm. gelösten, härtbaren Harz, z. B. einem Harnstofformaldehydharz. Nach wenigen Min. ist das Lösungsm. verdampft, u. es bleibt ein dünner Film zurück, der die Poren des keram. Gegenstandes dicht abschließt. Auf diesen noch heißen Film versprüht man sofort anschließend einen zweiten, etwas dickeren Film aus demselben oder einem anderen Harz, z. B. Melaminformaldehydharz, u. läßt auch diesen Film unter Wärmeeinw. härten. (**A. P. 2 657 153** vom 4/6. 1948, ausg. 27/10. 1953.) H. NEBELSIEK. 7107

United States Gypsum Co., Chicago, übert. von: **Herman A. Scholz**, Evanston, und **Earl E. Saville**, Palatine, Ill., V. St. A., *Wasserlösliche Feuerschutzüberzugsmittel* bestehend aus ca. 10—30% eines härtbaren wasserlösl. N-haltigen Harzes, 30—50% eines sauren NH_4-Phosphates u. dem Rest von 2 Pigmenten, von denen das eine BaO, Gips, Lithopone, ZnS, Ti-Oxyde u. das andere SiO_2, Ton, Pyrophyllit, Talkum u. Glimmer sein kann. — Man mischt z. B. 21,6% ZnS („Cryptone BA 40"), 5% Pyrophyllit („Pyrax B"), 8,35% Ton, 4,20% Glimmer, 50% $NH_4H_2PO_4$, 0,65% Gummi arabicum u. 10,20% Harnstofformaldehydharz („Uformite 500"). — Weitere Beispiele mit wechselnden Zusammensetzungen. (**A. P. 2 566 964** vom 24/4. 1948, ausg. 4/9. 1951.) G. KRAUSS. 7107

G. Champetier et **H. Rabaté**, Chimie des peintures, vernis et pigments. T. I et T. II. Paris: Dunod. 1955. (670 S. u. 652 S.) je fr. 5400,—.

XIb. Plaste (Kunstharze. Plastische Massen).

C. D. Bopp und **O. Sisman**, *Strahlungsstabilität von plastischen und elastischen Stoffen.* Die Einw. intensiver Neutronen- u. γ-Strahlung auf zahlreiche plast. u. elast. Stoffe wird untersucht. Obwohl relativ geringe Strahlendosen zu einer Verbesserung einzelner Eigg. führen können, bringt intensive Bestrahlung weitgehende unerwünschte Veränderungen mit sich. (Nucleonics **13**. Nr. 7. 28—33. Juli 1955. Oak Ridge, Tenn., ORNL.) G. HERRMANN. 7170

R. Hayes, *Einfluß von Temperatur und Orientierung auf die mechanischen Eigenschaften von Kunststoffen.* Vf. erörtert die Abhängigkeit der mechan. Eigg. der Kunststoffe von der Temp. u. der Konfiguration der Mol.-Ketten (Orientierung). Da die Eigenschaftsänderung nur qualitativ vorausgesagt werden kann, müssen die quantitativen Unterschiede zwischen den einzelnen Kunststoffen im Labor- u. Praxisvers. ermittelt werden. Das Problem der Abhängigkeit der Eigg. von der Orientierung spielt bes. bei der Verarbeitung eine Rolle. (Plast. Inst., Trans. and J. **22**. Nr. 49. 205—24. Juli 1954. Brit. Resin Prod. Ltd.) R. SCHÄFF. 7170

J. H. Bryan, *Oberflächenbearbeitung von Kunststoffen.* Die Poliermethoden u. ihre Anwendung für die verschied. Kunststofftypen werden besprochen. — Diskussionsbemerkungen. (Plast. Inst., Trans. and J. **22**. Nr. 49. 180—88. Juli 1954. W. Canning & Co., Ltd.) R. SCHÄFF. 7170

H. H. Ball, *Die Vorheizung von Preßmaterialien unter besonderer Berücksichtigung der Erhitzung mit Frischdampf.* Nach einer Erörterung der verschied. Methoden zur Vorheizung von Preßpulvern oder Vorformlingen in der Kunststoffpreßtechnik wird die Möglichkeit der Vorheizung mit überhitztem Dampf eingehend besprochen. Diese Meth. wurde so weit entwickelt, daß vorgeformte Phenolharzpreßteile schnell in der M. erhitzt werden, so daß dieses Verf. wirtschaftlicher ist als die Hochfrequenzerhitzung. — Diskussionsbemerkungen. (Plast. Inst., Trans. **20**. Nr. 39. 7—38. Jan. 1952. Bakelite Ltd.) R. SCHÄFF. 7170

A. A. Tomkins, *Normung von Einpreßteilen.* Besprechung der Probleme u. Vorschläge. — Diskussionsbemerkungen. (Plast. Inst., Trans. and J. **22.** Nr. 48. 87—98. April 1954. Joseph Lucas [Batteries] Ltd.) R. SCHÄFF. 7170

J. A. Carr und **B. B. Williams,** *Die Technologie der Schaumstoffe.* Übersicht über Eigg., Herst. u. Verwendung von Schaumstoffen (Celluloseacetat, Polyäthylen-, Phenol-, Vinyl-, Polyurethan-, Epoxyschaum u. Schaumgummi). (Canad. Plast. **1955.** 41—42. 51—54. April. Toronto, Dunlop Ltd.) W. WESLY. 7170

H. Foulon, *Kunststoffe in der Bauindustrie.* Allg. Ausführungen. (Plastverarbeiter **6.** 173—74. Mai 1955.) M. WINIKER. 7170

John T. Scales, *Anwendung einiger Kunststoffe in der Chirurgie.* Nach einer Beschreibung der Eigg., die von Kunststoffen für chirurg. Anwendung gefordert werden, u. der Untersuchungsmethoden für die Rk. von Gewebe in Kontakt mit Kunststoffen erörtert Vf. an Beispielen die prakt. Anwendung von *Polymethacrylsäuremethylester* u. *Polyäthylen* in der Chirurgie. — Diskussionsbemerkungen. (Plast. Inst., Trans. **20.** Nr. 39. 74—90. Jan. 1952. London, Univ., Inst. of Orthopaedics, Plast. Res.) R. SCHÄFF. 7170

D. J. Tarbert, *Kunststoffe für Schuhzeug.* Erörterung des Einsatzes u. der damit verbundenen Probleme. — Diskussionsbemerkungen. (Plast. Inst., Trans. and J. **22.** Nr. 50. 313—21. Okt. 1954. Northampton, Edward & Co., Ltd.) R. SCHÄFF. 7170

E. R. Conradi, *Kunstoffolien in der Verpackungsindustrie.* Die in der Verpackungsindustrie verwendeten Typen von Kunststoffolien (Cellulose, Polyäthylen, Kautschukhydrochlorid, Celluloseacetat, Polyterephthalat u. Vinylharz) u. deren Eignung werden kurz besprochen. — Diskussionsbemerkungen. (Plast. Inst., Trans. and J. **22.** Nr. 49. 151—58. Juli 1954. Transparent Paper Co. Ltd.) R. SCHÄFF. 7170

J. Gadsby, *Fluorhaltige Polymerisate.* Zus., Herst., Struktur, Eigg. u. Anwendung von *Polytetrafluoräthylen* (I) u. *Polytrifluorchloräthylen* (II) werden besprochen. Die Eigg. von I u. II hängen eng mit deren Mol.-Struktur zusammen. — Diskussionsbemerkungen. (Plast. Inst., Trans. and J. **22.** Nr. 47. 5—22. Jan. 1954. Imp. Chem. Ind. Ltd., Plastics Div.) R. SCHÄFF. 7172

Gyula Vancsó, *Hiesige Erfahrungen mit Polyvinylchlorid.* Übersicht über die Anwendungsmöglichkeiten von *Polyvinylchlorid.* Die Art der Verarbeitung u. die Eigg., bes. die Korrosionsbeständigkeit gegenüber chem. Stoffen, werden ausführlich beschrieben. — 17 Abbildungen. (Magyar Kémikusok Lapja [Z. Ver. ung. Chemiker] **9.** 257—65. Sept. 1954.) R. BIRTHLER. 7172

K. Leyland, *Probleme bei der Extrusion.* Am Beispiel der *Polyvinylchlorid*-Kabelummantelung werden die Probleme beim Schneckenstrangpressen von Kunststoffen erörtert. — Diskussionsbemerkungen. (Plast. Inst., Trans. **20.** Nr. 39. 91—110. Jan. 1952. Rist's Wires & Cables Ltd.) R. SCHÄFF. 7172

Joh. Kropf, *Verarbeiten, insbesondere Schweißen, von Vinidur (PCU).* Übersicht über die mechan. Verarbeitung u. das Verbinden von Vinidur durch Kleben u. Schweißen. (Schweisstechnik **2.** 213—15. Juli 1952. Berlin.) H. BECKER. 7172

Satyaban Sarker und **Pijush Kanti Choudhury,** *Phenolgießharz. Eine Untersuchung seiner Herstellung und Eigenschaften.* Vff. beschreiben eine brauchbare Meth. zur Herst. eines Phenolgießharzes auf Basis von Kohlenteerphenol u. CH_2O (Mol-Verhältnis 1:1,53 bis 1:1,9 statt des in der Literatur beschriebenen Verhältnisses von 1:2,5) in Ggw. von Na_2CO_3, KOH oder NaOH u. unter Zusatz von Glycerin. Die Eigg. der bei verschied. Bedingungen hergestellten Harze wurden untersucht. Vollkommen farblose Prodd. konnten auch nicht bei Verwendung von dest. Phenol erhalten werden. Statt Milchsäure kann zum Ansäuern auch Citronensäure verwendet werden. Nach der Aushärtung bei 80—85° entsteht eine harte, unlösl. u. unschmelzbare Masse. (J. Indian chem. Soc., ind. News Edit. **15.** 131—36. 1952. Calcutta, Univ., College Sci. & Technol., Appl. Chem. Dep.) R. SCHÄFF. 7176

E. H. Riddle, *Acrylate: Herstellung und Anwendungen.* Allg. Ausführungen. (Canad. chem. Processing **38.** Nr. 2. 44. 46. 48. 50. Febr. 1954.) M. WINIKER. 7176

C. J. Moss, *Kunstharze. Anwendungen in der Maschinenbauindustrie.* Mit *Araldit,* einem Äthoxylinharz lassen sich Metalle untereinander u. mit Holz, Glas, Porzellan u. a. fest u. beständig gegen Lösungsm. verkleben. Zum Verkleben wird das Harzpulver auf das warme Material aufgebracht u. die zu verklebenden Oberflächen zusammengedrückt u. das Harz dann bei 130—180° ausgehärtet. Da es nicht immer möglich ist, bei höheren Tempp. auszuhärten, wurde eine Type entwickelt, die bei Zimmertemp. härtet, wobei aber noch vor Gebrauch ein Härter zugesetzt wird. Da diese Type Lösungsm. enthält, läßt sie sich am besten auf porösen Oberflächen anwenden, da sonst nur schlechtere Festigkeiten erhalten werden. Eine andere Type Araldit gibt Einbrennlacke, die sehr gut auf Al haften u. gegen viele Chemikalien gut beständig sind. (Metal Ind. [London] **76.** 143—46. 24/2., 171—73. 3/3. 1950.) H. BECKER. 7176

R. McDowall und **P. Lewis,** *Furanharze.* Das Vorkommen bzw. die Erzeugung von *Furfurylalkohol* (I) u. *Furfurol* (II) als Rohstoffe für Furanharze, die durch Selbstkondensation von I oder von mit II modifiziertem I hergestellt werden, der Mechanismus der Kondensation, Eigg. u. Anwendungen der Harze werden besprochen u. die Vorteile dieser Harze im Vgl. zu Phenolharzen (bessere Chemikalienbeständigkeit bes. gegenüber Alkalien, bessere Wasserfestigkeit, höhere Temperaturbeständigkeit u. Härte) erörtert. — Diskussionsbemerkungen. (Plast. Inst., Trans. and J. **22.** Nr. 49. 189—204. Juli 1954. **23.** Nr. 53. 235. Juli 1955. Leicester Lovell & Co. Ltd.) R. SCHÄFF. 7176

Ernö Zichy, *Verdünnungspapierchromatographie und ihre Anwendung zur Untersuchung von Phenolformaldehydharzen.* (Vorl. Mitt.) Auf Grund der Annahme, daß die Harze bildenden Verbb. in W.-Aceton-Mischungen von der Acetonkonz. abhängig verschied. Löslichkeit aufweisen, wurde versucht, die aceton. Lsg. während des Anlaufens andauernd zu verdünnen, indem durch eine Capillare ständig W. zugetropft wurde. Es gelang so, die Harze bildenden Verbb. in zwei Gruppen zu teilen: Eine red. ammoniakal. $AgNO_3$-Lsg. zu Ag, die andere bildet mit diazotierter Sulfanilsäure verschied. Farbstoffe. Zu Beginn laufen die Verbb. mit der Lösungsmittelfront, während des Verdünnens laufen die $AgNO_3$-reduzierenden mit einem R_f-Wert von ca. 0,7—0,8 weiter, die anderen bleiben stehen, d. h. $R_f = 0$. Die Flecke dieser Verbb. sind für die verschied. Harze charakteristisch. Vorausgesetzt, daß die weniger Methylolgruppen enthaltenden Verbb. mit höheren Mol.-Gewichten schon bei größerer Acetonkonz. unlösl. werden, gelang es dem Vf., die Feststellungen von GOLDBLUM (C. **1953.** 4776) zu bestätigen. (Magyar Kémiai Folyóirat [Ung. Z. Chem.] **61.** 91—92. März 1955.) J. PLANK. 7210

Zdeněk Ditrych, Hana Rejhová und **Vladimír Ulbrich,** *Butoxylbestimmung in Phenolharzen, die mit Butanol modifiziert wurden.* Vff. modifizierten die Meth. von ZEISEL folgendermaßen: die Ölbadtemp. 175°, das W. im Kühler 40°, Reaktionsdauer 3 Stunden. Zur Analyse muß die Probe in sehr dünner Schicht bei 56° u. 0,5 mm Druck 4 Std. lang in der Trockenpistole getrocknet werden. Bei höheren Trockentempp. beginnen schon die Härtungsprozesse u. Spaltung von Butyläthern. Beim Trocknen der Proben in dickeren Filmen bei n. Druck bekommt man schwankende u. zu hohe Werte für Butoxyl. Genaue u. gut reproduzierbare Resultate auch in gehärteten Harzen sind nur bei $^1/_2$std. Phenolyse zu erzielen. (Chem. Listy **49.** 869—71. Juni 1955. Pardubice, Výzkumný ústav synth. pryskyřic. [Orig.: tschech.]) J. HORÁČEK/Prag. 7210

M. K. Weber, *Mikroskopische Untersuchung von plastischem, mit Glasfaser verstärktem Material.* Präparieren der Proben, Abb. u. Erklärung von mkr. Aufnahmen. (ASTM Bull. **1955.** 49—51. Sept.) I. SCHOENMANN. 7210

Union Carbide & Carbon Corp., New York, N. Y., übert. von: **Donald M. Young** und **Bruce Thompson,** Charleston, W. Va., V. St. A., *Katalysator für Polymerisation von halogensubstituiertem Äthylen,* bestehend aus Bis-(perfluoracyl)-peroxyd. Die Perfluoracylgruppe kann prim., sek. oder tert. sein u. soll 3—11 C-Atome enthalten. Zur Herst. wird Perfluoracylhalogenid in 1.1.2-Trichlor-1.2.2-trifluoräthan, Trifluorchlormethan, Dichlordifluormethan oder deren Gemischen gelöst u. bei — 15 bis 20°, bes. bei 0°, in Ggw. von W. mit einem Alkaliperoxyd umgesetzt. Das Reaktionsprod. bleibt gelöst u. wird vom Reaktionsgemisch abgetrennt. Die Polymerisationen von bes. Chlortrifluoräthylen, Gemischen des letzteren mit Trichlorfluoräthylen oder mit 1.1-Dichlor-2.2-difluoräthylen werden mit 0,01—0,2% des Katalysators bei 0—50° durchgeführt. — Mengenbeispiele. Tabellen. (**A. P. 2 700 662** vom 17/5. 1951, ausg. 25/1. 1955. **E. P. 723 921** vom 12/5. 1952, ausg. 16/2. 1955. A. Prior. 17/5. 1951.) H. SCHINDLER. 7173

Karl Ziegler (Erfinder: **Karl Ziegler** und **Roland Köster**), Mülheim/Ruhr, *Herstellung von Komplexverbindungen aus Alkalifluoriden und Aluminiumkohlenwasserstoffen* gemäß D. B. P. 925 348, dad. gek., daß man zur Erzielung von Komplexverbb. der Formel $MeF[Al(R_2R')]_2$ u. deren Mischungen mit Komplexverbb. der Formel $MeF \cdot [Al(R_2R')]$Al-KW-stoffe mit Alkalifluoriden in Molmengen von $>1:1$ umsetzt. Die Prodd. sollen wie die des Hauptpatents als Katalysatoren bei der Olefinpolymerisation verwendet werden. (**D. B. P. 931 107** Kl. 12o vom 26/7. 1953, ausg. 1/8. 1955. Anmeldung bekanntgemacht 3/2. 1955. **Zusatz zu D. B. P. 925 348; C. 1955. 7796.**)
J. MÜHLEISEN. 7173

Koppers Co., Inc., Pittsburgh, Pa., V. St. A., *Emulsionspolymerisation von Styrol* in Ggw. von 1-Oxy-1'-hydroperoxydicyclohexylperoxyd, bes. 0,25—0,75 Gew.-% des Monomeren, u. in Kombination mit vorzugsweise 0,2—0,6 Gew.-Teilen eines Emulgators, wie Myristin-, Palmitin-, Stearinsäure oder Glycerinmonostearat sowie z. B. KOH in äquivalenter Menge. Monomeres: W. wie 1:1,5 bis 1:1. Arbeitstemp. bes. bei 65—80°. Klare, farbbeständige Polymere oder mit Äthylacrylat, Acrylnitril oder Butadien Mischpolymerisate mit niedrigem Geh. an Monomeren u. hoher Wärmebeständigkeit. — Mengenbeispiele; Tabellen. (**E. P. 727 637** vom 23/6. 1953, ausg. 6/4. 1955. A. Prior. 26/8. 1952.) H. SCHINDLER. 7173

N. V. Scado Kunsthars-Industrie, Zwolle, Holland, *Mischpolymerisate von Styrol und trocknenden Ölen* erhält man durch Erhitzen von solchen Ölen, die aus nichtpolymerisierten oder nichtisomerisiertem Leinöl mit <5% konjugiert ungesätt. Ölen bestehen, mit Styrol oder einem Styrol-α-Methylstyrol-Gemisch auf wenigstens 250°. Als Katalysatoren sind Di-tert.-butylperoxyd, Di-tert.-amylperoxyd oder Bis-triphenylmethylperoxyd genannt. Die Prodd. sollen eine Viscosität von wenigstens 10000 cP besitzen. — Tabb., Dreiphasendiagramm. — Vgl. E. P. 725 951; C. **1956. 4578.** (**E. P. 721 308** vom 24/4. 1952, ausg. 5/1. 1955. Holl. Priorr. 26/4. 1951 u. 11/2. 1952.) H. SCHINDLER. 7173

American Cyanamid Co., New York, übert. von: **Henry Z. Friedlaender,** Greenwich, und **William A. Barber,** Stamford, Conn., V. St. A., *Nichtwässerige Lösungs- oder Quellungsmittel für Polyacrylamid* oder dessen Mischpolymerisate bestehen aus Morpholin, Dioxolan oder deren Mischungen. Behandelt man z. B. 1 (Teil) Polyacrylamid mehrere Tage unter gelegentlichem kurzem Erhitzen mit 99 Morpholin, so bildet sich eine opake, gequollene M., die direkt zu Folien oder Filmen beliebiger Dicke ausgezogen werden kann. Das Lösungsm. wird durch Erhitzen oder Extraktion wiedergewonnen. (**A. P. 2 706 186** vom 22/6. 1954, ausg. 12/4. 1955.) H. SCHINDLER. 7173

Soc. à r. l. Établissements Calatex, Haut-Rhin, Frankreich, *Verwendung von Torfmehl in Preßmassen.* Der Torf wird im Autoklaven bis 140° mit mindestens 10 at Dampf erhitzt, der Überdruck plötzlich entspannt, das Material noch kurze Zeit im offenen Autoklaven erhitzt, gemahlen u. in Formen gepreßt oder als Füllstoff etwa bei der Herst. künstlicher Schaummassen verwendet. (**F. P. 1 072 005** vom 6/1. 1953, ausg. 7/9. 1954.) M. PANKOW. 7205

XII. Kautschuk. Guttapercha. Balata.

L. L. Best und **S. H. Morrell,** *Einfluß der Schwefelsäurekoagulation auf die Eigenschaften von Naturkautschuk.* Durch Verss. über die H_2SO_4-Koagulation von Naturkautschuklatex wird gezeigt, daß die Eigg. des Kautschuks vor, während u. nach der Vulkanisation durch H_2SO_4 geeigneter Konz. nicht beeinflußt werden. (Trans. Proc. Instn. Rubber Ind., Trans. **31.** T 133—40. Aug. 1955. Kuala Lumpur, Malaya, Rubber Res. Inst., u. Shawbury, Shrewsbury, Shropsh., Res. Assoc. of Brit. Rubber Manuf.) R. SCHÄFF. 7222

Zoltán Bruckner und **Margit Juhász-Kovács,** *Herstellung von öl- und rußhaltigen Buna-Mischungen aus Igetex S 3-Kunstlatex.* Bei Verwendung von ungar. bzw. österreich. Motorenöldestillaten u. von ungar. akt. Ruß wurden verschied. Buna-Mischungen hergestellt. Die Unterss. erstreckten sich auf die Fragen der Dispergierung, der Koagulation, des Waschens, Trocknens u. Einrührens, auf halbtechn. Verss. u. auf den Vgl. mit ausländ. Ölen u. Resultaten. Im Gegensatz zu den bisherigen Veröffentlichungen konnte bei allen Verss. festgestellt werden, daß dann die besten physikal. Eigg. zu erhalten sind, wenn die Menge des Schwefels u. der Beschleuniger auf das trockene *Igetex S 3* berechnet wird. (Magyar Kémikusok Lapja [Z. Ver. ung. Chemiker] **9.** 289—94. 25/10. 1954. Zentral. Forschungsinst. f. d. Gummiindustrie.) R. BIRTHLER. 7224

W. Kleemann, A. Springer und **K. H. Weigle,** *Über die Verbesserung der Mischtechnik in der Gummiindustrie.* Vff. behandeln die Möglichkeit einer Verbesserung der Mischtechnik durch Verwendung von Ruß–Weichmacher-Vormischungen. (Plaste u. Kautschuk **2.** 193—97. Sept. 1955. VEB Reifenwerk Fürstenwalde, Forschungsstelle.) M. WINIKER. 7228

A. W. Myschkiss, *Ein Versuch zur Ausarbeitung von Zeitnormen für die Vulkanisationsverarbeitung von Gummiwaren.* Auf Grund des für die einzelnen Arbeitsvorgänge beim Vulkanisieren in Preßformen erforderlichen Zeitaufwandes wird eine Formel zur Berechnung der Gesamtzeit entwickelt, die zur Ausarbeitung von 2 Nomogrammen (für rechteckige u. runde Preßformen) dient. (Химическая Промышленность [Chem. Ind.] **1955.** Nr. 3. 13—16. April/Mai. Fabrik „Kautschuk".) R. K. MÜLLER. 7228

Ss. B. Ratner und **W. D. Ssokolskaja,** *Der Einfluß von Zusatzstoffen des Gummis auf dessen statische Reibung beim Gleiten.* (Vgl. C. **1955.** 8752.) Bei hoher Belastung (>5—10 kg/cm²) wird die Reibung an Gummi vor allem durch die Summe der durch die mechan. Rauheit u. durch das mol. Relief der Oberflächen der reibenden Körper gegebenen Reibungskoeffizienten $\mu_\infty = \mu_{mech.} + \mu_{mol.}$ bestimmt, bei kleinerer Belastung

(>1 kg/cm²) durch A = $\mu_{mol.}$ P_0a (P = spezif. Belastung je Flächeneinheit S) bzw. F_0 = ASP^{1-h} (h = Schorr-Härtezahl/100). Im ersten Fall spielen Menge u. Natur der Füllstoffe u. Weichmacher keine Rolle, im zweiten nimmt μ mit zunehmender Härte ab. Zusatzstoffe in einer die Verträglichkeit überschreitenden Menge setzen μ herab, bes. Stoffe vom Typ des Graphits u. Weichmacher. In keinem Falle ist $\mu_\infty = 0$. Der Koeff. der stat. Reibung zeigt sich abhängig von der Dauer des stat. Kontaktes. (Химическая Промышленность [Chem. Ind.] **1955.** Nr. 1. 27—34. Jan./Febr.) R. K. MÜLLER. 7230

William Schneider, *Neuere Entwicklungen auf dem Gebiet der Motorenisolierung mittels Kautschuk und Kunststoff.* Die Probleme u. Entwicklungen sowie Bewertung von Kautschuk u. Kunststoff auf diesem Einsatzgebiet werden erörtert. (Rubber Age [New York] **77.** 702—04. Aug. 1955. East Pittsburgh, Pa., Westinghouse Electric Corp., Prod. Insulation Sect.) R. SCHÄFF. 7230

I. M. Achundsade und **Ss. Ss. Kotscharow,** *Erfahrungen über die Kultur der Eucommia in Aserbaidshan.* In den meisten Gebieten Aserbaidshans lassen sich Plantagen von *Eucommia,* eine wertvolle Quelle für *Guttapercha* u. verschied. Heildrogen, anlegen, ohne daß Auswinterungsgefahr besteht, wenn auch bestimmte Kulturmaßnahmen einzuhalten sind. (Известия Академии Наук Азербайджанской ССР [Nachr. Akad. Wiss. AserbaidshanSSR] **1955.** Nr. 6. 51—63. 1955.) M. ULMANN. 7240

C. Wynne-Evans, *Bestimmung von freiem Schwefel in Hartgummi.* Die volumetr. Meth. zur Best. von S mittels wss. Na_2SO_3 wurde zur Best. des freien S in Hartgummivulkanisaten angewendet. Diese Meth. eignet sich besser als die bisher bekannten Methoden. — Diskussionsbemerkungen. (Trans. Proc. Instn. Rubber Ind., Trans. **31.** T 126—32. Aug. 1955. Manchester, Dunlop Rubber Co. Ltd.) R. SCHÄFF. 7248

United States Rubber Co., New York, N. Y., V. St. A., *Vulkanisieren von Butylkautschuk* mittels eines Phenoldialkohols, z. B. (I = -phenol) 2.6-Dimethylol-4-tert.-butyl-I, 2.6-Dimethylol-4-octyl-I, 2.6-Dimethylol-4-phenyl-I, 2.6-Dimethylol-4-benzyl-I, 2.6-Dimethylol-4-(2.2-dimethylbenzyl)-I, 2.6-Dimethyl-4-dodecyl-I u. 2.6-Dimethylol-4-cyclohexyl-I. (**E. P. 718 768** vom 10/12. 1952, ausg. 17/11. 1954. A. Prior. 12/1. 1952.) W. OVERBECK. 7229

E.I. du Pont de Nemours & Co., Wilmington., Del, V. St. A., *Oxydationsbeständige Elastomere,* bestehend aus einer homogenen Mischung eines ungesätt. Elastomeren, wie natürlicher Kautschuk, Polychloropren oder Mischpolymerisate von Styrol, Acrylnitril oder Butadien, mit einem Geh. von >9% chlorsulfoniertem Polyäthylen (I), das zweckmäßig 26—29 (%) Co u. 1—3 S enthält. — Z. B. wird Neopren W mit 10—50% chlorsulfoniertem I u. weiteren üblichen Zusätzen vermischt u. vulkanisiert. (**E. P. 716 916** vom 9/5. 1952, ausg. 20/10. 1954. A. Prior. 10/5. 1951.) H. MÖLLERING. 7231

B. F. Goodrich Co., New York, N. Y., übert. von: **Harold P. Brown,** Akron, O., V. St. A., *Mischpolymerisate von Butadien-(1.3) und Dien-Carbonsäuren,* z. B. Sorbinsäure (I), $CH_3-CH=CH-CH=CH-COOH$, deren Homologen oder α- oder β-Chlorderivv., werden in Dodecylaminhydrochloridmedium in Ggw. von $K_2S_2O_8$ u. $AlCl_3$ erhalten. Auch Butadien–Styrol- oder –Acrylnitril-Mischungen lassen sich mit I zu kautschukartigen Stoffen polymerisieren. An Stelle von I können noch α.β-Di-(isopropyliden)-propionsäure, Styrylacrylsäure usw. eingesetzt werden. Mit Hilfe von Metalloxyden können die Endprodd. vulkanisiert werden. — Mengenbeispiele. (**A. P. 2 698 318** vom 5/10. 1950, ausg. 28/12. 1954.) H. SCHINDLER. 7231

XIII. Ätherische Öle. Parfümerie. Kosmetik.

M. F. Caroll und **W. D. Fordham,** *Analyse reiner Riechstoffe.* Das Infrarotspektr. (I) von Geraniol (II) zeigt eine deutliche Absorptionsbande bei 1003 cm^{-1}, das von Citronellol (III) bei 1059 cm^{-1}. Damit gelingt es, III in II nachzuweisen, mit 0,5(%) Genauigkeit, die auf 0,1 gesteigert werden kann, wenn durch Vakuumdest. III im Vorlauf angereichert u. in diesem I bestimmt wird. Die Best. von II in III ist nicht so genau. Mit I war es auch möglich, die Natur der Endgruppen von Terpenverbb. aufzuklären. Entgegen der bisherigen, auf chem. Unterss. gestützten Annahme, daß in II u. III sowohl Isopropenyl- wie Isopropylidenendgruppen vorhanden seien, zeigte I, daß erstere in reinem II, III u. Linalool nicht enthalten sind, wohl aber in Verunreinigungen nichtalkoh. Natur, bestimmt durch das Fehlen der OH-Bande bei 3200 u. 3300 cm^{-1}. I von II aus Formosa-Citronell-, Nindi-, Palmarosa- u. Lemongrasöl waren identisch. Aus dem Unterschied des F. von rohem u. bis zur Konstanz umkrist. p-Nitrophenylhydrazon bzw. 4-Phenylsemicarbazonderivv. von Reaktionsprodd. zwischen Alkoholen u. β-Ketoestern konnte mit 1% Genauigkeit auf Verunreinigungen geschlossen werden. Hinweis auf die Grenzen der Analyse durch I u. die Wichtigkeit der geruchlichen Prüfung. (Amer. Perfumer essent. Oil Rev. **65.** Nr. 3. 19—21. März 1955. London, A. Boake, Roberts & Co. Ltd.) H. MÜHLMEISTER. 7262

Je. Ss. Schapiro, *Aus der Praxis der Fraktionierung von Geraniumöl.* Geraniumöl wird im allg. in 3 Fraktionen zerlegt, wobei die Fraktion 1 für Parfüm, die Fraktion 2 für Kosmetica u. die Fraktion 3 für Seife Verwendung finden. Zur besseren Ausnutzung dieser Fraktionen schlägt Vf. folgende Fraktioniermeth. vor: 200 kg Rohöl werden mit 9—12 kg 40%ig. NaOH-Lsg. versetzt u. zunächst mit indirektem Dampf 30—45 Min. auf 60° erhitzt. Darauf wird direkter Dampf eingeleitet u. bei 40—60 mm Hg fraktioniert. Das Destillat wird in Portionen von 6—7 Litern entnommen, von der wss. Schicht abgetrennt u. zu Fraktionen in Abhängigkeit von den gewünschten Eigg. vereinigt. (Маслобойно-Жировая Промышленность [Öl- u. Fett-Ind.] **20.** Nr. 5. 17. 1955. Moskau, Synthese-Werk.) R. RICHTER. 7262

Nicolas Nicolov, *Untersuchungen über das bulgarische Rosenöl.* (Vgl. C. **1954.** 3351.) Die Verss. zeigen, wie sehr Temp. u. Luftfeuchtigkeit während des Pflückens, des Transportes u. der Lagerung der Blüten Ausbeute u. Qualität des Rosenöls beeinflussen. (Ind. Parfumerie **10.** 8—13. Jan. 1955. Sofia, Labor. chim. de l'Entreprise d'État „Bulgarska Rosa".) H. P. FIEDLER. 7262

Domenico La Face, *Experimentelle Beobachtungen über die Lavandinokultur.* Lavandino, Lavandula hybrida (Reverchon), ist eine Kreuzung zwischen dem echten Lavendel, Lavandula officinalis (Chaix) u. Lavandula latifolia (Vill). Die botan. Eigg. werden beschrieben. Der Geh. an äther. Öl schwankt in der Regel zwischen 1 u. 1,8%, kann aber in Einzelfällen 2,5—3,0% erreichen. Der Kulturboden ist ziemlich gleichgültig, doch scheint für Dauerkulturen ein mergelhaltiger Kalkboden am besten zu sein. Die wichtigsten Kennzahlen des Öls werden mitgeteilt. — Hektarausbeute an Öl zwischen 73—75%. (Essenze Deriv. Agrumari **24.** 104—08. Juli/Sept. 1954.) C. GRIMME. 7262

W. A. Poucher, *Eine Einteilung der Gerüche und ihr Gebrauch.* Vortrag. Auf Riechstreifen gleichen Papiers, die 25 mm tief eingetaucht wurden u. ca. 80—100 mg Fl. aufsaugten (bei festen Stoffen in 10%ig. Diäthylphthalatlsg.), wurde die Verflüchtigungsdauer bei 16° von über 300 synthet. Riechstoffen u. äther. Ölen bestimmt u. diese danach 1—14 für die Spitzen-, bis 60 für die Mittel- u. bis 100 für die Grundnoten eingeordnet, wobei 1 diejenigen umfaßt, die in <1 Tag verdunsten. Bei äther. Ölen war das Verschwinden des typ. Geruchs maßgebend (Tabellen). Vf. zeigt an Beispielen (Vgl. zwischen Flieder u. Hyazinthe, Komposition von Flieder u. ihre Abwandlung, Schöpfung einer neuen Note), wie diese Einteilung dem Parfümeur die Arbeit erleichtert u. ihm die Möglichkeit gibt, mit Sicherheit bewährte Körper zu finden u. sich ein Bild über ihre voraussichtliche Wrkg. in einer Komposition zu machen. (Soap, Perfum. Cosmet. **28.** 763—71. Juli 1955.) H. MÜHLMEISTER. 7276

—, *Neue Riechstoffe und Kompositionen und was der Fachmann dazu sagt.* Wrkg. u. Verwendungsmöglichkeit von 10 neuen Spezialprodd. werden beschrieben. (Seifen-Oele-Fette-Wachse **81.** 355. 8/6. 1955.) H. MÜHLMEISTER. 7276

Paolo Rovesti und **Gianluigi Variati,** *Kosmetische Untersuchungen des Saftes von Futterpflanzen.* 1. Mitt. *Zusammensetzung des Saftes von Medicago sativa L.* Italien. Fassung der C. **1955.** 10154 referierten Arbeit. (Riv. ital. Essenze, Profumi, Piante officin., Olii veget., Saponi **37.** 151—52. 15/3. 1955. Milano, Ist. di Rich. sui Der. veget.) H. MÜHLMEISTER. 7284

Karl Rothemann, *Ein Beitrag zum Thema „Adstringentien".* Nach Erläuterung der Vorgänge bei der Schweißabsonderung u. ihre Beeinflussung durch innerliche u. äußerliche Mittel wird auf die Rolle der Aminosäuren (I) in der Hautoberfläche hingewiesen u. die bereits nachgewiesenen werden benannt. Vf. regt an, die bisher bei Adstringentien verwendeten Al-Salze organ. u. anorgan. Säuren durch Na-Glutaminat zu ersetzen u. gibt eine Vorschrift an, in der neben dieser als weitere I Nicotinsäureamid sowie ein Polyvitaminkonzentrat L der Haut als Wirkstoff dargeboten werden. (Seifen-Oele-Fette-Wachse **81.** 353—55. 8/6. 1955.) H. MÜHLMEISTER. 7284

W. Schneider und **H. Wagner,** *Über ungesättigte Verbindungen in Kosmetik und Dermatologie.* Vff. berichten über Erfahrungen mit bes. ungesätt. Fettsäuren enthaltenden Präpp. (A-Mulsin, Vitacosöl bzw. -salbe, Unguentacidsalbe, Linolaöl, Linacidin, Oleum pedum tauri) in Kosmetik u. Dermatologie. (Med. Klin. **50.** 456—60. 18/3. 1955. Augsburg, Städt. Hautklinik.) K. BÖHM. 7284

F. Kirchdorfer, *Das Haar, seine Krankheiten und Behandlung.* Haarausfall u. Kahlköpfigkeit, ihre Ursachen, Möglichkeiten ihrer Behandlung u. dazu geeignete Haarpflege-, hyperämisierende, ton., reduzierende, antisept., fettende u. entfettende u.

Schuppenmittel, Hormone u. a., sowie die Wrkg. von Massage u. UV-Bestrahlung werden besprochen. (Österr. Apotheker-Ztg. 9. 192—94. 19/3. 1955.) H. MÜHLMEISTER. 7284

A. L. Fishbach, *Zusammensetzung, Herstellung und Untersuchung von Lippenstiften.* Die Wrkg. der in je 1 Rezept für sahnigen u. „hochfärbenden" Lippenstift angegebenen Bestandteile u. Farbstoffe wird an ihren Eigg. erläutert u. Methoden zur Unters. von Rohstoffen, Fertigprodd., Härte, Bruchfestigkeit u. Färbekraft beschrieben. (Amer. Perfumer essent. Oil Rev. **65.** Nr. 3. 31—34. März 1955. West Trenton, N. J., Oxzyn Co.) H. MÜHLMEISTER. 7284

Airkem, Inc., V. St. A. (Erfinder: **Guy Sherman Paschal**), *Extraktion von grünen Pflanzen.* Zermahlene grüne Pflanzen (z. B. Klee, Luzerne, Efeu) oder Blätter von verschied. Bäumen (z. B. vom Nußbaum, Ahorn, Ulme) werden bei höchstens 1 mm Druck dest. u. die entweichenden Dämpfe zuerst auf ca. -8^0, wobei das in ihnen enthaltene W. kondensiert, u. dann auf ca. -40 bis -85^0 abgekühlt. Das hierbei kondensierende, farblose, sehr flüchtige, in W. lösl. Prod. besitzt einen Geruch nach zerkleinerten grünen Pflanzen. Es verbessert die Luft, beseitigt schlechte Gerüche u. kann auch zum Konservieren von Fruchtsäften, Obst u. Gemüsen u. als Riechstoff verwendet werden. (**F. P. 1 055 076** vom 22/4. 1952, ausg. 16/2. 1954. A. Prior. 26/4. 1951.) T. OPPERMANN. 7277

Kilgore Chemicals, Inc., übert. von: **Lowell B. Kilgore,** Washington, D. C., V. St. A., *Mittel zum Beseitigen von Gerüchen* in Räumen, bestehend aus Verbb. der Formel CH_2= C(R)—COOR′ (R = H oder niederes Alkyl; R′ = Alkyl mit wenigstens 8 C-Atomen), gelöst in KW-stoffölen (I). — Beispiele: Lauryl-, Octyl-, Decyl-, Undecyl-, Heptadecyl-, Octadecylmethacrylat u. Lauryl- bzw. Myristylacrylat. Die Lsgg. in I werden in eine Trägersubstanz eingebettet, z. B. in fl. Dichlordifluormethan. (**A. P. 2 544 093** vom 20/4. 1948, ausg. 6/5. 1951.) E. PETERSEN. 7277

R. von zur Gathen, Bittenfeld, *Salbe für Heil- und kosmetische Zwecke* aus Stearyl- oder Cetylalkohol, Na-Salzen von Fettalkoholsulfonaten, Lanolin u. fetten Ölen, unter Zusatz von Cholesterin, Chloralhydrat, Campher, Menthol, Klettenwurzelöl. Es kann Alaun, Milchsäure u. dgl. zugesetzt werden. (**Belg. P. 516 807** vom 8/1. 1953, ausg. 12/11. 1954.) K. HEINZE. 7285

XIV. Zucker. Kohlenhydrate. Stärke.

Eichler, *Regler für die Wärmewirtschaft der Zuckerindustrie.* Übersicht über die verschied. Formen der Temperaturregler nach dem ARCA-System. (Zucker **7.** 349—59. 15/8. 1954.) R. RUTKOWSKI. 7400

Zbigniew Kowalewski und **Aleksander Żelszny,** *Die Aufbewahrung der Lebensmittelrohprodukte.* Tagungsbericht. Vorträge betreffend die Aufbewahrung der Zuckerrüben u. der Halb- u. Fertigprodd. der Zuckerfabriken. (Gaz. Cukrownicza **57.** Nr. 1. 2. 3. 1—10. Jan./Febr./März 1955.) F. URBAN. 7406

Günther Bronner, *Die Belüftung der Lagerrübe.* Richtige Belüftung der in Mieten eingelagerten Zuckerrüben verringert die durch Atmung entstehenden Zuckerverluste. Die Vorteile der in der Zuckerfabrik Enns betriebenen Belüftungsanlage werden beschrieben. (Zucker **8.** 160—64. 15/4. 1955.) R. RUTKOWSKI. 7406

L. Martin, *Richtigkeit und Genauigkeit der über die Zuckerrübe erhaltenen experimentellen Ergebnisse. Untersuchung der Faktoren, die ihre Eigenart beeinflussen können.* Die Variabilität der Zuckerrübe (bes. der Wurzeln) hängt von mehreren Faktoren ab, von denen Rasse, innerer Zustand, Düngung, Bearbeitung, Aufbereitung u. Extraktion des Zuckers die Hauptrolle spielen. Aus den Pflanzengewichten wird ein Variabilitätskoeff. nach C · V% = 100 S gr/X gr% (S gr = mittlere Abweichung vom n. Gewicht in g; X gr = Durchschnittsgewicht in g) errechnet u. mit Hilfe der statist. Meth. werden verschied. Bebauungspläne aufgestellt, die gestatten, auch für sehr inhomogene Böden die Eigenart der Pflanzen u. die Ursache der Variabilität mit einer gewissen Genauigkeit zu bestimmen. (Sucrerie belge **74.** 477—89. 1/15. 6. 1955. Gembloux, Inst. Agronom., Soc. Techn. et Chim. des Sucreries Belg.) P. FAHRNLAENDER. 7406

H. Hirschmüller und **K. Zablinski,** *Ergebnisse zweijähriger statistischer Untersuchungen an europäischen Dicksäften und Melassen.* Unters. von Proben von Dicksäften u. Melassen aus verschied. Fabriken verschied. europäischer Länder während der Kampagne 1952/53 u. 1953/54 nach einheitlichen Methoden u. statist. Auswertung der Ergebnisse. — Ausführliche Tabellen mit Einzelangaben. (Z. Zuckerind. **5** (**80**). 18—29. 20/1. 1955. Berlin, Inst. für Zuckerindustrie.) R. RUTKOWSKI. 7412

M. A. van Weele, *Die Saftgewinnung in der Zuckerindustrie durch Diffusion bei niedriger Temperatur und die Weiterverarbeitung des so erhaltenen Saftes.* Beschreibung des „kalten Diffusionsverf." (Abtöten der Zellen mit SO_2 u. Auslaugen der Rübenschnitzel bei gewöhnlicher Temp.). Die Beschaffenheit des kalten Saftes ist besser als die des warmen Saftes, weil ersterer weniger N enthält. Infolge der SO_2-Behandlung verbleiben nämlich die Eiweißverbb. fast vollständig in der Pülpe. Nachteile des Verf. sind der hohe SO_2-Preis u. der um 15% höhere Aschengeh. des kalten Saftes. Die Beseitigung der Kolloide (Eiweiß u. Pektine) aus dem kalten Rohsaft (Scheidung u. Saturation) verläuft in einfacherer u. wirtschaftlicherer Weise als die Reinigung von warmem Rohsaft. (Chem. Weekbl. **51.** 483—86. 25/6. 1955. Delft, TH, Labor. voor Chem. Technol.) W. WESLY. 7412

J. Dubourg und **P. Devillers,** *Untersuchung über die durch verschiedenartige Behandlungen von Diffusionssäften der Zuckerfabrik und von Rübenpreßsäften erhaltenen Ausflockungen.* Bei der Behandlung der Zuckersäfte, Diffusionssäfte usw. mit Kalk wirkt dieser nicht nur als alkalisierendes Agens, das den zur Kolloidflockung optimalen p_H-Wert gibt, sondern auch als Fällungsmittel. Die optimale Wrkg. der Kalkmilch liegt bei einer Alkalität von ca. 3—6 g/Liter. Wird dieser Wert überschritten, vermindert sich die Ausscheidung. Wird nach einer Vorkalkung unter optimalen Bedingungen auf 70° erhitzt u. die Kalkung gesteigert, so wird die 1. Flockung prakt. stabilisiert. Die Carbonisierung korr. die lösenden Eigg. der Kalkung unter Red. der Alkalität bedeutend. (Ind. agric. aliment. **71.** 957—71. Dez. 1954. Labor. du Syndicat Nat. des Fabricants de Sucre de France.) R. RUTKOWSKI. 7412

E. Beesley, *Einige Bemerkungen über „richtiges" Animpfen der Vakuumverdampfer.* Das Kristallisieren von Zucker (I) in den Vakuumverdampfern durch Animpfen mit einer Suspension von I-Pulver in Methanol oder 95%ig. A. wird beschrieben. Wesentlich zur Best. des Kristallisationspunktes sind Leitfähigkeitskontrollen u. zur Reproduktion der Kristallgröße gleiche Art der Herst. der Impfsuspension. (Int. Sugar J. **57.** 167—68. Juni 1955.) R. RUTKOWSKI. 7416

J. Drake, L. F. Wiggins und **W. S. Wise,** *Der Aconitsäuregehalt von britisch-westindischen Melassen.* Der Geh. westind. Melassen an *Aconitsäure* (**I**) wurde polarograph. mit einer Genauigkeit von ca. 3% bestimmt. Die Probe wurde dazu vorher mit 0,1n HCl verd. u. mit Aktivkohle von Verunreinigungen befreit. Der gefundene geringe Geh. an **I** gegenüber Louisianamelassen macht die Gewinnung nicht lohnend. (Int. Sugar J. **57.** 160—62. Juni 1955. Trinidad, B. W. I., Imp. Coll. of Trop. Agric., Dep. of Sugar Chem. and Technol.) R. RUTKOWSKI. 7418

A. J. Charlson, J. R. Nunn und **A. M. Stephen,** *Der Pflanzengummi der Acacia Karroo.* Im Säurehydrolysat von *Acacia Karroo-Gummi* wurden 50% *D-Galaktose*, 36% *D-Arabinose*, 2% *L-Rhamnose* u. 12% *D-Glucuronsäure* papierchromatograph. bebestimmt. Nach partieller Hydrolyse konnten *3-O-β-L-Arabopyranosyl-L-arabopyranose* u. zwei Aldobiuronsäuren, nämlich *4-O-α-D-Glucuronosyl-D-galaktose* u. *6-O-β-D-Glucuronosyl-D-galaktose* ebenfalls papierchromatograph. isoliert werden. Mit einem Äquivalentgewicht von 1660 ähnelt Karroo-Gummi anderen Acacia-Gummen. Es unterscheidet sich von diesen jedoch durch seine spezif. Rotation (+54°) sowie durch seine andere chem. Zusammensetzung. (J. chem. Soc. [London] **1955.** 1428—31. Mai. Cape Town, Univ., Dep. of Chem.; Pretoria, Nat. Chem. Res. Labor.) G. ANDERSEN. 7460

—, *Automatische Kontrolle der Carbonisierung in der Zuckerindustrie.* Beschreibung der elektr. Meßgeräte zur p_H-Kontrolle u. Konduktivitätsmessung bei der Carbonisierung während der Kalkscheidung. (Sugar **48.** Nr. 9. 42—43. Sept. 1953.) R. RUTKOWSKI. 7474

F. M. Chapman, *Automatische Kontrolle von Volumen und Konsistenz von Rohmasse im Affinationsprozeß.* Beschreibung der Arbeitsweise einer in London ereichteten Versuchsanlage mit einer Kapazität von 250000 lbs. Rohzucker/Stunde. (Int. Sugar J. **56.** 281. Okt. 1954. Tate & Lyle Ltd.) R. RUTKOWSKI. 7474

XV. Gärungsindustrie.

R. Lambion, *Genetik der Hefen und die Antibiotica.* Übersicht über die Wrkg. einiger Antibiotica auf Mikroorganismen, die für die Gärungsindustrie u. für den menschlichen Organismus interessant sind, u. auf die Flockung der Hefe. Die Antibiotica werden in 3 Gruppen behandelt: 1. solche, die auf die Entw. von Bakterien, Hefen u. Pilzen verschieden stark einwirken (*Tyrothricin, Patulin, Actinomycin, Notatin* u. a.); 2. solche, die ausschließlich auf gewisse Bakterien einwirken (*Penicillin, Aureomycin, Streptomycin, Chloromycetin, Subtilin, Bacitracin, Neomycin, Terramycin, Baccatin, Kojisäure, Polymyxin* u. a.); 3. solche, die nur auf Pilze einwirken (*Actidion, Mycosubtilin, Glutinosin, Griseofulvin, Mycophenolsäure, Trichothecin, Viridin, Fradicin, Candicidin* u. a.). In einer kurzen Zusammenfassung berichten Vff. über Kreuzungsverss. von flockenden u. nichtflockenden Hefen zu einer Art Hybridrasse, die jedoch nicht mehr Sporen bilden kann. (Petit J. Brasseur **63**. 81—84. 4/2. 1955.) J. MILLER. 7506

R. B. Gilliland, *Das Ausflocken der Brauhefe.* Brauhefe flockt in Würze aus, wenn die D. der Würze abnimmt. Es ist nicht bekannt, inwieweit genet. Änderungen der Hefe oder die Bestandteile der Würze das Ausflocken verursachen. Als mögliche Faktoren kommen Kohlenhydrate (*Inosit*), *Ca* u. Eiweißkonz. in der Würze, Temp., elektr. Ladung der Zellen, Hefewuchsstoffe u. Ausgangsoberflächenspannung in Frage. Vf. sucht Ursache auch in Stoffwechselprodukten. In einem Hefestamm wuchs im Laufe mehrerer Generationen eine Art, die andere Flockungseigg. hat. Bei der Flockung von Brauhefe gibt es verschied. Erscheinungsformen: Dispersion (ca. 10 Zellen), Auftreten von Klumpen (ca. 1000 Zellen), mehrere 1000 Zellen (während der Gärung), Absinken von Hefeklumpen, wenn sich die Tochterzellen nicht absetzen. Vf. gibt Meth. an zur Erkennung von Hefe der verschied. Flockungsklassen. (Brewers' Guild J. **41**. 246—70. Mai 1955.) J. MILLER. 7506

Erich Walter, *Wann ist ein Sprit als „neutral" zu bezeichnen?* Der neutrale Charakter eines Sprites (I) hängt nicht von seiner A.-Konz. ab, da durch eine noch so hohe Rektifikation nie ein absol. neutraler I erreicht werden kann. Ein I ist dann als neutral zu betrachten, wenn einmal aus ihm alle geschmacklich störenden Begleitstoffe entfernt sind u. ferner die chem. Rk. neutral ausfällt, d. h. einen p_H-Wert zwischen 6,5—7,2 aufweist. Außerdem darf der Geh. an Nebenbestandteilen nicht über 1 mg/Liter liegen. (Alkohol-Ind. **68**. 209—10. 1/5. 1955. Berlin.) K. H. ANDERS. 7536

F. Hoed, *Anbau und Verbesserung des belgischen Hopfens.* Vf. gibt eine Übersicht über den derzeitigen Stand der Hopfenzüchtung. Ziel der Forschung ist ein belg. Hopfen, dessen Ergiebigkeit u. Aroma ausländ. Arten gleichkommt. Vf. berichtet über Einfl. von X-Strahlen u. *Colchicin* bei der Aussaat, Schädlingsbekämpfung, Zuchtauswahl u. Verbesserung der Eigg., Einfl. des Klimas auf die Hopfeneigg. u. die Notwendigkeit, die Ergebnisse prakt. anzuwenden. (Petit J. Brasseur **63**. 25—29. 14/1. 1955. Brüssel, Nat. Hopfen-Inst.) J. MILLER. 7540

Albert Hansen, *Beurteilung des Brauwassers.* Übersicht über die Eigg. des W., das für Bier eine maximale Qualität ergibt. Eine Tabelle enthält analyt. Angaben über Ionengeh. u. Wasserhärte verschied. Orte. Der p_H-Wert des W. spielt für den Brauprozeß keine Rolle, da durch Ca^{2+} u. HCO_3^- u. sek. Phosphate des Malzauszugs, sowie lösl. Eiweißverbb. Einstellung des p_H erfolgt. Verschied. Stoffe stören: NO_3^-(ab 50 mg/Liter) u. Fe^{3+} (ab 1 mg/Liter) hemmen Hefewachstum u. erzeugen Phenolgeschmack. NO_2^- u. SO_4^{2-} verursachen „trockenen" Geschmack. Organ. Verbb. (Permanganatzahl über 30) stören. Cl^- muß mit 30—50 mg/Liter, ebenfalls Mg^{2+} vorhanden sein. Vf. fordert für Brauwasser dieselben Reinheitsbedingungen wie für Trinkwasser. (Mallasjuomat **1955**. 101—18. Alfred Jorgensen Gärungsphysiol. Labor.) J. MILLER. 7540

J. G. Lambert, *Untersuchung über ein Bacterium der Bierwürze.* Aus einer infizierten Bierhefe wurde *Escherichia intermedium* (I) entnommen u. sein Verh. untersucht. I ist thermophil, bringt Bierwürze unter Produktion von Gas, A. u. Säuren zur Gärung, erzeugt vorübergehende Trübung u. Ringbldg. auf der Oberfläche (jedoch keine Schleierbldg.), eine gegen Lackmus schwachsaure Rk. u. in schwefelhaltigen Nährmedien H_2S. I hat Stäbchenform u. vermehrt sich in alten Kulturen oder in Ggw. von Bierhefe. Vf. berichtet über Versuchsreihen, um über das Verh. bei Hopfenzusatz aussagen zu können. (Fermentatio [Gand] **1955**. 3—23.) J. MILLER. 7540

W. J. Klopper, *Der Schaumgehalt des Bieres.* Vf. stellt als wesentlich für den Bierschaum heraus: die vollständige Erhaltung des Geh. an Isohumulon, keine Verwendung von Tannin oder Bentonit zur Klärung, Verwendung von Gersten- anstatt Mais- oder Reisextrakt u. Erreichung einer erhöhten Viscosität u. eines geringeren A.-Geh. des Bieres, bis fast zum Gärungsendpunkt zu gehen. (Petit J. Brasseur **63**. 179—84. 18/3. 1955. Niederländ. Brau- u. Malzindustrie, Prüfstat.) J. MILLER. 7550

A. A. Mershanian, *Die Kinetik der Aufnahme von Kohlensäuregas durch die Weinoberfläche.* Es wurden die Bedingungen eines Phasengleichgewichts im abgeschlossenen Syst. Wein–CO_2 untersucht. Für den Endzustand u. für die Kinetik der Gleichgewichtsverschiebungen bei Temperaturänderung wurden Gleichungen aufgestellt. Die Brauchbarkeit dieser Formeln wurde durch Unterss. von Weinproben bestätigt. (Виноделие и Виноградарство СССР [Weinbereit. Weinbau UdSSR] **15**. Nr. 6. 41—42. 1955. Krasnodar, Inst. für Nahrungsmittelind.) OTTO MAIER. 7554

Clemente Tarantola und **Remo Lovisolo,** *Entwicklung der stickstoffhaltigen Verbindungen während der Verarbeitung des Moscato di Canelli und Einfluß einiger Vitamin-*

faktoren auf die zweite Gärung. Aus dem Moscato di Canelli (I; gewonnen aus der gleichnamigen Traubensorte der Provinz Monferato), einem Wein mit 4—6% A. u. 10—14% unvergorenem Zucker wird durch eine zweite Gärung (in der Flasche oder im Tank) der Astispumante hergestellt. Es kommt dabei darauf an, daß diese zweite Gärung nicht stürm. verläuft u. nur ein Teil des Zuckers unter Erzeugung von 5—6 atü CO_2 vergoren wird. Die hierzu in der Praxis vorgenommene Behandlung von I (wiederholte Abstiche, Schönungen u. Filtrationen während der ersten Gärung) wird beschrieben. Es wird untersucht, welche Faktoren die geringe Hefevermehrung, die für diese begrenzte Gärung verantwortlich ist, beeinflussen: Dazu werden bei je einem Moscato der Jahrgänge 1951 u. 1952 die Veränderungen im Gesamt-N, Eiweiß-N, Albumosen-N, Pepton-N, bas. N, NH_3-N, Amid-N, Aminosäure-N, Rest-N, sowie in dem durch Hefe assimilierbaren N festgestellt, welche durch eine Mostschönung (unmittelbar nach dem Abpressen des Mostes) u. 3—5 Filtrationen etwa innerhalb der darauffolgenden 6 Monate bewirkt werden. Bei beiden Verss. trat eine Verminderung aller N-Formen ein, 1951 stärker als 1952. Bes. groß war die Abnahme an Eiweiß-N, vor allem durch die Mostschönung. Der Gesamt-N ging während der Behandlung 1951 von 416 auf 149 mg, 1952 von 283 auf 90 mg/Liter zurück. Weiterhin wurde der Einfl. der Vitamine *Pantothensäure* (1 mg/Liter), *Mesoinosit* (10 mg), *Nicotinamid* (2 mg), *Aneurin* (0,5 mg), sowie aller dieser Vitamine zusammen, auch nach Zusatz von 70 mg leicht assimilierbarem N, auf die Gärung des 1951er I geprüft (nach der 3. Filtration). Dieser ist bei Aneurin merklich, bei den anderen nur in Verbindung mit N-Zusatz wahrnehmbar. Vf. folgern daraus, daß die durch die besondere Technik der Bereitung von I bewirkte begrenzte Gärung sowohl auf Mangel an N wie auch an Wachstumsfaktoren der Hefe zurückzuführen ist. (Ann. Sperimentaz. agrar. [N. S.] **9.** 167—88. 1955. Turin, Univ., Ist. Ind. agr.)
E. KIELHÖFER. 7554

G. I. Shurawski, *Submerse Gärung zur Gewinnung der Citronensäure mit Hilfe von Pilzen der Art Aspergillus niger.* (Микробиология [Mikrobiologie] **24.** 332—40. Mai/Juni 1955.— C. **1955.** 8280.) O. LEBTAG. 7578

E. Sandegren, Stockholm, Schweden, *Herstellung von gegorenen Getränken aus Getreide oder Malz.* Die Maische wird ca. 10—20 Min. nach Einw. der Enzyme, aber vor Abtrennung der Treber auf $>80^0$ erhitzt u. der p_H-Wert gleichzeitig auf 4,5—5,0, bes. 4,9, eingestellt. Man kann diese Einstellung gleichzeitig mit der Belüftung vornehmen. Durch diese Behandlung wird die Stabilität der Eiweißstoffe erhöht, so daß im Fertigprod. Oxydationserscheinungen, die den Geschmack beeinträchtigen, nicht auftreten. Auch wird die Qualität des Schaumes des Fertigprod. nicht beeinträchtigt. (**Schwed. P. 187 952** vom 19/8. 1949, ausg. 11/11. 1952.) K. H. KÄHLER. 7511

Wm. J. Stange Co., übert. von: **Arnold Spencer Wahl,** Chicago, Ill., V. St. A., *Malzgetränke* (Bier u. a.) mit einem Zusatz von Guajaretsäure, Nordihydroguajaretsäure (I) oder deren Homologen als Antioxydans zur Vermeidung des schädlichen Einfl. des Luftsauerstoffes. (**A.P. 2 708 164** vom 2/7. 1952, ausg. 10/5. 1955.) J. KETTNER. 7551

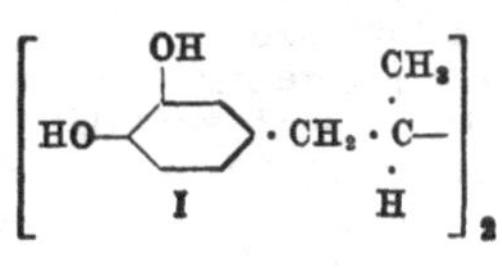

W. & A. Gilbey Ltd., London, England, *Stabilisieren von Wein* durch Behandeln mit einem sulfonierten Polystyrol–Ionen-Austauscher, der mit einer nichtsauren wss. Lsg. eines Na-Salzes, wie NaCl, regeneriert wurde, u. Zusatz von SO_2. (**E. P. 732 548** vom 20/1. 1953, ausg. 29/6. 1955.) J. KETTNER. 7555

XVI. Nahrungs-, Genuß- und Futtermittel.

J. Leyte Marrero, *Analytische Untersuchung des aus der Türkei eingeführten Weizens.* 1. Mitt. *Handelsmerkmale und Brotmehlqualität desselben.* Untersuchungsdaten. (Inform. Quím. analít. **8.** 164—68. Sept./Okt. 1954. Palma de Mallorca, Serv. agronóm. nacional.)
W. METZENER. 7670

G. Rama Rao und **M. Swaminathan,** *Herstellung eines grießähnlichen Produktes aus Weichweizen.* Zur Herst. eines grießähnlichen Prod. wird der Weichweizen für 30 Min. in W. von 30^0 eingeweicht, das W. entfernt u. der Weizen bei Normaldruck 30 Min. lang mit Dampf behandelt u. getrocknet. Nach Entfernung von Kleie u. Keimen wird das Getreide grob zerkleinert. Das erhaltene Prod. zeigt in seiner Zus. weitgehende Ähnlichkeit mit dem Ausgangsmaterial, hat jedoch geringere Gehh. an *Ca, P, Fe* u. *Thiamin.* (J. sci. ind. Res. [New Delhi] **13A.** 379—81. Aug. 1954. Mysore, Indien, Central Food Technol. Res. Inst.) F. KRUSEN. 7670

W. Donald Graham, H. Teed und **H. C. Grice,** *Chronische Toxizität von Backhilfsmitteln bei Ratten.* Beimischung von *Chlordioxyd, Na-Propionat, n-Propylgallat, Oxyani-*

solbutyrat u. *Polyoxyäthylen-(8)-monostearat* in 50facher Menge der üblichen Beträge (die Beimischung dieser Prodd. zum Brot ist z. B. in Canada erlaubt) bewirkte bei Ratten während eines Jahres weder Störungen des Wachstums oder nachweisbare organ. Schädigungen noch eine Zunahme der Sterblichkeit. — 23 Literaturangaben. (J. Pharmacy Pharmacol. **6.** 534—45. Aug. 1954. Ottawa, Can., Dep. of Nat. Health and Welfare, Food and Drug Labor.) G. WELTZIEN. 7674

R.-J. Gautheret, *Untersuchungen über die Konservierung von Kartoffeln durch Isopropylphenylthiocarbamat.* Isopropylphenylthiocarbamat wirkt bei Kartoffeln als weit besseres Keimhinderungsmittel als Naphthalinessigsäuremethylester u. konserviert auch besser die Stärke. — 6 Literaturangaben. (C. R. hebd. Séacnes Acad. Agric. France **39.** 188—93. 1953.) PH. FRESENIUS 7678

M. Narayana Rao und **M. Swaminathan,** *Der Nährwert von mit Calcium angereichertem Reis.* Reis wird in Hülsen unter bestimmten Bedingungen in $CaCl_2$-Lsg. eingeweicht u. halbgekocht. Solch ein mit Ca angereicherter, dann getrockneter, enthülster u. mittelvermahlener Reis (I) wird dann mit einem ohne Ca-Zusatz halbgekochten u. unter denselben Bedingungen bereiteten Reis (II) verglichen. Während die Werte von W., Protein, Fett, Phosphorsäure, Eisen u. Thiamin keine erheblichen Unterschiede aufweisen, ist der Ca-Geh. bei I vierfach so hoch wie bei II. Auch bei Rattenwachtumsverss. ergeben sich mit 5,1 g Durchschnittsgewichtszunahme pro Woche bei I gegenüber 3,8 g pro Woche bei II ($\pm$0,2) erhebliche Unterschiede. (Bull. centr. Food technol. Res. Inst., Mysore **4.** 34. Nov. 1954. Mysore, Div. of Biochem. and Nutrit. CFIRT.) H. HESS. 7686

Novák Torbágyi und **László Ravasz,** *Veränderungen von Erzeugnissen der Süßwarenindustrie bei längerer Lagerung.* Es werden die qualitativen u. quantitativen Veränderungen beschrieben, die Süßwaren u. Gebäcksorten bei längerer Lagerung erleiden. (Élelmezési Ipar [Verpflegungs-Ind.] **7.** 249—56. Aug. 1953.) H. LANGENBECK. 7704

E. Benk, *Über meerwasserhaltige Erfrischungsgetränke.* Vf. beschreibt die Zubereitungen meerwasserhaltiger Erfrischungsgetränke unter Zusatz von Genußsäuren u. Essenzen bzw. Fruchtsäften u. Zucker, wobei auf die jeweiligen gesetzlichen Begriffsbestimmungen verwiesen wird. (Dtsch. Drogisten-Ztg. **10.** 130—33. 1/3. 1955.) K.-H. ANDERS. 7706

K. M. Dshemuchadse und **G. A. Schalnewa,** *Eine Methode zur quantitativen Papierchromatographie der Catechine des Teeblattes.* (Vgl. C. **1955.** 7107.) Das Verf. zur Best. der Catechine beruht auf dem Prinzip der Rundfilterchromatographie, wobei die Chromatogramme in N_2-Atmosphäre entwickelt u. eluiert werden. Die bei der Behandlung der Eluate mit Vanillin (I)-Lsg. in HCl auftretende Färbung wird colorimetriert. Nach dem 1. Verf. wird der Kontrollsektor des Chromatogramms mit I-Lsg. (1 g I in 100 ml konz. HCl) besprüht; die gefärbten Bereiche werden mit einem Bleistift umrandet. Beim 2. Verf. wird das trockene Chromatogramm im Ultrachemoskop beobachtet, wobei jene Teile ausgeschnitten werden, welche die UV-Strahlen absorbieren. Die nach den mit reinen Catechinpräpp. erhaltenen Eichkurven erzielten Werte für *l*-Epigallocatechin (II), *l*-Epigallocatechingallat (III), *l*-Epicatechingallat (IV) u. die Summe *l*-Epicatechin + dl-Catechin + dl-Gallocatechin stimmen mit den von SAPROMETOW (C. **1954.** 3962) an der Silicagelsäule erhaltenen Werten gut überein. Die Fehlergrenze für III u. IV liegt bei $\pm$2%, bei II u. der obigen Catechinsumme etwas höher. Die Empfindlichkeit der Best. ist für die einzelnen Catechine verschieden (untere Grenze bei 2,5—7 γ, obere Grenze bei 10—20 γ). (Биохимия [Biochemie] **20.** 336—38. Mai/Juni 1955. Moskau, Bach-Inst. für Biochem. der Akad. der Wiss. der UdSSR.) O. LEBTAG. 7724

Wilhelm Endemann, *Die technische Reife des Tabakblattes.* Vf. berichtet über seine Beobachtungen, wonach die Veränderungen der Blattfarbe während der Reifung sortenabhängig sind. Außerdem verläuft die Reifefärbung bei den einzelnen Pflanzen bei oberen Blättern anders als bei unteren, wobei Zusammenhänge zwischen sortenbedingter Entw. der Pflanze u. Reife der unteren Blätter nicht festgestellt wurden. (Ber. Inst. Tabakforsch. Dresden **1.** 157—66. 1954. Dresden, Inst. für Tabakforsch.) F. KRUSEN. 7734

O. Fleischmann, *Versuche mit einem Konservierungsmittel für Dosenwürstchen.* (Vgl. GRAU u. CORETTI, C. **1954.** 9179.) Kurze Beschreibung von Verss. mit dem als unzulässig bezeichneten „*Hydrin*". (Fleischwirtschaft **6.** 396. Okt. 1954. Kulmbach, Bundesforschungsanst. für Fleischwirtsch.) F. KRUSEN. 7750

A. I. Taranowa, Je. Ss. Albowa und **L. Ss. Gromichina,** *Der Gehalt an Arginin, Histidin, Lysin, Tyrosin, Tryptophan und Cystin in Proteinen verschiedener Arten von Fleisch und Fisch.* Der Geh. an *Gesamt-N* (I) u. an *Aminosäuren* (II) in 24 Arten Fleisch von Haustieren u. Wild, in 20 Arten Fisch u. Fischprodd. (Krebse, Krabben usw.) wird tabellar. wiedergegeben. Während I in Fleisch von Haustieren, Wild, Geflügel u. Fleischprodd. zwischen 2, 5 u. 3,58% schwankt, sind die Unterschiede bei den Fischprodd. größer (1,91—6,61%). Hinsichtlich II unterscheiden sich die Fisch- von den Fleischproteinen durch einen höheren Geh. an Lysin, Tryptophan u. Cystin u. geringeren Geh. an Histidin. Krebs- u. Krabbenfleisch enthält mehr Arginin u. Cystin. (Вопросы Питания [Fragen d. Ernähr.] **14.** Nr. 5. 27—35. Sept./Okt. 1955. Moskau, Ernährungs-Inst. der Akad. der Med. Wiss. der UdSSR, Protein-Labor.) E. RENTZ. 7752

L. A. Goroshankina, *Der Methioningehalt in den Proteinen der Fische und Fischprodukte.* Während im allg. ein Geh. von 1,65% *Methionin* (I, in % des Gesamt-N der Proteine) in den Nahrungsproteinen als optimal gilt, erweisen sich die Fischproteine größtenteils als noch I-reicher. Es wurden an Methionin (in %) gefunden: Hering 2,16; Bleie 2,14; Hausen 2,07; Sternhausen 2,15; Lachs 2,17; Salm 1,97; Wels 2,17; Karpfen 1,86; Brachse 1,64; Hecht 2,15; Strömling 2,32; Sprotten 1,63; Kaviar 1,62—1,87; Scholle 2,06; Dorsch 2,16; Stint 2,11. (Вопросы Питания [Fragen d. Ernähr.] **14.** Nr. 5. 35—37. Sept./Okt. 1955. Moskau, Physiol. Abt. des Ernährungs-Inst. der Akad. der Med. Wiss. der UdSSR, Protein-Labor.) E. RENTZ. 7752

A. W. Popow, *Ein neues Verfahren zur Gewinnung von klarer Lake.* In Abänderung des in der Fischindustrie üblichen Verf. (Zugabe des W. von oben, kein Absitzen) wird eine App. beschrieben, bei welcher das Lösungswasser von unten nach oben durch NaCl hindurchgeleitet wird; die Auflsg. erfolgt bei 50—60°; die Lsg. wird sodann in Absitzbehältern möglichst stark (auf 2—10°) abgekühlt: In wenigen (2—7) Std. ist die Lsg. klar, da die Verunreinigungen mit dem ausfallenden NaCl mit niedergeschlagen werden. (Рыбное Хозяйство [Fischerei-Wirtsch.] **31.** Nr. 5. 24—27. Mai 1955. Moskau, Fischverarbeitungsfabrik Nr. 1.) A. v. WILPERT. 7752

Karl Raible, *Über den Einfluß des Salzgehaltes von Speiseeigelb auf den Verlauf des mikrobiellen Verderbs.* Vf. weist nach, daß die Zus. der Bakterienflora u. die Verderbserscheinungen in lagerndem Speiseeigelb von dessen *NaCl*-Geh. weitgehend abhängig sind. In NaCl-freiem Eigelb überwiegen Bacillus cereus, gramnegative Stäbchen u. Streptokokken, die einen sogenannten „käsigen" Verderb mit starken Geruchsveränderungen, Verdickung u. abfallendem p_H-Wert hervorrufen. Bei 3—4% NaCl herrschen Mikrokokken, Streptokokken u. gramnegative Stäbchen vor, die bei ebenfalls eintretenden Geruchsveränderungen nach vorübergehendem Abfall einen Anstieg des p_H-Werts verursachen. Eine Konsistenzänderung fehlt hier. Die bei 5% NaCl überwiegenden Mikrokokken sind über 6% die alleinigen Verderbserreger, wobei regelmäßig eine acidoproteolyt. Art dominiert. Organolept. feststellbare Verderbserscheinungen treten bei NaCl-Konzz. über 5% nur noch geringfügig auf, jedoch ist auch in diesen Fällen Erhöhung des p_H-Werts festzustellen. (Zbl. Bakteriol., Parasitenkunde, Infektionskrankh. Hyg., II. Abt. **108.** 588—602. 20/6. 1955.) F. KRUSEN. 7754

J. Keilling, *Die Abwasserfrage in der Molkereiindustrie.* Überblick über die Schwierigkeiten durch ungleichmäßigen Anfall, Klima, Verschiedenheit der örtlichen Bedingungen, Hinweise auf 1. Trennung sauberer u. verunreinigter Abwässer, 2. antisept. Behandlung bis zum Vorfluter, 3. Zerstörung der organ. Substanz a) durch Ausfaulen u. anschließende aerobe Behandlung, b) Abbau von Lactose u. Eiweiß nacheinander durch schnelle Gärung bei 37°, Ausflockung mit $Al_2(SO_4)_3$ u. Filtrieren durch Torf, c) durch Käsepilze, 4. Nutzbarmachung durch Verfütterung u. Verrieselung, Verwertung der Molken. (Ind. laitière [N. S.] **1954.** 44—47. März. Paris, Inst. Nat. Agronom., Labor. de Technol.) H. MÜHLMEISTER. 7756

A. Camus, M. Valat und **J. Claveau,** *Behandlung der Molkereiabwässer mit aeroben Mikroorganismen.* Kulturen von Schimmelpilzen u. Hefen wurden isoliert, die sowohl Lactose in 24—48 Std. als auch Eiweißstoffe in 8—20 Tagen abbauen durch Fixierung des N in ihrem Mycel oder Umwandlung zu NH_3. In 2 Versuchsapparaten, Holzrinnen 5×40 cm mit 5 mm Flüssigkeitsschicht u. Rieselsäule 1 m hoch, 12,5 cm Durchmesser mit Hobelspänen gelang es, in 1:10 verd. Milch in 24 Std. die Lactose völlig, die Proteine zu 50—57% abzubauen. Eine Kombination beider, ein Körper aus Schamottebrocken 1,25 m hoch, 2 m Durchmesser, mit 3 nachgeschalteten Flächen 3×8 m u. anschließendem Sandfilter, ist im Probebetrieb u. gibt eine klare geruchlose Abflut. (Ind. laitière [N. S.] **1954.** 48—49. März. Paris, Inst. Nat. Agronom.) H. MÜHLMEISTER. 7756

P. W. Kugenew, *Einfluß der Fütterung der Milchkühe auf die Aminosäurezusammensetzung der Milch.* Verss. ergaben, daß bei Milchkühen das Lysin als die entscheidende

Aminosäure anzusehen ist, deren Fehlen im Futter zu einer Abnahme der Milchproduktion führt. Während die meisten Aminosäuren im Futter in ausreichenden Mengen vorhanden sind, ist die Lysinmenge häufig unzureichend. (Известия Тимирязевской Сельскохозяйственной Академии [Nachr. Landwirtsch. Timirjasew-Akad.] **1953**. Nr. 1. 187—96.) E. RENTZ. 7756

A. Z. Hodson, *Nährwert von Milcheiweiß. 2. Mitt. Erhaltung während der Sterilisation evaporierter Milch, bestimmt nach der Rattenwachstumsmethode.* (1. vgl. C. **1954**. 3126.) Im Rattenwachstumstest wird bei evaporierter Milch ein Mangel an S-haltigen Aminosäuren nachgewiesen, der durch die Sterilisation nur unbedeutend erhöht wird. Methionin u. die labileren Cystin u. Cystein werden vielleicht zerstört oder in eine weniger ausnutzbare Form übergeführt. Die Befunde haben keine Bedeutung für die menschliche Ernährung. — 15 Literaturangaben. (Food Res. **19**. 224—30. März/April 1954. Greenville, Ill., Pet Milk Co., Res. Labor.) PH. FRESENIUS. 7756

W. R. Thomas, W. J. Harper und **I. A. Gould**, *Der Gehalt von freier Fettsäure in frischer Milch im Verhältnis zu den einzelnen Portionen der ermolkenen Milch.* Von einer Reihe von Kühen wurde einzeln die Milch in 3 Portionen ermolken, wovon die mittlere, 85% der Gesamtmenge umfassende, durch Melkmaschine, die erste u. letzte, je ca. 500 ml umfassende, durch Handmelkung erhalten wurde. Obwohl im allg. die Tendenz zu etwas höheren Gehh. an freien Fettsäuren in den ersten Portionen bestand, waren bei den meisten Kühen, bes. in späteren Lactationsstadien, keine deutlichen Unterschiede zwischen den Portionen festzustellen. Dagegen bestanden starke Unterschiede zwischen den einzelnen Tieren u. individuell solche von Tag zu Tag. Zwischen dem Fettgeh. der einzelnen Milchproben u. dem Geh. an freier Fettsäure wurden keine Zusammenhänge festgestellt. (J. Dairy Sci. **37**. 717—23. Juni 1954. Columbus, O., Ohio State Univ., Inst. of Nutrit. and Food Technol., Dep. of Dairy Technol.) F. KRUSEN. 7756

W. Ssurkow, Ss. Barkan und **L. Repina**, *Strukturelemente der Milch und einiger Milcherzeugnisse im Gesichtsfeld des Elektronenmikroskopes.* Im sowjet. elektromagnet. Elektronenmikroskop EM 3 wurden bei 25000 facher Vergrößerung Proben von Voll- u. Magermilch, Sahne u. Käse beobachtet. Die meisten der sichtbaren Formen werden als Fettkügelchen mit Eiweißhüllen gedeutet. Die Schnitte von reifem Käse (nicht die von frischem) zeigen eine körnige Struktur, deren einzelne Körner viel kleiner sind (0,1 μ) als die durchschnittliche Größe der Fettkügelchen in der Milch. In einigen Proben wurde auch eine Art Netzstruktur beobachtet, die durch kettenartigen Zusammenschluß kleiner Teilchen verursacht war. Außer solchen kleinen Teilchen wurden auch im Käse größere Fettkügelchen, Löcher u. als Fettanhäufungen gedeutete dunklere Objektbereiche beobachtet. (Молочная Промышленность [Milch-Ind.] **16**. Nr. 4. 30—31. 1955. Moskau, Technol. Inst. der Fleisch- u. Milchwirtschaft.) F. LENZ. 7756

Hans Lück, *Zur Sauerstoffbehandlung der Milch. 3. Mitt. Bakericide Wirkung von komprimiertem Sauerstoff und Kohlendioxyd.* (1. vgl. C. **1954**. 4512.) Bei der Unters. des Einfl. der Temp. auf den Bakteriengeh. der Milch unter 8 atü O_2 wurde festgestellt, daß mit steigender Temp. von 40—45° an die Keimzahl abnimmt, was der bactericiden Wrkg. des O_2 zuzuschreiben ist. Unter komprimiertem O_2 u. CO_2 folgt der Absterbevorgang einer Rk. 1. Ordnung. Aus den Werten für die Aktivierungsentropie der Keimred. wird der Schluß gezogen, daß der Zelltod durch Sprengung (Rk. von stärkeren Bindungen als nur H-Brücken) verursacht wird. Die Möglichkeit der Erzeugung von unter O_2-Druck „stabilisierter" Milch wird diskutiert. (Milchwissenschaft **9**. 115—18. April 1954.) M. WINIKER. 7756

Ju. Ssorokin, *Über die Automatisierung der Kontrolle der Milcheindickung.* Beim Eindicken der Milch steigt zunächst die elektr. Leitfähigkeit, nach Zusatz des Zuckersirups sinkt sie, weil Eiweiß, Zucker u. Fett stärker wirken als die Steigerung der dissoziierten Ionen. Im fertigen Prod. schwankt die elektr. Leitfähigkeit zwischen $2 \cdot 10^{-4}$ u. $2{,}5 \cdot 10^{-4}$. Hierdurch wird eine konduktometr. Kontrolle der Milcheindickung möglich. (Молочная Промышленность [Milch-Ind.] **16**. Nr. 3. 38—39. 1955. Smeljansk, Milch-Konservenfabrik.) OTTO MAIER. 7756

S. Ovejero del Agua, M. Diez und **R. Pacual**, *Die Wirkung einiger Antibiotica auf die Fermente des Käses und die Mikrobenflora der Milchdrüse.* Erst Mengen über 0,5 I.E. an Penicillin je cm^3 stören die n. Gärung der Milch in der Käseerzeugung. Von 6 untersuchten Antibioticis zeigt Bacitracin (I) die geringste Hemmwrkg. gegenüber der Mikrobenflora der Milch. Von den bei span. Kühen beobachteten Mastitiden werden 87% durch Streptococcus agalactiae, dysgalactiae u. uberis, 13% durch Staphylococcus verursacht; Escherichia u. Corynebacterium werden zwar nicht nachgewiesen, ihre Mitwrkg. bei den Infektionen wird aber für wahrscheinlich gehalten; alle pathogenen Keime werden durch I stark gehemmt. Es wird vorgeschlagen, die Anwendung der Antibiotica in der Milchindustrie unter tierärztliche Kontrolle zu stellen. (Ind. lechera **36.** 197—205. April 1954.) R. K. Müller. 7756

Matti Hietaranta, *Über die Faktoren, die die Anwendbarkeit der Säurewecker beeinflussen.* Angabe neuerer Arbeiten über die bakteriolog. Zus. u. die biochem. Aktivität der Säurewecker u. deren Beeinflussung durch Antibiose- u. andere störende Faktoren. — 6 Literaturhinweise. (Karjantuote **38.** 3—7. 14/1. 1955. Helsinki, Yliopiston Maitotalouslaitos.) S. Beckmann. 7760

J. K. Loosli, V. Villegas, G. V. Garcia und **L. A. Ynalvez,** *Die Verdaulichkeit von Paragras (Panicum purpurascens Raddi), Culapé (Paspalum conjugatum Berg.), Guatemala Gras (Tripsacum laxum Nash.) und Maissilage durch Wiederkäuer. Paragras* enthält 2,8—11,7 (%) *verdauliches Protein* (I) u. 35,5—71,8 *gesamtverdauliche Nährstoffe* (berechnet auf TS), abhängig vom Reifestadium des Grases. *Culapé* enthält 7,0 verdauliches I, *Guatemala-Gras* 3,0 u. *Maissilage* 1,3. Die beiden letzteren enthalten 56,9—61,6 gesamtverdauliche Nährstoffe (bezogen auf TS). Versuchstiere: Schafe u. Ziegen. (Philippine Agriculturist **37.** 520—28. Febr. 1954.) H. Patzsch. 7782

H. Land Jensen und **J. Find Poulsen,** *Orientierende Versuche und Untersuchungen mit „Kofa"-Salz und anderen Salzstreumitteln zur Gärfutterbereitung 1950—1953.* Überprüfung von 5 verschied. Salzstreumitteln (Formiate mit Zusätzen; **I**) als Silagehilfsmittel im Vgl. mit den Mineralsäuren des A.I.V.-Verf. (**II**) bzw. Silage ohne Zusätze (**III**). Während die Trockensubstanzabnahme bei allen 3 Verff. gleich groß war, ergab sich bei **I** u. **III** ein größerer Proteinverlust als bei **II**, die Qualität des Gärfutters war bei allen Unterss. bei **II** besser als bei **I** u. **III**. (Tidsskr. Planteavl **58.** 1—21. 1954. Kopenhagen, Statens Førsogsvirksomhed i Plantekultur.) W. Beinert. 7782

R. D. Subkowa, *Rolle der Hefen bei der Silierung von Futtermitteln.* Sonnenblume u. Mais wurden mit 2,5% Hefe (Saccharomyces u. Torula utilis), 2,5% Hefe + 0,25% Milchsäurebakterien oder 0,5% Milchsäurebakterien allein siliert. Der Zusatz von Hefe führte zu einer Herabsetzung des p_H u. der Qualität der Silage, obwohl hierbei die Milchsäurebakterien eine intensive Vermehrung zeigten. (Микробиология [Mikrobiologie] **24.** 353—58. Mai/Juni 1955. Alma Ata, Mikrobiol. Abt. der Akad. der Wiss. der KasachSSR.) Otto Maier. 7782

P. A. Kormschtschikow, *Kalkbehandelter Heuextrakt.* Fügt man zu 100 kg Stroh 4 kg NaOH zu, u. behandelt man diese Mischung mit Wasserdampf unter Druck, so kann nachher kein Alkali in der Mischung festgestellt werden. Die Mischung reagiert jetzt sauer. Die Bindung des Alkalis erfolgt in erster Linie durch die Säuregruppen des Lignins. Um die in W. unlösl. Bestandteile des Heus (Lignin, Klebstoffe) im Extrakt zu erhalten u. um diesen an Ca-Salzen anzureichern, bearbeitet Vf. das Heu mit Kalkmilch. Heu u. Stroh können davon 12—14% aufnehmen. Es bildet sich hierbei Ca-Lignat. Unterss. zeigten, daß der so hergestellte Extrakt 3—4% Trockenstoffe enthält, darunter 0,2—0,3% Ca. Der Extrakt ist ein gutes Diätmittel bei Magen- u. Darmerkrankungen der Kälber. Durch zusätzlich 1,4 Liter Heuextrakt täglich konnte bei jungen Kälbern eine Gewichtszunahme von 257 g täglich im Vgl. zur Kontrolle erzielt werden. (Ветеринария [Tierheilkunde] **32.** Nr. 1. 49—51. Jan. 1955. Troitzk, Veterinärinst.) E. Steinberg. 7786

Ray E. Ely und **A. L. Moore,** *Winterfutterbestandteile. Ausbeuten an Holocellulose aus verschiedenem Winterfutter durch Behandlung mit Chlorit in saurer Lösung.* Aus verschied. Arten an Stroh, Heu u. Silofutter lassen sich nach Extraktion mit A.–Bzl. die Cellulosen durch 2malige Behandlung mit $NaClO_2$ in saurer Lsg. gewinnen. Hierbei erreicht man nicht das Minimum an Lignin- u. N-Geh.; ein weiterer Aufschluß gibt aber zu hohe Verluste an Cellulose. (J. agric. Food Chem. **2.** 826—29. 4/8. 1954. Beltsville, Md., U. S. Dep. of Agricult.) H. Becker. 7786

H. L. A. Tarr, J. Biely und **B. E. March,** *Der Nährwert von Heringsmehlen.* 1. Mitt. *Die Wirkung des Erhitzens.* Aus Heringspreßkuchen zu verschied. Jahreszeiten durch Trocknung in einem Luftstrom bei niedrigen Tempp. (37—43°) hergestelltes Heringsmehl erwies sich in Kükenfütterungsverss. als hauptsächlicher Proteinträger als bedeutend wachstumsfördernder als durch handelsübliche Flammentrocknung gewonnenes. Der Nährwert dieses letzten konnte durch Zusatz von B-Vitaminen auf denjenigen des bei niedrigen Tempp. getrockneten Heringsmehls gebracht werden, u. Verss. zeigten, daß die biol. Unterwertigkeit auf einen Mangel an Folsäure zurückzuführen ist. Erhitzen des bei niedrigen Tempp. getrockneten Heringsmehls für 30 oder 60 Min. auf 149° erhöhte aus unbekannten Gründen den Nährwert, während 3std. Erhitzen den Nährwert stark herabsetzte u. durch Lysinzusatz nur unvollkommen wettgemacht werden konnte. Im Februar bei niedrigen Tempp. hergestelltes Heringsmehl wurde durch 3std. Erhitzen stärker im Nährwert geschädigt als ein entsprechendes, im November hergestelltes

Heringsmehl. — 13 Literaturangaben. (Poultry Sci. **33.** 242—50. März 1954. Vancouver, Can., Pacific Fisheries Exp. Stat.; Univ. of Brit. Columbia, Poultry Nutrit. Labor.) F. KRUSEN. 7786

H. M. Bissett und **H. L. A. Tarr,** *Der Nährwert von Heringsmehlen.* 2. Mitt. *Die Wirkung des Erhitzens auf die Ausnutzbarkeit der essentiellen Aminosäuren.* (1. vgl. vorst. Ref.) Die handelsübliche Flammentrocknung von Heringspreßkuchen zur Gewinnung von Heringsmehl hatte keinen Einfl. auf die Ausnutzbarkeit der essentiellen Aminosäuren in solchen Mehlen. Dasselbe galt für 30 oder 60 Min. langes Erhitzen auf 159° von bei niedrigen Tempp. durch Luftstromtrocknung gewonnenem Mehl. Erhitzen für 3 Std. schädigte dagegen die Ausnutzbarkeit sämtlicher Aminosäuren, wobei im Falle von *Tryptophan, Methionin, Lysin, Threonin* u. *Valin* die Schädigung in Februarmehlen bedeutender war als in Novembermehlen. Da die Februarheringsmehle gegenüber den Novembermehlen größere Gehh. an *Desoxypentosenucleinsäure* u. Gesamt-*Pentose* aufwiesen, nehmen Vff. an, daß die beobachteten Unterschiede auf MAILLARD-Rkk. zwischen freigesetzten Pentosen u. Aminosäuren zurückzuführen sind. — 15 Literaturangaben. (Poultry Sci. **33.** 250—54. März 1954.) F. KRUSEN. 7786

A. Moen, *Agrikulturchemische Forschung in Finnland. Erfahrungen einer Stipendienreise.* Erfahrungsbericht über in Finnland übliche Methoden bes. zur Unters. von Futtermitteln. — 11 Literaturangaben. (Tidsskr. norske Landbruk **61.** 317—24. Nov. 1954.) K. GENEST. 7788

William W. G. Smart, Frank W. Sherwood, Gennard Matrone und **George H. Wise,** *Verdaulichkeit von Futter. Mit der Chromogenverhältnismethode erfaßte Pigmente.* Vff. prüfen die Brauchbarkeit der „Chromogenverhältnismeth." zur Best. der Verdaulichkeit von Tierfutter. Zu diesem Zweck werden W.-Aceton-Extrakte von Klee, frischem Gras, Heu u. Sojabohnen einerseits sowie den Faeces der Versuchstiere (Kaninchen, Schafe) andererseits auf ihren Geh. an Chromogenen untersucht. Diese bestehen, wie sich aus den Absorptionsspektren der Extrakte ergibt, hauptsächlich aus einem Gemisch von Carotinoiden, Chlorophyll (a u. b) u. Phaeophytinen. Strukturänderungen dieser Verbb. durch die Verdauungstätigkeit drücken sich wohl in einer Veränderung der Absorptionsspektren aus, doch ist die Anwendbarkeit der Meth. nur dann gerechtfertigt, wenn die verfütterten Nahrungsmittel eine genügend große Menge von Pigmenten enthalten. (J. agric. Food Chem. **1.** 318—21. 13/5. 1953. Raleigh, N. C., North Carolina Agric. Exp. Stat., Dep. of Animal Ind., Animal Nutrit. Sect.) R. WOLLER. 7788

F. P. Pietermaat und **E. Maes,** *Die Ultraschnellbestimmung der Feuchtigkeit in Mehlen und ausgewaschenen Klebern im elektrischen Feld hoher Frequenz.* Feuchtigkeitsgehh. zwischen 10 u. 65% konnten in 10—15 Min. durch Trocknen des Materials im Hochfrequenzfeld mit einer Genauigkeit von ca. 0,15% bestimmt werden. (Fermentatio [Gand] **1955.** 30—39.) H. HAEVECKER. 7798

A. Menger, *Über einen einfachen Nachweis von Stechapfelbesatz in Buchweizenerzeugnissen mit Hilfe der Analysenquarzlampe.* In den mit W. angefeuchteten Buchweizen- oder Hirsemehlen, die Stechapfelendosperm enthalten, geben im UV-Licht bisher unbekannte Stoffe eine grüngelbe bis türkisfarbige Fluorescenz, die verd. HCl nicht wie die des Kornradebesatzes auslöscht. (Dtsch. Lebensmittel-Rdsch. **51.** 187—88. Juli 1955. Detmold, Bundesforschungsanst. für Getreideverarbeitung.) H. GUDE. 7798

E. Drews, *Papierchromatographische Untersuchungen an Brot und Backwaren.* 2. Mitt. *Nachweis flüchtiger Säuren.* (1. vgl. C. **1955.** 242.) 25 g Substanz werden mit 1 ml 20%ig. H_2SO_4 u. 50 ml W. verrieben u. mit 50 ml Ae. ausgeschüttelt. Der eingeengte Ae.-Extrakt wird zur Verseifung der Fette mit 5 ml n/2 alkoh. KOH fast zur Trockne eingedampft, u. mit 20 ml Kalkwasser werden die Fettsäuren abgeschieden. Das Filtrat wird zur Trockne eingedampft, mit einigen Tropfen 25%ig. H_2SO_4 verrieben u. mit 1—1,5 ml Ae. extrahiert. Zur Gewinnung der flüchtigen Säuren dest. man 25 bis 35 g Substanz unter Zusatz von 1—2 g Weinsäure u. 100 ml W. mit Wasserdampf, wobei man vor den Kühler einen Kolben mit einer Aufschlämmung von 2 g $BaCO_3$ in 100 ml W. zur Absorption der flüchtigen sauren Bestandteile einschaltet. Nach beendeter Dest. filtriert man die Aufschlämmung, dampft ein, verreibt mit etwas H_2SO_4 u. extrahiert mit 1 ml Butanol. Man chromatographiert im Ringverf. unter Aufgabe von 20 ml mit wassergesätt. Butanol in NH_3-Atmosphäre auf SCHLEICHER & SCHÜLL Nr. 2043b. Als Entwickler werden Bromkresolgrün (0,25%ig. Lsg. in gleichen Teilen A. u. Butanol u. 0,04%ig. alkoh. Lsg., mit n/10 NaOH bis zur Blaufärbung versetzt) u. für Ameisensäure eine Mischung gleicher Teile n/10 $AgNO_3$- u. 10%ig. NH_3-Lsg. verwendet. Folgende R_f-Werte wurden festgestellt: *p-Oxybenzoesäure* 0,16, *Milchsäure* 0,28, *Ameisensäure* 0,29, *Essigsäure* 0,33, *Propionsäure* 0,42, *Buttersäure* 0,53 u. *Benzoesäure* 0,56. (Brot u. Gebäck **9.** 45—46. März 1955.) F. KRUSEN. 7800

—, *Entwurf eines Berichts des Pektinausschusses.* Von den gebräuchlichen Methoden der Pektinbest. ist die nach RIPA zuverlässiger als die nach GERET, aber infolge der Schwierigkeit der Einstellung auf p_H 3,00 u. des Einfl. der Neutralsalze auf das p_H nicht immer reproduzierbar. Zwischen dem Methoxylgeh. u. dem Geliervermögen besteht keine Proportionalität. In Vergleichsverss. werden die TARR-BAKER- u. die COX-HIGBY-Meth. (Best. der Zerreißfestigkeit bzw. der Elastizität der Gallerte), beide in modifizierter Form, geprüft, auch unter dem Gesichtspunkt, welche der beiden untersuchten Eigg. dem Verbraucher am wichtigsten ist. Dabei wird jedoch kein eindeutiges Ergebnis erzielt. Es wird jedoch beobachtet, daß die erstere Meth. gegen äußere Störungen empfindlich ist. — Für die Enzyme Pektinase u. Pektase wird die Bezeichnung *Pektin-α-polygalakturonidase* bzw. *Pektinmethylesterase* vorgeschlagen. (Akad. tekn. Vidensk., Beretn. **1953**. Nr. 22. 1—71.) R. K. MÜLLER. 7814

Z. I. Kertesz und **M. I. Lavin**, *Über die Bestimmung von Acetylgruppen in Pektinsubstanzen.* Es wird eine vereinfachte Meth. zur Best. von Acetylgruppen in Pektinen beschrieben. Die zu untersuchende Pektinlsg. wird mit dem Enzym Pectinol 100 D bei 25—35° behandelt. Die Verseifung erfolgt durch 3std. Behandlung mit 0,2n NaOH bei ca. 25°. Aus der auf p_H 2—2,5 gebrachten Lsg. wird dann mit einem 90%ig. Chlf.-Butanol-Gemisch extrahiert. Die Titration erfolgt mit 0,02n NaOH unter Verwendung von 0,1% Kresolrot- u. 2% DREFT-Lösung. (Food Res. **19**. 627—32. Nov./Dez. 1954. Geneva, N. Y., Cornell Univ., New York State Agric. Exp. Stat.) H. GERTH. 7814

D. Fysh und **A. G. Ward**, *Fortschritte in der Gallerteprüfung.* Ein empir. Maß für die Deformierung einer Gallerte wurde durch BRITISH STANDARD **757/1944** eingeführt. Das BLOOM-Gelometer (I) wird häufig als Meßgerät benutzt, die Ergebnisse verschied. Untersucher weichen aber oft stark voneinander ab. Durch Verwendung des jetzt entwickelten „Dummy Bloom" (II) aus Federstahl an Stelle von Standardgallerte kommen einheitliche Ergebnisse zustande. II ist auch in Verbindung mit dem BOUCHER-Gerät brauchbar. I u. II u. die Herst. der prüfgerechten Gallerten aus Gelatine werden besprochen. (Food **22**. 111—13. März 1953. Brit. Gelatine & Glue Res. Assoc.) PH. FRESENIUS. 7820

M. Ney, *Die natürlichen Vanilleextrakte.* Zusammenfassende Darst. von Herkunft u. Bearbeitung der Vanilleschoten, Herst. von Vanilleextrakten, deren Unters. u. Nachw. von Fälschungen, wobei bes. vor der kritiklosen Anwendung von papierchromatograph. u. spektrograph. Verff. gewarnt wird. — 24 Literaturangaben. (Dtsch. Lebensmittel-Rdsch. **50**. 254—59. Okt. 1954. Metz, Labor. municipal.) F. KRUSEN. 7826

C. Decker, **A. Girardet**, **P. Golaz** und **R. Regamey**, *Eine automatisch arbeitende Mehrfachapparatur zur Bestimmung des Nicotins und der Teere im Rauch von Zigaretten.* Es wird eine automat. arbeitende App. beschrieben (Abb.), mit der gleichzeitig 5 Zigaretten abgeraucht werden können. Das Abrauchen kann unter konstantem Anfangsdruck oder bei konstantem Rauchvol. erfolgen. Die Best. erfolgt dann nach der Vorschrift von PFYHL oder WASER. Die Teere werden nach Abdestillieren des Chlf. aus den Chloroformextrakten durch Trocknen des Rückstands bei 105° bis zur Gewichtskonstanz bestimmt. (Mitt. Gebiete Lebensmittelunters. Hyg. [Bern] **46**. 178—82. 1955. Lausanne, École de pharm.) H. PATZSCH. 7836

Sabine Dannacher und **M. Staub**, *Über die Bestimmung des Fleischgehaltes in Suppenpräparaten.* Zur quantitativen Best. des Fleischgeh. in fleischhaltigen Präpp. (Hühnersuppen u. ähnlichem) wird eine Meth. beschrieben, die auf der Isolierung des unlösl. Fleischproteins, dessen N-Geh. konstant ist, beruht. Die Genauigkeit beträgt 1%, wenn das verwendete Fleisch mit untersucht werden kann. Da dies häufig nicht der Fall ist, wird vorgeschlagen, an Stelle eines Minimalgeh. an Fleisch einen Minimalgeh. an unlösl. Fleischprotein (ähnlich wie beim Fleischextrakt der Kreatiningeh.) vorzuschreiben. (Mitt. Gebiete Lebensmittelunters. Hyg. [Bern] **46**. 163—67. 1955. Zürich, kanton. Labor.) H. PATZSCH. 7838

Elmar Heim, *Die Methoden der objektiven Fleischbeurteilung.* Übersicht mit 39 Literaturangaben. (Fleischwirtschaft **6**. 74—77. März 1954. München, Univ., Inst. für Tierzucht.) F. KRUSEN. 7850

E. Bohm, *Beitrag zur Beurteilung des Fettgehaltes von Mettwürsten.* Die Berechnungen der Fettgehh. nach Rezepten für Wurstfabriken u. die Untersuchungsbefunde nach deren kontrollierter Anwendung im Betrieb erlauben maximale Fettgehh. von 45% bei Teewurst, 55% bei Streichmettwurst u. 75% bei „fetter Mettwurst". — 15 Literaturzitate. (Dtsch. Lebensmittel-Rdsch. **51**. 184—86. Juli 1955. Hanau, Öffentliches Untersuchungsamt.) H. GUDE. 7850

J. T. Kelly, *Frische Würstchen.* Es wird über die Ergebnisse der statist. Auswertung der Überwachung der Fabrikation von frischen Würstchen berichtet. Der Fettgeh.

schwankt am meisten, der Wassergeh. weniger, u. der durchschnittliche Geh. von Fett + W. schwankt am wenigsten um einen Mittelwert. (Chem. in Canada **5**. Nr. 4. 49—50. April 1953. Food and Drugs Div., Dep. of Nat. Health and Welfare.)
PH. FRESENIUS. 7850

H. Hadorn und **R. Jungkunz**, *Überprüfung der Methode von Janke und Jirak zur Erkennung der Alterung des Hühnereies.* Zur Qualitätsbest. von Schaleneiern wird die von JANKE u. JIRAK (Biochem. Z. **271**. [1934.] 309) ausgearbeitete Meth. zur Erkennung der Alterung von Hühnereiern, beruhend auf der Best. des n_D^{25} von Dotter u. Eiweiß u. des Geh. an anorgan. Phosphaten im Eiweiß, überprüft u. für brauchbar gefunden. Die colorimetr. Best. der anorgan. Phosphate wurde verbessert (Verwendung von p-Methylaminophenolsulfat an Stelle von Hydrochinon). Erst bei ziemlich lange gelagerten Eiern ist ein deutlicher Anstieg des Phosphatgeh. feststellbar (6 Wochen bei Zimmertemp. oder 3 Monate im Kühlhaus aufbewahrte Eier). (Mitt. Gebiete Lebensmittelunters. Hyg. [Bern] **46**. 168—77. 1955. Basel, Labor. VSK.) H. PATZSCH. 7854

Emile Novel, *Welche Bedeutung haben die Resultate der Abortus-Bang-Ringprobe bei Mischmilch in Genf?* Von 540 Milchproben aus weniger stark vermischten Milchen (laits de petit mélange), die Milchkannen entnommen wurden u. aus Gemeindesammelstellen stammten, zeigten 67% eine positive Agglutinationsprobe. Bei 270 Proben aus stark vermischter Milch (laits de grand mélange) zeigten alle Proben eine positive Agglutination. Da die *Abortus-Bang-Ringprobe* sowohl auf Agglutinationen nach Vaccination als auch auf frühere oder akute Infektionen anspricht (10 Liter Milch mit Brucellaantigenen können bereits in einem Tank mit 5000 Liter Milch positive Agglutination hervorrufen), muß mit Hilfe von Kulturen aus dem Milchfett eine zusätzliche bakteriolog. Prüfung vorgenommen werden, um eine vorhandene Abortus-Bang-Infektion des milchliefernden Tieres sicher nachzuweisen. (Mitt. Gebiete Lebensmittelunters. Hyg. [Bern] **46**. 220—25. 1955. Genf, Service cantonal d'analyses bacteriol. et biol., Inst. d'Hygiène.)
H. PATZSCH. 7856

G. P. Sanders, **O. S. Sager** und **J. A. Hupfer**, *Faktoren, die die Empfindlichkeit und Genauigkeit des Phosphatasetests beeinflussen.* Vergleichende Unterss. mit den Phosphatasetests nach SANDERS-SAGER, SANDERS-HUPFER u. dem sogenannten Cornell-Test nach KOSIKOWSKY ergaben unterschiedliche Abhängigkeit der Ergebnisse von Pufferkonz., p_H-Wert u. Incubationszeit. Zur Erfassung der maximalen Fermentaktivität ist genaue Einhaltung der bei den einzelnen Tests geforderten Werte erforderlich. (J. Dairy Sci. **37**. 698—710. Juni 1954. Washington, D. C., U. S. D. A., Washington Utilization Res. Branch.) F. KRUSEN. 7856

W. A. Cordes, **J. E. Edmondson**, **T. I. Hedrick**, **E. O. Herreid**, **L. M. Lambert**, **J. J. Willingham** und **B. Heinemann**, *Standardisierte Methoden für den Babcock-Test bei Milch.* Bericht eines Komitees der AMERICAN DAIRY SCIENCE ASSOCIATON über standartisierte Methoden beim Milchfettest nach BABCOCK. (J. Dairy Sci. **37**. 761—68. Juni 1954.) F. KRUSEN. 7856

S. Ch. Dilanjan, **T. M. Gabrieljan**, **Ch. I. Nikogossjan** und **A. A. Agababjan**, *Eine Formel zur Bestimmung der Trockensubstanz in der Milch von Kühen der Armenischen SSR.* Auf Grund der Best. des Fettgeh. u. des fettfreien Rückstands von 147 Milchproben wird folgende Gleichung für die Berechnung des Trockenrückstands (T) der Milch vorgeschlagen: $T = 1{,}22\,F + [2{,}78\,(100\,D - 100)/D]$; F = Fettgeh. der Milch; D = spezif. Gewicht der Milch. Die Abweichungen der nach der Formel erhaltenen Werte liegen unterhalb 5% (der zulässigen Fehlergrenze). (Известия Академии Наук Армянской ССР, Биологические и Сельскохозяйственные Науки [Nachr. Akad. Wiss. ArmenSSR, biol. landwirtsch. Wiss.] **8**. Nr. 3. 55—59. März 1955. Jerewan, Tiermed. Inst., Lehrstuhl für Milchwirtsch.) OTTO MAIER. 7856

Harold Salwin, *Eine Biuretmethode zur Bestimmung löslicher Molkenproteine in Magermilchpulver.* Bei der Herst. von Magermilchpulver (I) ist zur Schonung der Proteine die Hitzeeinw. möglichst niedrig zu halten. Die vom Vf. ausgearbeitete Biuretmeth. zur Erkennung des Ausmaßes der Erhitzung wird zwar durch Nichtproteinkomponenten, bes. Lactose, beeinträchtigt, doch läßt sich durch Aufstellung einer Eichkurve u. genaue Beachtung der Arbeitsvorschriften diese Störung ausschalten. Unter relativ starker Hitzeeinw. hergestelltes I enthält weniger als 0,2% Molkenprotein-N, während in schonend erhitztem I 0,5—0,8% davon ermittelt werden. (Food Res. **19**. 235—45. März/April 1954. Chicago, Ill., Quartermaster Food and Container Inst. for the Armed Forces.)
R. WOLLER. 7856

F. Th. van Voorst, *Über die Untersuchung von Schlagsahne, die mit Zucker geschlagen worden ist.* Die Sahne wird durch Zusatz einer Teepollsg. in eine homogene Emulsion verwandelt, bevor die Gehh. an Zucker u. Fett ermittelt werden. (Chem. Weekbl. **50.** 373—74. 22/5. 1954. Alkmaar, Keuringsdienst voor Waren.) W. Wesly. 7856

Clara Petronici, *Chromatographische Bestimmung der Aminosäuren von Käse.* (Vgl. C. **1954.** 3829.) Bei Provolonekäse zeigt die quantitative Best. verschied. *Aminosäuren* (I) mittels Papierchromatographie u. Spektrophotometrie (nach Thompson) eine Abnahme der I bis zum 10. Monat der Reifung, dann rasche Zunahme mit einem Maximum, das meist im 18. Monat erreicht wird, z. B. bei *Lysin* u. *Leucin,* die auch die höchsten Werte ergeben, während Glutaminsäure u. Asparaginsäure schon im 8. Monat die maximale Konz. erreichen, dann rasch auf einen ziemlich konstant bleibenden Wert abnehmen. Außer den genannten I werden noch bestimmt: *Glykokoll, Alanin, Valin, Serin, Threonin, Prolin, Phenylalanin, Tyrosin* u. *Tryptophan.* (Chim. e Ind. [Milano] **36.** 16—19. Jan. 1954. Palermo, Univ., Ist. di Chim. agr.) R. K. Müller. 7860

Johs. Brüggemann und **K. Drepper,** *Der neueste Stand der Eiweißbausteinanalyse in Futtermitteln.* Es wird auf die verschied. Verff. der Aufteilung der Eiweißhydrolysate zusammenfassend eingegangen. Behandelt werden die Hydrolyseverff., die Trennung der Hydrolysate mit Hilfe der Papierchromatographie bzw. durch elektrophoret. Verfahren. Es wird die Gruppentrennung mit Hilfe von Adsorptionsmitteln bes. hervorgehoben, an die sich eine papierchromatograph. Best. der Aminosäuren in den einzelnen Gruppen anschließt. (Landwirtsch. Forsch., Sonderh. Nr. **5.** 34—37. 1954. München, Univ., Inst. für Physiologie u. Ernährung der Tiere.) K. Nehring. 7868

Ministry of Supply, London, England (Erfinder: **John King**), *Kondensieren von Lebensmitteln und anderen Stoffen* in geschlossenen Behältern. Man entfernt aus dem gefüllten Behälter durch Einleiten von H_2 mit einem inerten Gas, wie CO_2, in Ggw. eines im Behälter befindlichen Katalysators, wie Pd auf einem porösen Träger (keram. Material), den Rest an freiem O_2, wodurch letzterer in W. übergeführt wird. (**E. P. 734 197** vom 23/6. 1952, ausg. 27/7. 1955.) H. Maass. 7635

Heinrich Metz, Großdornberg über Bielefeld, *Diätetisches Nährmittel.* Durch Mischen von Hefe mit Ascorbin- oder Milchsäure oder mit natürlichen Trägern dieser Säuren, wie Citrusfrüchten, in solchen Mengen, daß sich in der Mischung ein p_H von 3,5—7 ergibt, wobei irgendein in der Mischung zugegener vergärbarer Zucker durch Vergären beseitigt u. in der Verpackung die Luft durch CO_2 ersetzt wird. (**E. P. 734 581** vom 11/2. 1952, ausg. 3/8. 1955. D. Priorr. 17/2. u. 23/11. 1951.) J. Kettner. 7647

Victor Emmanuel Yarsley, Hook Surrey, England, *Herstellung von Tabakfiltern.* Eine Lsg. von Celluloseacetat in CH_3COOH wird durch Zugabe von W. in Form von Flocken ausgefällt. Die durch Waschen gereinigten Flocken besitzen eine große Oberfläche Sie werden mit der wss. Lsg. eines Bindemittels, z. B. Stärke oder Methylcellulose, besprüht, zu Stäbchen geformt u. getrocknet. (**E. P. 730 700** vom 29/6. 1953, ausg. 25/5. 1955.) W. Kranz. 7735

XVII. Fette. Seifen. Wasch- u. Reinigungsmittel. Wachse. Bohnermassen usw.

Paul I. Smith, *Natürliche und künstliche Antioxydantien.* Die Auswahl von künstlichen Antioxydantien für vegetabil. Öle u. tier. Fette muß sehr sorgfältig geschehen, da leicht Rkk. mit den, in den Naturprodd. enthaltenen Stoffen eintreten können, die ihre Wrkg. aufheben u. manchmal sogar umkehren können. (Amer. Perfumer essent. Oil Rev. **65.** Nr. 4. 54. April 1955.) G. Meinhardt. 7878

Joseph Pominski, N. B. Knoepfler, A. V. Graci jr., L. J. Molaison, B. S. Kulkarni und **H. L. E. Vix,** *Filtration–Extraktion von Erdnüssen im halbtechnischen Maßstab.* Unter Verweisung auf die schon vorliegenden Publikationen über das sogenannte Filtrations-Extraktions-Verf. zur Gewinnung von Öl aus Ölsaaten werden analoge Verss. im halbgroßen Ausmaß mit Erdnüssen durchgeführt. Auf Grund der Ergebnisse der systemat. Unterss. werden folgende Bedingungen als optimal zur Vorbehandlung der aus den Erdnüssen hergestellten Flocken ($\sim$0,010 in. Dicke) hingestellt: Vorerhitzen auf 170° F bei einer Feuchtigkeit von 10—12,5%; Erhitzen u. Trocknen bei 190—220° F; Rösten u. Wiederrollen der Flocken, deren Endwassergeh. ca. 7% betragen soll. Die Filtration–Extraktion der dergestalt hergestellten Erdnußflocken, Hexan als Lösungsm., wird mit einer Durchflußgeschwindigkeit von 30 Min. bei dem Verhältnis Lösungsm.:Flocken von 2,800 bis 4,800 vollzogen; in den Flocken verbleiben ca. 1% Lipoide; das extrahierte Erdnußmehl besitzt die hohe Eiweißlöslichkeit von ca. 80%. Es wird angegeben, daß das Verf. auf Grund der Erfahrung ohne Schwierigkeitem in die Praxis übernommen werden kann; Angabe der geeigneten maschinellen Erfordernisse. (J. Amer. Oil Chemists' Soc. **32.** 361 bis 364. Juni 1955. New Orleans, La., Southern Regional Res. Labor.) K. Täufel. 7894

T. L. Ward. Audrey T. Gros und **R. O. Feuge,** *Löslichkeit von Tristearin und hydriertem Baumwollsaatöl in gewissen Aceto- und Butyroglyceriden.* In Auswertung des Schrifttums werden unter der Blickrichtung der prakt. Bedeutung solcher Studien für die Technologie (Herst. von Margarine, von Backfett) Verss. über die Löslichkeit von Tristearin u. gehärtetem Baumwollsaatöl in selbst synthetisierten Mustern von 1.2-Diaceto-3-olein sowie 1.2-Dibutyro-3-olein durchgeführt; Triolein u. Tristearin werden in üblicher Weise dargestellt. Ausführung (Doppelvers.) der Löslichkeitsbest. in einem langsam anheizbaren Thermostaten (0,2° Thermometereinteilung) bis zum visuell festgestellten Verschwinden der festen Phase. Aus den tabellar. u. graph. mitgeteilten Befunden (Zus. der bin. Mischungen u. zugehöriger F.) wird abgeleitet, daß bei Mischungen, die zwischen ca. 0,18 —30 Gew.-% Tristearin enthalten, die Löslichkeit von der Art der fl. Phase (Öl) unabhängig ist; legt man mol. Verhältnisse zugrunde, dann ist Tristearin am besten in Triolein u. am wenigsten in 1.2-Diaceto-3-olein löslich. Hydriertes Baumwollsaatöl dürfte sowohl im Diacetoolein wie im zugrunde liegenden Baumwollsaatöl etwa gleich lösl. sein. (J. Amer. Oil Chemists' Soc. **32.** 316—18. Juni 1955. New Orleans, La., Southern Regional Res. Labor.) K. TÄUFEL. 7894

Y. D. Karkhanis und **N. G. Magar,** *Konstituierende Fettsäuren der Körperfette einiger Seefische.* Aus dem Körperfett von 3 Seefischen der Küste bei Bombay, *Stromateus cinerus* (I), *Stromateus niger* (II), *Hilsa ilsha* (III) werden nach Autoklavierung der frischen Muskulatur durch Extraktion mit Ae. jeweils ca. 100 g Öl gewonnen. Darst. der Gesamtfettsäuren in üblicher Weise u. Fraktionierung derselben bei tiefen Tempp. nach der Arbeitsweise von HILDITCH aus Ae. bzw. Aceton. Kennzahlen der Öle: JZ. (WIJS) I 78,3; II 105,3; III 77,4; Verseifungsäquivalent I 276,1; II 283,7; III 277,4; Gesamtfettsäuren JZ. I 81,1; II 113,7; III 81,4; Verseifungsäquivalent I 272,5; II 278,8; III 271,0. An gesätt. Fettsäuren — hauptsächlich Palmitin- u. Stearinsäure — sind vorhanden I 36,5%; II 25,4%; III 37,7%; hinsichtlich des Geh. an ungesätt. Fettsäuren vgl. Original; in II sind Clupanodon- u. Cetoleinsäure vorhanden, sein Geh. an Palmitoleinsäure liegt auffällig hoch. Linolsäure ist in allen 3 Ölen nachweisbar, in relativ geringer Menge in II u. III; in I sind die Gehh. an Linol- u. Linolensäure etwa gleich. Höher ungesätt. Vertreter sind in I u. II zugegen, in III nur in Spuren. (J. Amer. Oil Chemists' Soc. **32.** 492—93. Sept. 1955. Bombay, India, Inst. of Sci.) K. TÄUFEL. 7908

W. W. Middleton, *Ranzigwerden von Seifen.* Als Ursachen werden Autoxydation sowie, bei gesätt. Verbb., die Tätigkeit von Mikroorganismen angegeben. Die Autoxydation setzt nicht an der Doppelbindung an, sondern an den zu ihr α-ständigen C-Atomen, wo Peroxydradikale entstehen, während die Doppelbindung erhalten bleibt. Das Radikal leitet eine Ketten-Rk. ein, die zu Aldehyden, Ketonen u. Säuren führt unter Zusammenbruch der Mol.-Struktur. Deshalb ist der Geh. an Peroxyden kein Maß für das Verhältnis von autoxydiertem Fett zu unverändertem in einer Warenprobe. Vf. diskutiert auch die Anwendbarkeit von verschied. Peroxydbestimmungsmethoden u. gängigen Antioxydantien, u. schlägt andere Maßnahmen zum Verhüten des Ranzigwerdens von Fetten u. Seifen vor. Dazu gehören bessere Raffination der Ausgangsprodd., Vermeiden von metall. Verunreinigungen, bes. Cu, Co, Mn, Fe, Ni, Vorsichtsmaßnahmen beim Lagern u. Verarbeiten usw. (Amer. Perfumer essent. Oil Rev. **65.** Nr. 4. 56—60. April 1955.) G. MEINHARDT. 7910

Tokuzo Yoshizaki, *Verwendung von höheren Fettsäureamiden und deren Derivaten.* 5. Mitt. *Einfluß des Zusatzes von Elektrolyten zur Lösung von Palmitinsäureamid-N-methyl-Sulfonaten.* (4. vgl. J. chem. Soc. Japan, ind. Chem. Sect. [Kōgyō Kagaku Zassi] **55.** [1952.] 352.) Die bei 70° gemessene Oberflächenspannung von *Palmitinsäure-N-methylamid-Na-Sulfonat* (I) in W. nimmt bei Zusatz von NaOH, Soda u. HCl (II) ab, bes. bei II bis zu 0,69 Mol II/Liter zu einer 0,125%ig. I-Lösung. Die Grenzflächenspannung gegen Reisöl bei 70° zeigt ein Minimum bei Konzz. der Zusätze von ca. 0,125—0,01 Mol/Liter (0,01%ig an I), bes. ausgeprägt bei II. Die Waschwrkg. wird stark durch NaOH- oder Sodazusatz verbessert, während $HOCH_2SO_3Na$ usw. ohne Einfl. sind. — 6 Kurvenbilder. (J. chem. Soc. Japan, ind. Chem. Sect. [Kōgyō Kagaku Zassi] **56.** 85—86. Febr. 1953. [Orig.: japan.]) L. SCHULER. 7912

Ermanno Gaetani, *Der Ausdehnungskoeffizient.* Übersicht über die theoret. u. prakt. Bedeutung des Ausdehnungskoeff. für die Wrkg. oberflächenakt. Mittel u. für die Bldg. von Oberflächenfilmen (Emulsionen, Haften insecticider Mittel usw.). (Fibre e Colori **1.** 25—27. Dez. 1951.) A. SANDER. 7912

David D. Whyte, *„Augenblickliche" Sulfatierung von Fettalkoholen.* Unter Hinweis auf das einschlägige Schrifttum wird eine auswertende Betrachtung über die Rk. Fettalkohol → Alkylsulfat durchgeführt mit krit. Berücksichtigung der darauf Einfl. nehmenden Faktoren (Art u. Konz. des sulfatierenden Agens, Reaktionszeit; Temp.; Ablauf von die Ausbeute beeinträchtigenden Nebenprozessen sehr verschied. Art). Auf

Grund von Studien an Modellen wird gezeigt, daß die Ausbeute an Alkylsulfat optimal gestaltet werden kann, wenn aufeinander abgestimmte Verhältnisse zwischen Reaktionstemp., Reaktionszeit, Säurekonz. u. zugegebener Menge ausgewählt werden; Angabe eines Schemas zur kontinuierlichen Darst. von Alkylsulfaten, bestehend aus dem Mischer von Fettalkohol u. Sulfatierungssäure (bis zur 100%ig. Säure möglich), dem Reaktionsraum mit Temperaturregler sowie dem Neutralisierungsgefäß. Beste Ausbeuten werden mit 99%ig. Säure bei ungefähr 160° F u. einer Reaktionszeit von 18 Sek. erhalten. (J. Amer. Oil Chemists' Soc. **32.** 313—16. Juni 1955. Cincinnati, O., Procter & Gamble Comp., Res. and Developm. Dep.) K. TÄUFEL. 7912

Herbert Schwerdtner, *Zur Frage der mechanischen und chemischen Schädigung von Geweben im Waschprozeß.* Zur Prüfung der mechan. Schädigung von Geweben (I) beim Waschen wird das Reißverf. angewendet. Da aber beim Zerreißvorgang zunächst paralleles Ausrichten der Cellulosefasern (II), dann Reißen entlang der amorphen Stellen eintritt, beim Waschvorgang dagegen die Beanspruchung nicht parallel zur Faserrichtung sondern quer dazu wirkt, außerdem innere Reibung des I eintritt, kann man die Meßwerte nicht als gültig annehmen. Dazu muß bei Baumwolle bei der parallelen Beanspruchung erst die gewendelte Außenschicht aufgerollt werden, so daß sowohl bei Baumwolle als auch bei Kunstfaser die Belastbarkeit parallel zur Faserachse wesentlich höher liegt als senkrecht dazu. Darauf muß bei der Konstruktion der Waschmaschinen Rücksicht genommen werden. Vf. schlägt geringere Füllung, also nicht so dichte Packung von I in der Maschine vor, außerdem größere Flottenlänge u. geringere Umfangsgeschwindigkeit der Trommel. Die mechan. Schädigung macht beim Waschvorgang, bezogen auf die Gesamtschädigung bis zu 88% aus; es kommt noch die sogenannte chem. Schädigung durch W., Waschmittel, Alkalien u. Bleiche hinzu. W. (Anteil an der Gesamtschädigung ca. 3%) wird beim ersten Waschen des I adsorbiert, z. T. in der II gelöst unter meßbarer Wärmetönung, so daß sogar eine therm. Schädigung auftreten kann, außerdem Ausweitung der II in der Querrichtung. Waschmittel sind an der Gesamtschädigung nur mit ca. 2,0% beteiligt, meist liegen die Werte innerhalb der Fehlergrenzen; wenn die Waschmittel mit dem W. im Innern der II adsorbiert werden, können sie sogar noch eine gewisse Gleitwrkg. ausüben, die sich bei der inneren Reibung der II vorteilhaft auswirkt. Seife bewirkt gegenüber synthet. Waschmitteln eine etwas höhere Schädigung (8,7%) infolge Alkaliabspaltung, welches eine Einlagerung von anorgan. Salzkristallen in die II verursacht, bemerkbar am erhöhten Aschegeh. von mit Seife behandeltem I. Ein chem. Angriff, der etwa zur Bldg. von Hydratcellulose führt ist bei der geringen Alkalikonz. der gebräuchlichen Waschmittel nicht anzunehmen. Schließt sich an den Waschvorgang eine Bleichung an, dann wird dadurch die Gesamtschädigung um ca. 12% erhöht; durch Bldg. von Oxycellulose mit Peroxyden werden die Querverbb. der II zerstört, so daß die einzelnen Stränge der II isoliert liegen u. die Festigkeit in Längsrichtung herabgesetzt wird. Die Verwendung von Säuren führt zu hydrolisierter Cellulose, wobei ebenfalls die Reißfestigkeit absinkt. Die chem. Schädigung wurde durch Waschen in ruhender Flotte, die mechan. mit bewegter Flotte festgestellt, durch jeweils 50maliges Waschen. Die Zerreißfestigkeit stieg bei dem ersten 5maligem Waschen auf ca. 115% an, war aber nach 50maligem Waschen auf den gegenüber dem Ausgangswert um 40% tieferen Endwert abgesunken, so daß insgesamt sogar eine Minderung um 55% eingetreten war. (Textil-u. Faserstofftechn. **3.** 549—56. Dez. 1953.) G. MEINHARDT. 7912

C. D. Buss und **Gordon Mackinney,** *Carbonylverbindungen in ranzigem Maiskeimöl.* In Fortsetzung früherer Unterss. wird ein Maiskeimöl des Handels (je Vers. 0,57 Liter) forciert autoxydiert (Erhitzung für 10 Tage auf 78—85° unter Luftdurchleiten) u. dann in der schon beschriebenen Weise der Wasserdampfdest. unterworfen. Das Destillat wird mit einer gesätt. Lsg. von 2.4-Dinitrophenylhydrazin in 2n HCl zur Bldg. der entsprechenden Hydrazone behandelt. Waschen des Nd., erst mit 2n HCl, dann mit dest. W.; trocknen im Vakuum bei maximal 40°. Die Hydrazone werden in Bzl. gelöst (tief rote Lsg.) u. aus der Lsg. durch Zugabe von PAe. die in diesem Lösungsm. unlösl. Hydrazone ausgefällt; gründliche Reinigung derselben; von letzteren werden ca. 400 mg aus 0,57 Liter Maiskeimöl erhalten u. dann wieder in Bzl. gelöst. Beide Fraktionen (lösl. u. unlösl. Hydrazone) werden in der schon beschriebenen Weise an wasserfreiem $MgSO_4$ wiederholt chromatographiert u. dann die differenzierten Verbb. durch F., spektralabsorptiometr. durch die Farbe in alkoh. NaOH sowie teilweise durch Elementaranalyse analyt. charakterisiert. Auf diese Weise sind 14 petrolätherlösl. u. 16 darin unlösl. Hydrazone nachweisbar; es liegen begründete Anzeichen vor, daß n. Undecanol u. n. Undecenal vorhanden sind. In krit. Betrachtungen werden die Vor- u. Nachteile der angewandten Arbeitsweise (Polymorphismus der Hydrazone) erörtert. (J. Amer. Oil Chemists' Soc. **32.** 487—89. Sept. 1955. Berkeley, Calif., Univ., Dep. of Food Technol.) K. TÄUFEL. 7932

R. Basu Chowdhury und **S. Mukherjee,** *Bestimmung der wahren Jodzahl von Ölen mit konjugierter Ungesättigtheit mittels des Reagenzes aus unterchloriger Säure.* Zusammenfassende krit. Ausführungen über die seitherigen Verff. zur Best. der JZ. bei konjugiert ungesätt. Ölen unter Angabe der Anwendungsbereiche. Es werden Verss. unter Heranziehung des bei isoliert ungesätt. Ölen bewährten Reagenzes in systemat. Weise durchgeführt, wobei chines. Holzöl mit der Hydrier-JZ. 241,6 als Untersuchungssubstrat benutzt wird. Die Ergebnisse der Prüfungen (Variierung der Reaktionszeit, des Überschusses an Reagens u. seiner Konz., der Ölmenge, Anwendung von Hg(II)-Acetat in $CHCl_3$-Lsg.) zeigen, daß beim Arbeiten nach folgender Weise befriedigende u. zuverlässige Werte erzielt werden: Probe zwischen 0,07 u. 1 g; 300—400%ig. Überschuß an 0,3n HOCl in Ggw. von 2,5%ig. Lsg. von Hg(II)-Acetat als Katalysator; Reaktionszeit 1 Stunde. Die Anwendbarkeit des Verf. wird gezeigt an Holzöl, isomerisierten Fettsäuren, dehydratisiertem Ricinusöl, gealtertem Holzöl. (J. Amer. Oil Chemists' Soc. **32.** 484—87. Sept. 1955. Calcutta, India, Univ., Coll. of Sci. and Technol., Dep. of Appl. Chem.)
K. TÄUFEL. 7932

S. Mukherjee, *Eine Schnellmethode zur Bestimmung der Ungesättigtheit von Fetten und Ölen mittels eines Reagenzes aus unterchloriger Säure.* Krit. Ausführungen an Hand des Schrifttums über die bisher üblichen Methoden zur Best. des Grades des ungesätt. Charakters; unter Anknüpfung an eigne frühere Unterss. wird ein Schnellverf., anwendbar auf nichtkonjugierte olefin. Fette, bei Heranziehung von NaOCl beschrieben. Herst. der NaOCl-Lsg. durch Einleiten von Chlor in eine 4n NaOH (Temp. unter 10°) so lange, bis 5 ml der Lsg. 30—35 ml 0,1n $Na_2S_2O_3$ beim jodometr. Titrieren verbrauchen; von dieser Stammlsg., die im Eisschrank in dunkler Flasche mehrere Monate haltbar ist, werden jeweils für die Verss. frische Verdünnungen auf ca. 0,1n hergestellt. Man wägt in 500 ml-Kolben mit Glasstopfen je nach JZ. eine bestimmte Menge Fett ein: JZ. $<$50 ca. 0,5—1,0 g; JZ. 50—100 ca. 0,15—0,30 g; JZ. 100—150 ca. 0,12—0,15 g; JZ. $>$150 ca. 0,10—0,12 g; Zugabe von 10 ml Eisessig (frei von oxydierbaren Substanzen); der geschlossene Kolben wird geschüttelt (Lsg. des Fettes bzw. Emulgierung); Zugabe von 25 ml der ca. 0,1n NaOCl-Lsg.; nach Schütteln 4—5 Min. im Dunkeln stehenlassen bei Zimmertemp.; Zusatz von 20 ml KJ-Lsg. (15%ig.); Titration nach 1 Min. Stehen des verschlossenen Kolbens; daneben läuft der Blindvers. zur Best. des Wirkungswertes der NaOCl-Lsg.; Berechnung in üblicher Weise. Beleganalysen über Einfl. von variierten überschüssigen Mengen der NaOCl-Lsg., der Temp., der Konz. der Essigsäure, der Reaktionszeit; Gegenüberstellung der JZ.-Werte nach der neuen Meth. sowie nach den Verff. von WIJS, HANUS, ROSENMUND u. KUHNHENN, es besteht prakt. Übereinstimmung mit den Ergebnissen nach HANUS sowie ROSENMUND-KUHNHENN. Zusammenfassend wird herausgestellt, daß bei der neuen Arbeitsweise keine Störungen durch Neben-Rkk. zu erwarten sind — abgesehen vom Ricinusöl — daß sie auf alle olefin. Prodd. anwendbar ist, nur 4—5 Min. Zeit in Anspruch nimmt u. daß sie im wäss. Milieu durchführbar ist. (J. Amer. Oil Chemists' Soc. **32.** 351—53. Juni 1955. Calcutta, India, Univ., Coll. of Sci. and Technol., Dep. of Appl. Chem.)
K. TÄUFEL. 7932

Durand & Huguenin Akt.-Ges., Basel, Schweiz (Erfinder: **R. Ratti**), *Waschmittel*, enthaltend mindestens einen wasserlösl. oberflächenakt. Stoff u. mindestens ein Trialkylphosphat oder ein Trialkoxyalkylphosphat, das in W. prakt. unlösl. ist. Als wasserlösl. Bestandteile eignen sich z. B. Alkylarylsulfonate, bes. Nonylnaphthalin- oder Dodecyltoluolsulfonat. Für die zweite Gruppe sind geeignet: Tributylphosphat u. Tributoxyalkylphosphat. (**Schwed. P. 137 876** vom 11/7. 1950, ausg. 4/11. 1952.)
K. H. KÄHLER. 7913

Robert Haldane & Co., Glasgow, und **Herbert James Acheson,** Paisley, Schottland, *Germicides Reinigungsmittel*, gek. durch den Zusatz von 0,2—10% eines 2.4-dihalogenierten m-Xylenols oder dessen Alkalisalzen. (**E. P. 735 343** vom 29/1. 1952, ausg. 17/8. 1955.)
C. LÜTTGEN. 7913

Wyandotte Chemicals Corp., Wyandotte, übert. von: **William K. Langdon** und **Earl F. Soop,** Grosse Ile, Mich., V. St. A., *Reinigungsmittel*, bes. zum Entfernen von Öl von Metallflächen, bestehend aus 55—71 (63) (%) n. fl. Erdöl-KW-stoffen mit Kp. 150—300°, 12—20 (20) eines Na-Alkylbenzolsulfonats, dessen Alkylgruppe 9—16 C-Atome aufweist, mit nicht $>$30 Na_2SO_4-Geh., 15—25 (15) W. u. 2—4 (2) einer aliphat. Oxyverb. mit 4—10 C-Atomen, wie einwertige aliphat. Alkohole, Äthylenglykolmonobutyläther, Diäthylenglykolmonobutyläther, Propylenglykolmonobutyläther oder 2-Äthylhexandiol-(1.3). Zur Verwendung kann dieses Gemisch mit der 100fachen Menge W. verd. werden. (**A. P. 2 629 697** vom 14/10. 1948, ausg. 24/2. 1953.)
W. GRÄGER. 7917

Victrylite Candle Co., übert. von: **Frank D. Turner**, Oshkosh, Wis., V. St. A., *Kerze aus bei normaler Temperatur hartem und sprödem Wachs*, die zwecks aufrechter Befestigung in Kerzenhaltern oder auf Platten an ihrem unteren Ende eine dieses umfassende Kappe aus nachgiebigem, plast. Mastixharz aufweist, das beim Andrücken an eine Fläche sich daran anklebt. — Abbildungen. (**A. P. 2 689 470** vom 6/1. 1954, ausg. 21/9. 1954.) K. DEMMLER. 7921

Walter Weglin, New York, und **Theodore Carras**, Brooklyn, N. Y., V. St. A., *Herstellung von aus verschiedenfarbigen Massen bestehenden Kerzen.* Der Kerzenkörper wird in seinem oberen Teil mit einem in Achsenrichtung verlaufenden offenen Kanal versehen, in den verschiedenfarbige Pillen aus Stearin- u. Paraffingemischen zur Erzeugung von vielfarbigen Tropfen eingebracht werden, wobei der Docht schrauben- bzw. stufenförmig um die übereinander gestapelten Pillen verlaufen kann. — Abbildungen. (**E. P. 726 201** vom 5/1. 1953, ausg. 16/3. 1955.) K. DEMMLER. 7921

XVIIIa. Holz. Cellulose. Zellstoff. Papier. Papierdruck. Celluloid. Linoleum.

Louis E. Wise und **Josephine Pickard**, *Die Zusammensetzung des Tupelabaumes (bot. Nyssa sylvatica und Nyssa aquatica).* In Anbetracht der in der Literatur wenig vorhandenen bzw. unvollständigen Angaben über die chem. Zus. des Tupelabaumes werden von den Vff. genaue u. vollständige Unterss. über *Nyssa sylvatica* (I) u. *Nyssa aquatica* (II) durchgeführt. Dabei zeigte sich u. a., daß z. B. die xylanfrei gerechnete α-Cellulose des Splint- u. Kernholzes bei **I** 43,54% bzw. 43,15% u. bei **II** 39,99% bzw. 40,02% beträgt, während der Ligningeh. bei **I** 24,66% bzw. 26,65% u. bei **II** 24,90% bzw. 24,93% aufweist. Es ist bemerkenswert, daß der Ligningeh. in den genannten vier Fällen höher liegt als bei den übrigen Harthölzern. Das Papierchromatogramm des total-hydrolysierten Holzes zeigte in allen vier Fällen das gleiche Bild, d. h. die Anwesenheit von Xylose, Glucose, Galaktose, Mannose, Arabinose, etwas Rhamnose u. eine beträchtliche Menge von Aldobiuronsäure 2-α-(4-O-Methyl-D-glucuronosyl)-D-xylose. (Tappi **38.** 618—19. Okt. 1955.) V. JACOPIAN. 7952

K. M. Chanmamedow, *Über die Gesetzmäßigkeiten der Quellung von einigen Holzarten.* Das Holz von Weißbuche, Ahorn u. Esche zeigt in bezug auf die Menge der bei Lagerung über W. aufgenommenen Feuchtigkeit keine größeren Unterschiede. Bei Quellung in W. findet man bei Weißbuche geringere Änderungen des Vol. als bei den beiden anderen Baumarten. Die Kurven % Quellung–Wassergeh. lassen deutlich 3 Abschnitte erkennen. Bis 12% W. verläuft die Quellung linear, bis ca. 46% hat man ein konvexes Kurvenstück, u. schließlich bleiben die Abmessungen des Holzes, trotz weiterer Wasseraufnahme, konstant. Man hat es in den 3 Zonen augenscheinlich mit verschieden gebundenem W. zu tun. (Известия Академии Наук АзербайджанскойССР [Nachr. Akad. Wiss. AserbaidshanSSR] **1955.** Nr. 6. 43—50.) M. ULMANN. 7952

Samuel M. Rollinson, *Das Vergilben von gebleichtem Kraftzellstoff.* Nach einer Übersicht über die bisher durchgeführten wichtigsten Arbeiten auf diesem Gebiet u. besonderer Betonung der wirtschaftlichen Seite dieses Problems werden vom Vf. eingehende Unterss. über die Vergilbung von gebleichtem Zellstoff durchgeführt. In einem großen Kocher wurde eine genügende Menge von Kiefernhalbzellstoff hergestellt, um stets gleichartigen Ausgangszellstoff für die Bleichverss. verwenden zu können. Es wurde nur mit reinsten Chemikalien gearbeitet. Die Bleichverss. wurden folgendermaßen durchgeführt: 1. Chlorierung, 2. NaOH-Extraktion, 3. $Ca(ClO)_2$-Bleiche, 4. NaOH-Extraktion; 5. $Ca(ClO)_2$-Bleiche. Die Ergebnisse dieser Unterss. sind folgende: 1. Ohne die zweite NaOH-Extraktion steigt die Vergilbung bis zu 50%. 2. Gutes Auswaschen nach der NaOH-Extraktion u. Beibehaltung von höheren p_H-Werten bei der $Ca(ClO)_2$-Bleiche führt zu einer 20%ig. Senkung der Vergilbung. 3. Bei kurzen Fasern ist die Vergilbung langsamer als bei langen Fasern. 4. Ein Zusatz von Fe beschleunigt die Vergilbung, andererseits ergab die Entfernung des im Zellstoff befindlichen Fe keine Vorteile in bezug auf Steigerung der Vergilbungsbeständigkeit. (Tappi **38.** 625—34. Okt. 1955.) V. JACOPIAN. 7958

Ralph E. Millar jr., **James M. Piette** und **John J. Owen jr.**, *Verwertung der bei der Sortierung von Kraftzellstoff anfallenden Äste, Splitter usw.* Die Aufschlüsse des Sortierungsrückstandes mit u. ohne Hackschnitzel werden beschrieben u. die analytischen Daten angegeben. (Tappi **38.** 604—07. Okt. 1955.) V. JACOPIAN. 7958

G. W. Pirie, *Der Wasserverbrauch in der Papier- und Pappenfabrik, sein Einfluß auf die Kosten und das Abwasserproblem.* Vortrag. An Fließbildern von 2 Anlagen, einer mit 2 Papiermaschinen u. 27,4 m^3 W./Std., der 2. mit 3 Maschinen u. 15 m^3, sowie der graph. u. mathemat. Unters. des Auswaschvorganges erläutert der Vf. die Sparsamkeit des Wasserverbrauches u. hebt den Einfl. auf die Verringerung u. Verbesserung des Abwassers u. seine Wiederverwendung durch die Rückgewinnung der Fasern usw. hervor. (Proc. techn. Sect., Brit. Paper Board Makers' Assoc. (Inc.) **36.** 265—86. Mai 1955. Hylton Mill, Alex. Pirie & Sons, Ltd.) H. MÜHLMEISTER. 7974

W. E. Bennett, *Quantitative Untersuchungen über den Wasserentzug durch Trockenwalzen.* Vortrag. Bericht über Verss. an einer Papiermaschine, bei denen das durch die einzelnen Walzen u. Saugkästen dem Papierbrei entzogene W. gemessen wurde. Das ausführlich behandelte Ergebnis war, daß auf dem ersten Teil der Naßpartie die Geschwindigkeit der wichtigste Faktor ist, da in den rotierenden Walzen Saugkräfte auftreten, die sich mit der Geschwindigkeit ändern. Auf dem letzten Teil ist dagegen die Temp. entscheidend. (Proc. techn. Sect., Brit. Paper Board Makers' Assoc. (Inc.) **36.** 359—86. Mai 1955. Brit. Paper and Board Ind. Res. Assoc.) H. MÜHLMEISTER. 7978

A. Tollenaar, *Penetration von Flüssigkeiten in Papier.* Vf. beschreibt die Messung mit dem Penetrationsvolumeter, mit dem die Oberflächenpenetration verschied. Papierarten gemessen wurde. Außerdem wird noch eine krit. Übersicht über verschied. App. u. Verff. zur Best. der Penetration gegeben. (Schweiz. Arch. angew. Wiss. Techn. **21.** 82—84. März 1955. Amsterdam, Inst. für graph. Technik T. N. O.)
H. BECKER. 8010

R. Bhargava, H. A. Hoffmann und **V. Stannett,** *Bestimmung der Harzretention in Papier.* Vff. beschreiben eine einfache Extraktionsmeth. zur Best. der Retention verschied. thermoplast. Harze in Papieren, die aber nur anwendbar ist, wenn das zu prüfende Papier im ungetrockneten Zustand vorliegt bzw. die Probe vor der Trockenpartie der Maschine entnommen wurde. Zur Extraktion von Polyvinylacetat u. ähnlichen Polymeren wird Dioxan, zur Extraktion von Phenolformaldehydharzen Dimethylfromamid vorgeschlagen. (Tappi **38.** 383—84. Juni 1955. Syracuse, N. Y., State Univ. of New York, College Forestry.) L. G. SCHEURING. 8010

L. G. Cottrall und **C. O. Fitness,** *Untersuchung der Cobb-Leimungsprüfung.* Da bei längerer Prüfdauer die Unterschiede der Wasseraufnahme bei geleimtem u. ungeleimtem Papier immer geringer werden, haben Vff. die Meth. für maschinengeleimte Papiere so abgeändert, daß nur die 1. Stufe der Wasseraufnahme innerhalb 30 Sek. bestimmt wird, wobei das zu untersuchende Papier zwischen Löschpapier in die App. kommt. (Pulp Paper Mag. Canada **56.** Nr. 10. 128—44. Sept. 1955. Albert E. Reed & Co. Ltd.)
H. BECKER. 8010

XVIIIb. Textilfasern.

H. A. Thomas, *Die Rolle der Cellulose bei der Ausrüstung der Textilien.* Besprochen werden die Ausrüstungsbehandlungen zur Knitterechtmachung von Geweben. In diesem Zusammenhang werden der Zweck, die Chemie u. die Anwendungsverff. beschrieben, wobei die Quellwerte für behandelte Viscosereyon angegeben werden. Eine Beurteilung der durch eine Ausrüstung knitterfest gemachten Gewebe wird angeführt. Ferner finden sich noch Hinweise über auftretende Schwierigkeiten. In entsprechender Weise äußert sich Vf. auch über die Ausrüstungsbehandlungen zur Schrumpffestigkeit. Abschließend wird auf den Einfl. physikal. Vorbehandlungen auf die Verseifbarkeit von Celluloseacetat hingewiesen. (Reyon, Zellwolle andere Chemiefasern **1955.** 474. 476. 477—78. 480 bis 482. 484—85. Juli.) P. ECKERT. 8032

W. Graeser, *Einfluß des Waschens mit chlorentwickelnden Reinigungsmitteln auf knitterfest gemachte Gewebe.* Überblick über das Verh. von mit Aminoplasten knitterfest imprägnierten Geweben gegenüber Cl-entwickelnden Waschmitteln u. Diskussion der von verschied. Forschern hierüber entwickelten Theorien. Beim Behandeln mit solchen Waschmitteln nehmen die Amidgruppen der Kunststoffe Cl auf. Je niedriger der Kondensationsgrad der Kunstharze ist, um so stärker werden sie beim Waschen hydrolysiert u. von der Faser entfernt. Vf. beschreibt die Best. des Cl-Geh. in dem von der Faser fixierten Kunstharz nach dem Waschen. Er kann als Maß für die Haltbarkeit der Imprägnierung dienen. Nach Vf. wird eine vollständige Kondensation der Kunstharze mit gesätt. Dampf wahrscheinlich nicht erreicht. — 4 Tabellen. (Fibre e Colori **5.** 253—56. Juli 1955.) A. SANDER. 8032

Sivert. N. Glarum, *Optisches Bleichen — weiße Magie.* Die Wirkungsweise der opt. Bleichmittel; Anwendungsmöglichkeiten u. -methoden für Textilien. (Amer. Dyestuff Reporter **44.** P 625—30. 28/8. 1955. New York, Ciba Company.)
I. SCHOENMANN. 8032

W. Schulke, *Der Blaumaßstab als Hilfsmittel zur Prüfung der Lichtbeständigkeit von Textilien.* Es wurden Verss. zur Schaffung eines Vergleichsmaßstabes zur Regelung

u. Begrenzung der Belichtungsdauer durchgeführt, um eine vergleichbare Beurteilung der Lichtschädigung verschied. Textilfasern zu ermöglichen. Verwendet wurde der Blaumaßstab der Deutschen Echtheitskommission. Die Durchführung der Verss. u. ihre Auswertung werden beschrieben. (Reyon, Zellwolle andere Chemiefasern **1955.** 471—73. Juli.) P. ECKERT. 8040

W. I. Schewtschenko, *Neues Beuchverfahren für Gewebe unter Verwendung von direktem Dampf.* Für das Beuchen von Baumwollgeweben wird die Verwendung von stehenden Beuchkesseln mit direkter Dampfzufuhr empfohlen. Eine gleichmäßige Verteilung des Dampfes wird durch ein doppeltes Rohr mit versetzten Löchern gewährleistet. Die Beuchlauge enthält NaOH 8—10 (g/Liter), Netzmittel OP 0,5—0,7, Natriumbisulfit 0,25. Vor dem Beuchen wird das Gewebe mit 0,02 g/Liter OP-10 vorbehandelt u. 6—8 Std. gelagert. Das Beuchen dauert bei 2 atü 2½—3 Stunden. Bei Erhöhung des NaOH-Anteils auf 15—16 g/Liter kann die Packungsdichte von 225 auf 265 kg/m³ erhöht, die Beuchzeit auf 2 Std. gesenkt werden. (Текстильная Промышленность [Textil-Ind.] **15.** Nr. 9. 36—37. Sept. 1955.) N. STSCHERBINA. 8044

—, *Das Formänderungsvermögen der Wolle, dessen theoretische und praktische Bedeutung.* Referat über den Einfl. der polymeren Struktur u. Vernetzung des Wollmol. auf die plast. Eigenschaften. — App. u. Ergebnisse der Plastizitätsmessungen werden an Hand von Abb. u. Tabellen beschrieben. (Riv. Tessile **7.** 227—29. Febr. 1952.) A. SANDER. 8060

Hans Weigand, *Über den gegenwärtigen Entwicklungsstand antistatischer Präparationen für Chemiefasern.* Über die Ursachen der elektrostat. Aufladungen von Textilien sowie über den gegenwärtigen Entwicklungsstand antistat. Präparationen für Chemiefasern wird berichtet. Vf. setzt sich mit der Theorie von HAYEK über den Wirkungsmechanismus der antistat. Präparationsmittel auseinander. Vf. stimmt mit HAYEK überein, daß die Verbesserung der Leitfähigkeit mit der Feuchtigkeitsaufnahme durch die Präparationsmittel auf der Faseroberfläche zusammenhängt. Ergebnisse der Unterss. des Vf. über die Leitfähigkeit von Präparationsmitteln in Abhängigkeit von Auflage u. Luftfeuchtigkeit werden gebracht. Diagramme u. Tabellen. (Textil-Prax. **10.** 810—13. Aug. 1955.) K. HOINKIS. 8070

—, *Mechanische und chemische Appretur von Geweben aus reiner Viscosezellwolle und in Mischung mit Acetatzellwolle.* 1. Mitt. Überblick über die allg. mechan. Eigg. der Fasern u. über ihre Färbe- u. Trocknungsprozesse als vorbereitende Arbeiten zur Appretur. (Fibre e Colori **1.** 21—22. Nov. 1951.) A. SANDER. 8074

—, *Mechanische und chemische Appretur von Geweben aus reiner Viscosezellwolle und in Mischung mit Acetatzellwolle.* 2. Mitt. (1. vgl. vorst. Ref.) Mechan. u. chem. Appretur solcher Faserstoffe durch Kombination mechan. Dehnungsverff. („Sanforisierung") u. chem. Behandlung mit Kunstharzen unter Angabe geeigneter Appreturmittel, Ausführungsbeispielen u. Maßregeln zur Fehlerverhütung. (Fibre e Colori **1.** 29—34. Dez. 1951.) A. SANDER. 8074

Werner Himmelreich, *Die Feststellung der Bleichschädigung im Rahmen der Gütekennzeichnung von industriellen Erzeugnissen unter besonderer Berücksichtigung der Gewebe aus Mischgespinsten Zellwolle/Baumwolle.* Unterss. über Beschaffenheit der Gewebe nach dem Oppauer Natronlaugeverfahren. (Textil- u. Faserstofftechn. **5.** 623—28. Nov. 1955.) I. SCHOENMANN. 8074

—, *Dralon (früher Bayer-Acrylfaser). Dralon* ist eine Polyacrylnitrilfaser. Die physikal.-chem. Eigg. dieser Faser werden besprochen. (SVF Fachorgan Textilveredlung **10.** 415—16. Aug. 1955.) P. ECKERT. 8080

E. Schmid und **E. Steurer,** *Über die Eigenschaften der Acrylfasern.* Über die Herst., die physikal. u. chem. Fasereigg., die Verarbeitungseigg. u. die Verwendungsgebiete der Acrylfasern wird berichtet. Diagramme u. Tabellen. (Textil-Prax. **10.** 773—78. Aug. 1955.) K. HOINKIS. 8080

P.-A. Koch, *Polyacrylnitrilfaserstoffe.* In tabellar. Übersicht werden behandelt: Begriffsbest., Fabrikationsbezeichnungen, Erfinder, Entw., Ausgangsstoffe u. Herstellungsverff., chem. Konst. u. Eigg., Erzeugnisse, Verwendungszweck sowie Patente u. Schrifttumsnachweis (165 Angaben). (Z. ges. Textilind. **57.** 1350—56. 5/11. 1955.) P. ECKERT. 8080

—, *Über die Beurteilung des Gebrauchswertes textiler Erzeugnisse durch die Scheuerprüfung.* (SVF Fachorgan Textilveredlung **10.** 413—14. Aug. 1955.) P. ECKERT. 8096

C.-H. Fischer-Bobsien, *Verbesserter Schnellnachweisplan für alle derzeit bedeutenden Textilfasern.* (Z. ges. Textilind. **57.** 1410—12. 5/11. 1955.) P. ECKERT. 8100

Bradford Dyers' Association Ltd., Bradford (Erfinder: **John Gwynant Evans** und **George Landells**), England, *Krumpffreie und versteifende Gewebeausrüstung*, z. B. für Wäschekragen, erfolgt, indem man in einem Arbeitsgang das aufgebrachte Ausrüstungsmittel fixiert u. gleichzeitig schrumpft, z. B. durch Passage zwischen einer geheizten Stahlwalze u. einem hieran fest angepreßten Kautschukriemen. Zur Ausrüstung geeignet ist z. B. eine in Ggw. von Essigsäure kondensierte Lsg. von methyliertem Trimethylolmelamin. (**E. P. 734 587** vom 29/4. 1952, ausg. 3/8. 1955.) H. MÖLLERING. 8033

Kurt Berthold, Aschau, und **Hans Sagel**, Burg (Erfinder: **Hans Sagel**), *Herstellung wasserhaltiger Suspensionen organischer hochpolymerer Stoffe* hoher Klebrigkeit, die keine polaren Atome oder Atomgruppen enthalten, bes. von Polyisobutylen, dad. gek., daß das Polymerisat (gegebenenfalls in Lsg.) in Anwesenheit eines Lösungsm. mit Quellton vermischt u. in W. suspendiert wird. Die Suspension kann auch noch Ruß, ZnO, Bitumen u. Stearinpech enthalten. Zur Imprägnierung von Schwergeweben für Waggondachdecken geeignet. (**D. B. P. 934 499** Kl. 39b vom 25/9. 1951, ausg. 27/10. 1955. Anmeldung bekanntgemacht 20/5. 1954.) G. SALZMANN. 8037

Commercial Plastics Ltd., London (Erfinder: **Arthur David Clarke**), England, *Flammenfeste Gewebe*. Man imprägniert das Gut mit NH_4-Wolframat oder -Phosphat u. überzieht dann beide Seiten mit einer Schichtung von biegsamem u. wasserdichtmachendem Polyvinylchlorid (I), gegebenenfalls mit einem Geh. an Polyvinylidenchlorid. — Geeignet ist z. B. folgende Zus. der Überzugsmasse: 100 (Teile) **I**, 100 Trikresylphosphat, 10 chloriertes Diphenyl, 10 Sb_2O_3 u. 6 $PbCO_3$. — Das Prod. dient als *Schutzvorhang bei Grubenbränden* oder zu deren Abdeckung. (**E. P. 727 163** vom 22/7. 1952, ausg. 30/3. 1955.) H. MÖLLERING. 8037

Badische Anilin- & Soda-Fabrik Akt.-Ges., Ludwigshafen/Rh., *Flammschutzmittel zum Imprägnieren von Fasermaterial*, bes. auf *Cellulosebasis*, enthaltend ein schwerlösl. chloriertes Paraffin mit einem Cl-Geh. von wenigstens 30% u. ein wasserlösl. Polymerisat in wss. Emulsion. Dem Mittel können zur Vergrößerung der Wrkg. anorgan. Verbb. sowie Farbstoffe zugefügt werden. — Beispiel: Zu 230 (Teilen) chloriertem Paraffin mit ca. 50% Cl, gelöst in 50 CCl_4, werden 80 einer wss. Lsg. von Polyacrylsäureamid mittlerer Viscosität u. 50 einer 10%ig. wss. Lsg. eines Reaktionsprod. von 1 Mol Oleylalkohol u. 30 Mol Äthylenoxyd zugefügt u. alles zu einer homogenen Emulsion verarbeitet, der 450 W. zugegeben werden. (**E. P. 731 130** vom 20/7. 1953, ausg. 1/6. 1955. D. Prior. 27/7. 1952.) K. WOLK. 8037

Titan Co., Inc., New York, N. Y., V. St. A., *Flammenfestmachende Imprägnierlösung für leichtere Textilien*, bestehend aus einer wss. Lsg. von Ti-Chloridacetat, wobei in 1 Liter Lsg. 15—54 (g) Ti u. 90—200 Cl enthalten sein sollen u. auf je 1 (Mol) Ti 1—3 Acetylreste entfallen. — Geeignet ist eine Lsg. aus 74 (Teilen) HCl-Lsg. (36%ig), 794 W. u. 282 Ti-Dichloriddiacetatpulver, das durch Gasphasen-Rk. aus $TiCl_4$ u. Eisessig erhalten ist. Mit der unter Kühlung hergsetllten Lsg. imprägniert man Popeline 2½ Min., wringt aus u. trocknet, wobei Gelbldg. eintritt. Danach wird mit wss. NaOH-Lsg. neutralisiert u. getrocknet. (**E. P. 727 700** vom 11/2. 1953, ausg. 6/4. 1955. A. Prior. 21/2. 1952.) H. MÖLLERING. 8037

Courtaulds Ltd., London (Erfinder: **Cyril Wallace King** und **Frank Ward**), England, *Flammen- und wasserfeste Textilwaren aus Cellulose* erhält man durch Einbadimprägnierung mit Ammoniumsulfamat (I) u. Paraffinwachs (II). — Z. B. werden 13 (kg) Ceresin u. 4 **II** zusammengeschmolzen u. bei 40° in 65,3 W. mit einem Geh. von 5 Leim dispergiert. Man setzt 12 $Al(OH)_3$-Paste (50%ig) u. 0,7 Essigsäure zu. 8 (Teile) des Ansatzes werden mit 50 W. u. 10 **I** vermischt zum Imprägnieren eines *Baumwoll–Kunstseide-Mischgewebes* verwendet. Nach Aufnahme von 190% wird bei 60° getrocknet. (**E. P. 736 598** vom 2/9. 1952, ausg. 14/9. 1955.) H. MÖLLERING. 8045

British Industrial Plastics Ltd., London (Erfinder: **Arthur Raymond Smith**), England, *Filz- und krumpffreie wollhaltige Textilwaren* erhält man durch Imprägnierung des Gutes mit einer sauren wss. Lsg. eines Aminoplastharzes oder der entsprechenden Harzbildner bzw. ihrer Vorkondensate bei Tempp. bis 80°, wobei man bis zur Aufnahme der gewünschten Harzmenge in der Flotte behandelt. Als Harze geeignet sind Harnstoff–CH_2O- oder die gegen W. beständigeren Melamin–CH_2O-Kondensate. — 50 (g) gewirkte Wolle werden mit in 1500 W. gelösten 10 Trimethylmelamin auf 90° erwärmt, worauf man während 50 Min. 100 Essigsäurelsg. (1%ig) zugibt. Nach dem Waschen trocknet man bei 110°. Auch eine Lsg. von 10 Dimethylolharnstoff in 1440 W. ist in gleicher Weise anwendbar. — Gleichzeitig kann die *Färbung*, z. B. mit sauren Farbstoffen oder nach einer vorhergehenden Cr-Beize mit Chromierungsfarbstoffen, erfolgen. (**E. P. 727 660** vom 26/10. 1951, ausg. 6/4. 1955.) H. MÖLLERING. 8061

Rayonier, Inc., Shelton, Wash., V. St. A., *Kontinuierliche Herstellung von Viscose* (I). Cellulose in Form eines breiten unendlichen Bandes oder mehrerer solcher Bänder wird nach bekanntem Verf. kontinuierlich alkalisiert. Das Alkalicelluloseband läuft dann in eine gasdichte Kammer ein, wo es auf der Oberseite mit CS_2 besprüht wird, der durch Anlegen von Vakuum an der Unterseite durch das Band hindurchgesaugt wird. Bei Verwendung von 2 Bändern sprüht man CS_2 zwischen beide, legt sie aufeinander u. wendet ebenfalls Vakuum an. Das imprägnierte Band kann einer Wärmenachbehandlung unterworfen werden u. wird dann zerkleinert. Weiterverarbeitung zu I in üblicher Weise. (**E. P. 734 304** vom 29/12. 1952, ausg. 27/7. 1955. A. Prior. 29/2. 1952.) K. FABEL. 8075

Courtaulds Ltd. (Erfinder: **Ernest Edward Tallis** und **John Harold Edwards**), London, England, *Viscosekunstseide.* Fäden von bohnenförmigem Querschnitt erhält man aus einer Viscose, die > $^1/_4$ u. < 5 mMol eines Polyamins (Diäthylentriamin, Triäthylentetramin, Tetraäthylenpentamin, Pentaäthylenhexamin u. dgl.) enthält. Das Fällbad enthält 4% $ZnSO_4$. (**E. P. 723 435** vom 13/12. 1951, ausg. 9/2. 1955. **Belg. P. 516 207** vom 12/12. 1952, ausg. 15/10. 1954. E. Prior. 13/12. 1951.) G. SALZMANN. 8075

N. V. Kunstzijdespinnerij Nyma, Nijmegen, Holland, *Entlüften von Viscose* (I) in besonderen Vorrichtungen, in denen I einem so hohen Vakuum ausgesetzt wird, daß sie sd. u. sich mit Schaum bedeckt. Durch entsprechende Konstruktion der Gefäße ist dafür gesorgt, daß der Schaum entweder durch Kühlung gebrochen wird u. so nicht in die Vakuumleitung eindringt oder daß er überfließt u. abgeleitet werden kann. Kontinuierliche Durchführung. (**E. PP. 726 804** vom 24/9. 1952, ausg. 23/3. 1955. Holl. Prior. 25/9. 1951, u. **726 805** vom 29/9. 1952, ausg. 23/3. 1955. Holl. Prior. 4/10. 1951.) K. FABEL. 8075

Courtaulds Ltd. (Erfinder: **Robert Louis Wormell** und **Leonard Ernest Hodges**), London, England, *Herstellung von Proteinfäden* mit erhöhter Wasserfestigkeit, dad. gek., daß die Veresterung vorgenommen wird, während die Fäden kontinuierlich durch ein Bad laufen, das Methanol oder A. u. den Veresterungskatalysator enthält, die Fäden abgepreßt werden, um die überschüssige Veresterungs-Fl. zu entfernen u. die imprägnierten Fäden dann in Windungen in eine J-förmige Hülse geführt werden, in welcher sie während der Veresterung verbleiben, um sie anschließend fertigzubehandeln. Die Windungen des Kabels werden in der Hülse von einem Förderband getragen. — Zeichnung. (**D. B. P. 935 496** Kl. 29b vom 26/2. 1954, ausg. 24/11. 1955. Anmeldung bekanntgemacht 26/5. 1955. E. Priorr. 5/3. u. 20/5. 1953. **Zusatz zu D. B. P. 898 658; C. 1954. 6864.**) G. SALZMANN. 8079

Imperial Chemical Industries Ltd. (Erfinder: **Evan Islwyn Jones, Stanley Minor Todd** und **Leonard Wood**), London, England, *Lösungen von Polyacrylnitrilverbindungen.* Acrylnitril wird gegebenenfalls mit einer kleineren Menge einer anderen Vinylverb. in Ggw. einer oder mehrerer Hochpolymerer, z. B. Polyvinylacetat oder Polyvinylalkohol, polymerisiert u. in Äthylencarbonat (> 50%), W. u. 0,9% Salicylsäure gelöst. Herst. von gut anfärbbaren *Fäden* u. Filmen. (**E. P. 718 137** vom 19/3. 1952, ausg. 10/11. 1954.) G. SALZMANN. 8081

Phrix-Werke Akt.-Ges. (Erfinder: **Otto Moldenhauer**, Hamburg, **Helmut Bock**, Hirschberg, und **Günter Trautmann**, Mölln), *Herstellung von Superpolyamiden,* dad. gek., daß man die Reaktionsprodd. von Lactamen, bes. Caprolactam, die man durch Erhitzen der Lactame mit zweckmäßig > 10 Mol-% Oxalsäure, auf die Lactame bezogen, auf Tempp. < 150° erhält, für sich allein oder im Gemisch mit anderen polymerisierenden oder polykondensierenden Stoffen polymerisiert. *Spinnfähige* Prodd. mit innerer Viscosität von 0,7—0,8. (**D. B. P. 935 696** Kl. 39c vom 27/10. 1944, ausg. 24/11. 1955. Anmeldung bekanntgemacht 5/11. 1953.) H. SCHINDLER. 8081

Emile Bernard Bates, Leicester, England, *Vergüten von Polyamid-, insbesondere Nylongewebe.* Zur Erzielung einer therm. Beständigkeit bringt man das Gut kurze Zeit, z. B. 10—15 Sek., in trockner Atmosphäre in Berührung mit einer auf 120—250° erhitzten Metallfläche, z. B. einer rotierenden Walze. Ist die Umlaufgeschwindigkeit der Walze größer als die des Gewebes, erhält man einen Glanzeffekt. (**E. P. 734 488** vom 11/3. 1951, ausg. 3/8. 1955.) H. MÖLLERING. 8081

Libbey-Owens-Ford Glass Co., Toledo, O., V. St. A., *Erhöhung des Haftvermögens von Polyestern an Glasfasern.* Man imprägniert letztere mit verd. wss. Lsgg. von Silanen der Formel $R-Si(OR')_2R''$ (worin R einen Alkenylrest mit 2—3 C-Atomen, R' Alkyl u. R'' einen Rest R oder OR' bedeutet), z. B. von Vinyläthoxysilan, Vinyltriäthoxysilan, α- (bzw. β-) Chlorvinyltriäthoxysilan oder Bicycloheptenyltriäthoxysilan. Als Polyester sind geeignet Diallylphthalat, Diallylphenylphosphonat, Triallylcyanurat u. Diallylcyanamid. (**Belg. P. 517 830** vom 20/2. 1953, ausg. 21/1. 1955.) G. SALZMANN. 8083

XIX. Brennstoffe. Erdöl. Mineralöle.

Kōzō Higuchi und **Yutaka Shibuya,** *Untersuchung der Luftoxydation von Huminstoffen des Lignits.* 1. Mitt. *Analyse der oxydierten Kohle.* Die Luftoxydation der *Huminstoffe* von *Lignit* wird als Vorbehandlung der Naßoxydation durchgeführt. In Fortsetzung früherer Verss. werden Elementarzus., Säuregruppen, akt. O, Huminsäuren u. Asche der nach der Rk. verbleibenden Kohle bestimmt. Darauf folgt eine Erörterung des Reaktionsmechanismus. — Apparaturskizze u. 12 Diagramme. (J. Fuel Soc. Japan **33.** 366—73. Juli 1954. Rohstoffquellen-Forsch.-Inst. [Orig.: japan., Auszug: engl.]) L. SCHULER. 8126

Kōzō Higuchi und **Michio Tsuyuguchi,** *Untersuchung der Lignithuminsäuren.* 2. Mitt. *Methylierung von Huminsäuren.* (1. vgl. vorst. Ref.) Aus den Ergebnissen der Methylierung von *Huminsäuren* nach verschied. Verff. bis zu konstantem CH_3O-Geh. u. anderen Rkk. der Prodd. wird auf die Art der in Rk. getretenen Gruppen geschlossen, u. es werden Schlüsse auf konstitutionelle Teilbezirke gezogen. (J. Fuel Soc. Japan **33.** 373—79. Juli 1954. Rohstoffquelle-Forsch.-Inst. [Orig.: japan., Auszug: engl.]) L. SCHULER. 8126

Geo E. Mapstone, *Eine Theorie zur spontanen Verbrennung.* Sowohl *Pyrit* (**I**) wie auch **I**-haltige Kohle neigen bei Luftzutritt zu spontaner Selbsterhitzung u. -entzündung. Es ist wahrscheinlich, daß *Ferrosulfid* (**II**), das ein Verwitterungsprod. von **I** ist u. das in feinverteilter Form zur Entzündung neigt, verantwortlich zu machen ist. Die Tatsache, daß **II** in nennenswerten Mengen in verwittertem **I** u. **I**-haltiger Kohle gefunden wird, läßt vermuten, daß es eine untere Grenze des Partialdruckes des O_2 für die Oxydation von **II**, aber nicht von **I** gibt, d. h., daß wenn **I**, aber nicht **II** durch den an Kohle adsorbierten O_2 oxydiert werden kann, die Oxydation von **I** auch ohne Ggw. von freiem O_2 vor sich geht. Als Stütze dieser Hypothese nimmt Vf. an: 1. daß der Kohle–O_2-Komplex eine Graphitoxydstruktur habe; 2. Graphitoxyd (**III**) ähnliche oxydierende Eigg. wie organ. Peroxyde hat, u. 3. **III** **I** zu **II**, aber nicht weiter oxydieren kann. Diese Rkk. können neben anderen Ursachen zur Erklärung der häufiger auftretenden Feuer in Bergwerken dienen. (Chem. and Ind. **1954.** 658. 5/6. Boksburg North Transvaal.) E. ROEDER. 8128

R. A. A. Taylor, *Mischen von Kohle mit Flüssigkeiten.* (Vgl. C. **1954.** 5431.) Es werden besprochen: Grobe Mischungen, wobei die Flüssigkeitsmenge groß ist u. die Mischung fließt, jedoch nicht homogen ist (Kohle–Öl-Mischungen, Schaumflotation, Mischungen für Verbrennung u. Vergasung, hydraul. Förderung). Einheitliche Mischungen, die einheitliche Fließbarkeit u. Zus. zeigen (Pasten zur Hydrierung koll. Kohle). Benetzte Mischungen, wobei die Flüssigkeitsmenge gering ist, aber jedes Kohlenteilchen benetzt wird (Ölbenetzung von Kohlenteilchen zur Verbesserung der Koksqualität, Staubbindung, Mischen mit Bindern zur Brikettdarst., „Tempern" von Kesselhauskohle). (Colliery Guardian **183.** 233—38. 30/8. 1951.) E. BOYE. 8134

H. Munderloh, *Entwicklung der Braunkohlenschwelung.* Nach kurzem Überblick über Vorgeschichte u. Bedeutung der Verschwelung von Braunkohle für die Mineralölindustrie u. der einzusetzenden Schwelkohle, werden Schwelöfen, wie ROLLE-Ofen, der Schwelofen nach GEISSEN-KOSAG u. der LURGI-Schwelofen mit den darin erzeugten Schwelerzeugnissen u. ihre Verwendung als Ausgangsstoff für Hydrierung besprochen. Die Generatorgas- u. die Synthesegasherst. nach PINTSCH-HILLEBRAND wird angeführt u. die Schieferschwelung nach LURGI-Druckvergasungsverf. an Hand eines Diagramms erläutert. (Braunkohle, Wärme u. Energie **7.** 340—45. Aug. 441—46. Okt. 1955.) K. O. MÜLLER. 8140

I. G. C. Dryden, M. Griffith und **R. A. Kirby,** *Koksbildung und Kohlenmischung.* Es werden neue Arbeiten u. Gedanken über die wissenschaftliche Grundlage der Koksbldg. u. ihre Anwendung auf die Mischung der Kohlen behandelt. (Coke and Gas **17.** 272—79. Juli 1955.) E. BOYE. 8144

Akira Shimomura, *Totale Vergasung der Kohle — Entwicklung und Zukunft.* Kurze Beschreibung der Entw. der Vergasungstechnik in Japan. Die wichtigsten Verff. werden kurz geschildert, bes. die Gewinnung von Synthesegasen durch Vergasung von Pulverkohle u. die Umwandlung des Synthesegases in Stadtgas unter Druck bei dem LURGI-Verfahren. (J. Fuel Soc. Japan **34.** 481—89. Aug. 1955. Japan Gas Assoc. [Orig.: japan., Auszug: engl.]) F. ROSENDAHL. 8148

Giovanni Rosani, *Die Umstellung des Netzes der Stadt Brescia auf Naturgas und die ersten Ergebnisse des neuen Betriebs.* 1. Mitt. Allg. Bericht. (Metano [Padova] **9.** 223—26. April 1955.) R. K. MÜLLER. 8156

Carlo Ricci Menichetti, *Die Umstellung des Netzes der Stadt Brescia auf Naturgas und die ersten Ergebnisse des neuen Betriebs.* 2. Mitt. *Projekt und Ausführung der Arbeiten.*

(1. vgl. vorst. Ref.) Eingehender Bericht über die beim Übergang von Stadt- auf Erdgas erforderlich gewordenen Änderungen in den Verteilungsanlagen. (Metano [Padova] **9.** 226—36. April 1955.) R. K. MÜLLER. 8156

Dialma Galanti, *Die Umstellung des Netzes der Stadt Brescia auf Naturgas und die ersten Ergebnisse des neuen Betriebs.* 3. Mitt. *Der erste Betrieb mit Naturgas. Technische und wirtschaftliche Gesichtspunkte.* (2. vgl. vorst. Ref.) Bericht über die neuen Einrichtungen u. ihren Betrieb im ersten Jahr nach der Umstellung. Als Warngas wird „Pentalarm 86" mit 90% Amylmercaptanen verwendet, dessen Geruch schon bemerkbar ist, wenn die für die Bldg. eines explosiven Gemischs mit Luft erforderliche Gasmenge ausströmt. (Metano [Padova] **9.** 303—16. Mai 1955.) R. K. MÜLLER. 8156

—, *Synthetische flüssige Kraftstoffe. Jahresbericht des Sekretariats des Innenministeriums für 1954.* 2. Mitt. *Öl aus Schiefer.* (1. vgl. C. **1956.** **4599.**) Die Gewinnung u. Verarbeitung von Ölschiefer in der dem BUREAU OF MINES angeschlossenen Versuchsanlage in Rifle (Colo.) wird an Hand von Bildern u. Diagrammen eingehend besprochen. Neuartige Schwelung unter Lufteinblasen wird beschrieben u. die Aufarbeitung der anfallenden Öle, z. B. als Ausgangsstoff für Spaltverfahren. Sodann folgt ein Jahresbericht über die in der Versuchsanstalt in Laramie (Wyo.) durchgeführten Arbeiten, über Dest., Hydrierung u. Analyse von Ölschiefer u. Schmierölen. (U. S. Dep. Interior, Bur. Mines, Rep. Invest. **1955.** Nr. 5119. 1—116. März.) K. O. MÜLLER. 8180

G. Spengler und **K. Krenkler,** *Über die selektive Adsorption von Kohlenwasserstoffen.* 1. Mitt. Engl. Übersetzung der C. **1952.** 1596 referierten Arbeit. (Petroleum Refiner **31.** Nr. 7. 111—14. Juli 1952.) M. WINIKER. 8194

Kurt Peters, Max Rudolf und **Heinz Voetter,** *Über den Reaktionsverlauf der Methanspaltung.* Vff. klären den Reaktionsmechanismus der CH_4-Spaltung unter Umsetzung 1. des CH_4 mit CO_2 im Verhältnis 1 : 1; 2. mit Wasserdampf im Verhältnis 1 : 1; 3. des CH_4 mit Luft im Verhältnis von 1 : 3,1; 4. mit CO_2 u. Luft, 5. CH_4 mit Wasserdampf u. Luft in verschied. Verhältnissen bei Tempp. oberhalb 700° an Katalysatoren, z. B. Ni. Die Strömungsgeschwindigkeiten wurden bis zu extrem kurzen Verweilzeiten gesteigert. Vff. finden, daß die Umsetzung des CH_4 mit CO_2 bzw. Wasserdampf etwa gleich schnell (0,05—0,08 Sek.) aber um mindestens eine Zehnerpotenz langsamer als die Rk. zwischen CH_4 u. Luft (0,004 Sek.) verläuft. Vff. nehmen daher an, daß die katalyt. CH_4-Spaltung mit Luft zu CO_2 u. Wasserdampf nicht — wie andere Autoren annehmen — über Zwischenprodd. der vollständigen Verbrennung verläuft, sondern vermuten, daß die Rk. über einen Radikalmechanismus vor sich geht, dessen Primär-Rk. die stufenweise Dehydrierung des CH_4 am Katalysator zu Methin ist. Nach Ansicht der Vff. machen es die verschied. Reaktionsgeschwindigkeiten der CH_4–Luft-Spaltung bzw. die Rk. des CH_4 mit CO_2 oder Wasserdampf bei der kurzen Verweilzeit der Gase am Katalysator unmöglich, die exotherm. u. endotherm. Rk. therm. auszugleichen. (Brennstoff-Chem. **36.** 257—66. 14/9. 1955. Wien, TH, Inst. für Verfahrenstechnik u. Technol. der Brennstoffe.)
K. O. MÜLLER. 8196

R. Birthler, *Die neuesten Ergebnisse des Hydrierens und Dehydrierens bei mittlerem Druck.* Es werden verschied. technolog. Verbesserungen des DHD-Prozesses besprochen. Die Periodenlänge zwischen zwei Regenerationen, auch bei stark paraffin. Prodd., konnte auf über 400 Std. verlängert werden. Bes. vorteilhaft hat sich eine Wäsche des zirkulierenden Kreislaufgases mit dem jeweiligen Einspritzprod. ausgewirkt, da entsprechend der nachlassenden Kontaktaktivität eine steigende Menge von Waschöl aufgegeben wird u. so der H_2-Partialdruck für sehr lange Zeit auf der erforderlichen Höhe gehalten werden kann. Im weiteren werden neuere Anwendungsmöglichkeiten der DHD-Technologie zur dehydrierenden Spaltung ohne u. mit H_2-Zusatz u. zur hydrierenden Mitteldruckraffination von Rohdieselölen aus Braunkohlenteer besprochen. Zum Schluß wird auf eine interessante Anwendungsmöglichkeit der hydrierenden Mitteldruckraffination mit gekoppelter Dehydrierung hingewiesen, wodurch aus Braunkohlenleichtölen Benzine mit einer Octanzahl von 75—80 ohne Bleitetraäthylzusatz erhalten werden können. (Magyar Kémikusok Lapja [Z. Ver. ung. Chemiker] **10.** 99—106. 25/4. 1955.) R. BIRTHLER. 8198

Ju. K. Lotijew, *Ein Versuch zur Entfernung aktiver schwefelhaltiger Verbindungen aus Gasbenzinen.* Obwohl das Grosneftgasbenzin nur geringen S-Geh. (0,003—0,004%) aufweist, erhält man eine positive Cu-Korrosion. Da die üblichen Entschwefelungsmethoden nicht zum Ziel führten, wurde ein Waschverf. mit Leichtpetroleum eingeführt, das sich gut bewährte. Das mit S-Verbb. beladene Petroleum wird einer Regenerierung mit 5—10%ig. NaOH-Lsg. unterworfen u. ist wieder einsatzfähig. Die Regenerierung durchläuft folgende Stufen: Vorwärmung, Entgasung, Laugung Dampfbehandlung, Separierung. (Нефтяное Хозяйство [Petroleum-Wirtsch.] **33.** Nr. 7. 65—66. Juli 1955.)
A. HOYNINGEN-HUENE. 8200

Alessandro Besozzi, *Neue Fortschritte in der Treibstoffchemie.* Überblick über neuere Vorschläge für Treibstoffzusätze, die teils $Pb(C_2H_5)_4$ ersetzen, teils die bei seiner Verwendung auftretenden Nachteile beseitigen sollen. (Chimica [Milano] [N. S.] **9** (**30**). 297–98. Sept. 1954.) R. K. MÜLLER. 8208

—, *Schmiermittel für Schweröldieselmotore.* Es wird mit einer radioakt. Meth. der Einfl. von Additiven auf die Abnutzung untersucht u. die Brauchbarkeit des Laboratoriumtests für den prakt. Gebrauch im Schiffsdienst erprobt. (Gas Oil Power **50.** 279–80. Okt. 1955.) K. L. WOLF. 8220

H. A. Lund, *Betrachtungen über die Qualität kristallisierter Wachse.* Petroleumwachse mit gleichem Kp. kristallisieren in drei Formen: Platten mit dem höchsten F., Nadeln mit einem mittleren u. Mikrokristalle mit dem niedrigsten Schmelzpunkt. Die Dehnbarkeit der Platten ist gering, während die der Nadeln u. Mikrokristalle hoch ist. Diese Eigg. hängen vom F. ab. Die Dehnbarkeit läßt sich durch Mischen gleicher Kristalltypen erhöhen, doch muß der F. verschied. sein. Die Härte der Wachse hängt ausschließlich vom F. ab. Die Mikrokristalle haben eine geringere Härte als der F. anzeigt. Die Druckfestigkeit der Platten ist gegenüber den anderen Kristallarten ausgezeichnet. Gemische von Platten mit den anderen Kristallarten lassen sich innerhalb bestimmter Grenzen gut verpressen. Die Kristallisationseigg. der Platten in verschied. Lösungsmitteln werden nicht so stark beeinflußt wie die der anderen Kristallarten. Zahlreiche Mikroaufnahmen der Kristallbilder erläutern das Gesagte. (Petroleum Processing **7.** 326 bis 331. März 1952. Magnolia Petroleum Co.) F. ROSENDAHL. 8226

Carl Kröger und **Fritz Hallfeldt,** *Die Gewinnung einheitlicher n-Paraffine aus hochsiedenden paraffinbasischen Gasölen.* Vff. beschreiben die Zerlegung der Paraffine vom Aramco-Gasöl. Im Hinblick auf die Gewichte reiner n-Paraffinerzeugnisse sowie hinsichtlich der Verbesserung des Kälteverh. konnte gezeigt werden, daß der Effekt der Harnstoffadduktenbldg. (I) weit besser geeignet ist, als der der Lösungsmittelentparaffinierung. Es wurden analyt. Verff. ausgearbeitet, nach denen sich die Ergebnisse der I sehr gut reproduzieren lassen. Durch die I wird eine weitere zusätzliche Trennung auch bzgl. der Mol.-Größe erreicht. Durch chromatograph. Zerlegung der Einzelfraktionen aus der I ließ sich eine vollkommene Trennung in einzelne n-Paraffin-KW-stoffe erreichen. Es wurden festgestellt: *Nonadecan, Eikosan, Heneikosan, Dokosan, Trikosan* u. *Tetrakosan.* (Erdöl u. Kohle **7.** 811–16. Dez. 1954. Aachen.) F. ROSENDAHL. 8226

R. A. Mott und **H. C. Wilkinson,** *Bestimmung von Kohlenstoff und Wasserstoff in Kohle nach der Sheffield-Hochtemperaturmethode.* Die von BELCHER u. SPOONER (Fuel **20.** [1941.] 130) entwickelte Meth. ist durch Vff. wesentlich verbessert worden. An Hand von ausführlichen Abb. wird der heutige Stand der App. dargestellt. Genaue Beschreibung des Verfahrenganges. Bei einer Einwaage von 0,5 g Kohle mit einem Aschegeh. bis zu 12% kann der Geh. an C bis zu 1,5%, an S bis zu 7% u. an N_2 bis zu 2,5% ohne besondere Behandlung mit großer Genauigkeit bestimmt werden. Bei höherem Aschegeh. u. höheren Gehh. an anderen Bestandteilen muß die Einwaage auf 0,25 g ermäßigt werden. In diesem Falle wird die Einwaage nicht mit 0,5, sondern mit 1 g Al_2O_3 bedeckt. Bei n. Kohlen liegt die Abweichung vom tatsächlichen Geh. für C bei 0,1 u. für H_2 bei 0,025%. Die Meth. ist einfach in der Durchführung. Sie ist schneller u. genauer als die Meth. von LIEBIG, so daß sie bes. für Reihenunterss. in Frage kommt. (Fuel **34.** 169–84. April 1955.) F. ROSENDAHL. 8246

L. J. Edgcombe, *Bestimmung von Kohlenstoff und Wasserstoff in Kohlen nach der Methode von Liebig und der Hochtemperaturmethode.* (Vgl. vorst. Ref.) Beim Vgl. der beiden Methoden wurde festgestellt, daß bei der Best. von C u. H_2 kein Unterschied festzustellen war. Die untersuchten Kohlen erstreckten sich dabei vom Anthrazit bis zu Kohlen mit einem Geh. an flüchtigen Bestandteilen. Durch die Einwaage von 0,5 g bei der Hochtemperaturmeth. werden Fehler möglichst weitgehend ausgeschaltet. Bei Kohlen mit einem hohen Aschegeh. konnten erhebliche Unterschiede zwischen den beiden Bestimmungsarten festgestellt werden, hier war die Hochtemperaturmeth. zuverlässiger. (Fuel **34.** 185–90. April 1955.) F. ROSENDAHL. 8246

Ss. R. Ssergijenko, Ju. A. Bedow und **M. P. Teterina,** *Untersuchung hochmolekularer Erdölverbindungen.* 1. Mitt. *Anwendung der Farbenphotographie zur Charakteristik des Luminescenzbildes.* Die Bedeutung schonender Methoden für die Unters. der im Hinblick auf die restlose Verwertung der Erdöle wichtigen hochmol. Anteile wird erörtert. Nach Abtrennung der Asphaltene u. asphaltogenen Säuren u. Trennung von Öl u. Teer wird der Teer mit verschied. Lösungsmitteln (CCl_4, Bzl., Aceton, A.-Bzl.-Gemisch) in Fraktionen zerlegt, von denen der in Phenol lösl. u. der unlösl. Anteil getrennt der Luminescenzanalyse unterworfen werden. Um deren Ergebnisse objektiv festzuhalten, macht man zweckmäßig von der Farbphotographie (unter Vorschaltung verschied. Filter) Gebrauch; dabei eignet sich Pb-Glas bes. gut als Filter, das die UV-Strahlen zurückhält u. ihren

Einfl. auf den Farbfilm ausschaltet. Die Meth. ermöglicht eine klare Unterscheidung der durch Adsorptionschromatographie getrennten „hellen" u. „dunklen" Öle; erstere bestehen vorwiegend aus Naphthen- u. Paraffin-KW-stoffen u. geben blaue Luminescenz, letztere bestehen fast nur aus aromat. Ein- u. Zweiring-KW-stoffen u. geben gelbe Luminescenz. (Известия Академии Наук СССР, Отделение Химических Наук [Nachr. Akad. Wiss. UdSSR, Abt. chem. Wiss.] **1954.** 716—21. 2 Tafeln. Juli/Aug. Erdölinst. der Akad. der Wiss. der UdSSR.) R. K. MÜLLER. 8252

Kurt K. Rumpf und **Herbert Stolte,** *Der Steilheitsfaktor der Viscosität–Temperatur-Funktion.* Nachdem im Normenblatt DIN 51563 für die Darst. der Viscositäts–Temp.-Funktion an Stelle der WALTHERschen Gleichung die Gleichung nach UMSTÄTTER getreten ist, weisen Vff. darauf hin, daß die numer. Zahlenwerte zu n u. m sich in Abhängigkeit von der Viscosität des betreffenden Öles unterscheiden. Da die m-Werte bei Mischungen zweier Öle nicht additiv sind, zeigen Vff., daß eine Additivität jür den Wert „sin arc tg m" besteht. Auf Grund dieser Tatsache sollen sich die m-Werte von Ölmischungen mit prakt. ausreichender Genauigkeit berechnen lassen. (Erdöl u. Kohle **8.** 424—25. Juni 1955. Hamburg-Wilhelmsburg, Ölwerke Jul. Schindler GmbH.) K. O. MÜLLER. 8252

Magnus Herd, *Eine Papierstreifenmethode zur Prüfung von Heizölen, die im Verdacht stehen, identisch zu sein.* Um festzustellen, ob ein in Flüsse oder ins Meer abgelassenes u. an der Oberfläche gesammeltes Heizöl mit demjenigen aus den Vorratstanks von Schiffen übereinstimmt, wurde eine Papierstreifenmeth. entwickelt, weil alle anderen Analysenmethoden, die eine Entemulgierung u. Reinigung des Öles voraussetzen, das Öl so in den Kenndaten verändern, daß ein Vgl. nicht möglich ist. Zur Durchführung der Vergleichsanalyse wurden jeweils 1—3 Tropfen der zu vergleichenden Öle in einem Rohr mit Glasstopfen in ca. 15 ml Ae. aufgenommen u. nach Auffüllen auf ca. 50 ml 3Std. bzw. über Nacht stehengelassen. Nach Filtration bzw. Zentrifugierung werden die Proben durch Verdünnen mit Hilfe von NESSLER-Gläsern auf gleiche Farbintensität gebracht. 50 ml der fertigen Lsg. werden je in eine 4 oz. Glasstopfenflasche gebracht. Filterpapierstreifen von 12 in. Länge u. $^7/_{10}$ in. Breite werden über Nacht in einem zugfreien Raum derart in die Flaschen gehängt, daß die Streifen 2 mm vom Boden entfernt sind. Dann werden die an einem Glasstab aufgehängten Streifen getrocknet u. mit UV-Licht die fluorescierenden scharf abgegrenzten Banden betrachtet. Sollte diese Analyse noch keine völlige Klarheit geschaffen haben, dann wird je 1 in. vom unteren Ende des Papierstreifens abgeschnitten u. die Streifen über Nacht unter den gleichen Vorsichtsmaßnahmen in 50 ml Ae. gehängt. Nach dem Trocknen werden sie wieder in UV-Licht geprüft u. gefunden, daß dann 7—13 fluorescierende Banden vorhanden sind. Bei ident. Ölen sind die Banden in Farbe, Fluorescenzintensität, Breite u. Lage gleich. Neben Heizölen lassen sich auch Teere vergleichend untersuchen. (Analyst **78.** 383—84. Juni 1953. Glasgow, Corp. of Chemist's and City Analyst's Dep.) K. O. MÜLLER. 8256

Standard Oil Development Co., Del., V. St. A., *Verkoken von schweren Mineralölfraktionen.* Die schweren Rückständsöle, welche nicht verdampfbare Anteile enthalten, werden unter Zusatz von Kokskeimen bei 780—900° F u. 100—3000 lbs./sq.in. bei einer Verweilzeit von 2—200 Min. umgewandelt, wobei das gesamte Rückstandsöl zu Koks u. Ölgas umgesetzt wird. Die Reaktionsprodd., einschließlich der festen Koksteilchen, werden einer Destillationszone zugeführt, die ein dichtes Bett von feinstem Koks enthält, wobei bei 800—1050° F u. einem Druck von 0—25 lbs./sq.in.g. die destillierbaren Anteile überkopf abgezogen werden u. der Koks in dem dichten Koksbett zurückbleibt. — Zeichnungen. (**E. P. 722 930** vom 13/5. 1952, ausg. 2/2. 1955. A. Prior. 20/6. 1951.) E. KAHLES. 8145

British Reinforced Concrete Engineering Co. Ltd., Stafford, England (Erfinder: **Ernest Byfield Hall**), *Reinigen von Destillationsgasen in Trockenreinigern mittels Eisenoxyd enthaltender Massen von Schwefelwasserstoff.* An Stelle der bisher üblichen Holzhorden werden Roste aus Metall, bes. Stahl, verwendet, die gegebenenfalls mit Asphaltbitumen oder chloriertem Kautschuk überzogen sein können u. wenigstens die doppelte Lebensdauer der Holzhorden haben. — Abbildungen. (**E. P. 732 461** vom 4/11. 1952, ausg. 22/6. 1955.) K. DEMMLER. 8173

Pittsburgh Consolidation Coal Co., Pittsburgh, Pa. (Erfinder: **Martin Brandt Neuworth, Everett Gorin** und **Benjamin Whitting Jones**), V. St. A., *Trennen von Teersäuren und Teerbasen.* Man bringt das in einem polaren Lösungsm. gelöste Teergemisch mit einem kationenaustauschenden Harz zusammen, das die Basen adsorbiert u. von dem sie durch eine Behandlung mit im polaren Lösungsm. gelösten Säuren abgetrennt u. gewonnen werden. Als Lösungsm. geeignet ist ein Gemisch aus 30 (%) W. u. 70 CH_3OH, als Kationenaustauscher ein HSO_3-Gruppen enthaltendes Phenolharz oder Kohle, z. B. *Amberlit IR* oder *Zeo-Karb.* (**E.P. 714 651** vom 26/6. 1952, ausg. 1/9. 1954.) H. MÖLLERING. 8177

British Petroleum Co. Ltd., London, **Dorothy Sylvia Macken** und **Ronald Leonard Denyer**, Sunbury-on-Thames, England, *Süßen von mercaptanhaltigen Erdölen* mit einer wss. Alkalihydroxydlsg., die einen Lösungsvermittler für Mercaptane (z. B. Handelskresol) enthält, in Ggw. von O_2 oder eines O_2-haltigen Gases aber in Abwesenheit eines Oxydationskatalysators, der Mercaptane in Disulfide überführt. Es kann eine Laugenbehandlung in Ggw. von O_2 durchgeführt werden, bevor man den Lösungsvermittler zusetzt. Konzz.: NaOH-Lsg. 5n, Kresol 1,5n. (**E. P. 728 586** vom 4/7. 1951, ausg. 20/4. 1955.) P. UNGER. 8195

Standard Oil Development Co., Elizabeth, N. J., V. St. A., *Umwandlung hochsiedender Kohlenwasserstoffe.* Getoppte Rohöle werden mit einer Benzinfraktion verd. u. in Ggw. von feinverteiltem Impfkoks einer milden *therm. Spaltung* unterworfen. Die Reaktionsprodd., niedrigsd. KW-stoffe u. Koks werden in eine Absetzzone geleitet u. das koksfreie Öl vom eingedickten Schlamm geschieden. Ein Teil des eingedickten Schlamms wird in einer Wirbelschicht verkokt u. ein Teil des geklärten Öls wird katalyt. gespalten. — Zeichnung. (**D. B. P. 934 299** Kl. 23b vom 28/5. 1952, ausg. 20/10. 1955. Anmeldung bekanntgemacht 28/4. 1955. A. Prior. 29/5. 1951.) E. KAHLES. 8197

Standard Oil Development Co., Del., übert. von: **Clarke T. Harding**, Hillside, **Maurice W. Mayer**, Summit, und **Richard O. Wright**, Cranford, N. J., V. St. A., *Kombination von Rohöldestillation und Cracken.* Das Rohöl wird in einer Destillationszone in eine Gasölfraktion, eine Naphthafraktion u. eine red. Rohölfraktion zerlegt. Die Naphthafraktion wird in Ggw. von H_2 katalyt. reformiert u. in eine Abstreifzone eingeleitet, wobei überkopf der H_2 u. die KW-stoffe abgezogen u. einer Fraktionierzone zugeführt werden. Das Gasöl wird katalyt. gecrackt u. die Reaktionsprodd. fraktioniert. — Zeichnungen. (**A. P. 2 644 785** vom 3/6. 1950, ausg. 7/7. 1953.) E. KAHLES. 8197

Union Oil Co. of California, Los Angeles, übert. von: **Clyde H. O. Berg**, Long Beach, Calif., V. St. A., *Katalytisches Cracken von Kohlenwasserstoffen.* Das zu crackende Öl wird verdampft u. im Öldampf gepulverter, fluidisierter Katalysator suspendiert. Die Suspension wird in den Reaktor eingebracht u. die Reaktionsprodd. sowie der Katalysator werden an verschied. Stellen aus dem Reaktor abgezogen. Die Reaktionsprodd. werden fraktioniert u. der verbrauchte Katalysator mit einem Verbrennungsgas, das im Kreislauf geführt wird u. dem noch eine geringe Menge an O_2 oder O_2-haltigem Gas zur Regulierung der Temp. beigefügt wird, in Berührung gebracht. Die D. des Katalysator-Öldampf-Gemisches soll in der Reaktionszone 15—20 lbs./cb.foot, in der Transportzone 20—25 lbs./cb.foot betragen. — Zeichnung. (**A. P. 2 684 931** vom 20/8. 1949, ausg. 27/7. 1954.) E. KAHLES. 8197

Badische Anilin- & Soda-Fabrik, Ludwigshafen/Rh. (Erfinder: **Mathias Pier**, Heidelberg, und **Walter Krönig**, Hamburg), *Katalytische Druckhydrierung von hochsiedenden flüssigen oder schmelzbaren Kohlenwasserstoffölen,* die Asphalte u./oder Harze enthalten, in fl. Phase bei Tempp. bis ca. 420°, wobei die Hydrierbedingungen so eingestellt werden, daß die Asphalte u. Harze red. werden u. die Menge der $<350°$ sd. Öle um höchstens 20% zunimmt u. die Rk. bei stetig oder stufenweise ansteigender Temp. durchgeführt wird in Weiterbldg. des Verf. der D. R. PP. 695 275; C. **1940.** II. 3743, 725 600; C. **1942.** II. 2971 u. 745 445; C. **1955.** 9233, dad. gek., daß diese Behandlung unter schärferen Bedingungen fortgesetzt wird, so daß die Zunahme der neugebildeten, $<350°$ sd. Öle mehr als 20% beträgt. (**D. B. P. 878 050** Kl. 12o vom 29/7. 1937, ausg. 1/6. 1953. **Zusatz zu D. R. P. 695 275; C. 1940. II. 3743.**) G. KÖNIG. 8199

British Petroleum Co. Ltd., London, **Frederick William Bertram Porter** und **John Welford Hyde**, Sunbury-on-Thames, England, *Katalytische Entschwefelung von Benzol und benzolhaltigen Motortreibstoffen,* wie „Straight-run"-Bzn. in der Dampfphase mit H_2 über einem S-festen Dehydrierungs-Hydrierungs-Katalysator, der Naphthene zu Aromaten dehydrieren u. organ. gebundenen S zu H_2S umwandeln kann (Co- u. Mo-Oxyde auf Al_2O_3), bei solchen Bedingungen der Temp. u. des Druckes, daß die Dehydrierung der Naphthene nur in einem solchen Ausmaße erfolgt, daß so viel H_2 gebildet wird, als zur Umwandlung des organ. gebundenen S in H_2S erforderlich ist, u. daß in der Reaktionszone die Dampfphase herrscht. Man trennt von dem behandelten Bzl. oder Treibstoff ein H_2-reiches Gas ab, das man in die Reaktionszone zurückleitet. (**E. P. 728 755** vom 5/6. 1952, ausg. 27/4. 1955.) P. UNGER. 8203

Badische Anilin- & Soda-Fabrik Akt.-Ges. (Erfinder: **Wilhelm von Füner** und **Gerhard Free** †), Ludwigshafen/Rh., *Umwandlung oder Raffinierung von hochsiedenden Kohlenwasserstoffen* bei Tempp. von 300—550° unter Drücken von 2—300 at, dad. gek., daß man einen Katalysator verwendet, der aus 40—70% Fe_2O_3, 15—40% SiO_2 u. 10 bis 20% Al_2O_3 besteht. Der Katalysator wird durch Zusammenbringen von Eisensalzlsg. mit solchen von Al-Salzen unter Zugabe von Wasserglas u. gegebenenfalls unter Ausällen mittels alkal. Fällungsmitteln, Trocknen u. Erhitzen des Nd. auf über 300° hergestellt. Die Aktivierung des Katalysators wird mit Halogenwasserstoff oder halogenwasserstoffabspaltenden Verbb. vorgenommen. (**D. B. P. 934 784** Kl. 23b vom 27/3. 1953, ausg. 3/11. 1955. Anmeldung bekanntgemacht 12/5. 1955.) E. Kahles. 8215

Standard Oil Co, Cleveland, O., übert. von: **Elliot B. McConnell**, Shaker Heights, V. St. A., *Behandlung von Kohlenwasserstoffen.* Ein *Schmieröl* wird in fl. Phase mit einem 1. Strom eines Kieselerde–Tonerde-Kontaktes, z. B. fluidisiertem synthet. Kieselerde–Tonerde-Katalysator oder natürlichem Kieselerde–Tonerde-Ton, welcher sowohl adsorptiv als auch katalyt. wirksam ist, in Kontakt gebracht. Das so entfärbte Öl wird in einer Crackzone in Ggw. eines 2. Stromes des Kontaktes gecrackt. Die verbrauchten Kontakte der beiden Zonen werden zusammen in einer Regenerierzone regeneriert u. in 2 Teilströmen den beiden Zonen wieder zugeführt. — Zeichnung. (**A. P. 2 666 732** vom 12/2. 1949, ausg. 19/1. 1954.) E. Kahles. 8221

Standard Oil Co., Cleveland, übert. von: **Warner E. Scovill**, Lakewood, O., V. St. A., *Raffination von Kohlenwasserstoffen.* Ein *Schmieröl* wird in fl. Phase in einer Kontaktzone mit einem Adsorptionsmittel, welches sowohl adsorptiv als auch katalyt. wirksam ist, in Berührung gebracht. Es wird hierfür ein Kieselerde–Tonerde-Kontakt mit einer solchen Korngröße verwendet, daß 95% des Kontaktes durch ein 200-Maschensieb gehen. Das entfärbte Öl wird vom Adsorptionsmittel abgetrennt u. in einer Crackzone in Ggw. des fluidisierten Kontaktes gecrackt u. der Katalysator anschließend regeneriert u. der Adsorptionszone wieder zugeleitet. — Zeichnungen. (**A. P. 2 666 733** vom 27/4. 1950, ausg. 19/1. 1954.) E. Kahles. 8221

Standard Oil Development Co., Del., übert. von: **George P. Baumann**, Metuchen, N. J., V. St. A., *Herstellung von hochwertigem Schmieröl*, welches aus einem paraffinhaltigen KW-stoffdestillat vom Kp. 600—1100° F u. einem asphalthaltigen Rückstandsöl vom Kp. >900° F zusammengesetzt ist. Das KW-stoffdestillat wird etwa in der Mitte einer Extraktionszone eingeleitet u. das Rückstandsöl unterhalb der Einführungsstelle des KW-stoffdestillats in die Extraktionszone eingebracht. Gleichzeitig wird ein selektives Lösungsm., welches eine größere Affinität zu aromat. als zu paraffin. KW-stoffen hat, in den oberen Teil der Reaktionszone eingeleitet u. unterhalb der Einführungsstelle des Rückstandsöles wird ein Entasphaltierungsmittel (Propan) in die Extraktionszone eingeführt. Vom Boden der Extraktionszone wird eine Lösungsm.–Extrakt-Phase abgezogen u. vom Kopf wird die Raffinatphase abgezogen, welche in eine Schmierölphase u. eine Wachsphase zerlegt wird. Die Lösungsm.-Extrakt-Phase wird einer Lösungsmittelfraktionierzone zugeführt, von deren Boden die vom Lösungsm. freie Extraktphase abgezogen wird, während das Lösungsm. mit der bevorzugten Selektivität für aromat. KW-stoffe an einem mittleren Punkt der Fraktionierzone abgeführt wird u. das Entasphaltierungsmittel vom Kopf dieser Zone abgezogen wird. Ein Teil des Entasphaltierungsmittels wird in den unteren Teil einer zweiten Lösungsmittelrückgewinnungszone eingeleitet. Die Schmierölphase wird in einer Lösungsmitteltrennzone vom größten Teil des Entasphaltierungsmittels befreit u. von dieser Zone in die zweite Lösungsmittelrückgewinnungszone oberhalb der Einführungsstelle des Entasphaltierungsmittels eingeführt. In dieser Zone wird der Rest des Entasphaltierungsmittels u. des Lösungsm. mit der für Aromaten bevorzugten Selektivität aus der Schmierölphase entfernt. Das Lösungsmittelgemisch wird in einer Fraktionierzone in die beiden Bestandteile zerlegt. — Zeichnung. (**A. P. 2 687 982** vom 24/11. 1950, ausg. 31/8. 1954.) E. Kahles. 8221

Standard Oil Development Co., V. St. A. (Erfinder: **Donald Henry McLean, Thomas Kenneth Hanson** und **Eleanor Ruth Hawkins**), *Geschwefelte Terpene.* Zu E. P. 709 293 u. D. B. P. 879 838; C. **1955.** 966 ist nachzutragen: Die S-haltigen Terpene werden zu 0,3—0,5 (%) gemeinsam mit 1,5—2,5 eines Reinigungsmittels (z. B. Erdalkali- oder Zn-Salze von Phenolen) *Schmierölen* zugesetzt, deren Viscosität, SZ. u. VZ. sie vermindern. (**F. P. 1 044 796** vom 19/6. 1951, ausg. 20/11. 1953. E. Priorr. 19/6. 1950 u. 10/5. 1951.) S. Meier. 8221

Phillips Petroleum Co., Del., übert. von: **Bruce C. Benedict**, Bartlesville, Okla., V. St. A., *Entasphaltieren von Schmieröl mittels Propanfraktionierung.* In einer Kolonne wird das Einsatzgut bei ca. 175—195° F u. 640 lbs./sq.in.g. (um das Propan fl. zu halten) im Gegenstrom mit fl. Propan (Verhältnis Propan : Öl = 7 : 1) in Kontakt gebracht. Hierdurch wird ein Schmieröl erhalten, das frei ist von Asphalt u. 40 SAE aufweist. — Zeichnung. (**A. P. 2 664 384** vom 23/12. 1948, ausg. 29/12. 1953.) E. Kahles. 8221

Farbenfabriken Bayer, Deutschland, *Herstellung von Schmiermitteln, hydraulischen Flüssigkeiten und analogen Produkten.* Sie bestehen aus einem Gemisch von Siliconöl mit einem Keton (z. B. $C_4H_9\cdot CO\cdot C_4H_9$, $C_4H_9\cdot CO\cdot C_5H_{11}$) oder Gemischen solcher Ketone oder mit Aminen von der allg. Formel $RCHNH_2\cdot R'$, wobei die NH_2-Gruppe substituiert sein kann u. die Gruppen R u. R' zusammen mindestens 9 C-Atome enthalten. (**F. P. 1 074 249** vom 2/4. 1953, ausg. 4/10. 1954. D. Prior. 4/4. 1952.) T. OPPERMANN. 8221

N. V. de Bataafsche Petroleum Mij. (Erfinder: **Thomas E. Reamer** und **Stewart James Beaublen**), *Herstellung von Schneidölen.* Sie enthalten eine oberflächenakt., in W. lösl. oder dispergierbare, nichtion. u. nichtaromat. Substanz von der allg. Formel $RO-(C_2H_4O)_a-(C_nH_{2n}O)_b-(C_2H_4O)_c-R$, worin a, b u. c ganze Zahlen, n eine ganze Zahl größer als 2 u. R eine KW-stoffgruppe, H oder einen Acylrest bedeuten. Ferner enthalten die Öle ein in W. lösl. Nitrit (z. B. $NaNO_2$), eine Puffersubstanz (z. B. Na-Acetat) u. einen Lösungsvermittler (z. B. Äthylenglykolmonomethyl-, -äthyl- oder -butyläther). — Ein solches Schneidöl hat z. B. die Zus.: 10,5 (%) „Pluronik L 64", 10,5 $NaNO_2$, 10,5 Na-Acetat u. 10,5 „Methylcellosolve". (**F. P. 1 074 020** vom 24/12. 1952, ausg. 30/9. 1954. A. Prior. 26/12. 1951.) T. OPPERMANN. 8221

Ruhrchemie Akt.-Ges., Oberhausen, und **Lurgi Gesellschaft für Wärmetechnik m. b. H.**, Frankfurt/M., *Herstellung hochsiedender viscoser Kohlenwasserstoffgemische* aus den $>354^0$ sd., neben aliphat. auch ein- u. mehrkernige cycl. KW-stoffe enthaltenden Fraktionen der bei $180-400^0$ u. 10—30 atü mit suspendierten Katalysatoren aus Metallen oder Metalloxyden der 8. Gruppe des Period. Syst. durchgeführten CO-Hydrierung. Diese Fraktionen werden bei $100-300^0$ u. 5—100 atü in Ggw. von Katalysatoren aus Metallen der 8. Gruppe des Period. Syst., z. B. Ni–MgO–Kieselgur-Katalysator, mit H_2 oder H_2-haltigen Gasen bei einem H_2-Partialdruck von 30 atü behandelt. Dabei können C_7-C_9-KW-stoffe als Verdünnungsmittel zugegen sein. Im Ausgangsstoff vorhandene $>$2-kernige Verbb. sollen möglichst zu 1—2-kernigen Verbb. mit aliphat. Seitenketten umgewandelt werden. (**Holl. P. 74 820** vom 1/10. 1951, ausg. 15/3. 1954.) W. HEROLD. 8221

William T. Miller, Ithaca, N. Y., V. St. A., *Polymerisieren von Trifluorchloräthylen* in einem nichtpolymerisierbaren Halogen-KW-stoff, wie $CHCl_3$, CCl_4, 1.1.2.2-Tetrachloräthan, Trichloräthylen, Tetrachloräthylen, Trichlortrifluoräthan oder 1.2-Dichlorperfluorcyclobutan, bei $60-150^0$ in Ggw. von z. B. Benzoylperoxyd unter Druck. Ölige, fettige bis wachsartige Prodd. für *Schmieröle.* In den Beispielen ist auch noch die Polymerisation von C_4F_6 u. eines Gemisches von $CF_2{=}CFCl$ u. $CF_2Cl-CFCl_2$ beschrieben. — Tabellen. (**A. P. 2 700 661** vom 23/4. 1947, ausg. 25/1. 1955.) H. SCHINDLER. 8221

Purolator Products, Inc., Rahway, N. J., V. St. A., *Herstellung von Filterkörpern*, bes. zum Reinigen von *Schmierölen.* Ein langer Streifen Filterpapier wird quer zu seiner Längenausdehnung in Falten gelegt, der gefältelte Streifen zu einem Ringkörper geformt u. die oberen u. unteren Enden der Falten mit Kappen verschlossen, die mittels organ. Klebstoffe, wie Celluloseacetat, -butyrat, Polymethylmethacrylat, Polyvinylacetat u. dgl. an den Faltenenden befestigt werden; als Lösungsm. für die Klebstoffe sind Fettsäureester, Ketone, Alkohole genannt. — Abbildungen. (**E. P. 736 133** vom 1/10. 1953, ausg. 31/8. 1955.) K. DEMMLER. 8221

General Mills, Inc., Delaware, übert. von: **John G. Erickson**, Minneapolis, Minn., V. St. A., *Herstellung von substituierten Piperaziniumdihalogeniden* (I) durch Rk. von Äthylendihalogeniden (II) mit entsprechenden sek. Aminen zu Tetraalkyläthylendiaminen, die mit weiterem **II** bei erhöhter Temp. **I** ergeben. — 73,3 (Teile) Tetradodecyläthylendiamin u. 20 Äthylenbromid werden 17 Std. auf dem Dampfbad (95^0) erhitzt. Es entsteht *1.1.4.4-Tetradodecylpiperaziniumdibromid*, F. $217-220^0$. Analog wird hergestellt: aus Tetraoctadecyläthylendiamin u. Äthylenchlorid *1.1.4.4-Tetraoctadecylpiperaziniumdichlorid*, F. $177{,}5-179{,}5^0$. — Die Verbb. ergeben mit Bentonit Stoffe, die mit KW-stoffen Gele bilden. Diese Gele können als *Schmierfette* verwendet werden. (**A. P. 2 698 847** vom 28/3. 1952, ausg. 4/1. 1955.) E. CARL. 8223

XXI. Leder. Gerbstoffe.

Ralph Davis, *Einfluß der Enthaarung auf das Leder. Untersuchung der modernen technischen Entwicklung und ihrer Bedeutung für das Gerben.* Allg. Ausführungen über die Beeinflussung der Haut beim Enthaaren unter Verwendung von $Ca(OH)_2$ u. NaHS einerseits sowie Hinweise für die Verwendung von Aminen (Dimethylamin), Cyaniden, Sebacol, Depilan u. DMAS zum Enthaaren andererseits. (Leather and Shoes **129.** Nr. 3. 24—25. 22/1. 1955. Hooker Electrochemical Co.) H. G. FRÖHLICH. 8334

K. Rosenbusch, *Studie über die Synthese von amphoteren Gerbstoffen.* 1. Mitt. Durch MANNICH-Kondensation von Anilinhydrochlorid mit CH_2O u. verschied. aromat. OH-Verbb. versuchte Vf., stickstoffhaltige Amphonovolake herzustellen. Während er in wss. Medium mit β-Naphthol lediglich *2.2'-Dioxydinaphthyl-(1)-methan*, F. 201^0, u. *1.2;7.8-Dibenzoxanthen*, F. 201^0, isolieren konnte, erhielt er mit der freien Base in A.-Lsg. das erwartete *1-Anilinomethylnaphthol-(2)*, $C_{17}H_{15}ON$, F. 131^0, welches beim Erhitzen in ein in organ. Lösungsm. leicht lösl. Harz übergeht, das beim Erhitzen das *Anilinsalz des β-Naphthols*, F. 80°, u. *Benzoacridin*, F. 131°, $Kp._{13}$ 305°, abspaltet. — Durch Kondensation von Anilin mit CH_2O u. 1.3.5-Xylenol konnten erhalten werden: *N-(6-Oxy-2.4-dimethylbenzyl)-anilin*, $C_{15}H_{17}ON$, F. 124°, Nadeln. Wird durch hydrierende Spaltung in *Isopseudocumenol*, F. 89°, übergeführt, woraus durch Kondensation mit Anilin u. Paraformaldehyd *3.5.6-Trimethyl-2-anilinomethylphenol*, F. 75°, u. daraus *2.3.5.6-Tetramethylphenol*, F. 177°, erhalten werden. — *3.5-Dimethyl-2.6-bis-anilinomethylphenol*, $C_{22}H_{24}ON_2$, gelbes, dickfl. Öl. — *3.5-Dimethyl-2.4.6-trisanilinomethylphenol*, $C_{29}H_{31}ON_3$, gelbes, dickfl. Öl. — *2-Oxybenzylanilin*, $C_{13}H_{14}ON$, F. 105°, durch MANNICH-Kondensation von Anilin mit CH_2O u. Phenol in A., neben *N-Phenoxymethylanilin* (nicht rein isoliert). Während das durch Kondensation von einem linearen Phenolnovolak mit CH_2O u. Anilin erhältliche Harz nicht genügend hydrophil ist, konnten mit *Resorcin*, *Brenzcatechin* (I) u. *Pyrogallol* (nicht aber mit Phloroglucin) hochwertige Amphogerbstoffe erhalten werden. Dabei wurde mit I ein *Additionsderiv.* zwischen I u. Anilinhydrochlorid, $C_{12}H_{14}\cdot O_2NCl$, F. 130°, Kp. 232—234°, gefaßt. (Leder 6. 58—63. März 1955. Darmstadt, TH, Inst. für Gerbereichem.) G. MÜLLER. 8336

K. Rosenbusch, *Studie über die Synthese von amphoteren Gerbstoffen.* 2. u. 3. Mitt. (1. vgl. vorst. Ref.) Auch unter Verwendung der stärker bas. aliphat. Amine lassen sich mit einwertigen Phenolen durch MANNICH-Kondensation in organ. Lösungsmitteln nur niedrigmol. amphotere Verbb. gewinnen: *2-Oxybenzyldimethylamin* (I), $Kp._{15}$ 105—106°, durch Kondensation von Phenol, Dimethylamin u. Paraformaldehyd im Mol-Verhältnis 1 : 1 : 1 in Methanol. *Pikrat*, $C_{15}H_{16}O_8N_4$, F. 151°, neben *Dimethylphenoxymethylamin*, *Pikrat*, $C_{15}H_{16}O_8N_4$, F. 167°. I ergibt bei katalyt. Hydrierung quantitativ *1-Methylcyclohexanol*, Kp. 165°. *Dinitrobenzoylester*, F. 97°. I besitzt keine Gerbwirkung. — Wenn man einen schon vorkondensierten Phenolnovolak einsetzt, erhält man mit Dimethylamin oder Äthanolamin in methanol. Lsg. amphotere Gerbstoffe. Mehrwertige Phenole lassen sich mit aliphat. oder anorgan. Aminen auch in wss. Medium in Amphogerbstoffe verwandeln, wobei z. B. folgende Zwischensubstanzen isoliert werden konnten: *3-[β-Oxyäthyl]-oxazolidin* (II), $C_5H_{11}O_2N$, $Kp._{31}$ 128°, $Kp._{760}$ 224° (Zers.), durch Umsetzung von Diäthanolamin mit CH_2O. *Pikrat*, $C_{11}H_{14}O_9N_4$, F. 108°. — *Oxazolidin*, $Kp._{15}$ 105°, ebenso mit Äthanolamin. Geht beim Stehen spontan in *1.3.5-Tris-[β-oxäthyl]-hexahydrotriazin* über. — *N.N-Bis-[β-oxäthyl]-2.4-dioxybenzylaminhydrochlorid*, $C_{11}H_{17}O_4N\cdot HCl$, F. 145° (Zers.), durch Kondensation von II mit Resorcin (III) in wss. Lsg., Nadeln. — *N.N-Bis-[β-oxäthyl]-3.4.5-trioxybenzylaminhydrochlorid*, F. 145°, analog mit Pyrogallol. Gibt bei katalyt. Hydrierung *3.4.5-Trioxytoluol*, F. 125°. — *2.2'-Oxido-N.N-bis-[p-oxybenzyl]-hydroxylamin* (IV), $C_{14}H_{13}O_4N$, durch Kondensation zwischen III, CH_2O u. $NH_2OH\cdot HCl$. — *N-[2.4-Dioxybenzyl]-hydrazinsulfat*, $(C_7H_{10}O_2N_2)_2\cdot H_2SO_4$, ebenso mit Hydrazinsulfat, gelbe Nadeln, die sich beim Stehen röten. — Durch Mischkondensation in lösungsmittelfreier Schmelze wurden erhalten: *N-[β-Oxäthyl]-6-oxy-2.4-dimethylbenzylamin*, $C_{11}H_{17}\cdot O_2N$, F. 118—119°, durch Umsetzung zwischen symm.-Xylenol, CH_2O u. Äthanolamin. *Pikrat*, $C_{17}H_{20}O_9N_4$, F. 159—160° (Chlf.). Gibt bei katalyt. Hydrierung *Isopseudocumol*, F. 90°. — *3.5-Dimethyl-2.6-bis-[β-oxäthylaminomethyl]-phenol*, leicht zerfließliche Kristalle *Pikrat*, F. 131°. Daraus durch Hydrierung *2.3.5.6-Tetramethylphenol*, F. 117°. — *3.5-Dimethyl-2.4.6-tris-[β-oxäthylaminomethyl]-phenol*, leicht zerfließliche Kristalle. *Pikrat*, F. 148°. — Unter geeigneten Bedingungen lassen sich in der Schmelze Amphogerbstoffe auf einfache Weise gewinnen, auch lassen sich vegetabil. Gerbstoffe durch MANNICH-Kondensation in Amphogerbstoffe verwandeln. (Leder 6. 80—86. April 1955.) G. MÜLLER. 8336

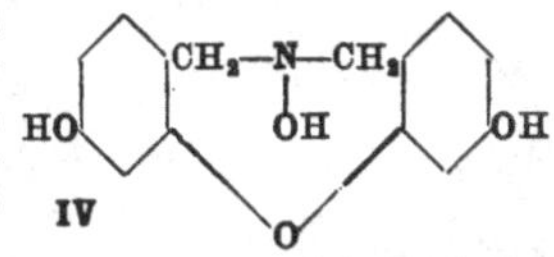

IV

Heinz Osterbrink, Dortmund, *Farbstift für die Behandlung rauher Leder*, bes. Rauhlederschuhen, gegebenenfalls mit einem Geh. an Schleifmitteln, dad. gek., daß er faserige Stoffe, bes. Asbest- oder Lederfasern, enthält. — Beispiel: 7,5 (Gewichtsteile) Lederfasern, 2,5 einer 5%ig. Methylcelluloselsg., 12,5 Quarzsand, 0,6 eines wasserabweisenden Mittels (KW-stoffe oder Wachse) u. 17,5 anorgan. braune Farbpigmente (Fe-Oxyde). Bei nassem Verpressen werden noch 25—30 W. zugesetzt; dann wird bei 70° getrocknet. (**D. B. P. 934 491** Kl. 22g vom 25/3. 1952, ausg. 27/10. 1955. Anmeldung bekanntgemacht 5/5. 1955.) W. GRÄGER. 8331

Alan E. Murrey, New York, N. Y., V. St. A., *Herstellung geprägter Lederwaren*, z. B. Buchdeckel. Die herausgearbeiteten Vertiefungen des noch feuchten Leders werden mit einem vulkanisierten, synthet. Kautschukersatzmittel, z. B. „Neopren"-Latex, ausgefüllt u. anschließend unter Druck verpreßt. (**A. P. 2 652 352** vom 28/7. 1948, ausg. 15/9. 1953.) H. NEBELSIEK. 8333

E. I. du Pont de Nemours & Co., Wilmington, Del., übert. von: **Douglas K. Severn**, Norwichtown, Conn., V. St. A., *Gerben von Häuten.* Nach dem Äschern werden die Häute ohne Badwechsel u. ohne zu pickeln mit einem Styrol–Maleinsäureanhydrid-Mischpolymerisat bei p_H nicht $<7{,}5$ gewalkt u. dann mit einem Ti-, Al-, Zr- oder Cr-Salz bzw. deren Gemischen gegerbt, z. B. mit einer wss. Lsg. von Titanylsulfat, $FeSO_4$ u. H_2O_2 mit einem Zusatz von MgO, wobei das Verhältnis von $TiO_2 : Fe_2O_3$ 2 : 1 bis 7 : 1 ist. (**A. P. 2 707 667** vom 18/4. 1951, ausg. 3/5. 1955.) W. GRÄGER. 8337

XXIV. Photographie.

General Aniline & Film Corp., New York, übert. von: **Lee C. Hensley**, Binghamton, N. Y., V. St. A., *Lichtempfindlichkeit steigernde Farbstoffe für photographische Halogensilberemulsionen.* Vierkernige Merocyanine der allg. Formel I sind zur Sensibilisierung von ortho- u. pan-chromat. Filmen geeignet, auch in Anwesenheit von farbvermittelnden Substanzen.

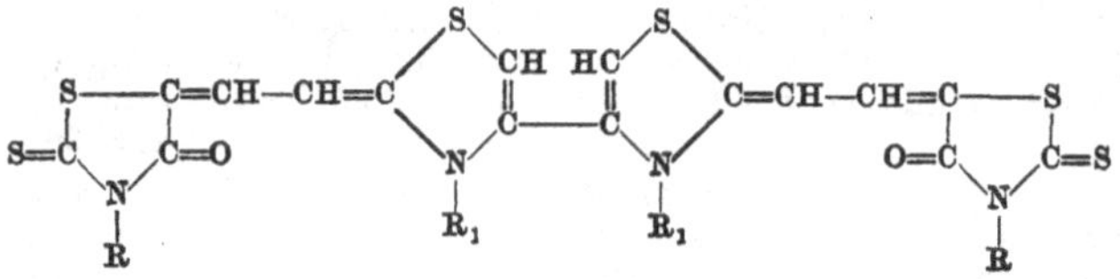

In der Formel bedeutet R eine Alkylgruppe u. R_1 eine Alkyl- oder Aralkylgruppe. Das Absorptionsmaximum dieser Farbstoffe liegt bei 545 μ. Bes. *beansprucht* werden die Verbb., in denen R jeweils eine $CH_2CH{=}CH_2$-Gruppe u. R_1 jeweils eine C_2H_5-Gruppe, oder R u. R_1 je eine C_2H_5-Gruppe, oder R je eine C_6H_5- u. R_1 je eine C_2H_5-Gruppe darstellt. (**A. P. 2 586 164** vom 31/10. 1950, ausg. 19/2. 1952.) A. GRADL. 8605

Agfa, Akt.-Ges. für Photofabrikation (Erfinder: **Oskar Riester**), Leverkusen, *Herstellung von Betain–Cyanin- und Betain–Styryl-Farbstoffen.* In der Cyaninchemie üblicherweise verwendete heterocycl. Basen, die in α- oder γ-Stellung zum Ring-N als einzigen Substituenten eine Sulfoalkylgruppe tragen, werden zunächst an Sultone angelagert u. mit den Reaktionsprodd. die in der Cyaninchemie üblichen Synthesen durchgeführt. — Beispiel: 3 g 1-Äthyl-2-methylmercaptochinoliniummethylsulfat (**I**) u. 3 g 2-Methylbenzthiazolium-3-(butyl-ω-sulfo)-betain (**II**) werden in 50 cm^3 absol. A. + 3 cm^3 Triäthylamin gelöst u. 1 Std. auf 60° erhitzt; Ausbeute: 2,2 g **III**, F. 30°, orangerote Kristalle; Absorptionsmaximum (AM): 488 mμ; Kondensation von 6-Methyl-I mit **II** → rote Kristalle, F. 323°, AM 488 mμ; Kondensation der **I** entsprechenden N-Methylverb. mit 2-Methylchinolinium-1-(butyl-ω-sulfo)-betain→orangefarbene Kristalle, F. 223—225°, AM 493 mμ; Kondensation von N-Äthyl-2-äthyliden-(2'-aldehydanil)-benzthiazolin (**IV**) mit **II** → braunviolette Kristalle, F. 226°, AM 558 mμ; Kondensation von **IV** mit 2-Methylbenzoselenazolium-3-(butyl-ω-sulfo)-betain (**V**) → braunviolette Kristalle, F. 243°, AM 563 mμ; Kondensation von 2-Thiopropionylmethylen-3-äthyl-5.6-dimethylbenzthiazolinmethodimethylsulfat (**VI**) mit **II** → grüne Kristalle, F. 286°, AM 555 mμ; Kondensation von **VI** mit 5-Methoxy-**V** → grüne Kristalle, F. 222°, AM 568 mμ; Kondensation von **I** mit 2-Methylbenzthiazolium-3-(isopentylsulfo)-betain (**VII**) → orangerote Kristalle, F. 313°, AM 488 mμ; Kondensation von **VI** mit **VII** → braungrüne Kristalle, F. 212°, AM 564 mμ; Kondensation von N-Butyl-(ω-sulfo)-chinoliniumbetain (**VIII**) mit 2-Methyl-N-butyl-(ω-sulfo)-β-naphthothiazoliumbetain → rote Kristalle, F. 282°, AM 527 mμ; Kondensation von 2-Methyl-**VIII** mit Di-(methylphenylamino)-trimethincyanin-ClO_4, Kristalle, F. 255°; Strukturformeln aller Reaktionsprodd. im Original. (**D. B. P. 929 080** Kl. 22e vom 24/10. 1951, ausg. 16/8. 1955. Anmeldung bekanntgemacht 2/12. 1954.) A. KALIX. 8605

III

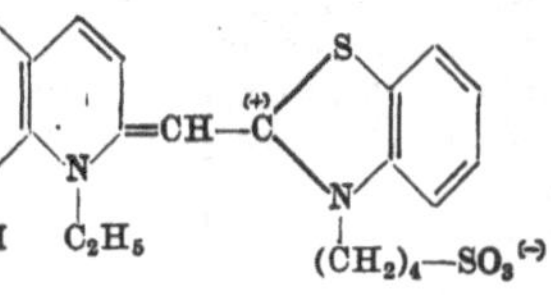

Herausgeber u. verantwortlich für den Inhalt: Prof. Dr. Maximilian Pflücke, Berlin N 4, Schiffbauerdamm 19, Fernsprecher: 425571. Redaktion: Chefredakteure Dr. Eugen Klever und Prof. Dr. Maximilian Pflücke. Verlag: Akademie-Verlag GmbH, Berlin W 8, Mohrenstraße 39 (Fernsprecher 200386, Postscheckkonto Berlin 35021), u. Verlag Chemie, GmbH, Weinheim/Bergstraße (Fernsprecher 2017 u. 2965, Postscheckkonto Frankfurt/M. 145314 u. Berlin-West 7430). Bestell- u. Verlags-Nr.: 1007/127. Das Chemische Zentralblatt erscheint wöchentlich. Preis des Jahrganges einschl. Autoren-, Patent-, Sach- und Formelregister: DM 680,—; einseitig bedruckte Ausgabe: DM 750,—. Abgabe der Zeitschrift nur mit sämtlichen Registern.
Satz u. Druck: VEB Leipziger Druckhaus, Leipzig, III/18/203. IV. 56.
Veröffentlicht unter der Lizenznummer 1212 des Amtes für Literatur und Verlagswesen der Deutschen Demokratischen Republik.
Printed in Germany.

FSC
www.fsc.org
MIX
Papier | Fördert gute Waldnutzung
FSC® C083411

Zeitfracht Medien GmbH
Ferdinand-Jühlke-Straße 7
99095 Erfurt, Deutschland
produktsicherheit@kolibri360.de